Wilfried Eisele

Ein unerschütterliches Reich

Beihefte zur Zeitschrift für die neutestamentliche Wissenschaft

und die Kunde der älteren Kirche

In Verbindung mit

James D. G. Dunn · Richard B. Hays
Hermann Lichtenberger

herausgegeben von

Michael Wolter

Band 116

Walter de Gruyter · Berlin · New York
2003

Wilfried Eisele

Ein unerschütterliches Reich

Die mittelplatonische Umformung des Parusiegedankens im Hebräerbrief

W DE G

Walter de Gruyter · Berlin · New York
2003

♾ Gedruckt auf säurefreiem Papier,
das die US-ANSI-Norm über Haltbarkeit erfüllt.

ISBN 3-11-017595-9

Bibliografische Information Der Deutschen Bibliothek

Die Deutsche Bibliothek verzeichnet diese Publikation in der Deutschen Nationalbibliografie; detaillierte bibliografische Daten sind im Internet über <http://dnb.ddb.de> abrufbar.

Printed in Germany
Umschlaggestaltung: Christopher Schneider, Berlin

Meinen Eltern

Vorwort

Die vorliegende Arbeit wurde im Wintersemester 2000/2001 von der Katholisch-Theologischen Fakultät der Eberhard-Karls-Universität Tübingen als Inauguraldissertation zur Erlangung der Würde eines Doktors der Theologie angenommen. Zu ihrem Gelingen haben viele Menschen beigetragen, denen ich nach dem erfolgreichen Abschluß der Arbeit meinen aufrichtigen Dank aussprechen möchte.

An erster Stelle ist mein Doktorvater Prof. Dr. Michael Theobald zu nennen, der mich schon im Wintersemester 1996/97, als es noch um meine Zulassungsarbeit zur Theologischen Hauptprüfung ging, auf die Frage nach dem Stellenwert der Parusievorstellung im Hebräerbrief aufmerksam gemacht hat. Erste Impulse für meine spätere Beschäftigung mit dem Hebräerbrief hatte ich während des theologischen Studienjahres 1994/95 an der Dormition Abbey (heute: Hagia Maria Sion) in Jerusalem empfangen. Zu danken habe ich hier dem Mann, der dieses interkonfessionelle und interreligiöse Lernen in Jerusalem ermöglicht hat: P. Dr. Laurentius Klein OSB – er ist inzwischen ins himmlische Jerusalem eingezogen. Auf Anraten von Prof. Theobald wandte ich mich der Parusiefrage im Hebräerbrief zu, und auch die Ausweitung des Themas auf den Mittelplatonismus geht auf seine Anregung zurück. Sein Rat hat mich die ganzen Jahre begleitet und sich immer wieder als äußerst hilfreich erwiesen. Vor allem aber durfte ich mir von ihm den sorgfältigen und geduldigen Umgang mit Texten abschauen. Für diese lehrreiche Zusammenarbeit bin ich ihm zu bleibendem Dank verpflichtet.

Jedes Studium will nicht nur mit Eifer betrieben, sondern auch finanziert sein. Hier habe ich der Konrad-Adenauer-Stiftung meinen Dank abzustatten, die mein Theologiestudium bis zum ersten Abschluß ideell und finanziell in erheblichem Umfang gefördert hat. Mein Dank gilt außerdem Weihbischof Dr. Johannes Kreidler, der nicht nur meinen Studiengang immer wohlwollend begleitet, sondern auch die anschließende Förderung meines Promotionsstudiums aus dem Theologenfonds der Diözese Rottenburg-Stuttgart ermöglicht hat.

Meine Freunde haben mich all die Jahre bei der Abfassung meiner Dissertation direkt oder indirekt unterstützt. Die Anfänge meiner Arbeit reichen in die Zeit zurück, in der ich in der Herrenberger Straße in Tübingen wohnte. Vollendet wurde sie in der Sofienstraße. Unzählige persönlich wie wissenschaftlich anregende Gespräche und Erlebnisse haben in diesen beiden Wohngemeinschaften meinem eigenen Schaffen Antrieb gegeben. Matthias Bausenhart hat mich nicht nur vor vielen Jahren mit seiner Begeisterung für die griechische Sprache und Philosophie angesteckt, sondern auch jetzt die Korrektur meiner Arbeitsübersetzungen übernommen. Rudolf Hagmann, mein langjähriger Spiritual und Weggefährte, hat mich für eine zweimonatige Klausur in Börstingen aufgenommen; dort ist der Teil über Plutarch entstanden. Diese Zeilen schreibe ich in Bettringen bei Michael Benner, wieder einmal in Klausur. Nicht vergessen möchte ich auch die anderen Freunde, welche die manchmal einsame Arbeit am Schreibtisch durch gemeinsam verbrachte Stunden, Tage oder Wochen immer wieder aufgelockert und dadurch erst möglich gemacht haben. Erwähnt seien hier stellvertretend nur meine Jakobusbrüder. Ihnen allen bin ich von Herzen dankbar.

Daß meine Dissertation heute in der Reihe „Beihefte zur Zeitschrift für die Neutestamentliche Wissenschaft" einem breiten Publikum zugänglich ist, verdanke ich ihren Herausgebern, allen voran Prof. Dr. Michael Wolter. Im Verlag Walter de Gruyter haben Dr. Claus-Jürgen Thornton und Klaus Otterburig die Edition meines Buches betreut. Die Zusammenarbeit mit ihnen allen war von Anfang an erfrischend unkompliziert und gedeihlich. Dafür sei ihnen herzlich gedankt.

Im Fortschreiten meines Weges vergesse ich meine Herkunft nicht und denke voll Zuneigung an meine Familie. Was mein Bruder einmal scherzhaft so ausdrückte, ich sei zum Glück der einzige Doktor in unserer Familie, das habe ich tatsächlich nicht selten als Segen erfahren. Meine Familie hilft mir, bei allem Engagement in der Sache immer wieder einen gesunden Abstand zur eigenen Arbeit zu gewinnen. Stellvertretend für sie alle widme ich dieses Buch meinen geliebten Eltern.

Bettringen, im Februar 2003 Wilfried Eisele

Inhalt

Einleitung

Habent sua fata libelli – Bücher haben ihr je eigenes Schicksal. Einmal geschrieben und veröffentlicht, liegt ihr Schicksal in den Händen ihrer Leserinnen und Leser. Die einen werden kaum wahrgenommen, die anderen schon begierig erwartet. Die meisten geraten sehr schnell in Vergessenheit, manche entfalten eine breite Wirkungsgeschichte. Doch nimmt das Schicksal eines Buches schon lange vor der Publikation seinen Anfang. Die Geschichte des vorliegenden Buches beginnt, wie so oft im wissenschaftlichen Diskurs, mit einer Fußnote. In seinem Aufsatz „Das wandernde Gottesvolk. Zum Basismotiv des Hebräerbriefes" stellte E. Gräßer 1986 in einer Anmerkung fest: „Wie weit die Parusieerwartung die Hebr-Eschatologie wirklich bestimmt, verdiente eine kritische Untersuchung."[1] Die vorliegende Arbeit nimmt Gräßers Frage nach dem Stellenwert der Parusievorstellung im Hebräerbrief auf und beansprucht, die geforderte kritische Untersuchung durchzuführen.

1. Der systematische Ort der Frage nach der Parusie im Hebräerbrief

Um das Thema der Parusie im Hebräerbrief lagern sich konzentrisch zwei weitere Problemkreise. Die Parusievorstellung des Hebräerbriefes ist, wie kaum anders zu erwarten, in den Kontext einer umfassenderen Eschatologie eingebettet. Diese unterscheidet sich wesentlich von anderen eschatologischen Entwürfen des Neuen Testaments. Der innere der beiden Problemkreise wird deshalb durch die Frage nach dem spezifischen Profil der Eschatologie des Hebräerbriefes konstituiert. Dieses eschatologische Profil wird in der Forschung sehr unterschiedlich gezeichnet. Seine Bestimmung hängt eng mit der Entscheidung über den religionsgeschichtlichen Standort des Hebräerbriefes zusammen. Die Frage nach der Einordnung des Hebräerbriefes in die Religionsgeschichte seiner Zeit bildet daher den äußeren Problemkreis. Um den Ursprung und die Zielrichtung der hier behandelten Fragestellung systematisch zu bestimmen, müssen diese beiden Problemkreise ihrer immanenten Struktur nach sowie in ihrem

---

[1] Gräßer, Das wandernde Gottesvolk 176. Hier gilt mein Dank Herrn Prof. M. Theobald, der mich auf die von Gräßer aufgeworfene Fragestellung aufmerksam gemacht hat.

wechselseitigen Verhältnis zueinander und zur Frage nach der Parusie im Hebräerbrief genauer ins Auge gefaßt werden. Meine nachfolgende Skizze orientiert sich an der weit ausführlicheren Darstellung von H.-F. Weiß.[2]

Im Hinblick auf die Frage nach der Eigenart der Eschatologie des Hebräerbriefes macht er in der Forschung zwei Grundpositionen aus: „Einmal die Auffassung, daß die (apokalyptische) Horizontale, wie sie bereits Hebr 1,2 in Erscheinung tritt und sich u.a. auch in einer Naherwartung der Parusie Ausdruck verschafft (10,25.37), die entscheidende Grundlinie darstelle, die vertikale Linie demgegenüber lediglich eine Hilfslinie zur Präzisierung bzw. Radikalisierung jener Grundlinie; und zum anderen die Auffassung, wonach der Hebr insgesamt das Zeugnis einer Transformation der ursprünglichen jüdisch-urchristlichen Horizontale in eine platonische bzw. hellenistisch-jüdische Vertikale sei, damit zugleich aber auch als Dokument einer für die Spätzeit des Urchristentums charakteristischen ‚Enteschatologisierung' zu gelten hat: Hier geschieht eine Ablösung der für das älteste Urchristentum bestimmenden Zeitbegriffe durch Raumbegriffe."[3]

Die genauere Erfassung der Eigenart der Eschatologie des Hebräerbriefes steht in enger Wechselwirkung mit seiner religionsgeschichtlichen Situierung. Welcher der beiden eschatologischen Grundpositionen man eher zuneigt, hängt nämlich in nicht geringem Maße damit zusammen, an welcher Stelle der Religionsgeschichte man den Hebräerbrief insgesamt einordnet. „Dementsprechend kann man auch gegenwärtig noch im Blick auf die Bestimmung des Ortes des Hebr in der spätantiken Religionsgeschichte *drei Grundmodelle* unterscheiden: 1. das hellenistisch-jüdische (repräsentiert vor allem durch C. Spicq); 2. das gnostische (repräsentiert vor allem durch E. Käsemann und E. Grässer) und 3. das jüdisch-apokalyptische Modell (repräsentiert vor allem durch O. Michel und O. Hofius)."[4] Das hellenistisch-jüdische und das gnostische Modell sehen die eschatologische Grundlinie des Hebräerbriefes in der Vertikalen, wohingegen nach dem jüdisch-apokalyptischen Modell der Verfasser des Hebräerbriefes die Grundlinie seiner Eschatologie in die Horizontale auszieht. Die beiden Problemkreise, der eschatologische und der religionsgeschichtliche, können grundsätzlich in zwei entgegengesetzte Richtungen miteinander verbunden werden, die dem Ansatz und der Zielrichtung der jeweiligen Fragestellung entsprechen. Um der Eigenart des Hebräerbriefes gerecht zu werden, müssen die beiden Problemkreise von innen her aufeinander bezogen werden. Indes erscheint in der Forschung nicht selten die Antwort auf die Frage nach der spezifischen Eschatologie des

---

2 Vgl. Weiß 96-114.

3 Weiß 99.

4 Weiß 97. Zu den genannten Autoren vgl. deren Titel im Literaturverzeichnis, speziell: Spicq, Études bibliques I 39-91; Käsemann, Das wandernde Gottesvolk 110-116; Gräßer, Der Glaube 216; Michel 423-425; Hofius, Katapausis 91-101.111-115.151-153; ders., Der Vorhang 74-75. Dieselben Grundmodelle unterscheidet Thompson, The Beginnings 1-16.

Hebräerbriefes durch eine bestimmte Option hinsichtlich seines religionsgeschichtlichen Ortes präjudiziert.

2. Der exegetische Stand der Frage

Nachdem der systematische Ort der Frage nach der Parusie im Hebräerbrief in groben Zügen umrissen ist, will der folgende kurze Überblick den aktuellen exegetischen Stand der Frage verdeutlichen. Dabei wird nicht die Vollständigkeit eines Forschungsberichts angestrebt.[5] Vielmehr sollen herausragende Positionen aus der Forschung die systematische Fragestellung illustrieren und so präzisieren helfen. In der Sprache der Archäologie könnte man sagen: Dieses Kapitel leistet nicht den Dienst einer Flächengrabung, sondern lediglich den eines ersten Survey. Der dadurch gewonnene Überblick soll uns in die Lage versetzen, den meistversprechenden Ansatzpunkt für eine gezielte Stichgrabung ausfindig zu machen. Da es unmöglich ist, die vielfältigen Fragen der Eschatologie und Religionsgeschichte, die mit dem Hebräerbrief zusammenhängen, allesamt in ihrer ganzen Ausführlichkeit zu behandeln, müssen wir uns mit einer solchen Stichgrabung begnügen. Die Nützlichkeit einer solchen hängt aber entscheidend von ihrem Ansatz ab.

Wenn wir uns von außen her dem Thema der Parusie annähern, so verdient zunächst der Umstand Beachtung, daß der Eschatologie ganz allgemein in der Theologie des vergangenen Jahrhunderts eine Bedeutung zugemessen wurde, die sie zuvor kaum gehabt hat. Dafür gibt es vielfältige Gründe, deren eingehende Erörterung hier nicht am Platz ist. Wir nehmen nur die Tatsache als solche zur Kenntnis, um ein leitendes Interesse aufzudecken, welches das hermeneutische Vorverständnis von den neutestamentlichen Eschatologien stark geprägt hat. W. Michaelis bringt den Sachverhalt auf den Punkt: „Die mit besonderer Intensität geführten Untersuchungen zur Eschatologie des NT's haben in den letzten Jahrzehnten dazu geführt, daß der Begriff des Eschatologischen in seiner Bedeutung als Naherwartung zu einem theologischen und historischen Kriterium allerersten Ranges wurde. ‚Eschatologisch' wurde jetzt gleichbedeutend mit genuin jesuanisch, urchristlich, rechtgläubig. Es wurde weiter – und zwar immer in der Form intensiver Naherwartung – zu einem ‚Prüfstein für das Alter einer urchristlichen Schrift' (W. Michaelis 246)[6]. Überspitzt ausgedrückt: man könnte die Geschichte des Urchristentums auch schreiben als die Geschichte seiner eschatologischen Erwartungen, Erfüllungen, Enttäuschungen und Modifikationen."[7] Nicht selten hat die alleinige Orientierung an diesem Kriterium den unvoreingenommenen Blick auf ander-

---

[5] Für einen Forschungsbericht vgl. Casey, Eschatology 37-65; Klappert 14-21.

[6] Michaelis, Einleitung 246.

[7] Gräßer, Der Hebräerbrief 223.

weitige literarische und geistesgeschichtliche Einflüsse auf die Schriften des Neuen Testaments getrübt. Was als christlich gelten wollte, durfte nur im jüdisch-apokalyptischen Gewande daherkommen.

Als der exponierteste Verfechter einer apokalyptischen Eschatologie im Hebräerbrief hat wohl immer noch C. K. Barrett zu gelten. Zwar gibt er zu: „The most significant contribution of Hebrews to the growing problem of N.T. eschatology lies in the author's use of philosophical and liturgical language." Allerdings erblickt er in der philosophisch gefärbten Sprache des Hebräerbriefes nur ein Mittel, das den Verfasser in die Lage versetzt, die Naherwartung der Parusie zu thematisieren, ohne permanent von ihr zu sprechen: „By means of this terminology it is possible to impress upon believers the nearness of the invisible world without insisting upon the nearness of the *parousia*. The author of Hebrews did believe that the *parousia* was near (x.25), but lays no stress on this conviction."[8] Barretts Argumentation läuft darauf hinaus zu sagen, daß der Hebräerbriefautor zwar eine platonisierende Sprache verwendet habe, der durch sie transportierte Inhalt aber dennoch rein apokalyptischer Natur geblieben sei. In diesem Sinne bringt Barrett seine Meinung auf folgenden Nenner: „It has been urged in this essay that certain features of Hebrews which have often been held to have been derived from Alexandrian Platonism were in fact derived from apocalyptic symbolism. This is in itself an important conclusion, but it is not the whole truth. The author of Hebrews, whose Greek style is so different from that of most of the N.T., may well have read Plato and other philosophers, and must have known that his images and terminology were akin to theirs. He had seized upon the idealist element in apocalyptic, and he developed it in terms that Plato – or, better, Philo – could have understood. But his parables are parables for the present time – eschatological parables. The shadows in his cave are all shadows of an event that happened once for all, the death of Jesus; and the death of Jesus effected the cleansing of men's consciences from guilt, the inauguration of a new covenant and the dawn of the new age."[9]

In dieselbe Richtung zielt der Beitrag von B. Klappert zum Verständnis der Eschatologie im Hebräerbrief. Zwar findet er im Hebräerbrief hellenistisch-alexandrinische Begrifflichkeit, sieht sie aber nach der Absicht des Verfassers ganz in den Dienst am futurisch-eschatologischen Inhalt des Schreibens gestellt: „Der Hebräerbrief ist also nicht das Dokument einer Transformation der Horizontalen in die Vertikale (J. Cambier), auch

---

8 Barrett 391.

9 Barrett 393. Vgl. Feuillet, L'attente 31: „Certes il juxtapose à l'eschatologie horizontale traditionelle, qui repose sur des antithèses temporelles (l'autrefois et le maintenant de l'ère messianique; maintenant et la Parousie) une eschatologie qu'on peut appeler verticale et qui est formulée à l'aide de concepts grecs [...]. Il n'en reste pas moins vrai qu'il ne songe pas un seul instant à répudier l'attente de la Parousie, élément essentiel de l'histoire du salut." Schillebeeckx 230.233.

nicht das einer polemischen Rücktransposition der gnostischen Vertikale in eine apokalyptische Horizontale (U. Wilckens), sondern *das Zeugnis einer radikaleren Fassung der futurisch-apokalyptischen Horizontale mittels der alexandrinischen Vertikale.*"[10] Seines Erachtens „spricht *die Prävalenz der futurisch-apokalyptischen Begrifflichkeit gerade in der Paränese* als dem Zielpunkt der dogmatisch christologischen Partien dafür, daß *der alexandrinische Dualismus und die transzendent-räumliche Begrifflichkeit im Dienst einer angesichts der Parusieverzögerung notwendig gewordenen Neubegründung der futurischen Eschatologie stehen.*"[11] Nach Klapperts Interpretation erfährt die an sich geschichtslose alexandrinische Metaphysik, sofern sie der Hebräerbrief für seine Zwecke verwendet, eine heilsgeschichtliche Fundierung: „Das eschatologische Geschehen der urbildlichen Sphäre ist nach dem Hebräerbrief nicht ein allen Zeiten gegenüber ‚gleichgültiges' Geschehen, sondern es hat *als ein mit hellenistisch-alexandrinischer Begrifflichkeit interpretiertes, die alexandrinisch-metaphysische Statik futurisch-eschatologisch aufbrechendes Geschehen ein unumkehrbares Gefälle* – und zwar ein unumkehrbares *Begründungs*gefälle – *auf eine noch ausstehende Zukunft hin*, die christologisch als endgültige Durchsetzung der Herrschaft Christi und sein Kommen zur Parusie, ekklesiologisch als ‚Vollendung' der Gemeinde durch die Anteilhabe an der eschatologischen σωτηρία zu umschreiben ist."[12]

Die hellenistischen Einflüsse auf die Theologie des Hebräerbriefes hat als erster F. J. Schierse umfassend herausgearbeitet. Er wird dadurch zum herausragenden Gegenspieler von Barrett und Klappert. Seine Warnung vor zu einfachen Antithesen und doktrinären Vorurteilen, die in der Debatte um den religionsgeschichtlichen Ort des Hebräerbriefes immer wieder eine Rolle spielen, kann auch heute noch Geltung beanspruchen. So schreibt er über das zuvor von ihm herausgearbeitete enge Verhältnis des Hebräerbriefes zur alexandrinischen Kosmologie: „Man würde wohl kaum Bedenken tragen, sich den eben vorgetragenen Deutungen anzuschließen, wenn nicht grundsätzliche Widerstände zu überwinden wären: Die offensichtliche Verwandtschaft des Weltbildes mit der alexandrinischen Religionsphilosophie. Nun sollte sich eine Auslegung niemals von der Furcht vor irgendwelchen Konsequenzen beirren lassen, weil auch die Wahrheit niemals mit sich selbst in wirklichen Widerstreit geraten kann. Ebensowenig ist es ratsam, das Schriftverständnis

---

[10] Klappert 59; zu den genannten Autoren vgl. deren Titel im Literaturverzeichnis.

[11] Klappert 49; ähnlich Theißen 88-110. Die generelle Brauchbarkeit der Kategorien von präsentischer und futurischer Eschatologie, Naherwartung und Parusieverzögerung ist in neuerer Zeit bestritten worden. Vgl. Erlemann 411, der zu dem Ergebnis kommt: Überhaupt, „im Bereich des frühen Christentums, ist kein Gegensatz zwischen präsentischer und futurischer Eschatologie zu erkennen." Außerdem ebd. 417: „Als Parameter für die Geschichte des frühen Christentums erweist sich die Alternative von Naherwartung und Parusieverzögerung als unbrauchbar, eine einlinige Entwicklung im gängigen Sinne ist nicht erkennbar."

[12] Klappert 60-61.

im vorhinein mit unklaren Schlagworten zu belasten, – ‚alexandrinisch', ‚hellenistisch', ‚apokalyptisch', und neuerdings sogar ‚gnostisch' – die heute so sehr die Diskussion um den Hb verwirren. Man gerät sonst zu leicht in die Gefahr, den richtigen Sachverhalt durch eine angreifbare Etikette zu kompromittieren. Andererseits darf es nicht als anstößig empfunden werden, wenn der christliche Schöpfungsglaube sich in ein alexandrinisches Gewand kleidet."[13]

Zwar leugnen auch Schierse und diejenigen, die seine Ansicht teilen, nicht die zeitlich-apokalyptischen Elemente in der Eschatologie des Hebräerbriefes, ordnen sie aber in direktem Widerspruch zu Barrett und Klappert der hellenistischen Sichtweise des Schreibens mit ihren räumlichen Kategorien unter. Gräßer formuliert diese Position in seinem Forschungsbericht sehr treffend: „Tatsächlich dürfte es unserm Vf um das eschatologische Kernproblem des ‚Schon' und ‚Noch-nicht' zu tun sein, das er mit Hilfe alexandrinischer Begriffe und kosmologischer Vorstellungen in einer sehr bemerkenswerten Weise bewältigt (Käsemann, Cambier, Goguel, bes. Cody 107ff.!). Das apokalyptische Zeitschema von Jetzt und Dann tritt zurück hinter die grundlegende Diastase Irdisch / Himmlisch (Käsemann, Oepke, Völkl, Schierse, Cody). Dieser metaphysische Dualismus beherrscht das theologische Denken des Hb so sehr, daß er ihm auch die Vorstellung von der Basileia akkomodiert: er faßt sie nicht hinsichtlich ihrer Nähe, ihres Kommens, ihrer Krisis-Funktion oder ihrer Erfüllung aller eschatologischen Sehnsucht (Friede, Freude, Gerechtigkeit, kein Leid, kein Tod) in den Blick, sondern ausschließlich hinsichtlich der in ihr endgültig offenbar werdenden Prävalenz alles Unerschütterlichen vor den σαλευόμενα (12,27f.; vgl. Grässer). D.h. aber: die für den eschatologischen Entwurf des Hb entscheidenden und ihn tragenden Begriffe sind nicht solche der Zeitlichkeit, sondern solche einer transzendentalen Räumlichkeit (Cambier)."[14] Der entscheidende Unterschied dieser Position zu derjenigen von Barrett und Klappert liegt darin, daß Schierse und Gräßer mit der Verwendung metaphysischer Begrifflichkeit durch den Hebräerbriefautor auch eine inhaltliche Umakzentuierung seiner Eschatologie gegeben sehen: „M. a. W.: eine gewisse Transformation der traditionellen (horizontalen) Eschatologie in eine vertikale, die mit Hilfe alexandrinischer Vorstellungsinhalte vollzogen wird, aber nicht spannungslos gelungen ist, ist einfach unbestreitbar."[15] Nach R. Völkl reicht die beschriebene Transformation noch weiter: „Im Weltbild des Hebr stehen sich [...] hinsichtlich der Schöpfung, der Erlösung und der Eschatologie immer zwei Welten gegenüber, nämlich die irdische und die himmlische, und immer richtet sich das Interesse sehr deutlich auf die himmlische Welt."[16] Dieses grundlegende Verständnis der Eschatologie im Hebrä-

---

13 Schierse 78.

14 Gräßer, Der Hebräerbrief 225-226; zu den genannten Autoren vgl. deren Titel im Literaturverzeichnis.

15 Gräßer, Der Hebräerbrief 224.

16 Völkl 343.

erbrief wendet S. Schulz ausdrücklich auf die Naherwartung der Parusie an: „Die apokalyptische Naherwartung wird gegen ihre Intention zur Funktion der christlichen Lebensgestaltung und damit letztlich dem metaphysisch-alexandrinischen Dualismus von Irdischem und Himmlischem integriert."[17]

3. Die Frage nach der Parusie im Hebräerbrief

Am oben skizzierten exegetischen status quaestionis mag man ablesen, daß Gräßers eingangs zitierte Bemerkung ihrer Berechtigung nicht entbehrt: Die Frage nach dem genauen Stellenwert der Parusie im Hebräerbrief ist nach wie vor offen. Jeder Antwortversuch, der die Eigenständigkeit des Hebräerbriefes ernst nimmt, muß die Frage an ihrem systematischen Ursprungsort aufnehmen und von dort her zu beantworten suchen. Dieser Ursprungsort ist der Hebräerbrief selbst. Aufgrund dieses Sachverhalts kann und muß die Fragestellung dieser Arbeit in zwei Richtungen präzisiert werden.

Die erste Präzisierung betrifft das Verhältnis der Parusievorstellung des Hebräerbriefes zu seiner Eschatologie ganz allgemein. Da über die Grundlinie seiner Eschatologie ein notorischer Dissens besteht, erscheint es ratsam, die allgemeine Frage nach der Eigenart dieser Eschatologie auf die Teilfrage nach dem Verhältnis des Verfassers zur traditionellen christlichen Parusievorstellung einzugrenzen. Vielleicht läßt sich am Einzelnen besser erkennen, wovon das Ganze geprägt ist, weil man eine Detailfrage oft besser zu überblicken vermag als die Frage, die gleich aufs Ganze geht. Nun entscheidet sich die Eigenart einer ganz bestimmten Eschatologie zu einem nicht unwesentlichen Teil daran, in welcher Gestalt sie die Parusievorstellung integriert. Denn am systematischen Stellenwert der Parusievorstellung zeigt sich am deutlichsten, was sich ein christlicher Autor von der ausstehenden Zukunft noch erhofft; oder anders formuliert: Es zeigt sich, in welchem Verhältnis innerhalb seiner Theologie das eschatologische Perfekt, Präsens und Futur zueinander stehen.[18] Dadurch qualifiziert sich die Frage nach der Parusie als der geeignete Ansatzpunkt für eine genauere Erfassung der spezifischen Eschatologie, von der sie ein Teil ist. So kann man hoffen, über die Klärung des Stellenwerts der Parusievorstellung in einer bestimmten Eschatologie auch über den Verlauf der Grundlinie dieser Eschatologie Klarheit zu erlangen. Diese Grundlage will die vorliegende Arbeit im Hinblick auf den Hebräerbrief schaffen, indem sie eine seiner Intention angemessene Antwort auf die Frage nach dem Stellenwert der Parusie in diesem Schreiben zu geben versucht.

---

[17] Schulz 260.

[18] Vgl. Klappert 11: „Es kann bei dem Thema nur darum gehen, die Eschatologie des Hebräerbriefs in ihren verschiedenen Aspekten zu entfalten: als eschatologisches Perfekt, Präsens und Futur." Demgegenüber bleibt die hiesige Entfaltung des Themas beschränkt, legt aber vielleicht gerade dadurch das notwendige Fundament für seine volle Entfaltung.

Die zweite Präzisierung bezieht sich auf das Verhältnis der Parusiefrage zur religionsgeschichtlichen Fragestellung im Hinblick auf den Hebräerbrief. Hier gilt es, sich ein klares Bild von der Vorstellung und dem Stellenwert der Parusie innerhalb der Eschatologie des Hebräerbriefes zu verschaffen, bevor Argumente aus der zeitgenössischen Religionsgeschichte einbezogen werden. Der Problemlage entsprechend sind die verschiedenen Problemkreise also von innen her abzuschreiten. Das bedeutet konkret, daß der erste Schritt der Arbeit in einer textimmanenten Analyse des Hebräerbriefes selbst bestehen muß. Ziel dieser Analyse ist es, ein vorläufiges Profil der Parusievorstellung im Hebräerbrief zu eruieren. Erst dadurch werden wir in die Lage versetzt, gezielt nach Affinitäten zu anderweitiger Literatur seiner Zeit zu suchen und so den religionsgeschichtlichen Hintergrund der spezifischen Eschatologie des Hebräerbriefes zu erhellen. Gingen wir in umgekehrter Richtung vor, so bestünde die Gefahr, Fremdes in den Hebräerbrief voreilig einzutragen. Dagegen kann uns das Ergebnis der immanenten Analyse des Hebräerbriefes überhaupt erst die Richtung weisen, in die wir auf der Suche nach seinem religionsgeschichtlichen Ort zu gehen haben.

4. Zur Methode

Die Rechenschaft über die Methode einer wissenschaftlichen Arbeit gibt Auskunft darüber, welcherart Ergebnisse von der Arbeit erwartet beziehungsweise nicht erwartet werden können. Sie bewahrt vor dem falschen Eindruck, eine Frage umfassend beantworten zu wollen und zu können. Ich habe mich entschlossen, die verschiedentlichen methodischen Reflexionen nicht samt und sonders an den Anfang zu stellen, sondern in den Verlauf der Arbeit selbst einzuflechten. Dafür gibt es gute Gründe. Zwar verfügt die historisch-kritische Exegese über ein klassisches Repertoire bestimmter Methoden, die grundsätzlich auf jeden Text anwendbar sind und je auf ihre Weise den Sinn eines Textes aufzuhellen vermögen. Als solche sind sie aber nur auf bestimmte, klar abgegrenzte Texte, das heißt im Kontext der Analyse, jederzeit uneingeschränkt anwendbar. Eine systematische Fragestellung verlangt dagegen, die ihr gemäße Methode aus der Zielrichtung der Frage selbst zu entwickeln, um so zu einer zufriedenstellenden Lösung zu gelangen. Bei der Frage nach der Parusie im Hebräerbrief handelt es sich aber um solch eine systematische Fragestellung, welche die Texte, die zu ihrer Lösung beitragen, erst noch aufsuchen und in ein ihnen angemessenes Verhältnis zueinander bringen muß. Auch vermögen nicht alle Methoden des gängigen Repertoires in gleicher Weise zur Lösung der Frage beizutragen. Im Laufe der Analyse gewonnene Teilergebnisse haben mit darüber zu entscheiden, wie methodisch weiter zu verfahren ist. Deshalb sind die im Verlauf der Arbeit entwickelten Methodenschritte nicht sinnvoll darstellbar, bevor die Teilergebnisse, auf denen sie aufruhen, tatsächlich vorliegen. Fundamental wichtig ist es in solch einem Verfahren, den richtigen Ausgangspunkt zu wählen. Über den Ansatz der vorliegenden Arbeit wurde bereits Auskunft gegeben: Der Problemlage gemäß werden die ineinander geschobenen Problemkreise von innen her, das heißt im Ausgang vom Hebräerbrief selbst, aufgerollt. Von hier aus greifen wir auf die eschatologischen und religionsgeschichtlichen Zusammenhänge der Frage nach der Parusie im Hebräerbrief aus. Erst wenn wir einen klaren Begriff vom Stellenwert der Parusievorstellung innerhalb des Hebräerbriefes gewonnen haben, können wir sinnvoll nach Affinitäten zur zeitgenössischen Religionsgeschichte fragen und die Methode entwickeln, um diesen angeblichen oder wirklichen Zusammenhängen auf den Grund zu gehen. Daher ist es systematisch geradezu zwingend, die Entwicklung und die Anwendung der Methode in einem dialektischen Fortschreiten nebeneinanderher voranzutreiben. Wer sich dennoch vorab einen Überblick über die einzelnen methodischen Schritte verschaffen will, sei außer der hiesigen Einleitung auf die Anfangskapitel der Teile I und II verwiesen.

Eine für die ganze Arbeit grundlegende methodische Differenzierung kann an dieser Stelle schon vorgenommen werden. Ich unterscheide im folgenden zwei Vorgehensweisen in der Forschung, die sehr Unterschiedliches zu leisten vermögen und deshalb an unterschiedlichen Stellen der Arbeit, teils in Kombination, zur Anwendung kommen. Die beiden Vorgehensweisen nenne ich Suche und Untersuchung. Suche begreife ich folgendermaßen: Wer etwas sucht, muß einen Begriff davon haben, was er sucht: einen Suchbegriff. Den konstitutiven Elementen des Suchbegriffs entsprechen die unterscheidenden Merkmale der gesuchten Sache. Der Suchbegriff ist dann richtig gebildet, wenn seine konstitutiven Elemente die unterscheidenden Merkmale der Sache im einzelnen und in ihrem Verhältnis zueinander sachgerecht widerspiegeln. Er gleicht einem Fahndungsraster, das man kennen muß, um die Sache, wenn man auf sie trifft, überhaupt zu erkennen. Die konstituierenden Elemente sind klar umgrenzte Bereiche bereits erworbenen Wissens. Sie konstituieren den Suchbegriff, indem sie im Unterschied zu nicht berücksichtigten Elementen zur Konturierung desselben herangezogen und in das für den Suchbegriff charakteristische Verhältnis zueinander gesetzt werden. Die Suche bewegt sich innerhalb eines engen hermeneutischen Zirkels: Man kann nur finden, oder eben nicht finden, was man von Anfang an sucht. Die Suche ermöglicht niemals die Bildung eines neuen Begriffs, sie setzt vielmehr den bereits gebildeten Begriff an den Beginn des methodischen Vorgehens.

Anders verstehe ich Untersuchung: Wer etwas untersucht, analysiert die untersuchte Sache und zerlegt sie dabei in ihre kleinstmöglichen Bruchteile. Er beschreibt möglichst detailliert die Merkmale der einzelnen Bruchteile. Den Merkmalen entsprechen die konstitutiven Elemente des Begriffs der Sache.

Der Begriff wird gebildet durch die Synthese seiner konstitutiven Elemente. Dabei werden diejenigen konstitutiven Elemente zusammengefaßt, bei denen die ihnen zugrundeliegenden Merkmale einander formal oder inhaltlich entsprechen. Da die Untersuchung den Begriff allererst bildet, den eine etwaige Suche voraussetzt, ist die Untersuchung der Suche zeitlich und logisch vorgeordnet. Die Suche kann erst beginnen, wenn ein prägnanter und stichhaltiger Suchbegriff mittels einer Untersuchung gebildet worden ist.

Für die vorliegende Arbeit wähle ich in erster Linie die Methode der Untersuchung. Wollte man nämlich an den Hebräerbrief von vorneweg die Frage stellen, ob darin Elemente aus dem Vorstellungskreis der Parusie zur Verwendung kommen, müßte zuvor der Suchbegriff „Parusie" klar umrissen werden. Dazu wiederum müßte geklärt sein, welches Material im Neuen Testament und darüber hinaus zur inhaltlichen Füllung des Begriffs herangezogen werden darf oder muß. Offen bliebe dabei immer noch die Frage, inwiefern der so gewonnene Begriff von Parusie auf bestimmte Stellen des Hebräerbriefes angewandt werden kann. Die Gefahr bei einem solchen methodischen Vorgehen besteht mit einem Wort in einer leicht möglichen Eisegese, das heißt darin, daß dem Hebräerbrief fremde Vorstellungen in ihn eingetragen, umgekehrt aber ihm eigene Aussagen aufgrund des von außerhalb gewonnenen Suchbegriffs gar nicht wahrgenommen werden. Eine wissenschaftliche, analytische Untersuchung garantiert dagegen zumindest die Wahrnehmung der einzelnen kleinsten Bruchteile von im Hebräerbrief artikulierten Vorstellungen. Durch die möglichst genaue Bestimmung entsprechender konstitutiver Elemente eines Begriffs lassen sich vielleicht am Ende Vorstellungswelt und Aussageabsicht des Schreibens an den untersuchten Stellen auf eben diesen Begriff bringen. Ist ein solcher Begriff erst einmal gewonnen, kann mit seiner Hilfe ein gezieltes Ausgreifen auf dem Hebräerbrief zeitgenössisches Material auf dem Wege der Suche gewagt werden. Aus der Perspektive des Hebräerbriefes muß sich also dasjenige Material qualifizieren, das etwas zur Klärung der Frage nach der Parusie im Hebräerbrief beitragen soll.

5. Der Vorstellungskreis der Parusie im Neuen Testament

Angesichts des so gewählten methodischen Ansatzes mag es dennoch hilfreich erscheinen, einen kursorischen Überblick über den Vorstellungskreis der Parusie im Neuen Testament zu geben, bevor wir mit der analytischen Arbeit am Hebräerbrief beginnen. Ein solcher Überblick verfolgt zwei Ziele. Erstens verleiht er, mit Kant zu sprechen, dem Begriff der Parusie eine erste Anschauung, wenn diese auch aufgrund der notwendigen Kürze der Darstellung holzschnittartig und im Hinblick auf die Frage nach der Parusie im Hebräerbrief selbstverständlich vorläufig bleiben muß. Zweitens mögen im Verlauf der Untersuchungen am Hebräerbrief die Eigenheiten seines schriftstellerischen Umgangs mit dem traditionellen Vorstellungskreis der Parusie deutlicher hervortreten, wenn dieser als Horizont von Anfang an präsent ist. Ein Ziel ist jedenfalls nach den obigen Ausführungen zur Methode ausgeschlossen, nämlich nach einem aus dem übrigen Neuen Testament vorgefertigten Parusiebegriff im Hebräerbrief nurmehr zu suchen. Nichtsdestotrotz mag der an dieser Stelle zu gewinnende neutestamentliche Parusiebegriff einsichtig machen, weshalb bestimmte Stellen im Hebräerbrief meist unhinterfragt mit den entsprechenden Parusievorstellungen in Verbindung gebracht wurden.

Keinesfalls darf darüber hinweggesehen werden, daß sich im neutestamentlichen Vorstellungskreis rund um den Parusiegedanken verschiedene Segmente mit unterschiedlichen Vorstellungen voneinander abheben. Der ursprüngliche Parusiegedanke begegnet bereits in den echten Paulusbriefen. In deutlich abgewandelter Form wird er in den Deuteropaulinen und dort vor allem in den Pastoralbriefen fortentwickelt. Aufs ganze gesehen, ist die Parusievorstellung in der paulinischen Schule am breitesten als Element der urchristlichen Tradition angelegt, während sie in anderen neutestamentlichen Überlieferungen nur vereinzelt und in sehr begrenzten Zusammenhängen zu finden ist. Der folgende kurze Abriß soll dies verdeutlichen.

5.1. Die Parusie oder der Tag des Herrn vor und bei Paulus

Meine Bemerkungen „zur Bedeutung und Funktion der Parusieaussagen bei Paulus“ können sich über weite Strecken auf die Monographie mit diesem Untertitel von W. Radl stützen.[19] Er hat gezeigt, daß Paulus in seiner Parusievorstellung „sehr stark von vorgegebenen Traditionen abhängig ist“[20], die er zwar aufgreift, dabei aber „die Parusie nicht zum Thema seiner Ausführungen macht“[21]. Eine einzige Ausnahme bestätigt die Regel: 1 Thess 4,16-17. „Was Paulus vor allen konkreten Begriffen und Formulierungen aus der Tradition übernommen hat, das ist die Parusieerwartung als solche. Diese hat sich dann auch vor ihm schon in zentralen Begriffen wie ‚Ankunft des Herrn‘ [παρουσία τοῦ κυρίου] oder ‚Tag des Herrn‘ [ἡμέρα τοῦ κυρίου] konkretisiert.“[22] Diesen beiden Syntagmata wollen wir nachfolgend, in ihrer traditionsgeschichtlichen Bedeutung und paulinischen Verarbeitung, auf die Spur kommen.

Ganz allgemein bezeichnet das Substantiv παρουσία im Sinne von Gegenwärtigsein die Anwesenheit von Personen oder Sachen bzw. im Sinne von Gegenwärtigwerden deren Eintreffen, die Ankunft. Im Hellenismus wird es darüber hinaus im profanen Bereich zum terminus technicus „für den Besuch eines Herrschers oder hohen Beamten“[23] und im sakralen Bereich für das

---

19 Vgl. Radl, Ankunft; außerdem Plevnik, der zu ähnlichen Ergebnissen kommt.
20 Radl, Ankunft 173.
21 Radl, Ankunft 173.
22 Radl, Ankunft 173.
23 Oepke, ThWNT V 857.

hilfreiche Auftreten der Götter. Das biblische Hebräisch kennt aufgrund der konkreten Redeweise der Semiten kein entsprechendes Abstraktum. Die zahlreichen Verben für „da sein, kommen" sind überwiegend in der allgemeinen Bedeutung gebraucht. Sie stehen aber auch für das Kommen Gottes zu bestimmten (Kult-)Orten, sein Kommen in der Geschichte und als Weltkönig und das Kommen des Messias. In dieser Funktion werden sie zu Topoi in der jüdischen Apokalyptik. Diese Beobachtungen legen es nahe, „die spezifische Verwendung von παρουσία im Neuen Testament aus dem hellenistischen Sprachgebrauch herzuleiten"[24]. Freilich muß man die Grenzen einer solchen Herleitung klar im Auge haben: „Ein unbedingter Sachgehalt der apokalyptisch geprägten vielfältigen Rede von der P[arusie] läßt sich schwer angeben. Der Christ hofft jedenfalls auf die Begegnung mit dem als Herr sich offenbarenden Christus."[25]

Paulus spricht nur in zwei seiner Briefe von der „Parusie" des Herrn, und zwar an folgenden fünf Stellen: 1 Kor 15,23; 1 Thess 2,19; 3,13; 4,15; 5,23. „παρουσία ist bei ihm immer von ἐν bzw. εἰς abhängig. Ergänzt wird es durch τοῦ κυρίου (ἡμῶν ...) oder αὐτοῦ, wenn vorher ‚Christus' (1 Kor 15,23) oder ‚unser Herr Jesus' (1 Thess 2,19) steht."[26] Dieser knappe Befund zeigt bereits, daß Paulus den Begriff der Parusie Christi zwar aus christlich-hellenistischer Tradition gekannt, ihm aber in seiner eigenen Theologie keine herausragende Stellung zugewiesen hat. Vier der fünf paulinischen Belegstellen finden sich in seinem ältesten Brief. Danach taucht das Syntagma nurmehr ein einziges Mal in seinen Briefen auf, während sich der Gebrauch des Wortes „Parusie" ausweitet. „Von da an verwendet Paulus das Wort nur noch unspezifisch und weniger formelhaft für seine oder seiner Mitarbeiter Ankunft und Gegenwart (2 Kor 7,6.7; 10,10; Phil 1,26; 2,12). Dabei ist zu beachten: In diesem Sinn gebraucht das Wort im Neuen Testament überhaupt nur Paulus."[27]

Wo im Neuen Testament ἡμέρα nicht in seiner Grundbedeutung als reine Zeitangabe oder für den Zustand der Helligkeit steht, sondern übertragen verwendet ist, dort lehnt sich dieser Gebrauch eng an alttestamentliche Vorstellungen an. Im Alten Testament sind der „Tag JHWHs" (יום יהוה) oder „jener Tag" (יום ההוא) feststehende Ausdrücke, welche dann auch die jüdische Apokalyptik übernimmt.[28] Indes vermengen sich im Vorstellungskomplex des Tages JHWHs geschichtliche, politische und kosmische Umwälzungen.[29] Eine Entwicklung läßt sich in der Bedeutsamkeit dieser Umwälzungen feststellen. Während sie in vorprophetischer Zeit wohl Heil für Israel, den Völkern hin-

---

24 Radl, Ankunft 180; vgl. ebd. 177-180.

25 Radl, EWNT III 104-105; vgl. ebd. 102-105; Oepke, ThWNT V 856-868; Plevnik 4-10.

26 Radl, Ankunft 175.

27 Radl, Ankunft 181.

28 Vgl. Plevnik 11-39.

29 Vgl. Am 8,9; Jes 2,6-22; 24,21; Mi 1,2-7; Zef 1; Joel 3,4; Sach 14.

gegen Unheil brachten, wird der Tag JHWHs bei den frühen Schriftpropheten zu einem Topos der Unheilsverkündigung auch für Israel.[30] Eine erneute Wende bringt das Babylonische Exil, das die Vorstellung vom Tag JHWHs als Wiederherstellung der Integrität Israels entstehen läßt.[31] Die jüdische Apokalyptik hinwieder sieht im Tag JHWHs vor allem einen Gerichtstag, mit dem kommendes Unheil verbunden wird. „Im Gegensatz zur Apokalyptik ist der ‚Tag des Herrn‘ im Neuen Testament überwiegend ein Tag des Heils. Er ist es sogar immer, wenn der ganze Ausdruck gebraucht wird. Nur wo ‚Tag‘ absolut steht und der Tag des Herrn gemeint ist, erscheint er als kritisch und bedrohlich“[32]. Gerade die schwankende Heilsbedeutung des Tages macht in jedem Fall deutlich, daß wir es mit einer im Wortsinn kritischen und soteriologischen Größe zu tun haben. Der Tag bringt das Gericht, den einen zum Heil, den anderen zum Unheil. Ob in der Vorstellung des Tages Heil oder Unheil überwiegt, hängt von der jeweiligen Perspektive ab.

Die Vorstellung des Tages JHWHs beinhaltet fast ausschließlich zukünftige Ereignisse. Das heißt nicht, daß es sich in jedem Fall um eschatologische Ereignisse im engeren Sinne handelt, sondern es muß „von Fall zu Fall die Möglichkeit in Betracht gezogen werden, daß die Erwartung eines Tages Jahwes einem gewiß höchst wichtigen Ereignis in der Geschichte Israels gilt, das aber deshalb noch nicht den Anbruch der Endzeit bedeutet“[33]. In der Diskussion um die alttestamentliche Eschatologie kommt dem feststehenden Ausdruck „am Ende der Tage“ (באחרית הימים) eine besondere Bedeutung zu. Ob er streng eschatologisch den Anbruch der Endzeit markiert, bleibt strittig. Um nur zwei repräsentative Meinungen zu nennen: E. Jenni verneint die streng eschatologische Auffassung des Ausdrucks ohne Ausnahme,[34] H. Seebaß bejaht sie immerhin für sechs alttestamentliche Stellen.[35] Vom Tag JHWHs als Zeitpunkt, welcher das Eintreten bestimmter Ereignisse markiert, sind Wendungen zu unterscheiden, die sich auf einen Zeitraum beziehen: „es kommen Tage“, „in jenen Tagen“, „in jener Zeit“. Im Neuen Testament sind im erstgenannten Sinne etwa Hebr 1,2; 9,26 zu verstehen, die auf das eschatologische Sprechen Gottes im Sohn bzw. das Offenbarwerden Christi als Anbruch der Endzeit sogar schon zurückblicken (ἐλάλησεν; πεφανέρωται).[36]

---

30 Vgl. Am 5,18-20; 6,3; 9,10; Ez 7,7.

31 Vgl. Joel 3; 4,18; Sach 12,1-13,1; Mal 3,2.

32 Radl, Ankunft 183; vgl. ebd. 181-185.

33 von Rad, ThWNT II 947; vgl. z. B. Klgl 1,21; Ez 34,12; Zef 1,15; Joel 2,2.

34 Vgl. Jenni 116-118.

35 Vgl. Seebaß 227-228 in bezug auf Jes 2,2; Mi 4,1; Hos 3,5; Ez 38,16; Dan 2,28; 10,14. An diesen Sprachgebrauch schlössen sich dann Hebr 1,2: ἐπ᾽ ἐσχάτου τῶν ἡμερῶν τούτων und Hebr 9,26: ἐπὶ συντελείᾳ τῶν αἰώνων an. Für die übrigen Belege in Gen 49,1; Num 24,14; Dtn 4,30; 31,29; Jer 48,47; 49,39 schließt auch Seebaß eine streng eschatologische Bedeutung aus. Unentschieden ist Seebaß 228 in einem dritten Fall: „Auf der Grenze zwischen Zukunft und Eschaton steht Jer 23,20b = 30,24b.“

36 Vgl. Hofius, Katapausis 142; Käsemann, Das wandernde Gottesvolk 11-12; zur bereits gegenwärtigen Endzeit vgl. außerdem Apg 2,17; Jak 5,3.

Den letztgenannten Gebrauch nehmen Wendungen wie ἐσχάται ἡμέραι und ἐλεύσονται / ἔρχονται / ἥξουσιν ἡμέραι auf, welche die Zeit unmittelbar vor dem Weltende bezeichnen.[37] Zu unterscheiden bleibt dabei, ob das Endgericht mit diesen Tagen schon einsetzt oder erst als deren Ende auf sie folgt.

Häufiger als von der Parusie des Herrn spricht Paulus vom „Tag" des Herrn, insgesamt an neun Stellen: 1 Kor 1,8; 3,13; 5,5; 2 Kor 1,14; Phil 1,6.10; 2,16; 1 Thess 5,2.4.[38] „Dabei kann (ἡ) ἡμέρα absolut stehen, wie 1 Kor 3,13; 1 Thess 5,4, und in Verbindung mit (τοῦ) κυρίου (ἡμῶν Ἰησοῦ) oder – in paulinischer Formulierung – mit Χριστοῦ (Ἰησοῦ), wie 1 Kor 1,8; 5,5; 2 Kor 1,14 bzw. Phil 1,6.10; 2,16. Im zweiten Fall ist es fast immer Bestandteil eines Präpositionalausdrucks."[39] Dieser Befund läßt vermuten, daß es sich dabei „um einen genuin paulinischen Begriff handelt, natürlich nicht bezüglich des Wortlauts, sondern was die Beziehung auf Christus betrifft"[40].

Der voraufgehende Überblick macht deutlich, daß Paulus beim Gebrauch der Begriffe „Parusie" bzw. „Tag" des Herrn auf eine reiche vor- und urchristliche Tradition der Parusieerwartung zurückgreifen konnte. „Mit dem Glauben an den Auferstandenen, der noch bestätigt wird durch die Erfahrung des Geistes, ist auch die Möglichkeit gegeben, die in der alttestamentlich-jüdischen Erwartung vorgegebenen Vorstellungen, vor allem die vom kommenden Menschensohn und Richter, auf Jesus zu übertragen. [...] Auch die Erhöhungsvorstellung ist mit der Parusieerwartung schon früher verbunden, als es ausdrücklich gesagt wird; jedenfalls verdankt sie ihr Entstehen nicht erst dem Bewußtwerden der Parusieverzögerung. Der Gedanke der Erhöhung Jesu kommt wohl zunächst implizit zur Geltung. Das Herr-Sein des Auferstandenen ist vorausgesetzt, wenn die palästinische Gemeinde ihn im Maranatha als Herrn um sein Kommen bittet; freilich wird erst die Parusie den Herrn als solchen offenbaren. Bezeichnenderweise besteht gerade in den ältesten Paulusbriefen (1 Thess, 1/2 Kor) eine enge Beziehung zwischen dem Parusiegedanken und dem Kyriostitel. So kennt Paulus bei der Abfassung seiner ersten Briefe schon eine entwickelte Form der Parusieanschauung."[41]

Die Motive der paulinischen Parusievorstellung seien an dieser Stelle kurz aufgelistet,[42] ohne sie freilich einer eingehenden Kritik zu unterziehen. Das würde an dieser Stelle sicherlich zu weit führen. Nachdem oben die Traditionslinien der beiden grundlegenden Syntagmata „Parusie des Herrn" und „Tag des Herrn" skizziert worden sind, genügt es an dieser

---

37 Vgl. Lk 19,43; 21,6; 23,29; 2 Tim 3,1; 2 Petr 3,3. Diese Wendungen werden jedoch auch in einem nicht eschatologischen Sinne auf die Zeit nach Jesu Tod bezogen; vgl. dazu Mt 9,15 // Mk 2,20 // Lk 5,35.

38 Vgl. die Zusammenstellung bei Radl, Ankunft 36.

39 Radl, Ankunft 175.

40 Radl, Ankunft 181-182.

41 Radl, Ankunft 194-195.

42 Vgl. dazu Radl, Ankunft 174-176.

Stelle, die Umstände und Begleiterscheinungen dieser Ereignisse nach Paulus kurz zu benennen. Wenn Paulus von der Parusie beziehungsweise dem Tag des Herrn spricht, dann ist mit dem Herrn nie Jahwe gemeint wie in der alttestamentlichen und jüdischen Tradition, sondern stets Jesus Christus. Das geht auch in den Fällen eindeutig aus dem Kontext hervor, in denen der Name Jesu Christi fehlt. Häufig erwähnt Paulus aber auch „Titel und Name dessen, der erwartet wird: ‚unser Herr Jesus Christus'. Teilweise fehlt ‚Christus'. Ausdrücklich als akkusativisches Objekt der Erwartung sowie ohne Artikel und Possessivpronomen steht die Formel Phil 3,20, sonst dagegen um das Genannte erweitert und im Genitiv; dieser bezeichnet 1 Thess 1,3 das Objekt von ἐλπίς, ist 2,19 von ἔμπροσθεν abhängig und bildet 1 Kor 1,7 die nähere Bestimmung zu ἀποκάλυψις, 1,8; 1 Kor 1,14 zu ἡμέρα sowie 1 Thess 3,13; 5,23 zu παρουσία. 1 Thess 1,10 wird Gottes ‚Sohn', ‚Jesus', als der Erwartete genannt."[43] Zu den Formeln, die Paulus um die Begriffe „Tag" oder „Parusie" herum bildet, fügt er in 1 Kor 1,7 diejenige von der „Offenbarung unseres Herrn Jesus Christus" hinzu. Ist Christus mithin eindeutig die zentrale Figur im Parusiegeschehen, so erweisen sich Ausdauer und Festigkeit der Gemeinde in der Erwartung seiner Parusie doch „vor unserem Gott und Vater" (1 Thess 1,3; 3,13). „Vom Tag des Herrn, vor allem aber vom Herrn selbst wird gesagt, daß er ‚kommt'. [...] Mit der Rede vom ‚Kommen' des Herrn verwandt ist die Verkündigung seiner ‚Nähe'" (1 Thess 1,10; 5,2; 1 Kor 4,5; 11,26; 16,22; Phil 4,5). Der Herr kommt „mit allen seinen Heiligen" (1 Thess 3,13) „aus dem Himmel" (Phil 3,20; 1 Thess 1,10) beziehungsweise „vom Himmel her" (1 Thess 4,16). Er kommt als Retter (Phil 3,20; 1 Thess 1,10). Sein Tag kommt wie ein Dieb in der Nacht (1 Thess 5,2). „Die Erwartung bezeichnen zwei verschiedene Verben und ein Substantiv"[44]: ἀπεκδέχεσθαι (1 Kor 1,7; Phil 3,20), ἀναμένειν (1 Thess 1,10) und ἡ ὑπομονὴ τῆς ἐλπίδος (1 Thess 1,3). Die hier aufgelisteten Elemente der paulinischen Parusieaussagen sind meist einem traditionellen Repertoire entnommen. Sie werden von Paulus in formelhafter Sprache, in Einzelsätzen und Satzteilen, überliefert. Groß angelegte apokalyptische Szenarien fehlen. Mit Radl müssen wir also festhalten: „Die Ankündigung oder gar Beschreibung der Parusie ist weder seine ureigene noch seine eigentliche Aussage."[45]

Diese Feststellung gilt selbst noch für die einzige Stelle, an der Paulus eine überlieferte Parusievorstellung ein wenig entfaltet: 1 Thess 4,16-17.[46] Die dort gebotene Schilderung der Parusie Christi ist nämlich alles andere als Selbstzweck. Zwar werden außer den oben aufgezählten weitere Elemente des Parusiegeschehens erwähnt: Befehlswort (ἐν κελεύσματι),

---

[43] Radl, Ankunft 174.

[44] Radl, Ankunft 176.

[45] Radl, Ankunft 173; vgl. Plevnik 319-323.

[46] Vgl. Plevnik 65-98; Radl, Ankunft 113-156.

Schrei des Erzengels (ἐν φωνῇ ἀρχαγγέλου), Posaune Gottes (ἐν σάλπιγγι θεοῦ), Auferstehung (οἱ νεκροὶ ἐν Χριστῷ ἀναστήσονται), Entrückung in die Wolken (ἁρπαγησόμεθα ἐν νεφέλαις), Begegnung mit dem Herrn in der Luft (εἰς ἀπάντησιν τοῦ κυρίου εἰς ἀέρα).[47] Welche Intention Paulus mit dieser Schilderung im Auge hat, verrät aber erst die Komposition des Abschnitts 1 Thess 4,13-18, in den das apokalyptische Wort von V.16-17 eingebettet ist. V.13.18 stellen als Rahmen die Situation dar, in die hinein der Apostel spricht. Er will der Trauer seiner Adressaten um ihre Toten begegnen, indem er sie an die allen Christen gemeinsame Hoffnung erinnert, die auch sie selbst einander immer wieder zusprechen sollen. Den alles tragenden Grund dieser Hoffnung gibt Paulus in dem Credo-Satz in V.14 an,[48] namentlich den Glauben an den Tod und die Auferstehung Jesu. Dieser Glaube ermöglicht den Christen die begründete Hoffnung darauf, daß Gott auch ihre Toten durch Jesus und zusammen mit ihm zum Leben führen wird. Auch dem in V.15 von Paulus überlieferten Herrenwort gibt dieses Credo erst seinen genauen Sinn. Da die Auferweckungshoffnung der Gemeinde in Jesu Tod und Auferstehung gründet, ist sie sicher verbürgt. Denn der Tod und die Auferstehung Jesu sind im Glauben der Christen die feststehenden Tatsachen, welche ihre Gemeinschaft mit Christus durch den Tod hindurch in ihrer eigenen Auferstehung garantieren (V.14).[49] Die Parusie des Herrn ist dagegen nur der äußere Anlaß für die Auferstehung der Toten in Christus und ihre Gemeinschaft mit ihm, nicht aber deren innerer Grund.[50] Würde die Gemeinschaft der Gläubigen mit Christus hauptursächlich durch seine Parusie gestiftet, dann hätten die zu diesem Zeitpunkt noch lebenden Gläubigen insofern einen Vorteil vor den bereits Entschlafenen, als die Parusie Christi über die hiesige Welt der Lebenden hereinbricht. Einen solchen Vorteil der dann noch Lebenden streitet das Herrenwort aber gerade ab. Es bestätigt damit ex negativo die positive Aussage des vorhergehenden Credo-Satzes über die konkurrenzlose soteriologische Bedeutung von Tod und Auferstehung Jesu für die unverbrüchliche

---

47 Zu den einzelnen Elementen vgl. Plevnik 45-64; Radl, Ankunft 116-124.142-151.

48 Vgl. Holtz 189: „Der mit εἰ (‚wenn') eingeleitete Vordersatz will keine nur hypothetische Bedingung nennen, sondern hebt auf eine Wirklichkeit ab; er hat fast die Funktion eines Kausalsatzes." Radl, Ankunft 130-131.

49 Vgl. Holtz 193: „Das mit σύν ausgedrückte Verhältnis bedeutet die Gemeinschaft mit dem gestorbenen und auferstandenen Herrn; es ist die Zusammenfassung der eschatologischen Erwartung des Heils, das durch die Teilhabe an der Auferstehungswirklichkeit Jesu gewonnen wird. Unberücksichtigt geblieben ist bislang die weitere präpositionale Wendung διὰ τοῦ Ἰησοῦ (‚durch Jesus'). Die neuere Exegese bezieht sie zu Recht häufiger auf das Verb (ἄξει). Die gewisse Überfrachtung, die man dabei anerkennen muß, liegt daran, daß Paulus zwar den in Jesu Auferstehung begründeten Akt der Totenauferstehung nicht eigens nennt, ihn vielmehr in der Nennung der Heraufführung Gottes voraussetzt, die Begründung der Auferstehung in der Geschichte Jesu aber mit ‚durch Jesus' doch andeutet." Radl, Ankunft 131-136.

50 Zu beachten ist dabei allerdings, daß in der christlichen Verkündigung wohl die Auferstehung Christi, nicht aber die allgemeine Auferstehung der Toten von Anfang an einen zen-

Gemeinschaft der Glaubenden mit ihm. Schließlich veranschaulicht Paulus durch die apokalyptische Schilderung der Parusieereignisse in V.16-17 das im Credo-Satz und im Herrenwort formulierte Bekenntnis und verleiht dadurch seiner bisherigen Argumentation weiteres Gewicht. Demnach werden zur Zeit der Parusie Christi die Lebenden gegenüber den Toten nicht nur keinen Vorteil haben, sie werden vielmehr sogar die Auferstehung der Toten abwarten müssen, um dann erst zugleich mit ihnen in die endgültige Gemeinschaft mit Christus einzugehen. Der soteriologische Vorrang von Tod und Auferstehung Jesu gegenüber seiner Parusie bleibt bis zum Schluß absolut.

5.2. Die Parusieverzögerung in der nachpaulinischen Briefliteratur

Da sich der 2. Thessalonicherbrief in seiner fiktiven paulinischen Verfasserschaft bewußt an den echten Paulusbrief an die Gemeinde in Thessalonich anschließt, verwundert es nicht, das Parusiethema aus 1 Thess 4,13-18 hier wieder anzutreffen, wenngleich in völlig veränderter Absicht. In 2 Thess 2,1.8 spricht der Verfasser von der Parusie des Herrn, kann aber in bewußter Antithese dazu auch von der „Parusie in der Kraft des Satans" (2 Thess 2,9) reden. Den „Tag des Herrn" in 2 Thess 2,2 setzt er offenbar, unterstützt durch die inklusive Satzstruktur in V.1-2, mit der Parusie des Herrn gleich. Nach 2 Thess 1,3-10 wird der Herr Jesus „an jenem Tag" (V.10) „vom Himmel her mit den Engeln seiner Macht, in flammendem Feuer" (V.7-8) kommen (V.10) und vor aller Welt offenbar werden (V.7: ἐν τῇ ἀποκαλύψει τοῦ κυρίου Ἰησοῦ). Er wird die Gottlosen bestrafen (V.8-9) und selbst verherrlicht und bewundert werden (V.10). 2 Thess 2,1-12 handelt dann weniger von der Parusie des Herrn als von derjenigen des Bösen. Dieser kommt zuerst, wird aber von jenem bei seiner Ankunft „durch den Hauch seines Mundes" (V.8) vernichtet werden. Im 2. Thessalonicherbrief geht es dem Verfasser nicht wie Paulus in 1 Thess 4,13-18 um das Schicksal der Toten bei der Parusie Christi, sondern um den Zeitpunkt ihres Eintretens. In 2 Thess 2,2 nennt er ausdrücklich die Intention seines Schreibens: Er will der falschen Meinung, die Parusie Christi sei schon jetzt da,[51] entgegentreten. „Gewiß konnte keiner auf

tralen Platz eingenommen hat. Es gilt mit Sellin, Der Streit 39: „Paulus führt hier etwas Neues ein, wie die belehrende, nicht erinnernde Formulierung οὐ θέλομεν δὲ ὑμᾶς ἀγνοεῖν (V.13) zeigt. Ziel ist die Tröstung (4,18; 5,11) der durch inzwischen eingetreteneTodesfälle in Glaubenszweifel geratenen Thessalonicher. Die ‚Auferstehung der Toten' kann ihnen bis dahin nicht bekannt gewesen sein. Dieser Gedanke war auch nicht nötig, wenn man davon ausgeht, daß Paulus damals in Thessalonich das Heil gepredigt hat ganz in der Vorstellung der in absehbarer Zeit alle Christen noch zu ihren Lebzeiten ereilenden Parusie des Retters."

51 Vgl. Trilling 78: „Das Perfekt [ἐνέστηκεν] läßt keinen Zweifel daran, daß vom ‚da sein', nicht vom ‚nahe sein', ‚bevorstehen' u.ä. die Rede ist."

den Gedanken kommen zu sagen, die Parusie *finde jetzt tatsächlich statt.* Da wäre auch zum Abfassen eines Briefes keine Zeit mehr gewesen. Aber man konnte durchaus sagen: *Es ist soweit*, das Endgeschehen kommt in Gang."[52] Der Autor des 2. Thessalonicherbriefes antwortet also auf Fragen und Probleme im Zusammenhang mit der Parusieverzögerung. „Er wollte wohl nicht mehr sagen als dieses: Gott ist in seiner Weise gegenwärtig und am Werk. Er bestimmt auch den Zeitpunkt für das Ende."[53]

Von der Parusiekonzeption des 2. Thessalonicherbriefes lassen sich Verbindungslinien zu zwei anderen Traditionen innerhalb des Neuen Testaments ziehen. Wie in 2 Thess 2,8-9 der Parusie des Herrn Jesus diejenige in der Kraft des Satans vorausgeht, so kommt nach 1 Joh 2,18 ein Antichrist noch vor der Parusie Christi, welche in 1 Joh 2,28 erwähnt wird. Das Wort παρουσία ist im johanneischen Schrifttum nur an dieser Stelle belegt. „Die Parusie bringt das Gericht mit sich. Im kommunikativen Wir-Stil schildert der Verf. die Zuversicht [παρρησία] der Glaubenden in dieser Stunde als Frucht des In-Christus-Bleibens."[54] Eine andere Verbindungslinie führt zu den Pastoralbriefen. Dazu muß man beachten, daß 2 Thess 2,8 mit der Wendung τῇ ἐπιφανείᾳ τῆς παρουσίας αὐτοῦ den Begriff der „Erscheinung" im unmittelbaren Kontext einer Parusieaussage einführt. Es scheint sich um eine plerophore Ausdrucksweise zu handeln, in der „Epiphanie" und „Parusie" nahezu dasselbe bedeuten.[55] Weiter unten werden wir sehen, daß in den Pastoralbriefen die Rede von der Epiphanie diejenige von der Parusie vollkommen verdrängt hat.

Doch zuvor wollen wir uns einem weiteren neutestamentlichen Schreiben zuwenden, welches das Problem der Parusieverzögerung in größerem Umfang behandelt, dabei aber zu einer ganz anderen Lösung kommt als der 2. Thessalonicherbrief: dem 2. Petrusbrief. In 2 Petr 3,8 schließt der Verfasser des 2. Petrusbriefes mittels eines Zitats aus Ps 90,4 zwar jegliche zeitliche Berechenbarkeit der Parusie (V.4) aus. Im Anschluß daran legt er aber dennoch Wert auf die Feststellung, daß der Herr die Verheißung nicht verzögert. Das Stichwort der Verheißung nimmt der Autor aus der in V.4 zitierten spöttischen Frage seiner Gegner auf: „Wo ist die Verheißung seiner Ankunft?" (ποῦ ἐστιν ἡ ἐπαγγελία τῆς παρουσίας αὐτοῦ). Damit ist der Inhalt der Verheißung angezeigt: die Parusie des Herrn und Retters (V.2).[56] Aus 2 Petr 3,1-13 gehen zwei Bestimmungen der Parusie deutlich hervor. Sie geht erstens mit dem „Tag des Gerichts und Verderbens" (V.7: ἡμέραν κρίσεως καὶ ἀπωλείας) bzw. dem „Tag des Herrn" (V.10) einher; wie von der Parusie Christi (V.4), so kann der Autor auch von der Parusie des Tages Gottes (V.12) sprechen. Eine Schlüsselfunktion für

52 Trilling 79.
53 Trilling 102.
54 Klauck, EKK XXIII/1 174.
55 Vgl. Trilling 103.
56 Vgl. Vögtle 230-231.

das Verständnis des Vorstellungshorizonts der Perikope übt, zweitens, der Begriff ἐπαγγελία/ἐπάγγελμα aus. Die Verheißung, deren Erfüllung der Herr nicht verzögert (V.9), hat nämlich zwei Inhalte: neben der bereits erwähnten Parusie (V.4) einen neuen Himmel und eine neue Erde, in denen Gerechtigkeit wohnt (V.13). Der alte Himmel und die alte Erde lösen sich in einem Weltbrand auf (V.7.10-12). Was die Gegner des Verfassers des 2. Petrusbriefes negativ als Verzögerung aus Säumigkeit qualifizieren,[57] das hat nach der Meinung des Autors seinen Grund in der Langmut des Herrn (V.9: μακροθυμεῖ), die verhindern will, daß am „Tag des Verderbens" (V.7) „einige verderben, sondern alle zur Umkehr gelangen".

Das Stichwort der Langmut führt uns schließlich zu einer Stelle im Jakobusbrief, wo ebenfalls das Problem der Parusieverzögerung verhandelt wird: Jak 5,7-8. Dort ruft der Verfasser seine Adressaten gleich zweimal hintereinander zur Langmut in der Erwartung der Parusie des Herrn auf (V.7.8: μακροθυμήσατε). Dieser Ansporn der Gläubigen zur Langmut fügt sich gewissermaßen komplementär zu der Langmut, die der 2. Petrusbrief dem Herrn im Hinausschieben seiner Parusie unterstellt. Die Geduld, die der Herr mit den Sündern hat, indem er ihnen Zeit zur Umkehr läßt, müssen in der Folge auch die Gläubigen ihrem Herrn gegenüber aufbringen, weil sich durch seine Langmut auch für sie die Zeit bis zu seiner Ankunft dehnt. Motiviert wird die Geduld der Adressaten in Jak 5,8 durch die betonte Gewißheit der Parusie. Sie kommt nicht nur nahe, sondern *hat* sich schon genähert (vgl. das Perfekt ἤγγικεν) und *ist* mithin schon nahe.[58] Diesen Zusammenhang illustriert der Verfasser durch ein Beispiel aus der Landwirtschaft: Auch der Bauer muß das Wachsen der Saat abwarten, bis er die reifen Früchte ernten kann. Daraus sollen die Leser eines lernen: „Das geduldige Ausharren, nämlich auf etwas, was sicher eintreten wird, aber nicht schon ‚morgen'!"[59]

5.3. Die Epiphanie des Herrn in den Pastoralbriefen

Die Rede von der Epiphanie des Herrn stellt ein hervorstechendes Charakteristikum der Pastoralbriefe dar. „Mit dem Begriff ἐπιφάνεια (‚Erscheinung') wird ein zentraler Terminus der religiösen Sprache des Hellenismus aufgenommen"[60], welcher dort „das *Erscheinen der Gottheit* oder eines ihrem Machtbereich zugehörigen Wesens *zu hilfreichem Machterweis*"[61] bezeichnet. Das Wort ἐπιφάνεια taucht innerhalb des Neuen Testaments außer in 2 Thess 2,8 ausschließlich in den Pastoralbriefen auf (1 Tim 6,14; 2 Tim 1,10; 4,1.8; Tit 2,13). Dagegen fehlt in ihnen das paulinische Syn-

---

[57] Vgl. Strobel, Untersuchungen 89.
[58] Vgl. Frankemölle 683.
[59] Mußner, HThK XIII/1 202.
[60] Roloff 353; vgl. Plevnik 42-43.
[61] Roloff 353.

tagma „Parusie des Herrn" und überhaupt das Wort παρουσία ganz. Vom „Tag des Herrn" spricht einzig der 2. Timotheusbrief an vier Stellen. Dort benutzt er die vom Alten Testament und der jüdischen Apokalyptik her bekannten Formulierungen „bis zu/an jenem Tag" (2 Tim 1,12: εἰς ἐκείνην τὴν ἡμέραν; 1,18; 4,8: ἐν ἐκείνῃ τῇ ἡμέρᾳ) und „in den letzten Tagen" (2 Tim 3,1: ἐν ἐσχάταις ἡμέραις). An allen fünf Belegstellen von ἐπιφάνεια wird als Genitivattribut Titel und Name dessen angegeben, der erscheint, oder mit dem Genitivattribut αὐτοῦ auf solche Angaben im Kontext Bezug genommen. In jedem Fall handelt es sich um Christus. Zweimal steht ἐπιφάνεια als Teil eines Präpositionalausdrucks, dreimal als Akkusativobjekt. In 1 Tim 6,14 ermahnt der Autor Timotheus zur Treue in seinem Auftrag. Dabei gibt er auch an, wie lange diese Treue währen muß, nämlich „bis zum Erscheinen Jesu Christi, unseres Herrn" (μέχρι τῆς ἐπιφανείας τοῦ κυρίου ἡμῶν Ἰησοῦ Χριστοῦ). 2 Tim 1,10 spricht von der Gnade, die „durch das Erscheinen unseres Retters Christus Jesus offenbart wurde" (φανερωθεῖσαν δὲ νῦν διὰ τῆς ἐπιφανείας τοῦ σωτῆρος ἡμῶν Χριστοῦ Ἰησοῦ). 2 Tim 4,1 ruft Timotheus zu unermüdlichem Einsatz auf und bekräftigt diesen Aufruf mit der Beschwörungsformel „bei seinem Erscheinen" (τὴν ἐπιφάνειαν αὐτοῦ). 2 Tim 4,8 spricht vom Kranz der Gerechtigkeit, den der Herr „an jenem Tag" allen geben wird, „die sein Erscheinen geliebt haben" (πᾶσι τοῖς ἠγαπηκόσι τὴν ἐπιφάνειαν αὐτοῦ). Tit 2,13 nennt als die erwartete Erfüllung unserer Hoffnung „das Erscheinen der Herrlichkeit unseres großen Gottes und Retters Jesus Christus" (ἐπιφάνειαν τῆς δόξης τοῦ μεγάλου θεοῦ καὶ σωτῆρος ἡμῶν Ἰησοῦ Χριστοῦ). Um die Aussage von der Epiphanie des Herrn in den Pastoralbriefen vollständig zu erfassen, muß außerdem Tit 2,11 hinzugefügt werden. Dort heißt es es mit dem Verbum vom selben Wortstamm: „Denn die Gnade Gottes ist erschienen" (ἐπεφάνη γὰρ ἡ χάρις τοῦ θεοῦ).[62]

Auf den ersten Blick fällt auf, daß die Epiphanieaussagen sich nicht wie diejenigen von der Parusie beziehungsweise dem Tag des Herrn sämtlich auf zukünftige Ereignisse beziehen, sondern zum Teil auch auf vergangene. Zeitlich eindeutig festgelegt ist die Epiphanie an vier Stellen: als zukünftiges Geschehen in 1 Tim 6,14 und Tit 2,13, als vergangenes in 2 Tim 1,10 und Tit 2,11. Unklar bleibt die zeitliche Situierung zunächst für 2 Tim 4,1.8. Vergewissern wir uns zunächst des Inhalts der Epiphanieaussagen in den zeitlich eindeutigen Passagen. In 1 Tim 6,14 bleibt der Vorgang der Epiphanie Christi ohne jede inhaltliche Füllung. Gesagt wird nur, daß Gott ihn zur vorherbestimmten Zeit herbeiführen wird. „Der Hinweis auf die Epiphanie ist nun nicht mehr geprägt von aktueller Parusieerwartung, und er soll auch den Gedanken des dann stattfindenden Gerichts nicht besonders betonen. Das mit ‚Epiphanie' umschriebene Heilsgeschehen mit

62 Das Verbum ἐπιφαίνειν begegnet innerhalb des Neuen Testaments noch in Lk 1,79 und Apg 27,20, dort allerdings nicht in einem theologisch prägnanten eigenen Sinn.

den verschiedenen Stufen der Offenbarung gibt lediglich den Rahmen ab, in welchem der von ‚Paulus' beschriebene Auftrag seine Erfüllung findet."[63] Tit 2,13 beschränkt sich seinerseits auf die Auskunft, daß die Herrlichkeit erscheinen wird. Klar ist dabei grammatikalisch, daß es sich um die Herrlichkeit Christi als Retter handelt, vielleicht im Gegensatz zu seiner Niedrigkeit in der Inkarnation. Ob mit „unser großer Gott" ebenfalls Christus bezeichnet wird oder neben ihm das Erscheinen der Herrlichkeit Gottes eigens erwähnt werden soll, bleibt hingegen von der Formulierung her unklar.

In den auf die Vergangenheit bezogenen Passagen 2 Tim 1,10 und Tit 2,11 ist es beide Male die Gnade Gottes, die im Erscheinen unseres Retters Jesus Christus erschienen ist und so offenbar wurde. Die Erscheinung Christi meint an diesen Stellen zunächst seine Inkarnation, freilich nicht im eingeschränkten Sinne seiner menschlichen Geburt, sondern unter Verweis auf seine gesamte irdische Existenz. Jesus wird in 2 Tim 1,10 in erster Linie als der Bote des Evangeliums vorgestellt, der durch sein Evangelium den Tod entmachtet und das Licht des unvergänglichen Lebens entzündet hat. Damit verbindet 2 Tim 1,9 eine Präexistenzaussage: In Jesus Christus ist uns die Gnade Gottes nicht nur erschienen, indem er Mensch geworden ist; in ihm wurde sie uns auch vor ewigen Zeiten schon geschenkt. Dieses Geschehen umfaßt dann die gesamte Heilsgeschichte: „Es geht um das Christusgeschehen, die Christusoffenbarung im weitesten Sinn; nämlich in dem Sinn, daß diese verstanden werden kann als bleibender, bis in die Gegenwart hinein erfahrbarer Ausdruck der ‚Gnade Gottes'."[64]

Im Unterschied zu den besprochenen vier Stellen läßt sich der Zeitpunkt der Epiphanie Christi im Heilsgeschehen in 2 Tim 4,1.8 nicht eindeutig bestimmen. V.1 stellt Christus als den kommenden Richter vor. Damit ist aber noch nicht entschieden, ob sein Erscheinen und sein Reich, die anschließend erwähnt werden, als Begleitumstände ebenfalls seiner zukünftigen Richterschaft zuzuordnen sind oder in Unterscheidung davon gerade auf seine Inkarnation und Reich-Gottes-Verkündigung zurückverweisen. Ähnliches gilt für V.8. Der Verfasser spricht dort zwar von der künftigen Belohnung „an jenem Tag", die all denen zuteil werden soll, die in ihrem Leben das Erscheinen Christi geliebt haben. Daraus geht nicht hervor, ob es sich bei dieser Liebe um die gläubige Hochschätzung der heilbringenden Inkarnation Christi oder um hoffnungsvolle Erwartung seiner Erscheinung in der Zukunft handelt. „Es zeigt sich darin eine für die Zeit der zurücktretenden Parusieerwartung in den christlichen Gemeinden am Ausgang des ersten Jahrhunderts typische Verschiebung der Orientierung des Glaubens: Nicht mehr die eschatologische Erwartung bestimmt das Leben der Gläubigen, sondern das gegenwärtige, vom Glauben getragene Leben eines

[63] Oberlinner, HThK XI / 2.1 297; vgl. Roloff 353.
[64] Oberlinner, HThK XI/2.3 128.

frommen Christen gibt Zuversicht für die Parusie. Dies hat wiederum (wie in V 1) Konsequenzen für das Verständnis von ἐπιφάνεια. Es ist dabei nicht ausschließlich und auch nicht vorrangig an das ‚Erscheinen' des Kyrios bei der Parusie zu denken, sondern an das ‚Erscheinen' Jesu in der Welt, an seine Inkarnation, die in die Gegenwart hinein weiterwirkt."[65] In diesem Sinne ist dann auch V.1 zu verstehen: „In dieser Zuordnung [...] setzen die beiden Begriffe ἐπιφάνεια und βασιλεία wichtige, im Vergleich zu κρίνειν eigenständige Akzente. Sie stehen gewissermaßen zwischen den beiden ‚Terminen': dem Ausblick auf das Endgericht und dem Hinweis auf die Verantwortung des Gemeindeleiters"[66].

5.4. Die Parusie des Menschensohnes im Matthäusevangelium

Der einzige Ort im Neuen Testament, an dem der Begriff παρουσία im Rahmen einer breit angelegten apokalyptischen Schilderung seinen Platz hat, ist die Rede Jesu über die Endzeit im Matthäusevangelium (Mt 24-25). Aber selbst dort spielt der Parusiebegriff eine sehr begrenzte Rolle. Er begegnet insgesamt an vier Stellen: Mt 24,3.27.37.39, an den drei letztgenannten in immer derselben Genitivverbindung ἡ παρουσία τοῦ υἱοῦ τοῦ ἀνθρώπου, welche das Subjekt des jeweiligen Satzes bildet. Bei Matthäus hängt also der Parusiebegriff untrennbar mit der Menschensohnvorstellung zusammen. In Verbindung mit V.3 ist zudem unzweifelhaft, daß er den Menschensohn mit Jesus identifiziert. Denn dort fragen die Jünger Jesus nach seiner Parusie (τῆς σῆς παρουσίας), worauf dieser in den folgenden drei Belegen mit den Aussagen über die Parusie des Menschensohnes antwortet. Das nötigt uns, in aller Kürze auf den Titel des Menschensohnes einzugehen. Ich tue es im Anschluß an U. Luz.[67] „Griechisch ist der Ausdruck nicht; als Übersetzung des aramäischen בר נש ist der doppelt determinierte griechische Ausdruck auch ungewöhnlich. Eine allgemein verbreitete Erwartung ‚des' kommenden Menschensohns hat es im zeitgenössischen Judentum nicht gegeben; wahrscheinlich ist nur, daß Dan 7,13f, wo von jemandem ‚wie ein Menschensohn' die Rede ist, in gewissen jüdischen Kreisen messianisch exegesiert wurde (vgl. äthHen 70f; 37-69); dort hat man dann für die Endzeit einen ‚Menschensohn', der mit den Wolken des Himmels kommt, erwartet."[68] Von den 29 Belegen für „Menschensohn" im Matthäusevangelium nehmen allerdings nur drei nachweislich Bezug auf Dan 7,13, nämlich Mt 24,30; 26,64; 28,18-19. „Wie auch immer dieser Befund traditionsgeschichtlich zu erklären ist: Für Mt und seine Leser heißt das, daß ihr Wissen um den Menschensohn mit Hilfe des Danielbuchs vertieft wurde, aber nicht primär von daher stammte. [...]

65 Oberlinner, HThK XI/2.2 164.
66 Oberlinner, HThK XI/2.2 154.
67 Vgl. aber auch Colpe; Geist; Hahn, Hoheitstitel; Hare; Müller, Der Ausdruck; Tödt.
68 Luz, EKK I/2 23.

Wer der Menschensohn ist, wissen Mt und seine Leser/innen vielmehr aus der christlichen Überlieferung. In ihr ist der Ausdruck durchweg doppelt determiniert, was ihm den Charakter einer titelartigen Bezeichnung eines einzigen Menschen gibt."[69] So gibt es bei Matthäus „ein Geheimnis des Menschensohns Jesus"[70], in das nur seine Gemeinde eingeweiht ist, während es den Gegnern Jesu verborgen bleibt. „Dem entspricht, daß Matthäus offenbar ganz bewußt Jesus vom künftigen Schicksal, von der Auferstehung, der Erhöhung und der Parusie des Menschensohns zum Gericht nur zu seinen Jüngern sprechen läßt."[71] Nach Luz hat der matthäische Titel „Menschensohn" zwei Sinnspitzen: „‚Menschensohn' ist also erstens ein *‚horizontaler'* Titel, mit dem Jesus seinen Weg durch die Geschichte beschreibt, im Unterschied zum Bekenntnistitel ‚Gottessohn', dem ein ‚vertikales' Element innewohnt: Als Gottessohn offenbart Gott selbst Jesus (1,22f; 2,15; 3,17; 11,27; 16,17; 17,5), und mit dem Gottessohnbekenntnis antworten die Menschen auf diese Offenbarung. ‚Menschensohn' ist zweitens auch ein *universaler* Titel, der Jesu Weg bis zur Herrschaft und zum Gericht über die ganze Welt bezeichnet, im Unterschied zum Titel ‚Davidssohn', der eine beschränktere Reichweite hat und ausschließlich das Verhältnis Jesu zu seinem Volk Israel ausleuchtet."[72]

Untersucht man nun den Stellenwert des Parusiebegriffs im Rahmen der Redekomposition von Mt 24-25, so fällt als erstes auf, daß er in der eigentlichen Schilderung des Kommens Jesu zum Gericht in Mt 25,31-46 fehlt. Sodann finden sich zwei Belege (Mt 24,3.27) in den Rahmenteilen (V.3.26-31) der Rede, in der Jesus die Ereignisse kurz vor und am Ende der Welt ankündigt (V.3-31), und zwei Belege (Mt 24,37.39) in Jesu Vergleich der Parusie mit den Tagen Noahs (V.36-41). Die Rede Jesu ist veranlaßt durch die doppelte Frage der Jünger in V.3: „Sag uns, wann wird das sein, und was ist das Zeichen für deine Parusie und das Ende der Welt?" An der Zielrichtung dieser Frage hängt das Verständnis der ganzen folgenden Rede. Sie kann auf vier verschiedene Weisen interpretiert werden.[73] Beide Teilfragen könnten sich *erstens* auf zeitgeschichtliche Ereignisse beziehen, von denen anschließend ausschließlich die Rede wäre. Gegen diese Deutung spricht allerdings, daß die beiden Begriffe παρουσία und συντέλεια τοῦ αἰῶνος in den Ohren der zeitgenössischen Hörer eindeutig apokalyptisch geprägt und mit dem Weltende verbunden sind. „Nach der *zweiten* Auslegungsmöglichkeit bezieht sich πότε ταῦτα ἔσται auf die Zerstörung Jerusalems in der Geschichte und τί τὸ σημεῖον τῆς σῆς παρουσίας auf die Parusie am Ende der Weltgeschichte."[74] *Drittens* ist denkbar, daß Jesus

69 Luz, EKK I/2 499.
70 Luz, EKK I/2 501.
71 Luz, EKK I/2 500.
72 Luz, EKK I/2 502.
73 Vgl. Luz, EKK I/3 418-420.
74 Luz, EKK I/3 418.

die erste Teilfrage im Anschluß überhaupt nicht beantwortet und so vielleicht „eine zeitgeschichtlich gemeinte Frage der Jünger endgeschichtlich weiterführt“[75]. Die *vierte* Möglichkeit schließlich versteht beide Frageteile endgeschichtlich. Diese Interpretation hat jedoch den unmittelbaren Kontext klar gegen sich: „Nach dem, was Jesus in 23,37-24,2 gesagt und getan hat, wird kein Leser und keine Leserin ταῦτα auf etwas anderes als auf die Zerstörung Jerusalems und des Tempels deuten können.“[76] Letztlich kommen also nur die zweite und die dritte Interpretationsmöglichkeit in Frage, die voneinander nur in Nuancen abweichen. Somit ist klar, daß in V.27, wo erstmals wieder das Stichwort παρουσία fällt, vom Ende der Weltgeschichte die Rede ist. Der ganze Redeblock dazwischen (V.4-25) thematisiert im Unterschied dazu die geschichtlich zu erwartenden Ereignisse vor dem Weltende. Und auch in V.27 wird die Parusie des Menschensohnes nicht in bunten Farben geschildert, sondern nur das Kriterium genannt, das sie eindeutig vom Kommen falscher Propheten (V.4-5.11.23-26) unterscheidet: „Die Parusie wird so universal, so überlokal, so unübersehbar, so eindeutig sein wie ein Blitz, der am Himmel aufleuchtet. Mann *kann* sie gar nicht übersehen, und wenn sie da ist, *kann* man gar nicht an ihr zweifeln. Matthäus hat sich die Parusie als ein äußerliches und kosmisches Ereignis vorgestellt.“[77] Eine Schilderung des Parusiegeschehens bringen auch die beiden anderen Belege in V.37.39 nicht. Auch hier geht es darum, einem möglichen Mißbrauch der Parusieerwartung durch Scharlatane vorzubeugen. So wenig man die Parusie des Menschensohnes bezweifeln kann, wenn sie erst einmal da ist, so wenig kann man den Zeitpunkt ihres Eintretens im voraus berechnen. „Tag und Stunde sind ungewiß und allen unbekannt, nur Gott selbst nicht. Der Vergleich V 37-39 ist begründende Illustration dieser These“[78]. Darüber hinaus läßt sich nur indirekt aus dem Vergleich der Parusie mit der Sintflut schließen, daß es sich um ein lebensbedrohliches Szenario handeln muß.

5.5. Zusammenfassung

Wir haben gesehen, daß es sich beim Vorstellungskreis rund um die neutestamentliche Erwartung der Parusie Christi um ein sehr vielschichtiges religiöses Phänomen handelt. Obwohl unterschiedliche Parusievorstellungen in allen Traditionen innerhalb des Neuen Testaments anzutreffen sind, gibt es nur zwei Stellen, an denen die Parusie in einem kleineren (1 Thess

---

75 Luz, EKK I/3 419.
76 Luz, EKK I/3 419.
77 Luz, EKK I/3 431; vgl. Gnilka, HThK I/2 325: „Der von Osten nach Westen aufleuchtende Blitz kann nicht übersehen werden. Der Vergleichspunkt mit der Parusie liegt in dieser Evidenz, nicht im Unerwarteten, Plötzlichen.“
78 Luz, EKK I/3 446.

4,16-17) oder größeren (Mt 24-25) apokalyptischen Kontext thematisiert wird. Aber selbst in diesen Perikopen fällt die Schilderung des Parusiegeschehens äußerst dürftig aus. Das entscheidende Interesse der neutestamentlichen Autoren liegt auf der Bedeutung der Parusieerwartung für das je gegenwärtige Leben der gläubigen Christen in der Gemeinde. Eine lebendige Erwartung der Parusie stellt die gläubige Existenz der Gegenwart bleibend unter den eschatologischen Vorbehalt. Dadurch bewahrt sie die christliche Überzeugung vom bereits bewirkten Heil der Menschen davor, angesichts der Not der Welt ganz und gar kontrafaktisch zu werden. Sie stellt aber auch mit Festigkeit ein Ende der Not durch die allumfassende Manifestation dieses durch Christus erwirkten Heils in Aussicht.

Zwei Ergebnisse dieser kurzen Übersicht verdienen es, eigens noch einmal festgehalten zu werden. Zum einen wurde festgestellt, daß die Bedeutung der Parusie für die Gläubigen in gewissen Partien des Neuen Testaments (2 Petr; 2 Thess) umstritten ist, insbesondere im Hinblick auf ihren Termin. Zum anderen ist der Übersetzungsvorgang der Pastoralbriefe hervorzuheben, in denen der zeitlich wie soteriologisch umfassendere Begriff der Epiphanie denjenigen der Parusie verdrängt hat.

Diese knappen Bemerkungen mögen vorerst genügen. Wir haben den Horizont aufgespannt, vor dem die nun folgenden Untersuchungen am Hebräerbrief zu lesen sind. Der oben erläuterten Methode gemäß werden wir diesen Horizont zwar im Auge behalten, ihn aber um der Unvoreingenommenheit der Analyse willen nicht sofort und unmittelbar in die Untersuchungen miteinbeziehen.

Teil I

Analyse der Texte aus dem Hebräerbrief

1. Textgrundlage und Methode

Unter der Überschrift „Die Parusie" schreibt M. Rissi in seinem Buch über die Theologie des Hebräerbriefes: „Die Gestalt der Zukunftshoffnung wird nirgends entfaltet und doch gewinnen wir aus einzelnen Aussagen ein Bild der Wesenslinien der Eschatologie des Hebr. Das Ende der Geschichte wird eingeleitet durch die Wiederkunft des Christus (9,28; 1,6). Sein Erscheinen wird nicht mehr auf die Sühne der Sünden bezogen sein. Er wird das Heil bringen für jene, die auf ihn warten. Dann wird die Anbetung der Engel offenbar und die endgültige Überwindung aller Feinde (1,6.13; 10,13). Der Christus wird die Herrschaft über die zukünftige Welt übernehmen (2,5). Über die genaue Gestalt der Erscheinung des Christus spekuliert der Hebr nicht, wohl aber wird deutlich, daß der Verfasser die Parusie in naher Zukunft erwartet (10,37f.). ‚Der Tag' ist in die Nähe gerückt (10,25; vgl. Joel 2,1.11.31; Amos 5,18.20). Die kurze Spanne der Zeit, die der Gemeinde noch gegeben ist, macht es äußerst dringlich, daß die Leser ihren geistigen Hochmut fahren lassen, sich in die Gemeinde einordnen, die Versammlungen nicht verlassen und einander seelsorgerlich zur Seite stehen."[1] Liest man diese Zeilen, so gewinnt man den Eindruck, als bestünde über die Eigenart der Parusievorstellung im Hebräerbrief keinerlei Diskussionsbedarf. Zugleich wird deutlich, daß sich ein solcher kurzer Abriß auf nur wenige Stellen im Hebräerbrief stützen kann. Bei genauerem Hinsehen wird sich sehr schnell zeigen, daß diese Stellen in ihrem Aussagegehalt weitaus undeutlicher bleiben, als Rissis Darstellung es vermuten ließe. Zur Diskussion stehen im einzelnen folgende Perikopen:[2]

Hebr 1,6; 9,28; 10,25; 10,36-39; 12,25-29.

Diesen Textstellen gilt mein Beitrag im ersten Teil dieser Arbeit. Zwei Mängel kennzeichnen die bisherige Diskussion: Zum einen wird kaum der Versuch unternommen, die vorgebrachten Argumente systematisch zu sichten und gegeneinander abzuwägen, zum anderen wird meist ein traditioneller frühchristlicher Begriff von Parusie stillschweigend vorausgesetzt und auf den Hebräerbrief angewandt. Die dadurch entstandene Lücke will diese Arbeit schließen helfen, indem sie die genannten Textstellen einer erneuten Exegese unterzieht. Dabei sind die folgenden Fragestellungen leitend:

---

1 Rissi 126.

2 Vgl. die Kommentare zu den betreffenden Textstellen.

a) Der Hebräerbrief spricht innerhalb seiner Eschatologie an den zu untersuchenden Textstellen von Ereignissen, die noch ausstehen. Welche Vorstellung von diesen Ereignissen liegt dabei zugrunde?

b) Welchen Platz nehmen die genannten Perikopen innerhalb der Komposition des Hebräerbriefes ein?

c) Was folgt daraus für die Intention, die der Verfasser des Hebräerbriefes mit dem Hinweis auf noch ausstehende Ereignisse verfolgt?

Diesen Fragen soll im Teil I dieser Arbeit nachgegangen werden. Die Untersuchung gliedert sich zu diesem Zweck in folgende Arbeitsschritte:

1. Durch die literarische Einordnung der parusieverdächtigen Perikopen in die Gesamtstruktur des Hebräerbriefes wird das Fundament dafür gelegt, daß Texte von verschiedenen Stellen des Briefes aufgrund einer nachweislichen literarischen Zuordnung in der Komposition zur gegenseitigen Interpretation herangezogen werden können.

2. Die einzelnen zu erörternden Stellen werden einer eingehenden Exegese unterzogen, insbesondere im Hinblick auf darin enthaltene motivliche und sprachliche Anklänge untereinander.

3. Diese Anklänge verweisen oftmals auf analoges Material im Hebräerbrief selbst, im Neuen Testament und seiner Umwelt. Angesichts der Fülle der Verweisungen, denen im Rahmen meines eng umgrenzten Themas nicht allen nachgegangen werden kann, beschränke ich mich in diesem Teil I bis auf wenige Ausnahmen auf die Erhebung möglicher Bezüge innerhalb des Neuen Testaments und beziehe, soweit dies hilfreich erscheint, den alttestamentlichen Horizont mit ein.[3] Die so entstehenden Querverbindungen ergeben ein Netz miteinander verwobener und aufeinander bezogener Aussagen und Vorstellungen. Die Linien, die dabei auf den Hebräerbrief zulaufen, lassen in der Zusammenschau ein plastischeres Bild dessen entstehen, was der Hebräerbriefautor an den einzelnen Stellen ausdrücken will.

Die Analyse setzt also beim Hebräerbrief an und sucht seinen Sinn zunächst im Text selbst und in den verschiedentlichen Bezügen zwischen einzelnen Elementen dieses Textes und stellt von hier aus Beziehungen zu anderen Texten her. Als Ergebnis ist nicht nur eine religionsgeschichtliche

---

3 Ich betone ausdrücklich, daß mit dieser Einschränkung die anderweitigen Bezüge in keiner Weise als grundsätzlich unbrauchbar eingeschätzt werden. Vielmehr handelt es sich um eine rein arbeitstechnisch bedingte Stoffeingrenzung. Diese hat ihren Grund in der gewählten, von der Textimmanenz bestimmten Vorgehensweise, die vor allem den Text als solchen wahrnimmt. Die innerbiblischen Bezugnahmen haben dabei lediglich exemplarischen Charakter. Ich bevorzuge sie deshalb, weil die anderweitigen Bezüge im Verhältnis zu diesen in der Forschung oft stärker durch ein bestimmtes Vorverständnis des Hebräerbriefes geprägt sind, das die Methode der Untersuchung so weit wie möglich auszuschalten bemüht ist. Bezeichnend ist in dieser Hinsicht, daß Klappert 14-21 die in der Exegese diskutierten Bezüge zur hellenistischen, alexandrinischen, philonischen, gnostischen, apokalyptischen oder rabbinischen Gedankenwelt unter dem Kapitel „Das Vorverständnis“ abhandelt.

Aufhellung der Vorstellungswelt des Hebräerbriefes angezielt, sondern in erster Linie die Erhebung einer wahrscheinlichen Aussage- und Wirkabsicht des Textes.[4]

4 Vgl. Egger 39.

2. Die Komposition des Hebräerbriefes

Die Gesamtkomposition des Hebräerbriefes ist im 20. Jahrhundert vielfach erörtert worden. Eine Darstellung der einzelnen Beiträge zum Verständnis der Gesamtstruktur des Hebräerbriefes würde im hiesigen Zusammenhang zu weit von der angezielten Themenstellung wegführen. Deshalb werde ich lediglich einen Vorschlag, den von A. Vanhoye, in groben Zügen und im Rahmen der Erfordernisse meiner Arbeit ausführen und dabei in Auseinandersetzung mit anderen Strukturmodellen plausibel machen, weshalb ich den gewählten Vorschlag für den halte, der am besten fundiert ist und am weitesten führt.

Die Präferenz eines bestimmten Strukturmodells wird entscheidend durch den Grad der Angemessenheit der ihm zugrunde liegenden Methode bestimmt. Wer eine bestimmte Methode im Hinblick auf eine Fragestellung für angemessen hält, kann nicht zugleich die Ergebnisse, welche sie zeitigt, als falsch ablehnen. Daraus wird klar, daß in den konkurrierenden Strukturmodellen in erster Linie die unterschiedlichen Methoden miteinander im Wettstreit liegen und erörtert werden müssen. Ein summarischer Überblick über verschiedene Gliederungen des Hebräerbriefes soll anschließend verdeutlichen, wo die strittigsten Punkte im einzelnen liegen.

Ziel dieses Kapitels ist es also nicht, die Analyse Vanhoyes zur unverrückbaren Grundlage dieser Arbeit zu machen, sondern das kritische Bewußtsein zu schärfen und ein Repertoire von Kriterien bereitzustellen, das im Verlauf der Diskussion der einzelnen hier interessierenden Textstellen deren wechselseitige Bezüge und ihre Einbettung in die Gesamtkomposition des Schriftstückes zu erhellen hilft.

2.1. Methodische Fundierung

Die in der Forschung bisher beschrittenen methodischen Wege zur Analyse der Komposition des Hebräerbriefes hat G. H. Guthrie, abgesehen von einem expliziten Agnostizismus in dieser Frage, treffend in vier Gruppen zusammengefaßt: konzeptionelle, literarische, rhetorische und linguistische Analysen.[5] Da die konzeptionelle Strukturanalyse kaum eine explizite, all-

[5] Vgl. Guthrie, The Structure 21-41. Ich übernehme hier diese Einteilung und Nomenklatur, wenngleich Guthries linguistische Analyse sich dem Ansatz und der Sache nach kaum

gemeine Methodik herausgebildet hat, die literarische aber in Absetzung von ihr entwickelt wurde, wird die konzeptionelle Analyse lediglich im Rahmen der Abhandlung der literarischen mitberücksichtigt.

2.1.1. Die literarische Strukturanalyse

2.1.1.1. A. Vanhoye: Von der konzeptionellen zur literarischen Strukturanalyse

Vanhoye begründet seine Strukturanalyse ausdrücklich literarisch und nicht konzeptionell. Eine konzeptionelle Rekonstruktion des Schreibens lehnt er ab, weil sie ihm zu willkürlich erscheint. „Si l'on veut aboutir à des résultats plus fermes, il faut, semble-t-il, changer de méthode, et, au lieu de chercher à reconstruire un plan conceptuel, s'efforcer de trouver, à une oeuvre littéraire, un plan littéraire.“[6] Zu diesem Zweck nennt er fünf literarische Indizien, anhand derer er die literarische Struktur des Hebräerbriefes zu erheben versucht:

„– *die Ankündigung des Themas*, die einer kommenden Ausführung vorangeht und sie vorbereitet;

– *die Verbindungswörter*, die, indem sie eine Nahtstelle bilden, das Ende der laufenden Ausführung und den Anfang der neuen Ausführung markieren;

– die *Gattung* (Darlegung oder Paränese), die dem Ganzen der Ausführung seine Tonart verleiht;

– die *charakteristischen Ausdrücke*, die ihm seine klare Physiognomie bringen;

– die *Inklusionen* schließlich, die Vorgehensweise, die darin besteht, am Ende eines gegebenen Abschnitts einen Ausdruck oder eine Wendung wiederaufzunehmen, die an seinem Anfang benutzt wurde und die somit auf sehr konkrete Art und Weise die Grenzen der Ausführung anzeigt.“[7]

Festigkeit erhält die anhand dieser Indizien etablierte literarische Struktur dadurch, daß die einzelnen Indizien nicht isoliert voneinander zur Anwendung gelangen, sondern sich komplementär zueinander

---

von Vanhoyes literarischer Analyse unterscheidet. Guthrie verfeinert aber doch die Methoden Vanhoyes derart, daß sich eine eigene Darstellung lohnt.

[6] Vanhoye, La structure 16; vgl. auch 11-15.

[7] Vanhoye, La structure 37 (meine Übersetzung); Thurén 39. Vgl. Vanhoye, Structure littéraire et thèmes théologiques 175-176; ders., Literarische Struktur (1.Teil) 121; ders., Homilie 35-36. In den drei letztgenannten Veröffentlichungen führt Vanhoye als weiteres Indiz „des dispositions symétriques“ / „symmetrische Anordnung“ an, warnt aber zugleich „vor einem häufiger vorkommenden methodischen Irrtum [...], der darin besteht, die Beschäftigung mit der Struktur mit dem Ziel zu beginnen, im Text eine Symmetrie zu entdecken“ (Vanhoye, Literarische Struktur [1.Teil] 132; ders., Homilie 53). Diese Warnung trifft etwa Neeley 14-16. McLeod 193-195 fügt darüber hinaus folgende Indizien an: comparatives, terms denoting finality, a fortiori arguments, repeated themes, topic sentences. Lightfoot 46-49.

verhalten. Die Abgrenzung einzelner Abschnitte im Text erfolgt also nach Möglichkeit stets auf der Grundlage mehrerer Indizien zugleich. Dadurch wird verhindert, daß ein einzelnes Indiz über Gebühr beansprucht und zur Begründung von Aufteilungen bemüht wird, die es, genau betrachtet, nicht begründen kann. In dieser Gefahr stehen die meisten Strukturanalysen vor Vanhoye. T. Haering und R. Gyllenberg beschränken sich weitestgehend auf die Erwägung der Grundgedanken und des Gedankengangs des Hebräerbriefes, das heißt: auf den inhaltlichen, konzeptionellen Aspekt, und auf die Feststellung des Wechsels zwischen Darlegung und Paränese.[8] L. Vaganay, auf dessen Schultern Vanhoye mit seiner Arbeit gleichwohl steht, bringt lediglich das literarische Mittel der Verbindungswörter, die bei ihm stets eine Ankündigung des Themas mitbeinhalten, zur Strukturierung in Anschlag.[9] Durch die Scheidung der beiden Kriterien erhält Vanhoye gegenüber Vaganay ein flexibleres literarisches Instrumentarium.

Der Gegensatz zwischen dem literarischen Ansatz Vanhoyes und dem konzeptionellen anderer Autoren (wie etwa Gyllenberg und Haering) besteht zwar in der Methode der Abgrenzung einzelner Abschnitte, kaum jedoch im Ergebnis.[10] Insofern kann nicht davon die Rede sein, daß dem Inhalt des Schreibens mittels der literarischen Kriterien Gewalt angetan wird. Der Fortschritt, den die literarische Strukturanalyse gegenüber der konzeptionellen bringt, besteht darin, daß sie überhaupt erst ein in höherem Maße objektives Fundament für letztere bereitstellt. So verschieben sich in vielen Fällen die strukturellen Abgrenzungen nicht, aber sie erhalten eine breitere Basis der Rechtfertigung. Der Vorzug, den ich für die vorliegende Arbeit der Analyse Vanhoyes gebe, begründet sich also nicht in erster Linie aus ihren Ergebnissen, sondern aus der Überzeugung, daß eine breiter angelegte und durch ihre Formalität in ihren Ergebnissen leichter überprüfbare Methode auch die gefestigteren Ergebnisse liefert. Einer Methode, die aus allgemeinen Erwägungen für angemessen erachtet wird und die sich in unkomplizierten Fällen bewährt, sollte aber auch in den strittigen Fällen eher vertraut werden als einer solchen, die diese Bedingungen nicht erfüllt.

Während die verschiedenen Ansätze bei der bloßen Abgrenzung einzelner Abschnitte kaum unterschiedliche Ergebnisse zeitigen, ist dies bei der Gewichtung einzelner Zäsuren und bei der Zuordnung einzelner Abschnitte zueinander innerhalb einer Gesamtstruktur sehr wohl der Fall. Gerade die gegenseitige Zuordnung korrespondierender Abschnitte aufgrund von Parallelität oder Symmetrie kann aber als Schlüssel zur gegenseitigen Interpretation dienen. Um dabei den Unsicherheitsfaktor

---

8 Vgl. Gyllenberg; Haering v.a. 148; Vanhoye, Discussions 354-355.

9 Vgl. Vaganay 269-270; Thurén 40.

10 Vgl. Thurén 40.

zu verringern, empfiehlt es sich, im Einzelfall, analog zur Mehrzahl der literarischen Kriterien der Strukturanalyse, durch weitere Argumente den gegenseitigen Bezug und damit die Möglichkeit wechselseitiger Interpretation zu erhärten.

2.1.1.2. L. Dussaut: Von der literarischen zur strukturellen Analyse

„Sauf de minimes et rares exceptions, L. Dussaut confirme les résultats de A. Vanhoye pris comme point de départ.“[11] Dussaut kommt jedoch durchaus zu einer andersartigen Gewichtung, teilweise auch Festlegung, der Zäsuren und damit zu einer Zuordnung anders abgegrenzter Abschnitte.

Der Grund dafür liegt in seiner Methode: „L. Dussaut se fonde sur une conception du texte qui [...] le considère comme *surface*, caractéristique de l'*écriture*, en contraste avec la conception *linéaire* du discours, caractéristique de l'*oralité*.“[12] Er wählt dazu die Methode der strukturellen Analyse, die er von der strukturalen Analyse abhebt. Die strukturale Analyse bewegt sich „auf der Ebene der Tagmeme, das heißt der Ordnung der Wörter und ihrer redaktionellen Einheiten im Ganzen des Textes; diese Analyse zielt nicht, zumindest unmittelbar oder direkt, auf die Struktur des Textes auf der narrativen Ebene ab.“[13] Letzteres leistet die strukturelle Analyse. Ihr Ausgangspunkt ist die Erstellung einer Synopse, welche den ganzen Text des Hebräerbriefes auf einen Blick vor Augen führt.

Dussaut behauptet, einen breiteres Indizienraster an den Text anzulegen als Vanhoye. Tatsächlich lassen sich jedoch beinahe sämtliche von ihm für die verschiedenen Ebenen seiner Struktur zusammengestellten und benutzten Indizien auf das eine der Inklusion zurückführen. So versteht er etwa unter charakteristischen Ausdrücken („syntagmes caractéristiques“) nicht, wie Vanhoye, Leitwörter, die sich als roter Faden durch einen Abschnitt ziehen und sein Thema mitbestimmen, sondern solche Wendungen, die als Inklusion einen Abschnitt rahmen. Was er, vom Zentrum aus betrachtet, eine konzentrische Struktur nennt, kann, von den Rändern her gesehen, auch als Inklusion bezeichnet werden, zumal der Spiegelpunkt im Zentrum nicht im Text verortet, sondern nur auf der Metaebene gedacht ist.[14]

---

11 Maurice Carrez, in: Dussaut, Synopse VII. Weil sich Dussauts Arbeit damit explizit auf diejenige Vanhoyes bezieht, ordne ich sie dessen Ansatz zu und behandle sie nicht, wie Guthrie, im Kapitel über die textlinguistische Analyse.

12 Maurice Carrez, in: Dussaut, Synopse VI.

13 Dussaut, Synopse 5 (meine Übersetzung); vgl. ders., Histoire 10-11. Von Narrativität im eigentlichen Sinne kann man mit Bezug auf den Hebräerbrief freilich nicht sprechen, da es sich um keinen erzählenden Text handelt. Gemeint ist die inhaltliche Ebene.

14 Vgl. Dussaut, Synopse 152-156.

2.1.2. Allgemeine Einwände gegen die Methode der literarischen Strukturanalyse

2.1.2.1. Die Interdependenz von Form und Inhalt

Gegen Vanhoyes literarische Analyse wurde der Vorwurf erhoben, sie zwinge den fortschreitenden Gedankengang des Hebräerbriefes in ein künstliches formales Korsett. J. Swetnam hat in diesem Zusammenhang berechtigterweise darauf hingewiesen, daß Form und Inhalt eines literarischen Werkes eng miteinander verwoben sind: „Of necessity anything written has a structure, a form – even if that form is basically a lack of form. This form (or lack of form) is also with necessity bound up with the content. Form and content are simply two aspects of one reality – that which is being communicated. Hence any real understanding of the form of a passage is bound to help in the understanding of the content."[15]

Der Vorwurf, den Inhalt zu sehr zu vernachlässigen, trifft Vanhoye aber nur teilweise. Er räumt den literarischen Indizien zwar Priorität vor den inhaltlichen ein, schließt letztere aber keineswegs völlig aus.[16] Schließlich implizieren die Kriterien der Ankündigung des Themas und der charakteristischen Ausdrücke zwangsläufig nicht nur literarische, sondern auch inhaltliche Momente.[17] Wenn z.B. Hebr 1,4 als Ankündigung des Themas von Hebr 1,5-2,18 aufgefaßt wird, so ist damit zugleich ausgesagt, daß man den angekündigten Gegenstand, die Erhabenheit des Sohnes über die Engel, auch tatsächlich für das Thema des darauffolgenden Abschnittes hält. Ohne eine Vorstellung vom Thema des Abschnittes ist die Ankündigung seines Themas gar nicht als solche zu erkennen. Vanhoye ist demnach weniger der faktischen Vernachlässigung des Inhalts zu bezichtigen als vielmehr dessen, daß er seinen theoretischen Anspruch, seine Strukturanalyse allein auf literarische Kriterien zu gründen, praktisch nicht einlöst. Indessen läßt diese faktische Inkonsequenz Vanhoyes Analyse nur noch überzeugender erscheinen: Er bringt das bisher umfangreichste Set literarischer Kriterien zur Anwendung und hat implizit auch den Inhalt im Blick. Der absolute Vorrang, den er den literarischen Kriterien einräumt, nimmt seiner Arbeit den Eindruck des Willkürlichen, weil die literarischen Kriterien als im Schwerpunkt formale Indizien nicht so sehr der individuellen Interpretation unterworfen sind wie die konzeptionellen.

---

[15] Swetnam, Hebrews 1-6 368; vgl. McLeod 197; Thurén 47.

[16] Vgl. Vanhoye, Discussions 369-370. Gegen die Methode von Swetnam, Hebrews 1-6, wendet Vanhoye, Discussions 372, zu Recht ein: „La façon dont est menée cette étude est pour le moins paradoxale. En effet, c'est en partant du sens de deux ou trois termes isolés et difficiles que J. S. prétend déterminer la structure du texte."

[17] Thurén 42 kritisiert an den Ankündigungen des Themas, „dass sie eher auf einer einheitlichen theologischen Betrachtungsweise als auf einem absichtlichen literarischen Verfahren beruhen dürften".

2.1.2.2. Die Erfaßbarkeit der Struktur

In der literarischen Struktur A. Vanhoyes

„Die subtile Symmetrie Vanhoyes bezaubert zwar den Leser seiner Übersicht, ist aber einem Hörer des vorgelesenen Briefes unmöglich erkennbar.“[18] Von dieser seiner Kritik nimmt J. Thurén lediglich das literarische Indiz des Gattungswechsels aus.

Mit Vanhoye halte ich indessen die von ihm angewandten Indizien für solche, die gerade ein auditives Erfassen des Textes erleichtern. Das ist insofern von Bedeutung, als die Kultur der Antike viel stärker auditiv geprägt war als unsere heutige. Zu lesen gab es weniger, vor allem wurde laut gelesen.[19] Da gehört es zu einer guten Rhetorik, die Themen, die man behandeln will, am Beginn eines Redeabschnittes zu nennen, weil so dem Hörer von vornherein die Gliederung präsent ist und er sie im Verlauf der Rede wiedererkennt. Ebenso zeichnet sich Redestil dadurch aus, daß zentrale, charakteristische Ausdrücke eines Redeabschnitts in immer neuen Variationen wiederkehren; denn sie bilden für den Redner selbst die Stichwortkette, an welcher er sich orientiert. Verbindungswörter lassen eine Rede flüssig erscheinen und markieren gleichzeitig den Übergang von einem Abschnitt zum nächsten. Inklusionen verdeutlichen in der Rede als Exposition und Schluß eines Abschnitts dessen Geschlossenheit und üben so eine Funktion aus, die bei schriftlichen Texten die visuelle Gliederung in Abschnitte erfüllt.[20]

Im übrigen hängt die auditive Erfaßbarkeit der Struktur eines Textes in nicht unerheblichem Maße von der mehr oder weniger prononcierten Vortragsweise des Lektors oder Redners und von Fassungsvermögen, Bildungsstand und Übung im Hören auf Seiten des Hörers ab.[21]

In der strukturellen Synopse L. Dussauts

Schon die Bezeichnung der Strukturanalyse Dussauts nach der ihr zugrundeliegenden Methode der Syn*opse* läßt keine Mißverständnisse darüber zu, daß es sich in allen seinen Teilen um ein visuelles Verfahren handelt, dessen Ergebnisse ebenfalls nur visuell erfaßt werden können, eben mittels der Synopse. „Elle apparaît comme un méta-texte, une relecture graphique.“[22]

Für eine Untersuchung wie die meine, die auf die Aussage- und Wirkabsicht des Hebräerbriefes abzielt, ist ein solcher strukturalistisch-geometrischer Metatext nur eingeschränkt brauchbar. Wiewohl er in Einzelfällen nützliche Hinweise auf eventuelle Bezüge in der Komposition des Schriftstückes zu geben vermag, ist er doch dem linear vorgehenden Hörer oder Leser eben aufgrund seiner räumlich-visuellen Beschaffenheit nicht zugänglich. Dies

---

[18] Thurén 47; vgl. Bligh 174, Weiß 46. Vaganay 276-277 ist sich dieses Einwandes schon bewußt.

[19] Vgl. Müller, Verstehst du 15-54.

[20] Vgl. Vanhoye, Discussions 351-352.

[21] Vgl. Vanhoye, Discussions 352.

[22] Dussaut, Synopse 159.

gilt umso mehr, als Dussaut nicht vermittels unmittelbar erfaßbarer struktureller Bezüge im Text zu seiner Synopse kommt, sondern umgekehrt die strukturellen Bezüge auf der Basis seiner Synopse herstellt. Wollte der Autor des Hebräerbriefes die von ihm beabsichtigten Aussagen vermitteln und Wirkungen erzielen, so dürfte er die Komposition seines Schreibens auf ein Kommunikationsgeschehen ausgerichtet haben, in dem die Hörer bzw. Leser den Text linear erfassen.

2.1.2.3. Die Nutzbarkeit der Inklusion als Indiz zur Eingrenzung literarischer Einheiten

A. Vanhoyes Einschränkung

In Abgrenzung gegen Vorstellungen, der Begriff Inklusion bezeichne „toute correspondance entre deux éléments symétriques d'une structure concentrique, ou même tout contact verbal entre deux passages éloignés l'un de l'autre", definiert Vanhoye die Inklusion folgendermaßen: „Au sens propre, une inclusion consiste en une correspondance verbale entre le début et la fin d'une unité littéraire."[23] Durch diese Definition schränkt er die Nutzbarkeit dieses Kriteriums entscheidend ein: Um eine wörtliche Entsprechung innerhalb eines Textes als Inklusion erkennen zu können, müssen Anfang und Ende einer literarischen Einheit bereits mittels anderer Indizien festgelegt worden sein. Die Inklusion kann die Festlegung nur im nachhinein stützen. Umgekehrt kann eine wörtliche Entsprechung nur einen ersten Verdacht auf eine Inklusion und damit auf Anfang und Ende einer literarischen Einheit wecken. Der Verdacht muß anschließend durch andere Kriterien erhärtet werden.[24]

L. Dussauts breite Anwendung

Die Inklusionen, die Dussaut in seiner strukturellen Analyse geltend macht, finden sich oftmals nicht auf der unmittelbaren, wörtlichen Ebene des Textes, sondern auf einer Ebene hoher Abstraktion (z.B. „6,3 et 13a: ‚Dieu qui permet' avec ‚Dieu qui promet'"[25]). Wird die Inklusion nicht als streng literarisches Kriterium verwendet, kommt es nur noch darauf an, die passende Ebene der Abstraktion zu finden, um alle möglichen Teile eines Textes als Anfang und Ende einer Inklusion zu begreifen. Diese ist dann allerdings kaum mehr erfaßbar. Bei der fast ausschließlichen Berücksichtigung dieses Kriteriums in Dussauts struktureller Analyse wiegt diese Ausdehnung des Begriffs besonders schwer, weil andere korrektive Kriterien fehlen.

---

23 Vanhoye, Discussions 365. Dagegen Bligh 173: „But would it not be better to use ‚inclusion' in a sense corresponding to its etymology [...], that is to say, as the name for a secondary passage inserted into (or included in) a passage which is complete without it?" Entscheidend ist in diesem Zusammenhang freilich nur die (von Vanhoye praktizierte) konsequente Handhabung des Begriffs gemäß der eigenen Definition.

24 Vgl. Vanhoye, Discussions 366.

25 Dussaut, Synopse 153. In dem genannten Beispiel wird der Bezug noch dazu auf der Grundlage der französischen Übersetzung hergestellt, was methodisch völlig inakzeptabel ist.

2.1.3. Die rhetorische Strukturanalyse[26]

B. Lindars geht in seiner rhetorischen Strukturanalyse davon aus, „that the primary purpose of Hebrews is persuasion“[27]. Die Kunst der Überredung aber ist die Rhetorik. Daraus schließt Lindars, daß der Hebräerbriefautor die Struktur seines Schreibens aus der klassischen Rhetorik seiner Zeit entliehen hat.[28] Als Rhetor sind für ihn nicht alle angesprochenen Themen gleich wichtig. Vielmehr sind weite Teile des Schriftstückes, die angeblich unstrittige Themen behandeln, als groß angelegte captatio benevolentiae gedacht, bevor der Autor zu seinem eigentlichen Anliegen kommt. Er wendet sich an eine „dissident group within the church“[29], die als Judenchristen kurz vor der Rückkehr in die Synagoge stehen und die er zum Gehorsam gegenüber ihren Vorstehern zurückbringen will. Er tut dies als einer, der in der gesamten Gemeinde Ansehen genießt, selbst aber vorübergehend abwesend ist.[30]

Die rhetorische Absicht, die Lindars dem Hebräerbriefautor unterstellt, läßt sich nur auf der Grundlage all dieser von ihm angenommenen Prämissen erheben. Keine der Prämissen ist jedoch aus dem Hebräerbrief selbst ohne weiteres beweisbar.[31] „Bekanntlich setzt das Schreiben allen Versuchen, das Rätsel seiner Herkunft und Adressatenschaft zu lüften, nach wie vor hartnäkkigen Widerstand entgegen.“[32] Lindars bewegt sich mit seiner rhetorischen Analyse in einem hermeneutischen Zirkel: Er nutzt das argumentative Gefälle des Hebräerbriefes aus, um seinen Sitz im Leben zu ermitteln, setzt aber zur Profilierung dieses Gefälles bereits bestimmte Umstände seiner Entstehung voraus.[33] Letztere sollten in ihrer Bedeutung aus zwei Gründen nicht überbewertet werden: Der Autor ist erstens ein ausgeprägter Schrifttheologe, der nicht mit Gegebenheiten aus dem zeitgenössischen Judentum, sondern allein aus der Schrift argumentiert. Seine eher metaphysische als heilsgeschichtliche Argumentation (etwa mit dem Gegensatz von Irdischem und Himmlischem) zeigt zweitens, daß er „grundsätzlich nicht mit konkreten Gegebenheiten operiert, auch nicht mit solchen nicht-jüdischer Religiosität“[34].

Während Lindars also Erkenntnisse über die rhetorische Absicht des Hebräerbriefes, die aus dem Text selbst nicht zweifelsfrei zu erheben sind, deduktiv auf einzelne Textstellen zu deren vermeintlich besserem Verständnis anwendet, wählt K. Nissilä den umgekehrten Weg. Er führt an jeder von ihm

---

[26] Vgl. Guthrie, The Structure 29-33.
[27] Lindars 382-383.
[28] Vgl. Weiß 42.
[29] Lindars 386.
[30] Vgl. Lindars 384-390.
[31] Vgl. Weiß 43, der genau dies als unabdingbar fordert. Ebenso Schmidt 167.
[32] Theobald, Zwei Bünde 310. Diese Feststellung illustriert McKnight 23-25 eindrucksvoll anhand verschiedener vorgeschlagener Lösungen. Vgl. die Kommentare zu den Einleitungsfragen, außerdem Feld, EdF 1-23; Gräßer, Der Hebräerbrief 145-152.
[33] Vgl. Theobald, Zwei Bünde 310.
[34] Theobald, Zwei Bünde 312.

bearbeiteten Perikope zuerst eine gründliche Text- und Motivanalyse durch und gibt anhand der Ergebnisse induktiv eine Antwort auf die Frage nach der rhetorischen Anwendung der Motive (in seinem Fall des Hohenpriestermotivs) in der jeweiligen Perikope.[35] Diese Vorgehensweise macht sich auch die vorliegende Arbeit zu eigen. Daraus erklärt sich von selbst, daß nicht an ihrem Anfang bereits eine Strukturanalyse stehen kann, die sich funktionsanalytisch auf die rhetorischen Intentionen des Hebräerbriefes gründet. Sonst würde ich mich im selben hermeneutischen Zirkel wie Lindars bewegen.

2.1.4. Die textlinguistische Analyse

Die textlinguistische Methode G. H. Guthries vereinigt die von ihm weiter ausdifferenzierten Kriterien Vanhoyes mit solchen der hier in ihrer Vorgehensweise als bekannt vorausgesetzten hergebrachten Literarkritik. Die Literarkritik kommt dabei freilich nicht als *historisch*-kritische Methode, das heißt unter einer diachronen Fragestellung, ins Blickfeld, sondern ihr Instrumentarium verhilft synchron zu einer Abgrenzung von Einheiten innerhalb eines im Ganzen ebenfalls als einheitlich betrachteten Textes.[36] Im einzelnen lassen sich, ohne dadurch eine vollkommene Kongruenz aussagen zu wollen, folgende Kriterien Vanhoyes und Guthries einander zuordnen, wobei Guthrie unterscheidet, ob ein Kriterium die Einheitlichkeit eines Abschnittes, die Verknüpfung zweier oder mehrerer Abschnitte oder beides anzeigen kann (siehe Grafik Seite 41):

Über die genannten Indizien hinaus richtet Guthrie ein besonderes Augenmerk auf „Transition Devices“ als Mittel zur Verknüpfung von Einheiten.[37] Er unterscheidet zwischen „Constituent Transitions“, deren Elemente sich am Ende der vorangehenden und am Beginn der folgenden Einheit selbst finden, und „Intermediary Transitions“, die eigene Textblöcke zwischen den durch sie verknüpften Einheiten bilden.

Neben den Hook Words nennt er als Constituent Transitions:[38]

- *Overlapping Constituents:* Eine Textpassage bildet zugleich das Ende des einen und den Beginn des nächsten Abschnitts.[39]

---

35 Vgl. Nissilä 15-19.39-42.53-54.68-74.109-112.141-143.167-168.194-196.215-217.237-239.

36 Vgl. Egger 55-61. Freilich versteht Egger 162 unter eigentlicher Literarkritik die „Suche nach einer schriftlichen Vorgeschichte der Texte“ und ordnet sie demgemäß der „Lektüre unter diachronem Aspekt“ zu. Dagegen beschreibt Richter, Exegese 50-69, die Methode differenzierter. Ihre grundlegende Funktion bestimmt er ebd. 66 synchron: „Wenn nicht ‚Quellen‘-Scheidung Ziel der Literarkritik ist, so doch Scheidung.“ Das heißt (ebd. 68): „Nur die Summe der literarkritischen Ergebnisse an vielen Texten liefert die Basis zu weiteren Beobachtungen, die auf Werke, Quellen, Schichten führen.“ Als diachrone Methode kann die Literarkritik nach Richter, Exegese 70-72, nur eine relative Chronologie zuvor synchron abgegrenzter kleiner Texteinheiten erstellen.

37 Vgl. Guthrie, The Structure 57.

38 Vgl. Guthrie, The Structure 104-105.

39 Vgl. Neeley 8-9.

- *Parallel Introductions:* Grob dieselben Aussagen finden sich am Beginn zweier Abschnitte.[40]

Die Intermediary Transitions teilt er in vier Typen ein:[41]

- *The Direct Intermediary Transition*: Der verknüpfende Textblock nimmt Elemente des vorangehenden auf und geht dann zu solchen des folgenden über.
- *The Inverted Intermediary Transition*: Der verknüpfende Textblock nennt zuerst Elemente des folgenden und nimmt dann nochmals solche des vorangehenden auf.
- *The Woven Intermediary Transition*: Der verknüpfende Textblock bringt abwechselnd immer wieder Elemente des vorangehenden und des folgenden.
- *The Ingressive Intermediary Transition*: Der Autor nimmt ein Argument auf, unterbricht es durch ein anderes und kehrt in einem die Unterbrechung und das Darauffolgende verknüpfenden Textblock zu ihm zurück.

Vanhoye	Guthrie		
Kriterium		Funktion	
		Einheitlichkeit	Verknüpfung
Gattung	Gattung[42]	x	x
Ankündigung des Themas	Topic[43]	x	x
Charakteristische Ausdrücke	Lexical cohesion: Wiederholung ähnlicher oder identischer Lexeme[44]	x	x
Inklusion	Inklusion[45]	x	x
Verbindungswörter	Hook Words[46]		x
Ankündigung des Themas und zugleich Verbindungswort	Hooked Key Words[47]		x

40 Vgl. Neeley 52.

41 Vgl. Guthrie, The Structure 105-111.

42 Vgl. Guthrie, The Structure 50.97-100; Neeley 6-8.

43 Vgl. Guthrie, The Structure 50.

44 Vgl. Guthrie, The Structure 52-53.56-57; Neeley 13-14.18.

45 Vgl. Guthrie, The Structure 54-56; Neeley 17-18.

46 Vgl. Guthrie, The Structure 96; Neeley 19: Hook Words als „a specific Type of back reference".

47 Vgl. Guthrie, The Structure 100-102. Im Grunde handelt es sich hierbei um das Indiz der Verbindungswörter im Sinne Vaganays. Vanhoye hat dieses in zwei unterschiedene Indizien aufgespalten (siehe oben). Guthrie nennt die beiden unterschiedenen Indizien und ihre Kombination jeweils als eigenständiges Indiz und erhält damit drei Indizien: Topic, Hook Words und Hooked Key Words.

2.2. Die literarische Struktur des Hebräerbriefes nach A. Vanhoye[48]

In diesem allgemeinen Überblick über die literarische Struktur des Hebräerbriefes, wie sie Vanhoye vorstellt, verzichte ich darauf, alle Indizien, die er für die Abgrenzung der großen Teile aufführt, zu nennen. Um den roten Faden der Komposition zu verfolgen, betrachtet Vanhoye selbst das Kriterium der Ankündigung des Themas, mittels dessen schon Vaganay seine Strukturanalyse durchgeführt hat,[49] als das wichtigste.[50] Entlang diesem Kriterium stelle ich deshalb im folgenden seine Grobgliederung vor. Die übrigen Kriterien werden dagegen, falls für die Argumentation notwendig, bei der Behandlung der einzelnen Perikopen in die Erörterung eingebracht.

Hebr 1,1-4 bildet die Einleitung zum gesamten Hebräerbrief. An ihrem Ende in V.4 wird das Thema des I. Teils (Hebr 1,5-2,18) genannt: der von dem der Engel ganz verschiedene Name des erhöhten Christus. Hebr 2,17-18 kündigt am Ende des I. Teils in der umgekehrten Reihenfolge ihrer nachherigen Behandlung die Themen der beiden Sektionen des II. Teils an: Sektion A (Hebr 3,1-4,14): Jesus, der treue Hohepriester; Sektion B (Hebr 4,15-5,10): Jesus, der barmherzige Hohepriester. Ebenso führt Hebr 5,9-10 am Ende des II. Teils die Themen der drei Sektionen des III. Teils ein: Sektion A (Hebr 7,1-28): Hoherpriester nach der Ordnung Melchisedeks; Sektion B (Hebr 8,1-9,28): der Vollendete; Sektion C (Hebr 10,1-18): Urheber ewigen Heils. Die Ankündigung der Themen erfolgt in der Reihenfolge B, C, A. Innerhalb des III. Teils sind diesen Darlegungen Hebr 5,11-6,20 als einleitende Ermahnung und Hebr 10,19-39 als Schlußermahnung zugeordnet. Hebr 6,20 nimmt unmittelbar vor dem Beginn der Sektion A die Ankündigung ihres Themas aus Hebr 5,9-10 wieder auf, ebenso Hebr 7,28 die Ankündigung des Themas der Sektion B und Hebr 9,28 die Ankündigung des Themas der Sektion C. Hebr 10,36-39 kündigen als die letzten Verse der Schlußermahnung des III. Teils die Themen der beiden Sektionen des IV. Teils wieder in der umgekehrten Reihenfolge ihrer Behandlung an: Sektion A (Hebr 11,1-40): Glaube; Sektion B (Hebr 12,1-13): Ausdauer. Am Ende des IV. Teils wird das Thema des V. Teils angeführt: die rechten Wege. Hebr 13,20-21 bildet den Schluß des Schreibens. Hebr 13,22-25 wird allgemein als sekundärer Abschluß betrachtet, der dem Schriftstück das Aussehen eines Briefes verleihen soll.

---

48 Vgl. Vanhoye, La structure 38-59; ders., Homilie 37-54; ders., Literarische Struktur (1.Teil) 122-132; Thurén 38-44.

49 Vgl. Vaganay 271-276.

50 Vgl. Vanhoye, Homilie 36; ders., Literarische Struktur (1.Teil) 121; ders., Structure littéraire et thèmes théologiques 175.

Abschnitt						Thema	Gattung (v.a.)	Entsprechende Sektion	
DUSSAUT			VANHOYE						DU
I	*1*	*1,1-**14***	a		1,1-**4**	Exordium		z	*14*
	2	***2,1**-18*	I		**1,5**-2,18	Der Name Christi	Lehre	V	*13*
	3	*3,1-4,**5***	II	A	3,1-4,**14**	Jesus glaubwürdiger Hohepriester	Parän.	IV B	*12*
	4	*4,**6**-5,10*		B	4,**15**-5,10	Jesus barmherziger Hohepriester	Lehre	IV A	*11*
II	*5*	*5,11-6,20*	III	p	5,11-6,20	Einleitende Paränese	Parän.	III f	*10*
	6	*7,1-28*		A	7,1-28	Jesus Hohepriester nach der Ordnung des Melchisedek	Lehre	III C	*9*
	7	*8,1-9,**10***		B	8,1-9,28	zur Vollendung gelangt	Lehre	Mitte	*8*
	8	***9,11**-28*							*7*
	9	*10,1-18*		C	10,1-18	Urheber einer ewigen Ordnung	Lehre	III A	*6*
	10	*10,19-39*		f	10,19-39	Abschließende Paränese	Parän.	III p	*5*
III	*11*	*11,1-**31***	IV	A	11,1-**40**	Der Glaube der Vorfahren	Lehre	II B	*4*
	12	***11,32**-12,13*		B	**12,1**-13	Notwendigkeit der Ausdauer	Parän.	II A	*3*
	13	*12,14-**29***	V		12,14-**13,19**	Gerade Bahnen	Parän.	I	*2*
	14	*13,**1**-21/25*	z		13,**20**-21	Schluß		a	*1*

Insgesamt erhalten wir bei dieser literarischen Strukturanalyse einen symmetrischen Aufbau mit dem Abschnitt IIIB als Zentrum. Die konzentrische Struktur zeigt sich deutlich daran, daß sich auf beiden Seiten des Zentrums in den sich entsprechenden Abschnitten jeweils dieselbe Gattung findet: Darlegung bzw. Paränese. Die Paränese stützt sich dabei auf die Darlegung. Beide Gattungen sind innerhalb der Gesamtstruktur zwar eng miteinander verbunden, aber keine bezieht ihren Stellenwert ausschließlich aus dem Bezug auf die je andere.[51] Um auf einen Blick eine Übersicht zu ermögli-

[51] Vgl. Vanhoye, La structure 255-258; ders., Discussions 368: „Gyllenberg gonfle artificiellement l'importance de la parénèse." Black 168; Weiß 45.

chen, habe ich oben Vanhoyes „Schéma général de la structure de l'épître aux Hébreux" wiedergegeben (Standarddruck).[52] Zum Vergleich habe ich Dussauts Strukturanalyse ebenfalls schematisiert und Vanhoyes Schema hinzugefügt (Kursivdruck).[53] Die Unterschiede in der Versaufteilung sind durch Unterstreichungen hervorgehoben.

2.3. Die Hauptstreitpunkte in der Kompositionsanalyse

Üblicherweise enthalten Kommentare im Einleitungsteil Strukturübersichten über die behandelte Schrift. Diese sind oft nicht mehr als ein Inhaltsverzeichnis und werden in ihren Aufteilungen kaum gerechtfertigt. Neben der fünfteiligen Gliederung des Hebräerbriefes sind solche in zwei oder drei Teile weit verbreitet. An dieser Stelle wird für jede Position nur auf exponierte Vertreter, die explizit eine Antwort auf die Kompositionsfrage geben, näher eingegangen, weil nur sie genügend Argumente liefern, die im Streitfall eine Präferenz für den einen oder anderen Vorschlag begründen müssen. Der Überblick soll dazu verhelfen, aus der Masse der Gliederungsvorschläge, die sich oft nur minimal unterscheiden, die Hauptstreitpunkte hervortreten zu lassen.

2.3.1. Überblick über die Vorschläge zur Gliederung des Hebräerbriefes

Als herkömmliche Aufteilung des Hebräerbriefes kann die Zweigliederung nach dem aus anderen neutestamentlichen Briefen bekannten Schema einer Darlegung mit darauffolgender Paränese betrachtet werden.[54] Die Hauptzäsur wird dann meist nach Hebr 10,18 gesehen.[55] F. Büchsel differenziert dieses Schema unter dem Eindruck, daß im Hebräerbrief „Darlegungen und Mahnungen in kunstvollem und zugleich wirksamem Rhythmus aufeinander"[56] folgen, weiter aus und erhält fünf Abschnitte (siehe unten). R. Gyllenberg zeigt, indem er die Darlegungen und Mahnungen Büchsels unterschiedlich gewichtet und zueinander in Beziehung setzt,

---

52 Vanhoye, La structure 59. Die deutschen Angaben in der Spalte „Sujet" sind teils entnommen aus: Vanhoye, Homilie 54, und ders., Literarische Struktur (1.Teil) 133, teils von mir übersetzt. Vgl. Feld, EdF 24-26; Gräßer, Der Hebräerbrief 164-166; Lightfoot 50. Bis auf zwei kaum erhebliche Änderungen ist die ältere Gliederung bei Vaganay 270-271 mit der Vanhoyes identisch: Hebr 10,19-39 zieht Vaganay zu IIIC (Hebr 10,1-18) und Hebr 12,1-2 zu Hebr 11,1-40. Vgl. Feld, EdF 23-24; Gräßer, Der Hebräerbrief 163. Ähnliche fünfgliedrige Strukturübersichten liefern: Attridge 17-20, der die Zäsur zwischen III und IV nach Hebr 10,25 setzt; Ellingworth vi, der Hebr 13,20-25 zum letzten Hauptteil zieht; Lane cii-ciii, der Hebr 1,1-4 in den I. und Hebr 13,20-25 in den V. Teil einbezieht.

53 Vgl. Dussaut, Synopse 1-2.147-151; ders., Histoire 10-11.

54 Vgl. paulinisch Röm 1-11; 12-16; deuteropaulinisch Eph 1-3; 4-6.

55 Vgl. Black 164; McLeod 186.

56 Büchsel 1670.

eine Komposition mit zwei Hauptteilen auf. Hebr 11 klassifiziert er dabei gegen Büchsel und Vanhoye als Mahnung und nicht als Darlegung.

Gyllenberg setzt wie Vanhoye nach Hebr 1,4; 2,18; 5,10; 6,20; 7,28; 10,18; 10,39; 11,40 Zäsuren.[57] Er schlägt infolge seiner von Vanhoye verschiedenen Gewichtung einzelner Zäsuren bzw. Sichtung und Zuordnung der Paränesen folgende parallele Grobstruktur vor:[58]

	A	B
„Die theoretische Erörterung beginnt	1,1-14	5,1-10
Eingeschobene Mahnung	2,1-4	5,11-6,20
Die theoretische Erörterung wird fortgesetzt	2,5-18	7,1-10,18
Ausführliche praktische Anwendung	3,1-4,16	10,19-12,29“

Obgleich Gyllenberg die Hauptzäsur nach Hebr 4,16 setzt, behält er das Schema Darlegung – Paränese grundsätzlich bei. Das Ziel der gesamten theologischen Ausführungen liegt bei dieser Kompositionsanalyse in der Paränese.[59]

Fast dieselbe Aufteilung des Hebräerbriefes in Abschnitte nimmt G. H. Guthrie vor. Die Hauptzäsur setzt er jedoch nach Hebr 4,13. Guthrie betrachtet die darlegenden und die mahnenden Abschnitte als je eigenständige Textfäden in nur schwacher Abhängigkeit voneinander. Während die Darlegung sich linear entwickelt und in beiden Hauptteilen zwei zueinander parallele Segmente aufweist, trägt die Mahnung eine konzentrische Struktur.[60]

Häufig wird eine Gliederung des Hebräerbriefes in drei Hauptteile vorgenommen:

	Bénétreau[61]	Gräßer[62] Laubach[63]	Nauck[64] Schierse[65]	Schiwy[66]	Weiß[67]
I	1,5-4,16	1,1-6,20	1,1-4,13	1,1-4,13	1,1,-4,13
II	5,1-10,39	7,1-10,18	4,14-10,31	4,14-10,39	5,1-10,18
III	11,1-12,13	10,19-13,25	10,32-13,25	11,1-13,25	10,19-13,21

57 Vgl. Gyllenberg 145-146; Thurén 44-45.

58 Gyllenberg 141; vgl. Thurén 32.

59 Vgl. Schierse 196-197; Thurén 44.

60 Vgl. Guthrie, The Structure 144.

61 Vgl. Bénétreau I 33, der Hebr 12,14-13,25 außerhalb seiner Struktur beläßt: „A partir de 12.14, exhortations diverses et conclusion.“

62 Vgl. Gräßer XVII/1 IX-X.29; ders. XVII/2 IX-X.

63 Vgl. Laubach 28-31. Laubach 28 unterscheidet folgende drei Hauptteile: 1,1-5,10; 7,1-10,18; 11,1-12,29. Jedem dieser Teile läßt er eine Ermahnung folgen: 5,11-6,20; 10,19-39; 13,1-21. Diese subsumiert Laubach 30-31 allerdings unter die davor etablierten drei Hauptteile.

64 Vgl. Nauck 203-206.

65 Vgl. Schierse 207-209.

F. J. Schierse sieht in Hebr 4,13 den ersten Teil durch Anklänge an den Beginn des Schreibens (Hebr 1,1-2) abgerundet.[68] Die zweite Hauptzäsur setzt er weder nach Hebr 10,18 noch nach Hebr 10,39. Er schließt die paränetischen Abschnitte Hebr 4,14-16; 10,19-31 als Klammern mit der dazwischenliegenden Darlegung zusammen: „Es war wohl der verhängnisvollste Fehler der Hb-Exegese, die Hauptzäsur des Briefes nach 10,18 zu legen, während der Verfasser doch erst in den folgenden Mahnworten die Früchte seiner schwierigen Spekulationen ernten will.“[69] Bei aller Strittigkeit der genauen Abgrenzung stimmt Schierses Ansatz mit dem Vanhoyes darin überein, daß im Mittelteil die Darlegung durch zwei Paränesen gerahmt wird. Diese Aufteilung tut seiner Überzeugung, „daß die Paränese den eigentlichen Hauptzweck des Briefes bildet“[70], keinen Abbruch.

H.-F. Weiß sieht darin, „daß zwischen 4,14-16 einerseits und 10,19ff andererseits eine weitgehende Entsprechung besteht“[71], eine Stütze seiner Einteilung, welche die Hauptzäsuren mit diesen Abschnitten setzt. Die Parallelität der beiden Abschnitte kann jedoch auch dahingehend auf eine gleichgeartete Funktion hindeuten, daß beide Abschnitte, wie in der Struktur Vanhoyes, am Übergang zwischen Darlegung und Paränese innerhalb eines Hauptteils stehen.

L. Dussaut erkennt die vier Hauptzäsuren, die zu Vanhoyes Fünfgliederung führen, grundsätzlich an, gewichtet sie jedoch so, daß er nur noch zwei davon als Hauptzäsuren gelten läßt (nach Hebr 5,10; 10,39), während die anderen beiden (nach Hebr 2,18; 12,13) ihm zur Zweigliederung des ersten bzw. letzten von drei Hauptteilen dienen. Trotz dieses Unterschieds bestätigt seine Strukturanalyse im Ergebnis die konzentrische Komposition des Briefes und legitimiert aufs neue die Zuordnung der zueinander symmetrischen Abschnitte.

Fünfteilige Gliederungen des Hebräerbriefes haben F. Büchsel und G. E. Rice vorgeschlagen. Büchsel etabliert einen Aufbau des Hebräerbriefes allein mittels des formalen Kriteriums der Abwechslung von Darlegung und Mahnung. Jeder seiner Hauptteile besteht aus einer Darlegung, der eine Mahnung folgt:[72]

	I	II	III	IV	V
Darlegung	1,1-14	2,5-3,6	5,1-10	7,1-10,18	11,1-40
Mahnung	2,1-4	3,7-4,16	5,11-6,20	10,19-39	12,1-13,25

66 Vgl. Schiwy 76.
67 Vgl. Weiß 47.
68 Vgl. Schierse 197.
69 Schierse 200.
70 Schierse 196.
71 Weiß 47.
72 Vgl. Büchsel 1670-1671; McLeod 197.

Einem verwandten Prinzip folgt der Aufbau von G. E. Rice, bei dem jeder der fünf Teile aus einer Darlegung, einer Warnung und einem Hinweis auf das Gericht besteht:[73]

	I	II	III	IV	V
Darlegung	1,5-14	2,5-3,6	4,14-5,10	6,9-10,25	11,1-40
Warnung	2,1	3,7-19	5,11-6,6	10,26-27	12,1-24
Gericht	2,2-4	4,1-13	6,7-8	10,28-39	12,25-29

Auch sechsteilige Gliederungen hat der Hebräerbrief erfahren, und zwar die folgenden:

	I	II	III	IV	V	VI
Hughes[74]	1,1-3	1,4-2,18	3,1-4,13	4,14-10,18	10,19-12,29	13,1-25
Lightfoot[75]	1,1-4	1,5-2,18	3,1-4,16	5,1-10,39	11,1-12,29	13,1-25
Neeley[76]	1,1-4	1,1-4,13	4,14-10,18	10,19-13,21	13,20-21	13,22-25

S. J. Kistemaker[77] verteilt den Text des Hebräerbriefes auf sieben Teile:

I	II	III	IV	V	VI	VII
1,1-4	1,5-2,18	3,1-4,13	4,14-7,28	8,1-10,18	10,19-12,29	13,1-25

F. F. Bruce[78] schließlich gliedert den Hebräerbrief in acht Hauptteile:

I	II	III	IV	V	VI	VII	VIII
1,1-2,18	3,1-4,13	4,14-6,20	7,1-18	8,1-10,18	10,19-12,29	13,1-21	13,22-25

2.3.2. Ergebnis des Überblicks

Die entscheidenden Streitpunkte in der Grobgliederung des Hebräerbriefes sind:

– *erstens*, ob der Einschnitt in Hebr 4 nach V.13, V.14 oder V.16 zu suchen ist,[79]

– *zweitens*, welchen größeren Blöcken die Paränesen in Hebr 5,11-6,20 und Hebr 10,19-39 zuzuordnen sind und – damit verbunden – überhaupt der Stellenwert von Paränese und Darlegung im wechselseitigen Verhältnis,[80]

– *drittens*, ob es sich bei Hebr 11 um Darlegung oder Paränese handelt,[81]

---

73 Vgl. Rice, Apostasy 33-35.

74 Vgl. Hughes 2-4.

75 Vgl. Lightfoot 1-2.

76 Vgl. Neeley 41.

77 Vgl. Kistemaker 18-19.

78 Vgl. Bruce lxiii-lxiv; ders., The Structure 6-12.

79 Vgl. Gyllenberg 141-143; Bligh 173-174; Thurén 35.45-46.

80 Vgl. Thurén 46.

81 Vgl. Vanhoye 21: Hebr 11 „ne contient aucun appel explicite au lecteur, mais seulement des affirmations. A s'en tenir à la forme, il faudra donc le classer parmi les exposés". Gyllenberg hält es dagegen für eine Beispielsammlung im Dienste der Paränese (vgl. Gyllenberg 141.146; Thurén 34).

– *viertens*, wie die innerhalb der Komposition allgemein als schwierig beurteilten Kapitel Hebr 12-13 einzuteilen und zuzuordnen sind,[82]

– *fünftens*, wie die einzelnen Zäsuren, über die als solche leichter Einvernehmen erzielt werden kann, in der Gesamtstruktur zu gewichten sind, ob als Grenze von Hauptteilen oder von untergeordneten Sektionen.

Der fünfte Streitpunkt spielt für eine gegenseitige Interpretation unterschiedlicher Abschnitte des Hebräerbriefes aufgrund ihrer strukturellen Zuordnung die wichtigste Rolle und verdient daher in der weiteren Untersuchung das Hauptaugenmerk.

82 Vgl. Thurén 35.

3. Hebr 1,6

Wenn er aber wiederum einführt den Erstgeborenen in die Welt, sagt er: Und es sollen sich niederwerfen vor ihm alle Engel Gottes.

3.1. Einordnung in die literarische Struktur von Hebr 1,5-2,18

Der nach Vanhoye[83] I. Teil des Hebräerbriefes (Hebr 1,5-2,18) weist eine Struktur von drei Abschnitten auf, die sich durch ihre jeweilige Gattung voneinander abheben. In den beiden längeren Abschnitten Hebr 1,5-14 und Hebr 2,5-18 finden wir Lehrstücke und dazwischen in Hebr 2,1-4 einen kurzen paränetischen Einschub. Der erste Lehrabschnitt Hebr 1,5-14 besteht fast vollständig aus einer Katene von sieben Schriftzitaten, die mehrheitlich aus dem Buch der Psalmen stammen. Die Reihe der Schriftzitate ist durch drei Einleitungsphrasen in V.5.7.13 gegliedert. Alle drei Zitationsformeln sind mit Blick auf die Engel formuliert. Sie stellen jeweils fest, daß Gott das unmittelbar Nachfolgende zu den Engeln gesagt oder eben nicht gesagt hat. Dies geschieht in V.5.13 mittels einer rhetorischen Frage der Form: „Zu welchem der Engel hat er (sc. Gott) je gesagt (was folgt)?“ Sie provoziert beim Leser die negative Antwort: „Zu keinem!“ Da im Kontext von Hebr 1,5-14 entweder der Sohn oder die Engel als Adressaten in Frage kommen, beinhaltet dieser negative Bescheid für die Engel einen positiven für den Sohn: „Nur zum Sohn hat Gott so gesprochen.“ Die mittlere Einleitungsphrase in V.7 stellt dagegen unumwunden fest: „Und zu den Engeln sagt er.“ Die formale Analogie zwischen den Phrasen in V.5 und V.13 signalisiert eine Inklusion, welche die beiden dort angeführten Psalmworte Ps 2,7 und Ps 110,1 zur gegenseitigen Interpretation aufeinander bezieht. Jeder der drei Unterabschnitte V.5-6.7-12.13-14 stellt Aussagen über den Sohn und solche über die Engel gegenüber. Die einzelnen Gegenüberstellungen sind einander aber nicht parallel, sondern jeweils chiastisch zugeordnet: V.5-6: Sohn – Engel; V.7-12: Engel – Sohn; V.13-14: Sohn – Engel.

Genauso kunstvoll wie der ganze Abschnitt Hebr 1,5-14 ist auch der Unterabschnitt V.5-6 komponiert. Zwei Zitaten mit Aussagen über den Sohn

---

[83] Vgl. zu diesem Kapitel Gräßer, EKK XVII/1 71-72; Guthrie, The Structure 77; Theobald, Vom Text 766-773; Vanhoye, La structure 69-74; Weiß 156.

in V.5 folgt ein zitierter Spruch über die Engel in V.6. Der Gegensatz zwischen Sohn und Engeln ist durch das δέ in V.6 markiert. Zusätzlich werden die beiden Sprüche über den Sohn durch eine Inklusion zusammengehalten: Der erste beginnt mit dem Wort υἱός, der zweite endet mit demselben Wort. Zugleich wird der Gegensatz zwischen V.5 und V.6 durch eine weitere Inklusion zusammengebunden, welche durch das Stichwort „Engel" hergestellt wird. Hier zeigt sich, daß die rhetorische Einleitungsfrage ganz im Dienst einer durchdachten Komposition steht. Denn sie ermöglicht es erst, eine Aussage über den Sohn durch eine Erwähnung der Engel einzuführen, und nur auf diesem Wege kommt die Inklusion zustande.

Im Hinblick auf die Fragestellung dieser Arbeit interessiert uns Hebr 1,6. Die dort erwähnte Einführung des Erstgeborenen in die Welt und die dabei befohlene Anbetung durch die Engel Gottes werden erst dann in ihrem Aussagegehalt verständlich, wenn geklärt ist, zu welchem Zeitpunkt im Heilsgeschehen um Christus diese Ereignisse zu fixieren sind. Mit der zeitlichen Festlegung verbunden ist nämlich die nähere Bestimmung des beschriebenen Vorgangs selbst. Der Vorgang wird in der Diskussion auf vierfache, sich gegenseitig jeweils ausschließende Weise bestimmt: Die Rede sei in diesem Vers entweder von der Einführung des Logos bei der Schöpfung, von der Inkarnation des Sohnes, von der Erhöhung Christi durch Kreuz, Auferstehung und Himmelfahrt oder von seiner Wiederkunft bei der Parusie.[84] Welchem dieser Vorschläge man zuneigt, hängt davon ab, wie man die einzelnen Elemente des Verses semantisch, syntaktisch und im weiteren Kontext versteht. Im folgenden werden deshalb die Einzelelemente auf ihre möglichen Bedeutungsgehalte hin befragt.

3.2. Wiederum

Das πάλιν im griechischen Text kann ebenso wie das „wiederum" in meiner Übersetzung entweder zu ὅταν δέ oder zu εἰσαγάγῃ gezogen werden.

Verbindet man es mit ὅταν δέ, dann erfüllt es die Funktion der Einleitung eines neuerlichen Zitats mit etwa demselben Inhalt wie das vorausgehende. Πάλιν wird in Hebr 2,13; 4,5; 10,30 und im direkt vorangehenden Vers Hebr 1,5 in dieser Funktion verwendet.[85] Allerdings fällt auf, daß es dort immer zusammen mit καί steht und deshalb vielleicht nur in der Verbindung καὶ πάλιν als Zitatverknüpfung dient. Die Verknüpfung stellte dann in erster

---

84 Vgl. Attridge 55.

85 Vgl. Andriessen, La teneur 296-297; Attridge 55; Bénétreau I 82; Bruce 56; Ellingworth 117; Gräßer XVII/1 77; Guthrie 73; Hagner 38; Hegermann 52; Héring 25; Hewitt 55; Hughes 57; Jewett 30; Koops 220; Lane 21.26; Lightfoot 59; Meier, Symmetry 509; Michaelis, ThWNT VI 881; Michel 112-113; Moffatt 10-11; Montefiore 45; Oberholtzer, The Eschatological Salvation 86; Reuss 78; Riggenbach 19; Schröger, Der Verfasser 50; Spicq, Études bibliques II 17; Weiß 156.162; Wilson 39; Windisch 15.

Linie das καί her, welches diese Funktion auch allein ausüben kann (z.B. Hebr 1,10), während πάλιν dem καί höchstenfalls als Verstärkung diente. J. P. Meier stellt das πάλιν in eine Reihe mit den anderen Zitateinleitungen μέν...δέ (V.7-8), καί (V.10) und δέ (V.13).[86] Die Tatsache, daß πάλιν dem ὅταν folgt, muß nicht zwingend heißen, daß es sinngemäß Teil des durch die Konjunktion eingeführten Nebensatzes ist. Es kann vielmehr auch zusammen mit δέ als Zitatverknüpfung dienen. Da δέ als Postposition sich aber an ein vorausgehendes Satzglied anlehnen muß und ὅταν dieses Satzglied sein kann, gerät auch πάλιν in seine Position.[87] Betrachtet man das πάλιν allein aufgrund dieser Überlegungen, so steht es keinem der oben genannten Vorschläge für das Verständnis des Vorgangs in Hebr 1,6 im Weg, das heißt: Es ist so verstanden offen für eine Interpretation des Verses auf Schöpfung, Inkarnation, Erhöhung oder Parusie.[88]

Begreift man die Verbindung zwischen δέ und πάλιν noch enger, so kann πάλιν zur Vertiefung des adversativen Charakters von δέ dienen und der ganze Ausdruck mit „jedoch/dagegen/hingegen" übersetzt werden. Gegen ein solches Verständnis spricht jedoch das in V.5 vorausgehende πάλιν. [89]

Faßt man dagegen πάλιν als adverbiale Bestimmung zu εἰσαγάγῃ auf, so modifiziert es dessen Bedeutung im Sinne von „wieder einführen".[90] In diesem Fall wird πάλιν entgegen dem oben Gesagten als Teil des mit ὅταν eingeleiteten Nebensatzes verstanden.[91] Die Postposition δέ muß sich schließlich nicht notwendig an die Konjunktion ὅταν anlehnen, sondern kann auch einem vorangestellten πάλιν, mit dem es sowieso verbunden werden soll, folgen. Die Wortfolge könnte also, wäre ein entsprechendes Verständnis beabsichtigt, ebenso gut lauten: πάλιν δὲ ὅταν.[92]

Wiedereinführung kann in zwei Richtungen verstanden werden: als nochmalige Bewegung in dieselbe Richtung (etwa wenn jemand einen Raum, den er schon einmal betreten hat, zum wiederholten Male betritt) oder als Bewegung in die gegenteilige Richtung bezüglich einer zuvor ausgeführten Bewegung (das heißt: die Rückkehr in einen Raum, den der Rückkehrer zuvor verlassen hat). Wer für dieses Verständnis eintritt, muß außer dem in Hebr 1,6 beschriebenen Vorgang auch erklären kön-

86 Meier, Structure 175.

87 Vgl. Meier, Symmetry 509: Eine vergleichbare Konstruktion liege etwa in Weish 14,1 vor. Dagegen Andriessen, La teneur 297: In Weish 14,1 handle es sich um die Transposition eines einzigen Wortes (πάλιν), in Hebr 1,6 dagegen seien es zwei (δέ und πάλιν).

88 Vgl. Hewitt 56; Moffatt 10; Weiß 158.

89 Vgl. Andriessen, La teneur 297, und Bénétreau I 82 und Spicq, Études bibliques II 17: „par contre"; Lane 26.

90 Vgl. Andriessen, La teneur 296; Attridge 55; Bénétreau I 81; Braun 36; Ellingworth 117; Gräßer XVII/1 77; Hagner 38; Hegermann 52; Héring 25; Hughes 57-58; Jewett 29; Lane 21.26; Michel 112-113; Oberholtzer, The Eschatological Salvation 86; Schröger, Der Verfasser 50; Spicq, Études bibliques II 17; Wilson 39.

91 Vgl. Oberholtzer, The Eschatological Salvation 86.

92 Vgl. Andriessen, La teneur 297.

nen, welchen – in diesem Vers nicht erwähnten – Vorgang er für die dem Wiedereinführen vorgängige Bewegung in Anspruch nehmen könnte. Der Vers spricht dann im ersten Fall nicht nur von einem Einführen, sondern von einem erneuten Einführen des Erstgeborenen in die Welt. Gemessen an den genannten Vorschlägen, kommen für das erste und das nochmalige Einführen folgende drei Ereignispaare in Betracht: Schöpfung und Inkarnation, Inkarnation und Auferstehung, Inkarnation und Parusie.[93] In allen drei Paaren beziehen sich beide Einführungen jeweils auf die geschaffene, diesseitige Welt. „Hingewiesen wird in diesem Zusammenhang auch auf die Wendung πάλιν ἐκ δευτέρου"[94] in Apg 10,15, zumal in Hebr 9,28 ein Vorgang, für den ebenfalls Parusie in der Diskussion ist, mit der Wendung ἐκ δευτέρου zeitlich verortet wird.[95] Darüber hinaus wäre ein eschatologisches Verständnis des πάλιν dahingehend zu rechtfertigen, daß es sich in Hebr 1,6 typologisch um ein Ereignis handelt, das sein Vorbild im Alten Testament hat: Wie die Söhne bzw. Engel Gottes mit Israel an der Schwelle zum verheißenen Land jubeln und Gott anbeten (vgl. Dtn 32,43 LXX, in Hebr 1,6 zitiert), so huldigen sie Christus bei seiner Einführung in die οἰκουμένη (siehe dazu unten). Ein derartiger Gebrauch von πάλιν hätte eine Parallele in Hebr 4,7-8.[96] Im zweiten Fall spricht er von einer Rückkehr. Dafür kann das Ereignispaar Inkarnation und Erhöhung herangezogen werden: Christus hat bei der Inkarnation die jenseitige Welt des Himmels verlassen und kehrt durch die Erhöhung in sie zurück.[97]

3.3. Die Einführung

Der Konjunktiv Aorist εἰσαγάγῃ in Verbindung mit der Partikel ἄν und der Temporalkonjunktion ὅτε weisen den Nebensatz in Hebr 1,6 als einen Temporalsatz aus, der entweder als Eventualis eine in der Zukunft liegende oder als Iterativus eine häufig wiederkehrende Handlung ausdrückt.[98] Faßt man das Satzgefüge im iterativen Sinne auf, dann muß die Übersetzung lauten: „Immer wenn er aber wiederum einführt den Erstgeborenen in die Welt, sagt er...". Alle Übersetzer und Ausleger schließen aber aus, daß das Satzgefüge auf einen iterativen Vorgang abzielt. Es fällt mit Recht schwer, ein stets sich wiederholendes Einführen des Erstgeborenen im Heilsgeschehen dingfest zu machen. Deshalb ist der futurische Sinn eines

---

93 Vgl. Hughes 58; Moffatt 10.

94 Weiß 162.

95 Vgl. Braun 36; Hofius, Der Christushymnus 89-90; März 25; Spicq, Études bibliques II 17. Dagegen Gräßer XVII/1 77-78: „Schon die Identifizierung von πάλιν εἰσάγειν mit ἐκ δευτέρου ... ὀφθήσεται (9,28b) ist nicht möglich."

96 Vgl. Andriessen, La teneur 300.

97 Vgl. Gräßer XVII/1 78; Laubach 47; Meier, Symmetry 509.

98 Vgl. Blaß/Debrunner/Rehkopf § 382,3; Hoffmann/Siebenthal § 276a.

Eventualis jedenfalls der bessere. Zu übersetzen ist dann: „Wenn er aber wiederum einführt den Erstgeborenen in die Welt, sagt er...". Der Aorist im Nebensatz bringt bei diesem Verständnis den ingressiven Aspekt der Einführung zum Ausdruck. Aus dem futurischen Aspekt des Eventualis darf nicht vorschnell geschlossen werden, daß die in Hebr 1,6 ausgesagte Wiedereinführung für den Hebräerbriefautor noch in der Zukunft liegt. Als zukünftig wird diese Handlung vielmehr aus der Warte dessen qualifiziert, der aus Anlaß der Wiedereinführung spricht (λέγει), das heißt aus der Perspektive Gottes. Die alttestamentlichen Sprüche Gottes gelten aber wie er selbst zeitlos und werden als solche im Hebräerbrief angeführt.[99] Ein semantischer Aspekt der Verwendung des Verbums εἰσάγειν sei eigens erwähnt. Die Septuaginta benutzt εἰσάγειν mehr als vierzigmal für die Hineinführung Israels in das von Gott verheißene Land.[100] Die Formulierung εἰσάγειν εἰς τὴν γῆν wird geradezu zum terminus technicus dafür, während analoge Formulierungen wie εἰσπορεύειν εἰς τὴν γῆν selten sind.[101]

3.4. Der Erstgeborene

3.4.1. Der Erstgeborene im Alten Testament und im Judentum

Im Kontext der Zitation von Ps 2,7 und 2 Sam 7,14 in Hebr 1,5 ist für den Ausdruck πρωτότοκος vor allem auf Ps 89,27f. (Ps 88,27f. LXX) zu verweisen. Dort wird im Zusammenhang der Verwendung des Terminus πρώτοτοκος ebenfalls auf die genannten beiden Stellen Bezug genommen.[102] Der davidische König wird als Erstgeborener bezeichnet; als solcher nennt er Gott seinen Vater und wird zum Höchsten unter den Königen der Erde erhoben: κἀγὼ πρωτότοκον θήσομαι αὐτόν, ὑψηλὸν παρὰ τοῖς βασιλεῦσιν τῆς γῆς.

Im Alten Testament ist der Erstgeborene Gott geweiht.[103] Oftmals wird ganz Israel seit seiner Befreiung aus Ägypten von Gott personifiziert als sein geliebter oder erstgeborener Sohn angeredet, z.B. Ex 4,22: Τάδε λέγει κύριος

---

[99] Vgl. Gräßer XVII/1 79-80; Guthrie 74; Theobald, Vom Text 759: „Wenn im Hebr jemand die Schrift zitiert, dann ist es weniger sein Autor, als vielmehr *Gott* selbst, sein *Sohn* und der *Heilige Geist. Sie sprechen zu den Menschen oder auch untereinander – Gott zu seinem Sohn und sein Sohn zu Gott! –, indem sie sich Worte der Schrift bedienen.*"

[100] Z.B. Ex 3,8; Dtn 6,10; 11,29; 30,5; 31,20 LXX; darüber hinaus 4 Esra 6,58.

[101] Vgl. Andriessen, La teneur 295; Ellingworth 116-117; Weiß 163.

[102] Vgl. Andriessen, La teneur 298; Attridge 56; Bénétreau I 81; Bruce 56; Ellingworth 118; Guthrie 73; Hegermann 53; Hofius, Der Christushymnus 91-92; Kistemaker 38; Lane 26; Meier, Symmetry 510; Michaelis, Die biblische Vorstellung 154-155; Michel 113-114; Montefiore 46; Schiwy 80; Strobel 93; Weiß 163; Wilson 39. Dagegen Braun 37. Skeptisch gegenüber dem Bezug zu Ps 89,27f. Gräßer XVII/1 78-79.

[103] Vgl. Ex 13,2.12-15; Num 3,13; Hughes 59; Montefiore 46; Spicq, Études bibliques II 17.

Υἱὸς πρωτότοκός μου Ισραηλ.[104] Der Gedanke einer göttlichen Adoption Israels findet sich vor allem in redaktionellen Schichten des Deuteronomiums (Dtn 1,31; 8,5; 14,1), am häufigsten im Lied des Mose (Dtn 32,1-43; darin die Verse 6.9-11.15.18-19). Dtn 32,43 LXX wird in Hebr 1,6 in modifizierter Form zitiert: Dort werden die Söhne Gottes zur Freude mit Gott und seinem Volk an der Schwelle zum Einzug ins verheißene Land aufgefordert, hier die Engel Gottes zur Niederwerfung vor Christus als dem Erstgeborenen bei seiner Einführung in die Welt.[105]

Mit der Bezeichnung Christi als Erstgeborener spielt Hebr 1,6 von seinen alttestamentlichen Bezügen her auf zwei Traditionskomplexe an, die implizit auf Christus übertragen werden. Christus wird einerseits zum davidischen König in seiner Vormachtstellung, andererseits zu Israel als Sohn Gottes beim Einzug ins verheißene Land in Analogie gesetzt.[106] „Die Vorstellung einer – sei es auch nur bildhaft verstandenen – Geburt oder Zeugung haftet πρωτότοκος an allen diesen Stellen nicht mehr deutlich an. [...] Auch der Gedanke an zeitliche Priorität vor anderen Söhnen liegt fern. [...] Diese schon im Alten Testament zu beobachtende Färbung von πρωτότοκος bezeugt eindrücklich die Synonymität der aus dem Alten Testament gewonnenen, Israel geltenden Titel ‚(mein) Erstgeborener, Einziger, Auserwählter und Geliebter' 4 Esr 6,58."[107]

Die Bezeichnung Erstgeborener begegnet im jüdisch-griechischen Schrifttum für die Weisheit, den Messias, die Engel und den Logos.[108] „Im Rabbinat werden als Erstling oder als Erstgeborener (ראשית, בכור) bezeichnet: die Tora, Adam, Jakob, Israel und der Messias. [...] Der rabbinische Grundsatz heißt: Was geliebt (חביב) ist, geht dem andern voran."[109] „Der Ausdruck ‚Erstgeborener' bezeichnet den Messias als Gegenstand göttlicher Liebe."[110] Philo nennt den Logos πρωτόγονος und überträgt dieses Attribut auch auf Mose.[111]

3.4.2. Der Erstgeborene im Neuen Testament

Nur einmal begegnet im Neuen Testament auf Jesus bezogen der Begriff Erstgeborener im ursprünglichen, einfachen Sinne, und zwar bei seiner Geburt (Lk 2,7). Ein Bezug des Begriffs auf die Inkarnation ist von daher

---

104 Zu πρωτότοκος vgl. auch Num 11,12; Jer 38,9; Sir 36,11; zu υἱός Hos 2,1; 11,1.3-4; Jer 3,19; 31,9; Jes 1,2; Sir 16,17-18; 36,14; Buchanan 17; Lane 27; Michaelis, Die biblische Vorstellung 154; Wilson 39.

105 Vgl. Andriessen, La teneur 297-298.

106 Vgl. Lane 27.

107 Michaelis, ThWNT VI 875; 4 Esr 6,58: πρωτότοκον μονογενῆ ἐκλεκτὸν ἀγαπητόν. Vgl. Frey 389-390; Michaelis, Die biblische Vorstellung 153.

108 Vgl. Attridge 56; Käsemann, Das wandernde Gottesvolk 72.

109 Michel 114; vgl. Braun 36; Michaelis, ThWNT VI 876; Spicq, Études bibliques II 17.

110 Michel 114; vgl. Ellingworth 119; Strack/Billerbeck III 677.

111 Vgl. Gräßer XVII/1 79; Héring 26; Käsemann, Das wandernde Gottesvolk 72; Michaelis, ThWNT VI 876; Moffatt 11; Montefiore 46; Riggenbach 20; Spicq, Études bibliques II 17; Wilson 39.

denkbar.[112] Wo er im übertragenen Sinne auf Christus angewandt wird, ist er stets durch einen Genitiv oder einen Präpositionalausdruck näher bestimmt.[113] Diese Bestimmung erläutert an diesen Stellen die Hinsicht, in welcher Christus als der Erstgeborene bezeichnet wird. Dies geschieht in zwei unterschiedlichen Hinsichten, denen sich die vier Belege zuordnen lassen: im Hinblick auf die Schöpfung und im Hinblick auf die Auferstehung und Verherrlichung.

Im Hinblick auf die Schöpfung ist Kol 1,15 zu erwähnen:[114] Christus ist εἰκὼν τοῦ θεοῦ τοῦ ἀοράτου, πρωτότοκος πάσης κτίσεως („Bild des unsichtbaren Gottes, Erstgeborener der ganzen Schöpfung"). Daß Christus Bild des unsichtbaren Gottes ist, heißt: Er hat Anteil an Gott. Der Hymnus Kol 1,15-20 besteht aus zwei Strophen, deren Anfänge parallel gestaltet sind. Sie beginnen mit den für uns relevanten V.15 und V.18. Auf diese Weise gilt: „‚Erstgeborener aller Schöpfung' und ‚Erstgeborener von den Toten' entsprechen sich ebenso wie in den ersten Halbzeilen die Prädikationen ‚Bild' und ‚Anfang'."[115] Als Erstgeborener der ganzen Schöpfung ist in Christus alles geschaffen worden, und er ist vor allem. Als Erstgeborener aus den Toten ist Christus der πρωτεύων (V.18), „der, welcher der Erste ist" und „welcher den Vorrang hat" bei der Erlösung, die er durch das Blut seines Kreuzes gebracht hat (V.20).

Im Hinblick auf die Auferstehung und Verherrlichung rücken drei Stellen ins Blickfeld.[116]

Kol 1,18; Offb 1,5: Christus ist der πρωτότοκος (ἐκ; Kol) τῶν νεκρῶν (der „Erstgeborene aus den Toten / der Toten"). Offb 1,5 nimmt wie Hebr 1,6 auf Ps 89,28 (Ps 88,28 LXX) Bezug: ὁ πρωτότοκος τῶν νεκρῶν καὶ ὁ ἄρχων τῶν βασιλέων τῆς γῆς. Christus ist als der Erstgeborene zugleich der Herrscher über die Könige der Erde. Es handelt sich also „um eine Aussage über Rang und Würde Christi"[117], „dafür sprechen auch die Wendungen ἀπαρχὴ τῶν κεκοιμημένων 1 K 15,20 und πρῶτος ἐξ ἀναστάσεως νεκρῶν Ag 26,23 als nächste Parallelen"[118].

---

112 Vgl. Braun 36; Kistemaker 38; Laubach 47; Meier, Symmetry 509; Michaelis, Die biblische Vorstellung 138; ders., ThWNT VI 877; Montefiore 46; Schiwy 80.

113 Vgl. Braun 36; Ellingworth 118; Hughes 60; Kuß/Michl 27; Michaelis, ThWNT VI 881; Michel 113-114; Moffatt 11; Montefiore 46; Spicq, Sources bibliques 64; ders., Études bibliques 18; Weiß 163; Wilson 39.

114 Vgl. Attridge 56; Braun 37; Bruce 56; Ellingworth 118; Guthrie 73-74; Hagner 38; Hegermann 53; Héring 26; Hewitt 56; Hughes 59-60; Jewett 30; Käsemann, Das wandernde Gottesvolk 72; Kistemaker 38; Lightfoot 60; März 25; Michaelis, Die biblische Vorstellung 146; ders., ThWNT VI 878-881; Moffatt 11; Riggenbach 20; Wilson 39.

115 Schweizer 51.

116 Vgl. Bénétreau I 81; Braun 36-37; Ellingworth 118; Guthrie 73-74; Hagner 38; Hegermann 53; Héring 26; Hewitt 56; Hockel 29; Hughes 59-60; Jewett 30; Kistemaker 38; Lightfoot 60; März 25; Meier, Symmetry 509; Michaelis, ThWNT VI 878-879; Riggenbach 20; Schlatter 238; Spicq, Études bibliques II 18; Wilson 39; Windisch 15.

117 Michaelis, ThWNT VI 879.

118 Michaelis, ThWNT VI 878.

Röm 8,29: Christus ist der πρωτότοκος ἐν πολλοῖς ἀδελφοῖς (der „Erstgeborene unter vielen Brüdern"). Wie in Kol 1,15 wird Christus auch hier in engem Zusammenhang Erstgeborener und Bild genannt.[119] Hier handelt es sich aber nicht um die Teilhabe Christi an Gott, sondern darum, daß wir Anteil am Bild Christi haben. V.29 expliziert das im vorangehenden Vers gefallene Stichwort πρόθεσις („Ratschluß"). Der Ratschluß Gottes sieht vor, daß seine Heiligen „gleichgestaltet dem Bilde seines Sohnes" werden (συμμόρφους τῆς εἰκόνος τοῦ υἱοῦ αὐτοῦ). „Daß *wir* mit Christus gleichgestaltet worden sind, hat nach der Vorherbestimmung Gottes das Ziel, daß *Christus* als der Sohn Gottes zum Erstgeborenen unter vielen Brüdern geworden ist [...]. Darin wirkt sich seine ‚Bild'-Funktion aus: Christus zieht uns in seine Herrlichkeit als Sohn Gottes [...] hinein"[120] (vgl. V.30). Die Heiligen sind so Miterben Christi (vgl. Röm 8,17) und erlangen die Sohnschaft (vgl. Röm 8,23).[121]

3.4.3. Ergebnis

Zusammenfassend kann man sagen: Der Titel Erstgeborener impliziert für Christus im Neuen Testament also die gleichen Aspekte, die ihn schon im Alten Testament prägen. Der Erstgeborene ist zeitlich-quantitativ der Erste (herkömmlich bezüglich der Geburt, übertragen bezüglich der Auferstehung) und hat dadurch eine rechtlich-qualitative Vorrangstellung, welche seinen Erbanspruch (vgl. Hebr 1,2.4) begründet.[122] Die Benennung weist Christus den ersten Platz in der Zeitfolge wie in der Rangfolge von Schöpfung und Auferstehung/Verherrlichung zu. Er ist vor aller Schöpfung, als Erster wurde er von den Toten auferweckt. Beides verleiht ihm eine Vorrangstellung vor allen, die ihm als Geschöpfe in der Auferstehung und Verherrlichung folgen. „Solche soteriologische Dimension der christologischen Aussage in V.6 tritt noch deutlicher hervor, wenn man davon ausgeht, daß der den Hebr einleitende Abschnitt 1,5-2,18 im Sinne einer symmetrischen Komposition dem Schlußabschnitt 12,14-13,19 korrespondiert und damit auch der christologische Gebrauch von πρωτότοκος in 1,6 dem ‚ekklesiologischen' Gebrauch desselben Wortes in 12,23."[123] „Der Titel steht also in einer Linie mit ἀρχηγός (2,10; 12,2), πρόδρομος (6,20), ποιμὴν ὁ μέγας (13,20), die beides ausdrücken: den Vorsprung Christi vor seinen menschlichen Brüdern und seine Schicksalsverbundenheit mit ihnen: Sie bilden mit ihm zusammen die ἐκκλησία πρωτοτόκων (12,23)."[124]

---

119 Vgl. Schweizer 59.

120 Wilckens VI/2 164; vgl. Laubach 46.

121 Vgl. Michaelis, Die biblische Vorstellung 141-144; ders., ThWNT VI 878.

122 Vgl. Bénétreau I 81; Gräßer XVII/1 78; Hagner 38; Héring 26; Hewitt 56; Hockel 25; Hughes 59; Lane 26; Laubach 46; Lightfoot 60; Moffatt 11; Montefiore 46; Riggenbach 20; Spicq, Études bibliques II 18; Hebr 1,2.4.

123 Weiß 164; vgl. Gräßer XVII/1 78; Laubach 46; Vanhoye, La structure 59.

124 Gräßer XVII/1 78.

3.5. Die Welt

3.5.1. Die bewohnte Erde

Von der Entstehung her handelt es sich bei ἡ οἰκουμένη um einen elliptischen Ausdruck für ἡ οἰκουμένη γῆ, das bewohnte Land oder die bewohnte Erde. Gemeint ist damit zunächst das geordnete Kulturland im Gegensatz zur Wüste oder Wildnis. In diesem Sinne nennt die Septuaginta einmal das verheißene Land οἰκουμένη (Ex 16,35). Das klassische Griechisch bezeichnet den gesamten bewohnten Erdkreis, die ganze Welt, und im übertragenen Sinne die Menschheit als οἰκουμένη. In späterer Zeit wird der Ausdruck synonym zum Imperium Romanum gebraucht. Die Septuaginta übersetzt die hebräischen Ausdrücke ארץ und תבל mit οἰκουμένη.[125]

Im Neuen Testament außerhalb des Hebräerbriefes wird das Wort immer so verstanden.[126] Gleichwohl sieht G. Johnston eine „eschatological or apocalyptic reference“[127] in Mt 24,14; Lk 21,26; Apg 17,31; Offb 3,10, „da diese [...] das Weltweite betonende Vokabel gern im Zusammenhang mit dem weltweiten Charakter der endgeschichtlichen Mission [...], der Enddrangsale [...] und des von Jesus vollzogenen Endgerichts [...] gebraucht wird“[128]. An diesen Stellen steht οἰκουμένη zwar in der Tat im Zusammenhang der Rede von der Endzeit, es handelt sich aber stets eindeutig um die gegenwärtige, diesseitige Welt, wenn auch in einer veränderten Gestalt, nicht aber um eine grundsätzlich davon verschiedene Wirklichkeit: „For the writers of these texts, heaven is a restored earth.“[129] Genau diese Auffassung ist hingegen im Hebräerbrief, wie unten nachzuweisen sein wird, nicht anzutreffen; sie läuft seiner Lehre sogar zuwider. Die von Johnston angeführte Belegstelle (Hebr 12,22f.) ist höchstens dann in seinem Sinne beweiskräftig, wenn man nicht bis Hebr 12,29 weiterliest.

Versteht man οἰκουμένη in Hebr 1,6 im beschriebenen, herkömmlichen Sinne, so ist die Deutung des geschilderten Vorgangs auf die Erhöhung Christi ausgeschlossen. Denn Christus wird in diesem Fall in die geschaffene, diesseitige Welt eingeführt, was man nur von der Einführung bei Schöpfung, Inkarnation oder Parusie behaupten kann.[130] Für die Ansicht, die Einführung in die Welt meine die Inkarnation, wird namentlich der lukanische Weihnachtsbericht ins Feld geführt mit dem Argument, der

---

125 Vgl. Andriessen, La teneur 299; Bénétreau I 82; Johnston 353; Kistemaker 38; Lane 27; Laubach 46; Michel 115; ders., ThWNT V 159-160; Moffatt 11; Schiwy 80; Spicq, Sources bibliques 64; ders., Études bibliques 17; Windisch 15; z.B. Jes 10,23; Ps 18,5; 19,4.

126 Vgl. Mt 24,14; Röm 10,18; Offb 3,10; 12,9; 16,14; Lk 2,1; 4,5; 21,26; Apg 11,28; 17,6.31; 19,27; 24,5; Attridge 56; Gräßer XVII/1 79; Vanhoye, L'οἰκουμένη 248.

127 Johnston 354.

128 Braun 37.

129 Johnston 354.

130 Vgl. Johnston 353-354; Michel, ThWNT V 160; Vanhoye, L'οἰκουμένη 248.

Anlaß für die dort angeblich geschilderte Anbetung Jesu durch die Engel (vgl. Lk 2,13-14) sei derselbe wie derjenige für die Aufforderung zur Anbetung in Hebr 1,6. In Lk 2,13-14 handelt es sich allerdings nicht um eine Anbetung Jesu, sondern um einen Lobpreis Gottes.[131]

3.5.2. Die jenseitige Welt des Himmels

Versteht man dagegen unter οἰκουμένη in Hebr 1,6 die jenseitige Welt des Himmels – und G. Johnston hält eine Ausdehnung der οἰκουμένη auf Engel und vergleichbare Mächte an manchen Stellen für wahrscheinlich –[132], dann muß der ganze Vers auf die Erhöhung Christi hin gedeutet werden. Dieses Verständnis wird durch den einzigen weiteren Beleg des Wortes im Hebräerbrief gestützt. Hebr 2,5 handelt davon, daß Gott nicht den Engeln τὴν οἰκουμένην τὴν μέλλουσαν („die künftige Welt") unterworfen hat und fügt hinzu, daß die künftige Welt diejenige ist, περὶ ἧς λαλοῦμεν („über die wir sprechen"). Das heißt: Der Autor des Hebräerbriefes kennt eine οἰκουμένη, die erst noch kommt. Er kann damit nicht die bereits im Diesseits existierende Welt meinen, weil diese ja bereits da ist. Durch den Relativsatz „über die wir sprechen" weist er darauf hin, daß er auch im voraufgehenden Text, wenn von οἰκουμένη die Rede war, bereits diese künftige Welt im Blick hatte; denn die jetzt erwähnte Welt ist eben dieselbe, von der er schon die ganze Zeit über spricht.[133] Der einzige Beleg von οἰκουμένη vor Hebr 2,5 findet sich aber in Hebr 1,6, von wo unsere Überlegungen ausgingen. Auch in Hebr 1,6 wäre also diese künftige, jenseitige Welt gemeint. Man muß somit durchaus zwischen der Welt, in die Christus durch die Inkarnation eintritt, und der künftigen Welt unterscheiden. Im Hebräerbrief handelt es sich allerdings bei beiden Belegen um die künftige Welt,[134] „die für ihn mit dem himmlischen Vaterland (11,14-16), der zukünftigen Stadt (13,14) und dem himmlischen Jerusalem (12,22) identisch ist"[135].

A. Vanhoye sucht diese Sicht durch einen Verweis auf Hebr 12,26-27 zu untermauern. Nach der von ihm aufgewiesenen literarischen Struktur des

---

131 Vgl. Andriessen; La teneur 294; Davies 22; Hagner 38; Hewitt 55-56; Hughes 58-59; Kistemaker 38; Meier, Symmetry 508; Montefiore 46.

132 Vgl. Johnston 353; Hegermann 52; Wilson 39-40; Windisch 15.

133 Gegen Attridge 56, der diesen Aspekt vernachlässigt und dadurch gerade einen Gegensatz zwischen dem herkömmlichen, nicht näher erläuterten Gebrauch von οἰκουμένη und dem eigens näher bestimmten Verständnis des Wortes als μέλλουσα in Hebr 2,5 konstruiert.

134 Vgl. Andriessen, La teneur 294; Bénétreau I 82; Bruce 57-58; Buchanan 17; Davies 22; Ellingworth 117-118; Johnston 353-354; Lane 27-28; Meier, Symmetry 507-508; Michel 116: „οἰκουμένη μέλλουσα in Hebr 2,5 ist offenbar Umschreibung für den hebräischen Begriff עולם הבא." Oberholtzer, The Eschatological Salvation 87.96; Schierse 96; Vanhoye, L'οἰκουμένη 249, gegen Spicq; Völkl 349; Weiß 163-164; Windisch 15. Dagegen Attridge 56.

135 Gräßer XVII/1 79.

Hebräerbriefes verhalten sich der erste und der letzte Teil des Schreibens zueinander symmetrisch, so daß sich die darin enthaltenen Passagen gegenseitig erhellen. Hebr 12,26-27 zitiert Hag 2,6 und unterscheidet bei seiner Interpretation zwischen dem Erschütterlichen (τὰ σαλευόμενα), womit die gegenwärtige, vergängliche Welt gemeint ist, und dem Unerschütterlichen (τὰ μὴ σαλευόμενα), was die endgültigen, eschatologischen Wirklichkeiten bezeichnet. Das Verb σαλεύειν verweist auf Ps 96,9-11, der wiederum in der Septuaginta durch seine Überschrift „Als das Haus gebaut wurde nach dem Exil" situativ an Hag 2,6 rückgebunden ist. Haggai spricht von einer Erschütterung von Himmel, Erde, Meer und trockenem Land, also der gesamten geschaffenen Welt. In Ps 96,9-11 werden die Erde (ἡ γῆ) und das Meer (ἡ θάλασσα) mit seiner Fülle (τὸ πλήρωμα αὐτῆς) erschüttert, während die Welt (ἡ οἰκουμένη), welche der Herr aufgerichtet hat, unerschüttert bleibt. Vanhoye schließt daraus, daß das Unerschütterliche auch im Hebräerbrief mit der οἰκουμένη identisch ist. Handelt es sich also beim Unerschütterlichen in Hebr 12,26-27 um eine eschatologische Wirklichkeit, so gilt dies auch für die οἰκουμένη in Hebr 1,6. Wie in Ps 96,10 der Herr beim Antritt seiner Königsherrschaft (ὁ κύριος ἐβασίλευσεν; ingressiver Aorist!) die unerschütterliche Welt aufrichte, so werde die künftige Welt in Hebr 1,6 anläßlich der Erhöhung Christi eingerichtet.[136] Denselben Zusammenhang wie Ps 96,10 weist auch Ps 93,1 auf.[137] Darüber hinaus behauptet Vanhoye, daß in der Septuaginta von der γῆ häufig ausgesagt werde, sie werde erschüttert,[138] von der οἰκουμένη dagegen nie.[139] Ein gegenteiliger Beleg findet sich jedoch in Ps 98,7 (Ps 97,7 LXX).[140]

Unter Berücksichtigung all dieser Hinweise läßt Vanhoye für οἰκουμένη lediglich noch das Prädikat „bewohnt" als Wesensmerkmal gelten, das heißt: Es handelt sich bei dem Wort um die bewohnte Welt. Der irdische Aspekt und der Gedanke der Ordnung dieser Welt allein durch den Menschen ist nach ihm nicht notwendig mit dem Begriff verbunden.[141] „Rather, the ‚humane', ‚civilized' sense inherent in *oikoumene* and its use in the LXX lead our middle-platonic author to apply it to the true world, where the holy assembly lives (12,22-24; cf. 13,14)."[142]

P. Andriessen will das gängige Verständnis von οἰκουμένη mit dem von der künftigen Welt verknüpft wissen. Der Autor vergleiche, indem er implizit der Wüste das Kulturland entgegensetze, den Eintritt Christi in den Himmel mit

136 Vgl. Andriessen, La teneur 294; Buchanan 17; Vanhoye, L'οἰκουμένη 250-251.

137 Vgl. Vanhoye, L'οἰκουμένη 250-251.

138 Vgl. Ps 18,8; 77,19; 97,4; 114,7; Am 9,5; Hab 3,6; Vanhoye, L'οἰκουμένη 252.

139 Vgl. Ps 24,1; 89,12; 90,2; Jer 10,12; 28,15; Vanhoye, L'οἰκουμένη 252.

140 Vgl. Ps 98,7: σαλευθήτω ἡ θάλασσα καὶ τὸ πλήρωμα αὐτῆς, ἡ οἰκουμένη καὶ οἱ κατοικοῦντες ἐν αὐτῇ; Ellingworth 119; Strobel 93.

141 Vgl. Vanhoye, L'οἰκουμένη 252.

142 Meier, Symmetry 507; vgl. Michaelis, ThWNT VI 882: Die Erstgeborenen selbst befinden sich noch nicht im Himmel.

dem Einzug des auserwählten Volkes in das gelobte Land.[143] Die Gleichsetzung der οἰκουμένη mit dem gelobten Land findet allerdings in der Septuaginta nur ein schwaches Fundament. Im dortigen Pentateuch taucht das Wort nur einmal auf (Ex 16,35).[144]

Entspricht die Wendung εἰσάγειν εἰς τὴν οἰκουμένην dem הביא עולם rabbinischer Quellen, so kann οἰκουμένη analog zu עולם die hiesige oder die künftige Welt meinen. Von Rabbi Eleazar ben Azarja (2. nachchristliches Jahrhundert) ist der Spruch überliefert: „Vater und Mutter machen den Menschen kommen in diese Welt, und du (= Elieser b. Hyrkanos) machst uns kommen in diese und in die zukünftige Welt."[145]

3.5.3. Das Kommen Christi in den Kosmos

Manche Exegeten vergleichen den Vorgang des εἰσάγειν εἰς τὴν οἰκουμένην mit dem εἰσέρχεσθαι εἰς τὸν κόσμον in Hebr 10,5. Das setzt voraus, daß οἰκουμένη und κόσμος synonym gebraucht werden können.[146] Der Begriff κόσμος ist aber nach den bisherigen Ausführungen Vanhoyes von dem der οἰκουμένη abzusetzen.[147] Während κόσμος die sichtbare, materielle Welt bezeichnet, bezieht sich οἰκουμένη auf die Beziehungen zwischen Personen, bringt sie doch die Welt zur Sprache, insofern sie bewohnt ist. Die beiden weiteren Belegstellen im Hebräerbrief verwenden den Begriff κόσμος abwertend:[148] Hebr 11,7 spricht davon, daß Noah den Kosmos durch seinen Glauben gerichtet hat; Hebr 11,38 erachtet den Kosmos der Glaubenszeugen nicht für würdig.

3.6. Das Zitat

3.6.1. Die Herkunft des Zitats

Das Zitat καὶ προσκυνησάτωσαν αὐτῷ πάντες ἄγγελοι θεοῦ stammt aus Dtn 32,43 LXX, aus Ps 96,7 LXX (Ps 97,7) oder aus den Oden der Septuaginta (Ode 2,43). Hebr 1,6 bietet bis auf die Auslassung des οἱ zwischen

---

143 Vgl. Andriessen, La teneur 295.

144 Vgl. Vanhoye, L'οἰκουμένη 250.

145 Deutsche Übersetzung zitiert nach Michel 113. Der Spruch findet sich in: Sifre debarim 32 (Midrasch zu Dtn 6,5). Die Mechiltha zu Dtn 20,23 berichtet von derselben Situation, in welcher der Spruch seinen Sitz im Leben Eleazars hat, bricht aber vor dem Spruch ab. Im Babylonischen Talmud, Sanhedrin 101a, ist der Spruch abgewandelt: „Vater und Mutter sind nur auf dieser Welt, der Meister aber auf dieser Welt und in der zukünftigen Welt." Vgl. Gräßer XVII/1 77; Michaelis, ThWNT VI 881; Michel, ThWNT V 160-161: „In Hb 2,5 wird ganz offenbar der alte apokalyptische Begriff abh slwu umschrieben"; Riggenbach 19; Schlatter 41; Spicq, Études bibliques II 17.

146 Vgl. Braun 36; Johnston 353; Strobel 93.

147 Vgl. Ellingworth 117; Gräßer XVII/1 79; Weiß 163.

148 Vgl. Buchanan 17-18; Lane 27; Meier, Symmetry 507; Vanhoye, L'οἰκουμένη 253.

πάντες und ἄγγελοι genau denselben Wortlaut wie Ode 2,43.[149] Zitiert der Hebräerbriefautor nicht aus den Oden (was aufgrund ihrer Bezeugung erst ab dem 5.Jahrhundert wahrscheinlich ist),[150] handelt es sich bei Hebr 1,6 möglicherweise um eine Mischung zweier paralleler Satzteile innerhalb von Dtn 32,43 LXX oder der beiden Referenzstellen Dtn 32,43 LXX und Ps 96,7 LXX.[151] Vielleicht entspricht die enge Verbundenheit der Stellen einer liturgischen oder katechetischen Tradition.[152] Die erste Vershälfte von Dtn 32,43 LXX lautet:

a *εὐφράνθητε, οὐρανοί, ἅμα αὐτῷ,*
b *καὶ προσκυνησάτωσαν αὐτῷ πάντες υἱοὶ θεοῦ*
c εὐφράνθητε, ἔθνη, μετὰ τοῦ λαοῦ αὐτοῦ,
d *καὶ ενισχυσάτωσαν αὐτῷ πάντες ἄγγελοι θεοῦ.*

Hebr 1,6 ersetzt, falls Dtn 32,43b LXX zitiert ist, die υἱοί durch die ἄγγελοι aus V.43d bzw. Ps 97,7. Da im parallelismus membrorum bei unterschiedlicher Ausdrucksweise der Inhalt identisch ist, bringt diese Substitution paralleler Satzglieder jedoch keine Verschiebung im Inhalt mit sich. Die Oden zeigen die Austauschbarkeit der beiden Bezeichnungen dadurch, daß sie dort in der umgekehrten Anordnung wie in Dtn 32,43 LXX stehen. Der Verfasser des Hebräerbriefes wählt wohl deshalb die Bezeichnung ἄγγελοι, weil er im ganzen ersten Kapitel darum bemüht ist, Christus als den Sohn Gottes in Absetzung zu den Engeln zu profilieren. Eine Bezeichnung der Engel als Söhne Gottes könnte in diesem Zusammenhang Verwirrung stiften.[153]

3.6.2. Der Textbestand der Septuaginta im Verhältnis zum Masoretischen Text und Qumran[154]

Der Vers ist in der Septuaginta doppelt so lang wie im Masoretischen Text. Die kursiv gedruckten Kola, und damit auch die in Hebr 1,6 verarbeiteten

---

149 Einzig Gräßer XVII/1 80-81, Lane 28 und Ellingworth 118-119 erwähnen diese Tatsache. Allerdings zitiert Ellingworth Ode 2,43b LXX in einer von Rahlfs verschiedenen Fassung. Er scheint die ἄγγελοι in V.43b durch die υἱοί aus V.43d ersetzt zu haben und erhält den Text: καὶ προσκυνησάτωσαν αὐτῷ πάντες υἱοὶ θεοῦ. Indessen ist Hebr 1,6 gerade mit der Rahlfs'schen Lesart von Ode 2,43b fast identisch.

150 Vgl. Gräßer XVII/1 80. Umgekehrt ist eine Abhängigkeit von Ode 2,43b von Hebr 1,6 nicht auszuschließen.

151 Vgl. Bénétreau I 80; Braun 37; Bruce 56-57; Davies 22; Guthrie 74; Hagner 33; Hegermann 52; Hughes 59; Jewett 30; Katz 217-219; Kistemaker 38; Kuß/Michl 27; Lightfoot 59; Michel 111-112; Moffatt 11; Schiwy 80; Spicq, Études bibliques II 18; Strack/Billerbeck III 677; Strobel 93; Windisch 15. Dagegen nimmt Schröger, Der Verfasser 50, eine auch in Qumran bekannte, im Verhältnis zum Masoretischen Text ältere hebräische Vorlage an.

152 Vgl. Lane 28; Michel 112.

153 Vgl. Attridge 57; Bénétreau I 80-81; Buchanan 16; Héring 25; Jewett 30; Kuß/Michl 27; März 25; Michaelis, ThWNT VI 881; Montefiore 46; Weiß 161.

154 Die Textgeschichte von Dtn 32,43 ist sehr kompliziert und entsprechend schwierig zu rekonstruieren. Die verschiedenen Rekonstruktionsversuche hier im einzelnen nachzeichnen

Kola b und d, haben im Masoretischen Text keine Entsprechung, wohl aber V.43b LXX in 4QDtn 32,43, wo für πάντες ἄγγελοι θεοῦ כל אלהים steht.[155] Entscheidend für das Verständnis des griechischen Textes ist, auf wen sich das Personalpronomen αὐτῷ jeweils bezieht.[156] In den voraufgehenden V.37-42 spricht Gott selbst in direkter Rede von der Rache an seinen Feinden. In V.43 ergreift Mose wieder das Wort und ruft die Himmel zur Freude „zusammen mit ihm" auf. Da vorher nur von Gott und seinen Feinden die Rede war, sich mit den Feinden Gottes zu freuen aber widersinnig wäre, bezieht eine fortlaufende Lektüre das αὐτῷ in V.43a.b auf Gott.[157] Dazu paßt, daß an dem Punkt, wo erstmals von seinem Volk gesprochen wird, dieses auch ausdrücklich genannt ist (V.43c). Das αὐτῷ in V.43d bezieht sich auf diese Weise eindeutig auf das Volk Gottes.[158] Überdies gehören in V.43a.b und V.43c.d diejenigen, welche zur Freude aufgerufen werden, und diejenigen, mit denen sie sich freuen sollen, jeweils demselben Seinsbereich in einem geordneten Weltbild an: Gott wird mit den Himmeln, seinem bevorzugten Aufenthaltsraum, und sein Volk mit den Heidenvölkern, aus denen es hervorragt, in Verbindung gebracht.

V.43c LXX liest sich so, als ob die Septuaginta das hebräische Wort עמו zweimal übersetzt hätte, und zwar so, daß beide möglichen Lesarten des Konsonantentextes, einerseits als „sein Volk" und andererseits als „mit ihm", einfach miteinander verquickt wurden. So erhält man die Wendung μετὰ τοῦ λαοῦ αὐτοῦ, wofür im Masoretischen Text eigentlich עם עמו stehen müßte. Eine analoge Vorgehensweise zeigt sich in V.43a.c LXX. In Qumran findet sich statt den עוים des Masoretischen Textes die Lesart שמים. Die Septuaginta bietet in ihrem erweiterten Text beide Lesarten, οὐρανοί und ἔθνη, hintereinander.[159]

Durch ihre zahlreichen Veränderungen erhält man in der Septuaginta einen gegenüber dem Masoretischen Text gravierend veränderten Inhalt. Das Volk Gottes, das im hebräischen Text Objekt des jubelnden Lobpreises ist,

---

zu wollen, würde allzu weit von der Absicht unserer eigenen Bemühungen wegführen. Deshalb werden oben nur die für das Zitat in Hebr 1,6 unmittelbar relevanten Beobachtungen an den vorliegenden Textversionen registriert. Man kann davon ausgehen, daß der Autor des Hebräerbriefes die Septuaginta benutzt hat. Deshalb ist für eine angemessene Beurteilung der Übernahme, Veränderung und Interpretation von Dtn 32,43b in Hebr 1,6 der Vergleich der Septuagintalesart mit Hebr 1,6 entscheidend. Auf die hebräischen Vorlagen wird dabei nur insofern eingegangen, als sie ein bezeichnendes Licht auf die Intention der Übersetzung Dtn 32,43a-d LXX werfen. Eine umfassende Aufarbeitung der Textgeschichte und ihrer Erforschung findet sich bei Bogaert.

155 Vgl. Braun 37; Buchanan 15-16; Gräßer, XVII/1 80; Hagner 38; Howard 215; Hughes 59; Kistemaker 39; Laub 27; Spicq, Sources bibliques 64; Wilson 40.

156 Vgl. Attridge 57.

157 Vgl. Barclay 27; Bénétreau I 81; Braun 37; Buchanan 16-17; Ellingworth 119-120; Hagner 33; Hughes 60; Kistemaker 39; Kuß/Michl 27; Lane 28; Laub 29; Montefiore 46; Reuss 78; Schiwy 80; Spicq, Études bibliques II 18; Weiß 162; Windisch 15.

158 Vgl. Andriessen, La teneur 301-302.

159 Vgl. Buchanan 16.

steht in der Septuaginta in einer Reihe mit den jubelnden Heidenvölkern. Die Septuaginta führt die Proskynese der Söhne Gottes ein und muß, um nicht eine Vergöttlichung des Gottesvolkes auszusagen, V.43a.b auf Gott beziehen. Sein Volk wird dagegen von den Engeln Gottes nur stark gemacht.[160] P. C. B. Andriessen führt zwar Bibelstellen an (Jes 45,14; 49,23; 60,14; Offb 3,19), die seines Erachtens auch für unsere Perikope zu dem Schluß führen, daß „Yahvé et son peuple ne sont pas objet de *proskunèse* l'un à l'exclusion de l'autre“[161]. Egal wie man den Sachverhalt an den genannten Stellen einschätzt, wurde doch klar nachgewiesen, daß die Septuaginta in Dtn 32,43 durch ihre Übersetzung eine Proskynese vor dem Volk Gottes nachdrücklich ausschließt. Andriessen schlägt dagegen vor, die Redesituation so zu verstehen, daß Gott bis einschließlich V.43b das Wort hat. Das αὐτῷ in V.43a beziehe sich auf Israel, weil Gott von sich nicht in der dritten Person spreche.[162] Gegen diesen Vorschlag wendet sich Andriessens eigenes Argument: Mit dem θεοῦ in V.43b spräche Gott ja dennoch von sich in der dritten Person.

3.6.3. Die Rolle der Engel

Für die zeitliche und räumliche Situierung des in Hebr 1,6 geschilderten Vorgangs spielen die Engel eine nicht unerhebliche Rolle. Viele Autoren begründen ihre Deutung der Stelle auf die Parusie bzw. Wiederkunft Christi, ohne ihre Vorstellungen davon näher zu erläutern, mit den Engelscharen, die aus diesem Anlaß Christus umgeben.[163] Die Engel allein bieten indessen einen zu schwachen Anhaltspunkt, begleiten sie doch verschiedene Stationen des Erlösungswerkes Christi, so zum Beispiel auch seine Geburt (siehe oben). Erst wenn man die Situation als Ganze in den Blick nimmt, nehmen die Engel darin einen bestimmten Platz ein, der ihre Rolle und damit wiederum die Situation spezifiziert. Mit anderen Worten: Wir bewegen uns bei der Argumentation mit den Engeln in einem hermeneutischen Zirkel, der nur durch eine vorgängige Situationsanalyse in Absehung vom Motiv der Engel durchbrochen werden kann. Diese Feststellung wird einzig dadurch eingeschränkt, daß es sich in Hebr 1,6 um eine Situation handelt, in der die Engel von Gott zur Anbetung Christi aufgefordert werden. Eine Anbetung Christi durch die Engel wird aber nirgendwo sonst im Neuen Testament explizit ausgesagt.

---

160 Vgl. Andriessen, La teneur 302.

161 Andriessen, La teneur 302.

162 Vgl. Andriessen, La teneur 303-304; Héring 25: „Il ne peut s'agir que de la descendance de Moïse.“

163 Vgl. Gräßer XVII/1 78, der betont: „Die Engel treten dabei als Gefolge (nicht als lobpreisende Schar) auf.“ Hegermann 52; Reuss 78; Kistemaker 38; Riggenbach 20; Schröger, Der Verfasser 52-53; Strobel 93; 1 Thess 2,19; 1 Kor 15,23; Mt 24,30; Mk 8,38; 13,27; Lk 12,8f.; 21,27; 2 Thess 1,7; Offb 19,14.

Mit Blick auf die Engel ist Hebr 1,6 am ehesten mit 1 Tim 3,16 vergleichbar. Es handelt sich dabei um einen Christushymnus, den der Verfasser des ersten Timotheusbriefes aus der urchristlichen Überlieferung zitiert. „Er besteht aus sechs Zeilen, die jeweils mit einer passivischen bzw. medialen Verbform im Aorist beginnen und eine Nominalbestimmung enthalten, fünfmal mit der Präposition ἐν.“[164] Durch letztere findet eine wechselnde Situierung des Geschehens im himmlischen bzw. irdischen Bereich statt.[165] Der Hymnus spricht in seiner dritten Zeile von einem Erscheinen Christi vor den Engeln: ὤφθη ἀγγέλοις. Zusammen mit der folgenden Zeile (ἐκηρύχθη ἐν ἔθνεσιν) ist damit die Proklamation seiner Macht im himmlischen und irdischen Bereich ausgesagt. Der Hymnus greift damit ein Element aus dem altorientalischen Thronbesteigungszeremoniell auf, das als weitere Elemente die Erhöhung des Königs in eine gottgleiche Position und die Herrschaftsübertragung (Inthronisation) kennt.[166] Dieses Zeremoniell liegt nach der Meinung vieler Exegeten auch Hebr 1,5-14 zugrunde. Innerhalb des Vorgangs der Proklamation stünde dann dem Erscheinen Christi vor den Engeln in 1 Tim 3,16 die Proskynese als deren angemessene Reaktion in Hebr 1,6 gegenüber.

3.7. Zusammenfassung

Wollen wir nach der Analyse der einzelnen Elemente von Hebr 1,6 die Aussage des Verses richtig verstehen, so müssen wir bei der Gesamtinterpretation von den Einzelergebnissen ausgehen, welche die stärksten Argumente für sich haben. Nach der obigen Diskussion muß jedenfalls als gesichert gelten, daß der Hebräerbrief mit dem Begriff οἰκουμένη die jenseitige Welt des Himmels meint, welche sich von der diesseitigen bewohnten Welt dadurch unterscheidet, daß sie unerschütterlich ist. Klar ist damit, daß Hebr 1,6 von der Einführung Christi in den Himmel spricht. Wenn Christus anläßlich seiner Einführung in die Welt des Himmels als der Erstgeborene angesprochen wird, dann erfahren wir daraus etwas über die heilsgeschichtliche Situierung dieses Anlasses. Denn im Neuen Testament wird Christus entweder hinsichtlich der Schöpfung oder im Hinblick auf die Auferstehung der Erstgeborene genannt. Die Situation der Schöpfung scheidet aber in Hebr 1,6 sofort aus, weil Christus im Augenblick der Welterschaffung unmöglich in eine zu diesem Zeitpunkt noch nicht existierende Welt eingeführt werden kann. Zudem handelt es sich, wie gesagt, bei der οἰκουμένη nicht um die geschaffene, sichtbare Welt, sondern um die unerschütterliche Welt des Himmels. Diese Einwände legen es nahe, die

---

164 Roloff 192.
165 Vgl. Roloff 192.
166 Vgl. Jeremias, Die Briefe 28; Norden 119-122; Roloff 206-207.

Anrede Christi als Erstgeborener in Hebr 1,6 im Umfeld seiner Erhöhung zu situieren. In dieses Umfeld paßt sich nämlich die Aussage über seine Einführung in die himmlische Welt problemlos ein. Anläßlich seiner Erhöhung wurde Christus als Erster von den Toten in die himmlische Welt eingeführt und hat so den Weg dorthin für alle Toten gebahnt. Beim Eintritt Christi in den Himmel fordert Gott die Engel, die sich dort aufhalten und vor denen er erscheint, zu seiner Anbetung auf. Damit werden die Engel, mögen sie auch himmlische Wesen sein, unmißverständlich dem erstgeborenen Sohn Gottes untergeordnet. Diese Interpretation von Hebr 1,6 kann schlußendlich auch das πάλιν zu Beginn des Verses grammatikalisch und inhaltlich ungezwungen lesen. In die himmlische Welt, welche der Sohn durch seine Menschwerdung verlassen hatte, wird er nunmehr im Zuge seiner Auferstehung wieder eingeführt.

4. Hebr 9,27-28

Und wie es bestimmt ist den Menschen, ein einziges Mal zu sterben, danach aber Gericht, so wird auch Christus, ein einziges Mal dargebracht zum Tragen der Sünden vieler, zum zweitenmal ohne Sünde erscheinen den ihn Erwartenden zur Rettung.

4.1. Einordnung in die literarische Struktur von Hebr 8-9

Dem konzentrischen Aufbau des Hebräerbriefes entsprechend kommt der Verfasser in seinem Mittelteil (Hebr 8,1-9,28) zum Hauptpunkt seiner Ausführungen. Deren Wichtigkeit signalisiert er gleich zu Beginn, wenn er in Hebr 8,1 „die Hauptsache bei dem, was hier gesagt wird" (κεφάλαιον δὲ τοῖς λεγομένοις) ankündigt. Der Haupt- und Mittelteil des Hebräerbriefes, in der literarischen Struktur nach Vanhoye[167] die Sektion B des III. Teils, ist wie das Schreiben als ganzes klappsymmetrisch angelegt. Vom Scheitel ausgehend sind dabei folgende Abschnitte literarisch und thematisch aufeinander bezogen:

Hebr 9,1-10: die alten Kulteinrichtungen – Hebr 9,11-14: die neuen Kulteinrichtungen;
Hebr 8,7-13: der erste Bund – Hebr 9,15-23: der neue Bund;
Hebr 8,1-6: der irdische Kult – Hebr 9,24-28: der himmlische Kult.

Die Behandlung der genannten Themen wird am Ende der Sektion A des III. Teils (Hebr 7,27-28) angekündigt. Hebr 8,1-2 nimmt diese Ankündigung zu Beginn der Sektion B in einer thesenartigen Überschrift auf. Die darauf folgende Argumentation mündet am Ende der Sektion B (Hebr 9,27-28) in eine zusammenfassende Bestätigung der Eingangsthese.[168] Hebr 8,1-2 stellt fest, daß sich Christus als der Hohepriester des himmlischen Heiligtums „zur Rechten des Thrones der Majestät in den Himmeln gesetzt hat", eine Formulierung, die aus dem Exordium des Hebräerbriefes bekannt ist (Hebr 1,3), hier aber erstmals wieder verwendet wird. Die an Hebr 8,1-2 anschließende Entfaltung der These liefert Argumente dafür, daß Jesus der Platz zur Rechten Gottes rechtmäßig zusteht, und zeigt den Weg auf, wie er in diese Position kam. Diesen Gedankengang faßt Hebr

---

167 Vgl. zu diesem Kapitel Vanhoye, La structure 138-161.

168 Vgl. Vanhoye, La structure 160: „Voilà qui prouve surabondamment que l'auteur savait dès 7,27 où il voulait en venir et qu'il a conscience en 9,24-28 d'y être arrivé."

9,27-28 abschließend zusammen: Da Christus der Hohpriester des himmlischen Heiligtums ist, genügte es, daß er sich ein einziges Mal als Opfer dargebracht hat, um ein für allemal die Sünden vieler zu tilgen und sich zur Rechten Gottes im Himmel zu setzen. Zugleich kündigt diese Zusammenfassung das Thema der anschließenden Sektion C (Hebr 10,1-18) an, in der es um Christus als den Urheber einer endgültigen Ordnung geht. Endgültig kann diese Ordnung aber nur deshalb sein, weil Christus ein für allemal die Sünden weggenommen und so Rettung ermöglicht hat (Hebr 9,28). Nachdem so der Platz von Hebr 9,27-28 in der Makrostruktur des Hebräerbriefes bestimmt ist, wollen wir uns im folgenden dem subtilen Aufbau dieser beiden Verse widmen (siehe Grafik Seite 68).

4.2. Strukturanalyse

Hebr 9,27-28 ist durch die Wendung καθ' ὅσον ... οὕτως καί (a) in zwei Teile geteilt, welche die beiden Komponenten eines Vergleichs zwischen den Menschen im allgemeinen (V.27) und Christus im besonderen (V.28) bilden.

Beide Komponenten des Vergleichs weisen ihrerseits durch die Zeitkategorien des Einmaligen (b) und etwas im Verhältnis dazu Späteren (e) ein zeitliches Zweistufenschema auf. So ist eine vierfache Parallelstruktur gegeben, in der die gleich bezeichneten Teile der beiden Vergleichskomponenten (b bzw. e) ebenso miteinander korrespondieren wie die beiden Zeitstufen innerhalb der jeweiligen Vergleichskomponente (jeweils b und e). In dieses Zeitschema (II) sind die in analoger Weise vierfach zueinander parallelen Ereignisse (c bzw. g und jeweils c und g) eingetragen, so daß dem Zeitschema ein Ereignisschema (IV) entspricht. Die Spalten II und IV bilden somit das Gerüst des Satzaufbaus, indem sie die Eckdaten des Vergleichs zeitlich und inhaltlich fixieren.

Während die erste, allgemein auf die Menschen bezogene Komponente des Vergleichs (V.27) damit bereits ganz erfaßt ist, weist die zweite, auf Christus bezogene Komponente (V.28) über das Gerüst hinausragende Elemente (III und V) auf. Sie bestimmen auf der Seite Christi die Umstände des Zeit- und Ereignisschemas näher.

Die literarische Struktur des Satzes weist dem Element f in zweierlei Hinsicht eine herausragende Stellung zu. Es steht einerseits innerhalb des dargebotenen Schemas an zentraler Stelle (III). Diese Beobachtung besagt noch nicht viel, weil die Position in der Mitte auch nur dadurch zustande gekommen sein könnte, daß das Schema die Satzstruktur eben dahingehend visualisiert hat. Es kommt eine zweite Tatsache hinzu, welche zwar auch durch die Schematisierung augenscheinlich wird, aber, um wahrgenommen zu werden, nicht so stark vom Schema abhängt: Das Element f hat weder auf der Seite Christi (V.28) auf der Zeitstufe des ἅπαξ (V.28b) noch auf der Seite der Menschen (V.27) eine formale Entsprechung. Inhaltlich wird zwar das Stichwort ἁμαρτία aus d aufgenommen, die Betonung liegt in f aber auf χωρίς. Dadurch tritt in einer im Satz einmaligen Weise der Charakter

Stukturanalyse

I	II	III	IV	V
[27a] *καὶ καθ'ὅσον ἀπόκειται τοῖς ἀνθρώποις*	[b] *ἅπαξ* [e] *μετὰ δὲ τοῦτο*		[c] *ἀποθανεῖν,* [g] *κρίσις,*	
[28a] *οὕτως καὶ ὁ Χριστὸς*	[b] *ἅπαξ* [e] *ἐκ δευτέρου*	[f] *χωρὶς ἁμαρτίας*	[c] *προσενεχθεὶς* [g] *ὀφθήσεται*	[d] *εἰς τὸ πολλῶν ἀνενεγκεῖν ἁμαρτίας* [h] *τοῖς αὐτὸν ἀπεκδεχομένοις εἰς σωτηρίαν.*
[27a] *Und wie es bestimmt ist den Menschen,*	[b] *ein einziges Mal* [e] *danach aber*		[c] *zu sterben,* [g] *Gericht,*	
[28a] *so auch Christus,*	[b] *ein einziges Mal* [e] *zum zweitenmal*	[f] *ohne Sünde*	[c] *dargebracht* [g] *wird erscheinen*	[d] *zum Tragen der Sünden vieler,* [h] *den ihn Erwartenden zur Rettung.*

Das Satzgefüge Hebr 9,27-28 ist kunstvoll aufgebaut. In Makro- und Mikrostruktur weisen die einzelnen Satzteile vielerlei Bezüge zueinander auf. Die Makrostruktur ist durch den Vergleich zwischen V.27 und V.28 geprägt. Die mikrostrukturellen Bezüge wurden dadurch deutlich gemacht, daß die einander entsprechenden Satzteile durch denselben Kleinbuchstaben gekennzeichnet sind.

des zweiten Erscheinens Christi hervor: Da die Sünden vieler auf der ersten Zeitstufe bereits weggenommen sind (d), spielt die Sünde auf der zweiten Zeitstufe keine Rolle mehr (f).

Die beiden Elemente in Spalte V zeigen durch die mit εἰς eingeleiteten Präpositionalausdrücke die Perspektiven an, auf welche die Ereignisse in V.28c bzw. V.28g ausgerichtet sind. Die Darbringung Christi geschieht im Hinblick auf und zum Behuf einer Wegnahme der Sünden vieler, sein zweites Erscheinen im Hinblick auf und zum Behuf der Rettung.[169] Die Elemente d und h haben auf der Seite der Menschen (V.27) formal keine Entsprechung, weil sie im engeren Sinne gar nicht in den Vergleich einbezogen sind. Dieser Ausschluß rührt daher, daß die Elemente d und h, wenngleich sie als Perspektivangaben zu V.28c.g formal eindeutig auf die Seite Christi gehören, doch insofern auch von den Menschen handeln, als der gemeinsame Fluchtpunkt der Geschehnisse in V.28c.g eben, inhaltlich betrachtet, auf der Seite der Menschen liegt.

Mit anderen Worten: Die in V.28 über das Gerüst des Vergleichs hinausragenden Elemente f, d und h erläutern in ihrer Bezugnahme auf die Menschen die soteriologische Relevanz der christologischen Aussagen der Elemente V.28c.g. Als solche haben sie in V.27 keine Entsprechungen, weil umgekehrt eine soteriologische Relevanz der anthropologischen Aussagen in V.27c.g für Christus ausgeschlossen ist

Die bis hierher erläuterten Bezüge werden am dargebotenen Schema unmittelbar sichtbar. Darüber hinaus ergeben sich aus dem Gesagten aber auch solche, die dasselbe Schema nur mittelbar offenkundig werden läßt. Fluchtpunkt der christologischen Aussagen sind, wie gesagt, solche über Menschen. Wie sich auf der Ebene des Satzgerüstes und des durch die Elemente a gegliederten Vergleichs zwischen Christus und den Menschen die Ereignisse in Spalte IV entsprechen, so korrespondieren gleichzeitig auf der Ebene des Schicksals der Menschen die anthropologischen Aussagen in V.27c.g mit den soteriologischen in d und h. So stehen ἀποθανεῖν (V.27c) zu ἁμαρτίας (d) und κρίσις (V.27g) zu σωτηρίαν (h) in enger Beziehung. Über das Vehikel des Vergleichs Christi mit den Menschen (a) vermittelt so die Christologie (V.28b.c.e.g) die Anthropologie (V.27b.c.e.g) zur Soteriologie (d.h).

Ein weiteres Stilmittel verleiht der soteriologischen Stoßrichtung von V.28 noch größeren Nachdruck: In einem Chiasmus sind die Elemente V.28c und V.28g einerseits und V.28d (ἁμαρτίας) und V.28f (ἁμαρτίας) andererseits aufeinander bezogen. Im Mittelpunkt steht dabei die Sünde, hinsichtlich welcher die christologischen Ereignisse (V.28c.g) soteriologisch qualifiziert werden. Der Ausdruck χωρὶς ἁμαρτίας (f) wird so zur eschatologischen Scheidelinie zwischen der bereits geschehenen Dar-

[169] Vgl. Lane 233: „In the phrase εἰς σωτηρίαν, the prep[osition] expresses purpose or result." Abgeschwächt Ellingworth 487: „Εἰς means ‚in this respect'."

bringung Christi zur Wegnahme der Sünden (V.28c.d) und seinem noch ausstehenden zweiten Erscheinen zur Rettung (V.28g.h).

Innerhalb der Soteriologie in Hebr 9,27-28 haben bisher nur die christologischen Heilsereignisse (V.28c.g) und die dadurch erwirkten Heilsgüter (V.28d: Wegnahme der Sünden; V.28h: Rettung), nicht aber die Heilsempfänger Erwähnung gefunden. Sie erblickt man in πολλῶν (d) und τοῖς αὐτὸν ἀπεκδεχομένοις (h). Die Heilsempfänger weisen, da mit ihnen wieder Menschen ins Blickfeld rücken, inhaltlich auf die Menschen in V.27a zurück. Formal bilden die Elemente V.27a auf der einen und d und h auf der anderen Seite einen Rahmen, der freilich in d und h einen doppelten Abschluß hat. Dies hängt damit zusammen, daß in V.27 allgemeine anthropologische Aussagen getroffen werden, während in d und h die eschatologische Existenz von Menschen vor und hinter der Scheidelinie (f) zwischen ἅπαξ (V.28b) und ἐκ δευτέρου (V.28e) soteriologisch profiliert wird. Dadurch wird die Spannung zwischen einer Anthropologie, die als solche über den Menschen allgemein sprechen muß, und einer Soteriologie, welche zwischen den in Frage kommenden Empfängern des Heils differenzieren kann, formal greifbar. Inhaltlich kommt die mögliche Ausdifferenzierung dadurch zum Tragen, daß sowohl der Ausdruck πολλῶν als auch die Wendung τοῖς αὐτὸν ἀπεκδεχομένοις in bezug auf die ganze Menschheit universal oder partial interpretiert werden können.

4.3. Sterben und Gericht

Das in V.27 erwähnte doppelte Schicksal von Tod und Gericht, das die Menschen erwartet, erinnert an das doppelte Schicksal von Auferstehung und Gericht, das Hebr 6,2b als Lehre eines grundlegenden Katechismus bei den Adressaten als bekannt voraussetzt. Dieser Katechismus beinhaltet drei Doppelglieder: Umkehr von toten Werken und Glaube an Gott, Lehre von Taufen und Auflegung der Hände, Auferstehung der Toten und ewiges Gericht (Hebr 6,1-2).[170] Soll an beiden Stellen derselbe Ergehenszusammenhang angesprochen sein, was die beiderseitige Erwähnung des Gerichts nahelegt, so rücken Tod und Auferstehung als das erste Glied dieses Schicksals inhaltlich eng zusammen: Sie sind die beiden Kehrseiten eines Prozesses, an den sich das Gericht anschließt. Es besteht kein Anlaß, ἀποθανεῖν in Hebr 9,27 anders als auf den physischen Tod hin zu verstehen. Die Auferstehungshoffnung richtet sich entweder universaleschatologisch auf das Ende dieser Weltzeit oder individualeschatologisch auf die Zeit unmittelbar nach dem Sterben des Einzelnen.[171] Daraus ergeben sich zwei Schwierigkeiten hinsichtlich der Auffassung des Gerichts: Einerseits ist eben nicht klar, ob der Ausdruck κρῖμα/κρίσις an beiden Stellen inhalt-

---

[170] Vgl. Hagner 149; Lane 250; Riggenbach 288.

[171] Vgl. Feuillet, L'attente 24-26; Kremer, Auferstehung 112-157.

lich wie zeitlich auch dasselbe meint, andererseits geben beide Stellen keinen Aufschluß darüber, wie eng Auferstehung und Gericht bzw. Tod und Gericht aufeinander folgen. Die Verwendung einmal von κρίσις und das andere Mal von κρῖμα muß noch keinen Unterschied bedeuten, weil beide Formen sich sowohl auf die Handlung des Urteilens als auch auf ihr Ergebnis, das Urteil, beziehen können, und das, obgleich der Wortbildung nach die erste progressiv, die zweite hingegen resultativ aufzufassen ist.[172] Betrachten wir Gericht in einem vielschichtigen Vorstellungshorizont, so kann der Begriff einmal ein individuelles Totengericht unmittelbar nach dem Tod, ein andermal ein universales Gericht am Ende dieser Weltzeit bedeuten. Welche Vorstellung vorliegt, muß dann der jeweilige Kontext ergeben. Sowohl Hebr 6,2 als auch Hebr 9,27 bleiben jedoch gerade darin völlig unbestimmt. Es bleibt im Rahmen dieser Erwägungen also nur die Wahrscheinlichkeit, daß μετὰ δὲ τοῦτο (Hebr 9,27) einen Zeitpunkt unmittelbar nach dem Tod bezeichnet.[173] Die Wahrscheinlichkeit stützt sich auf den allgemeinen Sprachgebrauch, der etwa den analogen Satz „Nach dem Mittagessen lege ich mich hin" kaum so verstehen wird, als beziehe sich der Sprecher auf seinen Nachtschlaf. Einen Hinweis auf die Art des Gerichts gibt in Hebr 6,2 das Attribut αἰωνίου. Gegen die Auffassung, die Gerichtshandlung dauere ewig an, sei eine fortwährende, sperrt sich der, wenn auch nicht eindeutig ausgeprägte, resultative Charakter von κρῖμα. Ein Urteil wiederum ist als Resultat des Urteilens per se punktuell. So bezeichnet αἰώνιος am ehesten die fortwährende Gültigkeit des Gerichts, das heißt: der Tatsache, daß es ein Gerichtshandeln gibt und daß die daraus ergehenden Urteile unumstößlich sind. Das Gericht gehört also nach der Terminologie des Hebräerbriefes in den Bereich des Vollkommenen und des Endgültigen, des neuen Bundes.[174] Es ist in einer Linie zu sehen mit den Vorgängen, die durch das Adverb (ἐφ)άπαξ als einmalig und endgültig, einzigartig und fortwährend wirksam charakterisiert werden (siehe unten).

Während in Hebr 6,2; 9,27 das Gericht neutral erwähnt wird,[175] das heißt: ohne Hinweis auf seinen Ausgang, trägt es in Hebr 10,27 einen eindeutig negativen Zug. Es ist die zwingende Folge für denjenigen, der nach dem Empfang der Erkenntnis der Wahrheit vorsätzlich sündigt. Denn nachdem Christus sich ein für allemal geopfert hat zur Wegnahme

---

172 Vgl. Büchsel, ThWNT III 942-944.

173 Vgl. Héring 90; Windisch 86. Dagegen Guthrie 199.

174 Als „ewig" bezeichnet der Hebräerbrief außerdem: die Rettung, deren Urheber Christus nach seiner Vollendung ist (Hebr 5,9); die Erlösung von den Sünden (Hebr 9,12), die Christus ein für allemal durch sein Eingehen ins himmlische Heiligtum bewirkt hat, und in diesem Zusammenhang den Geist (Hebr 9,14), durch den er sich Gott dargebracht hat, und das verheißene Erbe (Hebr 9,15) der Berufenen, den Bund (Hebr 13,20).

175 Vgl. Héring 90: „‚Jugement' est ici une *vox media*." Rissi 126-127 betont generell die Strenge des Gerichts.

der Sünden (Hebr 9,28), kann es für neuerliche Sünden kein Opfer mehr geben, sondern nur noch φοβερὰ δέ τις ἐκδοχὴ κρίσεως (Hebr 10,27). Schrecklich ist also die Erwartung des Gerichts, und sie geht einher mit „dem Eifer eines Feuers, das die Gegner verzehren wird" (πυρὸς ζῆλος ἐσθίειν μέλλοντος τοὺς ὑπεναντίους).[176] Das „verzehrende Feuer" (πῦρ καταναλίσκον) aber ist nach Hebr 12,29 Gott selbst. Dem entpricht, daß Hebr 6,12 die untaugliche Erde, mit welcher der abgefallene Erleuchtete verglichen wird, in der Verbrennung enden läßt (τὸ τέλος εἰς καῦσιν). Beim Gericht bekommt es der nach der Erkenntnis der Wahrheit erneut sündigende Mensch mit dem eifernden Gott zu tun: κρινεῖ κύριος τὸν λαὸν αὐτοῦ. φοβερὸν τὸ ἐμπεσεῖν εἰς χεῖρας θεοῦ ζῶντος (Hebr 10,31; vgl. auch Hebr 13,4). Das unterscheidet den Hebräerbrief von den neutestamentlichen Perikopen, in denen Christus als Richter auftritt (Mt 25,31-46; Apg 10,42; 2 Tim 4,1; 1 Petr 4,5).[177]

Es dürfte klar geworden sein, daß es dem Verfasser des Hebräerbriefes nicht auf die näheren Umstände des Gerichts ankommt (darauf deutet in Hebr 10,27 auch die Partikel τις hin), sondern auf dessen soteriologische und eschatologische Relevanz in bezug auf den Menschen. Hebr 6,2 und Hebr 10,27 verbindet die Nähe des Gerichtsgedankens zum Problem einer zweiten Buße nach der persönlichen Annahme des einmaligen Erlösungshandelns Christi (Hebr 6,4-8; 10,26-31). Während dort an die Stelle der ausgeschlossenen zweiten Buße drohend das Gericht tritt, wird es in Hebr 9,27 wie das Sterben des Menschen neutral als anthropologische Gegebenheit angeführt.[178]

4.4. Dargebracht zum Tragen

Sterben und Gericht entsprechen in dem Vergleich Hebr 9,27-28, wie bereits erläutert, auf der Seite Christi zunächst seine Darbringung und sein Erscheinen. Die einmalige Darbringung Christi wird dadurch in seine Todesstunde versetzt und mit seinem Sterben identifiziert. Das Verb προσφέρειν gehört mit 18 Belegen[179] zu den charakteristischen Ausdrücken des Hebräerbriefes und speziell des Zentralabschnittes Hebr 5,11-10,39. Als Terminus insbesondere der Opfersprache bezeichnet es schon in der Septuaginta den ganzen Prozeß der Darbringung von Opfern bzw. einzelne Akte im Opfervollzug. Neben dem oft synonym verwendeten ἀναφέρειν war es deshalb für den Verfasser des Hebräerbriefes hervorragend geeignet, seine Christologie auf dem Hintergrund der alttestamentlichen Opfertheologie und Opferpraxis zu entfalten.[180] Die Intention dieser Christologie

---

176 Vgl. Moffatt 134.
177 Vgl. Gräßer XVII/1 343; Theißen 94.
178 Vgl. Weiß 493-494.
179 Hebr 5,1.3.7; 8,3.4; 9,7.9.14.25.28; 10,1.2.8.11.12; 11,4.17; 12,7.
180 Vgl. Weiß, ThWNT IX 67.69.

wird vor allem an den Aussagen darüber, was dargebracht wird und zu welchem Zweck die Darbringung erfolgt, erkennbar.

Die Darstellung geht davon aus, daß jeder Priester eingesetzt wird, um Gaben und Opfer darzubringen (vgl. Hebr 5,1; 8,3.4; 10,1.2.8.11). Im besonderen wird einmal im Jahr, am Versöhnungstag, im Allerheiligsten Blut von Opfertieren dargebracht (vgl. Hebr 9,7). Christus ist nun Priester und Opfergabe zugleich; er bringt sich selbst Gott als einziges Opfer dar (Hebr 9,14.25; 8,12), und zwar indem er bei seinem Leiden und Sterben sein Blut vergießt (vgl. Hebr 9,14.26). Der Zweck der Darbringung besteht in jedem Fall in der Tilgung der Sünden und somit in der Heiligung derer, für welche die Opfer dargebracht werden (vgl. Hebr 5,1; 9,7.13.28; 10,2.11.14).

Während alle anderen Belege von προσφέρειν im Hebräerbrief aktivisch konstruiert sind, erscheint das Verbum in Hebr 9,28 im Passiv ohne Angabe des Urhebers der Opferhandlung. Das Passiv ist wohl bedingt durch die folgende Zweckangabe (V.28d), die sich an Jes 53,12 LXX (αὐτὸς ἁμαρτίας πολλῶν ἀνήνεγκεν), eine Stelle aus dem vierten Gottesknechtslied Deuterojesajas, anlehnt. Das passivische προσενεχθείς in Hebr 9,28c könnte also eine Nachbildung der dortigen passivischen Wendungen παρεδόθη εἰς θάνατον ἡ ψυχὴ αὐτοῦ und διὰ τὰς ἁμαρτίας αὐτῶν παρεδόθη darstellen. Gemeinhin wird angenommen, daß in Jes 53,12 Gott selber spricht. Der Vers ist danach Teil eines JHWH-Orakels, das nach dem masoretischen Text in Jes 53,11, nach der Septuaginta in Jes 53,8 beginnt.[181] Folglich sind die passivischen Formulierungen in Jes 53,12 LXX wohl am besten im Sinne eines passivum divinum zu verstehen.[182]

Das Verbum ἀναφέρειν ist im Hebräerbrief viermal belegt. Davon beziehen sich die beiden Belege in Hebr 7,27 in synonymer Ausdrucksweise zu προσφέρειν auf die Darbringung von Opfern bzw. die Selbstdarbringung Christi und Hebr 13,15 in metaphorischer Redeweise auf ein darzubringendes Opfer des Lobes. Das entspricht der Übersetzungspraxis der Septuaginta, die mit ἀναφέρειν in 80 Prozent der Fälle die hebräische Wurzel עלה (Hif'il) mit der Grundbedeutung „hinauftragen, hinaufbringen" im Sinne von „opfern" wiedergibt.[183] In Hebr 9,28 ist ἀναφέρειν hingegen in Anlehnung an Jes 53,12 LXX als „Tragen" der Sünden zu übersetzen. Hinter dem ἀναφέρειν in Jes 53,12 LXX steht nämlich im Masoretischen Text נשא (Qal) mit der Grundbedeutung „heben, tragen, nehmen".[184] Näherhin ist

---

181 Vgl. Hengel 77-78.

182 Vgl. Baltzer 535-543; Hermisson 10.18-20; Kraus 151-152; Westermann 216-217; anders Watts 225.228.232. Spicq, Études bibliques II 269, sieht das Passiv durch den Parallelismus zu ἀποθανεῖν bestimmt; ebenso Bénétreau II 95; Moffatt 134; Riggenbach 289.

183 Vgl. Attridge 266; Montefiore 162; Weiß 494.

184 Vgl. Weiß, ThWNT IX 62-63, der für Hebr 7,27; 13,15 eine direkte Abhängigkeit von der Septuaginta mit dem Hinweis darauf, daß dort andere Verben als ἀναφέρειν stehen, zu Recht bestreitet, die offensichtliche Abhängigkeit von Hebr 9,28d von Jes 53,12 LXX aber nicht einmal erwähnt.

εἰς τὸ [...] ἀνενεγκεῖν ἁμαρτίας in Hebr 9,28 als Wiederaufnahme von Hebr 9,26: εἰς ἀθέτησιν τῆς ἁμαρτίας zu verstehen. Ἀναφέρειν wird dadurch im Sinne von ἀθέτησις („Abschaffung, Beseitigung") auf die Bedeutung „auf sich nehmen, wegnehmen" hin spezifiziert.[185] O. Hofius verneint zwar diese Bedeutungsverschiebung, kommt aber in der Sache zu demselben Ergebnis: „Die Formulierung von Hebr 9,28 klingt daher so, als sei ganz im Sinne von Jes 53 davon die Rede, daß Christus stellvertretend für die Vielen die Straffolge ihrer Sünden getragen habe. Ein solches Verständnis des aus Jes 53 aufgenommenen Satzes wird jedoch durch die vor- und übergeordnete Aussage, daß Christus ‚zum Opfer dargebracht worden ist', von vornherein ausgeschlossen. Die Opferterminologie (προσφέρεσθαι) zeigt nämlich deutlich genug an, daß die Aussage von Jes 53,12cα LXX in die soteriologische Gesamtsicht des Hebräerbriefes hineingenommen ist: in die Lehre vom Selbstopfer des Hohenpriesters Christus, das der Verfasser als ein Sühnegeschehen begreift, durch das die Sündenwirklichkeit beseitigt und den Sündern der Zugang zu Gott eröffnet worden ist."[186]

4.5. Er wird erscheinen

Da in Hebr 9,27-28 κρίσις und ὀφθήσεται durch den Vergleich aufeinander bezogen sind, übertragen sich die Schwierigkeiten bei der zeitlichen und inhaltlichen Bestimmung von κρίσις (siehe oben) auch auf den Vergleichspunkt ὀφθήσεται, für den dieselben vielfältigen Möglichkeiten zur Interpretation offenstehen.

4.5.1. Die Erscheinungen des Auferstandenen

Bei der in V.28g vorliegenden Form handelt es sich um das Futur Passiv von ὁρᾶν. Eine solche Form findet sich im Neuen Testament nur noch einmal (Apg 26,16). Passive Formen sind sonst nur noch im Aorist belegt, und zwar insgesamt an 23 Stellen. Das Passiv trägt die Bedeutung „gesehen werden, sichtbar werden, sich zeigen, erscheinen". Während es sich bei 12 Belegen um das Erscheinen verschiedenster Gegenstände und Personen handelt,[187] bezeichnet das Passiv an den übrigen 11 Stellen das Erscheinen

---

185 Vgl. 1 Joh 3,5 mit dem Verbum αἴρειν; 1 Petr 2,24, wo in Anspielung auf Jes 53,12 vom Hinauftragen der Sünden an das Holz des Kreuzes die Rede ist; Bénétreau II 95; Braun 286; Bruce 232; Guthrie 200; Hagner 147.149; Hegermann 190; Lane 250; Loader 55; Michel 327; Montefiore 162; Spicq, Études bibliques II 269-270; ders., Sources bibliques 162; Strobel 188; Weiß 494. Gegen die Bedeutung „wegnehmen" spricht sich Ellingworth 487 aus.

186 Hofius, Das vierte Gottesknechtslied 124. Zum Problem der Stellvertretung vgl. Janowski.

187 So bezeichnet das Passiv die Erscheinung von Mose und Elija (Mt 17,3; Mk 9,4; Lk 9,31; Apg 7,26), eines Engels (Lk 1,11; 22,43; Apg 7,30), Gottes (Apg 7,2), von Feuerzungen

Christi, und zwar als des Auferstandenen.[188] Die Erscheinungen des Auferstandenen sind dabei „als Erscheinungen des Erhöhten ‚vom Himmel her' zu denken"[189]. In ihnen offenbart sich der Auferstandene selbst mit dem Ziel, seine Auferstehung und Erhöhung zu bezeugen.[190] Die Verbform, die Hebr 9,28g am nächsten liegt, findet sich in Apg 26,16: ὀφθήσομαι. Sie ist Teil einer der drei Perikopen in der Apostelgeschichte, die von der Berufungsvision des Paulus vor den Toren von Damaskus berichten.[191] Apg 26,12-18 ist mit den anderen Perikopen dieser Art terminologisch durch die Verwendung des Aorist Passiv zur Bezeichnung der Erscheinung verknüpft. Jesus spricht in der Erscheinung zu Paulus (Apg 26,16): εἰς τοῦτο γὰρ *ὤφθην* σοι, προχειρίσασθαί σε ὑπηρέτην καὶ μάρτυρα ὧν τε εἶδές με ὧν τε *ὀφθήσομαί* σοι („Dazu nämlich *bin* ich dir *erschienen*, dich als Diener und Zeugen zu bestimmen sowohl für das, als was du mich gesehen hast, als auch für das, als was ich dir *erscheinen werde*."). Etwaige künftige Erscheinungen sind von vollkommen gleicher Art und verfolgen dasselbe Ziel wie die gegenwärtige: Sie sind Erscheinungen des Auferstandenen, die zur Zeugenschaft motivieren wollen, und liegen so ganz auf der Linie der übrigen Erscheinungsberichte.

4.5.2. Das Erscheinen Christi vor den Engeln

Eine Sonderstellung nimmt unter den Belegen für ein Erscheinen Christi 1 Tim 3,16 ein. Dort erscheint Christus nämlich nicht Menschen, sondern Engeln. Im Zusammenhang von Hebr 1,6 war davon schon die Rede, und es hat den Anschein, als stelle 1 Tim 3,16 ein Bindeglied zwischen Hebr 1,6 und Hebr 9,28 dar. Mit Hebr 1,6 ist es durch die Situation der Erhöhung und die Rolle der Engel verbunden, mit Hebr 9,28 außer durch das Stichwort ὤφθη, ὀφθήσεται noch durch ein weiteres, das in beiden Fällen unmittelbar vorausgeht. Hebr 9,26 spricht im Perfekt Passiv davon, daß Christus am Ende der Zeiten offenbar geworden ist; gemeint ist das Heilswerk Christi auf Erden (vgl. Hebr 1,2). 1 Tim 3,16 drückt in der ersten Zeile des Hymnus im Aorist Passiv aus, daß Christus im Fleisch offenbart wurde. Beide Male steht für das Offenbarwerden das Verbum φανεροῦν. Dem parallelen Ausdruck für das irdische Wirken Jesu folgt die parallele Ausdrucksweise für das, was darauf folgt: ὀφθήσεται in Hebr 9,28 steht analog zu ὤφθη in 1 Tim 3,16. Diese Beobachtungen

---

(Apg 2,3), einer nächtlichen Vision (Apg 16,9), der Bundeslade (Offb 11,19) und eines großen Zeichens (Offb 12,1).

188 Lk 24,34; Apg 9,17; 13,31; 26,16 (zweimal); 1 Kor 15,5.6.7.8; 1 Tim 3,16; Hebr 9,28; Braun 286; Weiß 495.

189 Michaelis, ThWNT V 356; vgl. Apg 9,3; 22,6: ἐκ τοῦ οὐρανοῦ; Apg 26,13: οὐρανόθεν.

190 Vgl. Michaelis, ThWNT V 359-361.

191 Apg 9,3-9; 22,6-11; 26,12-18.

sprechen dafür, daß Inhalt und zeitliche Abfolge der Ereignisse in Hebr 1,6; 9,28 und 1 Tim 3,16 identisch sind oder zumindest eine nicht zu vernachlachlässigende Analogie aufweisen.

4.6. Die Rettung

Außerhalb eines im engen Sinne theologischen Sprachgebrauchs beziehen sich die Wörter σῴζειν und σωτηρία im Neuen Testament auf die Rettung aus akuter leiblicher Gefahr oder auf Heilungen Jesu. In den synoptischen Evangelien ist der theologische Gebrauch vor allem im lukanischen Doppelwerk gängig. Paulus beschränkt die beiden Wörter auf den Ausdruck eines Verhältnisses des Menschen zu Gott. Für ihn ist σωτηρία zunächst ein futurisch-eschatologischer Terminus mit Bezug auf das Endgericht und bedeutet als solcher die Rettung vor dem kommenden Zorn und umfassend das „Heil".[192] Das Heil besteht darin, dem Bild des Sohnes Gottes gleichgestaltet zu werden (Röm 8,39; Phil 3,20-21) und an seiner göttlichen Herrlichkeit teilzuhaben. Den Gegensatz zu σωτηρία bildet der Ausdruck ἀπώλεια. Zu beachten bleibt, daß diese „inhaltliche Füllung der eschatologischen σωτηρία im Unterschied von der gegenwärtigen Rechtfertigung nicht in terminologisch festgelegter Ausschließlichkeit erscheint"[193]. Die ganze Spannbreite des Begriffs σωτηρία wird etwa in Röm 8,24 deutlich: τῇ γὰρ ἐλπίδι ἐσώθημεν. Der Aorist bringt zum Ausdruck, daß unsere Rettung zumindest schon begonnen hat, und doch ist ihr Maßstab noch die auf die Zukunft gerichtete Hoffnung.

Während in den Paulusbriefen das Schwergewicht der σωτηρία also in der Zukunft liegt, hat es sich im Hebräerbrief in die Gegenwart verlagert. Die Rettung wird zwar erst in Zukunft ererbt (Hebr 1,14); Christus wird erst noch zur Rettung erscheinen (Hebr 9,28). Dennoch ist Christus nicht nur ἀρχηγὸς τῆς σωτηρίας (Hebr 2,10), das heißt derjenige, welcher den von ihm Angeführten die Rettung voraushat; er ist zugleich auch αἴτιος σωτηρίας αἰωνίου (Hebr 5,9), der Urheber einer Rettung, die in ihrer Verkündigung durch den Herrn (Hebr 2,3) und mit seiner Vollendung auch für die ihm Gehorsamen bereits ihren Anfang genommen hat. Die Rettung ist ewig, das heißt: wie das Gericht (Hebr 6,2) mit der Vollendung Christi endgültig und fortwährend wirksam. Da Christus allezeit lebt, kann er diejenigen, welche durch ihn zu Gott hinzukommen, gänzlich retten (Hebr 7,25). Aufgrund des strukturel-

---

[192] Vgl. Röm 5,9-10; 10,9.13; 11,11.26; 13,11; 1 Kor 3,15; 5,5; Phil 1,28; 2,12; 1 Thess 5,8-9; Gnilka, HThK X 207; Weiß 495.

[193] Foerster, ThWNT VII 993; vgl. ebd. 992-994. Dagegen Klappert 41-43, der feststellbare Tendenzen zu statisch festschreibt, indem er die λύτρωσις dem kultisch-eschatologischen „Schon-jetzt", die σωτηρία hingegen ausschließlich dem futurisch-eschatologischen „Noch-nicht" zuordnet. Vgl. auch Gal 5,5; Röm 10,10; 2 Kor 1,6; Phil 1,19; 2 Kor 6,2.

len Bezugs zu V.27g erhält das Gericht, das zunächst neutral oder mit negativen Konnotationen erscheint, im zweiten Erscheinen Christi eine positive Wendung hin zur Rettung.[194]

4.7. Einmaligkeit und Endgültigkeit

4.7.1. Der Leitfaden des (ἐφ)άπαξ

Die Wörter ἅπαξ und ἐφάπαξ durchziehen mit 11 von insgesamt 19 neutestamentlichen Belegen den ganzen Hebräerbrief und bilden einen Leitfaden seiner Eschatologie. Als bestimmter Zahlbegriff bedeutet ἅπαξ „ein (einziges) Mal", als unbestimmter Zeitbegriff „(irgendwann) einmal". Dagegen meint ἐφάπαξ „auf einmal" im Sinne von „zusammen". Beiden Begriffen gemeinsam ist die Bedeutung „ein für allemal". „Grundsätzliche Bedeutung gewinnt ἅπαξ im NT dort, wo es auf die Einmaligkeit (Unwiederholbarkeit) des Werkes Christi bezogen wird."[195] Davon leiten sich die Aussagen über die endgültige Tilgung der Sünden und die Unwiederholbarkeit der Buße ab.[196]

In Hebr 9,26.27.28; 10,2 ist eine Häufung des Begriffs ἅπαξ festzustellen. Die Textstelle bildet daher den Dreh- und Angelpunkt einer Interpretation des ganzen Schreibens unter dem Aspekt der Einmaligkeit und Endgültigkeit. Daß die Menschen ein einziges Mal, ein für allemal, sterben, ist in anthropologischer Hinsicht eine tautologische Aussage, weil damit ja nur eine im Menschsein implizite Tatsache expliziert wird. Damit erhält die Argumentation des Hebräerbriefes eine logisch unumstößliche Grundlage. Wenn nun die Einmaligkeit der Darbringung Christi mit der Einmaligkeit des menschlichen Sterbens verglichen wird, so wird sie dadurch ebenfalls zur unumstößlichen Wahrheit erhoben.[197] Die Textstelle Hebr 9,27-28 bildet in sich eine geschlossene Argumentation, welche als Spitzenaussage das zentrale Anliegen des Hebräerbriefes zusammenfaßt und auf den Punkt bringt. In der Funktion einer Direct Intermediary Transition nimmt sie das Thema des vorangehenden Abschnitts Hebr 8,1-9,26 anhand des Stichworts προσφέρειν nochmals auf und kündigt das Thema des folgenden Abschnitts Hebr 10,1-18 an, die Rettung. Das Adverb ἅπαξ

---

194 Vgl. Attridge 266; Foerster, ThWNT VII 996; Reuss 126: „Dieses Sterben bedeutet Rettung vom Gericht."

195 Stählin, ThWNT I 381; vgl. Kistemaker 265; Laub, Ein für allemal 77.

196 Vgl. Morgen 33-36; Stählin, ThWNT I 380-383.

197 Vgl. Hughes 387 zutreffend: „In the present argument, then, the particular (the death of Christ which took place once, never to be repeated) is corroborated by an appeal to the general (the common experience of death which comes but once to all men)." Dieses Verhältnis verdreht Guthrie 199 völlig: „The difference between Christ's death and all others is that his was voluntary whereas for all others it was appointed." Indessen ist diese Stelle innerhalb des Hebräerbriefes gerade dadurch auffällig, daß Christus das Opfer im Passiv erleidet.

dient dabei als Verbindungswort. In Hebr 9,26 und Hebr 7,27 wird in gleicher Weise jeweils am Ende eines Abschnittes (III A und III B) die Einmaligkeit des Werkes Jesu hervorgehoben. In Hebr 9,7.12 werden die Einmaligkeit des Opfers des alttestamentlichen Hohenpriesters und die Einmaligkeit des Opfers Jesu gegenübergestellt. Ersterer geht einmal pro Jahr in das Heiligtum hinein; sein Opfer hat also keine Endgültigkeit, weil es jedes Jahr wiederholt werden muß. Letzterer ist ein für allemal in das Heiligtum hineingegangen, weshalb auch sein Opfer endgültig ist. Dieselbe Gegenüberstellung findet sich noch zweimal, in Hebr 10,2.10 und in Hebr 7,26-27.[198]

4.7.2. Das einmalige Opfer und die einmalige Buße

Es ist besonders beachtenswert, daß die Spur des ἅπαξ auch auf eine Perikope zurückführt, welche unmittelbar an den oben im Zusammenhang von Sterben und Gericht angesprochenen Grundkatechismus (Hebr 6,1–2) anschließt. Hebr 6,4-6 schließt für die einmal Erleuchteten (οἱ ἅπαξ φωτισθέντες) eine neuerliche Umkehr zur Buße aus. Ob der angesprochene φωτισμός die Taufe[199] meint oder „die Anfangsbekehrung allgemein und die in ihr statthabende Lebenswende“[200], ist umstritten, in unserem Zusammenhang jedoch nebensächlich. Viel bedeutsamer ist die Verbindung von Hebr 6,4-6 zu Hebr 10,26-27, der anderen Perikope im Hebräerbrief, welche von einer zweiten Buße handelt, und die Begründung, die dort für die Unmöglichkeit einer wiederholten Buße gegeben wird:[201] Wenn wir wieder sündigen, nachdem wir die Erkenntnis der Wahrheit empfangen haben, „bleibt für Sünden kein Opfer mehr übrig, sondern eine gewisse schreckliche Erwartung des Gerichts“ (οὐκέτι περὶ ἁμαρτιῶν ἀπολείπεται θυσία, φοβερὰ δέ τις ἐκδοχὴ κρίσεως). Da Hebr 10,26-27 wiederum über die Vorstellung des erwarteten Gerichts mit Hebr 9,27-28 eng verknüpft ist, ergibt sich ein Dreiecksverhältnis der drei Perikopen, dessen Schenkel eine wechselseitige Interpretation ermöglichen und fordern. Dieses Ergebnis im besonderen wird durch die Strukturanalyse Vanhoyes im allgemeinen untermauert. Aus ihr ergibt sich die Bezogenheit der einleitenden und der abschließenden Paränesen aufeinander.

Zusammenfassend läßt sich sagen: Hebr 9,27-28 bildet das christologische und soteriologische Fundament für die paränetischen Aussagen über die Unmöglichkeit einer neuerlichen Buße nach der Erleuchtung, das heißt: nach der Erkenntnis der Wahrheit. Die Wahrheit besteht darin, daß Christus ein einziges Mal dargebracht wurde, um ein für allemal die Sünden vieler auf sich

---

198 Vgl. Ellingworth 486; Lane 249; Morgen 38-44; Weiß 493.

199 So Theißen 56 mit Bezug auf Justin, Ap I,61.65; ders., Dial 122; Braun 165; Käsemann, Das wandernde Gottesvolk 119; Laub 77; Schierse 140.

200 Gräßer XVII/1 348.

201 Vgl. Casey 71; Vanhoye, La structure 229.

und so wegzunehmen. Für wen in der Erleuchtung und Erkenntnis, das heißt: in der persönlichen Annahme dieser Wahrheit, die Wegnahme der vergangenen Sünden wirksam geworden ist, für den ist nach einem eventuellen Abfall von der Wahrheit keine Umkehr zur Buße mehr möglich, weil die Wegnahme dieser neuerlichen Sünden eine weiteres Opfer erfordern würde. Genau das will der Verfasser des Hebräerbriefes aber gerade ausschließen, indem er auf dem (ἐφ)άπαξ des Opfers Christi insistiert. Dem ἅπαξ des Opfers Christi entspricht für ihn das ἅπαξ der Erleuchtung und umgekehrt. Der paränetische Ausschluß einer zweiten Buße resultiert so konsequent aus der Einmaligkeit des Opfers Christi. Umgekehrt vertieft eine solche Paränese die Lehre von der Einmaligkeit dieses Opfers: Es gibt keine zweite Buße, weil es kein neuerliches Opfer geben kann. Gälte dagegen eine zweite Buße als möglich, so bräche der Gegensatz zwischen den alttestamentlichen Hohenpriestern und Christus in Hebr 7,26-27; 9,7.12; 10,2.10 zusammen, weil dadurch ein zweites Opfer Christi notwendig würde.[202]

Aus diesem Blickwinkel erscheint das Problem der zweiten Buße in einem anderen Licht: Der Verfasser des Hebräerbriefes will in erster Linie verhindern, daß die Einmaligkeit des Heilswerkes Christi geschmälert wird, indem man aus der Möglichkeit einer zweiten Buße die Notwendigkeit eines zweiten Opfers schließt. Es ist ihm also nicht um ethischen Rigorismus zu tun. Der Kern des Problems liegt in der dem Gedanken der Einmaligkeit zugrundeliegenden Zeitvorstellung: Das Opfer Christi kann nur diejenigen Sünden tilgen, die vor dem Wirksamwerden des Opfers in der Erleuchtung begangen wurden. Damit ist der Hebräerbriefautor jedoch in bezug auf die Wirkkraft des Opfers Christi noch der von ihm sonst abgewerteten Opfervorstellung des alten Bundes verhaftet: Weil die Menschen immer wieder sündigten, mußte der Hohepriester jedes Jahr neu sein Opfer im Heiligtum darbringen. Die Zeitdimension, die der Hebräerbrief im Hinblick auf das Opfer Christi als solches durch das (ἐφ)άπαξ eliminiert hatte, führt er bei der Frage nach dessen Wirksamkeit wieder ein. So gilt das (ἐφ)άπαξ der Erleuchtung nur rückwirkend, während dasjenige des Opfers zeitlos ist. Der Ausschluß einer zweiten Buße schien daher dem Verfasser des Hebräerbriefes im Interesse seiner Soteriologie zwingend notwendig, ist es aber tatsächlich nicht. Daraus ergibt sich, daß die Aussagen über die zweite Buße eher dazu angetan sind, die Einmaligkeit des Opfers Christi, das ein für allemal die Sünden wegnimmt, zu stützen als umgekehrt. Das Schwergewicht der Intention liegt also in der Soteriologie und nicht in der Paränese.[203]

---

202 Vgl. Löhr, Umkehr 242-249.

203 Vgl. Morgen 36-38; im Ansatz Gräßer, Der Hebräerbrief 232-233; Toussaint 301.

4.8. Zum zweiten Mal ohne Sünde

Auf diesem Hintergrund erhält ἐκ δευτέρου in Hebr 9,28e ein deutliches Profil als Kehrseite derselben Medaille, auf deren Vorderseite das (ἐφ)άπαξ geprägt ist. Der durch ἐκ δευτέρου eingeleitete Satz besagt zunächst nur negativ, was im vorhergehenden mit ἅπαξ positiv ausgedrückt wurde: Während Christus einmal geopfert wurde, um die Sünden wegzunehmen, wird sein zweites Erscheinen nichts mehr mit der Sünde zu schaffen haben, sondern χωρὶς ἁμαρτίας erfolgen. Die Intention des Verfassers geht nicht dahin, die Tatsache und die näheren Umstände eines Wiedererscheinens Christi als solche zu lehren – dafür ist die Formulierung viel zu spärlich –, sondern er schärft die Einmaligkeit des Sündopfers Christi anläßlich seines einmaligen Offenbarwerdens ein, indem er einem zweiten Erscheinen die Relevanz für die Sünde abspricht.[204] Immerhin würde sich die oftmals vorgeschlagene Vorstellung, daß Christus – wie der Hohepriester am Versöhnungstag –, nachdem er das Opfer im Allerheiligsten dargebracht hat, wieder vor dem Volk erscheint, gut in den Vorstellungskreis von Hebr 8-9 einfügen.[205] Als positive Zweckbestimmung des zweiten Erscheinens Christi steht jedenfalls dem Gericht (Hebr 9,27g) die Rettung (Hebr 9,28h) gegenüber, die mit der Vervollkommnung Christi in seinem Opfer ihren Anfang genommen hat (Hebr 5,9) und seither fortwirkt. Denn sie ist ewig wie das Gericht, das heißt: endgültig und fortwährend wirksam (vgl. Hebr 5,9; 6,2).

Die Wendung χωρὶς ἁμαρτίας meint in Hebr 9,28f nicht die persönliche Sündlosigkeit Jesu wie in Hebr 4,15; 7,27, sondern die Tatsache, daß Christus ohne Bezug zur Sünde erscheinen wird, das heißt: ohne daß dieses zweite Erscheinen irgendetwas mit der Sünde der Menschen zu tun hätte. Durch ihre chiastische Stellung werden die beiden Bezugnahmen auf die Sünde (Hebr 9,28d.f) einander als Zweckangaben gegenübergestellt: Während der Zweck des Opfers Christi gerade die Wegnahme der Sünden war, ist die Sünde bei seinem zweiten Erscheinen kein Thema mehr und kann es nicht sein, weil sie bereits ein für allemal erledigt ist.[206]

---

204 Zum Begriff der Sünde im Hebräerbrief vgl. Löhr, Umkehr 11-68.

205 Vgl. Bruce 233; Davies 92; Guthrie 200; Hagner 150; Hughes 388-389; Lane 250-251; Montefiore 162; Spicq, Études bibliques II 270; ders., Sources bibliques 162; Williamson 93; Wilson 169-170. Dagegen Attridge 266; Bénétreau II 94.

206 Vgl. Attridge 266; Bénétreau II 94-95; Braun 286; Davies 92; Ellingworth 487; Guthrie 200; Hagner 149; Hegermann 191; Héring 90; Hughes 387-388; Kuß/Michl 83; Lane 233; Loader 55; März 60-61; Michel 327; Moffatt 134; Montefiore 162; Reuss 126; Riggenbach 289-291; Spicq, Études bibliques II 270; ders., Sources bibliques 162; Strobel 188; Weiß 496; Wilson 168-169.

4.9. Die Vielen und die ihn Erwartenden

Wer die Empfänger der Heilsgüter der Sündentilgung und der Rettung sind, ist weder in V.28d noch in V.28h eindeutig. Die Wendung οἱ πολλοί kann im Koinegriechisch sowohl eine Teilmenge aus einer Gesamtheit von Subjekten bezeichnen als auch die Gesamtheit selbst. Unklar ist demnach, ob mit Christi Opfer die Sünden aller Menschen[207] oder nur die einer Teilmenge aus allen Menschen[208] hinweggenommen sind.[209] Der Audruck τοῖς αὐτὸν ἀπεκδεχομένοις bezeichnet jedenfalls eine Teilmenge der Menschheit. Allerdings ist nicht eindeutig zu entscheiden, ob er zu ὀφθήσεται oder zu εἰς σωτηρίαν zu ziehen ist. Nimmt man ihn mit ersterem zusammen, so ergibt sich die Bedeutung: Christus wird nur denen oder zumindest all denjenigen erscheinen, die ihn auch erwarten. Faßt man ihn dagegen mit letzterem zusammen, so legt sich folgendes Verständnis nahe: Christus wird allen Menschen oder zumindest nicht nur den ihn Erwartenden erscheinen; auf jeden Fall wird aber denen, die ihn erwarten, sein Erscheinen zum Heil gereichen.[210]

Gehen wir zunächst dem Wortsinn von ἀπεκδέχεσθαι auf den Grund. Die Vokabel δέχεσθαι hat die Bedeutung „empfangen", und zwar einmal in der Richtung von „annehmen" und zum andern in der Richtung von „aufnehmen (eines Gastes oder eines Wortes)". Das Kompositum ἀποδέχεσθαι, das weithin dasselbe ausdrückt wie das Simplex, steht im klassischen Griechisch gern für „billigen, gutheißen, zustimmen". Innerhalb des Neuen Testaments findet es sich nur im lukanischen Doppelwerk und meint dort das freundliche Aufnehmen. Darüber hinaus kann ἐκδέχεσθαι die Bedeutung von „erwarten" annehmen. In verschiedenen Übersetzungen entsprechen Komposita von δέχεσθαι öfter dem Verbum ὑπομένειν[211] und meinen dann „wohl nicht nur ein zeitliches Warten, sondern ein geduldiges Aufsichnehmen"[212], ein geduldiges und gläubiges Warten.

Das dreiteilige Kompositum ἀπεκδέχεσθαι ist „bei Paulus der Ausdruck der das Ende erwartenden Haltung"[213]. Das wird an folgenden Texten deutlich:

---

207 So Hagner 149; Hegermann 190; Hughes 388; Lightfoot 177; Montefiore 162; Weiß 494-495; Williamson 92-93; Wilson 169.

208 So Braun 286; Spicq, Études bibliques II 270; Windisch 86.

209 Schon im masoretischen Text von Jes 53,12 ist nicht eindeutig, welche Personengruppe mit den Vielen gemeint ist. In Frage kommen die Völkerwelt, Israel allein oder die noch kleinere Gruppe derer, die in Jes 53 von sich in der 1. Person Plural („wir") reden. Vgl. Hermisson 12-13.18-20.

210 Vgl. Ellingworth 487-488.

211 Vgl. z. B. Ps 24,3 LXX: ὑπομένοντες, Symmachus: ἀποδεχόμενοι; Jes 8,17 LXX: μένω, Symmachus: προσδοκήσω, Theodotion: ὑπομένω.

212 Grundmann, ThWNT II 50.

213 Grundmann, ThWNT II 55; vgl. Attridge 266; Ellingworth 487; Gnilka, HThK X 207; Guthrie 201; Loader 55; Michel 327; Weiß 495.

1 Kor 1,7-8: [7] ὥστε ὑμᾶς μὴ ὑστερεῖσθαι ἐν μηδενὶ χαρίσματι *ἀπεκδεχομένους* τὴν ἀποκάλυψιν τοῦ κυρίου ἡμῶν Ἰησοῦ Χριστοῦ. [8] ὃς καὶ βεβαιώσει ὑμᾶς ἕως τέλους ἐν τῇ ἡμέρᾳ τοῦ κυρίου ἡμῶν Ἰησοῦ Χριστοῦ.

Röm 8,19: ἡ γὰρ ἀποκαραδοκία τῆς κτίσεως τὴν ἀποκάλυψιν τῶν υἱῶν τοῦ θεοῦ *ἀπεκδέχεται.*

Röm 8,23-25: [23] οὐ μόνον δέ, ἀλλὰ καὶ αὐτοὶ τὴν ἀπαρχὴν τοῦ πνεύματος ἔχοντες, ἡμεῖς καὶ αὐτοὶ ἐν ἑαυτοῖς στενάζομεν υἱοθεσίαν *ἀπεκδεχόμενοι*, τὴν ἀπολύτρωσιν τοῦ σώματος ἡμῶν. [24] τῇ γὰρ ἐλπίδι *ἐσώθημεν.* ἐλπὶς δὲ βλεπομένη οὐκ ἔστιν ἐλπίς. ὃ γὰρ βλέπει τίς ἐλπίζει; [25] εἰ δὲ ὃ οὐ βλέπομεν ἐλπίζομεν, δι᾽ ὑπομονῆς *ἀπεκδεχόμεθα.*

Phil 3,20-21: [20] ἡμῶν γὰρ τὸ πολίτευμα ἐν οὐρανοῖς ὑπάρχει, ἐξ οὗ καὶ *σωτῆρα ἀπεκδεχόμεθα* κύριον Ἰησοῦν Χριστόν, [21] ὃς μετασχηματίσει τὸ σῶμα τῆς ταπεινώσεως ἡμῶν σύμμορφον τῷ σώματι τῆς δόξης αὐτοῦ κατὰ τὴν ἐνέργειαν τοῦ δύνασθαι αὐτὸν καὶ ὑποτάξαι αὐτῷ τὰ πάντα.

Gal 5,5: ἡμεῖς γὰρ πνεύματι ἐκ πίστεως ἐλπίδα δικαιοσύνης *ἀπεκδεχόμεθα.*

Solange wir vom Himmel her das Offenbarwerden unseres Herrn Jesus Christus als des Retters erwarten, wird dieser uns festigen bis ans Ende. In Röm 8,23-25 spricht Paulus im Hinblick auf den christlichen Umgang mit den Leiden der jetzigen Zeit davon, daß wir, obgleich wir die Erstlingsgabe des Geistes schon haben, noch seufzen, solange wir die Sohnschaft erst erwarten. Mit uns erwartet die Schöpfung das Offenbarwerden der Söhne Gottes. Wir sind nämlich auf Hoffnung hin gerettet. Die erwartete Sohnschaft setzt Paulus in einer Apposition mit der Erlösung unseres Leibes gleich; die Hoffnung auf das, was wir nicht sehen, beschreibt er als geduldiges Warten. Die Situation des Christen in der Jetztzeit stellt sich also nach Paulus folgendermaßen dar: Weil wir erst in der Hoffnung gerettet sind, müssen wir auch in Hoffnung und Geduld (Ausdauer) die Erlösung unseres Leibes erwarten.[214] Paulus bringt darin gedrängt zum Ausdruck, was im Hebräerbrief breit entfaltet wird. Sowohl Hebr 9,28, wo vom Warten im Blick auf die Rettung die Rede ist, als auch Hebr 10,36-11,1 mit seinem Pochen auf die nötige Ausdauer und den Glauben greifen offenbar eine mit Paulus gemeinsame Sprachtradition auf und formen sie der Intention des Hebräerbriefes entsprechend um.[215] Paulus gebraucht dieses Sprachspiel im wahrsten Sinne des Wortes „apokalyptisch", wenn

214 Nota bene: Bei Paulus ist die ἀπολύτρωσις in Röm 8,23 Bestandteil der in der Hoffnung *erst erwarteten* Rettung. Anders gebrauchen Hebr 9,12.15 den Begriff (ἀπο)λύτρωσις. Dort bezieht er sich auf die durch den Opfertod Jesu *bereits geschehene* Erlösung von den Übertretungen des alten Bundes.

215 Vgl. Weiß 496.

er von der erwarteten „Offenbarung“ (ἀποκάλυψις) des Herrn Jesus Christus und der Söhne Gottes spricht. Hebr 9,28 benennt diesen Vorgang als Erscheinung (ὀφθήσεται). In beiden Fällen ist jedenfalls das, was erwartet wird, hier und jetzt nicht sichtbar (βλέπειν), wenn auch in Glaube und Hoffnung schon wirksam.

Phil 3,20-21 erinnert an zahlreiche Formulierungen des Hebräerbriefes:

a) Von dorther wird wahrscheinlich, daß „die ihn Erwartenden“ in Hebr 9,28 die christliche Gemeinde ist, mit der sich Paulus in Phil 3,20 in der 1. Person Plural (ἀπεκδεχόμεθα) zusammenschließt. Ob die Gemeinde den Retter nur für sich oder für alle Menschen erwartet, bleibt auch im Vergleich undeutlich. Jedenfalls erwartet sie ihn vom Himmel her, wo ihr πολίτευμα schon jetzt ist.[216] Darin klingt der berühmte Satz aus Hebr 13,14 an: οὐ γὰρ ἔχομεν ὧδε μένουσαν πόλιν ἀλλὰ τὴν μέλλουσαν ἐπιζητοῦμεν.

b) Zugleich lenkt Phil 3,21 den Blick auf Röm 8,23.29 zurück: Dort wird „unser Leib der Niedrigkeit“ Christi „Leib der Herrlichkeit“ gleichgestaltet,[217] hier sind wir dazu bestimmt, „dem Bilde seines Sohnes gleichgestaltet“ zu werden. Die Gleichgestaltung geht aber mit der „Erlösung unseres Leibes“ einher und hat „das Ziel, daß Christus als der Sohn Gottes zum Erstgeborenen unter vielen Brüdern geworden ist“[218], sobald unsere erwartete Sohnschaft offenbar ist. Somit weist Phil 3,21 über die Brücke von Röm 8,29 womöglich auch auf Hebr 1,6 zurück.

c) Die Gleichgestaltung wird Christus nach Phil 3,21 vollziehen „gemäß der Wirkkraft, in der er sich auch das All unterordnen kann“. Dasselbe Thema ist in Hebr 2,5-9 angesprochen. Dort heißt es, daß wir jetzt noch nicht alles Christus untergeordnet sehen. Das kann besagen, daß ihm tatsächlich noch nicht alles untergeordnet ist, oder daß wir es nur noch nicht sehen. Das Verbum βλέπειν ist im Bezug auf die gegenwärtige Wirklichkeit und ihre Wahrnehmung auch in Hebr 11,1 und Röm 8,24-25 ein entscheidender Faktor, um den Glauben, die Hoffnung und die Ausdauer zu charakterisieren. Darauf wird weiter unten noch einzugehen sein. Dem Zustand, in dem wir die Unterordnung des Alls unter Christus noch nicht sehen, entspricht die Feststellung in Hebr 10,13, nach der Christus, nachdem er ein einziges Opfer für die Sünden dargebracht und sich zur Rechten Gottes gesetzt hat, im übrigen wartet, „bis ihm seine Feinde als Schemel unter die Füße gelegt werden“ (τὸ λοιπὸν ἐκδεχόμενος ἕως τεθῶσιν οἱ ἐχθροὶ αὐτοῦ ὑποπόδιον τῶν ποδῶν αὐτοῦ). Wie wir Christus als Retter erwarten, so erwartet er die Unterwerfung seiner Feinde und die Unterordnung des Alls.

---

216 Vgl. Gnilka, HThK X 206.
217 Vgl. Gnilka, HThK X 207.
218 Wilckens VI/2 164; vgl. Gnilka, HThK X 209.

4.10. Zusammenfassung

Bei der Analyse ist klar geworden, daß das Gewicht der Aussage in Hebr 9,27-28 auf der Einmaligkeit und Endgültigkeit der Selbsthingabe Christi liegt. So einmalig wie das Sterben eines jeden Menschen, so unwiederholbar ist das Opfer Christi. Läßt man den Vergleich des Selbstopfers Christi mit dem Sterben eines jeden Menschen zu, kann man auch die Einmaligkeit der Hingabe Jesu nicht mehr bestreiten. Der Vergleich leuchtet aber insofern unmittelbar ein, als Christus sich selbst in seinem menschlichen Sterben als Opfer dargebracht hat. Nach Hebr 9,28 hat Christus durch seinen Opfertod die Sünden vieler weggenommen. Ist aber sein Opfer einmalig, dann muß es folglich auch die Sündentilgung mittels dieses Opfers sein. Daraus folgt, daß das zweite Erscheinen Christi, von dem der Vers spricht, nicht mehr den Zweck verfolgen kann, von Sünden zu reinigen. Statt dessen wird das zweite Erscheinen Christi, der Struktur des Vergleichs entsprechend, mit dem Gericht über die Menschen verbunden sein. Indes weist Hebr 9,28 die Funktion des Richters nicht Christus zu. Der Hebräerbrief wahrt damit die Kohärenz seiner Gerichtsaussagen, in denen ausnahmslos Gott selbst als Richter agiert, soweit die Rolle des Richters überhaupt ausdrücklich zugewiesen ist (vgl. Hebr 10,27.31; 12,29). Im Unterschied dazu fällt Christus beim Gericht die Rolle des Retters zu. Gerettet werden von ihm jedenfalls diejenigen, welche mit Ausdauer und Glauben auf sein zweites Erscheinen gewartet haben. Ob damit alle Menschen gemeint sind, läßt die Formulierung in Hebr 9,28 offen. Jedenfalls wird nichts darüber gesagt, was etwa mit anderen Menschen geschehen soll. Für die Geretteten wird im Moment der Rettung ihr Heil offenbar, das bis dahin in der sichtbaren Welt verborgen war.

All diese Umstände des zweiten Erscheinens Christi können zwar als gesichert gelten, lassen aber dennoch keinen zwingenden Schluß darüber zu, wann diese Erscheinung stattfinden wird. Es gibt allerdings durchaus schlagkräftige Indizien. Das erste ergibt sich aus der Struktur des Vergleichs in Hebr 9,27-28. Dessen Formulierung macht es wahrscheinlich, daß mit dem Gericht über die Menschen ein individuelles Gericht unmittelbar nach dem Tod des Menschen gemeint ist. Dem Gericht entspricht aber strukturell das Erscheinen Christi. So liegt es nahe, auch dieses unmittelbar nach dem Tod anzusiedeln. Christus erscheint den Engeln im Himmel direkt nach seinem Tod, wenn er von Gott in die Welt des Himmels eingeführt wird (vgl. Hebr 1,6). Dort erscheint er in der Folge jedem Glaubenden, der durch den Tod hindurch in den Himmel gelangt, ein zweites Mal, nachdem er ihm vermittels der christlichen Überlieferung zum ersten Mal in seiner irdischen Gestalt erschienen ist. Gegen diese Auslegung wird meist vermutet, Hebr 9,28 beziehe sich auf Christi Parusie und das damit einhergehende Gericht. Dagegen spricht jedoch nicht nur der in Hebr 9,27 angedeutete Zeitpunkt des Gerichts, sondern auch sein Charakter. Das Gericht stellt im Hebräerbrief ebenso wie die Rettung eine ewige und endgültige Größe dar (vgl. Hebr 5,9; 6,2). Das Ewige siedelt der Verfasser aber ausnahmslos im Himmel und niemals auf der Erde an. Im Gegensatz dazu fände eine wie auch immer geartete Parusie Christi jedenfalls in dieser sichtbaren Welt statt. Wir halten daher folgende Interpretation von Hebr 9,27-28 vorläufig fest: Christus erscheint jedem einzelnen Glaubenden unmittelbar nach seinem Tod und bei dem dann stattfindenden Gericht im Himmel als Retter.

5. Hebr 10,25

... indem wir nicht unsere Versammlung verlassen, wie es einigen Gewohnheit ist, sondern ermahnen, und (zwar) umso mehr, als ihr den Tag nahen seht.

5.1. Einordnung in die literarische Struktur von Hebr 5,11-10,39

Bei der Strukturanalyse des Hebräerbriefes haben wir gesehen, daß die langen Lehrstücke im III. Teil, das heißt die Sektionen A, B und C (Hebr 7,1-10,18), durch eine einleitende (Hebr 5,11-6,20) und eine abschließende (Hebr 10,19-39) Paränese gerahmt sind. Die Rahmung wird dadurch signalisiert, daß sowohl am Ende der einleitenden Paränese (Hebr 6,19-20) als auch am Anfang der abschließenden Paränese (Hebr 10,19-20) das Stichwort des Vorhangs (καταπέτασμα) fällt und dadurch die Vorstellung eines zweigeteilten Heiligtums anklingt.[219] Ein drittes Mal findet der Vorhang in Hebr 9,3 Erwähnung, so daß der Rahmen des III. Teils im wahrsten Sinne des Wortes seinen Aufhänger in der Mitte desselben Stückes hat. Der formal stärkeren Gewichtung der Mitte in der konzentrischen Struktur des Textes entspricht inhaltlich, daß der Leser nur in Hebr 9,2-3 explizit erfährt, was es mit dem Vorhang im Heiligtum auf sich hat. Dort heißt es: „Denn das erste Zelt wurde errichtet, in dem der Leuchter und der Tisch und die Schaustellung der Brote waren, welches Heiligtum (Ἅγια) genannt wird, hinter dem zweiten Vorhang aber ein Zelt, das sogenannte Allerheiligste (Ἅγια Ἁγίων)." Wie es kommt, daß die Glaubenden nach Hebr 6,18-20 den Anker der Hoffnung schon jetzt in das himmlische Allerheiligste hinter dem Vorhang auswerfen können, das erläutern in aller Breite die Sektionen A, B und C. Hebr 10,19-20 faßt das Ergebnis der vorangegangenen Ausführungen zusammen: Wir haben diese Zuversicht, weil Christus uns den Weg ins Allerheiligste durch den Vorhang hindurch erschlossen hat. Daran knüpfen sich in V.21-25 konkrete Forderungen. „Alles also, was sich in diesen Aufforderungen an die Adressaten an Paränese ausspricht, hat Schlußfolgerungscharakter im Verhältnis zu der zuvor im zentralen Teil des Hebr dargelegten christologisch-soteriologischen Position."[220] Die

---

219 Vgl. Vanhoye, La structure 45.

220 Weiß 520.

soteriologische Lehre in Hebr 7,1-10,18 bildet somit nicht nur formal, sondern auch inhaltlich theologisch den Kern der sie rahmenden Paränesen in Hebr 5,11-6,20; 10,19-39.

Das paränetische Anliegen münzt Hebr 10,19-25 in konkrete Forderungen um. Der ganze Abschnitt besteht aus einer einzigen Satzperiode. Auf die Angabe des soteriologischen Grundes für die Paränese in V.19-21 folgen in V.22.23.24 drei Kohortative (προσερχώμεθα, κατέχωμεν, κατανοῶμεν). „Wir finden die christlichen Kardinaltugenden Glaube (V 22), Hoffnung (V 23) und Liebe (V 24) auf die drei Imperative verteilt. Sie heben auf die subjektive Befähigung zum προσέρχεσθαι ab, während die ebenfalls beigegebenen partizipialen Umstandsbeschreibungen ῥεραντισμένοι τὰς καρδίας (V 22b), λελουσμένοι τὸ σῶμα (V 22c) und μὴ ἐγκαταλείποντες τὴν ἐπισυναγωγήν (V 25) den objektiven Grund beschreiben: Nur die gottesdienstlich verankerte Existenz kann der Heilsvollendung sicher sein. Denn der ἐπαγγειλάμενος ist treu! Mit einem Hinweis auf den nahen Gerichtstag findet die Paränese einen wirkungsvollen Abschluß (V 25d).“[221]

5.2. Das Motiv des Tages

Hebr 10,25 führt das Motiv des Tages absolut, ohne nähere Bestimmung etwa durch ein Genitivattribut, an. Ein solcher Gebrauch liegt noch viermal im Neuen Testament vor.[222] 1 Thess 5,5 und Röm 13,12, das mit der Formulierung ἡ δὲ ἡμέρα ἤγγικεν Hebr 10,25 am nächsten steht, betonen gleichermaßen, daß die Adressaten dem Tag und nicht der Nacht, dem Licht und nicht der Finsternis angehören. Wie in iranischer, jüdischer und qumranischer Tradition begegnet dieser Dualismus auch bei Paulus in ethischer Abzweckung: Er begründet die Mahnung zur Wachsamkeit. Paulus sieht „die Christen auf seiten des Lichts im Kampf gegen die Finsternis, die ein dämonischer Machtbereich ist, dem zu verfallen den Heilsverlust bedeutet“[223]. Ähnliches gilt auch für 1 Kor 3,13. Dort legt der Tag eines jeden Menschen Werk offen, indem es im Feuer geoffenbart wird und das Feuer seine Beschaffenheit prüft. Wessen Werk bei diesem Vorgang bleiben wird (μένει), der wird Lohn empfangen. Wessen Werk dagegen verbrennt, der erhält Strafe, wobei er selbst wie durch Feuer hindurch gerettet werden wird (σῴζειν). Dieser Motivzusammenhang erinnert an Hebr 6,8. Schließlich stellt 2 Petr 1,19 das prophetische Wort als ein Licht vor, das in der Finsternis leuchtet, bis der Tag anbricht und der Morgenstern aufgeht, und knüpft daran die Mahnung, auf dieses Wort zu achten.

---

221 Gräßer, EKK XVII/3 12.

222 Weiß 535 zählt fünf weitere Belege, wovon Röm 2,16 jedoch den Terminus nicht eigentlich absolut anführt, sondern zusammen mit einem Temporalsatz, der „den Tag“ inhaltlich als Gerichtstag Gottes vorstellt.

223 Wilckens VI/3 77.

Die Wendung „Tag des Herrn“ ist ihrerseits nur an drei Stellen im Neuen Testament ohne jede nähere Bestimmung gebraucht. Davon treffen 1 Thess 5,2 und 2 Petr 3,10 (siehe unten) exakt dieselbe Aussage, nämlich, daß „der Tag des Herrn wie ein Dieb“ (ἡμέρα κυρίου ὡς κλέπτης), das heißt völlig überraschend und unberechenbar, kommen wird. Paulus verbindet damit die Hoffnung auf Rettung; „denn Gott hat uns nicht bestimmt zum Zorn, sondern zum Erwerb der Rettung“ (ὅτι οὐκ ἔθετο ἡμᾶς ὁ θεὸς εἰς ὀργὴν, ἀλλὰ εἰς περιποίησιν σωτηρίας) durch Jesus Christus, der für uns gestorben ist (1 Thess 5,8-10). In 2 Petr 3,1-13 sind der Tag des Herrn (V.10), der Tag Gottes (V.12), der Tag des Gerichts und Verderbens (V.7), die Parusie (V.4) und die Parusie des Tages Gottes (V.12) austauschbare Benennungen für dasselbe Ereignis. Jede Benennung evoziert dabei das Ereignis als Ganzes und legt nur den Akzent auf ein je verschiedenes Moment des Ganzen.

Die Unberechenbarkeit des Tages des Herrn verteidigt auch die dritte Belegstelle (2 Thess 2,1-2) gegen solche, die vorgeben zu wissen, daß der Tag des Herrn unmittelbar bevorstehe oder gar schon da sei.[224] Im Gegensatz dazu stellt Hebr 10,25 gerade fest, daß man den Tag nahen sehe. Bemerkenswert erscheint in diesem Zusammenhang die Tatsache, daß hier wie in Hebr 10,25 der Begriff ἐπισυναγωγή erscheint, der überhaupt nur an diesen beiden Stellen im Neuen Testament zu finden ist. 2 Thess 2,1-2 bezeichnet damit die Zusammenführung mit Jesus Christus bei seiner Parusie, was sachlich wohl dasselbe ausdrückt wie die „Begegnung mit dem Herrn“ in 1 Thess 4,17 (εἰς ἀπάντησιν τοῦ κυρίου). In Hebr 10,25 meint ἐπισυναγωγή freilich zunächst die gottesdienstliche Versammlung der Gemeinde, die aber nach Hebr 12,22-24 zur Festversammlung und Gemeinde der im Himmel aufgeschriebenen Erstgeborenen und zu Jesus, dem Mittler eines neuen Bundes, hinzugetreten ist.[225] Insofern ist in der Zusammenführung der Gemeinde auch die Zusammenführung mit Jesus Christus mitgedacht, die dann nicht mehr ausschließlich bei der unberechenbar ausstehenden Parusie Christi stattfindet. Seiner Mahnung, die Gemeindeversammlung nicht zu verlassen, verleiht der Verfasser des Hebräerbriefes durch die Erinnerung daran Nachdruck, daß man, wenn es um den Stellenwert der Gemeindeversammlung geht, die Zusammenführung mit Jesus Christus nicht aus dem Auge verlieren darf.

---

224 Vgl. Trilling 113. Ob man den Tag des Herrn für unmittelbar bevorstehend oder, wie Trilling 78, schon da seiend betrachtet, hängt von der Auffassung und Übersetzung von ἐνέστηκεν (Perfekt von ἐνίστημι) ab.

225 Vgl. Käsemann, Das wandernde Gottesvolk 27-32; Schröger, Der Gottesdienst 176-178; Theißen 88; Trilling 74.

5.3. Das „Nahen“ als endzeitliche Bewegung[226]

Das Verbum ἐγγίζειν umschreibt im Neuen Testament außer in der Grundbedeutung bevorzugt das Nahen endzeitlicher Größen, so des Reiches Gottes bzw. der Himmel,[227] der Zeit der Verheißung,[228] der Parusie des Herrn[229] oder des Endes aller Dinge.[230] Es fällt auf, daß die Vokabel in diesem Gebrauch überwiegend im Perfekt (ἤγγικεν) für „genaht sein“ steht und so die bereits gegebene Nähe oder Anwesenheit des jeweiligen Subjekts zum Ausdruck bringt und auf den Anbruch der Endzeit zurückblickt (vgl. Röm 13,12). Wenn in Hebr 10,25 das Verbum im Präsens steht, so liegt der Ton weniger auf Vergangenheit oder Zukunft als vielmehr auf der Gegenwart, in welcher der Tag im Begriff ist zu nahen.

5.4. Die Pragmatik des Arguments

Um den pragmatischen Wert des Motivs vom Tag richtig einzuschätzen, genügt freilich der Hinweis auf anderweitige Anwendungen allein nicht. Ausschlaggebend ist der Kontext im Hebräerbrief. In Hebr 10,25 liegt eine a-fortiori-Argumentation vor, in deren Rahmen die Anspielung auf den unmittelbar bevorstehenden Tag keineswegs das einzige Argument zur Begründung der Paränese darstellt. „Die hier vorgetragene Paränese hat vielmehr – von V.19 her gesehen – ihren Grund in der christologisch-soteriologisch fundierten Parresia der Christen“[231], welche daraus folgt, „daß das entscheidende Heilsereignis in der Kreuzespassion und der Erhöhung Jesu schon geschehen ist“[232] (vgl. Hebr 7,1-10,18). Der Ausblick auf den nahenden Tag unterstreicht die Paränese zusätzlich, indem er die Gerichtsmotivik anklingen läßt, die im folgenden Abschnitt Hebr 10,26-31 entfaltet wird.

5.5. Zusammenfassung

Da in Hebr 10,25 das Motiv des Tages ohne jede nähere Bestimmung absolut steht, ist jede Interpretation des Begriffes darauf angewiesen, seine spezifische Semantik an unserer Stelle aus dem literarischen Kontext und der den Hebräerbrief bestimmenden Sprachtradition zu erheben. In der

---

[226] Vgl. Attridge 291.
[227] Vgl. Mt 3,2; 4,17; 10,7; Mk 1,15; Lk 10,9.11.
[228] Vgl. Apg 7,17.
[229] Vgl. Jak 5,8.
[230] Vgl. 1 Petr 4,7.
[231] Weiß 535; vgl. Michel 360.
[232] Laub 141.

gesamten biblischen Sprachtradition enthält der Begriff jedenfalls, wie wir in der Einleitung dieser Arbeit bereits gesehen haben, ein drohendes Moment des Gerichts. Dieser Aspekt ist auch in Hebr 10,25 mit Sicherheit gegeben, wo der Verfasser die Nachlässigkeit mancher Adressaten beim Besuch der Gottesdienstversammlung rügt. Dieser Rüge verleiht er mit dem Hinweis auf den sich nahenden Tag einen Nachdruck, der nur dann spürbar wird, wenn das Nahen des Tages eine gegenüber der Lauheit der Gemeinde kritische Funktion ausübt. Diese ergibt sich aus der Androhung des Gerichts.

Der absolute Gebrauch des Tag-Motivs verweist darüber hinaus auf die anderen neutestamentlichen Stellen, wo der Tag absolut steht. Aus deren Perspektive ist die soteriologische Bedeutung von „Tag“ im Gegensatz zur Nacht zu berücksichtigen. Seit dem Opfertod Christi ist die Gemeinde ein für allemal von Sünden rein (vgl. Hebr 9,24-28). Die dunkle Nacht der Sünde hält sie nicht mehr gefangen (vgl. 1 Thess 5,5; Röm 13,12). Sie steht jetzt schon im Zeichen des hellen Tages der Rettung, wenn auch erst in der Erwartung (vgl. Hebr 9,28). Ist dieser Tag erst einmal da, dann wird offenbar, ob sie ihrer Erwartung in der Zwischenzeit treu geblieben ist. Denn dann kommt an den Tag, ob sie „nützliche Gewächse“ oder nur „Dornen und Disteln“ (Hebr 6,7-8) hervorgebracht hat. Noch ist es aber nicht Tag, noch dämmert der Tag des Gerichts und der Rettung erst. Diese Zwischenzeit birgt für die Glaubenden die Gefahr, sich in der Grauzone der Unentschiedenheit und Halbherzigkeit zu verstecken und die Verbindung mit Christus und der Gemeinde aufs Spiel zu setzen. Genau dagegen wendet sich Hebr 10,25 mit Entschiedenheit. Auch wenn der Tag erst naht und nicht schon da ist, gilt es schon jetzt, sich ohne Vorbehalt in sein rettendes Licht zu stellen. Der Glaubende muß jederzeit für sein Anbrechen bereit sein. Denn der Tag des Herrn kommt überraschend wie ein Dieb in der Nacht (vgl. 1 Thess 5,2; 2 Thess 2,1-2; 2 Petr 3,10), und er kommt auf jeden Fall (vgl. Hebr 10,37-38). Damit ist freilich überhaupt nichts darüber gesagt, wie man sich diesen Tag vorzustellen hat, ob als Parusie Christi am Ende der Weltgeschichte oder als den persönlichen Todestag jedes einzelnen Menschen.

6. Hebr 10,36-39

[36] An Ausdauer nämlich habt ihr Bedarf, damit ihr, wenn ihr den Willen Gottes getan habt, die Verheißung empfangt. [37] Denn noch eine ganz, ganz kurze Zeit, (und) der Kommende wird kommen und nicht sich Zeit lassen; [38] mein Gerechter aber wird aus Glauben leben, und wenn er zurückweicht, hat meine Seele kein Wohlgefallen an ihm. [39] Wir aber sind nicht des Zurückweichens zum Verderben, sondern des Glaubens zum Erhalt der Seele.

6.1. Einordnung in die literarische Struktur von Hebr 10,19-39

Der unserer Perikope unmittelbar vorausgehende Abschnitt Hebr 10,19-35 stellt eine eigene Einheit dar, an die sich Hebr 10,36-39 anschließt. Denn die Aufforderung μὴ ἀποβάλητε οὖν τὴν παρρησίαν ὑμῶν in Hebr 10,35 ist nur sinnvoll, wenn man die Feststellung ἔχοντες οὖν παρρησίαν aus Hebr 10,19 voraussetzt. Hebr 10,19-21 faßt den langen darlegenden Teil III A.B.C zusammen. Es folgen in Hebr 10,22-35 Schlüsse für das Verhalten der Adressaten. Das Stichwort παρρησία umrahmt als Inklusion die abschließende Ermahnung III f.[233]

In diesem Sinne gehört die Perikope Hebr 10,36-39 formal nicht mehr zu III f, sondern übt die Funktion einer äußerst zielbewußt gestalteten Direct Intermediary Transition zwischen dem III. und dem IV. Teil des Hebräerbriefes aus. Als solche nimmt sie in ihrem ersten Wort (ὑπομονῆς) das Stichwort ὑπεμείνατε aus Hebr 10,32 und somit das Thema des ganzen voraufgehenden Abschnitts Hebr 10,32-35 auf. Das Stichwort ὑπεμείνατε mag auch den assoziativen Anlaß geboten haben für die Zitation aus Hab 2,3bβ-4. In Hab 2,3bα begegnet nämlich dasselbe Verbum in der Wendung ἐὰν ὑστερήσῃ, ὑπόμεινον αὐτόν. Weshalb der Hebräerbriefautor unter diesen Umständen erst bei V.3bβ einsetzt, wird im Zusammenhang der Textkritik noch plausibel gemacht werden. Jedenfalls kann er das Moment der Ausdauer nicht wegfallen lassen, weil er ὑπομονή als Verbindungswort zu Hebr 10,19-35 benötigt. So setzt er an die Stelle des gezielten Imperativs die moderatere Feststellung, welche freilich in ihrer Funktion ebenfalls imperativen Charakter aufweist, daß die Adressaten

---

233 Vgl. Vanhoye, La structure 180.

der Ausdauer bedürften. Die durch das Stichwort ὑπεμείνατε/ὑπομονή ausgelöste Zitation bietet sodann Gelegenheit, das Moment des Glaubens einzuführen, so daß πίστις als Verbindungswort zum Beginn des folgenden IV. Teils (Hebr 11,1) eingesetzt werden kann.

Die Stichwörter ὑπομονή und πίστις üben allerdings nicht nur die Funktion von Verbindungswörtern, sondern auch diejenige der Ankündigung von Themen aus (siehe oben). Als solche zeigt πίστις das Thema der Sektion IV A, ὑπομονή das Thema der Sektion IV B an. Hebr 11,1 nimmt πίστις also in seinen beiden Funktionen wieder auf. Auch ὑπομονή wird am Beginn der Ausführung dieses Themas von Sektion IV B in Hebr 12,1-2 durch ὑπομονῆς bzw. ὑπέμεινεν nochmals aufgegriffen.

Aus der literarischen Einbettung des Abschnitts Hebr 10,36-39 in den Kontext ergibt sich wie von selbst sein stringenter Aufbau. V.36 liefert im Anschluß an V.19-35 die Begründung (γάρ) dafür, weshalb es nach der durch Christi Selbsthingabe bewirkten παρρησία überhaupt noch der Paränese bedarf. Nur wenn die Adressaten Ausdauer im Tun des Willens Gottes beweisen, erfüllt sich an ihnen wirklich die Verheißung Gottes. Das Stichwort ἐπαγγελία in V.36 steht an der Stelle einer Zitationsformel.[234] Somit hat die Aussage des in V.37-38 folgenden Zitats als der Inhalt der Verheißung zu gelten. In V.39 zieht der Hebräerbriefautor seinen paränetischen Schluß aus dem angeführten Verheißungswort. Deutlich wird dabei, daß es ihm auf die richtige Haltung der christlichen Gemeinde angesichts der gewonnenen παρρησία ankommt. Sein Ton schwankt dabei zwischen Feststellung und Beschwörung: Jedes Zurückweichen führt ins Verderben, der Glaube hingegen zu Leben.

6.2. Das Zitat Hebr 10,37-38

6.2.1. Der Textbestand des Habakukzitats

Der Text von Hebr 10,37-38 stellt für die Textkritik einen harten Knoten dar, dessen Überlieferungsstränge nur mit einiger Mühe zu entwirren sind. Es handelt sich um ein ohne Zitationsformel eingeführtes Mischzitat aus *Jes 26,20 (Kursivdruck)* und Hab 2,3bβ-4 (Standarddruck). Zunächst interessiert uns nur der Habakuktext, der dreimal im Neuen Testament zitiert wird. „Die Überlieferung von Hab 2,4a weist nur geringfügige Unterschiede auf, die hier außer Betracht bleiben können, da Paulus nur Hab 2,4b zitiert und in Hebr 10,38b Hab 2,4a ohne Abweichungen wiedergegeben wird."[235] Die entsprechenden Stellen bei Paulus finden sich in Röm 1,17 und Gal 3,11. D.-A. Koch ist der Überlieferungsgeschichte von Hab 2,4b

---

234 Vgl. zur Schrifthermeneutik des Hebräerbriefes Theobald, Vom Text.

235 Koch, Der Text 70.

textkritisch auf den Grund gegangen. Die folgende Übersicht stellt vorab das Ergebnis dieser Untersuchung dar, um es anschließend zu erläutern. Dabei kann freilich an dieser Stelle nur die Argumentation umrissen, nicht aber der komplizierte Textbefund umfassend dargestellt werden.[236]

Hab 2,3b-4		Masoret. Text	LXX (LA I)	Hebr 10, 37-38 (LA II)		
3b	α	כי	ὅτι	37a	α	ἔτι γὰρ
					β	*μικρὸν ὅσον ὅσον,*
		בא יבא	ἐρχόμενος ἥξει	37b	α	ὁ ἐρχόμενος ἥξει
	β	לא יאצר	καὶ οὐ μὴ χρονίσῃ.		β	καὶ οὐ χρονίσει
4a	α	היה עפלה	ἐὰν ὑποστείληται,			
	β	לא ישרה נפשו בו	οὐκ εὐδοκεῖ ἡ ψυχή μου ἐν αὐτῷ			
4b	α	וצדיק	ὁ δὲ δίκαιος	38a	α	ὁ δὲ δίκαιός μου
	β	באמונתו	ἐκ πίστεώς μου		β	ἐκ πίστεως
		יהוה	ζήσεται.			ζήσεται,
				38b	α	καὶ ἐὰν ὑποστείληται,
					β	οὐκ εὐδοκεῖ ἡ ψυχή μου ἐν αὐτῷ.

6.2.1.1. Der Textbestand von Hab 2,3b-4 LXX[237]

In der Überlieferung der Septuaginta lassen sich drei Lesarten von Hab 2,4b unterscheiden, die in der Stellung des Possessivattributs μου voneinander abweichen. Die obige Lesart (LA I) ist „am frühesten bezeugt und am weitesten verbreitet“[238]. Von den beiden weiteren Lesarten setzt die eine (LA II) das μου nach ὁ δὲ δίκαιος, die andere (LA III) läßt es ganz ausfallen.

Der Wortlaut von LA I erklärt sich im einzelnen wie folgt:

– Der Masoretische Text Hab 2,4a, den auch der Übersetzer der Septuaginta voraussetzt, ist nicht mehr in Ordnung und daher schwer verständlich.

– Bei der Form עפלה handelt es sich um ein Pual Perfekt in der 3. Person Singular Femininum der Wurzel עפל mit der Bedeutung „vermessen sein“. Der Übersetzer, der ἐρχόμενος ἥξει personal verstanden und messianisch interpretiert hat, geht entweder in Unkenntnis der Bedeutung von עפלה „von V.3b aus und versteht V.4 als Aussage über den, der die Anweisung von V.3b – ὑπόμεινον αὐτόν – nicht befolgt, also nicht abwartet und standhält, sondern zurück-

---

[236] Vgl. Koch, Der Text 68-85.

[237] Zu den Textzeugen im einzelnen vgl. Koch, Der Text 70-72. Zur Textkritik allgemein vgl. Attridge 301-303; Bénétreau II 126-128; Fitzmyer 239-241; Riggenbach 336-338; Schröger, Der Verfasser 182-184; Smith 107; Smith, Ο ΔΕ ΔΙΚΑΙΟΣ 13-16; Wilson 199.

[238] Koch, Der Text 73.

weicht“[239], oder er liest statt der Wurzel עפל die Wurzel עלף (Pual Perfekt) in der Bedeutung „ohnmächtig hinsinken“.[240]

– Den mit הנה eingeleiteten Satz faßt er in der möglichen Bedeutung von הן („wenn“) als Konditionalsatz auf.

– V.4aβ ist dann als Straffolge „die Verwerfung des Zurückweichenden durch *Gott* ausgesprochen, so daß er ἡ ψυχή *μου* für נפשו setzt“[241].

– Dementsprechend übersetzt er auch in V.4b באמונתו mit ἐκ πίστεώς μου.

Daraus ergibt sich als Schlußfolgerung: LA I ist „als der ursprüngliche LXX-Wortlaut anzusehen. Zugleich ist deutlich, daß die Annahme einer vom MT abweichenden hebräischen Vorlage nicht erforderlich ist; [...]. Inhaltlich hat der LXX-Übersetzer den Akzent auf die Bewahrung des ‚Gerechten‘ durch Gottes Treue verlagert, während der MT von der Treue des צדיק als Bedingung und Unterpfand seiner Bewahrung sprach.“[242]

6.2.1.2. Der Textbestand von Hebr 10,38a[243]

Alle drei Lesarten der Septuaginta sind auch für Hebr 10,38a bezeugt. Die ursprüngliche LA I^{LXX} ist jedoch in Hebr 10,38a äußerst schwach belegt (LA I^{Hebr}) und ist dort wohl das Produkt einer Angleichung an diesen vorherrschenden Septuagintatext. Die beiden anderen Lesarten von Hebr 10,38a sind von der Bezeugung her ähnlich stark zu bewerten. Daraus ergeben sich folgende Versuche, die Entstehung der drei Lesarten von Hebr 10,38a zu erklären:

a) Grundsätzlich sind LA II^{Hebr} als Angleichung an LA II^{LXX} und LA III^{Hebr} als Angleichung an LA III^{LXX}, Röm 1,17 oder Gal 3,11 erklärbar.[244] Dagegen spricht, daß selbst die vorherrschende LA I^{LXX} die neutestamentliche Textüberlieferung kaum beeinflußt hat, nämlich, wenn überhaupt, nur die schwach bezeugte LA I^{Hebr}. Das macht einen Einfluß der beiden schwächer bezeugten Septuagintalesarten unwahrscheinlich.[245]

b) LA III^{Hebr} scheidet als ursprünglicher Text von Hebr 10,38a aus. Nimmt man nämlich eine Angleichung der LA III^{Hebr} an die beiden anderen Lesarten von Hebr 10,38a an, so würde dadurch der schwächer bezeugten LA II^{LXX} ein größerer Einfluß auf Hebr 10,38a zugesprochen als der vorherrschenden LA I^{LXX}. Dies ist jedoch ebenfalls unwahrscheinlich.

---

239 Koch, Der Text 73.

240 Vgl. Strobel, Untersuchungen 83.

241 Koch, Der Text 73.

242 Koch, Der Text 73-74.

243 Zu den Textzeugen im einzelnen vgl. Koch, Der Text 74. Zur Textkritik allgemein vgl. Wilson 199-200.

244 Vgl. Koch, Der Text 75: „Gal 3,11b ist ohne jede Abweichung überliefert“; in Röm 1,17 treten zwar Abweichungen auf, aber nicht gemäß dem Wortlaut von LA I, sondern dem von LA II.

245 Dagegen Lane 278, wonach der Verfasser des Hebräerbriefes der ihm vorliegenden LA II^{LXX} folgt.

c) Hält man dagegen LA II^{Hebr} für den ältesten Text von Hebr 10,38a, so ist die Überlieferungslage leicht zu erklären: LA II^{Hebr} wurde einerseits an LA I^{LXX} und andererseits an Röm 1,17 bzw. Gal 3,11, also an die dominierenden Textfassungen, angeglichen. Auf diesem Wege entstanden LA I^{Hebr} und LA III^{Hebr}.

Als Ergebnis sei festgehalten: LA II^{Hebr} stellt den ursprünglichen Text von Hebr 10,38a dar. Er hat als ältester Zeuge dieser Textfassung die Entstehung von LA II^{LXX} verursacht und nicht umgekehrt.

6.2.1.3. Der Weg von LA I^{LXX} zu LA II^{Hebr}

Wenn man, wie hier geschehen, in Hab 2,4b LXX die LA I für die ursprüngliche Textfassung hält, in Hebr 10,38a dagegen die LA II, dann muß erklärt werden, weshalb der Verfasser des Hebräerbriefes die ihm vorliegende LA I^{LXX} in die Form von LA II^{Hebr} abgeändert hat. Dies geschieht aus leicht nachvollziehbaren Beweggründen. „Hab 2,3f. dient in Hebr 10,37f. als abschließende Begründung für die Ermahnung zur ὑπομονή, die in 10,32 mit der Erinnerung an frühere Bewährung einsetzt und in 10,36 klar formuliert wird [...]. Als Schriftbegründung fügt der Verf. das Hab-Zitat an, das er in 10,39 abschließend in seinem paränetischen Ertrag (Gegenüberstellung von ὑποστολή und πίστις) knapp zusammenfaßt. Dieser Verwendung entsprechen nicht nur die Wahl des Zitatenausschnitts, sondern auch sämtliche Textabänderungen:“[246]

a) Hab 2,3a-bβ LXX läßt die Möglichkeit offen, daß das Eintreten der Vision des Propheten sich verzögert. Die Ersetzung der Wendung ἐὰν ὑστερήσῃ ὑπόμεινον αὐτόν aus Hab 2,3bα durch μικρὸν ὅσον ὅσον aus Jes 26,20 und der anschließende Einsatz des Habakukzitats mit Hab 2,3bβ schließen in Hebr 10,37 eine solche Verzögerung aus. Das Kommen wird so durch die Eliminierung von ἐὰν ὑστερήσῃ als unmittelbar bevorstehend dargestellt. Dagegen geht das Moment der Ausdauer, wie oben gezeigt, nicht verloren, sondern wird mit der Wendung ὑπομονῆς γὰρ ἔχετε χρείαν (Hebr 10,36) in der Zitateinleitung vorweggenommen. „Nicht primär um einen bestimmten chronologischen Sachverhalt geht es hier, sondern um den theologischen bzw. christologischen Sachverhalt des ‚Er kommt gewiß‘.“[247]

---

246 Koch, Der Text 76; vgl. ders. 76-77; Attridge 301-303, der inkonsequenterweise zugleich davon ausgeht, daß Hebr 10,37-38 eine griechische Vorlage hat, die nur „close to the LXX“ ist; Bénétreau II 128; Braun 332-334; Bruce 272-274; Buchanan 175; Ellingworth 553-556; Fitzmyer 242-244; Hegermann 220; Hughes 434-436; Kistemaker 302-303; Laub 144; Lewis 90-93; Loader 55-57; McCullough 376-377; Michel 362-364; Moffatt 157-158; Montefiore 184; Reuss 137; Riggenbach 336-338; Schröger, Der Verfasser 182; Smith 107; Spicq, Études bibliques II 331-332; Strobel, Untersuchungen 81-82; Thomas 316; Vanhoye, La structure 180-181; Weiß 549-550; Wilson 199; Windisch 97-98.

247 Weiß 548; vgl. Laubach 219.

b) Schon die Septuaginta hat den Infinitivus absolutus בא in Hab 2,3bβ nicht als Affirmation des finiten Verbums יבא aufgefaßt. Dazu hätte sie mit Bezug auf ὅρασις die feminine Form ἐρχομένη statt der maskulinen ἐρχόμενος setzen müssen. Indes hat sie ἐρχόμενος unabhängig von ὅρασις eingesetzt und dadurch ein weiteres Subjekt in den Satz eingeführt, das sie wohl auf eine messianische Gestalt hin verstanden wissen will. Hebr 10,37b führt diese messianische Tendenz weiter, indem er vor ἐρχόμενος den bestimmten Artikel ὁ hinzufügt. Dies fällt ihm umso leichter, als ein möglicher Bezug auf ὅρασις dadurch gänzlich ausfällt, daß sein Zitat erst mit Hab 2,3bβ einsetzt.

c) In Hab 2,3 bezieht sich ὑποστείληται auf den Kommenden und nicht auf den Gerechten, worauf schon das adversative δέ hinweist, das die beiden Gestalten voneinander absetzt. In dem Moment, in dem Hebr 10,37b ὁ ἐρχόμενος eindeutig als christologischen Titel versteht, ist ein eventuelles Zurückweichen dieses Kommenden ausgeschlossen. Deshalb erscheinen in Hebr 10,38 die beiden Vershälften gegenüber Hab 2,4 in umgekehrter Reihenfolge. Das adversative Element δέ rückt so zusammen mit dem Subjekt ὁ δίκαιος vor das Prädikat ὑποστείληται, so daß nun neben ζήσεται auch dieses auf ὁ δίκαιος zu beziehen ist. Gestützt wird diese Auffassung durch die Einfügung des reihenden καί.

d) Die Umstellung in Hebr 10,38 begünstigt überdies die Verkettung der Sätze in Hebr 10,38.39; 11,1, in der jeweils das zuletzt gefallene der beiden Stichwörter „Glauben" und „Zurückweichen" als Verbindungswort im folgenden Satz zuerst wiederaufgenommen wird. In analoger Weise sind die Angaben über die Folgen von Glauben bzw. Zurückweichen aufeinander bezogen. Fixpunkt der Konstruktion ist dabei, daß am Ende von Hebr 10,39 als Ankündigung des Themas von Hebr 11,1-40 der Glaube stehen muß. So ergibt sich ein doppelter Chiasmus:

10,38:	ἐκ πίστεως	ζήσεται	ὑποστείληται	οὐκ εὐδοκεῖ ἡ ψυχή μου ἐν αὐτῷ
10,39:	ὑποστολῆς	εἰς ἀπώλειαν	πίστεως	εἰς περιποίησιν ψυχῆς
11,1:			πίστις	

e) Hätte Hebr 10,38 μου weiterhin auf ἐκ πίστεως bezogen, so hinge nach der Umstellung implizit nicht nur das Leben, sondern auch das Zurückweichen des Gerechten als die beiden Seiten derselben Medaille von Gottes Treue ab. Das Leben stünde unter dem Vorzeichen der von seiten Gottes dem Gerechten zugewandten Treue, das Zurückweichen hingegen unter dem Vorzeichen der abgewandten Treue Gottes. Eine Treue, in welcher die Möglichkeit des Abwendens liegt, ist aber keine Treue. Denn der Begriff „Treue" meint ja gerade eine beständige Zugewandtheit. Indem nun Hebr 10,38 μου auf ὁ δίκαιος bezieht, handelt es sich bei ἐκ πίστεως nicht mehr um die Treue Gottes dem Gerechten gegenüber, sondern umgekehrt um den Treueglauben des Gerechten, der ihn leben läßt. Das Gegenteil zum Treueglauben des Gerechten ist sein Zurückweichen, das ihm Mißfallen von seiten Gottes einbringt.

6.2.1.4. Der Textbestand von Röm 1,17 und Gal 3,11

Da die handschriftliche Bezeugung der LA III^{LXX} eine schmale Basis hat, erst ab dem 11. Jahrhundert nachweisbar ist und die Textzeugen zudem alle neutestamentliche Einflüsse aufweisen, ist ihre Entstehung unabhängig vom Neuen Testament unwahrscheinlich. Röm 1,17 und Gal 3,11 haben also LA III^{LXX} provoziert und nicht umgekehrt.[248] Gegenüber LA I^{LXX} hat Paulus bei der Zitation von Hab 2,4b μου ganz fallengelassen und erhält: ὁ (δὲ) δίκαιος ἐκ πίστεως ζήσεται. „Die ersatzlose Auslassung von μου nach ἐκ πίστεως stellt zwar formal eine recht geringfügige Abänderung dar, signalisiert aber einen grundsätzlichen Wandel im Textverständnis, der unmittelbar mit der paulinischen Verwendung des Zitats in Gal 3,11 und Röm 1,17 verbunden ist."[249] Paulus setzt der Rechtfertigung aus dem Gesetz bzw. den Werken des Gesetzes die Rechtfertigung aus dem Glauben „an den gekreuzigten Christus als den Grund aller Gerechtigkeit vor Gott" und dem Glauben „an Gott, der den Gottlosen rechtfertigt"[250], entgegen. Er zielt damit gerade nicht auf den Treueglauben des Gerechten. In diesem Sinne ist ἐκ πίστεως syntaktisch auf ὁ δίκαιος und nicht auf ζήσεται zu beziehen. Das Zitat meint dann nicht: Der Gerechte wird aufgrund seines Glaubens leben, sondern: Der aufgrund von Glauben Gerechte wird leben.[251]

6.2.2. Die Verknüpfung mit dem Jesajazitat

Hebr 10,37a stellt dem Habakukwort ein Zitat aus Jes 26,20 voran.[252] Obwohl es sich nur um die drei Wörter μικρὸν ὅσον ὅσον handelt, ist dieser Ausdruck aufgrund seiner außergewöhnlichen Form leicht als Zitat auszumachen. Wie gesagt, steht dieser Ausdruck in Hebr 10,37a anstelle des Verzögerungsmotivs in Hab 2,3bα (ἐὰν ὑστερήσῃ, ὑπόμεινον αὐτόν), das der Intention von Hebr 10,36-39 zuwiderliefe. Das μικρὸν ὅσον ὅσον

---

248 Zu den Textzeugen im einzelnen vgl. Koch, Der Text 79-82.

249 Koch, Der Text 83; vgl. Smith 107.

250 Wilckens VI/1 89; vgl. Koch, Der Text 83-84.

251 Vgl. Attridge 303-304; Bruce 274-275; Feuillet, La citation 52-54; Fitzmyer 241-242; Hegermann 220; Hughes 436-437; Mußner, HThK IX 226-229; Theobald 6/1 50. Dagegen Bénétreau II 129; Smith, Ο ΔΕ ΔΙΚΑΙΟΣ 17-20.

252 Strobel, Untersuchungen 84-86, hat dagegen nachzuweisen versucht, daß es sich in Hebr 10,37-38 um eine traditionsbedingte Zusammenstellung der beiden Zitate handelt (vgl. auch Attridge 301; Hegermann 219; Schröger, Der Verfasser 185-186). Seine These beruht allerdings auf vagen Vermutungen. Andererseits kann das Interesse des Hebräerbriefautors an einer eigenhändigen Verknüpfung, wie oben erläutert, leicht plausibel gemacht werden.

unterstreicht dagegen die Gewißheit des Kommens durch die Minimierung der bis dahin vergehenden Zeitspanne.[253]

Nimmt man überdies den Kontext von Jes 26,20-21, aus dem das Zitat stammt, in den Blick, so scheint es, daß die beiden Zitate nicht vorrangig des Zeitaspektes wegen miteinander verknüpft wurden. Jes 26,20-21 eignet sich nämlich hervorragend als Kontrastfolie für die Aussageabsicht von Hebr 10,36-39. Der Sitz im Leben ist an beiden Stellen vergleichbar: Die Angesprochenen gehen „einer neuen Zukunft entgegen, das ändert nichts daran, daß der Gerichtssturm über die ganze Erde einherfegen wird"[254]. Während der Prophet in Jes 26,20-21 das Volk dazu aufruft, sich so lange in seinen Kammern hinter verschlossenen Türen zu verstecken, bis der Zorn des Herrn vorübergegangen ist, findet in Hebr 10,38 gerade das Zurückweichen angesichts der Leiden und Bedrängnisse (vgl. Hebr 10,32-35) kein Gefallen vor Gott. Was der Verfasser des Hebräerbriefes einschärfen will, sind Ausdauer und Glauben. Dadurch, daß er den Anfang des als bekannt vorausgesetzten Jesajawortes aufnimmt, dieses Wort aber eine im Vergleich zu seinem ursprünglichen Kontext entgegengesetzte Wendung nehmen läßt, erreicht er eine Verfremdung, welche seine eigene Aussageabsicht umso wirkungsvoller profiliert.[255]

6.2.3. Das Habakukzitat in Qumran und im 2. Petrusbrief

6.2.3.1. Der Habakukkommentar von Qumran

„Wo immer das gläubige Denken von der Zukunft Entscheidendes erhoffte, mußte in irgendeiner Form – früher oder später – die Möglichkeit des Verzugs einberechnet, mußte dem Dilemma des Nicht-Eintreffens begegnet werden."[256] Das erklärt die breite Rezeption, welche Hab 2,3-4 in einem weit gespannten jüdischen Traditionskomplex gefunden hat. Betrachtet man diesen Traditionsfluß durch die Brille von Hebr 10,36-39, so kommt als die Interpretation möglicherweise erhellendes Stück neben der Septuaginta nur der Habakukkommentar von Qumran in Betracht.[257]

---

253 Vgl. Braun 332; Hegermann 220; Spicq, Études bibliques II 331.

254 Wildberger 998.

255 Lewis 91-94 argumentiert, der Hebräerbrief wende sich nicht gegen die Gefahr des Abfalls, sondern gegen einen Modus der Ausdauer, der darin besteht, daß die Christen so lange zurückgezogen leben, bis ihre Erlösung offenbar wird.

256 Strobel, Untersuchungen 1.

257 Vgl. Schröger, Der Verfasser 186: „In der Verwendung von Hab 2,3 sind 1QpHab 7,5-8,3 und Hebr 10,37f einander sehr ähnlich." Der überwiegende Anteil der von Strobel, Untersuchungen 7-78, abgehandelten Zeugnisse hat dagegen mit dem Zitatausschnitt in Hebr 10,37-38 literarisch oder motivlich wenig gemein. Dies erklärt sich folgendermaßen. Strobel behandelt den Zitatauschnitt Hab 2,2-4, während Hebr 10,37 mit Hab 2,3bβ einsetzt. Er eruiert seinen Traditionskomplex überdies anhand von vier Motiven: Verzögerung, Termin, Warten, Überraschung (vgl. Strobel, Untersuchungen 78), von denen höchstens das erste in Hebr 10,37 mit der Wendung οὐ χρονίσει anklingt.

Dieser gibt folgende Auslegung:

zu Hab 2,3a: „[7] Seine Deutung ist, daß die letzte Zeit sich in die Länge zieht und länger braucht als (nach) allem, [8] was die Propheten gesagt haben, denn die Geheimnisse Gottes sind wunderbar." (1QpHab VII,7-8)[258]

zu Hab 2,3b: „[10] [...] Seine Deutung (geht) auf die Männer der Wahrheit, [11] die Täter des Gesetzes, deren Hände nicht ablassen vom Dienste [12] der Wahrheit, wenn sich über ihnen die letzte Zeit hinauszieht. Denn [13] alle Zeitabschnitte Gottes kommen nach ihrer Ordnung, so wie Er es [14] ihnen festgelegt hat in den Geheimnissen Seiner Klugheit. [...]" (1QpHab VII,10-14)[259]

Man kann in diesen Texten zwei Aussagen und eine gleichbleibende Begründung unterscheiden. Während nach Hab 2,3a die Vision zum Ende drängt, äußert sich der Kommentar in umgekehrter Richtung dahingehend, daß das Ende länger auf sich warten läßt als von den Propheten angesagt. Während Hab 2,3b den Akzent auf das gewisse Kommen der Vision legt, liegt er in der Deutung des Kommentars auf der mit dem Imperativ angesprochenen Personengruppe, die durch unbeirrtes Leben nach Wahrheit und Gesetz charakterisiert wird. Die unablässige Gesetzestreue ist als Haltung vergleichbar mit der Ausdauer im Tun des Willens Gottes, welche Hebr 10,36 für notwendig erklärt. Das heißt nicht, daß das Gesetz und der Wille Gottes als inhaltlicher Zielpunkt der Haltung oder die jeweiligen Träger der Haltung sich ebenfalls analog zueinander verhalten.[260] Die gleiche Begründung relativiert nach beiden Aussagen die Relevanz der Zeitfrage. Die Ordnung der Zeit gehört zu den Geheimnissen Gottes, um die sich der Mensch nicht zu kümmern braucht, weil sie ihm in jedem Fall zu wunderbar sind, um sie zu begreifen. Entscheidend ist für den Kommentar allein, daß in der Zwischenzeit die „Hände nicht ablassen vom Dienste der Wahrheit". Sein Verfasser beabsichtigt damit, den Blick von der Zukunft weg auf die Haltung in der Gegenwart zu lenken.[261]

6.2.3.2. Die Verzögerung der Verheißung der Parusie in 2 Petr 3,1-13

Auf 2 Petr 3,1-13 haben wir in der Einleitung bereits einen Blick geworfen.[262] Deshalb können wir uns hier kurz fassen. Unter Berufung auf Ps 90,4 lehnt der Verfasser des Schreibens zunächst die Auffassung ab, der Zeitpunkt der Parusie lasse sich irgendwie berechnen (V.4). Er beeilt sich

---

258 Übersetzung in Maier/Schubert 275; für den hebräischen Text vgl. Fitzmyer 238; Lohse 134-135.

259 Übersetzung in Maier/Schubert 275; für den hebräischen Text vgl. Fitzmyer 238; Lohse 134-137.

260 So Strobel, Untersuchungen 82-83. Dagegen Attridge 303; Gräßer, Der Glaube 90-92.

261 Strobel, Untersuchungen 9.

262 Vgl. Einleitung, Kapitel 5.2.

aber hinzuzufügen, daß der Herr die Verheißung jedenfalls nicht verzögert. Das dazu in V.9 verwendete präsentische Prädikat οὐ βραδύνει findet sich in der Septuagintafassung von Hab 2,3 nicht (dort steht dafür οὐ μὴ χρονίσῃ), wohl aber als Futur οὐ βραδυνεῖ in der Übersetzung Aquilas.[263] Das Stichwort der Verheißung hatten dem Briefautor seine Gegner selbst gegeben. In V.4 zitiert er sie mit der zynischen Frage: „Wo ist die Verheißung seiner Ankunft?" (ποῦ ἐστιν ἡ ἐπαγγελία τῆς παρουσίας αὐτοῦ). Schon in der Frage zeigt sich, welchen Inhalt die genannte Verheißung hat: die Parusie des Herrn und Retters (V.2).[264] Sie ist als Wort der Verheißung schon gegeben, aber als im Verheißungswort bezeichnetes Verheißungsgut[265] steht sie noch aus. In dem dazwischenliegenden Feld spannt sich der Bogen der Auseinandersetzung.

Die Gegner des Verfassers des 2. Petrusbriefes sehen mit der Tatsache, daß die Parusie nach wie vor aussteht, ihre Verzögerung und mithin das Versäumnis der Verheißungserfüllung als gegeben an. Diese Ansicht äußern sie mit den Begriffen βραδύνει/βραδύτητα, welche das Ausstehen der Parusie negativ qualifizieren.[266] Der Autor des 2. Petrusbriefes widerspricht dem entschieden. Seiner Meinung nach hat das bisherige Ausbleiben der Parusie seinen Grund in der Langmut des Herrn (V.9), die verhindern will, daß am „Tag des Verderbens" (V.7) „einige verderben, sondern alle zur Umkehr gelangen": μακροθυμεῖ εἰς ὑμᾶς μὴ βουλόμενός τινας ἀπολέσθαι, ἀλλὰ πάντα εἰς μετάνοιαν χωρῆσαι (V.9). Unklar bleibt, ob die Langmut des Herrn so lange währen wird, bis tatsächlich alle zur Umkehr gelangt sind, oder ob der Akzent auf dem dahingehenden Willen des Herrn liegt. An der kurz skizzierten Kontroverse ist in unserem Zusammenhang vor allem bemerkenswert, daß V.9-10 eine ähnliche Kombination des Vokabulars für „verzögern" und „kommen" bieten wie Hab 2,3 in der Fassung von Hebr 10,37: οὐ βραδύνει entspricht, wie gesagt, οὐ χρονίσει; ἥξει δὲ ἡμέρα κυρίου entspricht ὁ ἐρχόμενος ἥξει.

---

263 Vgl. Vögtle 231-233. Strittig, aber für die Interpretation kaum erheblich, ist die Frage, ob 2 Petr 3,9 direkt von Hab 2,3 (Aquila) oder von Sir 35,19 LXX abhängt. Mit Sir 35,19 LXX verbindet ihn das hier wie dort begegnende Verbum μακροθυμεῖν, mit Hab 2,3 LXX/Aquila das folgende ἥξει. Jedenfalls ist auch Sir 35,19 LXX von Hab 2,3 LXX beeinflußt (vgl. Strobel, Untersuchungen 63-65). Beachtenswert ist, daß Sir 35,19 LXX die Langmut gerade ausschließt, auf die 2 Petr 3,9 hinaus will.

264 Vgl. Vögtle 230-231.

265 Zur Unterscheidung von Verheißungswort und Verheißungsgut siehe unten im Kapitel über das Motiv der Verheißung.

266 Vgl. Strobel, Untersuchungen 89.

6.3. Motive und Motivverschränkungen

6.3.1. Der Kommende

„‚Kommend' ist alles, was mit der Heilszeit in Verbindung steht, der neue Äon, die Gottesherrschaft, der Weltrichter, Elia, der Messias usw."[267] A. Strobel will Hab 2,3 LXX auf die kommende Gottesherrschaft bezogen wissen.[268] Die Bezeichnung ὁ ἐρχόμενος wird im Neuen Testament vielfach auf Jesus angewandt. Es ist im einzelnen umstritten, als welche endzeitliche Gestalt Jesus dadurch charakterisiert werden soll.

Absolut steht der Titel in der Frage des Täufers an Jesus: σὺ εἶ ὁ ἐρχόμενος in Mt 11,3; Lk 7,19.20. „Wenn *ὁ ἐρχόμενος* hier ohne nähere Kennzeichnung verwendet wird, so ist damit wohl an die in urchristlicher Verkündigung weitverbreitete Täuferaussage von dem ‚nach mir Kommenden'[269] gedacht. Die Antwort Jesu ist alles andere als ‚messianisch'. Wunder und Ausrichtung der Freudenbotschaft[270] ist nicht Aufgabe des königlichen Messias. Umgekehrt passen diese Funktionen ausgezeichnet in die Anschauung vom endzeitlichen Propheten."[271] Der endzeitliche Prophet wurde als Vorläufer des Messias begriffen und teilweise mit Elija identifiziert, der wiederkommen sollte.[272]

In den Berichten über den Einzug Jesu in Jerusalem legen alle Evangelisten dem Volk, das Jesus empfängt, Teile aus Ps 118,25-26 in den Mund: ὡσάννα ... εὐλογημένος ὁ ἐρχόμενος ἐν ὀνόματι κυρίου (Mt 21,9; Mk 11,9-10; Lk 19,38; Joh 12,13). Die Bitte um bleibende Hilfe aus Ps 118,25 (הושיעה נא) hatte sich als Bestandteil des Hallel zu einer kultischen Akklamationsformel verselbständigt, die auch in die griechischen Evangelientexte als hebräisches Fremdwort einging.[273] Die Septuaginta übersetzt dagegen mit σῶσον δή. Den Kommenden bezeichnen Lukas und Johannes als den König bzw. den König Israels, während Matthäus ihn den Sohn Davids nennt. Beide Elemente vereinigt Markus in der an das Psalmzitat anschließenden und ihm parallel gestalteten Formulierung εὐλογημένη ἡ ἐρχομένη βασιλεία τοῦ πατρὸς ἡμῶν Δαυίδ. Die Vorstellung von der Davidssohnschaft Jesu verbindet sich somit im synoptischen Vergleich mit derjenigen von seinem Königtum. Die Hintergrundfolie für die Einzugsgeschichten liefert Sach 9,9. Der kommende König wird darin als „gerecht und rettend" gezeichnet (MT: צדיק ונשע; LXX: δίκαιος καὶ σῴζων). Der Vorstellungskomplex der Einzugsperikopen läßt sich

---

267 Hahn, Hoheitstitel 393.

268 Vgl. Strobel, Untersuchungen 53-56.

269 Vgl. die Formel ὁ ὀπίσω μου ἐρχόμενος in Mt 3,11; Joh 1,15.27; des weiteren Mk 1,7; Lk 3,16; Joh 1,30; Apg 13,25; 19,4.

270 Vgl. Mt 11,5; Lk 7,22; Jes 35,5-6; 61,1.

271 Hahn, Hoheitstitel 393; dagegen Strobel, Untersuchungen 81.

272 Vgl. Mt 11,4; 16,4; 17,10-11; 27,47.49; Mk 6,15; 8,28; 9,11-13; 15,35-36; Lk 9,19; Strobel, Untersuchungen 81.

273 Vgl. Haag 188.

folgendermaßen zusammenfassen: Der Kommende ist der davidische König, der Rettung bringt.[274]

In den synoptischen Evangelien lassen sich unter den Worten, welche vom zukünftigen Wirken des Menschensohnes handeln, „ältere Logien, die sich auf die Andeutung des Motivs beschränken, von jüngeren abheben, die eine apokalyptische Ausgestaltung erfahren haben“[275].

Die älteren Logien im Kontext des Kommens des Menschensohnes handeln davon, daß der Menschensohn sich bei seinem Kommen derer schämen wird, die sich Jesu und seiner Worte schämen (Mk 8,38[276]// Lk 9,26), bzw. daß er jedem nach seinem Handeln vergelten wird (Mt 16,27). Sie beschreiben das Kommen des Menschensohnes, der von der Person Jesu unterschieden wird, in der Herrlichkeit seines Vaters mit den Heiligen bzw. seinen Engeln. Der Menschensohn übt dabei die Funktion des Richters aus. Diese Perikopen wollen weniger über die Zukunft spekulieren als vielmehr die Gegenwart als Zeit der Entscheidung zwischen Heil und Unheil qualifizieren.

Die übrigen Logien vom Kommen des Menschensohnes gehören zur jüngeren Überlieferungsschicht, in der Jesus und der Menschensohn identifiziert und die apokalyptischen Züge verstärkt werden (Mt 24,30// Mk 13,26// Lk 21,27; Mt 25,31; Mt 26,64// Mk 14,62)[277]. Mt 25,31 schildert das Kommen des Menschensohnes in seiner, nicht des Vaters, Herrlichkeit mitsamt allen Engeln. Die übrigen Stellen sprechen von seinem Kommen auf den Wolken des Himmels mit Macht und großer Herrlichkeit und davon, daß sie (die Menschen) sein Kommen sehen werden (ὁρᾶν). Die jüngeren Texte sind ausnahmslos von Dan 7,13-14 und Ps 110,1 beeinflußt. Das Gewicht ihrer Intention liegt gegenüber den älteren in der Zukunft.[278]

Einen im Neuen Testament einzigartigen Gebrauch macht die Offenbarung des Johannes von der Formel ὁ ἐρχόμενος. Zweimal bezeichnet sie mit dem Titel ὁ ὢν καὶ ὁ ἦν καὶ ὁ ἐρχόμενος nicht etwa Christus, sondern Gott (Offb 1,4.8). Das ist in Offb 1,4 eindeutig, weil in dem darauffolgenden Vers Jesus Christus, mit einem reihenden καί angeschlossen, eigene Erwähnung findet. Diese Gottesbezeichnung erinnert an Ex 3,14 LXX, wo Gott sich Mose vorstellt mit den Worten: ἐγώ εἰμι ὁ ὤν, und an Jes 41,4 LXX, ebenfalls eine Selbstaussage Gottes: ἐγὼ θεὸς πρῶτος, καὶ εἰς τὰ ἐρχόμενα ἐγώ εἰμι. Unterdessen beschreibt Offb 1,7 das Kommen Christi in Farben, welche von den Synoptikern vertraut sind: Er kommt

274 Vgl. Hahn, Hoheitstitel 264-267.

275 Hahn, Hoheitstitel 33.

276 Fälschlicherweise konstatiert Hahn, Hoheitstitel 36, nachdem er im voraufgehenden Satz Mk 8,38 angeführt hat: „Ein ‚Kommen‘ [...] des Menschensohnes ist an den bisher genannten Stellen nicht erwähnt.“

277 Eine gewisse Sonderstellung nimmt Mt 10,23 ein, das Hahn, Hoheitstitel 38, obwohl es wie die älteren Logien das zukünftige Wirken des Menschensohnes nur andeutet, als Gemeindebildung und damit jüngeres Logion qualifiziert.

278 Vgl. Hahn, Hoheitstitel 36.38.41.

mit den Wolken, jedes Auge wird ihn sehen (ὁρᾶν), und die Menschen werden sich an die Brust schlagen (κόπτειν; vgl. Mt 24,30).

Paulus erwähnt im 1. Korintherbrief zweimal beiläufig ein Kommen des Herrn. In 1 Kor 4,5 warnt er davor, etwas vor der Zeit zu richten, „bis der Herr kommt" (ἕως ἂν ἔλθῃ ὁ κύριος). Im Anschluß an seinen Abendmahlsbericht deutet er die Wendung „zu meinem Gedächtnis" (1 Kor 11,25: εἰς τὴν ἐμὴν ἀνάμνησιν) als Verkündigung des Todes des Herrn, „bis er kommt" (1 Kor 11,26: ἄχρι οὗ ἔλθῃ). Gegenüber diesen Hinweisen des Paulus, die in ihrer Schlichtheit auf der Linie der älteren synoptischen Logien vom Kommen des Menschensohnes liegen, malt 2 Thess 1,5-10 nach Art der jüngeren synoptischen Tradition die Offenbarung des Herrn Jesus apokalyptisch aus: Er offenbart sich mit den Engeln seiner Macht und in flammendem Feuer, wenn er kommt, um verherrlicht zu werden unter seinen Heiligen und bewundert zu werden unter allen Glaubenden an jenem Tag.

Von Hebr 10,36-39 läuft ein Bündel thematischer Verbindungslinien zu zwei neutestamentlichen Perikopen: Hebr 10,5-10 und Joh 11,25-27. Folgende Synopse gibt einen Überblick über die Parallelen:

	Hebr 10,5-10	Hebr 10,36-39	Joh 11,25-27
I	5 εἰσερχόμενος εἰς τὸν κόσμον	37 ὁ ἐρχόμενος	27 ὁ εἰς τὸν κόσμον ἐρχόμενος
II	7.9 ἰδοῦ ἥκω	37 ἥξει	—
III	7.9 τοῦ ποιῆσαι (ὁ θεός) τὸ θέλημά σου	36 τὸ θέλημα τοῦ θεοῦ ποιήσαντες	—
IV	—	38 ὁ δὲ δίκαιός μου ἐκ πίστεως ζήσεται	25-26 ὁ πιστεύων εἰς ἐμὲ ζήσεται [...] πᾶς ὁ ζῶν καὶ πιστεύων εἰς ἐμέ

Wenden wir uns zunächst der Johannesperikope und ihren Bezügen zum Hebräerbrief zu. Auf die Selbstoffenbarung Jesu in Joh 11,25-26, die den Glauben an Jesus als Bedingung für das Leben nennt, bekennt Marta in Joh 11,27 mit einem erweiterten Wortlaut der Täuferfrage: *σὺ εἶ* ὁ χριστὸς ὁ υἱὸς τοῦ θεοῦ *ὁ* εἰς τὸν κόσμον *ἐρχόμενος*. Diese Formulierung erinnert an Hebr 10,5. Daß diese Aussage auf die Inkarnation Bezug nimmt, wurde oben bereits erläutert. Durch das Bekenntnis zu Jesus als dem χριστός erhält das Kommen Jesu bei Johannes einen expliziten messianischen Zug.[279] Das Leben des Menschen hängt von seinem Glauben an den kommenden Christus und Sohn Gottes ab. Im Unterschied zu Hebr 10,38, aber auch zu Röm 1,17 und Gal 3,11, stellt Joh 11,25-27 diesen christologisch-soteriologischen Zusammenhang ohne Bezugnahme auf Hab 2,3b-4 her. Der Gesandtenchristologie des Johannesevangeliums[280] entspricht es, daß der

---

[279] Vgl. Schnackenburg 414-417.
[280] Vgl. Becker 178.

das Leben vermittelnde Glaube sich auf Christus als denjenigen richtet, „der in die Welt kommt". Da er nach Joh 1,18 der Einzige ist, „der Gott ist und am Herzen des Vaters ruht", kann er als Einziger vom Vater Kunde und Leben bringen. Auf die Einzigkeit der Heilsmittlerschaft Christi legt aber auch der Hebräerbrief von Anfang an großen Wert. Nicht umsonst ordnet er die Engel, die anderen Boten, die von Gott aus dem Himmel auf die Erde kommen, strikt dem Sohn Gottes unter (vgl. Hebr 1,5-14). Nicht sie bringen dem Glaubenden das Leben von Gott her, sondern allein „der Kommende" schlechthin: Jesus Christus. In dieser Formulierung des „solus Christus" trifft sich der Hebräerbrief mit dem Johannesevangelium. Bemerkenswert ist in diesem Zusammenhang, daß das Johannesevangelium[281] seine Gesandtenchristologie in ein dualistisches Wirklichkeitsverständnis einträgt, das „den Gegensatz zwischen Gott und dem gesamten Kosmos und zugleich zwischen oben und unten setzt und als Grundfrage die Frage der Todesüberwindung betrachtet: Nun heißt, Gott kennen, Leben haben, und zum Kosmos gehören, dem Tod verfallen sein."[282]

Einen vergleichbaren dualistischen Ansatz vertritt auch der Verfasser des Hebräerbriefes, wie wir bei der Analyse von Hebr 12,25-29 im nächsten Kapitel noch sehen werden. Diesen Sachverhalt gilt es im Auge zu behalten, wenn wir uns nun den beiden Perikopen aus dem Hebräerbrief zuwenden.[283] In Hebr 10,5-10.36-39 besteht ein enger Zusammenhang zwischen dem Kommen Christi in die Welt und dem Tun des Willens Gottes. Beachtenswert ist das verschieden geartete Verhältnis dieser beiden Aussageelemente zueinander in den beiden Perikopen.

Hebr 10,5-10: Ausgangspunkt ist der Eintritt Christi in die Welt (I). Dabei handelt es sich, wie oben ausgeführt, um die Inkarnation. Aus deren Anlaß legt der Hebräerbrief Christus die Worte von Ps 40,7-9 in den Mund, welche dieser sich der Situation angemessen zueigen macht und zu Gott in direkter Rede spricht (V.5-6). Anschließend referiert der Autor des Hebräerbriefes die Rede Christi nochmals in geraffter Form (V.8-9). In beiden Formen bleibt der zentrale Zusammenhang gleich. Zuerst wird erwähnt, was Gott nicht wollte (V.5.8: οὐκ ἠθέλησας), nämlich die verschiedenen Arten von Opfern. Denn sie können als irdische Veranstaltungen niemals Sünden wegnehmen. Demgegenüber wird ein Neuanfang markiert mit der Wendung ἰδοῦ ἥκω, welche den Vorgang des Eintretens in die Welt in die Rede bringt (II). Daraufhin wird der Zweck des Kommens bekanntgegeben: das Tun des Willens Gottes durch Christus (III). Der Wille Gottes aber besteht darin, „daß wir geheiligt sind durch die Darbringung des Leibes Jesu Christi ein für allemal" (V.10). Diese

---

281 Genau genommen, handelt es sich um die Schicht des Johannesevangeliums, die gemeinhin dem Evangelisten zugeschrieben wird. Hier können diese literarkritischen Fragen außen vor bleiben.

282 Becker 177.

283 Vgl. Bénétreau II 125-126; Braun 331; Schramm, EWNT II 284-285; Weiß 546.

Heiligung ist dadurch wirksam, daß Jesus sein Opfer nicht im irdischen, sondern im himmlischen Heiligtum darbringt.

Hebr 10,36-39: An dieser Stelle liefert das Kommen Christi (II) die Begründung dafür, daß die Adressaten zur Ausdauer ermahnt werden. Die Ausdauer führt zum Empfang der Verheißung. Dieser setzt voraus, daß die Adressaten den Willen Gottes tun (III).

In der Zusammenschau der beiden Perikopen läßt sich folgende Aussageintention erheben. Wie Christus in seinem Kommen den Willen Gottes tat, indem er uns durch die Darbringung seines Leibes geheiligt hat, so sollen wir im Blick auf sein Kommen ebenfalls den Willen Gottes tun und auf diesem Wege die Verheißung empfangen. Da uns Christus im Willen Gottes ein für allemal geheiligt hat, kann das Tun dieses Willens für uns nicht mehr darin bestehen, durch Darbringungen unsererseits Heiligung zu suchen, sondern nur noch darin, als bereits Geheiligte Ausdauer zu zeigen. Denn alle Heiligungsversuche unsererseits müßten sinnlose, weil irdische Veranstaltungen bleiben. Dagegen sind wir in der Heiligung durch Jesus Christus in den himmlischen Bereich hineingenommen (vgl. Hebr 10,25; 12,22-24). Die Ausdauer besteht jetzt darin, der himmlischen Heimat treu zu bleiben.

Als Ergebnis dieses motivgeschichtlichen Überblicks können wir festhalten:

a) Die Rede vom Kommenden in Hebr 10,37 weist über den Begriff hinaus keine besonderen Affinitäten zur synoptischen Tradition auf. Die Vorläuferthematik spielt in unserem Schreiben keine Rolle. Dasselbe gilt für das davidische Königtum Jesu, das in der synoptischen Geschichte vom Einzug Jesu in Jerusalem mit seinem Kommen verbunden wird. Die Synoptiker sehen im kommenden Menschensohn den Richter der Menschen. Auch hierin unterscheiden sie sich vom Hebräerbrief, der nur Gott selbst als Richter kennt (vgl. Hebr 10,26-31; 12,29).

b) Die Offenbarung des Johannes geht in der Verwendung des Begriffs ὁ ἐρχόμενος ebenfalls andere Wege als der Hebräerbrief. Sie umschreibt mit seiner Hilfe die Ewigkeit Gottes in den Kategorien unserer Zeitlichkeit: Gott ist nicht nur der, der war und ist, sondern auch der, der kommen wird.

c) Paulus erwähnt zwar immer wieder das Kommen des Herrn, die fest geprägte Wendung ὁ ἐρχόμενος suchen wir aber bei ihm vergeblich.

d) Dagegen zeigt der Hebräerbrief in der Rede vom Kommenden eine enge gedankliche Verwandtschaft zur Gesandtenchristologie des Johannesevangeliums und zu dem dahinter stehenden dualistischen Wirklichkeitsverständnis. Beiden Schriften geht es zentral um die Aussage, daß Christus der Einzige ist, der von Gott im Himmel auf die Erde herabkommt und dadurch allen, die an ihn glauben, das göttliche Leben vermittelt. Denn wie er in seiner Geburt auf die Erde kam, so ist er durch seinen Tod hindurch dorthin zurückgekehrt und hat für alle, die an ihn glauben, den Weg dorthin erschlossen.

6.3.2. Die Verheißung

Der Ausdauer im Tun des Willens Gottes wird in Hebr 10,36 der Empfang der Verheißung versprochen. „Die Verheißung ist mehr als Ausdruck göttlichen Wohlwollens, nämlich Statut der künftigen Heilsordnung.“[284] Um sich bei der Frage nach der Verheißung und ihrer Erfüllung im Hebräerbrief nicht in unauflösbare Widersprüche zu verwickeln, erweist es sich als sinnvoll zu unterscheiden: *erstens* zwischen verwirklichter (immanent-irdischer) und noch ausstehender (transzendent-eschatologischer) Verheißung,[285] *zweitens* zwischen Verheißungswort und Verheißungsgut und *drittens* zwischen den jeweiligen Verheißungsträgern (alttestamentliches Volk, Christen oder beide Gruppen).[286] Überall dort, wo der Hebräerbrief unter Heranziehung der Begriffe ἐπαγγελία, ἐπαγγέλλεσθαι und εὐαγγελίζεσθαι[287] von an die Christen[288] bzw. an das alttestamentliche Volk und die Christen gleichermaßen[289] ergangenen Verheißungen spricht, beziehen sich sowohl das Verheißungswort als auch das Verheißungsgut „auf das noch ausstehende eschatologische Hinzutreten in die unmittelbare Gottesgemeinschaft im himmlischen Allerheiligsten“[290], das eschatologische εἰσέρχεσθαι εἰς τὴν κατάπαυσιν. Das eschatologische Verheißungsgut haben beide Gruppen noch nicht empfangen.[291] Hiervon spricht der Verfasser des Hebräerbriefes auch in Hebr 10,36 zu den Christen. Für diejenigen, welche das Verheißungswort empfangen haben (Hebr 4,2: εὐηγγελισμένοι; vgl. Hebr 10,23), entscheidet sich der Empfang des entsprechenden Verheißungsgutes am Glauben: Wo sich das Wort nicht im Glauben mit den Hörern verbindet (Hebr 4,2: συγκεκερασμένους τῇ πίστει τοῖς ἀκούσασιν), nützt es ihnen nichts; die gläubig Gewordenen (Hebr 4,3: οἱ πιστεύσαντες) dagegen erlangen das Verheißungsgut.[292]

---

284 Käsemann, Das wandernde Gottesvolk 14-15.

285 Vgl. Käsemann, Das wandernde Gottesvolk 17; Rose, Verheißung 61.186.

286 Vgl. Rose, Verheißung 186. Käsemann, Das wandernde Gottesvolk 15.17, nennt die ersten beiden Unterscheidungen, vermengt sie aber miteinander: „Als Verheißung gibt er [sc. der Begriff der ἐπαγγελία] die Basis, als Verheißungsgegenstand das Ziel des wandernden Gottesvolkes an.“ Verheißung meint bei ihm das Verheißungswort und ist per definitionem gegeben, während das Verheißungsgut, der Verheißungsgegenstand, per definitionem noch aussteht.

287 Schon Käsemann, Das wandernde Gottesvolk 11, hat den identischen Gebrauch von „εὐαγγελίζεσθαι und Empfang der ἐπαγγελία“ im Hebräerbrief festgestellt. Vgl. Rose, Verheißung 60.

288 Vgl. Hebr 6,17; 8,6; 10,23; 12,26; Rose, Verheißung 66-67.72-78.178-179.185.

289 Vgl. Hebr 4,1; 6,12; Rose, Verheißung 63-64.65-72.

290 Rose, Verheißung 186.

291 Vgl. zu den Patriarchen Hebr 11,13.39, zu den Christen Hebr 4,1; 9,28; 10,25.36-39; 11,39-40; 12,1-3.22-29; Gräßer, Der Glaube 16; Hofius, Katapausis 57.181; Rose, Verheißung 63-64.179.184-187.

292 Vgl. Braun 107: „Der Glaube, also bereits vorhanden [...], muß zur Predigt hinzukommen, soll sie Nutzen bringen.“ Insofern ist das Verheißungsgut das, was der Glaube einbringt.

6.3.3. Der Glaube

6.3.3.1. Christologischer und theologischer Rückbezug des Glaubens

Daß der Glaubensbegriff des Hebräerbriefes anders geartet ist als die fides iustificans et salvifica des Paulus, liegt offen zutage.[293] Dieser Unterschied wird gerade an der unterschiedlichen Verwendung des Habakukzitats in Hebr 10,37-38 auf der einen und Röm 1,17 und Gal 3,11 auf der anderen Seite überdeutlich. Gegenüber dem paulinischen Glaubensbegriff ist der Glaube im Hebräerbrief nicht vermittels einer bestimmten Terminologie auf Jesus Christus rückbezogen; vielmehr gilt Jesus selbst als Glaubender und so als Vorbild im Glauben.[294] Für Paulus im Kontext des Christusglaubens so charakteristische Wendungen wie πίστις εἰς oder πιστεύειν εἰς fehlen im Hebräerbrief völlig.[295] Dagegen sind die einzigen beiden Belege des πιστ-Stammes, die überhaupt mit einem Objekt verbunden sind, auf Gott bezogen: Als Bestandteil des Fundamentalkatechismus wird in Hebr 6,1 unter anderem πίστεως ἐπὶ θεόν genannt; nach Hebr 11,6 muß derjenige, welcher zu Gott hintreten will, zwei Dinge glauben, erstens: daß Gott ist (das heißt: existiert), zweitens: daß er denen, die ihn suchen, zum Belohner wird. Diese Bestimmungen können als Grundlage eines jeden Theismus und somit auch des christlichen Gottesglaubens gelten.[296]

Anstelle des christologischen Bezugs des Glaubens ist im Hebräerbrief der ethische stark hervorgehoben. Der Glaube wird vornehmlich zu einer Haltung. Damit steht der Glaubensbegriff des Hebräerbriefes deutlich in der alttestamentlichen Tradition. Hinter der Übersetzung πίστις/πιστεύειν/πιστός der Septuaginta stehen im Masoretischen Text zuallermeist Wortbildungen von der Wurzel אמן. Diese bedeutet ursprünglich „fest sein", in der Wendung האמין ב näherhin „sich fest machen in". An wenigen Stellen steht in der Septuaginta πίστις auch für אמת, das sie sonst durch ἀλήθεια/ἀληθινός wiedergibt. Dies mag als Indiz dafür gelten, „wie sehr überhaupt Gottes אמת als seine Konstanz [...] das ‚Glauben' als ein beständiges Beharren bei Jahwe und ein unausgesetztes Trauen auf seine Verheißung überhaupt erst ermöglicht"[297].

„Der ältesten urchristlichen Verkündigung ist der Gedanke des Glaubens als eines persönlichen Verhältnisses zur Person Jesu anfangs fremd."[298] Sie verortet den Glauben am häufigsten in den synoptischen Heilungsberichten. In den vollmächtigen Wundertaten Jesu bricht das Reich Gottes in die hiesi-

---

Vgl. ferner Gräßer, Der Glaube 13-14; Hegermann 219; Hofius, Katapausis 57.141; Rissi 104; Schierse 133-141.

293 Vgl. Käsemann, Das wandernde Gottesvolk 19.

294 Vgl. Hebr 12,3; Braun 106; Söding 215.228-233.

295 Vgl. z.B. Gal 2,16; Braun 106; Dautzenberg, Der Glaube 171.

296 Vgl. Braun 106; Dautzenberg, Der Glaube 165-166; Hamm 274; Rissi 105.

297 Gräßer, Der Glaube 83; vgl. ebd. 79-80.83.85; Dautzenberg, Der Glaube 163; Hamm 271.

298 Gräßer, Der Glaube 71; vgl. Hamm 271.

ge Welt herein. Die dem Anbruch des Gottesreiches angemessene Reaktion ist der Glaube als „die Signatur des das Heil empfangenden und schließlich ‚heilen‘ Menschen“[299]. Da das Reich Gottes aber unlösbar mit der Person Jesu als seinem Verkündiger verbunden ist, erhält auch der Glaube eine Rückbindung an Jesus.

6.3.3.2. Der Glaube als Haltung und Inhalt

Für das Verständnis von Hebr 10,36-39 ist von entscheidender Bedeutung, welche Stellung der Glaube in diesem Zusammenhang einnimmt. Der Glaube führt im Gegensatz zur ὑποστολή den Gerechten zum Leben. Davor heißt es, der Empfang der Verheißung setze ὑπομονή voraus, welche das Tun des Willens Gottes ermöglicht. Aus diesem Konnex folgert E. Gräßer: „Die angetretene Wanderschaft vollendet man in Geduld oder im Glauben, was inhaltlich keinen Unterschied macht.“[300]

Aufs Ganze gesehen greift dieser Schluß jedoch zu kurz. Die Bedeutungsspektren der beiden Begriffe überlappen sich zwar im Hebräerbrief ohne Zweifel. Dem entspricht in Hebr 12,2-3, der Wiederaufnahme der Ankündigung des Themas „Ausdauer“ aus Hebr 10,36, die Aufforderung, daß wir in Ausdauer laufen sollen, indem wir auf Jesus blicken. Denn dieser ist eben darin „Anführer und Vollender des Glaubens“ (ὁ τῆς πίστεως ἀρχηγὸς καὶ τελειωτής), daß er vorbildliche Ausdauer gezeigt hat, indem er das Kreuz erduldete (ὑπέμεινεν σταυρόν).[301] Der Blick auf Jesus steht aber nicht im Dienste der Paränese allein, sondern der Anführer im Glauben ist auch der Anführer in der Rettung (Hebr 2,10: ὁ ἀρχηγὸς τῆς σωτηρίας αὐτῶν), und der Vollender ist auch der Vollendete (7,28: τετελειωμένος), der allen, die ihm gehorchen, zum Urheber ewiger Rettung geworden ist (Hebr 5,9: τελειωθεὶς ἐγένετο πᾶσιν τοῖς ὑπακούουσιν αὐτῷ αἴτιος σωτηρίας αἰωνίου).[302] Der Blick auf Jesus hat demnach auch christologische und soteriologische Implikationen: Er stärkt nicht nur die Haltung des Glaubens, sondern vergewissert zugleich seinen Inhalt.[303]

Die Haltung der Ausdauer und der Glaube sind im Hebräerbrief also nicht völlig deckungsgleich. Darauf weist auch die unmittelbar an Hebr 10,36-39 anschließende Glaubensdefinition in Hebr 11,1 hin: ἔστιν δὲ πίστις ἐλπιζομένων ὑπόστασις, πραγμάτων ἔλεγχος οὐ βλεπομένων. Wenn man die beiden Hälften der Definition im Literalsinn der Wörter ernst nimmt, kann man die zweite nicht als bloße epexegetische Apposition zur ersten erklären, sondern sie beschreiben auch der Sache nach zwei Hälften des Glaubensbegriffs.

---

299 Gräßer, Der Glaube 74.

300 Gräßer, Der Glaube 103; vgl. Käsemann, Das wandernde Gottesvolk 19-20; Moffatt 156; Reuss 137.

301 Vgl. Attridge 301; Gräßer, Der Glaube 104-105; Hamm 280.286; Michel 361.

302 Vgl. Dautzenberg, Der Glaube 167; Hamm 286-287.

303 Vgl. Rissi 105; Söding 228-233.

Die Bedeutung des Begriffs ὑπόστασις nimmt unbestritten ein weitgefächertes Spektrum ein. Dem Wortsinn nach besagt er aber ursprünglich ein „Darunterstehen“ und ergibt in diesem Verständnis an der hiesigen Stelle einen guten Sinn. Der Glaube ist demnach ein „Sich-Darunterstellen“ und ein „Darunterstehen“ unter dem Erhofften, oder anders ausgedrückt: Der Glaubende stellt sich und sein Leben unter das Vorzeichen dessen, was von ihm erhofft wird.[304] Der Glaube ist also nach der ersten Hälfte der Definition eine Haltung (στάσις), die sich an Hoffnungsgütern ausrichtet. In Zeiten der Anfechtung gewinnt diese Haltung des Glaubens die Gestalt der ὑπομονή, des „Darunterbleibens“ unter dem Erhofften entgegen aller sinnlich greifbaren widerständigen Wirklichkeit und der Standhaftigkeit in Notsituationen.[305]

Dieser ethisch-praktischen Seite des Glaubens liegt nun aber die theoretisch-noetische gegenüber.[306] Der Begriff ἔλεγχος meint den theoretischen Beweis, die Überführung. Der Glaube aber ist der Beweis von πραγμάτων οὐ βλεπομένων. Die Vokabeln βλέπειν/ὁρᾶν heißen „wahrnehmen“ im sinnlichen Bereich und im übertragenen Gebrauch; βλέπειν bezeichnet aber primär die sinnliche Wahrnehmung.[307] „Dinge, die nicht gesehen werden“, kann man nun zunächst ganz allgemein als Bezeichnung von Unsichtbarem nehmen. Der Hebräerbrief spricht aber an dieser Stelle nicht zum ersten Mal vom Nichtsehen. In Hebr 2,8-9 wird unterschieden zwischen dem, was wir jetzt noch nicht sehen, und dem, was wir bereits sehen. „Jetzt aber sehen wir (ὁρῶμεν) ihm noch nicht alles untergeordnet“, und das, obwohl ihm schon jetzt alles untergeordnet *ist*.[308] „Aber den für kurze Zeit unter die Engel Erniedrigten sehen wir (βλέπομεν), Jesus, wegen des Todesleidens mit Herrlichkeit und Ehre gekrönt“,[309] und das, was wir sehen, erkennen wir auch schon in seiner soteriologischen Relevanz pro nobis: „damit er durch die Gnade Gottes für jeden (ὑπὲρ παντός) den Tod schmecke“. Nach Hebr 10,25 sehen wir auch den Tag nahen. Ein Beweis dessen, was wir schon sehen, ist nicht mehr notwendig. Somit wissen wir schon jetzt, daß Jesus für uns gestorben ist und erhöht wurde. Aber: „All-Herrschaft des Sohnes und unerlöste Weltwirklichkeit [...] klaffen auseinander.“[310] Die Überführung dessen, was wir nicht sehen, erreicht erst der Glaube. Die Formulierung πραγμάτων ἔλεγχος οὐ βλεπομένων erhält von Hebr 2,8b her eine inhaltliche Füllung für die Christen: Sie meint den Beweis davon, daß Jesus schon jetzt alles unterworfen ist. Damit hat aber der Glaube, sofern der Glaube von Christen angesprochen

---

304 Vgl. Dautzenberg, Der Glaube 169-170; Gräßer, Der Glaube 100-102; Söding 225. Dagegen Gräßer, Der Hebräerbrief 227-229.

305 Vgl. Braun 331; Hegermann 220; Laubach 218; März 67; Rissi 105; Söding 223; Spicq, Études bibliques II 330-331; ders., Sources bibliques 179; Wilson 199; Windisch 97-98.

306 Vgl. Dautzenberg, Der Glaube 170.

307 Vgl. Michaelis, ThWNT V 340-344.

308 Vgl. Hofius, der Christushymnus 97-98; Loader 59; Rissi 125.

309 Vgl. Barrett 382-383.

310 Gräßer XVII/1 120.

ist, auch im Hebräerbrief zwar nicht terminologisch, aber der Sache nach einen christologischen Bezug.[311]

Der Glaube ist somit im Hebräerbrief nicht nur Haltung, sondern auch Für-wahr-halten, Glaube an die Allherrschaft Christi schon jetzt. Den Glauben als Haltung (ὑπόστασις) gegenüber einem als erwiesen geltenden Sachverhalt (ἔλεγχος)[312] teilen die Christen mit den Glaubenden des alten Bundes. Der Sachverhalt, das heißt: der Glaube als bestimmter Glaubensinhalt (ἐλπιζομένων, πραγμάτων οὐ βλεπομένων), unterscheidet jene von diesen. Mit T. Söding kann man zusammenfassen: „Der Hebr spricht nicht vom Glauben *an* Jesus Christus. Gleichwohl gehört zur Pistis eine intensive personale Beziehung zu Jesus."[313]

Die Terminologie und der Vorstellungshorizont, in denen der Glaube in Hebr 10,36-11,1 dargestellt werden, verweisen auf Röm 8,24-25, eine Perikope, die bereits für die Interpretation von Hebr 9,28 eine wichtige Rolle spielte. Von dort her wird deutlich, daß Paulus das, was im Hebräerbrief die Haltung des Glaubens ist, als Hoffnung und Ausdauer beschreibt und strikt vom Glauben trennt.[314] Das einzige Element, das dem erwiesenen Sachverhalt ähnelt, ist die Tatsache, daß wir bereits gerettet worden sind (ἐσώθημεν). Ansonsten gibt es für die Hoffnung bei Paulus, im Gegensatz zum Glauben im Hebräerbrief, keinen ἔλεγχος. Was wir erhoffen, bleibt als das, was wir nicht sehen, ohne Erweis.[315] In der Hoffnung auf das Unerwiesene aber besteht das ausdauernde Warten (δι' ὑπομονῆς ἀπεκδεχόμεθα). Der Glaube des Hebräerbriefes deckt sich also auch mit der paulinischen Hoffnung in Röm 8,24-25 nicht völlig. Dennoch rücken im Hebräerbrief ganz im Gegensatz zu Paulus Glaube und Hoffnung so eng zueinander, „daß die beiden Begriffe an manchen Stellen fast austauschbar [...] erscheinen"[316].

---

311 Gegen Gräßer, Der Glaube 79. Söding 215 gibt zu bedenken, daß der Glaube ausschließlich Gegenstand paränetischer, nicht aber darlegender Abschnitte im Hebräerbrief sei, während er bei Paulus und Johannes zumeist in christologisch-soteriologischen Kontexten begegne. Dagegen ist darauf hinzuweisen, daß gerade in bezug auf das Glaubenskapitel Hebr 11 strittig ist, ob es sich um Exempla im Dienste der Paränese oder um Lehrbeispiele im Dienste der Darlegung handelt (siehe oben die unterschiedliche Klassifizierung in den Kompositionsanalysen von Gyllenberg und Vanhoye).

312 Im Interesse eines ausschließlichen, in Hebr 11,1a und Hebr 11,1b vollkommen identischen Verständnisses des Glaubens als Haltung wird ἔλεγχος von vielen Übersetzern nicht einfach durch „Beweis, Überführung" wiedergegeben, sondern als „Überführt*sein*, Überzeugt*sein*" (vgl. z.B. die Einheitsübersetzung; Söding 226). Dadurch soll das objektive Moment an dem Begriff gemindert werden. Doch augenscheinlich ist hier der Wunsch der Vater des Gedankens. Dagegen Feld, EdF 89-91; Feuillet, La citation 77; Rissi 108.

313 Söding 234; gegen Gräßer, Der Glaube 94.

314 Vgl. Käsemann, Das wandernde Gottesvolk 20.

315 Freilich ist die Hoffnung bei Paulus deswegen nicht ohne Grund. Sie ist vielmehr in der Tatsache begründet, „daß Christus für uns gestorben ist, als wir noch Sünder waren" (Röm 5,8). Wer das anerkennt, hat eine sichere Hoffnung.

316 Dautzenberg, Der Glaube 164.

Im Ergebnis gilt es den Glaubensbegriff des Hebräerbriefes, wie er uns in Hebr 10,36-39 begegnet, nach zwei Richtungen hin abzusichern:

a) Auf dem Hintergrund der alttestamentlichen Tradition gab es auch im Urchristentum von Anfang an den Glauben als Haltung gegenüber Gott und seinem hereinbrechenden Reich. Das verleiht dem vorrangigen Anliegen des Hebräerbriefes, den Glauben als ausdauernde Hoffnung auf die Rettung zu verstehen, dieselbe Würde wie der paulinischen Konzeption des Christusglaubens.[317]

b) Auch in dieser Glaubenstradition, die nicht explizit den Glauben an Jesus Christus reflektiert, gibt es dennoch einen für ihr Verständnis unabdingbar wichtigen sachlichen Bezug zur Person Jesu Christi und seinem Heilswerk.[318]

6.3.4. Verderben oder Erhalt[319]

Das Zurückweichen steht im Gegensatz zum Glauben und bringt Verderben. Das Substantiv ἀπώλεια steht für Vernichtung und Vergehen. Wie das Verbum in Hebr 1,11 auf Himmel und Erde, den geschaffenen Kosmos, angewendet wird, so steht hier das Substantiv in bezug auf das Verderben des Menschen. Der Gerechte vergeht, wenn er zurückweicht. Wenn er dagegen glaubt, bewahrt er sein Leben. Als Alternative zum Verderben ist περιποίησις im Sinne des Erhalts von schon Gegebenem und nicht des Erwerbs von Neuem zu verstehen. Denn verderben kann nur, was bereits vorhanden ist. Die περιποίησις ist identisch mit der σωτηρία (vgl. Hebr 9,28; 1 Petr 1,9: σωτηρία ψυχῶν) bzw. dem Erhalt derselben (vgl. 1 Thess 5,9: περιποίησιν σωτηρίας). Wenn oben die zu erhaltende ψυχή mit „Seele" übersetzt wurde, so ist damit nicht die Seele im Unterschied zum Leib gemeint. Das deutsche Wort „Seele" wurde in V.39 nur deswegen gewählt, um eine konkordante Übersetzung im Hinblick auf ψυχή in V.38 zu gewährleisten. Beide Male ist in Analogie zur hebräischen נפש von einem selbstidentischen lebendigen Individuum als Ganzem die Rede. Für den Ausdruck ἡ ψυχή μου, die formgerechte Nachbildung von נפשי, würde man im Deutschen einfach „ich" setzen, für ψυχή in V.39 am ehesten „Leben", weil das lebendige Individuum seine Selbstidentität dadurch bewahrt, daß es am Leben bleibt.

---

317 Vgl. Dautzenberg, Der Glaube 174-177; Michel 366; Weiß 551.

318 Vgl. Weiß 551. Bezeichnend für die Tatsache, daß man im Hebräerbrief die Haltung und den Inhalt des Glaubens nicht scharf voneinander trennen kann, ist die Übersicht in Braun 106-107, der teilweise dieselben Textstellen unter den verschiedenen Fragestellungen „Was glaubt die πίστις?" und „Wie verhält sich der Glaube?" subsumiert; so z. B. Hebr 12,2-3. Indes teilt er Hebr 2,10; 5,9; 11,1 ausschließlich der inhaltlichen Seite zu.

319 Vgl. Dautzenberg, Σωτηρία ψυχῶν 267-275; Ellingworth 557; Hegermann 221; Lane 278; Michel 367; Rissi 129; Spicq, Études bibliques II 333; Weiß 552.

6.4. Zusammenfassung

Die Einführung, Verwendung und Auswertung des Mischzitats aus Hab 2,3b-4 und Jes 26,20 in Hebr 10,36-39 zeugt nach allem, was wir in diesem Kapitel gesehen haben, keineswegs von einer gespannten Erwartung der nahen Parusie Christi. Wäre dies der Fall, dann würde die eindringliche Aufforderung zur Ausdauer, welcher das Zitat dienen soll, gegenstandslos. Denn Ausdauer ist nur so lange nötig, als der Erhalt des Verheißungsgutes noch längere Zeit aussteht. Das verheißene Gut der Rettung, von dem in V.36 die Rede ist, besteht aber darüber hinaus gar nicht in der Parusie Christi auf Erden, sondern im Einzug in das himmlische Allerheiligste. Wenn V.37 dennoch jede Säumigkeit des Kommenden ausschließt, dann soll dadurch allein die Gewißheit seines Kommens eingeschärft werden. Der Kommende ist Christus, bei dem jede Abweichung vom Willen Gottes ausgeschlossen ist. Gottes Wille ist es aber, daß wir durch das Kommen Christi ein für allemal von Sünden gereinigt werden und zur Rettung gelangen (vgl. Hebr 9,28; 10,5-10). In der Zeit zwischen seinem ersten und zweiten Kommen gilt es, in der Nachfolge Christi, dem „Anführer und Vollender unseres Glaubens" (Hebr 12,2), Ausdauer im Glauben zu beweisen und so wie er den Willen Gottes zu tun.[320] Darauf liegt das ganze Gewicht des Abschnitts, nicht auf Spekulationen über den Zeitpunkt des Kommens Christi. Der Verfasser möchte bei den Adressaten die Haltung des Glaubens stärken, in der sich der Mensch mit seiner ganzen Existenz nach dem verheißenen und erhofften Gut der Rettung ausstreckt. Diese Haltung ist aber nicht eine leere Hoffnung. Sie gründet in dem Glaubensbeweis dessen, daß Christus schon jetzt, wenn auch für die irdischen Augen noch verborgen, der alleinige Herrscher des Alls ist (vgl. Hebr 2,8-9). So endgültig die durch seinen Opfertod bewirkte Sündentilgung ist, so sicher setzt sich auch seine Herrschaft rettend durch. Wer im Glauben an ihn ausharrt, wird am Ende das Leben gewinnen (V.39).

---

[320] Vgl. Löhr, Umkehr 114.

7. Hebr 12,25-29

[25] Seht (zu), daß ihr nicht ablehnt den Sprechenden! Wenn nämlich jene nicht entronnen sind, als sie auf Erden abgewiesen hatten den (göttliche Weisung) Erteilenden, viel weniger wir, wenn wir den von den Himmeln (Sprechenden) abweisen, [26] dessen Stimme die Erde erschütterte damals, jetzt aber hat er verheißen, indem er sagte: Noch einmal lasse ich beben nicht nur die Erde, sondern auch den Himmel. [27] Das „noch einmal" aber verdeutlicht die Beseitigung der Dinge, die erschüttert werden, als geschaffener, damit die Dinge bleiben, die nicht erschüttert werden. [28] Deswegen laßt uns, da wir ein unerschütterliches Königreich empfangen, Dankbarkeit haben, durch die wir wohlgefällig Gott dienen wollen mit Scheu und Furcht! [29] Und unser Gott ist nämlich ein verzehrendes Feuer.

7.1. Einordnung in die literarische Struktur von Hebr 12,18-29

Der warnende Abschnitt Hebr 12,25-29 bildet den Abschluß der Sequenz Hebr 12,18-29, in der die Situation der Wüstengeneration damals am Sinai derjenigen der christlichen Gemeinde jetzt gegenübergestellt wird. Eine solche Gegenüberstellung hatte der Verfasser schon einmal in Hebr 3,7-4,13 vorgenommen. Beide Male steht sie im Dienste einer paränetischen a-fortiori-Argumentation, die jeweils in dem formgleichen Aufruf βλέπετε gipfelt (Hebr 3,12; 12,25).[321] Im einzelnen lassen sich in Hebr 12,18-29 die Elemente wie folgt gegeneinander stellen. Der Überblick berücksichtigt nur solche Elemente, die in ihrer Bedeutsamkeit auch in den angezielten Abschnitt Hebr 12,25-29 hineinragen. Im Unterschied zu den bisher behandelten Abschnitten des Hebräerbriefes, welche soteriologische und eschatologische Topoi nennen, ohne sie explizit zu erläutern, werden in Hebr 12,18-29 die betreffenden Vorgänge geschildert. Von dieser Perikope ist daher am ehesten eine Explikation dessen zu erwarten, was die anderen in ihrer Paränese voraussetzen: des eschatologischen Weltzusammenhanges, der die Situation der in ihm lebenden Menschen und damit auch ihr Verhalten im Verhältnis zu ihm bestimmt. Zur Verdeutlichung der Ereigniskonstellationen habe ich deshalb zwischen Mensch und Gott als Handelnden und der zeitlichen Welt als Schauplatz bzw. Objekt von Handlungen unterschieden.

[321] Vgl. Löhr, Umkehr 131-133; Weiß 684.

	Damals ...τότε	νῦν δε... aber	jetzt
Gott	19 φωνὴ ῥημάτων 25 τὸν χρηματίζοντα 26 ἐσάλευσεν	25 τὸν λαλοῦντα 25 τὸν (sc. χρηματίζοντα)[322] 26 ἐγὼ σείσω	
Zeit und Welt	26 τότε 25 ἐπὶ γῆς 26 τὴν γῆν	26 ἔτι ἅπαξ 25 ἀπ᾽ οὐρανῶν 26 οὐ μόνον τὴν γῆν ἀλλὰ καὶ τὸν οὐρανόν	
		27 τὴν ... μετάθεσιν 27 τῶν σαλευομένων ... ὡς πεποιημένων	27 ἵνα μείνῃ 27 τὰ μὴ σαλευόμενα
Mensch	18 οὐ γὰρ προσεληλύθατε 19 οἱ ἀκούσαντες παρῃτήσαντο 25 παραιτησάμενοι 25 ἐκεῖνοι οὐκ ἐξέφυγον	22 ἀλλὰ προσεληλύθατε 25 βλέπετε μὴ παραιτήσησθε 25 οἱ ... ἀποστρεφόμενοι 25 πολὺ μᾶλλον ἡμεῖς (sc. οὐκ ἐκφευξόμεθα)	

Jeder Vergleich lebt von Kontinuität und Diskontinuität. Die Kontinuität wird durch das tertium comparationis garantiert, das die Hinsicht festlegt, in welcher der Vergleich durchgeführt wird. Die Diskontinuität bringt zum Ausdruck, daß die zu vergleichenden Gegenstände nicht identisch sind, was einen Vergleich überhaupt erübrigte, sondern unterschiedliche Qualität in bezug auf das tertium comparationis aufweisen. Man kann zum Beispiel Äpfel bezüglich ihres Geschmacks miteinander vergleichen (Kontinuität) und feststellen, daß die einen süß, die anderen dagegen sauer schmecken (Diskontinuität). Der Hebräerbrief bedient sich in vielfacher Weise des Vergleichs, wobei er unterschiedliche Kontinuitäten wie Priestertum, Bund und anderes heranzieht und qualitative Diskontinuitäten aufzeigt.

7.2. Die Äußerung Gottes

7.2.1. Die Kontinuität der Äußerung Gottes

Gott handelt performativ. Das heißt: Sprechen und Handeln fallen bei ihm in eins; oder anders ausgedrückt: Sein Sprechen ist wirkmächtig. Damit sind die beiden Seiten der Äußerung Gottes bezeichnet, die durch seine Stimme geschieht. Diese ist einerseits eine Stimme von Worten (Hebr 12,19:

---

322 Zu ἀποστρεφόμενοι ist in dem elliptischen Ausdruck οἱ τὸν ἀπ᾽ οὐρανῶν ἀποστρεφόμενοι als Objekt χρηματίζοντα aus dem voraufgehenden Kolon zu denken.

φωνὴ ῥημάτων), andererseits bewirkt sie Erschütterung (Hebr 12,26: οὗ ἡ φωνὴ τὴν γῆν ἐσάλευσεν τότε). Sprechen und Handeln Gottes stehen dabei gleichermaßen in der Spannung zwischen den vielfältigen Äußerungen Gottes in der Vergangenheit und seiner endzeitlichen Äußerung in der Gegenwart. Um die Kontinuität zwischen beiden Situationen der Äußerung Gottes aufgrund ihrer Vergleichbarkeit zu gewährleisten, bedient sich der Hebräerbriefautor gleichbleibender oder synonym gebrauchter Verben.[323]

Zum Ausdruck der Erschütterung sind das die Verben σείειν und σαλεύειν. Die Vokabeln σείειν/σεισμός begegnen im Alten Testament häufig zur Bezeichnung von Erdbeben im Rahmen von Theophanieschilderungen. Insbesondere die Motivik des Tages JHWHs und seines Zorngerichts weist an vielen Stellen Erdbeben auf.[324] In den apokalyptischen Texten des Neuen Testaments gehört das Erdbeben zu den Vorzeichen oder an den Beginn der Endereignisse.[325] Im Matthäusevangelium sind Jesu Tod und Auferstehung von Erdbeben begleitet.[326]

Die Wörter σαλεύειν/σάλος bezeichnen zwar auch Erdbeben, ursprünglich jedoch „die unruhige Bewegung des Meeres mit seinem Auf u[nd] Ab nach seiner Veränderlichkeit, die auf Vergänglichkeit hinweist, nach seiner Gefährlichkeit, die mit Untergang bedroht“[327]. Ihr Bedeutungsspektrum vereinigt also den Aspekt der unentwegten und insofern gleichbleibenden Veränderung und den Aspekt der Beendigung aller Veränderung in der Beseitigung des sich verändernden Objekts. Im Alten Testament richtet sich die Erschütterung häufig gegen die Ordnung der Schöpfung, wohingegen die Unerschütterlichkeit ihren Grund darin hat, daß die Welt und der Mensch von Gott geschaffen und beherrscht sind.[328] Philo bestimmt das Göttliche als das Unveränderliche, während der geschaffene Kosmos erschütterlich ist. Der Weise steht in seiner Unerschütterlichkeit auf der Seite Gottes.[329]

7.2.2. Die Diskontinuität der Äußerung Gottes in Zeit und Welt

Zum Ausdruck der Diskontinuität qualifiziert der Verfasser die Verben mittels adverbialer Bestimmungen des Ortes oder der Zeit unterschiedlich. Dieses Verfahren läßt sich an allen Gegenüberstellungen ablesen.

---

323 Vgl. Weiß 686-687.

324 Vgl. Ex 19,18; 2 Sam 22,8; 1 Kön 19,11-12; Ps 18,8; 68,9; 77,19; 99,1; 104,32; 114,3-8; Jes 29,6; 64,1-2; Jer 8,16; 51,29; Ez 26,10.15; Am 9,1.

325 Vgl. Mt 24,7// Mk 13,8// Lk 21,11; Offb 6,12; 8,5; 11,13.19; 16,18.

326 Vgl. Mt 27,51.54; 28,2; zu σείειν/σεισμός Bornkamm, ThWNT VII 196-199.

327 Bertram, ThWNT VII 65.

328 Vgl. Ps 15,8; 16,5; 29,7; 45,6; 54,23; 61,3; 65,9; 92,1; 95,10; 111,6; 120,3; 124,1; 1 Chr 16,30.

329 Vgl. Bertram, ThWNT VII 65-68.

7.2.2.1. Das Sprechen Gottes[330]

Programmatisch für den ganzen Hebräerbrief charakterisiert der Verfasser im Auftakt zu seinem Schreiben die Situation seiner Adressaten mittels der Kategorie des Sprechens Gottes (Hebr 1,1-2). Wendet man diese Kategorie vom Anfang des Schreibens auf die hiesige Perikope an, so wird dadurch die Stimme von Worten am Sinai als eine Episode des vielfachen einstigen Sprechens Gottes zu den Vätern durch die Propheten klassifiziert, das Sprechen in Hebr 12,25 dagegen als solches am Ende dieser Tage durch den Sohn.

In beiden Fällen erfolgt das Sprechen Gottes zu dem Zweck, Weisungen zu erteilen (χρηματίζειν), wobei der Unterschied darin besteht, daß die Erteilung der Weisungen einmal auf Erden und im andern Fall vom Himmel her geschieht. Auf der Ebene der bloßen Fakten leuchtet diese Unterscheidung allerdings kaum ein. Denn auch die Äußerung Gottes am Sinai nahm ihren Ausgang, obgleich durch Mose auf der Erde den Israeliten vermittelt, doch von Gott aus dem Himmel. Auf der anderen Seite kann gerade die Äußerung Gottes in der Inkarnation des Sohnes als paradigmatisch für eine Mitteilung Gottes auf Erden gelten. Daß eine bewußte Gegenüberstellung vorliegt, ist aufgrund der parallelen Struktur von Hebr 12,25 und der a-fortiori-Argumentation unbestreitbar. Die Diskontinuität des Vergleichs kann nur in der adverbialen Bestimmung des Ortes liegen, weil alle anderen Satzglieder Kontinuität ausdrücken (das Entkommen, die Erteilung der Weisung, die Abweisung). Es kann sich somit nur um die Etablierung eines qualitativen Unterschiedes handeln, der sich zwar lokaler Bestimmungen bedient, sich aber nicht in ihnen erschöpft.[331]

Die Ortsbestimmung ἐπὶ γῆς wurde wegen ihrer Stellung des öfteren nicht auf τὸν χρηματίζοντα, sondern auf παραιτησάμενοι bezogen. Es ergibt sich daraus jedoch ein banaler Sinn. Daß die Abweisung des Weisung Erteilenden auf der Erde geschieht, gilt in jedem Fall, weil es für den Menschen keinen anderen Aktionsraum als die Erde gibt. Andererseits ist ἀπ' οὐρανῶν eindeutig Attribut zu τόν (sc. χρηματίζοντα), womit Gott sein gewöhnlicher Ort zugewiesen wird. Die Parallelstruktur verliert dadurch ihren Charakter der Gegenüberstellung.[332]

---

330 Vgl. Attridge 379-380; Weiß 684-686.

331 Nicht wenige Autoren unterscheiden dagegen zwischen Mose als dem Sprecher auf Erden und Gott/Christus als dem Sprecher vom Himmel her; vgl. Buchanan 224; Héring 119; Moffatt 220; Montefiore 234; Wilson 232-233. Hanson 77-82 strapaziert die Aussagefähigkeit sowohl der alttestamentlichen Sinai- bzw. Horebperikope als auch von Hebr 12,25 über Gebühr, indem er stets Christus für den Sprechenden ausgibt. Im Falle von Dtn 5,23-24 läßt er sich von systematischen Vorurteilen leiten und trägt unkritisch Christologie ein. Im Hinblick auf Hebr 12,25 berücksichtigt er den Bezug zu Hebr 1,1-2 nicht.

332 Vgl. Attridge 380; Bénétreau II 200; Braun 440-441; Bruce 361; Guthrie 264; Kistemaker 400; Hanson 76-77; Hegermann 262; Hewitt 202; Hughes 556-557; Riggenbach 422; Schierse 179; Spicq, Études bibliques II 410-411; Windisch 114-115.

7.2.2.2. Die Erschütterung

Beide Male bewirkt Gott eine Erschütterung. Die künftige wird dabei von der vergangenen durch ihren unterschiedlichen Wirkradius abgehoben. Die Theophanieschilderung der Exodusperikope erwähnt neben Donner, Blitz, Hörnerschall und dem Rauchen des Berges (Ex 20,18) das Erdbeben (Ex 19,18), das auch der Hebräerbrief in der Einleitung zum Zitat (V.26a) dem Sinaigeschehen zuweist.[333] Erdbeben im Zusammenhang mit einer Theophanie werden im Alten Testament auch an anderen Stellen erwähnt: Ps 68,9 erbebt die Erde (ἐσείσθη γῆ) vor dem Gott vom Sinai, Ps 77,19 (ἐσαλεύθη) bei der Rettung am Meer, Ps 114,7 (ἐσαλεύθη) beim Auszug aus Ägypten und Ri 5,4-5 (γῆ ἐσείσθη – ὄρη ἐσαλεύθησαν) beim Auszug JHWHs aus Seir bzw. Edom. Die Tatsache, daß in Ri 5,4-5 wie in Hebr 12,26 nacheinander die synonymen Verben σείειν und σαλεύειν benutzt werden, wurde mancherorts als Hinweis darauf betrachtet, daß Hebr 12,26 sich direkt auf diesen Text beziehe. Sowohl die Septuaginta als auch der Hebräerbrief verwenden die beiden Synonyme jedoch völlig kongruent, so daß diese Parallele nichts besagt. Hebr 12,26 übernimmt mit dem Wortlaut von Hag 2,6 σείειν, setzt aber im eigenen Text stets σαλεύειν. Hebr 12,26a scheint sich mit der Erwähnung des Erdbebens auf allgemeine Vorstellungen von einer Theophanie im Kontext der Exodusereignisse im weitesten Sinne zu beziehen. Eine spezielle Affinität zu einem bestimmten Text ist jedenfalls nicht auszumachen.

Mit dem Zitat aus Hag 2,6 in Hebr 12,26b setzt der Verfasser dem Erdbeben beim Exodus die umfassendere Erschütterung sowohl des Himmels als auch der Erde gegenüber. Er gestaltet auch dieses Zitat gegenüber dem Wortlaut der Septuaginta seinen Erfordernissen gemäß um. Die Septuaginta bietet folgenden Text: ἔτι ἅπαξ ἐγὼ σείσω τὸν οὐρανὸν καὶ τὴν γῆν καὶ τὴν θάλασσαν καὶ τὴν ξηρὰν, καὶ συσσείσω πάντα τὰ ἔθνη (Hag 2,6-7).[334] Von dieser plerophoren Aufzählung sind in Hebr 12,26 nur die Elemente Himmel und Erde übernommen. Sie genügen in der Antike zur Bezeichnung des gesamten sichtbaren Kosmos. Wenn Hag 2,6 das Meer und das Trockene noch hinzufügt, dann sind damit lediglich die beiden Bestandteile der Erde epexegetisch eigens genannt. Mit der Erwähnung der Völker tritt zur kosmischen die historische Dimension. Die Formulierung in Hebr 12,26b bezeichnet demgegenüber knapp und präzis den Kosmos. Gegenüber Hag 2,6 ist die Reihenfolge der Elemente umgekehrt: Zuerst wird durch die Nennung der Erde V.26a aufgenommen und so im Vergleich die Kontinuität zum Sinaiereignis hergestellt. Anschließend greift

---

333 Attridge 380 stellt fälschlich fest: „The detail that the theophany ‚caused the earth to quake' […] is not a part of the story in Exodus." Dagegen richtig Bruce 363; Hughes 557-558; Lane 478.

334 An der Stelle von ἔτι ἅπαξ steht im Masoretischen Text עוד אחת מעט היא, wörtlich: „noch eines, ein kleines (ist) es". Die Septuaginta hat also מעט היא in ihrer Übersetzung nicht wiedergegeben. Vgl. Schröger, Der Verfasser 192; Smith 156; Wolff 51.

das diskontinuierliche Element des Himmels über jenes Ereignis hinaus. Die größere Bedeutung der umfassenderen Erschütterung wird durch die in das Zitat eingefügte Formulierung οὐ μόνον ... ἀλλὰ unterstrichen.[335]

Zu beachten bleibt, daß der Hebräerbrief den Begriff des Himmels und des Himmlischen unterschiedlich verwendet. In den meisten Fällen bezeichnet er ontologisch den Bereich des wahren Seins, wovon alles Irdische nur Abbild und Schatten ist und in dem sich Christus nach seinem Tod aufhält.[336] In diesem Sinne wird in Hebr 12,25 betont, daß die Mitteilung vom Himmel her geschieht, womit gesagt sein soll, daß sie gegenüber derjenigen auf der Erde höherwertig ist. In Hebr 12,26 steht der Himmel dagegen im kosmologischen Zusammenhang von Himmel und Erde.[337]

Himmel und Erde, der Kosmos, sind dadurch gekennzeichnet, daß sie erschüttert werden, das heißt: wandelbar und vergänglich sind. Damit ist über die empirisch beobachtbare Seinsart des Kosmos hinaus noch nichts gesagt. Die Erschütterung deutet der Hebräerbriefautor in zweierlei Hinsicht theologisch:

a) Sie ereignet sich nicht nur in den ununterbrochenen Wandlungen des Kosmos, sondern wird „noch einmal" und dann ein für allemal statthaben, weil diese einmalige Erschütterung die μετάθεσις des Kosmos bedeutet, welche nur noch die unerschütterlichen Dinge übrigläßt.

b) Sie kommt dem Kosmos aufgrund seiner Geschöpflichkeit zu (ὡς πεποιημένων).

Aus den theologischen Deutungen lassen sich zwei Schlußfolgerungen ableiten:

a) Das ἔτι ἅπαξ verdeutlicht, daß hier nicht von den alltäglichen Wandlungen des Kosmos, dem steten Werden und Vergehen seiner Elemente im Sinne des heraklitischen πάντα ῥεῖ, die Rede ist, sondern von einer endgültigen Beseitigung, welche den Fluß der Wandlungen zum Ende bringt. Ἅπαξ wird an dieser Stelle völlig gleichbedeutend mit den Perikopen gebraucht, die von der Einmaligkeit des Opfers Christi sprechen: Wie das Opfer Christi ein für allemal die Sünde beseitigt hat, so beseitigt diese einmalige Erschütterung ein für allemal den geschöpflichen Kosmos.[338]

---

335 Vgl. Attridge 380; Hughes 558; Lane 479-480; Laub 176; Schröger, Der Verfasser 192-193; Thomas 318; Vögtle, Das Neue Testament (1969) 248; Weiß 688-689.

336 Vgl. Hebr 3,1; 4,14; 6,4; 7,26; 8,1.5; 9,23.24; 11,16; 12,22.23; Laub, Ein für allemal 71-73.77-78; Rissi 36-44; Theißen 91.

337 In dieser Verwendung nur noch in Hebr 1,10; 11,12, auch dort in Anlehnung an die entsprechenden alttestamentlichen Formeln in Ps 102,26 bzw. Gen 22,17; Ex 32,13; Dtn 1,10; 10,22. Vgl. Braun 443; Rissi 35-36; Schierse 92-93; Schröger, Der Verfasser 193; Traub, ThWNT V 515.527; Vögtle, Das Neue Testament (1969) 249-250; Völkl 345-347; Die Nichtbeachung der unterschiedlichen Verwendungen führt zu gezwungenen Deutungen bei Hegermann 262-263.

338 Vögtle, Das Neue Testament (1969) 248-254, betont zu Recht die entscheidende Bedeutung, welche dem ἔτι ἅπαξ für die Auslegung des Zitats zukommt, indem es die geschilderten

Es wird viel gerätselt, ob μετάθεσις die grundlegende Verwandlung oder die Beseitigung des Erschütterlichen meint. Die Wortsemantik läßt beide Verständnisse zu. Im Kontext ergibt die Bedeutung der Verwandlung allerdings keinen guten Sinn. Denn die Verwandlung impliziert im Gegensatz zur Beseitigung eine grundsätzliche Identität des Verwandelten vor und nach dem Verwandlungsprozeß und somit etwas Bleibendes, das diese Identität garantiert. Ein Baum etwa, der sich im Laufe der Jahreszeiten verändert, ist doch immer derselbe Baum. Ansonsten müßte man vom Vergehen des einen und der Entstehung von etwas völlig Neuem sprechen, im Bild also vom Fällen des einen und dem Pflanzen eines anderen Baumes. Gesteht man dem Erschütterten eine so verstandene Identität durch die μετάθεσις hindurch zu, dann legt man in das Erschütterte etwas Unerschütterliches hinein, das die Unterscheidung von Erschüttertem und Unerschüttertem unmöglich macht. Deren Scheidung ist aber gerade das Ziel der Erschütterung. Damit wirklich nur das Unerschütterte bleibt, muß das Erschütterte folglich beseitigt werden.[339]

b) Zweck und Folge der Erschütterung des vergänglichen Kosmos ist, daß nur noch das Unerschütterliche bleibt. Wenn das Erschütterte in seiner Eigenschaft als Geschaffenes beseitigt wird, dann kann es sich beim bleibenden nicht Erschütterten nur um Ungeschaffenes handeln, weil es ansonsten ebenfalls beseitigt würde. Als Unerschütterliches und Ungeschaffenes ist es unveränderlich und besteht demnach auch schon vor der Beseitigung des Erschütterlichen zugleich mit diesem.[340]

Es geht bei dem mit ἵνα μείνῃ anvisierten Ziel „weniger um ein zeitliches Ende im Sinne eines apokalyptischen Endgeschehens [...] als vielmehr um eine logische Finalität: Am Ende werden sich allein die μὴ σαλευόμενα, also die himmlische Welt Gottes, die ‚Stadt des lebendigen Gottes', das ‚himmlische Jerusalem', kurz: τὰ ἐπουράνια, als das erweisen, was alles ‚Geschaffene' – im Sinne des traditionellen biblischen Weltbildes: ‚Erde und Himmel' (V.26) – bei weitem übertrifft."[341]

Ereignisse als einmalig und endgültig qualifiziert (vgl. auch Schröger, Der Verfasser 192). Im Widerspruch dazu besteht er jedoch darauf, μετάθεσις und μένειν allgemein im Sinne von Veränderlichkeit und Beständigkeit zu verstehen, einen Sinn, den diese Begriffe durchaus haben, der aber gerade im hiesigen Fall durch ἔτι ἅπαξ auf Endgültigkeit hin spezifiziert wird. Aus dieser Perspektive geht es deutlich um Beseitigung und Übrigbleiben.

339 Vgl. Attridge 380-382; Bénétreau II 201-204; Braun 442-445; Casey 92; Hughes 558; Lane 443.482; Laubach 272; März 80; Oberholtzer, The Failure 72; Rissi 129; Spicq, Études bibliques II 412; Strobel 242; Theißen 92; Thompson, That Which Cannot Be Shaken 584; Weiß 691; Völkl 347-348. Dagegen Bertram, ThWNT VII 70; Hegermann 264.

340 Hofius, Der Christushymnus 78, spricht in diesem Zusammenhang sogar von der präexistenten Welt. Vgl. auch Theißen 92.

341 Weiß 690-691; vgl. Attridge 381.

7.3. Die Antwort des Menschen auf die Äußerung Gottes

7.3.1. Die bleibende Welt und das Bleiben des Christen

Die Frage, auf welcher Seite der Mensch angesichts der Dichotomie des Seienden in Erschüttertes und Unerschüttertes, Vergängliches und Bleibendes steht, entscheidet sich an seiner heilsgeschichtlichen Situation und seiner Antwort auf die Äußerung Gottes. Seine heilsgeschichtliche Situation findet er vor, insofern er in eine bestimmte Zeit hineingestellt ist. Die Israeliten am Sinai konnten nur zu erschütterlichen Dingen hinzutreten, weil sie nur Schatten des im Christusereignis Geschehenen kannten. Die Menschen nach dem ersten Erscheinen Christi können zum Berg Zion und zum himmlischen, das heißt: unerschütterlichen und wahren, Jerusalem hinzutreten. Der Mensch bestimmt seine Position mit, indem er die der heilsgeschichtlichen Situation angemessene Antwort auf die Äußerung Gottes gibt. Die Adressaten des Hebräerbriefes sind als Christen bereits zum Berg Zion hinzugetreten. Diese Befindlichkeit drückt Hebr 12,18.22 deshalb im Perfekt aus (προσεληλύθατε).[342] Jetzt gilt es umso mehr, in dieser Position auszuharren, das heißt: den vom Himmel her Sprechenden nicht abzuweisen, und nicht denselben Fehler wie die Wüstengeneration zu begehen, welche schon die Äußerung Gottes auf der Erde abwies.[343]

Das Perfekt des Hinzugetretenseins markiert für den Christen den Anfang seiner Teilhabe am Unerschütterten. Es besteht aber auch nach diesem Anfang noch die Möglichkeit, daß er die Mitteilung Gottes abweist. Deshalb muß er fortwährend neu das durch Christus erschlossene Unerschütterte ergreifen. Er hat das unerschütterliche Königreich nicht ein für allemal empfangen und wird es auch nicht erst in der Zukunft erlangen, sondern er empfängt es stets in seiner jeweiligen Gegenwart. Dies bringt das Präsens des Partizips παραλαμβάνοντες zum Ausdruck, indem es den Christen in die Gegenwart als Zeit der Bewährung verweist. Die Zitation aus Hag 2,6 dient in diesem Zusammenhang der pragmatischen Absicht des Verfassers, seine Leser für die Gegenwart zu ermutigen. In Hag 2,6 ist die Erschütterung positiv konnotiert. Sie verheißt eine tiefgreifende Umwälzung der gegenwärtigen Situation, welche durch die Unzufriedenheit der Bevölkerung Jerusalems mit dem nachexilischen Tempel im Verhältnis zum ersten Tempel gekennzeichnet ist. Angesichts der durch die Erschütterung bewirkten künftigen Herrlichkeit, welche die frühere noch

---

342 Vgl. Barrett 376; Mugridge 80; Rissi 100-102.

343 Zur Ehrenrettung der Wüstengeneration muß gesagt werden, daß sie keineswegs, wie es der Hebräerbrief darstellt, die Rede Gottes als solche abgewiesen hat. Vielmehr baten die Israeliten darum, Gott möge nur durch Mose zu ihnen sprechen, weil sie seine unmittelbare Äußerung nicht ertrugen (vgl. Ex 20,19). In dieser Bitte drückt sich also gerade eine solche Ehrfurcht aus, die Gott als dem verzehrenden Feuer angemessen ist (vgl. Hebr 12,29) und die er in der Paralleldarstellung in Dtn 5,28-29 ausdrücklich als rechtmäßig anerkennt.

übertreffen wird, sollen die Einwohner des Landes neuen Mut fassen.[344] Die Botschaft des Hebräerbriefes hat denselben Tenor: Die gegenwärtige Situation mit ihren Erschütterungen wird eine endgültige Erschütterung erfahren, die offenbar werden läßt, daß die Christen diejenigen sind, welche ein unerschütterliches Königreich empfangen.[345]

Hier ist der Ort, um auf den Zusammenhang hinzuweisen, der terminologisch zwischen dem Bleibenden und der Ausdauer der Christen besteht. Er kann im Deutschen kaum in der wünschenswerten Prägnanz deutlich gemacht werden. Im Griechischen begegnet in diesem Zusammenhang stets derselbe Wortstamm: μένειν für „bleiben", ὑπομένειν für „geduldig erwarten", ὑπομονή für „Ausdauer, Geduld". Dem verbalen Zusammenhang entspricht ein inhaltlicher: Wenn die Christen beim Bleibenden bleiben, bleiben sie auch dann, wenn das Erschütterliche vernichtet wird. Das heißt: Wenn sie in der Erwartung des Unerschütterlichen Ausdauer zeigen, ist ihre eigene Existenz nicht von der Vernichtung bedroht. Das Bleiben des Christen hat also eine aktive und eine passive Bedeutung: Im aktiven Sinne bleibt der Christ beim Unerschütterlichen, indem er in Ausdauer daran festhält und so die Rettung erwartet. Erwarten meint dabei nicht so sehr die Ausrichtung auf die Zukunft, sondern eben den aktiven Aspekt des Bleibens im Sinne der Ausdauer. Im passiven Sinne bleibt der Christ, indem er bei der Vernichtung des Erschütterlichen selbst als Teil des Unerschütterlichen übrigbleibt.

7.3.2. Der Textbestand von Hebr 12,28[346]

Die Interpretation der Wendung βασιλείαν ἀσάλευτον παραλαμβάνοντες hängt stark von der Lesart des folgenden Wortes ab. P^{46c} und die Codices A, C und D bieten die Lesart ἔχωμεν, also den Hortativ von ἔχειν, P^{46*} und der Codex Sinaiticus (א) dagegen den Indikativ ἔχομεν.[347] Bei gleichzeitiger Unklarheit darüber, ob χάριν im Sinne von Gnade oder von Dankbarkeit aufzufassen ist, ergeben sich rechnerisch vier mögliche Übersetzungen.

a) Begreift man χάρις als Gnade, so ergibt nur die Verbindung mit dem Indikativ einen Sinn; denn das Haben der Gnade ist eo ipso ein Geschenk, so daß man dazu nicht aufrufen kann. Konsequent bietet der Codex Sinaiticus auch das Prädikat des folgenden Satzes mit λατρεύομεν im Indikativ. Das Empfangen des unerschütterlichen Königreiches beschreibt in diesem Fall die Art und Weise oder den Grund des Habens der Gnade, die ihrerseits das Mittel zum Gottesdienst in die Hand gibt: „Indem/da wir ein unerschütterliches Königreich empfangen, haben wir Gnade, durch die wir Gott dienen."

---

344 Vgl. Smith 156-158; Wolff 60-61.

345 Vgl. Attridge 382; März 80-81; Weiß 692-694.

346 Vgl. Braun 446; Bruce 361-362. Dagegen Montefiore 236; Spicq, Études bibliques II 413.

347 Genannt sind nur die wichtigsten Textzeugen.

b) Meint χάρις dagegen Dankbarkeit, so ist sowohl der Indikativ als auch der Konjunktiv, der Empfang des unerschütterlichen Königreiches als Grund sowohl für das Haben der Dankbarkeit als auch für den Aufruf zur Dankbarkeit denkbar.

Zwei Erwägungen machen die am Beginn dieses Kapitels gebotene Übersetzung wahrscheinlich:

– Hebr 12,25-29 bildet eine in sich abgerundete Sequenz. Die unvermittelte Warnung vor der Abweisung in V.25 wird in V.25-27 begründet. Als Schlußfolgerung aus der Begründung wird sie durch den Aufruf zum rechten Gottesdienst in V.28 erneut aufgenommen und ins Positive gewendet.

– In V.28 faßt der Hebräerbriefautor das zuvor Dargelegte in einem Partizipialausdruck zusammen, um darauf den anschließenden Hortativ zu gründen. Dieselbe Stilform hat ihre Analogie in Hebr 10,19-25. Dort zieht die partizipiale Wendung den Schluß aus der Darlegung in Hebr 7,1-10,18 und begründet damit die folgenden drei Hortative.

7.3.3. Der rechte Gottesdienst und das verzehrende Feuer[348]

Durch Dankbarkeit dienen wir Gott wohlgefällig. Die Vokabel λατρεύειν steht schon in der Septuaginta zumeist im sakralen Kontext und meint dort insbesondere die kultische Verehrung durch Opfer, während profane Dienste mit δουλεύειν ausgedrückt werden. Im Neuen Testament behält das Wort diese Bedeutungsseite bei, kann aber darüber hinaus auch die kultische Verehrung durch Anbetung oder die Lebenshaltung des Menschen als ganze bezeichnen. Die beiden letztgenannten Nuancen klingen in Hebr 12,28 wohl gleichermaßen an. Eine Verehrung durch Dankbarkeit läßt sich kaum auf den Kult beschränken, sondern wird die ganze Haltung des Glaubenden umgreifen, zu der Hebr 10,36-39 aufruft. Andererseits ist schon in Hebr 10,25 deutlich geworden, daß die kultische Gemeinschaft mit Gott in der Gemeindeversammlung für den Verfasser des Hebräerbriefes von Bedeutung ist. Eine kultische Verehrung durch Opfer liefe dem Gesamtduktus des Hebräerbriefes freilich völlig zuwider.[349]

Wie der wohlgefällige Gottesdienst in Dankbarkeit aussieht, wird durch zwei Bestimmungen erläutert, deren Bedeutungsspektren sich weitgehend dekken und die deshalb als Hendiadyoin aufgefaßt werden können. Das Substantiv εὐλάβεια bezeichnet zunächst neutral die vorsichtige Zurückhaltung, dann ins Negative gewendet Furcht und im religiösen Bereich die ehrfürchtige Scheu.[350] In dieselbe Richtung geht die Bedeutung von δέος. Einzelne Textzeugen haben δέους zu αἰδοῦς korrigiert, was inhaltlich kaum einen Unterschied macht. Die angemahnte ehrfürchtige Haltung Gott gegenüber begründet Hebr 12,29 mit

348 Vgl. Attridge 382-383; Braun 446-447; Hegermann 265; Hughes 559-560; Lane 486-488; Weiß 695-696.

349 Vgl. Strathmann, ThWNT IV 58-65.

350 Vgl. Bultmann, ThWNT II 749.

dem Wesen Gottes, der ein verzehrendes Feuer sei. Denn im Feuer verzehrt der eifernde Gott seine Gegner (vgl. Hebr 6,12; 10,27; siehe oben unter Hebr 9,27-28). Das Stichwort Feuer verweist als Inklusion auf Hebr 12,18 zurück und schließt so den Bogen der Gegenüberstellung der christlichen Gemeinde und der Wüstengeneration. Schon in V.18 verbrennt das Feuer das Berührbare. Dem kann nur entgehen, wer als Empfänger des unerschütterlichen Königreiches Gott in rechter Weise dient.[351]

7.4. Der Bezug zu Hebr 1,10-12

Der in Hebr 12,26-27 geschilderte Geschehenszusammenhang erinnert an Hebr 1,10-12, wo Ps 102,26-28 zitiert wird. Der Psalm handelt davon, daß der Herr die Erde gegründet und die Himmel geschaffen hat, die beide vergehen (ἀπολλύναι), indem er sie wie ein Gewand einrollt, wohingegen der Herr selber bleibt (διαμένειν[352]). Beiden Stellen liegt dasselbe Beziehungsverhältnis zwischen Schöpfer und Geschöpf, Vergänglichem und Bleibendem zugrunde. In der Strukturanalyse Vanhoyes sind zudem der I. und der V. Teil des Hebräerbriefes, in denen sich die beiden Perikopen befinden, innerhalb seiner konzentrischen Struktur aufeinander bezogen. Diese verbalen, motivlichen und strukturellen Bezüge zu Hebr 1,10-12 sind dazu geeignet, die bisherigen Ergebnisse der Analyse von Hebr 12,26-27 zu bestätigen.

a) Himmel und Erde als Inbegriff des Kosmos sind nach Hebr 12,27 geschaffen. Hebr 1,10 präzisiert dahingehend, daß sie vom Herrn geschaffen sind.

b) Als Geschaffene werden sie von ihrem Schöpfer auch wieder abgetan: Er läßt sie beben (Hebr 12,26), wechselt sie und rollt sie zusammen wie ein Kleid (Hebr 1,12).

c) Das Abtun durch den Schöpfer bedeutet für das Geschaffene die Vernichtung. Das Prädikat ἀπολοῦνται in Hebr 1,11 ist dahingehend eindeutig[353] und stützt in Hebr 12,27 das Verständnis von μετάθεσις im Sinne von Beseitigung. Nach Hebr 10,39 ist der Christ, der nicht zurückweicht, vor der Vernichtung im Zuge der Beseitigung des Geschaffenen sicher (ἡμεῖς δὲ οὐκ ἐσμὲν ὑποστολῆς εἰς ἀπώλειαν). Sie geschieht im Prozeß der dem Geschaffenen eigenen Wandelbarkeit und Vergänglichkeit, die in Hebr 1,11 in der Aussage vom Veralten und in Hebr 12,27 in der Wortbedeutung von σαλεύειν zum Ausdruck kommt. Gegen ein dem allmählichen Prozeß des Veraltens entsprechendes progressives Verständnis der μετάθεσις scheint in Hebr 12,26-27 jedoch das punktuelle ἔτι ἅπαξ zu sprechen. Andererseits

---

[351] Vgl. Buchanan 226.

[352] Hebr 1,11 liest das Präsens διαμένεις, während die Septuaginta das Futur διαμενεῖς bietet.

[353] Vgl. Oepke, ThWNT I 393; Loader 59-60; Windisch 115.

steht auf der Kehrseite der einmaligen Beseitigung des Erschütterlichen der Prozeß des stets präsentischen Empfangens des Königreiches (Hebr 12,28). Dementsprechend ist eine Auffassung des ἔτι ἅπαξ, welche den Ton nicht auf die zeitlich punktuelle Einmaligkeit, sondern auf die Endgültigkeit eines andauernden Prozesses legt, zumindest erwägenswert. Die Beseitigung des Geschaffenen geschähe dann nicht plötzlich und erst in der Zukunft, sondern wäre in seiner alltäglichen Vergänglichkeit bereits unaufhaltsam im Gange.

d) Das Ungeschaffene bleibt dagegen als das, was nicht erschüttert wird. Hebr 1,11 bezieht auf Gott als Subjekt das Prädikat διαμένεις, ein Kompositum des in Hebr 12,27 auf das Ungeschaffene angewandten Verbums μένειν. Daraus wird klar, daß das Ungeschaffene zuallererst *der* Ungeschaffene ist, welcher das Geschaffene erschüttert, selbst aber nicht erschüttert wird. Er ist der König des unerschütterlichen Königreiches, das die Christen zu empfangen im Begriff sind. Bemerkenswert ist hierbei die Tatsache, daß in der Septuaginta der Ausdruck βασιλείαν παραλαμβάνειν oft terminus technicus für den Regierungsantritt von Herrschern ist.[354] Die Vorstellung vom Königtum schwingt aber schon in der Bezeichnung Christi als Erstgeborener in Hebr 1,6 mit (vgl. dort). Sowohl Hebr 1,6 als auch Hebr 1,10-12 wenden ursprünglich auf Gott gemünzte Schriftstellen auf Christus an. Christus gehört damit auf die Seite Gottes, das heißt des Ungeschaffenen. Dasselbe gilt für den Christen, der aufgrund seines Glaubens nicht vernichtet wird, sondern sein Leben erhält (vgl. Hebr 10,39). Dem entspricht die Analogie zwischen der unerschütterten οἰκουμένη, in die der Erstgeborene eingeführt wird (vgl. Hebr 1,6; Ps 93,1; 96,10), und dem unerschütterlichen Königreich, das die Erstgeborenen empfangen (vgl. Hebr 12,23).[355]

7.5. Zusammenfassung

Mußten wir bei den zuvor untersuchten vier Perikopen des Hebräerbriefes mit einigem Aufwand die raumzeitliche Situierung der dort erwähnten Heilsereignisse aus spärlichen Angaben und Querbezügen des Kontextes erschließen, so tritt in Hebr 12,25-29 das Welt- und Wirklichkeitsverständnis des Hebräerbriefautors klar zutage. Die Wirklichkeit zerfällt nach seiner Auffassung in zwei einander ausschließende, ontologisch gegensätzlich definierte Bereiche: den Bereich des Erschütterlichen und den Bereich des Unerschütterlichen. Das Erschütterliche ist von Gott geschaffen, von unentwegtem Werden und Vergehen geprägt und kann jederzeit wieder vollständig vergehen. Dagegen ist das Unerschütterliche ungeschaffen und

---

354 Vgl. Braun 445; Spicq, Études bibliques II 413.

355 Vgl. Buchanan 225; Hofius, Der Christushymnus 77-78.

bleibt ohne Veränderung in seinem Sein bestehen. Inbegriff des Erschütterlichen ist die Erde und alles Irdische, des Unerschütterlichen hingegen der Himmel und alles Himmlische. Der Unerschütterliche schlechthin ist Gott selbst, dem Christus als Sohn Gottes zugehört. Wenn das Sprechen Gottes am Sinai auf der Erde verortet wird, dann handelt es sich dabei nicht in erster Linie um eine Ortsangabe. Gemeint ist damit vielmehr, daß der dort geschlossene Bund bei allen unbestrittenen Qualitäten nicht von ewiger Dauer sein konnte. Umgekehrt qualifiziert das Sprechen Gottes vom Himmel her, das die zum Berg Zion Hinzugetretenen hören, den hier begründeten Bund als bleibend und ewig. Aus soteriologischer Perspektive hängt das Heil des Menschen dementsprechend davon ab, welchem der beiden Wirklichkeitsbereiche er zugeordnet ist. Denn alles Vergängliche wird früher oder später ganz vergehen. Aber die zum Berg Zion hinzugetretene christliche Gemeinde gehört nicht mehr dem Vergänglichen, sondern dem Unvergänglichen an. Sie empfängt ein unerschütterliches Reich. Auf dem Boden des so beschriebenen Auseinandertretens zweier grundsätzlich unvereinbarer ontologischer Wirklichkeiten ergibt die Frage nach dem Zeitpunkt des endgültigen Weltendes und einer dann etwa stattfindenden Parusie Christi auf Erden keinen rechten Sinn. Denn jetzt schon hat der Glaubende Anteil am unvergänglichen Reich des Himmels. Was ein Vergehen des Vergänglichen darüber hinaus noch bringen kann, ist nur so viel, daß diese Teilhabe offenbar und nicht mehr angefochten wird. Solange nämlich die erschütterliche Welt noch währt und den Blick auf den unerschütterlichen Himmel verstellt, muß der von Sünden Erlöste seinen Glauben durch die Ausdauer in den Widrigkeiten der gegenwärtigen Welt bewähren.

8. Auswertung und Zusammenfassung

Die zusammenfassende Auswertung des dargestellten Materials und der Ergebnisse einzelner Kapitel dieser Arbeit hat zum Ziel, den Aussagetendenzen und der Intention der behandelten Textstellen aus dem Hebräerbrief in ihrem Zusammenhang auf die Spur zu kommen. Es kann sich dabei nur um eine kumulative Argumentation handeln, weil die einzelnen Ergebnisse in ihrer Bewandtnis für die Interpretation oft unbestimmt bleiben. Erst in Verbindung mit anderen Einzelergebnissen kann sich ein argumentatives Gefälle ergeben, das zur wahrscheinlichsten Lösung einzelner Fragen im Rahmen dieser Abhandlung tendiert.

8.1. Die Vorstellung von den ausstehenden Ereignissen

8.1.1. Die Beschaffenheit der Ergebnisse

Im voraus muß ausdrücklich betont werden, daß die folgende Zusammenfügung einzelner Ereignismomente aus unterschiedlichen Kontexten hypothetischen Charakter hat. Es wird weder eine literarische Abhängigkeit des Hebräerbriefes von den zur Interpretation herangezogenen Texten behauptet noch vorausgesetzt, daß der Verfasser des Hebräerbriefes die einzelnen Elemente oder ihre hier folgende Zusammensetzung im Auge gehabt hätte. Solche Behauptungen bedürften zur Fundierung zuallererst eines Eingehens auf die üblichen Einleitungsfragen, welche in dieser Arbeit ausgespart bleiben. Leitend sind dagegen ausschließlich die inhaltlichen Aspekte der behandelten Texte. Auf der Grundlage inhaltlicher Assoziationen wird ein Gesamtbild entworfen, das in sich möglichst schlüssig ist, wobei der einfachste der möglichen Zusammenhänge jeweils den Vorzug erhält.[356] Dieser Zugang ist neben dem mehr historisch interessierten und anderen insofern berechtigt, als sich bestimmte menschliche Vorstellungen nicht nur aus direkten Abhängigkeiten nähren, sondern auch aus den nicht handgreiflichen Geistesströmungen einer Zeit und eines Lebenszusammenhangs. Nicht jede Aufnahme von geprägtem Gedankengut ist schließlich ein Zitat, sondern vieles davon wurde schon zuvor zu Gemeingut, auf das

[356] Gemäß dem als „Ockhams Rasiermesser“ bekannten methodischen Grundsatz: „Entia non sunt multiplicanda sine necessitate.“ Vgl. Anton Hügli/Poul Lübcke (Hrsg.), Philosophielexikon, Reinbek bei Hamburg 1991, 425.

jeder zurückgreifen kann, ohne seine Wurzeln zu kennen. Zur Erhellung einer Äußerung aus einem bestimmten Lebenszusammenhang sind somit im Grundsatz alle anderen Äußerungen, die in denselben hineinreichen, als Manifestationen verwandter Geistesströmungen geeignet. Damit wird aber die alttestamentliche, jüdische und urchristliche Tradition für die Auslegung des Hebräerbriefes grundsätzlich relevant.

8.1.2. Das Christusereignis

8.1.2.1. Der Motivzusammenhang von Hebr 1,6; 9,27-28; 10,25

Für den Gedanken an eine Wiederkunft Christi lassen sich in erster Linie Hebr 1,6 und Hebr 9,28 in Anspruch nehmen. In beiden Fällen ist die Ausdrucksweise jedoch so knapp, daß eine Fülle von Verständnisproblemen eine eindeutige zeitliche wie räumliche Situierung der gemeinten Ereignisse verunmöglicht. Gleichwohl ergeben sich am wenigsten Schwierigkeiten, wenn man das Geschehen im Zusammenhang von Auferstehung und Erhöhung Christi verortet. Diese Lösung ergibt sich aus der Konvergenz folgender Argumente:

a) Die Stellung des πάλιν in Hebr 1,6 bedarf keiner umständlichen Erklärung. Man kann es ungezwungen auf εἰσαγάγῃ beziehen und erhält den Sinn, daß Christus, nachdem er die Himmelswelt in seiner Inkarnation verlassen hat, nun dort wieder eingeführt wird.

b) Die Konsistenz der Ausdrucksweise verlangt, die οἰκουμένη in Hebr 1,6 als die künftige, jenseitige Welt zu begreifen, weil es sich um dieselbe handelt, die der Verfasser auch in Hebr 2,5 unter ausdrücklicher Aufnahme des vorherigen Gebrauchs erwähnt. Dieser Befund wird durch den strukturellen Bezug zu Hebr 12,26-28 untermauert: Die οἰκουμένη ist das unerschütterliche Königreich.

c) Derselbe Bezug wirft auch ein neues Licht auf die Bezeichnung Christi als Erstgeborener. Als solcher ist er nach Ps 89,27f. der Höchste unter den Königen der Erde, der König des unerschütterlichen Königreiches, dem Gott Bestand verleiht (vgl. 2 Sam 7,14). Indem Hebr 1,10-12 ihn als Gott anredet, der bleibt, ist er zugleich der Unerschütterte, der das Vergängliche durch seine Erschütterung beseitigt.

d) Die Einführung Christi als des Erstgeborenen in die himmlische Welt hat eine Analogie in der Einführung des Volkes Israel als des Erstgeborenen in das verheißene Land. Das Eingehen in die Ruhe ist die durch die Zeiten gleichbleibende eschatologische Verheißung Gottes (vgl. Hebr 3,1-4,12).

e) Dieses eschatologische Verheißungsgut hat Christus als Anführer der Rettung (Hebr 2,10) bereits empfangen, den Christen ist es dagegen im Verheißungswort in Aussicht gestellt. So ist Christus zum Urheber der ewigen Rettung (Hebr 5,9) und zum Erstgeborenen der Toten geworden, der seinen vielen Brüdern den Weg in die Herrlichkeit Gottes gebahnt hat (vgl. Kol 1,18; Offb 1,5; Röm 8,29).

f) Auf diesem Hintergrund ist nicht weiter verwunderlich, daß die Terminologie vom zweiten Erscheinen Christi in Hebr 9,28 mit der Verbform ὀφθήσεται (ὤφθη) in den Bereich der Erscheinungen des Auferstandenen verweist. Christus erscheint beim zweiten Mal als der Auferstandene.

g) Dieses zweite Erscheinen Christi ereignet sich in Analogie zu seinem Erscheinen vor den Engeln (vgl. 1 Tim 3,16), die ihm bei seiner Einführung in die himmlische Welt huldigen (Hebr 1,6). Hebr 1,5-14 wurde dabei oft als Nachbildung des altorientalischen Thronbesteigungszeremoniells verstanden. Insofern ist auch das zweite Erscheinen vor denen, die ihn erwarten, als Ereignis, das im Himmel stattfindet, vorstellbar.[357]

h) Zum ersten Mal war Christus den Menschen auf Erden in seiner Inkarnation, vor allem aber in seinem mit dem einmaligen Sterben des Menschen verglichenen Opfertod, erschienen (Hebr 9,26-28). Zum zweiten Mal wird er ihnen, gemäß der Strukturanalogie von Gericht und Erscheinen in Hebr 9,27-28, beim Gericht erscheinen. Das entspricht auch einem vorauszusetzenden allgemeinen Traditionswissen des Hebräerbriefautors. Wann und wo dieses Gericht stattfindet, ist schwer zu sagen. Mit Hebr 9,27 tendiert man eher zu einem individuellen Gericht im Himmel unmittelbar nach dem Tod, mit Hebr 6,1-2 dagegen eher zu einem universalen Gericht nach der allgemeinen Totenauferstehung.

i) Für die Gerichtserwartung als solche ist eine Festlegung in die eine oder andere Richtung jedoch nicht notwendig. Entscheidend ist für den Menschen allein, unter welchen Vorzeichen das Gericht stattfindet. Hierfür gilt: Die schreckliche oder zumindest ambivalente Erwartung des Gerichts wendet sich für diejenigen, die Christus erwarten, hin zur Erwartung der Rettung, die er aus diesem Anlaß vollenden wird (vgl. Hebr 9,28; 1 Kor 3,13; 1 Thess 5,8-10). Während an allen anderen Stellen Gott als Richter auftritt, ist in Hebr 9,28 die Vorstellung des Gerichts mit der Person Christi verbunden.

j) Über das Motiv des Tages sind das Erscheinen Christi und das Gericht mit dem Gedanken verbunden, daß aus Anlaß dieser Ereignisse eine Versammlung und Begegnung der Christen mit Christus stattfinden wird.

---

357 Das erste und das zweite Erscheinen Christi läßt sich jedoch für die Engel und für die Menschen kaum auf dieselbe Linie bringen. Das πάλιν markiert nach der obigen Interpretation den Wendepunkt zwischen dem Ausgehen Christi aus der himmlischen Welt und seiner Rückkehr dorthin, also zwischen dem Betreten der irdischen und dem Betreten der himmlischen Welt. Das ἐκ δευτέρου kann dagegen nur zwei davon verschiedene Bewegungen symbolisieren: 1. ein zweimaliges Betreten der irdischen Welt anläßlich von Inkarnation und Gericht; 2. das Betreten der irdischen Welt bei der Inkarnation und das Erscheinen in der himmlischen Welt beim Gericht. Die erstgenannte Bewegung im Kontext von ἐκ δευτέρου ließe sich mit der Linie des πάλιν zur Deckung bringen, wenn man die Anbetung Christi durch die Engel nicht in der himmlischen, sondern in der irdischen Welt bei deren zweitem Betreten lokalisieren würde. Dagegen sprechen jedoch die obigen Argumente a)-d) und g).

8.1.2.2. Die Unergiebigkeit von Hebr 10,37

Die Perikope, welche auf den ersten Blick das Kommen Christi am deutlichsten zu thematisieren scheint, erweist sich bei genauerer Untersuchung für die Aufhellung des damit verbundenen Vorstellungshorizonts am unfruchtbarsten. Hebr 10,37 verwendet zwar mit ὁ ἐρχόμενος einen Titel und schlägt ein Motiv an, die im Neuen Testament an vielen Stellen begegnen. Es fehlt aber jeglicher Hinweis darauf, mit welchen theoretischen Assoziationen das Motiv an dieser Stelle verbunden sein könnte. So läßt es sich in der neutestamentlichen Tradition wohl auffinden, es tut sich aus den herangezogenen Texten aber keiner so hervor, daß sich von ihm her ein Horizont für das Verständnis der Vorstellung eröffnete, welche hinter Hebr 10,37 steht. Ganz im Gegenteil dazu zeigt auch der Verfasser des Hebräerbriefes selbst kein näheres Interesse am Motiv des Kommenden als solchem, was allein schon daraus hervorgeht, daß es im folgenden nicht die geringste Rolle spielt. Vielmehr hat er ein rein pragmatisches Interesse an dem Zitat aus Hab 2,3b-4, auf das weiter unten einzugehen sein wird.

8.1.3. Die Diastase zwischen erschütterlicher und unerschütterlicher Welt

Den Schlüssel zum Verständnis des Weltbildes und der Seinsordnung, die der Verfasser des Hebräerbriefes voraussetzt und welche die eschatologische Befindlichkeit des Christen seiner Meinung nach bestimmt, gibt erst Hebr 12,25-29 in die Hand. Danach existiert eine klare Seinsordnung, welche charakterisiert ist durch die Diastase zwischen Erde und Himmel[358], Erschüttertem und Unerschüttertem, Beseitigtem und Bleibendem, Vergänglichem und Unvergänglichem, Veränderlichem und Unveränderlichem. Dem entspricht, daß in Hebr 12,18-24 die irdischen Realitäten am Sinai, an welchen die Wüstengeneration Anteil hatte, den himmlischen, zu denen die christliche Gemeinde Zutritt hat, gegenübergestellt wird. Bestand hat nur, was dem Bleibenden zugehört, das als Ungeschaffenes auf die Seite des Göttlichen rückt. Wer als Christ zu den bleibenden Realitäten hinzugetreten ist, der ist stets im Begriff, das unerschütterliche Königreich zu empfangen. Das Erschütterliche wird hingegen beseitigt und vernichtet. Ob man sich die Beseitigung punktuell und plötzlich in der Zukunft vorstellen soll oder ob sie im alltäglichen Prozeß der Vergänglichkeit wie von selbst ihren Lauf nimmt, kann aus der verwendeten Terminologie nicht mit Sicherheit geschlossen werden. Der Kern der Aussage liegt auch woanders: Mit dem ἔτι ἅπαξ wird die Unaufhaltsamkeit und Endgültigkeit der Dynamik unterstrichen, welche in der Seinsordnung selbst liegt und nach der alles Veränderliche der Vernichtung unterliegt, während das Unveränderliche unangetastet bestehen bleibt.

---

[358] Hier selbstverständlich im ontologischen und nicht im kosmologischen Verstande.

8.2. Die Funktion der fünf Perikopen im Ganzen des Hebräerbriefes

8.2.1. Die Aufgabe der Funktionsanalyse

Die zeitliche und räumliche Situierung einzelner Geschehnisse läßt der Verfasser des Hebräerbriefes in seiner Vorstellung von den ausstehenden Ereignissen eigentümlich in der Schwebe. Die knappen Schilderungen und blassen Anklänge an künftig erwartete Ereignisse werfen die Frage auf, zu welchem Zweck sie der Autor erwähnt, wenn er sie doch nicht eigentlich weiter ausführt. Ihre ureigene Funktion kann unter diesen Umständen jedenfalls nicht in der Schaffung eines apokalyptischen Gemäldes liegen, sondern muß anderswo gesucht werden. Diese Aufgabe übernimmt die Funktionsanalyse, indem sie nach der pragmatischen Funktion der Erwähnung der ausstehenden Ereignisse fragt.[359] Diese Vorgehensweise ergibt sich aus dem textimmanenten Ansatz meiner Methode.

8.2.2. Die äußere Funktion: Stilistische und literarische Mittel

8.2.2.1. Vergleiche und Gegenüberstellungen

In drei der fünf behandelten Perikopen operiert der Verfasser des Hebräerbriefes mit Vergleichen oder zumindest Gegenüberstellungen. Jedesmal sind sie dazu angetan, die Spitze seiner eigenen Aussagen zu schärfen.

In Hebr 9,27-28 bringt er durch die Einführung des zweiten Erscheinens Christi, dem er jegliche Relevanz für die Sündentilgung abspricht, die Aussage von Hebr 8-9 in einem eindrucksvollen Schlußakkord vertiefend auf den Punkt: Christus hat ein für allemal die Sünden weggenommen. Darüber hinaus kann und braucht es kein Opfer zur Sündentilgung mehr zu geben.

Hebr 10,37-39 stellt die gegensätzlichen Haltungen des Glaubens und des Zurückweichens einander gegenüber, von denen die erste zum Erhalt des Lebens, die zweite hingegen zum Verderben führt. Im Grunde handelt es sich dabei um eine Variante des in der Antike weit verbreiteten Motivs der zwei Wege.[360] Es stellt die damit Angesprochenen in eine unausweichliche Entscheidungssituation, welche nur die beiden genannten Alternativen offenläßt. Tertium non datur. Dabei wird die eine Alternative, zu deren Ergreifen die Adressaten ermuntert werden sollen, mit Attributen versehen, die sie erstrebenswert machen (Leben), die andere dagegen mit solchen, die man womöglich vermeidet (Verderben).

---

359 Was Gräßer, Der Glaube 93, im Hinblick auf angebliche Affinitäten des Hebräerbriefes zu Qumran feststellt, kann diesbezüglich verallgemeinert werden: „Sprachliche und gedankliche Konformität zu suchen und zu finden dürfte nicht schwer sein [...]. Nur will der Wert dieser Konformitäten an dem jeweiligen theologischen Gesamtverständnis und dem literarischen Willen des jeweiligen Verfassers gemessen werden."

360 Vgl. dazu nur Dtn 30,15-20; Ps 1; Mt 7,24-27; 25,31-46; Didache 1-6.

Hebr 12,18-29 stellt den Ereignissen am Sinai die Situation der Christen als solche, die zum Berg Zion hinzugetreten sind, gegenüber. Auch hier werden die Adressaten, wenn auch unterschwellig, vor die Entscheidung gestellt: Wollt ihr zum Vergänglichen gehören und vernichtet werden oder Anteil an dem Unvergänglichen erhalten? Dabei erhält der Ruf zur Entscheidung überhaupt erst seine Basis: Die beiden alternativen Haltungen folgen aus der ontologischen Diastase der beiden Welten.

8.2.2.2. Die a-fortiori-Argumentation

Die mit Hebr 12,18 einsetzende Gegenüberstellung gipfelt in Hebr 12,25 in einer a-fortiori-Argumentation. Die Wertung, welche schon durch die unterschiedlichen Attribute in der Gegenüberstellung gegeben war, wird weiter vertieft, indem explizit auf die Seite, welche die Adressaten betrifft, das Schwergewicht gelegt wird: πολὺ μᾶλλον ἡμεῖς. In ähnlicher Weise erfährt in Hebr 10,19-25 die Begründung, die in V.19-21 für die drei folgenden Hortative gegeben wurde, in V.25 nachträglich eine Vertiefung durch den Hinweis auf den ausstehenden, aber nahenden Tag: καὶ τοσούτῳ μᾶλλον ὅσῳ βλέπετε. Bei diesen Schlüssen a minori ad maius handelt es um ein allgemein übliches Verfahren, das unter der Bezeichnung Qal wachomer als eine der sieben Regeln Hillels bekannt ist und zu den Grundlagen der rabbinischen Hermeneutik gehört.[361] Im Hebräerbrief erscheint der Hinweis auf die ausstehenden Ereignisse als das inhaltliche Moment des a-fortiori-Schlusses, welches die Entscheidungssituation der Adressaten aufs äußerste zuspitzt.

8.2.2.3. Schlußakkorde und Übergänge

Bei der Behandlung der einzelnen Perikopen wurde immer wieder auf ihre Stellung im engeren und weiteren Kontext der Komposition des Hebräerbriefes eingegangen. Es verdichtete sich dabei das Ergebnis, daß sie mit Ausnahme von Hebr 1,6 alle am Ende eines größeren oder kleineren Abschnittes stehen und dort sowohl den Schlußakkord des Voraufgegangenen als auch den Übergang zum Folgenden bilden.

Hebr 9,27-28 schärft am Ende von Hebr 8-9 nochmals die Einmaligkeit und Endgültigkeit des Opfers Christi im Hinblick auf die Tilgung der Sünden ein und gewährt zugleich einen Ausblick darauf, daß die im Opfer Christi begonnene Rettung handgreifliche Wirklichkeit werden wird. Hebr 10,25 verleiht den Aufforderungen zum Hinzutreten, Festhalten und Achtgeben einen vertieften Impetus und schlägt mit dem Motiv des Tages das in Hebr 10,26-31 folgende Gerichtsmotiv an. Alle Linien des farbenprächtigen Bildes in Hebr 12,18-26 laufen letztlich auf Hebr 12,27-28 zu, wo der Grundsatz, nach dem sie gezeichnet wurden, auf den Punkt gebracht wird: die Diastase zwischen dem erschütterlichen und dem unerschütterlichen Reich.

---

[361] Vgl. Stemberger 28.

Die Zitation in Hebr 10,37-38 entpuppt sich als reines Erfordernis der Komposition. Weil die Adressaten wußten, daß sie einen bleibenden Besitz haben (Hebr 10,34: ὕπαρξις μένουσα), haben sie auch Ausdauer gezeigt (Hebr 10,32: ὑπομένειν). Zur selben Ausdauer will der Verfasser sie im weiteren ermuntern, was ihn auf die Spur von Hab 2,3b (ὑπόμεινον αὐτόν) führt. Die Habakukstelle in der von ihm gebildeten Form kommt ihm gerade zupaß, um die Themen der folgenden beiden Sektionen des IV. Teils einzuführen: eben Glaube und Ausdauer. Daß er Ausdauer nicht als zurückgezogenes Warten (ὑποστολή) verstanden wissen will, wird an dem Kontrast zu Jes 26,20 deutlich, das er zu diesem Zweck mit dem Habakuktext verbindet. Auf diese Weise hat er einen eleganten Übergang geschaffen, der das Element der Ausdauer aus Hebr 10,32-35 aufnimmt und es bei gleichzeitiger Erweiterung um das Motiv des Glaubens als Thema des Folgenden ankündigt. Die wesentlichen Merkmale von Glaube und Ausdauer sind dabei in der Exposition Hebr 10,36-39 bereits im Keim enthalten. In diesem literarischen Prozeß spielt das Motiv des Kommenden für sich genommen überhaupt keine Rolle und wird im Fortgang des Schreibens mit keiner Silbe mehr erwähnt. Man sollte sich deshalb davor hüten, ihm eine größere Bedeutung in der Intention des Verfassers beizumessen und Rückschlüsse auf dahinter sich verbergende theoretische Vorstellungen zu ziehen.

8.2.3. Die innere Funktion: Die Intention des Verfassers

Der Verfasser des Hebräerbriefes zeigt kein Interesse an einer detaillierten Schilderung etwa noch ausstehender Ereignisse. Das traditionell zeitliche Schema der Apokalyptik tritt bei ihm hinter räumlich-ontologischen Vorstellungen zurück. An die Stelle der Spannung zwischen Schon und Nochnicht rückt die Diastase zwischen erschütterlicher und unerschütterlicher Welt, die beide schon jetzt nebeneinander existieren. So erwartet er auch keine Apokatastasis, die sich unter furchtbaren Vorzeichen vollzöge, sondern lediglich die Vernichtung der erschütterlichen, diesseitigen Welt. Deren Beseitigung trägt keinerlei spektakulären Züge, sondern vollzieht sich im Rahmen ihrer banalen Vergänglichkeit, die einen Wesenszug ihrer Konstitution darstellt. Ob sich die erschütterliche Welt allmählich auflöst oder plötzlich und auf einmal, wird nicht deutlich und ist überdies nebensächlich. Wichtig ist allein die Tatsache, daß der Christ schon jetzt Anteil am unerschütterlichen Königreich hat. Diesen Anteil hat ihm Christus ein für allemal gesichert, indem er in seinem Selbstopfer ein für allemal die Sünden weggenommen hat. Der Christ braucht sich daher keine Sorgen um die Vernichtung der erschütterlichen Welt zu machen, wenngleich er noch von ihr umgeben ist. Ihre Beseitigung wird ihn nicht berühren, weil er als Empfänger des unerschütterlichen Reiches in jedem Fall bleibt.

Solange die erschütterliche Welt existiert, steht ihre gänzliche Beseitigung allerdings noch aus. Der Christ, der einerseits in der erschütterlichen Welt lebt, andererseits aber schon an den unerschütterlichen Realitäten partizipiert, steht in der belastenden Spannung zwischen seiner bereits realen Utopie und seiner irdischen Wirklichkeit. Aus dieser Spannung erwächst für ihn die Gefahr, den vom irdischen Standpunkt aus betrachtet utopischen Standort, den er im Hinzutreten zu den unerschütterlichen Realitäten eingenommen hat, aufzugeben. Die Aufgabe dieses Standpunktes würde den Verlust des Verheißungsgutes bedeuten, das in der uneingeschränkten Anteilhabe an der unerschütterlichen Welt bei gleichzeitiger Vernichtung der erschütterlichen Welt besteht. Gibt der Christ seinen Glauben und das Darunterstehen unter seiner Hoffnung auf, so fällt er zusammen mit der erschütterlichen Welt der Vernichtung anheim. In diese ernste Situation hinein fällt der Aufruf des Hebräerbriefautors zu Glaube und Ausdauer und der Annahme Gottes, der vom Himmel her spricht. Wie im Habakukkommentar von Qumran liegt die Intention des Hebräerbriefes bei der Erwähnung des Kommenden gerade darin, den unverwandten Blick der Adressaten von der Zukunft weg auf das Bestehen der Gegenwart zu lenken. In diesem Sinne meint die Haltung des Erwartens den aktiven Aspekt der Ausdauer und des Bleibens.

Abschließend läßt sich also die Aussageabsicht des Verfassers des Hebräerbriefes an den fünf untersuchten Stellen wie folgt auf eine Formel bringen: Christus hat ein für allemal die Sünden weggenommen und so den Zugang zum bleibenden, unerschütterlichen Reich erschlossen. Wer in Ausdauer und Glaube bei dieser Realität bleibt, dem ist entgegen der Vernichtung des Erschütterlichen sein Bleiben zugesichert: Er empfängt ein unerschütterliches Reich.

Teil II

Analyse mittelplatonischer Quellen

1. Grundlegung zum Vergleich zwischen Hebräerbrief und Mittelplatonismus

1.1. Die Fragestellung

Die beschriebene ontologisch gefärbte Scheidung der Wirklichkeit in Erschütterliches und Unerschütterliches, die der Hebräerbrief vornimmt, entfernt ihn von der jüdisch-christlichen Apokalyptik und rückt ihn in die Nähe zeitgenössischer philosophischer Vorstellungen, namentlich solcher des sogenannten Mittelplatonismus. Die gedankliche Verwandtschaft wurde schon lange wahrgenommen und kürzlich von K. Backhaus[1] von neuem mit Nachdruck festgestellt. Dennoch wurde der Mittelplatonismus als eigene Geistesströmung in der Hebräerbriefexegese kaum wahrgenommen. Wir können aber jene Forschungsrichtung aufnehmen, die allgemein mit Einflüssen aus dem hellenistischen Milieu auf den Hebräerbrief rechnet.[2] Dabei wurde nicht ohne Grund meistens in Alexandrien der fruchtbarste Umschlagplatz für religiös-philosophische Ideen aus Hellenismus, Judentum und Christentum angesiedelt. Denn in der dortigen jüdischen Gemeinde gab es bereits beachtliche Vermittlungsversuche zwischen der heidnischen und der jüdischen Tradition, von denen wir leider nur denjenigen von Philon kennen. An solche Vordenker konnte das frühe Christentum, dessen geistige Wurzeln ebenfalls im Judentum lagen und welches dasselbe Anliegen der Vermittlung hatte, anknüpfen. Uns interessiert an dieser Stelle, inwieweit mittelplatonisches Gedankengut in diese Vermittlungsversuche eingeflossen ist. Darüber hinaus wollen wir aber den Horizont über das jüdische Milieu hinaus ausweiten und auch heidnische, mittelplatonische Denker in den Blick nehmen. Dazu muß der Begriff des Mittelplatonismus geklärt werden. Denn Mittelplatonisches läßt sich umso leichter dingfest machen, je ungenauer der Begriff dessen ist, was man unter dieser Bezeichnung eigentlich sucht. So ermangeln viele Hinweise auf etwaige Gedankenverwandtschaft bisher des Nachweises; oder um es mit der Musik

---

[1] Vgl. Backhaus 258-265, der als Beleg ausschließlich auf Textstellen bei Plutarch von Chaironeia und Philon von Alexandrien verweist; vgl. auch den Hinweis bei Theobald, Vom Text 752-753.

[2] Hier sei zum Stand der Forschung auf das 2. Kapitel der Einleitung verwiesen, wo die wichtigsten Vertreter dieser Richtung mit ihren Positionen aufgeführt sind, außerdem auf den Forschungsüberblick bei Thompson, The Beginnings 5-11, der speziell dem Einfluß Philons auf den Hebräerbrief nachgeht. Der exponierteste Gegner eines solchen Einflusses ist R. Williamson (s. Literarurverzeichnis).

zu sagen: Das Thema ist angestimmt, aber jetzt muß sich zeigen, ob sich bei seiner Durchführung eine Symphonie ergibt. Daraus ergab sich der Anstoß, meine Nachforschungen über die Textimmanenz hinaus gezielt auf einige mittelplatonische Autoren auszuweiten.

Für die Methode ergibt sich daraus im Grundsatz ein Zusammenspiel von Suche und Untersuchung.[3] Der Begriff, der im ersten Teil dieser Arbeit auf dem Wege der Untersuchung von der Eschatologie an den untersuchten Hebräerbriefstellen gewonnen wurde, gibt Anlaß zu einem Verdacht auf Verwandtschaft zum Mittelplatonismus. Anhand des gewonnenen Suchbegriffs wird nun im zweiten Teil zunächst konkretes mittelplatonisches Textmaterial aufgespürt, welches auf den ersten Blick den Verdacht zu erhärten scheint. Die weitaus umfangreichere Aufgabe besteht anschließend aber darin, auf dem Wege der Untersuchung die betroffenen mittelplatonischen Quellen auf ihre Gesamtintention im Hinblick auf die so gefundenen Textpassagen zu befragen. Auf diese Weise soll auch diesen Quellen dieselbe Achtung wie dem Hebräerbrief hinsichtlich des ihnen eigentümlichen Aussagegefälles widerfahren. Nur so wird auch an dieser Stelle die Gefahr der Eisegese umgangen, und es können bei der Untersuchung mittelplatonischer Texte etwaige Ähnlichkeiten oder Unterschiede zur Konzeption des Hebräerbriefes zutage treten.[4]

1.2. Die Lage der Philosophie im 1. Jahrhundert n. Chr.

1.2.1. Was meint „Mittelplatonismus"?

Ein neuartiges Problem tut sich dadurch auf, daß die Ränder des philosophiegeschichtlichen Konglomerats, das unter dem Begriff des Mittelplatonismus zusammenzufassen sich eingebürgert hat, in alle Richtungen verschwimmen. Zwei exemplarische Äußerungen mögen dies verdeutlichen.

C. Zintzen grenzt den Mittelplatonismus in der Einleitung zu dem von ihm herausgegebenen Sammelband zum Thema folgendermaßen ein: „Unter dem Begriff ‚Mittelplatonismus' faßt man gewöhnlich die philosophische Entwicklung und die einzelnen Ausprägungen der platonischen Akademie von der Mitte des ersten Jahrhunderts v. Chr. bis zum Beginn des dritten Jahrhunderts n. Chr. zusammen. Diese Zeitspanne setzt ein, als mit Antiochos von Askalon die skeptische Phase der Akademie überwunden ist; sie reicht bis zu Numenios und Ammonios Sakkas, dem Vorläufer und dem Lehrer des Plotin."[5] Es fällt unmittelbar ins Auge, daß konzeptionelle

3 Vgl. eingangs S. 9-10.

4 Vgl. in diesem Sinne Runia, How to read Philo 186, über die angemessene Philonlektüre: „Philo should first be understood for himself, before he can be properly used to shed light on others."

5 Zintzen IX.

Aspekte der mittelplatonischen Philosophie bei dieser Definition ausgespart bleiben. Der Mittelplatonismus wird ausschließlich von außen her bestimmt als die platonisch-akademische Philosophie, die zeitlich zwischen zwei ihrerseits konzeptionell deutlich faßbaren philosophischen Richtungen existiert hat, nämlich zwischen der akademischen Skepsis und dem geschlossenen System Plotins, das den Neuplatonismus begründet.[6] Die Frage drängt sich auf: Ist die gemeinte Philosophie derart heterogen, daß sie inhaltlich vielleicht gar nicht auf den Begriff zu bringen ist?

Zumindest ist der gemeinsame Nenner, den H.-J. Klauck zu etablieren imstande ist, zugegebenermaßen sehr klein: „Als minimale Gemeinsamkeiten, die eine Identifizierung ermöglichen, sind anzusetzen: Transzendenz Gottes, Existenz der Ideen, Unsterblichkeit der Seele."[7] Dementsprechend läßt Klauck in seiner Behandlung der philosophischen Situation in der Umwelt des Urchristentums die gebotene Vorsicht walten und geht auf den Mittelplatonismus nicht wie auf „Die kaiserzeitliche Stoa"[8] und „Epikur und seine Schule"[9] ein. Vielmehr greift er exemplarisch den Denker heraus, von dem wir am meisten wissen: „Ein Mittelplatoniker: Plutarch von Chaironeia"[10].

Immerhin gibt der genannte mittelplatonische Minimalkonsens aber die fundamentalen Kriterien an die Hand, vermittels derer sich platonisch inspirierte Philosophie von der vorherrschenden philosophischen Strömung des ersten Jahrhunderts, der Stoa, unterscheidet. Jedes seiner drei Elemente beruht auf der grundlegenden Überzeugung, daß ein unüberwindlicher qualitativer Unterschied besteht zwischen Transzendenz und Immanenz, zwischen bleibendem Sein und Werden beziehungsweise Vergehen. Indessen kennt die stoische Philosophie mit dem Tätigen (τὸ ποιοῦν) und dem Leidenden (τὸ πάσχον) zwar zwei Prinzipien, denkt sie aber als „die beiden Grundmomente des einen, einzigen, unvergänglichen Seins"[11] materialistisch-monistisch. Vergängliche Einzeldinge sind während ihres Bestehens vermöge einer ihnen eigentümlichen Spannungsbewegung (τονικὴ κίνησις) mit sich selbst identisch; diese „vermittelt die Vorstellung des Werdens mit der des (bleibenden) Seins"[12]. „Es gibt nichts über die Welt und ihre stofflichen Prinzipien hinaus, keine Ideenwelt, keinen transzendenten Schöpfergott. Das wäre zugleich die stoische *Immanenz*, die, wenn man sie auf die Theologie anwendet, notwendig zu einem *Pantheismus* führen

---

[6] Vgl. auch Theiler, Vorbereitung 1, der von „jener in der Schule gepflegten platonischen Tradition, deren geschichtliche Bedeutung darin liegt, daß aus ihr der Neuplatonismus erwachsen ist", spricht. Dies entspricht ganz dem programmatischen Titel seines Buches: „Die Vorbereitung des Neuplatonismus".

[7] Klauck, Die religiöse Umwelt II 124.

[8] Vgl. Klauck, Die religiöse Umwelt II 77-113.

[9] Vgl. Klauck, Die religiöse Umwelt II 113-123.

[10] Vgl. Klauck, Die religiöse Umwelt II 124-142.

[11] Forschner 26.

[12] Forschner 80.

muß."[13] Beim Tode des Menschen löst sich nicht nur der Leib, sondern auch die Seele in ihre Elemente auf, wenn nicht sogleich, so doch über kurz oder lang. Aus den Elementen kann daraufhin etwas anderes, Neues entstehen. „Es kommt", wie Klauck treffend bemerkt, „zu einer Art von kosmischem Recycling."[14]

1.2.2. Abgrenzung und gegenseitige Beeinflussung der philosophischen Schulen

Will man die unterschiedlichen philosophischen Schulen des ersten Jahrhunderts und ihre vielfältigen Strömungen in den Blick und in den Griff bekommen, so ist es unerläßlich, ihre Hauptzüge in nuce zusammenzufassen. Dabei ist jedoch äußerste Vorsicht geboten, um ungebührliche Verzerrungen zu vermeiden. Jede markante Aussage verlangt im Grunde sofort nach ihrer Differenzierung. Um der Klarheit willen muß aber auch die Differenzierung differenziert erfolgen; das heißt: An dieser Stelle wird der eben hergestellte Holzschnitt von Stoa und Mittelplatonismus noch um einige notwendige, auch die Beziehung zu anderen Schulen betreffende Schnitte zu ergänzen sein. Die Feinarbeit kann und muß an den Texten selbst geleistet werden.

Zunächst scheint mir eine terminologische Unterscheidung von Platonismus und Akademie den historischen Tatsachen angemessen und für die hiesigen Zwecke nützlich. Ich folge darin H. Dörrie: „Mit ‚Platonismus', ‚platonisch', ‚Platoniker' wird die Richtung (und ihre Anhänger) bezeichnet, die ihr Philosophieren bewußt auf Platon zurückführte(n); dem entspricht der antike Terminus Πλατωνικοί – *platonici*. [...] Mit ‚Akademie' und ‚Akademiker' werden nur die berühmte Schule zu Athen und die ihr angehörigen Philosophen bezeichnet. [...] Die Antike verstand unter Ἀκαδημαϊκοί – *academici* fast durchweg die Anhänger der akademischen Skepsis [...]. Moderne Terminologie hat endlich die Bezeichnung ‚Alte Akademie' geschaffen (dies in Anlehnung an Ciceros *veteres*); damit werden die unmittelbaren Schüler Platons und die diesen folgende Generation zusammengefaßt."[15] Diese begrifflichen Bestimmungen sind nicht im rein ausschließlichen Sinne zu verstehen; denn selbstverständlich sahen sich sämtliche Akademiker als Platoniker. Umgekehrt, und darauf kommt es hier an, waren aber nicht alle Platoniker zugleich Akademiker.

Unter den philosophischen Schulen fand bewußt oder unbewußt, gewollt oder ungewollt, zugegeben oder verschwiegen, ein beständiger gedanklicher Austausch statt. Gerade daraus ergibt sich erst die Schwierigkeit, die uns hier aufhält, nämlich die Zuordnung bestimmter Gedanken zu einer bestimmten

---

13 Klauck, Die religiöse Umwelt II 90; vgl. Forschner 26-27.57-58.

14 Klauck, Die religiöse Umwelt II 95.

15 Dörrie, Platonica 166.

Schule. Sie zeigt sich zum Beispiel an dem Umstand, daß H. Leisegang[16] in seinem Lexikonartikel über Philon von Alexandrien dessen Lehre durchweg auf stoischen Einfluß zurückführt, während derselbe Philon bei J. Dillon[17] in der Reihe der Mittelplatoniker behandelt wird; oder daran, daß über die philosophische Orientierung des Plutarch von Chaironeia kontrovers diskutiert wurde.[18]

Die Schule, welche sich mit Aristoteles auf den berühmtesten Schüler Platons zurückführte, der Peripatos, bestand im ersten Jahrhundert nicht mehr als verfaßte Institution. Das hängt freilich weniger damit zusammen, daß ihre Lehren in Vergessenheit geraten wären, als vielmehr damit, daß deren Hauptstücke zum philosophischen Gemeingut geworden waren. Im Hinblick auf die Stoa „scheint jedenfalls klar, daß die Unterscheidung von wirkendem und leidendem Prinzip in der Naturphilosophie von Aristoteles und Theophrast gründet“[19]. Diese Unterscheidung ist Ausdruck eines Wirklichkeitsverständnisses, das jegliche peripatetisch beeinflußte Philosophie von der platonischen klar abhebt: „Das Werden ist selbst schon volle Wirklichkeit: es ist nicht, wie in der platonischen Ideenlehre, ein Werden zum Sein hin. Die Wirklichkeit des Werdens vermag Aristoteles dadurch zu rechtfertigen, daß er es als gestaltete Bewegung begreift, die Anfang, Verlauf und Ziel hat.“[20] Die Tatsache, daß Aristoteles auf diese Weise alle Bewegung und Veränderung immanent erklären und ihr volles Sein zusprechen kann, wirft in seiner Nachfolge das Problem, in welchem Verhältnis Transzendenz und Immanenz zu denken seien, erst mit seiner ganzen Wucht auf. Gewiß finden sich bei Aristoteles auch Ansätze zu seiner Lösung, wie etwa die berühmte Theorie vom unbewegten Beweger, aber systematische Konsequenzen ziehen daraus erst die folgenden Generationen.[21]

Vor allen Dingen in der Ethik hatten sich der Peripatos und die Stoa allgemein durchgesetzt und auch die Platoniker nachhaltig beeinflußt. So gilt vor allem für dieses Filetstück stoischer Philosophie die Feststellung, die Klauck kolportiert: „Mit dem 2. Jh. n. Chr. endet die Geschichte der Stoa, weil, wie jemand scherzhaft, aber nicht ganz falsch bemerkt hat, zu diesem Zeitpunkt jedermann ein Stoiker war.“[22] Andererseits kann

16 Vgl. Leisegang 1-50.

17 Vgl. Dillon, Platonists 139-183, der anderweitige Einflüsse auf Philon freilich bemerkt, aber letztlich zu dem Schluß kommt, daß Philon „was [...] essentially adapting contemporary Alexandrian Platonism, which was itself heavily influenced by Stoicism and Pythagoreanism, to his own exegetical purposes“.

18 Vgl. exemplarisch Babut; Froidefond, Plutarque et le platonisme; vermittelnd Dillon, Platonists 189: „The Epicureans were truly excluded from Plutarch's synthesis, as they were from that of all Middle Platonists, but the Stoics were not, and the true extent of Plutarch's opposition to them needs careful evaluation.“

19 Forschner 28.

20 Kaulbach 56.

21 Vgl. Forschner 28-29.

22 Klauck, Die religiöse Umwelt II 79.

als ein Musterbeispiel der Weiterwirkung der aristotelischen Tugendlehre Plutarchs Traktat „De virtute morali" gelten.

Die Stärke der Platoniker lag dagegen vor allem in der Physik, Metaphysik und Theologie, wo sich folglich das platonische Profil am deutlichsten zeigt.[23] Im Mittelplatonismus hängt dies damit zusammen, „daß der ‚Timaios' Platons nicht nur wieder-entdeckt wurde, sondern als philosophische Lektüre geradezu in Mode kam"[24]. Heftig wurde darüber gestritten, ob der Schöpfungsbericht im Timaios im wörtlichen oder im übertragenen Sinne zu verstehen sei, und ob folglich die Welt in der Zeit entstanden oder ewig sei. In diesem Zusammenhang scheint auch „der demiurgische und providentielle Charakter des stoischen Logos eindeutig platonischer Herkunft"[25] zu sein.

Häufig wird für Aussagen der unterschiedlichsten Schriften aus dem ersten Jahrhundert pythagoreischer Einfluß behauptet, vor allem wenn es um Mathematik oder Musik geht. Allgemein wird eine Neubelebung des Pythagoreismus etwa zeitgleich mit dem Aufkommen des Mittelplatonismus angenommen. Die ursprünglich aus dem Pythagoreismus stammenden Teile der platonischen Doktrin, etwa die Lehre von der Seelenwanderung, waren längst integraler Bestandteil des Platonismus geworden. Allerdings war ihre pythagoreische Herkunft oft durchaus noch im Bewußtsein. Ob nun Mittelplatoniker Lehrstücke aus dem neubelebten Pythagoreismus übernahmen oder umgekehrt die neuen Pythagoreer den von alters her bekanntermaßen pythagoreisch beeinflußten Platonismus als Krücke für Neuformierung benutzten, kann angesichts dieser Sachlage meist nicht entschieden werden.[26]

1.2.3. Der Verdacht auf Mittelplatonisches im Hebräerbrief

Jetzt erst ist die Basis dafür geschaffen, den Verdacht, daß der Hebräerbrief in seiner Denkweise aus mittelplatonischem Gedankengut geschöpft haben könnte, konkret plausibel zu machen. Er nährt sich im einzelnen aus den folgenden Beobachtungen:

1. Der aus den im ersten Hauptteil untersuchten Perikopen gewonnene eschatologische Begriff zeigt deutlich die mittelplatonische Dichotomie von Sein und Werden/Vergehen (vgl. v.a. Hebr 1,10-12; 10,39; 12,26-28).

2. Dem entspricht, daß das zeitlich-apokalyptische Schema, das am ehesten in Hebr 9,28 noch hineinspielt, in den Hintergrund rückt gegenüber demjenigen der ontologischen Verortung des Seins in der Transzendenz und des Werdens und Vergehens in der Immanenz (vgl. zusätzlich Hebr 1,6). Daß Gott auf der Seite der Transzendenz steht, ist auf dem alttestamentlichen Nährboden des Hebräerbriefes keine Frage.

---

[23] Vgl. Dörrie, Platonica 300-302.

[24] Dörrie, Platonica 174.

[25] Forschner 28.

[26] Vgl. Dörrie, Pythagoreismus 268-274.

3. Die Übernahme dieses mittelplatonischen Denkmodells verschärft im Hebräerbrief das Problem der Vermittlung zwischen der transzendenten und der immanenten Wirklichkeit, so daß als Grenzgänger und Vermittler nur noch Jesus Christus selbst in Frage kommt (Hebr 1,6; 9,28). Seine christologische Soteriologie in Absetzung von den traditionellen Vermittlungsinstanzen darzulegen ist denn auch für den Autor des Hebräerbriefes naheliegend und kommt dementsprechend in Hebr 1,4-2,18 im Hinblick auf die Engel und in Hebr 7,1-10,18 im Verhältnis zum alttestamentlichen Kultvollzug zur Durchführung. Im zentralen Lehrstück Teil IIIA-C dient ihm dabei mit der Urbild-Abbild-Theorie wieder die mittelplatonische Dichotomie als entscheidendes Denkmuster.[27]

1.3. Der für den Vergleich relevante Ausschnitt aus dem Mittelplatonismus

1.3.1. Zur Methode der Ausgrenzung

Aufgrund der angedeuteten wechselseitigen Einflüsse zeigt der Mittelplatonismus ein sehr heterogenes Erscheinungsbild. Darin müssen nun nichtsdestotrotz auf dem Wege der Suche die konkreten textuellen Ankerplätze gefunden werden, an denen sich mein vom Hebräerbrief ausgehender Verdacht festmacht. Mehr noch als die Untersuchung steht die Suche in der Gefahr, auf Geratewohl im Nebel zu stochern, ohne eine klar und deutlich definierte Methode. Das neu aufgekommene Problem erfordert eine Präzisierung der Methode. Wie zu Beginn meiner Arbeit möchte ich deshalb auch an dieser Stelle zwei mögliche Vorgehensweisen unterscheiden. In Absetzung von der gängigen Fragestellung und Methode der Forschungen zum Mittelplatonismus will ich erläutern, aus welchen Gründen und zu welchem Zweck ich einen anderen Weg einschlagen werde. Die beiden Vorgehensweisen nenne ich diachrone Doxographie und Zeitgeistesgeschichte.

Die diachrone Doxographie ist diejenige Methode, welche in den bisherigen Forschungen zum Mittelplatonismus vorherrscht. Sie rekonstruiert die Lehre eines Philosophen mit Hilfe von Fragmenten aus späteren Quellen, die dem betreffenden Philosophen bestimmte Meinungen zuschreiben. Diachron nenne ich sie deshalb, weil sie Quellen aus verschiedenen Epo-

---

[27] Hier wird die Geographie des Hebräerbriefes strikt von den fünf Perikopen aus vermessen, die im ersten Hauptteil untersucht wurden. Damit sei nicht behauptet, daß ausschließlich diese Stellen als archimedische Punkte zum Verständnis des Ganzen dienen könnten, von der tatsächlichen Konstruktion durch den Autor des Hebräerbriefes ganz zu schweigen. In Anbetracht der erwiesenen strukturierten Komposition muß es prinzipiell möglich sein, von jedem Punkt aus die Gesamtintention in den Blick zu bekommen. Daß unter diesen Umständen auf dem Fundament aufgebaut wird, das im ersten Hauptteil ohnehin gelegt wurde, erscheint selbstverständlich.

chen heranzieht und hinter den einzelnen Text nach der Herkunft seines Gedankengutes zurückfragt. Sie ordnet die Ideen nach den Köpfen, die sie ursprünglich gedacht haben, nicht nach den Quellen, in denen sie auf uns gekommen sind. Der Einzeltext dient dabei als Steinbruch der Doxographie. Vergleichbar ist diese Methode mit dem Unternehmen, aus der Bibel eine Geschichte Israels zu rekonstruieren. Die diachrone Doxographie stößt auf drei Schwierigkeiten:

1. Ihre Vorgehensweise ist fundamental strittig. In Abwandlung einer Begrifflichkeit, die sich zur Klassifizierung von Zugängen zur Geschichte Israels gebildet hat, lassen sich zwei Parteien ausmachen. Die eine vertritt einen minimalist approach, das heißt: In die Doxographie eines Philosophen wird ein bestimmtes Fragment aus einer Quelle nur dann aufgenommen, wenn es die Quelle unter ausdrücklicher Nennung seines Namens anführt. Dagegen steht der maximalist approach, der darüber hinaus auch solche Fragmente anerkennt, die ohne ausdrückliche Namensnennung vom Inhalt der Fragmentensammlung, welche sich aus dem minimalist approach ergibt, inspiriert sind.[28]

2. Die Quellen, welche die Fragmente liefern, sind oft in erheblichem zeitlichem Abstand zur Lebenszeit des doxographisch erfaßten Philosophen entstanden. Es ist daher sehr ungewiß, aus welchen Quellen sie ihrerseits die angeführte Lehrmeinung schöpfen, ob aus Primärquellen des betreffenden Denkers selbst oder aus anderweitigen Kolportationen, deren Zuverlässigkeit sich vollends unserem Urteil entzieht.

3. Jede Quelle führt Lehrmeinungen anderer in einer eigenen Intention an, mit der sie den Erfordernissen ihrer Zeit und ihrer Problemstellung gerecht werden will.[29] Oft bleibt dabei zu fragen, inwieweit die einer anderen Person in den Mund gelegten Meinungen wirklich dessen eigene Lehren wiedergeben. Ein klassisches Beispiel dafür bietet die Person des Sokrates in den Dialogen Platons. Eine bestimmte Person verleiht den ihr

---

28 Vgl. z. B. den unterschiedlichen Umfang der Sammlungen der Fragmente des Stoikers Poseidonios von L. Edelstein/I. G. Kidd (minimalist approach) und W. Theiler, Poseidonios (maximalist approach), speziell das Vorwort und die Konkordanz Theiler, Poseidonios 10/1 XI-XIII.387-399. Es ist unmittelbar einleuchtend, daß der maximalist approach keine gegenüber dem minimalist approach wesentlich neuen Inhalte auffinden kann, weil der einzige Haftpunkt ja gerade in der gedanklichen Verwandtschaft zu Inhalten des minimalist approach besteht. Im Sinne einer bestmöglichen Absicherung der Ergebnisse ist daher der minimalist approach von Edelstein und Kidd dem maximalist approach von Theiler vorzuziehen. Seine Basis ist zwar schmaler, aber scharf umgrenzt und solide. Der Streit in der Vorgehensweise ließe sich also noch mit guten Gründen entscheiden.

29 Diese Schwierigkeit hat Kidd II(i) ix bereits im Vorwort zu seinem Kommentar eingestanden: „Study of the fragments has confirmed my view that ancient authors are not, any more than modern writers, mere reporters or tape-recorders of predecessors to whom they refer. [...] But the matter is more complicated, for the actual argument or method of presentation in which the report is embedded raises problems, not only of the extent of a fragment, but also to what degree it has been coloured, reinterpreted or distorted.“

zugeschriebenen Meinungen ihre persönliche Autorität. Umgekehrt kann eine Lehre durch die Person dessen, der sie vorträgt, diskreditiert werden. Kurz: Ein Zitat oder eine inhaltliche Anspielung auf anderweitige Quellen sagen mehr über die Intention der Schrift aus, in die sie eingeflochten sind, als über ihre ursprüngliche Herkunft.[30]

Diese genannten Schwierigkeiten umgeht die Methode, welche ich Zeitgeistesgeschichte nenne. Sie nimmt die Quellen selbst als Zeugnis dessen, was zur Zeit ihrer Abfassung philosophisch gedacht wurde. Zitate aus und Anspielungen auf Lehren anderer, welche die Quelle mitführt, nimmt sie in erster Linie als schlichten Nachweis dafür, daß das betreffende Gedankengut für die Quelle und ihre Zeit noch von Bedeutung ist. So geht die Zeitgeistesgeschichte im doppelten Sinn dieses Wortes synchron vor: Sie legt unter einer genau umgrenzten Fragestellung die Antworten frei, welche die Geistesgeschichte zu einer bestimmten Zeit darauf gegeben hat; dadurch schreibt sie zugleich ein Stück Geschichte des Zeitgeistes einer Epoche. Dadurch versetzt sie den Exegeten in die Lage, den Hebräerbrief im geistigen Milieu seiner Entstehungszeit zu verorten. Mit der Archäologie zu sprechen: Die Zeitgeistesgeschichte interessiert sich für die Ausdehnung eines einzelnen Stratums, nicht für den Querschnitt einer Lage. Ein Stratum baut freilich stets auf dem darunterliegenden auf und verwendet es oft als Steinbruch. Wenn aber die Zuweisung der einzelnen Bausteine eines Gebäudes zu früheren Bebauungsphasen, wie oben dargelegt, mit kaum überwindbaren Schwierigkeiten behaftet ist, besteht der weitaus solidere Weg, zu gesicherten Ergebnissen zu gelangen, darin zu zeigen, wie das entstandene Gebäude die einzelnen Bausteine zu einem neuen Ganzen vereinigt. In diesem Bild zeigt sich deutlich die Stärke der Zeitgeistesgeschichte: Daß eine Quelle zu einer bestimmten Zeit bestimmtes Gedankengut enthält, ist eine an der uns erhaltenen Quelle selbst verifizierbare beziehungsweise falsifizierbare Tatsache; woher die Quelle das betreffende Gedankengut nimmt, ist dagegen oft Spekulation.

Man mag sich die Frage stellen, weshalb bei der folgenden Betrachtung der philosophischen Quellentexte den dem Hebräerbrief zeitlich nahestehenden ein derartiger Vorrang eingeräumt wird, während doch im ersten Hauptteil dieser Abhandlung die zumeist biblischen Parallelstellen ohne Rücksicht auf ihre Datierung herangezogen wurden. Die Antwort gibt der Hebräerbrief selbst durch die unterschiedliche Art und Weise, in der er biblisches und, was erst noch zu erweisen sein wird, philosophisches Gedankengut verarbeitet. Die Feststellung ist banal, daß der Hebräerbrief der Schriftauslegung einen so weiten Platz einräumt wie keine andere neutestamentliche Schrift. Seine überaus zahlreichen Zitate aus und Anspielungen auf Schrifttexte legen beredtes Zeugnis

---

30 Vgl. z. B. Dörrie, Platonica 308.

davon ab.[31] Daraus geht eindeutig hervor, daß man seinem Autor die Kenntnis der alttestamentlichen Tradition unterstellen darf; gegen die Heranziehung der neutestamentlichen Schriften kann sich der Einwand gar nicht wenden, weil sie ja implizit den Anforderungen der Zeitgeistesgeschichte entspricht. Anders steht es mit der etwaigen Aneignung philosophischer Gedanken durch den Autor des Hebräerbriefes. Zitate sowie direkte Anspielungen fehlen ganz, und etwa zugrundegelegte philosophische Denkmuster haben jedenfalls durch die eigene Intention des Hebräerbriefes eine Überformung erfahren und sind dadurch erheblich schwieriger nachweisbar. Ihre Kenntnis und Verarbeitung darf dem Hebräerbriefautor folglich nicht im vorhinein unterstellt werden. Will man sie aber nachweisen, so muß an dem Punkt angesetzt werden, der selbst für einen nicht eigens philosophisch gebildeten Schriftsteller am wahrscheinlichsten ist: daß ihm nämlich in der Philosophie seiner Zeit leitende Denkmuster zumindest in einer popularisierten Form nicht ganz unbekannt waren. Diese Denkmuster erhebt die Zeitgeistesgeschichte.

1.3.2. Erfassung der in Frage kommenden Quellen

Für die konkrete Erfassung der für den Vergleich mit dem Hebräerbrief in Frage kommenden mittelplatonischen Quellen ergeben sich von dem entwickelten methodischen Standort aus zwei gleichermaßen bedeutsame Gesichtspunkte; der eine richtet sich im Verfolg der Zeitgeistesgeschichte auf die Datierung der einzelnen Mittelplatoniker und ihrer Schriften im Bezug zum Hebräerbrief, der andere hernach im Sinne der Suche auf diejenigen Texte innerhalb des so abgesteckten zeitlichen Rahmens, welche eine Nähe zum erhobenen eschatologischen Begriff des Hebräerbriefes aufzuweisen scheinen. So werden die Aussagen des Hebräerbriefes in erster Linie aus dem geistigen Milieu seiner Zeit heraus verständlich.

1.3.2.1. Zeitliche Eingrenzung des Suchspektrums

Zeit-, Ort-, Verfasser- und Adressatenfrage hängen wie gewöhnlich so auch beim Hebräerbrief eng zusammen. Hinsichtlich des Verfassers und des Verfassungsortes ist die Forschung bislang über vage Vermutungen nicht hinausgekommen. Diese stützen sich zu nicht geringen Teilen auf Affinitäten zur zeitgenössischen religiös-philosophischen Literatur, welchen hier aber erst nachgegangen werden soll. Um nicht zirkulär zu argumentieren, dürfen solche Hinweise daher zu Beginn der nachfolgenden Forschung noch nicht als gesicherte Ergebnisse genommen werden. Auf die Adressaten wurde ausgehend von den paränetischen Teilen des Schreibens in

[31] Theobald, Vom Text 754, führt allein 33 ausdrücklich durch Einführungsformeln markierte Schriftworte im Hebräerbrief auf. Die dortigen Angaben (ebd. 751) zur Literatur bezüglich der Schriftauslegung im Hebräerbrief belegen auch die umfangreiche exegetische Diskussion zu diesem Thema.

weit voneinander entfernte Richtungen geschlossen. Deshalb wurde die Adressatenfrage bereits im ersten Hauptteil dieser Arbeit unberücksichtigt gelassen, obwohl ihre Beantwortung gewöhnlich zur Erfassung der Intention hilfreich ist. Lediglich bei der Datierung zeichnet sich ein Konsens dahingehend ab, daß der Hebräerbrief um 85 entstanden sei. Im Sinne der Zeitgeistesgeschichte ist die Datierung zunächst auch die einzige Frage, deren Beantwortung von Interesse ist, um eine Ausgangsbasis für unsere Untersuchungen zu schaffen. Da es für meine Zwecke unerheblich ist, ob man nun die Abfassung zehn Jahre früher oder später ansetzt, will ich hier die Datierungsfrage nicht ausführlich erörtern, sondern lediglich die Hauptargumente der bisherigen Diskussion in aller Kürze nennen.

Als terminus ante quem wird gewöhnlich das Jahr 95 n. Chr. angegeben. Zu diesem Zeitpunkt ist der Erste Clemensbrief entstanden, dessen Autor nach Meinung der meisten Exegeten den Hebräerbrief selbst oder zumindest eine den beiden Schriften gemeinsame Tradition gekannt hat. Dieses Argument stützt sich vor allem auf 1 Clem 36,2-5, worin dann ein freies Zitat von Teilen aus Hebr 1 zu sehen wäre.[32] Daß beide Stellen einer gemeinsamen liturgischen Tradition entstammen, wird dagegen für sehr unwahrscheinlich gehalten. Anders liegen die Dinge bezüglich dreier weiterer Stellen aus dem Ersten Clemensbrief, deren Anklänge an den Hebräerbrief sehr wohl durch liturgische Tradition bedingt sein könnten.[33] 1 Clem 17,1 steht Hebr 11,37 inhaltlich sehr nahe. Die formelhafte Bezeichnung Jesu als ἀρχιερεὺς καὶ προστάτης (τῶν ψυχῶν) ἡμῶν in 1 Clem 61,3 und 1 Clem 64 erinnert an den Titel des Hohenpriesters und damit zusammenhängende Bezeichnungen Jesu im Hebräerbrief (vgl. Hebr 5,9: αἴτιος σωτηρίας αἰωνίου; Hebr 12,2: τὸν τῆς πίστεως ἀρχηγόν).

Freilich wird als terminus ante quem nicht selten auch die Zerstörung des Jerusalemer Tempels im Jahre 70 n. Chr. genannt. Die Vetreter dieser Meinung gehen davon aus, daß „die Darstellung des Heils als eines Kultmysteriums“[34] nur so lange unmittelbare Überzeugungskraft besaß, als der Tempel noch stand und in Betrieb war.[35] Dieses Argument sticht jedoch kaum. „Hebr orientiert sich nicht am Herodianischen Tempel, sondern an der Stiftshütte (9,1-7). Seine typologisch gezielte Argumentation ist völlig unabhängig von den historischen Gegebenheiten.“[36] Von daher bietet auch „sein Schweigen von der Zerstörung des Tempels in Jerusalem“, wie Weiß[37] richtig anmerkt, keinen brauchbaren Anhaltspunkt zur Datierung.

---

32 Vgl. Attridge 6-8; Braun 3; Bruce 21; Gräßer XVII/1 25; Michaelis, Einleitung 273; Weiß 77.

33 Zur Traditionskritik vgl. Theißen, Untersuchungen 35-37; Vielhauer 251; Weiß 115-116.

34 Gräßer XVII/1 25.

35 Vgl. Berger/Nord 182; Bruce 21-22; Buchanan 257; Strobel 11.

36 Gräßer XVII/1 25; vgl. Braun 3; Kümmel 355; Lane lxiii; Michaelis, Einleitung 273; Schnelle 381-382; Vielhauer 251; Weiß 77; Wikenhauser/Schmid 561.

37 Vgl. Weiß 77.

Für eine Datierung des Hebräerbriefes in die Zeit nach 70 spricht allgemein die Beobachtung, daß zu seiner Abfassungszeit die Anfänge der Jesusbewegung vorbei sind (vgl. Hebr 2,3).[38] Der Autor erwähnt Verfolgungen der christlichen Gemeinde. Derartige Verfolgungen hat die Gemeinde einerseits schon überstanden (vgl. Hebr 10,32-34), andererseits stehen sie ihr offenbar erst noch bevor, und zwar in absehbarer, bedrohlicher Nähe (vgl. Hebr 12,4).[39] Letzteres „könnte darauf hinweisen, daß der Hebr in den Jahren vor Beginn der Christenverfolgung unter dem römischen Kaiser Domitian (81-96) geschrieben worden ist“[40]. Faßt man die genannten Argumente und Indizien gemeinsam ins Auge, so ergeben sich als wahrscheinlichste Abfassungszeit des Hebräerbriefes die Jahre zwischen 80 und 90.

Für einen Vergleich mit dem Hebräerbrief kommt auf der Seite des Mittelplatonismus also prinzipiell die Zeitspanne zwischen dessen Aufkommen und der Entstehungszeit des Hebräerbriefes in Frage, das heißt die hundertfünfzig Jahre zwischen ca. 50 v. Chr. bis ca. 100 n. Chr. Im Sinne der Zeitgeistesgeschichte und den damit verbundenen Gründen interessieren aber nicht alle Vertreter des Mittelplatonismus, welche in dieser Zeitspanne gewirkt haben, sondern nur diejenigen, deren Wirken vermittels uns erhaltener Schriften aus diesem Zeitraum aus erster Hand in Augenschein genommen werden kann. Alles andere würde ein Vorgehen nach der diachronen Doxographie bedeuten, der die Zeitgeistesgeschichte vorzuziehen ist, weil sie weniger Unwägbarkeiten in Kauf nimmt.

1.3.2.2. Mittelplatonisches Quellenmaterial im Suchspektrum

Von welchen Mittelplatonikern aus diesem Zeitraum sind uns nun also Schriften erhalten? Es sind nur zwei: Philon von Alexandrien, Plutarch von Chaironeia und eventuell ein gewisser Alkinoos. Aber die Frage ist noch nicht umfassend zeitgeistesgeschichtlich gestellt; sie muß weiter gefaßt lauten: Wessen Schriften aus diesem Zeitraum transportieren mittelplatonisches Gedankengut? Damit tritt eine weitere Referenz hinzu: Lucius Annaeus Seneca. Geben wir kurz zu jedem der vier genannten Autoren die nötige biographische Notiz.[41]

---

38 Vgl. Gräßer XVII/1 25; Kümmel 355; Strobel 11; Vielhauer 251; Weiß 77.

39 Vgl. Gräßer XVII/1 25; Kümmel 355; Wikenhauser/Schmid 561.

40 Weiß 77.

41 Dillon, Platonists, behandelt darüber hinaus als Mittelplatoniker: Antiochos von Askalon, Eudoros von Alexandrien, Nikostratos, Kalbenos Tauros, Attikos, Harpokration von Argos, Severus, Gaios, Apuleius von Madaura, Galenos; als Neupythagoreer: Moderatos von Gades, Nikomachos von Gerasa, Numenios von Apameia, Kronios, Ammonios Sakkas; und unter dem für den Mittelplatonismus bezeichnend unsystematischen Titel „Some Loose Ends“ (ebd. xi.384): die valentinianische Gnosis, den Poimandres, die Chaldäischen Orakel, Theon von Smyrna, Maximos von Tyros, Kelsos, Calcidius und als Doxographen platonischer Lehre Diogenes Laertios und Hippolytos von Rom. Diese Aufzählung vermittelt einen Eindruck davon, was wir vom Mittelplatonismus alles nicht wissen; denn von den meisten dieser Persönlichkeiten sind uns nur Fragmente aus viel späteren Quellen erhalten.

Zunächst zu Philon von Alexandrien: „Das einzige Ereignis aus dem Leben P.s, das einen Anhaltspunkt für die Festsetzung seiner Lebenszeit gibt, ist seine Beteiligung an der Gesandtschaft, die von den Alexandrinern im Winter des J. 39 n. Chr. zum Kaiser Gaius Caligula nach Rom geschickt wurde“[42]. Einerseits bezeichnet er sich in seinem Bericht darüber als in Alter und Bildung bereits fortgeschritten; andererseits stammen umfangreiche Werke nachweislich aus der Zeit danach. „Demnach fiel seine Lebenszeit etwa in die Jahre von 20 v. Chr. bis 45 n. Chr.“[43] Unter den hier zu behandelnden Autoren nimmt Philon als jüdischer Religionsphilosoph zweifellos eine herausragende Stellung ein: „The philosophy which was accepted as an instrument for explaining the faith was primarily Middle Platonism, which was both popular and easily set within a Christian framework. Philo of Alexandria had already seen the possibilities for using the Platonic metaphysic to explain the biblical faith. Indeed, his heirs are to be found among Christian writers, as Philo is unknown to the subsequent Jewish tradition.“[44]

Plutarch von Chaironeia war nach Delph 385b im Jahre 66/67, als Kaiser Nero Griechenland besuchte, Hörer des Platonikers Ammonios[45] in Athen und wird in Delph 17,391e zu diesem Zeitpunkt als Jüngling bezeichnet; er war also damals kaum älter als 20 Jahre. Außerdem bezeugt Euseb in seiner Chronologie zum Jahr 2135 seit Abraham (119 n. Chr.), daß Plutarch zu der Zeit noch lebte. Aus der Inschrift auf der Basis einer Hadrianstatue in Delphi, wo Plutarch als Priester tätig war, geht hervor, daß die Statue unter der Aufsicht Plutarchs aufgestellt wurde. Die Inschrift wird stilistisch auf die Anfangszeit der Regierung des Kaisers Hadrian datiert.[46] „Die übrigen zeitlichen Anspielungen in den Schriften weisen sämtlich auf die Zeit von Nero bis Traian [...]. Nach allem darf die Datierung ‚Geburt kurz vor 50, Tod bald nach 120‘ als hinreichend gesichert gelten.“[47] Da Plutarchs Lebenszeit damit über das festgelegte Suchspektrum hinausragt, drängt sich die Frage nach der Datierung seiner einzelnen Schriften auf. Allerdings ist die Forschung auf diesem Gebiet heute nicht weiter als K. Ziegler 1951: „Über die Entstehungszeit der Schriften und ihre chronologische Reihenfolge habe ich so wenig wie andre vor mir etwas ermitteln können.“[48] Von den weiter unten besprochenen, für diese Arbeit herangezogenen Schriften datiert er jedenfalls keine nach 100, außer „De Iside et Osiride“; aber selbst deren Abfassung kurz vor 100 liegt noch im Bereich des Möglichen.[49] Bei der unmöglichen

42 Leisegang 1.
43 Leisegang 1.
44 Thompson, The Beginnings 152-153.
45 Es handelt sich freilich nicht um Ammonios Sakkas, den Lehrer Plotins.
46 Die Inschrift CIG 1713 = Syll.^{3} 842 ist in Delphi erhalten.
47 Ziegler, Plutarchos 641; vgl. ebd. 639-641; Klauck, Die religiöse Umwelt II 125-126.
48 Ziegler, Plutarchos 708.
49 Vgl. Ziegler, Plutarchos 708-712.716-717.

randscharfen Abgrenzung des Suchspektrums liegen somit alle benutzten Schriften noch innerhalb der Grenzen.

„Lucius Annaeus Seneca wurde um die Zeitenwende in Cordoba in Spanien geboren.“[50] Unklar ist, inwieweit Seneca tatsächlich in die Verschwörung gegen Kaiser Nero verwickelt war, die ihn letztendlich das Leben kostete. Im Jahre 65 beging Seneca jedenfalls den ihm von Nero befohlenen Selbstmord.[51] Es mag verwundern, daß Seneca hier in einer Reihe von Mittelplatonikern auftaucht; er war bekanntermaßen Stoiker. Das hinderte ihn aber nicht daran, philosophische Versatzstücke aus anderen Schulen für seine Zwecke zu benutzen.[52] So hat W. Theiler bereits 1930 erstmals darauf hingewiesen, daß Senecas Briefe Ep 58 und Ep 65 platonische Tradition wiederspiegeln. Diese Zuordnung gilt seither unbestritten.[53] Die „Epistulae morales ad Lucilium“ sind insgesamt in den Jahren zwischen 62 und 65 entstanden.[54]

Alkinoos wurde von der überwiegenden Mehrzahl der Forscher seit J. Freudenthal als mit dem Mittelplatoniker Albinos identisch betrachtet. Zur Diskussion steht dabei eine Schrift, die in den Manuskripten als „Διδασκαλικός bzw. Ἐπιτομὴ τῶν Πλάτωνος δογμάτων“ bezeichnet wird, ein Handbuch des Platonismus. Die Namensform Alkinoos in den Handschriften wurde auf einen Abschreibefehler zurückgeführt und darauf hingewiesen, daß anderweitig kein Platoniker namens Alkinoos, mit dem der Autor des Didaskalikos identifiziert werden könnte, bekannt sei: „Den Minuskelfehler αλκινοου statt richtig αλβινου hat J. Freudenthal überzeugend richtig gestellt; der Name lautet bei Autoren, die ihn zitieren, regelmäßig Ἀλβῖνος, in den Hss., die seine Werke enthalten, ausnahmslos Ἀλκίνοος.“[55] Albinos ist uns chronologisch nur mit einem Lebensdatum bekannt: Um 150 nahm sein Schüler Galenos sein Studium bei Albinos in Smyrna auf.[56]

Indessen sprechen sich seit geraumer Zeit J. Whittaker, M. Giusta und in einer neueren, Alkinoos gewidmeten Veröffentlichung auch J. Dillon sowohl aus paläographischen als auch aus inhaltlichen Gründen dafür aus, daß wir es bei Alkinoos tatsächlich mit einem von Albinos verschiedenen

---

50 Klauck, Die religiöse Umwelt II 79. Zu Senecas Leben und Werk vgl. Abel, Seneca; Fuhrmann, Seneca; Griffin; Grimal; Maurach, Seneca; Rozelaar.

51 Vgl. Klauck, Die religiöse Umwelt II 82.

52 Klauck, Die religiöse Umwelt II 92 weist in diesem Zusammenhang auf Ep 2,5 hin, wo Seneca selbst seine Haltung gegenüber anderen Schulrichtungen so beschreibt: „Ich pflege nämlich auch in ein fremdes Lager hinüberzugehen, nicht als Überläufer, sondern als Kundschafter.“

53 Vgl. Theiler, Vorbereitung 1-3; Dillon, Platonists 135-139.

54 Vgl. Fuhrmann, Seneca 298.

55 Dörrie, Albinos 14; vgl. die Archegeten Parisinus graecus 1962 und Vindobonensis philosophicus graecus 314 für die beiden Klassen, auf die sich die 33 bekannten Handschriften verteilen; Dillon, Platonists 268; Freudenthal.

56 Vgl. Galenos, De libris propr. 2 (19,6 Kühn); Dillon, Platonists 267; Dörrie, Albinos 14.

Verfasser des Didaskalikos zu tun haben.[57] „Les arguments de Freudenthal, autant ceux qui relèvent de la paléographie que ceux d'ordre philologique ou philosophique, se sont révélés les uns d'une valeur très douteuse, les autres directement erronés."[58] Whittaker weist darauf hin, daß anderweitig durchaus zwei Philosophen mit dem Namen Alkinoos/Alkinous bekannt sind. So erwähnt Philostrat[59] einen Stoiker namens Alkinoos, wobei auffällt, daß auch dessen Name nicht in der damals üblichen kontrahierten Form Ἀλκίνους, sondern in der archaisierenden Form Ἀλκίνοος, welche auch die Handschriften des Didaskalikos einhellig bezeugen, erscheint. Daß dieser Alkinoos als Stoiker bezeichnet wird, muß angesichts der oben skizzierten gegenseitigen Beeinflussung der unterschiedlichen Schulen noch nicht gegen seine etwaige Verfasserschaft des Didaskalikos sprechen. Im übrigen legt der Autor des Didaskalikos die Lehren der Platoniker in der dritten Person dar und äußert sich nicht dazu, inwieweit er die angeführten Meinungen teilt. Whittaker schließt daraus: „Il est donc dans le domaine du possible qu'Alcinoos le Stoïcien et Alcinoos l'auteur du *Didaskalikos* soient un seul et même personnage."[60] Er macht jedoch zugleich auf einen dritten Fundort bei Photius[61] aufmerksam, wo ebenfalls ein gleichnamiger Philosoph, diesmal jedoch in der kontrahierten Form Ἀλκίνους, auftaucht. In beiden Fällen muß zwar mit Whittaker unterstrichen werden, daß aus der Gleichnamigkeit allein keineswegs einfach auf die Identität der fraglichen Personen geschlossen werden kann. Umgekehrt ist aber die These Freudenthals so weit erschüttert, daß es geraten scheint, ihr weniger Vertrauen zu schenken als dem einhelligen Befund der Handschriften. Der Didaskalikos ist daher bis zum Erweis des Gegenteils dem dort genannten Alkinoos und nicht Albinos zuzuschreiben.[62]

Als entscheidende Konsequenz ergibt sich daraus für meinen Fragezusammenhang, daß der Spielraum für die Datierung des Didaskalikos sich enorm weitet. Diese kann sich nur noch auf inhaltliche Kriterien stützen. Dabei zeigt sich auf der einen Seite die inhaltliche und terminologische Nähe zu Philon von Alexandrien und Areios Didymos, einem Freund des Kaisers Augustus. Ein Teil des XII. Kapitels ist fast wörtlich von Areios übernommen. Auf der anderen Seite zeigt der Didaskalikos noch keine Spuren der neuplatonischen Synthese, die erstmals von Plotin (ca. 205-270)[63] geschaffen wurde. Daraus

---

57 Vgl. Dillon, Alcinous ix-xiii; Giusta; Whittaker, Parisinus; Whittaker, Alcinoos VII-XIII.

58 Whittaker, Alcinoos VIII-IX.

59 Vgl. Philostrat, Vies des Sophistes, p. 40, 22-32 Kayser.

60 Whittaker, Alcinoos XI.

61 Vgl. Photius, Bibliothèque, t. I, p. 33-35 Henry.

62 Dagegen hält Baltes 507 erneut eine Identifikation des Alkinoos mit Albinos für möglich. Er weist darauf hin, daß Alkinoos anderweitig unbekannt sei. Davon ist allerdings nicht einfachhin auszugehen, solange nicht ausgeschlossen werden kann, daß der Verfasser des „Didaskalikos" mit einem seiner Namensvettern identisch ist, die Whittaker ausfindig gemacht hat.

63 Vgl. Hügli/Lübcke 460.

folgt, daß er zwischen der 1. Hälfte des 1. Jahrhunderts n. Chr. und der 1. Hälfte des 3. Jahrhunderts n. Chr. entstanden sein muß.[64] Damit rückt der Didaskalikos zwar unter Vorbehalt, aber doch unausweichlich in den zeitgeistesgeschichtlichen Fragehorizont des Hebräerbriefes.

Mittels der Datierung ist das hier interessierende mittelplatonische Quellenmaterial innerhalb des Suchspektrums in den Blick gekommen. Im Rahmen der umfangreichen Textcorpora von Philon und Plutarch müssen aber noch, ausgehend von dem oben erhobenen Verdacht auf Mittelplatonisches im Hebräerbrief, diejenigen Schriften und Texte gesucht werden, welche diesen Verdacht auf den ersten Blick zu bestätigen scheinen. Für das bereits eng umgrenzte Textmaterial von Seneca und Alkinoos entfällt dieser Suchschritt. Ist er auch für Plutarch und Philon getan, so ist der Grund für die nötigen vergleichenden Untersuchungen an den Texten selbst gelegt.

1.3.2.3. Philons philosophische Schriftexegese

Mittelplatonisches findet man in Philons Schriften überall, einen konkreten Haftpunkt für die hier anvisierte Untersuchung damit aber zunächst nirgends. Um diesem Mangel abzuhelfen, muß vorab das methodische Vorgehen noch einmal präzisiert und derart festgelegt werden, daß es der Eigenart des philonischen Schrifttums gerecht wird. Entscheidend ist dabei die Frage, bis zu welchem Maße sich die Aussagen Philons zu einem bestimmten Thema in ein System bringen lassen.

Lange Zeit konzentrierte sich die Philonforschung auf die Systematisierung der Gedanken Philons. Ihre Arbeit gründete auf der Konkordanz der Begrifflichkeiten. Um Grundlinien in den Schriften Philons herauszuschälen, wurden die ihnen entsprechenden Schlüsselbegriffe kreuz und quer aus dem gesamten Corpus Philoneum herausgefiltert und in ein kohärentes und konsistentes System zu bringen versucht. Dieses Vorgehen gewichtet die lexikalische Semantik eines Begriffes, welche von unmittelbaren Textzusammenhängen abstrahiert, stärker als seine pragmatische Semantik im Argumentations- und Intentionsgefälle eines konkret umgrenzten Textabschnitts. Zur Darstellung einer scholastisch ausgearbeiteten Philosophie, welche vorab Begriffe definiert und sie anschließend zu größeren Sinnzusammenhängen verknüpft, mag diese Methode angemessen sein, für das Verständnis von Philons Schriften und ihrer Zielrichtung ist sie es weitgehend nicht.[65]

Philons Werk ist nicht in erster Linie aus einem systematisch-philosophischen Interesse heraus zu verstehen; vielmehr ist es durch die Heilige Schrift selbst, welche es in enger oder lockerer Anlehnung kommentiert,

---

[64] Whittaker, Alcinoos XII-XIII.

[65] Gegen eine vorschnelle Systematisierung, die den Kontext zu wenig berücksichtigt, vgl. Heinemann, Philons griechische und jüdische Bildung 514-516; Runia, How to read Philo 193.

strukturiert. Der Gedankenfortschritt des biblischen Textes bestimmt also die Komposition des Kommentars. Für einen Vergleich mit dem Hebräerbrief heißt dies, daß sich seine Haftpunkte nicht über die Konkordanz der Begriffe, sondern über die Konkordanz der Themen finden lassen. Eine bestimmte Bibelperikope nimmt Philon zum Anlaß, ein bestimmtes Thema anzuschneiden. Einzelne Begriffe, die er bei der Behandlung des Themas verwendet, sind aus dem Zusammenhang des gesamten Kommentarabschnitts, den Philon einem Schriftwort widmet, zu interpretieren. Andererseits interessieren anderweitige Erwähnungen derselben Begriffe nicht, solange sie nicht zu einem eigenen Thema ausgebaut sind. Es ist also nicht an erster Stelle zu fragen: Was sagt Philon etwa über die Engel?, sondern: Was sagt er zu einer bestimmten Bibelperikope und in diesem Zusammenhang zum Beispiel über die Engel? Diese Weise, sich dem Corpus Philoneum zu nähern, trägt dem Problem der vielfach beklagten Inkonsistenz der philonischen Begrifflichkeit, aufs ganze Werk gesehen, gebührend Rechnung, oder genauer gesagt: Sie betrachtet es als zweitrangig für das Verständnis der Pragmatik einzelner Textabschnitte.

Was ich gesagt habe, gilt uneingeschränkt jedoch nur für einen Teil, wenn auch den größten, des philonischen Werkes. Dieses kennt nämlich verschiedene Arten von Bibelkommentaren und außerdem noch andersartige Schriften. Sowohl H. Leisegang[66] als auch S. Sandmel[67] haben vier Gattungen von Schriften in Philons Werk unterschieden, deren Umfang sie jedoch nicht gleich bemessen. Durch eine Kombination beider Einteilungen lassen sich fünf Gattungen bilden, die meines Erachtens dem Charakter der einzelnen Schriften am besten Rechnung tragen. Diese sind:

a) „Quaestiones et solutiones in Genesin“ und „Quaestiones et solutiones in Exodum“: kleiner Kommentar mit kurzen Fragen und Antworten zu den Büchern Genesis und Exodus;

b) Allegorie des Gesetzes:[68] allegorische Auslegung von Teilen des Buches Genesis im klassischen Kommentarstil, insofern der Erläuterung eines Schriftwortes sein wörtliches Zitat voraufgeht;

---

66 Vgl. Leisegang, Philon 6-49.

67 Vgl. Sandmel, Philo Judaeus 6-13; ders., Judaism and Christian Beginnings 281-282.

68 Diese Gattung umfaßt nach Sandmel, Philo Judaeus 10, die folgenden Schriften (in Klammern stehen die kommentierten Bibelstellen): Legum Allegoriae I (Gen 2,1-17), Legum Allegoriae II (Gen 2,18-3,1), Legum Allegoriae III (Gen 3,8b-19), De Cherubim (Gen 3,24-4,1), De sacrificiis Abelis et Caini (Gen 4,2-4), Quod deterius potiori insidiari soleat (Gen 4,8-15), De posteritate Caini (Teile von Gen 4,16-25), De gigantibus (Gen 6,1-4a), Quod Deus sit immutabilis (Teile von Gen 6,4b-12), De agricultura (Gen 9,20-21), De plantatione (Gen 9,20-21), De ebrietate (Gen 9,20-21), De sobrietate (Gen 9,24-27), De confusione linguarum (Gen 11,1-9), De migratione Abrahami (Teile von Gen 12,1-6), Quis rerum divinarum heres sit (Gen 15,2-18), De congressu eruditionis gratia (Gen 16,1-6), De fuga et inventione (Gen 16,6b-14), De mutatione nominum (Gen 17,1-5.16-22), De somniis I (Gen 28,10-22; 31,10-13), De somniis II (Gen 37,8-11; 40,9-11.16-17; 41,17-24).

c) Darlegung des Gesetzes:[69] zusammenhängende Behandlung von zentralen Themen des Gesetzes;

d) philosophische Schriften:[70] Behandlung eines Themas ohne Bezugnahme auf die Schrift;

e) historisch-politische Schriften.[71]

Bei den Gattungen a), b) und c) handelt es sich um Kommentare, für die das oben Gesagte ohne Einschränkung gilt. In den Gattungen a) und b) sind die Kommentarabschnitte, welche eine literarische Einheit bilden, am leichtesten abzustecken. In a) umfassen sie jeweils Frage und Antwort zu einem biblischen Textabschnitt, in b) reichen sie jeweils von der Zitation des Schriftwortes am Beginn seiner Auslegung bis zur Zitation des darauffolgenden Schriftwortes. Dagegen ist die Komposition eines Textes in der Gattung c) mitunter schwer auszumachen, weil sie sich nur locker an einen Schrifttext anlehnt, ihn aber nicht Satz für Satz kommentiert. Die philosophischen Schriften folgen eigenen Gesetzen, teils denen des Dialogs, teils denen einer Abhandlung. Die Abhandlungen gehen als solche in sich systematisch vor und müssen entsprechend interpretiert werden. Ihre immanenten Kompositionsschemata sind jedoch nicht einfach auf das Gesamtwerk Philons übertragbar und tragen insofern ebensowenig zu einem Gesamtsystem seiner Gedanken bei wie die Kommentarwerke. Die historisch-politischen Schriften tragen zum hiesigen Thema nichts bei.

Futurische Eschatologie

Für eine vergleichende Untersuchung, die von der Infragestellung von parusieverdächtigen Textstellen im Hebräerbrief ausging, bieten sich bei Philon zunächst zwei Textpassagen in dem nur lückenhaft überlieferten Werk „De praemiis et poenis, de benedictionibus et exsecrationibus" an. Die Schrift gehört in die Gattung der Darlegung des Gesetzes und handelt in entsprechend lockerer Anlehnung an Dtn 28 und Lev 26 von Lohn und Strafe, Segen und Fluch. Im Rahmen einer Utopie vom eschatologischen Frieden in Praem 91-97 tritt eine endzeitliche Rettergestalt auf, welche mittels eines Zitats aus Num 24,7 eingeführt und als von Gott gesandte Hilfe für die Frommen charakterisiert wird.[72] In einem ähnlichen Zusammenhang wird am Ende der Schrift (Praem 162-172) denjenigen, welche sich von den angedrohten Flüchen warnen lassen, ihre Rettung und Sammlung an einem bestimmten Ort unter der Leitung einer göttlichen, übermenschlichen Gestalt[73] in Aussicht gestellt. Es sind dies die einzigen

---

69 Diese Gattung umfaßt nach Sandmel, Philo Judaeus 11, die folgenden Schriften: De opificio mundi, De Abrahamo, De Iosepho, De vita Mosis, De Decalogo, De specialibus legibus, De virtutibus, De praemiis et poenis de exsecrationibus.

70 Umfaßt alle Schriften, die von den übrigen Gattungen nicht erfaßt sind, z. B. Hypothetica, Quod omnis probus liber sit, De vita contemplativa.

71 Dazu rechne ich: In Flaccum, Legatio ad Gaium, Apologia pro Iudaeis.

72 Vgl. Praem 95.

73 Vgl. Praem 165.

Stellen in Philons Werk, die mit christlichen Parusievorstellungen in Verbindung gebracht werden könnten.[74] Andererseits wird in „De praemiis" den Menschen Lohn und Strafe danach zugeteilt, ob sie sich nach der intelligiblen Welt und der Schau Gottes ausstrecken oder aber ungläubig bei der sensiblen Welt verharren.[75] Dieselbe Frage wie an den Hebräerbrief kann auch hier gestellt werden: Wie fügt sich eine etwa gegebene futurische Eschatologie in die ontologische Weltsicht des Traktats ein?

Sein und Werden/Vergehen, Schöpfer und Geschöpf
Das beständige, bleibende Sein hat bereits im Hebräerbrief einen zweiphasigen Gegenpol, einerseits das Vergehen, andererseits das Werden. Vergehen und erschüttert werden kann nur, was geworden ist, das heißt alles Geschöpfliche. Was geworden ist, fällt über kurz oder lang dem Vergehen anheim. So sind Eschatologie und Protologie zwei Seiten einer Medaille, was an der literarischen und motivlichen Verknüpfung von Hebr 12,27 und Hebr 1,10-12 zur Genüge deutlich geworden ist. Der Hebräerbriefautor folgt hierin der Konsequenz jeder schlüssigen monotheistischen Theologie, in der die protologische Vollkommenheit der Schöpfung stets mit der eschatologischen Vervollkommnung eine Einheit bildet. Da für Philon dasselbe gilt, ist von seinem Werk „De opificio mundi", einer Auslegung des biblischen Schöpfungsberichts im Stil der Darlegung des Gesetzes, ebenfalls Aufschluß für die hiesige Fragestellung zu erwarten. Nach Philon hat Gott zuallererst die intelligible Welt geschaffen, nach deren Modell er an den einzelnen Tagen durch Imitation die sensible Welt entstehen ließ. Die Ideen sind dabei aber nicht ein Urbild, an das selbst Gott gebunden wäre; sie sind vielmehr die Gedanken Gottes.[76] Was den Menschen angeht, so sagt es der biblische Text selbst schon ausdrücklich, daß er als Abbild nach dem Urbild Gottes erschaffen wurde.[77]

Aus der sonst kohärenten Auffassung Philons von der Seins- und Schöpfungsordnung fällt eine Schrift heraus: „De aeternitate mundi", eine philosophische Abhandlung. Sie gibt dem diametral entgegengesetzten Standpunkt weiten Raum und argumentiert in Aet 20-149 für die Anfangslosigkeit und Unvergänglichkeit der Welt. Will man Philon nicht von vornherein eine frappierende Inkonsistenz in diesem für den Mittelplatonismus so zentralen Themenbereich zugestehen, so muß für diesen Umstand eine plausible Erklärung gefunden werden, die es erlaubt, Philons Kosmologie widerspruchsfrei auf den Begriff zu bringen.

Engel und Dämonen
Zwischen den Zeitgenossen Plutarch und dem Hebräerbriefautor kann uns das um etliche Jahrzehnte ältere Werk Philons von Alexandrien als

[74] Vgl. Fischer 187.
[75] Vgl. Praem 26-27.
[76] Zu dieser Vorstellung vgl. Jones, Die Ideen; Rich.
[77] Vgl. Opif 15-25.

hilfreiches, konzeptionelles Bindeglied dienen. Dies zeigt sich in erster Linie im Zusammenhang mit der Angelologie des Hebräerbriefes und der Dämonologie und Seelenlehre Plutarchs. So unternimmt die Schrift „De somniis", die zur Gattung der Allegorie des Gesetzes zu zählen ist, eine philosophische Interpretation verschiedener im Alten Testament erzählter Träume. Dabei kommt Philon unter anderen auf Jakobs Traum von der Himmelsleiter in Gen 28,12-13 zu sprechen, zwei Verse, die er in Somn I 133-158 auslegt. Die Engel, die auf der Leiter auf- und niedersteigen, setzt Philon ausdrücklich mit den Seelen gleich, welche die Philosophen Dämonen nennen. Wie die Dämonen vermitteln die Engel zwischen Gott und den Menschen. Engel und Dämonen stehen nicht nur am selben Ort im Gedankensystem, sondern werden explizit austauschbar.[78]

Denselben Befund weist die Schrift „De gigantibus" auf, die ebenfalls Teil der Allegorie des Gesetzes ist. Den Bibelvers Gen 6,2 erläutert Philon in Gig 6-18 dahingehend, daß es sich bei den dort genannten Gottessöhnen, welche sich Menschentöchter zu Frauen nahmen, um böse Engel handle. Die direkte Beziehung zwischen den Gottessöhnen und den Menschentöchtern wird so gelöst, und in den Zwischenraum treten die Engel. Mose aber nenne die Dämonen Engel. Es klingt somit der Dreiklang an, der den Verdacht auf Mittelplatonisches im Hebräerbrief begründete: erstens die Diastase zwischen Beständigem und Unbeständigem, zweitens die Transzendenz Gottes, die drittens eine Angelologie beziehungsweise Dämonologie auf den Plan ruft.

Wie eine Kurzfassung von Somn I 133-158 und Gig 6-18 erscheint Plant 11-14. Die Schrift „De plantatione" steht in der Abfolge von Philons groß angelegter Allegorie des Gesetzes zwischen „De agricultura" und „De ebrietate". Alle drei sind der Kommentierung von Gen 9,20-21 gewidmet, allerdings unter verschiedenen Aspekten. Zusammen mit dem sich anschließenden „De sobrietate", einer Auslegung von Gen 9,24-27, bilden sie Philons Kommentar zur biblischen Noaherzählung oder zumindest das, was uns davon erhalten ist.[79] In Plant 11-14 begegnet Philons Identifizierung der Engel mit unkörperlichen Seelen und seine Lehre von den natürlichen Orten wieder, die uns auch in Somn I 133-158 und Gig 6-18 beschäftigen werden. Es empfiehlt sich daher, Plant 11-14 als Bestätigung und Korrektiv mit den beiden anderen Textstücken in Beziehung zu setzen.

Dasselbe trifft auf eine weitere Textstelle zu: Conf 168-182, ein allegorischer Kommentar zu Gen 11,7, wo der Ratschluß Gottes, die Sprache der Menschen zu verwirren, erzählt wird. Die Stelle gibt einen Querschnitt

---

[78] Vgl. Somn I 141. Auf die Relevanz der mittelplatonischen Dämonologie für das Verständnis der Angelologie und Christologie des Hebräerbriefes hat neuerdings P. Busch hingewiesen. Am Beispiel von Hebr 4,14f. versucht er zu zeigen, daß bestimmte Aspekte der Hohepriesterchristologie des Hebräerbriefes durch dämonologische Konzepte des Mittelplatonismus beeinflußt sind.

[79] Vgl. Pouilloux 11-13; Sandmel, Philo Judaeus 10.

philonischen Denkens, wie er nach dem Durchlauf durch die vorgenannten Texte bekannt sein wird. Über die dort angesprochenen Themen bringt Conf 168-182 jedoch ein weiterführendes Thema ins Spiel, das Problem des Bösen. Philon versucht es dadurch zu lösen, daß er den Abstand Gottes zu seiner Schöpfung vergrößert und zwischen beide Gottes Kräfte, welche er mit den Engeln identifiziert, treten läßt.

1.3.2.4. Plutarchs religiös-philosophische Schriften

Einen passenden Schlüssel zur Erschließung der in meiner Frageperspektive relevanten Texte bei Plutarch gibt uns der Dialog „De E apud Delphos" in die Hand. Seine Gesprächsteilnehmer räsonnieren über Sinn und Bedeutung des an der Frontfassade des Apollontempels in Delphi angebrachten großen Buchstabens E. Nach verschiedenen anderweitigen Deutungsversuchen trägt Ammonios, der Lehrer Plutarchs, die Meinung vor, die sich zweifellos Plutarch selbst zueigen machen will.[80] Sie enthält zu allen drei oben für den Hebräerbrief angeführten Verdachtsmomenten eine Entsprechung:

1. Das E stehe für die Anrede des Beters an den Gott (Apollon): εἶ (Du bist!), welche zum Ausdruck bringe, daß dem Gott allein das wahre Sein zukomme, während alles andere außer ihm dem Werden und Vergehen unterworfen sei. Plutarch war sicher kein Monotheist im jüdischen oder christlichen Sinne. Selbst von Monolatrie kann man bei ihm nicht sprechen. Und dennoch tendieren seine religiös-philosophischen Schriften zu einer Art modalistischem Monotheismus: Er kann bald die eine, bald die andere traditionelle Gottheit apodiktisch als „den Gott" bezeichnen, bevorzugt jedoch seinen Lieblingsgott Apollon.

2. Nicht einmal diejenigen, so fährt Ammonios fort, welche den Gott mit dem Höchsten, das sie kennen, nämlich der Sonne, identifizierten, hätten sein Wesen erfaßt. Der Gott wird demnach radikal transzendent gedacht.

3. Über das Werden und Vergehen sei dagegen ein anderer Gott oder Dämon gesetzt. Damit klingt das Thema der Mittelwesen zwischen Transzendenz und Immanenz an. Man betritt das weite Feld der plutarchischen Dämonologie, welche denselben systematischen Ort einnimmt wie die Angelologie im Hebräerbrief. Die besondere Mittlerrolle Christi gegen dieses Heer alteingesessener Mittelwesen zu behaupten ist das Anliegen von Hebr 1,5-2,18.

Wenn man die Begriffe im erläuterten Sinne versteht, so kann man die Ausführungen des Ammonios also auf die folgenden drei Eckwerte zurückführen: Diastase, Transzendenz, Dämonologie. Dieser Dreischritt oder Teile davon begegnen in weiteren Schriften Plutarchs, die sich dadurch für unsere Problemstellung anbieten und deshalb im folgenden kurz eingeführt werden sollen. Die Schrift „De E apud Delphos" wird gewöhnlich mit drei weiteren zu den sogenannten „Pythischen Dialogen" zusammengefaßt, die samt und

---

80 Vgl. Delph 17-21.

sonders sich in Delphi abspielen oder delphische Fragen behandeln. Mit ihnen soll begonnen werden.

„De defectu oraculorum" sucht nach der Ursache dafür, daß viele Orakel eingegangen seien. Die einen machen den Willen Gottes zur direkten Ursache, weil er schlichtweg alles, so auch Entstehen und Vergehen, verursache. Die anderen sehen darin eine Verkennung der Transzendenz des Gottes und wollen ihn daher für keinerlei immanente Vorgänge als direkte Ursache in Anspruch nehmen. Zwischen diesen beiden Extrempositionen vermittelt der Dialogpartner Kleombrotos, indem er die Dämonen als Mittler im Orakelwesen einführt. Wie die Menschen seien diese unterschiedlich vollkommen und sterblich. Stürben sie, so vergingen auch die Orakel, über die sie gesetzt seien.[81] In der sich anschließenden Diskussion darüber, wie viele Welten es gebe, unterscheidet Plutarch zwischen zweierlei Naturen, einer sinnlich-veränderlichen und einer intelligibel-gleichbleibenden.[82] In dieses Schema fügt sich der wiederkehrende Motivkomplex Apollon/Sonne ein: Die Sonne sei „eine immer werdende Geburt des immer Seienden"[83].

Auch in „De genio Socratis" präsentiert Plutarch eine Dämonologie, und zwar abwechselnd in argumentativem und in mythischem Gewande. Auf die Frage, wie man sich das Phänomen des Daimonions des Sokrates zu erklären habe, antwortet ein Mythos, jede Seele habe als Schutzgeist eine andere Seele, die ihr zur gegebenen Zeit beistehe. So entwickelt der Mythos die Dämonologie als Seelenlehre, die in das Ganze des Weltzusammenhangs eingeordnet wird.[84]

Eine ähnliche Dämonologie und Seelenlehre entfaltet der Mythos am Ende des Dialogs „De facie in orbe lunae", welcher den Aufstieg der Seele zum Mond und anschließend des vernünftigen Geistes bis zur Sonne beschreibt.

Während die Mythen in den drei letztgenannten Schriften aus Plutarchs eigener Feder stammen, gibt er in „De Iside et Osiride" eine euhemeristische Deutung von Mythos und Kult um Isis und Osiris. Er stützt sich auf die religiöse Tradition und Praxis der Ägypter, die er mit der platonischen Philosophie in Einklang zu bringen trachtet.[85] Bemüht, die Transzendenz der Gottheiten zu wahren, schreibt er das vielfältige Tun und Erleiden, das der Mythos von den Göttern berichtet, den Dämonen zu.[86] Über mehrere dialektische Stufen gelangt er zu dem vorläufigen Schluß, im Mythos seien zwei antagonistische Prinzipien am Werk: Typhon als destruktives, böses und der Gott als konstruktives, gutes Prinzip. Dem entspricht seine Zwei-

---

81 Vgl. Def. 8-15.
82 Vgl. Def 34.
83 Def 42.
84 Vgl. Socr 20-24.
85 Vgl. Is 371a.
86 Vgl. Is 360d.

teilung der Welt: Die Welt bis zum Mond einschließlich sei dem Wechsel unterworfen, darüber, so muß geschlossen werden, ist gleichbleibendes Sein.[87] Plutarch bleibt jedoch nicht beim rüden Dualismus stehen. Vielmehr liegt in seiner Dämonologie der Keim zur Unterordnung des bösen Prinzips unter das gute. In dieser Richtung überschreitet er den vorläufigen Schluß noch einmal dialektisch.

Ganz der Schöpfungslehre, näherhin der Frage nach der Erschaffung der Weltseele, widmet sich die Schrift „De animae procreatione in Timaeo". Schon der Titel läßt erkennen, daß Plutarch seine eigene Meinung als Interpretation des platonischen „Timaios" präsentiert.

1.4. Ergebnis und Ausblick

Aus dem in diesem Kapitel Gesagten ergibt sich von nun an folgende Vorgehensweise:

1. Die einzelnen aufgeführten Schriften beziehungsweise die für den Vergleich mit dem Hebräerbrief relevanten Auszüge daraus werden einer gesonderten Untersuchung unterzogen.

2. Aus den Ergebnissen der Untersuchung läßt sich im Idealfall ein systematischer Begriff von der Auffassung einer Schrift, eines Autors oder des gewählten Ausschnitts aus dem Mittelplatonismus allgemein im Hinblick auf die mittelplatonischen Verdachtsmomente im Hebräerbrief gewinnen.

3. Wie schon angedeutet, fällt umgekehrt vom mittelplatonischen Vergleichsmaterial ein Verwandtschaftsverdacht auf die Angelologie und Kulttypologie des Hebräerbriefes. Die diesbezüglichen Abschnitte des Hebräerbriefes werden, soweit es der Vergleich erfordert, ebenfalls analysiert.

4. Der eschatologische Begriff des Hebräerbriefes erscheint aufgrund dessen in einem geweiteten Verständnis seines Zusammenhangs und seiner Intention.

5. Ein systematischer Vergleich der aus 2. und 4. genommenen Begriffe versetzt uns schließlich in die Lage, Kongruenz und Differenz zwischen der Konzeption des Hebräerbriefes und dem zeitgenössischen Mittelplatonismus konkret zu benennen.

---

[87] Vgl. Is 369a-d.

2. Philon

2.1. Eschatologie[88]

Die Schrift „De praemiis et poenis, de benedictionibus et exsecrationibus" gehört zur Gattung der Darlegung des Gesetzes. Wie schon der zweiteilige Titel erahnen läßt, handelt es sich um zwei nur locker verbundene Auslegungen, deren gegenseitiger Bezug umso schwerer zu rekonstruieren ist, als am Ende des Teiles über die Strafen (Praem 78) und am Beginn desjenigen über die Segnungen (Praem 79) Textteile verlorengegangen sind und so zwischen den beiden Auslegungen eine Lücke unbekannten Umfangs entstanden ist. Von dem Teil über die Segnungen und Flüche fehlen aber vermutlich nur einige Zeilen. Die lückenhafte griechische Gesamtüberschrift Περὶ ἄθλων καὶ ἐπιτιμίων καὶ ἀρῶν ist wohl auf das Fehlen des Anfangs und damit auch der Zwischenüberschrift des Teiles über die Segnungen zurückzuführen.[89] Der Aufbau von Praem 79-172 gliedert sich jedenfalls deutlich in zwei Teile, von denen der erste (Praem 79-126) von den Segnungen und der zweite (Praem 127-172) von den Flüchen handelt. Damit entspricht er der Zweiteilung der beiden parallelen biblischen Texte Lev 26 und Dtn 28, an denen sich Philons Erläuterung orientiert und welche die aufeinander folgende Thematisierung von Segen (Lev 26,1-13; Dtn 28,1-14) und Fluch (Lev 26,14-45; Dtn 28,15-68) vorzeichnen. Im übrigen geht Philons Kommentar nicht Vers für Vers am biblischen Text entlang, sondern paraphrasiert kreuz und quer einzelne Verse, deren Reihenfolge durch Stichwortverkettung bestimmt wird. Um sinnvolle Texteinheiten auszugrenzen, kann man sich deshalb nicht an die Schriftzitate halten, sondern muß nach thematischen Einheiten suchen.

2.1.1. Praem 91-97

2.1.1.1. Einordnung in das Segensbüchlein und Analyse

Der Text über die Segnungen gliedert sich in drei thematische Einheiten, von denen die erste (Praem 79-98) den Sieg der Frommen über die Feinde zum Leitthema hat, die zweite (Praem 99-117) den Wohlstand und die dritte (Praem 118-126) die Gesundheit. Innerhalb der ersten Einheit handelt Philon nach der Schilderung des Sieges über die wilden Tiere im

[88] Vgl. Fischer 184-213.
[89] Vgl. Beckaert 11-12.

Abschnitt Praem 91-97 vom Sieg über die menschlichen Feinde.[90] Ausdrücklich wird in Praem 91 der voraufgehende Abschnitt abgeschlossen und zum folgenden übergeleitet: Wenn der ältere Krieg (ὁ πρεσβύτερος πόλεμος) gegen die wilden Tiere durch ihre Zähmung abgeschlossen ist, bleibt nur noch der jüngere (ὁ νεώτερος) übrig, der unter den Menschen selbst ausgetragen wird, und von diesem handelt das Folgende. Praem 98 bringt den Abschluß des Siegesthemas (ταῦτα μὲν δὴ πρῶτα) und leitet zum nächsten über (δεύτερον δὲ πλοῦτον). Der in Praem 91 begonnene Abschnitt endet damit in Praem 97.

Der Krieg unter den Menschen kann nach Philon drei verschiedene Wendungen nehmen, welche in Praem 92-95a (bis πεσεῖν), verknüpft durch die jeweils am Beginn von Praem 93.94 stehende Konjunktion ἤ, nacheinander aufgezählt werden: Entweder die Menschen werden sich angesichts der nunmehr zahmen Tiere ihrer Wildheit schämen und Frieden schließen, oder der Krieg wird sich an sich selbst aufreiben, oder aber die letzten Kriegslüsternen werden vernichtend geschlagen werden. Die dritte Alternative wird in Praem 95b-97, ausgehend von einem Zitat aus Num 24,7, auf den Sieg der Heiligen über ihre Gegner gedeutet. Dieser Sieg wird wiederum in drei Etappen geschildert. Unter der Führung eines siegreichen Kriegsherrn wird Gott den Heiligen passende Hilfe schicken (Praem 95b). Wer aber eines Todes durch Menschenhand unwürdig ist, wird durch einen Wespenschwarm vernichtet werden (Praem 96). Am Ende werden die Heiligen uneingeschränkt herrschen (Praem 97).

Im Überblick stellt sich die Gliederung von Praem 91-97 wie folgt dar:

91-92	Die Menschen schließen Frieden.	
93	Oder: Der Krieg reibt sich an sich selbst auf.	
94-95a	Oder: Die letzten Gegner werden besiegt.	
95b		Der große Heerführer und die passende Hilfe für die Heiligen.
96		Der Tod durch den Wespenschwarm.
97		Die Herrschaft der Heiligen.

Der Leser von Praem 91-97 sieht sich an manchen Stellen mit überraschenden Wendungen im Gedankengang des Textes konfrontiert, deren Motivation sich textimmanent aus dem Voraufgehenden nicht erklären läßt. So mag man sich zum Beispiel fragen, woher in Praem 95 so unverhofft die helfende Menschengestalt und in Praem 96 plötzlich der Wespenschwarm kommt. Fragt man hinter den philonischen Text zurück, so zeigt sich, daß Philon zu seiner Abfassung auf eine Reihe von Bibelstellen zurückgreift, die mittels bestimmter Stichwörter Bezüge zueinander haben. Über Stichwortassoziationen kommt man von einer Bibelstelle zur anderen, von deren ursprünglichen Aussagen wenig erhalten bleibt, weil Philon sie zu einem neuen Ganzen zu verschmelzen versucht hat. Das Ergebnis ist eine bunte Patchworkarbeit, deren Einzelelemente durch ein Netz von Stichwortverknüpfungen zusammengehalten werden. Um deren verborgene Logik zutage zu fördern, müssen die

[90] Vgl. Beckaert 41; Sandmel, Virtue 221.

verschiedenen Schriftstellen, an die Philon sich anlehnt, zusammengestellt und ihre gegenseitigen Anknüpfungspunkte benannt werden.[91] Dies soll mittels der folgenden Synopse und ihrer Erläuterung geschehen.

Schriftstelle		Praem	
Lev 26,6	καὶ πόλεμος οὐ διελεύσεται διὰ τῆς γῆς ὑμῶν, καὶ δώσω εἰρήνην ἐν τῇ γῇ ὑμῶν, καὶ κοιμηθήσεσθε, καὶ οὐκ ἔσται ὑμᾶς ὁ ἐκφοβῶν, καὶ ἀπολῶ θηρία πονηρὰ ἐκ τῆς γῆς ὑμῶν.	93	οὐ διελεύσεται πόλεμος διὰ χώρας εὐσεβῶν
Lev 26,8	καὶ διώξονται ἐξ ὑμῶν πέντε ἑκατόν, καὶ ἑκατὸν ὑμῶν διώξονται μυριάδας	94	φεύξονται προτροπάδην πρὸς πεντάδων ἑκατοντάδες καὶ πρὸς ἑκατοντάδων μυριάδες
Dtn 28,7	ὁδῷ μιᾷ ἐξελεύσονται πρὸς σὲ καὶ ἐν ἑπτὰ ὁδοῖς φεύξονται ἀπὸ προσώπου σου	94	(φεύξονται) πολλαῖς ὁδοῖς οἱ κατὰ μίαν ἐπελθόντες
Ex 23,27	καὶ τὸν φόβον ἀποστελῶ ἡγούμενόν σου	95	μηδὲ διώκοντος μηδενὸς ὅτι μὴ φόβου
Num 24,7	ἐξελεύσεται ἄνθρωπος ἐκ τοῦ σπέρματος αὐτοῦ καὶ κυριεύσει ἐθνῶν πολλῶν	95	ἐξελεύσεται γὰρ ἄνθρωπος, φησὶν ὁ χρησμός, καὶ στρατάρχῶν καὶ πολεμῶν ἔθνη μεγάλα καὶ πολυάνθρωπα χειρώσεται
Dtn 7,20	καὶ τὰς σφηκίας ἀποστελεῖ κύριος ὁ θεός σου εἰς αὐτούς, ἕως ἂν ἐκτριβῶσιν οἱ καταλελειμμένοι καὶ οἱ κεκρυμμένοι ἀπὸ σοῦ.	96	ἐνίους δὲ τῶν ἐχθρῶν ἀναξίους ἔσεσθαί φησιν ἥττης τῶν ἀνθρώπων, οἷς σμήνη σφηκῶν ἀντιτάξειν ἐπ᾽ ὀλέθρῳ αἰσχίστῳ προπολεμοῦντα τῶν ὁσίων.
Ex 23,28	καὶ ἀποστελῶ τὰς σφηκίας προτέρας σου, καὶ ἐκβαλεῖ τοὺς Ἀμορραίους καὶ τοὺς Εὐαίους καὶ τοὺς Χαναναίους καὶ τοὺς Χετταίους ἀπὸ σοῦ. ἵνα ἀξίαν ἀποικίαν δέξηται		
Weish 12,7-8	θεοῦ παίδων ἡ παρὰ σοὶ πασῶν τιμιωτάτη γῆ. ἀλλὰ καὶ τούτων ὡς ἀνθρώπων ἐφείσω ἀπέστειλάς τε προδρόμους τοῦ στρατοπέδου σου σφῆκας, ἵνα αὐτοὺς κατὰ βραχὺ ἐξολεθρεύσωσιν.		

[91] Dey 17 deutet ein ähnliches Verfahren in einem anderen Zusammenhang an: „One of the keys to the understanding and interpretation of Philo would be to locate patterns of thought which are triggered by means of associative terms in the process of his exposition of the passages of the OT.“

In einem Kommentar zu Lev 26 bieten nach der Erörterung über die Zähmung der wilden Tiere die V. 6-8 einen geeigneten Ausschnitt, um fortzufahren. Denn sie nehmen einerseits mit der Wendung ἀπολῶ θηρία πονηρὰ ἐκ τῆς γῆς ὑμῶν das Motiv des Tierfriedens nochmals auf und binden dadurch das Folgende an das Vorhergehende. Andererseits kündigen sie das kommende Thema an, die endgültige Vernichtung des Krieges. Sie liefern drei Stichwörter, die den Text Praem 91-97 strukturieren: διέρχεσθαι, ἐκφοβεῖν und διώκειν. Das Kolon, in dem das erste von ihnen steht, wird sinngemäß in Praem 93 aufgenommen. Das Stichwort διέρχεσθαι löst außerdem die Anspielung auf zwei weitere Schriftstellen aus, Dtn 28,7 und Num 24,7, und zwar über das Stichwort ἐξέρχεσθαι. Von ihnen findet Dtn 28,7 Aufnahme in der Wendung πολλαῖς ὁδοῖς οἱ κατὰ μίαν ἐπελθόντες von Praem 94, Num 24,7 in dem Zitat ἐξελεύσεται γὰρ ἄνθρωπος von Praem 95. Davor in Praem 94 greift Philon jedoch das Schema „fünf gegen hundert und hundert gegen zehntausend" aus Lev 26,8 auf. Bezeichnend ist die Art und Weise, wie er dies tut: Er schildert das ungleiche Verhältnis nicht wie Lev 26,8 aus der Warte der Verfolger (διώκειν), sondern aus derjenigen der Fliehenden (φεύγειν). Das Stichwort φεύγειν nimmt er aus Dtn 28,7 auf, einer Stelle, auf die er schon über das Stichwort διέρχεσθαι gestoßen ist und die er sogleich im Anschluß an die Levitikusparaphrase verwertet. Das dritte Stichwort aus Lev 26,6-8 (διώκειν) bringt er erst im Anschluß daran in Anschlag und verbindet es mit dem zweiten (ἐκφοβεῖν) zu der Partizipialkonstruktion μηδὲ διώκοντος μηδενὸς ὅτι μὴ φόβου in Praem 95. An die Stelle der menschlichen Verfolger in Lev 26,8 läßt er so in Praem 95 gleichsam die personifizierte Furcht treten. Damit insinuiert er, daß er neben Lev 26,8 in diesem Moment auch Ex 23,27 im Blick hat. Das Stichwort der Furcht aus Lev 26,6 ruft somit Ex 23,27 mit dem Motiv der personifizierten Furcht auf den Plan, das wiederum das sich in Ex 23,28 anschließende Motiv vom Wespenschwarm in Praem 96 hineinbringt. Ausgestaltet wird dieses Motiv bei Philon freilich nach einem anderen Vorbild, namentlich Weish 12,7-8. Davor führt er jedoch Num 24,7 als einzige Schriftstelle im wörtlichen Zitat an und bringt mit ἄνθρωπος ein Stichwort ins Spiel, welches die Brücke zu Weish 12,7-8 (ἄνθρωπος) festigt und so den direkten Übergang zu Praem 96 schafft. Philon verschärft dabei die Aussage von Weish 12,7-8. Dort beherrschen die Wespen eine Gnadenfrist, die Zeit zur Umkehr läßt, bevor die Unverbesserlichen endgültig hinweggerafft werden. Sie wird den Gegnern gewährt, weil sie Menschen sind. In Praem 96 fallen die Wespen dagegen über diejenigen her, welche es nicht einmal wert (ἀνάξιος) sind, durch Menschen umzukommen, um einer würdigen Ansiedlung (ἀξία ἀποικία) nach Weish 12,7 Platz zu machen. Eben deshalb kämpft gegen diese auch nicht der Mensch, der in Praem 95 auftritt, sondern sie fallen dem schändlichen Verderben durch die Wespen anheim (ἐπ᾽ ὀλέθρῳ αἰσχίστῳ von Weish 12,8: ἐξολεθρεύσωσιν).

Es ist, wie ich meine, zur Genüge deutlich geworden, daß die hinter Praem 91-97 stehenden Schriftstellen durch ein feines Netz von Stichwortverknüpfungen das Gerüst des philonischen Textes, der aus ihnen entsteht, bilden und auf welche Weise dies geschieht. Die obigen Ausführungen müssen zum Schluß gegen zwei mögliche Einwände in Schutz genommen werden. Meine Darlegungen sind zum einen teilweise in einer Sprache gehalten, die den Eindruck erwecken könnte, als könnte man aus Praem 91-97 das Verfahren herauslesen, nach dem Philon tatsächlich seinen Text verfaßt hat. Das ist freilich nicht möglich. Es sollen nur die am Text nachprüfbaren Verbindungslinien von einer Stelle zu einer anderen nachgezeichnet werden. Die Sprachform der Genese stellt lediglich ein geeignetes Mittel dar, um nacheinander die Zusammenhänge geordnet aufzuweisen, die sich am Endtext stets nur in ihrem ungeordneten Miteinander präsentieren. Zum andern mag man zweifeln, ob Brücken, die nur aus einem Stichwort bestehen, tragfähig genug sind, um in der Schrift weit auseinanderliegende Texte miteinander zu verbinden. Darauf ist zu sagen, daß die Stichworte allein in der Tat diesen Dienst nicht leisten. Die Texte, aus denen sie stammen, stehen einander vielmehr dadurch schon nahe, daß sie alle dasselbe Thema der Segnungen behandeln. Die Stichworte machen dann nur noch plausibel, weshalb bestimmte kleine Ausschnitte aus diesen Texten genau in der Form von Praem 91-97 komponiert werden.

2.1.1.2. Drei Varianten vom Ende des Krieges und die Rolle des Menschen aus Num 24,7

Welche Stellung und damit auch welcher Stellenwert ergibt sich nun aus der Analyse für die parusieverdächtige Passage Praem 95? Bereits in einem ersten Überblick zeigt sich, daß Praem 91-97 nicht als eindeutig festgelegtes apokalyptisches Szenario gestaltet ist, das mit dem Anspruch der vorhersehenden Schau voraussagt: Genau dies und genau jenes wird am Ende der Zeit nacheinander geschehen. Vielmehr stellt Philon in einem deliberativen Stil Überlegungen darüber an, auf welche Weise der Krieg unter den Menschen ein Ende finden werde, und stellt sich und dem Leser drei Möglichkeiten dafür vor. Der Heerführer und Kriegsherr in Praem 95 stellt in diesem Gedankenspiel nur eine Facette innerhalb der von Philon an dritter Stelle (Praem 94-97) genannten Variante dar. Seine Bedeutung erscheint somit in doppelter Weise eingeschränkt. Erstens ist gar nicht sicher, ob er überhaupt seinen Auftritt haben wird. Wenn nämlich Variante eins oder zwei eintritt, kommt es gar nicht zu dem als dritte Möglichkeit erwähnten Endkampf, sondern die Menschen schließen vorher Frieden, weil sie sich ihrer Wildheit schämen, oder der Krieg läuft sich an sich selber tot. Selbst wenn es, zweitens, zum Kampf zwischen unverbesserlichen Kriegstreibern und den Heiligen kommen sollte, spielt er darin keine entscheidende Rolle. „Fast gewinnt man den Eindruck, Philo zitiere die Messiaserwartung nur, um sogleich ihre Bedeutungslosigkeit zu demonstrieren."[92] Das zeigt sich an folgenden Punkten:

a) Schon vor seinem Auftreten werden die Feinde von den Heiligen in die Flucht geschlagen. Ihr eigentlicher Verfolger ist dabei jedoch kein äußerer Feind, sondern ihre eigene Angst.

b) Wenn er dann hervortritt, wird er zwar große Völker bezwingen. Das ist aber nur möglich, weil Gott selber den Heiligen passende Hilfe sendet. Diese besteht aber in „unerschütterlichem Mut der Seelen und überwältigender Kraft der Leiber" (θάρσος ψυχῶν ἀκατάπληκτον καὶ σωμάτων ἰσχὺς κραταιοτάτη).

c) Manche Feinde sind es nicht einmal wert, durch Menschenhand zu fallen, also auch nicht, von ihm, dem Menschen, bezwungen zu werden. Ihnen bereitet ein Wespenschwarm ein schändliches Verderben, der überdies nicht in erster Linie an seiner Stelle, sondern an derjenigen der Heiligen kämpft (προπολεμῶν τῶν ὁσίων).

d) Von dem in Praem 95 aufgetretenen Menschen oder einer von ihm nach dem Kampf ausgeübten Führungsrolle ist am Ende überhaupt nicht mehr die Rede. Die Heiligen sind es da, welche eine unbestrittene Herrschaftsgewalt innehaben. Ihre Herrschaft ist durch drei Handlungsweisen gekennzeichnet, von denen jede eine bestimmte Art von Anerkennung durch die Untertanen auslöst: Ihre Ehrwürdigkeit flößt den Untertanen Achtung ein, ihre Erhabenheit Furcht und ihre Wohltätigkeit Wohlwollen.

2.1.1.3. Die überlegene Tugend der Heiligen

An den aufgezählten Punkten wird außer dem, daß der in Praem 95 auftretende Mensch nur eine Nebenrolle spielt, noch ein Weiteres sichtbar. Philon psychologisiert und verinnerlicht die Beschreibung des Endkampfes durchgehend in all ihren Etappen.[93] Aus dem handgreiflichen Verfolger wird die Furcht. Die Hilfe Gottes besteht nicht in Hilfstruppen oder in dem kurz zuvor aufgetretenen Menschen, sondern in Seelenmut und Leibeskraft. Die Herrschaft der Heiligen gründet sich statt auf Waffengewalt und Unterdrückung auf ihr tugendhaftes Handeln, das ihnen den Respekt ihrer Untertanen verschafft. Dadurch relativiert sich aber die Rolle des Menschen, der als Heerführer und Kriegsherr daherkommt, noch mehr. Nicht nur sein Auftritt als solcher ist für die Befreiung und den Sieg der Heiligen kaum von Bedeutung; auch die Bühne, die er betritt, ist unversehens nicht mehr die der Weltgeschichte, sondern einer ungeschichtlichen Moralität und Innerlichkeit. Im gleichen Zuge wertet Philon die Stellung der Heiligen auf. Sie gehören nicht zu denjenigen, welche im unabänderlichen Lauf der Welt passiv auf das Eingreifen des deus ex machina

---

92 Fischer 200.

93 Vgl. Sandmel, Virtue 220: „We can reasonably expect Philo to give only formal assent to material rewards and punishments, and to put his emphasis instead on the spiritual."

warten. Sie gleichen eher dem Weisen stoischer Couleur, der durch seine Tugendhaftigkeit die Kämpfe des Lebens souverän besteht. Den Leitsatz dieser Haltung formuliert Philon als Moral zum Schluß der zweiten Möglichkeit des Kriegsendes: „Etwas Erhabenes nämlich und sehr Ehrwürdiges ist die Tugend und sie allein in Ruhe dazu in der Lage, das Tragen großer Übel zu erleichtern."[94]

Und doch: Das ἐξελεύσεται γὰρ ἄνθρωπος aus Num 24,7 ist in Praem 91-97 die einzige Schriftstelle, die Philon mit dem Vermerk φησὶν ὁ χρησμός als wirkliches Zitat kennzeichnet und dadurch über die restlichen Anspielungen hinaushebt. Das Zitat ist äußerst knapp; die nähere Bestimmung des gemeinten Menschen, welche Num 24,7 liefert (ἐκ τοῦ σπέρματος αὐτοῦ), hat Philon weggelassen. Übrig bleibt ein Mensch, nicht mehr und nicht weniger. Das ist bemerkenswert genug, denn es ist im Vergleich mit denjenigen, die nicht einmal des Todes durch Menschen wert sind, das Würdeprädikat schlechthin. Dennoch bleibt die Figur, welche dieses Prädikat erhält, überaus blaß. Sie hat im Text keine andere pragmatische Funktion als die Furcht in Praem 95a und die Wespen in Praem 96. In allen drei Etappen der Endschlacht werden die Heiligen selbst aus dem Getümmel herausgehalten. Nicht sie verfolgen die Fliehenden, sondern die Furcht; nicht sie bezwingen Völker, sondern eine Menschengestalt, nicht sie bereiten den Unwürdigen die Niederlage, sondern ein Wespenschwarm. Es scheint, daß Philon die Tugendhaftigkeit der Heiligen nicht dadurch mit Blut besudeln will, daß sie sich ihrer Feinde selber entledigen. Die Heiligen verfügen über andere Mittel, ihren Feinden standzuhalten; es sind die Mittel der Tugend und Moralität, die sich über die konkret geschichtlichen Kämpfe erhebt und im Innern Ruhe und Frieden findet.

Alle Erzählfäden in Praem 91-97 laufen letzten Endes auf die Heiligen zu. Sie spielen die zentrale Rolle im Geschehen. Sie spielen sie aber in gewisser Weise im Hintergrund. Die Schilderung der Geschehnisse durch Philon hat einen doppelten Boden. Vordergründig und an der Oberfläche betrachtet trägt sie die apokalyptischen Züge eines Kampfes am Ende der Geschichte. Hinter den Kulissen sind jedoch andere Kraftfelder wirksam, namentlich diejenigen einer geschichtslosen Tugend und Moral. Während im Vordergrund stets alles in Bewegung ist, bleibt im Hintergrund die Tugend des Weisen in souveräner Ruhe. Wenn der Kriegslärm verstummt und die Fassade der Geschichte zertrümmert ist, wird dahinter sichtbar, was – sich stets gleichbleibend – schon immer alles bestimmt hat: die Tugend der Heiligen, deren herrschaftliche Überlegenheit dann offen zutage tritt.

---

94 Praem 93: μεγαλοπρεπὲς γὰρ καὶ περίσεμνον ἀρετὴ καὶ μόνη καθ' ἡσυχίαν ἱκανὴ φορὰς μεγάλων ἐξευμαρίζειν κακῶν.

2.1.2. Praem 162-172

2.1.2.1. Einordnung in das Fluchbüchlein und Analyse

Der Abschnitt Praem 162-172 bildet den Abschluß des Textes über die Flüche. Zunächst faßt Philon Praem 127-161 in dem Satz Praem 162 zusammen (τὰς μὲν οὖν ἀρὰς καὶ τιμωρίας ... οὐδὲν ὑποστειλάμενος δεδήλωκα). Dann zieht Philon die Konsequenzen aus der Schilderung der Flüche und liefert den Schlüssel zu ihrem richtigen Verständnis. Die Flüche dienen nicht eigentlich der Einschüchterung, sondern der Warnung. Wer sich von ihnen zur Umkehr mahnen läßt, dem stellt Philon das rettende Eingreifen Gottes in Aussicht, wodurch die Frommen und Heiligen aus Knechtschaft befreit, an einem Ort gesammelt und dauerhafter Herrschaft teilhaftig werden.

Der Text Praem 162-172 gliedert sich in folgende Abschnitte

162	Zusammenfassung der Flüche von Praem 127-161.
163	Die Flüche als Warnung und Mahnung zur Umkehr.
164-168	Die Befreiung, Sammlung und Ansiedlung der Heiligen.
169-171	Gott wendet das Unglück der Heiligen gegen ihre Feinde.
172	Zusammenfassung der Moral des Fluchbuches in einem allgemeinen Vergleich.

Philon steht mit Praem 162-172 am Ende seiner Schrift über Segen und Fluch, in der er sich von Lev 26 und Dtn 28 leiten ließ. Im Deuteronomium schließt die Sequenz über Segen und Fluch die testamentarische Gesetzesverkündigung durch Mose ab, wird aber in Dtn 30,1 (ἡ εὐλογία καὶ ἡ κατάρα) nochmals aufgegriffen und im folgenden mit der Verheißung der Heimkehr ins Land der Väter verknüpft. Philon folgt diesem Aufbau: Seine Darlegung des Gesetzes, angefangen bei der Weltschöpfung, wird als Ganzes abgeschlossen mit den Segnungen und Flüchen, die er wiederum abschließend mit der Verheißung der Sammlung verbindet. Erwartungsgemäß folgt also auf den Kommentar zu Dtn 28 derjenige zu Dtn 30, wobei sich Philon eng an Dtn 30,1-7 anlehnt. Wie das ganze Buch über die Segnungen und Flüche, so ist auch Praem 162-172 in das Gerüst einer Reihe von Schriftstellen eingebaut, welche anhand von Stichwortverknüpfungen die innere Logik des Textes herstellen.[95] Auch hier soll eine Synopse und ihre Erläuterung dies verdeutlichen (siehe Grafik Seite 168).

Wie das Deuteronomium, so thematisiert Philon am Ende der Schilderung von Segen und Fluch deren Akzeptanz. Er verschiebt allerdings den Akzent. Während es in Dtn 30,1-2 darum geht, ob die Hörer das Gesagte überhaupt annehmen (δέχεσθαι), unterscheidet Philon zwei Arten, wie sie es aufnehmen könnten, zum Verderben oder zur Warnung (ἐπ' ὀλέθρῳ δέξωνται ... ἢ νουθεσίᾳ). Ziel der Aussage ist aber in beiden Fällen, daß derjenige, bei dem das Wort ankommt beziehungsweise der es in der richtigen Weise aufnimmt, sich bekehrt (ἐπιστρέφειν) und sich verändert

---

[95] Vgl. Fischer 189.

Schriftstelle		Praem	
Dtn 30,1-2	καὶ ἔσται ὡς ἂν ἔλθωσιν ἐπὶ σὲ πάντα τὰ ῥήματα ταῦτα, ἡ εὐλογία καὶ ἡ κατάρα, ἣν ἔδωκα πρὸ προσώπου σου, καὶ δέξῃ εἰς τὴν καρδίαν σου ἐν πᾶσιν τοῖς ἔθνεσιν οὗ ἐάν σε διασκορπίσῃ κύριος ἐκεῖ, καὶ ἐπιστραφήσῃ ἐπὶ κύριον τὸν θεόν σου καὶ ὑπακούσῃ τῆς φωνῆς αὐτοῦ κατὰ πάντα ...	163	ἐὰν μέντοι μὴ ἐπ' ὀλέθρῳ δέξωνται τὰς δυνάμεις μᾶλλον ἢ νουθεσίᾳ καὶ καταιδεσθέντες ὅλῃ ψυχῇ μεταβάλωσι, ... εὐμενείας τεύξονται τῆς τοῦ σωτῆρος καὶ ἵλεω θεοῦ
Dtn 30,3-5	καὶ πάλιν συνάξει σε ἐκ πάντων τῶν ἐθνῶν, εἰς οὓς διεσκόρπισέν σε κύριος ἐκεῖ. ἐὰν ᾖ ἡ διασπορά σου ἀπ' ἄκρου τοῦ οὐρανοῦ ἕως ἄκρου τοῦ οὐρανοῦ, ἐκεῖθεν συνάξει σε κύριος ὁ θεός σου, καὶ ἐκεῖθεν λήμψεταί σε κύριος ὁ θεός σου· καὶ εἰσάξει σε κύριος ὁ θεός σου εἰς τὴν γῆν, ἣν ἐκληρονόμησαν οἱ πατέρες σου, καὶ κληρονομήσεις αὐτήν.	164 165	κἂν γὰρ ἐν ἐσχατιαῖς ὦσι γῆς οἱ πρὸ μικροῦ σποράδες ἐν Ἑλλάδι καὶ βαρβάρῳ κατὰ νήσους καὶ κατὰ ἠπείρους ἀναστάντες ὁρμῇ μιᾷ πρὸς ἕνα συντενοῦσιν ἀλλαχόθεν ἄλλοι τὸν ἀποδειχθέντα χῶρον.
Lev 26,42 Ex 32,12-13	καὶ μνησθήσομαι τῆς διαθήκης Ιακωβ καὶ τῆς διαθήκης Ισαακ καὶ τῆς διαθήκης Αβρααμ μνησθήσομαι καὶ τῆς γῆς μνησθήσομαι. παῦσαι τῆς ὀργῆς τοῦ θυμοῦ σου καὶ ἵλεως γενοῦ ἐπὶ τῇ κακίᾳ τοῦ λαοῦ σου μνησθεὶς Αβρααμ καὶ Ισαακ καὶ Ιακωβ τῶν σῶν οἰκετῶν.	166	τρισὶ χρησάμενοι παρακλήτοις τῶν πρὸς τὸν πατέρα καταλλαγῶν, ... δευτέρῳ δὲ τῇ τῶν ἀρχηγετῶν τοῦ ἔθνους ὁσιότητι
Dtn 30,5	καὶ εὖ σε ποιήσει καὶ πλεοναστόν σε ποιήσει ὑπὲρ τοὺς πατέρας σου.	168	αἵ τε πατέρων καὶ προγόνων εὐτυχίαι βραχὺ μέρος εἶναι νομισθήσονται διὰ τὰς ἀφθόνους τῶν ἐν χερσὶ περιουσίας.
Dtn 30,7	καὶ δώσει κύριος ὁ θεός σου τὰς ἀρὰς ταύτας ἐπὶ τοὺς ἐχθρούς σου καὶ ἐπὶ τοὺς μισοῦντάς σε, οἱ ἐδίωξάν σε.	169	τρέψει γὰρ ὁ θεὸς τὰς ἀρὰς ἐπὶ τοὺς τῶν μετανενοηκότων ἐχθρούς

(μεταβάλλειν). Bemerkenswert ist in diesem Zusammenhang, daß Philon die Segnungen und Flüche, auf die sich das Deuteronomium lapidar als „alle diese Worte“ (πάντα τὰ ῥήματα ταῦτα) rückbezieht, δυνάμεις nennt, ein Tatbestand, auf den später noch einzugehen sein wird. Die Huld (εὐμένεια) Gottes, welche die Bekehrung auf sich zieht, äußert sich konkret in der Sammlung der Zerstreuten (οἱ σποράδες von Dtn 30,4: διασπορά), die Philon in Praem 165 in Anlehnung an Dtn 30,3-5 anspricht. Auch hierbei setzt er seine eigenen Akzente. Während in Dtn 30,3-4 zweimal „der Herr, dein Gott“ das Subjekt ist, das die angesprochenen Israeliten zusammenführen wird (συνάγειν), sind es in Praem 165 die Zerstreuten selbst, welche zusammenstreben (συντείνειν). In Dtn 30,4 kommen sie von den äußersten Enden des Himmels (ἀπ᾽ ἄκρου τοῦ οὐρανοῦ ἕως ἄκρου τοῦ οὐρανοῦ), in Praem 164 von den äußersten Enden der Erde (ἐν ἐσχατιαῖς ὦσι γῆς). Insofern der Himmel die ganze Erde überwölbt und die Menschen auf der Erde unter dem Himmel leben, ist damit dasselbe gemeint. Der Ort, an dem sich die zuvor Zerstreuten versammeln, ist in Dtn 30,5 geschichtlich und geographisch konkret das Land, das die Väter der Israeliten zum Erbe erhalten haben, Israel (εἰς τὴν γῆν, ἣν ἐκληρονόμησαν οἱ πατέρες σου). Philon läßt dagegen in Praem 165 offen, wo der Versammlungsort liegt, und nennt ihn statt dessen nur den „einen angewiesenen Ort“ (πρὸς ἕνα ... τὸν ἀποδειχθέντα χῶρον). Damit hat er die Assoziation des Landes Israel getilgt; auf diejenigen, welche es als diesen konkreten Ort bestimmen, die Väter, spielt er indessen in Praem 166 an. Zur Versöhnung mit Gott hilft den Zusammenströmenden „die Heiligkeit der Erzväter des Volkes“ (ἡ τῶν ἀρχηγετῶν τοῦ ἔθνους ὁσιότης). Das läßt an Lev 26,42 und Ex 32,12-13 denken, wo die Erinnerung an Abraham, Isaak und Jakob Gott deren Nachkommen gegenüber gnädig stimmen soll. In enger Anlehnung an Dtn 30,5.7 stellt Philon den Heiligen sogar größeres Wohlergehen als das der Väter in Aussicht (Praem 168), während Gott die Flüche gegen ihre Feinde wenden wird (Praem 169).

2.1.2.2. Die Segnungen und Flüche als Kräfte

Der Ausdruck δύναμις hat die Übersetzer und Exegeten des Fluchbüchleins nicht selten in Verlegenheit gebracht. Inwiefern sind die Flüche und Strafen (Praem 162: ἀραὶ καὶ τιμωρίαι) oder die Reden über sie (Dtn 30,1: πάντα τὰ ῥήματα ταῦτα) als δυνάμεις zu nehmen?

Um die Härte des Ausdrucks abzumildern, wurden verschiedene textkritische Konjekturen vorgeschlagen oder in Übersetzungen, welche vom semantischen Umfang des Wortes δυνάμεις nicht mehr gedeckt sind, zugrunde gelegt. So merkt L. Cohn in seiner Übersetzung an: „Der Ausdruck δυνάμεις an dieser Stelle ist unverständlich, der Zusammenhang verlangt ein Wort, das etwa ‚angedrohte Strafen‘ bedeutet.“[96] Dagegen wendet sich A.

---

96 Cohn, Ueber Belohnungen 423.

Beckaert in einer Anmerkung zu seiner französischen Übersetzung: „Mangey propose ἐπαναστάσεις, menaces, qu'adoptera Cohn dans sa traduction, après avoir suggéré δυσμενείας, qui est bien séduisant: assez ressemblant à δυνάμεις et corrélatif à εὐμενείας *(infra)*."[97] Wie in der Überlieferung aus ursprünglichen ἐπαναστάσεις (Umsturz, Aufruhr) hätten δυνάμεις werden sollen, ist mit gängigen textkritischen Überlegungen in der Tat unerklärlich. Für einen Flüchtigkeitsfehler sind die beiden Wörter zu verschieden. Die Annahme einer absichtlichen Uminterpretation hinwieder würde die lectio difficilior zur sekundären Lesart erklären, was den üblichen Regeln der Textkritik zuwiderläuft. Dagegen hat Cohns Annahme, daß ein ursprüngliches δυσμενείας (Übelwollen) unabsichtlich in δυνάμεις verfälscht worden sein könnte,[98] eine viel höhere Wahrscheinlichkeit für sich, zumal es eben im dann ursprünglichen Text schön mit εὐμενείας (Wohlwollen) korrespondierte. Cohns Übersetzungsvorschlag „angedrohte Strafen" deckt denn auch von seinem semantischen Umfang her eher δυσμένεια als das von Beckaert ihm unterstellte ἐπαναστάσεις ab und hält sich damit immerhin an die wahrscheinlichste Konjektur. Im Gegensatz dazu macht Beckaert das überlieferte δυνάμεις stark, indem er fragt: „Δυνάμεις est-il vraiment insolite en style biblique?"[99] Nur will seine Übersetzung „ces épreuves"[100] gar nicht so recht dazu passen. Sie verlangte im griechischen Text in etwa πείρας oder πειράσεις.

Neben seiner Ablehnung der Übersetzung „Strafe" und ihrer textkritischen Voraussetzungen wendet sich Beckaert aber auch gegen den zeitlichen Aspekt, den Cohns Version beinhaltet. Während bei Cohn die Strafen erst angedroht werden, will Beckaert mit seiner Übertragung die δυνάμεις auf in der Vergangenheit bereits erfahrene Prüfungen festlegen: „Les menaces font supposer, que les châtiments n'ont pas été infligés, ce qui s'accorde mal à la suite."[101] Die δυνάμεις und damit auch die Flüche und Strafen, für welche sie stehen, lassen sich indessen weder auf die Vergangenheit noch auf die Zukunft allein beschränken. Ihr Ziel ist vielmehr ein doppeltes: Sowohl die Androhung der Strafe als auch ihre Vollstreckung an den ungehorsam Gewordenen dienen einerseits der Abschreckung der Gehorsamen, die dadurch auf dem Weg der Gesetze gehalten werden sollen, andererseits gemäß Praem 163 dazu, auf die Umkehr der ungehorsam Gewordenen hinzuwirken. Fluch und Strafe sind also stets in Androhung und Vollstreckung wirksam, das heißt aber auch, in Vergangenheit, Gegenwart und Zukunft.

Keiner der vorgetragenen Vorschläge zu Textkritik, Übersetzung und Verständnis der δυνάμεις von Praem 163 vermochte also bisher zu überzeugen. Sie lassen samt und sonders einen wichtigen Zusammenhang außer

---

97 Beckaert 122.
98 Vgl. Cohn, De praemiis 374.
99 Beckaert 122.
100 Beckaert 123.
101 Beckaert 122.

acht, der sich aus dem Satzganzen von Praem 163 ergibt. Dort ist nicht nur von den besagten δυνάμεις die Rede, sondern auch von der gottgeschenkten Verwandtschaft (συγγένεια) des menschlichen Verstandes (ὁ ἀνθρώπινος νοῦς) mit der göttlichen Vernunft (λόγος). Diese Begriffe stehen im philonischen Werk auch sonst in einem engen Wechselspiel. Wendet man ihr gegenseitiges Verhältnis, das Philon an anderen Stellen expliziert, auf die hiesige an, so kann man sie in etwa wie folgt paraphrasieren. Gottes Vernunft (λόγος) wirkt in der Welt in der Gestalt seiner Kräfte (δυνάμεις). Im besonderen wird die Vernunft von zwei Kräften begleitet, die Philon entlang der beiden häufigsten alttestamentlichen Gottesbezeichnungen unterscheidet: Danach steht der Name θεός für die weltschöpfende Kraft Gottes und der Name κύριος für seine herrscherlich-richterliche Kraft.[102] Wenn nun die Flüche und Strafen als Kräfte bezeichnet werden, so heißt dies, daß sie Wirkungen der Vernunft Gottes sind. Insofern die Strafen zum Bereich der Gesetzgebung und Rechtsprechung gehören, liegen sie insbesondere in der Gewalt der herrscherlich-richterlichen Kraft. Die Flüche und Strafen wirken als Kräfte der göttlichen Vernunft auf den ihr verwandten menschlichen Verstand ein und bewirken dort Gehorsam und Umkehr.

2.1.2.3. Abstraktion und Psychologisierung

Gegenüber Dtn 30,3-5 nimmt Philon in Praem 165 zwei Akzentverschiebungen vor. Während das Deuteronomium aus der Perspektive Israels zwischen dem eigenen Volk (λαός) und den Völkern (ἔθνη), das heißt zugleich auch den Heiden, unterscheidet, spricht Philon hier von der Warte des Griechen aus und unterscheidet Griechenland (Ἑλλας) und Barbarenland (ἡ βάρβαρος). Dem entspricht, daß für ihn der Ort für die Sammlung der Zerstreuten nicht mehr selbstverständlich das Land der Väter – also Israel – ist, und die Stadt, die dort nach Praem 168 gebaut wird (πολίζειν), nicht explizit Jerusalem,[103] sondern in ganz unbestimmter Weise der eine Ort, der zur Sammlung angewiesen werden wird. Aus diesen beiden Beobachtungen wird klar, daß Philon vom Standpunkt eines alexandrinischen Diasporajuden aus redet. Mit einer nationalen Eschatologie, die mit der geschichtlichen Erfüllung der Heimkehrverheißung von Dtn 30,3-5 rechnet, hat das nichts mehr zu tun.[104] Ganz im Gegenteil

---

102 Vgl. Plant 20; Arnaldez 117; Boyancé, Le Dieu très haut 147; McLelland 32; Weiß, Untersuchungen 272; Windisch, Die Frömmigkeit 48-49.

103 Vgl. als Kontrast zutreffend Bietenhard 195-196: „Nun ist es aber für die jüdische Eschatologie überhaupt bezeichnend, daß sie [...] für die Heilszeit mit dem Neubau des irdischen Jerusalem rechnet."

104 Vgl. Fischer 190-191.196.210; Heinemann, Philons griechische und jüdische Bildung 563-564, der allgemein ein Zurücktreten des Nationalen und Geschichtlichen bei Philon zugunsten eines Kosmopolitismus feststellt. Im gleichen Sinne charakterisiert Walter 339 das, was er „hellenistische Eschatologie" nennt, durch ihren „Zug zur Entnationalisierung, zur Universalisierung".

wird an dieser Stelle erneut deutlich, daß Philon in seiner Eschatologie, wenn man davon überhaupt sprechen möchte, von allem Konkreten abstrahiert. Was bleibt, ist das bloße Faktum der Sammlung als Topos der Heilsverheißung. Genauso abstrakt wie der Ort der Sammlung bleibt die Erscheinung, unter deren Führung sie nach Praem 165 vonstatten geht. Sie ist göttlicher als eine Erscheinung menschlicher Natur und nur denen, die gerettet werden, sichtbar.[105]

Diese Abstraktion vom Konkreten geht in dieselbe Richtung wie die Psychologisierung und Verinnerlichung, die schon für Praem 91-97 festgestellt wurde. Es nimmt deshalb nicht wunder, daß man dieselbe Psychologisierung im folgenden auch hier antrifft. Die Zerstreuten streben nach Praem 165-167 zwar unter der Führung einer übermenschlichen Erscheinung zum angewiesenen Ort hin, als Beistände (παράκλητος) dienen ihnen dabei aber drei Tugenden: die Milde und Güte des Angerufenen (ἐπιεικεία καὶ χρηστότης τοῦ παρακαλουμένου), das heißt: Gottes, die Heiligkeit der Erzväter des Volkes (ἡ τῶν ἀρχηγετῶν τοῦ ἔθνους ὁσιότης) und die Besserung (βελτίωσις) zur Gottwohlgefälligkeit (εὐαρεστεῖν τῷ θεῷ). Die Besserung aber setzt nach Praem 170 bei denen ein, welche sich von der Pracht ihrer Gegner warnen (διὰ νουθεσίαν) lassen und Kummer (λύπη) über ihre bisherige Untugend empfinden, welche sie in die Zerstreuung getrieben hat.

2.1.3. Ergebnis: Praem 91-97 und Praem 162-172 in der Zusammenschau

Die Gestalten, welche in den beiden analysierten Texten des Buches über die Segnungen und Flüche auftreten, bleiben beide fast ohne Konturen. Ihr einziges gemeinsames Merkmal besteht darin, daß es sich um Anführergestalten handelt. Dennoch ist es in beiden Fällen nicht so, daß der Sieg der Heiligen beziehungsweise die erfolgreiche Sammlung der Zerstreuten entscheidend ihnen zu verdanken wäre. Im Gegenteil: So unverhofft wie sie in beiden Situationen auftauchen, so unmittelbar sinken sie auch wieder zur Bedeutungslosigkeit für die nachfolgend geschilderten Ereignisse herab. Die entscheidende Hilfe finden die von ihnen Angeführten in sich selbst, in einem der Tugend gemäßen frommen und gerechten Handeln, das einer ebensolchen Gesinnung entspricht.[106] Die dürren Worte, welche die beiden Gestalten in die jeweiligen Texte einführen, lassen sich sogar in dem Wenigen nicht zur Deckung bringen, so daß es sich in beiden Text-

105 Fischer 204-206 hält zwar die Sammlung auch für einen allgemein „geläufigen Topos der jüdischen Eschatologie“ (204), will unter der Erscheinung aber exakt den Logos verstehen.

106 Freilich kommen auch bei Philon die Tugendhaften nicht ohne die Gnade Gottes aus, die ihnen in allem hilft. Darauf weist an dieser Stelle das Motiv der Anrufung hin (Praem 166). Zur Bedeutung der Gnade bei Philon vgl. Zeller, Charis 33-128, zum Verhältnis von Tugend und Gnade insbesondere ebd. 65-128.

abschnitten nicht um ein und dieselbe Gestalt handeln kann. Während Praem 95 nämlich vom Hervorgehen eines Menschen spricht, schließt Praem 165 genau dies aus, daß es sich um einen Menschen handle, indem dort sehr vage von einer Erscheinung die Rede ist, welche göttlicher sei als eine der menschlichen Natur gemäße (πρός τινος θειοτέρας ἢ κατὰ φύσιν ἀνθρωπίνην ὄψεως). Die beiden Gestalten spielen in Philons Schrift über die Segnungen und Flüche keine herausragende Rolle. Von einer Parusie bei Philon zu sprechen, zumal in einem vom Neuen Testament her bedeutungsschweren Sinne, wäre deshalb maßlos übertrieben.

Philons Intention muß demnach anders bestimmt werden. In Praem 172 faßt er anhand eines Vergleichs gleichsam die Moral, die aus dem Buch der Segnungen und Flüche zu ziehen ist, noch einmal zusammen. Er vergleicht die Seele mit einem Baumstumpf. Wenn dieser nicht bis auf die letzten Wurzeln ausgegraben wird, so sprossen neue Schößlinge aus ihm hervor. Ebenso verhalte es sich mit der Seele. Wenn darin auch nur ein geringer Rest von dem, was zur Tugend hinführt, übrig bleibe, so bringe dieser die wertvollsten und schönsten Dinge hervor und bewirke das Wachstum von Städten und Völkern. Philon streicht damit ein letztes Mal heraus, daß Segen und Fluch nur ein Ziel haben, die Mehrung der Tugend. Es bestätigen sich hiermit die Ergebnisse der obigen Analysen von Praem 91-97.162-172: Philon liest Lev 26 und Dtn 28; 30 als Tugendlehre, indem er die dort geschichtlich gemeinten Segnungen und Flüche auf anthropologisch begründete seelische Vorgänge münzt. Segen und Fluch sind wirkmächtige Kräfte der göttlichen Vernunft, welche den menschlichen Verstand zur Tugend anspornen sollen.

2.2. Protologie

2.2.1. Opif 1-35

Philons Schöpfungslehre interessiert im Zusammenhang dieser Arbeit, insofern sie Aufschluß darüber gibt, wie sich Philon das Verhältnis von Sein und Werden denkt. Dieser Frage widmet Philon den ersten Teil seines Kommentars zur biblischen Schöpfungsgeschichte. Da jener Kommentar zur Gattung der Darlegung des Gesetzes gehört, kann eine Ausgrenzung des hier relevanten Textabschnitts nicht einfach anhand der zitierten Schriftworte als Grenzmarken vorgenommen werden. Umso wichtiger ist es, die literarischen Strukturmerkmale zu benennen, die, wie gezeigt werden wird, Opif 1-12.13-35 als sinnvolle literarische Einheiten erscheinen lassen.

2.2.1.1. Prolegomena zum Gesetz und zur Schöpfungslehre (Opif 1-12)

Die Prolegomena in Opif 1-12 zerfallen in drei Teile. Der erste Abschnitt Opif 1-6 nimmt sich wie eine Vorrede zum gesamten Gesetzeskommentar

Philons aus, indem er über den inneren Zusammenhang von Gesetzgebung und Schöpfungsbericht reflektiert und dadurch rechtfertigt, weshalb eine narrative Gattung wie die Erzählung von der Weltschöpfung ein Werk, das im übrigen zur Gattung der Gesetze gehört, eröffnet. Mit der Schöpfungserzählung, schreibt Philon, habe Mose der Gesetzgebung einen schönen Anfang (ἀρχή) gesetzt, indem er sowohl über die direkte und offene als auch über die mythologische Rede hinausgegangen sei. Damit hat er sich aber an das gehalten, was Philon kurz darauf für die Bearbeitung eines so schwierigen Themas fordert. Auch wenn die Schönheit der Gedanken über die Weltschöpfung unaussprechlich sei, so dürfe man dennoch nicht einfach davon schweigen, sondern müsse sie in kleineren Zeichen aufzuweisen versuchen. Der Einstieg über die Schöpfungserzählung in das mosaische Gesetzeswerk sei deshalb so glücklich gewählt, weil auf diese Weise die gesetzliche Ordnung (νόμος) und die Weltordnung (κόσμος) zusammenstimmten und der gesetzestreue Mann zugleich Weltbürger sei.[107] Dieser Abschnitt erhält seine Einheit durch die häufige Wiederkehr und Verknüpfung der charakteristischen Ausdrücke ἀρχή und κάλλος.

Der zweite Abschnitt Opif 7-10 bildet die Vorrede zu der sich direkt daran anschließenden Kommentierung des biblischen Schöpfungsberichts. Vorab stellt Philon seine eigene Position klar, die er im Kommentar entfalten wird. Er wendet sich entschieden gegen zwei Meinungen, einmal diejenige, welche die Welt für ungeworden und ewig (ἀγένητός τε καὶ ἀΐδιος) hält, dann jene, die Gott weitestgehende Untätigkeit (πολλὴ ἀπραξία) unterstellt. Statt dessen postuliert er für Mose zwei Ursachen (αἴτιον) in allem, was ist: eine tätige (δραστήριον) und eine leidende (παθητόν). Die tätige Ursache identifiziert er mit der Allvernunft (ὁ τῶν ὅλων νοῦς).

Im dritten Abschnitt Opif 11-12 faßt Philon die beiden voraufgehenden zusammen. Er wendet sich gegen die Vorstellung, in der Welt könne wie in einer Stadt Anarchie herrschen. Wenn man den Begriff ἀναρχία im wörtlichen, doppelten Sinne als Anfangs- und Herrschaftslosigkeit versteht, so schließt sich der Kreis hin zum ersten Abschnitt, wo Philon den Zusammenhang zwischen gesetzlicher Herrschaft und dem Anfang der Gesetze in der Weltschöpfung aufzeigt. Als Gesamtaussage der Prolegomena ergibt sich dann: Wo ein Anfang ist, da herrscht Ordnung. Der Frage nach dem Anfang der Welt kommt damit eine herausragende Bedeutung für das gesamte mosaische Gesetzeswerk zu. Am Ende seiner Prolegomena versucht Philon daher, die These vom Entstandensein der Welt mittels eines Arguments aus Platons „Timaios" (28b: γέγονεν· ὁρατὸς γὰρ ἁπτός τέ ἐστιν καὶ σῶμα ἔχων) zu zementieren: Alles Unsichtbare und Verstandesmäßige sei ungeworden und ewig, alles Sichtbare und Wahrnehmbare aber stets in Entstehung und Veränderung begriffen; da die Welt offenkundig sichtbar und wahrnehmbar ist, sei sie notwendig auch

[107] Vgl. Sandmel, Virtue 218.

geworden (ἐπεὶ οὖν ὁρατός τε καὶ αἰσθητὸς ὅδε ὁ κόσμος, ἀναγκαίως ἂν εἴη καὶ γενητός). An diesem Schluß wird deutlich, wie eng in der Tradition Platons Epistemologie und Ontologie zusammenhängen: Aus der Art und Weise, wie man etwas erkennen kann, läßt sich auf den Wirklichkeitsbereich schließen, dem es angehört. Nachdem Philon erwiesen hat, daß man die Welt als entstanden betrachten muß, kann er im folgenden von ihrer Erschaffung handeln.

Einen Überblick über das Gesagte gibt folgendes Schema (die charakteristischen Ausdrücke eines Abschnitts sind kursiv gedruckt):

1	
2	*παγκάλην* καὶ σεμνοτάτην *ἀρχὴν* ἐποιήσατο τῶν νόμων
3	ἡ δ᾽ *ἀρχή* ... ἐστὶ *θαυμασιωτάτη* κοσμοποιίαν περιέχουσα
4	τὸ ... *κάλλος* τῶν νοημάτων τῆς κοσμοποιίας
5	
6	τὰ τῆς ἀναγραφείσης ἐν τοῖς νόμοις κοσμοποιίας ὑπερβάλλοντα *κάλλη*
7	*Zwei Vorstellungen sind unhaltbar:*
8	*τὸν κόσμον ... ἀγένητόν τε καὶ ἀίδιον*
9	*τοῦ δε θεοῦ πολλὴν ἀπραξίαν*
10	*Statt dessen gibt es zwei Ursachen: παθητόν, δραστήριον.*
11	ἀναρχίαν ὡς ἐν πόλει κατασκευάζον τῷδε τῷ κόσμῳ
12	τῷ ... ἀοράτῳ ... ἀιδιότητα, τῷ δ᾽ αἰσθητῷ γένεσιν

2.2.1.2. Ein Tag: Die Erschaffung der verstandesmäßigen Welt (Opif 13-35)

Philon folgt in seinem Kommentar dem Sechstageschema der Schöpfungserzählung in Gen 1,1-2,4a und handelt in Opif 13-35 den ersten Tag ab. In diesem Rahmen thematisiert er aus seiner Sicht das Verhältnis von verstandesmäßiger und wahrnehmbarer Welt, das für seine Schöpfungsauffassung und seine Ontologie grundlegend ist. Der Abschnitt Opif 13-35 ist durch literarische Strukturmerkmale deutlich in sich geschlossen und gegliedert. Ich stelle in diesem Fall die Strukturübersicht voran, um besser auf die einzelnen Teile verweisen zu können (siehe Grafik Seite 176).

Zusammengehalten wird der Abschnitt Opif 13-35 als ganzer von einer Inklusion: Am Beginn (Opif 15) und am Ende (Opif 35) pocht Philon darauf, daß Mose den ersten Tag nicht den ersten, sondern „einen Tag“ nenne (Gen 1,5 LXX: ἡμέρα μία), um so seine monadische Natur zum Ausdruck zu bringen. Auf diese Weise nennt Philon einleitend (I) das Thema, das er am Schluß (IV) zusammenfaßt: Indem Mose den ersten Tag aus der Reihe der folgenden Tage heraushebt, deutet er nach Philons Meinung an, daß Gott an ihm nicht materialiter die wahrnehmbare Welt geschaffen hat, sondern idealiter die verständesmäßige als deren Muster.

I		13 14 15	χρόνων μήκους – ἅμα – τάξει δὲ ἀριθμὸς οἰκεῖον μίαν [ἡμέραν] – τὴν μονάδος φύσιν
II	A	16	τὸν νοητὸν κόσμον μίμημα – παραδείγματος – ἀρχέτυπον καὶ νοητὴν ἰδέαν– τὸν ὁρατὸν κόσμον
	B	17 18 19 20	ἐν τόπῳ τινί ἄλλον τόπον ἢ τὸν θεῖον λόγον – ἐπεὶ τίς ἂν εἴη τῶν δυνάμεων αὐτοῦ τόπος ἕτερος
	C	21 22 23 24	δύναμις δὲ καὶ ἡ κοσμοποιητική οὐδὲν ἂν ἕτερον εἴποι τὸν νοητὸν κόσμον εἶναι ἢ θεοῦ λόγον ἤδη κοσμοποιοῦντος
	D	25	ὡς ἄρα κατ᾽ εἰκόνα θεοῦ διετυπώθη – εἰ δὲ τὸ μέρος εἰκὼν εἰκόνος [δῆλον ὅτι] καὶ τὸ ὅλον εἶδος, σύμπας οὗτος ὁ αἰσθητὸς κόσμος – μίμημα θείας εἰκόνος, δῆλον ὅτι καὶ ἡ ἀρχέτυπος σφραγίς, ὅν φαμεν νοητὸν εἶναι κόσμον, αὐτὸς ἂν εἴη … ὁ θεοῦ λόγος
III	A	26 27 28	ἐν ἀρχῇ ἐποίησεν ὁ θεὸς τὸν οὐρανὸν καὶ τὴν γῆν χρόνος *χρόνος – κατ᾽ ἀριθμόν – πάνθ᾽ ἅμα – τάξις*
	B	29 30 31	πρῶτον· οὐρανόν, γῆν, ἀέρος, κενοῦ, ὕδατος, πνεύματος, φωτός *φῶς*
	C	32 33 34	σκότος ἦν ἐπάνω τῆς ἀβύσσου *φῶς* und *σκότος – ὅρη· ἑσπέρα πρωΐα* ὅλως γὰρ οὐδὲν αἰσθητὸν ἐν τούτοις, ἀλλὰ πάντα ἰδέαι καὶ μέτρα καὶ τύποι καὶ σφαγῖδες, εἰς γένεσιν ἄλλων ἀσώματα σωμάτων
V		35	τοῦ χρόνου μέτρον ἡμέραν οὐχὶ πρώτην, ἀλλὰ μίαν, ἣ λέλεκται διὰ τὴν τοῦ νοητοῦ κόσμου μόνωσιν μοναδικὴν ἔχοντος φύσιν

Der erste Tag ist nicht irgendein Tag wie jeder andere, der zufällig am Beginn einer Reihe von Tagen steht, sondern der Tag an sich, welcher die Bedingung der Möglichkeit aller übrigen Tage in sich birgt. In seiner monadischen Natur bringt er zweierlei zum Ausdruck. Das Muster, nach dem die wahrnehmbare Welt in zeitlich aufeinander folgenden Teilen geschaffen wird, gehört dem Bereich des stets gleichbleibenden Seins an, und zwar deshalb, weil Gott es entworfen hat, der als das höchste Sein alles zugleich tut und keiner zeitlichen Ausdehnung zur Verrichtung verschiedener Handlungen bedarf.

Mit dem Stichwort der Zeit ist ein zweites Struktursignal von Opif 13-35 genannt. Es erfüllt zum einen parallel zum bereits Gesagten die Funktion einer den ganzen ersten Tag umfassenden Inklusion, taucht es doch außer in der Einleitung (Opif 13) auch am Ende (Opif 35) wieder auf. Im Teil I kündigt es überdies zusammen mit den Stichwörtern vom gleichzeitigen Schaffen Gottes (ἅμα) und von der der Ordnung eigenen Zahl (τάξει δὲ ἀριθμὸς οἰκεῖον) ein zentrales Thema an, das im Teil III A aufgenommen und behandelt wird. Das Thema der Zeit markiert so die Grenzen der beiden Hauptteile II und III, indem es sie rahmt (I, III A und IV).

Dieser dreiteilige Rahmen um die beiden Hauptteile verdoppelt sich durch einen weiteren Rahmen mit ebenfalls drei Teilen, der an den beiden Enden zum ersten parallel läuft und sich in der Mitte mit ihm verschränkt. Dreimal, in Opif 16.25.34, begegnen gehäuft Begriffe, welche zur Gegenüberstellung von verstandesmäßiger und wahrnehmbarer Welt und Schöpfung dienen (μίμημα, παράδειγμα, εἰκών, σφραγίς, ἰδέα, ἀρχέτυπος, νοητός, αἰσθητός, ὁρατός). Dadurch öffnet sich am Beginn von Teil II eine Klammer, welche zweimal, jeweils am Ende von Teil II beziehungsweise Teil III, geschlossen wird. In Opif 25.26 laufen die beiden Verbindungslinien, die eine entlang des Zeitbegriffs und die andere entlang der philonischen Ideenlehre, über kreuz und schaffen so einen überlappenden Übergang vom Teil II zum Teil III. In ihrer einleitenden beziehungsweise zusammenfassenden Dichte und Ausdrücklichkeit bilden das Thema der Zeit und das Urbild-Abbild-Schema an den Knotenpunkten des Textes das interpretative Gerüst, in das die Aussagen der beiden Teile II und III eingefügt sind und auf der Grundlage dessen sie verstanden werden müssen.

Die bisherigen Ausführungen vermögen indes noch nicht zu rechtfertigen, weshalb die Scheidelinie zwischen den Hauptteilen II und III genau zwischen Opif 25 und Opif 26 verläuft. Hier springt ein Kriterium ein, das für die Gattung der Allegorie des Gesetzes typisch ist, aber auch hier in der Darlegung des Gesetzes im engen Rahmen der Gliederung von Teil III zum Einsatz kommt: das Schriftzitat. Opif 26 greift den Beginn der Schöpfungserzählung in Gen 1,1, der anschließend kommentiert wird, auf und setzt damit einen klaren Einschnitt. Opif 29 nimmt Gen 1,2-3 inhaltlich vorweg, bevor Opif 32 aus Gen 1,2 wieder wörtlich zitiert. Hieraus ergibt sich die Dreiteilung von Teil III in die Abschnitte A, B, und C, von denen jeder seine Einheitlichkeit durch bestimmte charakteristische Ausdrücke gewinnt, welche sein Thema bestimmen: A durch χρόνος, ἀριθμός, ἅμα und τάξις, B durch φῶς und C durch φῶς, σκότος, ὅρος, ἑσπέρα und πρωΐα.

2.2.1.3. Das Urbild-Abbild-Schema

Als interpretatives Gerüst von Opif 13-35 wurde oben Opif 16.25.34 bestimmt. In diesen drei Rahmenteilen begegnen gehäuft Ausdrücke und Begriffspaare, welche ein platonisches Urbild-Abbild-Schema als Hintergrund der gesamten Abhandlung hervortreten lassen. Im folgenden sind die Paare einander gegenübergestellt und solche Begriffe, denen im Text nicht eindeutig ein Gegenbegriff entgegengestellt wird, in Klammern hinzugesetzt:

Urbild:	Abbild:
verstandesmäßige Welt	wahrnehmbare Welt
παράδειγμα	μίμημα
(μέτρον)	
σφραγίς	χαρακτήρ
(τύπος)	
ἰδέα	οὐσία
εἰκών	ἀπεικόνισμα
(εἴδωλον)	(εἰκών, εἶδος)
ἀιδιότης	γένεσις
	(μεταβολή)
ἀόρατος	ὁρατός
νοητός	αἰσθητός
(ἀρχέτυπος)	
ἀσώματος	σωματικός
πρεσβύτερος	νεώτερος

Im Anschluß an Platons Unterscheidung in Timaios 27d-28a zwischen dem stets Seienden und dem Werdenden unterscheidet Philon grundsätzlich zwischen der verstandesmäßigen Welt und der wahrnehmbaren Welt, zwischen dem κόσμος νοητός und dem κόσμος αἰσθητός, zwischen dem mundus intelligibilis und dem mundus sensibilis.[108] Die wahrnehmbare Welt ist als Abbild nach dem Urbild der verstandesmäßigen Welt geschaffen. Urbild und Abbild sind zugleich ontologische und epistemische Kategorien; die Weise der Erkenntnis muß sich jeweils dem Gegenstand, auf den sie sich richtet, angleichen. Die sich stets gleichbleibende und insofern ewige Welt heißt ontologisch zutreffend κόσμος νοητός, weil sie schon bei Platon nur mittels des Verstandes (νοήσει μετὰ λόγου) erkannt werden kann. Demgegenüber bezeichnet κόσμος αἰσθητός ontologisch den sich stets in Veränderung befindlichen Bereich des Seins, der mittels der Wahrnehmung (δόξῃ μετ' αἰσθήσεως) zugänglich ist.[109] Auf die Art und

108 Vgl. Arnaldez 128; außerdem Platon, Phaidon 79a; Politeia 509d.524c.

109 Vgl. Platon, Timaios 28a; Runia, Philo of Alexandria 92-94.159-162.

Weise, wie die beiden Welten genau miteinander zusammenhängen, wird weiter unten noch näher einzugehen sein. Hier mag es vorerst genügen, zwei Tatbestände, die in der obigen Gegenüberstellung befremden könnten, zu erläutern.

Es handelt sich erstens um den Begriff der οὐσία. Aus der abendländischen Metaphysik ist man es im allgemeinen gewohnt, οὐσία im Sinne der lateinischen Begriffe essentia und substantia zu verstehen. Οὐσία meint dann das, was eine Sache wesentlich ausmacht, im Gegensatz zu all dem, was akzidentiell zur Substanz der Sache hinzutritt.[110] Betrachtet man die obige Zusammenstellung mit diesem Vorverständnis, so überrascht es, den Begriff οὐσία auf der Seite der körperlichen, wahrnehmbaren und veränderlichen Welt eingeordnet zu finden. An der Richtigkeit der Zuordnung kann kein Zweifel bestehen, denn sie ergibt sich unmißverständlich aus dem gegenüberstehenden Begriff der ἰδέα (Opif 18). Runia stellt daher zutreffend fest: „The term indicates neither Platonic ‚being' nor Aristotelian ‚substance', but is equivalent to ὕλη."[111]

Zweitens fällt auf, daß das Wort εἰκών auf beiden Seiten der Gegenüberstellung vorkommt. Man übersetzt es am besten mit „Bild", denn für sich genommen ist es nicht auf eine der engeren Bedeutungen von „Urbild" oder „Abbild" festlegbar. Eindeutig im Sinne von „Abbild" wird es erst durch eine nähere präpositionale Bestimmung wie etwa im Begriff des ἀπεικόνισμα. Ein Abbild kann zum Urbild eines weiteren Abbildes werden, das dann Abbild eines Abbildes ist. Das ist in Opif 25 der Fall, wo der Mensch als εἰκὼν εἰκόνος beschrieben wird. Die Vernunft (λόγος) Gottes ist nach Fug 101 und Conf 147 sein Abbild und der Mensch seinerseits ein Abbild der Vernunft Gottes.

2.2.1.4. Der Ort der verstandesmäßigen Welt (Opif 17-24)

Die wahrnehmbare Welt ist das körperliche, sichtbare Abbild der verstandesmäßigen Welt der Ideen. Um dieses Verhältnis und die Begrifflichkeit, in die Philon es faßt, zu verdeutlichen, nimmt er Beispiele und Vergleiche aus dem Alltagsleben. Die verstandesmäßige Welt erscheint darin als Muster (παράδειγμα), dessen Nachahmung (μίμημα) die wahrnehmbare Welt ist; als Siegel (σφραγίς), das der körperlichen Welt seinen Stempel (χαρακτήρ) aufdrückt; als Bild (εἰκών), das sich sichtbar abbildet (ἀπεικόνισμα). Philon veranschaulicht das Urbild-Abbild-Verhältnis im Gleichnis vom Architekten, der den Bauplan für eine Stadt anfertigt. Noch bevor der erste Spatenstich getan wird, hat der Architekt schon sein Modell der geplanten Stadt vollständig fertiggestellt. Muster, Siegel, Bilder und Modelle sind bekannte Alltagsgegenstände, deren Funktion an ihrem üblichen Gebrauch innerhalb der wahrnehmbaren Welt ersichtlich wird. Indem Philon ihre Funktion auf

---

110 Vgl. de Vries 107.

111 Runia, Philo of Alexandria 141.

die verstandesmäßige Welt überträgt, vermittelt er eine klare Vorstellung von deren Verhältnis zur wahrnehmbaren Welt. Darin liegt die Stärke seines gleichnishaften Rückgriffs auf die sinnliche Erfahrungswelt.

Philon ist sich aber genauso der Schwäche seines Vorgehens bewußt, die darin liegt, daß die ganze Rede vom Modell in der wahrnehmbaren Welt eine räumliche Komponente hat, die er im Zuge ihrer Übertragung auf die verstandesmäßige Welt ausschließen will. Ein Modell, ein Stadtplan, ein Siegel, ein Bild – all das sind handgreifliche Dinge, derer man sich bedient, um etwas zu formen und zu gestalten; sie nehmen einen konkreten Ort in der wahrnehmbaren Welt ein. In der Konsequenz der Vergleiche wird die Frage unausweichlich, wo die verstandesmäßige Welt in ihrer Eigenschaft als Modell der wahrnehmbaren Welt ihren Ort hat. Das Gleichnis vom Architekten enthält ein bis hierhin noch unausgeschöpftes Potential, durch das die Schwäche der Modellvorstellung überwunden und die Frage nach dem Ort des Modells zufriedenstellend beantwortet werden kann. Es besteht darin, daß man sich das Modell nicht notwendigerweise als etwas dem Architekten Äußerliches vorstellen muß. Er trägt es vielmehr als Bild (Opif 18: ἀγαλματοφορεῖν) in seiner Seele eingeprägt wie in Wachs.

An diesem Punkt angelangt, verläßt Philon die Ebene des Gleichnisses und deutet den Architekten auf Gott hin. Wie das Modell seinen Ort in der Seele des Architekten hat, so die Ideenwelt den ihren in der göttlichen Vernunft (Opif 20: ὁ θεῖος λόγος). Damit ist die Ideenwelt auch in ihrer Modellhaftigkeit bar jeder Räumlichkeit. Die verstandesmäßige Welt ist nichts anderes als die planende Überlegung (λογισμός), die sich in der Vernunft Gottes abspielt. Da die philonische Rede vom λόγος facettenreich ist, sei eigens betont, daß man unter λόγος hier ohne jede Hypostatisierung oder eine weitreichende Logosspekulation einfach die Vernunft Gottes verstehen kann.[112] Zum einen ist das einfachere Verständnis, soweit möglich, dem komplizierteren stets vorzuziehen, und zum andern legt das Gleichnis vom Architekten das einfache Verständnis des λόγος als Vernunft nahe. Gerade die Vernunft im anthropologischen Sinne bildet ja den Scheitel der Parabel. Philon überträgt die menschliche Psychologie auf Gott: So wie ein Stadtplan sich aus den Überlegungen zusammensetzt, welche der Architekt in seinem Verstand anstellt, so sind auch die Ideen, aus denen die verstandesmäßige Welt besteht, schlicht die Gedanken in der Vernunft Gottes.[113] Von der stoischen Logoslehre unterscheidet sich Philon, mit T. H. Billings zu sprechen, in doppelter Weise: „He rejects their materialism and their identification of the Logos with the Supreme Being."[114]

Neben der Vernunft Gottes bezeichnet Philon jedoch als Ort der Ideenwelt auch seine Kräfte. Vernunft und Kräfte Gottes erscheinen hier in einem

---

112 Vgl. Billings 27; McLelland 29; Weiß, Untersuchungen 254.

113 Vgl. Arnaldez 118-119.

114 Billings 37.

ähnlichen Zusammenhang, wie er uns schon aus Praem 163 bekannt ist. Dort ist von der Verwandtschaft des menschlichen Verstandes mit der göttlichen Vernunft die Rede. Diese Verwandtschaft ist es gerade, welche die Übertragung des Gleichnisses vom Architekten auf Gott ermöglicht; beide können nämlich in Gedanken planen. Während aber beim menschlichen Architekten seine gedankliche Planung reine Theorie bleibt, solange er sie nicht handelnd in die Tat umsetzt, fallen bei Gott Planung und Handlung stets zusammen, denn er tut, wie Philon mehrfach betont, alles zugleich (Opif 13.28). Wenn Philon in Opif 20-21 sowohl die Vernunft als auch die Kräfte Gottes als Ort der Ideenwelt ausmacht, dann bringt er eben dies zum Ausdruck: Gottes Vernunft bleibt niemals rein theoretisch, sondern sie bewirkt, was sie in Gedanken faßt, immer schon durch die Kräfte Gottes.[115] In diesem Sinne faßt Philon in Opif 24 seine Ausführungen über den Ort der Ideenwelt zusammen: Die verstandesmäßige Welt ist nichts anderes als die Vernunft Gottes, und zwar Gottes insofern, als er schon dabei ist, die Welt zu schaffen (οὐδὲν ἂν ἕτερον εἴποι τὸν νοητὸν κόσμον εἶναι ἢ θεοῦ λόγον ἤδη κοσμοποιοῦντος).[116] Planung und Ausführung fallen in eins; die planende Vernunft Gottes und seine ausführenden Kräfte sind untrennbar gemeinsam am Werk. Diese These stützt Philon mit einem Argument, das er aus dem in Opif 25 folgenden Zitat Gen 1,27 gewinnt und das J. C. M. van Winden wie folgt rekonstruiert hat: „man, being part of the cosmos, has been created as an image of God's image (= the logos); – then *a fortiori* the whole cosmos has been created as an image of God's logos; – now it was shown earlier that the cosmos was created as an image of the noetic cosmos; – Ergo: noetic cosmos and logos of God coincide (in the act of creating)."[117] Den logischen Zusammenhang und damit den Sinn des Arguments zerstört R. Radice, wenn er in der verstandesmäßigen Welt nur einen Teil der göttlichen Vernunft erblickt, einen anderen Teil dagegen in der Idee des Menschen sieht.[118] Opif 25 erhält seine argumentative Kraft gerade dadurch, daß von ein und derselben göttlichen Vernunft als ganzer sowohl die wahrnehmbare Welt als Makrokosmos als auch der Mensch als Mikrokosmos ein Abbild ist.[119]

Um zu diesem Ergebnis zu gelangen, weitet Philon unter der Hand die Rolle aus, welche die göttliche Vernunft im Verhältnis zur verstandesmä-

---

115 Theiler, Gott und Seele 69, spricht allgemein von einem Zusammenfall der Ideen mit den Kräften bei Philon.

116 Diesen Zusammenhang unterstreicht Radice, Ipotesi 73: „In effetti, quando Filone pone questa identificazione (cf. § 24), assimila il mondo intelligibile, non al Logos *tout court*, ma al Logos di Dio nell'atto di creare il mondo." Vgl. auch Bréhier 154.

117 Winden 215; vgl. ders. 210-215.

118 Vgl. Radice, Ipotesi 74: „[...] che l'Idea di mondo (il ‚mondo ideale' dei §§ 15ss.) non esaurisce tutto il Logos, ma solo il suo aspetto cosmologico, sicchè, a rigore, nel Logos, possono essere contenute altre Idee, in particolare quelle non cosmologiche."

119 Auf die Häufigkeit der Vorstellung „vom Menschen als Kleiner Welt" bei Philon hat Theiler, Philo 211, hingewiesen.

ßigen Welt spielt. Er geht in Opif 17-24 in einem dialektischen Dreischritt vor. Im ersten Schritt, auf der Ebene des Gleichnisses (Opif 18), empfängt die Seele des Architekten wie Wachs die Eindrücke (τοὺς ἑκάστων δεξάμενος τύπους) der verstandesmäßigen Stadt. Im zweiten Schritt, auf der Ebene der Übertragung (Opif 20), ist die Vernunft Gottes nicht nur der Ort, der die Ideenwelt aufnimmt, sondern es ist allererst diese Vernunft, welche die Ideen durchordnet (ὁ θεῖος λόγος ὁ ταῦτα διακόσμησας). Im dritten Schritt endlich, der Synthese der voraufgehenden (Opif 24), setzt Philon die verstandesmäßige Welt mit der Vernunft Gottes in eins (οὐδὲν ἂν ἕτερον εἴποι τὸν νοητὸν κόσμον εἶναι ἢ θεοῦ λόγον) und zieht so die Konsequenz daraus, daß die göttliche Vernunft zugleich Empfängerin und Ordnerin der Ideen ist. Sie erfüllt nach Philon vielfältige Aufgaben, ohne doch in verschiedene Bestandteile zu zerfallen: „Le Logos philonien réunit en lui plusieurs types de causalité: cause efficiente, instrumentale, exemplaire; il est aussi le lieu qui s'offre à la création des idées."[120]

Die göttliche Vernunft schließt somit den gesamten Prozeß der Durchordnung der verstandesmäßigen Welt in sich oder, anders gewendet, Gott nimmt alles, was zu ihrer Entstehung erforderlich ist, aus sich selbst. Philon hat auf diese Weise das Verhältnis des göttlichen Demiurgen zu seinem verstandesmäßigen Modell im Prozeß der Schöpfung gegenüber Platons Darstellung im „Timaios" (27d-29b) entscheidend neu gefaßt. Bei Platon ist das Modell vollkommen abstrakt, es besteht schon, bevor der Demiurg schöpferisch tätig zu werden beginnt, und bleibt ihm äußerlich; im Akt der Schöpfung schaut er von außen auf es hin. Bei Philon ist es dagegen nichts anderes als die gedankliche Planung Gottes in seiner Vernunft; das Modell ist dem Schöpfer nicht äußerlich vorgegeben, sondern er gestaltet es selbst in seiner Vernunft durch, so daß in letzter Konsequenz Modell und göttliche Vernunft ununterscheidbar werden. Wo Platon eine Schöpfung als Gestaltung der wahrnehmbaren Welt im Hinblick auf ein verstandesmäßiges Modell schildert, da findet man bei Philon zwei Ordnungsakte, aus denen zwei Welten hervorgehen: die verstandesmäßige und die wahrnehmbare. Nicht umsonst ist die Rede vom κόσμος νοητός bei Philon erstmals belegt.[121] Sie dient der Absicht, das platonische Urbild-Abbild-Schema mit dem jüdischen Monotheismus und seiner absoluten Souveränität Gottes kompatibel zu machen.[122]

2.2.1.5. Der Ort der wahrnehmbaren Welt (Opif 7-10)

Um die Souveränität Gottes zu garantieren, hat Philon also die Gesamtheit der Ideen als verstandesmäßige Welt in die Vernunft Gottes integriert. Wenn Gott die Ideen aber wie Siegel verwendet, worin werden sie dann ausgeprägt? Neben der aktiven Prägekraft der Vernunft Gottes wird ein

---

120 Arnaldez 154.

121 Vgl. Boyancé, Études philoniennes 99; Runia, Philo of Alexandria 113.162.

122 Vgl. McLelland 29: „We must not stick even at Logos but persist to the divinity beyond."

Zweites denknotwendig, das passiv die Prägung empfängt. Dementsprechend unterscheidet Philon schon in Opif 8-9 in dem, was ist, zwischen einer tätigen Ursache und einem Leidenden (ἐν τοῖς οὖσι τὸ μὲν εἶναι δραστήριον αἴτιον τὸ δὲ παθητόν). Die tätige Ursache setzt er unmißverständlich mit dem Allverstand (ὁ τῶν ὅλων νοῦς), der göttlichen Vernunft also, gleich, während er offen läßt, was er genau mit dem Leidenden meint. Philons Gebrauch der Terminologie der Stoa, die von zwei gleichrangigen Prinzipien ausgeht, führt hier leicht in die Irre. Indem Arnaldez αἴτιον sowohl auf δραστήριον als auch auf παθητόν bezieht, kann er übersetzen: „Il existe dans les êtres une cause active et une cause passive.“[123] Philon würde demnach neben der Vernunft Gottes ein zweites, gleichrangiges Prinzip kennen, was seiner ganzen sonstigen Argumentation zugunsten der absoluten Souveränität Gottes bei der Weltschöpfung widerspräche. Sehr richtig hat Cohn deshalb in seiner Übersetzung das Leidende unbestimmt gelassen und αἴτιον nur auf δραστήριον bezogen: „Moses aber [...] erkannte sehr wohl, dass in den existierenden Dingen das eine die wirkende Ursache, das andere ein Leidendes sein muß.“[124] H.-F. Weiß argumentiert zuerst ausführlich für eine Zwei-Prinzipien-Vorstellung in Philons Schöpfungslehre, kommt dann aber überraschend doch zu dem Schluß, daß Philon nur eine Ursache kenne, nämlich Gott. Der Widerspruch könnte nicht klarer sein. Auf der einen Seite steht die Feststellung: „Indem Philon also an die stoische Materie-Vorstellung anknüpft, jedoch deren – in bezug auf die Gottesvorstellung – monistische Konsequenzen vermeidet, gelangt er – auch wenn er dies so nirgends ausspricht – letztlich zu einer Zwei-Prinzipien-Vorstellung.“[125] Dem widerstreitet der Schluß: „Gott ist für Philon trotz der weitgehenden Verwendung kosmologischen Materials aus dem Bereich der stoischen Physik ‚Anfang und Ende aller Dinge‘. Letztlich gibt es also für ihn nur noch die eine Ursache!“[126] Runia hingegen erklärt Philons Vorgehen an dieser Stelle konsistent und zutreffend: „The basic schema of the *Timaeus* is still being used to explain Mosaic doctrine, but with the aid of Stoic terms.“[127]

Es muß eigens erwähnt werden, daß Philon von der Vorstellung eines Leidenden nur im Zusammenhang mit der Schöpfung der wahrnehmbaren Welt Gebrauch macht. Indem das von sich aus Unbeseelte und Unbewegte vom Allverstand bewegt, geordnet und beseelt wird, verwandelt es sich

---

123 Arnaldez 147; ebenso Weiß, Untersuchungen 38-42; Winston, Philo's Theory 158, der von einer präexistenten Materie bei Philon ausgeht, aber dennoch sehr richtig einschränkt (163): „Despite the congestion of adjectives which press upon Philo's pre-existent matter, he has been almost deliberately vague about the nature of this primordial substance“; Zañartu 34.

124 Cohn, Ueber die Weltschöpfung 29.

125 Weiß, Untersuchungen 32.

126 Weiß, Untersuchungen 43; vgl. die ganze Diskussion ebd. 30-44.

127 Runia, Philo of Alexandria 144; vgl. SVF II 299-328; Dey 19-20.

nach Opif 9 in „das vollkommenste Werk, diese Welt hier (μετέβαλεν εἰς τὸ τελειότατον ἔργον, τόνδε τὸν κόσμον)". Während die Durchordnung der Ideen zur verstandesmäßigen Welt, wie oben gezeigt, der göttlichen Vernunft gänzlich immanent ist, vollzieht sich die Schöpfung der wahrnehmbaren Welt durch die Einwirkung dieser Vernunft auf etwas von ihr Verschiedenes, welches Philon das Leidende nennt. Unter dem Leidenden mag man die Materie verstehen, wenn man sie nur nicht wie die göttliche Vernunft in denselben Rang eines Prinzips erhebt.[128] Dies vermeidet Philon mit Bedacht. Er kennt nur eine Ursache, die göttliche Vernunft, und sie allein ist in der Lage, auch die wahrnehmbare Welt nach dem ihr immanenten Maßstab der verstandesmäßigen zu schaffen, weil nur sie das Leidende zu beseelen, zu ordnen und zu bewegen vermag.[129] Will man Widersprüche vermeiden, muß man Philon beim Wort nehmen und darf nicht zu viel zwischen den Zeilen lesen. Er sagt nur, was man im Text liest, und läßt das übrige offen. Es zeugt von seiner intellektuellen Redlichkeit, daß er bei einer so schwierigen Rede wie der Schöpfungslehre nicht alle Zusammenhänge bis ins letzte zu erklären vorgibt.

Philon unterstreicht die uneinholbare Transzendenz des göttlichen Allverstandes, durch dessen Einwirkung das Leidende sich zur wahrnehmbaren Welt wandelt, der aber auch mehr ist als einzelne Ideen oder die verstandesmäßige Welt der Ideen insgesamt. Er tut dies in unübersehbarer Anspielung auf Platons „Politeia" (508e-509b).[130] Dort ist es die Idee des Guten (ἡ τοῦ ἀγαθοῦ ἰδέα), welche in ontologischer Hinsicht selbst Wahrheit (ἀλήθεια) und Erkenntnis (ἐπιστήμη/γνῶσις) übersteigt und diese in epistemischer Hinsicht allererst mitteilt. Als solche ist die Idee des Guten etwas anderes und Schöneres (ἄλλο καὶ κάλλιον) als Wahrheit und Erkenntnis. Wenn Philon behauptet, der Allverstand sei „größer als Erkenntnis (κρείττων ἢ ἐπιστήμη)", so setzt er ihn an die Stelle der platonischen Idee des Guten.[131] Wenn er darüber hinaus sagt, er sei „größer als das Gute selbst und das Schöne selbst (κρείττων ἢ αὐτὸ τὸ ἀγαθὸν καὶ αὐτὸ τὸ καλόν)", so stellt er ihn sogar über die Idee des Guten.[132] Wenn die wahrnehmbare Welt ihrerseits schön ist (Opif 16), so nur deshalb, weil Gott, die Quelle der die verstandesmäßige Welt umfassenden weltschöpfenden

---

[128] Zur Vorstellung einer präexistenten Materie im hellenistischen Judentum vgl. Weiß, Untersuchungen 26-35. Vgl. auch Héring, Eschatologie 446-448; Runia, Philo of Alexandria 144.

[129] Vgl. Siegfried 206.

[130] Vgl. Weiß, Untersuchungen 43; zu möglichen anderweitigen Quellen vgl. Dillon, The Transcendence 1-4.

[131] Vgl. auch Praem 39-40: Man kann nur erkennen, daß Gott ist (ὅτι ἔστιν), nicht aber, was Gott ist (ὅ ἐστιν).

[132] Vgl. auch Contempl 2: τὸ ὄν, ὃ καὶ ἀγαθοῦ κρεῖττόν ἐστι; Legat. 5, wo Philon das Ungeschaffene und Göttliche als τὸ πρῶτον ἀγαθόν bezeichnet, das schöner als das Schöne (κάλλιον δὲ καλοῦ) sei.

Kraft, das wahrhaft Gute ist (Opif 21: τὸ πρὸς ἀλήθειαν ἀγαθόν; vgl. Opif 21-23). Philon beschreitet zum Aufweis der Transzendenz Gottes die via eminentiae:[133] Platons Idee des Guten übersteigt noch einmal jede Idee, Philons göttlicher Allverstand übersteigt seinerseits die Idee des Guten. Der Gott Philons ist über alle Wahrheit und Erkenntnis immer schon hinaus, er ist absolut transzendent, id quo maius cogitari nequit.[134]

2.2.1.6. Zeit und Ewigkeit (Opif 26-34)

Nachdem Philon in bezug auf die verstandesmäßige Welt der Ideen jegliche Räumlichkeit ausgeschlossen hat, tut er im folgenden dasselbe im Hinblick auf die Zeit. Bei der Erschaffung von Himmel und Erde in Gen 1,1-2 handelt es sich seiner Ansicht nach nicht um die Schöpfung der ersten wahrnehmbaren Wirklichkeiten in einer zeitlichen Abfolge, sondern um die Entstehung der ganzen verstandesmäßigen Welt am Tag eins. Hier wirkt sich nochmals der Grundsatz aus, daß Gott in seiner Vernunft und durch seine Kräfte alles zugleich tut. Das heißt aber auch, daß er die verstandesmäßige Welt nicht in der Zeit schafft. Die Zeit entsteht vielmehr erst im Zuge der Erschaffung der wahrnehmbaren Welt oder sogar danach. Ausdrücklich verbindet Philon die beiden Transzendentalien von Raum und Zeit, indem er die Zeit in Opif 26 definiert als „Zwischenraum der Bewegung der Welt (διάστημα τῆς τοῦ κόσμου κινήσεώς ἐστιν ὁ χρόνος)". Da erst der Begriff der Bewegung denjenigen der Zeit denknotwendig macht, Bewegung aber nur an Körpern abgelesen werden kann, muß zuerst die körperliche Welt vorhanden sein, bevor man Zeit sinnvoll denken kann. Dabei denkt Philon gut platonisch. Schon Platon galt in Timaios 38b-39e die Zeit als zugleich mit dem Himmel entstanden, weil dessen Planeten als Werkzeuge der Zeit zur Zeitmessung unabdinglich sind.[135]

In Opif 26-31 legt Philon Gen 1,1-3 LXX aus: Ἐν ἀρχῇ ἐποίησεν ὁ θεὸς τὸν οὐρανὸν καὶ τὴν γῆν. ἡ δὲ γῆ ἦν ἀόρατος καὶ ἀκατασκεύαστος, καὶ σκότος ἐπάνω τῆς ἀβύσσου, καὶ πνεῦμα θεοῦ ἐπεφέρετο ἐπάνω τοῦ ὕδατος. καὶ εἶπεν ὁ θεός· Γενηθήτω φῶς. καὶ ἐγένετο φῶς. An dieser Stelle findet seine Lehre, daß der Erschaffung der wahrnehmbaren Welt diejenige der verstandesmäßigen vorausging, ihren biblischen Anhalt. Denn die Welt, die Gott ganz am Anfang schuf, war auch nach Auskunft der Septuaginta unsichtbar (ἀόρατος), und erst aus dieser unsichtbaren Welt ist durch das Wirken Gottes die sichtbare Welt entstanden. Die sieben Bestandteile der Welt, die Philon in Gen 1,1-3 LXX erwähnt findet, interpretiert er als die Elemente der unsichtbaren Welt, die als

---

[133] Vgl. Caspary 9-10.

[134] Vgl. Dillon, The Transcendence 5-6.

[135] Vgl. Leisegang, Die Begriffe 11-14, nach dem Philon allerdings die Frage, was Zeit sei, ganz stoisch beantwortet, diejenige nach der Entstehung der Zeit dagegen platonisch. Die Schärfe dieser Trennung scheint mir fragwürdig, sind doch auch bei Platon die Planeten Werkzeuge der Zeit; und wie sollten sie das sein, wenn nicht dadurch, daß an ihren Bewegungen die Zeit abgelesen wird?

solche ebenfalls unsichtbar und unkörperlich sein müssen: „Als erstes schuf nun der Schöpfer einen unkörperlichen Himmel und eine unsichtbare Erde und eine Idee von Luft und Leere. Von diesen nannte er das eine Finsternis, weil die Luft von Natur aus schwarz ist, den anderen Abgrund, denn das Leere ist sehr tief und gähnend; dann eine unkörperliche Wirklichkeit von Wasser und Geist und nach alldem, als siebentes, von Licht, das wiederum ein unkörperliches Muster von Sonne und allem war, was er an leuchtenden Sternen über den Himmel hin zusammenstellen wollte.“[136] Da die in Gen 1,1-3 LXX erwähnten sieben Wirklichkeiten von Himmel, Erde, Luft (Finsternis), Leere (Abgrund), Wasser, Geist und Licht in Philons Auslegung sämtlich verstandesmäßige Ideen sind, können sie nicht in der Zeit geschaffen worden sein, die ja erst mit den Körpern entsteht. Wenn ihre Erschaffung dennoch in zeitlicher Abfolge erzählt wird, so kommt damit nach Philons Interpretation nicht der Faktor Zeit, sondern derjenige von Zahl und Ordnung zur Geltung. Schöpfung besteht wesentlich in der Überwindung des Chaos durch die Schaffung von Ordnung.[137] Ordnung aber wird durch Abgrenzung geschaffen, so etwa, wenn Gott nach Opif 33-34 Abend und Morgen als Grenzen zwischen Finsternis und Licht zieht.[138] Die Zeitlichkeit des biblischen Schöpfungsbeginns hebelt somit nicht den Grundsatz aus, daß Gott alles zugleich schafft, sondern setzt einen zweiten Grundsatz in Kraft, nach dem in der Unordnung nichts schön ist (Opif 28: καλὸν γὰρ οὐδὲν ἐν ἀταξίᾳ). Schön soll die Welt aber wohl sein; denn die Schaffung der verstandesmäßigen Welt zielt von Anfang an nur darauf ab, durch die Vorlage eines schönen Musters auch eine schöne Nachahmung in Form der wahrnehmbaren Welt zu ermöglichen.[139]

2.2.2. Aet 1-20.150

2.2.2.1. „De aeternitate mundi“ im Gesamtwerk Philons

Die spezifische Problemlage, mit der sich die Forschung im Fall der philosophischen Abhandlung „De aeternitate mundi“ konfrontiert sieht, wurde bei ihrer Einführung bereits kurz erwähnt: Während Philon sonst, speziell in „De opificio mundi“, von der Welt als Gottes Schöpfung spricht, nehmen mit Aet 20-149 Argumente für die Anfangslosigkeit und Unvergänglichkeit der Welt fast die ganze Schrift ein. Um die Konsistenz der philonischen

---

136 Opif 29: Πρῶτον οὖν ὁ ποιῶν ἐποίησεν οὐρανὸν ἀσώματον καὶ γῆν ἀόρατον καὶ ἀέρος ἰδέαν καὶ κενοῦ· ὧν τὸ μὲν ἐπεφήμισε σκότος, ἐπειδὴ μέλας ὁ ἀὴρ τῇ φύσει, τὴν δ᾽ ἄβυσσον, πολύβυθον γὰρ τό γε κενὸν καὶ ἀχανές· εἶθ᾽ ὕδατος ἀσώματον οὐσίαν καὶ πνεύματος καὶ ἐπὶ πᾶσιν ἑβδόμου φωτός, ὃ πάλιν ἀσώματον ἦν καὶ νοητὸν ἡλίου παράδειγμα καὶ πάντων ὅσα φωσφόρα ἄστρα κατὰ τὸν οὐρανὸν ἔμελλε συνίστασθαι.

137 Vgl. Platon, Timaios 30a.

138 Entgegen Mutius 32 kann man aus dieser Grenzziehung nicht auf eine eingeschränkte Souveränität Gottes über Licht und Finsternis schließen. Er hat sie schließlich gemacht (ἐποίησεν) und weiß sie offenbar auseinanderzuhalten.

139 Vgl. Opif 16: προλαβὼν γὰρ ὁ θεὸς ἅτε θεὸς ὅτι μίμημα καλὸν οὐκ ἄν ποτε γένοιτο δίχα καλοῦ παραδείγματος. Der Gedanke stammt von Platon, Timaios 29a-b.

Auffassung in der Frage nach dem Entstandensein und der Vergänglichkeit der Welt zu retten, wurden in der Forschung fünf Erklärungen angeboten.[140] Die eine bestreitet die Urheberschaft Philons an der Schrift.[141] Die anderen halten daran fest, daß sie aus der Feder Philons stamme, erklären diesen Umstand aber unterschiedlich. Entweder es handle sich um „eine noch unbeholfene Jugendschrift, in der Philon seine philosophischen Studien bezüglich einer ganz bestimmten Frage auswertet"[142]. Oder Philon schließe ein Zweckbündnis mit Aristoteles, um vorläufig mit dessen Argumenten für die Ewigkeit der Welt die stoische Lehre zu bekämpfen.[143] Ein vierter Erklärungsversuch schreibt die Argumente für die Ewigkeit der Welt einem Dialogpartner Philons zu, dessen Widerlegung durch Philon selbst verlorengegangen sei. Dies erkläre den abrupten Abschluß in Aet 150, wo der Autor die Darlegung der Gegenargumente im einzelnen in Aussicht stellt.[144]

Alle vier genannten Erklärungen gehen davon aus, daß derjenige, der in Aet 20-149 spricht, sei es nun Philon selbst, sein fiktiver Gesprächspartner oder ein Unbekannter unter dem Pseudonym Philons, seine eigene Überzeugung vorträgt. Von dieser Voraussetzung distanziert sich der fünfte Erklärungsversuch, den D. T. Runia[145], aufbauend auf F. H. Colson[146], unternimmt. Um zu einer befriedigenden Lösung zu gelangen, muß das Augenmerk insbesondere auf die gattungsgemäßen Eigenheiten der Schrift gerichtet werden. Anders als die exegetischen Kommentare geht die Schrift „De aeternitate mundi" der Gattung der philosophischen Abhandlung entsprechend streng systematisch vor. Wie moderne wissenschaftliche Arbeiten oftmals mit einem Forschungsbericht anheben, so schaltet sie der eigentlichen Diskussion des gestellten Problems eine kurzgefaßte Doxographie vor, auf deren Grundlage der Autor sich und seine Auffassung im Feld der bis dahin vertretenen Meinungen situiert. Darüber, welche Stellung die in Aet 20-149 vorgetragenen Argumente für die Unvergänglichkeit der Welt in Philons Denken haben, kann letztlich nur die Art ihrer Einbettung in die Doxographie Aet 1-19 und den Überleitungssatz Aet 150 entscheiden. Diese beiden Textstücke müssen also näher in Augenschein genommen werden. Dazu gebe ich vorab einen Überblick über den Aufbau der Abschnitte, um anschließend auf den Vorschlag Runias etwas ausführlicher

140 Einen Forschungsbericht über die skizzierte Diskussion findet man bei Karl Bormann in: Philo von Alexandria, Die Werke in deutscher Übersetzung VII 71-75; und Runia, Philo's De aeternitate mundi 107-111, dem ich hier folge.

141 Vgl. Bernays, Über die Herstellung; ders., Die unter Philon's Werken; ders., Über die unter Philon's Werken; Zeller, Mysterien; von Arnim, Quellenstudien 1-52.

142 Karl Bormann in: Philo von Alexandria, Die Werke in deutscher Übersetzung VII 72-73; vgl. Arnaldez 70; Bousset 134-152; Cohn, Einteilung 389; Cumont xxiii-xxiv; Nikiprowetzky, Le commentaire 106; Reinhardt 212-213; Wendland, Philos Schrift über die Vorsehung 2.

143 Vgl. Arnaldez 28-30.68-69; Cumont xxiii-xxiv; Weiß, Untersuchungen 24-26.

144 Vgl. Leisegang, Philons Schrift; ders., Philo 5-6.

145 Vgl. Runia, Philo's De aeternitate mundi.

146 Colson 173-174.

einzugehen. Er bietet sich für die hiesigen Zwecke besonders an, da er für „De aeternitate mundi“ in hervorragender Weise bereits geleistet hat, was wir in der vorliegenden Arbeit versuchen, nämlich die Aussageabsicht eines Textes aus seiner gattungsmäßigen literarischen Struktur zu erheben: „It is in the analysis of literary form and structure that we are likely to find the clue we so badly need in order to resolve the interpretative problem posed by the treatise.“[147]

2.2.2.2. Die literarische Struktur von Aet 1-20

Nach der einleitenden Nennung des im Traktat problematisierten Gegenstands, nämlich der Frage nach der Unvergänglichkeit der Welt, und dem Hinweis auf seine Schwierigkeit definiert Philon in Aet 4-6 zuallererst seine beiden begrifflichen Komponenten. Von drei aufgezählten Auffassungen über den Umfang des Begriffes „Welt“ (κόσμος) entscheidet er sich für diejenige, welche unter „Welt“ Himmel und Erde versteht.

Im Hinblick auf den Begriff „Vergänglichkeit/Vergehen“ (φθορά) wendet sich Philon vor allem gegen die Meinung, welche darin „die vollständige Wegnahme aus dem Sein“ erblickt: „Wie nämlich aus dem nicht Seienden nichts entsteht, so vergeht es auch nicht ins nicht Seiende (ὥσπερ γὰρ ἐκ τοῦ μὴ ὄντος οὐδὲν γίνεται, οὐδ᾽ εἰς τὸ μὴ ὂν φθείρεται).“[148] Zur Stützung seiner Ansicht führt Philon je ein Zitat von Anaxagoras und Euripides, den er nur den Tragiker nennt, an. Im Gegenzug versteht er unter Vergehen „die Veränderung zum Minderen (ἡ πρὸς τὸ χεῖρον μεταβολή)“[149], läßt aber mit seinen Worten offen, ob es sich dabei um die „Auflösung in ein und dieselbe Idee“ oder um eine „vollständige Vermischung“ handelt.

---

[147] Runia, Philo's De aeternitate mundi 112.

[148] Aet 5.

[149] Aet 5.

Die in Aet 7-19 auf die Begriffsdefinitionen folgende Doxographie zur Frage, ob die Welt unvergänglich sei, stelle ich der Übersichtlichkeit halber wieder in einem Baumdiagramm dar. Eine Erläuterung des Schaubildes kann unterbleiben, da sie nur eine Paraphrase des philonischen Textes bieten könnte. Statt dessen füge ich den griechischen Phrasen meine Übersetzung und außerdem im Kursivdruck die Namen der Vertreter der jeweiligen Ansicht bei. (Siehe Seite 190)

In der ersten Gabelung des Baumdiagramms fällt auf, daß die jeweiligen Positionen zur Frage nach der Unvergänglichkeit der Welt nicht für sich angegeben werden, sondern stets in Verbindung mit der Meinung der betreffenden Personengruppe zu der Frage, ob die Welt entstanden sei oder nicht. Dadurch bestätigt sich, daß es der Denkweise Philons angemessen ist, seine eschatologischen mit seinen protologischen Aussagen in Beziehung zu setzen, weil diese Verbindung ihm selber ganz selbstverständlich zu sein scheint.[150] Stets geht es um den grundsätzlichen Unterschied zwischen dem Veränderlichen und dem Unveränderlichen.

2.2.2.3. Die Gattung der Thesis

Auf der Grundlage der voraufgehenden literarischen Strukturanalyse wird nunmehr Runias Bestimmung der Gattung von „De aeternitate mundi" einsichtig. Er bestimmt sie als Thesis und definiert sie folgendermaßen: „The genre of the θέσις or *quaestio infinita* can be defined as the treatment of a general proposition by the method of *in utramque partem* on a popular-philosophical level."[151] Aus dem Vergleich mit anderen Texten derselben Gattung[152] gewinnt er acht für die Gattung typische Merkmale:

„(1) die Abhandlungen konzentrieren sich auf eine zentrale Aussage;

(2) die Struktur ist wesentlich dreiteilig, bestehend aus einer Einleitung und zwei Reihen von Argumenten;

(3) die Einleitung enthält Definitionen (falls notwendig) von entscheidenden Begriffen in der zentralen Aussage und eine kurze Zusammenfassung von Meinungen, die zur Aussage vertreten werden;

(4) die zwei Reihen von Argumenten nehmen entgegengesetzte Standpunkte zur zentralen Aussage ein, und es muß eine Entscheidung darüber getroffen werden, welche Reihe die überzeugendere ist (entweder bereits vom Autor festgelegt oder dem Leser überlassen);

(5) man sollte erwarten, daß die stärkere Reihe von Argumenten als zweite vorgestellt wird und den Höhepunkt der Abhandlung bildet;

(6) die Reihen von Argumenten werden ihrerseits durch Überleitungssätze eingeführt, welche die Wendepunkte der Abhandlung markieren;

---

150 Vgl. Runia, Philo's De aeternitate mundi 123-124.

151 Runia, Philo's De aeternitate mundi 116.

152 Plant 142-177; Plutarch, Aquane an ignis sit utilior (Περὶ τοῦ πότερον ὕδωρ ἢ πῦρ χρησιμώτερον); vgl. Runia, Philo's De aeternitate mundi 112-115.

- τριτταὶ δὲ περὶ τοῦ ζητουμένου γεγόνασι δόξαι
  drei Meinungen aber gibt es über das, was hier untersucht wird
  - ἀγένητόν τε καὶ ἀνώλεθρον
    ungeworden und unvergänglich
    Aristoteles, einige von den Pythagoreern, Okellos der Lukaner
  - τὸ γένητον und τὸ ἄφθαρτον
    das Gewordene und das Unvergängliche
    Platon, Hesiod, Mose
    - τῷ λαβεῖν γενέσεως ἀρχήν
      weil das Werden einen Anfang genommen hat
    - τῷ μὴ ἂν ἑτέρως ἢ τὸν εἰρημένον συστῆναι τρόπον
      weil sie nicht anders als auf die besagte Weise zusammengesetzt worden wäre
    - διὰ τὸ ἐν γενέσει καὶ μεταβολῇ τὰ μέρη θεωρεῖσθαι
      weil die Teile in Entstehung und Veränderung beobachtet werden
  - γένητόν τε καὶ φθαρτόν
    geworden und vergänglich
    - πολλοὺς κόσμους
      viele Welten
      Demokrit, Epikur
    - κόσμον μὲν ἕνα
      eine Welt
      die große Masse der Stoiker
      - κόσμος ἀίδιος· ὁ κατὰ τὴν ἐκπύρωσιν
        ewige Welt: die gemäß dem Weltenbrand
      - (κόσμος) φθαρτός· ὁ κατὰ τὴν διακόσμησιν
        vergängliche (Welt): die gemäß der Durchordnung

(7) die Folgen der Argumente werden durch Einleitungssätze und verbindende Partikeln zusammengefügt, aber es wird nicht versucht, eine logisch kohärente und konsistente Folge von Argumenten aufzubauen;

(8) beide Reihen von Argumenten zielen darauf ab, so überzeugend wie möglich zu sein – der Autor kann in der ersten Person im Namen von beiden sprechen."[153]

Die Gattungsmerkmale können im einzelnen an der obigen Strukturanalyse verifiziert werden:

(1) Zentraler Gegenstand der Abhandlung „De aeternitate mundi" ist die Frage, ob die Welt unvergänglich sei oder nicht.

(2) Aet 1-19 stellt die Einleitung, Aet 20-149 die erste Reihe von Argumenten dar. Will man die Schrift der Gattung der Thesis zurechnen, so muß plausibel gemacht werden, daß die zweite Reihe von Argumenten, welche durch Aet 150 eingeleitet wurde, nicht auf uns gekommen ist.

(3) Die Einleitung definiert die entscheidenden Begriffe der zentralen Aussage: κόσμος und φθορά. Sie enthält eine Doxographie.

(4) Daß die verlorengegangene Reihe einen zu Aet 20-149 entgegengesetzten Standpunkt einnimmt, muß aus dem Überleitungssatz Aet 150 geschlossen werden.

(5) Ob die Wahrscheinlichkeit dafür spricht, daß die verlorene Argumentationsreihe die stärkere war, kann erst aufgrund der nachfolgenden Untersuchungen geschlossen werden.

(6) Einführende Überleitungssätze zu den Argumentationsreihen liegen in Aet 20 und Aet 150 vor.

(7) Die beschriebene Argumentationsweise kann in Aet 20-149 nachgewiesen werden. Hier würde ein solches Unternehmen allerdings zu weit vom Thema wegführen, weshalb ich nur auf den kursorischen Durchgang bei Runia verweise.[154]

(8) Die Argumentationsreihe Aet 20-149 wird mit großer Überzeugungskraft vorgetragen. Das muß aber noch nicht heißen, daß Philon selbst sie unterstützt.

Aus dem Anlegen des Gattungsprofils der Thesis an die literarische Struktur von „De aeternitate mundi" wird ersichtlich, daß an den Punkten (2), (4) und (5) der letzten Aufzählung Unsicherheiten bestehen bleiben. Um sie auszuräumen, muß danach gefragt werden, welchen Stellenwert Philon der in Aet 20-149 durchgeführten und der in Aet 150 angekündigten Argumentationsreihe im Gesamtkonzept seiner Schrift jeweils zuspricht. Zur Beantwortung dieser Frage bietet die Doxographie in Aet 1-19 einen geeigneten Ansatzpunkt, denn sie stellt eine vollständige Übersicht über die diskutierten Meinungen dar. Als solche gleicht sie den Mangel, der durch den angenommenen Verlust der zweiten Argumentationsreihe entstanden ist, auf indirektem Wege aus,

---

153 Runia, Philo's De aeternitate mundi 115 (meine Übersetzung).

154 Vgl. Runia, Philo's De aeternitate mundi 130-134.

indem sie eine kurzgefaßte Antwort auf die Frage enthält, wie Philon die Ansichten der einzelnen Gruppen bewertet und gewichtet. Es gilt also, die der Doxographie inhärenten Ordnungskriterien, welche die ganze Abhandlung bestimmen, herauszufinden. Von daher werden auch Aet 20 und Aet 150 als die Wendepunkte der Abhandlung verständlich werden.

2.2.2.4. Die beiden Ordnungskriterien der Doxographie Aet 1-19[155]

Die beiden philosophischen Kriterien, anhand derer Philon die unterschiedlichen von ihm referierten Meinungen bewertet, kommen jeweils an den Nahtstellen zwischen zwei aufeinander folgenden Darstellungen zum Tragen. So rügt Philon die Ansicht der Atomisten, es gebe mehrere Welten, und – damit verbunden – diejenige, Gott sei nicht nur die Ursache ihrer Entstehung, sondern auch ihrer Zerstörung. Denn darin spiegelt sich seines Erachtens eine unerträgliche Gottlosigkeit. Dagegen lobt er die fromme Haltung des Aristoteles, welcher der Welt als einem sichtbaren Gott mit ihrem Pantheon von Himmelskörpern die gebührende Ehrerbietung zuteil werden läßt, indem er die Welt für ungeworden und unvergänglich erachtet. Auch wenn Philon seine Meinung nicht teilt, so ist sie doch frömmer als diejenige der Stoiker und Atomisten, weil sie im Auge behält, wie wohlgeordnet und dadurch vollkommen die Welt ist. In der Bewunderung für die Vollkommenheit der Welt besteht denn auch das erste Ordnungskriterium zur Bewertung der unterschiedlichen Lehren.

Die Bewunderung des Aristoteles für die Vollkommenheit der Welt ist jedoch eine durchaus ambivalente Sache, was Philon im Vergleich mit der platonischen Schöpfungslehre verdeutlicht. Er zitiert ausführlich eine Stelle aus Platons „Timaios" (41a-b). Darin erscheint Gott als der Schöpfer der Welt, der sie, obwohl sie als geschaffene grundsätzlich auch vergänglich ist, aus freiem Willen in seiner Vorsehung unvergänglich erhält. Die pragmatische Absicht des Zitats in der Gegenüberstellung zur Reverenz, die Aristoteles der Welt erweist, leuchtet aus Opif 7-12 herüber: Diejenigen, welche die Welt mehr bewundern als den Weltschöpfer, verfallen in den Irrtum, einerseits die Welt für ungeworden und ewig, andererseits Gott für untätig zu halten. Damit haben sie aber „unbemerkt das Nützlichste und Nötigste für die Frömmigkeit an der Wurzel gekappt: die Vorsehung"[156]. Die Bewunderung für die Vollkommenheit der Welt, die sich selbst aus der Ablehnung einer gottlosen Haltung speist, kann demnach selbst in Gottlosigkeit umschlagen und muß deshalb um ihrer Eindeutigkeit und Integrität willen um ein zweites Ordnungskriterium erweitert werden. Es besteht in der Anerkennung Gottes als des Schöpfers der Welt, der sie vermittels seiner Vorsehung auch erhält.

Nimmt man die beiden Ordnungskriterien ernst, so wird in der Doxographie Philons eigener Standpunkt hinreichend deutlich: „Philo has rearranged

---

155 Vgl. Runia, Philo's De aeternitate mundi 124-134.

156 Opif 9.

the traditional doxographical material in such a way that it proceeds step by step in a hierarchical sequence to reach a fitting climax in the δόξα of Moses [...]. Each δόξα is superior to the one that precedes it – in the sequence, Democritus and Epicurus, Stoa, Aristotle, (Pythagoreans), Plato, (Hesiod), Moses."[157] Daß Philon sich Platon und Mose anschließt, dürfte keinem Zweifel unterliegen, wird er doch kaum eine andere Position einnehmen wollen als diejenige, welche er selbst durch die Komposition der Doxographie als die am höchsten stehende qualifiziert.[158] Außerdem hieße Philon gegen Platon oder gar Mose aufbringen gewaltsam Ungereimtheiten in sein Werk hineintragen.

In diesem Sinne muß man auch die Argumentationsreihe Aet 20-149 verstehen. Nachdem Philon die atomistische und stoische Lehre als gottlos abgetan hat, muß er in einem ersten Durchgang die aristotelische entfalten, und zwar um der Ehrfurcht vor dem sichtbaren Gott willen. Runia erläutert ausführlich die Mehrdeutigkeit des ersten Satzes von Aet 20, wo nicht klar wird, ob die Argumente für die Ewigkeit der Welt aufgrund ihrer Ehrfurcht oder der Ehrfurcht Philons zuerst genannt werden sollen, oder ob die besagten Argumente gar nur aufgrund ihrer Ehrfurcht behaupten, was sie behaupten.[159] Eine Festlegung auf eines der drei Verständnisse ist weder für die Gesamtinterpretation nötig noch unbedingt von Philon gewollt. Der Sinn der Aussage erreicht seine Fülle vielleicht gerade in der Schwebe, in der ihn der sprachliche Ausdruck beläßt. Die aristotelische Lehre von der Ewigkeit der Welt darf jedenfalls nicht verschwiegen werden, weil sie das Kriterium der Bewunderung für die Vollkommenheit der Welt erfüllt und so in den ihr gesteckten Grenzen Würde und Richtigkeit besitzt. Gleichzeitig liefert sie Argumente gegen die Gottlosigkeit der Atomisten und Stoiker. Dennoch spiegelt sie nicht Philons eigene Meinung wider. Diese wäre vielmehr im Anschluß an Aet 150 zu erwarten, wodurch nicht nur das Gattungsschema der Thesis komplett, sondern auch Aet 150 erst sinnvoll würde. Da die zweite Argumentationsreihe, die Entfaltung der platonisch-mosaischen Lehre, welche auch das Kriterium der Anerkennung Gottes als Schöpfer und vorsehender Erhalter erfüllt, nicht auf uns gekommen ist, können wir Philons eigene Position heute nur noch aus der entsprechenden Stelle der Doxographie Aet 13-19 erfahren. Nur sie wird uns deshalb weiter beschäftigen.

2.2.2.5. Die Welt ist entstanden und unvergänglich (Aet 13-19)

In Aet 13-19 argumentiert Philon dafür, die Welt für entstanden und unvergänglich zu halten. Er beruft sich auf drei Persönlichkeiten der Geistesgeschichte, denen er mit zunehmendem Alter jeweils steigende Autorität

---

157 Runia, Philo's De aeternitate mundi 127-128.

158 Auch Weiß, Untersuchungen 25, weist darauf hin, „daß bei dem Referat über die drei Grundlehren in bezug auf die ‚Ewigkeit' der Welt (§§ 7ff.) die ausführlichste Würdigung Platon erhält".

159 Vgl. Runia, Philo's De aeternitate mundi 119-120.

beimißt: Platons Autorität wird von derjenigen des Hesiod und dessen Autorität wiederum von der des Mose übertroffen. Philon läßt Platon in Aet 13 ausführlich selbst zu Wort kommen, indem er aus Timaios 41a-b wörtlich zitiert.[160] Dort tritt der Wille Gottes als der Faktor hervor, der über Entstehen und Vergehen der Welt entscheidet. Der älteste und führende Gott stellt sich den jüngeren als Demiurg und Vater von Werken vor, die demnach durch seine Hand entstanden sind. Als entstandene sind sie grundsätzlich auch vergänglich. Gegen ihre Auflösung steht nun aber der Wille ihres Schöpfers, sie zu erhalten. Indes entscheidet er über Auflösung oder Erhalt nicht willkürlich, sondern seinem eigenen Wesen und der Beschaffenheit der geschaffenen Welt entsprechend. Die Welt ist schön, und etwas schön Zusammengefügtes auflösen zu wollen wäre vom Bösen. Ein böser Wille darf dem Schöpfer aber nicht unterstellt werden. Das Platonzitat bringt somit beide Ordnungskriterien adäquat zum Ausdruck: die Bewunderung für die Vollkommenheit der Welt und die Anerkennung Gottes als ihres Schöpfers.

In Aet 14 zählt Philon drei verschiedene Auslegungen des Platonzitats auf, die Runia wie folgt trefflich charakterisiert und zusammengestellt hat:

„(1) a *methodological* explanation – the cosmogony is presented for didactic reasons (διδασκαλίας χάριν) or as a hypothesis (ἐξ ὑποθέσεως), i. e. in order to show the structure of the cosmos and the relation to its source;

(2) a *metaphysical-ontological* explanation – the cosmos is γενητός in that it is dependent on, or continually being created by, a higher cause;

(3) a *physicalistic* explanation – the cosmos is γενητός because it is found in a continual state of becoming and change."[161]

Philon hält die methodologische Erklärung für die beste und begründet diese Meinung in Aet 15-16 auf doppelte Weise: Erstens charakterisieren die Namen, welche Platon Gott und der Welt beilegt, den einen als Schöpfer (πατέρα μὲν καὶ ποιητὴν καὶ δημιουργόν) und die andere als sein Geschöpf (ἔργον δὲ καὶ ἔγγονον). Dem entspricht, daß die wahrnehmbare Welt als Nachahmung ihres verstandesmäßigen Musters erscheint, das, wie oben an Opif 17-24 gezeigt wurde, nach philonischer Auffassung mit der Vernunft Gottes zusammenfällt. Zweitens hat sich auch derjenige, der Platon am nächsten stand, Aristoteles, für das methodologische Verständnis der Ausführungen seines Lehrers ausgesprochen.

Philon sieht Platons Auffassung in ihrer methodologischen Erklärung durch Hesiod mit seiner Autorität des höheren Alters bestätigt. Über ein Hesiodzitat kommt er in Aet 17-18 zu der Frage, was das Chaos sei. Die darauf angeführte Meinung des Aristoteles, „es sei ein Ort, weil das,

---

160 Gegenüber dem griechischen Text von Albert Rivaud und Auguste Diès in der Platonausgabe von Günther Eigler, Darmstadt ^{2}1990, ergeben sich nur zwei winzige Abweichungen, welche den Sinn nicht verändern: Anstelle von οὔτι μὲν δὴ λυθήσεσθέ γε hat Philon οὔτι γε μὴν λυθήσεσθέ γε, und statt ὅτ᾽ ἐγίγνεσθε steht bei ihm ὅτε ἐγίγνεσθε.

161 Runia, Philo of Alexandria 96.

was [etwas] empfangen soll, notwendigerweise einem Körper voraus- und zugrunde liege (τόπον οἴεται εἶναι, ὅτι τὸ δεξόμενον ἀνάγκη προϋποκεῖσθαι σώματι)", umschreibt das Chaos in einer Weise, welche ihm die in Opif 8-9 beschriebene Stellung des Leidenden (παθητόν) in der Erschaffung der wahrnehmbaren Welt zuspricht.

Der älteste Vertreter der Auffassung von Entstandensein und Unvergänglichkeit der Welt steht in der Klimax als höchste Autorität an dritter Stelle; es ist erwartungsgemäß Mose. Für dessen Lehre von der Entstehung der Welt nimmt Philon allein schon die Überschrift des ersten der fünf Bücher des Pentateuch in Anspruch: „Genesis". Ihre Unvergänglichkeit liest er aus Gen 1,14; 8,22 heraus.

2.2.3. Opif 1-35 und Aet 1-20.150 in der Zusammenschau

Es muß hier, was an Philons Aussagen über die Weltschöpfung abgelesen wurde, nicht alles wiederholt werden. Ich will lediglich in systematischem Interesse die Grundlinien der philonischen Schöpfungslehre thetisch zusammenfassen.

a) Erste Grundvoraussetzung der gesamten Ausführungen Philons über die Weltschöpfung ist die Güte Gottes. Die Ausgangsthese, die er der Tradition des platonischen „Timaios" entnimmt und nicht problematisiert, lautet daher: Gott ist gut.

b) Aus Güte schafft Gott die wahrnehmbare Welt.

c) Die wahrnehmbare Welt ist schön. Dieser Sachverhalt folgt deduktiv aus dem guten Schöpfungshandeln Gottes und kann induktiv in der Betrachtung der wahrnehmbaren Welt erkannt werden.

d) An dieser Stelle kommt die zweite Grundvoraussetzung Philons zum Tragen: Etwas Schönes kann nur als Nachahmung eines schönen Musters entstehen. Auch dieser Grundsatz entstammt der platonischen Tradition, namentlich der Ideenlehre, nach der etwas nur durch die Teilhabe an der Idee des Schönen selbst schön wird, als Abbild eines Urbildes.

e) Der zweiten Grundvoraussetzung folgend entwirft Gott zuallererst die verstandesmäßige Welt, indem er die Ideen in seiner Vernunft durchordnet.

f) Indem er die Ideen seiner Vernunft dem Leidenden (Chaos) einprägt, schafft Gott in seiner Funktion als tätige Ursache die wahrnehmbare Welt nach der verstandesmäßigen.

g) Als geschaffene ist die wahrnehmbare Welt grundsätzlich auflösbar und somit vergänglich.

h) Etwas Schönes aufzulösen wäre jedoch vom Bösen.

i) Da Gott gut und die wahrnehmbare Welt schön ist, erhält Gottes Wille in seiner Vorsehung die wahrnehmbare Welt, wodurch sie unvergänglich wird.

An den beiden Grundvoraussetzungen in a) und d) wird deutlich, wie Philon das platonische Urbild-Abbild-Schema übernimmt und zugleich übersteigt. Er unterscheidet strikt zwischen der ewigen, verstandesmäßigen Welt des Seins und der unablässig sich verändernden Welt des Werdens und Vergehens. Die verstandesmäßige Welt verankert er in der Vernunft Gottes, mit der sie zuweilen gar gleichgesetzt wird. Nichtsdestoweniger entzieht sich Gott einer vollständigen Einbindung in das diastatische Schema von Sein und Werden/Vergehen. Er ist nicht nur gut, sondern auch über die Idee des Guten und Schönen hinaus. Er steht in uneinholbarer Transzendenz.

2.3. Angelologie

2.3.1. Die Grobstruktur von Somn I 133-159

Der Gattungsstruktur der Allegorie des Gesetzes gemäß zitiert Philon am Beginn seiner Erörterung des Traumes Jakobs von der Himmelsleiter in Somn I 133 den entsprechenden Bibelvers Gen 28,12-13, den er nachfolgend auslegen will. Sein Kommentar zerfällt zunächst in zwei Teile. Den ersten, viel längeren Teil Somn I 134-156 leitet die Frage, wofür das Bild der Leiter symbolisch stehe. Der zweite Teil Somn I 157-158 erklärt die Tatsache, daß nach der Schilderung der Schrift der Herr oben auf der Leiter steht. In vier Unterabschnitten des ersten Teiles deutet Philon das Symbol der Leiter auf vierfache Weise: in Somn I 134-145 kosmologisch auf die Luft, in Somn I 146-149 anthropologisch auf die menschliche Seele, in Somn I 150-152 asketisch auf das Leben des Übenden (ἀσκητής) und in Somn I 153-156 pragmatisch auf die Angelegenheiten (πράγματα) der Menschen im allgemeinen. Dabei sind die kosmologische und die anthropologische Deutung durch das Motiv der Seele, die asketische und die pragmatische Deutung hingegen durch dasjenige der Anomalie, des Auf und Ab, enger miteinander verbunden.

Die einzelnen Teile und Abschnitte, die sich inhaltlich klar voneinander abheben, sind auch durch literarische Strukturmerkmale deutlich abgegrenzt. Jeder Unterabschnitt des ersten Teiles nimmt zu Beginn das leitende Stichwort der Leiter aus dem Schriftzitat in Somn I 133 wieder auf. Das Schriftwort kündigt auf diese Weise das Thema der Leiter an, das anschließend eine vierfache Aufnahme erfährt.

Für den engen Zusammenhalt der kosmologischen und der anthropologischen Deutung sorgen folgende fünf Satzelemente: Sowohl die Luft, die symbolisch (1. συμβολικῶς, διὰ συμβόλου) Leiter genannt wird, als auch die menschliche Seele haben ihr Fußende (2. βάσις) im irdischen Bereich (3. γῆ, γεῶδες), ihr Kopfende (4. κορυφή, κεφαλή) aber im himmlischen (5. οὐρανός, τὸ οὐράνιον). Diese Elemente begegnen in den beiden Unterabschnitten dreimal in analogen Satzstrukturen, in denen ihre Reihenfolge stets gleich bleibt (Somn I 134.144.146). Einerseits tauchen sie jeweils im Einleitungssatz der beiden Deutungen auf und binden so als strukturanaloge Aufnahmen des Themas der Leiter die kosmologische und die anthropologische Deutung eng zusammen. Andererseits bilden sie zusammen mit dem Motiv des Mondes (Somn I 134: ἀπὸ τῆς σεληνιάκης σφαίρας, Somn I 145: σελήνη) eine Inklusion um die kosmologische Deutung.[162] In Somn I 144.146 dienen somit die vier Elemente für sich genommen zugleich als Verbindungswörter zwischen der kosmologischen und der anthropologischen Deutung. Beide Deutungen werden außerdem durch eine Inklusion zusammengehalten, welche sich am Motivzusammenhang von Haus und Seele festmacht: Die Eingangsthese in Somn I 135 stellt fest, daß die Luft ein Haus für unkörperliche Seelen sei (ψυχῶν ἀσωμάτων οἶκος); die paränetische Schlußfolgerung in Somn I 149 fordert umgekehrt die Seele auf, sich darum zu bemühen, daß sie ihrerseits zu einem Haus Gottes wird (σπούδαζε οὖν, ὦ ψυχή, θεοῦ οἶκος γενέσθαι).

Die enge Zusammengehörigkeit der asketischen und der pragmatischen Deutung wird durch die Stichworte der Angelegenheit (πρᾶγμα, πράγματα) und des Anomalen (ἀνώμαλον) signalisiert, welche jeweils am Beginn der beiden Unterabschnitte (Somn I 150.153) und am Ende des letzten (Somn I 156) stehen. Sie erfüllen die gleiche Doppelfunktion wie die Motive von Himmel, Erde, Kopf- und Fußende im Zusammenhang der kosmologischen und der anthropologischen Deutung. Einerseits verknüpfen sie durch die strukturanaloge Aufnahme des Themas der Leiter im jeweiligen Einleitungssatz die asketische und die pragmatische Deutung. Andererseits schließen sie eine Inklusion um die pragmatische Deutung.

Aufs ganze der vier Deutungen gesehen ergibt sich somit eine Struktursymmetrie, deren Spiegelachse zwischen Somn I 149 und Somn I 150 verläuft. Dabei entsprechen sich die kosmologische und die pragmatische Deutung darin, daß sie beide ihre je charakteristische Aufnahme des Themas am Beginn des Abschnitts durch die Wiederholung der charakteristischen Elemente am Ende zu einer Inklusion ausbauen, während letzteres in der anthropologischen und der asketischen Deutung unterbleibt. Die vier Deutungen der Leiter bilden so ein geschlossenes Ganzes, was dadurch bestätigt wird, daß zu Beginn des zweiten Teiles in Somn I 157 die beiden Bereiche diesseits und jenseits der Spiegelachse nochmals rekapituliert werden. Dies geschieht durch die implizite Wiederaufnahme der Motive der Seele und der Anomalie. Oben über allem stehend müsse man das Seiende vermuten, heißt es da, wie einen Wagenlenker (ἅρματος ἡνίοχος) oder wie einen Schiffssteuermann (νεὼς κυβερνήτης). Daß nach einer so breiten Ausführung über Seelen in den ersten beiden Deutungen jetzt das Motiv des Wagenlenkers erscheint, dürfte kaum ein Zufall sein, wenn man sich an den Mythos vom Seelenwagen in Platons Dialog „Phaidros" (246a-249d) erinnert, zumal auch Platon dort wie Philon in Somn I 138-140.147-148 vom Auf- und Abstieg der Seelen spricht. Der Rückbezug des Motivs vom Schiffssteuermann ist augenfälliger, weil am Beginn der letzten

[162] Vgl. Christiansen 54-55.

beiden Deutungen die Anomalie der Übung (ἄσκησις) bereits unter Rückgriff auf nautische Sprache programmatisch veranschaulicht wird: „bald hat sie wie ein Schiff eine gute Fahrt des Lebens, bald aber eine schlechte Fahrt" (τοτὲ μὲν καθάπερ ναῦς εὐπλοίᾳ τῇ τοῦ βίου, τοτὲ δὲ δυσπλοίᾳ χρωμένη. Somn I 150). Die beschriebene Rekapitulation in Somn I 157 wird anschließend sogleich verdoppelt durch die Erwähnung von zehn Schlüsselbegriffen aus den vier gegebenen Deutungen, die in ihrer Reihenfolge nur teilweise der bis hierher erörterten Textstruktur angepaßt ist. Das Seiende steht über all den genannten Dingen, kurz zusammengefaßt: über Sichtbarem und Unsichtbarem (ὅσαπερ θεατὰ καὶ ἀθέατα). Die herausgearbeitete Grobstruktur von Somn I 133-159 veranschaulicht die Übersicht auf Seite 199.

2.3.2. Somn I 133-145.146-149 und Gig 6-18 im synoptischen Vergleich

Da die drei Textpassagen Somn I 133-145.146-147 und Gig 6-18 nicht nur demselben Thema der Engel gewidmet sind, sondern auch strukturell weitgehend parallel zueinander verlaufen, empfiehlt es sich, sie gemeinsam zu behandeln. Diesem Zweck dient die folgende Synopse, welche sowohl die Übereinstimmungen als auch die Abweichungen eines Textes vom jeweils anderen mit einem Blick zu erfassen erlaubt. Ihr Aufbau wird im einzelnen in den nachfolgenden Unterkapiteln erläutert werden (siehe Grafik ab Seite 199).

2.3.2.1. Die Luft als der natürliche Ort der Seelen (II B-C und III B-C)

Nach der Zitation des Schriftwortes und der sich anschließenden These zu seinem adäquaten Verständnis schließt sich in II C und III C ein Argumentationsgang an, der nachzuweisen versucht, daß die Luft von beseelten Lebewesen oder lebendigen Seelen als der ihnen eigentümliche Aufenthaltsort bewohnt wird. In I entfällt dieser Gedankengang, einmal ganz einfach deshalb, weil der Nachweis im vorausgehenden Abschnitt II bereits geführt wurde, dann aber auch, weil es sich in I um in Menschen einverleibte Seelen handelt, während in II von den unkörperlichen Seelen die Rede ist, welche allein in der Luft zu Hause sind.

Philon profitiert in seiner Argumentation von der Tatsache, daß der griechische Begriff ψυχή dreierlei Bedeutungsnuancen in sich vereinigt, die wir heute im Begriff der Seele ohne entsprechende Vorkenntnisse nicht einfachhin mithören. Man kann den Bedeutungsumfang von ψυχή als die Schnittmenge aus den Bedeutungen der Begriffe ἀήρ und ζῷον definieren. Auf diese Weise gelangt man zu den drei Grundbedeutungen des Wortes Seele. Im Sinne von Luft meint Seele die Luft zum Atmen, den Atem, im Sinne von Lebewesen das, was ein Wesen zu einem lebendigen Wesen macht, das Leben und die Bewegung. Die Seele kann aber auch existieren, ohne etwas anderem als sich selbst Atem und Leben zu sein;

133	Schriftwort
	Kosmologische Deutung
134	κλῖμαξ … συμβολικῶς λέγεται ὁ ἀήρ, οὗ βάσις μέν ἐστι γῆ, κορυφὴ δ᾽ οὐρανός·
	ἀπὸ γὰρ τῆς σεληνιακῆς σφαίρας
135	ψυχῶν ἀσωμάτων οἶκος
144	διὰ συμβόλου κλίμακος
	ὥστε βάσιν μὲν … ἀέρος εἶναι γῆν, κεφαλὴν δὲ οὐρανόν
145	σελήνη
	Anthropologische Deutung
146	ἡ … λεγομένη συμβολικῶς κλῖμαξ
	τὴν ψυχήν, ἧς βάσις μὲν τὸ ὡσανεὶ γεῶδές ἐστιν …, κεφαλὴ δ᾽ὡς ἂν τὸ οὐράνιον
149	σπούδαζε οὖν, ὦ ψυχή, θεοῦ οἶκος γενέσθαι
	Asketische Deutung
150	τὸν ἑαυτοῦ βίον ὁ ἀσκητὴς φαντασιοῦται κλίμακι ἐοικότα
	ἀνώμαλον πρᾶγμα ἄσκησις
	τοτὲ μὲν καθάπερ ναῦς εὐπλοίᾳ …, τοτὲ δὲ δυσπλοίᾳ
152	
	Pragmatische Deutung
153	κλίμακι πέφυκεν ἐξομοιοῦσθαι
	τὰ ἀνθρώπων πράγματα … διὰ τὴν ἀνώμαλον αὐτῶν φοράν
156	τῶν ἀνθρωπείων πραγμάτων, … συντυχίαις, ὧν τὸ ἀνώμαλον
157	ὡς ἅρματος ἡνίοχον ἢ ὡς νεὼς κυβερνήτην ἐπὶ σωμάτων, ἐπὶ ψυχῶν, ἐπὶ πραγμάτων ἐπὶ λόγων, ἐπὶ ἀγγέλων, ἐπὶ γῆς, ἐπ᾽ ἀέρος, ἐπ᾽ οὐρανοῦ, ἐπ᾽ αἰσθητῶν δυνάμεων, ἐπ᾽ ἀοράτων φύσεων, ὅσαπερ θεατὰ καὶ ἀθέατα
159	

		I	II	III
		Somn I 146-149	Somn I 133-149	Gig 6-18
A			133 Τὸ μὲν δὴ προοίμιον τῆς θεοπέμπτου φαντασίας ὧδ᾽ ἔχει, τρέπεσθαι δ᾽ ἐπ᾽ αὐτὴν καιρὸς ἤδη καὶ τῶν ἐμφερομένων ἀκριβοῦν ἕκαστον. „ἐνυπνιάσθη“ φησί „καὶ ἰδοὺ κλῖμαξ ἐστηριγμένη ἐν τῇ γῇ, ἧς ἡ κεφαλὴ ἀφικνεῖτο εἰς τὸν οὐρανόν, καὶ *οἱ ἄγγελοι τοῦ θεοῦ* ἀνέβαινον καὶ κατέβαινον ἐπ᾽ αὐτῆς· ὁ δὲ κύριος ἐπεστήρικτο ἐπ᾽ αὐτῆς (Gen 28,12-13)	6 „Ἰδόντες δὲ οἱ ἄγγελοι τοῦ θεοῦ τὰς θυγατέρας τῶν ἀνθρώπων, ὅτι καλαί εἰσιν, ἔλαβον ἑαυτοῖς γυναῖκας ἀπὸ πασῶν, ὧν ἐξελέξαντο“ (Gen 6,2).
B		146 ἡ μὲν οὖν *ἐν κόσμῳ* λεγομένη *συμβολικῶς κλῖμαξ* τοιαύτη ἐστί, τὴν δ᾽ ἐν ἀνθρώποις σκοποῦντες εὑρήσομεν τὴν ψυχήν, ἧς *βάσις* μὲν τὸ ὡσανεὶ *γεῶδές* ἐστιν, αἴσθησις, κεφαλὴ δ᾽ ὡς ἂν τὸ *οὐράνιον*, ὁ καθαρώτατος νοῦς.	134 *κλῖμαξ* τοίνυν *ἐν* μὲν τῷ *κόσμῳ συμβολικῶς* λέγεται ὁ *ἀήρ*, οὗ *βάσις* μέν ἐστι *γῆ*, κορυφὴ δ᾽ οὐρανός· ἀπὸ γὰρ τῆς σεληνιακῆς σφαίρας, ἣν ἐσχάτην μὲν τῶν κατ᾽ *οὐρανὸν* κύκλων, πρώτην δὲ τῶν πρὸς ἡμᾶς ἀναγράφουσιν οἱ φροντισταὶ τῶν μετεώρων, ἄχρι γῆς ἐσχάτης ὁ ἀὴρ πάντῃ ταθεὶς ἔφθακεν.	οὓς ἄλλοι φιλόσοφοι δαίμονας, ἀγγέλους Μωυσῆς εἴωθεν ὀνομάζειν· ψυχαὶ δ᾽ εἰσὶ κατὰ τὸν *ἀέρα* πετόμεναι.
C	a		135 οὗτος δ᾽ ἐστὶ *ψυχῶν* ἀσωμάτων οἶκος, ἐπειδὴ *πάντα* τῷ ποιητῇ *τὰ τοῦ κόσμου μέρη* καλὸν ἔδοξεν εἶναι *ζῴων ἀναπληρῶσαι.* διὰ τοῦτο *γῇ μὲν τὰ χερσαῖα* ἐγκατεσ-	7 καὶ μηδεὶς ὑπολάβῃ μῦθον εἶναι τὸ εἰρημένον· ἀνάγκη γὰρ *ὅλον δι᾽ ὅλων τὸν κόσμον ἐψυχῶσθαι*, τῶν πρώτων καὶ στοιχειωδῶν *μερῶν* ἑκάστου τὰ οἰκεῖα

b		κεύαζε, *θαλάτταις δὲ καὶ ποταμοῖς τὰ ἔνυδρα, οὐρανῷ δὲ τοὺς ἀστέρας* – καὶ γὰρ ἕκαστος τούτων οὐ μόνον ζῷον, ἀλλὰ καὶ νοῦς *ὅλος δι᾽ ὅλων* ὁ καθαρώτατος εἶναι λέγεται –· ὥστε καὶ ἐν τῷ λοιπῷ τμήματι τοῦ παντός, *ἀέρι*, *ζῷα* γέγονεν. εἰ δὲ μὴ *αἰσθήσει* καταληπτά, τί τοῦτο; καὶ *ψυχὴ* γὰρ *ἀόρατον*.	καὶ πρόσφορα *ζῷα* περιέχοντος, *γῆς μὲν τὰ χερσαῖα, θαλάττης δὲ καὶ ποταμῶν τὰ ἔνυδρα*, πυρὸς δὲ τὰ πυρίγονα – λόγος δὲ ἔχει ταῦτα κατὰ Μακεδονίαν μάλιστα γίνεσθαι –, *οὐρανοῦ δὲ τοὺς ἀστέρας*. [8] καὶ γὰρ οὗτοι *ψυχαὶ ὅλαι δι᾽ ὅλων* ἀκήρατοί τε καὶ θεῖαι, παρὸ καὶ κύκλῳ κινοῦνται τὴν συγγενεστάτην νῷ κίνησιν· νοῦς γὰρ ἕκαστος αὐτῶν ἀκραιφνέστατος. ἔστιν οὖν ἀναγκαῖον καὶ τὸν *ἀέρα ζῴων πεπληρῶσθαι*· ταῦτα δὲ ἡμῖν ἐστιν *ἀόρατα*, ὅτιπερ καὶ αὐτὸς οὐχ ὁρατὸς *αἰσθήσει*. [9] ἀλλ᾽ οὐ παρ᾽ ὅσον ἀδύνατος ἡ ὄψις *ψυχῶν* φαντασιωθῆναι τύπους, διὰ τοῦτ᾽ οὔκ εἰσιν *ἐν ἀέρι ψυχαί*, καταλαμβάνεσθαι δ᾽ αὐτὰς ἀναγκαῖον ὑπὸ νοῦ, ἵνα πρὸς τῶν ὁμοίων τὸ ὅμοιον θεωρῆσαι.
		[136] καὶ μὴν εἰκός γε *ἀέρα* γῆς μᾶλλον καὶ ὕδατος ζῳοτροφεῖν, διότι καὶ τὰ ἐν ἐκείνοις οὗτος *ἐψύχωσεν*· ἐποίει γὰρ αὐτὸν ὁ τεχνίτης ἀκινήτων μὲν σωμάτων ἕξιν, κινουμένων δὲ	ἐπεὶ καὶ τί φήσομεν; πάνθ᾽ ὅσα χερσαῖα καὶ ἔνυδρα οὐκ *ἀέρι* καὶ πνεύματι ζῇ; τί δέ; [10] οὐκ *ἀέρος* κακωθέντος τὰ λοιμικὰ συνίστασθαι παθήματα φιλεῖ, ὡς ἂν αἰτίου τῆς *ψυχώ-*

	c		ἀφαντάστως φύσιν, ἤδη δὲ ὁρμῇ καὶ φαντασίᾳ χρῆσθαι δυναμένων ψυχήν.	*σεως* ἑκάστοις; τί δέ; ὁπότε ἀπήμων καὶ ἀβλαβὴς εἴη, ὁποῖον ἐν ταῖς βορείοις μάλιστα αὔραις εἴωθε γίνεσθαι, οὐ καθαρωτέρου σπῶντα τοῦ πνεύματος πρὸς πλείονα καὶ κραταιοτέραν διαμονὴν ἐπιδίδωσιν;
			[137]οὐκ ἄτοπον οὖν, *δι᾽ οὗ τὰ ἄλλα ἐψυχώθη, ψυχῶν ἀμοιρεῖν;* διὸ μηδεὶς τὴν ἀρίστην φύσιν *ζῴων* τοῦ ἀρίστου τῶν περιγείων, *ἀέρος*, ἀφαιρείσθω· οὐ γὰρ *μόνος* ἐκ πάντων *ἔρημος* οὗτος, ἀλλ᾽ οἷα πόλις εὐανδρεῖ πολίτας ἀφθάρτους καὶ ἀθανάτους *ψυχὰς* ἔχων ἰσαρίθμους ἄστροις.	[11] ἆρ᾽ οὖν εἰκὸς *δι᾽ οὗ τὰ ἄλλα*, ἔνυδρά τε καὶ χερσαῖα, *ἐψύχωται, ἔρημον* εἶναι ἢ *ψυχῶν ἀμοιρεῖν*; τοὐναντίον μὲν οὖν, εἰ καὶ τὰ ἄλλα πάντα *ζῴων* ἄγονα ἦν, *μόνος ἀὴρ* ὤφειλε ζῳοτοκῆσαι τὰ ψυχῆς κατ᾽ ἐξαίρετον χάριν παρὰ τοῦ δημιουργοῦ σπέρματα λαβών.
D		[147] ἄνω δὲ καὶ κάτω διὰ πάσης αὐτῆς οἱ τοῦ θεοῦ λόγοι χωροῦσιν ἀδιαστάτως, ὁπότε μὲν *ἀνέρχοιντο*, συνανασπῶντες αὐτὴν καὶ τοῦ *θνητοῦ* διαζευγνύντες καὶ τὴν θέαν ὧν *ἄξιον* ὁρᾶν μόνων ἐπιδεικνύμενοι, ὁπότε δὲ κατέρχοιντο, οὐ καταβάλλοντες – οὔτε γὰρ θεὸς οὔτε λόγος θεῖος ζημίας αἴτιος –, ἀλλὰ *συγκαταβαίνοντες* διὰ φιλανθρωπίαν καὶ ἔλεον τοῦ γένους ἡμῶν, ἐπικουρίας ἕνεκα καὶ συμμαχίας, ἵνα	[138] τούτων *τῶν ψυχῶν αἱ μὲν* κατίασιν ἐνδεθησόμεναι *σώμασι θνητοῖς*, ὅσαι προσγειότατοι καὶ φιλοσώματοι, αἱ δ᾽ *ἀνέρχονται*, διακριθεῖσαι πάλιν κατὰ τοὺς ὑπὸ φύσεως ὁρισθέντας ἀριθμοὺς καὶ χρόνους.	[12] *τῶν* οὖν *ψυχῶν αἱ μὲν* πρὸς *σώματα* κατέβησαν, αἱ δὲ οὐδενὶ τῶν γῆς μορίων *ἠξίωσάν* ποτε συνενεχθῆναι. ταύταις ἀφιερωθείσαις καὶ τῆς τοῦ πατρὸς θεραπείας περιεχομέναις ὑπηρέτισι καὶ διακόνοις ὁ δημιουργὸς εἴωθε χρῆσθαι πρὸς τὴν τῶν *θνητῶν* ἐπιστασίαν.

	καὶ τὴν ἔτι ὥσπερ ἐν ποταμῷ, τῷ σώματι, φορουμένην *ψυχὴν* σωτήριον πνέοντες ἀναζωῶσι.		
b		[139] τούτων αἱ μὲν τὰ σύντροφα καὶ συνήθη τοῦ θνητοῦ βίου *ποθοῦσαι* παλινδρομοῦσιν αὖθις, αἱ δὲ πολλὴν φλυαρίαν αὐτοῦ καταγνοῦσαι δεσμωτήριον μὲν καὶ τύμβον ἐκάλεσαν *τὸ σῶμα*, φυγοῦσαι δ᾽ ὥσπερ ἐξ εἱρκτῆς ἢ μνήματος ἄνω κούφοις πτεροῖς πρὸς αἰθέρα ἐξαρθεῖσαι μετεωροπολοῦσι τὸν αἰῶνα.	[13] ἐκεῖναι δ᾽ ὥσπερ εἰς ποταμὸν *τὸ σῶμα* καταβᾶσαι ποτὲ μὲν ὑπὸ συρμοῦ δίνης βιαιοτάτης ἁρπασθεῖσαι *κατεπόθησαν*, ποτὲ δὲ πρὸς τὴν φορὰν ἀντισχεῖν δυνηθεῖσαι τὸ μὲν πρῶτον ἀνενήξαντο, εἶτα ὅθεν ὥρμησαν, ἐκεῖσε πάλιν ἀνέπτησαν.
c	[148a] ταῖς μὲν δὴ τῶν ἄκρως *κεκαθαρμένων* διανοίαις ἀψοφητὶ μόνος ἀοράτως ὁ τῶν ὅλων *ἡγεμὼν* ἐμπεριπατεῖ –	[140] ἄλλαι δ᾽ εἰσὶ *καθαρώταται* καὶ ἄρισται, μειζόνων φρονημάτων καὶ θειοτέρων *ἐπιλαχοῦσαι*, μηδενὸς μὲν τῶν περιγείων ποτὲ ὀρεχθεῖσαι τὸ παράπαν, ὕπαρχοι δὲ τοῦ *πανηγεμόνος*, ὥσπερ μεγάλου βασιλέως ἀκοαὶ καὶ ὄψεις, ἐφορῶσαι πάντα καὶ ἀκούουσαι.	[14] αὗται μὲν οὖν εἰσι ψυχαὶ τῶν ἀνόθως φιλοσοφησάντων, ἐξ ἀρχῆς ἄχρι τέλους μελετῶσαι τὸν μετὰ σωμάτων ἀποθνῄσκειν βίον, ἵνα τῆς ἀσωμάτου καὶ ἀφθάρτου παρὰ τῷ ἀγενήτῳ καὶ ἀφθάρτῳ ζωῆς *μεταλάχωσιν*, [15] αἱ δὲ καταποντωθεῖσαι τῶν ἄλλων ἀνθρώπων ὅσοι σοφίας ἠλόγησαν ἐκδόντες ἀστάτοις καὶ τυχηροῖς πράγμασιν ἑαυτούς, ὧν οὐδὲν εἰς τὸ κράτιστον τῶν ἐν ἡμῖν, ψυχὴν ἢ νοῦν, ἀναφέρεται, πάντα δὲ ἐπὶ τὸν συμφυᾶ νεκρὸν ἡμῶν, τὸ σῶμα, ἢ ἐπὶ

				τὰ ἀψυχότερα τούτου, δόξαν λέγω καὶ χρήματα καὶ ἀρχὰς καὶ τιμὰς καὶ ὅσα ἄλλα ὑπὸ τῶν μὴ τεθεαμένων τὰ πρὸς ἀλήθειαν καλὰ ἀπάτῃ ψευδοῦς δόξης ἀναπλάττεται ἢ ζωγραφεῖται.
E	a		[141]ταύτας *δαίμονας* μὲν οἱ ἄλλοι φιλόσοφοι, ὁ δὲ ἱερὸς λόγος *ἀγγέλους* εἴωθε καλεῖν προσφυεστέρῳ χρώμενος *ὀνόματι*·	[16] ψυχὰς οὖν καὶ *δαίμονας* καὶ *ἀγγέλους ὀνόματα* μὲν διαφέροντα, ἓν δὲ καὶ ταὐτὸν ὑποκείμενον διανοηθεὶς ἄχθος βαρύτατον ἀποθήσῃ δεισιδαιμονίαν.
	b	[148c] ταῖς δὲ τῶν ἔτι ἀπολουομένων, μήπω δὲ κατὰ τὸ παντελὲς ἐκνιψαμένων τὴν ῥυπῶσαν καὶ κεκηλιδωμένην ἐν σώμασι βαρέσι ζωὴν *ἄγγελοι, λόγοι* θεῖοι, φαιδρύνοντες αὐτὰς τοῖς καλοκἀγαθίας δόγμασιν. [149a] ὅσα δὲ ἐξοικίζεται κακῶν οἰκητόρων στίφη, ἵνα εἷς ὁ ἀγαθὸς εἰσοικίσηται, δῆλόν ἐστι.	καὶ γὰρ τὰς τοῦ πατρὸς ἐπικελεύσεις τοῖς ἐγγόνοις καὶ τὰς τῶν ἐγγόνων χρείας τῷ πατρὶ διαγγέλλουσι.[142] παρὸ καὶ ἀνερχομένους αὐτοὺς καὶ κατιόντας εἰσήγαγεν, οὐκ ἐπειδὴ τῶν μηνυσόντων ὁ πάντῃ ἐφθακὼς *θεὸς* δεῖται, ἀλλ᾽ ὅτι τοῖς ἐπικήροις ἡμῖν συνέφερε μεσίταις καὶ διαιτηταῖς *λόγοις* χρῆσθαι διὰ τὸ τεθηπέναι καὶ πεφρικέναι τὸν παμπρύτανιν καὶ τὸ μέγιστον ἀρχῆς αὐτοῦ κράτος.	ὥσπερ γὰρ ἀγαθοὺς δαίμονας καὶ κακοὺς λέγουσιν οἱ πολλοὶ καὶ ψυχὰς ὁμοίως, οὕτως καὶ *ἀγγέλους* τοὺς μὲν τῆς προσρήσεως ἀξίους πρεσβευτάς τινας ἀνθρώπων πρὸς *θεὸν* καὶ *θεοῦ* πρὸς ἀνθρώπους ἱεροὺς καὶ ἀσύλους διὰ τὴν ἀνυπαίτιον καὶ παγκάλην ταύτην ὑπηρεσίαν, τοὺς δ᾽ ἔμπαλιν ἀνιέρους καὶ ἀναξίους τῆς προσρήσεως καὶ αὐτὸς ὑπολαμβάνων οὐχ ἁμαρτήσει.
	c	[148b] καὶ γάρ ἐστι χρησθὲν τῷ σοφῷ θεοπρόπιον, ἐν ᾧ *λέγεται* „περιπατήσω ἐν ὑμῖν, καὶ ἔσομαι ὑμῶν θεός (Lev 26,12) –,	[143] οὗ λαβόντες ἔννοιαν ἐδεήθημέν ποτέ τινος τῶν μεσιτῶν *λέγοντες* „λάλησον σὺ ἡμῖν, καὶ μὴ λαλείτω πρὸς ἡμᾶς ὁ θεός, μή	[17] μαρτυρεῖ δέ μου τῷ λόγῳ τὸ παρὰ τῷ ὑμνογράφῳ εἰρημένον ἐν ᾄσματι τούτῳ· „ἐξαπέστειλεν εἰς αὐτοὺς ὀργὴν θυμοῦ

			ποτε ἀποθάνωμεν“ (Ex 20,19). οὐ γὰρ ὅτι κολάσεις, ἀλλ᾽ οὐδ᾽ ὑπερβαλλούσας καὶ ἀκράτους εὐεργεσίας χωρῆσαι δυνάμεθα, ἃς ἂν αὐτὸς προτείνῃ δι᾽ ἑαυτοῦ μὴ χρώμενος ὑπηρέταις ἄλλοις.	αὐτοῦ, θυμὸν καὶ ὀργὴν καὶ θλῖψιν, δι᾽ ἀγγέλων πονηρῶν“ (Ps 77,49). οὗτοί εἰσιν οἱ πονηροὶ τὸ ἀγγέλων ὄνομα ὑποδυόμενοι,
F		[149b] σπούδαζε οὖν, ὦ ψυχή, θεοῦ οἶκος γενέσθαι, ἱερὸν ἅγιον, ἐνδιαίτημα κάλλιστον· ἴσως γάρ, ἴσως ὃν ὁ κόσμος ἅπας, καὶ σὺ οἰκοδεσπότην σχήσεις ἐπιμελούμενον τῆς ἰδίας οἰκίας, ὡς εὐερκεστάτη καὶ ἀπήμων εἰσαεὶ διαφυλάττοιτο.	[144] παγκάλως δὲ ἐστηριγμένον ἐν τῇ γῇ διὰ συμβόλου κλίμακος φαντασιοῦται τὸν ἀέρα· τὰς γὰρ ἀναδιδομένας ἐκ γῆς ἀναθυμιάσεις λεπτυνομένας ἐξαε-ροῦσθαι συμβέβηκεν, ὥστε βάσιν μὲν καὶ ῥίζαν ἀέρος εἶναι γῆν, κεφαλὴν δὲ οὐρανόν. [145] λέγεται γοῦν, ὅτι σελήνη πίλημα μὲν ἄκρατον αἰθέρος οὐκ ἐστιν, ὡς ἕκαστος τῶν ἄλλων ἀστέρων, κρᾶμα δὲ ἔκ τε αἰθερώδους οὐσίας καὶ ἀερώδους· καὶ τό γε ἐμφαινόμενον αὐτῇ μέλαν, ὃ κα-λοῦσί τινες πρόσωπον, οὐδὲν ἄλλο εἶναι ἢ τὸν ἀναμεμιγμένον ἀέρα, ὃς κατὰ φύσιν μέλας ὢν ἄχρις οὐρανοῦ τείνεται.	τὰς μὲν ὀρθοῦ λόγου θυγατέρας, ἐπιστήμας καὶ ἀρετάς, οὐκ εἰδότες, τὰς δὲ τῶν ἀνθρώπων θνητὰς θνητῶν ἀπο-γόνους ἡδονὰς μετερ-χόμενοι γνήσιον μὲν οὐδὲν ἐπιφερομένας κάλλος, ὃ διανοίᾳ μόνῃ θεωρεῖται, νόθον δὲ εὐμορφίαν, δι᾽ ἧς ἡ αἴσθησις ἀπατᾶται. [18] λαμβάνουσι δὲ οὐ πάσας ἅπαντες τὰς θυγατέρας, ἀλλ᾽ ἔνιοι ἐνίας ἐκ μυρίων ὅσων ἐπελέξαντο ἑαυτοῖς, οἱ μὲν τὰς δι᾽ ὄψεως, ἕτεροι δὲ τὰς δι᾽ ἀκοῆς, τὰς δ᾽ αὖ διὰ γεύσεως καὶ γαστρὸς ἄλλοι, τινὲς δὲ τὰς μετὰ γαστέρα, πολλοὶ δὲ καὶ τῶν πορρωτάτω διῳκισμένων ἀντελάβοντο τὰς μηκίστας ἐν ἑαυτοῖς τείνοντες ἐπιθυμίας· ποικίλαι γὰρ ἐξ ἀνάγκης αἱ ποικίλων ἡδονῶν αἱρέσεις, ἄλλων ᾠκειωμένων ἄλλαις.

tritt diese Eigenschaft zu den beiden erstgenannten hinzu, so kann man im Vollsinn des griechischen Wortes ψυχή von Seele reden. Die oben verwendeten Ausdrücke „beseeltes Lebewesen" und „lebendige Seele" sind somit gleichermaßen pleonastisch; das simple Wort „Seele" bringt sie in vollem Umfang zum Ausdruck. Philons Argumentationsgang läuft nun, ermöglicht durch den Mittelbegriff Seele, zwischen den Begriffen Luft und Lebewesen hin und her und erreicht so serpentinenartig in zwei Kehren sein Ziel, die Luft als Wohnstatt von Seelen zu erweisen. Er läßt sich wie folgt in einem Schaubild darstellen; in dessen unterem Teil sind zur Unterscheidung die Belege aus II B-C im Standarddruck, diejenigen aus III B-C im Kursivdruck wiedergegeben (siehe Seite 207).

Nachfolgend zeichne ich die Argumentationslinie nach und beginne dabei mit II B-C. In der kosmologischen Deutung versteht Philon unter der Leiter die Luft, weil die Luft sich wie die Leiter von der Erde bis zum Himmel erstreckt und den gesamten Raum bis zur Mondsphäre ausfüllt. Diese allegorische Deutung des Bildes von der Himmelsleiter dient ihm als kaum strittige Ausgangsthese in der ersten Kehre der Argumentation. Die Luft sei nun, das ist die zweite These, ein Haus für unkörperliche Seelen. Da die Wahrheit dieser Behauptung nicht ebenso unwidersprochen zugestanden werden dürfte, setzt hier die eigentliche Argumentation ein. Sie benötigt zwei Prämissen. Der Obersatz besteht in der ausgesprochenen Behauptung, alle Teile der Welt seien mit Lebewesen erfüllt. Der Untersatz kann aus der Ausgangsthese deduziert werden: Da die Luft den Raum zwischen Himmel und Erde ausfüllt, ist sie ein Teil der Welt. Wenn man nun auf dem Land, in den Meeren und Flüssen und am Himmel Lebewesen sieht, in der Luft aber nicht, so darf man daraus nicht schließen, daß es dort keine gäbe. Vielmehr muß im Syllogismus aus Obersatz und Untersatz geschlossen werden, daß es auch in der Luft Lebewesen gibt, die dann aber unsichtbar sein müssen. Unsichtbare Lebewesen aber sind Seelen ohne Körper. Dieser syllogistische Schluß ist nur dann logisch zwingend, wenn man, wie Philon dies offenbar tut, die Vögel zu den Landlebewesen rechnet, weil man erst dadurch gezwungen wird, die Leerstelle in der Luft mit unsichtbaren Lebewesen bevölkert zu denken. Philon untermauert den Syllogismus in der zweiten Kehre seines Argumentationsganges durch ein argumentum ad hominem nach der Figur eines Schlusses a minori ad maius. Da die Luft auch die Land- und Wasserlebewesen beseelt, das heißt: ihnen zur Atmung dient und sie dadurch belebt, ist es wahrscheinlich, daß sie auch besser als Erde und Wasser Lebewesen ernährt. Was aber alle anderen Lebewesen beseelt und ernährt, dürfte selbst kaum der Seelen entbehren. Folglich ist es unangebracht, gerade die beste Natur der Lebewesen, die Seele nämlich, dem Besten, was es um die Erde herum gibt, nämlich der Luft, abzusprechen.[163]

---

[163] Vgl. Christiansen 56-59.

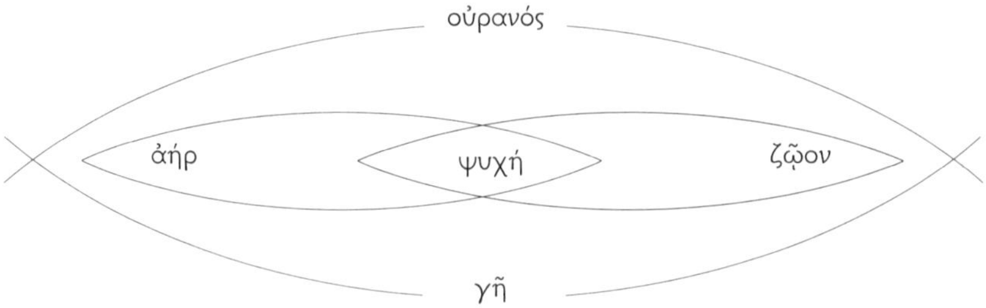

Erste Kehre (B-Ca)

κλῖμαξ = ἀήρ
κατὰ τὸν ἀέρα

ψυχῶν ἀσωμάτων οἶκος
ἐψυχῶσθαι

ζῴων ἀναπληρῶσαι
ζῴων πεπληρῶσθαι

ψυχὴ ἀόρατον
ἀδύνατος ἡ ὄψις ψυχῶν φαντασιωθῆναι τύπους

ἀέρα μᾶλλον
ἀέρι καὶ πνεύματι

Zweite Kehre (Cb-c)

ἐψύχωσεν
τῆς ψυχώσεως

ζῳοτροφεῖν
ζῇ (ζῳοτοκῆσαι)

τὴν ἀρίστην φύσιν/
δι᾽ οὗ τὰ ἄλλα ἐψυχώθη
(ἐψύχωται) ψυχῶν ἀμοιρεῖν

τοῦ ἀρίστου
τῶν περιγείων, ἀέρος
μόνος ἀήρ

Da die Argumentationslinie in III B-C zu derjenigen in II B-C im großen und ganzen parallel verläuft, kann ich mich hier darauf beschränken, einen bezeichnenden Unterschied herauszustellen. Es versteht sich beinahe von selbst, daß ausgehend von einem anderen Schriftwort, nämlich Gen 6,2 LXX, nicht dieselbe Ausgangsthese am Anfang stehen kann. Die zu Beginn gegebene Deutung bezieht sich auf das Nomen „Engel“ des Schriftwortes, welches Philon als mosaisches Synonym zum philosophischen Sprachgebrauch der Dämonen erklärt. Beide Benennungen, so hier die zweite These Philons, meinen der Sache nach dasselbe: Seelen, die in der Luft fliegen. Mit der Erwähnung des Stichwortes „Luft“ hat sich Philon in die Ausgangsposition gebracht, von der aus das für II B-C nachgezeichnete Argument auch in III B-C seinen Lauf nehmen kann. In beiden Fällen kommt es ihm also darauf an, die Vorstellung der Luft ins Spiel zu bringen. Daß ihm zu diesem Zweck das Stichwort „Engel“ aus dem in III A zitierten Schriftvers nur als behelfsmäßiger Anknüpfungspunkt dient, wird durch folgende zwei Beobachtungen plausibel. Hätten sich seines Erachtens die Engel vorzüglich zur Bildung der beiden Anfangsthesen angeboten, so hätte er auch in II B auf sie zurückgreifen können; statt dessen greift er dort das Stichwort der Leiter auf. Auf die Engel kommt er dagegen erst nach den langen Ausführungen in C und D, also in II Ea, ausdrücklich zu sprechen, und zwar parallel zu III Ea. III B erfüllt somit eine gegenüber II B erweiterte Funktion: Es bringt nicht nur die als nächste diskutierte These in die Argumentation ein, sondern nennt als weitergreifende Themenankündigung bereits beide Thesen, die im Verlauf von III diskutiert werden. Die Thesen werden dann in III C-D und III E in der umgekehrten Reihenfolge ihrer Ankündigung aufgenommen und behandelt. Auf dem Hintergrund dieser Überlegungen scheint es mir naheliegend, daß Philon in Gen 6,2 bereits ἄγγελοι statt υἱοί gelesen und diese Lesart nicht selber eingeführt hat,[164] zumal er an dem Ausdruck υἱοὶ τοῦ θεοῦ, wie V. Nikiprowetzky überzeugend nachgewiesen hat, kaum Anstoß genommen hätte.[165]

Philon knüpft mit seiner Zuweisung der Lebewesen an ihre je natürlichen Orte an Platons „Timaios“ (39e-40d) an. Platon unterscheidet vier Arten von Lebewesen: die Götter, die größtenteils aus Feuer sind, die geflügelten Lebewesen in der Luft, die Wasser- und die Landlebewesen. Bei den Göttern handelt es sich um die Fixsterne. Nichts deutet jedoch darauf hin, daß Platon bei den geflügelten Lebewesen an andere als an Vögel denkt. Auch behauptet er nicht ausdrücklich, daß alle Teile der Welt belebt sein müßten, sondern in Timaios 41b lediglich so viel, daß die Welt ohne die Entstehung aller vier Arten von Lebewesen unvollendet

[164] Vgl. Katz, Philo's Bible 20-21; Nikiprowetzky, Philo's Bible 106-107; Walters (formerly Katz), The Text 255; Winston/Dillon 236-237; dagegen Rahlfs, der υἱοί in den Apparat seiner LXX-Ausgabe aufnimmt.

[165] Vgl. Nikiprowetzky, Sur une lecture démonologique 44-46.

bliebe. Beides muß Philon dagegen voraussetzen, damit sein syllogistischer Schluß auf die Bevölkerung der Luft mit unkörperlichen Seelen richtig wird.[166]

2.3.2.2. Auf- und Abstieg der Seelen (D)

Nachdem für Philon am Ende von C erwiesen ist, daß die Luft der den Seelen eigentümliche Aufenthaltsort ist, wendet er sich in D dem Thema des Auf- und Abstiegs der Seelen zu, das er auf andere Weise bearbeitet als das vorige. Sollte in B-C ein Daß nachgewiesen werden, namentlich daß sich in der Luft unsichtbare Seelen aufhalten, so ist der Abschnitt D dem Wie gewidmet, indem er der Frage nachgeht, wie die nunmehr in der Luft als existierend angenommenen Seelen beschaffen sind und sich verhalten. Beschaffenheit und Verhalten gelten in der ganzen platonischen Philosophie als zwei Seiten einer Medaille: Wie etwas ist, so verhält es sich auch; umgekehrt ist etwas, das sich auf eine bestimmte Art und Weise verhält, auch so, wie es sich verhält. Zur Beantwortung der Frage nach dem Daß stellen die verschiedenen Arten von Schlußverfahren, wie oben dargelegt, eine geeignete Methode dar. Die Bearbeitung der Wie-Frage verlangt ein anderes methodisches Vorgehen, welches Definitionen von Beschaffenheiten ermöglicht. Ein solches Verfahren ist das der Diairesis. Platon hat es in seinem Dialog „Sophistes", der eine treffende Definition des Sophisten zu finden versucht, mustergültig durchgeführt und folgendermaßen beschrieben: „So laßt uns also noch einmal versuchen, durch Spaltung der vorliegenden Gattung in zwei, immer auf der rechten Seite des Zerschnittenen weiterzugehen, das, in dessen Gemeinschaft sich der Sophist befindet, festhaltend, bis wir endlich nach Absonderung alles dessen, was ihm mit anderen gemeinschaftlich ist, seine eigentümliche Natur übrig behalten"[167] Eine möglichst allgemeine Gattung, welche das Definiendum einvernehmlich umfaßt, wird durch fortschreitende Zweiteilung in immer weitere Arten und Unterarten so lange zum Besonderen hin verengt, bis am Ende eine Unterart zutage tritt, welche ausschließlich das Definiendum enthält. „Zu sehen, wie ‚vieles' als ‚ταὐτόν' zusammenzubinden ist, erscheint als die eine Seite der Diairese; zu erkennen, was die jeweilige Einheit an verschiedenem enthält, und dieses Verschiedene durch immer weitere Teilungen als ‚ἕτερον' auszusondern, ist die andere Seite der diairetischen Methode."[168] Am besten läßt sich dieses Verfahren anhand eines Baumdiagramms darstellen. Das Definiendum am Ende eines Pfades wird dann dadurch definiert, daß man umgekehrt den Pfad vom Besonderen zum Allgemeinen zurückverfolgt und die einzelnen Schritte zu einer einheitlichen Beschreibung verknüpft.

---

166 Vgl. Winston/Dillon 237.239.

167 Platon, Sophistes 264d-e.

168 Christiansen 41.

In Philons Diaireseis mischen sich eine ontologische und eine chronologische Komponente. Er unterscheidet stets zu einem bestimmten Zeitpunkt zwei Arten von Seelen: solche, die zum festgelegten Zeitpunkt gen Himmel aufsteigen, von solchen, die zur selben Zeit Richtung Erde absteigen. Ob eine Seele gerade im Aufstieg oder Abstieg begriffen ist, hängt von ihrer Reinheit als ontologischer Beschaffenheit ab. Bei Auf- und Abstieg handelt es sich allerdings nicht um einen unendlichen Vorgang. Sein Ziel ist vielmehr die höchstmögliche Reinheitsstufe, welche es den Seelen, die sie erlangt haben, erlaubt, für immer den himmlischen Bereich zu bewohnen. Philon kennt darüber hinaus auch Seelen, welche diesen Ort niemals durch Abstieg verlassen haben; diese sind die reinsten und besten.

Bei aller grundsätzlichen Ähnlichkeit in Struktur und Methode unterscheiden sich die von Philon in I, II D und III D vorgenommenen Diaireseis im einzelnen nicht unerheblich. Es lohnt sich daher, sie zunächst einzeln zu betrachten, wobei ich mit III D beginne. Dort unterscheidet Philon in einem ersten Schritt (Da) Seelen, die zu Körpern heruntersteigen, von solchen, die mit keinem der Teile der Erde jemals zusammenkommen. Von den ersteren werden in einer zweiten Phase (Db) die einen vom Fluß des Körperlichen ertränkt, den anderen gelingt es, dorthin zurückzukehren, woher sie gekommen sind. Im Baumdiagramm sieht das folgendermaßen aus:

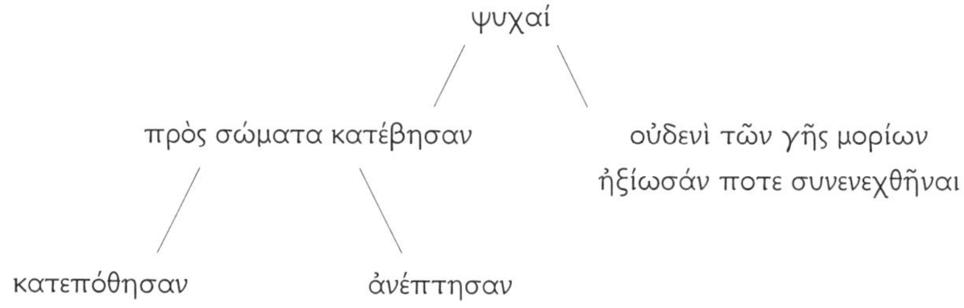

Ein etwas anderes Bild ergibt sich aus II D. Dort geht Philon in der ersten Phase nicht streng diairetisch vor; statt einer Zweiteilung nimmt er nämlich eine Dreiteilung der Seelen vor. Dieser Umstand springt nicht auf Anhieb ins Auge, weil zunächst der Anschein einer Zweiteilung als erstem Schritt erweckt wird: Die einen Seelen steigen ab und verbinden sich mit Körpern, die andern lösen sich von ihnen und steigen auf (Da). Das weitere Schicksal der letzteren ist gleich anschließend als zweiter Schritt der Diairesis eingeschoben: Von den Aufgestiegenen kehren die einen sofort nach unten zurück, während die andern sich mit leichten Flügeln bis zum Äther erheben und für immer den himmlischen Bereich bewohnen (Db). Nicht zu verwechseln mit diesen ist eine Gattung, die durch ein betont an den Anfang des folgenden Satzes gestelltes ἄλλαι δ᾽ εἰσί klar von allen zuvor Genannten abgesondert wird: die reinsten und besten Seelen, welche niemals irgendetwas Irdisches begehrt haben (Dc).

Sie gehören, obgleich sie erst jetzt Erwähnung finden, logisch in die erste Phase der Diairesis, welche sich dadurch zu drei Möglichkeiten auffächert. I. Christiansen unterscheidet die beiden Phasen der Diairesis überhaupt nicht und kommt deshalb auf fünf Arten von Luftbewohnern. Das ist insofern ungenau, als in der zweiten Phase keine neuen Arten eingeführt werden, sondern nur die in der ersten Phase eingeführten zu einem späteren Zeitpunkt wiederkehren.[169] Auch hier mag ein Baumdiagramm das Gesagte veranschaulichen:

In der anthropologischen Deutung der Himmelsleiter (I) überlagern sich die Bewegungen der menschlichen Seele einerseits und der in ihr sich bewegenden göttlichen Worte andererseits. Da beide Bewegungen stets parallel ablaufen, begnügt sich Philon im ersten Schritt der Diairesis zwar damit, nur diejenige der göttlichen Worte zu schildern: Sie steigen hinauf (ἀνέρχεσθαι) oder steigen herunter (κατέρχεσθαι). Auf- und Abstieg werden aber jeweils durch ein weiteres Verbum näher charakterisiert. Dieses erklärt die Motivation der göttlichen Worte: Steigen sie auf, so ziehen sie die menschliche Seele mit hinauf; steigen sie ab, so begleiten sie die Menschenseele in ihrem Abstieg aus Menschenliebe und Erbarmen. In der Bewegung der Gottesworte ist also die parallele Bewegung der Menschenseele mitgedacht, was sich sprachlich allein schon durch das Präfix συν- der Verba composita συγκαταβαίνοντες und συναναcπῶντες ausdrückt. Der zweite Schritt der Diairesis scheidet die aufgestiegenen Menschenseelen in solche, die nach wie vor der Reinigung bedürfen, und solche, die schon zuhöchst gereinigt sind. In den Reinigungsbedürftigen gehen weiterhin göttliche Worte, die jetzt auch Engel genannt werden, umher, in den ganz Reinen dagegen der Führer des Alls, der durch das Zitat aus Lev 26,12 mit Gott identifiziert wird. Diese letzte Bemerkung sprengt die Diairesis insofern, als das Besondere (Gott) in der allgemeinen Gattung des Anfangs (die Worte Gottes) strenggenommen nicht enthalten sein kann. Daß Philon die Diairesis nicht strikt durchführt, wurde freilich schon für II D festgestellt. Zur Ungenauigkeit der Artenbestimmung bezüglich II D fügt sich bei Christiansen anläßlich

[169] Vgl. Christiansen 59-60.

der Analyse von I eine Inkonsequenz. Würde sie die Anzahl der Arten wie in II D bestimmen, so müßte sie in I vier Arten zählen. Tatsächlich unterscheidet sie nur drei, welche sie zudem nicht wie für II D nach dem Merkmal von Aufstieg und Abstieg voneinander scheidet. Das ist auch der Grund dafür, weshalb sie die „Haufen von schlechten Bewohnern (κακῶν οἰκητόρων στίφη)“ in Somn I 149 als eine ihrer drei Arten rechnen kann, obwohl diese doch von Philon gar nicht direkt mit dem Bild von der Leiter in Verbindung gebracht werden.[170] Aus meiner Analyse von I ergibt sich jedenfalls folgendes Baumdiagramm:

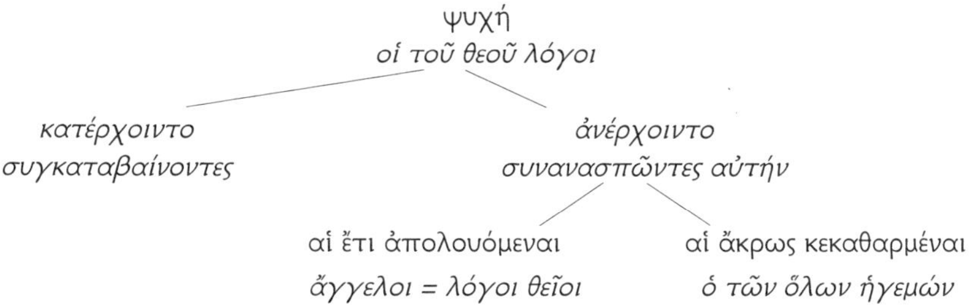

Über die Analyse der einzelnen Texte hinaus ist schließlich die Frage unausweichlich, ob sich die drei disparaten Schemata zu einer einzigen kohärenten Diairesis zusammenfügen lassen, ohne sie gewaltsam zu vereinheitlichen. Um dafür die Bahn zu ebnen, sind einige weitergehende Bemerkungen nötig. Im ersten Schritt der Diairesis ist ein strikt diairetisches Vorgehen, eine Zweiteilung nämlich, möglich. Streng chronologisch betrachtet, bieten sich der Seele zunächst nur zwei Möglichkeiten: entweder als reinste und beste gar nie in den irdischen Bereich herabzusteigen oder aber genau dies zu tun und sich so als nicht zu den reinsten gehörig zu erweisen. Daß in I und II D bereits zu Anfang auch von aufsteigenden Seelen die Rede ist, hängt erstens damit zusammen, daß in beiden Textabschnitten die Himmelsleiter vor Augen steht. Die Frage, ob am Anfang von mehreren zeitlich aufeinanderfolgenden Bewegungen Abstieg oder Aufstieg steht, ist so ausgeblendet zugunsten der Momentaufnahme zu einem späteren Zeitpunkt, welche Auf- und Abstieg als nebeneinanderher laufende Bewegungen auf der Leiter zeigt. Dagegen wird in III D klar, daß für die nicht gänzlich reinen Seelen der Anfang im Abstieg liegt. Das zeigt nicht nur die dementsprechende Diairesis in III Da, sondern auch die Wiederaufnahme des Abstiegsmoments in der Einleitung zur zweiten Diairesis in III Db: Erst nachdem die unreinen Seelen herabgestiegen sind, stehen sie vor der Alternative eines noch tieferen Abstiegs oder einer Rückkehr nach oben (ἐκεῖναι δ᾽ ὥσπερ εἰς ποταμὸν τὸ σῶμα καταβᾶσαι ποτὲ μὲν ... κατεπόθησαν, ποτὲ δὲ

[170] Vgl. Christiansen 62-63.

... ἐκεῖσε πάλιν ἀνέπτησαν).[171] Einen Hinweis darauf, den man allerdings leicht übersieht, gibt zweitens auch das πάλιν in II Da: Ein Aufstieg findet erst statt, nachdem sich die betreffenden Seelen wieder von der Erde und den Körpern getrennt haben (αἱ δ' ἀνέρχονται διακριθεῖσαι πάλιν). Sie haben also offenbar davor schon einmal getrennt von diesen existiert und sind dann erst herabgestiegen, um sich mit ihnen zu verbinden. Man kann sich drittens die Frage stellen, wo die Seelen nach Philon ihren ursprünglichen Ort haben, woher sie stammen. Einen Fingerzeig darauf liefert die beiläufig wirkende Angabe, die Luft beherberge Seelen so zahlreich wie die Sterne (II Cc). Die Wendung ψυχὰς ἔχων ἰσαρίθμους ἄστροις läßt an Platons „Timaios" denken. Dort hat Timaios eben erzählt, wie der Weltschöpfer nach der Mischung der Allseele den herkömmlichen Gottheiten der griechischen Mythologie eine Rede hielt, und fährt dann fort (41d-e): „So sprach er und goß nun wieder in denselben Mischkrug, in welchem er vorher die Seele des Alls vermengend mischte, das, was von den Dingen vorher übrig war, und mischte es zwar auf ziemlich dieselbe Weise, doch nicht mehr ebenso lauter, sondern an Reinheit zweiten und dritten Grades. Nachdem er so das Ganze verbunden hatte, teilte er es in ebenso viele Seelen auf, wie Sterne waren (διεῖλεν ψυχὰς ἰσαρίθμους τοῖς ἄστροις), teilte jedem Stern je eine zu, und nachdem er sie gleichsam auf ein Fahrzeug gesetzt hatte (ἐμβιβάσας ὡς ἐς ὄχημα), zeigte er ihnen die Natur des Alls und verkündete ihnen die vom Schicksal verhängten Gesetze: Das erste Entstehen werde, damit keine von ihm hintangesetzt werde, für alle einheitlich bestimmt sein." Philon spielt demnach deutlich auf die Vorstellung an, daß jeder Stern einer Seele als Fahrzeug dient. Die ursprüngliche Heimat der Seelen sind also auch für ihn die Sterne des Himmels. Die erste Richtung, welche die Seelen bei einer vertikalen Bewegung zwischen Himmel und Erde einschlagen müssen, ist folglich diejenige des Abstiegs.

Die restlichen Elemente der oben herausgestellten drei Diaireseis lassen sich nach dieser Klärung des ersten Schrittes ihrer Verschränkung problemlos auf zwei weitere Schritte verteilen, für die jeweils Aufstieg und Abstieg erneut zur Wahl stehen. Es ergibt sich insgesamt folgendes Baumdiagramm: (siehe Seite 214)

2.3.2.3. Seelen, Dämonen und Engel (E)

Wie die Teile C und D, so gliedert sich auch der Teil E in drei Abschnitte; in seiner literarischen Komposition folgt er allerdings nochmals anderen Prinzipien. Im Abschnitt Ea von II und III führt Philon eine dritte These ein, welche im Duktus von II ganz neu ist, im Zusammenhang von III aber seine Ankündigung aus III B wieder aufgreift. Sie lautet: Seelen, Dämonen und Engel sind nur drei verschiedene Namen für dieselbe Sache. In I Ea fehlt

[171] Vgl. Winston/Dillon 237: „The one class descend into bodies and become human souls [...]; the other scorn all contact with the earthly realm, and remain above"; Platon, Timaios 43a: αἱ δὲ εἰς ποταμὸν ἐνδεθεῖσαι.

ψυχαί (II; III)
ψυχή (I)

κατέβησαν (III) — οὐδενὶ ... συνενεχθῆναι (III) / καθαρώταται καὶ ἄρισται (II)

κατεποθησαν (III) / κατίασιν (II) / κατέρχοιντο (I) — ἀνέπτησαν (III) / ἀνέρχονται (II) / ἀνέρχοιντο (I)

παλινδρομοῦσιν (II) / αἱ καταποντωθεῖσαι τῶν ἄλλων ἀνθρώπων (III) — μετεωροπολοῦσιν (II) / ψυχαὶ τῶν ἀνόθως φιλοσοφησάντων (III)

diese These, wohl deshalb, weil Philon sie schon zuvor in II Ea genannt hat und nun in I Eb-c nur noch auf einem anderen Feld, dem der anthropologischen Deutung, anwendet. Der Abschnitt Eb bringt anschließend Philons eigene Begründung und Erläuterung der zuvor aufgestellten These. Seine Erklärung läßt sich Philon im dritten Abschnitt Ec durch ein Schriftwort bestätigen. Das Schriftwort erfüllt die Funktion der Bekräftigung aber nur insofern, als Philon es seinerseits im Sinne seiner These auslegt. Die Abschnitte Eb und Ec sind auch in I vorhanden, allerdings in umgekehrter Reihenfolge. In Somn I 148 gibt es nur eine Erläuterung der These, die dem Schriftwort folgt. In der Synopse habe ich die beiden Teile so umgestellt, daß sich die Abschnitte Eb in allen drei Spalten inhaltlich entsprechen.

2.3.3. Somn I 150-156

Weit einfacher als die kosmologische und die anthropologische Deutung sind die asketische und die pragmatische konstruiert. Die asketische Deutung geht in einem Dreischritt vom Allgemeinen zum Besonderen oder vom Abstraktum zum Konkretum. Im ersten Schritt stellt Philon allgemein fest, daß die Übung eine von Natur aus unebene Sache sei (φύσει ἀνώμαλον πρᾶγμα ἄσκησις), im zweiten veranschaulicht er diese Aussage am Leben der Übenden, um im dritten konkret auf die Übenden selbst zu sprechen zu kommen. Alle drei, vom Abstrakten bis zum Konkreten, sieht Philon je auf ihre Weise in der Mitte zwischen Auf- und Abstieg. Alle Bewegung ist eingeschrieben in eine dreistufige Hierarchie: Die Schluchten des Hades bewohnen die Schlechten, in der Mitte bewegt sich das Leben der Übenden mit seinem Auf und Ab, die Weisen aber sind am olympischen und himmlischen Ort zu Hause. Folgendes Schema mag diese Aufteilung veranschaulichen:

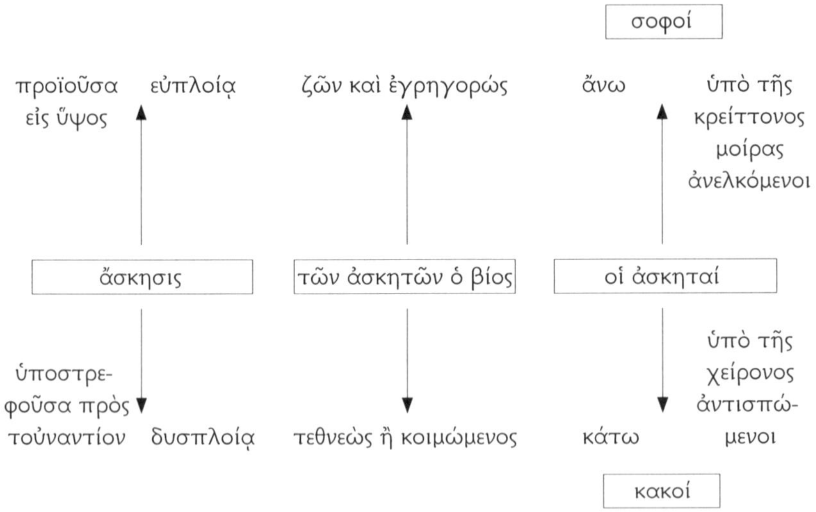

Die pragmatische Deutung erschöpft sich fast ganz darin, Beispiele für den unebenen Verlauf der menschlichen Angelegenheiten aufzuzählen. Diese sollen als argumenta ad hominem die gängige Meinung bestärken, daß unter den Menschen nichts sich gleich bleibt, sondern alles sich auf mannigfache Weise verändert. Im einzelnen reiht Philon zehn Beispiele aneinander, die alle nach dem Muster ablaufen: „Aus X wird Y", aus einer Sache ihr Gegenteil. Auffallend ist dabei, daß nur in zwei von zehn Beispielen sich etwas zum Schlechteren hin verändert, in den restlichen acht hingegen stets zum Besseren. Die betreffenden beiden Fälle stehen an zweiter und dritter Stelle (Somn I 155): „Privatleute aber [werden] aus Herrschern, Arme aber aus Reichen (ἰδιῶται δ᾽ ἐξ ἀρχόντων, πένητες δ᾽ ἐκ πλουσίων)."

2.3.4. Somn I 157-158

Erst nach der ausführlichen vierfachen Deutung der Leiter wendet sich Philon dem zweiten Teil des Schriftwortes zu, das er sich auszulegen vorgenommen hat (Somn I 133): „Der Herr aber stand oben auf ihr (ὁ δὲ κύριος ἐστήρικτο ἐπ᾽ αὐτῆς)." Auf diesen Teil seines Eingangszitats kommt Philon in Somn I 157 zurück: „Es tat aber der Traum kund oben auf der Leiter stehend den Herrscher über die Engel, den Herrn (Ἐμήνυε δὲ τὸ ὄναρ ἐστηριγμένον ἐπὶ τῆς κλίμακος τὸν ἀρχάγγελον, κύριον)." Über das Stichwort ἀρχάγγελος ist der zweite Teil der philonischen Exegese mit dem ersten verbunden, namentlich mit der kosmologischen und der anthropologischen Deutung, wo die Engel eine zentrale Rolle spielen. Darin wird die Ursache dafür liegen, daß Philon die Gestalt oben auf der Leiter sogar in erster Linie als ἀρχάγγελος bezeichnet und die Bezeichnung κύριος erst durch eine Apposition anschließt. Möglicherweise verschiebt er damit aber auch den inhaltlichen Akzent seiner Aussage, so daß man besser prädikativ übersetzt: Die Gestalt oben auf der Leiter *ist* der Herrscher der Engel, die Schrift tut ihn aber *als* Herrn kund.

Zwei Umstände hebt Philon in seiner Erklärung hervor, den einen bekräftigend, den anderen klärend. Er bekräftigt den Umstand, daß derjenige, welcher im Traum oben auf der Leiter erscheint, sich als Herr zeigt. Er ist das Seiende (τὸ ὄν), der Wagenlenker und Schiffssteuermann. Als solcher steht er eben auf der Leiter, was Philon so deutet, daß er über allem steht, was die Leiter symbolisiert, das heißt: über Erde und Himmel und dem, was sich zwischen ihnen befindet. Diese Dinge zählt Philon in einer zehngliedrigen Reihe auf. Anschließend klärt er den Umstand, daß der Herr auf der Leiter steht. Er wehrt jede Deutung ab, die etwa behauptete, der Herr brauche die Leiter oder sonst irgendetwas, um sich darauf zu stützen und festzustehen. Die feste Stütze von allem sei vielmehr Gott, der nicht wankt und, wem oder was er will, das Siegel des Unerschütterlichen einprägt (ἐνσφραγιζόμενος οἷς ἂν ἐθέλῃ τὸ ἀσάλευτον). Nur was er zusammenhält, ist unverderblich und bleibt (μένει).[172] Philons Deutung, die den Literalsinn genau umkehrt, ist ein Beispiel für C. Siegfrieds erste Regel vom Ausschluß des Wortsinnes, wonach der Wortsinn unzulässig ist, „sobald etwas Gottes Unwürdiges in einer Schriftstelle gesagt wird“[173].

Die von Philon mehrfach betonte Erhabenheit dessen, der oben auf der Leiter steht, über alles, in der zehngliedrigen Aufzählung ausdrücklich auch über die Engel (ἐπὶ ἀγγέλων), wirft die Frage auf, wie seine Bezeichnung ἀρχάγγελος zu begreifen ist. Zwei verschiedene Übersetzungsintentionen stehen in der Forschung für zwei Aspekte, zwischen denen die Benennung ἀρχάγγελος oszilliert. Auf der einen Seite kann man ἀρχάγγελος einfach durch „Erzengel“ wiedergeben. Man steht dann vor dem Problem, inwiefern der Herr, das Seiende, Gott, als Erzengel bezeichnet werden kann. M. Adler verweist des eingedenk auf Somn I 231-232, wo Philon zwei Fälle von Gotteserscheinungen unterscheidet: „Nun ist es wahrscheinlich, daß er den unkörperlichen und in seinem Dienste stehenden Seelen so erscheint, wie er ist, [...] den noch im Körper weilenden aber in der Gestalt von Engeln erscheint, ohne dabei sein Wesen zu verändern.“[174] Philon führt diese Differenzierung im Rahmen seiner Auslegung der Dornbuschszene aus Ex 3,14 ein, wo sich nach LXX Gott dem Mose als der Seiende vorstellt: ἐγώ εἰμι ὁ ὤν. Auf Somn I 157 übertragen hieße das: So undenkbar es ist, daß sich der Seiende dem Mose anders als etwa in der Gestalt eines Engels gezeigt hat, so unmöglich ist auch, daß Jakob in seinem Traum das Seiende als solches

---

172 Vgl. McLelland 38.

173 Siegfried 165; vgl. Thyen 81.

174 Somn I 231-232: ταῖς μὲν οὖν ἀσωμάτοις καὶ θεραπευτρίσιν αὐτοῦ ψυχαῖς εἰκὸς αὐτὸν οἷός ἐστιν ἐπιφαίνεσθαι, ... ταῖς δὲ ἔτι ἐν σώματι ἀγγέλοις εἰκαζόμενον, οὐ μεταβάλλοντα τὴν ἑαυτοῦ φύσιν. Übersetzung aus Adler.

schaut. Was ihm kundgetan wird, kann daher nicht mehr sein als ein Engel, da er aber doch über den Engeln steht, eben der Erzengel. Andererseits verlangt die ganze Beschreibung der Gestalt oben an der Leiter in Somn I 157-158 genau, daß es sich um wesentlich mehr als einen Engel handelt, das heißt aber letztendlich: eben um keinen Engel mehr, sondern um etwas anderes. Diesem Aspekt wird die Übersetzung gerecht, die ich schon mehrfach gebraucht habe, nämlich „Herrscher über die Engel" oder gleichbedeutend „Herrscher der Engel". P. Savinel übersetzt entsprechend „le Maître des anges"[175]. Der Begriff ἀρχάγγελος schillert folglich seinen beiden Aspekten gemäß zwischen einer Aussage über das Sein Gottes und einer solchen über seine Erscheinung. Grundsätzlich unstrittig ist, daß Gott das Seiende als solches und in Person der Seiende ist, von den Engeln also wesentlich verschieden; als solcher erscheint er auch den Engeln, das heißt: den unkörperlichen Seelen. Dem Jakob als einverleibter Seele erscheint er hingegen als höchster Engel, als Erzengel. Ob er nun als Erzengel erscheint oder wesentlich verschieden über den Engeln steht, immer kommt eines zum Ausdruck: Er ist der Herrscher der Engel. Da diese Übersetzung im erläuterten Sinne beiden Aspekten ihr Recht beläßt, ziehe ich sie der Übersetzung „Erzengel" vor.

Ich habe versucht, das Bedeutungsspektrum der Bezeichnung Gottes als ἀρχάγγελος von seiner Bestimmung als das Seiende oder der Seiende her auszuleuchten. Nun ist mit Letzterem eine weitergehende Frage verbunden, welche an die via eminentiae, der ich am Ende meines Kapitels 2.2.1.5. nachgegangen bin, anknüpft. Dort wurde aufgezeigt, wie Philon auf der platonischen via eminentiae weiter voranschreitet als Platon selber, indem er den göttlichen Allverstand selbst die platonische Idee des Guten, welche nach Politeia 508e-509a Wahrheit und Erkenntnis schon übertrifft, noch überragen läßt. Wenn er Gott in Somn I 157 hingegen als das Seiende charakterisiert, scheint er seinen eigenen Fortschritt gegenüber Platon zu untergraben. Denn nach Politeia 509b kommen nicht nur Erkenntnis und Wahrheit vom Guten her, sondern auch das Sein, ohne daß doch das Gute selbst Sein wäre: καὶ τοῖς γιγνωσκομένοις τοίνυν μὴ μόνον τὸ γιγνώσκεσθαι φάναι ὑπὸ τοῦ ἀγαθοῦ παρεῖναι, ἀλλὰ καὶ τὸ εἶναί τε καὶ τὴν οὐσίαν ὑπ᾽ ἐκείνου αὐτοῖς προεῖναι, οὐκ οὐσίας ὄντος τοῦ ἀγαθοῦ. Auf diesen Sachverhalt hat G. E. Caspary[176] aufmerksam gemacht, und er schlägt vor, Philon so zu verstehen, daß bei ihm zwei platonische Traditionen zusammenlaufen. Die eine gehe, und das bestreite ich nicht, von der zitierten Politeiastelle aus und setzt das Gute über allem übrigen an, auch über dem Sein. Die andere knüpfe an Timaios 27d-29a an. Dort setze Platon, so meint Caspary, „das stets Seiende und kein Entstehen Habende (τὸ ὂν ἀεί, γένεσιν δὲ οὐκ ἔχον)" mit dem Schöpfer und Vater und kurz darauf mit dem Demiurgen in eins. Letzteres ist aber genau nicht der Fall. Wie oben in 2.2.1.4. bereits ausgeführt, besteht Philons eigene Leistung gerade darin, das

[175] Savinel 89.
[176] Vgl. Caspary 10-12.

normative Modell, das dem Demiurgen bei Platon von außen vorgegeben ist, in die göttliche Vernunft zu integrieren und ihrer Ordnungsmacht zu unterstellen. Das immer Seiende ist somit in der Vernunft Gottes anzusiedeln, ja es ist nichts anderes als diese Vernunft, stellt sich doch auch Gott selbst in Ex 3,14 als der Seiende vor. An diesem Beispiel kann man sehen, wie Philon platonische Motive aufnimmt und für seine Zwecke umformt. Dem Juden Philon kommt auf der einen Seite die via eminentiae der „Politeia" zupaß, um seinen Monotheismus plausibel zu machen; auf der anderen Seite kann er aber nicht über die Selbstvorstellung Gottes als des Seienden in Ex 3,14 hinwegsehen. Philon führt vor, daß das eine das andere nicht ausschließen muß. In der Kombination erhält man einen Gottesbegriff, den Caspary treffend als „Transcendent Being" wiedergegeben hat.[177]

2.3.5. Ergebnis aus Somn I 133-158 und Gig 6-18

2.3.5.1. Kosmologie und Psychologie als implizite Angelologie

Indem Philon die Engel und Dämonen ausdrücklich mit unkörperlichen Seelen gleichsetzt, wendet er alles, was er zuvor über diese gesagt hat, auf jene an. Die Psychologie in B-D entpuppt sich beim Lesen von Ea als implizite Angelologie, die anschließend in Eb-c expliziert wird. Der Übergang vom einen zum andern verläuft aber nicht ganz ohne gedankliche Brüche, die einmal mehr darauf hinweisen, daß sich Philons Denken nicht aus seinem jeweiligen Zusammenhang lösen und zu einem abstrakten System vereinheitlichen läßt.

Schon die verschiedenen Modelle vom Auf- und Abstieg der Seelen ließen sich nur mit Mühe und unter der Gefahr, die Intention des einzelnen Textes zu verraten, auf einen gemeinsamen Nenner bringen. Daß dieser dennoch gerechtfertigt und brauchbar ist, wird sich gleich zeigen. Sowohl in II als auch in III sondert Philon von den Seelen, die über manches Auf und Ab zur höchsten Reinheit im himmlischen Bereich gelangen, diejenigen, welche ohne Umwege schon immer dort beheimatet sind. Ausschließlich den Letzteren erkennt Philon die Ehrenstellung zu, Diener Gottes zu sein. Nur sie sind „Unterherrscher des Allführers, wie eines großen Königs Ohren und Augen beaufsichtigen und hören sie alles" (II Dc).[178] Nur „dieser, die geheiligt wurden und sich an die Verehrung des Vaters halten, pflegt sich der Demiurg als Knechte und Diener zu

[177] Nach Billings 16 identifiziert allerdings schon Platon Gott mit dem Seienden: „The identification of God with the Idea of Good cannot, however, be maintained as a doctrine of Plato. With much greater plausibility, the God of Plato may be identified with τὸ ὄν. The identification is clearly made in *Sophist* 249A, where, in an eloquent digression, Plato speaks of being as having soul and mind."

[178] Vgl. Xenophon, Cyropaedia VIII 2,10: τοὺς βασιλέως καλουμένους ὀφθαλμοὺς καὶ τὰ βασιλέως ὦτα.

bedienen zur Vorsteherschaft über die Sterblichen" (III Da). Innerhalb seiner Psychologie hält Philon also nur die reinsten und besten Seelen, die Auf- und Abstieg nicht kennen, des Amtes von Unterherrschern und Vorstehern für würdig.

Dagegen stellt er in seiner expliziten Angelologie gerade Auf- und Abstieg als Charakteristikum der Boten Gottes hin. Nach II Ea-b heißen die Engel sehr passend ἄγγελοι; „sie vermitteln (διαγγέλλουσι) nämlich die Anweisungen des Vaters den Kindern und die Bedürfnisse der Kinder dem Vater". Sie erfüllen diesen Dienst gerade dadurch, daß sie zwischen dem Vater im Himmel und den Kindern auf der Erde auf- und niedersteigen. Angesichts dieses Befundes bleibt man etwas ratlos. Freilich, wie sollten die Engel den Dienst der Vermittlung leisten, wenn sie im Himmel blieben? Wenn umgekehrt jeder Abstieg eine Kontamination mit dem Körperlichen bedeutet und damit eine ontologische Minderung der betreffenden Seele, dann werden die Engel durch ihren Dienst in ein unlösbares Dilemma manövriert: Zugangsvoraussetzung zu ihrem Amt ist ihre Reinheit, Ausführungsbedingung dagegen ihre Kontamination.

Das Problem verschärft sich noch, wenn man die Parallelstelle III Eb-c mit in den Blick nimmt. Dort legt Philon gar seine ganze Argumentation darauf an, die Existenz und das Wirken von bösen Engeln glaubhaft zu machen. Zunächst führt er vor, was die erfolgte Gleichsetzung von Seelen, Dämonen und Engeln für die Explikation der voraufgegangenen impliziten Angelologie an Konsequenzen zeitigt: Wie man zwischen guten und schlechten Dämonen beziehungsweise Seelen unterscheide, so könne und müsse man auch zwischen guten und schlechten Engeln einen Unterschied machen. Als ob Philon selber die Problematik dieser Übertragung spürte, läßt er sofort eine entscheidende Einschränkung folgen, welche aus der sich abzeichnenden Schwierigkeit ein Scheinproblem machen soll: Es gilt nicht, zwischen guten und schlechten Engeln zu unterscheiden, sondern zwischen solchen, die diesen Namen zu Recht tragen (τῆς προσρήσεως ἄξιοι), und anderen, welche ihn sich anmaßen (ἀνάξιοι τῆς προσρήσεως). Die Engel, welche mit Recht so heißen, sind also ausnahmslos gut.[179] Das Problem ist damit aber nur scheinbar gelöst; denn das Schriftwort Ps 77,49, das Philon im Anschluß zitiert, läuft seiner eigenen Einschränkung zuwider. Auch wenn sich die bösen Engel den Titel „Engel" angemaßt haben, so bleibt doch die Tatsache bestehen, daß sie, und zwar als Böse, von Gott gesandt werden (ἐξαποστέλλειν).[180] Als Gesandte und Botschafter zwischen Gott und den Menschen aber hat Philon im Zuge seiner Unterscheidung nur die des Namens würdigen Engel gelten lassen (τοὺς μὲν τῆς προσρήσεως ἀξίους πρεσβευτάς τινας ἀνθρώπων πρὸς θεὸν καὶ θεοῦ πρὸς ἀνθρώπους).

---

[179] Vgl. Winston/Dillon 238: „Philo does not here seem to recognize any such thing as an evil daemon."

[180] Vgl. Dillon, Philo's Doctrine of Angels 204.

[181] Nikiprowetzky, Sur une lecture démonologique 58.

V. Nikiprowetzky versucht den gordischen Knoten durchzuhauen, indem er unter ἄγγελοι τοῦ θεοῦ in Gig 6-18 generell Menschen versteht: „La conception même d'anges scélérats (πονηροί) implique donc une incarnation préalable. Mais alors, ces âmes cessent *ipso facto* d'être des anges pour déchoir dans la condition humaine. Par conséquent, lorsque Philon emploie l'expression d'ἄγγελοι τοῦ θεοῦ il entend désigner *exclusivement des hommes* [...].“[181] In derselben Absicht führe Philon auch das Psalmzitat in Gig 17 an: „La citation du Psalmiste est alléguée ici pour prouver non *l'existence* d'ἄγγελοι πονηροί, mais *la licéité* pour Moïse, par concession à l'usage courant, *d'employer l'expression* d'ἄγγελοι τοῦ θεοῦ pour parler d'âmes que leurs passions ont alourdies et précipitées dans la geôle du corps.“[182] Gegen diese Interpretation spricht mehreres.

a) Nikiprowetzky bemerkt sehr richtig, daß in Philons Vorstellung die einverleibten menschlichen Seelen eben keine Engel mehr sind. Daraus zu schließen, daß der Ausdruck ἄγγελοι τοῦ θεοῦ Menschen, und zwar ausschließlich Menschen, bezeichne, ist in sich widersprüchlich.

b) Im übrigen zielt Philons gesamte Schilderung vom Auf- und Abstieg der Seelen ja gerade darauf ab, verschiedene Arten von Seelen zu unterscheiden. Die grundlegende Unterscheidung trifft er dabei zwischen unkörperlichen und in Körper einverleibten Seelen, wenn er die Engel oder Dämonen in Gig 6 definiert als ψυχαὶ ... κατὰ τὸν ἀέρα πετόμεναι, die als körperlose unsichtbar sind. Engel sind also ausdrücklich keine Menschen; denn Menschen haben Körper.

c) Doch einmal angenommen, der Ausdruck „Engel Gottes“ bezeichne wirklich Menschen, warum aber dann ausschließlich Menschen und nicht auch die übrigen Arten körperlicher Lebewesen, die Philon in Gig 7-11 nennt? Der Abstieg einer unkörperlichen Seele kann in jede Art von Körper erfolgen, darin unterscheidet sich Philon nicht von Platon.[183]

Gewiß muß jede Interpretation von Gig 6-18 eine Antwort auf Nikiprowetzkys Ausgangsfrage[184] geben können, inwiefern die Identifizierung der Engel und Dämonen mit unkörperlichen Seelen von der δεισιδαιμονία befreit (Gig 16). Nikiprowetzky zeigt richtig, daß Philon den Begriff δεισιδαιμονία durchweg in malam partem für „Aberglauben“ verwendet, „et, en effet, l'*idée de la* δεισιδαιμονία *est chez Philon étroitement liée à la notion du mythe.*“[185] Das Ablegen von Aberglauben vollzieht sich demnach unbestritten durch Entmythologisierung.[186] Diese leistet der Text Gig 6-18 aber nicht nur, wenn man mit Nikiprowetzky unter den Engeln Gottes Menschen versteht. Vielmehr bricht Philon den Bann der

---

182 Nikiprowetzky, Sur une lecture démonologique 58-59.

183 Vgl. Platon, Timaios 42a-c.

184 Vgl. Nikiprowetzky, Sur une lecture démonologique 53.

185 Nikiprowetzky, Sur une lecture démonologique 62; vgl. ebd. 61-71.

186 Gegen Bréhier 129: „L'angélologie reste chez Philon intimement unie à la mythologie.“

mythischen Engel- und Dämonenlehre dadurch, daß er ihre Inhalte durch naturwissenschaftliche Argumentation herleitet und so in die Gewalt der menschlichen Vernunft bringt. Diese Vorgehensweise habe ich oben an Gig 7-11 und Somn I 135-137 aufgezeigt.

Die erläuterten Probleme und Widersprüche ergeben sich, wenn man die Details von Philons Bild von der Himmelsleiter und ihre jeweilige Auslegung zu einem Ganzen zusammensetzt. Das heißt aber noch nicht, daß dieselben Probleme und Widersprüche auch in der Sache unvermeidlich sind. Jeder Vergleich hinkt bekanntlich. Auch da, wo sich im Bild als ganzem Spannungen ergeben, ist Philons Aussageintention der Sache nach im einzelnen deutlich. Sie geht in zwei Richtungen. In seiner impliziten Angelologie stellt Philon die Engel als unkörperliche Seelen vor, die als solche dem Zwischenbereich der Luft angehören, aber doch zu den reinsten und besten gehören und deshalb Kontamination mit Körperlichem im Abstieg nicht kennen. In der expliziten Angelologie legt Philon Wert auf den Botencharakter der Engel, die in Auf- und Abstieg zwischen Gott und den Menschen vermitteln.[187]

An ihrer nicht ganz nahtlosen Zusammensetzung kann man noch erkennen, daß Philons implizite und explizite Angelologie sich aus zwei verschiedenen platonischen Quellen speisen, deren glatte Verschmelzung Philon nicht vollständig gelungen ist.[188] Die implizite Angelologie knüpft an den Mythos in Platons „Phaidros" (246a-249d) an, wo Platon die Seele mit einem Pferdegespann vergleicht (246b-c): „Alles, was Seele ist, waltet über alles Unbeseelte und durchzieht den ganzen Himmel, verschiedentlich in verschiedenen Gestalten sich zeigend. Die vollkommene nun und befiederte schwebt in den höheren Gegenden und waltet durch die ganze Welt; die entfiederte aber schwebt umher, bis sie auf ein Starres trifft, wo sie nun wohnhaft wird, einen erdigen Leib annimmt." Philons explizite Angelologie schließt sich demgegenüber eng an Platons Auffassung von den Dämonen im „Symposion" an. Dort wird in der Diotima zugeschriebenen Rede Eros zu den Dämonen gezählt. Die Aufgabe der Dämonen bestehe allgemein darin, „zu verdolmetschen und zu überbringen den Göttern, was von den Menschen, und den Menschen, was von den Göttern kommt, der einen Gebete und Opfer und der anderen Befehle und Vergeltung der Opfer".[189]

2.3.5.2. Anthropologie und Angelologie

Engel sind Seelen. Damit sind sie wesentlich verwandt mit den Menschen, insofern diese ebenfalls Seelen sind. Ein zweites Wesensmerkmal unterscheidet sie jedoch voneinander: Engel sind unkörperliche Seelen, während

---

[187] Vgl. Christiansen 60-61.

[188] Vgl. Billings 40-43.

[189] Platon, Symposion 202e-203a: Ἑρμηνεῦον καὶ διαπορθμεῦον θεοῖς τὰ παρ᾽ ἀνθρώπων καὶ ἀνθρώποις τὰ παρὰ θεῶν, τῶν μὲν τὰς δεήσεις καὶ θυσίας, τῶν δὲ τὰς ἐπιτάξεις τε καὶ ἀμοιβὰς τῶν θυσιῶν. Vgl. Dillon, Philo's Doctrine of Angels 198-200.

Menschen in Körper einverleibte Seelen sind.[190] Außer der Luft wird die menschliche Seele, die Philon in I in der Einzahl anspricht, ebenfalls durch die Leiter symbolisiert, weil sie gleichsam auf der Erde steht und mit dem Kopf in den Himmel ragt. Erdverhaftet ist sie in der Wahrnehmung, dem Himmel verbunden dagegen im reinsten Verstand (ὁ καθαρώτατος νοῦς). Philon greift in dieser Vorstellung vom Menschen auf die platonische Tradition von der dreigeteilten Seele und ihren unterschiedlichen Einverleibungen zurück.

Platon kommt in verschiedenen Zusammenhängen darauf zu sprechen, daß die menschliche Seele durch drei Teile konstituiert wird. In Timaios 69c-72d grenzt er in zwei Diairesisschritten die drei Seelenteile im Menschen voneinander ab. Der erste Schritt (69c-e) unterscheidet eine unsterbliche und eine sterbliche Seele im Menschen. Die unsterbliche Seele hat der älteste Gott und Schöpfer des Alls selbst geschaffen. Von ihr als „unsterblichem Anfang der Seele (ἀρχὴ ψυχῆς ἀθάνατος)“ ausgehend schufen die jüngeren Götter die sterbliche Seele, indem sie Leidenschaften (παθήματα) „mit unvernünftiger Wahrnehmung und einer zu jedem Wagnis bereiten Liebe vermischten (αἰσθήσει δὲ καὶ ἐπιχειρητῇ παντὸς ἔρωτι συγκερασάμενοι ταῦτα)“. Die sterbliche Seele wird in einem zweiten Schritt (69e-72d) in einen besseren und einen schlechteren Teil unterteilt. Der bessere Teil ist durch Tapferkeit und Mut (ἀνδρεία καὶ θυμὸς), der schlechtere durch sein Begehren von Speise und Trank (σίτων τε καὶ ποτῶν ἐπιθυμητικόν) gekennzeichnet. Dem entspricht Platons Dreiteilung der Seele in der „Politeia“ (435a-441c) in ein Vernünftiges (λογιστικόν), ein Muthaftes (θυμοειδές) und ein Begehrendes (ἐπιθυμητικόν). Im Mythos aus Platons „Phaidros“ (248a-b) wird die menschliche Seele mit einem Pferdegespann verglichen. Nimmt man dieses Bild mit den genannten Dreiteilungen der Seele zusammen, so erscheint der Verstand als der Lenker des Gespanns, das Muthafte und Begehrende aber als seine Pferde. Nur der Verstand schaut den überhimmlischen Ort, das wahrhaft seiende Wesen (οὐσία ὄντως οὖσα), indem er mit viel Mühe seinen Kopf für kurze Zeit bis dahin ausstreckt. Auch der reinste Verstand ist zwar seinem Wesen nach noch dem Körper mit seiner Wahrnehmung einverleibt, aber seinem Vermögen nach ist er im Himmel, sobald er über den Himmel nachdenkt.[191]

---

190 Beim Thema der Seele überschneiden sich deshalb auch Angelologie und Anthropologie, welche beide in eine umfassende ontologische Sicht der Wirklichkeit eingepaßt sind. Gleichwohl ist Philons Anthropologie um einiges vielschichtiger, als sie hier im Zusammenhang mit der Frage nach seiner Angelologie zu behandeln möglich und notwendig ist. Philons Aussagen über das Wesen des Menschen finden sich vor allem in All I-III. Eine hervorragende Darstellung der philonischen Anthropologie im Rahmen seiner Ontologie findet sich bei Sellin, Der Streit 95-175. Vgl. auch ders., Die religionsgeschichtlichen Hintergründe 15-26; ders., Gotteserkenntnis 17-34; ders., Das Geheimnis 90-92.

191 Vgl. Boyancé, Le Dieu très haut 147 in bezug auf das menschliche ἡγεμονικόν: „Il est dans le ciel quand il réfléchit sur le ciel.“

Im Bild des Pferdegespanns steht der Wagen für den Körper, mit dem eine Seele gegebenenfalls verbunden ist. Belebte und bewegte Körper werden als sichtbare Fahrzeuge von unsichtbaren Seelen verstanden. Platon kennt zwei Arten von Fahrzeugen. Wie oben bereits erwähnt, sind nach Timaios 41d-e die Sterne die ursprünglichen Fahrzeuge (ὄχημα) der Seelen. Es handelt sich hierbei, genau gesprochen, um die Planeten und die Seelen von der Reinheit zweiten und dritten Grades, im Unterschied zu den reinsten Seelen, die mit den Fixsternen zu sichtbaren Göttern verbunden sind. Analog zu den Himmelskörpern versteht Platon in Timaios 69c-72d auch den Körper des Menschen als Fahrzeug (ὄχημα) seiner Seele. Jeder der drei Seelenteile nimmt im menschlichen Körper den ihm gemäßen Platz ein, die vernünftige und unsterbliche Seele den Kopf, die sterbliche Seele den Rumpf, wobei das Muthafte im Brustraum, das Begehrende hingegen im Unterleib zu Hause ist. Gewinnt die sterbliche Seele die Oberhand über die unsterbliche, so verleibt sich die Seele als ganze in immer niedrigere Lebewesen ein; im umgekehrten Fall kehrt die Seele zum ursprünglichen Wohnsitz des ihr verwandten Sternes zurück und führt ein glückseliges Leben (Timaios 42a-d).

Insofern die menschliche Seele sich im selben Raum ausspannt wie die Luft, zwischen Himmel und Erde, und deshalb wie diese durch die Leiter versinnbildlicht wird, überrascht es nicht, daß auch in ihr wie auf der Jakobsleiter Engel auf- und niedersteigen. Aber wie kann man das zusammendenken, Seelen in der Seele? Dazu ist dreierlei zu bemerken. Erstens ist für einen Platoniker an dieser Vorstellung nichts Anstößiges, eher im Gegenteil. Nach Timaios 30b-c etwa muß man als wahrscheinlich annehmen, „daß diese Welt durch Gottes Fürsorge (πρόνοια) als ein in Wahrheit beseeltes und mit Vernunft begabtes Lebewesen (ζῷον ἔμψυχον ἔννουν τε) entstand". Die Welt ist also als ganze ein beseeltes Lebewesen und umfaßt zugleich alle übrigen beseelten Lebewesen. Zweitens spricht Philon in seiner anthropologischen Deutung gar nicht von Seelen, sondern charakterisiert die Engel, die in der menschlichen Seele auf- und absteigen, als Gottes Worte (οἱ τοῦ θεοῦ λόγοι) oder gleichbedeutend göttliche Worte (θεῖοι λόγοι). Sie begleiten den Auf- und Abstieg der Menschenseele, der sich freilich nicht wie bei den unkörperlichen Seelen in der Luft vollzieht, sonst müßten ja die Menschen, weil ihre Seelen in Körper einverleibt sind, sichtbar durch die Luft fliegen. Vielmehr bedeutet Abstieg für menschliche Seelen ihre Hinwendung zur Wahrnehmung, Aufstieg dagegen ihre Zuwendung zum reinsten Verstand. Was immer in der menschlichen Seele zum reinsten Verstand hinstrebt, trennt sich vorauseilend schon vom Sterblichen und müht sich um die Schau des wahrhaften Seins. Die Aufwärtsbewegung unterstützen die Gottesworte nach Kräften, die Abwärtsbewegung begleiten sie aus Erbarmen (I Da). Die anthropologische Deutung stellt mithin die menschliche Seele als einen Mikrokosmos dar, welcher Abläufen Raum gibt, die zu denen des Makrokosmos der Welt in der kosmologischen Deutung analog sind. Drittens identifiziert schon Platon die vernünftige, unsterbliche Seele im Kopf des Menschen mit einem Dämon (Timaios 90a): „Die maßgebendste Form von Seele bei uns müssen wir uns aber folgendermaßen denken, daß nämlich Gott sie jedem als einen Schutzgeist (δαίμων) verliehen hat; von ihr behaupten wir, daß sie im obersten Teil unseres Körpers wohnt und uns von der Erde zu unserer Verwandtschaft im Himmel erhebt, da wir kein irdisches, sondern ein himmlisches Gewächs sind."

Welche Rolle spielen die Engel im Mikrokosmos? Von bösen Engeln ist nicht mehr die Rede. Im Gegenteil, jeder Abstieg ist den Engeln ihrem Wesen nach fremd; wo sie doch absteigen, da tun sie es, um der menschlichen Seele Beistand zu leisten. Wenn sie als göttliche Worte bezeichnet werden, so sollte man sich davor hüten, den Ausdruck λόγοι mit philosophischer oder religiöser Spekulation zu überfrachten oder ihn vorschnell zu hypostatisieren. Es ist kaum Zufall, daß Philon die Engel im Zusammenhang der anthropologischen Deutung an keiner Stelle Seelen nennt. Der Ausdruck λόγοι dehypostatisiert im Gegenteil die Vorstellung von den Engeln und macht es einsehbar, wie sie dem Menschen einwohnen. Hält man sich an die einfache Bedeutung „Wort", so ergibt sich ein schöner Sinn, den Philon an zwei Stellen selber andeutet. In I Eb nennt er die Engel „göttliche Worte, die sie [sc. die Gedanken] reinigen durch die Lehren der Sittlichkeit". Was liegt näher als Worte in den Gedanken zu haben? Und wenn die Worte durch die Lehren der Sittlichkeit reinigen, dann heißt dies, daß sie selbst die Bedeutungsträger sind, aus denen sich diese Lehren zusammensetzen, so wie jeder Satz aus Wörtern besteht. Worte sind im echten Sinne die Boten dessen, der sie ausspricht. Auf diese Weise sind Gottes Worte seine Boten, so wie die Engel es sind. Dieses Verständnis bekräftigt eine zweite Stelle, II Eb-c, wo Philon erklärt, daß die Engel deswegen die Anweisungen Gottes an die Menschen und die Bitten der Menschen an Gott vermitteln, „weil es uns Gebrechlichen nützt, als Mittler und Schiedsrichter Worte zu benutzen". Anschließend ruft er die Bitte der Israeliten am Sinai (Ex 20,19) in Erinnerung, nicht Gott selbst, sondern Mose als sein Mittler solle zu ihnen sprechen. Es sind Gottes Worte, die der Mittler Mose weitergibt, und die Worte selbst werden zu Mittlern zwischen Gott und den Menschen, mit anderen Worten: zu Engeln.

Für unkörperliche wie für menschliche Seelen beurteilt Philon Auf- und Abstieg in der Kategorie von rein und unrein. Diese hat eine ontologische und eine moralische Komponente, die untrennbar miteinander verquickt sind. Im ontologischen Sinne betrachtet Philon jeden Abstieg als Verunreinigung, jeden Aufstieg dagegen als Reinigung. Das entspricht der Seinshierarchie, die er im Bild von der Himmelsleiter veranschaulicht. Unten steht da das Erdhafte, Sinnliche und Körperliche als Unreines, oben das Himmlische, Verstandesmäßige und Unkörperliche als Reines. Verunreinigung der Seele im Abstieg meint danach ihre Bindung an den Körper, Reinigung im Aufstieg ihre Lösung von ihm. Reinheit und Unreinheit werden von Philon darüber hinaus moralisch bewertet. Dies zeigt sich deutlich an zwei Stellen, die in Kombination die Aspekte von Freiheit und Gnade miteinander vermitteln.[192] In Somn I 149 appelliert Philon an die Seele, sie solle sich darum bemühen, ein Haus Gottes zu werden. Ein solcher Appell macht nur Sinn, wenn man die Möglichkeit einer willentlichen Mitwirkung der Seele bei ihrer Reinigung voraussetzt. In Somn I 147-148 sind es demgegenüber die göttlichen Worte, welche durch die Lehren der Sittlichkeit die Reinigung der menschlichen Seele bewirken. Sie ziehen sie nach oben (συναναςπᾶν), lassen sie im Abstieg nicht allein (συγκαταβαίνειν) und beleben diejenigen, die im Fluß des Körperlichen zu ertrinken drohen, wieder (ἀναζῆν), indem sie ihnen Rettung einhauchen (σωτήριον πνεῖν).

2.3.5.3. Die unbeständige Welt und der beständige Gott

Der Zwischenbereich, welchen die Leiter durchmißt, ist ständigem Wandel unterworfen. Ob in der kosmologischen, anthropologischen, asketischen oder pragmatischen Deutung, stets ist der Raum zwischen Himmel und Erde durch sein Auf und Ab und seine Anomalie gekennzeichnet. Nichts vom alldem, was ihn erfüllt und belebt, bleibt sich gleich. Die Seelen werden zwischen Befleckung und Reinigung, zwischen Auf- und Abstieg, hin- und hergerissen. Die menschliche Seele schwankt zwischen der Hinwendung zur Wahrnehmung mit ihrer Täuschung und der, wenn auch nur momenthaften, wahren Schau in ihrem besten Teil, dem reinsten Verstand. In beiden, dem Makrokosmos wie dem Mikrokosmos, sind die Engel unermüdlich als Boten in Auf- und Abstieg begriffen. Der Übende, der weder heillos schlecht noch auch schon weise ist, ist ohne Unterlaß den Wechselfällen des Lebens ausgesetzt. Diese wiederum sind mannigfaltig, wie sich am wechselvollen Verlauf aller menschlichen Angelegenheiten zeigt. Philons Deutungen der Himmelsleiter nehmen sich, alles in allem, aus wie Variationen über das Thema des unaufhörlichen Wandels und der Veränderung.

Gegen die Unbeständigkeit, oder genauer: darüber, setzt Philon die Beständigkeit Gottes. Er legt ihm mannigfache Namen bei, die allesamt zwei untrennbare Aspekte seines Wesen zum Ausdruck bringen: seine absolute Souveränität und seine Unveränderlichkeit. Diese Namen sind: großer König (μέγας βασιλεύς), Vater (πατήρ), Gott (θεός), Allvorsteher (παμπρύτανις), Allherrscher (ὁ τῶν ὅλων ἡγεμών), Hausherr (οἰκοδεσπότης), Schiedsrichter (βραβευτής), Herrscher der Engel (ἀρχάγγελος), Herr (κύριος), Wagenlenker (ἅρματος ἡνίοχος), Schiffssteuermann (νεὼς κυβερνήτης), das Seiende (τὸ ὄν), der nicht wankende Gott (ὁ ἀσφαλὴς θεός). Der innere Zusammenhang zwischen Makrokosmos und Mikrokosmos beruht nicht nur auf der Verwandtschaft der menschlichen Seele mit den die Luft bevölkernden Seelen, sondern vor

[192] Auf diesen Zusammenhang in Philons Werk hat schon Windisch, Die Frömmigkeit 10-23, unter den Überschriften „Die Selbsterlösung“ und „Die Gnadenerlösung“ aufmerksam gemacht.

allem auch darin, daß beide demselben Herrn unterstehen. Das läßt sich an den Metaphern ablesen, die sich bei der Grobgliederung bereits als strukturierend herausgestellt haben. An erster Stelle ist die Metapher des Hauses zu nennen. Wie die Luft ein Haus für unkörperliche Seelen, so ist die menschliche Seele ein Haus Gottes. In beiden Fällen ist Gott der Hausherr. Gerade als Hausherr der menschlichen Seele wird Gott, zweitens, auch als Allherrscher bezeichnet. Er ist drittens der Lenker des Seelenwagens, der unkörperlichen wie der einverleibten Seelen.

Philon bewertet Beständigkeit und Unbeständigkeit nicht gleich. Ziel der Seelen ist, höchste Reinheit zu erlangen, weil nur in den Gedanken der zuhöchst Gereinigten unmittelbar Gott wohnt.[193] Weil sich die Seelen aber noch im Zwischenbereich befinden, müssen sie sich um Reinigung bemühen. Dementsprehend richtet sich die einzige Paränese in den hier besprochenen Texten (I F) an die menschliche Seele. Sie soll sich darum bemühen, ein Haus Gottes erst noch zu werden. Aber trotz aller Anstrengung der Menschenseele ist es doch undenkbar, daß sie aus eigener Kraft höchste Reinheit erreicht und so den beständigen Gott gewissermaßen in ihren Bann zwingt. Deshalb sendet Gott seine Worte als Engel, welche sie in ihrem erfolgreichen Bemühen bestärken und im Mißerfolg trösten. Schließlich kann nach Somn I 158 nur Gott selbst ihr das Siegel des Unerschütterlichen einprägen (ἐνσφραγίζειν τὸ ἀσάλευτον), weil er allein Stütze, Halt, Festigkeit und Zuverlässigkeit von allem ist. Er verleiht Beständigkeit, wem oder was er will (οἷς ἂν ἐθέλῃ), und nur, was er stützt und zusammenhält, bleibt (μένειν), ohne zu verderben (ἀνώλεθρος).

2.3.6. Plant 11-14

2.3.6.1. Einordnung und Überblick über den Text

Die Schrift „De plantatione“ aus der Gattung der Allegorie des Gesetzes zerfällt in zwei Teile: Der erste, Plant 1-138, führt das Thema von „De agricultura“ weiter und versucht, im Anschluß an Gen 9,20 die Stellung des Menschen in der Welt zu beschreiben; der zweite, Plant 139-177, beginnt mit der Erörterung der Trunkenheit Noahs in Gen 9,21, die in „De ebrietate“ fortgesetzt wird.[194] Daß Philon im Zusammenhang der Frage nach der Stellung des Menschen in der Welt seine Lehre von den natürlichen Orten neuerlich anbringt, dürfte kaum verwundern. Das folgende Baumdiagramm soll einen systematischen Überblick über Plant 11-14 verschaffen. Da eine weitergehende Analyse kaum mehr als eine Paraphrase des Textes sein könnte, will ich anschließend lediglich auf die Punkte hinweisen, die gegenüber Somn I 133-158 und Gig 6-18 im Hinblick auf meine Fragestellung das oben Erörterte bestätigen oder modifizieren.

---

193 Vgl. Dey 91.

194 Vgl. Pouilloux 11-13.

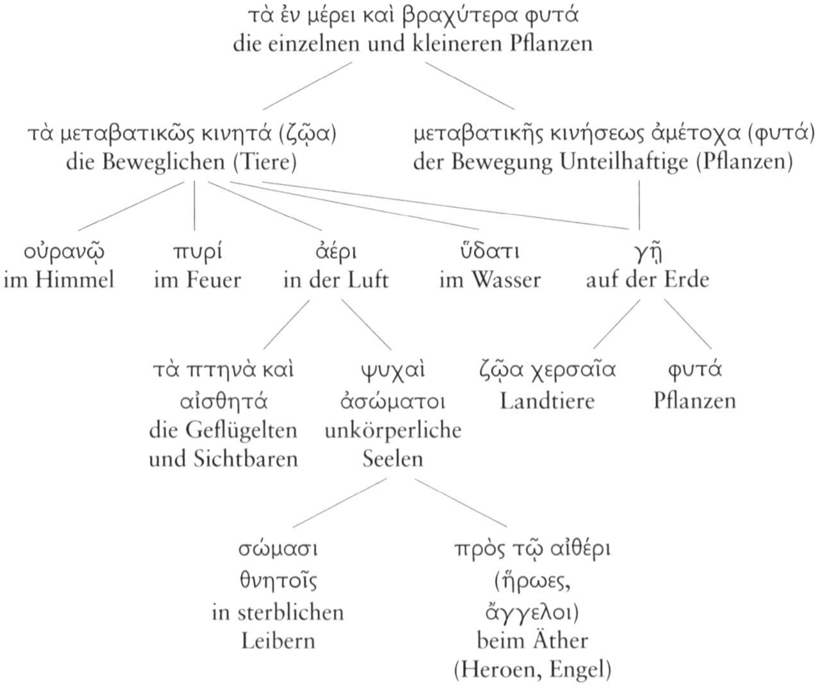

2.3.6.2. Bestätigung und Modifikation

Wie üblich läßt Philon in seiner Lehre von den natürlichen Orten die Luft nicht nur von sichtbaren geflügelten Vögeln, sondern auch von unkörperlichen und unsichtbaren Seelen bevölkert sein. Was deren Auf- und Abstieg anbelangt, so bestätigt Plant 14 die zusammenfassende Diairesis, welche oben aus den einzelnen in Somn I 138-140.147-148 und Gig 12-15 vorgenommenen gewonnen wurde. Die erste und grundsätzliche Zweiteilung wird danach zwischen den Seelen, die als die reinsten beim Äther wohnen und nie absteigen, und denjenigen, welche sich mit Körpern verbinden und sie wieder verlassen, vorgenommen. Die reinsten Seelen setzt Philon wieder mit den Engeln gleich. Beide identifiziert er hier jedoch nicht mit den Dämonen, sondern mit den Heroen der griechischen Mythologie. An ihrer Beschaffenheit und Funktion ändert sich dadurch kaum etwas, sind doch die Heroen wie die Dämonen und Engel vor allem dadruch gekennzeichnet, daß sie eine Mittelstellung zwischen Göttern und Menschen einnehmen.

2.3.7. Conf 168-182

Die Schrift „De confusione linguarum“ kommentiert im Stil der Allegorie des Gesetzes die Erzählung vom Turmbau zu Babel aus Gen 11,1-9. Im Zuge dessen kommt Philon in Conf 168-182 auf den Vers Gen 11,7a (δεῦτε καὶ καταβάντες συγχέωμεν ἐκεῖ αὐτῶν τὴν γλῶτταν) zu sprechen, den er gattungsgemäß zu Beginn zitiert und im Laufe des Abschnitts kommentiert. Der biblische Text erzählt die Absicht Gottes, zu den Menschen hinabzusteigen und ihre Sprache zu verwirren. Philon interessiert sich jedoch zunächst nicht für das Thema der Verwirrung selbst, wahrscheinlich deshalb, weil es in Gen 11,8 (ἐκλήθη τὸ ὄνομα αὐτῆς σύγχυσις) nochmals erwähnt wird und ihm so später Gelegenheit zu seiner Behandlung bietet (Conf 183-198). In Conf 168-182 wendet er sich zuvor der Frage zu, wie es sein kann, daß Gott, der doch einzig ist, seine Absicht in der Form eines Kohortativs, das heißt in der ersten Person Plural, äußert. Wen außer sich selbst fordert er mit der Formulierung δεῦτε καὶ καταβάντες συγχέωμεν auf, mit ihm hinabzusteigen und die Verwirrung zu bewirken? Philon spricht im Laufe seines Versuchs, diese Frage zu beantworten, mehrere Themen an, auf die er in den weiter oben besprochenen Textstücken ausführlich eingeht, die er hier dagegen nur anschneidet. Dieser Umstand kann dabei behilflich sein, die Versatzstücke von Conf 168-182 auf dem Hintergrund der obigen Untersuchungen in ihrem Zusammenhang zu erklären. Zuerst kommt es aber darauf an, die innere Logik des Abschnitts Conf 168-182 zu erfassen, um sein eigenes Profil zum Vorschein kommen zu lassen.

2.3.7.1. Analyse

Philon zieht in Conf 168-169 über das zu kommentierende Schriftwort hinaus noch zwei weitere heran. Alle drei stammen aus den ersten drei Kapiteln der Genesis und haben das eine gemeinsam, daß Gott sich darin als Teil eines Plurals zu verstehen gibt. In dem berühmten Beispiel Gen 1,26 tut er dies aus Anlaß der Erschaffung des Menschen (ποιήσωμεν ἄνθρωπον), und in Gen 3,22 stellt er fest, daß „Adam einer von uns geworden ist in dem, daß er gut und böse erkennt (γέγονεν Ἀδὰμ ὡς εἷς ἡμῶν, τῷ γινώσκειν καλὸν καὶ πονηρόν)". Alle drei Schriftstellen sind Paradebeispiele für einen auffallenden Gebrauch des Plurals, der nach C. Siegfrieds 13. Regel der Allegorie Anlaß zur Suche nach einem tieferen Sinn geben kann.[195] Mit der Verknüpfung der drei Schriftworte hat Philon bereits die Themen angekündigt, die er im folgenden behandeln will: erstens die Lehre von der Einzigkeit Gottes und ihre Gefährdung zum einen durch die Vergottung der Welt und zum andern durch eine unterstellte Selbstherrlichkeit seiner Kräfte (Conf 170-175); zweitens die Zwischenstellung des Menschen zwischen gut und böse (Conf 176-182). Das Eingangszitat aus Gen 11,7 dient Philon also nur als Sprungbrett zu den beiden anderen, die seinen Ausführungen über den Plural συγχέωμεν erst die Richtung weisen. Diese teilen sich den beiden Themen entsprechend in zwei Abschnitte, deren Beginn Philon in Conf 170.176 jeweils durch das Stichwort λεκτέον markiert, mittels dessen er kurz einführt, was zu einem Thema zu sagen ist.

---

195 Vgl. Siegfried 177; Thyen 83.

Das Leitwort, welches das erste Thema durchzieht, ist die Bezeichnung Gottes als König (βασιλεύς). König kann in einem Königreich per definitionem nur einer sein; König soll nach einem Wort Homers, das Philon zitiert, auch nur einer sein. Philon will den Ausspruch Homers nicht auf Städte und Menschen, sondern auf Gott und die Welt angewandt wissen: Weil es nur eine Welt gibt, kann sie auch nur einen König haben, der über sie herrscht, eben Gott. Diese gegenseitige Beziehung der Einzigkeit buchstabiert Philon in zwei parallelen Anläufen (Conf 171-173.175) durch, in denen er den Kräften Gottes den Platz zwischen Gott und der Welt zuweist. Dies geschieht dadurch, daß er sie jeweils zuerst in ihrem Verhältnis zu Gott als seinen Thronrat (Conf 171.175a bis θεοῦ) und anschließend in ihrem Verhältnis zur Welt als die sie mitschaffenden Kräfte (Conf 172-173.175b ab χρεῖος) beschreibt. In jedem der so entstehenden vier Abschnitte kommt das Stichwort δύναμις als charakteristischer Ausdruck einmal vor. Das Leitwort βασιλεύς dient am Ende von Conf 173 und am Anfang von Conf 175 als Verbindungswort zwischen den beiden Durchläufen. In dieser herausgehobenen Stellung erinnert es das Thema und unterstreicht die Wirklichkeit des Königtums Gottes.

Zu Beginn des zweiten Themas schafft eine naturwissenschaftlich daherkommende Diairesis der Lebewesen in Conf 176-178 die Voraussetzung dafür, die Stellung des Menschen zwischen gut und böse aufzuzeigen und zu erklären. Ich stelle sie in der bewährten Weise dar:

φύσις τῶν ζῴων
Natur der Lebewesen

ἄλογον (μοῖραν)
unvernünftiger (Teil)

κακίας ἀμέτοχοι
der Schlechtigkeit unteilhaftig

λογικὴν μοῖραν
vernünftiger Teil

φθαρτὸν (εἶδος)
τὸ ἀνθρώπων
vergängliche Art:
die der Menschen

ἀγαθῶν καὶ κακῶν
ἔχων ἐπιστήμην
von Gütern und Übeln
Wissen habend

ἀθάνατον (εἶδος)
τὸ ψυχῶν ἀσωμάτων
unsterbliche Art:
die der unkörperlichen
Seelen

κακίας ἀμέτοχοι
der Schlechtigkeit
unteilhaftig

Während Philon unter dem ersten Thema von der Tatsache handelt, daß Gott die Welt nicht ohne Mitwirkung der Kräfte geschaffen hat, sucht er unter dem zweiten Thema diesen Sachverhalt zu begründen (ὧν δὲ χάριν, ἤδη λεκτέον). Der Grund hängt mit der dargestellten empirisch beobachtbaren Stellung des Menschen zwischen gut und böse zusammen. Da Gott unmöglich Ursache von Bösem und Häßlichem sein kann, muß die Bildung der schlechten Seite der menschlichen Seele anders verursacht sein, eben durch die untergeordneten Kräfte Gottes. Conf 179 nimmt so die Schöpfung durch Gott unter Mitwirkung seiner Kräfte aus Conf 175 nochmals auf, allerdings unter dem Leitthema der offenkundigen Unvollkommenheit des Menschen, welche mit der Einzigkeit und Güte Gottes in Einklang gebracht werden soll. Insofern überschneiden sich in Conf 176-179 die beiden Themen.

Ab Conf 180 tritt das Schöpfungsthema ganz in den Hintergrund. Dagegen wird dasjenige der Schlechtigkeit des Menschen und der Rolle der Kräfte im Bezug auf sie weitergeführt, wodurch die grundlegende Einheit von Conf 176-182 hervorgebracht wird. Die Kräfte beziehen sich auf zweierlei Weise auf das Schlechte im Menschen. Sie stehen einerseits durch ihre gegenüber Gott wesentlich unvollkommene Mitwirkung an der Erschaffung des Menschen ursächlich am Beginn des Schlechten (Conf 176-179). Andererseits, oder gerade deshalb, sind sie auch für die Bestrafung (κόλασις) der Bösen, welche ihre Besserung (ἐπανόρθωσις) bewirken soll, zuständig (Conf 180-182).

Es wird nicht unbemerkt geblieben sein, daß ich zwei Textstücke bei meiner Strukturanalyse bisher ausgeblendet habe: Conf 173-174 und Conf 181. Die Grundstruktur von Conf 168-182 läßt sich allein mit Bezug auf die Aussagen über die Kräfte erfassen. Sie legen den Schlüssel zur Erklärung der auffallenden Plurale von Gen 1,26; 3,22; 11,7 bereit: Gott berät sich mit seinen Kräften; sie wirken an der Schöpfung mit, wodurch das Böse in die Welt kommt; sie sind auch für die Bestrafung des Bösen zuständig. Mit der Annahme der Kräfte Gottes erreicht Philon ein doppeltes Ziel: Er hält am Monotheismus fest und legt gleichzeitig einen gebührenden Abstand zwischen Gott und das Böse.

In dieses Grundgerüst seiner Antwort auf die Theodizeefrage hängt Philon in Conf 173-174 Elemente aus zwei verschiedenen platonischen Traditionen ein, denen er im Lichte seiner Kräftelehre eine neue Bedeutung zuteil werden läßt. Der eine Traditionsstrang kommt von Timaios 41a-d her, wo der älteste Gott die Schaffung der Körper und der unreineren Teile der Seele den jüngeren Göttern überträgt. Von diesen kennt der „Timaios" zwei Gruppen: die Fixsterne (39e-40d) und die traditionellen Gottheiten der griechischen Mythologie (40d-41a). Schon bei Platon kommen die jüngeren Götter ins Spiel, um den ältesten Gott von der Schuld an etwaigen Unzulänglichkeiten der Schöpfung freizuhalten. Der andere Strang der Tradition geht von Phaidros 246e aus: Bei der Ausfahrt der göttlichen Seelenwagen folgt dem Wagen des Zeus ein Heer von Göttern und Dämonen (στρατιὰ θεῶν τε καὶ δαιμόνων). Es kann kein Zweifel daran bestehen, daß es sich bei den genannten Göttern um die traditionell-mythischen Gottheiten handelt; denn von den zwölf olympischen Göttern bleibt Hestia, die allein neben Zeus namentlich genannt wird, zu Hause, so daß sich das Heer, das Zeus anführt, folgerichtig in elf

Abteilungen (ἕνδεκα μέρη) gliedert. Bei Philon fließen beide Traditionsströme zusammen: Aus dem „Timaios" übernimmt er die Fixsterne (Conf 173), aus dem „Phaidros" die Dämonen, die er der mosaischen Tradition gemäß Engel nennt (Conf 174). Die Fixsterne entkleidet er ihrer Göttlichkeit, die ihnen fälschlicherweise durch Vergottung zugeschrieben wurde, und festigt so die Monarchie des einen Gottes, indem er das Kriterium der Anerkennung Gottes als des Schöpfers der Welt, das wir in Aet 13 und Opif 7-12 bereits kennengelernt haben, einführt. Die mythischen Gottheiten verschweigt er. Und die Dämonen vereinnahmt er in seine Engelvorstellung, welche den Monotheismus unangetastet läßt. So modifiziert Philon in entscheidender Weise die platonische Göttervorstellung. Indem er die Fixsterne und Dämonen aus der platonischen Tradition mit den Kräften Gottes identifiziert, ordnet er sie dem alleinigen Gott radikal unter.[196]

Die Kräfte Gottes sind mit den Fixsternen und den Engeln jedoch nur teilweise und dort nur funktional identisch. Wenn die Kräfte nach Conf 172 die verstandesmäßige Welt der Ideen zusammenhalten, so liegt ein klarer Bezug zu Opif 20 vor, wo außer der Vernunft Gottes auch seine Kräfte als der Ort der verstandesmäßigen Welt angegeben werden. Die Kräfte als die praktische Seite der göttlichen Vernunft sind somit der verstandesmäßigen Welt ontologisch vorgeordnet, während ihr sowohl die Fixsterne als auch die Engel ontologisch nachgeordnet sind, weil sie nach Maßgabe der verstandesmäßigen Welt allererst erschaffen wurden. Der höheren Stufe der Kräfte in der Seinshierarchie entspricht ihre gegenüber den Fixsternen und Engeln weitergehende Funktion, nämlich diejenige, die verstandesmäßige Welt zusammenzuhalten. Auf der anderen Seite beschreibt Philon beider Funktion innerhalb der wahrnehmbaren Welt identisch. Das Heer der Engel nennt Philon in Conf 174 einen Diener (ὑπηρέτης) des Führers, der Kräfte bedient sich der König in Conf 175 ebenfalls zum Dienst (ὑπηρεσία). Sowohl die Fixsterne in Conf 173 als auch die Kräfte in Conf 175 sind Untertanen (ὑπήκοοι) des Gottkönigs. Zu den Kräften werden in Conf 171 die strafenden (αἱ κολαστήριοι) gerechnet, und in Conf 181 ist die Strafgewalt (ἡ τοῦ κολάζειν ἐξουσία) den Engeln übertragen.

Damit sind wir bei der zweiten Erwähnung der Engel in Conf 181 angelangt. Das Stichwort fällt im Zusammenhang eines freien Zitats aus Gen 48,15-16. Philon versteht das Schriftwort in seiner Auslegung offenbar bewußt falsch. Es kann ihm nicht entgangen sein, daß es mit dem Namen ὁ ἄγγελος Gott nennt und im parallelismus membrorum Gott und Engel identifiziert. Eine derartige Gleichsetzung machte indes Philons ganze Argumentation bis an diesen Punkt zunichte. Deshalb dividiert er im Widerspruch zur Schriftstelle, aber im Einklang mit seinen bisherigen Ausführungen Gott und Engel auseinander und schreibt dem ersten alles Gute, dem zweiten hingegen alles Schlechte zu. Zwei Dinge fallen dabei auf: Es ist zum einen nur noch von der

[196] Gegen diese Identifikation vgl. Méasson 246.

strafenden und nicht auch von der mitschöpferischen Funktion der Engel die Rede; zum andern wird die zweite Art der Kräfte, die Fixsterne, nicht mehr erwähnt. Zwischen beiden Einschränkungen besteht ein innerer Zusammenhang. Die Fixsterne können deshalb keine Straffunktion ausüben, weil das zu strafende Böse erst mit der Einverleibung einer Seele in einen irdischen Körper entsteht, die Fixsterne aber ihren Platz am Himmel niemals verlassen. Die Bestrafung des Bösen bleibt daher den Engeln überlassen, zu deren Wesen Auf- und Abstieg in der Luft gehören. Eine Beteiligung der Fixsterne bei der Schöpfung wird hingegen dadurch denkmöglich, daß Gott nach Timaios 69c-e nicht nur die Erschaffung der Körper, sondern auch des sterblichen Teils der Seelen seinen Helfern überläßt und die Seelen ihren ursprünglichen Ort nach Timaios 41d auf den Sternen haben.

Was die Identifikation der Engel in Conf 181 mit den Kräften in Conf 182 anbelangt, so hängt sie weitgehend davon ab, wie man die Aussage in Conf 182, daß die Bestrafung „durch andere (δι᾽ ἑτέρων)" erfolgen soll, interpretiert. Will Philon sagen: durch andere als die Kräfte, also durch die Engel; oder: durch andere als Gott, also durch die Kräfte? Im ersten Fall würden die Kräfte von den Engeln unterschieden, im zweiten Fall wären sie funktional identisch. Für ihre Unterscheidung könnte sprechen, daß durch sie die Strafe noch weiter von Gott selbst wegrückte, erfolgt sie doch nicht einmal durch seine Kräfte, sondern erst durch die Engel. Umgekehrt betont Philon jedoch ausdrücklich, daß weder die Kräfte bei der Schöpfung (Conf 175) noch die Engel bei der Bestrafung (Conf 181) selbstherrlich (αὐτοκράτωρ) handeln. Damit spricht nichts mehr für die Unterscheidung und alles für die funktionale Identität von Kräften und Engeln.[197] Philons Theodizee erfordert die Autonomie der Kräfte, und damit auch der Fixsterne und Engel, in ihrem Handeln, sein Monotheismus verlangt demgegenüber, daß diese Autonomie nicht absolut, sondern von Gott abhängig gedacht wird.

Aus der Analyse ergibt sich folgende Gliederung des Textes:

168-169	Schriftwort Gen 11,7 und parallel dazu Gen 1,26; 3,22.
170-175	Erstes Thema: Die Einzigkeit Gottes und seine Kräfte.
	170: Gott als der eine König der einen Welt.
	171: Gott und sein Thronrat.
	172-173: Die Kräfte bei der Weltschöpfung.
	174: Die Heerscharen der Engel.
	175a: Gott und sein Thronrat.
	175b: Die Kräfte bei der Weltschöpfung.
176-182	Zweites Thema: Die Zwischenstellung des Menschen zwischen gut und böse.

[197] Gegen Méasson.

176-179	Die Mitschöpfung durch die Kräfte und das Böse. 176-178: Der Anteil der unterschiedlichen Lebewesen am Bösen. 179: Gott allein schafft nur das Gute.
180-182	Die Bestrafung des Bösen durch die Kräfte. 180: Erschaffung des Guten durch Gott; Bestrafung des Bösen durch die Kräfte. 181: Der ernährende Gott und die strafenden Engel. 182: Die Bestrafung des Bösen durch die Kräfte.

2.3.7.2. Ein Querschnitt philonischen Denkens

Das Textstück Conf 172-173 faßt in nuce Philons Auffassung von der Welt, wie sie oben an „De opificio mundi" und „De aeternitate mundi" aufgewiesen wurde, zusammen. Zwei Aspekte greift Philon dabei heraus. Erstens: Die unkörperliche, verstandesmäßige Welt ist die Urform der erscheinenden Welt, wobei jeder unsichtbaren Idee der verstandesmäßigen Welt ein sichtbarer Körper in der erscheinenden Welt entspricht. Dahinter steht die Urbild-Abbild-Theorie, die Philon in Opif 16-25 im Bild des göttlichen Architekten entfaltet. Sie beruht auf der Grundthese, daß eine schöne Nachahmung nur nach einem schönen Muster gelingen kann. Das ist Gott jedoch nicht vorgegeben, sondern er entwirft es allererst in seiner Vernunft und ist so der eigentliche und einzige Ursprung von allem. Daraus folgt der zweite Aspekt: Diejenigen, welche eine der beiden Welten oder die schönsten Teile daraus für Götter halten, verkennen Gottes königliche Einzigkeit; sie bewundern, wie Philon in Opif 7 sagt, die Welt mehr als den Weltschöpfer. Entsprechend ambivalent erschien die in Aet 10-12.20 zum Ausdruck kommende Bewunderung des Aristoteles für die Vollkommenheit der Welt. Die strenge Absetzung des transzendenten Gottes von der Welt mag der Grund dafür sein, daß Philon in Conf 172 nicht einmal die verstandesmäßige Welt mit Gott direkt in Verbindung bringt wie in Opif 20. Dort verortet er sich in Gottes Vernunft und in seinen Kräften, hier ist ausschließlich von den Kräften die Rede, welche die verstandesmäßige Welt zusammenhalten. Die Aussage spitzt sich dadurch zu: Nicht einmal, wer die sichtbare Welt auf die verstandesmäßige hin durchschaut, ist damit schon bei Gott.

Einer vergleichbaren Zuspitzung dient der Abschnitt Conf 174. Er bezieht sich auf die philonische Lehre von der Luft als dem natürlichen Ort der unkörperlichen Seelen und ihrer Identität mit den Engeln, die er in Somn I 133-158 und Gig 6-18 entwickelt hat. Philon entfaltet diese Lehre hier allerdings nicht, nimmt dafür aber deutlicheren Bezug auf die platonische Vorstellung von den Seelenwagen in Phaidros 246a-249d. Die dort geschilderte Ausfahrt der Seelenwagen, welche das Heer des Zeus bilden und ihm in gebührender Ordnung folgen, steht hier im Vordergrund. Philon richtet sein Augenmerk nicht wie in „De somniis" und

„De gigantibus" in erster Linie auf die Engel, sondern auf den Anführer ihres Heeres. Daß sie ihm alle wohlgeordnet folgen, unterstreicht seine herausragende und einzigartige Stellung. Damit streicht Philon noch einmal die Einzigkeit Gottes als König heraus.

In Conf 176-178 schwingt die Lehre von den natürlichen Orten ebenfalls mit, jedoch wieder so, daß sie nicht ausgeführt wird. Philon weist im Verlauf seiner Diairesis wiederum nur den unkörperlichen Seelen ihren Ort zu, was daran liegen dürfte, daß die Orte der unvernünftigen Lebewesen und des Menschen kaum Anlaß zur Diskussion geben. In Somn I 135-137 und Gig 7-11 folgert Philon ja aus der allgemein bekannten und anerkannten Zuweisung dieser Lebewesen zu bestimmten Orten, daß auch die Luft von unkörperlichen Seelen bevölkert sein muß. Philon vertieft in Conf 176-178 das Thema der Stellung der einzelnen Lebewesen in der Welt. Während er in Somn I 138-140 und Gig 12-15 Auf- und Abstieg der unkörperlichen Seelen lediglich mit ihrem Reinheitsgrad koppelt, interessiert ihn in Conf 176-178 die Frage nach dem Ursprung von Reinheit und Unreinheit, von gut und böse. Die Zielaussage ist aber auch hier eine streng theologische: Gott darf mit dem Bösen nicht in Verbindung gebracht werden.

2.3.7.3. Das Problem des Bösen

Die Theodizeefrage und die Kräfte Gottes

Das Grundproblem, das Philon in Conf 168-182 einer Lösung näherbringen möchte, ist dasjenige der Theodizee angesichts der Mischnatur des Menschen aus gut und böse. Das Böse schleicht sich seiner Meinung nach dort ein, wo Gott einen Teil des schöpferischen Werkes nicht selbst ausführt. Dieser Ansatz zur Lösung der Theodizeefrage ist gut platonisch und findet sich bereits in Timaios 42d-e, wo der Schöpfer die Schaffung des menschlichen Körpers und von Teilen der menschlichen Seele den von ihm geschaffenen jungen Göttern überläßt.[198] Auf die Frage, warum er dies tut, antwortet Philon mit der Schicklichkeit: Für den Gottkönig ziemt es sich nicht (Conf 175: τὸ δὲ πρέπον ὁρῶν), daß er sich mit der Durchformung der minderen Bestandteile des Menschen befaßt. Diese überläßt er seinen Kräften, deren schöpferische Tätigkeit er mit dem Verbum διαπλάττειν (Conf 175) ausdrückt, während er, wenn Gott schafft, immer δημιουργεῖν (Conf 175.179.180) verwendet. Der Schöpfer hält sich an seine eigene Seinsordnung, indem er sich aus den niederen Teilen der Schöpfung heraushält. Sind nun aber die Kräfte selbst böse, wenn doch bei ihrem Schaffen das Böse in die Welt kommt? Das sicherlich nicht, bilden sie doch den Thronrat des Gottkönigs und halten die verstandesmäßige Welt zusammen, nach der die wahrnehmbare insgesamt gestaltet ist (Conf 172). Sobald Philon sie mit den Engeln identifiziert, muß man sie sich

---

198 Vgl. Boyancé, Études philoniennes 107-108.

unkörperlich denken, und auch so, daß sie keinen Anteil am Bösen haben (Conf 176-177). Woher kommt dann das Böse? Auf diese Frage antwortet Philon nicht ausdrücklich, man kann aber seine Antwort aus dem Gesagten erschließen. Gott als der König über allem ist in einer Weise vollkommen, an die niemand heranreicht, auch seine Kräfte nicht; ansonsten würde seine Einzigkeit in Frage gestellt. Was die Kräfte schaffen, kann deshalb auch nicht so vollkommen sein wie das, was Gott selber geschaffen hat. Diese seinsnotwendige Unvollkommenheit ist das Einfallstor des Bösen.

Nach einer Art Verursacherprinzip sind die Kräfte im weiteren für die Behebung des bei ihrem schöpferischen Wirken eingetretenen Schadens verantwortlich. Sie haben daher nicht nur eine schöpferische, sondern auch eine strafende Funktion (Conf 171: αἱ κολαστήριοι) und werden gerade in dieser Funktion als helfend und rettend (ἀρωγοὺς καὶ σωτηρίους) bezeichnet: Durch die von ihnen durchgeführte Bestrafung der Bösen soll deren Besserung erreicht werden. Das Wirken Gottes und der Kräfte haben gemeinsam, daß beide auf eine ὄρθωσις abzielen. Der Unterschied zwischen den beiden Wirkungsweisen läßt sich an den unterschiedlichen Präfixen des Wortes ὄρθωσις festmachen: Gott bewirkt κατορθώσεις (Conf 179), die strafenden Kräfte hingegen ἐπανόρθωσις (Conf 171.182). Alle drei griechischen Begriffe können je nach Kontext synonym übersetzt werden. An dieser Stelle sind die Nuancen dagegen bemerkenswert. Das Wort ὄρθωσις meint das „Geradeмachen“, κατόρθωσις möchte ich als das am Menschen verstehen, was gemäß dem Geraden geschaffen ist, ἐπανόρθωσις dagegen in dem Sinne, daß die strafenden Kräfte den Bösen auf den geraden Weg zurückbringen. Der Unterschied wird deutlich: Während Gott von allem Anfang an kompromißlos das Gute schafft, bleiben die Kräfte stets dahinter zurück und müssen hinterher nachbessern.

Ist Gott damit von der Anklage, Böses verursacht zu haben, freigesprochen? Strenggenommen nicht, wenn man die Kausalkette der Schöpfung bis zu ihrem Anfang zurückverfolgt. Letztursache allen Schaffens, und auch des Nachbesserns mittels der Strafe, ist und bleibt Gott. Schaffen und Strafen der Kräfte sind keine eigenmächtigen Akte (Conf 175.181: αὐτοκράτορα), sondern leiten sich in jedem Fall von der Vollmacht Gottes ab. Philons Absicht ist es auch gar nicht, neben oder nach Gott eine andere absolute Freiheit einzuführen, Freiheit hier im Sinne Kants verstanden als „eine absolute Spontaneität der Ursachen, eine Reihe von Erscheinungen, die nach Naturgesetzen läuft, von selbst anzufangen“[199]. Die Freiheit der Kräfte, zu schaffen und zu strafen, ist insofern relativ, als sie nur in den Bereichen absolut spontan handeln können, die Gott ihnen dazu überlassen hat. Die Bedingung der Möglichkeit ihrer Spontaneität ist somit die Freiheit Gottes. Absolut ist ihre Spontaneität dennoch, weil von Freiheit zu reden sonst keinen Sinn machte; denn auch geschenkte

[199] Kant, Kritik der reinen Vernunft B 474.

Freiheit ist eben Freiheit. Gott verursacht demnach zwar die Freiheit der Kräfte, nicht aber das Böse, das bei ihrem spontanen Wirken in die Welt kommt. Der schickliche Abstand zwischen Gott und dem Bösen ist nach Philons Empfinden damit eingehalten.[200]

Der Mensch zwischen gut und böse

Mit der dargelegten schöpfungstheologischen Begründung des Bösen verschränkt sich eine zweite, anthropologische, auf die Philon in Conf 176-178 eingeht. Während nach der ersten das Böse bei der ontologischen Unvollkommenheit der Kräfte Einlaß findet, ist nach der zweiten die Grundkonstitution des Menschen ausschlaggebend. Die Natur der Lebewesen bietet dem Bösen zwei Angriffsflächen: den Leib (σῶμα) und die Vernunftüberlegung (λογισμός). Das Böse kann aber nur dort erfolgreich angreifen, wo sich beide überschneiden. Die Lebewesen, welche eines von beiden entbehren, sind von der Anfälligkeit für das Böse ausgenommen; dazu gehören die unkörperlichen Seelen und die unvernünftigen Lebewesen. In zweifacher Weise steht Philon hier in platonischer Tradition: Zum einen verbindet er das Böse ganz selbstverständlich mit dem Leib; zum andern spielt das Wissen eine herausragende Rolle in der Ethik, in der alles falsche Handeln auf unangemessenen Vernunftgebrauch und eine daraus folgende defiziente Wissensart zurückgeführt wird. Da nun der Mensch allein im Schnittbereich von Leib und Vernunft steht, hat auch nur er Wissen von Gütern und Übeln (ἀγαθῶν καὶ κακῶν ἔχων ἐπιστήμην) und wählt aufgrund dessen oftmals das Schlechteste (τὰ φαυλότατα). Als Produkt der schöpferischen Freiheit Gottes und seiner Kräfte verfügt der Mensch über eine zu deren Freiheiten relative Freiheit und kann deshalb, analog zu den Kräften, zur spontanen Ursache von Bösem werden. Sein Feld freien Handelns ist freilich gegenüber demjenigen der Kräfte kleiner, denn er ist durch seine leibhafte Konstitution wesentlich im Bösen verfangen.

2.4. Auswertung und Zusammenfassung

Aus der Analyse von Texten Philons zu Eschatologie, Protologie und Angelologie ist deutlich geworden, wie er der Auslegung entsprechender Schriftstellen platonische Kategorien in ihrer mittelplatonischen Ausprägung zugrunde legt. Die biblischen Texte und ihre Themen, die ursprünglich im Literalsinn verstanden sein wollten, werden auf diese Weise allegorisch zu Lehrstücken des Platonismus umfunktioniert. Im Zuge dessen entwickelt Philon aus der biblischen Eschatologie eine Aretologie (Tugendlehre), aus der Protologie eine Ideologie (im schlichten Sinne einer Ideenlehre) und aus der Angelologie eine Psychologie. Diese drei

200 Vgl. Winston, Theodicy 108.

Grundfunktionen der behandelten philonischen Texte wurden ausführlich dargestellt und sollen in diesem Kapitel noch einmal kurz zusammengefaßt werden. Anschließend werde ich versuchen, aus den Ergebnissen einen systematischen Begriff im Hinblick auf die mittelplatonischen Verdachtsmomente, wie sie gemäß meinem Kapitel 1.2.3. aus dem Hebräerbrief erhoben wurden, zu gewinnen.

2.4.1. Philons mittelplatonische Schriftauslegung und ihre Funktionen

2.4.1.1. Eine Eschatologie als Aretologie

In meiner Untersuchung bin ich von den parusieverdächtigen Textstellen in Philons Werk ausgegangen (Praem 91-97.162-172). Dabei ist klar geworden, daß von Parusie allerhöchstens in einem sehr abgeschwächten Sinne die Rede sein kann. Es bleibt lediglich das Faktum, daß eine rettende Gestalt erscheint, deren Bedeutung für das Schicksal der Menschen jedoch äußerst begrenzt ist. Im Mittelpunkt stehen dagegen die Heiligen, welche zur Rettung und Übernahme der Herrschaft bestimmt sind. Ohne sich selbst in den eschatologischen Kampf einzumischen, erreichen sie beides, und zwar durch den Beistand der ihnen eigenen Tugenden. Diejenigen Menschen, welche sich dagegen noch nicht auf dem Pfad der Tugend befinden, sollen durch die Kraft der angedrohten Flüche dahin zurückgebracht werden. Stets sind die Segnungen und Flüche also dazu angetan, die Tugend zu bestärken. So wirbt Philon in eschatologischen Bildern für die Tugend und stellt dem Tugendhaften eine uneingeschränkte Herrschaft in Aussicht.

2.4.1.2. Eine Protologie als Ideologie

Die ganze Wirklichkeit zerfällt nach Philon in zwei Bereiche: die verstandesmäßige Welt und die wahrnehmbare Welt. Die verstandesmäßige Welt ist raum- und zeitlos und deshalb auch keinem Wandel unterworfen und ewig. Die Ideen, aus denen sie zusammengesetzt ist, sind die Gedanken der göttlichen Vernunft, so daß die verstandesmäßige Welt in letzter Konsequenz mit der Vernunft Gottes identisch ist und so Anteil am unwandelbaren Sein hat. Gott selbst ist das Seiende schlechthin, der Seiende, welcher alle Ideen, selbst die Idee des Guten und Schönen übersteigt. Nach dem Muster der verstandesmäßigen Welt in seiner Vernunft läßt Gott durch seine weltschöpfende Kraft die wahrnehmbare Welt im Chaos als dem Leidenden entstehen. Als entstandene ist die wahrnehmbare Welt auch vergänglich, das heißt aber: grundsätzlich dem unaufhörlichen Wandel von Werden und Vergehen unterworfen. Bis hierher unterscheidet sich Philons Schöpfungslehre nicht von einem metaphysisch-ontologischen oder einem physikalischen Verständnis der Schöpfungsaussagen. Darüber hinaus besteht er jedoch darauf, daß das Werden nicht nur eine wesenhafte Grundgegebenheit der wahrnehmbaren Welt ist, sondern wirklich einen

Anfang genommen hat. Damit unterstreicht er gegenüber Platon die absolute Transzendenz und Souveränität Gottes. Gott ist nicht nur das Sein an sich; er ist nicht nur größer als die Idee des Guten; die Ideenwelt ist ihm nicht nur einverleibt als seine Vernunft. Im tatsächlichen Schöpfungsakt erweist er sich auch als die einzige Ursache alles Seienden. Die Ideen sind ihm nicht gleichrangig beigeordnet wie bei Platon, sondern untergeordnet, die Materie gilt Philon nicht als selbständige Ursache. Gegen Philons Betonung der Transzendenz mag man einwenden: Und doch hat Gott die Welt geschaffen und ist dabei mit ihr in Berührung gekommen. Gewiß, jede Idee hat Anteil am Seienden und Guten, und die wahrnehmbare Welt hat, insofern sie schön ist, Anteil an den Ideen und damit indirekt auch am Guten. Und dennoch ist Gott einerseits selbst über das Gute noch hinaus und andererseits von der wahrnehmbaren Welt durch die Zwischeninstanz der Ideen seiner Vernunft und seiner weltschaffenden Kraft getrennt. Die Anerkennung der Transzendenz Gottes bewahrt vor der Vergottung der Welt.

2.4.1.3. Eine Angelologie als Psychologie

Erst mit Philons Angelologie vervollständigt sich das Bild, das er vom Verhältnis zwischen Transzendenz und Immanenz, Gott und Schöpfung, verstandesmäßiger und wahrnehmbarer Welt zeichnet. Das grundlegende Problem der Vermittlung der beiden wesenhaft verschiedenen Wirklichkeiten von Sein und Werden gliedert sich in den untersuchten Texten zur Angelologie in drei Teilbereiche, von denen einer die dichotomische Seinsordnung bestätigt, ein anderer die Frage nach der Vermittlung der beiden Wirklichkeiten stellt und ein dritter das Problem der Theodizee aufwirft.

Dem ersten Bereich ist vor allem Somn I 133-158 zuzuordnen. Philons gesamte Auslegung des Traums von der Himmelsleiter ist getragen von der fundamentalen Unterscheidung zwischen dem Auf und Ab, das die Leiter symbolisiert, und demjenigen, der fest und unbeweglich oben auf der Leiter steht, dem Herrn der Engel. Ihm gegenüber illustriert Philon in allen vier Deutungen ausführlich die Anomalie all dessen, was nicht zum himmlischen Bereich gehört. Der Bereich des Auf- und Abstiegs zwischen Himmel und Erde ist der natürliche Ort von unkörperlichen Seelen, welche Philon mit Engeln und Dämonen gleichsetzt. Als Ausdruck des stetigen Wandels, der Kontamination der Seele mit dem Körperlichen und ihrer mühsamen Loslösung von ihm, sind Auf- und Abstieg negativ besetzt.

Positiv sind sie dagegen im zweiten Bereich konnotiert, wo sie für die Vermittlung zwischen den beiden Wirklichkeiten des gleichbleibenden Seins und der Veränderung in Werden und Vergehen stehen. Diese Vermittlung leisten die Engel in ihrem Auf- und Abstieg. Als Gottes Kräfte wirken sie bei der Schöpfung der wahrnehmbaren Welt mit, namentlich bei der Erschaffung des Menschen. Als Boten übermitteln sie Gottes Gebote den

Menschen und die Bedürfnisse der Menschen Gott. Als Worte Gottes begleiten sie die menschliche Seele in Aufstieg und Niedergang, ermutigen und trösten sie. Die Einschaltung der Engel als Zwischeninstanz zwischen der verstandesmäßigen und der wahrnehmbaren Welt erlaubt einerseits, den Graben zwischen den beiden Wirklichkeiten zu überbrücken, ohne doch andererseits ihre unaufhebbare Verschiedenheit zu unterminieren oder ihre Distanz zu verringern. Die Engel spielen somit eine ambivalente Rolle: Sie versinnbildlichen zugleich den Abstand, den Gott von der wahrnehmbaren Welt nimmt, und seine Beziehung zu ihr. Dieses dialektische Verhältnis von Nähe und Distanz Gottes zur wahrnehmbaren Welt ebnet H. Bietenhard einseitig ein, wenn er in den Engeln unter Berufung auf ihre Abhängigkeit von Gott nurmehr die Nähe Gottes zur wahrnehmbaren Welt zum Ausdruck kommen läßt.[201] Die Engel vergegenwärtigen zwar Gottes Wirken in der Welt, aber eben nur indirekt.

Nur durch ihre Betonung der Transzendenz Gottes ist die Angelologie in der Lage, den Dualismus abzuwehren und den Monotheismus zu festigen, ohne das Böse direkt auf Gott zurückführen zu müssen.[202] Letztlich zum Tragen kommt die Ambivalenz der Engelrolle nämlich im dritten Bereich, der Theodizeefrage. Hier wird Philon von den Problemen eingeholt, die er im ersten und zweiten Bereich ungelöst hinterlassen hat. Philon sucht nach dem Ursprung des Bösen in der Welt und führt es auf die Mitwirkung der Kräfte Gottes bei der Erschaffung des Menschen zurück. Damit präzisiert er das Verhältnis zwischen Schöpfer und Geschöpf. Alles Schöne der wahrnehmbaren Welt hat Anteil an den Vernunftideen Gottes, von denen es sich herleitet; es kündet in seiner Schönheit also von der Güte und Erhabenheit Gottes. Die uneinholbare Transzendenz Gottes gegenüber der wahrnehmbaren Welt zu betonen wird erst dadurch wirklich brisant, daß es in der Welt auch Böses gibt, das Gott nicht zugeschrieben werden darf. Indem Philon das Böse auf das Konto der mitschaffenden Kräfte bucht, erreicht er zwar, Gott davon fernzuhalten. In der Einschätzung der Engel entsteht aber genau hier das Problem: Um vermitteln zu können, müssen sie aus den Höhen Gottes heruntersteigen; wenn aber jeder Abstieg sie in Berührung mit dem Körperlichen und Bösen bringt, wie können sie da selbst ganz rein bleiben und ihr Werk tadellos verrichten? Man darf das Bild vom Auf- und Abstieg nicht überstrapazieren; es hat zwei Aspekte, die Philon gesondert behandelt. In ontologischer Hinsicht sind die Engel als reinste unkörperliche Seelen dadurch gekennzeichnet, daß sie niemals absteigen. Im Hinblick auf ihre Botenfunktion ist dagegen ihr Auf- und Niedersteigen gerade ihr hervorstechendes Kennzeichen. Wenn die Kräfte das Böse im Menschen verursachen, dann nicht deshalb, weil sie selbst böse wären, sondern das Böse schleicht sich aufgrund ihrer wesensnotwendigen Unvollkommenheit unweigerlich ein.

---

[201] Vgl. Bietenhard 103.

[202] So Boyancé, Dieu cosmique 350-351; dagegen Bietenhard 103.

2.4.2. Philons Auffassung im Hinblick auf die mittelplatonischen Verdachtsmomente

Im Hinblick auf die mittelplatonischen Verdachtsmomente, welche die obige Untersuchung von Texten Philons veranlaßt haben, lassen sich ihre Ergebnisse auf folgenden Begriff bringen:

1. Die Unterscheidung zwischen der transzendenten verstandesmäßigen Welt des unwandelbaren Seins und der immanenten wahrnehmbaren Welt des Werdens und Vergehens ist in Philons Wirklichkeitsverständnis fundamental. Sie ist in den untersuchten Texten hinlänglich nachgewiesen worden. Als erster uns bekannter Autor bezeichnet er den Bereich des Seins als κόσμος νοητός im Gegensatz zum κόσμος αἰσθητός.

2. Die verstandesmäßige Welt nimmt jedoch nicht den gesamten Bereich des unwandelbaren Seins ein. Sie deckt sich vielmehr mit der Vernunft Gottes, der allein das Seiende schlechthin ist und als solcher auch die verstandesmäßige Welt transzendiert.

3. Als Mittler zwischen dem solcherart transzendenten Gott und der wahrnehmbaren Welt mit ihren Menschen springen die Engel ein, namentlich anläßlich der Schöpfung des Menschen und zur rettenden Lenkung der menschlichen Seele. Die Engel bewohnen als unkörperliche Seelen die Luft als ihren natürlichen Ort. Philon identifiziert sie in verschiedenen Zusammenhängen mit den Dämonen oder mit den Kräften Gottes oder mit Gottes Worten.

3. Plutarch

3.1. Mythologie

Plutarch kennt keine Eschatologie in dem Sinne, in welchem wir den Begriff in der jüdischen und christlichen Tradition zu benutzen gewohnt sind. Dem Wortsinn nach geht es in der Eschatologie um die letzten Dinge (τὰ ἔσχατα). Allein schon diese Bezeichnung weist auf die rein formale Vorstellung einer linearen Zeitlichkeit hin, die der Eschatologie der Sache nach zugrunde liegt. Letzte Dinge sind nur dann denkbar und sinnvoll zu erwarten, wenn ein Ende der Zeit als reale Möglichkeit anerkannt wird. Die formale lineare Zeitlichkeit verwirklicht sich in einer realen Geschichte, deren denkbarer progressus ad infinitum am Ende der Zeit einen Abbruch beziehungsweise seine Vollendung erfährt. Die Geschichte kommt dereinst an ihr Ziel, sei es nun die Weltgeschichte oder die individuelle Lebensgeschichte eines Menschen. Danach unterscheidet man die universale Eschatologie, die von den Geschehnissen am Ende der Weltzeit handelt, von der individuellen Eschatologie, welche das Schicksal des einzelnen Menschen am Ende seiner Lebenszeit, das heißt im Tod, in den Blick nimmt. Die christliche Frage nach der Parusie, von der unsere ganze Untersuchung ihren Ausgang genommen hat, gehört in den Bereich der universalen Eschatologie; denn die Parusievorstellung erwartet für das Ende der Weltzeit das Erscheinen einer universal heilsrelevanten personalen Gestalt. Auch Praem 91-97.162-172 bilden literarische Ausformungen einer universalen Eschatologie, wenn sie auch von Philon in eine individuelle Aretologie umgedeutet wurde.

Wenn von einer hellenistischen Eschatologie die Rede ist, dann wird nicht selten auf die sogenannten eschatologischen Mythen bei Plutarch[203] Bezug genommen, die dementsprechend auch als Jenseits- oder Endzeitmythen bezeichnet werden. Diese Bezeichnung und Zuordnung ist in einer doppelten Weise irreführend. Plutarch erzählt erstens keine eschatologischen Mythen, sondern er setzt die mythische Schilderung an die Stelle, an der wir aus unserer Tradition heraus Ausführungen zur Eschatologie erwarten. Die Mythologie Plutarchs unterscheidet sich darin grundlegend von jeder Eschatologie im definierten Sinne, daß sie das mythische Geschehen in den Raum der Zeit-

[203] So z. B. Vernière 87: „ces trois contes [sc. Fac 26-30; Sera 22-33; Socr 22], à première vue, semblent également axés sur les problèmes de l'eschatologie". Vernière bezeichnet den Mythos in Socr 22 gar als „une apocalypse béotienne".

losigkeit versetzt. Der Mythos hat keine reale Geschichte zum Gegenstand, sondern veranschaulicht in Geschichten den sich gleich bleibenden fundamentalen Zusammenhang der Welt. Dies führt zum zweiten Punkt. Insofern der plutarchische Mythos den Gesamtzusammenhang der Welt erklärt, gibt es darin nichts, was radikal jenseits dieses kosmologischen Rahmens wäre. Damit ist nicht gesagt, daß Plutarch etwa jede Transzendenz im Verhältnis zur Welt leugnete. Sie spielt jedoch in seinen Mythen keine nennenswerte Rolle. Deren Ziel ist es vielmehr, allen Einzelerscheinungen ihren Platz im Raum der Welt zuzuweisen.

Wollte man Plutarchs Mythen in den Schriften „De sera numinis vindicta", „De genio Socratis" und „De facie in orbe lunae" dennoch eschatologisch verstehen, so gehörten sie jedenfalls nicht in die universale, sondern in die individuelle Eschatologie. Denn Plutarch schildert darin das Schicksal der Seelen nach dem Tod, wenn sie sich von den Leibern getrennt haben. Der anthropologische Ort ist schon deshalb ein anderer als derjenige, welcher uns im Zusammenhang mit der Parusiefrage interessiert. Darüber hinaus ist für den Platoniker Plutarch nicht nur die Unsterblichkeit der Seele, sondern auch die Lehre von der Palingenesis oder Reinkarnation ein unumstößliches Dogma. Die Vorstellung einer unabsehbar häufigen Wiederkehr von Geburt und Tod ist aber eine fundamental andere als die apokalyptisch-eschatologisch geprägte Erwartung des einmaligen und entscheidenden Endes eines jeden Menschenlebens und der ganzen Welt.

Die skizzierten Überlegungen haben mich bewogen, die Mythen Plutarchs nicht im Sinne einer Eschatologie zu begreifen. Worüber sie uns Aufschluß geben, das ist das Schicksal der Seelen im Kreislauf der Palingenesis und ihre Stellung in der Welt. In diesem Zusammenhang kommt in „De genio Socratis" und „De facie in orbe lunae" die Sprache unter anderem auf die Dämonen. Die Mythen, die sich dort finden, werde ich deshalb in dem Kapitel behandeln, das sich der Dämonologie widmet. Vergleichbar bin ich schon in bezug auf die Angelologie bei Philon verfahren. Dort bedurfte diese Vorgehensweise allerdings keiner weiteren Rechtfertigung, weil den Ausgangspunkt für Philons Kommentare stets ein Schrifttext bildet, in dem eben von Engeln die Rede ist. Philon versucht lediglich, diese Rede zu verstehen und rational plausibel zu machen. Bei Plutarch liegen die Dinge hingegen anders. Er erzählt seine Mythen, und es darf mit Fug und Recht gefragt werden, ob die darin entwickelte Dämonologie als Interpretandum oder als Interpretamentum aufzufassen sei. Die genaue Stellung der Dämonologie im Denken Plutarchs können wir freilich erst nach der Analyse der Texte bestimmen. Beginnen will ich aber wie im vorherigen Kapitel mit der Protologie.

3.2. Protologie

3.2.1. Is 53-57

3.2.1.1. Zum Buch „De Iside et Osiride"

In seiner Schrift „De Iside et Osiride" berichtet Plutarch vom traditionellen Kult und Mythos um die Gottheiten Isis und Osiris in Ägypten.[204] Sein Buch ist die einzige zusammenhängende Darstellung dieser Kultbräuche und Mythen, die auf uns gekommen ist, und stellt deshalb eine Fundgrube für die Religionsgeschichte dar.[205] Freilich widersetzt sich die Schrift in ihrer Vielschichtigkeit einer geradlinigen Lektüre, was unter anderem zu Zieglers vernichtendem Urteil geführt hat, „daß die Abhandlung unter schweren Widersprüchen und Wiederholungen leidet. Mehrere verschiedene, ja einander ausschließende Deutungen der göttlichen Potenzen und der erzählten mythischen Handlungen sind nicht nur unvermittelt und unausgeglichen nebeneinandergestellt, sondern auch zum Teil durcheinandergeschoben, der Harmonisierungsversuch mißlungen."[206] Dem steht C. Froidefonds Versuch gegenüber, die verschiedenen Ansätze in „De Iside et Osiride" als dialektischen Fortschritt im Durchdenken der unterschiedlichen Dimensionen des Mythos zu verstehen.[207] Plutarch beschreibt ja die ägyptische Religion nicht wie ein moderner Religionswissenschaftler. Einerseits hat er, der selbst Priester in Delphi und in etliche Mysterien eingeweiht war, eine innere Affinität zu einer religiösen Sicht der Wirklichkeit und macht daraus in allen seinen Schriften über Religion keinen Hehl. Andererseits ist Plutarch ein Grieche, der die ägyptische Religion von außen betrachtet und mit dem Instrumentarium seiner griechischen religiösen und philosophischen Bildung interpretiert. In dieser Doppelrolle vereinigt er tiefe Religiosität mit philosophischen Ansätzen zur Religionskritik. Daraus resultiert seine dialektische Methode in der Durchdringung der ägyptischen Religion. Plutarch hebt mit geduldigen Beschreibungen der kultischen Bräuche und Nacherzählungen der Mythen an. Später führt er neue Interpretationskriterien ein, die viele Einzelheiten in einem anderen Licht erscheinen lassen. Vom neu gewonnenen Standpunkt aus wird manches noch einmal gründlicher durchgegangen. Aber auch diese Deutung der Kulte und Mythen

---

204 Zu Mythos, Kult und Mysterien um Isis und Osiris in Ägypten und im römischen Reich vgl. Cumont; Dunand; Greßmann; Griffiths 33-74; Helck; Koch, Geschichte 556-609; Le Corsu; Merkelbach; Turcan 77-127; Witt, Isis; Zeller, Mysterien 511-514.

205 Vgl. Klauck, Die religiöse Umwelt I 112.

206 Ziegler, Plutarchos 845.

207 Vgl. Froidefond, Plutarque. Œuvres morales V/2 24-44, der die dialektische Struktur des Buches exzellent herausgearbeitet hat. Außerdem ders., Plutarque et le platonisme 213-215; ähnlich Hani, La religion 142-143; Hardie 4761-4763; Krämer 93-94: „Plutarch [...] führt die allegorische Auslegung des Isis- und Osiris-Mythos über eine Reihe vorbereitender Stufen in überlegter Steigerung bis zu der von ihm selbst vertretenen Deutung (c. 45 ff.)".

erfährt durch weitere Verfeinerungen der Verstehenskriterien neuerliche Vertiefungen. Für ein solches dialektisches Verständnis des Buches sprechen zwei Argumente. Zum einen lag Plutarch für seine Darstellung der Isis- und Osirisreligion kein einheitlicher Kult und Mythos vor, sondern er mußte unterschiedlichen Traditionen gerecht werden, die einander offenbar teilweise zuwiderliefen. Daß er sie nicht sofort vereinheitlicht hat, spricht für seinen Respekt vor den unterschiedlichen Überlieferungen und für die Zuverlässigkeit der Informationen, die er gibt. Zum anderen läßt sich seine Darstellung dennoch als eine Einheit begreifen, wenn man sie im Sinne eines dialektisch fortschreitenden Gedankenganges versteht. Dafür gibt es, wie wir unten im Zusammenhang mit Is 25-27 und Is 45 noch sehen werden, Anhaltspunkte in der Komposition von „De Iside et Osiride". So kann man es vermeiden, in Plutarch nur einen dumpfen Kompilator zu sehen.

Die Einzelheiten des Mythos brauchen uns nicht zu interessieren. In seinem Zentrum steht das Götterpaar Isis und Osiris, die einen gemeinsamen Sohn namens Horos haben. Dieser kleinen Götterfamilie steht der Gott Typhon feindlich gegenüber. Der Grundbestand des Mythos läßt sich sehr grob vereinfacht wie folgt darstellen. Osiris wird von seinem Gegenspieler Typhon, der auch Seth heißt, getötet, nach der einen Tradition durch Ertränken im Nil, nach der anderen, indem er ihn in Stücke reißt. Isis, die Gemahlin des Osiris, irrt so lange umher, bis sie den Leichnam ihres Gatten beziehungsweise seine Teile aufgefunden hat, und bestattet ihn. „In der Endfassung des Mythos bei Plutarch werden konkurrierende Elemente ohne Umschweife addiert: Typhon (= Seth) lockt Osiris in einen kostbaren Sarg, verschließt diesen fest und läßt ihn ins Meer treiben (Tod durch Ertrinken). Isis sucht überall danach [...]. Nach langem Hin und Her findet Isis den Sarg und schafft ihn nach Ägypten zurück. Erneut entdeckt ihn Seth. Er zerstückelt den Leichnam (Tod durch Zerreißung) in vierzehn Teile und streut sie umher. Isis sucht sie wieder zusammen und bestattet sie [...]."[208]

3.2.1.2. Der ägyptische Mythos als platonische Protologie (Is 53-57)

In den Kapiteln Is 53-57 entwickelt Plutarch eine Protologie und Kosmogonie, indem er die wechselseitigen Beziehungen der mythischen Gestalten Isis, Osiris, Horos und Typhon allegorisch deutet. Aus der Verbindung des Götterpaares Isis und Osiris geht nach dem Mythos der Sprößling Horos hervor, dem in Typhon, dem Erzfeind seines Vaters Osiris, ein natürlicher Widersacher ersteht. Diesem vorgegebenen Beziehungsgeflecht unterlegt Plutarch ausgewählte Passagen der platonischen Kosmogonie und Ontologie, anhand derer er das Verhältnis der Personen zueinander metaphysisch interpretiert. Ergänzend werden auch Hesiod und die Etymologie der Ägypter herangezogen. Eine Gliederung des Textes ergibt sich ungezwungen dadurch, daß sich einzelne Abschnitte in Is 53-57 jeweils deutlich genug

[208] Klauck, Die religiöse Umwelt I 113. Ausführliche Informationen über den Mythos bei Hani, La religion 26-117.

auf bestimmte Stellen in Platons oder Hesiods Werken beziehen. Zu Beginn jedes Abschnitts beruft sich Plutarch überdies explizit auf seine Referenzen. In jedem Abschnitt erfährt die Triade aus Isis, Osiris und Horos eine neue Allegorese, wobei den drei Personen je neue Wesensmerkmale zugewiesen werden. Einen Überblick darüber erlaubt die folgende Gliederung. Is 55 nimmt in der Mitte dieses Aufbaus allerdings eine Sonderstellung ein. Dieser Abschnitt widmet sich als einziger nicht der Götterfamilie und ihrer Bedeutung, sondern dem Kampf zwischen dem Sprößling Horos und seinem Rivalen Typhon. Diesem Kapitel werden wir uns eigens zuwenden müssen. Es folgt aber zunächst die Übersicht über Is 53-54.56-57.

	Isis	Osiris	Horos
Is 53,372e3-54,373c5; vgl. Platon, Timaios 27d-29b. 48e-52d.92c	– das Weibliche der Natur (τὸ τῆς φύσεως θῆλυ) => Amme (τιθήνη) – das Empfangende jeder Entstehung (δεκτικὸν ἁπάσης γενέσεως) => die Allumfassende (πανδεχής) – die mit den tausend Namen (μυριώνυμος) – Raum und Materie (χώρα καὶ ὕλη)	*Die Seele des Osiris ist:* – ewig (ἀίδιος) – unvergänglich (ἄφθαρτος). => *Sie steht für das* – Seiende (ὄν) – Verstandesmäßige (νοητόν) – Gute (ἀγαθόν) *Osiris ist:* – Vater (πατήρ) – rein (καθαρός/εἰλικρινής) – Vernunft an und für sich (λόγος αὐτὸς καθ᾽ ἑαυτόν) – das Erste und Oberste von allem (τὸ πρῶτον καὶ κυριώτατον πάντων)	*Der Jüngere:* – Nachahmung des Seienden [ist] das Werdende (μίμημα τοῦ ὄντος τὸ γινόμενον) – Abbild des Verstandesmäßigen (εἰκὼν τοῦ νοητοῦ) – wahrnehmbare Welt (κόσμος αἰσθητός) – unehelich durch die Materie aufgrund des Leiblichen (νενοθευμένος τῇ ὕλῃ διὰ τὸ σωματικόν) – abgeschlossen und vollkommen (ὡρισμένος καὶ τέλειος) *Der Ältere:* – Apollon – die erste Entstehung (ἡ πρώτη γένεσις) – verkrüppelt (ἀνάπηρος) – ein Abbild und eine Vorstellung

			der kommenden Welt (εἴδωλόν τι καὶ κόσ-μου φάντασμα μέλλοντος)
Is 56,373e6-11; vgl. Platon, Timaios 50c-d	– Mutter (μήτηρ) – Amme (τιθήνη) – Sitz und Raum der Entstehung (ἕδρα τε καὶ χώρα γενέσεως)	– Idee (ἰδέα) – Muster (παράδειγμα) – Vater (πατήρ)	– Nachkomme (ἔγγονος) – Entstehung (γένεσις)
Is 56,373e11-374b1; vgl. Platon, Politeia 546b-c: Dreieck	– Basis (ἡ βάσις) => die Weibliche (θηλεία) – Empfängerin (ὑποδοχή) – die Vier (τὰ τέτταρα) = Quadrat der ersten geraden Zahl	– Vertikale (ἡ πρὸς ὀρθίαν) => der Männliche (ἄρρην) – Ursprung/Prinzip (ἀρχή) – die Drei (τὰ τρία) = erste ungerade und vollkommene Zahl	– Hypotenuse (ἡ ὑποτείνουσα) => beider Nachkomme (ἀμφοῖν ἔγγονος) – Endprodukt (ἀποτέλεσμα) – die Fünf (τὰ πέντε) = zwei plus drei => von πάντα abgeleitet => 5^2 =25 Buchstaben im ägyptischen Alphabet => Apis' Lebensalter
Is 56,374b1-9; vgl. Etymologie der Ägypter	– „Mouth" = Mutter – „Athyr" = „weltliches Haus des Horos" (οἶκος Ὥρου κόσμιος) – „Methyer" = aus „voll" (πλήρης) und „bereit" (ἄρτιος)		– „Min" = „den man sieht" (ὅπερ ἐστὶν ὁρώμενον)
Is 57,374b10-c6; vgl. Hesiod, Theogonie 116-122	– Erde (Γῆ)	– Eros (Ἔρως)	– Tartaros (Τάρταρος)

Is 57,374c6-e1; vgl. Platon, Symposion 203a-204c	– Armut (Πενία) => Penia ist: – mittellos (ἀμήχανος), – ausweglos (ἄπορος), – aus Bedürftigkeit inständig bittend (δι᾽ ἔνδειαν...λιπαρούσης), – die des Guten bedürftige Materie (ἡ ὕλη ... ἐνδεὴς ... τοῦ ἀγαθοῦ).	– Wohlstand (Πόρος) => Poros ist: – gut (ἀγαθός), – weise (σοφός), – in allen Dingen selbstgenügsam (ἐν πᾶσιν αὐτάρκης), – das zuvörderst Geliebte (τὸ πρώτως ἐρατόν), – das Begehrte (τὸ ἐφετόν), – das Vollkommene (τὸ τέλειον), – das Selbstgenügsame (τὸ αὔταρκες).	– Eros (Ἔρως) => Eros ist von Natur: – gemischt (μικτός), – mannigfach (παντοδαπός). => Die gewordene Welt = Horos ist: – ewig geworden (ἀειγενής), – imstande, immer jung und ein solcher zu bleiben, der nie vergehen wird (μηχανᾶται ... ἀεὶ νέος καὶ μηδέποτε φθαρησόμενος διαμένειν).

Unterlegt man die Übersicht als Leseraster dem Text von Is 53-54.56-57, dann interpretieren die Abschnitte sich gegenseitig. Einerseits gewinnt der Text eine klare Struktur, andererseits fügen sich die Stichworte der Übersicht zu dem von Plutarch gewünschten Ganzen zusammen. Es wird daher nicht nötig sein, auf jede Einzelheit von Text und Übersicht einzugehen. Ich werde vielmehr versuchen, jeden Teil der Gliederung in seiner Eigenart zu charakterisieren, indem ich ihn von seinem platonischen, hesiodischen beziehungsweise ägyptischen Hintergrund her beleuchte.

3.2.1.3. Die Göttertriade und Platons „Timaios" (Is 53-54.56,373e6-11)

In den Kapiteln Is 53-54 geht Plutarch den umgekehrten Weg wie Platons Timaios. Dieser hatte seine Rede damit begonnen, zwei Arten von Wirklichkeit zu unterscheiden: „Was ist das stets Seiende und kein Entstehen Habende und was das stets Werdende, aber nimmerdar Seiende; das eine ist durch verstandesmäßiges Denken zu erfassen, ist stets sich selbst gleich, das andere dagegen ist durch bloßes mit vernunftloser Sinneswahrnehmung verbundenes Meinen zu vermuten, ist werdend und vergehend, nie aber wirklich seiend."[209] Diese beiden Wirklichkeitsbereiche hängen über die platonische Abbildtheorie[210] zusammen, nach der es notwendig ist, „daß

[209] Platon, Timaios 27d-28a: τί τὸ ὂν ἀεί, γένεσιν δὲ οὐκ ἔχον, καὶ τί τὸ γιγνόμενον μὲν ἀεί, ὂν δὲ οὐδέποτε; τὸ μὲν δὴ νοήσει μετὰ λόγου περιληπτόν, ἀεὶ κατὰ ταὐτὰ ὄν, τὸ δ᾽ αὖ δόξῃ μετ᾽ αἰσθήσεως ἀλόγου δοξαστόν, γιγνόμενον καὶ ἀπολλύμενον, ὄντως δὲ οὐδέποτε ὄν.

[210] Vgl. dazu Platon, Kratylos 389a-b.

diese Welt von etwas ein Abbild sei“[211]. Auf die Frage, wovon die sichtbare Welt ein Abbild sei, auf welches Urbild der Demiurg also bei der Erschaffung der Welt seinen Blick gerichtet habe, kennt Timaios nur eine Antwort: „Jedem aber ist doch deutlich, daß er auf das Unvergängliche gerichtet war, denn sie (die Welt) ist das Schönste unter dem Gewordenen, er der Beste unter den Ursachen.“[212] Timaios fängt also bei dem ewig Seienden an, das Plutarch in Osiris verkörpert sieht, und betrachtet die stets werdende, das heißt: sich verändernde, sichtbare Welt als dessen Abbild. Für Letzteres steht in Plutarchs Exegese Horos. Doch bevor Plutarch in Is 54 auf diese beiden zu sprechen kommt, weist er in Is 53 Isis die Rolle zu, die bei Timaios eine dritte Art Wirklichkeit spielt. Auf sie war Timaios erst in einem zweiten Durchgang zu sprechen gekommen: „Der abermalige Anfang unserer Untersuchung über das Weltganze nun sei stärker unterteilt als der vorige. Denn damals unterschieden wir zwei Sorten, jetzt aber müssen wir noch eine von diesen verschiedene dritte Art aufweisen. [...] Welche Kraft nun, wollen wir annehmen, hat sie ihrer Natur gemäß? Vor allem eine derartige: daß sie allen Werdens bergender Hort sei wie eine Amme.“[213] Diese Funktion der Amme übt in Plutarchs Allegorie Isis aus. Da aus ihr in dieser Funktion alles werden kann, ist sie nicht nur der Sache nach mannigfaltig, sondern wird auch „die mit den tausend Namen“ (μυριώνυμος) genannt, eine Bezeichnung der Isis, die wir außer von Plutarch auch von ptolemäischen Inschriften und Apuleius kennen.[214]

Besonders aufschlußreich ist die Charakterisierung der Isis, das heißt dieser dritten Wirklichkeit, als Raum und Materie. Die Vorstellung der dritten Art Wirklichkeit neben Urbild und Abbild als Raum begegnet schon bei Platon: „[E]ine dritte Art sei ferner die des Raumes, immer seiend, Vergehen nicht annehmend, allem, was ein Entstehen besitzt, einen Platz gewährend“[215]. Der platonische Begriff des Raumes ist viel weiter gefaßt als der aristotelische Materiebegriff: „Die *Chora* liefert den Sinnendingen eine Stelle, an der sie sich befinden.“[216] Die Tatsache, daß Plutarch den platonischen Raum mit der Materie gleichsetzt, zeigt deutlich an, daß er Platon mit den Augen des Aristoteles liest.[217] Auf diesem Hintergrund ist wohl auch Plutarchs folgende Bemerkung

211 Platon, Timaios 29b: τόνδε τὸν κόσμον εἰκόνα τινὸς εἶναι.

212 Platon, Timaios 29a: Παντὶ δὴ σαφὲς ὅτι πρὸς τὸ ἀίδιον· ὁ μὲν γὰρ κάλλιστος τῶν γεγονότων, ὁ δ᾽ ἄριστος τῶν αἰτίων.

213 Platon, Timaios 48e-49a: Ἡ δ᾽ οὖν αὖθις ἀρχὴ περὶ τοῦ παντὸς ἔστω μειζόνως τῆς πρόσθεν διῃρημένη· τότε μὲν γὰρ δύο εἴδη διειλόμεθα, νῦν δὲ τρίτον ἄλλο γένος ἡμῖν δηλωτέον. [...] Τίν᾽ οὖν ἔχον δύναμιν καὶ φύσιν αὐτὸ ὑποληπτέον; τοιάνδε μάλιστα· πάσης εἶναι γενέσεως ὑποδοχὴν αὐτὴν οἷον τιθήνην.

214 Vgl. im einzelnen Griffiths 502-503; Apuleius, Metamorphosen 11,22: „dea multinominis“.

215 Platon, Timaios 52a-b: τρίτον δὲ αὖ γένος ὂν τὸ τῆς χώρας ἀεί, φθορὰν οὐ προσδεχόμενον, ἕδραν δὲ παρέχον ὅσα ἔχει γένεσιν πᾶσιν.

216 Brisson, Den Kosmos betrachten 231; vgl. ders., Le même 208-220.

217 Vgl. Froidefond, Plutarque. Œuvres morales V/2 302; Thévenaz, L’âme 113-114; Aristoteles, Metaphysik 1029a.

zu verstehen: „Denn die Geburt Apollons, von der erzählt wird, aus Isis und Osiris, [zu der Zeit] als die Götter noch im Schoß der Rhea waren, spielt darauf an, daß, bevor sichtbar diese Welt entstand und durch die Vernunft mitvollendet wurde, die Materie, im Verlangen, etwas hervorzubringen, von sich aus unvollkommen die erste Entstehung ausgetragen habe. Deshalb heißt es auch, daß jener Gott verkrüppelt und bei Nacht geboren worden sei, und man nennt ihn den älteren Horos. Er war nämlich keine Welt, sondern ein Abbild und die Erscheinung einer künftigen Welt."[218] Nach Plutarch ist Isis Materie im aristotelischen Sinne. Als solche ist sie nicht rein passiv, sondern im wahrsten Sinne des Wortes dynamisch aufzufassen: Die Materie trägt das Sein, das die Form prägend in ihr bewirkt, zuvor schon potentiell (δυνάμει) in sich.[219] In der vorzeitigen Geburt des älteren Horos aus Isis allein kommt für Plutarch der dynamische Aspekt der eigenständigen Materialursache zum Ausdruck. Aufgrund der Dynamik der Materie gibt es Bewegung und insofern Entstehung schon vor der Erschaffung der Welt. Diese Bewegung bringt jedoch keine Welt im eigentlichen Sinne, das heißt als geordnetes Ganzes, zuwege, weil sie selbst erst durch die Einwirkung der Formursache geordnet wird. Was die Materie allein hervorbringt, bleibt mithin unvollkommen und verkrüppelt. Es liegt im Dunkeln und ist unsichtbar, weil erst die Form eine Sache der Erkenntnis zugänglich macht. Diese unsere vollkommene und sichtbare Welt konnte also nur unter Mitwirkung der formenden Kraft der Vernunft entstehen. Alles, was die Chora dagegen aus sich selbst hervorbringt, bezeichnet Platon als von der Notwendigkeit verursacht. Diese Notwendigkeit widersetzt sich dem vernünftigen Schöpfungshandeln des Demiurgen und zeichnet insofern bei Platon für die bleibenden Unvollkommenheiten der sichtbaren Welt verantwortlich.[220] Plutarch erwähnt an dieser Stelle die Widerständigkeit der Materie nicht, ganz im Gegenteil: „Sie hat aber eine angeborene Liebe zum Ersten und Obersten von allem, welches dasselbe wie das Gute ist, und jenes begehrt und verfolgt sie; den Anteil vom Bösen aber flieht sie und weist ihn ab, weil sie zwar beiden Raum und Materie ist, aber stets dem Besseren von sich aus zuneigt."[221] Bei aller Unvollkommenheit, welche die Materie selbst

[218] Is 373b7-c5: Ἡ μὲν γὰρ ἔτι τῶν θεῶν ἐν γαστρὶ τῆς Ῥέας ὄντων ἐξ Ἴσιδος καὶ Ὀσίριδος λεγομένη γένεσις Ἀπόλλωνος αἰνίττεται τὸ πρὶν ἐκφανῆ γενέσθαι τόνδε τὸν κόσμον καὶ συντελεσθῆναι τῷ λόγῳ, τὴν ὕλην, φῦσαι γλιχομένην, ἀφ᾽ αὐτῆς ἀτελῆ τὴν πρώτην γένεσιν ἐξενεγκεῖν· διὸ καί φασι τὸν θεὸν ἐκεῖνον ἀνάπηρον ὑπὸ σκότῳ γενέσθαι καὶ πρεσβύτερον Ὧρον καλοῦσιν· οὐ γὰρ ἦν κόσμος, ἀλλ᾽ εἴδωλόν τι καὶ κόσμου φάντασμα μέλλοντος.

[219] Vgl. Froidefond, Plutarque. Œuvres morales V/2 303.

[220] Vgl. Platon, Timaios 47e, die Überleitung zwischen dem ersten (29d-47e) und dem zweiten (47e-69a) Hauptteil der Rede des Timaios: „Das bis hierher Vorgetragene nun hat mit wenigen Ausnahmen das durch die Vernunft Hervorgebrachte aufgezeigt; wir müssen aber auch unserer Rede das durch die Notwendigkeit Entstehende hinzufügen." (Τὰ μὲν οὖν παρεληλυθότα τῶν εἰρημένων πλὴν βραχέων ἐπιδέδεικται τὰ διὰ νοῦ δεδημιουργημένα· δεῖ δὲ καὶ τὰ δι᾽ ἀνάγκης γιγνόμενα τῷ λόγῳ παραθέσθαι.)

[221] Is 372e7-f2: Ἔχει δὲ σύμφυτον ἔρωτα τοῦ πρώτου καὶ κυριωτάτου πάντων, ὃ τἀγαθῷ ταὐτόν ἐστι, κἀκεῖνο ποθεῖ καὶ διώκει· τὴν δ᾽ ἐκ τοῦ κακοῦ φεύγει καὶ διωθεῖται μοῖραν, ἀμφοῖν μὲν οὖσα χώρα καὶ ὕλη, ῥέπουσα δ᾽ ἀεὶ πρὸς τὸ βέλτιον ἐξ ἑαυτῆς.

und auch ihr Werk aufweisen, ist Plutarch hier doch weit davon entfernt, die Materie zum Prinzip des Bösen zu erklären. Sogar die Widerständigkeit der platonischen Notwendigkeit kehrt er ins Gegenteil um und bescheinigt der Materie einen natürlichen Hang zum Guten.[222]

Platon charakterisiert die dritte Art Wirklichkeit aber nicht nur als Amme und Raum, sondern auch als Mutter; dem Urbild kommt dann die Rolle des Vaters, dem Abbild diejenige des Sprößlings beider zu: „Im Augenblick aber müssen wir uns dreierlei Arten denken: das, was wird, das, worin es wird, und das, woher nachgebildet das Werdende geboren wird. Und so ist es dann auch angemessen, das Aufnehmende der Mutter, das Woher dem Vater und die zwischen diesen liegende Natur dem Sprößling zu vergleichen“[223]. Dementsprechend nennt Plutarch Osiris Vater, Isis Mutter und Horos den Nachkommen der beiden. Aufs ganze gesehen betrachtet Platon die dritte Wirklichkeit aus zwei unterschiedlichen, einander ergänzenden Perspektiven, die daran anschließend auch bei Plutarch ineinander fließen: „Alors que dans la série μήτηρ, τιθήνη, ὑποδοχή, l'aspect nourricier était prépondérant, dans la série χώρα, τόπος, ἕδρα l'aspect spatial s'impose avant tout.“[224] Die dritte Wirklichkeit steuert also zum Prozeß der Abbildung des stets Seienden im Vergänglichen den Raum und die Nahrung bei. Übersetzt man die Metapher der Ernährung in metaphysische Kategorien, so bringt sie zum Ausdruck, daß das Dritte im Prozeß der Weltentstehung nicht etwas unberührt Passives ist, sondern einen aktiven, konstitutiven Beitrag dazu leistet.

Nachdem Platon dreimal dazu angesetzt hat, die drei konstitutiven Momente der Weltentstehung in ihrem Wesen zu charakterisieren und so voneinander abzusetzen, bleibt ihm noch, ihr gegenseitiges Verhältnis zu bestimmen. Er kennzeichnet die Entstehung der sichtbaren Welt als einen Vorgang der Prägung, worin Plutarch ihm wiederum folgt. Muster und Chora beziehungsweise Osiris und Isis verhalten sich zueinander wie das Siegel zum Wachs: Das Siegel prägt seine Konturen dem formlosen Wachs ein und bringt so als Urbild im Wachs sein eigenes Abbild hervor. Timaios beschreibt diesen Vorgang wie folgt: „Denn ihrer Natur nach liegt sie [sc. die Chora] für alles als Prägemasse bereit, die durch die eintretenden Dinge bewegt und gestaltet wird und durch jene bald so, bald anders erscheint. Das Ein- und Austretende aber sind Nachbildungen der ständig seienden Dinge“[225]. Plutarch formuliert diesen Zusammenhang so: „Denn

[222] Vgl. Hager 80-81.

[223] Platon, Timaios 50c-d: Ἐν δ᾽ οὖν τῷ παρόντι χρὴ γένη διανοηθῆναι τριττά, τὸ μὲν γιγνόμενον, τὸ δ᾽ ἐν ᾧ γίγνεται, τὸ δ᾽ ὅθεν ἀφομοιούμενον φύεται τὸ γιγνόμενον. Καὶ δὴ καὶ προσεικάσαι πρέπει τὸ μὲν δεχόμενον μητρί, τὸ δ᾽ ὅθεν πατρί, τὴν δὲ μεταξὺ τούτων φύσιν ἐκγόνῳ.

[224] Brisson, Le même 211.

[225] Platon, Timaios 50b-c: δέχεταί τε γὰρ ἀεὶ τὰ πάντα, καὶ μορφὴν οὐδεμίαν ποτὲ οὐδενὶ τῶν εἰσιόντων ὁμοίαν εἴληφεν οὐδαμῇ οὐδαμῶς· ἐκμαγεῖον γὰρ φύσει παντὶ κεῖται, κινούμενόν τε καὶ διασχηματιζόμενον ὑπὸ τῶν εἰσιόντων, φαίνεται δὲ δι᾽ ἐκεῖνα ἄλλοτε ἀλλοῖον – τὰ δὲ εἰσιόντα καὶ ἐξιόντα τῶν ὄντων ἀεὶ μιμήματα.

das Seiende und Verstandesmäßige und Gute ist stärker als Vergehen und Veränderung. Die Abbilder von ihm aber, welche das Wahrnehmbare und Körperliche ausprägt und als Verhältnisse und Formen und Ähnlichkeiten empfängt, verbleiben wie Siegelabdrücke in Wachs nicht immerfort, sondern es erfaßt sie das Ungeordnete und Verworrene, das von dem oberen Raum hierher vertrieben ist und gegen Horos kämpft, den Isis als Abbild des Verstandesmäßigen, auf daß er eine wahrnehmbare Welt sei, gebiert."[226]

3.2.1.4. Der Status des Bösen und Platons „Theaitetos" (Is 54-55)

Die drei konstitutiven Momente der Weltentstehung sind nach Plutarchs Auffassung allesamt ohne Makel. Osiris ist gut, Isis strebt von Natur aus nach dem Guten, und ihr Sprößling Horos ist infolgedessen auch vollkommen. Horos hat indes in seiner Eigenschaft als geordnete Welt einen natürlichen Feind: das Ungeordnete. Auch im Mythos hat Horos mit einem Widersacher zu kämpfen, nämlich mit Typhon. In Plutarchs allegorischer Deutung wird Typhon deshalb folgerichtig zum Inbegriff der Unordnung, welche die Ordnung der Welt unablässig bedroht. Im Mythos tragen die beiden Gegner ihren Streit vor Gericht aus. Dabei wirft Typhon dem Horos seine uneheliche Geburt vor und bestreitet seine rechtmäßige Abstammung von Osiris. Mit Hilfe des Zeugnisses von Hermes kann Horos jedoch die Legitimität seiner Geburt verteidigen. Diese mythische Konstellation überträgt Plutarch ins Metaphysische: „Deshalb heißt es, daß er wegen unehelicher Geburt von Typhon vor Gericht gezogen werde, weil er nicht rein noch lauter sei wie sein Vater, die Vernunft an und für sich, unvermischt und affektlos, sondern verfälscht durch die Materie aufgrund des Körperlichen. Er ist aber überlegen und gewinnt, weil Hermes, das heißt die Vernunft, bezeugt und nachweist, daß die Natur dadurch, daß sie sich zum Verstandesmäßigen hin verwandelt, die Welt hervorbringt."[227] Der Widersacher Typhon bestreitet die Vollkommenheit der Welt, weil Horos nicht mehr durch und durch Vernunft ist wie sein Vater, sondern auch körperlich. Damit wird Typhon zum Vorstreiter derjenigen, die in der Materie den Grund für die Unvollkommenheit der Welt und mithin das Einfallstor des Bösen sehen. Wir haben oben bereits gesehen, daß Plutarch diese Position nicht teilt. Die Materie erstrebt seiner Ansicht nach

---

226 Is 373a5-12: Τὸ γὰρ ὂν καὶ νοητὸν καὶ ἀγαθὸν φθορᾶς καὶ μεταβολῆς κρεῖττόν ἐστιν· ἃς δ᾽ ἀπ᾽ αὐτοῦ τὸ αἰσθητὸν καὶ σωματικὸν εἰκόνας ἐκμάττεται, καὶ λόγους καὶ εἴδη καὶ ὁμοιότητας ἀναλαμβάνει, καθάπερ ἐν κηρῷ σφραγῖδες οὐκ ἀεὶ διαμένουσιν, ἀλλὰ καταλαμβάνει τὸ ἄτακτον αὐτὰς καὶ ταραχῶδες ἐνταῦθα τῆς ἄνω χώρας ἀπεληλαμένον καὶ μαχόμενον πρὸς τὸν Ὧρον, ὃν ἡ Ἶσις εἰκόνα τοῦ νοητοῦ κόσμον αἰσθητὸν ὄντα γεννᾷ.

227 Is 373b1-7: Διὸ καὶ δίκην φεύγειν λέγεται νοθείας ὑπὸ Τυφῶνος, ὡς οὐκ ὢν καθαρὸς οὐδ᾽ εἰλικρινὴς οἷος ὁ πατήρ, λόγος αὐτὸς καθ᾽ ἑαυτὸν ἀμιγὴς καὶ ἀπαθής, ἀλλὰ νενοθευμένος τῇ ὕλῃ διὰ τὸ σωματικόν. Περιγίγνεται δὲ καὶ νικᾷ τοῦ Ἑρμοῦ, τουτέστι τοῦ λόγου, μαρτυροῦντος καὶ δεικνύοντος ὅτι πρὸς τὸ νοητὸν ἡ φύσις μετασχηματιζομένη τὸν κόσμον ἀποδίδωσιν.

das Verstandesmäßige und läßt sich von ihm prägen. Wenn Plutarch den in Wahrheit bösen Typhon die unschuldige Materie des Bösen bezichtigen läßt, dann schlägt er damit einen harten Ton gegen diejenigen an, die es machen wie Typhon. Wer die Schuld am Bösen der Materie zuschiebt, der ist genauso ein Heuchler wie jener: Er klagt zu Unrecht die Materie an, dabei bringt er selbst durch seine falsche Meinung über die Welt deren vollkommene Ordnung durcheinander. Nach Plutarch bleibt Typhon, und in seiner Person das Böse, im Prozeß der Weltentstehung außen vor. Treffend hat dies J. Hani formuliert: In Is 53-57 begegnet uns „un schéma trinitaire, dans lequel le principe mauvais n'apparaît pas constitutif, mais seulement comme force adverse récurrente"[228].

Einschränkend ist freilich zu bemerken, daß sich Plutarch in seinen metaphysischen Einlassungen stark von den jeweiligen Gegebenheiten des Mythos bestimmen läßt. Die unterschiedlichen Perspektiven, die er dabei einnimmt, fügen sich nicht immer problemlos zueinander. So scheint das Bild der Lyra, das Plutarch in Is 55 bemüht, dem Bösen sehr wohl eine konstitutive Rolle in der Weltentstehung zuzuweisen: „Von Hermes erzählen sie, daß er, nachdem er Typhons Nerven herausgenommen hätte, sie als Saiten verwendet habe, womit sie lehren, daß die Vernunft, indem sie das Ganze durchstimmte, es aus dissonanten Teilen harmonisch gemacht und die schädliche Kraft nicht vernichtet, sondern nur verstümmelt habe."[229] Plutarch selbst verwendet das Bild der Lyra in Is 45,369b1-2 in einem eindeutig dualistischen Kontext: Das Gute und das Böse fügen sich in der Weltentstehung wie die beiden Arme einer Lyra zu einer spannungsvollen Harmonie zusammen. Der Sache nach scheint hinter dem Bild der Lyra die Feststellung des Sokrates in Platons „Theaitetos" (176a-b) zu stehen: „Das Böse, o Theodoros, kann weder ausgerottet werden, denn es muß immer etwas dem Guten Entgegengesetztes geben, noch auch bei den Göttern seinen Sitz haben. Unter der sterblichen Natur aber und in dieser Gegend zieht es umher jener Notwendigkeit gemäß. Deshalb muß man auch trachten, von hier dorthin zu entfliehen aufs schleunigste. Der Weg dazu ist Verähnlichung mit Gott so weit als möglich; und diese Verähnlichung, daß man gerecht und fromm sei mit Einsicht."[230] Von diesem Text führen

---

[228] Hani, Le religion 242; vgl. Bianchi 350-359; Deuse 38-39.

[229] Is 373c9-d2: τὸν Ἑρμῆν μυθολογοῦσιν ἐξελόντα τοῦ Τυφῶνος τὰ νεῦρα χορδαῖς χρήσασθαι, διδάσκοντες ὡς τὸ πᾶν ὁ λόγος διαρμοσάμενος σύμφωνον ἐξ ἀσυμφώνων μερῶν ἐποίησε καὶ τὴν φθαρτικὴν οὐκ ἀπώλεσεν ἀλλ᾽ ἀνεπήρωσε δύναμιν. Vgl. Froidefond, Plutarque. Œuvres morales V/2 303: „Il s'agit peut-être ici de la contamination de deux mythes grecs: invention de la lyre par Hermès (*Hym. hom.* V,4; Sophocle, *Ichn.*, v. 268 sq.; Apollodore 3,10,2), mutilation de Zeus par Typhon (Apoll. 1,6,3). Dans la Ire *Pythique*, Pindare montre Typhon, réduit à l'impuissance sous le poids de l'Etna, frémissant de peur en entendant la lyre (v. 13 et 27 sq.)."

[230] Platon, Theaitetos 176a-b: Ἀλλ᾽ οὔτ᾽ ἀπολέσθαι τὰ κακὰ δυνατόν, ὦ Θεόδωρε – ὑπεναντίον γάρ τι τῷ ἀγαθῷ ἀεὶ εἶναι ἀνάγκη – οὔτ᾽ ἐν θεοῖς αὐτὰ ἱδρῦσθαι, τὴν δὲ θνητὴν φύσιν καὶ τόνδε τὸν τόπον περιπολεῖ ἐξ ἀνάγκης. Διὸ καὶ πειρᾶσθαι χρὴ ἐνθένδε ἐκεῖσε φεύγειν ὅτι τάχιστα. Φυγὴ δὲ ὁμοίωσις θεῷ κατὰ τὸ δυνατόν· ὁμοίωσις δὲ δίκαιον καὶ ὅσιον μετὰ φρονήσεως γενέσθαι.

mehrere Gedankenstränge zu Is 55. Der Gegensatz zwischen Gut und Böse ist für die Welt konstitutiv, weshalb das Böse niemals ganz verschwinden kann. Das soll aber nicht heißen, daß das Böse dem Guten ebenbürtig wäre. Im Gegensatz zum Guten hat es seinen Sitz nicht bei den Göttern, sondern im Bereich unserer Welt. Ebenso verkörpert Typhon nicht ein böses Prinzip, das zusammen mit dem guten Prinzip Osiris in der Seinshierarchie ganz oben stünde. Er streitet in Is 55 nicht mit Osiris, sondern mit seinem Sohn Horos, der wahrnehmbaren Welt in Person. In seiner Anklage beruft er sich sogar selber auf Osiris, indem er Horos vorwirft, an die Reinheit seines Vaters nicht heranzureichen. Damit ordnet sich Typhon uneingeschränkt Osiris unter und erkennt ihn als oberstes Prinzip und einzigen Maßstab an. So kommt C. Froidefond zu dem Ergebnis: Plutarchs „cosmologie, telle qu'elle apparaît, pleinement élaborée, dans le ‚De Iside' confirme l'unicité du Principe."[231] Nur im Bereich des Horos und gegen ihn, das heißt: in der wahrnehmbaren Welt, kann Typhon sein Unwesen treiben. Um dem Bösen zu entkommen, schlägt Platon den Weg der Verähnlichung mit Gott vor. Diesen Weg geht Isis, die Materie, nach Is 53 in ihrem natürlichen Streben nach dem obersten Prinzip. Dem Horos muß die Vernunft selbst in Gestalt des Götterboten Hermes gegen Typhon zu Hilfe kommen. Die Vernünftigkeit der Welt tritt nämlich nicht unmittelbar zutage, sondern muß erst mittels der Vernunft selbst aufgewiesen werden, damit die wahrnehmbare Welt als rechtmäßiges Abbild des verstandesmäßigen Urbildes erscheint.

3.2.1.5. Weitere Deutungen der Göttertriade (Is 56,373e11-57)

Nachdem Plutarch in Is 54-55 den mythologischen und metaphysischen Status des Typhon in seinem Verhältnis zu Horos bestimmt hat, beschränkt er sich in Is 56-57 wieder ganz auf die Beziehungen innerhalb der Göttertriade Isis, Osiris und Horos. Diese vergleicht er als erstes mit den Verhältnissen, die in einem rechtwinkligen Dreieck zwischen den drei Seiten herrschen. Er beruft sich dazu auf komplizierte Berechnungen Platons in der „Politeia" (546b-c), die hier zu diskutieren zu weit vom Thema wegführen würde. Recht betrachtet, übernimmt Plutarch von Platon auch nur den Grundgedanken, den er dann in anderer, viel leichter verständlicher Form als Platon ausführt. Platon sucht an der genannten Stelle eine Antwort auf die Frage, zu welchem Zeitpunkt im idealen Staat die Zeugung und Empfängnis von Kindern vonstatten gehen solle, damit gut geratene Sprößlinge daraus hervorgehen. Seine Grundintuition ist die, daß der richtige Zeitpunkt für die Zeugung durch eine spezifisch menschliche Zahl bestimmt wird, durch deren Berechnung man „alles gegeneinander meßbar und ausdrückbar darstellen"[232] kann. „Diese gesamte geometrische Zahl entscheidet hierüber, über bessere und schlechtere Zeugungen;

---

[231] Froidefond, Plutarque et le platonisme 217.

[232] Platon, Politeia 546b-c: πάντα προσήγορα καὶ ῥητὰ πρὸς ἄλληλα ἀπέφηναν.

und wenn aus Unkenntnis dieser eure Wächter den Jünglingen Bräute zugesellen zur Unzeit, so wird das Kinder geben, die weder wohlgeartet sind noch wohlbeglückt."[233] Plutarch überträgt diese Grundintuition auf die Zeugung des Horos, um so durch geometrische Berechnungen seines rechtwinkligen Dreiecks die Vollkommenheit der Weltentstehung zu erweisen. Seinem Argument liegt der Satz des Pythagoras zugrunde: Wie im rechtwinkligen Dreieck die Addition der Flächen der beiden Kathetenquadrate die Fläche des Hypotenusenquadrates ergibt, so geht aus der Vereinigung von Isis und Osiris Horos hervor. Dabei stehen die beiden Katheten für Isis und Osiris, die Hypotenuse für Horos. Die Vollkommenheit dieses Vorganges müssen aber die genauen Zahlenverhältnisse erweisen. Deshalb weist Plutarch jeder der drei Seiten eine ganz bestimmte Länge zu. Osiris als dem obersten Prinzip ist nur die erste vollkommene Zahl angemessen: die Drei. Das erklärt Froidefond so: „Trois est le premier nombre qui ait commencement, milieu et fin (rappelons que un est considéré par les Grecs, non comme un nombre, mais comme le père des nombres). Euclide qualifie de τέλειος tout nombre qui est égal à la somme de ses parties"[234]. Die Zahl drei gilt demnach als vollkommen, weil sie die Teile eins und zwei enthält, deren Addition $1 + 2 = 3$ ergibt. Isis bekommt die Zahl vier zugewiesen, die Quadratzahl der ersten geraden Zahl zwei. Daraus ergibt sich für Horos die Zahl fünf; denn nach dem Satz des Pythagoras gilt: $3^2 + 4^2 = 5^2$. Nach Plutarch ist die Fünf noch aus vier weiteren Gründen dem Horos angemessen. Sie läßt sich, erstens, aus der einfachen Addition der beiden im Satz des Pythagoras enthaltenen Grundzahlen zwei und drei gewinnen, weil zugleich $3^2 + (2^2)^2 = 5^2$ und $3 + 2 = 5$ gilt. Zweitens entsteht ja aus der Vereinigung von Isis und Osiris das Weltall (τὰ πάντα), das seinen Namen nach Plutarch von der Zahl fünf (πέντε) hat; eine Herleitung, die etymologisch allerdings nicht haltbar ist. Das griechische Wort für „zählen" (πεμπάσασθαι) hat dagegen, drittens, tatsächlich etwas mit der Fünf zu tun; der Etymologie liegt die einfache Beobachtung zugrunde, daß man etwas an den fünf Fingern abzählt und die Fünf so zu einer natürlichen Zähleinheit wird. Viertens zähle das ägyptische Alphabet $5^2 = 25$ Buchstaben. Auch Platon bezieht sich in Philebos 18b-d auf ein ägyptisches Alphabet. Diesbezüglich stellt J. G. Griffiths fest: „The Egyptians did not at any time use their signs consistently in alphabetic fashion, although a number of hieroglyphs did eventually come close to such a system."[235]

Plutarchs Bemerkungen zur ägyptischen Etymologie können wir übergehen, da sie inhaltlich gegenüber den bisherigen Darlegungen nichts Neues

233 Platon, Politeia 546c-d: Σύμπας δὲ οὗτος ἀριθμὸς γεωμετρικός, τοιούτου κύριος, ἀμεινόνων τε καὶ χειρόνων γενέσεων ἃς ὅταν ἀγνοήσαντες ὑμῖν οἱ φύλακες συνοικίζωσιν νύμφας νυμφίοις παρὰ καιρόν, οὐκ εὐφυεῖς οὐδ᾽ εὐτυχεῖς παῖδες ἔσονται.

234 Froidefond, Plutarque. Œuvres morales V/2 304; vgl. Griffiths 509; Euklid 7, Def. 22.

235 Griffiths 510; vgl. Froidefond, Plutarque. Œuvres morales V/2 305.

bringen. Auch der Hinweis auf Hesiod hat eher enzyklopädischen Charakter, als daß er die Erörterung vorantriebe. Immerhin liefert Hesiod das Stichwort des Eros (Ἔρως), das Plutarch veranlaßt haben dürfte, schließlich noch auf Platons „Symposion" zu sprechen zu kommen. Dort hatte Diotima die Allegorie des Eros eingeführt. Als die Frage nach der Herkunft des Eros aufgeworfen wird, baut sie die Allegorie zu einem kleinen Mythos aus: „Als nämlich Aphrodite geboren war, schmausten die Götter, und unter den übrigen auch Poros, der Sohn der Metis. Als sie nun gespeist, kam, um sich etwas zu erbetteln, da es doch festlich herging, auch Penia und stand an der Türe. Poros nun, berauscht vom Nektar, denn Wein gab es noch nicht, ging in den Garten des Zeus hinaus, und schwer und müde wie er war, schlief er ein. Penia nun, die ihrer Dürftigkeit wegen den Anschlag faßte, ein Kind mit Poros zu erzeugen, legte sich zu ihm und empfing den Eros."[236] Durch die Erzählung werden neben dem Eros auch der Wohlstand und die Armut zu allegorischen Figuren und als solche zu Personen des Mythos. Die Armut identifiziert Plutarch sodann mit Isis, der formlosen Materie, die des Guten bedürftig ist und es deshalb erstrebt. Der Wohlstand wird durch Osiris verkörpert, ist er doch die Weisheit und Güte selbst und daher vollkommen und selbstgenügsam. Aus der Verbindung des Gegensatzpaares Armut und Wohlstand geht als ein Mittleres zwischen beiden der Eros hervor, personifiziert in Horos. Bei Plutarch wie bei Platon ist der Eros ein Mischling, weder ganz arm noch ganz reich, weder uneingeschränkt weise noch völlig unverständig. Vergleicht man diese Zuweisung der platonischen Allegorien zu den Göttern des ägyptischen Mythos, so fällt auf, daß Plutarch den Eros bei Hesiod durch Osiris verkörpert sieht, bei Platon hingegen durch Horos. Diese Feststellung kann uns am Ende unseres Durchgangs durch Is 53-57 davor warnen, Plutarchs allegorische Deutungen des Mythos zu dogmatisch aufzufassen. Dieselben Personen und Vorgänge können unter anderen Umständen auch andere Interpretationen erfahren. Daran zeigt sich, wie sehr Plutarchs Erörterungen an den jeweiligen Kontext gebunden sind und nur in diesem Kontext einen ganz bestimmten Sinn haben.

3.2.2. Procr 5-10

3.2.2.1. Einordnung und Gliederung

Plutarchs Schrift „De animae procreatione in Timaeo" ist der Form nach ein ausführlicher Kommentar zu Timaios 35a1-36b5,[237] wo Platon von der

---

236 Platon, Symposion 203b-c: Ὅτε γὰρ ἐγένετο ἡ Ἀφροδίτη, ἡστιῶντο οἱ θεοί, οἵ τε ἄλλοι καὶ ὁ τῆς Μήτιδος υἱός, Πόρος. Ἐπειδὴ δὲ ἐδείπνησαν, προσαιτήσουσα οἷον δὴ εὐωχίας οὔσης, ἀφίκετο ἡ Πενία, καὶ ἦν περὶ τὰς θύρας. Ὁ οὖν Πόρος, μεθυσθεὶς τοῦ νέκταρος (οἶνος γὰρ οὔπω ἦν), εἰς τὸν τοῦ Διὸς κῆπον εἰσελθών, βεβαρημένος εὗδεν. Ἡ οὖν Πενία, ἐπιβουλεύουσα διὰ τὴν αὑτῆς ἀπορίαν παιδίον ποιήσασθαι ἐκ τοῦ Πόρου, κατακλίνεταί τε παρ' αὐτῷ, καὶ ἐκύησε τὸν Ἔρωτα. Vgl. ebd. 203a-204c.

237 Vgl. Hershbell 238.

Erschaffung der Weltseele handelt. Zur Kommentierung teilt Plutarch den platonischen Text in zwei Teile auf, die er dem entsprechenden Kommentarabschnitt als Zitat voranstellt. Dadurch zerfällt sein Buch in zwei Teile: Procr 1-28 über Timaios 35a1-b4 und Procr 29-33 über Timaios 35b4-36b5.[238] Plutarch nimmt die Diskussion um die Entstehung der Weltseele zum Anlaß, seine Lehre von der Seele überhaupt zu entfalten. Im Bereich unseres Interesses liegen dabei nur diejenigen Passagen, in denen er auf die Weltschöpfung als ganze zu sprechen kommt, also die Kosmogonie und nicht so sehr die Psychogonie und Psychologie als solche. Auf Fragen der Kosmogonie geht Plutarch in Procr 5-10 ein, das ich nachfolgend untersuchen will. Dazu schicke ich eine Gliederung des Textes voraus, um sie anschließend zu erläutern.

Ankündigung: Darlegung der Meinung Platons in Text, Auslegung und Beweis (1014a1-5).

Texte und Auslegungen (1014a5-1015f5):

1. Der Gott (1014a5-c11):
   Heraklit[239]: Diese Welt hat keiner der Götter gemacht.
   => Dagegen Platon, Timaios 29a5-6: Die Welt ist durch Gott entstanden auf der Grundlage der vorhandenen Materie (1014a5-b5).
   Begründung:
   - Nicht aus dem Nicht-Seienden entsteht die Welt, sondern aus dem, was sich nicht schön verhält (1014b5-7).
   - Vor der Weltentstehung war Unordnung, aber nicht ohne Körper, Bewegung und Seele (1014b7-12).
   - Leib und Seele lagen dem Gott als Prinzipien bereits vor; er ordnete sie, teilte sie auf und fügte sie zusammen (1014b12-c11).
   Schluß: So entstand die Welt als schönstes und vollkommenstes Lebewesen.

---

238 Durch eine Blättervertauschung war der ursprüngliche Aufbau von Plutarchs Buch durcheinandergeraten. Dieses Mißgeschick wurde zwar schon früh bemerkt und die ursprüngliche Ordnung wiederhergestellt. Die Kapitel- und Seitenzählung der zuvor erschienenen Stephanusausgabe ist aber bis heute beibehalten worden. Seit seiner Heilung ist der Text deshalb in den Ausgaben wie folgt angeordnet: Procr 1-10 (1012a-1017c); 21-30 (1022e-1027f); 11-20 (1017c-1022e); 30-33 (1027f-1030c). Dieser Umstand ist bei den Angaben über bestimmte Textbereiche zu beachten. So umfaßt Procr 1-28 tatsächlich nur die Kapitel 1-10.21-28, während Procr 29-33 sich aus den Kapiteln 29-30.11-20.30-33 zusammensetzt. Vgl. dazu Cherniss, Plutarch's Moralia XIII/1 134; Hershbell 238.243; Thévenaz, L'âme 358-361; Ziegler, Plutarchos 745.

239 Vgl. Heraklit B 30 (die Fragmente der Vorsokratiker werden nach der Numerierung bei Diels/Kranz zitiert).

2. Seele und Materie: Die Bedeutung der ἀνάγκη und der übeltätigen Seele (1014c11-1015f5):
   a) Schöpfung durch Ordnung (1014c11-e10): Das Wesen des Körpers ist die alles empfangende Natur, Sitz und Amme der gewordenen Dinge (1014c11-d1).

      Die ἀνγκη war die übeltätige Seele, die Seele für sich selbst; durch die Teilhabe an Verstand, Vernunft und Harmonie wurde sie zur Weltseele (1014d2-e4).[240]

   Der Materie fehlten Schönheit, Gestalt und Maß der Formen; daran erhielt sie Anteil und wurde zu allerlei Körpern (1014e4-10).

   b) Die Aporien der Gegner von Plutarchs Platondeutung (1014e10-1015b7):
   - Manche setzen die ἀνάγκη in die Materie.[241]
     Wie ordnen sie Gestalt- und Formlosigkeit der Materie ein?[242]
     Denn unmöglich sieht Platon im Qualitätslosen die Ursache des Bösen. (1014e10-1015a5)
   - Die ἀνάγκη verkehrt die Bewegung des Himmels.[243]
     Woher kommt sie, wenn der Demiurg gut, die Materie qualitätslos ist?[244]
     Denn so entsteht das Böse ohne Ursache aus dem Nicht-Seienden (Stoiker). (1015a5-b7)

   c) Nach Plutarch entgeht Platon diesen Aporien (1015b7-d12):
   - Platon setzt zwischen den Gott und die Materie eine dritte Ursache.
     Denn nur so hat das Böse eine Ursache (gegen Epikur und die Stoiker). (1015b7-c6)
   - Die Welt bewahrt Böses aus ihrem vorkosmischen Zustand.[245]
     Dagegen Eudemos: Platon nennt die Mutter und Amme Ursache des Bösen. (1015c7-d12)

3. Zusammenfassung (1015d12-f5):
   - Die *Materie* ist Mutter und Amme (1015d12-e5).[246]
   - Die *Seele* ist Ursache der ungeordneten Bewegung und damit des Bösen (1015e5-6).[247]
   - Der *Gott* schafft Ordnung durch Harmonie, Analogie und Zahl (1015e7-f5).

---

240 Vgl. Platon, Timaios 35a1-3; Nomoi 896d-898c.
241 Vgl. Platon, Timaios 47e-48a. 56c. 68e-69a; Philebos 24a-25a. 25c5-d1.
242 Vgl. Platon, Timaios 50b-51a.
243 Vgl. Platon, Politikos 272e-273b.
244 Vgl. Platon, Timaios 29e1-30a3.
245 Vgl. Platon, Politikos 273b-e.
246 Vgl. Platon, Timaios 49a. 50d. 51a. 52d. 88d.
247 Vgl. Platon, Phaidros 245c-246a; Nomoi 896a-b.

Beweis: Auflösung der scheinbaren Unstimmigkeit Platons mit sich selbst (1015f6-1017b3):

1. Scheinbar widersprüchliche Passagen aus dem „Phaidros“[248] und dem „Timaios“[249] (Procr 8,1015f6-1016c3).
2. Auflösung des Widerspruchs durch Platon selbst (Procr 9,1016c4-1017c3):
   a) Unterscheidungen:
   - in bezug auf die Seele (1016c4-d1):
     - die ungewordene Seele,
     - die gewordene Seele;
   - in bezug auf den Körper (1016d1-e3):
     - der Weltentstehung zugrunde liegende ungewordene Körper,[250]
     - die gewordenen Körper.[251]

   b) Der Gott schafft Ebenmaß und Schönheit
     - im Bereich der Körper (1016e3-1017a8),[252]
     - in der Seele (1017a8-b3).

Schluß: Platon spricht von der Schöpfung von Welt und Seele nicht nur um der Anschaulichkeit willen (Procr 10,1017b4-c12).[253]

Zu Beginn von Procr 5 kündigt Plutarch die Art und Weise seines Vorgehens an: Er wolle zuerst Platon selbst zu Wort (λέξις) kommen lassen und einzelne Texte auslegen (ἐξήγησις), um anschließend einen zusammenhängenden Beweis (ἀπόδειξις) für sein eigenes Verständnis des Meisters zu führen. Die Texte und Auslegungen folgen in Procr 5-7. Das Stichwort der ἀπόδειξις nimmt Plutarch zu Beginn von Procr 8 wieder auf, womit er in die Beweisführung Procr 8-10 einsteigt. Procr 5-7 verteilt sich auf zwei große Themenblöcke und eine Zusammenfassung. Der erste Block thematisiert die Rolle des Gottes bei der Weltschöpfung. Gegen Heraklit verteidigt Plutarch die platonische Auffassung, der Gott sei tatsächlich mit der Weltschöpfung befaßt gewesen. Er begründet seine These mit drei Argumenten, die sämtlich durch ein einleitendes γάρ (1014b5.7.12) als solche gekennzeichnet sind. Durch ein gliederndes οὖν (1014c11) wird der zweite Themenblock vom ersten abgesetzt. Darin geht es um das Verhältnis von Seele und Materie, näherhin um die Bedeutung der Notwendigkeit und der übeltätigen Seele, die Plutarch annimmt. Im ersten Teil entfaltet Plutarch das platonische Grundaxiom, wonach Schöpfung eine Ordnungstätigkeit des Gottes bedeutet, die er in den Rahmenstücken dieses ersten Teils auf die körperliche Materie und im Mittelstück auf die Seele bezieht. Im zweiten Teil weist Plutarch auf Aporien hin, in die man seiner Ansicht nach bei der Ablehnung die-

248 Vgl. Platon, Phaidros 245c-246a.
249 Vgl. Platon, Timaios 34b-35a. 36e-37a.
250 Vgl. Platon, Timaios 30a. 52e. 53a.
251 Vgl. Platon, Timaios 28b-c. 34b-35a.
252 Vgl. Platon, Timaios 32a-c. 53a-b.
253 Vgl. Platon, Kritias 106a; Politikos 269d. 273b-d; Politeia 546b-d.

ses Axioms gerät, und macht anschließend deutlich, auf welche Art und Weise Platon diesen Aporien entgeht. Die Darstellung der beiden Aporien folgt dabei ein und derselben Form: Zuerst wird eine bestimmte Meinung angeführt, die dann in Frage gestellt wird (ποῦ/πόθεν); schließlich wird die Frage durch eine Begründung (γάρ) gerechtfertigt. Eine Zusammenfassung der beiden Themenblöcke weist abschließend noch einmal der Materie, der Seele und dem Gott die Rollen zu, die ihnen nach Plutarch bei der Weltentstehung zukommen. Der Beweis in Procr 8-10 erfolgt sodann in zwei Schritten. Im ersten Schritt liefert Plutarch einen Problemaufriß, indem er Platonstellen einander gegenüberstellt, denen Widersprüchlichkeit vorgeworfen wird. Der zweite Schritt soll demgegenüber die Auflösung der Widersprüche bringen. Nach alldem kommt Plutarch zu dem Schluß, daß Platon tatsächlich die Schöpfung, das heißt: einen zeitlichen Beginn, von Seele und Welt gelehrt habe.

3.2.2.2. Die Schöpfertätigkeit des Gottes (1014a5-c11)

Plutarch eröffnet seine Erörterungen mit einem pointierten Ausspruch Heraklits: „Diese Welt hat weder einer der Götter noch der Menschen gemacht.“ Dieses Zitat provoziert drei eng miteinander verbundene Fragen: Wer hat dann die Welt geschaffen? Ist sie überhaupt irgendwann entstanden oder nicht vielmehr ewig? Wie muß man sich den Vorgang der Schöpfung vorstellen? Plutarch wendet sich zunächst ironisch gegen diejenigen, welche Gott absprechen, der Schöpfer der Welt zu sein. Zu ihnen gehört ja offenbar auch Heraklit. Wohin man mit dieser Leugnung kommt, das zeigt Plutarchs Meinung nach der Ausspruch Heraklits selbst: Nur weil er zuerst die Weltschöpfung durch die Götter abgelehnt hat, kann er auf den Gedanken verfallen, sie nun auch den Menschen ausdrücklich absprechen zu müssen. Das offenbart nach Plutarchs Überzeugung die Absurdität des ganzen Gedankens. Wer dagegen den Gott als den Schöpfer der Welt betrachtet, der ist vor solchen widersinnigen Gedanken gefeit. Um zu diesem Ergebnis zu kommen, hat Plutarch allerdings das Heraklitzitat geschickt abgegrenzt. Denn auch Heraklit ging es nicht darum zu betonen, daß die Menschen nicht Schöpfer der Welt seien, sondern darum, die Schöpfung der Welt überhaupt zu leugnen. Die Parallelisierung von Göttern und Menschen ist auf diesem Hintergrund als poetische Ausdrucksweise zu qualifizieren. Heraklits Aussageabsicht geht aus der ausführlicheren Version desselben Spruches bei Clemens von Alexandria klar hervor: „Die gegebene schöne Ordnung [Kosmos] aller Dinge, dieselbe in allem, ist weder von einem der Götter noch von einem der Menschen geschaffen worden, sondern sie war immer, ist und wird sein: Feuer, ewig lebendig, nach Maßen entflammend und nach [denselben] Maßen erlöschend.“[254] Heraklit leugnet eine

[254] Heraklit B 30 nach Clemens von Alexandria, Stromata V 104,2: κόσμον τόνδε τὸν αὐτὸν ἁπάντων οὔτε τις θεῶν οὔτε ἀνθρώπων ἐποίησεν, ἀλλʼ ἦν ἀιεὶ καὶ ἔστιν καὶ ἔσται· πῦρ ἀείζωον, ἁπτόμενον μέτρα καὶ ἀποσβεννύμενον μέτρα.

zeitliche Entstehung der Welt. Im unaufhörlichen Fluß von Aufflammen und Erlöschen ist sie seiner Meinung nach ewig. Plutarch nimmt dagegen Platons Aussage in Timaios 28b wörtlich: „Sie ist geworden" (γέγονεν). Nicht geworden sei dagegen die Materie, sondern sie liege der Schöpfung von Ewigkeit her zugrunde (ὑποκεῖσθαι). Schöpfung meint dann nichts anderes als die schöne Einrichtung und Anordnung (διάθεσις καὶ τάξις) der vorhandenen Materie, auf daß sie dem Schöpfer möglichst ähnlich werde. Das ist nach Platon das ausdrückliche Ziel des Schöpfers,[255] das sich auch seine Geschöpfe zu eigen machen müssen, wenn sie dem Bösen in der Welt entkommen wollen.[256] Interessant ist in diesem Zusammenhang, daß nach Is 53 Isis, die ja die Materie personifiziert, in ihrem Streben nach dem obersten Prinzip diesen Weg der Verähnlichung mit Gott geht. Nach Plutarchs Auffassung haben also im Schöpfungshandeln das Einwirken des Schöpfers auf die Materie und deren eigenes Streben dieselbe Zielrichtung, eben Verähnlichung der vorhandenen Materie mit Gott.

Für seine Sicht der Dinge gibt Plutarch eine dreifache Begründung. Schöpfung meint danach, erstens, keine creatio ex nihilo, sondern die Veredelung vorhandenen Materials. Der Zustand der Materie vor der Schöpfung unterscheidet sich, zweitens, von dem nach der Schöpfung durch seine Unordnung. Die Materie, bei Platon die Chora,[257] ist noch gestaltlos (ἄμορφον) und ihre Bewegung unvernünftig (ἄλογον). Hier setzt auch Platons Kosmogonie ein: „[S]o nahm er also alles, was sichtbar war und keine Ruhe hielt, sondern in ungehöriger und ordnungsloser Bewegung war, und führte es aus der Unordnung zur Ordnung"[258]. Ohne Seele gibt es aber keinerlei Bewegung: „Nachdem sich nun das sich von selbst Bewegende als unsterblich gezeigt hat, so darf man sich auch nicht schämen, eben dieses für das Wesen und den Begriff der Seele zu erklären. Denn jeder Körper, dem nur von außen das Bewegt-Werden kommt, heißt unbeseelt, der es aber in sich hat aus sich selbst, beseelt, als sei dieses die Natur der Seele."[259] Daraus schließt Plutarch, daß es auch vor der Erschaffung der Weltseele schon eine Seele gegeben haben müsse, die aber noch ohne Vernunft war und deshalb unvernünftige Bewegungen bewirkte. Der Demiurg fand also, drittens, Leib und Seele, wenn auch im

---

255 Vgl. Platon, Timaios 29e.

256 Vgl. Platon, Theaitetos 176a-b.

257 Vgl. Platon, Timaios 50d.51a; vgl. Hershbell: „But perhaps the most important alteration of Plato's text and thought involves Plutarch's identification of χώρα or the receptacle of the ‚Timaeus' with ὕλη or matter (1024C, cf. 1015D), confusing χώρα further with the ‚precosmic' corporeal disorder (cf. 1014B-C and 1016D-1017A)."

258 Platon, Timaios 30a: οὕτω δὴ πᾶν ὅσον ἦν ὁρατὸν παραλαβὼν οὐχ ἡσυχίαν ἄγον ἀλλὰ κινούμενον πλημμελῶς καὶ ἀτάκτως, εἰς τάξιν αὐτὸ ἤγαγεν ἐκ τῆς ἀταξίας.

259 Vgl. Platon, Phaidros 245e: Ἀθανάτου δὲ πεφασμένου τοῦ ὑφ᾽ ἑαυτοῦ κινουμένου, ψυχῆς οὐσίαν τε καὶ λόγον τοῦτον αὐτόν τις λέγων οὐκ αἰσχυνεῖται. Πᾶν γὰρ σῶμα, ᾧ μὲν ἔξωθεν τὸ κινεῖσθαι, ἄψυχον· ᾧ δὲ ἔνδοθεν αὐτῷ ἐξ αὑτοῦ, ἔμψυχον, ὡς ταύτης οὔσης φύσεως ψυχῆς.

Zustand der Unordnung, bereits vor. Beide können deshalb zu Recht als Prinzipien (ἀμφότεραι αἱ ἀρχαί) gelten, die er übernahm, um „das schönste und vollkommenste Lebewesen aus ihnen herzustellen" (τὸ κάλλιστον ἀπεργασάμενος καὶ τελειότατον ἐξ αὐτῶν ζῷον).

3.2.2.3. Das Wesen des Körpers und das Wesen der Seele (1014c11-1015f5)

Spätestens an dieser Stelle fällt auf, daß Plutarch Körperlichkeit in einem doppelten Sinne versteht. Körperlich ist nach 1014c4 alles, was man handgreiflich anfassen kann (ἁπτόν) und was dabei eine Sinneswahrnehmung der Härte vermittelt (ἀντίτυπον). Es muß dazu aber nach 1014b10 noch keine festgefügte Gestalt haben (ἄμορφον καὶ ἀσύστατον). Dieses gestaltlose Körperliche ist ungeworden und dem Demiurgen zur Schöpfung prinzipiell vorgegeben. Der Leib der Welt und die Körper in unserem gebräuchlichen Sinne entstehen dagegen erst dadurch, daß der Schöpfer dem gestaltlosen Körper eine Gestalt, das heißt: Harmonie und Ordnung, verleiht. Das gestaltlose und ungewordene Körperliche bezeichnet Plutarch als das Wesen des Körpers und identifiziert es im einleitenden Rahmenstück des ersten Teils mit der platonischen Amme: „Das Wesen des Körpers nun ist nichts anderes als die von ihm [sc. Platon] so genannte alles empfangende Natur, Sitz und Amme der gewordenen Dinge."[260] Das alles Empfangende ist seinerseits, wie wir im abschließenden Rahmenstück erfahren, nichts anderes als das Materielle in seiner räumlichen Ausdehnung: „Denn auch jenes alles Empfangende und Materielle besaß zwar Größe und Ausdehnung und Raum, an Schönheit aber und Gestalt und Maß der Formen hatte es Mangel."[261] Nimmt man Plutarch beim Wort, dann erweist er sich trotz abweichender Begrifflichkeit als treuer Platonschüler.[262] Plutarch unterscheidet zwischen den Körpern einerseits und dem Wesen des Körpers andererseits. Darin folgt er einer Unterscheidung Platons. Nur das Wesen des Körpers identifiziert Plutarch mit jener dritten Wirklichkeit, die Platon Amme, Mutter und Raum nennt. Dieses Wesen ist nach Platon „ein unsichtbares, gestaltloses, allaufnehmendes Gebilde" (ἀνόρατον εἶδός τι καὶ ἄμορφον, πανδεχές)[263] und liegt aller Schöpfung zugrunde. Auf der anderen Seite stehen die gewordenen Körper, von denen Platon sagt: „Das Gewordene muß aber körperlich, sichtbar und betastbar sein."[264] Nun darf man sich aber die Erschaffung des Körperlichen nach Platon

---

260 Procr 1014c11-d1: ἡ μὲν οὖν σώματος οὐσία τῆς λεγομένης ὑπ' αὐτοῦ πανδεχοῦς φύσεως ἕδρας τε καὶ τιθήνης τῶν γενητῶν οὐχ ἑτέρα τίς ἐστιν.

261 Procr 1014e4-7: καὶ γὰρ τὸ πανδεχὲς καὶ ὑλικὸν ἐκεῖνο μέγεθος μὲν ἐκέκτητο καὶ διάστημα καὶ χώραν, κάλλους δὲ καὶ μορφῆς καὶ σχημάτων μετριότητος ἐνδεῶς εἶχεν. Vgl. Thévenaz, L'âme 108-113.

262 Vgl. Helmer 21-22.

263 Platon, Timaios 51a.

264 Platon, Timaios 31b: Σωματοειδὲς δὲ δὴ καὶ ὁρατὸν ἁπτόν τε δεῖ τὸ γενόμενον εἶναι.

nicht einfach so vorstellen, daß der Demiurg eben das ihm vorgegebene gestaltlose Gebilde geformt und dadurch Körper aus ihm hergestellt hätte. Vielmehr liegt das formlose Gebilde selbst bereits als körperliches Substrat vor. Zu diesem Schluß führt die Verbindung zweier Aussagen im „Timaios". Über das gestaltlose Gebilde sagt Platon: „Als Feuer erscheine jeweils dessen in Brand geratener Teil, der verflüssigte aber als Wasser, als Erde und Luft, soweit es immer Abbilder dieser in sich aufnimmt."[265] Einige Seiten weiter heißt es dann über die vier Elemente: „Daß nun erstens Feuer, Erde, Wasser und Luft Körper sind, das sieht wohl jeder ein."[266] Die körperlichen Elemente sind gewissermaßen vorübergehende Qualitäten an einem sich sonst gleich bleibenden Gebilde, oder in der Sprache der klassischen Metaphysik ausgedrückt: Akzidenzien einer Substanz. Mit Platons Worten heißt das: Die körperlichen Elemente sind nur ein veränderliches τοιοῦτον, das dem in seinem Wesen unveränderlichen τοῦτο an einer bestimmten Stelle in Raum und Zeit zukommt.[267] Da nun aber das τοῦτο als Wesen des Körpers nie an und für sich, sondern stets nur als τοιοῦτον eines bestimmten körperlichen Elements vorkommt, liegt dem Demiurgen in der formlosen Amme bereits ein Substrat körperlicher Elemente vor, aus denen er den Körper der Welt formt.[268] Wenn Plutarch also annimmt, daß schon vor der Erschaffung des Weltkörpers ein körperliches Substrat vorhanden war, dann meint er damit im Gefolge Platons die Amme des Entstehens, und zwar in ihrer elementaren Körperlichkeit. Als solche nennt er sie das Wesen des Körpers.

In den Rahmen der Abhandlung über das Wesen des Körpers ist als Mittelstück eine Erörterung über das Wesen der Seele eingebettet (1014d2-e4).[269] Wie jenes liegt auch dieses dem Schöpfungshandeln des Gottes voraus und darf nicht mit der von ihm geschaffenen Weltseele verwechselt werden.[270] Plutarch findet bei Platon drei unterschiedliche Definitionen des Wesens der Seele. Unter Berufung auf den „Philebos" bestimmt er es als Grenzenlosigkeit (ἀπειρία), und zwar in einem doppelten Sinn: Das Wesen der Seele ist ontologisch und epistemologisch nicht wohl definiert und im moralischen Sinne maßlos. Da an den in Frage kommenden Stellen im „Philebos" (26b.27e-28a.52c) zwar die Grenzenlosigkeit, nicht aber das Wesen der Seele zur Diskussion steht, muß man die Anwendung dieses Begriffs auf das Wesen der Seele als eine freie Adaption Plutarchs betrachten. Mit Hinweis auf den „Timaios" versteht Plutarch unter dem

---

265 Platon, Timaios 51b: πῦρ μὲν ἑκάστοτε αὐτοῦ τὸ πεπυρωμένον μέρος φαίνεσθαι, τὸ δὲ ὑγρανθὲν ὕδωρ, γῆν τε καὶ ἀέρα καθ' ὅσον ἂν μιμήματα τούτων δέχηται.

266 Platon, Timaios 53c: Πρῶτον μὲν δὴ πῦρ καὶ γῆ καὶ ὕδωρ καὶ ἀὴρ ὅτι σώματά ἐστι, δῆλόν που καὶ παντί.

267 Vgl. Platon, Timaios 49d-50c.

268 Vgl. Platon, Timaios 31b-34a.52d-53c.

269 Vgl. Thévenaz, L'âme 67-70.

270 Vgl. Deuse 14-16.

Wesen der Seele das gemischte Sein: „Zwischen dem unteilbaren und immer sich gleich verhaltenden Sein und dem teilbaren, im Bereich der Körper werdenden, mischte er aus beiden eine dritte Form des Seins.“[271] Plutarch erblickt in dieser dritten Form des Seins „jenes ungeordnete und unbegrenzte, selbstbewegte und bewegende Prinzip“ (1014d11-12: τὴν ἄτακτον καὶ ἀόριστον αὐτοκίνητον δὲ καὶ κινητικὴν ἀρχὴν ἐκείνην), das seiner Meinung nach das Wesen der Seele, wie es der Schöpfung vorausging, ausmacht. Bei Platon kann dagegen von einem Prinzip in bezug auf diese gemischte Form des Seins keine Rede sein. Die drei Wirklichkeitsbereiche, die Platon prinzipiell unterscheidet, haben wir ja bereits kennengelernt. Diese sind das Intelligible, das Sinnliche und die Amme, die an dieser Stelle des „Timaios“ noch gar nicht eingeführt ist. Im Unterschied zu diesen stellt die dritte Form des Seins, von der Platon hier spricht, nur ein Übergangsstadium im Prozeß der Erschaffung der Weltseele dar. „Platon greift auf im *Sophistes* (254d-259b) behandelte allgemeinste Gattungen der Ideenlehre zurück: Das Sein, das Selbige, das Andere. Da die Weltseele zwischen dem Sinnlichen und dem Intelligiblen eine Zwischenrolle einnimmt, liegt auch jedes dieser Elemente – das Sein, das Selbige, das Andere – auf einer mittleren Ebene zwischen dem Unteilbaren – dem wesentlichen Attribut des Intelligiblen – und dem Teilbaren – dem wesentlichen Element des Sinnlichen.“[272] Der Demiurg stellt die Weltseele in zwei aufeinanderfolgenden Mischvorgängen her. In der ersten Mischung schafft er aus dem unteilbaren und dem teilbaren Sein ein gemischtes Sein, aus dem unteilbaren und dem teilbaren Selbigen ein gemischtes Selbiges und aus dem unteilbaren und dem teilbaren Anderen ein gemischtes Anderes. In der zweiten Mischung fügt er sodann die gemischten Formen des Seins, des Selben und des Anderen zur Weltseele zusammen.[273] Wenn Plutarch das gemischte Sein mit jenem ungeordneten und unbegrenzten, selbstbewegten und bewegenden Prinzip gleichsetzt, kann er sich also nicht auf Platon berufen. Die Identifizierung dieses Prinzips mit der Notwendigkeit liegt dagegen ganz auf der Linie des „Timaios“, der die Notwendigkeit in einen engen Zusammenhang mit Amme und Raum bringt. „Freilich wird im *Timaios* nirgendwo ausgeführt, was *Chora* im Reinzustand ist. Wenn der Demiurg Maß und Proportion in sie einführt, enthält sie bereits Spuren der vier Elemente (Timaios 52d-53c), die eine mechanische, richtungs- und maßlose Bewegung umtreibt – eben das, was Platon *Ananke*, ‚Notwendigkeit‘, nennt und womit zunächst der Demiurg, dann die Weltseele zu rechnen haben. Indem Platon Bestehen und Wirksamkeit einer solchen ‚Notwendigkeit‘ berücksichtigt, räumt er ein, daß die in einem kosmolo-

---

[271] Platon, Timaios 35a: Τῆς ἀμερίστου καὶ ἀεὶ κατὰ ταὐτὰ ἐχούσης οὐσίας καὶ τῆς αὖ περὶ τὰ σώματα γιγνομένης μεριστῆς τρίτον ἐξ ἀμφοῖν ἐν μέσῳ συνεκεράσατο οὐσίας εἶδος.

[272] Brisson, Den Kosmos betrachten 233.

[273] Vgl. Brisson, Den Kosmos betrachten 246 (Schema 1); Thévenaz, L'âme 41.

gischen Modell beschriebene Ordnung in dem Maße, in dem die *Ananke*, das Gegenprinzip der Ordnung, fortwirkt, nur partiell und provisorisch sein kann."[274] Nach dem „Philebos" und dem „Timaios" zieht Plutarch schließlich noch die „Nomoi" (896d-898c) zum Thema heran. Was Platon verdeckt als Grenzenlosigkeit und Notwendigkeit bezeichnet habe, das habe er „in den Gesetzen aber geradeheraus ungeordnete und übeltätige Seele genannt" (1014e1-2: ἐν δὲ τοῖς Νόμοις ἄντικρυς ψυχὴν ἄτακτον εἴρηκε καὶ κακοποιόν). Hier zeigt sich, daß Plutarch den „Timaios" auf der Grundlage der „Nomoi" interpretiert. Das veranlaßt ihn, die Notwendigkeit von der Chora abzukoppeln und zur Seele hinzurücken.[275] In den „Nomoi" wirft der Athener nach der Feststellung, daß alle Bewegung des Himmels von der Seele herrührt, die Frage auf, ob die Welt dazu einer oder mehrerer Seelen bedürfe, und antwortet gleich selbst: „Mehrere, will ich für euch antworten. Jedenfalls wollen wir nicht weniger als zwei annehmen, eine wohltätige und eine, die das Gegenteil zu bewirken vermag."[276] Die übeltätige Seele ist für Plutarch eine Seele, die ohne Verstand, Überlegung und Harmonie ist. Diese unverständige Seele nennt er „die Seele an und für sich" (ψυχὴ καθ᾽ ἑαυτήν). Zur Weltseele wird sie erst dadurch, daß sie am Verstand Anteil erhält.[277] Dies geschieht nach Platon durch Überredung. Freilich wird die Seele an und für sich niemals ganz vernünftig. Deshalb steht der guten Weltseele auch nach der Erschaffung der Welt bleibend die böse Seele gegenüber: „Wenn, mein Trefflicher, so wollen wir sagen, der gesamte Lauf und Schwung des Himmels und alles dessen, was in ihm ist, eine der Bewegung und dem Umschwung und den Berechnungen der Vernunft ähnliche Natur aufweist, und in verwandter Weise seine Bahn zieht, dann müssen wir offensichtlich behaupten, daß die beste Seele für das ganze Weltall sorgt und es auf einer ebensolchen Bahn lenkt. [...] Wenn dagegen das Weltall eine unsinnige und ungeordnete Bahn zieht, dann die schlechte Seele."[278]

Nachdem Plutarch aus seiner Sicht das Wesen des Körpers und das Wesen der Seele bestimmt hat, geht er daran, seine Sicht gegen zwei Einwände zu verteidigen. Er wirft seinen Gegnern vor, sich mit ihren Ansichten in Aporien zu verstricken und so mehr Probleme aufzuwerfen als zu lösen. Einen Irrtum begehen Plutarch zufolge diejenigen, welche

---

[274] Brisson, Den Kosmos betrachten 232; vgl. ders., Le même 469-478; Platon, Timaios 47e-48a.56c.68e-69a.

[275] Vgl. Hager 83-84.

[276] Platon, Nomoi 896e: πλείους· ἐγὼ ὑπὲρ σφῷν ἀποκρινοῦμαι. Δυοῖν μέν γέ που ἔλαττον μηδὲν τιθῶμεν, τῆς τε εὐεργέτιδος καὶ τῆς τἀναντία δυναμένης ἐξεργάζεσθαι.

[277] Vgl. Deuse 38-39.42-45.

[278] Platon, Nomoi 897 c-d: Εἰ μέν, ὦ θαυμάσιε, φῶμεν, ἡ σύμπασα οὐρανοῦ ὁδὸς ἅμα καὶ φορὰ καὶ τῶν ἐν αὐτῷ ὄντων ἁπάντων νοῦ κινήσει καὶ περιφορᾷ καὶ λογισμοῖς ὁμοίαν φύσιν ἔχει καὶ συγγενῶς ἔρχεται, δῆλον ὡς τὴν ἀρίστην ψυχὴν φατέον ἐπιμελεῖσθαι τοῦ κόσμου παντὸς καὶ ἄγειν αὐτὸν τὴν τοιαύτην ὁδὸν ἐκείνην. [...] Εἰ δὲ μανικῶς τε καὶ ἀτάκτως ἔρχεται, τὴν κακήν.

die Notwendigkeit und Grenzenlosigkeit „der Materie zuschreiben, aber nicht der Seele" (1014e13-f1: τῇ ὕλῃ προστιθέντες ἀλλὰ μὴ τῇ ψυχῇ). Diese Interpretation wird dem Timaios ja durchaus gerecht. Plutarch aber, der seine Theorie der bösen Seele bisher nur auf die „Nomoi" gestützt hat, versucht nun, sie auch aus dem „Timaios" zu erweisen. Die Amme hat dort keine eigene Gestalt und Kraft und ist gerade deswegen imstande, alles in sich aufzunehmen: „Darum muß von allen Formen frei sein, was alle Arten in sich aufnehmen soll."[279] Eine solcherart gestaltlose Materie kann aber, so Plutarch, nicht Ursache und Prinzip des Bösen sein. Indes erscheint die Notwendigkeit im Timaios tatsächlich als die unregelmäßige Bewegung der Chora und insofern „als Prinzip des Widerstands gegen die vernünftige Ordnung, die der Demiurg in der Sinnenwelt zu errichten versucht"[280]. Hier hat Plutarch den „Timaios" also nicht auf seiner Seite; und als ob er selbst darüber ein Unbehagen spürte, stützt er seine Argumentation im Fortgang auf den Mythos in Platons „Politikos". „Die wichtigsten Elemente des Mythos (268D-274E) sind die folgenden. Zwei Weltperioden werden unterschieden. Unter dem Regiment des Kronos lenkt Gott die Bewegung des Kosmos, und Götter kümmern sich um Tiere und Menschen. [...] Die zweite Periode, die Zeus- oder Jetztzeit, wird dadurch eingeleitet, daß der göttliche Lenker das Ruder losläßt und auch die anderen Götter sich zurückziehen. Indem die Welt so sich selbst überlassen ist, fällt sie zunehmend der Unordnung anheim, wie sie dem Körperlichen eignet, und mit dem Vergessen der früheren Ordnung nehmen Chaos und Unheil zu – bis Gott wieder eingreift und die Welt vor dem Verderben rettet."[281] Diese Einteilung der Weltgeschichte in Perioden beruht auf der Feststellung, daß „die Bewegung des Ganzen bisweilen nach der Seite, wohin es sich jetzt wälzt, sich bewegt, bisweilen nach der entgegengesetzten"[282]. Da die beiden Bewegungen einander grundsätzlich entgegengesetzt sind, können sie nicht dieselbe Ursache haben: „Nach diesem allen also darf man von der Welt weder behaupten, daß sie immer sich selbst drehe, noch daß sie immer ganz von Gott gedreht werde, sintemal es nach zweierlei und entgegengesetzten Richtungen geschieht"[283]. Hier setzt Plutarchs Kritik an seinen Gegnern an. Diese können seiner Ansicht nach die Ursache derjenigen Bewegung, die nicht von Gott verursacht wird, nicht erklären. Die Materie kommt für ihn aus den bekannten Gründen nicht in Frage, ist sie doch gestalt- und kraftlos und somit als

279 Platon, Timaios 50e: Διὸ καὶ πάντων ἐκτὸς εἰδῶν εἶναι χρεὼν τὸ τὰ πάντα ἐκδεξόμενον ἐν αὑτῷ γένη. Vgl. ebd. 50b-51a.

280 Brisson, Den Kosmos betrachten 231.

281 Effe 204; vgl. Brisson, Le même 478-496; Thévenaz, L'âme 118-123.

282 Platon, Politikos 270b: Τὸ τὴν τοῦ παντὸς φορὰν τοτὲ μὲν ἐφ' ἃ νῦν κυκλεῖται φέρεσθαι, τοτὲ δ' ἐπὶ τἀναντία.

283 Platon, Politikos 269e: Ἐκ πάντων δὴ τούτων τὸν κόσμον μήτε αὐτὸν χρὴ φάναι στρέφειν ἑαυτὸν ἀεί, μήτ' αὖ ὅλον ἀεὶ ὑπὸ θεοῦ στρέφεσθαι διττὰς καὶ ἐναντίας περιαγωγάς.

Ursache nicht geeignet. Man müsse also von Anfang an eine dritte Ursache anerkennen, wenn sie nicht plötzlich aus Anlaß der gegenwendigen Bewegung aus dem Nichts auftauchen soll.[284] Genau dies verweigern aber Plutarchs Gegner. Platons „Politikos“ ist freilich ein denkbar schlechter Zeuge für Plutarchs Position. Von der Notwendigkeit, durch die Plutarch die pervertierte Bewegung des Alls verursacht sieht (1015a5-7), ist in dem ganzen entsprechenden Abschnitt des „Politikos“ (272d-274e) nicht ein einziges Mal ausdrücklich die Rede. Umgekehrt wird diese Bewegung dort ausdrücklich dem körperlichen Anteil der Welt als Ursache zugeschrieben: „Und hieran ist das Körperliche in ihrer Mischung Schuld...“[285] Mit Bedacht setzt Plutarch mit seiner Zitation (1015a8-10) erst beim nächsten Wort ein: „... dieses noch von der ehemaligen Natur her mit ihr Aufgezogene, weil es mit großer Unordnung behaftet war, ehe es zu der jetzigen Weltordnung gelangte.“[286]

Plutarch läßt sich jedenfalls in seiner Meinung nicht beirren, sondern bekräftigt sie zusammenfassend noch einmal. Was Platon Mutter und Amme nennt, ist die Materie. Nicht sie ist für das Böse verantwortlich, sondern die der wohltätigen Seele entgegengesetzte übeltätige Seele. In jedem Fall ist die Seele Ursache und Prinzip jeglicher Bewegung. Die gute Weltseele unterscheidet sich von der bösen Seele dadurch, daß sie in ihrer Erschaffung durch den Demiurgen an Verstand, Ordnung und Harmonie Anteil erhalten hat. Die böse Seele ist dagegen ohne Verstand und wirkt als solche auch nach der Erschaffung der Welt der guten Weltseele entgegen.

3.2.2.4. Zweierlei Seelen und Körper: geworden und ungeworden (Procr 8-10)

Nach den Texten und ihren Auslegungen geht Plutarch zu dem angekündigten Beweis des Gesagten über (Procr 8-9). Dieser systematisiert die bisherigen Ausführungen bezüglich Seele und Körper unter dem Gesichtspunkt der Entstehung. Nach Plutarch muß man sowohl im Hinblick auf die Seele eine gewordene von einer ungewordenen unterscheiden als auch hinsichtlich des Körpers einen gewordenen von einem ungewordenen. Unter diese Kategorien subsumiert er einzelne Aussagen aus Platons „Timaios“; einmal nimmt er auch auf den „Phaidros“ Bezug. Einen Überblick über Plutarchs Subsumtionen gibt die folgende Tabelle.

---

284 Vgl. Helmer 24-25.

285 Platon, Politikos 273b: τούτων δὲ αὐτῷ τὸ σωματοειδὲς τῆς συγκράσεως αἴτιον.

286 Platon, Politikos 273b: τὸ τῆς πάλαι ποτὲ φύσεως σύντροφον, ὅτι πολλῆς ἦν μετέχον ἀταξίας πρὶν εἰς τὸν νῦν κόσμον ἀφικέσθαι.

	ungeworden	geworden
Seele	*1016a6-9; vgl. Phaidros 245c-246a:* „Jede Seele ist unsterblich: Denn was sich selbst bewegt, ist unsterblich. [...] Der Anfang aber ist unentstanden."	*1016a10-b5; vgl. Timaios 34b-c:* „Die Seele aber ward nicht [...] als das jüngere Erzeugnis von dem Gotte gemacht [...]." *1016b6-8; vgl. Timaios 36e:* „Sie aber begann, indem sie [...] in sich selber kreiste, mit dem göttlichen Anfang eines endlosen und vernunftbegabten Lebens [...]." *1016b8-12; vgl. Timaios 37a:* „[...] indem der Beste aller mit der Vernunft erfaßbaren und immer seienden Dinge sie zum besten aller erschaffenen Dinge werden ließ."
	1016c5-7; vgl. Timaios 30a: „alles, was sichtbar war und keine Ruhe hielt, sondern in ungehöriger und ordnungsloser Bewegung war".	*1016c8-d1; vgl. Timaios 35a.37a:* „Und der Körper des Himmels ward ein sichtbarer, die Seele aber ward unsichtbar, doch des Denkens und der Harmonie teilhaftig [...]."
Körper	*1016d3-10; vgl. Timaios 30a.52e-53a:* „[...] werde sie selbst [sc. die Amme] durch jene Kräfte [sc. die Elemente] erschüttert und erschüttere [...] umgekehrt jene."	*1016d10-11; vgl. Timaios 34b:* „die ihrer Entstehung [...] nach dem Körper gegenüber frühere [...] Seele"; *1016d12-e3; vgl. Timaios 28b:* „Er [sc. der Himmel] ist geworden; denn er ist sichtbar und betastbar und im Besitz eines Körpers."
	1016e9-13; vgl. Timaios 53a-b: „Davor aber seien diese alle ohne Verhältnis und Maß gewesen [...], hätten anfangs Feuer, Wasser, Erde und Luft zwar bereits gewisse Spuren von sich selbst besessen [...]."	*1016f1-3; vgl. Timaios 53b:* „Die damals von Natur so Beschaffenen [sc. die Elemente] gestaltete der Gott also zunächst durch Formen und Zahlen."
		1016f3-1017a5; vgl. Timaios 32b-c: „[...] verknüpfte und gestaltete er [sc. der Gott] einen sichtbaren und betastbaren Himmel. Und deswegen und aus diesen derartigen der Zahl nach vierfachen Bestandteilen ward der Körper des Alls erzeugt als durch Proportion übereinstimmend [...]." *1017a5-8; vgl. Timaios 53b:* „Daß der Gott sie [sc. die Elemente] zu möglichst Schönen und Guten aus nicht so Beschaffenen machte [...]."

Die Erschaffung der Welt stellt sich auf diesem Hintergrund als Ordnungstätigkeit des Gottes dar, durch die er den Übergang vom Ungewordenen zum Gewordenen bewerkstelligt.[287] Im seelischen wie im körperlichen Bereich findet der Gott ein Substrat vor, das er im Vorgang der Schöpfung bearbeitet. So stellt er aus der ungewordenen bösen Seele die gewordene gute Weltseele und aus den ungewordenen elementaren Spuren des Körperlichen den Weltkörper her. Nach Plutarch läßt sich Platons Lehre darin zusammenfassen, „daß nicht von Körper schlechthin noch von Masse und Materie, sondern von Ebenmaß im Bereich des Körpers und von Schönheit und Ähnlichkeit der Gott Vater und Verfertiger war. Dies muß man dann auch über die Seele denken: daß, während die eine weder von Gott geworden noch Weltseele war, sondern von vorstellendem und meinendem, unvernünftigem aber und ungeordnetem Betragen und Antrieb eine gewisse Kraft, selbstbewegt und stets bewegt; die andere Gott selbst, indem er sie durchweg zusammenpaßte mittels der zukommenden Zahlen und Berechnungen, als Anführerin der gewordenen Welt eingesetzt hat, wobei sie selbst geworden war."[288]

Es geht Plutarch, aufs Ganze gesehen, aber nicht nur darum, je zwei verschiedene Arten von Seele und Körper zu unterscheiden, um so etwa das Böse und Unvollkommene in der Welt zu erklären. Gewiß stellen das Ungewordene und das Gewordene seiner Ansicht nach einen bleibenden Gegensatz zwischen „geworden" und „ungeworden" nicht nur in diesem metaphysischen Sinne, sondern auch dem Wortsinn nach. Mit anderen Worten: Er geht davon aus, daß die Welt tatsächlich einen zeitlichen Anfang genommen hat. Nur unter der Voraussetzung, daß irgendwann einmal die im „Timaios" geschilderte Kosmogonie stattgefunden hat, kann er die Unterscheidung zwischen Gewordenem und Ungewordenem als zutreffend akzeptieren. Mit dieser Meinung unterscheidet sich Plutarch nach eigenem Bekunden in Procr 4 von den allermeisten Platonikern seiner Zeit.[289] Diese vertraten die Auffassung, Platon habe nur um der besseren Verständlichkeit willen (1017b5: θεωρίας ἕνεκα) seine Metaphysik im „Timaios" in die Form einer Kosmogonie gekleidet. Tatsächlich sei die Welt aber ungeworden von Ewigkeit her. Dagegen hält Plutarch die Welt zwar für geworden, aber doch für unvergänglich. Unvergänglich ist sie zwar nicht aus sich heraus; denn was irgendwann entstanden ist, kann seiner Natur nach irgendwann auch wieder vergehen. Die Auflösung der Welt könnte aber kein anderer als der Gott selbst bewirken, da er

---

287 Vgl. Thévenaz, L'âme 104.

288 Procr 1017a5-b3: ὡς οὐχὶ σώματος ἁπλῶς οὐδ᾿ ὄγκου καὶ ὕλης ἀλλὰ συμμετρίας περὶ σῶμα καὶ κάλλους καὶ ὁμοιότητος ἦν ὁ θεὸς πατὴρ καὶ δημιουργός. ταῦτα δὴ δεῖ διανοεῖσθαι καὶ περὶ ψυχῆς, ὡς τὴν μὲν οὔθ᾿ ὑπὸ τοῦ θεοῦ γενομένην οὔτε κόσμου ψυχὴν οὖσαν ἀλλά τινα φανταστικῆς καὶ δοξαστικῆς ἀλόγου δὲ καὶ ἀτάκτου φορᾶς καὶ ὁρμῆς δύναμιν αὐτοκίνητον καὶ ἀεικίνητον τὴν δ᾿ αὐτὸς ὁ θεὸς διαρμοσάμενος τοῖς προσήκουσιν ἀριθμοῖς καὶ λόγοις ἐγκατέστησεν ἡγεμόνα τοῦ κόσμου γεγονότος γενητὴν οὖσαν.

289 Vgl. Thévenaz, L'âme 92-95.

sie geschaffen hat und es keinen Mächtigeren als ihn gibt.[290] Etwas so Gutes wie die gewordene Welt vergehen zu lassen widerspräche jedoch der Güte des Gottes, so daß die Welt faktisch in alle Ewigkeit existiert. Dieser seiner Überzeugung gibt Plutarch in Procr 10 zum Abschluß seines Gedankenganges in Procr 5-9 Ausdruck. Er verweist dazu noch einmal auf den „Timaios" und den „Politikos", beruft sich aber darüber hinaus auf den Beginn des „Kritias" (106a) und auf die Berechnungen der „Politeia" (546b-d), denen wir in Is 56 schon begegnet sind.

3.2.3. Quaest II

Die „Platonicae Quaestiones" bilden innerhalb des plutarchischen Schrifttums eine eigene Gattung, deren einfachste Struktur aus den beiden Elementen Frage und Antwort besteht. Zu Beginn der äußerst kurz gehaltenen Diskussion wird in Frageform ein Problem der Platoninterpretation aufgeworfen, das in der anschließenden Antwort eine oder mehrere Lösungen erfährt. Die Lösungsansätze können dabei in Form von Alternativfragen bereits in der Frage selbst enthalten sein. Dies ist in Quaest II, der wir uns jetzt zuwenden wollen, der Fall. Aufgrund der klar eingegrenzten Fragestellung und der prägnanten Kürze ihrer Beantwortung kann die folgende Gliederung zugleich als Inhaltsangabe gelten, der kaum noch etwas hinzuzufügen sein wird.

Frage (1000e10-11): Warum gibt Platon dem höchsten Gott eine doppelte Bezeichnung:
Vater (πατήρ) und Schöpfer (ποιητής)?[291]

Alternativen:

1. Der höchste Gott ist (1000e11-f3)
   - Vater der gezeugten Götter und der Menschen,
   - Schöpfer der unvernünftigen und unbeseelten Dinge.
2. Platon benutzt den Ausdruck „Vater" metaphorisch (1000f4-1001a4).[292]
3. Zwei Begriffe gehören jeweils zu ein und demselben Vorstellungskreis (1001a4-13):
   - Vater und Zeugung (γέννησις): Das Erzeugnis ist ein Teil vom Erzeuger.
   - Schöpfer und Entstehung (γένεσις): Das Werk ist vom Schöpfer getrennt.

---

[290] Vgl. Platon, Timaios 32b.
[291] Vgl. Platon, Timaios 28c.
[292] Vgl. Platon, Symposion 177d; Phaidros 242a-b. 261a.

Antwort:

1. Prämisse: Die Welt enthält viel von der Lebendigkeit und Göttlichkeit des Gottes.
   Schluß: Die 3. Alternative ist die richtige (1001a13-b6).
2. Prämisse: Die Welt besteht aus zwei Teilen: Leib und Seele (1001b7-10).
   Schlüsse:
   - Den Leib hat der Gott lediglich gestaltet und zusammengefügt (1001b10-c1).
   - Die vernünftige und harmonische Seele ist ein Teil von ihm (1001c1-4).

Plutarch ist der Auffassung, daß Platon die Begriffe „Vater“ und „Schöpfer“ in seiner Kosmogonie nicht synonym verwendet, sondern durch sie zwei unterschiedliche Aspekte im Werden der Welt zum Ausdruck bringen will. Die gewordene Welt besteht aus zwei Teilen: Weltseele und Weltkörper. Für die Weltseele ist der Gott in seiner Eigenschaft als Vater der Welt verantwortlich. Als Vater hat er die Weltseele gezeugt, das heißt: Sie ist wie alles Gezeugte ein Teil ihres Erzeugers, indem sie seine ihm wesentlichen Anlagen in sich trägt. Diese sind aber Vernunft und Harmonie. Plutarch drückt das so aus: „Die Seele aber ist, da sie an Verstand und vernünftiger Überlegung und Harmonie Anteil erhalten hat, nicht nur ein Werk des Gottes, sondern auch ein Teil, und nicht nur durch ihn, sondern auch von ihm her und aus ihm heraus entstanden.“[293] Als Schöpfer hat der Gott indes den Weltkörper nur gestaltet und zusammengefügt und ihn so entstehen lassen. Das Entstandene ist aber von seinem Schöpfer wesentlich verschieden. Man kann also den Umkehrschluß aus dem eben angeführten Zitat ziehen: Der Körper ist kein Teil des Gottes, sondern nur sein Werk, und als solches zwar durch ihn (ὑπ᾽ αὐτοῦ), aber nicht von ihm her (ἀπ᾽ αὐτοῦ) und aus ihm heraus (ἐξ αὐτοῦ) entstanden. So hat der Gott in seinen beiden Funktionen des Vaters und des Schöpfers die ganze Welt mit ihren zwei Teilen Seele und Leib gemacht, aber auf je unterschiedliche Art und Weise.

3.2.4. Quaest IV

Wir wollen auf dieselbe Weise wie mit Quaest II verfahren und mit der folgenden Inhaltsübersicht die Leitgedanken von Quaest IV vermitteln.

[293] Quaest II,1001c1-4: ἡ δὲ ψυχὴ, νοῦ μετασχοῦσα καὶ λογισμοῦ καὶ ἁρμονίας, οὐκ ἔργον ἐστὶ τοῦ θεοῦ μόνον ἀλλὰ καὶ μέρος, οὐδὲ ὑπ᾽ αὐτοῦ ἀλλὰ καὶ ἀπ᾽ αὐτοῦ καὶ ἐξ αὐτοῦ γέγονεν.

[294] Vgl. Platon, Timaios 30b. 34b-35a; Nomoi 892a-c. 896a-c.

Frage (1002e13-f5): Platon erklärt die Seele zur Ursache der Entstehung des Leibes.

Wie kann er zugleich sagen, daß eine Seele wohl nicht ohne Leib entstanden sei?[294]

Antwort:

Thesen (1003a1-10):

- Die unverständige Seele und der gestaltlose Leib koexistierten immer schon.[295]
- Erst nachdem die Seele an Verstand und Harmonie Anteil erhalten hatte, wurde sie Ursache der Veränderung für den Leib.

Begründung (1003a10-b9):

- Die Seele schuf den geordneten Leib weder aus sich selbst noch aus dem Nichts, sondern aus einem ungeordneten Leib.
- Vergleich der Seele mit der Kraft des Samens, die in einem Leib wirkt.

Wie Quaest II so birgt auch Quaest IV gegenüber den bisherigen Erörterungen keine Überraschungen. Man mag sich aufs erste daran stoßen, daß Plutarch die Seele eingangs unumwunden die Ursache des Körpers nennt. Doch sehr bald wird klar, welchen Sinn Plutarch dieser Feststellung gibt. Zunächst schärft er zum wiederholten Male ein, daß die unverständige Seele und der gestaltlose Körper der Weltschöpfung vorauslagen. Diese beiderseitige Präexistenz begründet ihre Koexistenz von Ewigkeit her, so daß man mit Platon behaupten kann, die Weltseele sei nicht ohne Leib entstanden. Als nämlich die unverständige Seele durch das Wirken des Demiurgen Vernunft annahm und so zur Weltseele wurde, da existierten die körperlichen Elemente auch schon. Sie bewegten sich aber noch in unordentlicher Weise. Da wurde die selbst erst entstandene Weltseele zur Ursache des Weltkörpers, und zwar insofern, als sie die ungeordnete Bewegung des körperlichen Substrats ordnete und so den Weltkörper entstehen ließ. Die Seele ist also nur insofern älter als der Körper, als sie die Seele der Welt und er der Körper der Welt ist. In ihrem vorweltlichen Zustand hingegen koexistieren Seele und Leib.

3.2.5. Ergebnis: Is 53-57, Procr 5-10 und Quaest II.IV in der Zusammenschau

Nach dem Gesagten sind die wichtigsten Grundzüge von Plutarchs Protologie schnell zusammengefaßt. Die Welt hat nach Plutarch tatsächlich irgendwann einen zeitlichen Anfang genommen. Sie ist geworden und

[295] Vgl. Platon, Timaios 44a. 50d. 51a.

unvergänglich, weil sie von dem guten Gott aus Güte geschaffen wurde und fürderhin im Dasein gehalten wird. Der Akt der Schöpfung besteht darin, daß der Gott Seele und Leib, die ihm ungeordnet vorlagen, in Ordnung überführt. Man muß deshalb die ungewordene Seele von der gewordenen ebenso unterscheiden wie den ungewordenen Körper vom gewordenen. Reste von der Unordnung des Ungewordenen bleiben jedoch auch nach Vollendung der Schöpfung noch vorhanden. Sie sind für all das verantwortlich, was die Schöpfung an Unvollkommenem an sich hat. In seiner Erklärung des Bösen in der Welt schließt sich Plutarch an Platons „Nomoi“ an und interpretiert auch den „Timaios“ trotz Abweichungen aus dieser Perspektive. So macht Plutarch die ungewordene, böse Seele für die gottwidrigen Bewegungen der Welt verantwortlich. Die Widerständigkeit der Materie im platonischen Schöpfungsprozeß kehrt er indes in ihr Gegenteil um und bescheinigt der Materie ein natürliches Streben nach dem Guten. Diese Entlastung der Materie von der Urheberschaft des Bösen wird durch die Vorstellung einer ungewordenen Seele überhaupt erst möglich. Denn das Böse muß irgendeine Ursache haben; zugleich kommt der gute Gott als seine Ursache nicht in Frage. Oberstes Prinzip der Weltentstehung ist das ewig seiende, verstandesmäßige und gute Muster der Ideen. Dieses prägt und formt die ihm zustrebende Materie so, daß daraus als sein Abbild die wahrnehmbare Welt entsteht. Als Abbild dieses Urbildes ist unsere Welt vollkommen, weil sie am Wesen des verstandesmäßigen Seienden Anteil erhalten hat. In diesem Prozeß der Weltschöpfung spielt das Böse als Böses keine konstitutive Rolle, sondern nur insofern, als die ungewordene Seele als Substrat zur Herstellung von Gutem bereitliegt. Der Antagonismus von Gut und Böse wird erst im Gefolge der Weltschöpfung virulent, weil es erst dann eine gute Weltseele gibt, die in ihrer gottgewollten Ordnung den Resten der Unordnung in Form der bösen Seele gegenübersteht. Die Kraft des Bösen reicht also nicht an diejenige des obersten Prinzips heran, weshalb Plutarchs Protologie nicht eigentlich auf einer dualistischen Grundlage steht. Die alleinige Wirkursache der Weltentstehung und insofern ihr einziges Prinzip ist der Vater des Alls. Freilich vergibt Plutarch, wie schon Platon,[296] den Vatertitel zweimal: Vater kann er sowohl den Demiurgen als auch das Muster der Ideen nennen, auf welches der Demiurg bei der Weltschöpfung hinblickt. Diese mythische Unterscheidung zwischen Wirk- und Formursache wirkt sich indes auf der ontologischen Ebene der Kosmologie nicht aus. Denn beide Väter des Alls werden vor allem durch ihre Güte charakterisiert und können im Rahmen der Metaphysik in das eine gute Prinzip der Weltentstehung zusammengefaßt werden.

296 Vgl. Platon, Timaios 28c.37c.41a.50d.

3.3. Dämonologie

3.3.1. Delph 17-21

3.3.1.1. Das geheimisvolle E in Delphi

An der Frontfassade des Apollontempels in Delphi war seit alter Zeit ein Symbol in der Form des Großbuchstabens E angebracht.[297] Die ursprüngliche Bedeutung dieses E war schon zur Zeit Plutarchs völlig in Vergessenheit geraten, und auch in der modernen Forschung zeichnet sich kein Konsens im Streit um seinen Sinn ab. Umstritten ist dabei nicht nur, was ein Großbuchstabe E an diesem Ort zu sagen hätte, sondern allein schon die Tatsache, ob wir es überhaupt mit einem Buchstaben zu tun haben. Statt dessen könnte es sich einfach um „eine alte, aus dem früheisenzeitlichen Mittelitalien bekannte Bauschmuckform“[298] handeln. Faßt man das Gebilde aber als Buchstaben auf, so stehen grundsätzlich zwei Wege der Interpretation offen: Entweder gewinnt das E seinen Sinn im Bezug auf den Gott Apollon, oder es bezieht sich seinem Gehalt nach auf dessen Vorgängerin. Denn die „heilige Stätte an diesem Ort hatte ursprünglich nicht Apollon, sondern der großen, alten Göttin Gâ, der Erdmutter, gehört“[299]. Die letztgenannte Deutung begegnet ausschließlich in moderner Zeit. Sie lautet in einem Satz: „The mysterious E of the temple forms a perfect personal-name ligature or monogram for the name of the Earth Mother, Ge: ΓE written as one symbol, E.“[300] Die meisten Interpretationen beziehen das E jedoch in irgendeiner Weise auf Apollon, darunter auch die sieben Deutungen, die Plutarch in „De E apud Delphos“ durch verschiedene Dialogpersonen darbietet.[301] Sie hier alle zu diskutieren würde zu weit von unserem Thema wegführen.[302] Klar ist jedenfalls: „The explanation which was finally proposed by Ammonius is clearly the one preferred by Plutarch.“[303] Diese Deutung in Delph 17-21 ist es auch, die uns hier ausschließlich interessiert.

---

297 Ziegler, Plutarchos 828-829: „In Delphi geschlagene Münzen des Kaisers Hadrian und der älteren Faustina (gest. 141) zeigen auf der Rückseite die Front des Apollontempels mit dem stark überdimensionierten E [...]. Daß man das E zu dieser Zeit auf die delphischen Münzen brachte, war zweifellos eine Wirkung der Schrift P[lutarch]s.“. Vgl. die Abbildungen in Flacelière 3; Imhoof-Blumer/Gardner, Tafel X, Nr. XXII und XXIII; Ziegler, Plutarch über Gott 49. Zum Orakel in Delphi und zum antiken Orakelwesen allgemein vgl. Amandry; Aune 23-79; Delcourt; Flacelière, Devins; Fontenrose; Levin; Luck 289-327; Maaß; Motte; Parke; Parke/Wormell; Roux; Vernant.

298 Maaß 3.

299 Maaß 3; vgl. Parke 36; Parke/Wormell 6-13; Roux 25-38.

300 Berman/Losada 117.

301 Vgl. die Übersichten bei Babbitt 194-195; Flacelière 7; Ziegler, Plutarchos 827-828; ders., Plutarch über Gott 22-23.

302 Zum Stand der modernen Forschung vgl. Bates; Berman/Losada; Bousquet; Courby; Demangel; Fries; Hodge; Lagercrantz; Parke/Wormell 30.389; Roscher, Die Bedeutung; ders., Neue Beiträge; ders., Weiteres über die Bedeutung.

303 Jones, The Platonism 9; vgl. Hirzel 201.

3.3.1.2. Der Gedankengang von Delph 17-21

Zu Beginn seiner eigenen Darlegung faßt Ammonios die zumeist mathematischen Deutungen des E durch seine jugendlichen Vorredner zusammen und zollt ihnen gebührenden Respekt. Auch wenn er sich keine ihrer Verstehensweisen selbst zu eigen macht, so meint er doch, daß man ihnen nicht allzu heftig widersprechen sollte (οὐκ ἄξιον πρὸς ταῦτα λίαν ἀκριβῶς ἀντιλέγειν τοῖς νέοις). Allerdings scheinen ihm die einzelnen Erklärungen des E als je eine bestimmte Zahl zu willkürlich zu sein, könne man doch für jede Zahl genug finden, um sie über die anderen hinauszuheben (391e8-f8). Ich stelle eine Gliederung der Rede des Ammonios voran, um sie anschließend zu erläutern.

These (Delph 17,391f9-392a9):
Der Buchstabe E bedeutet keine Zahl, sondern ist eine Anrede des Gottes:
 a) Der Gott ruft jedem zum Gruß das „Erkenne dich selbst!" zu.
 b) Wir antworten: „Du bist" als einzige dem Einzigen zukommende Anrede des Seins.

Argumentation (Delph 18,392a10-21,394c9):
zu a) Das Wesen des Menschen:
Werden und Vergehen (Delph 18,392a10-e6):
- Der Mensch hat am wirklichen Sein keinen Anteil (392a10-b8).
- Das menschliche Leben ist im Fluß (392b8-c8).
- Der Mensch bleibt nicht (derselbe), sondern stirbt viele Tode (392c8-e6).

Zeit und Ewigkeit (Delph 19,392e7-393a6).
zu b) Das Wesen des Gottes:
- Der Gott ist, und er ist einer (393a7-b9).
- Die 3 Namen des Gottes bestätigen das (393b10-c5).
- Das Eine ist lauter und rein (393c6-11).

Das Verhältnis des Bleibenden zum Vergänglichen (Delph 21,393c12-394c9):
- Die Sonne ist nur das Bild des Gottes (393c12-d10).
- Der Gott erleidet keine Verzückungen oder Veränderungen (393d11-e11).
- Dies leidet ein Dämon im Bereich der vergänglichen Natur (393f1-394c4).

Schluß: Bestätigung der These (394c5-9).

Nach der kurzen Einleitung signalisiert das gliedernde οὖν (391f9) einen Neueinsatz. Ammonios kommt zu seiner eigenen These, die aus zwei komplementären Aussagen besteht. Die erste charakterisiert den Menschen, die zweite den Gott. Der Mensch, der zum Heiligtum kommt, wird von dem

Gott mit dem bekannten Aufruf „Erkenne dich selbst!" (γνῶθι σαυτόν) begrüßt. Dem Gott gilt umgekehrt die Anrede „Du bist" (εἶ), die eben durch das E symbolisiert wird und dem Gott in ausschließlicher Weise das Sein zuschreibt. So markieren die beiden delphischen Sprüche in kürzester Form einen unüberwindlichen ontologischen Unterschied zwischen den Menschen und dem Gott. Beide Teilaussagen der These werden im folgenden nacheinander erläutert.

Zuerst wird die Aussage über den Menschen wieder aufgenommen und in zwei Etappen (Delph 18.19) behandelt. Leitmotivisch klingt am Beginn jeder Etappe die Frage nach dem wahren Sein an (392a10: ἡμῖν μὲν γὰρ ὄντως τοῦ εἶναι μέτεστιν οὐδέν; 392e7: τί οὖν ὄντως ὄν ἐστι;). Der Auftakt zur zweiten Etappe ist zudem durch das οὖν klar markiert. Thema der ersten Etappe ist das ununterbrochene Werden und Vergehen, von dem das menschliche Leben geprägt ist. Es wird in vier Durchgängen entwikkelt, deren Beginn jeweils ein γάρ signalisiert (392a10.b9.c8.e2), welches das Folgende als Begründung sowohl des unmittelbar Vorausgehenden als auch der auf den Menschen bezogenen Teilaussage der These überhaupt ausweist. Diese Teilaussage wird im ersten Durchgang thetisch erläutert. Was das γνῶθι σαυτόν über das Wesen des Menschen aussagt, versteht sich ja nicht unbedingt von selbst und ist zunächst noch offengeblieben. Jetzt erst wird offenbar, worin nach Ammonios die Selbsterkenntnis besteht: Der Mensch hat am wirklichen Sein keinen Anteil. Statt dessen zerrinnt ihm seine Existenz wie Wasser zwischen den Fingern. Der erste Durchgang ist durch eine Inklusion in sich geschlossen: Die anfängliche Rede vom wirklichen Sein wird an seinem Ende wieder aufgenommen: Die Vernunft kann in den menschlichen Dingen „nichts Bleibendes noch wirklich Seiendes fassen" (392b7-8: οὐδενὸς λαβέσθαι μένοντος οὐδ᾿ ὄντως ὄντος δυνάμενος). Die beiden folgenden Durchgänge beginnen jeweils mit einem Zitat von Heraklit, das die These des ersten Durchgangs belegen soll und zu diesem Zweck erläutert wird. Das Zitat des zweiten Durchgangs (392b8-9: ποταμῷ γάρ οὐκ ἔστιν ἐμβῆναι δὶς τῷ αὐτῷ) ist durch das vorangegangene Bild des Wassers, das beim Zusammenpressen der Hände entweicht, gut motiviert. In diesen Vorstellungskreis fügt sich auch das Zitat des dritten Durchgangs gut ein, das den Übergang der Elemente ineinander thematisiert (392c9-10: πυρὸς θάνατος ἀέρι γένεσις, καὶ ἀέρος θάνατος ὕδατι γένεσις). Der vierte Durchgang fungiert zugleich als Schluß aus dem dritten und als Zusammenfassung der ganzen ersten Etappe. Am Ende stehen sich Sein und Schein gegenüber: „Es täuscht aber die Wahrnehmung aus Unwissenheit um das Seiende vor, daß das Erscheinende sei" (392e5-6: ψεύδεται δ᾿ ἡ αἴσθησις ἀγνοίᾳ τοῦ ὄντος εἶναι τὸ φαινόμενον). Dieser negative Schluß der ersten Etappe löst die erneute Frage am Beginn der zweiten aus: „Was nun ist wirklich seiend?" Ammonios lenkt den Blick nunmehr auf den Zeitaspekt jeder Veränderung. Wo es keine Zeit gibt, da ist auch Veränderung undenkbar. Das wirkliche Sein ist zeitlos und in diesem Sinne „ewig und ungeworden und unvergänglich" (392e7-8: ἀίδιον καὶ ἀγένητον καὶ ἄφθαρτον).

Dieses Sein wird nun in der Erläuterung des zweiten Teils der These, die wieder in zwei Etappen (Delph 20.21) erfolgt, auf den Gott bezogen und durch vorangestelltes ἀλλά am Anfang schroff vom scheinbaren Sein abgegrenzt: „Aber es ist der Gott" (393a7 ἀλλ' ἔστιν ὁ θεός). Über das Motiv der Zeit wird die Verbindung zum Ende des ersten Teils hergestellt: „und er ist zu keiner Zeit, sondern in Ewigkeit" (393a7-8: καὶ ἔστιν κατ' οὐδένα χρόνον, ἀλλὰ κατὰ τὸν αἰῶνα). In der Zeitlosigkeit, so der Gedanke des Ammonios, gibt es aber auch keine Vielfalt, weil jede Vielfalt Veränderung in der Zeit voraussetzt. Die Ausdifferenzierung einer Gesamtwahrnehmung hängt ja wesentlich damit zusammen, daß sie einzelne Wahrnehmungen sukzessiv synthetisiert. Wo es keine Zeit gibt, da ist also auch Einheit: „Da er [der Gott] einer ist, hat er mit dem einen Jetzt das Immer erfüllt" (393a11-b1: εἷς ὢν ἑνὶ τῷ νῦν τὸ ἀεὶ πεπλήρωκε). Das wirklich Seiende und das Eine sind also austauschbare Begriffe: „Eines muß das Seiende sein, wie seiend das Eine" (393b8: ἓν εἶναι δεῖ τὸ ὄν, ὥσπερ ὂν τὸ ἕν). Diese Aussage über den Gott findet Ammonios in der Etymologie der Namen, die ihm traditionell beigelegt werden, bestätigt. Zum zeitlichen Aspekt der Einheit des wirklich Seienden tritt sodann der räumliche hinzu: Wo Einheit ist, da gibt es keinerlei Mischung; denn jede feststellbare Mischung einer Einheit setzt ihre Ausdifferenzierung in unterscheidbare Elemente voraus. Daraus schließt Ammonios: „Das Eine aber ist lauter und rein" (393c6: τὸ δ' ἓν εἰλικρινὲς καὶ καθαρόν). Damit ist die erste Etappe durchlaufen. In der zweiten Etappe (Delph 21) erläutert Ammonios das Wesen des Gottes nicht mehr an und für sich, sondern in seinem Verhältnis zum Vergänglichen. Das letzte Kapitel der Ammoniosrede führt insofern die beiden Teile der These zu einer Synthese zusammen. Ammonios spricht jedoch nach wie vor von der Warte des Gottes aus, weshalb dieses Kapitel mit Recht als zweite Etappe in der Erläuterung der Aussage über den Gott begriffen werden kann. Die Etappe unterteilt sich ihrerseits in drei Durchgänge, die sich dadurch klar voneinander abheben, daß sich der Gehalt der beiden ersten im wesentlichen jeweils in einem prägnanten Vergleich verdichtet. Zuerst wird derjenige, welcher die Sonne für den Gott selbst hält, mit einem Träumenden verglichen, der aufgeweckt werden muß, um wirklich das Wesen des Gottes zu erblicken. Der zweite Durchgang vergleicht einen Gott, der wandelbar wäre, mit einem Kind, das im Sand spielt und dort die von ihm geschaffenen Gebilde alsbald wieder zerstört, um neue zu formen. Die letzte Etappe ist durch eine Inklusion, die über die Vorstellung des Dämonischen (394a2: δαίμονι; 394c3: τὰ δαιμόνια) läuft, in sich abgeschlossen. Das Signalwort der Inklusion gibt dabei zugleich das Thema des Abschnitts an: das Verhältnis zwischen dem Göttlichen und dem Dämonischen. Formal bildet den größten Teil dieser Etappe eine Katene von sechs Zitaten unterschiedlicher Autoren. In einem Schlußsatz werden schließlich die Ausführungen zu den beiden Teilen der Eingangsthese noch einmal zusammengefaßt. Ammonios sieht seine These bestätigt.

3.3.1.3. Das wirkliche Sein des Gottes und die vergängliche Welt des Menschen

Plutarch unterscheidet die beiden Verwendungsweisen des Wortes „sein". Steht das Verbum in der Funktion einer Kopula, so schreibt es lediglich einem Subjekt bestimmte Eigenschaften zu; es bildet das Prädikat eines Satzes nur zusammen mit einer adjektivischen Bestimmung des Subjekts. Übersetzt man die grammatikalischen Begrifflichkeiten in ontologische, so ist das Subjekt die Substanz, der vermittels der Kopula ein Akzidens zugeschrieben wird. Die Kopula hat keinen eigenen Bedeutungsgehalt und kann deshalb im Griechischen wie im Lateinischen auch einfach weggelassen werden. In seiner anderen Funktion bildet „sein" selbst das Prädikat des Satzes und ist dann in seinem Bedeutungsumfang mit dem Verbum „existieren" identisch, sofern man darunter nicht nur das bare Vorhandensein, sondern zugleich die einem bestimmten Wesen spezifische Existenzweise versteht. In dieser emphatischen Bedeutung schreibt Plutarch dem Gott das Sein als reales Prädikat zu beziehungsweise spricht es dem Menschen ab.[304] Er kennzeichnet diese Verwendungsweise an den Schnittstellen seiner Argumentation mit dem präzisierenden Zusatz ὄντως (392a10.b8.e7; 393b1),[305] den ich jeweils durch „wirklich" wiedergegeben habe. Dem genauen Wortsinn nach ist das wirklich Seiende dasjenige, das in der Weise eines Seienden existiert. Nicht wirklich seiend ist dagegen alles, was in der Weise des Werdens und Vergehens existiert.

Hinter dieser Unterscheidung steht als Grundintuition die Vorstellung, daß jede Veränderung einer Sache die Sache als ganze betrifft: Sie ist nicht mehr die, die sie einmal war. Das heißt aber für Plutarch: Das, was sie einmal war, ist jetzt nicht mehr, und dafür ist jetzt etwas anderes. Nun kann man sich die Zeiträume, in denen etwas ist, im unablässigen Fluß der Veränderung immer kleiner vorstellen, so daß ihr Grenzwert bei Null liegt. Daraus schließt Plutarch, daß, was sich verändert, überhaupt niemals ist. Er leugnet damit, daß unsere Wesensbegriffe einen Anhalt in der Sache selbst haben. Denn sonst könnte er wenigstens noch der Substanz einer Sache wirkliches Sein zuschreiben, die Veränderung aber ihren Akzidenzien. Wirkliches Sein gibt es nach Plutarch aber nur, wenn

304 Seit der grundlegenden Kritik Kants am ontologischen Gottesbeweis können wir freilich den Begriff des Seins nicht mehr so unbefangen in diesem Sinn verstehen. Vgl. Kant, KrV B 626: „Sein ist offenbar kein reales Prädikat, d.i. ein Begriff von irgend etwas, was zu dem Begriffe eines Dinges hinzukommen könne." Freilich verfängt Kants Kritik nur zum Teil, insofern er Sein in diesem Zusammenhang als bares Vorhandensein begreift.

305 Der Ausdruck ὄντως ὄν für das wirklich Seiende begegnet schon bei Platon, Sophistes 240b: Ἆρα τὸ ἀληθινὸν ὄντως ὂν λέγων.

es überhaupt keine Zeit (393a8-9: κατὰ τὸν αἰῶνα ... ἄχρονον) und damit auch keine Veränderung gibt. Dieses Sein ist dann notwendig eines und auch das einzige (393c2: εἷς καὶ μόνος). Denn gäbe es mehrere wirklich Seiende, so müßte man einen Unterschied zwischen ihnen annehmen. Da sie aber beide sind, käme mit dieser Annahme ein Unterschied in das Sein selbst hinein. Es wäre mithin nicht mehr eines.[306]

Das wesentliche Kennzeichen des wirklichen Seins ist sein Beharren, sein Bleiben. Umgekehrt gilt, daß, was nicht bleibt, auch nicht wirklich ist. Daß im Fluß von Werden und Vergehen nichts wirklich Seiendes greifbar wird, ist gleichbedeutend damit, daß es dort nichts Bleibendes gibt (392b8). Wenn die Menschen immer dieselben blieben, freuten sie sich auch stets derselben Dinge; das ist aber offenbar nicht der Fall: „Wie kommt es, daß wir, wenn wir die Gleichen bleiben, uns jetzt über diese Dinge freuen, früher über jene" (392d7-8: πῶς οἱ αὐτοὶ μένοντες ἑτέροις χαίρομεν νῦν, ἑτέροις πρότερον)? In der Natur ist nichts bleibend, was so viel heißt wie: Nichts in ihr ist seiend (393a1-2: οὐδὲν αὐτῆς μένον οὐδ' ὂν ἐστιν). Die verschiedenen Zustände einer Sache zu unterschiedlichen Zeitpunkten sind „Veränderungen dessen, was von Natur aus nicht im Sein bleibt" (393a5-6: παραλλάξεις τοῦ μένειν ἐν τῷ εἶναι μὴ πεφυκότος). In dem, was sich bewegt, darf man lediglich ein Abbild des Bleibenden erkennen (393d8: φερομένῳ μένοντος).

Der Gott ist also nach Plutarch das allein wirklich Seiende; er ist das Eine, der Eine und Einzige, der immerwährend derselbe bleibt. Auf dem Wege der Negation dieser Gottesprädikate ergibt sich, was der Mensch und seine Welt im Gegensatz dazu sind: stets im Fluß, vergänglich und sterblich. Was die Identität des Menschen in den verschiedenen Phasen und Vollzügen seines Lebens ausmacht, ist eine Frage, welche die Philosophie bis in unsere Tage hinein beschäftigt.[307] Plutarch will das Problem lösen, indem er diese Identität schlichtweg leugnet (392b8-e6). Im Angesicht des Gottes erkennt der Mensch seine wahre Situation, die K. Held so beschreibt: „Wir Menschen verkennen unsere sterbliche Existenzlage von Grund auf, wenn wir meinen, wir könnten irgend etwas unternehmen, das uns ein Leben wie die Götter verschafft. Wenn wir das glauben, verrennen wir uns in gefährliche Machenschaften. Deswe-

[306] Bei alldem ist zu beachten, daß Plutarch wie überhaupt die gesamte philosophische Tradition bis zum Anfang des 20. Jahrhunderts nicht zwischen dem Sein und dem Seienden unterscheidet. Erst Heidegger hat diese Differenzierung eingeführt. Vgl. z.B. Heidegger 6: „Das Sein des Seienden ‚ist' nicht selbst ein Seiendes." Plutarch verwendet dagegen die verschiedenen Formen des Verbums „sein" gleichsinnig. So darf man die Unterschiede in der Übersetzung nicht im Heideggerschen Sinne verstehen. Von Fall zu Fall entscheidet der gängige deutsche Sprachgebrauch darüber, ob εἶναι, ὄν und οὐσία jeweils mit „Sein", „Seiendes" oder „Wesen" übersetzt werden.

[307] Vgl. nur den Aufriß der Frage der Selbstheit bei Ricœur 9-38 und ihre Entfaltung im selben Buch.

gen müssen wir uns immer wieder auf den Unterschied von Sterblichen und Unsterblichen besinnen. In diesem Sinne stand am Apollontempel in Delphi der berühmte Spruch: ‚Erkenne dich selbst'. Die Besucher sollten damit nicht aufgefordert werden, Psychologie zu treiben, sondern die Grenze ihrer Sterblichkeit zu beachten und zu wahren"[308]. Dagegen will H. Dörrie aus der menschlichen Einsicht in den Gegensatz zwischen dem wirklich Seienden und dem nicht wirklich Seienden gerade eine Gemeinschaft zwischen dem Gott und dem Menschen begründen: „[K]raft dieser Einsicht besteht ein ὅμοιον, eine Gemeinsamkeit zwischen dem Gott und demjenigen Menschen, der zu dieser Einsicht fähig ist"[309]. Selbst wenn man Plutarch ein solch dialektisches Verständnis des Gegensatzes zwischen dem Gott und dem Menschen zutrauen wollte, so bleibt doch die Tatsache bestehen, daß er, wie Dörrie selbst einräumt, „diese letzte Konsequenz nicht eigens ausspricht"[310]. Nun sagt ein Schriftsteller längst nicht immer alles, was er weiß und denkt. Wollte man daraus jedoch die Konsequenz ziehen, daß man eine explizite und zielstrebige Argumentation auf der Grundlage eines argumentum e silentio in ihr Gegenteil umkehren kann – und nichts anderes tut Dörrie an dieser Stelle –, dann würde jedes Verständnis eines Textes willkürlich. Halten wir uns also an das, was Plutarch ausdrücklich sagt: Der Mensch ist aufgrund seiner Vergänglichkeit unendlich weit vom wahren Sein des Gottes entfernt; mit Y. Vernière zu sprechen: „c'est bien d'une quête du divin dans sa transcendance qu'il s'agit."[311]

3.3.1.4. Plutarch zwischen Heraklit und Parmenides

In dieser Sicht auf Gott und die Welt vereinigt Plutarch zwei grundsätzlich verschiedene Ansätze der griechischen Philosophie, von denen der eine auf Heraklit, der andere auf Parmenides zurückgeht. Den Namen des Heraklit nennt er in Zusammenhang mit seinen Zitaten zweimal ausdrücklich. An Parmenides erinnern das Motiv und die Charakteristik des wirklichen Seins. Plutarch kommt es auf den Gegensatz an zwischen dem Fluß der Veränderungen, den er von Heraklit übernimmt, und dem sich stets gleichbleibenden Sein, das an Parmenides denken läßt. Er kann diesen Gegensatz jedoch nur in seine eigene Sicht auf die Dinge integrieren, indem er das Denken von Heraklit und Parmenides verkürzt und auf seine Weise versteht. Es ist nämlich durchaus nicht so, daß Heraklit im ständigen Wandel der Dinge nicht auch eine sublime Einheit annähme. „Diese Einheit wird näher expliziert als eine Einheit von Gegensätzen. Alles, was es gibt, kann anhand von aufeinander bezogenen Gegensätzen expliziert

308 Held 75.
309 Dörrie, Gnostische Spuren 101.
310 Dörrie, Gnostische Spuren 101.
311 Vernière 246.

bzw. auf solche Gegensätze reduziert werden. Die Einheit ist keine bloß formale oder statische, sondern wird als real gegebene, in ununterbrochener Aktivität befindliche, alles verwaltende und bestimmende Instanz und oberstes, allgegenwärtiges Prinzip vorgestellt."[312] Dieses Prinzip ist bei Heraklit der Logos, der alles durchwaltet. Genau dieser Gedanke ist es jedoch, den Plutarch für seine Argumentation nicht gebrauchen kann. Ihm kommt es nämlich darauf an, das Prinzip der Einheit aus der Welt des Wandels säuberlich herauszuhalten. Übrig bleibt vom heraklitischen Gedanken nur der Fluß, in dem alle Identität diffus erscheint.

Der Gedanke der Einheit bestimmt sich bei Plutarch eher von Parmenides her. Zu Beginn seines Lehrgedichts sagt Parmenides, „daß Seiendes nicht hervorgebracht und unzerstörbar ist, einzig, aus einem Glied, unerschütterlich, und nicht zu vervollkommnen; weder war es, noch wird es einmal sein, da es jetzt in seiner Ganzheit beisammen ist, eins, zusammengeschlossen."[313] Plutarch bezeichnet das Seiende in diesem Sinne als „das Ewige und Ungewordene und Unvergängliche" (392e7-8: τὸ ἀίδιον καὶ ἀγένητον καὶ ἄφθαρτον). Man kann ihm zufolge nicht sagen, „daß es war oder sein wird" (393a4: ὡς ἦν ἢ ἔσται). Das Seiende ist eines: „Eines muß das Seiende sein" (393b8: ἓν εἶναι δεῖ τὸ ὄν). Als solches ist es identisch mit dem einen Gott: „Da er einer ist, hat er mit dem einen Jetzt das Immer erfüllt" (εἷς ὢν ἑνὶ τῷ νῦν τὸ ἀεὶ πεπλήρωκε). Aber auch Parmenides kann Plutarch für seine Zwecke nur selektiv gebrauchen. Denn bei Parmenides gibt es überhaupt nichts, was nicht vom Sein erfüllt wäre. In diesem Sinne sagt er an einer späteren Stelle seines Lehrgedichts: „Da es andererseits eine letzte Grenze gibt, ist es [sc. das Seiende] allseits vollendet, gleich der Masse einer wohlgerundeten Kugel, vom Zentrum her in alle Richtungen sich gleichermaßen erstreckend."[314] Plutarchs Gegensatz zwischen dem wirklichen Sein und dem Bereich des Werdens und Vergehens setzt hingegen voraus, daß es neben dem wirklichen Sein eben einen Bereich des Nichtseins gibt. Ob Plutarch direkt aus Parmenides geschöpft hat, läßt sich freilich nicht mehr sagen. Gewiß ist es bemerkenswert, daß sich alle konstitutiven Elemente, durch die Plutarch das wirkliche Sein beschreibt, in dem eng umgrenzten Zusammenhang weniger Zeilen des parmenideischen Lehrgedichts wiederfinden.

---

312 Mansfeld 232-233; vgl. Heraklit B 10: „Verbindungen: Ganzheiten und keine Ganzheiten, Zusammentretendes – Sichabsonderndes, Zusammenklingendes – Auseinanderklingendes; somit aus allem eins wie aus einem alles (συνάψιες· ὅλα καὶ οὐχ ὅλα, συμφερόμενον διαφερόμενον, συνᾷδον διᾷδον· καὶ ἐκ πάντων ἓν καὶ ἐξ ἑνὸς πάντα)". B 53. B 114.

313 Parmenides B 8,3-6: ὡς ἀγένητον ἐὸν καὶ ἀνώλεθρόν ἐστιν, μοῦνον, οὐλομελές τε καὶ ἀτρεμὲς ἠδ᾽ ἀτέλεστον· οὐδέ ποτ᾽ ἦν οὐδ᾽ ἔσται, ἐπεὶ νῦν ἔστιν ὁμοῦ πᾶν, ἕν, συνεχές.

314 Parmenides B 11,42-44: αὐτὰρ ἐπεὶ πεῖρας πύματον, τετελεσμένον ἐστὶ πάντοθεν, εὐκύκλου σφαίρας ἐναλίγκιον ὄγκῳ, μεσσόθεν ἰσοπαλὲς πάντῃ.

Zur Zeit Plutarchs könnten diese parmenideischen Motive in ihrer Vereinzelung allerdings auch längst Gemeingut geworden sein. Im Zweifel bleiben wir auch hier auf Platon verwiesen. Denn die Feststellung, die R. M. Jones im besonderen getroffen hat, kann man wohl im allgemeinen auf fast alle Fragen der Abhängigkeit Plutarchs von anderen Autoren anwenden: „there is not an idea which is common to the two which is not also found in Plato.“[315] Wieder einmal führt die Spur zum „Timaios“. Zu Beginn seiner Rede macht Timaios eine grundsätzliche Vorbemerkung: „Zuerst nun haben wir meiner Meinung nach Folgendes zu unterscheiden: Was ist das stets Seiende und kein Entstehen Habende und was das stets Werdende, aber nimmerdar Seiende; das eine ist durch verstandesmäßiges Denken zu erfassen, ist stets sich selbst gleich, das andere dagegen ist durch bloßes mit vernunftloser Sinneswahrnehmung verbundenes Meinen zu vermuten, ist werdend und vergehend, nie aber wirklich seiend.“[316] Die grundsätzliche Unterscheidung zwischen dem wirklich Seienden und dem Wandelbaren teilt Plutarch also mit Platon. Im Zusammenhang der Weltschöpfung bei Philon ist überdies schon einmal darauf hingewiesen worden, daß für Platon die Zeit zusammen mit der Welt und dem Himmel entsteht; denn die Himmelskörper sind zugleich die Werkzeuge zur Zeitmessung: „das ‚war‘ und das ‚wird sein‘ sind gewordene Formen der Zeit, die wir, uns selbst unbewußt, unrichtig auf das ewige Sein übertragen. Denn wir sagen doch: es war, ist und wird sein; der richtigen Ausdrucksweise zufolge kommt aber jenem nur das ‚ist‘ zu, das ‚war‘ und das ‚wird sein‘ ziemt sich dagegen nur von dem in der Zeit fortschreitenden Werden zu sagen, sind es doch Bewegungen.“[317] Auch hier besteht grundlegende Übereinstimmung zwischen Platon und Plutarch. Zwei Unterschiede sind allerdings zu beachten: Zum einen identifiziert Platon das wirklich Seiende nicht mit dem Gott, sondern mit dem Muster, auf das der Gott bei der Erschaffung der Welt

---

[315] Jones, The Platonism 61. Da die Quellen Plutarchs nicht eigentlich im Zentrum meines Interesses liegen, sei hier generell die Arbeit von Jones empfohlen, die eine vielfach übertriebene Quellenkritik der deutschen Forschung im Ausgang des 19. und am Beginn des 20. Jahrhunderts, wie sie vor allem von Heinze und Hirzel betrieben wurde, in ihre Grenzen verweist. Whittaker, Ammonius, führt Plutarchs Gedanken an unserer Stelle auf alexandrinisch-neupythagoreischen Einfluß, namentlich auf Eudorus, zurück. Dieser Vorschlag kann hier auf sich beruhen bleiben.

[316] Platon, Timaios 27d-28a: Ἔστιν οὖν δὴ κατ᾽ ἐμὴν δόξαν πρῶτον διαιρετέον τάδε· τί τὸ ὂν ἀεί, γένεσιν δὲ οὐκ ἔχον, καὶ τί τὸ γιγνόμενον μὲν ἀεί, ὂν δὲ οὐδέποτε; τὸ μὲν δὴ νοήσει μετὰ λόγου περιληπτόν, ἀεὶ κατὰ ταὐτὰ ὄν, τὸ δ᾽ αὖ δόξῃ μετ᾽ αἰσθήσεως ἀλόγου δοξαστόν, γιγνόμενον καὶ ἀπολλύμενον, ὄντως δὲ οὐδέποτε ὄν.

[317] Platon, Timaios 37e-38a: τό τ᾽ ἦν τό τ᾽ ἔσται χρόνου γεγονότα εἴδη, ἃ δὴ φέροντες λανθάνομεν ἐπὶ τὴν ἀίδιον οὐσίαν οὐκ ὀρθῶς. Λέγομεν γὰρ δὴ ὡς ἦν ἔστιν τε καὶ ἔσται, τῇ δὲ τὸ ἔστιν μόνον κατὰ τὸν ἀληθῆ λόγον προσήκει, τὸ δὲ ἦν τὸ τ᾽ ἔσται περὶ τὴν ἐν χρόνῳ γένεσιν ἰοῦσαν πρέπει λέγεσθαι – κινήσεις γάρ ἐστον.

hinblickt;[318] dieses ist „die Form, die sich stets gleich verhalte, nicht geboren und unvergänglich“[319]. Zum andern ist die Welt nach Platon zwar nur das Abbild des ewig seienden Musters, aber als bewegliches Abbild auch selbst ewig.[320]

Aufs Ganze gesehen kann man sagen, daß Plutarch seinen Gegensatz der Sache nach durch eine einseitige Lektüre sowohl von Heraklit als auch von Parmenides hat gewinnen können. Jedenfalls sind ihm deren Gedanken aus der platonischen Verarbeitung bekannt. Plutarchs Eigenart läßt sich aber besser herausarbeiten, wenn man seine Ausführungen direkt mit den beiden Vorsokratikern vergleicht. Dies soll nun zusammenfassend geschehen. Von Heraklit übernimmt Plutarch den Gedanken des stetigen Wandels, seine Idee der Einheit erwähnt er dagegen nicht. Parmenides liefert ihm den Begriff des unwandelbaren Seins; daß dieses sich aber durch alle Wirklichkeit hindurch erstreckt, ist ein Gedanke, der Plutarchs Konzeption stören mußte. Denn ihm ist es gerade darum zu tun, zwei voneinander ganz unabhängige Bereiche von Wirklichkeit zu etablieren. Das wirkliche Sein des Gottes durchdringt eben nicht die Wirklichkeit unserer Welt, sondern bleibt ihr vollkommen transzendent, so wie umgekehrt der Wandel, dem die Welt unablässig unterworfen ist, sie und den Menschen, der in ihr lebt, unerbittlich von dem Gott trennt. Nach dem Gesagten dürfte es kaum mehr Erstaunen erregen, daß der Priester aus Delphi zu guter Letzt doch noch nach einer Vermittlung der beiden Sphären Ausschau halten muß. So kommt Ammonios am Ende seiner Rede auf die Dämonen zu sprechen.

3.3.2. Def 10-15

3.3.2.1. Einordnung und Gedankengang von Def 10-15

In der Schrift „De defectu oraculorum“ forscht der Apollonpriester Plutarch nach den Gründen dafür, daß in seiner Zeit viele ehemals blühende Orakel in Griechenland nicht mehr existieren oder sich im Niedergang befinden. Plutarch tritt indes in der ganzen Schrift gar nicht in Erscheinung, sondern läßt den Dialog von seinem Bruder Lamprias in der Ich-Form

---

318 Vgl. Platon, Timaios 28a-b: „Wessen Form und Wirkkraft der Erzeuger nun gestaltet, indem er auf das sich stets gleich Vehaltende hinblickt und etwas derartiges als Vorbild benutzt, das muß so zwangsläufig insgesamt schön gestaltet werden (Ὅτου μὲν οὖν ἂν ὁ δημιουργὸς πρὸς τὸ κατὰ ταὐτὰ ἔχον βλέπων ἀεί, τοιούτῳ τινὶ προσχρώμενος παραδείγματι, τὴν ἰδέαν καὶ δύναμιν αὐτοῦ ἀπεργάζηται, καλὸν ἐξ ἀνάγκης οὕτως ἀποτελεῖσθαι πᾶν).“

319 Platon, Timaios 52a: τὸ κατὰ ταὐτὰ εἶδος ἔχον, ἀγέννητον καὶ ἀνώλεθρον.

320 Vgl. Platon, Timaios 37d: „So sann er darauf, ein bewegliches Abbild der Ewigkeit zu gestalten, und macht, indem er dabei zugleich den Himmel ordnet, von der in dem Einen verharrenden Ewigkeit ein in Zahlen fortschreitendes ewiges Abbild (εἰκὼ δ᾽ ἐπενόει κινητόν τινα αἰῶνος ποιῆσαι, καὶ διακοσμῶν ἅμα οὐρανὸν ποιεῖ μένοντος αἰῶνος ἐν ἑνὶ κατ᾽ ἀριθμὸν ἰοῦσαν αἰώνιον εἰκόνα).“

erzählt sein. Lamprias ist seinerseits „Priester am benachbarten Orakelheiligtum des Trophonios in Lebadeia“[321] und von daher in Fragen des Orakelwesens genauso bewandert wie Plutarch selbst. Vier Antworten auf die genannte Fragestellung werden im Verlauf des Dialogs ins Gespräch gebracht. Die ersten beiden finden nur kurze Erwähnung. Kaum ist die Frage aufgeworfen, da springt der Kyniker Didymos Planetiades auf und geißelt die Verkommenenheit der Menschen, die für den Rückzug der Götter verantwortlich sei. Dem wird sofort widersprochen, woraufhin Didymos sich vom Ort der Unterhaltung zurückzieht (Def 7). Daraufhin unterbreitet Ammonios, der Lehrer Plutarchs, einen zweiten Lösungsversuch: Das Angebot der Orakel richte sich nach der Nachfrage; mit dem Schwinden der Bevölkerung Griechenlands nehme folgerichtig auch die Zahl der Orakelstätten ab (Def 8). Diese Antwort läßt Lamprias jedoch nicht gelten: Man könne dem Gott zwar die Einrichtung, nicht aber die Aufhebung der Orakel zuschreiben. Denn er dürfe stets nur als Ursache von Entstehung und Erhalt angesehen werden. Für das Vergehen der Dinge sei hingegen die Natur oder die Materie verantwortlich zu machen (Def 9). Die Gegenrede des Lamprias leitet zum dritten Lösungsversuch über, in dessen Verlauf Kleombrotos seine Dämonologie ausbreitet (Def 10-15). Mit ihm diskutiert in diesem Abschnitt Demetrios. Beide sind zu Beginn des Dialogs als weitgereiste und erfahrene Gelehrte vorgestellt worden (Def 2). Diese Charakterisierung verleiht den Darlegungen des Kleombrotos schon im voraus das Signum der Glaubwürdigkeit. Dennoch kommt die Diskussion auch mit seinem Lösungsvorschlag noch nicht an ihr Ende. Allerdings wird die Ausgangsfrage erst nach einiger Zeit wieder explizit aufgenommen. In einem letzten Anlauf erklärt Lamprias das Aufkommen und Verschwinden der Orakel mit den wechselnden Ausdünstungen der Erde. Der prophetische Enthusiasmus komme nur dort zustande, wo ein günstiger Erdhauch die Seele des Menschen dazu disponiere, in die Zukunft zu sehen (Def 38-51). Den Dämonen kommt dabei keine wirklich eigenständige Rolle zu. Denn sie seien nichts anderes als Seelen, die aber im Unterschied zu Menschenseelen vom Körper gelöst seien (Def 38). Als solche haben sie aber auch keine Fähigkeit zur Weissagung, die grundsätzlich nicht auch jeder Menschenseele zugesprochen werden muß. Die skizzierte Anlage des Dialogs zeigt bereits deutlich, daß die nachfolgend interpretierten Darlegungen des Kleombrotos nicht einfach als Plutarchs Meinung genommen werden dürfen; oder mit Th. Eisele zu sprechen: „daß die Bedeutung des Dämonenglaubens für die Plutarchsche Philosophie beträchtlich eingeschränkt werden muß“[322]. Zu weit geht Eisele

321 Ziegler, Plutarch über Gott 29.

322 Eisele 29; vgl. Bacht 61; Brenk, „A Most Strange Doctrine“ 6; ders., The Religious Spirit 277; Dörrie, Der Weise 96-97; Goldschmidt 300-301. Im übrigen kommt die Diskussion über die Art und Weise der Inspiration der Pythia in Plutarchs Schrift „De Pythiae oraculis“ ganz ohne die Annahme von Dämonen aus. Soury, Plutarque. Prêtre des Delphes 52-60,

jedoch, wenn er Kleombrotos innerhalb des Dialogs einfach „die Rolle der komischen Figur“[323] zuweist. Damit wäre ja auch Platon diskreditiert, auf den er sich – wie noch zu zeigen sein wird – maßgeblich stützt. Schon deshalb kann man den Darlegungen des Kleombrotos ihren Rang als philosophische Spekulation nicht rundweg absprechen.[324] Überdies wird die Dämonenlehre des Kleombrotos von Lamprias nicht gänzlich verworfen; vielmehr bemüht sich letzterer um eine Synthese.[325] Die vorliegende Untersuchung macht sich jedenfalls, wie schon mehrfach betont wurde, einen Ansatz zu eigen, den Klauck so beschreibt: „Kaum irgendwo ist die Bestimmung von Plutarchs eigener Meinung in der Forschung so umstritten wie hier. Für uns relativiert sich allerdings dieses Problem, da auch Standpunkte, die Plutarch nur referiert, ohne sie selbst zu teilen, Aufschluß geben über dämonologische Konzepte in seinem Umkreis und in seiner Zeit.“[326]

Den Ausgangspunkt für die Überlegungen des Kleombrotos bildet die Frage danach, wofür der Gott mit Fug und Recht verantwortlich gemacht werden dürfe und wofür nicht. Kleombrotos sucht einen Mittelweg zwischen zwei Extremen: „Nachdem das Begreifen und Abgrenzen, wie und bis zu welchen Grenzen die Vorsehung zu gebrauchen ist, schwierig ist, verfehlen die einen, indem sie den Gott von überhaupt nichts, die anderen aber, indem sie ihn von allen Dingen gleichermaßen zur Ursache machen, das Mittlere und Schickliche.“ (414e9-13) Kleombrotos weist zwei Mittelwege auf. Der eine kommt von Platon her, dem zufolge der Gott die Welt weder aus dem Nichts noch aus sich selbst, sondern aus einem ihm vorliegenden Material geschaffen hat. Diesen Weg geht der erste Lösungsversuch des Lamprias, den dieser soeben vorgetragen hat. Kleombrotos zieht ihm einen anderen Weg vor. Das Problem haben seiner Ansicht nach diejenigen besser gelöst, „welche das Geschlecht der Dämonen in der Mitte zwischen Göttern und Menschen, welches in irgendeiner Weise die Gemeinschaft von uns und jenen ins Selbe zusammenführt und zusammenhält, ausfindig gemacht

---

hält den Unterschied für oberflächlich und die beiden Positionen mithin für vereinbar. Dagegen erblickt Flacelière, Plutarque et la Pythie 81-101, einen grundsätzlichen Unterschied und erklärt ihn von einer Entwicklung im Denken Plutarchs her. Ziegler, Plutarchos 837-838, verweist diesbezüglich auf den unterschiedlichen Grad der Identifikation Plutarchs mit seinen verschiedenen Dialogpersonen. Zur Inspirationslehre in „De Pythiae oraculis“ vgl. die gegensätzlichen Positionen von Schröder 25-59 und Holzhausen.

323 Eisele 41; vgl. Brenk, An Imperial Heritage 278; Klauck, Plutarch 81.

324 Gegen Brenk, In Mist Apparelled 115: „Cleombrotos' speech is largely an unspeculative *résumé* of Greek daimonology [...]. Lamprias covers a vast range of philosophical speculation“.

325 Vgl. Brenk, „A Most Strange Doctrine“ 6: „On the other hand, Lamprias' speech harmonizes perfectly with the Platonic-eclectic tenor of Plutarch's philosophy.“ Auch Klauck, Plutarch 80, spricht von einem „Kompromißvorschlag“ des Lamprias.

326 Klauck, Plutarch 77.

haben“[327]. Damit kommt Kleombrotos zu seiner eigenen These. Sie besteht aus drei Teilen. Die Dämonen sind Mittelwesen zwischen Göttern und Menschen. Sie manifestieren ihre Existenz und ihr Wirken in den Sterbe- und Klageriten der religiösen Feiern.[328] Ihre Stellung zwischen Göttern und Menschen wird unterschiedlich bestimmt (415a9-c3). Die drei Teile der These kündigen drei verschiedene Themen an, die erst in Def 13-15 durchgeführt werden.

Def 11-12 stellt einen langen Einschub dar, welcher die Sterblichkeit und das Lebensalter der Dämonen thematisiert. Daß es sich um einen Einschub mit Nebenthemen handelt, wird an mehreren Punkten deutlich. Die Diskussion ist am Ende des Exkurses kaum weiter vorangekommen als vorher. Die These aus Def 10 wird nicht direkt bearbeitet. Das diskutierte Lebensalter der Dämonen spielt innerhalb der Ausarbeitung der These in Def 13-15 keine Rolle mehr. Kurz gesagt: Man könnte Def 11-12 aus der Argumentation in Def 10-15 herausnehmen, ohne den Zusammenhang zu stören. Das Fazit des Exkurses erklärt den dort geführten Streit ausdrücklich für irrelevant für das weitere Gespräch: „Aber über diese Dinge müssen wir mit Demetrios nicht verschiedener Meinung sein.“ (416c1-2) Kleombrotos wiederholt die These aus Def 10 so, als ob dazwischen nichts gewesen wäre: daß die Dämonen nämlich „gewisse Naturen sind, gleichsam auf der Grenze zwischen Göttern und Menschen, die sterbliche Affekte und notwendige Veränderungen erfahren, die es recht ist zu verehren, indem man sie nach einem Gesetz der Väter für Dämonen hält und so benennt“[329].

In Def 13-15 erfolgt die Erläuterung und argumentative Durchführung der These aus Def 10. Ihre drei Teile werden allerdings nicht in der Reihenfolge der Ankündigung aufgegriffen. Statt dessen sind der zweite Teil, welcher die Stellung der Dämonen thematisiert, und der dritte Teil, der ihre Spuren in den religiösen Riten aufsucht, vertauscht. Jeder der drei Teile erfährt seine Bearbeitung in drei Etappen, die ebenso vielen Aspekten der jeweiligen Teilfrage entsprechen. Am Ende der Ausführungen zum dritten Teil der These (417b7-9) werden die Themen der Darlegung des zweiten Teils noch einmal eigens angekündigt. Der letzte Abschnitt der Rede des Kleombrotos ist der längste und soll deshalb in sich gegliedert werden. Die Spuren der Dämonen in der religiösen Praxis finden sich demnach in den Geheimlehren, in den Festen und Opfern und in den Mythen und Hymnen. Im Überblick ergibt sich folgender Aufbau von Def 10-15:

---

327 Def 415a1-2: οἱ τὸ τῶν δαιμόνων γένος ἐν μέσῳ θεῶν καὶ ἀνθρώπων τρόπον τινὰ τὴν κοινωνίαν ἡμῶν κἀκείνων συνάγον εἰς ταὐτὸ καὶ συνάπτον ἐξευρόντες.

328 Vgl. Def 415a6-8: ὡς τεκμαιρόμεθα ταῖς ἑκατέρωθι τελεταῖς ἀναμεμιγμένα πολλὰ θνητὰ καὶ πένθιμα τῶν ὀργιαζομένων καὶ δρωμένων ἱερῶν ὁρῶντες.

329 Def 416c5-9: ὅτι φύσεις τινές εἰσιν ὥσπερ ἐν μεθορίῳ θεῶν καὶ ἀνθρώπων δεχόμεναι πάθη θνητὰ καὶ μεταβολὰς ἀναγκαίας, οὓς δαίμονας ὀρθῶς ἔχει κατὰ νόμον πατέρων ἡγουμένους καὶ ὀνομάζοντας σέβεσθαι.

These (Def 10,414e9-415c3):
Problem: Die einen schreiben dem Gott nichts, die andern alles zu.
=> These: Die Dämonen sind Mittelwesen.
a) Die Dämonen stehen in der Mitte zwischen Göttern und Menschen.
b) Den Festen und heiligen Handlungen sind viele Sterbe- und Klageriten beigemischt.
c) Verschiedene Meinungen über die Stellung der Dämonen.

Zwischensequenz (Def 11,415c4-12,416b12):
Kleombrotos: Nach Hesiod haben die Dämonen ein Ende;
im Zitat ist γενεά gleichbedeutend mit ἐνιαυτός (415c4-d8).
=> Demetrios: γενεά bezieht sich überhaupt auf kein Lebensalter; das Hesiodzitat bezieht sich auf den Weltenbrand (415d9-f4).
=> Kleombrotos: Von einem Ende der Welt kann man nicht sprechen; das Wort γενεά meint „Jahr" und „Menschenleben" (415f5-416a8).
=> Demetrios stimmt zu (416a8-9).
=> Kleombrotos: Maß und Gemessenes tragen denselben Namen; die sich so ergebende Zahl 9720 hat herausragende Qualitäten (416a9-b12).

Argumentation der These (Def 13,416c1-15,418d5):
zu a) Dämonen sind sterbliche Mittelwesen (416c1-417a4):
– Dreiecke des Xenokrates (416c10-d4),
– Sichtbare Bilder unsichtbarer Wirklichkeiten (416d5-e5),
– ermittelnde und dienende Natur in der Luft (416e6-417a4).
zu c) Es gibt drei Arten von Dämonen gemäß ihren Tugendunterschieden (417a5-b9)
– Diener der Götter,
– Rächer,
– heilige Spender von Reichtum.
zu b) Spuren und Zeichen der leicht affizierbaren und unvernünftigen Dämonen gibt es in (417b10-418a2):
– Geheimlehren (417b10-c2),
– Festen und Opfern (417c2-e5),
– Mythen und Hymnen (417e6-418a2).
Philippos wundert sich.
=> Auch in Delphi gibt es Riten, die nicht mit dem Gott zusammenhängen können: die Septerien (418a3-c6).
Ergebnis: Die Orakel gehen ein, wenn die Dämonen sie verlassen (418c7-d5).

3.3.2.2. Der platonische Mittelweg

Kleombrotos wählt den Mittelweg, den er von Platon herleitet, zwar nicht selbst für seine nachfolgenden Einlassungen. Er würdigt ihn aber dennoch als einen Weg, auf dem sich die Philosophie bereits vieler großer Aporien entledigen könne. Platon habe dies bewirkt, „indem er das den erzeugten Dingen zugrunde liegende Element ausfindig gemacht hat, das man jetzt Materie und Natur nennt“[330]. Plutarch denkt dabei wohl an Timaios 47e-51d, wo Platon von der Notwendigkeit (ἀνάγκη) und dem Raum (χώρα) handelt. Der platonische Demiurg ist „nicht allmächtig, zum einen, weil die Ideen und die zu bearbeitende *Chora* ihm vorgegeben sind, vor allem aber, weil diese *Chora*, sein Material, ihm mit ihrer unregelmäßigen Bewegung Widerstand leistet. Diesen Widerstand bezeichnet Platon als *Ananke*“[331]. In der Absicht, die Kleombrotos mit seiner Rede verfolgt, ist die Konsequenz wichtig, die sich aus der eingeschränkten Macht des Demiurgen ergibt: Er ist nicht allein verantwortlich für alles, was in und mit der Welt geschieht. Platon kennt eben mehrere Prinzipien, aus denen die Welt entsteht: den Demiurgen, die Ideen, denen er die Welt nachbildet, und den Raum, worin die Welt Gestalt annimmt. Für Kleombrotos, der hierin mit seinem Vorredner Lamprias einig ist, eröffnet sich dadurch die Möglichkeit, alle diejenigen Geschehnisse in der Welt, die er weder dem guten Gott noch den unveränderlichen Ideen zuschreiben will, als von der Notwendigkeit verursacht anzusehen. Freilich verrät die Gleichsetzung des platonischen Raumes als des zugrunde liegenden Elements mit der Materie auch hier wie bereits in Is 53, daß Plutarch Platon mit den Augen des Aristoteles liest.[332] Der platonische Begriff des Raumes ist jedoch viel weiter gefaßt als der aristotelische Materiebegriff: „Die *Chora* liefert den Sinnendingen eine Stelle, an der sie sich befinden.“[333]

3.3.2.3. Der dämonologische Mittelweg

Nachdem Kleombrotos mit knappen Worten den platonischen Mittelweg angedeutet hat, kommt er zu seiner eigentlichen These (414f6-415c3). Da diese, wie gesagt, erst in Def 13-15 entfaltet wird, können wir für die hiesigen Zwecke Def 11-12 übergehen. Nach Kleombrotos stehen die Dämonen in der Seinshierarchie in der Mitte zwischen Göttern und Menschen. Während Homer die Bezeichnungen „Götter“ und „Dämonen“ noch unterschiedslos gebraucht habe, habe Hesiod vier Gattungen oder Geschlechter vernünftiger Lebewesen unterschieden: Götter, Dämonen, Heroen und Menschen.[334] Damit habe sich bei anderen die Vorstellung

[330] Def 414f4-5: τὸ ταῖς γεννωμέναις ποιότησιν ὑποκείμενον στοιχεῖον ἐξευρών, ὃ νῦν ὕλην καὶ φύσιν καλοῦσιν.

[331] Brisson, Den Kosmos betrachten 231; vgl. ders., Le même 469-478; Hager 80.

[332] Vgl. Aristoteles, Metaphysik 1029a.

[333] Brisson, Den Kosmos betrachten 231.

[334] Vgl. dazu den religionsgeschichtlichen Hinweis bei Luck 205: „Die panhellenischen Götter

verbunden, daß so, wie die vier Elemente Erde, Wasser, Luft und Feuer in der genannten Reihenfolge auseinander entstünden, auch von den Menschen die besten Heroen, von diesen die besten Dämonen und wiederum von diesen die besten Götter würden. Ein solcher Aufstieg hängt vom Grad der Tugendhaftigkeit ab und kann für diejenigen, die sich nicht ganz beherrschen, umgekehrt auch wieder in einen Abstieg münden.

Die Heroen spielen in den Ausführungen von Def 13-15 keine Rolle mehr. Kleombrotos interessiert sich nicht weiter für sie, sondern hat sie wohl nur deswegen zunächst mit ins Spiel gebracht, weil sie von der griechischen Mythologie vorgegeben sind. So bleiben in der Mitte zwischen Göttern und Menschen nur die Dämonen von Bedeutung. Bei der Wiederaufnahme seiner These in 416c richtet sich Kleombrotos zuallererst gegen die gröbste Verfälschung des Wesens der Dämonen durch Homer. Die Dämonen seien jedenfalls keine Götter, sondern erlitten Affekte wie die Sterblichen und notwendige Veränderungen (πάθη θνητὰ καὶ μεταβολὰς ἀναγκαίας). Daß er die Veränderungen der Dämonen als notwendige bezeichnet, verdient auf dem Hintergrund dessen, was oben über die Rolle der Notwendigkeit auf dem platonischen Mittelweg gesagt worden ist, besondere Beachtung. So weit, wie es zunächst erscheinen mochte, liegen die beiden Mittelwege offenbar nicht auseinander. Man kann schon vermuten, daß die Ursache, welche die Dämonen im Lauf der Welt darstellen, mit dem Widerstand der Notwendigkeit gegen eine perfekte Weltordnung eng zusammenhängt.

In Def 13 entfaltet Kleombrotos dann in drei Etappen den ersten Teil seiner These. Die ersten beiden Etappen versuchen, den ontologischen Status der Dämonen zu veranschaulichen. Zuerst beruft sich Kleombrotos auf Xenokrates,[335] der das Verhältnis von Göttern, Menschen und Dämonen durch verschiedene Dreiecke versinnbildlicht habe. Das Dreieck mit den gleichmäßigsten Proportionen, das gleichseitige, steht dabei für die Götter, das mit zwei gleichen Seiten für die Dämonen und das mit lauter unterschiedlich langen Seiten für die Menschen. Dem entspricht, daß die Dämonen sowohl göttliche als auch menschliche Eigenschaften haben.

---

wurden wohl überall als theoi verehrt, auch in Verbindung mit Lokalgöttern, während reine Lokalgottheiten eher als Dämonen oder Heroen galten, vor allem den Nichteinheimischen."

335 Aufs Ganze gesehen ist aber bezüglich der Quellen Plutarchs für Def 13-15 Jones, The Platonism 29, beizupflichten: „Heinze [83ff.] concludes that Plutarch took cc. 13, 14, 15 (with the exception of the last part of the latter) from Xenocrates. It is highly probable, I think, that Xenocrates is the ultimate source for the ideas of these chapters, which are not found in Plato, but in view of our ignorance of the literature between the time of Xenocrates and that of Plutarch it would be hazardous to insist upon the former as the immediate source." Auch Brenk, An Imperial Heritage 279, schränkt die Bedeutung des Xenokrates für die Entwicklung einer Dämonologie beträchtlich ein: „Possibly all Xenokrates did was in a theoretical way with a fondness for geometrical symbolism use the *daimones* as an illustration." Vgl. ders., In Mist Apparelled 111.

Sodann gibt es nach Kleombrotos für alle drei Existenzweisen, auch für die an sich unsichtbaren der Götter und Dämonen, sichtbare Abbilder, die in ihren physikalischen Eigenschaften der ontologischen Position der entsprechenden Gattung ähnlich sind. Der Mond symbolisiert dabei die Dämonen, da er einerseits erdhafte, andererseits astrale Eigenschaften aufweist. Einen Überblick darüber, wie Kleombrotos in den ersten beiden Etappen die Mittelstellung der Dämonen anschaulich plausibel machen will, gibt die folgende Tabelle.

	Dreiecke	Sichtbare Abbilder
Götter	gleichseitig (ἰσόπλευρον)	Sonne und Sterne (ἥλιον καὶ ἄστρα)
göttliche Eigenschaft	eines Gottes Kraft (θεοῦ δύναμιν)	– eine olympische Erde (ὀλυμπίαν γῆν) – der himmlischen Hekate (οὐρανίας Ἑκάτης)
Dämonen	gleichschenklig (ἰσοσκελές)	der Mond (τὴν σελήνην)
menschliche Eigenschaft	Affekt eines Sterblichen (πάθος θνητοῦ)	– ein irdischer Stern (ἄστρον γεῶδες) => Umlaufbahn (περιφορά) => Ab- und Zunahmen und Veränderungen (φθίσεις καὶ αὐξήσεις καὶ μεταβολάς) – der irdischen Hekate (χθονίας Ἑκάτης)
Menschen	schief (σκαληνόν)	Lichtfunken und Kometen und Sternschnuppen (σέλα καὶ κομήτας καὶ διᾴττοντας)

Nachdem so die Position der Dämonen in der Weltordnung bestimmt ist, geht Kleombrotos in der dritten Argumentationsetappe zu Teil a) dazu über, die Funktion zu beschreiben, die sie an ihrem spezifischen Ort ausüben. Er greift dazu ein Stichwort aus der These auf, das bisher unbeachtet geblieben ist: die Gemeinschaft (κοινωνία; 415a3.416e8). Die Dämonen führen Götter und Menschen zur Gemeinschaft zusammen. Diese Gemeinschaft entspricht derjenigen, die zwischen Erde und Mond vermittels der dazwischen liegenden Luft besteht. Wer die Vermittlung der Dämonen leugnet, gleicht einem, der die Luft zwischen Himmel und Erde wegnehmen und so „die Einheit und die Gemeinschaft des Alls auflösen wollte, so daß in der Mitte ein leerer und unverbundener Raum entstünde" (416e7-9: τὴν ἑνότητα διαλύσει καὶ τὴν κοινωνίαν τοῦ παντὸς ἐν μέσῳ κενῆς καὶ ἀσυνδέτου χώρας γενομένης). Die Vorstellung eines leeren Raumes läßt erneut an die Rolle des Raumes und der Notwendigkeit auf dem platonischen Mittelweg denken. Versteht man Raum von dort her in einem gefüllten Sinne, so bedeutet dies, daß die Dämonen zur Schönheit und Vollkommenheit des Alls einen unersetzlichen Beitrag leisten. Jeder Raum, der nicht von einem der vier Elemente erfüllt ist, ist noch nicht in die Ordnung der Welt integriert und reißt Löcher in das harmonische Ganze des Alls. Ebenso kann ohne die Vermittlung der Dämonen zwischen Göttern und Menschen keine Gemeinschaft bestehen. Ganz offensichtlich entwickelt Kleombrotos seine Erörterung in der dritten Etappe auf der Grundlage von

Platons „Symposion".[336] Nach Platon erfüllt das Dämonische die Funktion eines Dolmetschers (ἑρμηνεῦον) zwischen Göttern und Menschen und verbindet so erst das All zu einem Ganzen: „In der Mitte zwischen beiden ist es also die Ergänzung, daß nun das Ganze in sich selbst verbunden ist."[337] Kleombrotos zitiert Platon sinngemäß, wenn er die Dämonen „die dolmetschende Natur" (416f2-3: ἡ ἑρμηνευτικὴ φύσις) nennt.

Mit Platon bewerkstelligt Kleombrotos auch den Übergang zur Erörterung des zweiten und dritten Teils seiner These. Im Anschluß an die eben zitierte Stelle fährt Platon fort: „Und durch dieses Dämonische geht auch alle Weissagung und die Kunst der Priester in bezug auf Opfer und Weihungen und Besprechungen und allerlei Wahrsagung und Bezauberung. Denn Gott verkehrt nicht mit Menschen; sondern aller Umgang und Gespräch der Götter mit den Menschen geschieht durch dieses, sowohl im Wachen als im Schlaf."[338] Im Gefolge Platons kommt auch Kleombrotos in 417a5-6 auf die Wahrsagungen (μαντεία) und Weihungen (τελετή) zu sprechen. Er erinnert an die Grundfrage des ganzen Dialogs und an die bereits erzielte Übereinstimmung mit Lamprias: Weder können die Orakel gottlos sein, noch darf man sich den Gott direkt darin anwesend vorstellen. Kleombrotos hat Platon auf seiner Seite, wenn er sagt, daß die Orakel und Mysterien von Dämonen verwaltet werden. Nun gibt es aber nicht wenige religiöse Riten, die bei aufgeklärten Menschen Anstoß erregen. Diesen Umstand erklärt er damit, daß es auch innerhalb des Geschlechts der Dämonen noch Tugendunterschiede (417b4: ἀρετῆς διαφοραί) gibt. Die anstößigen Praktiken sind durch diejenigen Dämonen veranlaßt, die noch voll Leidenschaft und Unvernunft (417b4-5: τὸ παθητικὸν καὶ ἄλογον) sind.

Diese von Platon hergeleitete Erklärung wendet Kleombrotos im Verlauf von Def 14-15 auf verschiedene „Opfer und Weihungen und Mythologien" (417b7-8: θυσίαι καὶ τελεταὶ καὶ μυθολογίαι) an. In den Geheimlehren der Weihen spiegelt sich seiner Meinung nach die Wahrheit über die Dämonen am deutlichsten. Doch gerade über deren Inhalt schweigt er sich, wohl aus Gründen der Arkandisziplin,[339] aus und geht gleich zu

336 Vgl. Buffière 523; Jones, The Platonism 29; Soury, La démonologie 20-21.

337 Platon, Symposion 202d-203a: ἐν μέσῳ δὲ ὂν ἀμφοτέρων, συμπληροῖ ὥστε τὸ πᾶν αὐτὸ αὑτῷ ξυνδεδέσθαι. Vgl. dazu Froidefond, Plutarque et le platonisme 209: „C'est la preuve qu'à l'époque du ‚Banquet', on reconnaissait l'existence de la gent démonique, mixte par sa nature, unificatrice par sa fonction."

338 Platon, Symposion 202d-203a: Διὰ τούτου, καὶ ἡ μαντικὴ πᾶσα χωρεῖ, καὶ ἡ τῶν ἱερέων τέχνη τῶν τε περὶ τὰς θυσίας καὶ τὰς τελετὰς καὶ τὰς ἐπῳδὰς καὶ τὴν μαντείαν πᾶσαν καὶ γοητείαν. Θεὸς δὲ ἀνθρώπῳ οὐ μίγνυται, ἀλλὰ διὰ τούτου πᾶσά ἐστιν ἡ ὁμιλία καὶ ἡ διάλεκτος θεοῖς πρὸς ἀνθρώπους, καὶ ἐγρηγορόσι καὶ καθεύδουσι.

339 Plutarch spricht in 417b10 von τῶν μυστικῶν, was auf Mysterienfeiern hinweist. Vgl. dazu Zeller, Mysterien 504: „Der Begriff μυστήριον (oft Plural) meint ursprünglich kultische Feiern (parallel τελετή, ὄργια), deren Kern geheim bleibt – so auch nach der wenigstens volkstümlichen Ableitung von μύω = (den Mund) schließen."

den Festen und Opfern über. Was diese an extremen Praktiken mit sich brächten, seien es nun solche einer gesteigerten Askese oder umgekehrt ausgelassene Orgien, werde generell „für keinen der Götter, sondern um der Abwehr böser Dämonen willen gefeiert“[340]. Die schlimmsten Auswüchse dieser Art stellten die Menschenopfer der Vorzeit dar. Sie treiben das Ausgangsdilemma der ganzen Rede auf die Spitze: Es kann doch nicht sein, daß Götter Menschenopfer fordern; umgekehrt werden sie die Alten aber auch nicht ohne Grund dargebracht haben. Wieder eröffnet die Annahme von Dämonen dem aufgeklärten Frommen einen Ausweg: „Wie Herakles Oichalia belagerte wegen einer Jungfrau, so bringen starke und gewalttätige Dämonen, weil sie eine menschliche Seele einfordern, die von einem Leib umgeben wird, Seuchen und Mißernten über Städte und stiften Kriege und Aufstände an, bis sie bekommen und erreichen, was sie begehren.“[341] Was schließlich die Mythen und Hymnen anbelangt, so dürfe man die anthropomorphen Züge der Göttererzählungen nicht als Geschichten von Göttern ansehen, sondern müsse sie als solche nehmen, die von Dämonen berichteten: „Und wieviel man freilich in Mythen und Hymnen erzählt und besingt, teils Entführungen, teils Irrfahrten von Göttern, Verstecke und Fluchten und Knechtschaften, das sind nicht von Göttern, sondern von Dämonen Erfahrungen und Schicksale, die in Erinnerung behalten werden wegen ihrer Tugend und Kraft.“[342]

Was Kleombrotos im allgemeinen behauptet, das gilt seinem Anspruch nach besonders für Delphi und den Gott Apollon. Aus Anlaß des Festes der Septerien, das alle acht Jahre in Delphi stattfand, wurde dort offenbar der Gründungsmythos des Heiligtums inszeniert.[343] Ihm zufolge ergriff Apollon dadurch Besitz von der heiligen Stätte, daß er die Schlange Python, die dort wohnte, tötete, anschließend aber auf der Flucht umherirrte und Sühne für seine Bluttat leistete. Hier gerät Kleombrotos jedoch in ein neu-

---

340 Def 417c7-8: θεῶν μὲν οὐδενί, δαιμόνων δὲ φαύλων ἀποτροπῆς ἕνεκα φήσαιμ᾽ ἂν τελεῖσθαι.

341 Def 417d7-12: ὥσπερ Ἡρακλῆς Οἰχαλίαν ἐπολιόρκει διὰ παρθένον, οὕτω πολλάκις ἰσχυροὶ καὶ βίαιοι δαίμονες ἐξαιτούμενοι ψυχὴν ἀνθρωπίνην περιεχομένην σώματι λοιμούς τε πόλεσι καὶ γῆς ἀφορίας ἐπάγουσι καὶ πολέμους καὶ στάσεις ταράττουσιν, ἄχρι οὗ λάβωσι και τύχωσιν οὗ ἐρῶσιν.

342 Def 417e5-10: Καὶ μὴν ὅσας ἔν τε μύθοις καὶ ὕμνοις λέγουσι καὶ ᾄδουσι τοῦτο μὲν ἁρπαγὰς τοῦτο δὲ πλάνας θεῶν κρύψεις τε καὶ φυγὰς καὶ λατρείας, οὐ θεῶν εἶσιν, ἀλλὰ δαιμόνων παθήματα και τύχαι μνημονευόμεναι δι᾽ ἀρετὴν καὶ δύναμιν αὐτῶν.

343 Vgl. Maaß 82: „Schon der Namen hat keine Erklärung gefunden. Rätselhaft sind auch viele Züge des bei dem Fest aufgeführten Spiels. Ein Jüngling aus vornehmem Haus in Delphi mußte mit Fackeln einen Bau (eine Hütte?) anzünden und einen Tisch umstoßen, nach dieser Tat fliehen und bis nach Thessalien zum Tempetal ‚irren‘, um dort das Vergehen sühnen zu lassen. Die antiken Erklärer haben diese Handlung auf den Sieg Apollons über den Drachen Python, den Herrschaftswechsel im Heiligtum und auf die Sühnung für die Störung der alten Ordnung bezogen, aber auch bemerkt, daß die Motive von Hütte und Tisch nicht zu einer Drachenkampfgeschichte passen.“ Vgl. Parke/Wormell 8; Roux 152-154.

erliches Dilemma: Er will weder die Würde und Bedeutung der delphischen Mythen und Riten schmälern, noch kann er umgekehrt hinnehmen, daß sie in Wahrheit von Geschehnissen um den Gott Apollon handeln; denn dies hält er für ganz und gar lächerlich (418b6: παγγέλοιον). Es fällt an dieser Stelle auf, daß Kleombrotos die mythischen Erlebnisse Apollons dennoch nicht, wie bei den anderweitigen Riten und Mythen, einfachhin als diejenigen eines Dämons erklärt, sondern nur so viel sagt, daß Apollon wohl kaum einem Dämon zur Besänftigung Libationen dargebracht habe in der Art, wie Menschen dies tun.[344]

Insgesamt sind die religionswissenschaftlichen Erörterungen des Kleombrotos dazu geeignet, die These aus Platons „Symposion" in bezug auf die Orakel zu bestätigen. Kleombrotos macht sich diese These zu eigen. Wenn die Dämonen aber die Verwalter der Orakel sind, dann liegt bei ihnen auch die Ursache für deren Niedergang. Dann gilt, „daß zusammen mit den für die Wahrsage- und Orakelstätten eingesetzten Dämonischen, wenn sie sie ganz verlassen, auch diese selbst mit niedergehen"[345].

3.3.2.4. Körperlose Seelen als Vermittler

Immer wieder ist innerhalb der Rede des Kleombrotos ein Gegensatz zwischen zwei verschiedenen Ansichten über das Wesen der Dämonen gefunden worden. Demnach stehen sich 415b8-c3 und 416e6-417a4 gegenüber. Als Repräsentant dieser Auffassung sei F. E. Brenk zitiert: „The theory of the ‚others,' the theory which sees the *daimones* as simply one stage in the existence of the human soul, seems hard to reconcile with a theory of *daimones* which conceives them as a link in the chain of being, intermediate between men and gods."[346] Ich vermag die Schwierigkeit in der Verknüpfung der beiden Vorstellungen nicht zu erkennen. Im Gegenteil scheint es mir so, daß Kleombrotos durch die Erwähnung der einen erst auf die andere gebracht wird. Alle vier Existenzweisen, die eine Seele nach Meinung „der anderen" durchlaufen kann, sind in einem bestimmten Sinne nur Durchgangsstationen. Selbst die vergöttlichten Seelen können wieder in Körper absteigen. Dennoch will Plutarch damit nicht bestreiten, daß die Existenzweisen als solche formal bestimmte Positionen bestimmen, die zusammen den ontologischen Rahmen abstecken, in dem sich eine Seele grundsätzlich bewegen kann. Diese Auffassung wird durch den Vergleich der möglichen Existenzweisen einer Seele mit den vier Elementen eher bestätigt als desavouiert. Auch die Elemente gehen sukzessive auseinander hervor; und doch wird niemand bestreiten, daß sie als solche jeweils einen ganz bestimmten Platz

---

344 Vgl. Def 418b8-10: χοάς τινας χεῖσθαι καὶ δρᾶν ἃ δρῶσιν ἄνθρωποι μηνίματα δαιμόνων ἀφοσιούμενοι καὶ πραΰνοντες.

345 Def 418c12-d2: ὅτι τοῖς περὶ τὰ μαντεῖα καὶ χρηστηρία τεταγμένοις δαιμονίοις ἐκλείπουσί τε κομιδῇ συνεκλείπει ταῦτ᾽ αὐτά.

346 Brenk, In Mist Apparelled 99.

in der Seinsordnung der Welt einnehmen. Wichtig ist für den Zusammenhang des Ganzen nur, daß keines der Elemente völlig fehlt, weil dadurch die Ordnung des Alls gestört würde. Dasselbe gilt analog für die Dämonen: Es muß eben zu jeder Zeit Dämonen geben, damit die Gemeinschaft zwischen Göttern und Menschen nicht auseinanderbricht. Daß die Dämonen selbst Seelen sind, die einst in menschliche Leiber eingeschlossen waren und vielleicht einmal zu Göttern werden, tut der Mittlerfunktion, die sie innehaben, solange sie eben Dämonen sind, keinerlei Abbruch.[347] Wollte man dies behaupten, so müßte man analog einen Widerspruch darin sehen, daß nach Kleombrotos einerseits die Luft aus Wasser entsteht, andererseits aber ihren Platz zwischen Erde und Mond und ihre spezifische Funktion als Luft zum Atmen hat. Indes gibt es im physikalischen wie im ontologischen Aufbau der Welt allgemein gleichbleibende, im Seinsgrad und in ihrer Funktion bezüglich des Ganzen verschiedene Status, die aber zu verschiedenen Zeiten von einzelnen Seelen beziehungsweise Elementarmassen besetzt sind. Für den Zusammenhalt des Ganzen ist allein entscheidend, daß zu keiner Zeit irgendeine Position völlig verwaist ist. Versteht man Kleombrotos so, dann sind die Dämonen Seelen, die eine bestimmte Zeit lang die Mittlerposition zwischen Göttern und Menschen einnehmen, bis sie in andere Existenzweisen übergehen. Diese Vorstellung ist aber insgesamt kohärent.

3.3.3. Ergebnis: Delph 17-21 und Def 10-15 in der Zusammenschau

Die Abschnitte der beiden pythischen Dialoge, die wir analysiert haben, ergänzen sich in ihrem Aussagegehalt gut zu einem kohärenten Gesamtbild. Man kann sagen, daß Delph 17-21 die ontologischen Grundlagen legt oder den metaphysischen Rahmen absteckt, in dem sich die Dämonologie des Kleombrotos bewegt. Ammonios kontrastiert die beiden Seinsweisen, die sich seiner Ansicht nach in einem unüberwindlichen Gegensatz gegenübertreten. Auf der einen Seite steht das bleibende Sein, das allein wirklich, das heißt: in der Weise des Seienden, ist. Auf der anderen Seite gibt es kein wirkliches, sondern nur scheinbares Sein, also genaugenommen nur unaufhörlichen Wandel in Werden und Vergehen. Der Inbegriff des wahren Seins ist der Gott, während der Mensch daran keinen Anteil hat, sondern in all seinen Lebensbereichen ununterbrochen der Veränderung unterworfen ist. Dem entspricht, daß der Gott im zeitlosen Jetzt der Ewigkeit bleibend existiert, wohingegen der Mensch im Fluß der Zeit zahllose Tode stirbt und als ein anderer neu entsteht. Der Gott ist und bleibt einer, der Mensch aber wird in jedem Moment ein anderer. Was je von dem Gott an Veränderung ausgesagt wird, das meint eigentlich nicht ihn, sondern einen Dämon. Was es mit dem Dämonischen im Verhältnis zum Göttlichen auf sich hat, das

[347] Froidefond, Plutarque et le platonisme 209, formuliert das in bezug auf Platon, Symposion 203a, so: „on reconnaissait l'existence de la gent démonique, mixte par sa nature, unificatrice par sa fonction".

führt Ammonios argumentativ nicht mehr aus, sondern untermauert nur den behaupteten ontologischen Unterschied mit Hilfe einer Reihe von Zitaten bekannter Autoritäten.

Eine ausgearbeitete Dämonologie finden wir erst bei Kleombrotos. Die Vorstellung von dem in sich ruhenden Gott wird durch die Frage nach seiner Ursächlichkeit erschüttert. Die strikte Trennung des unwandelbaren Gottes von der konkret erfahrenen Welt des Wandels wirft die Frage nach dem Ursprung und den metaphysischen Prinzipien der Welt auf. Nach Delph 17-21 wäre konsequent, jede Einlassung des Gottes mit der Welt zu leugnen. Dagegen wehrt sich Kleombrotos jedoch ohne Angabe von Gründen. Der Gott ist seiner Meinung nach ursächlich für die Welt verantwortlich. Da gleichzeitig immer nur von dem einen Gott die Rede ist, stellt sich im folgenden das Theodizeeproblem unausweichlich. Zur Lösung dieses Problems dient Kleombrotos seine Dämonologie. Sie erklärt die Dämonen zur Ursache all dessen, was ein frommer Mensch mit seiner reinen Gottesvorstellung nicht in Einklang zu bringen vermag. Die Dämonologie macht es möglich, eine ursächliche Beziehung des Gottes zur Welt zu denken, ohne den Gott selbst zur direkten Ursache des Gottwidrigen in der Welt zu machen. So bindet die Dämonenvorstellung die beiden Wirklichkeitsbereiche des Göttlichen und des Menschlichen zusammen, ohne sie miteinander zu vermischen. Aus ihrer ursprünglichen Funktion, die Ursache des Bösen in einer nicht blasphemischen Weise zu erklären, wächst den Dämonen eine allgemeine Mittlerstellung zwischen den Göttern und Menschen zu, in der sie auch positive Funktionen ausüben. Sie sind nicht mehr nur Rächer von Unrecht, Adressaten anstößiger kultischer Riten und Hauptfiguren entsprechender Mythen, sondern auch Diener der Götter und Wohltäter der Menschen.

Aus dieser funktionalen Mittlerposition der Dämonen kann man auf ihre ontologische Mittelposition zwischen Göttern und Menschen schließen. Erst auf der Grundlage der allgemeinen Ontologie werden ihre spezifischen Wesensmerkmale und Funktionen letztlich einsichtig. Diese Überlegung mag Kleombrotos bewegt haben, die Ausgangsfrage der Theodizee zu Beginn seiner Argumentation in Def 13 auf ihre ontologische Basis zurückzuführen und sie erst von hier aus mittels der so begründeten Dämonologie zu beantworten. Man darf also die funktionale Dämonologie in Kleombrotos' Argumentation der Sache nach nicht von der metaphysischen trennen, auch wenn sie eventuell quellenkritisch unterscheidbar sein mögen. Im Argument des Kleombrotos besteht zwischen der wesentlichen Beschaffenheit der Dämonen und ihren Funktionen kein Widerspruch, ganz im Gegenteil. Die Dämonen sind im Weltzusammenhang unersetzlich, weil ohne sie die Seinshierarchie eine unheilbare Lücke aufwiese. Nur weil sie ihrem Wesen nach zwischen Göttern und Menschen stehen, können sie auch zwischen ihnen vermitteln. Als ein Mittleres, das an beiden Extremen seinen Anteil hat, garantieren sie den Zusammenhalt der Welt. Das verdeutlichen die Analogien des gleichschenkligen Dreiecks und des Mondes. Die Dämonen als Mittelwesen zwischen Göttern und Menschen erleiden zwar noch die Affekte von Menschen, sind aber zugleich mit göttlicher Kraft ausgestattet. Diese beiden Wesenseigenschaften lassen sich im Begriff von körperlosen Seelen zusammenfassen, die je nach ihrem Tugendgrad mehr zur göttlichen oder mehr zur menschlichen Seite hin tendieren und dementsprechend als wohltätige oder als übeltätige Dämonen auftreten. Wenn nun solche Dämonen als Verwalter der Orakel betrachtet werden, dann können sowohl die heilvollen als auch die unheilvollen religiösen Praktiken mit ihnen in Verbindung gebracht werden. Gehen Orakel ein, so liegt das daran, daß ihre Dämonen sie verlassen haben. Nur die heilvolle Einrichtung der Orakel darf jedenfalls den Göttern angerechnet werden.

3.3.4. Is 25-27

Im Zusammenhang mit Is 53-57 wurde bereits die dialektische Methode beschrieben, nach der Plutarch die ägyptische Religion darstellt und interpretiert. In einem solchen dialektischen Verfahren sind für die Gliederung und das Gesamtverständnis des ganzen Buches die Passagen einschneidend, in denen Plutarchs dialektischer Weg jeweils eine Wende nimmt, das heißt diejenigen, in denen er auf der Metaebene über seinen Verstehenshorizont reflektiert, in dessen Rahmen er Kult und Mythos deutet. An zwei solchen Wendepunkten, Is 25-27 und Is 45,369a1-d8, spielen die Dämonen eine Schlüsselrolle in einer dualistischen Erklärung des Bösen und Anstößigen, das in den religiösen Praktiken und Erzählungen begegnet. Diese Tatsache verdient besondere Beachtung, besagt sie doch nichts anderes, als daß die Themen und Motive, nach denen wir bei Plutarch suchen, in „De Iside et Osiride" an prominenten Stellen auftauchen.

In Is 25-27 sucht Plutarch einen Ausweg aus dem Dilemma, das darin besteht, daß der ägyptische Mythos von Taten und Widerfahrnissen der Gottheiten Isis, Osiris und Typhon berichtet, die sich für göttliche Wesen nicht geziemen. Kämpfe und Irrfahrten, Tod und Trauer sowie andere derartige Ereignisse können nach Plutarch unmöglich Erlebnisse von Göttern gewesen sein. Plutarch hält an dieser Stelle inne und stellt eine Metareflexion darüber an, wie denn das, was er bisher erzählt hat, richtig aufzufassen sei. Das Ergebnis dieser Reflexion muß dann allen folgenden Erzählungen als Interpretationsraster zugrunde gelegt werden. Plutarch vertritt eine doppelte These. Erstens verstehen seiner Ansicht nach den Mythos „besser nun die, welche dafür halten, daß die Dinge, die um Typhon und Osiris und Isis erzählt werden, weder Widerfahrnisse von Göttern noch von Menschen, sondern von großen Dämonen sind"[348]. Zweitens muß zwischen guten und bösen Dämonen unterschieden werden: „Es gibt nämlich, wie unter Menschen, auch unter

[348] Is 360d6-8: Βέλτιον οὖν οἱ τὰ περὶ τὸν Τυφῶνα καὶ Ὄσιριν καὶ Ἶσιν ἱστορούμενα μήτε θεῶν παθήματα μήτ᾽ ἀνθρώπων, ἀλλὰ δαιμόνων μεγάλων εἶναι νομίζοντες.

Dämonen Unterschiede in Tugend und Laster.“[349] In Is 25-27 wird nur der zweite Teil der These entfaltet, der erste dagegen nach seiner anfänglichen Nennung als akzeptiert vorausgesetzt. Die drei Kapitel entsprechen den drei Schritten, in denen Plutarch das Thema der guten und bösen Dämonen entfaltet. Es ergibt sich folgende Gliederung.

Erzählungen von Dämonen, nicht von Göttern (Is 25):
- Ägyptische Mythen (360d6-8)
  - Griechische Philosophen (360d8-e4)
    - These: Die Dämonen kennen Unterschiede in Tugend und Laster (360e4-5).
  - Griechische Mythen (360e5-f1)
- Ägyptische Mythen und Mysterien (360f1-5)

Katene (Is 26)
- Böse Dämonen:
  - Homer, Ilias 13,438.810; 14,705; 20,447 (360f5-361a12)
  - Platon, Nomoi 717a (361a12-14)
  - Xenokrates (361a14-b6)
- Gute Dämonen:
  - Hesiod, Werke und Tage 123.126.253 (361b6-9)
  - Platon, Symposion 202e (361b9-c3)
- Bestrafung der Dämonen: Reinigung und Aufstieg
  - Empedokles B 115 (361c3-11)

Übertragung auf den Mythos von Isis und Osiris (Is 27):
- Typhon erleidet Strafe (361d1-4).
- Isis ist die Rächerin, die Typhon seine Strafe bringt (361d4-e4).
- Die Vergöttlichung von Isis und Osiris (361e4-f2).

Is 25 zeigt einen konzentrischen Aufbau, in dem sich zwei Ringe um die These in der Mitte legen. Plutarch geht von der ägyptischen Mythenbildung aus, die ihn zu der Annahme veranlaßt, die dort erzählten Ereignisse könnten weder von Menschen noch von Göttern handeln. Das führt ihn im zweiten Schritt zu den Dämonen, deren Wesen er unter Berufung auf die griechischen Philosophen Platon, Pythagoras, Xenokrates und Chrysipp profiliert und so zur Fomulierung seiner These kommt. Die griechische Mythologie soll anschließend die These erhärten und durch ihre strukturelle Affinität zur ägyptischen die Rolle der Dämonen in beiden weiter plausibel machen.[350] Es folgt in Is 26 eine Katene doxographischer Notizen von griechischen Dichtern und Philosophen. Die ersten drei Namen werden als Beispiele für die gängige Rede von bösen Dämonen, die bei-

---

[349] Is 360e4-5: γίγνονται γὰρ, ὡς ἐν ἀνθρώποις, καὶ δαίμοσιν ἀρετῆς διαφοραὶ καὶ κακίας.

[350] Welche Rolle die Dämonen in der ägyptischen Religion wirklich spielten, ist eine andere Frage, die wir hier beiseite lassen können. Vgl. nur die allgemeine Bemerkung bei Hani, La religion 229: „sous un vêtement purement grec, l’exposé démonologique du *de Iside* peut correspondre, dans une certaine mesure, à une réalité égyptienne“.

den folgenden für die Annahme guter Dämonen genannt, der letzte im Zusammenhang mit Strafe, Reinigung und Aufstieg der Dämonen. Mit dem Thema der Strafe leitet das letzte Zitat zu Is 27 über, wo das über die Dämonen Gesagte auf den konkreten Mythos von Isis und Osiris übertragen wird. Darin erscheint Typhon jetzt als böser Dämon, der für seine Untaten Strafe erleidet. Die Strafe wird von Isis als einem guten Dämon vollzogen. Isis und Osiris hätten sich aber aufgrund ihrer Tugend aus guten Dämonen in Götter verwandelt.[351] Das erkläre auch, weshalb ihnen sowohl die Ehren für Götter als diejenigen für Dämonen erwiesen würden. Dieses Fazit wird zum Scharnier zwischen der voraufgegangenen unkritischen Nacherzählung des Mythos, in der Isis, Osiris und Typhon als Gottheiten erschienen waren, und der nunmehr stärker differenzierten Position Plutarchs, derzufolge die mythischen Kämpfe und Leiden Isis, Osiris und Typhon als Dämonen zugeschrieben werden müssen.

Damit ist die grundsätzliche Position der Dämonen als Mittelwesen zwischen Göttern und Menschen bestimmt. In aller Kürze will ich noch die Charakteristika dieser Wesen zusammentragen, die Plutarch in unserem Abschnitt nennt. Demnach stehen die Dämonen insofern in der Mitte zwischen Göttern und Menschen, als sie einerseits an der Natur der Seele, andererseits an der Wahrnehmung des Körpers teilhaben. So haben sie zwar etwas Göttliches an sich, aber eben nicht unvermischt, sondern sie werden mehr oder weniger durch die Affekte des Leibes zerrüttet. Die Feststellung wird durch Homer gestützt, der die Bezeichnung „Dämonen“ sowohl für gute als auch für böse Wesen gebraucht. Die folgenden doxographischen Fragmente und Notizen von Homer, Platon und Xenokrates nehmen jedoch ausschließlich die bösen Dämonen in den Blick und stellen ihnen die guten Götter gegenüber. Danach verbreiten die Dämonen Furcht und Schrecken und müssen durch orgiastische oder asketische Riten besänftigt werden. Im Gegensatz dazu sind die guten Dämonen nach Hesiod heilig; sie beschützen die Menschen und spenden ihnen reichlich gute Gaben. Hier spielt Plutarch auch auf die uns bereits bekannte Stelle aus Platons „Symposion“ (202e-203a) an, dem platonischen locus classicus für die Botenfunktion der Dämonen zwischen Göttern und Menschen. Das Empedokleszitat schließlich deutet Plutarch im Sinne des Aufstiegs der Dämonen, der ihrer Bestrafung und Reinigung gleichkommt. Sie durchlaufen dabei als Stationen das Meer, das Festland und die Strahlen der Sonne, um endlich in den Äther geworfen zu werden und so an ihren natürlichen Ort zurückzukehren. Die nunmehr gefüllte Vorstellung von den Dämonen überträgt Is 27 auf die Götter des ägyptischen Mythos. Danach verbüßt Typhon als böser Dämon seine Strafe auf die eben beschriebene Art.

---

351 Davon weiß die ägyptische Mythologie nichts; vgl. Hani, La religion 229: „Or, cela n’a rien à voir avec la démonologie égyptienne.“ Vielmehr stammt diese Vorstellung nach Hani, La religion 231, aus den Mysterien: „Tel était le grand secret de l’initiation [...]. C’est qu’en effet on y réalisait rituellement et par anticipation la transformation de l’être en génie et en dieu.“

Neu ist in der Übertragung gegenüber der Katene, daß die Bestrafung Typhons ebenfalls von einem Dämon durchgeführt wird, und zwar von einem guten Dämon, nämlich Isis.

Plutarchs Intention in Is 25-27 liegt klar auf der Hand. Er verändert die traditionelle Gottesvorstellung grundlegend, indem er die Götter als Akteure aus den Mythen herausnimmt und durch die Dämonen ersetzt. Dem anthropomorphen Bild, das die Mythen von den Göttern zeichnen, setzt Plutarch ihre Transzendenz und Güte entgegen. Die Verbindung der Menschen zu den Göttern läuft über die Mittlerschaft der guten Dämonen, von denen wenige ausnehmend gute vergöttlicht werden können. Alles Böse und Bedrohliche der tradtitionellen Gottheiten wird umgekehrt bösen Dämonen zugeschrieben. Im Guten wie im Bösen hat es der Mensch unmittelbar nur mit den Dämonen, niemals aber mit den Göttern zu tun.

3.3.5. Is 45,269a1-46,269d8

Mit Is 25-27 ist Plutarchs dialektischer Weg hin zu einem angemessenen Verständnis des Mythos noch nicht an sein Ende gelangt. Is 45 greift die Metareflexion von Is 25-27 noch einmal auf und vertieft sie. Der Aufbau ist klar und durchsichtig:

Spezielle These: Typhons Anteil an der Natur ist alles Schädliche/Zerstörerische (369a1-5).
Allgemeine Begründung:
    => Negativ: Der Gott ist Ursache weder von allem noch von nichts (369a5- b5).
    => Positiv: Die Dinge sind viele und gemischt;
        => es gibt zwei Ursachen und zwei entgegengesetzte Kräfte (369b6-c12).
Schluß: Das Böse hat eine eigene, von dem Gott verschiedene Ursache (369d1-8).

Es genügt Plutarch nicht, die Götter säuberlich von allem Widergöttlichen geschieden zu haben. Er ist an den letzten Ursachen, den Prinzipien von Gut und Böse interessiert. Mythisch gesprochen läßt sich nach Plutarch alles Schädliche und Zerstörerische in der Welt auf Typhon zurückführen. Diese spezielle These im Blick auf Typhon versieht Plutarch mit einer allgemeinen Begründung, die er zuerst nach ihrer negativen Seite hin ausführt, indem er jeder Art von Monismus eine Absage erteilt. Die Ursprünge des Alls liegen nach Plutarch nicht in der unbeseelten Materie. Umgekehrt wäre es aber genauso falsch zu meinen, die eine Vernunft und Vorsehung hätte auch die Materie erschaffen. Der Gott ist nicht Ursache von allem, aber auch nicht Ursache von überhaupt nichts. Die Harmonie der wohlgeordneten Welt rührt also nicht daher, daß sie nur einen Ursprung hätte. Sie liegt vielmehr im Antagonismus zwischen dem Guten und dem Bösen, die wie die beiden Arme einer Lyra spannungsvoll aufeinander bezogen sind. Sind die Dinge aber nicht gänzlich einfach und eines Ursprungs, so heißt das positiv gewendet, daß sie eben aus Gutem und Bösem vielfältig zusammengemischt sind. Nicht einmal die Mischung selbst liegt in einer Hand, etwa des Demiurgen. Vielmehr postuliert Plutarch zwei selbständige Prinzipien und entgegengesetzte Kräfte, aus denen zumindest die Welt von der Erde bis zum Mond hin entsteht. Ein solches dualistisches Weltbild ergibt sich Plutarch zufolge aus dem Satz vom Grund, wonach nichts ohne Grund ist, in Verbindung mit der absoluten Güte des Gottes: Wenn nichts ohne Grund ist, der Gott aber als Grund des Bösen nicht in Betracht kommt, dann muß das Böse, das es offenkundig gibt, einen anderen Grund außer dem Gott haben. Für den Grund des Bösen halten nun die einen ebenfalls einen Gott, die anderen aber einen Dämon. Beide Prämissen dieses Arguments finden wir schon bei Platon, den Satz vom Grund in Timaios 28a: „Alles Entstehende muß ferner zwangsläufig aus einer Ursache entstehen. Denn für alles ist es unmöglich, ohne Ursache zu entstehen.“[352] Wenig später, in Timaios 29d-e, kommt Platon auf die Güte des Gottes zu sprechen: „Geben wir denn an, aus welchem Grund der Schöpfer das Entstehen und dieses Weltall schuf. Er war gut; in einem Guten erwächst nimmer und in keiner Beziehung irgendwelche Mißgunst. Von ihr frei, wollte er, daß alles ihm möglichst ähnlich werde.“[353]

Im vorliegenden Textabschnitt lehnt Plutarch jeden Versuch, die ganze Welt auf ein einziges Prinzip zurückzuführen, klar ab. Seiner Auffassung nach läßt sich weder das Geistige auf das Materielle reduzieren, was er den Atomisten und Epikur zum Vorwurf macht, noch die Materie als letztlich durch den Geist verursacht denken, was er den Stoikern unterstellt. Dem entspricht seiner Meinung nach, daß der gute Gott einen schlechten Gott oder Dämon als seinen Gegenspieler haben muß. Plutarch vertritt an dieser Stelle also eine klar dualistische Auffassung, läßt aber offen, ob er mehr der Meinung derer zuneigt, die im bösen Prinzip einen Gott erblicken,[354] oder sich denen anschließt, die es mit einem Dämon identifizieren. Soll die Unterscheidung der beiden Spielarten des Dualismus nicht nur verschiedene Namen bezeichnen, sondern auch einen Anhalt in der Sache selbst haben, so muß es einen wesentlichen Unterschied zwischen Gott und Dämon geben. Nun hatte Is 25-27 die Dämonen zwischen Göttern und Menschen angesiedelt, also den Göttern unterstellt. Dem muß Plutarch an der hiesigen Stelle jedoch widersprechen, weil jede Unterordnung des bösen Dämons unter den guten Gott letztlich doch wieder auf einen Monismus hinauslie-

352 Platon, Timaios 28a: Πᾶν δὲ αὖ τὸ γιγνόμενον ὑπ᾿ αἰτίου τινὸς ἐξ ἀνάγκης γίγνεσθαι· παντὶ γὰρ ἀδύνατον χωρὶς αἰτίου γένεσιν σχεῖν.

353 Platon, Timaios 29d-e: Λέγωμεν δὴ δι᾿ ἥντινα αἰτίαν γένεσιν καὶ τὸ πᾶν τόδε ὁ συνιστὰς συνέστησεν. Ἀγαθὸς ἦν, ἀγαθῷ δὲ οὐδεὶς περὶ οὐδενὸς οὐδέποτε ἐγγίγνεται φθόνος· τούτου δ᾿ ἐκτὸς ὢν πάντα ὅτι μάλιστα ἐβουλήθη γενέσθαι παραπλήσια ἑαυτῷ.

354 Dagegen Platon, Politikos 270a.

fe. Umgekehrt macht aber eine Gleichstellung von Gott und Dämon ihre Unterscheidung überflüssig, weil dann auch der Dämon göttliche Macht hätte. Konsequent weitergedacht, müßte Plutarch auch dem bösen Prinzip den Rang eines Gottes einräumen. Dem widerspricht aber wiederum seine Auffassung in Is 25-27, wonach alles Böse den Dämonen zuzuschreiben ist. Man könnte dem Dilemma zu entkommen suchen, indem man in den Bereich des Göttlichen eine Unterscheidung einführt. In Is 25-27 geht es um die traditionellen Gottheiten des Mythos. In Is 45 spricht Plutarch dagegen von *dem* Gott (ὁ θεός). Diesen emphatischen Gebrauch des Gottesbegriffs mit dem bestimmten Artikel, der einem Gott einen an Monolatrie grenzenden Vorrang einräumt, kennen wir bereits von Plutarchs Umgang mit seinem Lieblingsgott Apollon. Schon Platon unterscheidet ja zwischen dem Gott und den Gottheiten der Mythologie.[355] Das Problem bleibt aber dennoch bestehen. Wenn Plutarch schon die traditionellen Gottheiten so weit in die Transzendenz entrückt, daß sie mit nichts Menschlichem in Verbindung gebracht werden dürfen, dann kann es erst recht keinen bösen Gott über diesen geben, der dem guten Gott ebenbürtig wäre. Plutarch gelingt es also nicht, seinen ontologischen Dualismus in der mythischen Sprache widerspruchsfrei auszudrücken. Das heißt allerdings nicht, daß seine dualistische Position damit auch ontologisch widerlegt wäre; und auf den ontologischen Dualismus der beiden Prinzipien, dem bösen und dem guten, kommt es ihm in Is 45 an: „l'opposition entre le bien et le mal, destinée à expliquer l'antagonisme d'Osiris et de Seth, est exprimée, dans l'hypothèse démonologique, comme l'antagonisme de *genies* – c'est-à-dire d'*êtres* – bons et mauvais; tandis que dans la doctrine dualiste, l'antagonisme est haussé sur le plan des *principes*."[356]

3.3.6. Ergebnis: Is 25-27 und Is 45-46 in der Zusammenschau

Die beiden Textabschnitte Is 25-27 und Is 45-46 (Anfang) bringen gegenüber dem, was wir aus Delph 17-21 und Def 10-15 über Götter und Dämonen erfahren haben, nichts wesentlich Neues. Die Dämonen erscheinen als Mittelwesen zwischen Göttern und Menschen und können in beide Richtungen tendieren. Entsprechend handelt es sich um gute oder böse Dämonen. Es fehlt aber dennoch nicht an interessanten Nuancen. So rächt, zum Beispiel, Isis in Plutarchs Deutung des Mythos als guter Dämon die Untaten des bösen Dämons Typhon. In Def 13,417a11-12 hatte man indes eher den Eindruck gewonnen, daß die Rache eine Aufgabe der bösen Dämonen sei. Überdies fällt auf, daß nicht nur Menschen, sondern auch Dämonen von anderen Dämonen Strafe erleiden können, hier eben Typhon von Isis. Auch von einer möglichen Verwandlung guter

355 Vgl. Platon, Timaios 40d-41d.
356 Vgl. Hani, La religion 233.

Dämonen in Götter war in den pythischen Dialogen keine Rede gewesen. Hier dagegen empfangen Isis und Osiris die Ehren sowohl von Göttern als auch von Dämonen. All diese kleinen Verschiebungen wiegen freilich den Tatbestand nicht auf, daß Plutarch grundsätzlich dieselbe Intention verfolgt wie in den pythischen Dialogen. Alles Böse und Abstoßende soll vom Göttlichen ferngehalten werden. Plutarchs Problem liegt wiederum in der Theodizee begründet. Is 45,369a8-b1 teilt mit Def 10,414e9-f3 das alles entscheidende Grundaxiom: Der Gott ist weder von allem noch umgekehrt von überhaupt nichts die Ursache. Is 46,369d7-8 geht indes einen entscheidenden Schritt über die dämonologische Lösung von Def 13-15 hinaus: Plutarch ordnet die Dämonen nicht mehr konsequent dem Gott unter, sondern zieht die Möglichkeit in Betracht, daß ein böser Dämon der Antagonist des guten Gottes im dualistischen Urgrund der Welt sein könnte. Ob man nun, mythisch gesprochen, einen Gott oder Dämon für die Ursache des Bösen halten will, eines steht jedenfalls fest: Das Gute und das Böse entstehen aus zwei verschiedenen, einander entgegengesetzten Ursachen.

3.3.7. Socr 20-24: Einordnung und Gesprächsverlauf

„Diese Schrift stellt eine eigentümliche Mischung aus einer historischen Novelle und einem philosophischen Dialog dar und ist noch in einen Rahmendialog gespannt. Dieser spielt in Athen kurze Zeit nach der Befreiung der Kadmeia, der Burg Thebens, von der spartanischen Besetzung. Kaphisias, der Bruder des Epameinondas, weilt Anfang 378 als Gesandter Thebens in Athen und wird von seinem Gastfreunde Archidamos gebeten, ihm und den anderen anwesenden vornehmen Athenern das Genauere des Hergangs und die dabei stattgehabten bedeutenden Gespräche zu erzählen.“[357] Dieser Bericht des Kaphisias macht nach dem Rahmendialog in Socr 1 den Rest des Buches (Socr 2-34) aus. In die Erzählung von der Befreiung Thebens sind zwei größere Episoden eingeschaltet, die dem philosophischen Gespräch über das Wesen und Vermögen des Daimonions des Sokrates gewidmet sind. In Socr 9-12 wird die Meinung diskutiert, das Daimonion des Sokrates sei ein Niesen gewesen, sein eigenes oder das eines anderen, das er der jeweiligen Situation entsprechend richtig zu deuten verstand. Allerdings kommen sofort Zweifel auf, ob eine solche Erklärung der Würde des Sokrates und der Wichtigkeit der Sache angemessen sei. Dadurch wird der Erklärungsversuch des Simmias veranlaßt, der jedoch erst etliche Kapitel später erfolgt (Socr 20-23) und durch einen bedeutend kürzeren Beitrag Theanors (Socr 24) ergänzt wird. Simmias, der selbst durch eine Wunde am Bein gehunfähig ist, empfängt die thebanischen Verschwörer in seinem Hause. In der philosophischen Konversation ist er

[357] Ziegler, Plutarch über Gott 38; vgl. Hani, Plutarque. Œuvres morales VIII 39-43.

als ehemaliger Schüler des Sokrates und weitgereister, erfahrener Mann die Leitfigur. Diese Szenerie hat nicht zu Unrecht Anlaß dazu gegeben, in Platons „Phaidon“ das Vorbild unseres Dialogs zu erblicken. Wie sich dort die Schüler des Sokrates im Gefängnis um ihn sammeln, so hier die Verschwörer um den gehbehinderten Simmias. Dieser spielt im Gespräch die autoritative Rolle, die im „Phaidon“ dem Sokrates zukommt. Seine Einlassungen enden wie diejenigen des Sokrates mit einem Mythos.[358] Bei Theanor handelt es sich um einen Fremden aus Italien, einen Pythagoreer, „der auf Grund einer Traumanweisung aus Italien nach Theben gekommen sei, um die Asche des Lysis [eines anderen Pythagoreers] zurückzuholen, falls nicht ein δαιμόνιον nachts am Grabe davon abriete“[359] (Socr 8). Über diese wohl fiktive Gestalt sind der historische und der philosophische Teil der Schrift, wenn auch nur locker, miteinander verbunden.[360] Theanor bestätigt zum Ende der philosophischen Unterredung den von Simmias erzählten Mythos. Den Gesprächsverlauf in Socr 20-24 zeichnet der folgende Überblick über das Ergebnis der narrativen Analyse nach.[361]

Rahmenepisode 1. Teil (Socr 20,588b10-21,590b6):
Die Erklärung des Simmias.
Zeitangabe: Untersuchung ist schon weit fortgeschritten (ἤδη πρόσω).
Szene: Simmias, Galaxidoros, Pheidolaos, Theokritos.
Exposition (588b10-c1):
Untersuchung zum Wesen und Vermögen des Daimonions des Sokrates.
1. Sequenz (Socr 20,588c1-589f2):
Simmias (indirekte Rede):
Sokrates fragte nur nach Auditionen, nicht nach Visionen.
=> Simmias (direkte Rede): Sein Daimonion war keine Vision, sondern das Denken eines Gedankens im Wachzustand.
2. Sequenz (589f3-11):
Simmias: Timarchs Mythos sollte besser verschwiegen werden.
=> Theokritos: Keineswegs.
3. Sequenz (589f11-590a6): Zur Person des Timarch:
Theokritos: Wer ist dieser Timarch?
=> Simmias: Ein Freund des Lamprokleas, des Sohnes des Sokrates.

358 Vgl. Hani, Plutarque. Œuvres morales VIII 45; Vernière 99-100; Ziegler, Plutarchos 841.
359 Ziegler, Plutarchos 839.
360 Vgl. Ziegler, Plutarchos 841.
361 Zur Methode und den Begrifflichkeiten der narrativen Analyse vgl. Löning 11-18.

4. Sequenz (590a6-b6): Einleitung zum Mythos:
Simmias: Timarch stieg in die Höhle des Trophonios hinab.
=> Nach 2 Nächten und 1 Tag kehrte er zurück und erzählte seinen Mythos.

*Von Simmias erzählte Episode (*Socr 22,590b7-592e9): Der Mythos des Timarch.

Exposition (590b7-10): Beginn der indirekten Rede des Timarch (ἔφη).
Ortsangabe: Timarch steigt in das Orakel hinab (καταβὰς εἰς τὸ μαντεῖον).
1. Szene (590b10-591a2): Timarch allein.
1. Sequenz (590b10-c4):
Timarch läßt seine Seele fahren.
=> Sie vermischt sich mit der Luft.
2. Sequenz (590c5-f4):
Timarch schaut nach oben.
=> Er sieht die Inseln der Seligen.
3. Sequenz (590f5-591a2):
Timarch schaut nach unten.
=> Er sieht einen großen, runden Abgrund.
2. Szene (591a3-592e2): Timarch und die Stimme.
1. Sequenz (591a3-5):
Stimme: Was willst du erfahren?
=> Timarch: Alles.
2. Sequenz (591a5-c12):
Stimme: Persephones Anteil ist einer von vier, begrenzt von der Styx.
Timarch: Wer ist die Styx?
=> Stimme: Der Weg in den Hades.
=> Stimme: Es gibt vier Prinzipien von allem.
3. Sequenz (591d1-f7/Socr I-VI[362]):
Timarch: Ich sehe nichts als Sterne.
=> Stimme: Du siehst, ohne es zu wissen, die Dämonen.
4. Sequenz (591f8-592e2/Socr VII-IX):
Timarch sieht die verschiedenartigen Bewegungen der Sterne.
=> Manche Seelen sind dem Dämon gehorsam, manche nicht.
Schluß der Episode (592e3-9): Ende der indirekten Rede des Timarch (ἔφη).

---

362 Dialogsiglen mit römischen Ziffern beziehen sich auf die entsprechenden Abschnitte in den schematischen Übersichten, die sich im folgenden auf den betreffenden Dialog beziehen.

Ortsangabe: Timarch sieht sich am Eingang der Trophonioshöhle liegen wie am Beginn (ὁρᾶν αὑτὸν ἐν Τροφωνίου παρὰ τὴν εἴσοδον, οὗπερ ἐξ ἀρχῆς κατεκλίθη, κείμενον).

Rahmenepisode 2. Teil (Socr 23,592e10-24,594a8):
Die Erklärung des Theanor

Szene: Simmias, Theokritos, Theanor, Epameinondas, Polymnis.

Sequenz:

Simmias: Der Fremde Theanor soll seine Meinung erklären.

=> Theanor: Steuert Epameinondas seine Meinung nicht bei?

=> Polymnis: Epameinondas ist schweigsam; Theanor soll sprechen.

Theanor: Götter und Dämonen helfen nur den besten Menschen.

3.3.8. Socr 20: Die Rede des Simmias

Simmias geht in seiner Rede von den beobachtbaren Tatsachen aus. Als Schüler des Sokrates habe er es des öfteren erlebt, daß sein Meister sich für Erzählungen von irgendwelchen Visionen überhaupt nicht interessierte, angeblichen Auditionserlebnissen aber mit Eifer nachforschte. Dieses Verhalten habe ihn und einen Gefährten zu der Annahme veranlaßt, das sokratische Daimonion stelle jedenfalls keine Vision dar, sondern bestehe in der „Wahrnehmung einer Stimme oder dem Denken eines Gedankens" (φωνῆς τινος αἴσθησις ἢ λόγου νόησις). Mit der Äußerung dieser Annahme kündigt Simmias das erste Thema seiner nachfolgenden Rede an. Es folgt sogleich die Ankündigung eines zweiten Themas. Es dreht sich darum, daß die meisten ein Bewußtsein von solchen Wahrnehmungen oder Gedanken nur im Schlaf hätten, wenn Leib und Seele entspannt sind, Sokrates aber von seinem Daimonion stets im wachen Zustand angerührt worden sei. Diese beiden Themen werden in der Reihenfolge ihrer Ankündigung von Simmias abgehandelt. Der Einschnitt zwischen dem ersten und zweiten Themenblock ist durch das einzige καίτοι im Text (589c5) klar markiert. Es bringt zunächst eine Einschränkung des im ersten Themenblock Gesagten, aber nur zu dem Zweck, die Begründung daraufhin zu vertiefen und zum zweiten Themenblock überzuleiten. Jeweils zu Beginn eines Themenblocks (588e2.589c5) stellt Simmias eine These auf, die er anschließend mit drei Argumenten untermauert. Jedes der Argumente ist durch ein begründendes γάρ (588e5.589a1.b8.c6.c12.d12) eingeleitet, das sowohl unmittelbar an die These als auch an das voraufgehende Argument anknüpft. Es ergibt sich folgender Überblick über die Rede des Simmias:

588c9-d4 *Ankündigung des 1. Themas:*
Das Daimonion des Sokrates war keine Vision, sondern die Wahrnehmung einer Stimme oder das Denken eines Gedankens.

588d4-e2 *Ankündigung des 2. Themas:*
Die einen haben ein solches Bewußtsein nur in Schlaf und Traum, Sokrates dagegen im Wachzustand.

588e2-589c4 *Durchführung des 1. Themas:*

- 588e2-5 *These:*
  Was Sokrates zufiel, war kein Laut, sondern das Wort eines Dämons, das ohne Stimme, nur mittels des Kundgetanen selbst, den Denkenden anrührt.
- 588e5-f10 *1. Argument:*
  Der Geist des Höheren leitet die empfängliche Seele, indem er sie durch das Gedachte anrührt.
- 589a1-b7 *2. Argument:*
  In das Denkende erstrecken sich die Ursprünge der Leidenschaften und Antriebe.
- 589b8-c4 *3. Argument:*
  Gesprochene Worte sind wie sichtbare Bilder.

589c5-f2 *Durchführung des 2. Themas:*

- 589c5-6 *These:*
  Die Skeptiker überzeugt nur das gesprochene Wort.
- 589c6-12 *1. Argument:*
  Göttliche Menschen erreicht schon das gedachte Wort.
- 589c12-d12 *2. Argument:*
  Die ruhigen Seelen vernehmen auch im Wachen die lautlosen Worte der Dämonen.
- 589d12-f2 *3. Argument:*
  Sokrates war frei von Unstimmigkeit und Zerrüttung.

Die These zu Beginn der Durchführung des 1. Themas bringt auf Anhieb eine Präzisierung gegenüber der Ankündigung des Themas. Dort war es noch offengeblieben, ob man sich die Wirkung des Daimonions als Wahrnehmung einer Stimme oder als Denken eines Gedankens vorzustellen hat. Die These stellt dagegen unumwunden fest, daß es sich auf keinen Fall um einen Laut oder eine Stimme handle, sondern allein um ein gedachtes Wort (λόγος ἄνευ φωνῆς). Jede sinnliche Wahrnehmung ist damit ausgeschlossen. Die Wahrnehmung einer Stimme qualifiziert Simmias im 1. Argument als Schlag auf die Seele (πληγὴ τῆς ψυχῆς) vermittels der Ohren. Solche Schläge prägen sich der Seele gewaltsam (βίᾳ) ein. Sie sind gleichsam die äußeren Träger der Mitteilung, die von deren Inhalt unterschieden werden können. Wo der Verstand eines höherstehenden Wesens (ὁ τοῦ κρείττονος νοῦς), das heißt: der Gedanke eines Dämons (λόγος δαίμονος), auf denjenigen eines Wesens unter ihm einwirkt, da bedarf es allerdings einer solchen äußeren Vermittlung nicht, sondern der Inhalt in Form des Gedachten selbst (τὸ νοηθέν) wirkt auf den verständigen Teil der Seele. Da sich in das Denken des Menschen aber auch die Ursprünge seiner Leidenschaften und Antriebe erstrecken, bewegt der höhere Verstand, vermittelt durch den Verstand des Menschen, indirekt auch den Leib. Das Bewegungsprinzip des Leibes ist aber die Seele, so daß Simmias dieses 2. Argument so zusammenfassen kann: Im Einwirken eines Dämons von außen auf einen Menschen beeinflußt der dämonische Verstand den menschlichen Verstand und die dämonische Seele die menschliche Seele. Aufs Ganze gesehen handelt es sich nach Simmias um „die Berührung, welche natürlicherweise eine Vernunft mit einer Vernunft hat" (ἣν πέφυκεν ἐπαφὴν λόγος ἴσχειν πρὸς λόγον). Diese Berührung vergleicht Simmias schließlich mit derjenigen von Licht und Widerschein. Damit leitet er zum 3. Argument über, in dessen Verlauf er die Laut- durch eine Lichtmetaphorik ersetzt. Der Anfang des Arguments klingt wie eine schlichte Wiederholung des bis hierher Gesagten. Nur im Dunkeln brauche man die sinnlich hörbare Stimme, um sich untereinander zu verständigen. Die Dämonen hätten aber Licht, mit dem sie den dämonischen Menschen leuchteten, so daß die lautliche Verständigung überflüssig werde. Doch an dieser Stelle schlägt das Argument um. Jetzt werden die Sätze und Begriffe selbst als Bilder (εἴδωλα τῶν νοουμένων καὶ εἰκόνες) bezeichnet, die man sieht (ὁρᾶν). Simmias beschreibt also den Hörvorgang in Kategorien des Sehens. Die visuelle Wahrnehmung war aber von vornherein als Art und Weise der Mitteilung des Daimonions abgelehnt worden, und zwar unter Berufung auf das Verhalten des Sokrates selbst. Wenn Simmias jetzt das Hören mit dem Sehen gleichsetzt, dann schließt er jenes wie dieses als Modus der dämonischen Mitteilung, gestützt auf die Autorität des Sokrates, aus. Zwar benutzt er, wenn er von der Erleuchtung durch ein dämonisches Licht (δαιμόνιον φέγγος) spricht, ebenfalls eine visuelle Kategorie. Es bleibt aber ein entscheidender Unterschied. Der Gesichtssinn sieht nur Bilder; überhaupt handelt es sich um ein Sehen. Dagegen geht es im Licht, das die dämonischen Menschen erleuchtet, um ein Erkennen (γιγνώσκουσι), und zwar um ein solches, das die Dinge selbst (αὐτά) erkennt.

Dennoch, so räumt Simmias ein, ist es eben der stimmliche Vorgang, der die Skeptiker davon überzeugt, daß überhaupt eine Einwirkung vorliegt. Dieses Eingeständnis bildet zugleich die These zur Durchführung des 2. Themas. Simmias läßt sich im 1. Argument auf den Einwand ein und setzt noch einmal beim Hörvorgang ein, allerdings nur, um ihn in einem Schluß a minori ad maius sofort wieder zu übersteigen. Wenn schon durch lautliche Prägung die Luft in den Stand versetzt wird, einen Gedanken bis zur Seele zu transportieren, um wieviel mehr dann durch die Bewegung, die das Gedachte selbst bewirkt. Ganz offenkundig schließt Simmias, im Grunde unbeeindruckt durch den von ihm selbst aufgeworfenen Einwand, direkt an das letzte Argument zum 1. Thema an. Denn nimmt man das hiesige Argument für sich, so darf man berechtigterweise fragen, wieso denn ein Gedanke die Luft leichter in Bewegung versetzen sollte als eben Laut und Stimme. Setzt man aber die vorangegangene Argumentation voraus und ist mit ihr einverstanden, dann hat diese Frage keinen Sinn. Denn dann hat man ja der Abwertung der stimmlichen Phänomene als bloßen Bildern der Gedanken selbst schon zugestimmt. Gesteht man nun selbst den Bildern noch eine gewisse Prägekraft gegenüber der Seele zu, so muß dies umso mehr für die Gedanken selbst gelten, die der verständigen Seele viel ähnlicher sind. Die gesamte Argumentation des Simmias beruht bis hierher auf dem Grundaxiom, daß Gleiches auf Gleiches allgemein, im besonderen aber Vernunft auf Vernunft in vorzüglicher Weise Einfluß nehmen kann. Ist dem wirklich so, dann erscheint auch das 2. Argument plausibel. Da das Daimonion des Sokrates auf dem Wege des vernünftigen Denkens mit ihm Kontakt aufgenommen hat, dürfte es dies wohl kaum im Schlaf getan haben, während dessen das vernünftige Denken ausgeschaltet ist, sondern im Wachzustand, wenn Sokrates im Besitz seiner intellektuellen Fähigkeiten war. Die Gedanken der Dämonen durchdringen im übrigen alle Menschen. Es können sie aber nur diejenigen explizit erfassen, „die einen stillen Charakter und eine ruhige Seele haben" (τοῖς ἀθόρυβον τὸ ἦθος καὶ νήνεμον ἔχουσι τὴν ψυχήν). Diese heißen dann mit Recht „heilige und dämonische Menschen" (ἱεροὺς καὶ δαιμονίους ἀνθρώπους καλοῦμεν). Daß Sokrates von Unstimmigkeit und Zerrüttung frei war, belegt Simmias in seinem 3. Argument mit einem Orakelspruch, welcher angeblich seinen Vater anwies, Sokrates von klein auf in allem freie Hand zu lassen, „weil er doch wahrlich einen stärkeren Führer zum Leben in sich habe als unzählige Lehrer und Erzieher" (ὡς κρείττονα δήπουθεν ἔχοντος ἐν αὑτῷ μυρίων διδασκάλων καὶ παιδαγωγῶν ἡγεμόνα πρὸς τὸν βίον).

3.3.9. Die Mythen in Socr 21-22 und Fac 26-30

3.3.9.1. Exposition und Aufbau der beiden Mythen

Im Anschluß an seine eigenen Überlegungen, die Simmias in Socr 20 über das Daimonion des Sokrates anstellt, erzählt er in Socr 22 einen Mythos, der weiteren Aufschluß geben soll. In der Exposition Socr 21 gibt Simmias

Auskunft darüber, auf welchem Wege der Mythos auf ihn gekommen ist. Ihm sind die erzählten mythischen Erlebnisse nicht selbst zuteil geworden, sondern er hat sie seinen eigenen Angaben nach von Timarchos, einem Freund des Lamprokleas, der ein Sohn des Sokrates war. Über diese Freundschaft ist die Verbindung zu Sokrates hergestellt. Timarch also hat Simmias alles berichtet, was ihm anläßlich eines Abstiegs ins Trophoniosorakel von Lebadeia[363] widerfahren ist. Dort erhoffte er Auskunft über das Wesen des sokratischen Daimonions zu erhalten. Lebadeia liegt auf halbem Wege zwischen Athen und Delphi. Es hatte seit ältester Zeit ein berühmtes Orakel, das Trophonios geweiht war. „Trophonios était à l'origine un Earth Spirit, divinité locale de la fertilité, déchue au rang des héros à l'époque de l'épopée, mais que Lébadée continua néanmoins à honorer sous les traits d'un Zeus chthonien."[364] Das Zentrum der Orakelstätte bildete eine Höhle, in welche diejenigen, die Anfragen an Trophonios richten wollten, nach dem Vollzug bestimmter Vorbereitungsriten selbst hinabzusteigen hatten. Das heißt: Das Medium der Befragung war der Fragende selbst; Prophetinnen oder Propheten gab es dagegen nicht.[365] Nach Def 5 war das Orakel des Trophonios zur Zeit Plutarchs neben Delphi das einzige in Boiotien, das noch in Betrieb war.

In dieses Orakel war der genannte Timarch also hinabgestiegen; und was er dort erlebte, das beinhaltet der Mythos, den Simmias erzählt. Im Mythos lassen sich zwei Szenen unterscheiden. Während der 1. Szene ist Timarch allein in der Höhle und erlebt eine Vision. Seine Seele verläßt den Körper und vermischt sich mit der Luft (1. Sequenz). In diesem Zustand richtet Timarch seinen Blick zunächst nach oben, wo er die Inseln der Seligen zu sehen bekommt (2. Sequenz). Anschließend schaut er nach unten, wo sich ein tiefer, dunkler Abgrund erstreckt, aus dem ein vielfaches Heulen und Wehklagen heraufdringt (3. Sequenz). Dieses auditive Element leitet zur 2. Szene über, in deren Verlauf Timarch die Audition einer Stimme zuteil wird, deren Herkunft verborgen bleibt. Die Stimme übernimmt eine mystagogische Funktion, indem sie Timarch einerseits rätselhafte Einzelheiten seiner Vision entschlüsselt und ihn andererseits ermutigt, noch genauer hinzusehen. Erst durch die verbalen Erklärungen bekommen die schillernden Details der Vision einen eindeutigen Sinn. Dabei fällt auf, daß die ausführliche Schilderung der Inseln der Seligen in der 1. Szene in einem groben Mißverhältnis zu der spärlichen Auskunft steht, welche die Stimme in der 2. Szene darüber erteilt. Timarchs Ansinnen, über alles aufgeklärt zu werden, weist die Stimme in seine Schranken: „Aber wir haben mit den Dingen dort oben wenig gemein;

---

363 Zu Trophonios und seinem Orakel vgl. Betz; Bonnechère; Clark; Hani, Plutarque. Œuvres morales VIII 55; Levin 1637-1642; Vernière 105-108.

364 Bonnechère 293; vgl. Clark 67.

365 Vgl. Bonnechère 290-291.

366 Socr 591a5-7: ἀλλ᾽ ἡμῖν φάναι τῶν ἄνω μέτεστι μικρόν· ἄλλων γὰρ θεῶν ἐκεῖνα.

denn anderen Göttern gehören jene."[366] Worüber die Stimme hingegen eingehend informieren kann, das ist der „Anteil der Persephone, den wir durchschreiten" (591a7: τὴν δὲ Φερσεφόνης μοῖραν, ἣν ἡμεῖς διέπομεν). Um den Anteil der Persephone am All zu bestimmen, stellt ihn die Stimme in den Zusammenhang der übrigen Teile. Davon wird das folgende Kapitel handeln.

Zuvor sei auch auf die Exposition zum Mythos des Sulla in Fac 26 kurz eingegangen. Auch Sulla gibt nur die Erzählung eines anderen wieder, die des Fremden Demetrios von Tarsos, der das im Mythos Geschilderte selbst erfahren hat. Sich selbst bezeichnet Sulla als „Schauspieler" (941a2: ὑποκριτής), der die Handlung nicht selbst erfindet, sondern nur darstellt. Um seine eigene Rede von der nun folgenden deutlich abzusetzen, beginnt er ausdrücklich mit einem Homerzitat, das auf die angebliche Herkunft des Fremden anspielt: „Ogygia, eine Insel, liegt weit draußen im Meer."[367] Der Fremde war dem Vernehmen nach ein weitgereister Mann, der unzählige heilige Schriften kannte und in alle Mysterien eingeweiht war. Geraume Zeit habe er sich auf der Insel des Kronos, die weit im Westen Britanniens bei Ogygia und weiteren Inseln liege, und anschließend in Karthago aufgehalten, wo Kronos ebenfalls in hohen Ehren gehalten werde. Das Meer, in dem die genannten Inseln liegen, sei von einem großen Festland umgeben, dessen Bewohner sich selbst als Festlandbewohner betrachteten, uns auf dem europäischen Kontinent aber als Insulaner (vgl. 941b-c). Dieser ganze Rahmen erinnert an die Lokalisierung der Atlantisinsel in Platons „Timaios" (24e-25a): „Damals war nämlich dieses Meer bereisbar; denn vor dem Eingange, den ihr, wie ihr sagt, die Säulen des Herakles nennt, besaß es eine Insel; [...] von ihr stand den damals Reisenden der Zugang zu den übrigen Inseln offen, von den Inseln aber zu dem ganzen gegenüberliegenden Festland, das um jenes wahre Meer gelegen war. [...] Jenes aber wäre wohl wirklich Meer, das es vollkommen umgebende Land aber mit dem vollsten Rechte Festland im wahren Sinne zu nennen. Auf dieser Insel Atlantis also entstand eine große, wundervolle Macht von Königen [...]." Der Fremde, auf den sich Sulla beruft, kommt also von einer Insel, deren Lokalisierung beim platonisch gebildeten Hörer die Erinnerung an Atlantis wachruft.[368] Dadurch wird sein Bericht als genauso altehrwürdig wie der Atlantismythos eingestuft. Das Wissen des Fremden stammt buchstäblich vom Ende der Welt und aus uralter Zeit. Sulla faßt es am Ende der Exposition im Hinblick auf die im ganzen Dialog erörterte Bedeutung des Mondes in einem Satz zusammen: „Und von den erscheinenden Göttern, so sagte er und ermahnte mich, müsse man besonders den Mond verehren, weil er der höchste Herr über Leben und Tod sei und sich von den Auen des Hades fernhält."[369]

---

[367] Fac 941a4: Ὠγυγίη τις νῆσος ἀπόπροθεν εἰν ἁλὶ κεῖται. Zitat aus Homer, Odyssee 7,244.

[368] Vgl. Hamilton, The Myth in Plutarch's *De facie* 24-26.

[369] Fac 942c10-14: τῶν τε φαινομένων θεῶν ἔφη χρῆναι καί μοι παρεκελεύετο τιμᾶν διαφερόντως

Nachdem so der Übergang von der argumentativen zur mythischen Rede durch die Exposition in Fac 26 geschaffen und an deren Ende das Mondthema in Erinnerung gerufen worden ist, nimmt Fac 27 dieses Thema in der Weise des Mythos auf. Die traditionellen Gottheiten Kore, Persephone, Demeter und Hades werden zueinander in Beziehung gesetzt und mit bestimmten Orten des Alls verbunden. Im selben Zuge werden Aufbau und Zusammenhang der Welt aufgedeckt. Der Mond übernimmt darin die Funktion, als Aufenthaltsort der tüchtigen Seelen nach dem irdischen Tod zu dienen. Diese erwarten dort ihren zweiten Tod. Das Stichwort des zweiten Todes gibt das Thema des darauffolgenden Abschnitts Fac 28 an. In dessen Verlauf beantwortet Sulla die durch einen Zwischenruf aufgeworfene Frage, welcher Art dieser zweite Tod sei. Aufgrund der Zwischenfrage ist das Thema des Mondes als Aufenthaltsort der Seelen zwar angesprochen, seine Durchführung aber zurückgestellt worden. Wie sich der Aufenthalt der Seelen auf dem Mond gestaltet, wird erst in Fac 29 im Anschluß an das Ende von Fac 27 geschildert. Allerdings kommt Sulla auch auf die Frage des ersten und zweiten Todes noch einmal zu sprechen, nämlich im Schlußkapitel Fac 30. Somit ergibt sich folgende Gliederung von Fac 26-30:[370]

Fac 26	Exposition: Der Mythos von der Kronosinsel
Fac 27	1. Thema: Der Mond im Weltzusammenhang als Aufenthaltsort der Seelen
Fac 28	2. Thema: Der erste und der zweite Tod (darin Fac I-IX = 943c1-e4)
Fac 29	Wiederaufnahme des 1. Themas: Die Beschaffenheit des Mondes
Fac 30	Wiederaufnahme der 2. Themas: Der erste und der zweite Tod

3.3.9.2. Der mythische Weltzusammenhang (Socr 22,591b2-c1; Fac 27)

Der Anteil der Persephone, so die mystagogische Stimme in Socr 22, ist einer von insgesamt vier Teilen des Alls und wird durch die Styx begrenzt, den aus der Mythologie bekannten Grenzfluß der Unterwelt, des Hades (591a8: τῶν τεττάρων μίαν οὖσαν ὡς ἡ Στὺξ ὁρίζει). Vierfach ist demnach der Ursprung von allem (591b2: τέσσαρες δὲ εἰσὶν ἀρχαὶ πάντων). Diese Aussage verbindet zwei unterschiedliche Aspekte in der Doppeldeutigkeit des Ausdrucks ἀρχαὶ πάντων: einen kosmologischen, wonach die vier Teile des Alls durch vier verschiedene Prinzipien beherrscht werden, und einen ontologischen, demzufolge alle Dinge aus diesen vier Prinzipien

τὴν σελήνην ὡς τοῦ βίου κυριωτάτην οὖσαν καὶ τοῦ θανάτου, τῶν Ἅιδου λειμώνων ἐχομένην. Die Wörter καὶ τοῦ θανάτου, τῶν Ἅιδου λειμώνων konjiziert Cherniss; Plutarch's Moralia XII 192, mit dem passenden Hinweis auf 942f und 943c.

370 Vgl. Görgemanns 55-56.155-156.

entspringen. Im Mythos verbindet sich also eine metaphysische Lehre vom Urgrund aller Dinge mit einer Topographie des Alls. Die vier verschiedenen Gegenden des Alls sind nicht nur räumlich voneinander getrennt, sondern erhalten eine je eigene ontologische Bedeutsamkeit. Umgekehrt entfalten die vier Prinzipien aller Dinge ihre Wirksamkeit nicht überall, sondern jedes nur in der Gegend und von der Gegend aus, in der es seinen kosmologischen Ort hat. So bezeichnet die μοῖρα, die eine bestimmte ἀρχή am All hat, einerseits den räumlichen Teil des Alls, der durch diese ἀρχή beherrscht wird, andererseits den ursächlichen Anteil, den die betreffende ἀρχή an allen Dingen hat. Als die vier Prinzipien zählt die mythische Stimme in absteigender Reihenfolge Leben, Bewegung, Entstehen und Vergehen auf. Allerdings weist sie diesen nicht unmittelbar bestimmte Orte im All zu. Ausdrücklich lokalisiert werden nur die Orte, an denen die Verbindungen von je zwei aneinandergrenzenden Prinzipien geschlossen werden. So verbindet die Einheit Leben und Bewegung im Bereich des Unsichtbaren; der Verstand verknüpft Bewegung und Entstehen im Bereich der Sonne; und die Natur bindet auf dem Mond Entstehen und Vergehen aneinander. Jeder Verbindung und ihrem je eigenen Ort wird zusätzlich eine „schlüsseltragende Moira" (591b7: Μοῖρα κλειδοῦχος) zugeteilt. Daß jedem der genannten Orte auch eines der Prinzipien zuzuordnen ist, kann die anschließende systematische Durchdringung des bis hierher Dargelegten erweisen. Doch zuvor soll folgende Übersicht das Gesagte veranschaulichen.

4 Prinzipien (ἀρχαί)	*3 Verbindungen (σύνδεσμοι)*	*Orte der Verbindung*	*3 Moiren*
Leben (ζωή)	Einheit (Μονάς)	im Unsichtbaren (κατὰ τὸ ἀόρατον)	Atropos
Bewegung (κίνησις)	Verstand (Νοῦς)	im Bereich der Sonne (καθ' ἥλιον)	Klotho
Entstehen (γένεσις)	Natur (Φύσις)	auf dem Mond (κατὰ σελήνην) Anteil der Persephone (ἡ Φερσεφόνης μοῖρα)	Lachesis
die Styx = Weg in den Hades (ὁδὸς εἰς Ἅιδου)			
Vergehen (φθορά)	Hades (τὸ Ἅιδου)		

Die mystagogische Stimme im Mythos erklärt diesen Aufbau des Alls nicht weiter. Dadurch mag er auf den ersten Blick willkürlich erscheinen. Bei genauerem Hinsehen läßt er sich jedoch durchaus plausibel machen. Die vier Prinzipien wirken nicht gleichursächlich neben- und miteinander, sondern sind von oben her lexikalisch geordnet. Das heißt: Ein weiter unten stehendes Prinzip entfaltet seine Wirksamkeit erst dann, wenn alle ihm voraufgehenden in der festgelegten Reihenfolge schon wirksam geworden sind. So gibt es Bewegung nur, wo Leben ist. Gewiß kann eine Bewegung auch von etwas Unbewegtem ausgelöst werden. Dieses Unbelebte muß dazu jedoch seinerseits von einem Dritten in Bewegung gesetzt worden sein. Um einem unendlichen Regreß zu entgehen, muß am Beginn jeder Bewegungskette etwas stehen, das sich selbst bewegt. Nun ist die Selbstbewegung eines der spezifischen Merkmale alles Lebendigen. Also ist Bewegung nur möglich aufgrund von Leben. Das Gleiche gilt analog für das Entstehen. Es entsteht nur dort etwas, wo Bewegung und Leben gegeben sind. Alles, was entsteht, muß nach platonischem Verständnis aus etwas entstehen, das in der Entstehung aus einem chaotischen in einen geordneten Zustand übergeht. Dieser Übergang bezeichnet aber eine Bewegung. Schließlich kann nur dort etwas vergehen, wo zuvor etwas entstanden ist. So setzt jedes Vergehen ein Entstehen voraus. Vom Standpunkt der modernen Weltsicht bleibt bei alledem unklar, weshalb das Leben überhaupt als oberstes Prinzip gelten sollte. Die vier Prinzipien sollen den Ursprung aller Dinge erklären. Offenkundig gibt es aber neben den Lebewesen auch unbelebte Dinge. Dieser Einwand geht jedoch an der platonischen Weltsicht vorbei, nach der die Welt als ganze, wie wir schon mehrfach gesehen haben, ein Lebewesen ist.[371] Insofern auch die unbelebten Dinge der Welt dem lebendigen Organismus eingefügt sind, den die Welt als ganze darstellt, ist auch ihr oberstes Prinzip das Leben.

Was nun die drei Verbindungen anbelangt, welche die vier Prinzipien zusammenschließen, so könnte man versucht sein, sie zwischen den Prinzipien zu lokalisieren. Zutreffender scheint mir aber, sie mit je einem Prinzip an denselben Ort zu setzen. Plutarch selbst dürfte diesen Teil des Mythos so verstanden haben. Dafür mag als Indiz gelten, daß Simmias in seiner Rede alle Bewegung letztlich auf die Tätigkeit des Verstandes zurückführt: „Hierhin nämlich, ins Denken, spannen sich die Ursprünge der Affekte und Antriebe, wenn dieses aber erschüttert wird, so werden sie gezogen und ziehen und spannen so den Menschen."[372] Läßt sich in Plutarchs Intention die Simmiasrede mit dem Timarchmythos auf eine Linie bringen, so muß der Verstand mit der Bewegung auf eine Ebene gestellt werden und kann in der lexikalischen Ordnung der Prinzipien nicht zwischen der Bewegung und dem Entstehen seinen Platz haben. Denn wo Bewegung ist, da muß in jedem Fall auch schon Verstand sein. Dasselbe gilt analog für die beiden anderen Verbindungen. Der Aspekt der Einheit bindet die Bewegung an das Leben. Erst durch den Begriff der Bewegung verbinden wir die Einzelwahrnehmungen der Zustände eines

---

371 Vgl. Platon, Timaios 37d.

372 Socr 589a1-3: ἐνταῦθα γὰρ εἰς τὸ νοοῦν αἱ τῶν παθῶν καὶ ὁρμῶν κατατείνουσιν ἀρχαί, τούτου δὲ σεισθέντος ἑλκόμεναι σπῶσι καὶ συντείνουσι τὸν ἄνθρωπον.

Dinges zu verschiedenen Zeitpunkten zu einer Einheit. Letztlich liegt die Einheit aller Bewegung aber in der Lebendigkeit dessen begründet, dem verschiedene Bewegungen zugeschrieben werden. Leben ist als solches aber erst identifizierbar, wenn seine verschiedenen Äußerungen, das heißt: seine verschiedenen Bewegungen, durch eine Einheit geprägt sind. Von Entstehen schließlich kann man nur sprechen, wo eine allgemeine Natur sich in einem individuellen Dasein realisiert. Als Einzelnes aber ist alles, was als Konkretion der Allnatur entsteht, auch der prinzipiellen Vergänglichkeit unterworfen.

Aber nicht nur die vier Prinzipien und ihre drei Verbindungen, auch die Orte, wo dem Mythos nach die Verbindungen geknüpft werden, sind mit Bedacht gewählt. Daß die Einheit, die den Dingen zugrunde liegt, im Unsichtbaren zu suchen ist, leuchtet unmittelbar ein. Was wir sehen, sind allzeit nur einzelne Wahrnehmungen, deren Einheit niemals als solche, sondern stets nur an den Dingen selbst festgestellt werden kann. Auch daß der Verstand im Bereich der Sonne angesiedelt wird, vermag im platonischen Kontext kaum zu überraschen, bringt doch Platon das Denken und Erkennen in einen engen Zusammenhang mit dem Sehen. Sehen kann man aber nur, wo Licht ist, und die Lichtquelle par excellence ist die Sonne. Das vernünftige Denken des Menschen entwickelt sich nach dem „Timaios“ in Anpassung an die vernünftige Ordnung der Welt, die er an den geordneten Bewegungen der Himmelskörper ablesen kann.[373] In Platons Höhlengleichnis besteht die höchste Stufe der Erkenntnis darin, die Sonne selbst und nicht nur ihre Bilder und Schatten zu betrachten.[374] Von den geordneten, sich stets gleich bleibenden Bewegungen des Verstandes schließlich sind die unregelmäßigen Bewegungen der Natur in Werden und Vergehen nur Abbild und Schatten. Wie der Mond nur das Licht der Sonne reflektiert, so haben auch die Naturdinge ihre Entstehung nicht aus sich heraus, sondern aus der Verbindung mit der geordneten Bewegung des Verstandes; und wie der Mond das Licht der Sonne nur fahl und kalt zurückwirft, so bildet auch die Entstehung die vollkommene Bewegung des Verstandes nur unvollkommen ab. Siedelt man also den Verstand bei der Sonne an, so ist es konsequent, der Natur den Mond als Wirkstätte zuzuweisen. Nun vermittelt aber die Natur das Entstehen mit dem Vergehen. Dazu braucht sie freilich ihren Ort nicht zu verlassen. Derselbe Mond, der auf seiner der Sonne zugewandten Seite deren Lichtstrahlen reflektiert, taucht auf der ihr abgewandten Seite alles in seinen Schatten. Analog hat auch die Natur ihre Licht- und Schattenseite. Auf der einen Seite bildet sie im Entstehungsprozeß die Bewegung der Vernunft ab, auf der anderen Seite taucht sie alles Entstandene in den Schatten der Vergänglichkeit. Der Ort dieses Schattendaseins ist traditionell der Hades und wird auch in unserem Mythos so genannt.

---

373 Vgl. Platon, Timaios 47b-c.

374 Vgl. Platon, Politeia 516b.517b-c.

Nun ist das Koordinatensystem aufgespannt, in dem sich das Geschehen des Mythos zuträgt. Die Ausgangsfrage, wo darin der Anteil der Persephone liege, ist damit aber noch immer nicht beantwortet. Ihr Anteil wird jedenfalls durch die Styx begrenzt. Die Frage ist nur, ob er sich oberhalb oder unterhalb des Grenzflusses der Unterwelt befindet; anders ausgedrückt, ob der Anteil der Persephone zur Gegend des Hades oder zu derjenigen des Mondes gehört. Einen Anhaltspunkt kann die Bemerkung der Stimme liefern, der Anteil der Persephone sei derjenige, „den wir durchschreiten" (591a7). Da außer Timarch und der Stimme selbst in der Dialogsituation des Mythos niemand anwesend ist, liegt es nahe, das „wir" auf diese beiden zu beziehen. Nun wissen wir aber vom Beginn der Erzählung, daß Timarchs Seele seinen Körper verlassen und sich mit der Luft vermischt hat (vgl. 590b7-c4). Sie befindet sich demnach im Luftraum zwischen Erde und Mond. Da die Trennung der Seele eines Menschen von seinem Leib aber nichts anderes als seinen Tod bedeutet und die Seele im Tod die Styx überschreitet, muß auch Timarchs Seele zu diesem Zeitpunkt den Grenzfluß überschritten haben. Freilich ist Timarch, wie das Ende des Mythos zeigt, nicht wirklich tot. Er befindet sich aber doch in einem todesähnlichen Zustand: Während der ganzen Zeit der Visionen und Auditionen liegt sein Leib am Eingang der Höhle wie tot da (vgl. 592e5-9). Dabei ist Timarchs Seele nicht, wie man meinen könnte, selbst in den Hades eingegangen, sondern hat im Hades als dem Bereich des Vergehens eben das Vergängliche des Menschen zurückgelassen: seinen Leib. Sie selbst hat bei diesem Vorgang den Bereich der Vergänglichkeit gerade verlassen. Demnach hält sich Timarchs Seele zum Zeitpunkt des Gesprächs mit der mystagogischen Stimme im Bereich des Mondes oberhalb der Styx auf. In dieser Gegend liegt folglich auch der Anteil der Persephone, den die beiden während ihres Gesprächs gemeinsam durchschreiten. Wenn Timarchs Blick sich in der folgenden 3. und 4. Sequenz nach unten richtet, dann schaut er also vom Mond aus in den finsteren und tiefen Abgrund des Hades, der folglich nicht in der Unterwelt lokalisiert wird, sondern im gesamten Bereich unterhalb der Styx bis hinab zur Erde. In Fac 27 wird die Erde selbst nicht zum Hades gerechnet. Da sich die beiden Darstellungen des Weltzusammenhangs in Socr 22 und Fac 27, wie wir noch sehen werden, gut zusammenfügen, können wir davon ausgehen, daß dasselbe auch hier gilt. Jedenfalls ist es abwegig, den Hades einfach mit der Erde zu identifizieren, wie so oft geschehen.[375] Im Hades spielt sich alles, was Timarch beim Blick nach unten sieht, ab. Diesem Teil des Mythos widmet sich das nächste Kapitel.

Zuvor will ich Fac 27 zum Vergleich heranziehen und aufzeigen, inwiefern sich der dort entfaltete Weltzusammenhang mit dem eben beschriebenen deckt oder sich von ihm unterscheidet. Meinen Darlegungen sei der Übersichtlichkeit halber das folgende Schema über den Weltzusammenhang nach Fac 27 vorausgeschickt.

---

[375] Vgl. Corlu 64-65; Hani, Plutarque. Œuvres morales VIII 56; Méautis 208.

Gott/Göttin	Welt (Makrokosmos)	Mensch (Mikrokosmos)		Moira
		Teile	*Mischung*	
	Sonne (ἥλιος)	Verstand (νοῦς)		Atropos
	Elysisches Feld (Ἠλύσιον πεδίον)			
Kore/ Persephone	*Mond (σελήνη)*	Seele (ψυχή)	Vernunft (λόγος)	Klotho
	Persephones Haus (Περσεφόνης οἶκος)			
	Grenze von Hades und Erde (τοῦ Ἅιδου πέρας/ τέρμα τῆς γῆς καὶ πέρας)			
Hades	*Erdschatten (ἡ σκιὰ τῆς γῆς)*			
Demeter	*Erde (γῆ)*	Leib (σῶμα)	das Unvernünftige und das Leidensfähige (τὸ ἄλογον καὶ τὸ παθητικόν)	Lachesis

Die Ausführungen in Fac 27 sind weniger ontologisch, dafür aber stärker kosmologisch und, was gegenüber Socr 22 ganz neu ist, auch anthropologisch orientiert. Die abstrakten Prinzipien Leben, Bewegung, Entstehen und Vergehen, von denen die Erörterung in Socr 22 grundlegend ausgegangen war, kommen in Fac 27 nicht einmal zur Sprache. Von den ebenfalls abstrakt zu denkenden drei Verbindungen Einheit, Verstand und Natur wird nur der Verstand in Anschlag gebracht. Denn nur er ist aus einem konkreten anthropologischen Interesse heraus unverzichtbar. Auch hinsichtlich der Orte der Verbindungen ist eine Verschiebung vom Abstrakten weg hin zu einer vollständigeren Sicht des Konkreten feststellbar. So wird in Fac 27 über den obersten Bereich, das Unsichtbare, nicht spekuliert. Dafür tritt zu Sonne, Mond und Hades am unteren Ende des Alls die Erde hinzu. Das betrachtete Spektrum des Kosmos verschiebt sich damit um eine Stufe nach unten. Die Erde, die man in Socr 22 bereits vermißt haben mag, schließt die konkret sichtbare Welt nach unten hin ab. Im selben Zuge verschwindet der abstrakte Bereich des Unsichtbaren aus dem Zentrum des Interesses. Damit geht aber die Schicksalsgöttin Atropos ihres Herrschaftsbereichs verlustig. Die drei Moiren Atropos, Klotho und Lachesis werden infolgedessen um je eine Stufe im Weltaufbau heruntergestuft, wahren dabei aber ihre Reihenfolge untereinander. Auf diese Weise hat nicht nur Atropos wieder einen Zuständigkeitsbereich; umgekehrt muß auch die Erde nicht ohne zuständige Moira bleiben und erhält als solche Lachesis zugeteilt.[376] Schließlich bereitet die Lokalisierung einzelner Teile der Welt, die in Socr 22 nur mit einiger Mühe bewerkstelligt werden konnte, keine Schwierigkeiten mehr. Aufenthaltsort der Persephone, die mit Kore identifiziert wird, ist der Mond. Genauerhin wird die der Erde zugewandte Seite des Mondes als „Persephones Haus" (944c11) bezeichnet. Der Hades befindet sich im Schatten der Erde und hat dieselben Grenzen wie der Erdschatten (vgl. 942e7-f7).

An den genannten Verschiebungen wird ein Mehrfaches deutlich. Der Mythos in Fac 27 hat ein physikalisches Interesse an der konkret sichtbaren Welt. Dies ist auf dem Hintergrund des gesamten Dialoges, in dem die Beschaffenheit des Mondes diskutiert wird, nicht verwunderlich. Die physikalische Betrachtung der Welt stellt aber im Gesamtzusammenhang des Dialogs keinen reinen Selbstzweck dar. Der Mythos am Ende hat vielmehr die Aufgabe, den Makrokosmos der Welt mit dem Mikrokosmos, den der Mensch bildet, in Beziehung zu setzen. Auf der Grundlage der physikalisch-kosmologischen Erörterungen von Fac 1-25 gibt der Mythos Auskunft über die Stellung des Menschen in der Welt, indem er die verschiedenen Teile der Welt und des Menschen einander fest zuordnet. In Socr 22 soll der Mythos hingegen, ausgehend von der Frage nach der Beschaffenheit des sokratischen Daimonions, die Stellung der Dämonen in der Welt erklären. Die Ausgangsfrage stellt sich also im Sullamythos als anthropologische, im Timarchmythos dagegen als dämonologische. Bleibender Fixpunkt im Vergleich der beiden Mythen ist die Verortung des Verstandes im Bereich der Sonne. Insgesamt widersprechen sich die beiden Mythen in ihren ontologischen, kosmologischen und anthropologischen Grundaussagen an keiner Stelle. Die diesbezüglichen Aussagen verhalten sich vielmehr komplementär zueinander: Sie nehmen je unterschiedliche Momente in die Betrachtung auf und lassen andere dafür weg. Dagegen ist die Zuordnung der drei Moiren zu bestimmten Wirklichkeitsbereichen in den beiden Mythen variabel. Die Verbindungen zur traditionellen Mythologie erscheinen dadurch insgesamt willkürlich und tragen zur Beantwortung der jeweiligen Ausgangsfrage im übrigen nichts Wesentliches bei. Schwieriger ist die Frage zu beantworten, ob und inwieweit sich die Einlassungen der beiden Mythen zur Psychologie und Dämonologie zur Deckung bringen lassen. Dem wird das folgende Kapitel nachgehen.

---

[376] Vgl. Vernière 238: „Mais proche de l'allégorie, symboles trop transparents, Les [sic] Moires n'avait pas de légende bien établie. Aussi offraient-elles une marge d'indétermination considérable aux philosophes. C'est Platon dans la *République* [617b-c] qui fait d'elles pour la première fois des divinités cosmiques [...]."

3.3.9.3. Auf- und Abstieg der Seelen und Dämonen (Socr 22,591c1-592e2; Fac 28.30)

Nachdem die mystagogische Stimme im Timarchmythos den prinzipiellen Weltzusammenhang erklärt hat, kommt sie wieder auf die Inseln zu sprechen, die Timarch in seiner Vision sieht (591c1-12). Freilich werden die Inseln der Seligen nur beiläufig erwähnt, um von ihnen den Mond in seiner Eigenheit abzusetzen. Die anderen Inseln im Himmelsmeer werden nach Auskunft der Stimme von Göttern bewohnt, während der Mond von auf ihm heimischen Dämonen bevölkert wird. Der Mond läuft wenig oberhalb der Styx dahin, wird aber von Zeit zu Zeit von ihr erfaßt. Bei diesen Gelegenheiten wird der Grenzfluß von vielen Seelen in beide Richtungen überschritten: Viele Seelen entreißt der Hades gewaltsam dem Mond; umgekehrt steigen reine Seelen aus dem Hades zum Mond auf. Die absteigenden Seelen werden damit erneut dem Naturzusammenhang von Entstehen und Vergehen unterworfen, während die aufsteigenden Seelen dem gerade entgehen. In diesem kurzen Abschnitt fällt auf, daß die beiden Bezeichnungen „Dämonen“ und „Seelen“ ganz selbstverständlich synonym verwendet werden. Anders läßt sich die Tatsache nicht verstehen, daß zuerst einzig und allein die Dämonen als Bewohner des Mondes genannt werden, kurz darauf aber ausschließlich Seelen zur Beute des Hades gehören. Man könnte einwenden, die Seelen würden anfangs einfach nicht erwähnt, dadurch aber als eigene Gattung von Mondbewohnern neben den Dämonen auch nicht ausgeschlossen. Dazu paßt aber nicht, daß die Seelen bei ihrer ersten Erwähnung unter diesem Namen mit dem bestimmten Artikel stehen und somit als bereits erwähnt vorausgesetzt werden. Der Ausdruck αἱ ψυχαί (591c5) kann sich im Kontext sinnvoll nur auf δαιμόνων (591c2) zurückbeziehen, das als erste Erwähnung derselben Wesen folgerichtig ohne Artikel steht.

Dieser Befund wird durch den Beginn der 3. Sequenz der 2. Szene (591d1-f7), der wir uns nun zuwenden wollen, bestätigt. Timarch ist sich nicht im klaren darüber, was er in seiner Vision, genaugenommen, sieht. Die 2. Sequenz endet mit dem Hinweis der Stimme auf die absteigenden Seelen: „Ihr Geschick beklagend und herabfallend begeben sie sich wieder nach unten zu einem neuen Entstehen, wie du siehst.“[377] Daran schließt der Beginn der 3. Sequenz an: „‚Aber ich sehe nichts‘, habe Timarchos entgegnet, ‚als viele Sterne, die um den Abgrund herumhüpfen [...].‘ ‚Die Dämonen selber also‘, habe sie [sc. die Stimme] erwidert, ‚verkennst du, obwohl du sie siehst.‘“[378] Timarch beobachtet den Abstieg von Seelen, sieht aber vordergründig nur viele Sterne. In den Sternen wiederum müßte

---

[377] Socr 591c10-12: θρηνοῦσαι τὸν ἑαυτῶν πότμον ἀποσφαλλόμεναι φέρονται κάτω πάλιν ἐπ᾽ ἄλλην γένεσιν, ὡς ὁρᾷς.

[378] Socr 591d1-2: Ἀλλ᾽ οὐδὲν ὁρῶ τὸν Τίμαρχον εἰπεῖν ἢ πολλοὺς ἀστέρας περὶ τὸ χάσμα παλλομένους [...]. Αὐτοὺς ἄρα φάναι τοὺς δαίμονας ὁρῶν ἀγνοεῖς.

er, wenn er nur richtig hinschaute, die Dämonen erkennen. Daran wird zweierlei deutlich: Seelen und Dämonen bezeichnen dieselben Wesen; diese sind nicht unmittelbar sichtbar, werden aber in den sichtbaren Sternen wahrgenommen. Dieser Motivkomplex ist uns schon bei Philon (Somn I 137) als platonische Überlieferung aufgefallen (vgl. Timaios 41d-e): Die Seelen sind so zahlreich wie die Sterne, welche ihnen als Fahrzeuge dienen.

Was wir bis hierher über das gegenseitige Verhältnis von Seelen und Dämonen erschlossen haben, erfährt im Verlauf der 3. und 4. Sequenz allerdings entscheidende Präzisierungen. Erst hier wird dieses Verhältnis ausdrücklich thematisiert. Dabei treten entscheidende Unterschiede zwischen den Seelen und den Dämonen hervor, die sich in der 3. Sequenz in ihrem jeweiligen Verhältnis zum Körper und in der 4. Sequenz in der Art ihrer Bewegung ausdrücken. Der Abstieg einer Seele in den Herrschaftsbereich des Hades läuft letzten Endes auf ihre Einverleibung in einen Körper hinaus. Diese geschieht aber nicht ganz oder gar nicht, sondern vollzieht sich in unterscheidbaren Stufen der Körperlichkeit. Mehrmals setzt die mystagogische Stimme im Laufe der 3. Sequenz dazu an, zwischen den einverleibten und den vom Leib unabhängigen Teilen einer Seele zu unterscheiden. Ich gebe im folgenden eine schematische Übersicht über die Erklärungsschritte, um sie anschließend zu erläutern (siehe Seite 319).

Den Ausgangspunkt der präzisierenden Darstellung durch die mystagogische Stimme bildet in Socr I und II der undifferenzierte Befund, den wir oben festgehalten haben: Timarch sieht auf- und absteigende Sterne, welche sich bei genauerer Betrachtung als Dämonen entpuppen. Socr III setzt auch noch bei diesem Befund an, indem es den Ausdruck τοὺς δαίμονας in der offenbar als äquivalent geltenden Wendung ψυχὴ πᾶσα wieder aufnimmt. Dann wird aber sofort differenziert. Jede Seele hat Anteil an Vernunft und Verstand. Aber der Teil von ihr, der sich mit Fleisch vermischt, wendet sich ins Vernunftlose. Umgekehrt muß man schließen, daß alles Vernünftige einer Seele sich niemals in einem Körper, sondern stets außerhalb von ihm befindet. Nun gibt es nach Socr IV Seelen, die als ganze in einen Körper eintauchen und dabei allen Verstand verlieren. Es gibt aber auch Seelen, die nur zum Teil in einen Körper eingehen, ihren reinsten Anteil aber außerhalb belassen. Socr V geht noch weiter, indem es den Begriff der Seele neu definiert. Seele im eigentlichen Sinne wird demnach überhaupt nur das genannt, was sich in einem Körper befindet und somit dem Vergehen unterworfen ist. Was sich dagegen der Vergänglichkeit entzieht, das muß man richtigerweise als Dämon ansprechen, der stets außerhalb des Körpers bleibt. Als Irrtum wird demgegenüber die weit verbreitete Meinung gebrandmarkt, das Unvergängliche sei als Verstand im Körper zu suchen. Das über den Verstand und die Dämonen Gesagte wird schließlich in Socr VI an die Beobachtung der Sterne rückgebunden, von der die ganze Überlegung ausgegangen war. Jetzt stehen nicht mehr

Socr	*im Körper*	*außerhalb des Körpers*
I	πολλοὺς ἀστέρας περὶ τὸ χάσμα παλλομένους	
	ἑτέρους δὲ καταδυομένους εἰς αὐτό	τοὺς δὲ ᾄττοντας αὖ κάτωθεν
II	αὐτοὺς … τοὺς δαίμονας	
III	ψυχὴ πᾶσα	
	ἀλλ᾽ ὅσον ἂν αὐτῆς σαρκὶ μιχθῇ καὶ νοῦ μετέσχεν, ἄλογος δὲ	πάθεσιν, τρέπεται εἰς τὸ ἄλογον καὶ ἄνους οὐκ ἔστιν
IV	μίγνυται δ᾽ οὐ πᾶσα τὸν αὐτὸν τρόπον	
	αἱ μὲν ὅλαι κατέδυσαν εἰς σῶμα	
	αἱ δέ	
	πῇ μὲν ἀνεκράθησαν	πῇ δὲ ἔλιπον ἔξω τὸ καθαρώτατον
V	τὸ μὲν οὖν ὑποβρύχιον ἐν τῷ σώματι φερόμενον ψυχὴ λέγεται	
	τὸ δὲ φθορᾶς λειφθέν	
	(οἱ πολλοὶ νοῦν καλοῦντες ἐντὸς εἶναι νομίζουσιν αὐτῶν)	οἱ δὲ ορθῶς ὑπονοοῦντες ὡς ἐκτὸς ὄντα δαίμονα προσαγορεύουσι
VI	τοὺς μὲν οὖν ἀποσβέννυσθαι δοκοῦντας ἀστέρας	τοὺς δὲ οἷον ἀναλάμποντας πάλιν καὶ ἀναφαινομένους κάτωθεν
	τὰς εἰς σῶμα καταδυομένας ὅλας ψυχάς	τὰς ἐκ τῶν σωμάτων ἐπαναπλεούσας μετὰ τὸν θάνατον
		οἱ δὲ ἄνω διαφερόμενοι δαίμονές εἰσι τῶν νοῦν ἔχειν λεγομένων ἀνθρώπων

alle Sterne für Dämonen, sondern nur diejenigen, die hell aufleuchten und nach oben aufsteigen. Nach den Präzisierungen der 3. Sequenz ist es auch nicht mehr erlaubt, die Seele als ganze mit einem Dämon zu identifizieren, sondern höchstens ihren vernünftigen Teil.

Hier bleibt allerdings eine Spannung bestehen. Während nach Socr III keine Seele ohne Verstand ist, gilt nach Socr V nur das im Körper Befindliche im eigentlichen Sinn als Seele. Der Verstand bleibt jedoch in jedem Fall außerhalb des Körpers.[379] Wie muß man sich aber dann die Verbindung vorstellen, die zwischen Seele und Verstand und mithin zwischen Seele und Dämon bestehen soll? Für das Verständnis des Daimonions des Sokrates, dem der Mythos ja dienen soll, ist in dieser Sequenz jedenfalls nichts gewonnen. Der vielversprechende Ansatz, das Dämonische grundsätzlich mit dem menschlichen Verstand zu identifizieren, wird durch die radikale Trennung des Verstandes von Seele und Leib unfruchtbar gemacht. Bereits der Ansatz birgt freilich ein Problem: Ist das Dämonische mit dem menschlichen Verstand identisch, dann wirkt es grundsätzlich in jedem Menschen; es sei denn, man wollte den meisten Menschen jeglichen Verstand absprechen. Darauf läuft Socr VI in der Tat hinaus, wenn dort festgestellt wird: „Die [sc. Sterne] aber, die nach oben durchlaufen, sind die Dämonen der Menschen, von denen man sagt, daß sie Verstand haben." Das ist wohl nur noch im umgangssprachlichen Sinn zu verstehen: Wirklich Verstand haben demnach nur diejenigen Menschen, die jederzeit auch bei Verstand sind. Dadurch erhält unser ohnehin schon verwickeltes Problem eine zusätzliche Windung.[380]

Der Erzähler des Mythos scheint sich der Unzulänglichkeiten der 3. Sequenz durchaus bewußt gewesen zu sein. Jedenfalls wird Timarch an deren Ende von der Stimme dazu aufgefordert, noch genauer hinzusehen, um so vielleicht Aufschluß über die Art der Verbindung zwischen Dämon und Seele zu erhalten: „Versuche aber, eines jeden Verbindung genau zu sehen, wodurch er mit der Seele verbunden ist!" (591f6-7: Πειράθητι δὲ κατιδεῖν ἑκάστου τὸν σύνδεσμον, ᾗ τῇ ψυχῇ συμπέφυκε.) Diesem Versuch ist die folgende 4. Sequenz (591f8-592e2) gewidmet, von der ich wiederum eine schematische Übersicht vorausschicke. Als Kriterium dient diesmal nicht der Gegensatz zwischen Körperlichkeit und Unkörperlichkeit, sondern die Ordnung beziehungsweise Unordnung in der Bewegung der Sterne.

---

379 Arnim 23 löst diese Spannung ohne Rechtfertigung mit der Behauptung auf, der Timarchmythos kenne „keine Trennung von Nus u. Seele". Richtig dagegen Deuse 45-47.

380 Soury, La démonologie 155-157, geht über diese Probleme stillschweigend hinweg, indem er die einfachen Gleichungen „Étoiles = Démons. Ame = Νοῦς + ἄλογον." (ebd. 155) aufstellt. Identifiziert werden aber nicht nur die Sterne mit den Dämonen, sondern auch die Dämonen mit dem Verstand. Außerdem bleibt die Frage, ob der Verstand oder Dämon als Teil der Seele betrachtet werden kann, wie oben gezeigt, in der Schwebe.

Socr	*ungeordnete Bewegung*	*geordnete Bewegung*
VII	τῶν ἀστέρων ἀποσαλεύοντας	
	τοὺς δὲ μᾶλλον	τοὺς μὲν ἧττον
	ἐνίους δὲ … ἕλικα τεταραγμένην καὶ ἀνώμαλον ἕλκοντας	
VIII	τοὺς δὲ ἄνω καὶ κάτω πολλάκις ἀνωμάλως καὶ τεταραγμένως ἐγκλίνοντας … δυσπείθεσι καὶ ἀναγώγοις … ζυγομαχεῖν ἤθεσι	τοὺς μὲν εὐθεῖαν καὶ τεταγμένην κίνησιν ἔχοντας εὐηνίοις ψυχαῖς χρῆσθαι
	πῇ δὲ καμπομένους ὑπὸ τῶν παθῶν / πῇ μὲν κρατοῦντας καὶ περιάγοντας ἐπὶ δεξιάν	
		μέχρις ἂν οὕτω κολαζομένη πειθήνιος γένηται καὶ συνήθης ὥσπερ θρέμμα πρᾶον ἄνευ πληγῆς καὶ ἀλγηδόνος ὑπὸ συμβόλων ὀξέως καὶ σημείων αἰσθανομένη τοῦ δαίμονος
IX		ἐκ δὲ τῶν εὐηνίων καὶ κατηκόων εὐθὺς ἐξ ἀρχῆς καὶ γενέσεως τοῦ οἰκείου δαίμονος καὶ τὸ μαντικόν ἐστι καὶ θεοκλυτούμενον γένος
	ὧν τὴν Ἑρμοτίμου τοῦ Κλαζομενίου ψυχὴν ἀκήκοας	
	οὐ γὰρ ἐξέβαινεν ἡ ψυχὴ τοῦ σώματος	ὑπείκουσα δὲ ἀεὶ καὶ χαλῶσα τῷ δαίμονι τὸν σύδεσμον ἐδίδου περιδρομὴν καὶ περιφοίτησιν

Bei genauerem Hinsehen nimmt Timarch in Socr VII wahr, daß von den Sternen die einen mehr, die anderen weniger umherschaukeln, einige aber sich wie Spindeln ganz unregelmäßig im Kreis drehen. Die mystagogische Stimme erklärt diese Beobachtung in Socr VIII. Die Sterne, das heißt nach dem in der 3. Sequenz Gesagten: die Dämonen, die eine geradlinige und geordnete Bewegung vollführten, bedienten sich folgsamer Seelen. Diejenigen mit einer schlingernden und ungeordneten Bewegung kämpften dagegen mit dem Joch unfolgsamer und ungezogener Seelen, und das mit mehr oder weniger Erfolg, bis schließlich auch diese Seelen zahm und folgsam würden. Das Geschlecht der Wahrsager und Gottesfürchtigen schließlich ist nach Socr IX denjenigen Seelen zuzurechnen, „die von Anfang und Entstehung an sofort leicht lenkbar und dem eigenen Dämon gehorsam sind". Zu diesen gehöre auch Hermotimos von Klazomenai, von dem erzählt wird, seine Seele habe zu seinen Lebzeiten seinen Körper von Zeit zu Zeit verlassen. Tatsächlich, so die mystagogische Stimme, sei seine Seele stets in seinem Körper geblieben, habe aber das Band zu ihrem Dämon so locker gehalten, daß dieser frei umherschweifen konnte.

An den Motiven und der Terminologie der 4. Szene ist klar erkennbar, daß im Hintergrund der Schilderungen das platonische Bild vom Seelenwagen steht.[381] Auf dieses Bildfeld weisen vor allem folgende Ausdrücke hin: gegen ein Joch ankämpfen (ζυγομαχεῖν), herumführen (περιάγειν), leicht lenkbar (εὐήνιος, von ἡνία = Zügel), folgsam (πειθήνιος), zahmes Tier (θρέμμα πρᾶον). Der Seelenwagen veranschaulicht Platons Lehre von den Seelenteilen.[382] Diese Lehre variiert der Timarchmythos entscheidend dadurch, daß er an zwei Stellen, an denen Platon lediglich Unterscheidungen von Teilen eines Ganzen vornimmt, Trennungen durchführt. Platon unterscheidet, erstens, in der menschlichen Seele zwei unvernünftige Teile von einem vernünftigen. Unser Mythos trennt dagegen den Verstand ganz von der Seele ab und nennt Seele im eigentlichen Sinne nur noch den unvernünftigen Teil. Dem entspricht im Mythos, zweitens, daß der Verstand bei der Einverleibung der Seele in einen Körper als Dämon außerhalb desselben bleibt. Zwar kann auch schon Platon den vernünftigen Seelenteil einen Dämon nennen; er siedelt ihn aber dennoch im Kopf des Menschen, also in seinem Leib, an.[383] Kurz gesagt: Aus dem platonischen Leib-Seele-Problem wird im Mythos des Timarch ein Leib-Seele-Geist-Problem.[384] Auch wenn Plutarch sich an das platonische Bild vom Seelenwagen anschließt, muß man aber seine Dreiteilung des Menschen in Leib, Seele und Geist von Platons Dreiteilung der Seele in Begehrendes, Muthaftes und Vernünftiges unterscheiden. Nach Plutarch lenkt der Geist Seele und Leib von außerhalb. Die Seele selbst erscheint als einfache Ein-

---

381 Vgl. oben die Kapitel 2.3.5.1. und 2.3.5.2., wo alle einschlägigen Platonstellen im Hinblick auf Philon schon einmal ausgewertet wurden. Zum Seelenwagen vgl. Phaidros 246a-249d; Timaios 41d-e.69c-72d.

382 Vgl. Platon, Timaios 69c-72d; Politeia 435a-441c.

383 Vgl. Platon, Timaios 90a.

384 Das griechische Wort νοῦς gebe ich normalerweise durch „Verstand" wieder und unterscheide es so von λόγος, das ich mit „Vernunft" übersetze. Die unterschiedliche Übersetzung bezeichnet freilich wie das Griechische selbst keinen wesentlichen Unterschied in der Bedeutung. Der Sache nach werden die beiden Begriffe in unseren Texten praktisch synonym gebraucht. Wenn ich oben νοῦς mit Geist übersetze, dann deshalb, um hervortreten zu lassen, daß es sich hier um eine Fragestellung handelt, die auch die spätere Philosophie in vielen Abwandlungen immer wieder beschäftigt hat und eben im Deutschen mit dem Begriff des Geistes verbunden ist. Der Begriff „Geist" hat aber in der gängigen deutschen Sprache kaum mehr einen prägnanten Sinn, weshalb ich in allen anderen Zusammenhängen von νοῦς lieber als „Verstand" spreche.

heit; jedenfalls werden nicht ausdrücklich Teile darin unterschieden. Auch dafür kann Platon als Vorbild dienen: Im „Phaidon" unterscheidet er nur zwischen Leib und Seele, erwähnt aber an keiner Stelle eine Aufteilung der Seele selbst.[385]

Das Leib-Seele-Geist-Problem erfährt eine genauere und ausdrückliche Behandlung in Fac 28. In seiner Antwort auf die Frage nach dem zweiten Tod setzt Sulla folgendermaßen ein: „Den Menschen halten die meisten zwar richtigerweise für zusammengesetzt, für zusammengesetzt aus nur zwei Teilen aber unrichtigerweise. Denn sie glauben, daß der Geist irgendwie ein Teil der Seele sei, worin sie nicht weniger fehlgehen als jene, denen die Seele ein Teil des Körpers zu sein scheint."[386] Der Mikrokosmos Mensch bildet in seinen drei Teilen und ihrem Verhältnis zueinander den Makrokosmos Welt nicht nur ab. Er stammt vielmehr von ihm her und geht im Tod wieder in ihn ein. Die Zusammenfügung und Trennung der drei Teile des Menschen in Geburt beziehungsweise Tod beschreibt der Sullamythos klar und eindrücklich: „Als diese drei aber zusammengefügt wurden, lieferte den Leib die Erde, die Seele aber der Mond, den Geist aber die Sonne für die Entstehung dem Menschen wie dem Mond selber das Licht. Was aber den Tod anbelangt, den wir sterben, so macht der eine aus Dreien zwei in bezug auf den Menschen, der andere eines aus Zweien, und der eine ist auf der Erde der Demeter, [...] der andere auf dem Mond der Persephone [...]. Es löst aber diese [sc. Demeter] schnell und mit Gewalt die Seele vom Leib, Persephone aber sanft und mit viel Zeit den Geist von der Seele, und deswegen heißt er einziggeboren; einzig wird nämlich das Beste des Menschen, wenn es durch sie abgetrennt wird."[387] In den unaufhörlich wiederkehrenden Prozessen der Zusammenfügung und Auflösung der Menschen bewegen sich die Seelen also im ständigen Auf und Ab zwischen Erde und Mond. Ihre eigentliche Heimat ist der Mond, von dem sie stammen und zu dem sie im sogenannten ersten Tod, wenn sich die Seele vom Körper löst, zurückkehren. Im zweiten Tod trennt sich dann der Geist von der Seele und steigt zur Sonne auf, von wo er seinerseits ausgegangen war. In seinen drei Teilen ist der Mensch ein mikrokosmisches Abbild und

---

385 Vgl. z.B. Platon, Phaidon 64c: „Und daß das heiße tot sein, wenn abgesondert von der Seele der Leib für sich allein ist und auch die Seele abgesondert von dem Leibe für sich allein ist" (καὶ εἶναι τοῦτο τὸ τεθνάναι, χωρὶς μὲν ἀπὸ τῆς ψυχῆς ἀπαλλαγὲν αὐτὸ καθ' αὑτὸ τὸ σῶμα γεγονέναι, χωρὶς δὲ τὴν ψυχὴν ἀπὸ τοῦ σώματος ἀπαλλαγεῖσαν αὐτὴν καθ' αὑτὴν εἶναι).

386 Fac 943a1-6: τὸν ἄνθρωπον οἱ πολλοὶ σύνθετον μὲν ὀρθῶς ἐκ δυεῖν δὲ μόνον σύνθετον οὐκ ὀρθῶς ἡγοῦνται. μόριον γὰρ εἶναί πως ψυχῆς οἴονται τὸν νοῦν, οὐδὲν ἧττον ἐκείνων ἁμαρτάνοντες οἷς ἡ ψυχὴ δοκεῖ μόριον εἶναι τοῦ σώματος.

387 Fac 943a10-b10: τριῶν δὲ τούτων συμπαγέντων τὸ μὲν σῶμα ἡ γῆ τὴν δὲ ψυχὴν ἡ σελήνη τὸν δὲ νοῦν ὁ ἥλιος παρέσχεν εἰς τὴν γένεσιν τἀνθρώπῳ ὥσπερ αὐτῇ τῇ σελήνῃ τὸ φέγγος. ὅν δ' ἀποθνῄσκομεν θάνατον, ὁ μὲν ἐκ τριῶν δύο ποιεῖ τὸν ἄνθρωπον ὁ δ' ἓν ἐκ δυεῖν, καὶ ὁ μέν ἐστιν ἐν τῇ γῇ τῆς Δήμητρος, [...] ὁ δ' ἐν τῇ σελήνῃ τῆς Φερσεφόνης [...]. λύει δ' αὕτη μὲν ταχὺ καὶ μετὰ βίας τὴν ψυχὴν ἀπὸ τοῦ σώματος ἡ δὲ Φερσεφόνη πράως καὶ χρόνῳ πολλῷ τὸν νοῦν ἀπὸ τῆς ψυχῆς καὶ διὰ τοῦτο μονογενὴς κέκληται· μόνον γὰρ γίγνεται τὸ βέλτιστον τἀνθρώπου διακρινόμενον ὑπ' αὐτῆς.

Produkt des Makrokosmos. Dieser Zusammenhang tritt noch klarer hervor, wenn man bedenkt, daß die drei Teile des Menschen in Fac 28 dieselben sind, aus denen der Gott in Platons „Timaios“ (30a-b) das Weltall zusammensetzt: „Aber dem Besten war es weder noch ist es gestattet, etwas anderes als das Schönste zu tun. Indem er es überdachte, fand er, daß unter dem seiner Natur nach Sichtbaren nichts Vernunftloses als ganzes je schöner sein werde als das mit Vernunft Begabte als Ganzes, daß aber unmöglich ohne Seele etwas der Vernunft teilhaftig werden könne. Von dieser Überlegung bewogen, gestaltete er das Weltall, indem er die Vernunft in der Seele, die Seele aber im Körper schuf, um so das seiner Natur nach schönste und beste Werk zu vollenden.“[388] Wenn der Sullamythos außerdem davon spricht, daß die Sonne den Geist auf dem Mond aussäe (945c1-2: τὸν νοῦν αὖθις ἐπισπείραντος τοῦ ἡλίου), so erinnert dieser Ausdruck an das Aussäen der Seelen auf die Himmelskörper durch den Demiurgen in Platons „Timaios“ (42d: ἔσπειρεν).[389] Diese Affinitäten machen es wahrscheinlich, daß für die Dreiteilung von Makro- und Mikrokosmos im Sullamythos der „Timaios“ Pate gestanden hat.[390] Damit ist der prinzipielle Rahmen abgesteckt, in dem sich das Auf und Ab von Werden und Vergehen abspielt. Der Mythos zeichnet im Anschluß an die eben zitierte Passage den wechselvollen Weg der Seelen in diesem Rahmen nach. Ich gebe zunächst wieder eine Übersicht (siehe Grafik Seite 325).

Zu diesem Textabschnitt und der vorangehenden Übersicht sind nur einige kurze Bemerkungen vonnöten. Zunächst ist von Fac I festzuhalten, daß ausnahmslos jede Seele nach ihrer Trennung vom Leib eine unbestimmte Zeit lang im Raum zwischen Erde und Mond umherirrt. Sogleich irritiert allerdings die Bemerkung, daß dies für alle Seelen in gleicher Weise gelte, seien sie nun geistlos oder mit Geist ausgestattet. Hier kehrt ein Problem wieder, das uns schon in Socr 22 begegnet ist: Nach Socr III gibt es nämlich gar keine Seele ohne Geist. Nun dürfen wir im Vergleich der beiden Mythen sicherlich nicht dieselben Ansprüche bezüglich ihrer Widerspruchsfreiheit stellen wie innerhalb ein und desselben Erzählzusammenhangs. Die andere Seite des Problems bleibt aber auch bei immanenter Lesart bestehen, namentlich die Frage, was man sich unter geistlosen Seelen vorzustellen habe. Man könnte zunächst einfach an Seelen von Tieren denken; denn diese sind im Unterschied zu Menschenseelen offenbar ohne Verstand. Diese Deutung findet jedoch im unmittelbaren Kontext keinen Anhalt. In dem ganzen vorausgehenden Textabschnitt werden die Vorgänge von Geburt und Tod stets ausdrücklich auf

---

388 Platon, Timaios 30a-b: Θέμις δ᾽ οὔτ᾽ ἦν οὔτ᾽ ἔστιν τῷ ἀρίστῳ δρᾶν ἄλλο πλὴν τὸ κάλλιστον· λογισάμενος οὖν ηὕρισκεν ἐκ τῶν κατὰ φύσιν ὁρατῶν οὐδὲν ἀνόητον τοῦ νοῦν ἔχοντος ὅλον ὅλου κάλλιον ἔσεσθαί ποτε ἔργον, νοῦν δ᾽ αὖ χωρὶς ψυχῆς ἀδύνατον παραγενέσθαι τῳ. Διὰ δὴ τὸν λογισμὸν τόνδε νοῦν μὲν ἐν ψυχῇ, ψυχὴν δ᾽ ἐν σώματι συνιστὰς τὸ πᾶν συνετεκταίνετο, ὅπως ὅτι κάλλιστον εἴη κατὰ φύσιν ἄριστόν τε ἔργον ἀπειργασμένος. Vgl. Froidefond, Plutarque et le platonisme 199-201.

389 Vgl. Jones, The Platonism 50-51.

390 Vgl. Hamilton, The Myth in Plutarch's *De facie* 26-30.

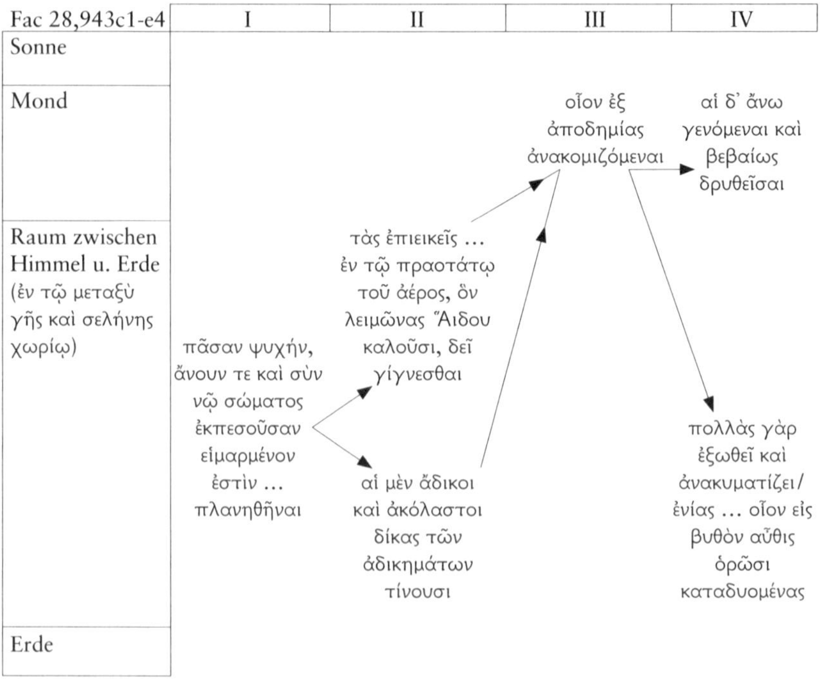

den Menschen bezogen. Den Anstoß zu den Erörterungen in Fac 28 gibt ja die Frage nach dem zweiten Tod, und dieser besteht, wie wir erfahren, eben aus der Trennung des Geistes von der Seele. Wo es keinen Verstand gibt, da ist diese Diskussion also von vornherein sinnlos. An dieser Stelle müssen wir also davon ausgehen, daß Verstand haben oder nicht umgangssprachlich zu verstehen ist. Gesagt wird nicht, daß es etwa Menschen gäbe, die wie Tiere ohne Verstand sind. Es gibt aber jedenfalls Menschen, die sich benehmen, als ob sie keinen Verstand hätten.

Diese moralische Deutung von Geistbesitz und Geistlosigkeit in Fac I wird durch Fac II bestätigt. Dort wird zwischen tüchtigen und ungerechten Seelen unterschieden. Beide müssen zwar eine Weile im Raum zwischen Erde und Mond ausharren, jedoch an unterschiedlichen Orten: die guten und tüchtigen Seelen in der milden Luft der sogenannten Auen des Hades, die schlechten und ungerechten dagegen an einem Ort, wo sie für ihre unrechten Taten büßen. Nun liegt es nahe, in den tüchtigen Seelen die verständigen zu erblicken, in den ungerechten aber diejenigen, die ohne Verstand sind. Beide müssen nach dem irdischen Tod gereinigt werden. Denn auch wenn die guten Seelen nichts Unrechtes getan haben und daher auch keine Strafe verbüßen, so hat ihre ursprüngliche Reinheit doch unter der Einverleibung gelitten und muß die Flecken und den Gestank, die vom Körper herrühren, wieder aushauchen (ἀποπνεῖν). Nach einer gebührenden Zeit der Reinigung kehren dann alle Seelen „gleichsam aus der Fremde der Verbannung“ in ihre Heimat auf dem Mond zurück (Fac III). Zu dieser Freude gelangen sie aber nach Fac IV nur unter Lärm und Schrecken. Denn auch dann weist der Mond noch viele Seelen ab und läßt gar solche, die ihn schon erreicht haben, wieder fahren. Diejenigen aber, die sich fest niedergelassen haben, werden für ihre Standhaftigkeit geehrt, weil sie ihr Leben vernünftig geordnet und so ihre Leidenschaften besiegt haben. Zugleich erfahren sie weitere Stärkung.

Nachdem Sulla den Weg der Seelen bis zum Mond nachgegangen ist, liefert er in Fac 29 eine ausführliche Beschreibung der Beschaffenheit des Mondes, in deren Verlauf Theorien von Platon und Xenokrates diskutiert werden. Für unsere Frage nach dem Schicksal der Seelen wirft dieses Kapitel nichts ab, weshalb wir es hier übergehen können. „Die Substanz des Mondes musste besprochen werden, um zu zeigen, dass er, entsprechend der Mittelstellung der Seele zwischen Geist u. Leib, ein Mittleres zwischen Sonne u. Erde ist.“[391] Erst am Ende von Fac 29 kommt der Mythos in der Überleitung zu Fac 30 wieder auf die Seelen zu sprechen, und zwar im Zusammenhang mit den Kratern und Höhlen des Mondes: „Sie nennen aber die größte von ihnen Schlucht der Hekate, wo die Seelen auch Strafen verbüßen und empfangen dafür, was sie, nachdem sie schon Dämonen geworden sind, entweder erlitten oder getan haben.“[392] In einem Satz erhalten wir gleich drei ganz unerwartete Informationen über die Seelen. Erstens: Auch auf dem Mond verbüßen die Seelen noch Strafen. Fac 28 hatte dagegen den Anschein erweckt, als gelangten nur gänzlich geläuterte Seelen überhaupt bis zum Mond. Zweitens: Die Seelen werden irgendwann zu Dämonen. Da ganz allgemein von αἱ ψυχαί die Rede ist, kann man annehmen, daß sich diese Umwandlung an allen Seelen früher oder später vollzieht.[393] Von Dämonen war zuvor überhaupt nur in Fac 26,941f7.942a2 als Dienern des Kronos die Rede gewesen. Daß diese Dämonen ehemals menschliche Seelen gewesen wären, wird dort nicht erwähnt. Drittens: Die Seelen werden auf dem Mond für Taten bestraft, die sie als Dämonen vollbracht haben. Auch Dämonen erleiden demnach Strafen für unrechtes Tun. Worin sich der Zustand einer Seele vor ihrer Wandlung in einen Dämon von ihrem Zustand danach unterscheidet, geht aus alldem nicht hervor. Der Mythos bietet jedoch eine Möglichkeit zum Vergleich, indem er in Fac 30 in ähnlicher Weise den Auf- und Abstieg der Dämonen schildert, wie er dies in Fac 28 in bezug auf die Seelen getan hat. Wir wenden uns nun Fac 30 zu, um Ähnlichkeiten und Unterschiede zu Fac 28 zu eruieren.

---

391 Vgl. Arnim 53.

392 Fac 944c3-11: καλοῦσι δ᾽ αὐτῶν τὸ μὲν μέγιστον Ἑκάτης μυχόν, ὅπου καὶ δίκας διδόασιν αἱ ψυχαὶ καὶ λαμβάνουσιν ὧν ἂν ἤδη γεγενημέναι δαίμονες ἢ πάθωσιν ἢ δράσωσι.

393 Gegen Vernière 252: „C’est ce qu’on a pu appeler le passage de l’*avoir à l’être*: tout homme *possède* un démon mais tout homme ne *devient* pas un démon après sa mort.“ Woraus Vernière diesen Schluß zieht, bleibt unklar. Im übrigen kann man nach dem Tod überhaupt nicht mehr von einem Menschen sprechen. Es lebt ja nur die Seele weiter, die allein nicht Mensch ist.

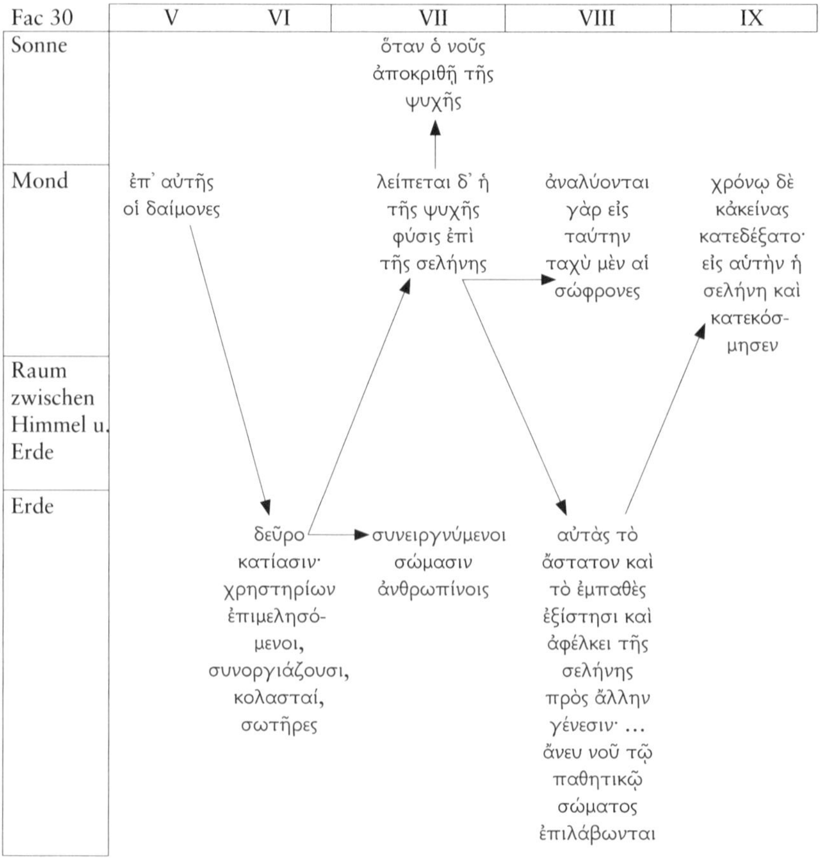

Man sieht sofort: Auf- und Abstieg kennen die dämonischen Seelen jedenfalls genauso wie diejenigen, die noch keine Dämonen sind. Allerdings erhält der Abstieg der Dämonen gegenüber dem der übrigen Seelen einen anderen Sinn. Die Dämonen üben bestimmte Funktionen aus: „Nicht immer halten sich aber die Dämonen auf ihm [sc. dem Mond] auf, sondern hierher steigen sie herab, um sich um die Orakel zu kümmern, und sind bei den höchsten Mysterienfeiern mit dabei und feiern Orgien mit; und sie werden Rächer und Wächter über unrechte Taten und leuchten als Retter in Kriegen und auf See auf. Was immer sie aber nicht recht im Hinblick auf diese Dinge tun, sondern aus Zorn oder auf einen ungerechten Gnadenerweis hin oder aus Neid, dafür verbüßen sie eine Strafe; hinabgestoßen werden sie nämlich wieder auf die Erde und eingesperrt in menschliche Körper."[394] Die dämonologische Konzeption, die in diesen Sätzen zum

[394] Fac 944c6-d8: Οὐκ ἀεὶ δὲ διατρίβουσιν ἐπ᾽ αὐτῆς οἱ δαίμονες ἀλλὰ χρηστηρίων δεῦρο κατίασιν ἐπιμελησόμενοι καὶ ταῖς ἀνωτάτω συμπάρεισι καὶ συνοργιάζουσι τῶν τελετῶν κο-

Ausdruck kommt, stimmt völlig mit derjenigen überein, die wir schon in Def 10-15 angetroffen haben. Die Dämonen sind als Seelen, die wie alle anderen Seelen in Körper einverleibt werden und diese auch wieder verlassen können, zugleich aktive Mittler zwischen dem oberen und dem unteren Bereich der Welt. Als Dämonen haben sie nach Fac V-VI vom Mond her kommend eine dreifache Aufgabe auf der Erde: Für die Menschen sind sie Kultgenossen, Rächer und Retter. Nimmt man die Aussagen in Fac 26 hinzu, so ist ihre Rolle als Verkünder von Orakeln und Diener der Götter hervorzuheben. All diese Aufgaben erfüllen sie mehr oder minder gut, was die entsprechenden, in Fac VII ausgewiesenen Folgen hat. Die Dämonen, welche einen guten Dienst verrichten, dürfen auf den Mond zurückkehren, wo sich nach angemessener Zeit ihr Geist von der Seele trennt und in seine Heimat im Bereich der Sonne zurückkehrt. Dieses Endziel haben die Dämonen mit allen anderen Seelen gemein. Dasselbe gilt für ihre Einverleibung in Körper, sollten sie ihrem Auftrag nicht gerecht werden. Diese Möglichkeit steht allerdings in glattem Widerspruch zu Socr 22, wo gerade das Eingehen eines Dämons oder des Verstandes – was dort ein und dasselbe ist – in einen Körper als bare Unmöglichkeit dargestellt wird. Doch damit nicht genug: Fac VIII behauptet sogar, daß Dämonen den Verstand verlieren und ohne Verstand in einem Körper existieren könnten. Dagegen ist nach Socr 22 ein Dämon nichts anderes als Verstand, so daß der Verlust des Verstandes schlechterdings das Ende der dämonischen Existenz bedeutete. Zwar nimmt nach Fac IX der Mond schlußendlich alle Dämonen wieder zu sich auf. Dennoch bleibt der Widerspruch bestehen; denn ein geistloser Dämon in einem Körper – das ist aus der Perspektive von Socr 22 kein schlichtes, sondern ein potenziertes Paradox.

3.3.10. Socr 24: Die Rede des Theanor

Simmias hat in Socr 20 seine eigene Meinung über das Daimonion des Sokrates dargelegt und in Socr 22 Timarchs Mythos nacherzählt. Damit ist er dem Wunsch des Theokritos aus Socr 21 gänzlich nachgekommen, der sowohl die rationale als auch die mythische Wahrheit über dieses Phänomen erfahren wollte. Nun gibt Simmias in Socr 23 dem Fremden, dem Pythagoreer Theanor, das Wort: „Da hast du, Theokritos, mit dem Logos auch den Mythos, aber sieh zu, ob wir nicht auch den Fremden zur Untersuchung hinzuziehen müssen; denn sie ist göttlichen Männern gänzlich eigen und angemessen.“[395] Theanors Beitrag finden wir in Socr 24. An die mythische Wahrheit will er dabei nach eigenem Bekunden nicht rühren: „‚Ich also‘,

---

λασταί τε γίγνονται καὶ φύλακες ἀδικημάτων καὶ σωτῆρες ἔν τε πολέμοις καὶ κατὰ θάλατταν ἐπιλάμπουσιν. ὅτι δ᾽ ἂν μὴ καλῶς περὶ ταῦτα πράξωσιν ἀλλ᾽ ὑπ᾽ ὀργῆς ἢ πρὸς ἄδικον χάριν ἢ φθόνῳ δίκην τίνουσιν· ὠθοῦνται γὰρ αὖθις ἐπὶ γῆν συνειργνύμενοι σώμασιν ἀνθρωπίνοις.

395 Socr 592f4-7: Ἀπέχεις, ὦ Θεόκριτε, μετὰ τοῦ λόγου τὸν μῦθον, ἀλλ᾽ ὅρα μὴ καὶ τὸν ξένον ἡμῖν παρακλητέον ἐπὶ τὴν ζήτησιν· οἰκεία γὰρ πάνυ καὶ προσήκουσα θείοις ἀνδράσι.

sprach er, ‚meine, daß Timarchs Rede als heilig und unantastbar dem Gott gewidmet sein soll.'"[396] Der Mythos widersetzt sich als heilige Rede dem profanen Zugriff durch Argumente. Er ist in ihrem Wahrheitsanspruch unantastbar und läßt keine kritische Rückfrage zu. Anders steht es nach Theanors Ansicht mit den Worten, welche die eigene Meinung des Simmias wiedergeben. Sie setzen sich als argumentative Rede der argumentativen Gegenrede aus. Ein Punkt in Simmias' Argumentation erscheint Theanor besonders angreifbar: die Erwählung des Sokrates. Allgemeiner formuliert lautet die Frage: Wie kommt es, daß die Worte der Dämonen, obwohl sie durch alle Menschen hindurchgehen, nach 589c12-d6 nur in wenigen göttlichen Menschen Widerhall finden? Theanors Antwort lautet: Es gibt Menschen, die von den Göttern in besonderer Weise geliebt werden und deren vermehrte Zuwendung erfahren. Diese These versucht Theanor in Socr 24 durch drei sorgfältig miteinander verzahnte und in sich kunstvoll aufgebaute Vergleiche plausibel zu machen. Den Aufbau seiner Rede skizziert das folgende Schema, an dem sich meine Ausführungen orientieren werden.

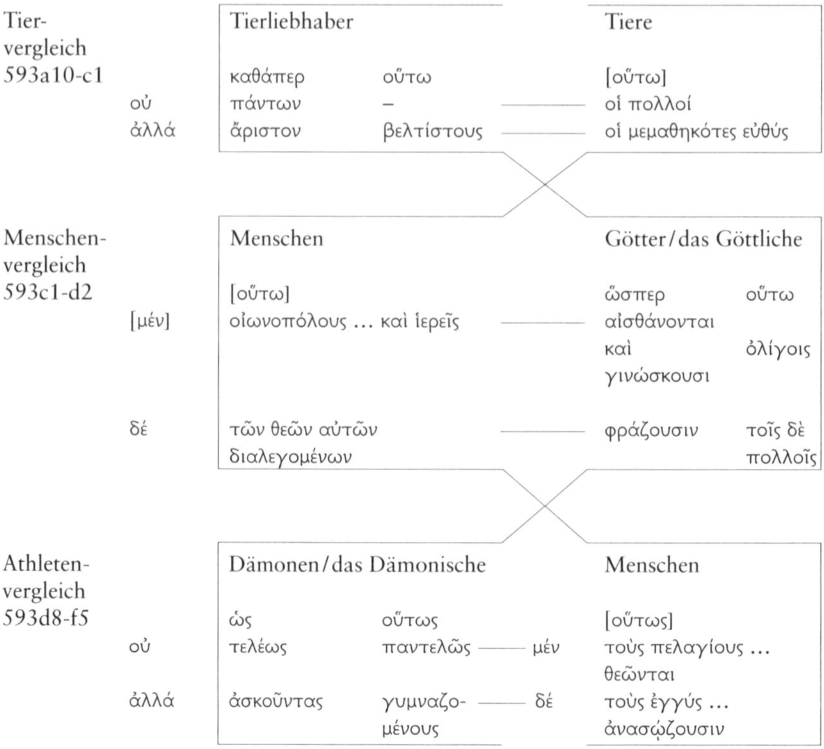

[396] Socr 593a4-5: Ἐγὼ τοίνυν, ἔφη, τὸν μὲν Τιμάρχου λόγον ὥσπερ ἱερὸν καὶ ἄσυλον ἀνακεῖσθαί φημι τῷ θεῷ χρῆναι.

Jeder der drei Vergleiche wird aus einer zweifachen Perspektive durchgeführt. So spricht Theanor im Tiervergleich zuerst aus der Sicht des Tierliebhabers und anschließend aus der Sicht der Tiere. Dasselbe gilt analog im Menschenvergleich für Menschen und Götter und im Athletenvergleich für Dämonen und Menschen. Die drei Vergleiche sind dabei in einem doppelten Chiasmus miteinander verzahnt. Es lassen sich einerseits die Redeabschnitte aus der Sicht derjenigen, die etwas für sich auswählen, und andererseits die Abschnitte aus der Sicht derjenigen, aus denen eine Auswahl getroffen wird, jeweils aufeinander beziehen. In diesem Sinne gehören zum einen die Passagen über die Tierliebhaber, Götter und Dämonen und zum andern diejenigen über die Tiere und Menschen zusammen. Dieser inhaltliche Chiasmus wird durch einen formalen Aspekt unterstützt. Nur auf der Seite der Auswählenden finden wir jeweils einen vollständigen Vergleich, der durch die Signalwörter „wie“ und „so“ (καθάπερ/ὥσπερ/ὡς und οὕτω/οὕτως) strukturiert wird. Auf der Seite der Auswahlmengen wird dagegen stets nur der zweite Teil des Vergleichs im Sinne des „so“ ausgeführt. Mithin entspricht in jedem der drei Vergleiche dem „wie“ inhaltlich ein zweifaches „so“, wenn auch das Signalwort nur einmal dasteht. Der chiastischen Anordnung der drei Vergleiche im Ganzen und der formalen Struktur eines vollständigen Vergleichs in der Perspektive der jeweils Auswählenden ist eine weitere formale Gliederung unterlegt. Jeder der drei Vergleiche weist in jedem seiner drei Glieder (wie – so – so) eine formale Parallelstruktur auf. Sie wird durch die Signalwörter „nicht“ und „sondern“ (οὐ und ἀλλά) beziehungsweise ein „aber“ (δέ), zu dem im Griechischen im Zweifel ein „zwar“ (μέν) zu ergänzen erlaubt ist, angezeigt. Besonderheiten finden sich im Athletenvergleich, weil in ihm beide Paare von Signalwörtern begegnen, und im Menschenvergleich, der in seinem vollständigen Vergleich auf seiten der Götter inhaltlich eine chiastische μέν-δέ-Struktur aufweist.

Nachdem die Struktur herausgearbeitet ist, wollen wir auf den Inhalt der Theanorrede zu sprechen kommen. Theanors Absicht besteht von Anfang an darin, die Erwählung einzelner Menschen durch die Götter einsichtig zu machen. Er geht von der Feststellung aus, daß seine Zeitgenossen bereitwillig irgendwelchen Tieren Heiligkeit zusprechen, von besonders göttlichen und gottgeliebten Menschen aber nichts wissen wollen (vgl. 593a6-10). Dies gibt ihm die Gelegenheit, im Tiervergleich den Spieß einfach umzudrehen und in seiner Argumentation beim Umgang mit Tieren anzusetzen. Wie man nicht alle Tiere für die eigenen Zwecke abrichtet, sondern nur die besten, „so würdigen auch von uns die über uns [nur] die Besten [...] einer eigenen und herausgehobenen Erziehung“[397]. Denn schon von den Tieren kann man, zum Beispiel, nur die wenigsten Hunde zur Jagd abrichten und die wenigsten Pferde gut zureiten. Das

[397] Socr 593b4-6: οὕτω καὶ ἡμῶν οἱ ὑπὲρ ἡμᾶς τοὺς βελτίστους [...] ἰδίας τινὸς καὶ περιττῆς παιδαγωγίας ἀξιοῦσι.

Fazit des Tiervergleichs liegt auf der Hand: Wenn man schon Tiere wie Menschen mit den Göttern in Verbindung bringen will, dann muß man auch anerkennen, daß die Götter die Menschen ebenso behandeln können, wie man Tiere behandelt. Dann wird es aber auch von den Göttern bevorzugte Menschen geben.

Das berechtigt Theanor, in die Perspektive der Tiere, die er zuletzt eingenommen hatte, nun zu Beginn des Menschenvergleichs die Menschen zu versetzen. Diese betrachtet er aus dem Blickwinkel ihrer mantischen Fähigkeiten. Er unterscheidet zwischen der künstlichen und der natürlichen Mantik.[398] Die künstliche Mantik ist diejenige der Vogelschauer und Priester. Ihre Wahrsagerei beruht auf erlernbaren Techniken und speziellem Wissen, die sich grundsätzlich jeder Mensch aneignen kann. Sie entsprechen also der Masse der Tiere im Tiervergleich. Davon ist die natürliche Mantik abzuheben. Sie ist keine Kunst, die man sich aneignen könnte, sondern besteht in der unwillkürlichen Fähigkeit weniger Menschen, die Unterredungen der Götter mitzuhören und zu verstehen. Die Befähigung zur natürlichen Mantik empfangen diese Menschen gnadenhaft von den Göttern. Wie Könige wählen die Götter wenige Menschen aus, denen sie ihre Pläne unmittelbar und offen mitteilen, während sie mit ihren übrigen Untergebenen nur durch Zeichen verkehren.

„Die Götter nun ordnen nämlich weniger Menschen Leben, die sie zuhöchst glücklich und wahrhaft göttlich machen wollen; die vom Entstehen erlösten und fürderhin nicht mehr mit den Körpern beschäftigten Seelen aber, gleichsam frei und ganz und gar losgelassen, sind nach Hesiod Dämonen, welche sich um Menschen kümmern.“[399] Die Götter haben das Vorrecht der exklusiven Erwählung weniger Menschen. Bei den Dämonen steht dieser Aspekt zunächst nicht im Vordergrund. Sie treten den Menschen vielmehr als solche gegenüber, die aufgrund ihrer eigenen menschlichen Vergangenheit eine innere Affinität zu ihnen haben. Dazu paßt der Athletenvergleich hervorragend. Die Dämonen werden mit Athleten verglichen, die in die Jahre gekommen sind. Sie reichen zwar an die Spitzenleistungen ihrer Glanzzeit nicht mehr heran. Sie treiben aber immer noch gerne Sport und freuen sich an den Nachwuchssportlern. Diesen können sie aus ihrer eigenen Erfahrung heraus brauchbare Ratschläge geben und sie so in ihren Trainingsbemühungen entscheidend unterstützen.

---

[398] Zur Terminologie vgl. Arnim 4-8. Bei Plutarch ist die Unterscheidung zwar nicht den Begriffen, wohl aber der Sache nach vorhanden, so daß die Zuordnung der beiden Begriffe zum jeweiligen Sachverhalt zulässig ist. Die Begriffe hatten jedoch bereits in der Antike von Autor zu Autor einen je unterschiedlichen Umfang. Ich verwende sie ganz im oben definierten Sinne Plutarchs.

[399] Socr 593d2-8: Θεοὶ μὲν γὰρ οὖν ὀλίγων ἀνθρώπων κοσμοῦσι βίον, οὓς ἂν ἄκρως μακαρίους τε καὶ θείους ὡς ἀληθῶς ἀπεργάσασθαι βουληθῶσιν· αἱ δὲ ἀπηλλαγμέναι γενέσεως ψυχαὶ καὶ σχολάζουσαι τὸ λοιπὸν ἀπὸ σώματος, οἷον ἐλεύθεραι πάμπαν ἀφειμέναι, δαίμονές εἰσιν ἀνθρώπων ἐπιμελεῖς καθ᾽ Ἡσίοδον.

Diesselbe Rolle spielen die Dämonen für die Menschen. Hier unterscheidet Theanor allerdings noch einmal. Die erfahrenen Athleten werden sich nicht mit völlig unsportlichen Menschen abgeben, sondern nur mit solchen, die bereits ein gewisses Talent mitbringen. Theanor gebraucht noch ein anderes Bild: Wenn Leute am Ufer des Meeres stehen und draußen Menschen in Seenot sehen, dann werden sie nur zu denen hinausschwimmen, die nicht allzu weit vom Strand entfernt sind. Denn für die anderen würde sowieso jede Hilfe zu spät kommen.

Beim Durchgang durch die drei Vergleiche der Theanorrede fällt mehreres auf. Theanor bekundet zu Anfang seine Absicht, das Verhältnis der Götter zu den Menschen im allgemeinen und im einzelnen näher zu bestimmen. Im Verlauf seiner Rede kommt er aber unter der Hand auf die Dämonen zu sprechen, während die Götter völlig aus dem Blickfeld geraten. Diese Verschiebung im behandelten Thema kann man bereits an der scharf abgegrenzten Verwendung der Begrifflichkeiten ablesen. In der Exposition 593a6-10 ist das Wortfeld „Gott" viermal vertreten. Im Tiervergleich spricht Theanor dagegen nur einmal von „denen über uns" (οἱ ὑπὲρ ἡμᾶς). Damit können Götter und Dämonen gemeint sein, eine Unschärfe, die durchaus beabsichtigt sein dürfte; denn dadurch kann der Tiervergleich als Grundlage der ganzen Erörterung auf Götter und Dämonen in ihrem jeweiligen Verhältnis zu den Menschen angewandt werden. Der Menschenvergleich spricht denn auch ausschließlich von Göttern, während im Athletenvergleich genauso ausschließlich nur noch von Dämonen die Rede ist. Der Menschen- wie der Athletenvergleich übernehmen aus dem Tiervergleich das grundlegende Motiv der Erwählung. Sowohl die Götter als auch die Dämonen nehmen sich nur bestimmter Menschen an, wenn auch die Götter noch wählerischer sind als die Dämonen. Der eigentliche Unterschied zwischen beiden tritt im Übergang zwischen den beiden Vergleichen hervor, der oben zitiert wurde (593d2-8). Die Dämonen sind als unkörperliche Seelen mit den Menschen verwandt, weil sie selbst einmal körperliche Menschen waren. Diese Grundannahme teilt Theanor also mit Timarchs und Sullas Mythen. Auffällig ist bei ihm, daß er nur die rettende Funktion der Dämonen erwähnt. Das kann jedoch damit zusammenhängen, daß er von Anfang an nur der Frage nach der Erwählung einzelner Menschen auf den Grund gehen will. Die dunkle Seite der Dämonen bleibt dadurch ausgeblendet.

3.3.11. Ergebnis: Socr 20-24 und Fac 26-30 in der Zusammenschau

Eine Zusammenschau von Socr 20-24 und Fac 26-30 muß die Ergebnisse aus der Analyse der einzelnen Abschnitte in zweierlei Hinsicht miteinander verzahnen. Auf der einen Seite müssen die drei Hauptteile von Socr 20-24, die Simmiasrede, der Timarchmythos und die Theanorrede, aufeinander bezogen und auf ihre Gesamtaussage hin befragt werden. Auf der anderen

Seite sind Timarchs und Sullas Mythen in ihrem Aussagegehalt miteinander zu vergleichen. Ich beginne mit der Ergebnissicherung in Socr 20-24.

Theanor versagt sich zu Beginn seiner Rede jede Bewertung des Timarchmythos und greift statt dessen hinter den Mythos direkt auf die Rede des Simmias zurück. Diese beiden Reden stehen mithin in einem engen Zusammenhang. Schon rein äußerlich stehen sich Simmias und Theanor nahe, sind sie doch beide Pythagoreer. So verwundert es nicht, daß Theanor seinem Schulgenossen Schützenhilfe leistet, indem er die Schwachstelle in Simmias' Argumentation zu verstärken sucht. Simmias hatte plausibel zu machen versucht, daß Dämonen als höherstehende Geister sich ohne stimmliche Verlautbarung dem ihnen untergeordneten menschlichen Geist mitteilen können. Wenn ein Geist mit einem anderen kommuniziert, so geschieht das im reinen Denken. Da der Mensch aber nur im Wachzustand seines Verstandes mächtig ist, erreichen ihn die Gedanken von Dämonen nur, wenn er wach ist. Bewußt wird er sich der Mitteilung aber auch im wachen Zustand nur dann, wenn seine Seele frei von Unstimmigkeit und Zerrüttung ist. Einen solchen Menschen nennt man mit Recht heilig und dämonisch. An dieser Stelle greift Theanor ein und führt den Gedanken fort. Er erklärt und rechtfertigt durch seine Vergleiche die Tatsache, daß nur wenige Menschen im Verstand vom Dämonischen berührt werden, mit dem Recht der Götter und Dämonen auf die Auswahl der besten Menschen. Das Menschliche und das Dämonische gehen in beidseitiger Bewegung aufeinander zu: der Mensch, indem er seine Seele ruhig und seinen Verstand rein hält, der Dämon, indem er den reinen Verstand durch seine Anwesenheit heiligt.

Hier stoßen wir auf den schärfsten Gegensatz zwischen den beiden Reden und dem Timarchmythos.[400] Während Simmias und Theanor den menschlichen und den dämonischen Verstand voneinander unterscheiden, identifiziert der Mythos Verstand und Dämon und hält den Verstand in jedem Fall aus allem Leiblichen heraus. Bei der Entstehung des Menschen geht nur derjenige Teil der Seele in den Körper ein, der im eigentlichen Sinne Seele heißt. Der verständige Teil der Seele, der nur uneigentlich Seele genannt wird, bleibt außerhalb des Körpers. Von einem menschlichen Verstand kann man folglich nur insofern reden, als offenbar jeder Seele ein Verstand zugeordnet ist, den sie zwar nicht mit in den menschlichen Körper hineinnimmt, der aber weiterhin als Verstand dieser Seele mit ihr in Verbindung steht. Davon könnte man zwar einen dämonischen Verstand dadurch unterscheiden, daß dieser eben an keine menschliche Seele gebunden wäre. Socr V qualifiziert aber ausdrücklich den menschlichen Verstand selbst als Dämon. Auf diesem Hintergrund können zwar noch die Thesen des Simmias, nicht aber seine Argumente mehr Geltung haben. Denn daß

[400] Vgl. Arnim 10-13.21-22. Dort werden auch literar- und überlieferungskritische Schlußfolgerungen diskutiert. In unserem Zusammenhang interessieren nur die verschiedenen Denkmöglichkeiten als solche, nicht ihre mutmaßlichen Quellen.

das Dämonische den Menschen von außen her anrührt, behauptet auch der Mythos, bleibt doch der jeder menschlichen Seele zugeordnete Verstand als Dämon außerhalb des Leibes. Die Erklärung dieser Berührung als Einwirkung von Gleichem auf Gleiches, des dämonischen Verstandes auf den menschlichen Verstand, ist dagegen mit dem Mythos unvereinbar, weil im Mythos der menschliche Verstand mit dem dämonischen in eins fällt. Man könnte höchstens noch an eine reflexive Selbstaffektion des menschlichen Verstandesdämons denken. Dadurch würden aber nicht nur die Argumente des Simmias überflüssig, sondern auch seine Thesen banal. An eine Auszeichnung einzelner Menschen durch das Dämonische im Sinne Theanors wäre überhaupt nicht mehr zu denken. Trotz all dieser Spannungen und Widersprüche im einzelnen besteht ein unausgesprochener Grundkonsens zwischen den beiden Reden und dem Mythos: Das Dämonische weist einen durchgängigen Transzendenzbezug auf. Es liegt jenseits der genuin menschlichen Konstitution und ist niemals einfach ein Teil von ihr. Simmias zufolge konstituiert sich der Mensch zwar außer aus Leib und Seele auch aus Verstand; der dämonische Verstand ist aber von ihm unterschieden und wirkt von außen auf ihn ein. Dieselbe Auffassung vertritt Theanor. Im Unterschied dazu bilden im Timarchmythos nur Leib und Seele integrative Bestandteile des Menschen; erst dadurch kann der Mythos Verstand und Dämon generell miteinander identifizieren, ohne doch die transzendente Dimension des dämonischen Wirkens aufzugeben. In diesem einen Punkt sind sich also alle einig: Das Dämonische transzendiert das Menschliche und bricht von außen her dessen selbstbezogene Immanenz auf.

Was nun den Vergleich zwischen Timarchs und Sullas Mythen angeht, so ist das meiste im Verlauf der parallel geführten Analyse schon gesagt worden. Hier sei auf die wichtigsten Punkte nur noch einmal hingewiesen. Beide Mythen bemühen sich zunächst um die Aufdeckung des prinzipiellen Weltzusammenhangs, um anschließend die Bewegung der Seelen darin nachzuvollziehen. Die beiden Schemata vom Aufbau der Welt lassen sich, wo sie sich thematisch überschneiden, auch zur Deckung bringen.[401] Das Schema in Socr 22 ist dabei mehr an den nicht unmittelbar sichtbaren Urgründen der Welt interessiert, weshalb es auch die vier Prinzipien, ihre Verbindungen und den Raum des Unsichtbaren umfaßt. Dagegen will das Schema in Fac 27 in erster Linie die Struktur der sichtbaren Welt vollständig aufzeigen und die Stellung des Menschen darin bestimmen. Insofern der Verstand des Menschen von der Sonne ausgeht, seine Seele vom Mond stammt und sein Leib von der Erde bereitgestellt wird, umfaßt er in sich selbst die ganze Welt. Mit dieser Vorstellung widerspricht Fac 27-28 klar der Auffassung in Socr 22. Zwar wird der Verstand nicht als Teil der Seele betrachtet, als integrativer Bestandteil des Menschen

[401] Vgl. Arnim 25-32; Dörrie, Gnostische Spuren 108; Hamilton, The Myth in Plutarch's *De Genio* 175-180; Jones, The Platonism 58-59; Vernière 163.

aber doch.[402] Der Mensch konstituiert sich demnach aus den drei selbständigen Teilen Leib, Seele und Geist, die freilich insofern aufeinander verwiesen sind, als sie sich nicht frei, sondern nur in der gebotenen Reihenfolge zueinander gesellen und voneinander trennen können. Sie sind gewissermaßen ineinander verschachtelt, „die Vernunft in der Seele, die Seele aber im Körper“[403], wie Platon sich ausdrückt. Der Mensch stirbt dementsprechend zwei Tode, den ersten bei der Trennung des Leibes von Seele und Geist und den zweiten bei der Trennung des Geistes von der Seele. Dabei kehrt jeder der Teile in seine angestammte Heimat zurück. Auf diese Weise bildet der Mensch als Mikrokosmos den Makrokosmos der Welt lückenlos ab. Diese Analogie zwischen Mensch und Welt bedingt eine Lokalisierung der Dämonen im kleinen wie im großen, die sich deutlich von derjenigen in Socr 22 unterscheidet. Während nach Socr 22 bekanntlich nur der Verstand als Dämon gelten kann, sind die Dämonen in Fac 28.30 nichts anderes als körperlose Seelen. Jede Seele kann, wenn sie sich erst einmal vom Leib gelöst hat, zu einem Dämon werden. Wann und wie die Umwandlung geschieht, erfahren wir nicht. Sie verleiht jedenfalls den Seelen, die nunmehr Dämonen sind, neue Funktionen: Sie treten nun als Kultgenossen, Rächer und Retter der Menschen auf. Sie steigen zwischen Erde und Mond auf und ab und erfahren dabei die Verunreinigung durch das Leibliche beziehungsweise die Reinigung von ihm, bis sie schließlich auf den Mond zurückkehren. Darin unterscheiden sie sich nicht von den übrigen Seelen, nur daß Auf- und Abstieg nunmehr im Dienst ihrer neuen Funktionen stehen. Auf eine Ausdifferenzierung der Seele in verschiedene Teile können beide Mythen verzichten. Ob der Verstand nun als integrativer Bestandteil des Menschen gilt oder nicht, er ist jedenfalls von der Seele verschieden und lenkt sie; in diesem Sinne ist die Seele fremdgesteuert. Darin unterscheidet sie sich wesentlich vom platonischen Seelenwagen, der zwar auch vom Verstand gelenkt wird, aber von einem Verstand, der selbst als integraler Bestandteil der Seele betrachtet wird. Die Gemeinsamkeit zwischen den beiden plutarchischen Mythen und Platons „Phaidros“ besteht also im wesentlichen in der Lenkungsfunktion des Verstandes. Sie wird in den Mythen bekräftigt, während die Seele selbst wie im platonischen „Phaidon“ als einfache Einheit erscheint.[404] Damit erreichen die Mythen zwei Ziele. Das eine ist metaphysischer Art: Sie erklären die Einwirkung der Dämonen auf die Seele. Das andere liegt auf dem Gebiet der Moral: Das Schicksal der Seelen hängt von ihrem Gehorsam gegenüber ihrem Dämon ab.

---

402 Gegen Arnim 23-25 ist mit Froidefond, Plutarque et le platonisme 199-201, und Jones, The Platonism 58, daran festzuhalten, daß der Verstand in beiden Mythen der Seele gegenüber selbständig ist. Unterschiedlich beantworten die beiden Mythen hingegen die Frage, ob der Verstand jemals integraler Bestandteil des Menschen werden kann.

403 Platon, Timaios 30b: νοῦν μὲν ἐν ψυχῇ, ψυχὴν δ᾽ ἐν σώματι.

404 Vgl. Vernière 124.134-135.

3.4. Auswertung und Zusammenfassung

3.4.1. Das Verhältnis von argumentativer und mythischer Rede[405]

Immer wieder ist uns Plutarch als Erzähler eigener Mythen oder als Darsteller und Interpret überkommener Mythen begegnet. Wollen wir demnach das Denken des Mittelplatonikers Plutarch in seiner Vielschichtigkeit richtig erfassen, so muß das Verhältnis zwischen argumentativer und mythischer Rede in Plutarchs Schriften möglichst genau bestimmt werden. Ich beginne mit einigen grundsätzlichen Überlegungen zum systematischen Ort und der Funktion der Mythen. Im Mythos wird ein Wissen weitergegeben, das sich der kritischen Überprüfung entzieht. Seine Ursprünge liegen im dunkeln, in unvordenklicher Zeit und unerreichbarer Entfernung. Die mythische Kunde erreicht die an den Dialogen beteiligten Personen stets nur über Mittelsmänner, die selbst nicht anwesend und vielleicht sogar von Plutarch als literarische Persönlichkeiten erfunden worden sind. Gewähr für die Glaubwürdigkeit der mythischen Aussagen bietet nicht ihre sachliche Plausibilität und Kohärenz, sondern die Autorität der Personen, von denen der Mythos stammt. Deshalb werden die abwesenden Gewährsmänner stets als weitgereiste und erfahrene, mit einem Wort weise Leute charakterisiert. Diesem Zweck dienen, zum Beispiel, die Expositionen in Socr 21 und Fac 26.[406] Die mythische Rede schneidet jede Gegenrede ab und verschließt sich der kritischen Prüfung ihrer Aussagen durch Argumente. Dabei stellt sie einen Diskurs mit Wahrheitsanspruch dar. Hierin gründet ihre Unterlegenheit gegenüber der argumentativen Rede. Der Mythos kann nicht aufgrund zwingender Argumente von allen vernünftigen Menschen Zustimmung fordern. Er will auch gar nicht im Sinne einer philosophischen Abhandlung bestimmte Thesen und Lehren aufstellen und beweisen. Dennoch haben die Mythen in der philosophischen Tradition des Platonismus einen festen Platz und sind als solche unersetzlich. Sie entstehen auf der Grenze zwischen Wissen und Ahnung. Das Leben in all seinen Vollzügen läßt sich vom rationalen Denken und seiner argumentativen Artikulation in der Sprache nicht gänzlich einholen. Das unterscheidend Menschliche an der Existenzweise des Menschen besteht aber unter anderem darin, daß er sich zu allen Lebenslagen sprachlich in ein Verhältnis setzen kann und muß. Soll der Mensch also in allen Lebenslagen zum Diskurs fähig und damit erst wirklich Mensch sein, muß er sich neben dem Argument Sprachformen schaffen, die solche Erfahrungen ins Wort bringen, von denen kein Wissen möglich ist. Eine solche Sprachform ist der Mythos.

---

[405] Vgl. Brisson, Einführung 26-36, über die Rolle der Mythen bei Platon. Die selbst erfundenen Mythen haben bei Platon und Plutarch im wesentlichen dieselbe Funktion, weshalb das von Brisson an Platon Aufgezeigte mutatis mutandis auf Plutarch übertragen werden kann.

[406] Vgl. Arnim 17-18.

Auf der Grenze zwischen Wissen und Ahnen schlägt die Schwäche des Mythos in seine Stärke um. Er erweist seine Überlegenheit gegenüber der argumentativen Rede darin, daß er auch dort noch reden kann, wo sprachliche Artikulation sein muß, aber das Argument zum Schweigen verurteilt ist. Die mythischen Inhalte sind dadurch nicht völlig beliebig. Ihr Wahrheitsanspruch entspricht am ehesten demjenigen einer ästhetischen Wahrheit im Sinne Kants; das heißt: Der Mythos ist von der Wahrheit seiner Aussagen überzeugt und sinnt daher auf allgemeine Zustimmung, ohne sie doch zwingend einfordern zu können. Der Sinn des mythischen Wahrheitsanspruchs liegt nicht im dogmatischen Festhalten bestimmter Lehren, sondern darin, daß die Menschen durch ihn über die Grundfragen ihres Lebens im Gespräch bleiben. Echtes Gespräch findet aber nur dort statt, wo Menschen Ansprüche aneinander stellen. Ohne solche Ansprüche herrschte völliges gegenseitiges Desinteresse. Ohne Wahrheitsanspruch wäre auch der Mythos nicht von Interesse.

Auf der Basis dieser grundsätzlichen Bemerkungen muß zwischen den beiden Fällen unterschieden werden, in denen Plutarch mit Mythen umgeht. Im einen Fall erzählt er traditionelle Mythen nach und deutet sie allegorisch. Um Plutarchs Standpunkt möglichst genau zu bestimmen, muß man allerdings verschiedene Spielarten der Allegorese unterscheiden. Einen Leitfaden dafür finden wir in „De Iside et Osiride". Nachdem Plutarch zuvor verschiedene Deutungen des ägyptischen Mythos vorgestellt hat, kommt er in Is 45 zu seiner eigenen und stellt einleitend dazu fest: „Daher ist es nicht unangemessen zu sagen, daß für sich genommen zwar nicht jeder recht, zusammen aber alle recht haben. Denn nicht Dürre, noch Wind, noch Meer, noch Finsternis, sondern alles, was die Natur Schädliches und Zerstörerisches hat, ist als Teil des Typhon anzusehen."[407] Welche sind also die Deutungen, welche für sich genommen unrecht haben? Da ist an erster Stelle die euhemeristische Interpretation zu nennen, die Plutarch in Is 22-24 beschreibt und sogleich verwirft, weil sie der Gefahr der Blasphemie Vorschub leiste. Denn: „pour Évhémère, les dieux ne sont que des hommes et restent des hommes. Pour Plutarque, les dieux ont pu être des hommes, mais ils ne le sont pas restés; ils ont changé de statut ontologique et ce, non par leur volonté ou celle des autres hommes, mais par la puissance divine elle-même."[408] Ähnlich gotteslästerlich erscheint Plutarch die physikalische Allegorese im Stile der Stoiker, die mit Is 32-44 und Is 65-71 dennoch einen weiten Raum in seiner Darstellung einnimmt. Sie identifiziert die Gottheiten mit physikalischen Gegebenheiten. Allgemein gesprochen stehen dann Isis für die Erde, Osiris für die Feuchtigkeit, welche die Erde fruchtbar macht, und Typhon für die Trockenheit, welche sie unfruchtbar sein läßt (vgl. Is 33). Diesen beiden Deutungsverfahren stellt

407 Is 369a1-5: Ὅτεν οὐκ ἀπέοικεν εἰπεῖν, ὡς ἰδίᾳ μὲν οὐκ ὀρθῶς ἕκαστος, ὁμοῦ δὲ πάντες ὀρθῶς λέγουσιν· οὐ γὰρ αὐχμὸν οὐδ᾽ ἄνεμον οὐδὲ θάλατταν οὐδὲ σκότος, ἀλλὰ πᾶν ὅσον ἡ φύσις βλαβερὸν καὶ φθαρτικὸν ἔχει, μόριον τοῦ Τυφῶνος εἶναι.

408 Hani, La religion 227.

Plutarch sein eigenes gegenüber, das man als eine Kombination aus dämonologischer Allegorese in Is 25-27 und metaphysischer Allegorese in Is 45 und Is 53-57 bezeichnen könnte. Durch sie eröffnet er seine platonische Ontologie als den eigentlichen Horizont für ein angemessenes und richtiges Verständnis des ägyptischen Mythos. Sowohl in der dämonologischen als auch in der metaphysischen Allegorie stützt sich Plutarch im wesentlichen auf Platon. An den dialektischen Wendepunkten seiner Interpretation in Is 25-27 und Is 45 erweist sich Plutarch mithin als Platoniker. Die platonisch-metaphysische Allegorie findet dann eine konsequente Entfaltung in Is 53-57.[409]

Im einen Fall interpretiert Plutarch also vorgegebene Mythen durch eine platonisch-metaphysische Allegorese. Im anderen Fall wird er selber zum Erzähler von Mythen, die sonst nirgends überliefert sind, so in Socr 22 und Fac 26-30. Diese Mythen greifen über den Bereich unserer immanenten Lebenserfahrung hinaus in den Bereich der Transzendenz. Götter, Dämonen, körperlose Seelen, der Zusammenhang der Welt – all das sind Themen, über welche die argumentative Rede nur analog sprechen kann. Deshalb ist ihr der Vergleich in bezug auf diese Themen so angemessen. Die Argumentation muß von dem ausgehen, was als gesichertes Wissen von allen akzeptiert wird. In der Simmiasrede besteht dieses Wissen darin, daß eine Vernunft auf eine andere Vernunft ohne die Vermittlung von Worten und Gesten unmittelbar Einfluß nehmen kann. Stimmt man dem zu, so ist auch der direkte Kontakt eines Dämons als einer höheren Vernunft mit der menschlichen Vernunft denkbar. Theanor setzt in seiner Rede mit dem Tiervergleich bei einer Beobachtung an, die jeder machen kann: der Auswahl bestimmter Tiere mit hervorstechenden Eigenschaften für bestimmte Nutzzwecke des Menschen. Stimmt man seiner Grundintuition zu, daß sich der Tierliebhaber zu den Tieren so verhält wie die Götter und Dämonen zu den Menschen, so kann man aus dem Tiervergleich Analogieschlüsse auf das Verhältnis zwischen Göttern beziehungsweise Dämonen und Menschen ziehen. Dadurch gewinnt der Erwählungsglaube an Plausibilität. Mehr kann die analoge Rede in Vergleichen nicht erreichen. Zu ihr gesellt sich deshalb der Mythos, der die Grenzen des Aussprechbaren entscheidend erweitert. Der Mythos kann offen über die prinzipiellen Zusammenhänge der Welt und das Schicksal der körperlosen Seelen reden. Nur in ihm erfahren wir vom Auf- und Abstieg der Seelen, von ihrem Umherirren zwischen Erde und Mond und vom zweiten Tod, der den Verstand von der Seele trennt. Nur der Mythos benennt auch die jeweilige Heimat von Leib, Seele und Geist, den Zusammenhang also zwischen dem Makrokosmos Welt und dem Mikrokosmos Mensch. So verhalten sich Mythos und Logos in den beiden Dialogen komplementär zueinander. Zwischen der argumentativen und der mythischen Rede konnten keine Widersprüche aufgedeckt werden,

[409] Zu den verschiedenen Arten der Allegorie vgl. Brisson, Einführung 91-95; Decharme 371; Hani, La religion 131-165.225-252; Hardie 4763-4775; Pépin 181-182; Soury, La démonologie 84-86; Vernière 15-18.

weil sie je unterschiedliche Themen besetzen und unterschiedliche Formen des Wissens darstellen. Dagegen war innerhalb der Mythen manche Ungereimtheit festzustellen. Solche Widersprüchlichkeiten sind in mythischer Rede jedoch nicht überzubewerten. Ein Mythos, der zwar in Grundzügen gleich bleibt, wird dennoch in jeder Situation neu erzählt. Wichtig ist dabei nicht, daß alle Einzelheiten stets übereinstimmen, sondern daß sich der Mythos auf unterschiedliche Fragestellungen adäquat einstellt. Die Stärke der mythischen Überlieferung liegt daher gerade in ihrer Anpassungsfähigkeit. Nur so kann der Mythos seine Aufgabe erfüllen, dort zu sprechen, wo das Argument verstummt.

3.4.2. Plutarchs mittelplatonische Religionsphilosophie und ihre Funktionen

3.4.2.1. Eine Protologie als Kosmologie

Plutarchs Protologie hat wie diejenige Platons zwei Gesichter: ein mythisches und ein metaphysisches. Sie gehen fließend ineinander über, so daß man sie wohl unterscheiden, nicht aber voneinander trennen kann. Das Kriterium ihrer Unterscheidung liefert der Stellenwert, den die Figur des Demiurgen jeweils einnimmt. Plutarch läßt keinen Zweifel daran, daß er Platons Schöpfungsbericht im „Timaios“ nicht nur als eine Veranschaulichung metaphysischer Zusammenhänge, sondern auch wörtlich als Mythos versteht. In dem so verstandenen Schöpfungsmythos hat der höchste Gott eine herausragende Position inne. Er ist selbst das aktive Prinzip, durch dessen Initiative die Welt ihren Anfang nimmt. Zwar ist ihm alles vorgegeben, woraus er die Welt zusammenfügt, angefangen vom idealen Muster bis hin zu Seele und Körper im vorweltlichen Zustand der Unordnung. Aber dennoch ist er es, der Ordnung und durch sie die Welt mit Leib und Seele herstellt. Nicht zu unrecht wird er daher der Schöpfer und Vater des Alls genannt, das er aus seiner Güte heraus erschaffen hat. Betrachtet man denselben Schöpfungsvorgang aus der metaphysischen Perspektive, so tritt die Person des Demiurgen in den Hintergrund. Die Vaterrolle übernimmt dann das ideale Muster selbst, das der gestaltlosen Materie Form verleiht und so die wahrnehmbare Welt hervorbringt. In der Weltentstehung wird die Sehnsucht der Materie nach Form und Gestalt erfüllt, weshalb sie sich der prägenden Kraft des Musters auch nicht widersetzt, sondern willig ihren Beitrag zur Weltwerdung leistet. Die Wurzel des Bösen sieht Plutarch folgerichtig nicht in der Materie selbst, sondern in ihrer unordentlichen Bewegung. Da jede Bewegung letztlich von einer Seele herrührt, ist auch der Ursprung des Bösen in einer Seele zu suchen, genauerhin in der Seele, welche vor der Weltschöpfung die Materie unordentlich umhertreibt. Diese Seele steht jedoch nicht dem ewig seienden Muster als Gegenprinzip gegenüber. Sie ist vielmehr in ihrer ungeordneten Bewegung die logische Gegenkraft der guten Weltseele, deren Bewegung in geordneten Bahnen verläuft. Die

Ideen stehen ontologisch über Ordnung und Unordnung und können nur als solche aus Unordnung Ordnung schaffen.

An dieser Stelle wird deutlich, daß Mythos und Metaphysik nicht nur zwei sich ergänzende Perspektiven auf den Schöpfungsvorgang erlauben, sondern auch zwei unterschiedliche Etappen in Plutarchs dialektischem Zugang zum Thema der Weltschöpfung darstellen. Von diesem dialektischen Anweg gibt die Schrift „De Iside et Osiride“ beredtes Zeugnis. Die überlieferte mythische Tradition wird dort durch das Problem des Bösen und seiner Herkunft grundlegend in Frage gestellt. Plutarchs erster Antwortversuch in Is 25-27 verlagert das Problem lediglich auf eine theologisch weniger bedenkliche Ebene. Indem er alles Böse und Unschickliche den Dämonen anrechnet, ist es ihm wenigstens gelungen, es aus dem unmittelbaren Bereich des Göttlichen herauszuhalten. Das Böse verselbständigt sich aber infolgedessen so sehr, daß es in Is 45-46 schließlich als, sei es nun dämonische oder doch wieder göttliche, Gegenmacht des guten Gottes auftreten kann. So wendet sich die konsequente Absonderung alles Bösen vom Göttlichen gegen das Göttliche selbst. Um diese neuerliche Gefahr einer Minderung der Güte und Macht des guten Gottes abzuwehren, stuft Plutarch den Ursprung des Bösen gegenüber dem des Guten in der Seinshierarchie herab. Das Böse ist in Is 53-57 weder ein Gegengott des guten Gottes noch ein Gegenprinzip des obersten Prinzips, sondern der Widersacher der wahrnehmbaren Welt. Die Wurzel des Bösen liegt in der vorweltlichen Seele, die der Ordnungsmacht des höchsten Gottes und der Gestaltungskraft des ewig seienden, idealen Musters unterworfen ist. Das Böse kann deshalb seine zerstörende Macht nicht gegen das höchste Prinzip selbst, sondern nur gegen die Ordnung der Welt richten.

Alles in allem stellt sich Plutarchs Protologie somit als eine Kosmologie im strengen Wortsinne dar, das heißt: als die Rede von der Welt geordneten Verfaßtheit. Die Weltschöpfung vollzieht sich im Schaffen von Ordnung: Seele und Körper werden von dem ungewordenen, von Ewigkeit her bestehenden ungeordneten Zustand in den gewordenen Zustand der Ordnung überführt. Insofern die gewordene Welt ein Abbild ihres ewig seienden idealen Musters ist, ist sie vollkommen. Von wo sich der höchste Gott jedoch zurückzieht, dort herrscht wieder die böse Seele mit ihrer ungeordneten Bewegung.

3.4.2.2. Eine Dämonologie als Soteriologie

Die Dämonologie ist in Plutarchs Schriften ein polyvalentes, vielseitig einsetzbares Lehrstück. Dies ist zum ersten Mal bereits an dem Stellenwert ersichtlich geworden, welcher der Rede des Kleombrotos in der Komposition von „De defectu oraculorum“ beizumessen ist. Es gibt dort noch andere als die dämonologische Erklärung für das Eingehen der Orakel, welche der Dämonologie zwar nicht widersprechen, sie aber in ihrer Gültigkeit relativieren. Dieselbe Beobachtung haben wir in „De Iside et Osiride“ gemacht, in dessen dialektischer Komposition die Dämonologie im Anfangsstadium der Überlegung angesiedelt ist und später durch metaphysische Spekulationen überboten wird. Ein größeres Gewicht erhält die Dämonologie in den Mythen in „De genio Socratis" und „De facie in orbe lunae". Dort ist sie nicht nur eine Erklärungsmöglichkeit neben anderen, sondern leistet einen genuinen Beitrag, den man von der argumentativen Rede verantwortlich nicht erwarten kann.

Wie wir vor allem in Delph 17-21 gesehen haben, trennt Plutarch scharf zwischen zwei Wirklichkeitsbereichen, dem des unwandelbaren, bleibenden Seins und dem des unaufhörlichen Werdens und Vergehens. Wirklich seiend ist nur der Gott, unsere Lebenswelt hingegen dem stetigen Wandel unterworfen. Das Sein Gottes ist für uns weltliche Menschen absolut transzendent. Mit dieser strikten Trennung zwischen dem wirklichen und dem nur scheinbaren Sein müßte auch jede Kommunikation zwischen den beiden Stufen der Seinshierarchie geleugnet werden. Nun werden aber seit urvordenklicher Zeit den Göttern von den Menschen Gebete und Opfer dargebracht. Umgekehrt sprechen die Götter zu den Menschen durch die verschiedenen Formen der Weissagung. Es muß also eine wie immer geartete Verbindung zwischen beiden Wirklichkeitsbereichen geben. Diese Verbindung garantieren die Dämonen, die spätestens seit Platons „Symposion" als Vermittler zwischen Göttern und Menschen gelten.

Der funktionalen Bestimmung der Dämonen als Mittler entspricht ihr ontologischer Status als Mittelwesen zwischen den Göttern und den Menschen. Sie sind weder so vollkommen wie die Götter, weil sie an den menschlichen Affekten leiden, noch in einen Körper eingeschlossen und seinen Trieben ausgeliefert wie die Menschen. Als körperlose Seelen halten sich die Dämonen im Luftraum zwischen der Erde und dem Mond auf. Der Mond ist ihre angestammte Heimat, von der aus sie in menschliche Körper absteigen und wohin sie zurückzukehren verlangen. Jeder Abstieg kommt einer Verunreinigung der Seele mit dem Körperlichen gleich, wie umgekehrt jeder Aufstieg eine Reinigung vom Körperlichen bedeutet. Aufstieg und Abstieg, Reinigung und Beschmutzung sind dabei moralisch motiviert. Jede unrechte Tat bedeutet eine Beschmutzung der Seele, die im Aufstieg durch Strafen gesühnt werden muß. Die Dämonen können demnach wie alle Seelen gut und schlecht handeln. Diese ihre Stellung als Mittelwesen bringt es mit sich, daß die Dämonen nicht nur als hilfsbereite und nützliche Vermittler zwischen Göttern und Menschen auftreten, sondern für den Menschen auch bedrohlich werden können. Als ambivalente Mischwesen bieten sich die Dämonen schließlich auch für ein allegorisches Verständnis anstößiger religiöser Mythen und Praktiken an. Alles, was den Göttern zuzuschreiben blasphemisch wäre, muß man von den Göttern fernhalten und mit den Dämonen in Verbindung bringen. Auf diese Art und Weise ebnet die Dämonologie schließlich einen Weg zur Lösung des Theodizeeproblems. Kein Übel in der Welt hat in Gott seine Ursache. Er darf für nichts Böses verantwortlich gemacht werden.

Wo eine höhere Macht Böses bewirkt, dort handelt es sich folglich um Dämonen. Diese Feststellung gilt freilich nur in dem Rahmen, in den die ganze Dämonologie Plutarchs zu setzen ist. Wie eingangs erwähnt, überbietet sie Plutarch vor allem in seinen protologischen Ausführungen durch weniger mythische und stärker metaphysische Erwägungen.

Doch auch die Dämonologie selbst kennt bei Plutarch noch eine weitere Differenzierung. Die Dämonen sind nicht nur Mittelwesen zwischen Göttern und Menschen und als solche körperlose Seelen zwischen Erde und Mond. In Plutarchs Mythen rücken sie stärker auf die Seite der Götter selbst. Sie werden nur noch mit dem Verstand identifiziert. Der Verstand selbst gilt nicht mehr als Teil der Seele, sondern als transzendente Größe, welche die vernünftigen Seelen von außen her lenkt. Das Transzendenzproblem, das zu lösen die Dämonologie helfen sollte, stellt sich hier erneut in seiner ganzen Schärfe. Wenn die Dämonen als reiner Verstand von den Seelen gänzlich abgekoppelt werden, ist nicht mehr ohne weiteres ersichtlich, wie sie die Vermittlungsaufgabe zwischen Göttern und Menschen leisten sollen. Denn diese beruht ja gerade auf der Affinität menschlicher, sprich: einverleibter, und dämonischer, unkörperlicher Seelen.

3.4.3. Plutarchs Auffassung im Hinblick auf die mittelplatonischen Verdachtsmomente

Auch für Plutarch will ich abschließend die Ergebnisse unserer Untersuchungen im Hinblick auf die mittelplatonischen Verdachtsmomente, von denen wir beim Hebräerbrief ausgegangen sind, zusammenfassen:

1. Plutarch unterscheidet klar zwischen den beiden Wirklichkeitsbereichen des wahren, bleibenden Seins, dem der Gott und die verstandesmäßigen Ideen zugehören, und demjenigen des Werdens und Vergehens, der unsere wahrnehmbare Welt ausmacht.

2. Das Verstandesmäßige und Göttliche ist gegenüber dem Seelischen und Körperlichen absolut transzendent. Diese Vorstellung der Transzendenz des Gottes geht teilweise sogar so weit, daß sie sich auch auf die Dämonen erstreckt. Insofern die Dämonen Verstand sind, müssen auch sie als der Seele gegenüber transzendent betrachtet werden und können nicht einfach als körperlose Seelen definiert werden. Vielmehr lenken sie die Seelen von außen her.

3. Alles Anthropomorphe in den Göttervorstellungen der hergebrachten religiösen Mythen und Praktiken muß konsequent den Dämonen und nicht den Göttern zugeschrieben werden. Die Dämonen sind dann körperlose Seelen mit unterschiedlichen Graden von Tugend und Laster. Als Mittelwesen bewegen sie sich zwischen Erde und Mond und vermitteln zwischen Menschen und Göttern. Dabei zeigen sie ein rettendes wie auch ein bedrohliches Gesicht.

4. Seneca

4.1. Ep 58 und Ep 65 im Zusammenhang

Senecas Briefe Ep 58 und Ep 65 enthalten jeweils einen doxographischen Teil, in dem Seneca Lehrstücke aus dem zeitgenössischen Platonismus referiert. Kompositorisch sind die beiden Briefe im Zusammenhang von Senecas „Epistulae morales" eng aufeinander bezogen: „Ep. 65 weist deutlich auf ep. 58 zurück, die Briefe bilden über das *intervallum* der ep. 60-63 hinweg, ein Paar von Gipfeln, zu denen ep. 59 als der Brief gehört, der die Resultate der ep. 58 in die Praxis umsetzt, und ep. 64 als Zuleitungsbrief."[410] Dem kompositorischen entspricht der inhaltliche Zusammenhang: „Ep. 58 begründete die senecanische Moral, indem sie in weit ausladender Systematik die Nichtigkeit der Güter nachwies. In ähnlich breiter Systematik vertieft ep. 65 alles bisher über den Körper Gesagte: die *inspectio* ermöglicht die Freiheit über den Körper. Abkehr von den falschen Wertschätzungen und Abkehr von der Verhaftung an den Körper – ep. 58 und ep. 65 ergänzen einander, wobei ep. 65 das Schwerere behandelt, sie überbietet ep. 58. Sie begründet, wenn man so will, die Geistmetaphysik."[411] Den Wert oder Unwert bestimmter Dinge bemißt Seneca in Ep 58,16-28 mit Hilfe einer mittelplatonischen Ontologie. „Etwa zwei Drittel dieses recht umfangreichen Briefes (§ 1-24) nimmt eine Betrachtung der griechischen Begriffe ἡ οὐσία und τὸ ὄν ein. Der letztere bezeichnet bei Platon sechs unterschiedliche Seinsstufen, die ausführlich vorgestellt werden"[412]. Der moralischen Wertehierarchie unterlegt Seneca aber nicht nur eine ontologische Seinshierarchie, sondern auch eine ihr entsprechende Lehre von den Ursachen des Seienden. „Ep. 65 macht dann aus der Onto-Logie der ep. 58 eine Aitio-Logie"[413]; das heißt: Seneca bietet den Abriß einer mittelplatonischen Ursachenlehre, der auf der zuvor dargestellten Ontologie basiert. Diese platonische Aitiologie skizziert er auf dem Hintergrund der stoischen und der aristotelischen Ursachenlehre. Die gegenseitige Verwiesenheit der beiden Briefe aufeinander legt nahe, sie in einem Zuge zu besprechen, was nachfolgend geschehen

---

410 Maurach, Der Bau 137.
411 Maurach, Der Bau 136.
412 Hachmann 259.
413 Maurach, Seneca 170.

soll. Dabei können sie sich wechselseitig interpretieren.[414] Einen Überblick über die vielfältigen Bezüge, die ich vorerst nur angedeutet habe, gibt die folgende Tabelle. Die einzelnen Zuordnungen innerhalb des jeweiligen Briefes gehen eindeutig aus dem Text hervor, während sie im Verhältnis der Briefe zueinander nur systematisch und nicht mit letzter Sicherheit erschlossen werden können.

Ep 58,16-28		Ep 65,2-10				
Gattungen	Beispiele		Ursachen		Beispiele	
Platon		Stoiker	Aristoteles	Platon	Statue	Welt
quod est	homo generalis		propositum	id propter quod	pecunia / gloria / religio	bonitas
per excellentiam esse / deus	Homerus	causa	opifex	id a quo	artifex	deus
quae proprie sunt / ideae	Vergilii facies (exemplar)			id ad quod / exemplar / idea	exemplar	exemplar
idos	statuae facies (forma)		idos	id in quo	forma	habitus et ordo
quae communiter sunt quae quasi sunt	homines, pecora, res inane, tempus, corpora	 (materia)	 materia	(id quod ex his est) id ex quo	statua aes	mundus materia

4.2. Ep 65,2-10: Eine platonische Aitiologie[415]

Ich beginne mit Ep 65, weil Seneca hier systematischer vorgeht als in Ep 58 und seine Aussageabsicht dadurch klarer hervortritt. Seneca beginnt seinen Vergleich der verschiedenen Ursachenlehren mit der eigenen stoischen Position: „Es sagen, wie du weißt, unsere Stoiker, daß es zweierlei gibt in der Natur der Dinge, aus dem alle Dinge entstehen, Ursache und Materie."[416] Gleich zu Beginn fällt auf, daß Seneca die Materie nicht als Ursache betrachtet, sondern sie von der Ursache gerade unterscheidet. Zwar erfüllen beide, Ursache und Materie, in der Natur der Dinge die Funktion von Prinzipien, bestimmen also das Wesen jeder Sache grundlegend und ursprünglich. Ursache kennt die Stoa aber nur eine: die Wirk-

414 Dieses Vorgehen entspricht meiner streng synchron orientierten Methode. Vor allem diachrone Analysen bietet dagegen Theiler, Vorbereitung 1-23.

415 Zur Ursachenlehre in Ep 65 vgl. Scarpat 91-155.

416 Ep 65,2: Dicunt, ut scis, Stoici nostri duo esse in rerum natura, ex quibus omnia fiant, causam et materiam.

ursache (τὸ ποιοῦν), die als aktives Prinzip auch die Aspekte der Form- und der Zielursache in sich vereinigt: „Die Ursache aber, das heißt die Vernunft, formt die Materie und wendet sie, wohin immer sie will, aus jener bringt sie verschiedene Werke hervor."[417] Vernunft und Form sind indes aus stoischer Sicht keine rein geistigen Größen. Der beschriebene Ursachenmonismus hat vielmehr seine Kehrseite in dem konsequenten stoischen Materialismus. Die gesamte Wirklichkeit bildet ein einziges Materiekontinuum. Alles, auch die eine Ursache, wird materiell gedacht, so daß die Annahme einer eigenen Materialursache überflüssig wird. Zwar kann die Stoa neben dem aktiven, verursachenden Prinzip die Materie als passives Prinzip (τὸ πάσχον) ansprechen: „Die Materie liegt untätig, eine Sache, die zu allem bereit ist und ruhen wird, wenn sie niemand bewegen sollte."[418] Beide Prinzipien sind aber im Grunde genommen nur zwei Aspekte des einen materiellen Kontinuums.[419] Im folgenden konfrontiert Seneca „die stoische Lehre von der Ursache mit der Lehre *Platos* und der des *Aristoteles* von der Vielzahl der Ursachen. Er findet den Vorteil der stoischen Lehre darin, daß sie eine einheitliche, einzige und alles erschaffende Ursache lehrt: Gott-*ratio*."[420]

Aristoteles unterscheidet dagegen bekanntermaßen vier Ursachen: die Materialursache (materia, ὕλη), die Formursache (idos, εἶδος), die Wirkursache (opifex, τεχνίτης) und die Zielursache (propositum, τέλος).[421] Diese Vierteilung der Ursachen überträgt Seneca auf Platon und interpretiert so Platon auf einem aristotelischen Hintergrund. Daß er damit Platon nicht gerecht wird, wird an der Schwierigkeit offenbar, die beiden grundlegenden platonischen Wirklichkeiten von Urbild (exemplar, παράδειγμα) und Abbild (id quod ex his est, εἰκών)[422] im aristotelischen Ursachenschema unterzubringen. Deshalb werden sie einfach den vier Ursachen des Aristoteles hinzugefügt, so daß ein Sechserschema entsteht. Wenden wir uns zunächst dem Urbild zu. Die grundsätzliche Meinungsverschiedenheit zwischen Platon und Aristoteles betrifft bekanntlich die Lokalisierung der Formursache. Platon setzt sie außerhalb der wahrnehmbaren Dinge an, während Aristoteles sie in den Dingen selbst verortet. Senecas Sechserschema versöhnt beide Meinungen miteinander, indem es aus der einen Formursache zwei Ursachen macht, von denen die eine Formursache im Sinne der platonischen Ideen, die andere im aristotelischen Sinne Formursache ist. Diesen Zusammenhang bezeugt Seneca selbst an der Parallelstelle in Ep 58,21: „Was den Unterschied macht, fragst du? Das eine ist das

---

417 Ep 65,2: Causa autem, id est ratio, materiam format et quocumque vult versat, ex illa varia opera producit.

418 Ep 65,2: Materia iacet iners, res ad omnia parata, cessatura, si nemo moveat.

419 Zur stoischen Ursachen- und Prinzipienlehre vgl. Forschner 25-42.85-97.

420 Maurach, Der Bau 133.

421 Vgl. Aristoteles, Metaphysik 983a26 ff. 996b6 ff.; Kaulbach 36-37.

422 Vgl. Platon, Timaios 27d-29d.

Modell, das andere die Form, die vom Modell genommen und in das Werk hineingelegt ist: Die eine ahmt der Künstler nach, die andere macht er. [...] Wenn du jetzt noch eine andere Unterscheidung verlangst, das Eidos ist im Werk, die Idee außerhalb des Werkes, und sie ist nicht nur außerhalb des Werkes, sondern vor dem Werk.“[423] Was nun das Abbild anbelangt, so ist sich Seneca zwar durchaus bewußt, daß es sich bei ihm gar nicht um eine Ursache, sondern um das Ergebnis aus dem Zusammenwirken der Ursachen handelt. Daher spricht er konsequent von nur fünf platonischen Ursachen. Da bei Platon aber das Urbild so grundlegend auf sein Abbild bezogen ist, fühlt sich Seneca dennoch bemüßigt, der fünfgliedrigen Ursachenreihe jeweils ihr Ergebnis als sechstes Glied der Aufzählung anzufügen: „Fünf sind also die Ursachen, wie Platon sagt: das, woraus; das, wodurch; das, worin; das, wonach; das, weswegen; zuletzt das, was aus diesen ist. So ist bei einer Statue [...] das, woraus, die Bronze; das, wodurch, ist der Künstler; das, worin, ist die Form, die jener angepaßt wird; das, wonach, ist das Modell, das derjenige nachahmt, der macht; das, weswegen, ist der Zweck des Machers; das, was aus diesen ist, ist die Statue selbst.“[424]

Die konkrete Bestimmung der fünften Ursache, der platonischen Ideen, macht im Ausgang von den vier aristotelischen Ursachen offenbar Schwierigkeiten. Einen deutlichen Hinweis darauf gibt die Tatsache, daß Seneca auch in den Anwendungsfällen der Statue und der Welt die Rolle, welche die Ideen bei ihrer Entstehung spielen, nicht konkretisiert. Während, zum Beispiel, die allgemeine Ursache *id a quo* in den Beispielen konkret als *artifex* beziehungsweise *deus* benannt werden kann, steht an der Stelle des *id ad quod* nur immer wieder *exemplar*. Wie man sich dieses Modell in einem bestimmten Entstehungsprozeß vorstellen soll, bleibt unklar. Diese Unsicherheit mag dazu beigetragen haben, die Ideen in Gott selbst zu verorten und sie als seine Gedanken zu bestimmen. Außerdem kommt die Vorstellung der Ideen als Gedanken Gottes[425] Senecas eigener, stoischer Position entgegen, nach der Gott die alleinige Ursache der Welt ist und deshalb keine Ideen unabhängig von ihm ursächlich wirken können. Von Philon kennen wir diese Lösung bereits, freilich durch die Vorgabe des jüdischen Monotheismus motiviert. Bei Platon findet sich dafür indes kein Anhaltspunkt, ganz im Gegenteil: Bei ihm ist der Gott in seinem Schöpfungshandeln kompromißlos an die äußere

---

423 Ep 58,21: Quid intersit, quaeris? Alterum exemplar est, alterum forma ab exemplari sumpta et operi inposita: alteram artifex imitatur, alteram facit. [...] Etiamnunc si aliam desideras distinctionem, idos in opere est, idea extra opus, nec tantum extra opus est, sed ante opus.

424 Ep 65,8: Quinque ergo causae sunt, ut Plato dicit: id ex quo, id a quo, id in quo, id ad quod, id propter quod: novissime id quod ex his est. Tamquam in statua [...] id ex quo aes est, id a quo artifex est, id in quo forma est, quae aptatur illi, id ad quod exemplar est, quod imitatur is qui facit, id propter quod facientis propositum est, id quod ex istis est, ipsa statua est.

425 Zu dieser Vorstellung vgl. Jones, Die Ideen; Rich.

Vorgabe des Modells gebunden.[426] Wie Philon versucht Seneca, im Blick auf das Künstlerbeispiel die Verinnerlichung der Ideen zu rechtfertigen: „Es trägt aber nichts zur Sache bei, ob er [sc. der Künstler] außerhalb das Modell hat, auf das er seine Augen richtet, oder in sich, was er dort selbst erdacht und gesetzt hat. Diese Modelle aller Dinge hat Gott in sich, und die Zahlen aller, die getan werden müssen, und die Weisen hat er im Geiste erfaßt: Voll von diesen Gestalten ist er, die Platon Ideen nennt, unsterblich, unveränderlich, unermüdlich."[427]

So sind nun die Grundlagen dafür geschaffen, daß Seneca auf die Ursachen der Welt und ihrer Entstehung nach Platon zu sprechen kommen kann. Das Sechserschema findet sich auch hier: „Diese Dinge hat die Welt alle auch, wie Platon sagt: einen Macher, der ist Gott; woraus sie entsteht, das ist die Materie; eine Form, das ist der Zustand und die Ordnung der Welt, die wir sehen; ein Modell, natürlich wonach Gott diese Größe des schönsten Werkes gemacht hat; einen Zweck, weswegen er sie gemacht hat. Du fragst, was der Zweck sei für Gott? Güte."[428] Die Grundintuitionen des platonischen Schöpfungsgedankens sind in diesem kurzen Abriß durchaus enthalten, wenn auch mit den oben erläuterten Einschränkungen bezüglich des Sechserschemas selbst. Zwei Dinge verdienen besondere Beachtung. Die sichtbare Welt wird, erstens, durch einen ihr eigenen Zustand der Ordnung charakterisiert. Sie geht also aus einer schöpferischen Ordnungstätigkeit hervor. Zweitens wird die Güte Gottes als Zielursache aufgefaßt. Damit ist die Intention Platons gut getroffen. Insofern der Gott gut ist und keinen Neid kennt, will er auch die Welt gut, das heißt: sich selbst möglichst ähnlich, machen. Das Gute wird dadurch zum letzten Ziel seines Schöpfungshandelns und der daraus hervorgehenden Welt.[429]

4.3. Ep 58,16-28: Eine platonische Ontologie

In Ep 58,16-28 referiert Seneca eine kurzgefaßte platonische Ontologie, die sechs verschiedene Seinsstufen unterscheidet. Daß in der kompositorischen Nähe zu Ep 65 hier noch einmal ein platonisches Sechserschema zur Sprache kommt, läßt bereits aufhorchen. Hinzu kommt, daß vier der

---

[426] Vgl. Platon, Timaios 28c-29a.

[427] Ep 65,7: Nihil autem ad rem pertinet, utrum foris habeat exemplar, ad quod referat oculos, an intus, quod ibi ipse concepit et posuit. Haec exemplaria rerum omnium deus intra se habet numerosque universorum, quae agenda sunt, et modos mente complexus est: plenus his figuris est, quas Plato ideas appellat, inmortales, inmutabiles, infatigabiles.

[428] Ep 65,9-10: Haec omnia mundus quoque, ut ait Plato, habet: facientem, hic est deus: ex quo fit, haec materia est: formam, haec est habitus et ordo mundi quem videmus: exemplar, scilicet ad quod deus hanc magnitudinem operis pulcherrimi fecit: propositum, propter quod fecit. Quaeris, quod sit propositum deo? bonitas. Vgl. Platon, Timaios 29a, den Seneca selbst im Anschluß zitiert.

[429] Vgl. Platon, Timaios 29e.

sechs erwähnten Stufen des Seienden sich aufgrund ihrer Definitionen oder der gegebenen Beispiele eindeutig vier der sechs Ursachen aus Ep 65 zuordnen lassen. Diese sind: Gott, die Ideen, das Eidos und die Dinge, die gemeinhin sind (quae communiter sunt). Letztere sind nichts anderes als die gewöhnlichen, sinnlich wahrnehmbaren Alltagsgegenstände, was aus den Beispielen deutlich wird: Dazu gehören etwa Menschen, Pferde und Sachen. Hier lassen sich aus den beiden Beispielen in Ep 65 auch die Statue und die sichtbare Welt einordnen. Die drei Seinsstufen Gott, Ideen und Eidos sind sogar wörtlich mit den gleichnamigen Ursachen in Ep 65 identisch. Der Textabschnitt, der sich auf den ontologischen Stellenwert des Gottes bezieht, läßt allerdings an Klarheit zu wünschen übrig. Dort heißt es: „Zweitens setzt Platon aus den Dingen, die sind, das, was hervorragt und alles übertrifft: Dies, sagt er, sei in herausragender Weise. ‚Dichter' wird gemeinhin gesagt, – alle nämlich, die Verse machen, tragen diesen Namen, – aber schon bei den Griechen ging er in die Bezeichnung eines einzigen über: ‚Homer' wirst du verstehen, wenn du ‚Dichter' gehört hast. Was also ist dies? Gott natürlich, größer und mächtiger als alle Dinge."[430] Textpragmatisch kann die Erwähnung des Gottes in diesem kurzen Abschnitt zwei ganz unterschiedliche Funktionen haben. Entweder ist *deus* auf der Ebene des Beispiels angesiedelt und übernimmt dieselbe Funktion wie *poeta*. In diesem Fall wären sowohl der Gott als auch Homer auf je eigene Weise herausragende Seiende, der eine im Hinblick auf Größe und Macht, der andere hinsichtlich der Dichtkunst.[431] Oder nur *poeta* ist als Beispiel zu nehmen, während *deus* dem Namen und der Sache nach die zweite Klasse von Seiendem insgesamt ausmacht. Dann hätte der Gott als das herausragend Seiende schlechthin zu gelten, so wie Homer der schlechterdings herausragende Dichter wäre. Dem letztgenannten Verständnis des Abschnitts ist im Textzusammenhang klar der Vorzug zu geben. Denn das Sechserschema ist ausdrücklich ontologisch orientiert und folgt in seiner Reihenfolge einer absteigenden Logik. Ausgehend von dem, was im höchsten und allgemeinsten Sinne ist, setzt es auf die zweite Stufe dasjenige benambare Seiende, welches das Sein in unübertroffener Weise darstellt: Gott. Auf dieser Stufe in der Seinshierarchie kann aber Homer unmöglich zusammen mit dem Gott stehen. Wollte man Homer dennoch mit Gott auf eine Stufe stellen, so müßte man dazu die ontologische Betrachtungsweise aufgeben.[432] So kann am Ende über die Intention unseres Textabschnitts kein Zweifel bestehen: Der Gott stellt eine eigene Klasse von Seiendem dar, weil er das Sein wie kein anderes Seiendes personifiziert.

---

[430] Ep 58,17: Secundum ex his, quae sunt, ponit Plato quod eminet et exsuperat omnia: hoc ait per excellentiam esse. Poeta communiter dicitur, – omnibus enim versus facientibus hoc nomen est, – sed iam apud Graecos in unius notam cessit: Homerum intellegas, cum audieris poetam. Quid ergo hoc est? Deus scilicet, maior ac potentior cunctis.

[431] Vgl. Richter 188-190.

[432] Vgl. Whittaker, Seneca 144.

So bleibt nunmehr noch der ontologische Stellenwert der *quae quasi sunt* und des *quod est* zu bestimmen und zu fragen, ob auch diese beiden Seinsstufen sich je einer Ursache in Ep 65 zuordnen lassen. Im ontologischen Sechserschema von Ep 58 bilden sie die obere beziehungsweise untere Grenze. Von den Ursachen aus Ep 65 ist bisher der Ziel- und der Materialursache noch keine Seinsklasse zugewiesen worden. Ich beginne mit der Klasse derjenigen Seienden, die nur gewissermaßen sind (quae quasi sunt); unzweifelhaft gehören in diese Klasse das Leere und die Zeit: „Die sechste Gattung ist die derjenigen Dinge, die gleichsam sind: wie das Leere, wie die Zeit."[433] Diese Klassifizierung entspricht gängiger stoischer Lehre, wonach nur Materielles wirklich Seiendes ist, alles Immaterielle dagegen nicht.[434] Im folgenden weitet Seneca diese Klasse aber gerade auf das Materielle aus: „Was immer wir sehen oder berühren, zählt Platon nicht zu jenen Dingen, von denen er meint, daß sie eigentlich seien: Sie fließen nämlich und sind in ständiger Verminderung und Hinzufügung."[435] Diese platonische Position steht in direktem Widerspruch zur stoischen, qualifiziert Platon doch gerade das Körperliche als nicht wirklich seiend. Auf den ersten Blick scheint die Vereinigung des Unkörperlichen und des Körperlichen in ein und dieselbe Seinsklasse daher aus dogmatischen Gründen ausgeschlossen. Bei genauerem Hinsehen zeigt sich jedoch, daß es hier gar nicht um körperlich oder unkörperlich geht, sondern darum, ob etwas als gleichbleibend zu qualifizieren ist oder nicht. Nach diesem Kriterium sind die unkörperlichen Ideen im eigentlichen Sinne seiend, weil sie ewig sind: „Die Idee ist von den Dingen, die in der Natur entstehen, das ewige Modell."[436] Nicht wirklich seiend ist dagegen alles, was sich verändert, sei es nun körperlich oder unkörperlich. Das alles prägende Bild für diese unterste Seinsstufe ist der Fluß. In diesem Bild treffen sich die unkörperliche Zeit und die veränderlichen Körper; denn beide sind im Fluß. Doch läßt sich ihre Beziehung noch radikaler fassen: Die Zeit ist die Bedingung der Möglichkeit jeder Veränderung und damit auch der veränderlichen Körper. Seneca drückt das so aus: „Niemand von uns ist derselbe im Alter, der er als junger Mann war; niemand von uns ist derselbe am Morgen, der er am Tag zuvor war. Unsere Körper werden fortgerissen nach Art von Flüssen. Was immer du siehst, läuft mit der Zeit. Nichts von dem, was wir sehen, bleibt. Ich selbst, während ich sage, daß diese Dinge sich verändern, habe mich verändert."[437] Spätestens das Heraklitzitat, das

---

433 Ep 58,22: Sextum genus eorum, quae quasi sunt: tamquam inane, tamquam tempus.

434 Vgl. Forschner 31; z.B. SVF II 329.

435 Ep 58,22: Quaecumque videmus aut tangimus, Plato in illis non numerat, quae esse proprie putat: fluunt enim et in assidua deminutione atque adiectione sunt.

436 Ep 58,19: Idea est eorum quae natura fiunt, exemplar aeternum.

437 Ep 58,22: Nemo nostrum idem est in senectute, qui fuit iuvenis; nemo nostrum est idem mane, qui fuit pridie. Corpora nostra rapiuntur fluminum more. Quicquid vides, currit cum tempore: nihil ex his, quae videmus, manet: ego ipse, dum loquor mutari ista, mutatus sum.

sich an den soeben angeführten Abschnitt anschließt, erinnert an die sinngleiche Erörterung Plutarchs in Delph 18. Vor dem erläuterten Hintergrund dürfte es kaum mehr fraglich sein, daß die ontologische Gattung derjenigen Seienden, die nur gewissermaßen sind, unter den Ursachen in Ep 65 mit der Materie in eins fällt.

Sollte es möglich sein, die beiden Sechserschemata vollständig zur Deckung zu bringen, dann bliebe für die oberste Seinsstufe dessen, was ist (quod est), nur noch die Zielursache als Pendant übrig. Diese Seinsgattung ist die allgemeinste, allerdings nicht deswegen, weil alles, was ist, eben ein Seiendes ist. Diese Aussage ist eine reine Tautologie und ist im übrigen durch die sechsgliedrige Seinshierarchie nicht gedeckt. Denn von den Dingen in der untersten Klasse sagt man zwar, sie seien; im eigentlichen Sinne sind sie aber nicht und werden dennoch in die Reihe der Seienden eingefügt. Die oberste Seinsklasse ist ganz einfach deswegen die allgemeinste, weil sie ausschließlich real gedachte Allgemeinbegriffe wie den *homo generalis* enthält. Eine Schwierigkeit erwächst nun aus der Tatsache, daß derartige Allgemeinbegriffe in der Sechserreihe der Ep 58 doppelt vorkommen, gelten doch die Ideen nicht nur gemeinhin als solche, sondern auch nach Senecas eigenem Bekunden in Ep 65,7: „Deshalb vergehen zwar die Menschen, die Menschheit selbst aber, nach welcher der Mensch gebildet wird, bleibt, und während die Menschen sich abmühen, zugrunde gehen, erleidet jene nichts.“[438] Die Beispiele, die Seneca in Ep 58 heranzieht, erlauben es allerdings, zwischen unterschiedlichen Graden der Allgemeinheit zu unterscheiden: Ist Vergil einerseits ein Individuum der allgemeinen Art Mensch, so kann er doch zugleich als allgemeines Modell für viele einzelne Abbildungen seiner selbst dienen. Die Idee gilt demnach in Ep 58 als das allgemeine Modell eines ganz bestimmten Individuums, während sie in Ep 65 das allgemeine Modell beliebiger Individuen darstellt. Darin unterscheidet sich die Idee des Vergil von derjenigen des Menschen allgemein. Eine sinnvolle Unterscheidung dieser beiden Arten von realen Allgemeinbegriffen kann gerade dadurch getroffen werden, daß man sie von ihrer Beziehung auf verschiedene Ursachen her betrachtet. Die Idee ist ein allgemeines Modell, das als Urbild für ein Abbild dient und in diesem Sinne als Modellursache zu gelten hat. Das zuhöchst Seiende ist dagegen als das schlechterdings Seiende die Zielursache allen Schaffens: Was geschaffen wird, soll so weit als möglich am realen Sein Anteil erhalten. Das allerrealste Seiende ist dann identisch mit dem zuhöchst Guten, das nach Platon die Zielursache des Schöpfungshandelns Gottes darstellt. Zwar übertrifft bei Platon das Gute das Seiende noch einmal,[439] doch diese Abstufung wird im Mittelplatonismus nivelliert, wie wir bereits bei Philon und Plutarch gesehen haben.

---

[438] Ep 65,7: Itaque homines quidem pereunt, ipsa autem humanitas, ad quam homo effingitur, permanet, et hominibus laborantibus, intereuntibus illa nihil patitur.

[439] Vgl. Platon, Politeia 502d-509b.

4.4. Auswertung und Zusammenfassung

Die Auswertung und Zusammenfassung der beiden platonischen Traditionselemente bei Seneca könne wir gleich an den mittelplatonischen Verdachtsmomenten vom Hebräerbrief her orientieren:

1. „Ep. 65 weist mit ep. 58 dem Schüler einen völlig neuen Denkbereich an, das All. Das bedeutet einen absoluten Höhepunkt im Corpus. Eine neue Stufe ist erreicht. Endlich ist der letzte Beweis für die Nichtigkeit der äußeren Güter durch ep. 58 erbracht [...], endlich auch der Beweis für die Nichtigkeit des Körpers (ep. 65)."[440] Der Nichtigkeit des Äußeren und Körperlichen steht die Größe und Macht Gottes gegenüber, der auf der via eminentiae als derjenige erkannt wird, der alles übertrifft, weil er in herausragender Weise ist. Modell allen Seins sind seine Gedanken, die Ideen.

2. Bei aller Auszeichnung des Seins Gottes und der Ideen gibt Seneca keinen Hinweis darauf, daß sie gegenüber dem übrigen, sich wandelnden Sein transzendent wären.

3. Von Dämonen oder Engeln ist in den betreffenden Textabschnitten nicht die Rede.

[440] Maurach, Der Bau 136-137.

5. Alkinoos

5.1. Einordnung und Gliederung von Did 8-16

Von den beiden Titeln, unter denen das Werk des Alkinoos überliefert ist, zieht J. Whittaker der Ἐπιτομὴ τῶν Πλάτωνος δογμάτων den Διδασκαλικὸς τῶν Πλάτωνος δογμάτων vor, weil sich das Buch damit in eine zur damaligen Zeit wohlbekannte und bestimmte Gattung einreiht:[441] „Il ne s'agit donc ni d'un manuel destiné aux débutants en philosophie, ni d'une initiation à la lecture de Platon, mais plutôt d'un exposé concis et systématique des doctrines platoniciennes."[442] Alkinoos hat dazu sicherlich nicht nur die platonischen Texte selbst, allen voran den „Timaios", ausgewertet, sondern seinerseits auf sekundäre Darstellungen der Lehren Platons zurückgegriffen. Allerdings stößt auch hier wie bei unseren bisherigen Autoren die Quellenforschung sehr schnell an ihre Grenzen: „Puisqu'on connaît malheureusement très peu les sources immédiates d'Alcinoos, il n'est pas possible d'analyser en détail sa méthode vis-à-vis de ces auteurs dont, à peu d'exceptions près, nous ne connaissons même pas les noms. Nous pouvons, en revanche, examiner en détail la méthode qu'il emploie à l'égard du texte de Platon"[443]. Daher werde ich mich auch hier an meine bisherige Vorgehensweise halten, das Werk aus sich heraus, aber auch mit ständigem Blick auf Platon zu interpretieren. Alkinoos legt selbst Rechenschaft über die interne Systematik des „Didaskalikos" ab. In den einleitenden Kapiteln Did 1-3 unterscheidet er drei Disziplinen der Philosophie, die er im Verlauf des Buches nacheinander abhandelt: die dialektische Philosophie oder Logik in Did 4-6, die theoretische Philosophie oder Physik in Did 7-26 und die praktische Philosophie oder Ethik in Did 27-34. Die beiden Schlußkapitel Did 35-36 runden das Werk ab.[444] In unserem Zusammenhang sind davon nur die Kapitel über die Welt und ihre Entstehung Did 8-16 von Interesse. Diese gliedern sich wie folgt.

1. *Grundlegung:* Die Prinzipien der Welt (Did 8-11):
   Themenankündigung: Prinzipien, Entstehung der Welt und des Menschen (162,24-28)[445]

[441] Vgl. Whittaker, Alcinoos XIV.
[442] Whittaker, Alcinoos XVII.
[443] Whittaker, Alcinoos XVII.
[444] Vgl. Dillon, Alcinous XV.
[445] Vgl. Platon, Timaios 27a.

a) Die Materie (Did 8):[446]
- Platons Bezeichnungen der Materie (162,29-32)
- Die Eigenschaften der Materie an sich und in bezug auf die Ideen (162,32-39)
- Begründung (162,39-163,10)

b) Die Ideen (Did 9):
- Das Wesen der Ideen in ihren vielfältigen Bezügen (163,11-23)
- Definition der Idee als ewiges Modell (163,23-31)
- Beweis der Existenz der Ideen (163,31-164,6)[447]

c) Der Gott (Did 10):
- Die Unaussprechlichkeit Gottes als erster Verstand (164,7-31)[448]
  - Die Unaussprechlichkeit Gottes und seine Eigenschaften (164,31-165,16)[449]
  - Die drei Wege der Gotteserkenntnis (165,16-34)[450]
- Die drei Wesenseigenschaften des ersten Verstandes (165,34-166,14)[451]

2. *Überleitung:* Die Unkörperlichkeit der Eigenschaften (Did 11)

3. *Durchführung:* Der Zusammenhang und die Entstehung der Welt (Did 12-16):

a) Die Ideen als Modelle (Did 12,166,39-167,15)[452]

b) Die Materie und die Elemente (Did 12,167,15-168,7):[453]
- Die Materie wurde ganz verbraucht (167,15-24)
- Die Elemente wurden ganz verbraucht (167,24-41)
- Die Welt ist einzig (167,41-46)
- Die Kugelgestalt der Welt (167,46-168,7)

c) Der Weltkörper (Did 13):[454]
- Die fünf elementaren Körper (168,8-24)
- Die beiden elementaren Flächen (168,24-169,4)
- Die Prägung der Materie durch die elementaren Spuren (169,4-15)

---

446 Vgl. Platon, Timaios 49a-52d.
447 Vgl. Platon, Timaios 53a-54d.
448 Vgl. Platon, Timaios 28c.
449 Vgl. Platon, Philebos 65a; Politeia 509b; Timaios 28a.
450 Vgl. Platon, Parmenides 137c-139e; Phaidros 247c; Politeia 508b-509b; Symposion 210a-212c; Brief 7,341c-d; Timaios 28a.
451 Vgl. Platon, Parmenides 137c-143a; Sophistes 245a-e.
452 Vgl. Platon, Timaios 29e.
453 Vgl. Platon, Timaios 30a-34a.52d-53c.
454 Vgl. Platon, Timaios 52d-56e.58a-c.
455 Vgl. Platon, Timaios 30a-b.34c-35a.36b-e.

d) Die Weltseele (Did 14,169,16-170,20):[455]
- Die Erkenntnistätigkeit der Seele (169,16-31)
- Keine Entstehung der Welt in der Zeit (169,32-41)
- Seele, Vernunft und Bewegung der Welt (169,41-170,20)

e) Die Fixsterne und die Planeten (Did 14,170,20-171,14):[456]
- Die Planeten als Werkzeuge der Zeit (170,20-42)
- Die sieben Planetensphären (170,42-171,14)

f) Die anderen Dämonen (Did 15,171,15-26)[457]

g) Die Erde im Weltall (Did 15,171,27-37)

h) Die irdischen Lebewesen (Did 16):
- Die drei sterblichen Gattungen von Lebewesen (171,38-172,3)
- Der Mensch (172,3-19)

Im Rahmen unserer Fragestellung, die vom Hebräerbrief ausgegangen war, interessieren uns die Darlegungen über den Prozeß der Weltentstehung nicht im einzelnen, sondern nur insofern, als sie etwas über die prinzipielle Verfaßtheit der Welt aussagen. Deshalb werde ich mich im folgenden in erster Linie der Grundlegung in Did 8-10 über die Prinzipien der Welt widmen. Aus der Durchführung in Did 12-16 werde ich nur diejenigen Teile herausgreifen, die der Grundlegung bemerkenswerte Aspekte hinzufügen, und dabei selbstverständlich auch auf die Dämonen eingehen. Um den Zusammenhang einzelner Aussagen besser im Blick zu behalten, habe ich dennoch eine Gliederung des gesamten Abschnittes Did 8-16 vorausgeschickt.

5.2. Protologie

5.2.1. Die Prinzipien der Welt (Did 8-10)

5.2.1.1. Die Materie (Did 8)

Alkinoos eröffnet seine Ausführungen über die Materie damit, daß er alle Begriffe, die Platon zur Bezeichnung dieses Prinzips gebraucht, sammelt: „Und als erstes wollen wir über die Materie sprechen. Diese also nennt er Abdruckmasse und Allesempfangendes und Amme und Mutter und Raum und Zugrundeliegendes.“[458] Diese Aufzählung birgt nach allem, was wir über die dritte Art Wirklichkeit bei Platon bereits wissen, keine Überraschungen. Einzig die Bezeichnung „Zugrundeliegendes“ findet sich bei Platon nicht, sondern wird zusammen mit dem Materiebegriff von

---

456 Vgl. Platon, Timaios 37c-39e.

457 Vgl. Platon, Symposion 202e-203e; Timaios 39e-41d.

458 Did 162,29-31: Καὶ πρῶτόν γε περὶ ὕλης λέγωμεν. Ταύτην τοίνυν ἐκμαγεῖόν τε καὶ πανδεχὲς καὶ τιθήνην καὶ μητέρα καὶ χώραν ὀνομάζει καὶ ὑποκείμενον.

Aristoteles übernommen.[459] Bemerkenswert ist, wie Alkinoos fortfährt: Die Materie sei „berührbar ohne Wahrnehmung und durch uneheliche [d.h. unechte] Vernunftüberlegung erfaßbar"[460]. Diese Formulierung übernimmt er von Platon,[461] der damit zum Ausdruck bringen will, daß der Raum (χώρα) keiner der beiden zu Beginn des „Timaios" grundlegend unterschiedenen Wirklichkeiten zugeschlagen werden kann, sondern ein Drittes in der Mitte zwischen beiden darstellt. Das Unterscheidungsmerkmal der beiden Grundwirklichkeiten liegt in der Art ihrer Erkennbarkeit: „[D]as eine ist durch verstandesmäßiges Denken zu erfassen, ist stets sich selbst gleich, das andere dagegen ist durch bloßes mit vernunftloser Sinneswahrnehmung verbundenes Meinen zu vermuten, ist werdend und vergehend, nie aber wirklich seiend."[462] Der Raum wird in Abgrenzung dazu von Platon nur negativ bestimmt: Er sei im eigentlichen Sinne weder durch Denken noch durch Sinneswahrnehmung zu erfassen. Wir erinnern uns, daß Plutarch in Is 54 die uneheliche Geburt des Horos aus Isis und Osiris so deutet, daß die Welt zwar Abbild des Verstandesmäßigen sei, aber der Entstehung nach „unehelich durch die Materie aufgrund des Körperlichen"[463]. An derartige Charakterisierungen der Materie knüpft Alkinoos zu Beginn an, fügt sie aber mit der Schlußfolgerung am Ende des Kapitels zu einer Inklusion zusammen und präzisiert sie dadurch entscheidend: „Da sie [sc. die Materie] aber so beschaffen ist, wird sie wohl weder Körper sein noch unkörperlich, der Möglichkeit nach aber Körper, wie wir auch vom Erz hören, daß es der Möglichkeit nach ein Standbild ist, weil es, sobald es die Form empfangen hat, ein Standbild sein wird."[464] An dieser Stelle wird deutlich, wie Alkinoos den von Platon nur negativ und unscharf umrissenen Sachverhalt mit Hilfe aristotelischer Begrifflichkeit genauer zu fassen vermag: Die Materie ist potentiell Körper, aber nicht aktuell.[465] Das Problem, wie das Verhältnis von Materie und Körper richtig zu bestimmen sei, ist in Platons „Timaios" bereits angelegt und ist uns bei Plutarch schon einmal begegnet. Dieser bezeichnete die Materie in ihrer potentiellen Körperlichkeit als das Wesen des Körpers.[466]

459 Vgl. Aristoteles, De caelo 306b17; Dillon, Alcinous 90; Whittaker, Alcinoos 95.

460 Did 162,31-32: ἁπτόν τε μετὰ ἀναισθησίας καὶ νόθῳ λογισμῷ ληπτόν.

461 Vgl. Platon, Timaios 52a-b: „eine dritte Art sei ferner die des Raumes, immer seiend, Vergehen nicht annehmend, allem, was ein Entstehen besitzt, einen Platz gewährend, selbst aber ohne Sinneswahrnehmung durch ein gewisses Bastard-Denken erfaßbar" (τρίτον δὲ αὖ γένος ὂν τὸ τῆς χώρας ἀεί, φθορὰν οὐ προσδεχόμενον, ἕδραν δὲ παρέχον ὅσα ἔχει γένεσιν πᾶσιν, αὐτὸ δὲ μετ᾽ ἀναισθησίας ἁπτὸν λογισμῷ τινι νόθῳ).

462 Vgl. Platon, Timaios 28a: τὸ μὲν δὴ νοήσει μετὰ λόγου περιληπτόν, ἀεὶ κατὰ ταὐτὰ ὄν, τὸ δ᾽ αὖ δόξῃ μετ᾽ αἰσθήσεως ἀλόγου δοξαστόν, γιγνόμενον καὶ ἀπολλύμενον, ὄντως δὲ ουδέποτε ὄν.

463 Is 373b3-4: νενοθευμένος τῇ ὕλῃ διὰ τὸ σωματικόν.

464 Did 163,7-10: τοιαύτη δ᾽ οὖσα οὔτε σῶμα ἂν εἴη οὔτε ἀσώματον, δυνάμει δὲ σῶμα, ὡς καὶ τὸν χαλκὸν ὑπακούομεν δυνάμει ἀνδριάντα, διότι τὸ εἶδος δεξάμενος ἀνδριὰς ἔσται.

465 Vgl. Aristoteles, Metaphysik 1071a10.

466 Vgl. Procr 1014c11-d1; siehe oben mein Kapitel 3.2.2.3.

Immer geht es darum, daß die Materie als solche einerseits „gestaltlos existiere und qualitätslos und formlos“[467], also bar aller Merkmale, die einen Körper ausmachen. Andererseits werden aber die Körper schon nach Platons Überzeugung nicht einfach aus dem Unkörperlichen geschaffen, sondern dadurch, daß die körperlichen Spuren der Elemente, die sich bis dahin in maßloser Unordnung befanden, in eine harmonische Ordnung gebracht werden. Werden nun die Körper aus der Materie durch die Einprägung von Formen hergestellt, dann muß die Materie in irgendeiner Weise schon körperlich sein, aber eben noch nicht im eigentlichen Sinne Körper. Diesen Sachverhalt bringt die Rede von der potentiellen Körperlichkeit der Materie auf den Begriff.[468]

5.2.1.2. Die Ideen (Did 9)

Nach der Materie handelt Alkinoos als zweites von den Ideen als Prinzip der Welt. In einem ersten Schritt definiert er das Wesen und die Bedeutung der Idee positiv nach Maßgabe ihrer vielfältigen ontologischen und epistemologischen Beziehungen (163,14-17):

„Es ist aber die Idee Ἔστι δὲ ἡ ἰδέα	
in bezug auf Gott ὡς μὲν πρὸς θεὸν	sein Denken, νόησις αὐτοῦ,
in bezug auf uns aber ὡς δὲ πρὸς ἡμᾶς	das erste Verstandesmäßige, νοητὸν πρῶτον,
in bezug auf die Materie aber ὡς δὲ πρὸς τὴν ὕλην	ein Maß, μέτρον,
in bezug auf die wahrnehmbare Welt aber ὡς δὲ πρὸς τὸν αἰσθητὸν κόσμον	ein Modell, παράδειγμα,
in bezug auf sich selbst aber ὡς δὲ πρὸς αὑτὴν ἐξεταζομένη	Sein.“ οὐσία.

Bei dieser ersten Definition läßt es Alkinoos nicht bewenden. Er schließt eine zweite an, welche den rechtmäßigen Gebrauch des Ideenbegriffs negativ gegen einen unrechtmäßigen abgrenzt. Grundsätzlich stellt Alkinoos fest, daß es nicht von allen Dingen Ideen gibt. Die Ideen dienen nur den naturgemäßen Dingen als Modell. Diesen Grundsatz entfaltet er, indem er diejenigen Klassen von Dingen benennt, die aus Sicht der meisten Platoniker nicht als Nachbildungen von Ideen gelten können (163,23-31) (siehe Grafik Seite 357):

Die positiven und die negativen Bestimmungen der Ideen im einzelnen werden durch die grundsätzliche Bestimmung der Ideen als Gedanken Gottes,[469] die als Inklusion am Beginn der ersten und am Ende der zweiten

[467] Did 162,36: ἄμορφόν τε ὑπάρχειν καὶ ἄποιον καὶ ἀνείδεον.
[468] Vgl. Dillon, Alcinous 92.
[469] Zu dieser Vorstellung vgl. Jones, Die Ideen; Rich.

<table>
<tr><td colspan="2">„Man definiert aber die Idee als ewiges Modell der naturgemäßen Dinge.
Ὁρίζονται δὲ τὴν ἰδέαν παράδειγμα τῶν κατὰ φύσιν αἰώνιον.
Denn den meisten derer, die von Platon herkommen, gefällt es weder, daß es
Οὔτε γὰρ τοῖς πλεῖστοις τῶν ἀπὸ Πλάτωνος ἀρέσκει</td></tr>
<tr><td>von den hergestellten Dingen Ideen gebe,
τῶν τεχνητῶν εἶναι ἰδέας,</td><td>wie von Schild oder Lyra,
οἷον ἀσπίδος ἢ λύρας,</td></tr>
<tr><td>noch von den naturwidrigen,
οὔτε μὴν τῶν παρὰ φύσιν,</td><td>wie von Fieber und Cholera,
οἷον πυρετοῦ καὶ χολέρας,</td></tr>
<tr><td>noch von den einzelnen,
οὔτε τῶν κατὰ μέρος,</td><td>wie von Sokrates und Platon,
οἷον Σωκράτους καὶ Πλάτωνος,</td></tr>
<tr><td>aber auch nicht von etwas Wertlosem,
ἀλλ᾽ οὐδὲ τῶν εὐτελῶν τινος,</td><td>wie von Schmutz und Stroh,
οἷον ῥύπου καὶ κάρφους,</td></tr>
<tr><td>noch von denen in bezug auf etwas,
οὔτε τῶν πρός τι,</td><td>wie von Größerem und Überragendem.
οἷον μείζονος καὶ ὑπερέχοντος·</td></tr>
<tr><td colspan="2">Es seien nämlich die Ideen ewige und in sich vollkommene Gedanken Gottes.“
εἶναι γὰρ τὰς ἰδέας νοήσεις θεοῦ αἰωνίους τε καὶ αὐτοτελεῖς.</td></tr>
</table>

Definition steht, eng zusammengeschlossen. So erscheinen die einzelnen Aussagen als Entfaltung dieser einen Grundintuition, aus der sie sich allesamt ableiten lassen. Wenn die Ideen die Gedanken Gottes sind, Gott selbst aber, wie Alkinoos in Did 10 noch ausführen wird, eines der Prinzipien der Welt, dann folgt daraus, daß die Ideen das Erste sein müssen, das überhaupt gedacht wird: das erste Verstandesmäßige. Wenn ferner Gott die Welt mit Blick auf die Ideen geschaffen hat, dann sind sie das Maß, das er in die maßlose Materie eingeführt, und das Modell, dem er die wahrnehmbare Welt nachgebildet hat. Als erstes verstandesmäßiges Maß und Modell können die Ideen außerdem auf nichts Prinzipielleres mehr zurückgeführt werden und können ihr Sein und Wesen von nichts anderem als von sich selber haben. Dann sind sie aber in sich Sein und Wesen.

Da die Natur der Welt nach der prinzipiellen Maßgabe der Ideen entstanden ist, können die Ideen folgerichtig nur für solche Dinge Modell stehen, welche dieser Natur entsprechen. Sonst geriete die Idee in Widerstreit zu sich selbst, ihrem Sein und ihrem Wesen. Die Dinge, die der Natur der Welt zuwiderlaufen, können deshalb von keiner eigenen, widernatürlichen Idee herstammen. Sie entstehen vielmehr durch die Abwesenheit jeglicher Idee, ohne Verstand, Maß und Modell; das heißt aber mit anderen Worten: Sie verharren in einem vorweltlichen Zustand. In der Aufzählung der Dinge, von denen es keine Ideen geben soll, bilden nun die im eigentlichen Sinne naturwidrigen Dinge nur eine von fünf verschiedenen Klassen. Die anderen vier sind keineswegs wider die Natur. Die künstlich hergestellten Kulturgegenstände sind insofern weder naturgemäß noch naturwidrig, als sie eben keine Dinge sind, welche die Natur aus sich heraus wachsen läßt. Dennoch könnte man einwenden, daß derjenige, der solche Dinge herstellt, eine vorgängige Idee von ihnen habe. Derartige innerweltliche Produktionsvorgänge sind hier aber nicht im Blick und werden von den grundsätzlichen Definitionen deshalb auch nicht erfaßt. Es geht um die Welt als ganze und ihre Prinzipien. In diesem Zusammenhang können als Ideen nicht die Gedanken irgendeines Werkmeisters, sondern nur als diejenigen Gottes gelten. Die Gedanken Gottes umfassen aber nur die Ideen, welche sich auf die Natur der zu schaffenden Welt beziehen, nicht auf irgendwelche im Lauf der Welt künstlich hergestellten Gegenstände. Darüber hinaus kann es nach Alkinoos von überhaupt keinen Einzeldingen, seien sie nun künstlich oder natürlich, Ideen geben. Die Idee ist als Gedanke Gottes keine individuelle Vorstellung seiner Einbildungskraft, sondern ein allgemeiner Begriff. So gibt es die Idee der Menschheit, nicht aber die Idee des Sokrates oder des Platon. Sokrates und Platon sind vielmehr individuelle Verwirklichungen der Idee der Menschheit. Alkinoos schränkt aber noch weiter ein. Nicht nur naturgemäß und allgemein müssen die Ideen sein, es gibt sie auch nur von solchen Dingen, die unsere Wertschätzung verdienen. So gibt es zum Beispiel eine Idee der Schönheit, eine solche von so wertlosen Dingen wie Schmutz und Stroh aber mitnichten. Die letzte Einschränkung, die Alkinoos macht, eignet sich gut als Überleitung zur abschließenden allgemeinen Definition der Ideen. Von Dingen, die unter die Kategorie der Relation fallen, kann es deswegen keine Ideen geben, weil die Ideen in diesem Fall nicht mehr, wie es die Definition verlangt, in sich vollkommen wären, sondern ihren prinzipiellen Status nur im Verhältnis zu etwas anderem innehätten.

Im Anschluß an die Definition der Ideen als Gedanken Gottes und ihre Erörterung macht sich Alkinoos daran, die Existenz der Ideen zu beweisen. Wir würden wohl eher die umgekehrte Reihenfolge in der Argumentation erwarten. Es wird sich aber zeigen, daß Alkinoos die Existenz der Ideen nur auf der Grundlage ihrer Definition beweisen kann. Er folgt damit einem Beweismuster, das demjenigen des ontologischen Gottesbeweises entspricht. Aus dem Wesen der Ideen schließt Alkinoos auf ihre faktische Existenz, die seiner Ansicht nach in der Definition selbst enthalten ist und deshalb aus ihr deduziert werden kann. Die Notwendigkeit der Existenz der Ideen ergibt sich aber für ihn nicht allein aus dem Wesen der Ideen selbst, sondern auch aus den Definitionen der beiden anderen Prinzipien, des Gottes und der Materie, und aus dem Wesen der Welt, die aus dem Zusammenspiel der drei Prinzipien hervorgeht. Dieser Sachverhalt spiegelt sich in drei unterschiedlichen Beweisargumenten, die ich entsprechend das theologische, das hyletische beziehungsweise das kosmologische Argument nenne. Zu diesen drei Argumenten, die sich aus dem prinzipiellen Aufbau der Welt ergeben, gesellt Alkinoos noch ein viertes, das epistemologischen Charakter trägt. Die einzelnen Argumente lassen sich jeweils in die Form zweier Syllogismen bringen, von denen einer auf dem anderen aufbaut. Das theologische Argument besteht aus den folgenden beiden Schlüssen:

1. Jeder Verstand hat Gedanken.	2. Alle ewigen Gedanken sind Ideen.
Gott ist Verstand.	Gottes Gedanken sind ewig.
Also hat Gott Gedanken.	Also hat Gott Ideen.

Der Obersatz des ersten Schlusses reflektiert die intentionale Grundstruktur des Denkens, wonach es kein leeres Bewußtsein gibt, sondern jedes Bewußtsein immer schon Bewußtsein von etwas ist. Der Verstand ist über seine Tätigkeit des Denkens definiert: Überall, wo gedacht wird, ist Verstand. Denken gibt es aber niemals an und für sich; es ist immer schon intentional auf etwas bezogen, das Gegenstand des Denkens ist. Insofern hat jeder Verstand Gedanken. Auch der selbstgenügsame Gott denkt nicht einfach nichts, sondern in ihm fallen Subjekt und Objekt des Denkens in eins. Als erster Verstand überhaupt denkt er sich selbst und ist nach der berühmten Definition des Aristoteles seinem Wesen nach „Denken des Denkens" (νόησις νοήσεως).[470] Wo Subjekt und Objekt des Denkens zusammenfallen, da gibt es auch keine Veränderung der Gedanken. Da Gott reiner Verstand ist, sind also auch seine Gedanken ewig und unabänderlich. Solche ewigen Gedanken sind aber die Ideen. Wenn Gott existiert, existieren also auch die Ideen.

Das hyletische Argument basiert auf der Unterscheidung zwischen dem Materiellen und dem Immateriellen und steht unter der Leitfrage, woher Maß und Proportion in die Materie hineinkommen. Es läßt sich wie folgt rekonstruieren:

1. Alles, was maßlos ist, muß von einem anderen Maße erhalten.
   Die Materie ist maßlos.
   Also muß die Materie von einem anderen Maße erhalten.
2. Alle immateriellen Maße sind Ideen.
   Das andere der Materie, von dem sie Maße erhält, muß immateriell und maßvoll sein.
   Also erhält die Materie Maße von den Ideen.

Schöpfung bedeutet im Platonismus grundsätzlich, daß eine amorphe Masse Gestalt annimmt.[471] Dies geschieht durch die Einführung von Maß und Proportion in die Materie, die an sich ohne alles Maß ist. Wenn aber die Materie per definitionem ohne Maß ist, dann können die Maße, welche die Materie gestalten, nur immateriell gedacht werden. Die Ideen sind nach Alkinoos als solche immateriellen Maße definiert. Wenn also die Materie tatsächlich Maß und Proportion erhalten hat, dann muß es Ideen geben, die dafür verantwortlich sind.

Alkinoos' drittes Argument für die Existenz der Ideen ist das kosmologische. Es stützt sich auf den Modellcharakter, den die Ideen für die Erschaffung der wahrnehmbaren Welt haben. Man kann es folgendermaßen rekonstruieren:

---

470 Vgl. Aristoteles, Metaphysik 1074b33 ff.

471 Vgl. Platon, Timaios 53a-54d.

1. Alles, was seine Beschaffenheit nicht aus sich selbst hat, hat sie in bezug auf etwas.
   Die Welt hat ihre Beschaffenheit nicht aus sich selbst.
   Also hat die Welt ihre Beschaffenheit in bezug auf etwas.
2. Alles, in bezug auf das etwas entsteht, ist eine Idee.
   Die Welt entsteht in bezug auf etwas.
   Also entsteht die Welt in bezug auf eine Idee.

Seit Platons „Timaios" besteht das Grundaxiom der platonischen Schöpfungslehre darin, daß die sichtbare Welt im Blick auf die verstandesmäßigen Ideen geschaffen worden ist.[472] Nichts anderes ist gemeint, wenn von der Welt als dem Abbild eines paradigmatischen Modells gesprochen wird. Daß es unter diesen Voraussetzungen tatsächlich Ideen geben muß, ist klar.

Das vierte Argument, das epistemologische, hebt Alkinoos schon sprachlich durch die einleitende Wendung ἀλλὰ μήν von den vorangegangenen drei Argumenten ab. Es setzt noch tiefer als bei den Prinzipien an, nämlich bei der platonischen Grundunterscheidung zwischen den beiden Wirklichkeitsbereichen, die Platon epistemologisch unterscheidet: Der eine ist durch verstandesmäßiges Denken zu erfassen, der andere nur durch ein mit Sinneswahrnehmung verbundenes Meinen.[473] Diese grundsätzliche Einteilung der Wirklichkeit begründet nach Alkinoos die Existenz der Ideen:

1. Aller Verstand unterscheidet sich von wahrer Meinung.
   Das, was dem Verstand gemäß ist, ist Verstand.
   Also unterscheidet sich das Verstandesmäßige vom Vermeintlichen.
2. Alle ersten Verstandesmäßigen sind Ideen.
   Es gibt erste Verstandesmäßige.
   Also gibt es auch Ideen.

Das epistemologische Argument führt die beiden Grundwirklichkeiten auf ihre jeweiligen Prinzipien zurück. Danach müssen beide Bereiche ihren Ursprung in einem Ersten haben. Es muß also ein erstes Verstandesmäßiges geben, so wie es auch ein erstes Wahrnehmbares gibt. Das erste Verstandesmäßige ist aber die Idee.

Betrachtet man alle vier Argumente, so stellt man fest, daß sie weder einzeln noch alle zusammen den gewünschten Beweis für die Existenz der Ideen zu erbringen vermögen. Jedes Argument legt gerade so viel in die Definition der Ideen hinein, daß sie als Prämisse die jeweilige Schlußfolgerung rechtfertigt. Akzeptiert man jedoch die Prämissen, und ein Platoniker zur Zeit des Alkinoos wird das jedenfalls getan haben, dann sind die Schlüsse durchaus gültig.

---

472 Vgl. Platon, Timaios 29a-b.

473 Vgl. Platon, Timaios 28a.

5.2.1.3. Der Gott (Did 10)

Mit seinem Kapitel über den Gott knüpft Alkinoos unmittelbar an das epistemologische Argument zugunsten der Existenz der Ideen an. Ausgehend von diesem Argument stellt Alkinoos fest, daß die Menschen zwar sehr wohl zwischen dem Verstandesmäßigen und dem Wahrnehmbaren zu unterscheiden vermögen. Da sie aber unentwegt durch ihre Sinnesempfindungen vom Verstandesmäßigen abgelenkt werden, können sie es niemals rein und ganz für sich denken. Selbst dem reinsten Verstandesbegriff fügt die Einbildungskraft des Menschen aus der Sinnlichkeit entsprungene Vorstellungen bei, die das Verstandesmäßige notwendig verfälschen. Um diesen Sachverhalt begrifflich zu erfassen, greift Alkinoos wieder einmal auf die aristotelische Unterscheidung von Akt und Potenz zurück. Der Mensch vermag das Verstandesmäßige niemals ohne Abstriche aktuell zu denken. Dadurch haftet seinem Denken immer etwas Potentielles an. Alles, was für den Menschen eine reale Denkmöglichkeit darstellt, muß aber irgendwo als Gedanke tatsächlich existieren. Dazu muß es in einem Verstand jederzeit aktuell gedacht werden. Dieser Verstand darf aber nicht denselben Beeinträchtigungen durch die Sinneswahrnehmung unterliegen wie der menschliche Verstand, das heißt: Er muß Verstand als reiner Akt sein. Nun besteht aber im Platonismus eine Analogie zwischen dem Menschen als Mikrokosmos und dem Makrokosmos der Welt. Für beide gilt nach Platon, daß der Gott „die Vernunft in der Seele, die Seele aber im Körper schuf“[474]. Die Beschränkung des aktuellen Denkens durch das jeweils nur potentiell Denkbare gilt aber für den Weltverstand nicht ebenso wie für den Verstand des Menschen, weil jener das ganze Weltall jederzeit durchzieht. Das Denken des Weltverstandes ist insofern als actus purus zu begreifen. Allerdings ist der Weltverstand nicht aus sich heraus reiner Akt, sondern nur deswegen, weil ihn der Schöpfergott als transzendente Ursache jederzeit erhält: „Da aber Verstand besser als Seele ist, als Verstand in Potenz aber derjenige, der in Akt alles denkt, sowohl gleichzeitig als auch immer, schöner als dieser aber der Urheber von diesem und was auch immer noch höher als diese besteht, so wird dieser wohl der erste Gott sein, welcher dem Verstand des Himmels insgesamt Ursache ist des immerwährenden Wirkens.“[475]

Reiner Akt im eigentlichen Sinne des Wortes, das heißt unabhängig von jeglicher äußeren Einwirkung, ist demnach nur der erste Gott selbst. Zwar betrachtet Platon auch die geschaffene Welt als einen Gott. Ihr steht bei ihm der Demiurg gegenüber, dem die Ideen äußerlich sind. In seinem

[474] Vgl. Platon, Timaios 30b: νοῦν μὲν ἐν ψυχῇ, ψυχὴν δ᾽ ἐν σώματι συνιστάς.

[475] Did 164,18-23: Ἐπεὶ δὲ ψυχῆς νοῦς ἀμείνων, νοῦ δὲ τοῦ ἐν δυνάμει ὁ κατ᾽ ἐνέργειαν πάντα νοῶν καὶ ἅμα καὶ ἀεί, τούτου δὲ καλλίων ὁ αἴτιος τούτου καὶ ὅπερ ἂν ἔτι ἀνωτέρω τούτων ὑφέστηκεν, οὗτος ἂν εἴη ὁ πρῶτος θεός, αἴτιος ὑπάρχων τοῦ ἀεὶ ἐνεργεῖν τῷ νῷ τοῦ σύμπαντος οὐρανοῦ.

Schöpfungshandeln ist der platonische Demiurg deshalb an die Ideen als äußere Vorgabe gebunden. Er ist zwar der erste Gott, aber keineswegs allmächtig. Seine Position verändert er jedoch in dem Moment radikal, in dem die Ideen als seine eigenen Gedanken in ihn einrücken. Erst dadurch wird er zur in sich vollkommenen Ursache von allem. Zugleich taucht aber die Frage auf, in welcher Weise ein solcherart selbstgenügsamer Gott überhaupt noch mit der Welt in Verbindung stehen kann. Wie überwindet der nunmehr allmächtige Gott den Graben seiner absoluten Transzendenz gegenüber der Welt? Schon Aristoteles kennt den transzendenten Gott und hält daher auch eine Lösung des Transzendenzproblems bereit, die Alkinoos bereitwillig übernimmt und mit dem platonischen Sonnengleichnis[476] verbindet: „Er [sc. der erste Gott] wirkt aber, obwohl er selbst unbewegt ist, auf diesen [sc. den Weltverstand] ein, wie auch die Sonne auf das Sehen, wann immer es sie anblickt, und wie das Erstrebte das Streben bewegt, obwohl es unbewegt ist; genauso wird auch dieser Verstand den Verstand des Himmels insgesamt bewegen. Da aber der erste Verstand am schönsten ist, muß ihm auch ein schönstes Verstandesmäßiges zugrunde liegen, nichts Schöneres aber als er selbst; sich selbst nun und seine Gedanken wird er wohl immerfort denken, und diese seine Wirklichkeit ist Idee."[477] Wie die Sonne zwar die Sehkraft des Auges nicht ersetzt, ohne das Sonnenlicht aber das Auge nichts sehen kann, so denkt der Verstand der Welt zwar selbst zu jeder Zeit alles, aber nur unter der Bedingung, daß er von dem ersten Gott erhellt wird. Zur Adaption des platonischen Gedankens gesellt sich bei Alkinoos diejenige des aristotelischen vom unbewegten Beweger:[478] Der erste Gott ist als Zielursache der Welt selbst nicht bewegt, stellt aber als dasjenige, was die Welt letztlich erstrebt, die Ursache ihres ganzen Strebens und damit all ihrer Bewegungen dar.[479] Keinesfalls tritt der erste Gott als Ursache der Welt aus sich heraus und auf die Welt zu. Er bleibt ganz bei sich, denkt nur sich selbst und seine eigenen Gedanken. In diesem Sinne ist Gott das Denken des Denkens, der erste Verstand. Dieses sein Denken ist der Inbegriff für die Wirklichkeit der Idee.

Aus dem so ausgelegten Begriff des transzendenten ersten Gottes ergeben sich seine wesentlichen Eigenschaften: „Und der erste Gott ist ewig, unaussprechlich, in sich vollkommen, das heißt sich selbst genügend, stets vollkommen, das heißt immerfort vollendet, in allem vollkommen, das heißt überall vollendet; Göttlichkeit, Seiendheit, Wahrheit, Ebenmaß,

---

476 Vgl. Platon, Politeia 506b-509b.

477 Did 164,23-31: Ἐνεργεῖ δὲ ἀκίνητος αὐτὸς ὢν εἰς τοῦτον, ὡς καὶ ὁ ἥλιος εἰς τὴν ὅρασιν, ὅταν αὐτῷ προσβλέπῃ, καὶ ὡς τὸ ὀρεκτὸν κινεῖ τὴν ὄρεξιν ἀκίνητον ὑπάρχον· οὕτω γε δὴ καὶ οὗτος ὁ νοῦς κινήσει τὸν νοῦν τοῦ σύμπαντος οὐρανοῦ. Ἐπεὶ δὲ ὁ πρῶτος νοῦς κάλλιστος, δεῖ καὶ κάλλιστον αὐτῷ νοητὸν ὑποκεῖσθαι, οὐδὲν δὲ αὐτοῦ κάλλιον· ἑαυτὸν ἂν οὖν καὶ τὰ ἑαυτοῦ νοήματα ἀεὶ νοοίη, καὶ αὕτη ἡ ἐνέργεια αὐτοῦ ἰδέα ὑπάρχει.

478 Vgl. Aristoteles, Metaphysik 1072b3 ff.

479 Vgl. Loenen 104-105.112-118 gegen Witt, Albinus 133-134.

Gut.“[480] Es handelt sich dabei um die klassischen Transzendentalien,[481] die als die Ideen Gottes sein Wesen ausmachen und in nichts anderem außer in Gott selbst ganz verwirklicht sind. Zu dieser Aufzählung fügt Alkinoos in seiner anschließenden Erläuterung noch zwei weitere Eigenschaften hinzu: Der Gott ist schön (164,36: καλός), und er ist Vater (164,40: πατήρ). Auf die höchste Schönheit Gottes hat sich Alkinoos ja auch schon zur Erklärung der νόησις νοήσεως berufen. Der Vatertitel ist gut platonisch.[482] Nach einem Einschub, in dem Alkinoos von den Wegen der Gotteserkenntnis handelt, ergänzt er die Reihe der Wesenseigenschaften Gottes noch einmal um drei Glieder: Danach ist der Gott unteilbar (165,34: ἀμερής), unbewegt (165,38: ἀκίνητος) und unkörperlich (166,1: ἀσώματος). Auch diese Bestimmungen folgen unmittelbar daraus, daß der Gott der erste Verstand ist. Alles Verstandesmäßige ist per definitionem unteilbar, als stets Gleichbleibendes unbewegt und unveränderlich und schließlich auch ohne Körper.

Die Unaussprechlichkeit Gottes wird von Alkinoos besonders unterstrichen. Zweimal stellt er sie betont an den Anfang eines neuen Abschnitts (164,8.31) und einmal mit Nachdruck an das Ende seiner Ausführungen über die Wesenseigenschaften Gottes (165,5). Dabei handelt es sich bei der Unaussprechlichkeit um diejenige Eigenschaft Gottes, die ernste hermeneutische Probleme aufwirft: Wie kann Alkinoos so beredt über das Wesen Gottes Auskunft geben, wenn er doch insgesamt unaussprechlich ist? Wie kann der Gott so viele verschiedene Eigenschaften haben, wenn er doch ganz und gar unteilbar ist? Die Antwort, die Alkinoos zunächst gibt, ist ein Stück negativer Theologie. Der Gott befindet sich in seiner Transzendenz jenseits der Grenze, auf der die Gegensätze in eins zusammenfallen. Nur als paradoxe Redeweise kann man es deshalb verstehen, wenn Alkinoos dem Gott unter dem Vorzeichen seiner Unaussprechlichkeit Eigenschaften abspricht, die er ihm zuvor ausdrücklich zugeschrieben hat: „Unaussprechlich aber ist er und mit Verstand allein erfaßbar, wie gesagt, weil er ja weder Gattung ist noch Art noch Unterschied, aber auch nichts ihm zukommt; weder Böses, es ist nämlich nicht schicklich, dies zu sagen; noch Gutes, denn gemäß einer Teilhabe an irgendetwas wird er so sein und am ehesten an Güte; noch etwas Unterschiedsloses, denn auch dies ist nicht der Vorstellung von ihm gemäß; weder etwas irgendwie Beschaffenes, denn nicht etwas von einer Beschaffenheit ist er und von einer Beschaffenheit als solches vollendet; noch etwas ohne Beschaffenheit, denn er ist keiner ihm zufallenden Beschaffenheit beraubt; weder Teil von etwas, noch wie ein Ganzes, das irgendwelche Teile hat, noch so, daß er dasselbe wie oder

480 Did 164,31-34: Καὶ μὴν ὁ πρῶτος θεὸς ἀίδιός ἐστιν, ἄρρητος, αὐτοτελὴς τουτέστιν ἀπροσδεής, ἀειτελὴς τουτέστιν ἀεὶ τέλειος, παντελὴς τουτέστι πάντῃ τέλειος· θειότης, οὐσιότης, ἀλήθεια, συμμετρία, ἀγαθόν.

481 Vgl. Vries 96.

482 Vgl. Platon, Timaios 37c.

anders als irgendetwas wäre, denn nichts kommt ihm zu, dem gemäß er von den anderen Dingen getrennt werden könnte; weder bewegt er, noch wird er bewegt."[483]

Nach einer so eindrucksvollen Aufzählung all dessen, was ein angemessener Gottesbegriff auf keinen Fall beinhalte, ist Alkinoos freilich darüber Rechenschaft schuldig, auf welchen Wegen der Gotteserkenntnis er die Attribute gewonnen hat, die er ihm dennoch beilegt. Unmittelbar anschließend gibt er tatsächlich darüber Auskunft. Alkinoos weist drei Wege einer möglichen Gotteserkenntnis, die unter der Bezeichnung via negationis, via analogiae und via eminentiae klassisch geworden sind. Auf der via negationis hat er uns bereits ein Stück weit geführt. Ihre Quintessenz liegt in der Einsicht, daß Gott als dem absolut Transzendenten mit den Mitteln unserer weltimmanenten Erkenntnis nicht beizukommen ist. Denn die univoke Definition des Wesens einer Sache beruht nach Alkinoos darauf, daß es sich nach Gattung (γένος), Art (εἶδος) und Artunterschied (διαφορά) eindeutig bestimmen läßt, das heißt in den scholastischen Begrifflichkeiten: nach genus, species und differentia specifica. Solcherart univoke Bedeutungen kommen dem Gott aber nicht zu.[484] Deshalb behilft man sich in der Gotteslehre seit alters her mit Analogien. Auf der via analogiae wird dem Gott eine gewisse Ähnlichkeit mit einer univoken Bedeutung zugeschrieben, ohne dadurch eine vielleicht noch größere Unähnlichkeit leugnen zu wollen. Die Analogie spricht von Gott in Gleichnissen. So bemüht Alkinoos bereits zum zweiten Mal in seinem Kapitel über den Gott Platons Sonnengleichnis: „Welches Verhältnis nämlich die Sonne zum Sehen und den Dingen, die gesehen werden, hat, wobei sie nicht selber Sehkraft ist, aber dem einen das Sehen, den anderen das Gesehenwerden ermöglicht, dieses Verhältnis hat der erste Verstand zum Denken in der Seele und in den Dingen, die gedacht werden; obwohl er nämlich nicht das ist, was das Denken ist, ermöglicht er ihm doch das Denken und den verstandesmäßigen Dingen das Gedachtwerden, indem er die Wahrheit um sie erhellt."[485] Die Analogie schlägt zugleich die Brücke zum dritten Weg der Gotteserkenntnis: der via eminentiae. Das Gleichnis ist ein Abbild dessen, wovon es ein Gleichnis ist, und läßt als solches etwas von der Beschaffenheit seines Urbildes ahnen. Nun gibt es ganze Reihen von Gleichnissen, in denen stets das Abbild eines

483 Did 165,5-16: Ἄρρητος δ᾽ ἐστὶ καὶ νῷ μόνῳ ληπτός, ὡς εἴρηται, ἐπεὶ οὔτε γένος ἐστὶν οὔτε εἶδος οὔτε διαφορά, ἀλλ᾽ οὐδὲ συμβέβηκέ τι αὐτῷ, οὔτε κακόν· οὐ γὰρ θέμις τοῦτο εἰπεῖν· οὔτε ἀγαθόν· κατὰ μετοχὴν γάρ τινος ἔσται οὕτως καὶ μάλιστα ἀγαθότητος· οὔτε ἀδιάφορον· οὐδὲ γὰρ τοῦτο κατὰ τὴν ἔννοιαν αὐτοῦ· οὔτε ποιόν· οὐ γὰρ ποιωθέν ἐστι καὶ ὑπὸ ποιότητος τοιοῦτον ἀποτετελεσμένον· οὔτε ἄποιον· οὐ γὰρ ἐστέρηταί τινος ἐπιβάλλοντος αὐτῷ ποιοῦ· οὔτε μέρος τινός, οὔτε ὡς ὅλον ἔχον τινὰ μέρη, οὔτε ὥστε ταὐτόν τινι εἶναι ἢ ἕτερον· οὐδὲν γὰρ αὐτῷ συμβέβηκε καθ᾽ ὃ δύναται τῶν ἄλλων χωρισθῆναι· οὔτε κινεῖ οὔτε κινεῖται.

484 Vgl. Dillon, Alcinous 107.

485 Did 165,21-26: ὃν γὰρ ἔχει λόγον ὁ ἥλιος πρὸς τὴν ὅρασιν καὶ τὰ ὁρώμενα, οὐκ ὢν αὐτὸς ὄψις, παρέχων δὲ τῇ μὲν τὸ ὁρᾶν, τοῖς δὲ τὸ ὁρᾶσθαι, τοῦτον ἔχει τὸν λόγον ὁ πρῶτος νοῦς πρὸς τὴν ἐν τῇ ψυχῇ νόησιν καὶ τὰ νοούμενα· οὐ γὰρ ὢν ὅπερ ἐστὶν ἡ νόησις, παρέχει αὐτῇ τὸ νοεῖν καὶ τοῖς νοητοῖς τὸ νοεῖσθαι, φωτίζων τὴν περὶ αὐτὰ ἀλήθειαν.

Urbildes zu fassen ist, das selbst wiederum Abbild eines weiteren Urbildes ist. So kann man vom Allernächsten durch wiederholte Analogie bis zum Allerhöchsten aufsteigen, das uns Menschen am fernsten liegt. Diesen Weg schlägt Platon im „Symposion" (210a-212a, besonders 210a-d) ein, das dadurch zum Paradigma der via eminentiae geworden ist. Auch Alkinoos nimmt an dieser Stelle darauf bezug: „Jemand betrachtet nämlich das Schöne an den Körpern, danach geht er der Schönheit der Seele nach, dann der in Sitten und Gesetzen, dann dem großen Meer des Schönen, wonach er das Gute selbst denkt und das erste Liebenswerte und Begehrenswerte wie ein strahlendes und der so aufsteigenden Seele gleichsam leuchtendes Licht; mit diesen zusammen aber denkt er auch Gott wegen seiner Überlegenheit im Wertvollen."[486] Sogleich macht Alkinoos aber auch darauf aufmerksam, daß die einzelnen Transzendentalien (wie das Gute, das Schöne usw.) dem Gott nicht als unterscheidbare Eigenschaften zukommen, sondern er in seiner absoluten Überlegenheit alles in einem ist. Denn sonst müßte man die Transzendentalien als ihm selbst vorausliegende Teilursachen seines Wesens betrachten. Dies widerspräche aber seiner uneingeschränkten Überlegenheit und Transzendenz.

5.2.2. Eine Kosmogonie als Ontologie

In der Frage, ob Platon im „Timaios" wirklich von einem zeitlichen Anfang der Welt berichtet oder nicht vielmehr eine Ontologie in kosmogonischem Gewande präsentiert, schließt sich Alkinoos der von Plutarch als Mehrheitsmeinung gekennzeichneten Position an: „Wann immer er [sc. Platon] aber sagt, daß die Welt geworden sei, darf man ihn nicht so verstehen, als ob es einmal eine Zeit gegeben hätte, in der es keine Welt gab, sondern daß sie stets im Werden ist und eine ursprünglichere Ursache ihres eigenen Bestehens zeigt."[487] Die Welt ist nach Alkinoos also von Ewigkeit her. Das heißt für ihn aber nicht, daß sie ihr eigenes Prinzip in sich trüge. Vielmehr sieht Alkinoos die Grundintention der Schöpfungserzählung im „Timaios" gerade darin, die ontologische Abhängigkeit der Welt von einem ihr äußerlichen Prinzip zu veranschaulichen. Wenn unter diesem Vorzeichen von der Entstehung der Welt die Rede ist, dann findet darin die grundsätzliche Verfaßtheit der Welt ihren Ausdruck, die in ihrem unentwegten Werden und Vergehen besteht.[488] So gesehen, bestreitet

---

486 Did 165,27-34: θεωρῶν γάρ τις τὸ ἐπὶ τοῖς σώμασι καλόν, μετὰ τοῦτο μέτεισιν ἐπὶ τὸ τῆς ψυχῆς κάλλος, εἶτα τὸ ἐν ἐπιτηδεύμασι καὶ νόμοις, εἶτα ἐπὶ τὸ πολὺ πέλαγος τοῦ καλοῦ, μεθ' ὃ αὐτὸ τὸ ἀγαθὸν νοεῖ καὶ τὸ πρῶτον ἐραστὸν καὶ ἐφετὸν ὥσπερ φῶς φανὲν καὶ οἷον ἐκλάμψαν τῇ οὕτως ἀνιούσῃ ψυχῇ· τούτῳ δὲ καὶ θεὸν συνεπινοεῖ διὰ τὴν ἐν τῷ τιμίῳ ὑπεροχήν.

487 Did 169,32-35: Ὅταν δὲ εἴπῃ γενητὸν εἶναι τὸν κόσμον, οὐχ οὕτως ἀκουστέον αὐτοῦ ὡς ὄντος ποτὲ χρόνου ἐν ᾧ οὐκ ἦν κόσμος· ἀλλὰ διότι ἀεὶ ἐν γενέσει ἐστὶ καὶ ἐμφαίνει τῆς αὑτοῦ ὑποστάσεως ἀρχικώτερόν τι αἴτιον.

488 Vgl. Loenen 103-104 gegen Witt, Albinus 120.

Alkinoos nicht grundsätzlich, daß die Welt sich zu Gott wie ein Geschöpf zu seinem Schöpfer verhält. Er will Schöpfung jedoch ausschließlich als creatio continua verstanden wissen, ohne daß es jemals einen Beginn der Schöpfung in mythischer Vorzeit gegeben hätte. Worin das unablässig schöpferische Handeln Gottes besteht, kann Alkinoos ganz im Präsens formulieren, wenn er etwa über die Weltseele schreibt: „Und da die Seele der Welt aber immer schon ist, macht sie der Gott nicht, sondern ordnet sie, und in diesem Sinne mag man auch von ‚machen' reden, indem er sie aufweckt und sich ihren Verstand und sie selbst zuwendet wie aus einer tiefen Bewußtlosigkeit oder einem Schlaf, damit sie, indem sie auf seine verstandesmäßigen Dinge hinblickt, die Formen und Gestalten empfängt, die sich doch nach den Gedanken von jenem ausstreckt."[489] Drei Dinge scheinen mir in dieser Aussage bemerkenswert. Erstens haben wir es wieder einmal mit der Vorstellung zu tun, die Schöpfung bestehe darin, daß der Schöpfer in einer vorweltlichen Seele Ordnung schafft und sie so zur Weltseele macht. Im Rahmen einer kontinuierlichen Schöpfung heißt das, daß der Schöpfer die Ordnung der Welt unablässig gegen eine drohende widerweltliche Unordnung aufrechterhalten muß. Zweitens wendet der Schöpfer die Seele und ihren Verstand[490] sich selbst zu, weil er ja nach Alkinoos die Ideen zur Formung und Gestaltung der Seele in sich selbst trägt. Auch im Schöpfungsgeschehen wirkt der Gott mithin als Zielursache und nicht als Wirkursache der Schöpfung: Als ihr Ziel gibt der Gott der Welt und ihrem Streben eine ordentliche Ausrichtung. Drittens bescheinigt Alkinoos der vorweltlichen Seele bei aller Bewußtlosigkeit ein natürliches Streben zum Schöpfer hin. Ein ähnliches Motiv haben wir bereits in Is 53 kennengelernt, dort freilich in bezug auf die gestaltlose Materie.

5.3. Dämonologie

Nur die in der Terminologie der kontinuierlichen Schöpfung beschriebenen prinzipiellen metaphysischen Zusammenhänge garantiert der erste Gott höchstselbst. Die übrigen Angelegenheiten der Weltlenkung überläßt er dagegen den von ihm geschaffenen, das heißt prinzipiell abhängigen, Göttern und Dämonen: „Der Gott ist nämlich selbst Schöpfer des Alls und der Götter und Dämonen, welches All keine Auflösung kennt nach dem Willen von jenem. Die übrigen Dinge aber führen die Kinder von

---

489 Did 169,35-41: καὶ τὴν ψυχὴν δὲ ἀεὶ οὖσαν τοῦ κόσμου οὐχὶ ποιεῖ ὁ θεὸς ἀλλὰ κατακοσμεῖ, καὶ ταύτῃ λέγοιτ᾽ ἂν καὶ ποιεῖν, ἐγείρων καὶ ἐπιστρέφων πρὸς αὑτὸν τόν τε νοῦν αὐτῆς καὶ αὐτὴν ὥσπερ ἐκ κάρου τινὸς βαθέος ἢ ὕπνου, ὅπως ἀποβλέπουσα πρὸς τὰ νοητὰ αὐτοῦ δέχηται τὰ εἴδη καὶ τὰς μορφάς, ἐφιεμένη τῶν ἐκείνου νοημάτων.

490 Loenen 106-110 zeigt, „daß der kosmische Nous bei Albinos [sc. Alkinoos] eigentlich immer eine Funktion der Weltseele ist" (ebd. 106).

jenem."[491] Von Platon übernimmt Alkinoos nicht nur diesen Gedanken der Arbeitsteilung, sondern auch die Unschärfe in der begrifflichen Unterscheidung zwischen Göttern und Dämonen. Platon spricht in Timaios 40d von „den anderen Dämonen" (οἱ ἄλλοι δαίμονες), obwohl davor das Wort „Dämonen" noch gar nicht gefallen ist, sondern vorher wie nachher immer nur von Göttern die Rede ist. Vom Demiurgen unterscheidet Platon die übrigen Dämonen oder Götter dadurch, daß diese im Gegensatz zu jenem geworden sind.[492] Im Anschluß daran kann Alkinoos sie einfach als „gewordene Götter" (171,16: γενητοὶ θεοί) definieren. In diesem Begriff der Dämonen als gewordenen Göttern vereinigt er zwei verschiedene platonische Traditionen. Im „Timaios" (41a) unterscheidet Platon zwei Arten von gewordenen Göttern, von denen die einen sichtbar und die anderen unsichtbar sind. Bei den sichtbaren Göttern handelt es sich um die Fixsterne, bei den unsichtbaren um die traditionellen Gottheiten der griechischen Mythologie, die nur von Zeit zu Zeit nach eigenem Gutdünken in Erscheinung treten. Die sichtbaren Götter sind nach Platon eine von vier Arten von Lebewesen, welche alle Teile der Welt bevölkern und ohne die sie unvollkommen bliebe.[493] Diesen Gedanken hat Philon, wie wir dort bemerkt haben, nicht mehr auf die sichtbaren Götter, die Fixsterne, angewandt, sondern mit seiner Hilfe die notwendige Existenz von Engeln als unkörperlichen und unsichtbaren Seelen in der Luft begründet. Denselben Gedanken übernimmt auch Alkinoos, wendet ihn aber aufgrund der Unschärfe seines Dämonenbegriffs weder – wie Platon – nur auf die sichtbaren Götter, noch – wie Philon – nur auf die unsichtbaren Dämonen, sondern auf beide an: „Es gibt aber auch noch andere Dämonen, die man auch gewordene Götter nennen könnte, im Bereich eines jeden der Elemente, die einen sichtbar, die anderen unsichtbar, in Äther und Feuer, Luft und Wasser, so daß kein Teil der Welt einer Seele unteilhaftig ist noch ein höheres Wesen einer sterblichen Natur."[494] Dasselbe gilt mutatis mutandis für den anderen platonischen Traditionsstrang, den Alkinoos verarbeitet, die berühmte Passage aus dem „Symposion" (202d-203a). Was Platon hier allein über die Dämonen sagt, gilt bei Alkinoos für alle gewordenen Götter, „von welchen her Rufe und Gesichte und Träume und Orakel und alles im Bereich der Mantik von den Sterblichen erwirkt wird"[495].

---

491 Did 171,20-23: Ὁ μὲν γὰρ θεὸς τοῦ τε παντὸς ὑπάρχει ποιητὴς αὐτὸς καὶ τῶν θεῶν τε καὶ δαιμόνων, ὃ δὴ πᾶν λύσιν οὐκ ἔχει κατὰ τὴν ἐκείνου βούλησιν· τῶν δὲ ἄλλων οἱ ἐκείνου παῖδες ἡγοῦνται.

492 Vgl. Platon, Timaios 41b.

493 Vgl. Platon, Timaios 39e-40a.

494 Did 171,15-19: Ἐισὶ δὲ καὶ ἄλλοι δαίμονες, οὓς καὶ καλοίῃ ἄν τις γενητοὺς θεούς, καθ᾽ ἕκαστον τῶν στοιχείων, οἱ μὲν ὁρατοί, οἱ δὲ ἀόρατοι, ἔν τε αἰθέρι καὶ πυρὶ ἀέρι τε καὶ ὕδατι, ὡς μηδὲν κόσμου μέρος ψυχῆς ἄμοιρον εἶναι μηδὲ ζῴου κρείττονος θνητῆς φύσεως.

495 Did 171,25-26: ἀφ᾽ ὧν κληδόνες καὶ ὀττεῖαι και ὀνείρατα καὶ χρησμοὶ καὶ ὅσα κατὰ μαντείαν ὑπὸ θνητῶν τεχνιτεύεται.

5.4. Auswertung und Zusammenfassung

Da ich bei Alkinoos nur einen, zusammenhängenden Textabschnitt analysiert habe, können wir als Leitfaden für die Auswertung und Zusammenfassung gleich die drei mittelplatonischen Verdachtsmomente vom Hebräerbrief her nehmen.

1. Nach Meinung des Alkinoos ist die Welt nicht irgendwann in der Zeit geworden, so daß man sagen könnte, sie sei zuvor nicht gewesen. Dieses Weltverständnis enthebt die Welt aber nicht dem Bereich des Werdens und Vergehens. Ganz im Gegenteil: Gerade dadurch, daß Alkinoos eine zeitliche Entstehung der Welt leugnet, erklärt er das Werden und Vergehen zu ihrem Wesen schlechthin. Das Werden der Welt ist nicht irgendwann einmal geschehen und nunmehr abgeschlossen, sondern vollzieht sich unablässig weiter. Mit diesem ontologischen Grundmerkmal des Wandels unterscheidet sich die wahrnehmbare Welt fundamental von ihrem Modell, den verstandesmäßigen Ideen. Diese haben als Gedanken Gottes an dessen absoluter Vollkommenheit teil. Zwischen der wandelbaren Welt und dem unwandelbaren Gott mit seinen Ideen besteht ein unaufhebbarer Unterschied des Seins.

2. Alkinoos beschreibt das Verhältnis des Gottes zur Welt konsequent in der aristotelischen Terminologie des Strebens. Die Welt, die für sich genommen an Leib und Seele ungeordnet ist, strebt von Natur aus Gott als dem Ziel ihrer Ordnung zu. Der Gott richtet sie seinerseits als Endziel der Welt auf sich selbst aus. Er bleibt auch dort, wo Alkinoos die von Platon überkommene Schöpfungsterminologie verwendet, die Zielursache der Welt als seiner Schöpfung und wird nicht zu ihrer Wirkursache. Mit dieser Auffassung denkt Alkinoos die platonische Vorstellung der Schöpfung als weitestmögliche Verähnlichung der Welt mit Gott folgerichtig bis zu Ende. Dadurch gelingt es ihm, die Transzendenz des Gottes noch konsequenter zu begründen, als es Plutarch gelungen war. Dies hängt nicht zuletzt damit zusammen, daß Alkinoos die platonische Protologie im diametralen Gegensatz zu Plutarch als reine Ontologie, wenn auch in kosmogonischem Gewande, versteht. Eine erste Wirkursache, welche den Anfang der Welt setzte, wird für ihn überflüssig. Wo er dennoch eine dahingehende Sprache verwendet, da nimmt er sich die gleiche Freiheit, die er auch Platon zugesteht, nämlich kosmogonisch zu sagen, was ontologisch gemeint ist.

3. Alles, was aufgrund einer göttlichen Wirkursache in der Welt geschieht, darf man nicht dem ersten Gott und Verstand, sondern ausschließlich den Dämonen oder gewordenen Göttern zurechnen. Zwischen Göttern und Dämonen unterscheidet Alkinoos dabei nicht. Eine Vermittlerfunktion der Dämonen zwischen dem ersten Gott und der Welt erwähnt Alkinoos nicht. Durch die Bestimmung des ersten Gottes als Zielursache der Welt ist für ihn die Beziehung zwischen beiden Bereichen ontologisch hinreichend geklärt. Für eine mythisch bestimmte Vermittlerrolle der Dämonen ist in dieser Beziehung kein Platz.

Teil III

Die Eschatologie des Hebräerbriefes im Lichte der mittelplatonischen Quellen

1. Vorbemerkung

Nach einem langen Umweg kehren wir zum Hebräerbrief zurück. Auf den ersten Blick mag es scheinen, als hätten wir mit Kanonen auf Spatzen geschossen. Bedurfte es zur Erhellung der eng umgrenzten Frage nach der Parusie im Hebräerbrief der weit ausladenden Analysen der mittelplatonischen Quellen? Haben sie nicht zu weit von der ursprünglichen Fragestellung weggeführt? Ich meine, der weite Umweg war absolut notwendig, und zwar aus mehreren Gründen. In der bisherigen Forschungsliteratur wurde zwar nicht selten auf mittelplatonische Bezüge, vor allem zu Philon, hingewiesen, aber so gut wie nie die Anstrengung unternommen, die dazu herangezogenen Texte einer eigenen Analyse zu unterziehen. Allein der Hinweis auf bestimmte Stellen bei Philon oder anderen vermag jedoch kaum etwas darüber auszusagen, in welchen inhaltlichen Aspekten genau die angezeigte Übereinstimmung entdeckt werden soll. Die mittelplatonischen Quellen werden bei einem solchen Verfahren in ihrer Eigenständigkeit nicht genügend gewürdigt und statt dessen als Steinbruch verwendet. Dabei muß ein angemessenes Verständnis eines jeden Textes seine Aussagen zuallererst in ihrem ursprünglichen Zusammenhang ermitteln und darstellen. Diesem Anspruch wollen die Analysen in Teil II genügen. Erst ein solches Vorgehen erlaubt einen Vergleich dieser Texte und ihrer Aussagen mit dem Hebräerbrief; denn erst jetzt, nach dem Durchgang durch die mittelplatonischen Quellentexte, ist deren Material in gleicher Weise wie dasjenige aus dem Hebräerbrief aufbereitet. Erst jetzt erkennen wir die wahren Dimensionen dieses Vergleichs. Erschien zuvor der Hebräerbrief als der Riese, dessen Verständnis mit den zwergenhaft mageren Hinweisen auf anderweitiges Textmaterial aufgefüttert werden sollte, so haben sich die Verhältnisse nunmehr umgekehrt. Wir erkennen in aller Deutlichkeit, wie schmal unsere Textbasis auf seiten des Hebräerbriefes ist, wenn wir sie mit den umfangreichen Corpora eines Philon oder Plutarch vergleichen. Um die wahren Relationen wahrzunehmen, müssen wir anerkennen, daß wir den Zwergen Hebräerbrief mit Riesen vergleichen. Das Problem eines solchen Vergleichs lösen wir nicht dadurch, daß wir die Riesen so weit zurechtstutzen, bis nur noch der Teil von ihnen übrig ist, den wir meinen gebrauchen zu können. Das Gegenteil ist richtig. Unser Vergleich kommt erst dadurch in die richtige Relation, daß wir den Riesen in seiner ganzen Größe belassen. Übertragen auf unsere Fragestellung heißt das: Die vorangegangenen Analysen der mittelplatonischen Quellen mußten gerade auch diejenigen Aspekte erfassen, welche für die Antwort auf die Frage nach der Parusie im Hebräerbrief nicht unmittelbar relevant sind oder eine Verwandtschaft mit dem Hebräerbrief eher unwahrscheinlich machen. Nur so erhalten wir ein differenziertes Bild der Ähnlichkeiten und Unterschiede. Ein solches Verfahren impliziert, daß nicht allein die Wortkonkordanz die Richtung zum Vergleichsmaterial weisen kann. Brauchbar sind für einen solchen Vergleich nur solche Vorkommnisse bestimmter Motive, welche eine zusammenhängende Thematisierung des jeweiligen Motivs bieten. So werden wir nur sehr wenige Ergebnisse der Analysen aus Teil II direkt auf den Hebräerbrief anwenden können, aufs Ganze gesehen aber einen viel weiteren zeitgeistesgeschichtlichen Verstehenshorizont aufgespannt haben, als dies vereinzelte Hinweise auf vermeintliche Parallelen je vermocht hätten.

Mit den Analysen in Teil I und II ist nunmehr die Grundlage dafür geschaffen, daß wir uns in diesem letzten Teil dem Hebräerbrief in systematischer Absicht nähern und eine Synthese der Ergebnisse wagen. Diese Synthese wird erneut an einzelnen Perikopen des Hebräerbriefes entlanggehen und dabei die Einzelaussagen im Rahmen der Gesamtkomposition des Schreibens und im Hinblick auf mittelplatonische Einflüsse in ihrem systematischen Zusammenhang darzulegen versuchen. Wir vergleichen also nicht abstrakte Ergebnisse aus den Analysen, sondern unternehmen einen erneuten Durchgang durch den Hebräerbrief, nunmehr auf dem Hintergrund des in Teil II erarbeiteten Wissens. Dieses Vorgehen ist für eine Perspektive ausschlaggebend, die auch jetzt noch streng von der Gesamtkomposition des Hebräerbriefes ausgeht und alle anderweitigen Erkenntnisse, soweit möglich, in diesen Zusammenhang integriert. Dazu nehmen wir den roten Faden am Ursprung unserer Fragestellung auf, indem wir danach fragen, ob und wie der Hebräerbrief von der Parusie Christi spricht. Diese Frage wird in den weiteren Horizont der Eschatologie und Protologie des Hebräerbriefes eingebettet werden, um schließlich in das Thema der Angelologie einzumünden. Ein letztes Kapitel schließt den Kreis, indem es die Überlegungen auf die Frage nach der Parusie im Hebräerbrief zurückführt und diese abschließend zu beantworten sucht. Trotz dieser systematischen Anlage des Teils III finden aber einzelne systematische Aspekte ihren jeweils vornehmlichen Haftpunkt an einzelnen der in Teil I behandelten Stellen des Hebräerbriefes. So wird uns die Ausgangsfrage nach der Parusie im Hebräerbrief erneut an diejenigen Perikopen heranführen, die nach dem Ergebnis aus Teil I am ehesten noch mit einer wie auch immer gearteten Parusievorstellung operieren. Diese Stellen sind Hebr 9,27-28 und Hebr 10,25.36-39. Die allgemeinere Frage nach Eschatologie und Protologie wird wiederum Hebr 12,25-29 und Hebr 1,10-12 ins Spiel bringen. Damit befinden wir uns bereits im Zusammenhang der Angelologie des Schreibens, die uns im Hinblick auf Hebr 1,6 bereits beschäftigt hat. In der Rückschau auf die so geschaffene Synthese wird die Frage nach der Parusie im Hebräerbrief in ihrem sytematischen Zusammenhang mit der Eschatologie, Protologie und Angelologie klarer zu beantworten sein. Insbesondere wird deutlicher als bisher hervortreten, welchen Ort und welche Zeit die in Hebr 9,27-28 geschilderten christologischen und soteriologischen Ereignisse im Heilsgeschehen besetzen.

Es kann an dieser Stelle nicht genug betont werden, daß die einzelnen inhaltlichen Schlußfolgerungen, die in diesem Kapitel aus der systematischen Zusammenschau der durch die Analysen gewonnenen Ergebnisse gezogen werden, in dieser Art oft nicht im Text des Hebräerbriefes zu finden sind. Der Beantwortung unserer Frage nach der Parusie im Hebräerbrief kommen wir aber nur durch ein doppeltes Vorgehen näher, das Analyse und Synthese gleichermaßen einschließt. Jede Synthese birgt freilich die Gefahr in sich, das Denken eines Autors auf unerlaubte Weise zu vereinheitlichen. Dieser Versuchung wurde jedoch in dieser Arbeit von Anfang an dadurch widerstanden, daß sowohl die einschlägigen Passagen des Hebräerbriefes als auch jeder herangezogene mittelplatonische Quellentext einer eingehenden, streng synchron orientierten Analyse unterzogen worden ist. Was an den einzelnen Stellen in den Texten steht, ist dadurch – soweit möglich – klar geworden. Nun scheitert aber ein tiefergehendes Verständnis für den Umgang des Hebräerbriefes mit dem Parusiethema gerade daran, daß die einzelnen einschlägigen Textstellen – für sich genommen – mehr Fragen offenlassen als beantworten. Hier wirkt sich das kommunikationstheoretische Grundaxiom aus, daß sich einzelne Worte und Sätze nur zum geringeren Teil aus sich selbst erklären, zum größeren Teil aber erst im breiteren Zusammenhang eines Textes in ihrer jeweiligen semantischen Tiefe und Aussagekraft verstehbar sind. Das heißt für uns, wenn wir der Beantwortung unserer Ausgangsfrage nach der Parusie im Hebräerbrief näherkommen wollen: Die Analysen einzelner Textstellen müssen sich gegenseitig interpretieren, um einen tieferen Sinn zu ergeben. So geht die nachfolgende Synthese mit Sicherheit weiter, als der Hebräerbrief selbst – explizit an einzelnen Stellen nachweisbar – gegangen ist. Sie wird dadurch aber keinesfalls willkürlich. Denn zum einen bewegt sie sich auf dem festen Fundament der vorausgehenden Analysen am Text des Hebräerbriefes, zum andern nimmt sie gerade in ihrer systematischen Absicht den Hebräerbrief im ganzen als streng durchdachte Komposition ernst, in der sich die einzelnen Teile gegenseitig interpretieren.[1] Auch die Einbeziehung einzelner Ergebnisse aus der Analyse mittelplatonischer Quellen geschieht nicht willkürlich mit der Absicht, fremde Vorstellungen in den Hebräerbrief einzutragen. Sie hat vielmehr ihre Berechtigung in der Grundlegung zum Vergleich zwischen Hebräerbrief und Mittelplatonismus, wie sie oben geschehen ist.[2]

---

1 Vgl. oben Teil I, Kapitel 2.
2 Vgl. oben Teil II, Kapitel 1.

Nun hatte sich uns die Frage nach der Parusie im Hebräerbrief von Anfang an in ihrem religionsgeschichtlichen Horizont gestellt. In der vorliegenden Arbeit bin ich ausschließlich der Fährte gefolgt, die zum Mittelplatonismus führt. Damit sollte in keiner Weise unterstellt werden, daß der Hebräerbrief nicht auch anderen, vielleicht sogar stärkeren religionsgeschichtlichen Einflüssen unterliegt. Darauf wird in diesem Kapitel von Zeit zu Zeit einzugehen sein. Das Hauptaugenmerk wird sich aber weiterhin auf die Bezüge zum Mittelplatonismus richten. Diese Beschränkung hat ihren Grund darin, daß Anklänge an platonisches Gedankengut in der Forschung zwar immer wieder festgestellt, aber meist nicht wirklich erwiesen worden sind. Die herausragende Ausnahme stellt diesbezüglich C. Spicq dar, der sich aber, wie die meisten anderen Forscher auf diesem Gebiet, im großen und ganzen auf Philon beschränkt hat. Hier besteht also Nachholbedarf, vergleicht man diese magere Ausbeute mit den beiden anderen religionsgeschichtlich angelegten Projekten, welche den Hebräerbrief einerseits gnostisch, andererseits jüdisch-apokalyptisch interpretieren. Die einzelnen Aspekte der religionsgeschichtlichen Fragestellung werde ich nicht gesondert behandeln. Sie sollen vielmehr zu gegebener Zeit zur Sprache kommen, um einzelne Perspektiven auf den Prozeß der Umformung des Parusiegedankens im Hebräerbrief zu erhellen.

2. Der Hebräerbrief im Licht der mittelplatonischen Quellen

2.1. Das Urbild-Abbild-Schema

2.1.1. Das himmlische und das irdische Heiligtum

Das entscheidende Ergebnis aus Teil I, das uns den Weg vom Hebräerbrief zum Mittelplatonismus gewiesen hat, besteht in der Beobachtung, daß im Hebräerbrief an den diskutierten Stellen, insbesondere in Hebr 12,25-29, ein Auseinandertreten zweier grundverschiedener Wirklichkeitsbereiche zu beobachten ist. Ich habe in diesem Zusammenhang von einer Diastase zwischen erschütterlicher und unerschütterlicher Welt gesprochen. Die Eschatologie des Hebräerbriefes ist durch die radikale ontologische Unterscheidung zwischen dem bleibenden Sein einerseits und dem Werden und Vergehen andererseits gekennzeichnet. Dieser Befund hat uns bei der Suche nach den geistigen Hintergründen dieses Denkens auf die Spur der platonischen Weltinterpretation gebracht. Die platonische Tradition betrachtet die sichtbare, vergängliche Welt als das Abbild von unsichtbaren, ewigen Urbildern. Wenn wir von da aus zum Hebräerbrief zurückkehren, kommen wir nicht umhin, Hebr 8-9 in die Betrachtung mit einzubeziehen. Denn diese Kapitel sind es gewöhnlich, die zuallererst an platonische Tradition erinnern. Freilich wird platonischer Hintergrund für die dortigen Einlassungen zum Teil heftig bestritten.[3] Es geht hier nicht darum, diese Diskussion erneut aufzurollen. Ich habe die Fragestellung der vorliegenden Arbeit ja bewußt sehr eng gefaßt, um von dem im Hebräerbrief eher randständigen Thema der Parusie neues Licht auf alte Kontroversen zu werfen. Diese Perspektive soll auch jetzt nicht aufgegeben werden. Dennoch müssen wir hier kurz auf Hebr 8-9 zu sprechen kommen, um zusammenzuhalten, was in Komposition und Denken des Hebräerbriefes zusammengehört.

---

[3] Zu nennen sind hier die Repräsentanten einerseits des hellenistisch-jüdischen und gnostischen, andererseits des jüdisch-apokalyptischen Grundmodells in der Auslegung des Hebräerbriefes (siehe Einleitung, 1. und 2. Kapitel). Dort wurden zwar nur im Hinblick auf die Eschatologie drei grundlegende Auslegungsmodelle unterschieden, weil diese sich in der Deutung der Eschatologie des Hebräerbriefes am deutlichsten unterscheiden und das Thema dieser Arbeit Teil der Eschatologie ist. Die unterschiedlichen Grundoptionen für die Interpretation beschränken sich bei den dort erwähnten Autoren aber nicht auf die Eschatologie, sondern wirken sich auf das Verständnis des gesamten Hebräerbriefes aus.

Die Kapitel Hebr 8-9, an deren Ende der Verfasser auf das zweite Erscheinen Christi zu sprechen kommt, handeln von der Beschaffenheit des Bundeszeltes und des priesterlichen Dienstes, der darin verrichtet wird. Die Beschreibung fußt auf der grundlegenden Unterscheidung zwischen dem irdischen und einem himmlischen Heiligtum. Aus diesem Sachverhalt zieht O. Hofius – wenn auch mit Einschränkungen, die anschließend zu erläutern sein werden – gültige Schlüsse: „Der Verfasser unseres Briefes bemerkt in 8,5, daß die von Mose errichtete irdische σκηνή ein ‚Abbild und Schatten' (ὑπόδειγμα καὶ σκιά) des himmlischen ‚Urbildes' (τύπος) war. Ähnlich werden in 9,23 das irdische Zelt und seine Einrichtungen (V.21f.) als ὑποδείγματα τῶν ἐν τοῖς οὐρανοῖς charakterisiert. In 8,5 zitiert der Verfasser Ex 25,40 – jene Stelle, die auch in der altjüdischen Apokalyptik und bei den Rabbinen eine entscheidende Rolle spielt. Wie bereits erwähnt, wurde aus dieser und anderen alttestamentlichen Stellen gefolgert, daß in dem räumlich gedachten Himmel realiter ein Heiligtum existiert, das wie das irdische Abbild aus dem Heiligen und dem Allerheiligsten besteht, wobei ein Vorhang vor dem Sanctissimum die Wohnung Gottes mit dem Thron der Herrlichkeit verhüllt. Manche Ausleger haben auch für den Hebräerbrief ein realistisches Verständnis des himmlischen Heiligtums vermutet, – wie mir scheint, mit gutem Grund. Ich möchte sogar annehmen, daß der auctor ad Hebraeos so genau die soeben beschriebene altjüdische Auffassung teilt, daß auch er sich das himmlische Heiligtum als in zwei Räume aufgeteilt vorstellt."[4]

Ohne Zweifel übernimmt der Hebräerbriefautor das Urbild-Abbild-Schema in Hebr 8-9 unmittelbar aus Ex 25,40. Das schließt aber keinesfalls aus, daß er dieses Schema in einem platonischen Sinne versteht.[5] Auch eine Verknüpfung apokalyptischer und platonischer Traditionen wäre dadurch denkbar, daß beide sich in dem für unseren Zusammenhang zentralen Denkschema von Urbild und Abbild überlappen können.[6] Hofius scheint dagegen einen platonischen Anteil an diesem Schema gänzlich ausschließen zu wollen, indem er die Realität des urbildlichen Heiligtums im Himmel betont. Nun besteht selbst bei zugestandener Konvergenz zwischen apokalyptischem und platonischem Denken hinsichtlich des Urbild-Abbild-Schemas unbestritten eine entscheidende Divergenz zwischen beiden in der Art und Weise, wie sie das Urbild als dem Abbild überlegen qualifizieren. Die Überlegenheit des Urbildes wird in der Apokalyptik an Raum und Zeit bemessen: Es befindet sich, räumlich betrachtet, im Himmel und nicht wie

---

[4] Hofius, Der Vorhang 55-56. Daß sich die Heiligtumsterminologie des Hebräerbriefes einheitlich in diesen Befund einfügt und ihn so stützt, zeigt Hofius, Der Vorhang 56-58. Vgl. außerdem Cody 150-167; Schierse 50-59.

[5] Vgl. Gräßer XVII/2 87-92. Zum Stellenwert von Ex 25,40 bei Philon vgl. Schierse 19-21.

[6] Vgl. als Beispiel nur die Vision vom himmlischen Jerusalem im Unterschied zum irdischen in Offb 21,1-22,5.

das Abbild auf der Erde; in zeitlicher Hinsicht liegt es als Verheißungsgut bereit für das Ende der Tage und wird erst dann erreicht. Das Urbild hat also einen anderen Ort und eine andere Zeit als das Abbild, liegt aber nicht außerhalb von Raum und Zeit. Im Gegensatz dazu ist das platonische Urbild in raumzeitlichen Kategorien nicht adäquat zu erfassen. Es unterscheidet sich vom wahrnehmbaren Abbild in Raum und Zeit gerade dadurch, daß es als Idee den ontologischen Status einer rein verstandesmäßigen Realität hat. Das ideale Urbild ist dadurch aber keineswegs weniger real als sein Abbild; ganz im Gegenteil: Das Urbild ist als Idee das Allerrealste, das man sich denken kann, wohingegen das greifbare Abbild als Abbild notwendig einen Mangel an Realität aufweist.

Aufs ganze gesehen ist es also durchaus möglich, daß der Hebräerbriefautor das apokalyptische Schema von Urbild und Abbild übernommen und platonisch interpretiert hat. Dagegen sprechen auch nicht die räumlichen Qualifizierungen der beiden unterschiedlichen Wirklichkeiten. Diese mögen aus der Apokalyptik stammen, und im Hebräerbrief bleiben sie auch erhalten. Die Formulierungen des Hebräerbriefes gemahnen jedoch unwiderstehlich an Platons Höhlengleichnis[7] und bekommen dadurch einen eminent metaphysischen Sinn. Dort beschreibt Platon den Weg der Erkenntnis, die sukzessive von den wahrnehmbaren Dingen zu den verstandesmäßigen Ideen fortschreitet, als einen Aufstieg. Was im Gleichnis „das Hinaufsteigen und die Beschauung der oberen Dinge" (τὴν δὲ ἄνω ἀνάβασιν καὶ θέαν τῶν ἄνω)[8] ist, deutet er in der anschließenden Erklärung „als den Aufschwung der Seele in die Gegend der Erkenntnis" (τὴν εἰς τὸν νοητὸν τόπον τῆς ψυχῆς ἄνοδον)[9]. Demgegenüber bezeichnet er das, was die Seele unten in der Höhle zu sehen bekommt, mehrfach als „Schatten" (σκιά)[10]. In der Übertragung des Gleichnisses wird deutlich, daß dessen räumliche Aspekte als Metaphern für die ontologische Qualifizierung verschiedener Wirklichkeiten zu verstehen sind. So kann Platon bildhaft von der Schau der oberen Dinge sprechen, obwohl die gemeinten Dinge sich gerade dadurch auszeichnen, daß sie nicht sinnlich wahrgenommen, sondern nur im Verstand erkannt werden können. Er kann die verstandesmäßigen Dinge im Gleichnis oben ansiedeln, obwohl sie als verstandesmäßige überhaupt nicht der Kategorie des Raumes unterliegen. Wenn also schon Platon ontologische Kategorien in Metaphern des Raumes veranschaulicht, dann muß ein analoger Gebrauch räumlicher Metaphern auch dem Verfasser des Hebräerbriefes zugetraut werden, zumal da er sie in einem Zusammenhang verwendet, der deutlich an Platons Höhlengleichnis erinnert. Das Himmlische hat dann als die verstandesmäßige Wirklichkeit zu gelten, die allein wirklich ist, während alles Wahrnehmbare nur ein schattenhaftes Abbild dieser Wirklichkeit darstellt.

---

7 Vgl. Platon, Politeia 514a-518b.

8 Platon, Politeia 517b.

9 Platon, Politeia 517b.

10 Platon, Politeia 515a; vgl. ebd. 515b-d.

2.1.2. Der Motivkomplex von Heiligtum, Stadt und Welt

Eine platonische Sinnspitze des Urbild-Abbild-Schemas im Hebräerbrief wird außerdem durch den Motivkomplex wahrscheinlich gemacht, auf den der Hebräerbrief das Schema anwendet und den er in der Anwendung des Schemas mit Philon teilt. Der Verfasser des Hebräerbriefes unterscheidet nicht nur ein himmlisches vom irdischen Heiligtum (Hebr 8,2.5; 9,1.11.23.24), sondern auch eine künftige Stadt von der hiesigen (Hebr 11,10.16; 12,22; 13,14) sowie eine unsichtbare Welt von der sichtbaren (Hebr 1,6; 2,5; 11,3). Denselben Motivzusammenhang finden wir bei Philon, der in Opif 16-20 die von Gott vorgenommene Abbildung der wahrnehmbaren Welt nach der verstandesmäßigen mit der Planung einer Stadt durch einen Architekten vergleicht. Dieser plant die Stadt bis in ihre kleinsten Details: „Heiligtümer, Sportplätze, Amtshäuser, Marktplätze, Häfen, Schiffshäuser, Gassen, Befestigungsanlagen, Fundamente von Häusern und öffentlichen Gebäuden" (Opif 17). Gottes Schöpfertätigkeit gleicht derjenigen des Architekten[11] (Opif 19): „Beinahe das Gleiche muß man sich nun auch von Gott denken: Wie er demnach, als er die Großstadt zu gründen durchdacht hatte, zuerst ihre Urformen im Sinn hatte, aus denen er, nachdem er sich die verstandesmäßige Welt zusammengesetzt hatte, auch die wahrnehmbare zustande brachte, indem er sich jenes Musters bediente." Hier vergleicht Philon nicht nur Gott mit einem Architekten, sondern auch die Welt mit einer Großstadt, die von ihrem Architekten bis ins kleinste im voraus entworfen wird. Gott hat in Gedanken einen Plan, nach dem er die sichtbare Welt vom Größten bis zum Kleinsten schafft. Diese Welt ist „ein jüngeres Abbild eines älteren, das so viele wahrnehmbare Arten umfassen sollte, wie in jenem verstandesmäßige sind" (Opif 16). Das heißt: Nicht nur die sichtbare Welt als ganze ist nach einem Urbild geschaffen, sondern auch alles in ihr. Ein derartiges Urbild-Abbild-Schema läßt sich mithin auf allen Ebenen auf den Hebräerbrief übertragen und erweist sich dadurch als der sie einende Grund: Welt, Stadt und Heiligtum in ihrer Sichtbarkeit sind alle gleichermaßen einem unsichtbaren, ihrer jeweiligen Art entsprechenden Urbild nach geschaffen. Mit Blick auf das Heiligtum bedeutet dies: Sein himmlisches Urbild ist auch nach einem idealistischen Verständnis nicht nur allgemein, sondern in allen Details analog zum irdischen Abbild denkbar. Ist das irdisch-reale Heiligtum durch einen Vorhang in zwei Räume aufgeteilt, dann nur deshalb, weil das himmlisch-ideale Heiligtum dieselbe Differenzierung kennt. Damit ist die Herleitung des Motivs vom Vorhang vor dem himmlischen Thron Gottes, die Hofius bietet, nicht

[11] Das Bild vom Städtebau enthält freilich gegenüber der Deutung, die Philon ihm gibt, einen Sinnüberschuß. Im Bild unterscheidet Philon zwischen dem König, der den Bau in Auftrag gibt, und dem Architekten, der ihn plant und ausführt. In der Übertragung auf die Weltschöpfung vereinigt Gott hingegen beide Rollen in seiner Person.

in Zweifel gezogen.[12] Nur muß ergänzend festgestellt werden, daß eine platonische Überformung dieser Urbildvorstellung in jedem Fall möglich, wenn nicht gar aufgrund der Einbindung in den Motivkomplex von Welt, Stadt und Heiligtum wahrscheinlich ist. Christus ist dann bei seinem Tod in das urbildliche Heiligtum eingegangen, das sich in der von Gott zuerst geschaffenen idealen Welt befindet. Dort ist auch der Ausgangspunkt für sein zweites Erscheinen nach Hebr 9,28 zu suchen.

Sind die Heiligtumsspekulationen des Hebräerbriefes über das Grundschema von Urbild und Abbild mit seinem Verständnis von Stadt und Welt zu einem einzigen Motivkomplex verbunden, so ist von einer Untersuchung der Schöpfungsaussagen des Schreibens weiterer Aufschluß über die raumzeitliche Situierung des zweiten Erscheinens Christi zu erwarten. Nachdem das Heiligtum als der innere Ausgangspunkt dieses Erscheinens vorläufig bestimmt ist, fragen wir nun also nach dem weiteren Rahmen, in dem es zu lokalisieren ist. Hier ist wiederum ein Blick auf Philon lehrreich. In der Einleitung zu seiner Darlegung des Gesetzes erklärt er den auffälligen Umstand, daß das Gesetz des Mose mit einem Bericht über die Erschaffung der Welt beginnt, folgendermaßen (Opif 3): „Der Anfang ist aber, wie ich sagte, überaus wunderbar, weil er die Weltschöpfung umfaßt, so daß die Welt mit dem Gesetz und das Gesetz mit der Welt zusammenstimmt und der gesetzestreue Mann sogleich Weltbürger ist, indem er sein Handeln auf den Willen der Natur ausrichtet, der gemäß auch die Welt insgesamt verwaltet wird." Philon beschwört hier das stoische Ideal des Weisen als eines Kosmopoliten. Er begründet es freilich ganz anders als die Stoa, was an zwei Beobachtungen deutlich wird. Zum einen entwickelten die Stoiker den Gedanken vom Weltbürgertum des Weisen zu einer Zeit, in der sich die alte griechische Polis im Niedergang befand. Als die gesetzlich verfaßte Ordnung des Stadtstaates keine sichere Heimat mehr zu bieten vermochte, suchten sie Beheimatung in der Ordnung der Natur. Die konkrete politische Ordnung verlor dagegen an Bedeutung für die Frage nach dem guten Leben. Philon betrachtet denselben Zusammenhang aus der entgegengesetzten Perspektive. Nach seiner Auffassung entsprechen sich die politische und die natürliche Ordnung genau. Dabei bildet allerdings die Torah die selbstverständliche Grundlage für ein gutes Leben. So kann er zwar sagen, daß, wer die Gesetze hält, dadurch auch die Weltordnung

[12] Eine Herleitung des Motivs aus der jüdisch-apokalyptischen Tradition mag durchaus hingehen. Hofius führt das Motiv freilich speziell auf die jüdische Merkaba-Mystik zurück; vgl. Hofius, Der Vorhang 74: „Das καταπέτασμα ist nichts anderes, als der Pargod vor dem Thron Gottes, dem wir in den Zeugnissen altjüdischer Märkabhah-Esoterik begegnet sind." Dagegen formuliert Weiß 113 einen wichtigen methodischen Vorbehalt: „Eindeutig literarisch bezeugt ist diese Art esoterischer Merkaba-Mystik erst vom 3. nachchristlichen Jahrhundert an (was selbstverständlich ältere Traditionsstufen bzw. Vorformen nicht ausschließt)." Solange es für solche Vorstufen keine Belege gibt, kann damit jedenfalls nicht einschlägig argumentiert werden.

respektiert. Daraus den Umkehrschluß zu ziehen, daß der Weltbürger notwendig auch gesetzestreu sei, ist dagegen aus seiner Sicht nicht erlaubt. Der zweite Unterschied betrifft das jeweilige Verständnis der Welt und ihrer Ordnung. Die Stoa vertritt ein streng materialistisch-monistisches Konzept, wonach die Welt als ganze aus einem einzigen Materiekontinuum besteht. Eine andere Heimat als diese materiale Welt kann der stoische Weise daher im letzten gar nicht finden und braucht es auch nicht. Das Gegenteil ist bei Philon der Fall: Aufgrund seiner Einsicht in die Gründungsverhältnisse der Welt bleibt der Weise zur wahrnehmbaren Welt auf Distanz und hält sich statt dessen an die verstandesmäßige. Diese Haltung bedeutet eine Radikalisierung der stoischen Position: Wie die Polis keine Heimat mehr bietet, so vermag dies auch die sichtbare Welt als ganze nicht mehr zu leisten. Die Heimat des Weisen rückt in die Transzendenz der verstandesmäßigen Welt. Das mosaische Gesetz ist nicht nur dasjenige irgendeiner Polis, sondern das Gesetz jener transzendenten Welt. Ähnlich denkt der Verfasser des Hebräerbriefes. Wie die Frommen des Alten Bundes in dieser Welt Fremde ohne Heimatstadt waren, so gibt es für den Glaubenden überhaupt in der wahrnehmbaren Welt keine Heimat. Zur Heimat können ihm gleichermaßen nur die künftige Stadt und die künftige Welt werden. Die künftige Stadt ist aber nicht etwa das himmlische Jerusalem, das als apokalyptisches Heilsgut am Ende der Zeiten auf die Erde herabkommt. Vielmehr ist die künftige Stadt identisch mit der künftigen Welt, in die Christus bereits eingegangen ist. Zwar dürfte kein Zweifel bestehen, daß der Verfasser des Hebräerbriefes die Vorstellung von den künftigen Heilsgütern der himmlischen Stadt und Welt aus der Apokalyptik kannte und verarbeitet hat. Was aber diese verschiedenen Motive im Hebräerbrief erst zusammenbindet, ist die mittelplatonische Perspektive, unter der sie betrachtet werden. Aus dieser Perspektive unterscheidet der Hebräerbriefautor in bezug auf Welt, Stadt und Heiligtum stets zwischen der himmlischen und der irdischen Wirklichkeit dieser Größen.[13] Dabei sind Himmel und Erde nicht nur lokal, sondern vor allem ontologisch qualifiziert: Das wahre Sein, die bleibende und unveränderliche Wirklichkeit befindet sich im Himmel, während die irdischen Wirklichkeiten nur Abbilder davon sind. Dasselbe gilt analog für die zeitliche Differenzierung der verschiedenen Wirklichkeiten: Sie werden nicht einfach aufgegeben oder aufgehoben, erhalten aber einen zutiefst ontologischen Sinn.

---

13 Vgl. Schierse 125.

2.2. Die Glaubenseinsicht in die Gründungsverhältnisse der Welten

2.2.1. Die sichtbare und die unsichtbare Welt

Diese These gilt es durch die einschlägigen Stellen im Hebräerbrief zu untermauern. In bezug auf Hebr 1,6; 2,5; 12,27 wurde schon in Teil I nachgewiesen, daß an diesen Stellen von der unerschütterlichen Welt des Himmels die Rede ist, in die Christus anläßlich seiner Erhöhung eintritt und die ihm seither unterworfen ist, auch wenn wir diese Wirklichkeit noch nicht zu sehen vermögen. Von Philon herkommend rückt jetzt zunächst die Schöpfungsaussage in Hebr 11,3 zusätzlich ins Blickfeld unseres Interesses. Der Vers kann als Paradebeispiel dafür gelten, wie der Verfasser des Hebräerbriefes jüdisches mit griechischem Gedankengut verbunden hat. „[D]as Verbum καταρτίζειν ist biblisch (LXX) als Schöpfungsterminus belegt, und in jüdischer Sprachtradition steht schließlich auch – wie bereits Hebr 1,2 – die hebräischem עולמים entsprechende Rede von den ‚Äonen'."[14] Die Äonen werden jedoch im Anschluß sofort im Sinne der beiden Welten Philons interpretiert. Gott hat nach Philon nicht nur – wie der platonische Demiurg – die sichtbare Welt als Abbild ihm vorgegebener Urbilder geschaffen, sondern auch und zuerst die verstandesmäßige Welt und nach ihrem Muster anschließend die wahrnehmbare. Genau denselben Zusammenhang bringt Hebr 11,3 zum Ausdruck: Gott hat beide Welten erschaffen, „so daß aus Unsichtbarem das Sichtbare entstanden ist" (εἰς τὸ μὴ ἐκ φαινομένων τὸ βλεπόμενον γεγονέναι). Ob man dabei die verneinende Partikel μή auf φαινομένων oder auf γεγονέναι bezieht, bedeutet vom Sinn her nicht – wie C. Rose glauben machen will[15] – einen wesentlichen Unterschied. Denn auch wenn man die zweite Möglichkeit wählt und „so daß nicht aus erscheinenden Dingen das Sichtbare entstanden ist" übersetzt, muß man aus der Negation den positiven Umkehrschluß ziehen: Wenn nicht aus den erscheinenden, also sichtbaren Dingen, so muß das Sichtbare aus dem Unsichtbaren entstanden sein; es sei denn, man versteht die Aussage im Sinne einer creatio ex nihilo. Im letzteren Fall werden die beiden Wendungen ῥήματι θεοῦ und μὴ ἐκ φαινομένων meist als zwei verschiedene Formulierungen derselben Sache verstanden; die μὴ φαινόμενα wären dann nichts anderes als das ῥῆμα θεοῦ.[16] Diese Auslegung unterstellt dem Hebräerbriefautor freilich eine recht nachlässige Formulierung des Sachverhalts. Nicht nur stimmen die beiden Wendungen im Numerus nicht überein, sie bezeichnen auch zwei verschiedene Arten der Verursachung: Während ῥήματι θεοῦ den Grund und das Mittel der Erschaffung anzeigt, steht μὴ ἐκ φαινομένων für dasjenige, woraus die sichtbare Welt entsteht,

---

14 Weiß 573; zu καταρτίζειν verweist er auf LXX Ps 73,16; 39,7; 88,38. Vgl. auch Rose, Die Wolke 153-154.

15 Vgl. Rose, Die Wolke 155-156.

16 Vgl. Ellingworth 568-569.

gewissermaßen für das Material, wenn auch nicht im materialistischen Sinne. Besser ist demnach ein inhaltliches Verständnis, das der differenzierten Ausdrucksweise in Hebr 11,3 Rechnung trägt: Gott schafft vermittels seines Wortes sowohl die unsichtbare Welt als auch die sichtbare Welt, wobei er diese vollständig aus jener heraussetzt, so daß eine Materialursache im gängigen Sinne des Wortes überflüssig wird. Damit gewinnt Gott im Hebräerbrief nicht nur – wie bei Philon und gegen Platon – die Souveränität über die unsichtbare, ideale Welt als Modell der sichtbaren Welt, sondern zugleich – über Philon und Platon hinaus[17] – die Souveränität über die „Materialursache", die in Hebr 11,3 eben keine materiale Ursache mehr ist, sondern eine von Gott selbst geschaffene, geistige, nämlich die unsichtbare Welt. Zu Recht wendet sich Gräßer daher gegen die breite Auslegungstradition, die in Hebr 11,3 die Lehre von der creatio ex nihilo bezeugt sieht: „Nein, die μὴ φαινόμενα, aus denen das mit den irdischen Sinnen wahrnehmbare βλεπόμενον geworden ist, sind kein μὴ ὄν, sondern sie sind πράγματα οὐ βλεπομένα (V 1b)."[18] Der Verweis auf Hebr 11,1 ist vom Zusammenhang her durchschlagend. In den beiden eng aufeinander folgenden Versen ist mit dem Unsichtbaren ganz offenbar jeweils dasselbe gemeint: Was nicht erscheint, kann eben auch nicht gesehen werden. Eine solche Identifizierung verböte sich nur dann, wenn sich daraus kein vernünftiger Sinn rekonstruieren ließe. Dies ist aber mit dem naheliegenden Hinweis auf Philon problemlos möglich. Hebr 11,1 nennt das betreffende Unsichtbare πράγματα. Das schiere Nichts als πράγματα bezeichnen zu wollen scheint aber jedenfalls unmöglich. Die einfachste Lösung besteht also zweifelsohne darin, die πράγματα οὐ βλεπομένα und die μὴ φαινόμενα als Umschreibung für den αἰών zu begreifen, den Philon κόσμος νοητός nennt.[19] Sowohl der Hebräerbrief als auch Philon (Opif 29) hängen in ihrem Schöpfungsverständnis ganz offenbar von Gen 1,1-3 LXX ab. Diese Stelle haben sie so verstanden, daß die Erde, die Gott ganz am Anfang schuf, unsichtbar war und erst aus dieser unsichtbaren Welt durch das Wirken Gottes die sichtbare Welt entstanden ist. Ob diese Interpretation der Intention der Septuaginta entspricht, sei dahingestellt. Jedenfalls legt die Übersetzung ἀόρατος eine platonisierende Auslegung nahe.[20]

Aber Hebr 11,3 bestimmt nicht nur das Verhältnis der beiden Welten zueinander; der Vers weist auch den Weg, auf dem allein der Mensch von der Wahrnehmung der sichtbaren Welt zur Erkenntnis der unsichtbaren

---

17 Vgl. Lane 332.

18 Gräßer XVII/3 103; vgl. Weiß 575; dagegen Rose, Die Wolke 156-160.

19 Vgl. Gräßer XVII/3 104. Dagegen Michel 383; Weiß 572-575, der diese Auslegung ebenso ablehnt wie die Deutung der Stelle als creatio ex nihilo. Dabei bleibt er den Aufweis eines dritten Weges zu einer konsistenten Vorstellung vom Schöpfungshandeln Gottes nach Hebr 11,3 schuldig. Tatsächlich gibt es einen solchen Weg nicht. Der Text stellt unweigerlich vor die Alternative der beiden oben diskutierten Interpretationen.

20 Vgl. Teil II, Kapitel 2.2.1.6.

Welt gelangt: mit Hilfe des Verstandes (νοῦς). Nur im Denken erkennen wir (νοοῦμεν), daß hinter dem Sichtbaren als dessen Urbild das Unsichtbare steht. Freilich handelt es sich dabei um eine Erkenntnis, die wesentlich durch den Glauben ermöglicht und vermittelt ist: „νοοῦμεν *wir erkennen* bezeichnet in Hebr 11,3 also das kritische, urteilende Verstehen hinsichtlich der wahren Realitätsverhältnisse im Kosmos, und zwar πίστει, *kraft des Glaubens* und nicht – wie im Rahmen der theologia naturalis – kraft eigener Fähigkeit des νοῦς"[21]. Dabei sind Glaube und Verstand wechselseitig aufeinander angewiesen. Der Glaube setzt, insofern es sich hier um Glaubenserkenntnis handelt, den menschlichen Verstand voraus und saugt ihn nicht einfach in sich auf. Umgekehrt lenkt erst der Glaube die Verstandeserkenntnis in die richtige Richtung. Einen vergleichbaren Zusammenhang bringt Philon in Praem 163 zum Ausdruck. Die natürliche, schöpfungstheologisch begründete Voraussetzung für die Erkenntnis Gottes ist danach „die Verwandtschaft zu seiner Vernunft, von der wie von einer Urform der menschliche Verstand entstanden ist". Sie ist zwar ein „sehr großes Geschenk" Gottes, kann aber allein die Treue zu seinen Gesetzen noch nicht garantieren. Dahin führen erst die in Aussicht gestellten Flüche und Strafen, die als wirkkräftige Warnungen Gottes die Gesetzlosen zur Umkehr bewegen sollen. So ist auch nach Hebr 11,3 sowohl der Verstand als auch der Glaube des Menschen Gabe Gottes. Der entscheidende Unterschied zwischen beiden besteht indes darin, daß der Mensch über die Schöpfungsgabe des Verstandes, nachdem er sie einmal erhalten hat, frei verfügen kann, während der Glaube als ἐλπιζομένων ὑπόστασις und πραγμάτων ἔλεγχος οὐ βλεπομένων stets unmittelbar auf die heilsgeschichtlichen Verheißungen Gottes angewiesen bleibt.

2.2.2. Die Glaubenden als Fremde auf Erden und die Verheißung

Die Glaubenseinsicht in die schöpfungsmäßigen Gründungsverhältnisse der sichtbaren und der unsichtbaren Welt, welche die Glaubenden vor Christus wie nach Christus unterschiedslos teilen,[22] verändert aber auch das Verständnis der Verheißungen, was der Verfasser des Hebräerbriefes in Hebr 11,9-10.13-16 ausdrücklich erläutert. Wenn Abraham sich nach eigenem Bekunden (vgl. Gen 23,4 LXX: πάροικος καὶ παρεπίδημος ἐγώ εἰμι μεθ' ὑμῶν) im verheißenen Land Kanaan wie ein Fremder in einem fremden Land aufhielt, obwohl er und seine Nachkommen es doch erben sollten, dann läßt das aus der Sicht des Hebräerbriefes nur den einen Schluß zu: Die Verheißung an Abraham hat sich eben nicht mit seinem Einzug in Kanaan erfüllt, sondern ihre Erfüllung stand damals weiterhin aus, weil als Verheißungsgut von Gott gar nicht das irdische, sondern das himmlische Vaterland gemeint

21 Gräßer XVII/3 106.

22 Vgl. Rose, Die Wolke 151: „[I]m Glauben an die Schöpfung und an die Eschatologie gibt es zwischen den πιστεύοντες der πρώτη διαθήκη und der καινὴ διαθήκη keinen Unterschied."

war. Was für Abraham gilt, das haben aber nach dem Hebräerbrief auch die anderen von ihm bemühten Zeugen bekannt,[23] nämlich: „daß sie Fremde und Gäste auf Erden sind" (Hebr 11,13: ὅτι ξένοι καὶ παρεπίδημοί εἰσιν ἐπὶ τῆς γῆς).[24] Ganz beiläufig weitet der Hebräerbrief mit dieser Formulierung die Fremde, in der sich die Glaubenden des Alten Bundes aufhielten, auf die ganze Erde aus. Davon war in Gen 23,4 LXX noch nicht die Rede. Dort sagt Abraham zu den Bewohnern Kanaans nur, daß er *bei ihnen* (μεθ' ὑμῶν) fremd sei, keineswegs auf der ganzen Erde. Indem der Hebräerbrief im Mund der alttestamentlichen Glaubenden die ganze Erde zur Fremde werden läßt, macht er sie zu Zeugen der grundlegenden Einsicht, die der Glaube nach Hebr 11,1.3 vermittelt, daß nämlich die sichtbare Welt und alles in ihr nur ein schwaches Abbild der unsichtbaren Welt ist. Diesen Glauben verkörpern die Frommen des Alten Bundes dadurch, daß sie mit der Erfüllung von Gottes Verheißungen in dieser Welt gar nicht rechnen, sondern im Glauben sehr genau wissen, daß es die endgültige Erfüllung dieser Verheißungen nur in der unsichtbaren Welt des Himmels geben kann. Rose würdigt zwar zu Recht diesen Zusammenhang, mißversteht aber das Schauen und Grüßen der Verheißungsgüter durch die Alten (Hebr 11,13: πόρρωθεν αὐτὰς ἰδόντες καὶ ἀσπασάμενοι) als Jenseitsvisionen.[25] Dabei sind seine Beispiele aus der jüdischen Literatur nicht einschlägig; denn es geht im Zusammenhang von Hebr 11,1.3.13 gerade nicht um das visionäre Schauen von Dingen, die sonst unsichtbar sind, sondern um das Sehen im Sinne einer geistigen Erkenntnis, die durch Glauben vermittelt ist. Ebensowenig haben wir im Hebräerbriefautor selbst einen „Visionär vor uns, der sich darauf berufen könnte, die himmlische Stadt selbst gesehen zu haben, sondern einen christlichen Schriftgelehrten, der seine eschatologische Überzeugung rational aus dem Gotteswort beweisen will"[26]. Dazu kommt, daß das Grüßen, bezogen auf ein unpersönliches Objekt, sinnvoll wohl nur im übertragenen Sinne zu verstehen ist: Die unsichtbaren Verheißungsgüter wurden als willkommene Glaubenstatsachen von den Alten anerkannt und hochgeschätzt.

---

[23] Vgl. Gräßer XVII/3 136: „So gesehen muß man vielleicht gar nicht darüber streiten, ob οὗτοι πάντες auf alle in V 4-12 genannten Zeugen zurückverweist (was aber wegen V 5 und V 15 schwierig ist), oder ob nur die in V 8-12 genannten, also Abraham und seine Angehörigen, gemeint sind (weil mit Abraham die ἐπαγγελίαι beginnen). Letzteres ist natürlich das nächstliegende. Aber auch die folgenden Zeugen werden von dem Zwischenkommentar mit umfaßt, ja, rücksichtlich der parallelen Schlußkommentierung (V 39f) in gewisser Weise sogar die ganze Wolke der Zeugen." Die Schwierigkeiten erläutert Gräßer ebd., Anm. 12: „Henoch (V 5) ist ja nicht gestorben; und was V 15 sagt (‚sie hätten Zeit gehabt, wieder umzukehren'), trifft auf Abel, Henoch und Noach nicht zu." Vgl. Feldmeier 90; Rose, Die Wolke 247-249.

[24] Zum Traditionshintergrund der Metapher παρεπίδημος vgl. Feldmeier 8-104; in diesem Zusammenhang speziell zum Hebräerbrief ebd. 83-93.

[25] Vgl. Rose, Die Wolke 249-253; Michel 398.

[26] Schierse 122.

Fest steht in jedem Fall: Was Bestand haben soll, kann nur von der jenseitigen Welt des Himmels erwartet werden: „die Stadt, welche die Fundamente hat" (Hebr 11,10: ἡ τοὺς θεμελίους ἔχουσα πόλις). Der bestimmte Artikel τούς zeigt deutlich an, daß die Fundamente jener unsichtbaren Stadt die einzigen sind, die es überhaupt gibt, wohingegen die irdische Stadt als Heimat keinen Bestand hat. Die Erwartung dieser himmlischen Heimatstadt verbindet die Glaubenden des Alten und des Neuen Bundes (Hebr 11,10: ἐκδέχεσθαι; Hebr 9,28: ἀπεκδέχεσθαι). Solange sie auf Erden leben, teilen die Glaubenden aller Zeiten ein und dasselbe Schicksal der Fremde. Sie suchen eine unverlierbare Heimat (πατρίδα ἐπιζητοῦσιν) und streben dabei unweigerlich nach der besseren, himmlischen (κρείττονος ὀρέγονται, τοῦτ᾽ ἔστιν ἐπουρανίου). Die himmlische Heimatstadt hat Gott selbst geplant und gebaut (ἧς τεχνίτης καὶ δημιουργὸς ὁ θεός)[27] und so für die Glaubenden vorbereitet (ἡτοίμασεν γὰρ αὐτοῖς πόλιν).

Nachdem so hinreichend geklärt ist, daß sich das verheißene Land in der unsichtbaren Welt des Himmels befindet, bleibt allein die drängende Frage, wann denn die Glaubenden dorthin gelangen. Hebr 11,13 antwortet deutlich genug: „Dem Glauben gemäß starben diese alle, ohne die Verheißungsgüter erlangt zu haben."[28] Aus dieser Stelle wird ersichtlich, daß der Tod die entscheidende Grenze bildet zwischen der noch ausstehenden Erfüllung der Verheißung auf Erden und ihrer Verwirklichung im Himmel. Zum Zeitpunkt seines Todes hatte keiner der Glaubenden des Alten Bundes das verheißene Gut der Heimat schon erreicht. Vielmehr haben sie es wie der sterbende Mose (Dtn 34,4) nur von weitem gesehen, sind aber zu ihren irdischen Lebzeiten nicht hineingezogen. Freilich sind sie, wie es ausdrücklich in der von dem anaphorischen πίστει abweichenden Formulierung κατὰ πίστιν heißt, „dem Glauben gemäß" gestorben. Nach Hebr 11,3 gibt es diesem Glauben gemäß genau zwei Welten, die sichtbare und die unsichtbare. Sind die Glaubenden also durch den Tod aus der sichtbaren Welt gegangen und leben sie dennoch weiter, so können sie sich nur in der unsichtbaren Welt aufhalten. Diese ist aber nichts anderes als die himmlische Heimatstadt. Daraus folgt zwingend, daß die Glaubenden des Alten Bundes durch den irdischen Tod hindurch in die himmlische Heimatstadt der unsichtbaren Welt eingezogen sind und so die Güter der an sie ergangenen Verheißung erlangt haben.[29] In dem sicheren Glaubenswissen, daß der Tod für sie der Durchgang zur himmlischen Heimatstadt sein würde, konnten sie ihre ganze Hoffnung in die himmlischen Verheißungsgüter setzen und das irdische Leben bis zur Erlangung dieser Güter im Tod mit Ausdauer bestehen. „Deshalb schämt sich Gott

27 Zu dieser Wortkombination vgl. Her 133.225; Mut 29. Außerdem allgemein Opif 16-20.

28 Übersetzung von Gräßer XVII/3 121.

29 Dagegen am deutlichsten Lane 358.

ihrer nicht, ihr Gott genannt zu werden" (διὸ οὐκ ἐπαισχύνεται αὐτοὺς ὁ θεὸς θεὸς ἐπικαλεῖσθαι αὐτῶν). Das heißt doch nichts anderes, als daß Gott sich zu den Verheißungen bekennt, die er seinen Glaubenden gegeben hat. Hätte er diese Verheißungen nun weder in der sichtbaren noch in der unsichtbaren Welt erfüllt, so müßte er sich wahrlich schämen; denn er wäre als ein Gott entlarvt, der leere Versprechungen macht. Tatsächlich hat er aber seine Verheißungen erfüllt, indem er für seine Glaubenden im Himmel eine festgegründete Stadt vorbereitet hat.

Wie Gott sich also zu den Glaubenden als ihr Gott bekennt, so bekennt sich nach Hebr 2,10-11 Christus zu ihnen als ihr Bruder; zu Brüdern werden Christus und die Glaubenden dadurch, daß sie beide als Söhne (πολλοὶ υἱοί) von dem einen Gott abstammen: „Der nämlich, der heiligt, und die, welche geheiligt werden, [sind] aus einem alle; aus diesem Grund schämt er sich nicht, sie Brüder zu nennen" (ὅ τε γὰρ ἁγιάζων καὶ οἱ ἁγιαζόμενοι ἐξ ἑνὸς πάντες· δι' ἣν αἰτίαν οὐκ ἐπαισχύνεται ἀδελφοὺς αὐτοὺς καλεῖν). Die Formulierung ἐξ ἑνὸς πάντες bringt die schlichte Tatsache zum Ausdruck, daß Gott nicht nur der Schöpfer, sondern auch der Vater aller Glaubenden ist. Plutarch drückt eine solche Beziehung zwischen Vater und Kind ebenfalls durch die Herkunftsangabe mit dem präpositionalen ἐκ aus. In Quaest II stellt er die Frage, weshalb Platon im Timaios den höchsten Gott nicht nur den Schöpfer, sondern auch den Vater der Welt nennt. Seine Antwort lautet: Der Gott ist der Vater der Welt, insofern er ihre Seele nicht nur als eigenständiges Werk geschaffen, sondern als etwas ihm Verwandtes gezeugt hat. Die so gegebene Vater-Kind-Beziehung zwischen Gott und Seele beschreibt Plutarch mit folgenden Worten: „Die Seele aber ist, da sie an Verstand und vernünftiger Überlegung und Harmonie Anteil erhalten hat, nicht nur ein Werk des Gottes, sondern auch ein Teil und nicht nur durch ihn, sondern auch von ihm her und aus ihm heraus entstanden."[30] In analoger Weise kann man auch das ἐξ ἑνὸς πάντες ungezwungen und schlicht als Ausdruck der gemeinsamen Abstammung Jesu und seiner Brüder von dem einen Gott und Vater verstehen. „Dafür spricht," so Gräßer richtig, „daß nach 2,14 die Menschen sekundär Fleisch und Blut angenommen haben und ihrer Inkarnation die Christi parallelisiert werden kann. Dafür spricht weiter, daß nach 12,9 die Menschen neben den Vätern des Fleisches Gott als πατὴρ πνευμάτων haben, als Vater des präexistenten Kerns im Menschen."[31] Mit diesen Worten argumentiert er freilich im Gefolge Käsemanns[32] für einen gnostischen Hintergrund der Wendung ἐξ ἑνὸς πάντες. Wie der Hinweis auf Plutarch zeigt, kann es sich aber genauso gut um die Umformung eines mittelplatonischen Gedankens handeln. Dies

30 Quaest II,1001c: ἡ δὲ ψυχή, νοῦ μετασχοῦσα καὶ λογισμοῦ καὶ ἁρμονίας, οὐκ ἔργον ἐστὶ τοῦ θεοῦ μόνον ἀλλὰ καὶ μέρος, οὐδὲ ὑπ' αὐτοῦ ἀλλὰ καὶ ἀπ' αὐτοῦ καὶ ἐξ αὐτοῦ γέγονεν.

31 Gräßer XVII/1 136.

32 Vgl. Käsemann, Das wandernde Gottesvolk 90-91.

ist umso wahrscheinlicher, als der Gedanke in der Verbindung von Hebr 2,11; 11,3.16 aus einem schöpfungstheologischen und nicht aus einem soteriologisch-mythologischen Kontext stammt und als solcher Parallelen in Apg 17,26 und Plutarchs Quaest II hat.[33]

2.2.3. Die Ausdauer bis zum Tod

Bevor wir uns den beiden noch verbleibenden Perikopen, in denen das Motiv der Stadt im Hebräerbrief auftaucht (Hebr 12,22; 13,14), zuwenden, ist es angebracht, die bisher besprochenen Stellen mit Rücksicht darauf eigens zu würdigen, daß sie in das Glaubenskapitel Hebr 11 eingeflochten sind und dadurch einen besonderen Bezug zu Hebr 10,36-39 aufweisen. Der Glaube begründet und vermittelt die Einsicht des Verstandes in die wahren Gründungsverhältnisse der sichtbaren und der unsichtbaren Welt. Er entlarvt das Sichtbare als das Vorläufige, das die Erfüllung der Verheißungen Gottes nicht bringen kann, weil die Verheißungsgüter untrennbar der unsichtbaren Welt angehören. In diese jenseitige, transzendente Welt geht der Mensch aber erst durch den Tod ein. So kann er auch erst nach dem Tod die Erlangung der verheißenen Güter erwarten. Deshalb läuft dem Verheißungsglauben der Frommen des Alten Bundes die Tatsache nicht zuwider, daß sie offenkundig gestorben sind, ohne die Erfüllung der Verheißung schon erlebt zu haben. Ganz im Gegenteil ist dieser Sachverhalt ihrem Glauben ganz gemäß, weil dadurch alles so eingetreten ist, wie sie es in ihrem Glauben erkannt haben und erwarten konnten. Im Ausgang aus dieser sichtbaren Welt, das heißt jenseits der Grenze des Todes, haben sich die von ihnen erhofften Verheißungen erfüllt. Durch den Tod hindurch sind sie in die Heimatstadt der unsichtbaren Welt eingezogen. Der in Hebr 11 solcherart gefaßte Glaube der Alten wirft ein neues Licht auf den Glauben, durch den nach Hebr 10,36-39 die Glaubenden des Neuen Bundes das Leben gewinnen. Hebr 11 erläutert ausführlich, worin der Glaube der Gerechten besteht und auf welche Weise er sich soteriologisch auswirkt. Von daher wird deutlich, wohin die geforderte Ausdauer den Glaubenden führt: zum Leben in der himmlischen Heimatstadt der unsichtbaren Welt.

Erst jetzt wird die Antwort gegeben auf die alte Frage, die der Forderung nach Ausdauer vorausgeht: Wie lange noch? Diese aus der Apokalyptik bekannte Frage wird allerdings im Hebräerbrief nicht geschichtlich, sondern anthropologisch beantwortet. Am Beispiel der Alten in Hebr 11 ersehen die Glaubenden des Neuen Bundes, daß die Zeit der Ausdauer die Zeit ihres

---

[33] Vgl. Weiß 212-213, der freilich die natürlichen Verhältnisse glaubt umkehren zu können und zu müssen, so daß nicht die gemeinsame Abstammung das gemeinsame Schicksal des Sohnes und der Söhne begründete, sondern genau umgekehrt. Nun ist gewiß unbestritten, daß ein gemeinsames Schicksal Solidarität zwischen den Schicksalsgenossen zu stiften vermag. Das ändert aber nichts an ihrer je unterschiedlichen Herkunft.

irdischen Lebens ist. Gemessen an den meisten apokalyptischen Vorstellungen, welche die Zeit bis zur Rettung in großen Weltperioden rechnen, ist die Zeit des individuellen irdischen Lebens wahrhaftig nur „noch eine ganz, ganz kurze Zeit". Jedem Glaubenden wird Christus im Tod begegnen und ihm wirkmächtig bestätigen, was er im irdischen Leben geglaubt hat, daß nämlich die sichtbare Welt aus der unsichtbaren entstanden und unsere Heimat in der festgegründeten Stadt des Himmels liegt. Durch den Tod hindurch wird der Glaubende in sie einziehen und so das verheißene Gut erlangen. In Hebr 10,36-39 bringt der Hebräerbriefautor also keineswegs seine gespannte Erwartung der nahen Parusie Christi zum Ausdruck. Im Gegenteil: Versteht man hier die Verheißung und den Glauben in dem Sinn, den sie in Hebr 11 gewinnen, so wird klar, daß sich die mit dem Zitat aus Hab 2,3b-4 verbundene universalgeschichtliche Parusievorstellung im Kontext des Hebräerbriefes in eine individualanthropologische Vorstellung davon gewandelt hat, daß der Glaubende in seinem persönlichen Tod Christus begegnet und dadurch endgültig das Leben gewinnt. Freilich darf man sich diese Begegnung nicht so vorstellen, als gewähre Christus jedem einzelnen Verstorbenen im Himmel gewissermaßen eine Privataudienz. Der soteriologische Lebensgewinn realisiert sich für den Einzelnen vielmehr in der nach seinem Tod durch Christus ermöglichten Teilnahme an der himmlischen Festversammlung (vgl. Hebr 12,22-24).[34] Individualanthropologisch ist diese Vorstellung aber insofern zu nennen, als die Teilhabe an der universalen Lebensgemeinschaft im Himmel für den einzelnen Gläubigen im Durchgang durch den Tod endgültige Wirklichkeit wird.

Berücksichtigt man, daß Hebr 11 unter diesem Vorzeichen steht, so wird auch klarer, inwiefern die alten Zeugen des Glaubens nach Hebr 11,39-40 „das Verheißungsgut nicht erlangt [haben], (weil) Gott für uns etwas Besseres vorgesehen hatte, damit sie nicht ohne uns vollendet würden"[35]. Das Bessere ist aus Sicht des Hebräerbriefes in dem Neuen Bund gegeben, den Christus in seinem Opfertod gestiftet hat. Dieser Neue Bund beinhaltet eine Verheißung, die darin besteht, daß die Glaubenden Zugang zu Gott im Allerheiligsten des Himmels haben (Hebr 10,19.35). Insofern erst Christus durch sein Blut dieses Verheißungsgut erschlossen hat, konnten die Glaubenden des Alten Bundes daran noch keinen Anteil erhalten. Man muß also noch weiter differenzieren und sagen, daß die Alten zwar durch ihren Tod in die Stadt und das Heiligtum der himmlischen Welt eingetreten sind und insofern das ihnen verheißene Gut erlangt haben; sie hatten aber, bevor Christus mit seinem eigenen Blut in das Allerheiligste des Himmels eintrat und so den Weg dorthin eröffnete, noch keinen Zutritt zu diesem Allerheiligsten und mithin keinen Anteil an diesem besseren Verheißungsgut. Hofius erkennt darin im Anschluß an J. Jeremias[36] „die im 1. Jh. n. Chr im Judentum immer stärker hervortretende

[34] Vgl. unten Kapitel 2.3.

[35] Übersetzung von Gräßer XVII/3 216-217.

[36] Vgl. Jeremias, Zwischen Karfreitag und Ostern.

und unter hellenistischem Einfluß ausgebildete Vorstellung, daß die Seelen der entschlafenen Gerechten in einer Art Zwischenzustand in der himmlischen Welt weilen, bis sie bei der Endvollendung mit dem auferweckten Leib wieder vereinigt werden“[37]. Diese Differenzierung des Verheißungsgutes und seiner Erlangung im Alten und im Neuen Bund fällt umso leichter, wenn man sich – wie hier geschehen – im Gefolge von Hofius das himmlische Heiligtum analog zum irdischen in zwei Räume aufgeteilt vorstellt, wobei der eine als das Allerheiligste vom Rest des Heiligtums durch einen Vorhang abgetrennt ist. Wie Christus in seinem Tod durch diesen Vorhang hindurchgegangen ist (Hebr 6,19-20; 10,19-20) und seither im Allerheiligsten zur Rechten Gottes sitzt (Hebr 1,3), so folgen ihm die Glaubenden aller Zeiten in ihrem je eigenen Tod dorthin nach, durchschreiten denselben Vorhang und treten so in das Allerheiligste und die unmittelbare Nähe Gottes ein.[38] Was G. Sellin im Zusammenhang der philonischen Anthropologie schreibt, das gilt in diesem Sinne und im großen Rahmen der ontologischen Unterscheidung von sichtbarer und unsichtbarer Welt auch für den Hebräerbrief: „Der natürliche Tod ändert an Sein oder Nichtsein nichts. Es kommt einzig auf das soteriologische Geschehen an, das überwiegend mit einer Metapher des Ortswechsels bezeichnet wird.“[39]

---

[37] Hofius, Katapausis 181. Freilich fährt Hofius, ebd. 181-182, fort: „Nimmt man den Hebräerbrief in seinen eschatologischen Aussagen ernst, so kann keinen Augenblick zweifelhaft sein, daß er den hellenistischen Jenseitsglauben nicht teilt. Auch stehen in ihm nicht hellenistischer Jenseitsglaube und jüdische Zukunftserwartung nebeneinander [...]. Der Hebräerbrief hat eine ausgesprochene eschatologisch-apokalyptische Zukunftshoffnung und verbindet mit dieser [...] die Vorstellung vom Zwischenzustand der Seelen der Gerechten in der himmlischen Welt.“ Wie Hofius bei gleichzeitiger Anerkenntnis des hellenistischen Einflusses zu diesem apodiktischen Ergebnis kommt, verstehe ich nicht. Bei der Entscheidung dieser Kontroverse spielt jedenfalls die Frage nach dem Stellenwert der Parusie im Hebräerbrief und, damit verbunden, der Auferstehung der Toten (Hebr 6,2) eine ausschlaggebende Rolle. An dieser Stelle sind wir noch nicht in der Lage, darüber zu entscheiden.

[38] Vgl. Hofius, Der Vorhang 77. Dagegen möchte Laub, Bekenntnis 168-221, den räumlichen Aspekt aus dem soteriologischen Entwurf des Hebräerbriefes ganz ausschließen; denn in der räumlichen Vorstellung, so wie er sie deutet, „durchsteht Jesus im Leidensgehorsam den Kreuzestod, geht in den Himmel ein und dort erst ereignet sich das entscheidende Hindurchschreiten durch den Vorhang und das Darbringen des Blutes im Allerheiligsten“ (ebd 175). Er betont dagegen (ebd. 211-212): „Als das überragende Opfer kann der Autor den Kreuzestod deshalb hinstellen, weil er bei der Umsetzung der Erniedrigungs-Erhöhungschristologie in Kultchristologie sagen kann, daß im Darbringen Jesu am Kreuz sich zugleich das hohepriesterliche Hineingehen ereignet“. An dieser Einheit des irdischen Kreuzestodes Jesu mit seiner Darbringung im himmlischen Allerheiligsten ist in der Tat festzuhalten. Sie widerspricht aber nicht der offenkundigen Tatsache, daß die Erlösungstat Jesu im Hebräerbrief mit Hilfe räumlicher Kategorien qualifiziert wird. Denn die räumlichen Kategorien werden in ihrem ursprünglichen Sinn nicht, wie Laub meint, einfach aufgegeben. Sie werden vielmehr, wie wir oben im Kapitel 2.1.2. gesehen haben, in eine ontologische Sicht der Wirklichkeit aufgehoben (im dreifachen Sinn des Wortes).

[39] Sellin, Der Streit 137.

2.3. Die irdische und die himmlische Versammlung

2.3.1. Die Glaubenden zwischen Verheißung und Vollendung

Nun gibt es aber nach wie vor die Glaubenden auf Erden, welche, da sie noch nicht gestorben sind, auch noch nicht in das Allerheiligste des Himmels eingezogen sind. Müssen die Frommen des Alten Bundes also immer noch das Ende der Geschichte abwarten, um dann erst zusammen mit allen anderen Glaubenden vollendet zu werden? Müssen auch die bereits verstorbenen Glaubenden des Neuen Bundes bis dahin noch im Zwischenzustand ausharren? Wenn dem so wäre, gäbe es vor dem Ende der Geschichte überhaupt keine Vollendeten; der Zugang ins Allerheiligste wäre zwar durch Christus schon jetzt eröffnet, vor dem Ende der sichtbaren Welt zöge aber niemand hinein. Gegen diese Vorstellung spricht eindeutig Hebr 12,22-24. Danach gibt es schon jetzt im Himmel die „Geister der vollendeten Gerechten" (πνεύματα δικαίων τετελειωμένων). Die Vollendung kann man aber nach Hebr 7,28 nicht anders als so verstehen, daß sie durch den Einzug in das himmlische Allerheiligste verwirklicht wird. Insofern die in Hebr 12,23 genannten Geister der Gerechten vollendet sind, muß man also von ihnen annehmen, daß sie sich nicht nur auf dem Berg Zion, sondern auch im Allerheiligsten befinden. Dies gilt trotz der Tatsache, daß mit dem Allerheiligsten in Hebr 8-9 und dem Berg Zion in Hebr 12,22 zwei unterschiedliche Bilder für den Ort des Heils verwendet werden. Denn die damit jeweils verbundenen Aussagen sind der Sache nach kompatibel. Folglich darf man auch die benutzten Bilder als komplementär auffassen und miteinander kombinieren. Andernfalls müßte man dem Autor des Hebräerbriefes jeglichen Anspruch auf eine von ihm intendierte Kohärenz seiner Ausführungen absprechen. Man kann also sagen: So wie Christus nach Hebr 8-9 durch seinen Eintritt in das himmlische Allerheiligste zur Vollendung gelangt ist, so hat er den Glaubenden dieselbe Vollendung durch ihren Zugang zu diesem Allerheiligsten ermöglicht. Die verstorbenen Gerechten, die sich nach Hebr 12,22-23 auf dem Zion befinden, sind also, insofern sie vollendet sind, im Gefolge Christi auch bereits in das Allerheiligste des Himmels eingezogen.

Wenn nun zu den Glaubenden, die noch auf Erden leben, gesagt wird, daß sie bereits zu den Geistern der vollendeten Gerechten hinzugetreten sind (προσεληλύθατε), soll das dann etwa heißen, daß sie schon zu irdischen Lebzeiten in das Allerheiligste des Himmels eingetreten sind? Das ist ausgeschlossen, da in diesem Fall die gesamte parakletische und paränetische Bemühung des Hebräerbriefes überflüssig wäre. Wenn seine Adressaten schon vollendet wären, dann hätten sie keine Ausdauer mehr nötig, um das Leben zu gewinnen (Hebr 10,36-39). Dann bestünde auch nicht mehr die Gefahr, daß sie den vom Himmel her Redenden ablehnen (Hebr 12,25). Nun teilen aber die Glaubenden des Neuen Bundes, solange sie auf Erden leben, in einem gewissen Maße das Los der Väter und Mütter des Glaubens, so daß der Hebräerbrief sagen kann (Hebr 13,14): „Nicht nämlich haben wir hier eine bleibende Stadt, sondern die künftige suchen wir" (οὐ γὰρ ἔχομεν ὧδε μένουσαν πόλιν ἀλλὰ τὴν μέλλουσαν ἐπιζητοῦμεν). Die Frage ist also, wie sich die im Perfekt ausgedrückte Behauptung, die Adressaten des Hebräerbriefes seien bereits zu den Vollendeten hinzugetreten, zu der offenkundigen Tatsache verhält, daß auch sie noch ihr irdisches Leben fristen und insofern wie die Alten Fremde und Gäste auf Erden sind. Ihre Fremdheit auf Erden ist in der Hinsicht noch gesteigert, daß sie als Verheißungsgut nicht nur der himmlischen Heimatstadt, sondern im Glauben sogar dem Eintritt ins Allerheiligste selbst entgegensehen, ohne schon dort zu sein. Den Eingang ins himmlische Allerheiligste kann nur der Tod bringen als Übergang von der sichtbaren zur unsichtbaren Welt. „Andererseits ist es ja gerade in diesen Versen das Anliegen des Autors, durch die Anrede ‚Ihr seid ja schon hinzugetreten ...' die Diastase irdisch-himmlisch gleichsam ‚durchlässig' zu machen bzw. zu relativieren und sie so daran zu erinnern, daß sie jetzt schon – auch wenn noch auf dem Wege zur himmlischen Polis (13,14) – im Glauben an der himmlischen Welt teilhaben (6,4f)."[40] Der Zwischenzustand, in dem sich die verstorbenen Glaubenden vor dem Opfer Christi befanden, indem sie zwar in der himmlischen Heimatstadt der unsichtbaren Welt wohnen und sich im dortigen Heiligtum aufhalten konnten, aber keinen Zutritt zum Allerheiligsten hatten – dieser Zwischenzustand hat sich für die Glaubenden des Neuen Bundes gleichsam auf die Erde verlagert. Genauer gesagt, befinden sich die auf Erden lebenden Christen mit dem Besten, was sie haben, nämlich ihrer kraft des Glaubens gewonnenen Einsicht in die unsichtbare Welt des Himmels, bereits in dieser jenseitigen Welt. Sie sehen und grüßen sie nicht, wie die Alten, nur von fern, sondern sind durch ihre Glaubenserkenntnis schon zu ihr hingetreten.

Diese Konzeption erinnert an die Vorstellung in Plutarchs Mythen (Fac 28-30; Socr 22), wonach der Verstand grundsätzlich von der Seele des Menschen zu unterscheiden ist. Nach Socr 22 geht der Verstand eines Menschen gar nicht mit der Seele in den Körper ein, sondern lenkt Leib und Seele vielmehr von außen. Zwar ist der Verstand an den leiblichen Menschen gebunden, aber bei besonders gottesfürchtigen Menschen nur so locker, daß er sich nicht beim Körper aufhalten muß, sondern sich frei im Bereich des Unsichtbaren und Intelligiblen bewegen kann. Gewiß darf man Plutarchs mythische Vorstellungen nicht einfach in allen Einzelheiten auf den Hebräerbrief übertragen. Daran muß schon die Tatsache hindern, daß der Hebräerbrief das Substantiv νοῦς nicht ein einziges Mal verwendet. Dennoch sind zwei Dinge auffällig. Zum einen charakterisiert der Verfasser des Hebräerbriefes die Zugangsweise des Menschen zur

---

40 Weiß 679.

grundlegenden Unterscheidung der sichtbaren von der unsichtbaren Welt in Hebr 11,3 als ein Erkennen (νοεῖν), das sich freilich kraft des Glaubens (πίστει) vollzieht. Dem entspricht, daß er den Glauben in Hebr 11,1 nicht nur als ἐλπιζομένων ὑπόστασις, sondern auch als πραγμάτων ἔλεγχος οὐ βλεπομένων definiert. In seiner Eigenschaft als ἔλεγχος ist der Glaube aber eindeutig eine Möglichkeit des Verstandes. Zum anderen fällt auf, daß der Hebräerbrief an drei Stellen in einer Weise vom menschlichen πνεῦμα redet, die eine deutliche Analogie zum νοῦς bei den Mittelplatonikern aufweist. So ist der Glaubende nach Hebr 12,23 nicht einfach zu den vollendeten Gerechten im Himmel hinzugetreten, sondern genaugenommen zu ihren Geistern (πνεύματα). Daß ein solcher Zutritt zu Geistern ebenfalls im Geiste geschieht, ist eine naheliegende Schlußfolgerung. Hebr 12,9 unterscheidet die Väter unseres Fleisches (οἱ μὲν τῆς σαρκὸς ἡμῶν πατέρες) von dem Vater der Geister (ὁ πατὴρ τῶν πνευμάτων), der Gott selbst ist. Diese Genealogien kann man durchaus im Wortsinn verstehen: Unsere menschlichen Väter sind für unsere leibliche Zeugung und Geburt verantwortlich, während unser Geist vom himmlischen Vater stammt und zum leiblichen Menschen hinzutritt. Die Heimat des Geistes ist und bleibt aber der Himmel, von dem er ausgeht und in den er durch den Tod des Menschen zurückkehrt. Dieselbe Schlußfolgerung hat schon Schierse aus Hebr 12,9 gezogen, „daß der Mensch seinem πνεῦμα, seiner συνείδησις nach, wesentlich zur himmlisch-unsichtbaren Schöpfung gehört. Der Himmel ist ihm wirklich Urheimat und Vaterland. Aber an die Stelle einer mythologischen oder philosophischen Präexistenzlehre ist im Hb der Schöpfungsglaube getreten."[41] Daher befinden sich in der himmlischen Heimat die Geister der Gerechten, und im Geiste treten wir zu ihnen. Hebr 4,12 schließlich unterscheidet den Geist nicht nur vom Leib, sondern auch von der Seele. Dort heißt es, das Wort Gottes sei durchdringend „bis zur Spaltung von Seele und Geist" (ἄχρι μερισμοῦ ψυχῆς καὶ πνεύματος). Ob man das nun so versteht, daß der Geist von der Seele gespalten wird, oder mit Gräßer so, „daß sie jedes *in sich* zerteilt werden"[42] – klar ist in jedem Fall, daß die enge Zusammengehörigkeit von Seele und Geist betont wird.

Aufs ganze gesehen, wird man sich vor zwei Extremen zu hüten haben. Einerseits darf man die mittelplatonische Trichotomie von Leib, Seele und Geist keinesfalls in den Hebräerbrief hineinlesen, weil alle drei Begriffe als pars pro toto für den ganzen Menschen stehen können, so vor allem dort, wo der Hebräerbrief die alttestamentliche Sprachtradition aufnimmt (z.B. Hebr 10,38-39). Andererseits wählt der Verfasser des Hebräerbriefes seine Begriffe durchaus genau, um den Menschen jeweils in einer ganz bestimmten Hinsicht anzusprechen. Letzteres gilt für alle drei Stellen, wo vom menschlichen πνεῦμα die Rede ist. Dort wird deutlich, daß der Geist

---

41 Schierse 119.

42 Gräßer XVII/1 235.

des Menschen in die verstandesmäßige Welt hineinragt, weil er von dort stammt und dorthin zurückkehrt, wohingegen der Leib untrennbar mit der irdischen Existenz des Menschen verbunden ist (vgl. Hebr 5,7; 9,10.13; 10,20; 12,9). Fremder und Gast auf Erden ist der Mensch demnach aufgrund seiner seelisch-geistigen Konstitution. Diese befähigt ihn aber zugleich, schon zu irdischen Lebzeiten in gläubigem Geiste in das Heiligtum der himmlischen Heimatstadt einzutreten. Ja, sogar im Allerheiligsten kann sich die gläubige Seele schon jetzt festmachen, freilich ohne schon dort zu sein, sondern allein in der Hoffnung: „In ihr haben wir einen sicheren und festen Anker der Seele, der hineinreicht in das Innere hinter dem Vorhang“ (Hebr 6,19: ἣν ὡς ἄγκυραν ἔχομεν τῆς ψυχῆς ἀσφαλῆ τε καὶ βεβαίαν καὶ εἰσερχομένην εἰς τὸ ἐσώτερον τοῦ καταπετάσματος).

2.3.2. Die irdische Gemeinde und der himmlische Kult

Daß die menschliche Seele im Geiste der Glaubenserkenntnis schon zu irdischen Lebzeiten im Allerheiligsten der himmlischen Welt verankert ist, bleibt für die Glaubenden jedoch keine abstrakte Überzeugung, sondern manifestiert sich in ihrem Gottesdienst. Eine solche Konzeption ist für einen Autor, der seine gesamte Christologie kulttypologisch entfaltet, naheliegend. Christus als Hoherpriester vollzieht im himmlischen Allerheiligsten ein für allemal den Sühneritus zur Vergebung der Sünden. Bei diesem Kult sind all die Himmelsbewohner zugegen, die in Hebr 12,22-24 genannt werden. Mit ihnen vereint sich die irdische Gemeinde der Glaubenden in ihrem Gottesdienst und wohnt so gleichfalls der himmlischen Zeremonie bei. „Die Spannung zwischen christlicher Gegenwart und endzeitlicher Vollendung scheint im kultischen Erleben zugleich aufgehoben und verschärft.“[43] Dieser gottesdienstliche Zusammenhang tritt an der Sprache und den Motiven, die der Hebräerbriefautor verwendet, hervor. Zwar ist das Verbum προσέρχεσθαι „nicht unzweideutig kultisch zu verstehen“[44], aber im Gebrauch des Hebräerbriefes[45] vom jeweiligen Kontext her doch stets *auch* kultisch.[46] An unserer Stelle Hebr 12,22 wird die Schar der Erstgeborenen im Himmel nicht nur ἐκκλησία, sondern auch πανήγυρις genannt. „Das neutestamentliche hap. leg. πανήγυρις, das sich als christlicher Terminus nicht durchgesetzt hat, bezeichnet in paganen Texten die *Versammlung* bzw. die *Festversammlung* des ganzen Volkes, besonders zu kultischen Anlässen und Feiern [...], die auch mit einem Opfer (θυσία) verbunden sein können“[47]. Das Wort ist in diesem Sinne mit Bedacht gewählt, hat sich die Gemeinde doch nach Hebr 12,24 um

---

43 Schierse 165.
44 Gräßer XVII/3 310; vgl. Löhr, Umkehr 251-271.
45 Vgl. Hebr 4,16; 7,25; 10,1.22; 11,6; 12,18.
46 Dagegen Weiß 675-676.
47 Gräßer XVII/3 315.

den Hohenpriester Jesus als den Mittler eines Neuen Bundes (διαθήκης νέας μεσίτης Ἰησοῦς)[48] versammelt, um mit seinem Opferblut besprengt zu werden (αἷμα ῥαντισμοῦ).[49]

Um die eben erläuterte Vorstellung des Hebräerbriefautors in der Intention ihrer Aussage richtig zu verstehen, bedarf es einer hermeneutischen Erklärung. Der Verfasser benutzt zwar räumliche und zeitliche Kategorien, um seine soteriologische Botschaft auszudrücken. Er unterliegt dabei aber einem Zwang, den jeder sprachliche Ausdruck mit sich bringt. Man muß sich vergegenwärtigen, daß es ihm im Horizont mittelplatonischen Denkens um eine ontologisch fundierte Soteriologie zu tun ist. Nimmt man diesen Ansatz ernst, dann darf man die in den Vorstellungen des Hebräerbriefes implizierten räumlichen und zeitlichen Aspekte keinesfalls überbetonen. Denn diese Aspekte haben eine dienende Funktion gegenüber der jeweils angezielten ontologischen Aussage. Diese Voraussetzung zeitigt konkrete Folgen für das Denken und den Ausdruck des Hebräerbriefautors. So würde es ihm keinerlei Schwierigkeiten bereiten, eine riesige Festversammlung – wie in Hebr 12,22-24 beschrieben – im himmlischen Allerheiligsten zu verorten. Denn worauf es ihm ankommt, ist nicht die Lokalisierung der genannten Festversammlung im ursprünglich räumlichen Sinn, sondern im Zuge mittelplatonischen Denkens die ontologische Qualifizierung ihres Heilsstandes mittels der verwendeten räumlichen Kategorien. Tatsächlich spielen die irdisch gedachten räumlichen Kategorien in der ontologischen Wirklichkeit des Himmels überhaupt keine Rolle mehr. So ist es also auch an dieser Stelle noch ohne weiteres möglich, die oben favorisierte Kombination der komplementären räumlichen Bilder vom Berg Zion und vom Allerheiligsten beizubehalten. Dasselbe gilt mutatis mutandis für die eingesetzten zeitlichen Kategorien. Wenn der Hebräerbrief im Perfekt oder Aorist vom (ἐφ)άπαξ des Selbstopfers Christi spricht, dann betont er damit nicht im zeitlichen Sinne die endgültige Abgeschlossenheit dieser Handlung, sondern ontologisch ihre unüberbietbare Qualität im Hinblick auf Sündentilgung und Rettung. Insofern das Opfer Christi im Himmel stattfindet, hat es teil an der ontologischen Qualität, die dieser Raum metaphorisch bezeichnet. Wie es in der himmlischen Wirklichkeit keinen Raum gibt, so gibt es auch keine Zeit. Insofern geschieht dort alles im immerwährenden Präsens (aber auch das kann nur eine unbeholfene Umschreibung sein). Nur so macht die Aufforderung an die Gemeinde in Hebr 10,19-25, zum himmlischen Geschehen hinzuzutreten, überhaupt Sinn. Verstünde man sie zeitlich, so käme die irdische Gemeinde nach dem einmal geschehenen Selbstopfer Jesu in seinem Tod gewissermaßen immer schon post festum. Tatsächlich ist aber die himmlische Wirklichkeit im gottesdienstlichen Geschehen Gegenwart. Diesem Verhältnis der

---

48 Vgl. Hebr 8,6; 9,15.
49 Vgl. Hebr 10,22.

irdischen Gottesdienstgemeinde zur himmlischen Festversammlung muß im folgenden noch nachgegangen werden.

Hebr 12,22-24 zählt zwar die Teilnehmer an der himmlischen Festversammlung auf. Hebr 10,19-25 bringt aber diesen Kult, der dort mit denselben wiederkehrenden Motiven beschrieben wird, in einen engen Zusammenhang mit der Versammlung der irdischen Gemeinde zum Gottesdienst. Eingangs faßt Hebr 10,19 die christologischen Kapitel Hebr 7,1-10,18 in ihrer soteriologischen Relevanz für die Glaubenden zusammen: „Da wir nun, Brüder, Freimut zum Eintritt in das Heiligtum im Blut Jesu haben ..." (Ἔχοντες οὖν, ἀδελφοί, παρρησίαν εἰς τὴν εἴσοδον τῶν ἁγίων ἐν τῷ αἵματι Ἰησοῦ). Im Blut Jesu sind „unsere Herzen gereinigt von schlechtem Gewissen" (Hebr 10,22: ῥεραντισμένοι τὰς καρδίας ἀπὸ συνειδήσεως πονηρᾶς). Auf diese Heilszusage baut der Hebräerbriefautor in Hebr 10,22-25 drei Kohortative (προσερχώμεθα, κατέχωμεν, κατανοῶμεν). Der Weg ins Allerheiligste des Himmels steht seit Christi Opfertod offen, wenn auch die Glaubenden zu ihren irdischen Lebzeiten nicht dort eintreten. Vorerst gilt es, zur dortigen Festversammlung (vgl. Hebr 12,22-24) hinzuzutreten. Dieser uns im Glauben garantierte Einzug in das unsichtbare Heiligtum des Himmels hat einen futurischen und einen präsentischen Aspekt, die sich beide in entsprechenden Haltungen Ausdruck verschaffen. Einerseits gehen wir erst in unserem Tod in die jenseitige Welt hinüber. An diesem unwandelbaren Bekenntnis der Hoffnung gilt es aber hier und heute festzuhalten (κατέχωμεν τὴν ὁμολογίαν τῆς ἐλπίδος ἀκλινῆ). Andererseits ist unser Heilsstand, soweit dies auf Erden möglich ist, in Taten der Liebe und in der gottesdienstlichen Versammlung bereits konkret erfahrbare Wirklichkeit. Deshalb sollen die Christen diese Grundvollzüge nicht vernachlässigen (κατανοῶμεν ἀλλήλους εἰς παροξυσμὸν ἀγάπης καὶ καλῶν ἔργων, μὴ ἐγκαταλείποντες τὴν ἐπισυναγωγὴν ἑαυτῶν). Diese Mahnung wird umso dringlicher, je näher der Tag rückt, welcher dem gläubigen Hinzutreten zum Neuen Bund eine endgültige Frist setzt. Wer dann das verheißene Gut erlangen will, der muß zuvor die Verheißung im Glauben angenommen haben. Die Frist der Bewährung im Glauben ist aber das irdische Leben, so daß wir auch hier als die entscheidende Grenze zwischen der Verheißung in der sichtbaren Welt und ihrer Erfüllung in der unsichtbaren Welt den Tod annehmen müssen. Der nahende eschatologische Gerichtstag ist dann der Sterbetag der einzelnen Gläubigen. Bevor wir aber durch den Tod hindurch in die Festversammlung im himmlischen Allerheiligsten aufgenommen werden, sind wir im Glauben mit ihnen verbunden. Dieser Glaube wird konkret in der Liebe und im Gottesdienst der Gemeinde, in dem wir schon jetzt am dortigen Kult teilnehmen.[50]

---

50 Vgl. Schierse 57: „In das wahre Allerheiligste, den Himmel, gelangt man nur durch einen ‚Raum', der in der gleichen Ebene des Himmlisch-Wirklichen liegt."

Einen vergleichbaren Zusammenhang zwischen irdischem und himmlischem Kult mag wiederum eine Stelle aus Plutarchs Sullamythos verdeutlichen, der ihn in ähnlicher Weise bestimmt. Dort wird die Freude, die eine Seele empfindet, wenn sie von der Erde in ihre Heimat auf dem Mond zurückkehrt, mit den Erlebnissen einer kultischen Mysterienfeier verglichen: „Dann, gleichsam aus der Fremde der Verbannung in die Heimat zurückgekehrt, genießen sie [sc. die Seelen] eine Freude, welcherart sie die, die in Mysterien eingeweiht werden, am ehesten, mit Lärm und Schrecken vermischt, mit froher Hoffnung haben."[51] Die Seele weilt auf Erden in der Fremde. Einen Vorgeschmack auf ihre Heimkehr vermag ihr aber schon zu irdischen Lebzeiten die Mitfeier des Kultes zu geben. Im Hebräerbrief finden wir einen analogen Zusammenhang: Der Glaubende ist Fremder und Gast auf Erden, wird aber in der gläubigen Mitfeier des Gottesdienstes, in dem „eine Art proleptischer Vorwegnahme der (an sich) noch ausstehenden Heilsvollendung geschieht"[52], in seine himmlische Heimat versetzt und tritt zu den dort schon Vollendeten hinzu (προσεληλύθατε). Die Teilnahme am himmlischen Kult erhält dabei einen umso höheren Stellenwert, als der Hebräerbrief den Gottesdienst der irdischen Gemeinde nicht als Kult auffaßt. „Als ‚profane' Versammlung ist die Gemeinde Teilnehmerin am himmlischen Kult. Ἐπισυναγωγή bringt beide Momente präzise auf den Begriff. Der Terminus kennzeichnet die irdisch versammelte Gemeinde insofern als eine ganz unkultische Versammlung, als die eigentliche Kultgemeinde sich im Himmel versammelt (12,22-24)."[53]

2.3.3. Die Gemeinde der Erstgeborenen

In diesem Zusammenhang wurde immer wieder darüber gerätselt, ob es sich bei der „Gemeinde der Erstgeborenen" (Hebr 12,23: ἐκκλησία πρωτοτόκων) um die irdische oder die himmlische Gemeinde handelt.[54] Für die Auslegung auf die irdische Gemeinde hin wird angeführt, daß die genannten Erstgeborenen ja im Himmel erst verzeichnet seien (ἀπογεγραμμένοι ἐν οὐρανοῖς) und deswegen noch nicht dort angekommen sein könnten. Dieses Argument ist freilich kaum stichhaltig; denn wenn die Erstgeborenen von der Erde in den Himmel einziehen, dann aufgrund ihrer Eintragung in das Buch des Lebens. Wieso sollte dieser Grund ihrer himmlischen Existenz mit deren Verwirklichung gelöscht werden? Auch sonst kann kein

---

[51] Fac 28,943c10-13: εἶθ' οἷον ἐξ ἀποδημίας ἀνακομιζόμεναι φυγαδικῆς εἰς πατρίδα γεύονται χαρᾶς οἷαν οἱ τελούμενοι μάλιστα θορύβῳ καὶ πτοήσει συγκεκραμένην μετ' ἐλπίδος ἡδείας ἔχουσι.

[52] Weiß 675.

[53] Gräßer XVII/3 29.

[54] Vgl. die Diskussion bei Gräßer XVII/3 316-318, dessen Position ich in vollem Umfang teile. Dagegen Weiß 679, demzufolge die Ausdrucksweise in Hebr 12,23 „eigentümlich ‚in der Schwebe' zwischen Himmel und Erde" bleibt.

Zweifel bestehen, daß die Gemeinde im Himmel gemeint ist. Das ergibt sich allein schon daraus, daß im anderen Falle die irdische Gemeinde zu sich selbst hinzuträte – eine Vorstellung, welcher schwerlich ein guter Sinn abzugewinnen wäre.

Vor allem ist aber zu beachten, daß die Gemeinde als diejenige der Erstgeborenen qualifiziert und zusammen mit „Tausenden von Engeln" (μυριάδες ἀγγέλων) erwähnt wird. Die gemeinsame Nennung mit den Engeln hat zu der Meinung Anlaß gegeben, es handle sich auch bei der Gemeinde der Erstgeborenen um Engel, und zwar um eine bestimmte Klasse von Engeln, die als diejenige der Erstgeborenen als eine der höchsten Klassen anzusehen wäre. Gegen diese Deutung spricht jedoch ganz entschieden der enge begriffliche wie motivliche Zusammenhang mit Hebr 1,6. Dort wird Christus als der Erstgeborene scharf von den Engeln unterschieden; mehr noch: Der Skopus der ganzen Aussage liegt in genau dieser Unterscheidung. Christus ist der erstgeborene Sohn Gottes, der durch seine Inkarnation in die sichtbare Welt gekommen ist (vgl. Hebr 10,5-7) und den die Engel des Himmels aus Anlaß seiner Rückkehr in die Welt des Himmels anbeten. Wenn nun in Hebr 12,22-23 ebenfalls die Erstgeborenen in einem Atemzug mit den Engeln genannt werden, dann wird man an einen ähnlichen Zusammenhang zu denken haben. So stammt der Mensch, wie bereits erläutert, in seiner geistigen Verfaßtheit vom Vater im Himmel ab (Hebr 12,9) und kehrt nach seinem leiblichen Tode in den Himmel zurück, um dort vollendet zu werden. Wie Christus anläßlich seiner Einführung in die himmlische Welt als Erstgeborener angesprochen wird, so trägt auch die Gemeinde der Glaubenden, die nach ihrer Existenz in der irdischen Fremde in die Welt ihrer himmlischen Heimat zurückgekehrt ist, diesen Titel. Wie bei Christus erfolgt diese Heimkehr in den Himmel auch für die Gläubigen im Durchgang durch den irdischen Tod. Indem der Gemeinde, die in den Himmel einzieht, derselbe Ehrentitel wie Christus zugestanden wird, erhält sie ein Prädikat höchster Würde, ohne daß sie doch mit Christus in denselben Rang erhoben würde. Denn von einer Anbetung der Gemeinde der Erstgeborenen durch die Engel ist bezeichnenderweise nicht die Rede, obwohl die jüdische Tradition dafür Anhaltspunkte böte.[55]

Ist die Identität der Gemeinde der Erstgeborenen auf diese Weise bestimmt, so kann sie doch noch zwei Fragen provozieren, die bisher ohne Antwort geblieben sind. Zum einen mag es verwundern, daß es sich nach der oben gegebenen Auslegung von Hebr 12,22-24 bei den „Geistern der vollendeten Gerechten" und der „Gemeinde der Erstgeborenen" um dieselbe Personengruppe handelt, die scheinbar ohne erkennbare Motivation zweimal erwähnt wird. Denn beide Gruppen wurden oben als die verstorbenen Glaubenden, die in die himmlische Heimat

---

[55] Vgl. Teil I, Kapitel 3.4.1.

zurückgekehrt sind, identifiziert. Dieses Problem stellt sich aber nur dann, wenn man die formale Struktur der Aufzählung in Hebr 12,22-24 nicht angemessen wahrnimmt. Die Tatsache, daß sich kein mathematisch genaues Gliederungsprinzip erkennen läßt,[56] sollte umgekehrt nicht dazu verführen, offenkundige Bezüge der einzelnen Glieder der Aufzählung zueinander in ihrer Bedeutung zu unterschätzen. Die Reihung mit dem achtfachen καί läßt zunächst auf eine Aufzählung mit acht gleichwertigen Gliedern schließen. Dazu kommt die Beobachtung, daß die beiden ersten und die beiden letzten Glieder der Reihe offensichtlich als Paar jeweils zusammengehören: Zion und Jerusalem als Ortsangaben am Anfang, der Mittler Jesus und das Blut der Besprengung als Kurzbezeichnung für die Hohepriestersoteriologie des Hebräerbriefes am Ende. Diese beiden Paare haben wohl dazu verleitet, dieselbe Art der Paarbildung auch für die mittleren vier Glieder der Reihe anzunehmen, so daß die Myriaden von Engeln und die Gemeinde der Erstgeborenen einerseits, der Richtergott und die Geister der vollendeten Gerechten andererseits jeweils ein Paar bilden würden.[57] Die paarweise Gliederung der vier mittleren Glieder ergibt sich jedoch nicht ohne weiteres. Denn daß die im Himmel Verzeichneten als Gemeinde der Erstgeborenen ontologisch gerade von den Engeln abzusetzen sind, wurde oben gezeigt. Dasselbe gilt sogar noch verstärkt für das Verhältnis des Richtergottes zu den anschließend erwähnten Geistern der Gerechten.[58] Eine zwanglose Anordnung der einzelnen Glieder ergibt sich dagegen, wenn man eine konzentrische Struktur annimmt. In der Mitte der gesamten Aufzählung steht Gott, der Richter aller. Dadurch kommt formal zum Ausdruck, was auch der Sache nach stimmt: Gott ist das Zentrum der ganzen himmlischen Versammlung. Bei der zweimaligen Erwähnung der verstorbenen Glaubenden – einmal als Gemeinde der Erstgeborenen und einmal als Geister der vollendeten Gerechten – handelt es sich sodann nicht um eine unmotivierte Doppelung, sondern um die Durchführung der konzentrischen Struktur. Diese transportiert zugleich einen sinnvollen Inhalt: Gott als Richter ist im Himmel von denjenigen umgeben, die auf Erden an sein Sein und Richtersein geglaubt haben (vgl. Hebr 11,6). Die beiden äußeren Paare beziehen sich gleichfalls sinnvoll aufeinander. Denn Zion und Jerusalem geben sowohl lokal-historisch als auch im übertragenen Sinn ontologisch-soteriologisch den Ort an, an dem der Mittler Jesus mit seinem eigenen Blut den neuen Bund stiftet. Dieser Bezug erhärtet noch einmal die oben aufgestellte These, daß sich die Bilder vom Allerheiligsten und von Zion/Jerusalem komplementär ergänzen, wenn sie in räumlichen Kategorien ontologisch-soteriologische Qualifikationen vornehmen. Denn nach Hebr 8-9 übt Christus die

56 Vgl. Gräßer XVII/3 311; Weiß 673.
57 Vgl. Michel 462; Theißen 65.
58 Vgl. unten Kapitel 2.4.

Mittlerschaft kraft seines Blutes im himmlischen Allerheiligsten aus; hier tut er dasselbe, wenn man die konzentrische Struktur ernst nimmt, im himmlischen Zion/Jerusalem.

Ein Glied scheint sich freilich, geht man von der erwähnten Achterreihe aus, dem beschriebenen konzentrischen Aufbau zu widersetzen, weil es darin scheinbar keinen Platz findet: die Myriaden von Engeln, die an dritter Stelle genannt werden. Dadurch wird jedoch nicht die konzentrische Struktur der Aufzählung fraglich, sondern ihre anfängliche Einteilung in acht Glieder. Tatsache ist nämlich, daß in der angenommenen Achterreihe der Begriff πανήγυρις nach μυριάδες ἀγγέλων formal jedenfalls stört. Bezieht man ihn als Apposition auf die Myriaden von Engeln, so steht er gegenüber der Struktur der restlichen sieben Glieder über. Zieht man ihn zu dem nachfolgenden Ausdruck ἐκκλησία πρωτοτόκων, so verliert das dazwischenstehende καί seine gliedernde Funktion in der Reihe und verbindet statt dessen die beiden Ausdrücke πανήγυρις und ἐκκλησία zu einem Hendiadyoin. In beiden verliert die Aufteilung der Reihe in acht Glieder ihre formale Plausibilität. Da sich ein konzentrischer Aufbau mit sieben Gliedern bis hierher formal wie sachlich bewährt hat, stellt sich nur noch die Frage, ob καὶ μυριάσιν ἀγγέλων πανηγύρει zum vorausgehenden Paar der Ortsangaben oder zur nachfolgenden Gemeinde der Erstgeborenen gehört. Eine zu enge Assoziation der Engel mit den Erstgeborenen wurde aber oben bereits aus gutem Grund abgelehnt. Die Lokalisierung der Engel im himmlischen Jerusalem ist dagegen eine Selbstverständlichkeit. Die herausgearbeitete konzentrische Struktur wird dadurch nicht angetastet. Man darf sie nur nicht im mathematischen Sinn verstehen, weil dann drei Glieder am Anfang nur zweien am Ende gegenüberstünden. Sieht man von der Zahl der Glieder ab, bleibt der starke inhaltliche Bezug bestehen: Der Hohepriester Jesus betritt als Mittler mit seinem eigenen Blut den Zion, das Jerusalem, das Allerheiligste des Himmels und empfängt aus diesem Anlaß die Huldigung der Engel. Diese Sicht ergibt sich aus der systematischen Zusammenschau von Hebr 1,6; 8-9; 12,22-24.

Nachdem die Frage nach der Identität der Gemeinde der Erstgeborenen mit den Geistern der vollendeten Gerechten auf diese Weise beantwortet ist, müssen wir uns noch kurz mit einem weiteren möglichen Einwand beschäftigen. Ich habe bisher immer von *den* Geistern der vollendeten Gerechten gesprochen, bin also davon ausgegangen, daß es sich ausnahmslos um alle handelt. Nun fällt aber auf, daß die Glieder der Aufzählung in Hebr 12,22-24 sämtlich ohne Artikel stehen. Jedes Glied könnte demnach grammatikalisch jeweils auch nur eine Teilmenge aus einer Gruppe meinen. Dagegen sprechen jedoch stilistische und inhaltliche Gründe. Das Fehlen der Artikel im Griechischen muß noch lange nicht heißen, daß man sie auch im Deutschen nicht setzen darf. Ob Artikel stehen, ist im Griechischen oft mehr eine Frage des Stils. Im Hinblick auf Hebr 12,18-24 stellt Weiß zu Recht fest: „In rhetorischer Hinsicht ist es ein geradezu

‚panegyrischer' Stil (V.22!), dessen sich der Autor hier befleißigt, bereits in formaler Hinsicht wirksam unterstrichen durch das Fehlen aller Artikel."[59] Folgerichtig übersetzt Weiß alle Glieder in Hebr 12,22-24 mit Artikel.[60] Zum stilistischen gesellen sich inhaltliche Gründe. Die meisten Glieder ergeben im Sinne des Hebräerbriefes nur einen Sinn, wenn sie eine einzige Größe vollständig bezeichnen. Das ist bei Zion, Jerusalem, Gott und dem Mittler Jesus der Fall. Ein formaler Zwang, den Artikel zur Bezeichnung der inhaltlichen Vollständigkeit und Ausschließlichkeit zu setzen, besteht an dieser Stelle also gerade nicht. Ein weiteres inhaltliches Argument ergibt sich aus der Gesamtkonzeption des Hebräerbriefes, wie wir sie bis hierher kennengelernt haben. Danach ist der ontologische Ort der Gerechten, insofern sie vollendet sind, notwendigerweise der Himmel und das himmlische Allerheiligste. Denn nirgendwo sonst gibt es im ontologischen Konzept des Hebräerbriefes einen Platz für Vollendung.[61] Im Deutschen muß also geradezu der Artikel gesetzt werden, um auszudrücken, daß ausnahmslos alle vollendeten Gerechten als die einzige Gemeinde der Erstgeborenen an der ontologischen und soteriologischen Wirklichkeit des Himmels teilhaben.

2.4. Vor Gottes Thron im himmlischen Allerheiligsten

2.4.1. Gott, Jesus und die Menschen – Richter, Mittler und Glaubende

Die Gemeinde der Erstgeborenen zieht also im Gefolge des Erstgeborenen Christus in das Allerheiligste des Himmels ein und tritt somit vor den Thron Gottes (vgl. Hebr 4,16; 8,1; 12,2). Bis hierher war unser Augenmerk in Hebr 12,22-24 ausschließlich auf die um den Thron Gottes Versammelten gerichtet. Nun gilt es, den Blick zu weiten und die Verhältnisse wahrzunehmen, die in dem Dreieck zwischen Gott, Jesus und der himmlischen Festversammlung im Allerheiligsten bestehen. Die irdische Gemeinde ist zu dieser Versammlung im Tempel hinzugetreten, bleibt aber zu hiesigen Lebzeiten außerhalb des Allerheiligsten. Gott tritt in der himmlischen Versammlung als Richter aller auf (κριτῆς θεὸς πάντων), Jesus als der Mittler eines neuen Bundes (διαθήκης νέας μεσίτης Ἰησοῦ). Vom Gericht war im Zusammenhang von Hebr 9,27-28 in Verbindung mit Hebr 6,2; 10,26-31 schon einmal die Rede.[62] Wir werden uns der Frage erneut zuwenden müssen, wann das dort erwähnte Gericht nach Ansicht des Hebräerbriefautors stattfindet und wer dabei welche Rolle spielt. Gott allein kommt es jedenfalls zu, Vergeltung in Form von Lohn und Strafe zu üben. Er ist der μισθαποδότης (Hebr 11,6), der die gerechte

59 Weiß 669.
60 Weiß 669; ebenso Gräßer XVII/3 302.
61 Vgl. oben Kapitel 3.3.1.
62 Vgl. Teil I, Kapitel 4.2.

μισθαποδοσία (Hebr 2,2; 10,35; 11,26) zuteilt. Deshalb muß der Mensch, der das von Gott verheißene Gut erlangen will, ein Gott wohlgefälliges Leben führen. Dies drückt der Hebräerbrief mit der Wortfamilie εὐαρεστεῖν κτλ. (Hebr 11,5-6; 12,28; 13,16.21) und dem Verbum εὐδοκεῖν (Hebr 10,6.38) aus. Gott wohlgefallen kann man aber nur im Glauben. Dieser ganze Zusammenhang verdichtet sich in Hebr 11,6 in einer Kurzformel des Glaubens: „Ohne Glauben aber ist es unmöglich wohlzugefallen; glauben nämlich muß der, welcher zu Gott hinzutritt, daß er ist und denen, die ihn suchen, ein Lohner wird" (χωρὶς δὲ πίστεως ἀδύνατον εὐαρεστῆσαι· πιστεῦσαι γὰρ δεῖ τὸν προσερχόμενον τῷ θεῷ ὅτι ἔστιν καὶ τοῖς ἐκζητοῦσιν αὐτὸν μισθαποδότης γίνεται). Jesus fällt beim Gericht, wenn die Menschen zum Thron Gottes hinzutreten (vgl. Hebr 4,16; 7,25; 10,1.22; 12,22), die Rolle des Mittlers (vgl. Hebr 8,6; 9,15; 12,24) und Retters (vgl. Hebr 1,14; 2,3.10; 5,9; 6,9; 9,28) zu. Diese Mittlerrolle Jesu wirft die Frage auf, ob er damit auch, so wie die Engel, eine Mittelstellung zwischen Gott und den Menschen einnimmt. Diese Frage wird in Hebr 1,5-14 entschieden verneint.

2.4.2. Der Gott wohlgefällige Glaube

Wir setzen bei der Kurzformel des Glaubens in Hebr 11,6 an. Sie enthält zwei Teile: „Auf die These in V.6a folgt in V.6b deren Begründung bzw. Erläuterung (γάρ), die das durch die LXX-Vorlage vorgegebene εὐαρεστεῖν τῷ θεῷ in das für den Hebr charakteristische προσέρχεσθαι τῷ θεῷ überführt und zugleich den Glauben, von dem hier die Rede ist, hinsichtlich seines Gegenstandes präzisiert."[63] In V.6a formuliert der Verfasser des Hebräerbriefes einen Grundsatz, der erklären soll, weshalb er Henoch für einen Glaubenden hält (V.5), obwohl ihm die Schrift nicht ausdrücklich den Glauben zuschreibt. In Gen 5,24 LXX lesen wir: καὶ εὐηρέστησεν Ενωχ τῷ θεῷ καὶ οὐχ ηὑρίσκετο, ὅτι μετέθηκεν αὐτὸν ὁ θεός. Wendet man den in Hebr 11,6a nachgeschobenen Grundsatz auf die Aussage der Septuaginta an, so folgt aus der Gottwohlgefälligkeit des Henoch zwingend sein Glaube als der einzig mögliche Grund dieses Wohlgefallens. „Solche Grundsätze formuliert der Hebr auch sonst gerne mit dem kompromißlosen ἀδύνατον *es ist unmöglich* (vgl. 6,4.18; 10,4). Sie rücken damit in den Rang der ausnahmslos gültigen Regel."[64] Die Wohlgefälligkeit eines Menschen gegenüber Gott bestimmt der Hebräerbrief auch an dieser Stelle mit der Kategorie der Nähe und Ferne: Gott zu gefallen heißt, ihm nahen zu dürfen. Dieses Hinzutreten zu Gott geschieht, wie oben ausgeführt, in der gläubigen Erkenntnis der wahren Verhältnisse der Welt und konkretisiert sich in einem Leben aus der Liebe und im Gottesdienst der Gemeinde.

---

[63] Weiß 578.
[64] Gräßer XVII/3 115.

Nachdem so die Heilsrelevanz des Glaubens im Angesicht Gottes, des Richters aller (vgl. Hebr 12,23), festgestellt ist, wird der Glaubensbegriff in V.6b auf zweifache Weise inhaltlich gefüllt. „Diese ‚zwei Artikel'[65] also – Gottes Existenz und sein Belohnen – gehören zum christlichen Elementarunterricht über die πίστις ἐπὶ θεόν (6,1), natürlich nicht als Definition eines Minimums des christlichen Glaubens, sondern primär als Angabe des Grundes, warum Henoch in die Wolke der Zeugen einbezogen wird: Sein ‚glaubendes Setzen auf Gott'[66] muß jedermann als conditio sine qua non des ihm zuteil gewordenen Zeugnisses einsehen. Trotzdem erhält der Satz durch die grundsätzliche Redeweise eine den konkreten Fall übersteigende allgemeine Bedeutung: Ohne diese zwei Artikel ist überhaupt kein Glaube vorstellbar."[67] Dabei ist der direkte Rückbezug auf Hebr 11,1 besonders zu beachten, wo der Glaube komplementär in V.1a als ἐλπιζομένων ὑπόστασις und in V.1b als πραγμάτων ἔλεγχος οὐ βλεπομένων definiert wird. „Der erste Artikel nimmt V 1b auf und ist ‚griechisch gedacht und formuliert'[68]. Der zweite Artikel bezieht sich auf V 1a und ist ‚allgemein-religiös und alttestamentlich-jüdisch'[69] formuliert. Damit ist Hebr 11,6b gleichsam Schnittpunkt zweier Glaubensweisen (Buber): Pistis als ‚Für-wahr-Halten' kommt von den Griechen, Emuna als Vertrauen in Gottes gerechtes Vergelten von den Juden."[70]

2.4.3. Das Sein Gottes

2.4.3.1. Die Aspekte der Seinsbehauptung

Dem Themenkomplex des Gerichts wollen wir uns später zuwenden. Hier sei zunächst auf den erstgenannten Glaubensartikel abgehoben: „Glauben nämlich muß der, welcher zu Gott hinzutritt, daß er ist." Die mögliche Frage, ob sich der Hebräerbrief mit dieser Aussage gegen den theoretischen oder den praktischen Atheismus wende, legt in dreierlei Hinsicht ein zu grobes Raster an den Text an.

Erstens kann man weder im theoretischen noch im praktischen Sinne von *dem* Atheismus schlechthin sprechen, sondern muß genauer definieren, welche Lehre beziehungsweise Haltung man darunter versteht. Theoretischer Atheismus reicht von der ausdrücklichen Leugnung der Existenz Gottes über die Ablehnung eines persönlichen Gottes oder des Gottesbegriffs bis hin zum Agnostizismus, wonach man die Frage nach der Existenz Gottes nicht entscheiden kann.[71] Differenziert man auf diese

---

65 Windisch 100.
66 Hegermann 228.
67 Gräßer XVII/3 114-115.
68 Braun 348.
69 Braun 348.
70 Gräßer XVII/3 115.
71 Vgl. Hügli/Lübcke 61.

Weise im Begriff des theoretischen Atheismus, so kann man sagen, daß jede Art von praktischem Atheismus eine dann genauer zu bestimmende Spielart des theoretischen Atheismus impliziert. Praktischer Atheismus ist eine menschliche Lebenshaltung, die aus unterschiedlichen, oft unausgesprochenen Gründen mit keinem Gott rechnet. So wird sich, zum Beispiel, ein Deist ebenso wenig vor der Strafe Gottes fürchten wie einer, der die Existenz Gottes gänzlich leugnet.

In einer zweiten Hinsicht vertieft sich das Problem noch weiter. Die Wendung ὅτι ἔστιν gibt keine eindeutige Auskunft darüber, in welchem Sinn hier von Gott als einem Seienden gesprochen wird. Bereits Aristoteles hebt immer wieder hervor, daß das Seiende in mehrfacher Bedeutung ausgesagt wird (τὸ ὂν λέγεται πολλαχῶς).[72] O. Höffe faßt die Bedeutungen des Seienden nach Aristoteles[73] zusammen: „Dieses sagt man erstens an sich oder ‚akzidentell' aus [...]. Innerhalb des Seienden an sich gibt es zweitens die Bedeutungsvielfalt der Kategorien, die sich ihrerseits, also drittens, in die Alternative Möglichkeit und Wirklichkeit bzw. Potenz und Akt differenzieren. Schließlich gibt es [...] das Seiende, als Wahr oder Falsch, das ‚veritative Sein' (‚Es ist wahr/falsch, daß')."[74] Aristoteles unterscheidet bekanntlich zehn Kategorien: „Jedes ohne Verbindung gesprochene Wort bezeichnet entweder eine Substanz oder eine Quantität oder eine Qualität oder eine Relation oder ein Wo oder ein Wann oder eine Lage oder ein Haben oder ein Wirken oder ein Leiden."[75] Selbstverständlich liegt es mir fern, dem Verfasser des Hebräerbriefes eine ausgearbeitete griechische oder gar speziell die aristotelische Ontologie zu unterstellen. Ich meine aber, daß wir uns die einem Gebildeten der damaligen Zeit bekannten Unterscheidungen bewußt machen müssen, um den Skopus des ersten Glaubensartikels in Hebr 11,6b in seiner Vielschichtigkeit genau zu erfassen.

Schließlich ist dafür, drittens, der Kontext der Aussage von Hebr 11,6b von entscheidender Bedeutung. Näherhin ist stets mitzubedenken, daß nach Hebr 11,6 die beiden Glaubensartikel nicht für jeden Menschen ohne Unterschied von gleicher Bedeutung, sondern speziell auf den προσερχόμενος τῷ θεῷ zugeschnitten sind.

2.4.3.2. Theismus und Atheismus

Für die Bewertung des Atheismus, gegen den sich der erste Glaubensartikel wendet, ist ein Blick in die Septuaginta aufschlußreich. Denn bei einem so schriftgelehrten Autor wie dem Verfasser des Hebräerbriefes muß man in Hebr 11,6b einen Nachhall von Ps 13; 53 LXX vernehmen. Es handelt sich dabei um einen einzigen Psalm, der mit etlichen Textabweichungen

---

72 Vgl. z.B. Aristoteles, Metaphysik IV 2, 1003a33; VI 2, 1026a33; VII 1, 1028a10.

73 Vgl. Aristoteles, Metaphysik V 7.

74 Höffe 168-169.

75 Aristoteles, Kategorien 4 (Übersetzung von Rolfes).

doppelt überliefert ist. Ich gebe nachfolgend die für uns relevanten Passagen wieder, um den Vergleich zu erleichtern. Dazu geselle ich eine Perikope aus Ps 9 LXX, die Berührungspunkte und wegweisende Abweichungen zu den beiden anderen aufweist.

Ps 13,1c-2 LXX:
1 c Εἶπεν ἄφρων ἐν καρδίᾳ αὐτοῦ
d Οὐκ ἔστιν θεός·
e διέφθειραν καὶ ἐβδελύχθησαν ἐν ἐπιτηδεύμασιν,
f οὐκ ἔστιν ποιῶν χρηστότητα, οὐκ ἔστιν ἕως ἑνός.
2 a κύριος ἐκ τοῦ οὐρανοῦ διέκυψεν ἐπὶ τοὺς υἱοὺς τῶν ἀνθρώπων
b τοῦ ἰδεῖν εἰ ἔστιν συνίων ἢ ἐκζητῶν τὸν θεόν.

Ps 52,2-4 LXX:
2 a Εἶπεν ἄφρων ἐν καρδίᾳ αὐτοῦ
b Οὐκ ἔστιν θεός.
c διεφθάρησαν καὶ ἐβδελύχθησαν ἐν ἀνομίαις,
d οὐκ ἔστιν ποιῶν ἀγαθόν.
3 a ὁ θεὸς ἐκ τοῦ οὐρανοῦ διέκυψεν ἐπὶ τοὺς υἱοὺς τῶν ἀνθρώπων
b τοῦ ἰδεῖν εἰ ἔστιν συνίων ἢ ἐκζητῶν τὸν θεόν.
4 a πάντες ἐξέκλιναν, ἅμα ἠχρεώθησαν,
b οὐκ ἔστιν ποιῶν ἀγαθόν, οὐκ ἔστιν ἕως ἑνός.

Ps 9,25-27 LXX:
25 a παρώξυνεν τὸν κύριον ὁ ἁμαρτωλός
b Κατὰ τὸ πλῆθος τῆς ὀργῆς αὐτοῦ οὐκ ἐκζητήσει·
c οὐκ ἔστιν ὁ θεὸς ἐνώπιον αὐτοῦ.
26 a βεβηλοῦνται αἱ ὁδοὶ αὐτοῦ ἐν παντὶ καιρῷ,
b ἀνταναιρεῖται τὰ κρίματά σου ἀπὸ προσώπου αὐτοῦ,
c πάντων τῶν ἐχθρῶν αὐτοῦ κατακυριεύσει·
27 a εἶπεν γὰρ ἐν καρδίᾳ αὐτοῦ Οὐ μὴ σαλευθῶ,
b ἀπὸ γενεᾶς εἰς γενεὰν ἄνευ κακοῦ.

Daß man als Kenner der Psalmen die von Hebr 11,6b eingeschärfte Glaubensaussage ὅτι ἔστιν [sc. θεός] als einen direkten Reflex auf die Leugnung des Toren in Ps 13,1d; 53,2b LXX οὐκ ἔστιν θεός verstehen wird, dürfte kaum einem Zweifel unterliegen. In der christlichen Tradition konnten die beiden Psalmstellen zu Kronzeugen des theoretischen Atheismus werden, welcher die Existenz Gottes ausdrücklich verneint.[76] Daß ein solches Verständnis der beiden Psalmstellen durchaus bereits in der Intention der Übersetzer der Septuaginta gelegen hat, wird durch ihren sprachlichen

[76] Vgl. die Diskussion bei Gräßer, Der Glaube 132-138. Prominent wurden die Psalmstellen in der Tradition der ontologischen Gottesbeweise; vgl. Anselm von Canterbury, Proslogion Cap. II: „An ergo non est aliqua talis natura, quia dixit insipiens in corde suo: non est Deus?“

wie inhaltlichen Bezug zu Ex 3,14 LXX deutlich. Dort stellt sich Gott im brennenden Dornbusch Mose vor mit den Worten: ἐγώ εἰμι ὁ ὤν. Danach liegt es im Wesen Gottes selbst begründet, daß er ist. Gott kann gar nicht nicht existieren, weil er der Seiende schlechthin und als solcher der Grund allen Seins ist. Wer sagt, daß Gott nicht ist, leugnet demnach nicht nur seine Existenz, sondern sein innerstes Wesen, das Gott selbst der Glaubenstradition nach kundgetan hat. Bereits die Septuaginta hat die geschichtlich orientierte Gottesvorstellung der hebräischen Bibel ins Ontologische gewendet, „wenn sie in V. 14 die Selbstprädikation Gottes ‚ähejä ascher ähejä' (Ich werde sein, der ich sein werde) mit ὁ ὢν [sic], d.h. der Seiende (deutsch dann: ‚Ich bin, der ich bin') übersetzt. Damit wird die religiös motivierte dynamische, an Ereignissen orientierte Zeitoffenheit Jahwes vom philosophisch motivierten statischen, letztlich Zeit negierenden Seinsbegriff der griechischen Metaphysik entschärft und so dieser ihre eigentümliche Dynamik genommen."[77] Auf diesem Hintergrund wird klar, daß Hebr 11,6b im ersten Glaubensartikel nicht nur die Sprach-, sondern auch die Denktradition der Septuaginta aufnimmt, die an der Existenz und dem Wesen Gottes auch theoretisch-metaphysisch interessiert ist.

Freilich darf man bei dieser Feststellung nicht übersehen, daß der theoretische Streit über Existenz und Wesen Gottes an allen fraglichen Stellen in einen praktischen Kontext eingebettet ist. Stellt der erste Glaubensartikel in Hebr 11,6b eine theoretische Behauptung auf, so zieht der zweite daraus die praktische Konsequenz, daß Gott τοῖς ἐκζητοῦσιν αὐτὸν μισθαποδότης γίνεται. Diesen Zusammenhang findet der Verfasser des Hebräerbriefes ebenfalls in Ps 13,1c-2; 52,2-4 LXX bereits vor. Dort schaut Gott, der Herr, vom Himmel herab auf die Menschen, um zu sehen, ob es einen gibt, der Gott sucht (ἐκζητῶν τὸν θεόν), findet aber keinen einzigen. Beides hängt demnach sehr eng zusammen: die theoretische Anerkenntnis der Existenz Gottes und die praktische Suche nach ihm. Daß es nach Aussage der beiden Psalmen unter den Menschen keine Gottsucher gibt, ist die logische Konsequenz der Leugnung Gottes. Dieselbe Verwurzelung des praktischen Atheismus im theoretischen stellt E. Zenger bereits für den hebräischen Ps 14,1 fest: „Das den Toren in [1c] in den Mund gelegte Zitat, das wortgleich im Mund der Frevler in Ps 10[4] [Ps 9,25 LXX] begegnet, kennzeichnet man für gewöhnlich als Ausdruck eines praktischen Atheismus, doch wird damit verdeckt, daß die in [1de] aus der Gottesleugnung resultierenden Taten ‚der Toren' Ausdruck fundamentaler Gottlosigkeit sind."[78] Der Gottlose rechnet nach Ps 9,25-27 LXX nicht mit dem Eingreifen Gottes, weder zu

---

77 Achtner/Kunz/Walter 144.

78 Zenger, Hossfeld/Zenger 101. Wortgleich ist das Zitat in Ps 10,4; 14,1; 53,2 freilich nur im masoretischen Text. Ps 9,25c LXX fügt dagegen vor θεός den Artikel ὁ ein. Überdies gehört in Ps 9,25c LXX οὐκ ἔστιν ὁ θεός schon gar nicht mehr zum Zitat, sondern wird zu dem folgenden ἐνώπιον αὐτοῦ gezogen.

seinem Heil noch zu seinem Unheil.[79] Wer Gott nicht sucht, fürchtet sich auch nicht davor, von ihm heimgesucht zu werden (οὐκ ἐκζητήσει) und vor Gericht gezogen zu werden (ἀνταναιρεῖται τὰ κρίματά σου ἀπὸ προσώπου αὐτοῦ). Deshalb gibt es dort, wo Gott geleugnet wird, auch keinen, der Gutes tut (Ps 13,1f; 52,2d.4b LXX). Genau umgekehrt steht es dort, wo ein Mensch glaubt, daß Gott existiert, und deshalb auf sein heilvolles Handeln hofft. So liegt es in der Natur der Sache, daß der Gottesgläubige nach Hebr 11,6b damit rechnet, als Gottsucher von Gott auch belohnt zu werden. In diesem Sinne kehrt Hebr 11,6b die atheistische Position des Sünders in Ps 9,25-27 LXX in ihr genaues Gegenteil um und gelangt so zu den beiden Artikeln des Glaubens in ihrer spezifischen Verknüpfung.

2.4.3.3. Wirkliches und scheinbares Sein

Dieser Gegensatz zwischen der atheistischen und der theistischen Position gibt auch Anhaltspunkte dafür, in welchem Sinne Hebr 11,6 von Gott als dem Seienden spricht. Als grundlegende Voraussetzung für Gottes Handeln wird damit ohne Zweifel seine Existenz apodiktisch behauptet. Mit der Existenz Gottes ist aber nach der Logik der beiden Glaubensartikel zwingend seine Wirksamkeit gegeben. Ist der Gottesbegriff wohlbestimmt, so impliziert das Dasein Gottes sein spezifisches aktuelles Sosein. Diesen Zusammenhang finden wir auch im Mittelplatonismus. Wenn Gott ist, dann kann er als Gott nur das zuhöchst Seiende sein. So fragt Plutarch: „Was nun ist wirklich seiend?“ und gibt selbst die Antwort: „Das Ewige und Ungewordene und Unvergängliche, dem auch keine Zeit Veränderung bewirkt.“[80] Wo keine Zeit ist, da gibt es auch keine Veränderung; und wo sich nichts verändert, dort herrscht auch keine Vielfalt, sondern absolute Einheit. So folgt für Plutarch aus dem wahrhaften Sein Gottes, daß er einer sein muß. Gott ist das einzige wahrhaft Seiende: „Aber es ist der Gott, wenn man es noch sagen muß, und er ist zu keiner Zeit, sondern in der unbeweglichen und zeitlosen und sich nicht neigenden Ewigkeit, im Vergleich zu der auch nichts früher ist noch später noch zukünftig noch vergangen noch älter noch neuer; sondern da er einer ist, hat er mit dem einen Jetzt das Immer erfüllt, und einzig und allein ist das gemäß diesem wirklich Seiende, weil es nicht entstanden ist noch sein wird noch begonnen hat noch enden wird.“[81] Darin stimmt Philon mit Plutarch überein,

---

[79] Hossfeld, Hossfeld/Zenger 87, spricht in diesem Zusammenhang von der „Wirkungslosigkeit JHWHs“.

[80] Delph 19,392e7-8: Τί οὖν ὄντως ὄν ἐστι; Τὸ ἀίδιον καὶ ἀγένητον καὶ ἄφθαρτον, ᾧ χρόνος μεταβολὴν οὐδὲ εἷς ἐπάγει.

[81] Delph 20,393a7-b3: ᾿Αλλ᾿ ἔστιν ὁ θεός, εἰ χρὴ φάναι, καὶ ἔστι κατ᾿ οὐδένα χρόνον, ἀλλὰ κατὰ τὸν αἰῶνα τὸν ἀκίνητον καὶ ἄχρονον καὶ ἀνέγκλιτον καὶ οὗ πρότερον οὐδέν ἐστιν οὐδ᾿ ὕστερον οὐδὲ μέλλον οὐδὲ παρωχημένον οὐδὲ πρεσβύτερον οὐδὲ νεώτερον· ἀλλ᾿ εἷς ὢν ἑνὶ τῷ νῦν τὸ ἀεὶ πεπλήρωκε, καὶ μόνον ἔστι τὸ κατὰ τοῦτον ὄντως ὄν, οὐ γεγονὸς οὐδ᾿ ἐσόμενον οὐδ᾿ ἀρξάμενον οὐδὲ παυσόμενον.

wenn er sagt, daß die Vielgötterei in der Gottlosigkeit ende. Statt dessen gelte es, „die Natur des Einen für den höchsten Gott zu halten“[82]. Dementsprechend handelt Gott nicht in einem zeitlichen Nacheinander: „Gott tut nämlich natürlicherweise alles zugleich, nicht nur wenn er anordnet, sondern auch wenn er durchdenkt.“[83] Der eine Gott ist also das einzige wirklich Seiende, während alles andere, fortgerissen vom ununterbrochenen Fluß des Werdens und Vergehens, niemals wirklich ist (vgl. Delph 18-19). Diesen wahren Sachverhalt kehrt der Sünder in Ps 9,25-27 LXX in sein Gegenteil um, und genau darin besteht die Perversion seines Denkens und Handelns. Während er Gott das Sein abspricht (οὐκ ἔστιν ὁ θεός), hält er sich selbst für unerschütterlich (οὐ μὴ σαλευθῶ). Dagegen ist nach dem Hebräerbrief, ganz auf der Linie von Philon und Plutarch, Gott der Seiende (Hebr 11,3: ἔστιν), der die sichtbare, erschütterliche Welt aus der unsichtbaren und unerschütterlichen geschaffen hat (Hebr 11,3). Die erschütterliche Welt ist unentwegt im Entstehen und Vergehen begriffen, während Gott allein bleibt und der unerschütterlichen Welt ihr Bestehen garantiert (Hebr 1,10-12: αὐτοὶ ἀπολοῦνται, σὺ δὲ διαμένεις; 12,27: τὴν τῶν σαλευομένων μετάθεσιν ὡς πεποιημένων, ἵνα μείνῃ τὰ μὴ σαλευόμενα). Der Mensch besteht nur dann, wenn er im Glauben an der unerschütterlichen Welt Anteil erhält (Hebr 12,28: βασιλείαν ἀσάλευτον παραλαμβάνοντες).

Wir haben gesehen, daß das ὅτι ἔστιν in Hebr 11,6 keine wesensleere Existenzaussage darstellt. Im Horizont der mittelplatonischen Vergleichstexte wird vielmehr deutlich, daß mit der emphatischen Seinsaussage auch das Wesen Gottes in einem streng monotheistischen Sinne als das Sein selbst in reinem Akt erfaßt wird. Gott ist damit jeder kategorialen Bestimmbarkeit enthoben. Die mittelplatonischen Quellen sind zugleich ein Beleg dafür, daß nicht jede geistesgeschichtliche Tendenz hin zu einem wie auch immer konkret ausgestalteten Monotheismus jüdisch beeinflußt sein muß. So kennt bereits Platon sehr unterschiedliche Arten von Göttern, deren Nähe beziehungsweise Abstand zur Welt und zu den Menschen er ganz verschieden bestimmt, angefangen bei den traditionell anthropomorph dargestellten Gottheiten der Mythologie über die kosmischen Gottheiten der Sterne und Planeten bis hin zu dem Gott, der als Demiurg die Welt aus dem Chaos geschaffen hat. Dieser Gott schafft nur die Seelen der Menschen und bleibt insofern dem Bereich des Körperlichen mit seinen Leidenschaften und Begierden transzendent. Die Körper der Menschen zu formen, überläßt er den von ihm geschaffenen Göttern, die in dieser Funktion eine Mittelstellung zwischen ihm und den Menschen einnehmen. Auf der anderen Seite ist der Gott aber keineswegs allmächtig. Er hat sich

---

82 Praem 162: τὴν τοῦ ἑνὸς φύσιν τὸν ἀνωτάτω νομίζειν θεόν. Vgl. auch Opif 170-171.

83 Opif 13: ἅμα γὰρ πάντα δρᾶν εἰκὸς θεόν, οὐ προστάττοντα μόνον ἀλλὰ καὶ διανοούμενον. Vgl. auch Opif 26-28.

vielmehr in seinem Schöpfungshandeln nach den Ideen zu richten, die ihm als ewige Urbilder vorgegeben sind und als deren Abbild er die sichtbare Welt als ein lebendiges Lebewesen aus Leib, Seele und Geist schafft. Im Mittelplatonismus setzt sich im Gegensatz dazu die Meinung durch, daß die Ideen als Gedanken des Gottes zu begreifen seien. Das Verhältnis zwischen dem Gott und den Ideen, wie es Platon bestimmt hatte, kehrt sich dadurch ins Gegenteil um. Die Ideen existieren nach dieser Vorstellung nicht mehr als von dem Gott unabhängige Prinzipien, sondern sind das Produkt des Gottes, der sie in seiner Eigenschaft als höchster Geist hervorbringt. Der Gott selbst schafft jetzt die unvergänglichen Urbilder der vergänglichen Welt und setzt dadurch die bleibenden ontologischen Maßstäbe der Weltordnung.

Die Motivation für diese Umkehrung des Abhängigkeitsverhältnisses, das zwischen dem Gott und den Ideen besteht, läßt sich für Philon leicht aus seinem jüdischen Monotheismus ableiten. Tatsache ist aber, daß dieselbe Umkehrung nicht nur bei Philon (Opif 20.24) begegnet, sondern im Mittelplatonismus breit bezeugt ist. So haben wir die Interpretation der Ideen als Gedanken Gottes auch bei Alkinoos (Did 9-10) und in den platonischen Lehrstücken bei Seneca (Ep 65,7) angetroffen. In beiden Fällen ist ein jüdischer Einfluß mehr als unwahrscheinlich. Daran kann man ablesen, daß es im Mittelplatonismus Tendenzen hin zu einer monotheistischen Gottesvorstellung gab, die sich unabhängig vom jüdischen Monotheismus entwickelten. Freilich gingen diese nicht so weit, für den Gott uneingeschränkte Allmacht zu beanspruchen. Auch nach der Integration der Ideen in den göttlichen Verstand findet die Allmacht des Gottes ihre Grenze an der Widerständigkeit der Materie. Umgekehrt identifiziert der Hebräerbrief die unsichtbare, unerschütterliche Welt gewiß nicht, wie die Mittelplatoniker, mit dem Denken Gottes. Ihm zufolge hat Gott die unsichtbare Welt des Himmels als eine von ihm nochmals scharf zu unterscheidende Wirklichkeit geschaffen. Sonst ginge ja, wer durch den Tod in den Himmel einzieht, in Gott selber ein. Das ist aber für den Hebräerbrief unvorstellbar. Indem der Verfasser den Einzug in den Himmel vom Eintritt in das Allerheiligste nochmals unterscheidet, macht er vielmehr unmißverständlich deutlich, daß auch zwischen den Himmelsbewohnern und Gott noch ein unaufhebbarer wesensmäßiger Unterschied besteht. Die Vollendung besteht folgerichtig darin, den Vorhang ins Allerheiligste zu durchschreiten und Gott auf seinem Thron unmittelbar zu schauen.

2.4.3.4. Die Göttlichkeit des Mittlers Jesus Christus

Die beschriebene onto-theologische Position von Hebr 11,6b wendet der Verfasser des Hebräerbriefes in Hebr 1,10-12 auf die Schöpfungstheologie an. Der kompositorische wie motivliche Zusammenhang dieser Stelle mit der Eschatologie, wie sie Hebr 12,25-29 entfaltet, wurde bereits in Teil I herausgearbeitet. Jetzt geht es darum, im Ausgang von Hebr 1,10-12 den Status Gottes, Christi, der Engel und der Menschen in der Seins- und Heilsordnung noch näher zu bestimmen, um so schließlich die Ereignisse, die gemeinhin als die Parusievorstellung des Hebräerbriefes angesprochen werden, zeitlich wie räumlich genau zu situieren. Hebr 1,10-12 richtet im Kontext von Hebr 1,5-14 die Anrede Gottes von Ps 101,26-28 LXX an den Sohn Gottes. Ihm werden die grundlegenden göttlichen Eigenschaften zugesprochen. Christus hat demnach am Anfang die sichtbare Welt begründet. Er ist es auch, der bleibt, während sie alt wird und vergeht. Er ist stets derselbe und bleibt in Ewigkeit. Schon durch die Übertragung der vom Psalmbeter auf Gott gemünzten theologischen Aussagen wird klar: Christus wird vom Hebräerbriefautor unzweideutig auf die Seite Gottes gestellt, ja selbst als Gott angesprochen. Um dies zu verdeutlichen, steht in Hebr 1,10 die Gottesanrede σύ, die sich von Hebr 1,8 (πρὸς δὲ τὸν υἱόν) her eindeutig an Christus richtet, betont am Beginn des Satzes (σὺ κατ᾽ ἀρχάς), während Ps 101,26 LXX κατ᾽ ἀρχὰς σύ liest. Der Aspekt des sich durchhaltenden Bleibens des Gottessohnes wird dadurch unterstrichen, daß das futurische διαμενεῖς aus Ps 101,27 LXX nach den meisten und bedeutendsten Textzeugen in Hebr 1,11 durch ein präsentisches διαμένεις ersetzt worden ist. Durch das Präsens wird betont, daß das Bleiben des Gottessohnes nicht nur ein für die Zukunft angesagtes Faktum darstellt, sondern in seinem ureigensten Wesen begründet ist. Diesen Sachverhalt bringt Hebr 1,12 schließlich unverhohlen zum Ausdruck: Himmel und Erde werden in Zukunft abgelegt werden, wohingegen der Sohn Gottes immer derselbe ist (σὺ δὲ ὁ αὐτὸς εἶ). Der Fluß der Zeit mit seinen Veränderungen kann ihm nichts anhaben. Denselben Gedanken formuliert Hebr 13,8 noch griffiger: Ἰησοῦς Χριστὸς ἐχθὲς καὶ σήμερον ὁ αὐτὸς καὶ εἰς τοὺς αἰῶνας. Aus alledem geht eindeutig hervor, daß der Sohn nach der Auffassung des Hebräerbriefes denselben ontologischen Status wie Gott selbst hat. Alles, was wir oben über die Wesenseigenschaften Gottes nach dem Hebräerbrief gesagt haben, gilt demnach in gleicher Weise für den Sohn. Von ihm kann und muß man wie von Gott sagen, daß er im wahrsten Sinne des Wortes ist: unveränderlich, einer, stets sich selbst gleich, das Sein schlechthin. Doch wird diese alles gründende Wirklichkeit durch die sichtbare Welt verdeckt. Die sichtbare Schöpfung verhüllt ihren wahren Seinsgrund mehr, als daß sie ihn zeigt. Sie verhält sich zu ihm so wie ein Gewand zu der Person, die es trägt. Über die Intention von Hebr 1,10-12 kann also im unmittelbaren Kontext von Hebr 1,5-14 und in der gesamten Komposition des Hebräerbriefes kein Zweifel bestehen. Jesus ist zwar der Mittler eines Neuen Bundes zwischen Gott und den Menschen (vgl. Hebr 8,6; 9,15; 12,24); daraus darf man aber keinesfalls den Schluß ziehen, daß er auch von seinem ontologischen Status her – so wie die Engel – zwischen beiden stünde. Wenn er auch in seiner Inkarnation für kurze Zeit sogar unter die Engel erniedrigt wurde, so ist und bleibt er doch der unwandelbare Sohn Gottes, dem im Durchgang durch seinen irdischen

Tod ausnahmslos alles unterworfen worden ist (vgl. Hebr 2,8-9). Wollte der Hebräerbrief von der Mittlerschaft Jesu Christi reden und dabei dezidiert seine Göttlichkeit einschärfen, so mußte er dies notwendigerweise in Auseinandersetzung mit solchen Modellen der Vermittlung tun, in denen die soteriologische Rolle der Mittler mit ihrer ontologischen Mittelstellung zwischen Göttern und Menschen korreliert.

Derartige Modelle stellen die mittelplatonische Angelologie und Dämonologie seiner Zeit bereit. Der Verfasser des Hebräerbriefes verwirft indes die dort vorfindlichen Theoriebildungen nicht in Bausch und Bogen, sondern vertieft die Ansätze zu einer klaren Unterscheidung zwischen Göttern einerseits und Engeln beziehungsweise Dämonen andererseits. Indem er geläufige, ausschließlich der Gottheit zukommende Prädikate auf Christus überträgt, grenzt er ihn von den Engeln ab und bringt unmißverständlich seine Göttlichkeit zum Ausdruck. Nach Somn I 157-158 ist Gott der Herrscher über die Engel, der Herr, das Seiende schlechthin. Allen diesen Gottesprädikaten kann der Hebräerbriefautor ohne Vorbehalt zustimmen und auch Christus damit bezeichnen. Wie Gott niemals wankt und nur die Dinge unerschütterlich bleiben, denen er Halt gewährt, so gilt dasselbe auch für den Sohn, der dadurch dem Auf und Ab, der Wandelbarkeit der Engel enthoben ist. Hebr 1,5-14 wehrt Vorstellungen ab, welche die Inkarnation des Gottessohnes und seine Rückkehr in die himmlische Welt nach dem Schema des Ab- und Aufstiegs eines Engels oder Dämons deuten. Eine solche Interpretation läge von Somn I 134-145; Gig 6-18; Socr 22; Fac 28-30 her nahe. Im Gegensatz zu den meisten mittelplatonischen Texten, die wir analysiert haben, widersetzt sich der Hebräerbrief allen Ansätzen, welche die Grenze zwischen Gott und den Engeln verwischen oder durchlässig machen (vgl. Is 25-27.46; Def 10; Did 15). In dieser Haltung stimmt er mit Ammonios in Delph 21 überein: „Am meisten aber stürzten sich diejenigen, die die göttlichen Dinge zu den dämonischen zusammenschütteten, in Verwirrung.“[84] Gott ist nach dem Hebräerbrief als der einzig wahrhaft Seiende über alles andere, sei es nun sichtbar oder unsichtbar, erhaben.

Diesen Ansatz, den wir bereits bei den Mittelplatonikern finden, radikalisiert der Hebräerbrief, indem er auch die unsichtbare Welt mit ihren Engeln eindeutig Gott unterordnet. Christus gehört aber als der Sohn Gottes eindeutig zu Gott selbst. Die klare Absetzung Christi von den Engeln war aus zwei Gründen notwendig. Erstens anerkennt der Hebräerbrief die Engel nach Hebr 1,14 als λειτουργικὰ πνεύματα εἰς διακονίαν ἀποστελλόμενα διὰ τοὺς μέλλοντας κληρονομεῖν σωτηρίαν. Die Engel helfen also seiner Ansicht nach in Gottes Auftrag den Menschen, die gerettet werden sollen. Sie üben demnach tatsächlich solche Funktionen aus, wie

[84] Delph 21,394c2-4: Μάλιστα δὲ τὰ θεῖα πρὸς τὰ δαιμόνια συγχέοντες εἰς ταραχὴν αὑτοὺς κατέστησαν.

sie auch in Somn I 146-149 den Engeln als Worten Gottes und in Def 13,416e5-417b9 und Socr 20.24 den Dämonen zugeschrieben werden. Gegenüber Hilfe, welche die Engel bringen, mußte der Hebräerbrief deshalb die Rettung profilieren, welche durch Christus als dem Sohn Gottes bewirkt wird. Zweitens mußte er die Göttlichkeit des Sohnes und damit seine Erhabenheit über die Engel gerade auch deshalb betonen, weil er an anderen Stellen (Hebr 5,7-9) den irdischen Jesus mit drastischen Zügen zeichnet und keinen Zweifel daran läßt, daß auch Jesus den Wechselfällen eines irdischen Lebens unterworfen war. Die menschliche Existenz stellt er aber in Hebr 2,9 sogar auf eine niedrigere Stufe als die der Engel. Im besten Fall besteht eine Verwandtschaft der Menschen zu den Engeln, insofern beide als πνεύματα bezeichnet werden können (vgl. Hebr 1,7.14; 4,12; 12,9). In ihrer Eigenschaft als geistbegabte Wesen können die irdischen Menschen bereits in Gemeinschaft mit den Engeln und den Geistern der vollendeten Gerechten im Himmel treten (vgl. Hebr 12,23). Als Fremde und Gäste auf Erden sind auch die irdischen Menschen ihrem innersten Wesen nach immer schon Himmelsbewohner wie die Engel. Diese Verwandtschaft zwischen Engeln und Menschen bringen die mittelplatonischen Quellen in analoger Weise dadurch zum Ausdruck, daß sie die Engel beziehungsweise Dämonen schlicht als desinkarnierte Seelen oder als den νοῦς begreifen, der dem Körper in jedem Fall fremd bleibt. Aufs ganze gesehen zieht der Hebräerbrief also einerseits zwischen den Engeln und Gott eine unüberwindliche ontologische Grenze und macht sich damit eine Position zu eigen, die in ihrer Radikalität denjenigen in Somn I 157-158 und Delph 17 vergleichbar ist. Andererseits hat er gegen die Vorstellung einer seinsmäßigen Verwandtschaft zwischen Engeln und Menschen nichts einzuwenden, wie sie die mittelplatonischen Quellen durchweg bezeugen. Wenn nun die Göttlichkeit Jesu Christi anerkannt werden soll, so besteht auch und gerade aufgrund seiner Menschwerdung Bedarf, seine Seinsweise von derjenigen der Engel klar und deutlich zu unterscheiden und zu trennen.

2.4.4. Das Gericht Gottes

Nachdem nunmehr der ontologische Rahmen, in dem der Hebräerbrief die Heilsereignisse situiert, ausgehend vom ersten Glaubensartikel in Hebr 11,6b näher bestimmt ist, wenden wir uns dem zweiten Artikel und damit noch einmal der Frage nach dem Gericht zu. In diesem Zusammenhang wird erneut auf Hebr 9,27-28 einzugehen und das zweite Erscheinen Christi in seinem Charakter näher zu bestimmen sein. Bei dieser Gelegenheit wird auch die Bedeutung dessen, daß die Glaubensartikel von Hebr 11,6 auf den προσερχόμενος τῷ θεῷ zugeschnitten sind, klarer hervortreten. Den Zusammenhang zwischen dem ersten und zweiten Glaubensartikel haben wir oben bereits erläutert. Was die zeitliche Festsetzung des Termins anbelangt, an dem das Gericht stattfindet, so können wir auf die Ergebnisse aus Teil I zurückgreifen.[85] Die Formulierung in Hebr 9,27 ἀπόκειται τοῖς ἀνθρώποις ἅπαξ ἀποθανεῖν, μετὰ δὲ τοῦτο κρίσις legte die Vermutung nahe, daß von einem individuellen Gericht unmittelbar nach dem Tod des Menschen die Rede ist. Diese Vermutung läßt sich auf der Grundlage unseres erneuten Durchgangs durch den Hebräerbrief stützen. Nach dem mittelplatonischen Urbild-Abbild-Schema kann man sich in der Heimatstadt der unsichtbaren, himmlischen Welt den Prototyp des irdischen Tempels vorstellen. Wie dieser so ist auch jener in zwei Räume aufgeteilt. Im inneren Raum des Allerheiligsten steht der Thron Gottes, zu dessen Rechten sich Christus bei seinem Eintritt in das himmlische Allerheiligste gesetzt hat. Ihm als dem Sohn kommt die gleiche Würde der Göttlichkeit zu wie Gott selbst, der einzig und allein das wahre Sein an und für sich ist. Von diesem wahren Sein ist die unsichtbare Welt ebenso wie die sichtbare scharf zu unterscheiden. Beide hat Gott gegründet, die erste unerschütterlich und bleibend, die zweite erschütterlich und vergänglich. Der irdische Mensch hat, solange er als Fremder und Gast auf Erden lebt, nur im Geiste und in der Erkenntnis des Glaubens Anteil an seiner unvergänglichen Heimat des Himmels, deren endgültige Erlangung ihm verheißen ist. Vor allem im Gottesdienst vereinigt sich die irdische Gemeinde der Glaubenden mit der Gemeinde der Erstgeborenen und den Scharen der Engel im Himmel. Dabei stehen die irdischen Glaubenden im Geiste zwar schon im Heiligtum des Himmels, sind aber noch nicht durch den Vorhang in das Allerheiligste eingetreten, wo Gottes Thron steht, umgeben von den Engeln und den Geistern der vollendeten Gerechten. So stellt sich dem Glaubenden zu seinen irdischen Lebzeiten seine ontologische und soteriologische Situation dar. Ohne seine religionsgeschichtlichen Herleitungen im einzelnen bestätigen zu müssen, kann man O. Hofius jedenfalls zustimmen, wenn er zu dem Ergebnis gelangt: „Wie dem antiken Judentum, so gilt auch dem auctor ad Hebraeos der Vorhang vor dem Sanctissimum des wahren Heiligtums als Ausdruck der überweltlichen Hoheit und Heiligkeit Gottes und als ein Hinweis auf den tiefen Abstand, der zwischen Gott und allen seinen Geschöpfen besteht. Erst auf diesem Hintergrund wird für ihn die einzigartige Kraft des Sühnwerkes Jesu deutlich. Das Selbstopfer des ewigen Hohenpriesters Christus hat uns, für die die Nähe und der Anblick Gottes eigentlich tödlich sein müßten (12,29), das hohepriesterliche Vorrecht erworben, sogar durch den himmlischen Vorhang hindurch in das Allerheiligste Gottes eintreten und ihn dort schauen zu dürfen. Durch diese dem Hebräerbrief eigentümliche Deutung des Kreuzesgeschehens hat das traditionelle urchristliche Bekenntnis, daß Christus den Zugang zu Gott erschlossen hat, eine ganz ungewöhnliche und zugleich überaus eindrucksvolle Neugestaltung erfahren."[86]

---

[85] Vgl. Teil I, Kapitel 4.2.

[86] Hofius, Der Vorhang 95.

In einem solchen Konzept hat dann freilich die klassische Parusievorstellung, wonach Christus am Ende der Geschichte ein zweites Mal in der sichtbaren Welt erscheinen wird, keinen Platz mehr. Vielmehr erscheint der Zusammenhang zwischen Anthropologie, Christologie und Soteriologie, wie ihn der Vergleich von Hebr 9,27-28 zum Ausdruck bringt, auf dem Hintergrund der mittlerweile gewonnenen Einsichten in seine metaphysischen Grundlagen in einem neuen, bezeichnenden Licht. Man kann den Vergleich, der von anthropologischen Gegebenheiten auf christologische schließt, umkehren und so von der Christologie auf die Anthropologie schließen: Wie Christus in seinem Tod ein für allemal mit seinem eigenen Blut in das Allerheiligste im Himmel eingegangen ist und auf diese Weise den Glaubenden den Zugang dorthin eröffnet hat, so werden ihm diejenigen, die an ihn glauben, in ihrem Tod dahin folgen und Christus aus diesem Anlaß wiedersehen. Die Glaubenden brauchen nicht auf das Ende der Geschichte zu warten, um Rettung zu erlangen, weil ihre Rettung außerhalb dieser Welt und ihrer Geschichte in der jenseitigen Welt des Himmels liegt. Dort sind sie schon zu irdischen Lebzeiten im Geiste der Glaubenserkenntnis zu Hause. Dorthin kommen sie aber endgültig erst durch den jedem Menschen bestimmten Tod. Erst im Tod ziehen sie vom himmlischen Heiligtum, in dem sie schon stehen, in das himmlische Allerheiligste und damit in die unmittelbare Nähe Gottes ein. Die Glaubenden werden also nicht dadurch endgültig gerettet, daß Gott ein letztes Mal in die Geschichte eingreift, sondern dadurch, daß sie in eine fundamental andere ontologische Wirklichkeit überwechseln. Die Ausdauer, die sie in der Hoffnung auf die endgültige Erlangung des Verheißungsgutes an den Tag legen sollen, erstreckt sich auf ihr irdisches Leben. Das Erscheinen Christi ereignet sich dort, wohin Christus in seinem Tod den Glaubenden des Neuen Bundes vorausgegangen ist. Dorthin folgen sie ihm in ihrem eigenen Tod und schauen nicht nur Gott, vor dem als dem Richter aller sie als sündige Menschen nicht bestehen könnten, sondern sehen auch Christus wieder, der als Mittler bei Gericht für sie eintreten und sie so im Angesicht Gottes retten wird. In modifizierter Form kann mithin der Vorschlag von F. Zeilinger Geltung beanspruchen: „Hinsichtlich der bildhaften Vorstellung des Erscheinens Christi wäre es denkbar, den zweiten Heilsakt als Hervortreten Christi aus dem Sanctissimum cäleste [sic!] in den himmlischen hêkal, in welchem das Lobopfer der Engel stattfindet, an dem die Glaubenden ja bereits teilnehmen (13,15), zu verstehen. Im Sinn von 10,19 sind dann die Gläubigen gleichfalls bereits im Heiligtum stehend gedacht, von dem aus sie (schon jetzt) Zugang durch den zweiten Vorhang ins himmlische Allerheiligste haben. Was noch fehlt, ist der zweite hohepriesterliche Akt, die Definitivstellung der Lebens- und Wohngemeinschaft mit Gott *nach* Beendigung aller Versuchbarkeit (2,18), Züchtigung (12,4-11) und notwendigen Verfolgung (10,32-39; 13,10ff).“[87]

[87] Zeilinger 152.

Aufgrund des bisher Gesagten sind wir in der Lage, diese Vorstellung an einigen Punkten zu berichtigen und dadurch zu präzisieren. Die irdische Gemeinde tritt zwar schon jetzt zu derjenigen des Himmels hinzu, allerdings mit der Einschränkung, daß die himmlische Versammlung aus der Schar der Vollendeten besteht, die als solche bereits im Allerheiligsten stehen, während die irdische Gemeinde zwar den Zugang dorthin mit dem Eintritt Jesu offen sieht, aber erst im je individuellen Tod Jesus nachfolgt. Die Glaubenden sehen eben, solange sie auf Erden leben, Gott noch nicht unverhüllt und dem Sohn noch nicht alles unterworfen, wenngleich sie in der Glaubenserkenntnis bereits aus dieser Wirklichkeit heraus leben. Um es noch einmal klar zu sagen: Das zweite Erscheinen Christi meint nach Hebr 9,27-28 nicht eine Parusie Christi auf Erden, sondern das Wiedersehen der Glaubenden mit ihm, sobald sie ihm im Durchgang durch den Tod in das Allerheiligste der unsichtbaren Welt des Himmels nachgefolgt sind. Unmittelbar nach dem Tod findet im Allerheiligsten vor dem Thron Gottes ein individuelles Totengericht statt, bei dem das Sühnopfer Christi die Sünder rechtfertigt und sie so vor dem Angesicht Gottes bestehen läßt. Die Gottsucher haben dann das verheißene Gut ein für allemal erlangt und damit den Lohn für ihren ausdauernden Glauben erhalten, den sie in der Zeit der Fremde auf Erden bewiesen haben.

3. Einsprüche und Klärungen

Der voraufgehende erneute Durchgang durch den Hebräerbrief und die damit verbundene Erhellung einzelner Aussagen aus der Gesamtkomposition des Schreibens sowie im Hinblick auf den Mittelplatonismus seiner Zeit muß grundsätzliche Einsprüche provozieren, die weitere Klärungen verlangen. Auf die drei wichtigsten Themen in diesem Zusammenhang, die an verstreuten Stellen der vorliegenden Arbeit immer wieder berührt wurden, sei in diesem Kapitel eigens noch einmal eingegangen.

3.1. Diastase und Dualismus

Im Verlauf der gesamten vorliegenden Arbeit habe ich in bezug auf den Hebräerbrief bewußt nie von Dualismus, sondern stets nur von der Diastase zweier Wirklichkeitsbereiche gesprochen. Ich benutze den Begriff des Dualismus in einem engen Sinne. Eine dualistische Weltsicht geht danach nicht nur von zwei grundsätzlich verschiedenen Wirklichkeiten aus, sondern läßt jede davon aus einem ihr eigenen Prinzip entsprungen sein. Ein dualistisches Denken rechnet folglich mit zwei gleichursprünglichen und ontologisch gleichrangigen Prinzipien der Wirklichkeit, die sich antagonistisch wie zwei Pole in einem Spannungsfeld gegenüberstehen. Gewöhnlich wird dann zwischen einem guten und einem bösen Prinzip unterschieden. Dabei ist es vom Ansatz her ausgeschlossen, daß eines der beiden Prinzipien jemals endgültig die Oberhand über das andere Prinzip gewinnt. Die beiden Prinzipien sind vielmehr völlig eigenständig und voneinander ursprünglich unabhängig. Eine in diesem Sinne dualistische Position vertritt Plutarch in Is 45-46, mit Einschränkungen auch noch in Is 54-55, am eindeutigsten jedoch in Procr 8-10, wo er im Anschluß an Platon eine gute von einer bösen Weltseele unterscheidet.

Im Unterschied dazu ist im Hebräerbrief, wie gesagt, eine bloß diastatische Sicht auf die Wirklichkeit festzustellen. Denn ein dualistischer Ansatz verträgt sich mit dem Monotheismus grundsätzlich nicht. Diese Tatsache läßt sich sogar bei Plutarch verifizieren, der an den Stellen, an denen er zu einer monotheistischen Position tendiert (v.a. Delph 17-21), in auffälligem Unterschied zu sonstigen Äußerungen kein gleichrangiges böses Prinzip gelten lassen kann, sondern höchstens nicht ganz so perfekte Dämonen. Ja, bereits dort, wo er ohne Frage dem Polytheismus verhaftet bleibt, legt er großen Wert darauf, die ewigen, unveränderlichen Götter von den Dämonen zu unterscheiden, die mannigfachen Wechselfällen unterworfen sind (vgl. Is 25-27; Def 13-15). Gegenüber der je nach Dialogsituation verschieden akzentuierten Position Plutarchs vertritt Philon eine durchgängige und eindeutige Meinung, die durch den strengen Monotheismus des Judentums motiviert ist. Wo er auf das Böse zu sprechen kommt, da erscheint es niemals als ein Prinzip, das dem einen guten Gott ontologisch gleichrangig wäre. Das Böse kommt vielmehr dadurch in die Welt, daß Gott bestimmte Dienste in der Erschaffung und Verwaltung der Welt den ihm untergeordneten Engeln überlassen hat (Conf 168-182). Da diese aber nicht wie Gott selbst vollkommen gut sein können – sie wären sonst ja selber Götter –, machen sie Fehler. So entsteht das Böse nicht aus einem eigenen Prinzip, sondern als Defekt gegenüber dem Perfekten. Solche Defekte entstehen zwingend aus der ontologischen Stufung des Seins, die eine von oben nach unten zunehmende privatio boni mit sich bringt. Derartige mit monotheistischen Tendenzen verbundene Konzepte finden sich aber, wie oben schon ausgeführt, nicht nur bei dem Juden Philon, sondern auch im platonischen Lehrstück bei Seneca (Ep 65,2) und bei Alkinoos (Did 10). Das Böse erscheint darin als das nicht gänzlich Gute, das sich hauptsächlich der Widerständigkeit der Materie verdankt.

Den vom Monotheismus geprägten Modellen steht der Hebräerbrief sehr nahe. Wenn er auch das Böse nicht ontologisch, sondern ethisch mit dem Ungehorsam gegen Gottes Gebot erklärt, so durchzieht doch die Glaubenseinsicht in die Diastase der sichtbaren, erschütterlichen Welt und der unsichtbaren, unerschütterlichen Welt sein ganzes Denken als die ontologische Grundoption, die er mit allen Mittelplatonikern teilt. Sein Begriff von Gott als dem Sein schlechthin im Unterschied zu allem abgeleiteten Sein rückt ihn vor allem in die Nähe von Philon (Somn I 157-158), Alkinoos (Did 10) und stellenweise auch Plutarch (Delph 17-21). Indes würde sich der Hebräerbriefautor niemals dazu herbeilassen, seine diastatische Weltsicht dualistisch zu begründen. Das verbietet ihm sein monotheistischer Gottesbegriff kategorisch.

3.2. Metaphysik, Mythos und Geschichte

Die obige Exegese hat ergeben, daß der Hebräerbrief konsequent zwischen der sichtbaren, erschütterlichen Welt und der unsichtbaren, unerschütterlichen Welt unterscheidet, wobei er letztere als ontologisch höherwertig qualifiziert. Die eigentlichen Heilsereignisse finden deshalb nicht auf der Erde, sondern im Allerheiligsten des Himmels statt. Sie erfahren dadurch eine Deutung, die mythische Züge trägt und darin an zeitgenössische mittelplatonische Mythen gemahnt. Diese Konzeption des Hebräerbriefes wirft zwangsläufig die Frage auf, welchen Stellenwert der Verfasser den historischen Ereignissen um den inkarnierten Gottessohn zubilligt. Es kann kein Zweifel daran bestehen, daß er die historische Dimension des Heilswerkes Christi als konstitutiv für den christlichen Glauben betrachtet. Man denke nur daran, wie eindrücklich der Hebräerbrief das Los des irdischen Jesus schildert (vgl. Hebr 5,7-9) und es der vorchristlichen Heils- und Glaubensgeschichte (vgl. Hebr 3,1-4,14; 11,1-40) als das eschatologische Ereignis schlechthin (vgl. Hebr 1,2) zuordnet. Aus diesem Sachverhalt ergibt sich die Notwendigkeit, das Verhältnis der metaphysischen, mythischen und geschichtlichen Komponente im Denken des Hebräerbriefautors näher zu bestimmen.

Die Richtung dahin kann uns R. Schaeffler weisen, der dieses Abhängigkeitsverhältnis allgemein wie folgt rekonstruiert: „Der Mythos erweist sich insofern als der Geschichte verwandt, als er seiner Form nach Erzählung ist, die ein Gedächtnis stiften will. Platon hat die Aufgabe des Mythos in zutreffender Weise dahingehend bestimmt, daß er ‚Archailogia', Rede von den Ursprüngen, sein wolle. Dabei unterscheidet die mythische ‚Archailogia' nicht zwischen zeitlichem ‚Ursprung' (z.B. der Welt, der Völker und der Staaten) und sachlichem ‚Prinzip'. Sobald diese Unterscheidung gesetzt wird, gehen aus dem Mythos einerseits die Geschichte, andererseits die Philosophie hervor; jene als Erinnerung an das zeitlich Frühe gewisser Gründungsereignisse, diese als die ‚Anamnesis' an den sachlichen Möglichkeitsgrund, der außerhalb aller Zeitverhältnisse ‚den Gegenständen das Sein und die Wahrheit, dem Denken die Kraft zuteilt'."[88] Schaeffler beschreibt damit zutreffend die historische Genealogie, wonach der Mythos zu einem bestimmten Zeitpunkt in der Geistesgeschichte die Geschichte und die Philosophie als von ihm und voneinander verschieden aus sich heraussetzt.

Allerdings spiegelt sich im Vorgang der historischen Genese dieser drei Arten des Denkens und Redens nicht eins zu eins ihr sachlicher Zusammenhang. Der Sache nach liegt jedem Mythos und jeder Geschichte – meist implizit – eine bestimmte Metaphysik zugrunde, das heißt: eine spezifische Auffassung hinsichtlich der Gründungsverhältnisse und des Aufbaus der gesamten Wirklichkeit. In Mythos oder Geschichte konkretisiert sich die jeweilige Metaphysik nach Raum und Zeit. Dabei unterscheiden sich die beiden Konkretionen nach Maßgabe ihrer unterschiedlichen Zeitkonzepte. M. Eliade bringt diesen Sachverhalt auf den Punkt: „Gegenüber den archaischen und altorientalischen Religionen und den in Indien und Griechenland ausgebildeten mythisch-philosophischen Vorstellungen von der ewigen Wiederkehr bringt das Judentum eine grundlegende Neuerung.

[88] Schaeffler 94. Vgl. Platon, Politeia 508e: „Dieses also, was dem Erkennbaren Wahrheit mitteilt und dem Erkennenden das Vermögen hergibt, sage, sei die Idee des Guten"; Politeia 509b: „Ebenso nun sage auch, daß dem Erkennbaren nicht nur das Erkanntwerden von dem Guten komme, sondern auch das Sein und Wesen habe es von ihm, da doch das Gute selbst nicht das Sein ist, sondern noch über das Sein an Würde und Kraft hinausragt." Zum Begriff der Archailogia vgl. Platon, Hippias maior 285d.

Für das Judentum hat die Zeit einen Anfang und ein Ende. Die Idee der zyklischen Zeit ist überholt. Jahwe manifestiert sich nicht mehr in der *kosmischen Zeit* (wie die Götter der anderen Religionen), sondern in einer *historischen Zeit*, die unumkehrbar ist. [...] Damit gewinnt das historische Ereignis eine neue Dimension, es wird zur *Theophanie.* Das Christentum geht in der Wertung der historischen Zeit noch weiter. Seit Gott sich inkarniert, eine historisch bedingte, menschliche Existenz angenommen hat, wurde die Geschichte der Heiligung fähig."[89] Aus alledem wird ersichtlich, daß Metaphysik, Mythos und Geschichte nicht drei grundsätzlich inkompatible Größen darstellen, sondern einen je eigenen Zugang zu dem eröffnen wollen, „was die Welt im Innersten zusammenhält"[90]. Dadurch wird es möglich, daß der Hebräerbrief das geschichtliche Christusereignis in mythischen und metaphysischen Kategorien deutet, ohne den sachlichen theologischen Kern dieses Ereignisses in seiner geschichtlichen Offenbarung zu beschädigen. Im Gegenteil erreicht der Verfasser durch seine neue Deutung des christlichen Gründungsdatums ein vertieftes Glaubensverständnis; oder mit Gräßer zu sprechen: „Wir stehen vor dem bemerkenswerten Versuch, eine Glaubenskrise zu bewältigen durch – bessere Theologie."[91]

Nun sind die verschiedenen Zeitkonzepte – die Zeitlosigkeit der Metaphysik, die zyklische Zeit des Mythos und die lineare Zeit der Geschichte – zwar im Grundsatz durch ihren Gegensatz zueinander bestimmt. Sie stehen aber durchaus weitergehenden Interpretationen offen, welche sie entscheidend modifizieren und einander annähern können, ohne sie doch ganz zu verschmelzen. So gehört zur Nominaldefinition von Geschichte nach Schaeffler nicht nur, daß sie „die Abfolge von Veränderungen menschlicher Lebensverhältnisse"[92] auf der Ebene historischer Fakten ist; zur Geschichte wird eine solche Abfolge erst, „sofern sie für uns durch Interpretation von Zeugnissen rekonstruierbar wird"[93]. Geschichte – auch die Heilsgeschichte des Christusereignisses – entsteht also erst dadurch, daß die bezeugten Ereignisse in den Zusammenhang einer bewußten Gesamtdeutung gebracht werden. Der Interpretation des geschichtlichen Christusereignisses, das der Hebräerbrief vornimmt, liegen dem Mittelplatonismus verwandte Kategorien zur Deutung des Weltzusammenhangs und des Verhältnisses von Gott und Welt zugrunde. Dies wurde oben deutlich genug gezeigt.

Hier sei lediglich darauf hingewiesen, daß und wie der Hebräerbriefautor zur Entwicklung seiner Theologie das geschichtliche Zeitkonzept an das metaphysische Konzept der Zeitlosigkeit annähert. Dies geschieht

89 Eliade 97-98.
90 Goethe, Faust 382-383.
91 Gräßer XVII/1 VIII.
92 Schaeffler 6.
93 Schaeffler 6.

dadurch, daß er die perfektische, präsentische und futurische Dimension seiner Eschatologie in der Einmaligkeit des Christusereignisses zusammendrängt. Ein für allemal hat Christus die Vergebung der Sünden durch sein Selbstopfer bewirkt und den Zugang zur unmittelbaren Schau Gottes im himmlischen Allerheiligsten eröffnet. Ein für allemal wurde die himmlische Versammlung der Gerechten vollendet, indem sie Christus nach zum Kult ins Allerheiligste einzog. Ein für allemal sind die Erleuchteten zu diesem Kult hinzugetreten, wenn sie auch zu irdischen Lebzeiten noch nicht im Allerheiligsten des Himmels selbst stehen und das Verheißungsgut deshalb noch verlierbar besitzen. In einem einzigen Punkt springt nach der Auffassung des Hebräerbriefes die gesamte Menschheitsgeschichte zusammen. Gegenüber der einmal grundgelegten Rettung kann die Geschichte in ihrer linearen Zeitlichkeit nichts wesentlich Neues mehr bringen. Diesen Sachverhalt beschreibt K. Rahner in systematischer Hinsicht so: „Erst im vollen und unüberholbaren Ereignis der geschichtlichen Selbstobjektivation der göttlichen Selbstmitteilung an die Welt in Jesus Christus ist ein Ereignis gegeben, das als eschatologisches einer geschichtlichen Depravation, einer verderbenden Auslegung in der weiteren Geschichte der kategorialen Offenbarung und des Unwesens der Religion grundsätzlich und schlechthin entzogen ist.“[94]

Die Einmaligkeit und Endgültigkeit der Erschließung des Verheißungsgutes durch Jesu Kreuzestod kennzeichnet der Hebräerbrief begrifflich durch das wiederholt betonte (ἐφ)άπαξ der Selbsthingabe Jesu (vgl. Hebr 7,27; 9,12.26.28), dem das (ἐφ)άπαξ der Erleuchtung auf seiten der Glaubenden entspricht (vgl. Hebr 6,4; 9,27; 10,2.10). Die absolute Einmaligkeit des Opfers Jesu bricht die zyklische Zeit des Kultes im Alten Bund auf: Während der Hoherpriester einmal im Jahr (Hebr 9,7: ἅπαξ τοῦ ἐνιαυτοῦ), das heißt: jedes Jahr wieder, das irdische Allerheiligste betrat, geht Christus nur ein einziges Mal am Ende der Geschichte in das himmlische Allerheiligste ein. So ereignet sich das christologische (ἐφ)άπαξ im linearen Zeithorizont der Geschichte, absorbiert diesen aber zugleich in den einen Zeitpunkt der Darbringung Jesu. In diesem Sinne kann F. J. Schierse in bezug auf Hebr 10,5 sagen: „Und in der Tat dient der Eingang Christi in die Welt, in Raum und Zeit, nur dazu, um fortan eine Ordnung der Dinge heraufzuführen, in der das große und endgültige ‚Ein-für-alle-Mal‘ – ἐφάπαξ – (10,10) alle zeitlichen Unterschiede wesenslos macht. Man beachte, wie in dem Abschnitt 10,5-14 alle historischen Momente der Christus-Offenbarung fast gleichzeitig genannt werden. Inkarnation – Kreuz – Erhöhung – Parusie: Das ganze Christus-Drama ist in dem einen und einmaligen Akt der προσφορὰ τοῦ σώματος Ἰησοῦ Χριστοῦ (10,10) zusammengeschaut.“[95]

---

94 Rahner 161.

95 Schierse 54.

Dadurch rückt das zeitlich-geschichtliche (ἐφ)άπαξ seinerseits sachlich in die Nähe der metaphysischen Zeitlosigkeit mittelplatonischer Konzepte. So sagt etwa Plutarch von Gott: „Da er einer ist, hat er mit dem einen Jetzt das Immer erfüllt" (Delph 20,393a11-b1: εἷς ὢν ἑνὶ τῷ νῦν τὸ ἀεὶ πεπλήρωκε). Das ἑνὶ τῷ νῦν ist sachlich nichts anderes als das (ἐφ)άπαξ. Beide Begriffe umschreiben auf ihre Art Zeitlosigkeit, indem sie die lineare Zeit in einem qualitativ unüberbietbaren Zeitpunkt konzentrieren und so das Nacheinander der Zeit in die Einheit eines Zeitpunktes aufheben. Diesen Zeitpunkt der Ewigkeit kann dann nur das höchste Sein schlechthin besetzen, und das ist Gott. Das Verhältnis von Zeit und Zeitlosigkeit im Handeln Gottes bedenkt Philon explizit in Opif 13: „An sechs Tagen, sagt er [sc. Mose], ist die Welt verfertigt worden, nicht weil der Schaffende einen bestimmten Zeitraum [χρόνων μήκους] nötig gehabt hätte – Gott tut nämlich natürlicherweise alles zugleich [ἅμα], nicht nur wenn er anordnet, sondern auch wenn er durchdenkt –, sondern weil dem Entstehen eine Ordnung nötig war." Das ἅμα der Zeitlosigkeit ist das genaue qualitative Korrelat zum (ἐφ)άπαξ der Zeit. Wäre Christus nicht Gott, „hätte er viele Male leiden müssen seit Erschaffung der Welt" (Hebr 9,26a: ἔδει πολλάκις παθεῖν ἀπὸ καταβολῆς κόσμου). Da Christus Gott ist, steht sein Heilswerk unter dem Vorzeichen des ἑνὶ τῷ νῦν und des ἅμα, das der Hebräerbrief durch sein ἅπαξ ausdrückt: „Nun aber ist er ein für allemal am Ende der Zeiten zur Wegnahme der Sünde durch sein Opfer erschienen" (Hebr 9,27b: νυνὶ δὲ ἅπαξ ἐπὶ συντελείᾳ τῶν αἰώνων εἰς ἀθέτησιν τῆς ἁμαρτίας διὰ τῆς θυσίας αὐτοῦ πεφανέρωται). Dabei muß man Wendungen wie ἐπὶ συντελείᾳ τῶν αἰώνων und ἐπ᾽ ἐσχάτου τῶν ἡμερῶν τούτων (Hebr 1,2) in ihrem vollen Sinngehalt ernst nehmen: Mit dem irdischen Erscheinen Christi ist nicht nur die Endzeit angebrochen, sondern die irdische Geschichte als Zeit der Heilsstiftung wirklich zu Ende. „In Jesus ist zugleich die gnadenhafte Mitteilung Gottes an den Menschen und deren kategoriale Selbstauslegung in der Dimension des leibhaftig Greifbaren und Gesellschaftlichen zu ihrem Höhepunkt, zur Offenbarung schlechthin gekommen."[96]

Die geschichtliche Zeit, in der die Glaubenden nach wie vor leben, ist demgegenüber nurmehr eine Zeit der Ausdauer und Bewährung,[97] bis auch sie durch ihren Tod hindurch in die Zeitlosigkeit Christi eingehen, um das von ihm gestiftete Verheißungsgut des ewigen Lebens unverlierbar zu besitzen. Aus Anlaß ihres Sterbens wird für die einzelnen Glaubenden Wirklichkeit, was sie im Glauben bereits erkannt haben: Noch einmal (ἔτι ἅπαξ) und für sie persönlich endgültig wird die sichtbare Welt, in der sie bis dahin gelebt haben, erschüttert (vgl. Hebr 12,26-27), und sie

---

[96] Rahner 177.

[97] Zu meiner Unterscheidung zwischen Zeit der Heilsstiftung und Zeit der Ausdauer und Bewährung vgl. grundsätzlich Erlemann 384-386 über das jüdisch-frühchristliche Zeitverständnis, speziell ebd. 384: „Wichtig ist nicht die formale Zeitdauer, sondern die inhaltliche Füllung eines Zeitabschnitts. Unterschieden wird zwischen Zeiten mit relativ hoher und relativ geringer inhaltlicher ‚Dichte' (‚volle' bzw. ‚leere' Zeiten)."

nehmen das unerschütterliche Reich uneingeschränkt in Besitz. Das heißt nicht, daß die sichtbare Welt nicht irgendwann auch objektiv als ganze verginge. Für die Glaubenden verliert sie ihre Bedeutung jedoch bereits mit ihrem eigenen Tod ein für allemal. An dieser Stelle wird überdeutlich, wie differenziert man die eigene Position des Hebräerbriefes zu bewerten hat. Er teilt mit den Mittelplatonikern das grundlegende Wirklichkeitsverständnis, in dem sich zwei Welten – die des wirklichen und die des scheinbaren Seins – gegenüberstehen. Indes teilt er nicht die zyklische Zeitvorstellung, welche der Mittelplatonismus damit verbindet und die einen endlosen Kreislauf der Inkarnation von Seele und Geist ermöglicht. Das irdische Leben des Menschen steht für ihn eindeutig unter dem Vorzeichen der geschichtlichen Einmaligkeit. Deren letzter Akt besteht im Tod des einzelnen Menschen, der ihn aus seiner geschichtlichen Existenz in der sichtbaren Welt endgültig in das zeitlose Sein in der unsichtbaren Welt hinüberziehen läßt.

3.3. Universale und individuelle Eschatologie

Ich habe im vorliegenden Teil III alle einschlägigen Textstellen aus dem Hebräerbrief im Sinne einer individuellen Eschatologie gedeutet. Damit soll nicht über die Tatsache hinweggetäuscht werden, daß der Verfasser unseres Schreibens traditionelle Topoi der universalen Eschatologie, speziell der Apokalyptik verarbeitet hat. Dies ist ganz offenbar in Hebr 10,25.36-39; 12,25-29 der Fall.[98] Freilich ist uns schon bei den Analysen in Teil I aufgefallen, daß diese Perikopen im Rahmen der Gesamtkomposition und Theologie des Hebräerbriefes eine Umformung erfahren haben, die das geschichtlich-apokalyptische Paradigma im Verständnis der traditionellen Topoi durch ein zeitlos-metaphysisches Paradigma ersetzt. Daß beide Deutungen einen kompatiblen theologischen Kern haben können, ist im voraufgehenden Kapitel gezeigt worden. Jetzt geht es umgekehrt darum, sie so deutlich gegeneinander zu profilieren, daß einerseits der Paradigmenwechsel, der im Hebräerbrief stattfindet, erkennbar und nachvollziehbar wird, andererseits aber auch die Reste des apokalyptischen Paradigmas, die der Hebräerbrief in sein Konzept nicht nahtlos zu integrieren vermag, kenntlich werden.

Dazu mag uns die Skizze von F. Hahn behilflich sein, in der er die allgemeinen Grundzüge der Apokalyptik nachzeichnet: „Zu den wichtigsten inhaltlichen Motiven gehört neben der Erschließung von Geheimnissen, die mit Gottes Wirken und der irdischen Geschichte zusammenhängen, der dualistische Grundansatz; zu dem alttestamentlichen Gegenüber von Gott und Welt kommt die Polarität von Gott und widergöttlichen Mächten und unter

---

[98] Vgl. auch Hebr 10,13 (Ps 110,1 LXX); Hebr 2,8 (Ps 8,5-7 LXX).

dieser Voraussetzung das Verständnis von Heil und Unheil. Charakteristisch ist ferner der Versuch, das Weltgeschehen insgesamt zu erfassen und in Perioden zu ordnen, meist angefangen von der Weltschöpfung bis zum Weltende. Dabei wird hier stärker vom Ende als vom Anfang der Geschichte her gedacht, ohne daß es dabei nur um Zukunftsverheißung ginge. Der Dualismus und die aufs Weltende ausgerichtete Schau stehen in Zusammenhang mit einer Heilsauffassung, die konsequent jenseitig ist. Heil gibt es nicht (mehr) in dieser Welt, sondern erst in der Neuschöpfung Gottes. Eine besondere Rolle spielen dabei das zukünftige Weltgericht, die Auferweckung der Toten und die dann in Erscheinung tretende Heilswirklichkeit."[99] Vergleicht man damit die Grundkonzeption des Hebräerbriefes, so fallen die Unterschiede unmittelbar ins Auge. Der Hebräerbrief kennt zwar einen fundamentalen ontologischen Unterschied zwischen Gott als dem wahren Sein und allem übrigen Seienden, er betont auch die Diastase zwischen der unsichtbaren und der sichtbaren Welt, widergöttliche Mächte spielen in seinem theologischen Entwurf dagegen keine Rolle. Dementsprechend entscheidet die Zugehörigkeit zu einer der ontologisch unterschiedlich bewerteten Welten über Heil und Unheil. Zwar denkt auch der Hebräerbrief vornehmlich vom Ende der Geschichte her. Dieses Ende ist aber seines Erachtens mit dem Opfertod Christi bereits ein für allemal erreicht worden. In der Einmaligkeit des Christusereignisses ist die Geschichte im dreifachen Sinn des Wortes aufgehoben. Die entscheidende Erkenntnis und Anerkenntnis der Bedeutsamkeit des geschichtlichen Erscheinens Christi wird durch die Glaubenseinsicht in die wahren Gründungsverhältnisse der Welt vermittelt. Angesichts der endgültig geschehenen Sündentilgung durch Christi Blut kann die Zukunft kein weitergehendes Heilsgut mehr stiften.

Das Verheißungsgut des offenen Zugangs zum Thron Gottes im himmlischen Allerheiligsten liegt zwar im Jenseits der unerschütterlichen Welt bereit. In dieser Welt leben die Glaubenden aber schon zu ihren irdischen Lebzeiten, während sie in der irdischen Geschichte nur Fremde sind. „Entscheidend ist dabei, daß das für die vorchristliche Apokalyptik grundlegende Modell zweier sich ablösender Äone keine Gültigkeit mehr hat. Heil ist nicht erst in der Zukunft und im Jenseits zu erfahren, sondern bereits in der Gegenwart und im Diesseits. Damit ist die frühjüdische Konzeption der Apokalyptik an zentraler Stelle durchbrochen und deren Koordinatensystem tiefgreifend verändert."[100] In das jenseitige Allerheiligste des Himmels ziehen die Glaubenden endgültig nicht erst am Ende der sichtbaren Welt, sondern bereits durch den Tod ein. Aus diesem Anlaß erscheint ihnen Christus ein zweites Mal, nun nicht mehr auf Erden, sondern im Himmel.

Allerdings individualisiert der Hebräerbrief die futurischen Komponenten der universalen Eschatologie nicht restlos. Die Transformation des Weltge-

---

[99] Hahn, Apokalyptik 3-4.

[100] Hahn, Apokalyptik 158.

richts am Jüngsten Tag in ein individuelles Totengericht unmittelbar nach dem Tod des Menschen mag als solche kaum problematisch erscheinen. In der universalen Eschatologie ist das Gericht aber mit der allgemeinen Totenauferweckung verbunden. Die Auferweckung des Leibes vom Ende der sichtbaren Welt weg und hin zur postmortalen Vollendung der Geister im Himmel zu verlegen würde aber ein schlichtweg kontrafaktisches Denken verlangen. Da der Leib nämlich konstitutiv der sichtbaren Welt angehört, müßte seine Auferstehung auch in dieser Welt wahrnehmbar sein. Tatsache ist aber, daß die Gräber noch verschlossen sind. Daher läßt der Hebräerbriefautor die im Christuskerygma grundgelegten Lehren „von Auferstehung der Toten und ewigem Gericht" (ἀναστάσεώς τε νεκρῶν καὶ κρίματος αἰωνίου) nach Hebr 6,2 als Fundament des christlichen Glaubens unbeschadet bestehen. Zugleich betont er aber, daß er die Anfangslehren nicht nur wiederholen, sondern sich zusammen mit den Adressaten der Vollkommenheit zuwenden wolle (ἐπὶ τὴν τελειότητα φερώμεθα). „Auf der Aufzählung der Katechismusstücke in den VV.1b.2 liegt ja im Kontext des Hebr gerade nicht der Akzent. In ihrer gegenwärtigen Anfechtung bedürfen die Adressaten des Hebr vielmehr eben der ‚festen Nahrung' (5,14), die als solche die ‚Anfangslehren' (5,12; 6,1) zwar voraussetzt, sie aber doch zugleich als ein anfängliches Stadium auf dem Glaubens- und Erkenntnisweg der Christen erscheinen läßt. Im Sinne des Autors ist es demgegenüber für die Adressaten an der Zeit, auf dieser ‚Grundlage' (V.1) zur ‚vollkommenen' Glaubenserkenntnis fortzuschreiten und auf diesem Wege zugleich die gegenwärtige Glaubensanfechtung zu überwinden."[101]

Der Qualifizierung der allgemeinen Totenauferstehung als Anfangslehre der Christusverkündigung entspricht der Befund, daß der Hebräerbrief nur an einer Stelle die Auferweckung Jesu zur Sprache bringt (Hebr 13,20), die ja nach christlicher Überzeugung den christologischen Ermöglichungsgrund der allgemeinen Auferweckung zum ewigen Leben darstellt. Dabei formuliert er mit dem im Kontext der Auferstehung ungewöhnlichen ἀνάγειν und spricht von Gott, „der heraufgeführt hat von den Toten den großen Hirten der Schafe im Blut eines neuen Bundes, unseren Herrn Jesus" (ὁ ἀναγαγὼν ἐκ νεκρῶν τὸν ποιμένα τῶν προβάτων τὸν μέγαν ἐν αἵματι διαθήκης αἰωνίου, τὸν κύριον ἡμῶν Ἰησοῦν). „Ἐγείρειν ἐκ νεκρῶν und ἀνάστασις finden sich im Hebr nur in bezug auf die Glaubenszeugen der ‚Alten' (11,19.38 [sic; richtig: 35]; vgl. auch 6,2), nicht in bezug auf Jesus. Hier zeigt sich ganz offensichtlich eine bewußte Zurückhaltung des Autors gegenüber der traditionellen Rede von der ‚Auferstehung' bzw. ‚Auferweckung' Jesu ‚von den Toten'."[102] Diese Zurückhaltung verwundert nicht bei einem Autor, der in einem hellenistisch geprägten Denkhorizont, in dem die Auferstehung einen Stein des Anstoßes darstellt, seine Christologie entwickelt. Man denke nur daran, wie Paulus

---

101 Weiß 339.
102 Weiß 753-754.

nach Apg 17,32 genau an der Stelle seiner Athener Areopagrede unterbrochen wird, wo er auf die Auferstehung der Toten zu sprechen kommt.

Bei alledem ist aber bemerkenswert, daß der Hebräerbrief die Rede von der Auferstehung nicht einfach hinter sich läßt, sondern in seinen christologisch-soteriologischen Entwurf vom Selbstopfer des Hohenpriesters Jesus integriert und dadurch in seinem Sinne umformt und vertieft. „Auf diesen für die Christologie des Hebr zentralen Sachverhalt, auf die Stiftung des Neuen Bundes also, verweist die Näherbestimmung des ‚Heraufführens': ἐν αἵματι διαθήκης αἰωνίου *mit dem Blut des ewigen Bundes*. Also auch bei der im Hebr einmaligen Rede von der *Auferweckung* Jesu bleibt das zentrale soteriologische Motiv vom Sühnetod gewahrt."[103] Im Hinblick auf den Opfertod Jesu erscheint die Opferung Isaaks als Gleichnis (Hebr 11,19: ἐν παραβολῇ): So wie Abraham vor der Opferung seines Sohnes nicht zurückschreckte, weil er an die totenerweckende Macht Gottes glaubte, so konnte sich auch Jesus in den Tod geben, weil er wußte, daß Gott ihn von den Toten heraufführen würde. Dabei widerstreitet der Tod Jesu nicht seiner Heraufführung aus den Toten, sondern ist als Opfertod gerade die Bedingung der Möglichkeit jenes Heraufführens, das ἐν αἵματι διαθήκης αἰωνίου geschieht. Denn das Blut des Neuen Bundes ist Jesu Blut, das als Opferblut die Sünde ein für allemal tilgt und so die damit Besprengten heiligt (Hebr 9,13-14). Indem Jesus mit seinem eigenen Blut das himmlische Allerheiligste betreten hat, ist er zum Mittler des Neuen Bundes geworden (Hebr 12,24). Da der im Blut Jesu gestiftete Neue Bund besser ist als der Alte Bund (Hebr 8,6), ermöglicht er auch eine „bessere Auferstehung" als diejenige, welche die Verstorbenen nur in das irdische Leben zurückkehren läßt. In der Hoffnung auf die „bessere Auferstehung" nahmen viele Glaubenszeugen des Alten Bundes Folter und Tod in Kauf (Hebr 11,35). Besser ist diese Auferstehung darin, daß sie kein zeitlich-irdisches – mithin befristetes – Leben bringt, sondern ewiges Leben. Das heißt aber nach dem grundlegenden Wirklichkeitsverständnis des Hebräerbriefes, daß dieses Leben seinen Ort nicht mehr in der sichtbaren, erschütterlichen Welt hat, sondern in der unsichtbaren, unerschütterlichen. Ewigkeit bedeutet in dieser jenseitigen Welt nicht eine endlose Zeit, sondern Zeitlosigkeit, die sich in unseren zeitlichen Kategorien am ehesten als immerwährendes Jetzt begreifen läßt. Ist der Glaubende erst einmal durch den irdischen Tod hindurch endgültig in jene Welt hinübergegangen, dann erübrigt sich für ihn die Frage nach dem Zeitpunkt seiner Auferstehung, weil seine Existenz keine zeitliche mehr ist, sondern eben eine ewige. Aus der Perspektive der jenseitigen, unsichtbaren Welt kann also in letzter Konsequenz auch noch die Auferstehung – auf der Linie der übrigen soteriologischen Topoi des Hebräerbriefes – mit dem Einzug in das himmlische Allerheiligste in eins gesehen werden. „Wie Hb den Ausgleich zwischen jüdischer Auferstehungshoffnung und hellenistischem Unsterblichkeitsglauben vollzogen hat, läßt sich nur aus dem Ganzen seiner dualistischen Konzeption

---

[103] Gräßer XVII/3 402-403.

heraus beantworten. [...] Der irdische Leib ist nur ein Schatten und Nachbild des Eigentlichen und Wahren. Irdischer und himmlischer Leib sind also nicht zwei völlig verschiedene Dinge; essentiell gesehen ist es der gleiche Leib, der jetzt ‚im Fleische', später ‚im Geiste' existiert. [...] In wie enger Beziehung das himmlische Heiligtum zum Leibe Christi steht, ist offensichtlich. Aber auch für den Menschen bedeutet der Eintritt in die Räume der Himmelswelt nichts anderes als eine neue, endgültige Leiblichkeit."[104]

Gewiß hat sich der Verfasser des Hebräerbriefes die Frage nach der Auferstehung so gar nicht gestellt. Hier sollte lediglich nachgewiesen werden, daß die – wenn auch eher beiläufige – Erwähnung der Auferstehung nicht zwangsläufig eine Inkohärenz in sein Schreiben hineinträgt, sondern sich in die sonstige Generalperspektive durchaus einfügen läßt. Diese denkt vom Standpunkt der Ewigkeit her, in welche das Individuum im Sterben überwechselt. Da Jesus in seinem Opfertod als der Hohepriester mit seinem eigenen Blut in das himmlische und nicht nur in das irdische Allerheiligste eingezogen ist, hat er ewige Erlösung bewirkt (Hebr 9,12.14). In seinem Blut hat er einen ewigen Bund gestiftet und die Auferstehung ermöglicht (Hebr 6,2; 13,20). Deshalb haben die Glaubenden nichts mehr zu fürchten, wenn sie im Tod dem ewigen Gericht anheimfallen (Hebr 6,2; 9,27). Denn Christus erscheint, wenn sie vor dem Thron Gottes im himmlischen Allerheiligsten stehen, als Mittler, der für sie eintritt, und wird so zum Urheber ihrer ewigen Rettung (Hebr 5,9; 9,28), die sie als ewiges Erbe zu empfangen berufen sind (Hebr 9,15). Alle heilsrelevanten Fakten werden im Hebräerbrief als ewige charakterisiert. Die Verheißung der Glaubenden erfüllt sich demnach nicht in der Zeit, sondern in der Ewigkeit, an der sie freilich im Geiste der Glaubenserkenntnis bereits auf Erden Anteil erhalten. Endgültig erfüllt sich die Verheißung jedoch im Tod, der so zum individuellen Durchgang zum ewigen Leben in der unverhüllten Schau Gottes wird. Wenn der Hebräerbrief mit dieser Grundperspektive die Auferstehungshoffnung verbindet, dann verstärkt er dadurch gegenüber den mittelplatonischen Anschauungen sogar noch die individuelle Ausrichtung seiner Eschatologie. Denn der Auferstehungsglaube nimmt auf jeden Fall die personale Identität jedes Individuums als Einheit von Leib, Seele und Geist bis zuletzt ernst, was man von der mittelplatonischen Vorstellung unzähliger Reinkarnationen nicht behaupten kann. Hier zeigt sich noch einmal, daß die Einmaligkeit und Unumkehrbarkeit geschichtlicher Ereignisse, die sich im (ἐφ)άπαξ des Hebräerbriefes Ausdruck verschafft, der zeitlosen Ewigkeit, in der alles zugleich (ἅμα) wie im unentwegten Jetzt ist, bereits vom Ansatz her näher steht als ein zyklisches Zeitkonzept. Ihre Unüberbietbarkeit fließt den soteriologischen Gründungsdaten der Heilsgeschichte aber – wie wir gesehen haben – erst aus ihrer tieferen Verwurzelung im zeitlosen Sein Gottes selbst zu.

---

104 Schierse 164-165.

4. Die mittelplatonische Umformung des Parusiegedankens im Hebräerbrief

Wir kommen zum Schluß. Der Blick auf die mittelplatonische Literatur hat uns ein vertieftes Verständnis der Eschatologie des Hebräerbriefes ermöglicht. Jetzt kommt es nurmehr darauf an, unsere bis hierher gewonnenen Einsichten zur Beantwortung der Frage nach der Parusie im Hebräerbrief zu bündeln. Dabei können wir uns kurz fassen, weil alle bedeutsamen Fakten und Argumente im Verlauf der Arbeit zur Genüge diskutiert worden sind. Hier sollen nur die für die Frage nach der Parusie im Hebräerbrief relevanten Ergebnisse noch einmal thetisch zusammengefaßt werden.

1. Es ist deutlich geworden, daß der Parusiegedanke, der im Hebräerbrief an einigen wenigen Stellen anklingt, in der Komposition des Schreibens und im theologischen Entwurf seines Verfassers eine tiefgreifende Umformung erfahren hat. Diese läßt sich am klarsten dadurch bestimmen, daß man die inhaltliche Affinität des Hebräerbriefes zu mittelplatonischen Konzepten in den Bereichen der Eschatologie, Protologie und Angelologie wahrnimmt.

2. Grundlegend für das Wirklichkeitsverständnis, das der Hebräerbrief mit den untersuchten mittelplatonischen Autoren teilt, ist die ontologische Diastase zwischen der verstandesmäßigen Welt des wahren, unveränderlichen Seins und der wahrnehmbaren Welt des ununterbrochenen Werdens und Vergehens. Die beiden Welten verhalten sich zueinander vollständig disjunktiv, das heißt: Alles, was es je gibt, gehört ganz der einen oder der anderen der beiden Welten an und teilt ihren jeweiligen ontologischen Status. Einzig der Mensch ist aufgrund seiner Konstitution aus Leib, Seele und Geist seinsmäßig ein Wanderer zwischen den Welten. Nach dem Hebräerbrief vermittelt der Glaube dem Menschen die Einsicht in die wahren Gründungsverhältnisse der Welten und damit auch in seine eigene Situation. Im Glauben begreift sich der Mensch als Fremder und Gast auf Erden. Die so geglaubte Wirklichkeit erweist sich im persönlichen Tod des Menschen endgültig als Wahrheit, wenn er die irdische Welt verläßt und in die Welt des Himmels hinübergeht. Da im Hebräerbrief die Verheißungsgüter jenseitige Realitäten sind, erlangt sie der Glaubende endgültig erst im Tod, dann aber – durch den Übergang ins Jenseits – unmittelbar.

3. Die beiden Welten stehen einander jedoch nicht unverbunden gegenüber, sondern sind durch Analogie aufeinander bezogen. Konkret besagt dies: Die

sichtbare Welt ist ein genaues Abbild der urbildlichen unsichtbaren Welt. Wie die beiden Welten im umfassenden Sinne, so existieren auch die Stadt als Heimat des Menschen und das Heiligtum als Ort seiner Heiligung einerseits als himmlisches Urbild und andererseits als irdisches Abbild. Dabei hat man sich die Abbildung detailgenau zu denken: Wie das irdische Heiligtum in zwei Räume aufgeteilt ist, so sind auch im idealen Heiligtum des Himmels das innere Allerheiligste und der Rest des Heiligtums zu unterscheiden.

4. Beide Welten sind nach dem Hebräerbrief durch das Wort Gottes geschaffen worden, wobei er die sichtbare Welt der Erde aus der unsichtbaren Welt des Himmels entstehen läßt. In seinem Schöpfungshandeln ist Gott absolut frei und muß sich an keine ihm äußerlichen Vorgaben halten. Er ist das Sein schlechthin, das ontologisch in absoluter Souveränität über beiden Welten steht.

5. Aus der absoluten Transzendenz Gottes ergibt sich das Problem der Vermittlung zwischen ihm und den Menschen. Zur Lösung dieses Problems bieten die dem Hebräerbrief zeitgenössischen Mittelplatoniker zwei Ansätze, die eng miteinander zusammenhängen. Zum einen werden Engel beziehungsweise Dämonen als Vermittler zwischen dem göttlichen und dem menschlichen Bereich vorgestellt. Zum anderen wird die Seele, vor allem aber der Geist des Menschen als nur lose mit der irdischen Wirklichkeit des Leibes verbunden gedacht, während ihre eigentliche Heimat im Bereich des Himmels liegt. Auch zu irdischen Lebzeiten kann der Mensch somit im Geiste Anteil an der himmlischen Realität erhalten. Diese Vorstellung berührt sich mit der dämonologischen und angelologischen darin, daß auch Dämonen und Engel als Seelen oder Geistwesen, nur eben ohne Leib, gelten. Beide Ansätze finden sich auch im Hebräerbrief. Hier gilt Gott selbst als der Vater der Geister im Unterschied von den leiblichen Vätern der Menschen. Im Geiste der gläubigen Einsicht in die wahren Gründungsverhältnisse der beiden Welten hat der Mensch seinen wahren Aufenthalt schon zu irdischen Lebzeiten im Himmel. Auch die Engel in ihrer Mittlerrolle zwischen Gott und den Menschen sind dem Hebräerbrief bekannt. Er bemüht sich aber vor allem darum, die Mittlerschaft Christi von derjenigen der Engel scharf abzugrenzen. Der Unterschied zwischen beiden besteht darin, daß der soteriologischen Mittlerschaft der Engel ihre ontologische Mittelstellung zwischen Gott und den Menschen entspricht, wohingegen sich der Mittler Christus durch seine Göttlichkeit auszeichnet.

6. Der Hebräerbrief teilt also einerseits mit den Mittelplatonikern die Ansicht, daß der Mensch im Geiste bereits in der verstandesmäßigen Welt des Himmels beheimatet ist. Die vermittelnde Macht der Engel lehnt er dagegen letztlich ab und setzt an ihre Stelle den göttlichen Christus. Diese Position kommt im Hebräerbrief durch eine christologisch motivierte heilsgeschichtliche Differenzierung zum Ausdruck. Die Glaubenseinsicht in die wahren Gründungsverhältnisse der Welten teilen die Glaubenden

aller Zeiten gleichermaßen. Im Glauben konnten schon die Frommen des Alten Bundes ihre geistige Heimat im Himmel erblicken und umgekehrt ihre irdische Existenz als ein Weilen in der Fremde begreifen. Durch ihren individuellen Tod hindurch sind sie endgültig in die himmlische Heimat eingezogen. Das Allerheiligste des Himmels blieb ihnen jedoch solange verschlossen, bis Christus in seinem Opfertod und mit seinem eigenen Blut dort eingezogen ist (vgl. Hebr 1,6; 9,11-12). Denn der Eintritt ins Allerheiligste und der Zutritt zur unverhüllten Nähe Gottes ist Teil der größeren Verheißung, die erst mit Christi irdischem Erscheinen an die Menschen ergangen ist. Seither steht der Weg ins himmlische Allerheiligste allen Glaubenden offen, und wenn sie durch den Tod hindurch wie die Alten und Christus vor ihnen in die himmlische Heimat eingehen, gelangen sie im Gefolge Christi unmittelbar ins Allerheiligste. Der Zwischenzustand, in dem sich die Glaubenden des Alten Bundes nach ihrem Einzug in die himmlische Heimat durch den Tod und vor dem Betreten des dortigen Allerheiligsten befanden, beschreibt nach Christi Sühnetod den Zustand der Glaubenden auf Erden. Im Geiste, konkret im Gottesdienst der irdischen Gemeinde, stehen diese schon im himmlischen Heiligtum; ins Allerheiligste ziehen sie aber wie Christus vor ihnen erst durch den Tod ein, dann aber unmittelbar, weil der Zugang seit Christus ein für allemal offensteht.

7. Aus Anlaß ihres Eintritts in das Allerheiligste des Himmels erscheint Christus den verstorbenen Glaubenden ein zweites Mal (vgl. Hebr 9,27-28). Die absehbare Zeit bis dahin ist die Zeit der irdischen Ausdauer und Bewährung bis zur endgültigen Begegnung mit Christus (vgl. Hebr 10,36-39). Im persönlichen Tod des Glaubenden wird die sichtbare Welt für ihn ein letztes Mal und endgültig erschüttert, so daß er fortan in der ungeteilten Realität des unsichtbaren, unerschütterlichen Reiches lebt, dessen Bewohner er bis dahin nur im Geiste des Glaubens war (vgl. Hebr 12,25-29). Das weitere Schicksal der erschütterlichen Welt ist für den verstorbenen Glaubenden ohne Bedeutung. Hat er erst einmal die Grenze von der erschütterlichen hin zur unerschütterlichen Welt überschritten, so steht er im himmlischen Allerheiligsten vor dem Thron Gottes. Die nunmehr unverhüllte Begegnung mit Gott im Tod wird für den Glaubenden zum Tag des Gerichts (vgl. Hebr 10,25), aus dem ihn einzig das vermittelnde Sühnopfer Christi, das die Sünde hinwegnimmt, retten kann. Beim Gottesgericht in der Sterbestunde des Glaubenden im himmlischen Allerheiligsten tritt Christus als Mittler auf, der unverlierbare Rettung garantiert. Im Allerheiligsten des Himmels ereignet sich die rettende Parusie Christi für die Glaubenden unmittelbar nach ihrem Tod, nicht auf Erden am Ende der Geschichte.

Anhang zu Teil II

Übersetzungen der Quellentexte

Vorbemerkung zur Art und Weise der Übersetzung

Ziel der nachfolgenden Übersetzungen ist es nicht, einen leicht lesbaren, stilistisch einwandfreien deutschen Text der bearbeiteten mittelplatonischen Quellen zu schaffen. Da die Analysen im Teil II dieser Arbeit mit Notwendigkeit am Originaltext arbeiten, sollen die Übersetzungen sinnvollerweise den Umgang mit dem Urtext erleichtern. Bei der Übersetzung wurde deshalb Wert darauf gelegt, zentrale Begriffe nach Möglichkeit konkordant wiederzugeben und die Struktur des Ausgangstextes, soweit es die deutsche Grammatik eben noch zuläßt, abzubilden. Gedacht ist an eine parallele Benutzung von Original und Übersetzung. Dabei erleichtert die Übersetzung den Zugang zum Inhalt der Quellen, ohne doch die ihnen eigene Aussageform gänzlich preiszugeben. Die Randnummern folgen den jeweils üblichen Zitationsweisen der Quellentexte, die Ziffern am Beginn von Abschnitten im Text den gängigen Kapiteleinteilungen. Die in den fortlaufenden Text gegebenenfalls eingefügten Siglen in eckigen Klammern beziehen sich auf die entsprechenden Einteilungen des Textes, die in dieser Arbeit im Verlauf der Analyse vorgenommen wurden.

Zu 2. Philon

Praem 91-97

91 So wird zwar der sowohl der Zeit als auch der Natur nach ältere Krieg
beendigt werden, wenn die wilden Tiere gezähmt worden sind und sich
zum Zahmen hin verändert haben. Der jüngere aber und mit Absicht
entstandene aus Habsucht wird leicht aufgelöst werden, weil die Men-
schen, wie es mir jedenfalls scheint, beschämt sind, wenn sie für wilder
als unvernünftige Tiere befunden werden, nachdem sie den Verlusten und
92 Schäden von seiten der Unvernünftigen entkommen sind. | Sehr schändlich
nämlich wird es wahrscheinlich erscheinen, wenn die Giftigen und Men-
schenfresserischen und Wilden und Ungeselligen Verbündete geworden
sind, nachdem sie sich zum Frieden hin verändert haben, das von Natur
aus zahme Lebewesen aber, der Mensch, dem Gesellschaft und Eintracht
angeboren sind, unversöhnlich mordgierig ist unter den Artgenossen. |
93 Oder es wird nun überhaupt, wie er [sc. Mose] sagt, Krieg nicht mehr
durch das Land der Frommen streifen, sondern er selbst wird zerfließen
und sich an sich selbst zerreiben, wenn die Feinde sehen, gegen welche
der Kampf wäre, nämlich solche, die sich der ungeteilten Mitstreiterschaft
des Gerechten bedienen; etwas Erhabenes nämlich und sehr Ehrwürdiges
ist die Tugend und sie allein in Ruhe dazu in der Lage, das Tragen großer
94 Übel zu erleichtern. | Oder auch wenn einige Rasende anstürmen, weil sie

sich von unaufhaltsamer und unerbittlicher Kriegslust antreiben lassen,
werden sie zwar voller Kühnheit prahlen, bis sie zusammentreffen, wenn
sie aber zum Handgemenge kommen, werden sie merken, daß sie einen
leeren Ruhm gerühmt haben, wie solche, die nicht zu siegen vermögen.
Wenn sie nämlich von einer stärkeren Gegenkraft überwältigt worden sind,
so werden sie Hals über Kopf fliehen, Hundertschaften vor Fünferschaften
und Zehntausendschaften vor Hundertschaften, auf vielen Wegen, dieje-
95 nigen, die auf einem einzigen hergekommen sind. | Einige aber werden,
auch ohne daß sie etwas anderes verfolgt als die Angst, die Rücken den
Gegnern zu treffsicheren Würfen hinkehren, so daß es ein leichtes sein
wird, daß alle Waffenfähigen, getötet, fallen. „Hervorgehen wird nämlich
ein Mensch", spricht das Orakel, und als Heerführer und Kriegsherr wird
er große und menschenreiche Völker bezwingen, weil Gott die den Heiligen
passende Hilfe hinschicken wird; diese aber ist unerschütterlicher Mut der
Seelen und gewaltigste Kraft der Leiber, von denen auch das jeweils eine
furchterregend für Feinde ist, beides aber, wenn es zusammenkommt, auch
96 gänzlich unwiderstehlich. | Daß aber einige von den Feinden unwürdig
sein werden, sagt es, einer Niederlage durch Menschen, denen er einen
Wespenschwarm entgegenstellen wird, welcher zum schändlichsten Ver-
97 derben anstelle der Heiligen kämpfen wird. | Diese aber hätten nicht nur
unblutig und standhaft den Sieg im Krieg, sondern auch unbestrittene
Herrschaftsgewalt zum Nutzen der Untertanen, der entstehen dürfte
aufgrund von Wohlwollen oder Furcht oder Achtung. Dreierlei nämlich
üben sie, was am größten ist und auf eine unumstürzliche Vorherrschaft
hinzielt, Ehrwürdigkeit und Erhabenheit und Wohltätigkeit, aus denen das
Gesagte zustande gebracht wird; das Ehrwürdige nämlich flößt Achtung
ein, das Erhabene aber Furcht, das Wohltätige aber Wohlwollen, die, wenn
sie in der Seele wieder gemischt und eingepaßt werden, die Untertanen
den Herrschern hörig machen.

Praem 162-172

162 Die Flüche nun und Strafen, welche diejenigen zu Recht erdulden, die die
heiligen Gesetze der Gerechtigkeit und Frömmigkeit nicht beachten und
den vielgötterischen Lehren untertan sind, deren Ende die Gottlosigkeit
ist durch das Vergessen der angeborenen und väterlichen Belehrung, nach
der sie von Kindesbeinen an erzogen wurden, die Natur des Einen für
den höchsten Gott zu halten, dem allein diejenigen zugelost sein müs-
sen, welche die ungekünstelte Wahrheit anstelle von erdichteten Mythen
163 verfolgen, – die habe ich, ohne etwas vorzuenthalten, gezeigt. | Wenn sie
indes die Kräfte nicht zum Verderben aufnehmen, mehr als zur Warnung,
und sich ändern, indem sie sich von ganzer Seele schämen, indem sie
sich wegen ihrer Verirrung tadeln, aussprechen aber und bekennen, wie

viel sie gefehlt haben, bei sich in gereinigtem Durchdenken zuerst zum Untrüglichen und Offenen des Bewußtseins, sodann auch mit der Zunge zur Besserung der Zuhörer, – so werden sie die Huld des rettenden und gütigen Gottes erlangen, der dem Geschlecht der Menschen ein auserlesenes und sehr großes Geschenk gewährt hat, die Verwandtschaft zu seiner Vernunft, von der wie von einer Urform der menschliche Verstand
entstanden ist. | Auch wenn sie nämlich an den äußersten Enden der 164
Erde sind, um bei den Feinden, die sie als Kriegsgefangene weggeführt haben, als Sklaven zu dienen, werden sie wie auf eine einzige Losung hin an einem einzigen Tag alle befreit werden, nachdem sie ihren Herren Bestürzung über die geschlossene Änderung zur Tugend hin bereitet haben; sie werden sie nämlich freilassen, weil sie sich schämen, über Größere
zu herrschen. | Wenn sie aber diese unerwartete Freiheit erlangt haben, 165
werden diejenigen, welche bis vor kurzem verstreut in Griechenland und Barbarenland, auf Inseln und auf Kontinenten gelebt haben, nachdem sie auf einen einzigen Anstoß hin aufgestanden sind, jeder anderswoher zu dem einen angewiesenen Ort hinstreben, wobei sie als Fremde werden geführt werden von einer gewissen Erscheinung, die göttlicher sein wird als eine gemäß menschlicher Natur, unsichtbar zwar anderen, nur denen,
die wieder werden gerettet werden, aber sichtbar, | wobei sie sich drei- 166
er Beistände für die Versöhnung mit dem Vater bedienen, als eines der Milde und Güte des Angerufenen, der stets Vergebung vor Strafe setzt, als zweiten aber der Heiligkeit der Erzväter des Volkes, weil sie dadurch, daß sie in ihren von Leibern freigelassenen Seelen eine ungekünstelte und offene Verehrung darbringen dem Herrscher, die Schutzbitten für Söhne und Töchter gewöhnlich nicht umsonst stellen, gewährt ihnen doch der
Vater als Auszeichnung die Erhörung in ihren Gebeten, | als dritten aber 167
weswegen auch die Milde der erwähnten Dinge am besten schneller vorher entgegenkommt, dies aber ist Besserung derer, die in Bündnisse und Verträge geführt werden, die mit Mühe nur aus unwegsamem Gebiet auf einen Weg kommen konnten, an dessen Ende nicht anderes steht, als Gott
wohlzugefallen wie Söhne dem Vater. | Wenn sie aber angekommen sind, 168
werden die vor kurzem erst zu Trümmern gewordenen Städte aufgebaut werden, und die Wüste wird bewohnt werden und das unfruchtbar gewordene Land sich zur Fruchtbarkeit hin verändern. Von den Wohlständen der Väter und Vorfahren wird man meinen, daß sie nur ein kleiner Teil sind, wegen der reichlichen Überschüsse der Dinge in Händen, welche, als ob sie aus stets fließenden Quellen der Gnaden Gottes flössen, einen tiefen Reichtum sowohl jedem einzelnen für sich als auch allen gemeinsam
verschaffen werden, der größer ist als aller Neid. | Eine Veränderung aller 169
Dinge aber wird es plötzlich geben; denn Gott wird die Flüche gegen die Feinde derer, die umgekehrt sind, wenden, welche sich über die Mißgeschicke des Volkes freuten, indem sie spotteten und höhnten, so als ob sie selbst ein unverlierbares Los des Glückes hätten, das sie Kindern und

Nachkommen gemäß der Erbfolge zurückzulassen hofften, die für immer
die Gegner mitansehen würden, in beständigem und nicht schwankendem
170 Unglück, das auch den Geschlechtern danach bestimmt sein würde. | Denn
aufgrund ihres Wahnsinns sahen sie nicht ein, daß sie auch ihre Pracht
bis vor kurzem nicht ihretwegen genossen hatten, sondern der Warnung
anderer wegen, denen, nachdem sie die väterlichen Dinge aufgelöst hatten,
wieder ein rettendes Heilmittel gefunden wurde, Kummer, empfanden sie
doch heftigen Schmerz über die guten Dinge ihrer Feinde; wenn sie nun
die eigene Lage beweint und beseufzt haben, werden sie, nachdem sie hin
und zurück gelaufen sind, zum alten und ererbten Glück zurückkehren,
171 sie, denen es zuteil wurde, nicht gänzlich zu scheitern. | Diejenigen aber,
welche über die Wehklagen jener gelacht und dafür gestimmt haben, die
öffentlichen Feste während ihrer verbotenen Tage zu veranstalteten, und
welche während der Bußtage sich satt geschmaust haben und insgesamt
über das Unglück der anderen glücklich gewesen sind, werden, sobald
sie die Strafe für ihre Rohheit zu empfangen beginnen, merken, daß sie
nicht gegen Unscheinbare und zu Vernachlässigende gefehlt haben, sondern gegen Adlige, die noch Gluten des Adels in sich hatten, von denen
wieder angefacht der gute Ruf zu strahlen begonnen hat, der vor kurzem
172 erst ausgelöscht worden war. | Wie nämlich, nachdem Baumstümpfe unten
abgehauen worden sind, immer wenn die Wurzeln nicht entfernt wurden,
neue Schößlinge hervorsprossen, von denen die alten noch übertroffen
werden, auf dieselbe Weise werden auch in Seelen, wenn der geringste
Keim von den zur Tugend führenden Dingen übriggeblieben ist, während
die anderen weggenommen wurden, nichtsdestoweniger von dem geringen
die wertvollsten und schönsten Dinge unter den Menschen hervorgebracht,
auf deren Grund wiederum wohlbevölkerte Städte zusammen angesiedelt
werden und Völker an Menschenreichtum zunehmen.

Opif 1-35

1 Von den anderen Gesetzgebern ordneten die einen ungeschmückt und
offen an, wovon sie meinten, daß es gerecht sei, die andern erfüllten die
Massen mit Rauch, indem sie die Gedanken mit viel Gewicht umgaben
2 und in mythischen Gebilden die Wahrheit verbargen. | Mose aber machte,
indem er beides überholte, das eine als unüberlegt und nachlässig und
unphilosophisch, das andere als erlogen und voll von Zauberei, einen ganz
und gar schönen und überaus ehrwürdigen Anfang der Gesetze, wobei er
weder schnurstracks sagte, was man tun oder lassen soll, noch, weil es nun
einmal nötig war, sich die Gedanken der künftigen Benutzer der Gesetze
vorzustellen, Mythen dichtete oder die von anderen zusammengestellten
3 guthieß. | Der Anfang ist aber, wie ich sagte, überaus wunderbar, weil er
die Weltschöpfung umfaßt, wobei gleichsam die Welt mit dem Gesetz und

das Gesetz mit der Welt zusammenstimmt und der gesetzestreue Mann
sogleich Weltbürger ist, indem er seine Handlungen auf den Willen der
Natur ausrichtet, der gemäß auch die Welt insgesamt verwaltet wird. |
Die Schönheit nun der Gedanken von der Weltschöpfung könnte niemand, 4
ob Dichter oder Geschichtserzähler, wohl würdig besingen; denn sie über-
steigen Reden und Hören, sind sie doch größer und ehrwürdiger, als daß
sie sich den Organen irgendeines Sterblichen einpassen ließen. | Freilich 5
darf man deswegen nicht still bleiben, sondern muß um des Gottgelieb-
ten willen auch über die eigene Kraft hinaus zu sagen wagen von Haus
aus zwar nichts, wenig aber statt viel –, wozu der menschliche Verstand
wahrscheinlicherweise gelangen kann, wenn er von Liebe und Sehnsucht
nach der Weisheit ergriffen ist. | Wie nämlich von kolossalen Größen die 6
Abbilder auch das kleinste Siegel, wenn es geprägt wird, empfängt, so
werden vielleicht irgendwo auch die übermäßigen Schönheiten der in den
Gesetzen aufgeschriebenen Weltschöpfung, welche mit ihrem Schimmer
die Seelen derer, die auf sie treffen, beschatten, in kleineren Zeichen auf-
gewiesen werden, sobald jenes zuvor kundgetan worden sein wird, was
nicht recht ist zu verschweigen. | Einige nämlich erklärten, weil sie die 7
Welt mehr bewunderten als den Weltschöpfer, die eine für ungeworden
und ewig, Gottes große Untätigkeit aber erlogen sie auf unreine Weise;
man muß aber im Gegenteil vor des einen Kräfte als des Schöpfers und
Vaters in Erstaunen geraten, die andere hingegen nicht über das Maß
loben. | Mose aber hatte, da er von der Philosophie den Gipfel erreicht 8
hatte und durch Orakel das meiste und zusammenhaltendste von den
Dingen der Natur gelehrt worden war, offenbar erkannt, daß es äußerst
notwendig ist, daß in dem, was ist, die eine eine tätige Ursache, die andere
eine leidende ist, und daß die tätige der Verstand des Ganzen ist, ganz rein
und unvermischt, größer als Tugend und größer als Wissen und größer
als das Gute selbst und das Schöne selbst; | die leidende aber unbeseelt 9
und unbewegt aus sich, daß sie sich aber, einmal bewegt und gestaltet
und beseelt durch den Verstand, verwandelte in das vollkommenste Werk:
diese Welt; diejenigen, die von ihr behaupten, daß sie ungeworden sei,
haben unbemerkt das Nützlichste und Nötigste für die Frömmigkeit an
der Wurzel gekappt: die Vorsehung. Daß nämlich für das Gewordene
der Vater und Schöpfer sorgt, erfaßt die Vernunft. | Denn ein Vater von 10
Kindern und Verfertiger dessen, was verfertigt worden ist, zielt auf die
Dauerhaftigkeit, und was nachteilig und schädlich ist, weist er mit allen
Mitteln von sich, was hingegen nützlich und vorteilhaft ist, will er auf jede
Weise beschaffen. Zu dem aber, was nicht geworden ist, hat derjenige, der
es nicht gemacht hat, keinerlei Ähnlichkeit. | Nicht begehrenswert aber 11
ist eine Meinung und unnütz, die Anarchie wie in einer Stadt, so dieser
Welt bereitet, wenn sie keinen Aufseher oder Schiedsrichter oder Richter
hat, von dem alles verwaltet und geleitet werden muß. | Aber der große 12
Mose teilte, weil er der Meinung war, daß etwas ganz anderes als das

Sichtbare das Ungewordene sei – das ganze Wahrnehmbare ist nämlich in Entstehung und Veränderungen niemals gleichmäßig –, dem Unsichtbaren und Verstandesmäßigen als verschwistert und verwandt Ewigkeit zu, dem Wahrnehmbaren aber sprach er Entstehung als eigentümlichen Namen zu. Da nun sichtbar und wahrnehmbar diese Welt ist, dürfte sie notwendig auch geworden sein; deshalb schrieb er nicht ohne Absicht auch ihre Entstehung auf, während er sehr ehrwürdig von Gott sprach.

13 *[I]* An sechs Tagen, sagt er, ist die Welt verfertigt worden, nicht weil der Schaffende einen bestimmten Zeitraum nötig gehabt hätte – Gott tut nämlich natürlicherweise alles zugleich, nicht nur wenn er anordnet, sondern auch wenn er durchdenkt –, sondern weil dem Entstehenden eine Ordnung nötig war. Der Ordnung aber ist die Zahl eigen, nach den Gesetzen der Natur der Zahlen die zeugungskräftigste ist aber die sechs: Von denen von der Einzahl ab ist sie die erste vollkommene, die ihren eigenen Teilen gleichkommt und ganz aus ihnen aufgebaut wird, die Hälfte aus der Dreizahl, das Drittel aus der Zweizahl und das Sechstel aus der Einzahl. Und sie ist sozusagen von Natur aus männlich und weiblich und aus der Kraft von beidem zusammengefügt: Männlich ist nämlich in dem, was ist, das Ungerade, das Gerade weiblich. Von den ungeraden Zahlen nun ist der Anfang die Dreizahl, die Zweizahl aber von den geraden,
14 beider Kraft aber die Sechszahl. | Es mußte nämlich die Welt, weil sie das Vollkommenste des Gewordenen ist, einer vollkommenen Zahl gemäß zusammengefügt werden, der Sechs; weil sie in sich die Entstehungen aus der Verbindung enthalten sollte, (mußte die Welt) im Blick auf eine gemischte Zahl, die erste gerade – ungerade, geprägt werden, welche die Idee sowohl des samenausschüttenden Männlichen als auch des die Samen
15 empfangenden Weiblichen umfassen würde. | Jedem der Tage aber teilte er einige der Stücke des Ganzen zu, wobei er den ersten nicht mitrechnete, den er selbst auch nicht den ersten nennt, damit er nicht den anderen mit dazugerechnet werde, sondern, indem er ihn „einen" nennt, mit einem treffenden Namen belegt, weil er die Natur der Einzahl und ihre Benennung in ihm sieht und ihm zuspricht. *[II A]* Es muß aber soviel wie möglich gesagt werden von dem, was von ihm umfaßt wird, weil alles zu sagen unmöglich ist. Er umfaßt nämlich die verstandesmäßige Welt für sich, wie die Rede über ihn kundtut.

16 Da Gott nämlich, weil er eben Gott ist, vorher schon wußte, daß eine schöne Nachahmung wohl niemals entstehen würde ohne ein schönes Muster und nichts vom Wahrnehmbaren makellos, das nicht mit Blick auf eine urförmliche und verstandesmäßige Idee abgebildet würde, formte er, als er diese sichtbare Welt verfertigen wollte, vorher die verstandesmäßige aus, um unter Benutzung eines unkörperlichen und sehr gottähnlichen Musters die körperliche auszuarbeiten, ein jüngeres Abbild eines älteren, das so viele wahrnehmbare Arten umfassen sollte, wie in jenem verstan-
17 desmäßige sind. | *[II B]* Die aus den Ideen zusammengesetzte Welt an

irgendeinem Ort befindlich zu erklären oder zu vermuten ist nicht erlaubt;
wie sie aber zusammengesetzt ist, werden wir wissen, wenn wir einem
Bild von dem Unsrigen gefolgt sind. Wenn eine Stadt gegründet wird nach
großer Ehrsucht eines Königs oder irgendeines Führers, der Anspruch auf
selbstherrscherische Vollmacht erhebt und zugleich in der Einbildung eines
Stolzen das Glück ausschmücken hilft, kommt es vor, daß ein Mann, der
von Berufs wegen Architekt ist und gerade vorbeikommt, nachdem er das
milde Klima und die glückliche Lage des Ortes betrachtet hat, zuerst bei
sich fast alle Teile der künftig zu vollendenden Stadt aufzeichnet, Heiligtü-
mer, Sportplätze, Amtshäuser, Marktplätze, Häfen, Schiffshäuser, Gassen,
Befestigungsanlagen, Fundamente von Häusern und anderen öffentlichen
Gebäuden. | Nachdem er wie in Wachs in seiner Seele von jedem einzelnen 18
die Formen empfangen hat, trägt er sonach bildlich in sich eine verstan-
desmäßige Stadt, und nachdem er deren Bilder mittels des angeborenen
Gedächtnisses heraufsteigen hat lassen und sich die Zeichen noch besser
eingeprägt hat, wie ein guter Verfertiger, fängt er diejenige aus Steinen
und Hölzern an zu bauen, wobei er auf das Muster hinblickt und jeder
der unkörperlichen Ideen die körperlichen Wirklichkeiten ähnlich macht. |
Beinahe das Gleiche muß man sich nun auch von Gott denken: Wie er 19
demnach, als er die Großstadt zu gründen durchdacht hatte, zuerst ihre
Urformen ausdachte, aus denen er, nachdem er sich die verstandesmäßige
Welt zusammengesetzt hatte, auch die wahrnehmbare zustande brachte,
indem er sich jenes Musters bediente. | Ganz so nun wie die im Architekten 20
vorher ausgeprägte Stadt außerhalb keinen Raum hatte, sondern der Seele
des Handwerkers eingeprägt war, auf dieselbe Weise dürfte auch die Welt
aus den Ideen keinen anderen Ort haben als die göttliche Vernunft, welche
diese Dinge vollständig geordnet hat. Denn welchen anderen Ort gäbe es
wohl für seine Kräfte, der sich eignete, ich sage nicht: alle, aber irgendeine
einzige unvermischt aufzunehmen und ihr Raum zu geben? | *[II C]* Eine 21
Kraft aber ist auch die weltschöpfende, welche als Quelle das in Wahrheit
Gute hat. Wenn nämlich jemand die Ursache, um deretwillen dieses All
verfestigt wurde, wird durchforschen wollen, so scheint er mir das Ziel
nicht ganz zu verfehlen, wenn er sagt, was auch von den Alten schon
einer gesagt hat, daß nämlich der Vater und Schöpfer gut ist, weswegen
er seine eigene beste Natur nicht einem Wesen vorenthielt, das aus sich
selbst nichts Schönes hatte, aber alles werden konnte. | Denn es war zwar 22
aus sich selbst ungeordnet, unbeschaffen, unbeseelt, unähnlich, voll von
Andersartigkeit, Disharmonie, Unstimmigkeit; aber es empfing Wandlung
und Veränderung ins Gegenteil und zum Besten, Ordnung, Beschaffen-
heit, Beseeltheit, Gleichheit, Selbigkeit, das Harmonische, das Stimmige,
alles, was zur höchsten Idee gehört. | Ohne sich aber eines Beistandes 23
– wer sonst nämlich war es? – außer seiner selbst zu bedienen, erkannte
Gott, daß es nötig ist, verschwenderische und reiche Gnaden der Natur
zu erweisen, die ohne göttliche Gabe nichts Gutes aus sich selbst heraus

erlosen konnte. Allerdings erweist er Gutes nicht nach der Größe seiner
Gnaden – unbegrenzt nämlich sind diese und unendlich –, sondern nach
den Kräften derer, denen Gutes erwiesen wird; denn nicht wie Gott von
Natur aus Gutes tut, so auch das Werdende Gutes leidet, weil die Kräfte
des einen alles übertreffen, das andere aber, weil es zu schwach ist, als
daß es ihre Größe aufnehmen könnte, sie abgeschlagen hätte, wenn er
nicht jedem das ihm Zufallende zugemessen hätte, indem er es harmo-
24 nisch abmißt. | Wenn aber einer unverdeckter die Begriffe wird benutzen
wollen, so wird er sagen, daß die verstandesmäßige Welt nichts anderes
sei als die Vernunft Gottes, der bereits die Welt schafft; denn auch die
verstandesmäßige Stadt ist nichts anderes als die Vernunftüberlegung des
25 Baumeisters, der bereits die Stadt zu gründen durchdenkt. | *[II D]* Diese
Lehre ist die des Mose, nicht meine; als er im folgenden die Entstehung
des Menschen aufschreibt, sagt er jedenfalls ausdrücklich, daß er demnach
nach dem Bild Gottes geprägt wurde (Gen 1,27). Wenn aber der Teil
Bild eines Bildes ist und die ganze Bildform, diese wahrnehmbare Welt
insgesamt, wenn sie größer ist als das menschliche Bild, Nachahmung
eines göttlichen Bildes, so ist klar, daß das urförmliche Siegel, von dem
wir sagen, daß es die verstandesmäßige Welt ist, wohl die Vernunft Gottes
selbst sein dürfte, das Muster, urfömliche Idee der Ideen.
26 *[III A]* Er sagt aber: „Im Anfang schuf Gott den Himmel und die Erde.",
wobei er den Anfang nimmt nicht, wie manche denken, der Zeit nach.
Die Zeit war nämlich nicht vor der Welt, sondern ist entweder mit ihr
entstanden oder nach ihr. Da nämlich die Zeit der Zwischenraum der
Bewegung der Welt ist, dürfte die Bewegung wohl kaum früher entstan-
den sein als das, was sich bewegt, sondern sie wurde notwendigerweise
später oder zugleich zusammengestellt, notwendigerweise ist also auch die
Zeit entweder gleich alt wie die Welt entstanden oder jünger als jene. Es
27 wagen, sie für älter zu erklären, ist aber unphilosophisch. | Wenn aber als
Anfang nun nicht derjenige der Zeit nach genommen wird, dann dürfte
wahrscheinlich derjenige der Zahl nach kundgetan werden, weil das „am
Anfang schuf er" gleich ist dem „zuerst schuf er den Himmel"; denn es
ist in der Tat vernünftig, daß er als erster in die Entstehung gekommen
ist, ist er doch das Beste der gewordenen Dinge und aus dem Reinsten
der Wirklichkeit zusammengefügt worden, weswegen er das allerheiligste
Haus der sich darin zeigenden und wahrnehmbaren Götter sein sollte. |
28 Denn auch wenn der Schöpfer alles zugleich geschaffen hat, hatten die
schön entstehenden Dinge nichtsdestoweniger eine Ordnung; nichts Schönes
nämlich ist in Unordnung. Ordnung aber ist Folge und Verknüpfung von
gewissen vorgängigen und nachfolgenden Dingen, wenn auch nicht in den
Verwirklichungen, aber sicherlich in den Absichten derer, die sie ersinnen.
So sollten sie nämlich genau und nicht umherirrend sein und unvermischt. |
29 *[III B]* Als erstes schuf nun der Schöpfer einen unkörperlichen Himmel
und eine unsichtbare Erde und eine Idee von Luft und Leere. Von diesen

nannte er die eine Finsternis, weil die Luft von Natur aus schwarz ist,
die andere Abgrund, denn das Leere ist sehr tief und gähnend; dann eine
unkörperliche Wirklichkeit von Wasser und Geist und nach alldem, als sie-
bentes, von Licht, das wiederum ein unkörperliches und verstandesmäßiges
Muster von Sonne und allem war, was er an leuchtenden Sternen über den
Himmel hin zusammenstellen wollte. | Eines Vorrechts aber würdigte er 30
den Geist und das Licht: Den einen nannte er nämlich Gottes Geist, weil
das Lebendigste der Geist, des Lebens Ursache aber Gott ist, das andere
Licht, weil es über alle Maßen schön ist (Gen 1,4). Um so viel nämlich
ist das Verstandesmäßige leuchtender und strahlender als das Sichtbare,
um wieviel die Sonne, meine ich, als die Finsternis und der Tag, als die
Nacht und der Verstand, der Führer der ganzen Seele, als die Augen des
Körpers. | Jenes unsichtbare und verstandesmäßige Licht aber entstand als 31
Bild der göttlichen Vernunft, die seine Entstehung erklärt. Und es ist ein
überhimmlischer Stern, Quelle der wahrnehmbaren Sterne, die man wohl
nicht untreffend All-Lichtheit wird nennen dürfen, aus der Sonne und Mond
und die anderen Planeten und Fixsterne, soviel jedem seine Kraft erlaubt,
die gebührende Leuchtkraft schöpfen, wobei sich jenes unvermischte und
reine Licht verdunkelt, jedesmal wenn es sich umzuwandeln beginnt gemäß
der Verwandlung aus dem Verstandesmäßigen zum Wahrnehmbaren. Rein
ist nämlich nichts von den Dingen in der Wahrnehmung. | *[III C]* Gut ist 32
freilich auch die Aussage: „Finsternis war über dem Abgrund" (Gen 1,2).
In gewisser Weise ist nämlich die Luft über der Leere, weil sie im Hinauf-
steigen den ganzen gähnenden und verlassenen und leeren Raum erfüllt
hat, der sich zu uns von den Dingen beim Mond erstreckt. | Nach dem 33
Anzünden des verstandesmäßigen Lichtes, das vor der Sonne entstanden
ist, wich die gegnerische Finsternis zurück, indem Gott sie durch eine
Mauer voneinander trennte und auseinanderstellte, der die Gegensätze
und ihren von Natur aus hartnäckigen Kampf gut kannte. Damit sie nun
nicht, weil sie stets aneinandergeraten, im Zwiespalt sind und Krieg statt
Frieden obsiegt, indem er die Unordnung in der Weltordnung bringt, hat
er nicht nur Licht und Finsternis geschieden, sondern auch Grenzen in der
Mitte der Zwischenräume gesetzt, durch die er jedes der beiden äußeren
Enden am Eindringen hinderte. Sie sollten nämlich, wären sie benachbart,
Verwirrung anzetteln, indem sie, ihrem großen und unablässigen Sieges-
streben gemäß, sich zum Kampf um die Macht rüsteten, wenn nicht in
der Mitte gezogene Grenzen den gegenseitigen Angriff auseinandergehalten
und aufgelöst hätten. | Diese aber sind Abend und Morgen, von denen 34
der eine vorankündigt, daß die Sonne aufgehen wird, indem er langsam
die Finsternis zurückdrängt, der Abend aber entsteht, nachdem die Sonne
untergegangen ist, indem er die gedrängte Last der Finsternis gelassen
auf sich nimmt. Und diese freilich, Morgen sage ich und Abend, sind in
die Ordnung der unkörperlichen und verstandesmäßigen Dinge zu setzen;
denn überhaupt nichts Warhnehmbares ist unter diesen, sondern sie alle

sind Ideen und Maße und Formen und Siegel, unkörperliche Dinge zur Entstehung von anderen Körpern.

[IV] Als aber das Licht entstand, die Finsternis aber wich und sich zurückzog, als Grenzen aber in den Zwischenräumen Abend und Morgen gezogen wurden, da wurde notwendigerweise ein Maß der Zeit zugleich vollendet, das der Schöpfer auch Tag nannte, und zwar nicht den ersten Tag, sondern einen, was von ihm gesagt ist aufgrund der Einzigkeit der verstandesmäßigen Welt, die eine monadische Natur hat.

Aet 1-20

1 Zwar ist es in jeder unklaren und ernsten Angelegenheit recht, Gott
anzurufen, weil der Erzeuger gut ist und nichts unklar bei ihm, da er
das genaueste Wissen von allen Dingen besitzt, für die Rede über Unver-
gänglichkeit der Welt aber am notwendigsten; denn es gibt weder unter
wahrnehmbaren Dingen etwas Vollendeteres als die Welt noch unter
verstandesmäßigen etwas Vollkommeneres als Gott, sondern stets ist
der Verstand der Führer der Wahrnehmung und das Verstandesmäßige
des Wahrnehmbaren, die untergeordneten Dinge aber vom Führer und
Vorsteher zu erfragen, ist denen Gesetz, denen eine größere Liebe zur
2 Wahrheit angeboren ist. | Wenn wir nun, indem wir eingeübt wären in
die Lehren der Einsicht und Besonnenheit und jeder Tugend, die Flecken
aus Leidenschaften und Krankheiten von uns abgewaschen hätten, so
hätte Gott es vielleicht nicht abgelehnt, gründlichst gereinigte und blitz-
blank geputzte Seelen zum Wissen von den himmlischen Dingen entweder
durch Träume oder durch Orakel oder durch Zeichen oder durch Wunder
anzuleiten. Da wir aber Elemente und Formen der Unbesonnenheit und
Ungerechtigkeit und der anderen Schlechtigkeiten wieder aufnahmen, und
schwer auflösbar haben, müssen wir damit zufrieden sein, wenn wir durch
wahrscheinliche Vermutungen durch uns selbst eine gewisse Nachahmung
der Wahrheit ausfindig machen.
3 Recht ist es nun, daß die Untersucher dessen, ob die Welt unvergänglich
ist, weil ja sowohl „Vergehen" als auch „Welt" jedes von den Dingen ist,
die auf vielfache Weise gesagt werden, zuerst über die Namen forschen,
damit wir, wonach bezeichnet es jetzt eingeordnet ist, genau erkennen.
Allerdings darf nicht, wieviel kundgetan wird, alles aufgezählt werden,
4 sondern wieviel für die hiesige Belehrung vonnutzen ist. | Es wird nun die
Welt nach dem einen verstanden als eine Zusammensetzung aus Himmel
und Sternen gemäß einem Umfassen von Erde und der Lebewesen und
Pflanzen auf ihr; nach dem anderen aber als der Himmel allein, auf den
hinblickend Anaxagoras demjenigen, der ihn gefragt hatte, um welcher
Ursache willen er sich plage, indem er die Nacht im Freien verbringe,
antwortete, um die Welt zu betrachten, womit er die Reigentänze und

Umläufe der Sterne dunkel andeutete; nach dem dritten aber, wie es den
Stoikern scheint, als das sich bis zum Weltenbrand Erstreckende, ein
bestimmtes Wesen, entweder durchgeordnet oder undurchgeordnet, von
dessen Bewegung, wie sie sagen, die Zeit ein Zwischenraum ist. Jetzt aber
ist die Betrachtung über die Welt gemäß der ersten Bezeichnung, die aus
Himmel und Erde und den Lebewesen in ihnen zusammengesetzt ist. | Es 5
wird freilich auch Vergehen die Veränderung zum Minderen hin und die
vollständige Wegnahme aus dem Sein genannt, von der zu sagen notwendig
ist, daß es sie gar nicht gibt. Wie nämlich aus dem nicht Seienden nichts
entsteht, so vergeht es auch nicht ins nicht Seiende:

Aus dem keineswegs Seienden ist unmöglich, daß etwas entsteht,
und daß das Seiende völlig vernichtet wird, ist unvollendbar und
unerhört.

Und der Tragiker:

Es stirbt aber nichts von dem, was entsteht,
indem aber eines sich zum anderen absonderte,
hat es eine andere Gestalt aufgewiesen. |

Nichts ist so töricht, wie ratlos zu sein darüber, ob die Welt in das nicht 6
Seiende vergeht, sondern ob sie die Veränderung aus der Durchordnung
erfährt, indem sie die bunten Gestalten von Elementen und Zusammensetzungen in ein und dieselbe Idee auflöst, oder indem sie wie in den Quetschungen und den Zerschmetterungen eine vollkommene Vermischung
erfährt.

Drei Meinungen aber gibt es über das, was hier untersucht wird, wobei 7
die einen sagen, daß die Welt ewig sei, ungeworden und unvergänglich,
die andern im Gegenteil, daß sie geworden und vergänglich sei; es gibt
aber auch solche, die, indem sie von beiden Meinungen etwas herausnahmen, das Gewordene von den Letzteren, von den Ersteren aber das
Unvergängliche, eine gemischte Meinung zurückgelassen haben, indem sie
meinten, sie sei geworden und unvergänglich.

Demokrit nun und Epikur und die große Masse der Philosophen von der 8
Stoa lassen Werden und Vergehen der Welt zurück, jedoch nicht auf gleiche
Weise: Die einen verzeichnen nämlich viele Welten, deren Entstehung sie
gegenseitigen Prägungen und Anknüpfungen von Atomen zuschreiben,
ihr Vergehen aber Widerständen und Anstößen der entstandenen Dinge;
die Stoiker aber eine Welt, als Ursache ihrer Entstehung aber Gott, ihres
Vergehens aber nicht mehr Gott, sondern die in den seienden Dingen vorhandene Kraft eines unauslöschlichen Feuers, die in großen Zeitkreisläufen
das All wieder in sich auflöst, aus der wiederum eine Wiederentstehung
der Welt zusammengesetzt wird durch die Fürsorge des Handwerkers. | Es 9
kann aber nach diesen die eine Welt ewig, die andere vergänglich genannt
werden, vergänglich die gemäß der Durchordnung, ewig aber die gemäß
dem Weltenbrand, weil sie durch Wiederentstehungen und Kreisläufe, die
niemals enden, unsterblich gemacht wird.

10 Aristoteles aber sagte, weil er sich niemals fromm und heilig entgegen-
stellte, daß die Welt ungeworden und unvergänglich sei, die schreckliche
Gottlosigkeit aber derer verurteilte er, die die entgegengesetzten Dinge
behaupteten, die meinten, daß von den von Menschenhand gemachten
Dingen sich in nichts unterscheide der so große sichtbare Gott, obwohl
er doch Sonne und Mond und das übrige Pantheon der Planeten und
11 Fixsterne wahrhaft umfaßt. | Er sagte nämlich, wie zu hören ist, spottend,
daß er früher um sein Haus gefürchtet habe, daß es nicht durch heftige
Winde oder maßlose Regengüsse oder die Zeit oder die Leichtfertigkeit
der sich ziemenden Sorge zerstört werde, jetzt aber werde noch größere
Furcht darüber verhängt von denen, welche die ganze Welt mit dem Wort
12 niederreißen. | Manche aber sagen, daß nicht Aristoteles der Erfinder der
Meinung sei, sondern von den Pythagoreern welche. Ich aber stieß auch
auf eine Schrift des Okellos, eines Lukaners der Geburt nach, mit der
Überschrift „Über die Natur des Alls", in der er nicht nur seine Meinung
erklärte, daß die Welt ungeworden und unvergänglich sei, sondern sie
auch durch Beweise untermauerte.
13 Daß sie aber geworden und unvergänglich sei, wird, so heißt es, von Pla-
ton im Timaios klargemacht durch die Götterversammlung, in der zu den
jüngeren Göttern vom ältesten und führenden gesagt wird: „Götter von
Göttern, die Werke, deren Verfertiger und Vater ich bin, sind unauflösbar,
wenn ich es nicht will. Alles Verbundene ist nun zwar auflösbar, das schön
Zusammengesetzte und sich gut Verhaltende auflösen zu wollen ist aber
vom Bösen. Deswegen seid auch ihr, nachdem ihr entstanden seid, nicht
unsterblich und nicht ganz und gar unauflösbar. Keineswegs werdet ihr
jedoch aufgelöst werden, und das Schicksal des Todes werdet ihr nicht
treffen, weil ihr meinen Willen als ein noch größeres und bestimmenderes
Band erhalten habt als jene Bänder, durch die ihr, als ihr entstanden seid,
14 zusammengebunden wurdet." | Manche aber klügeln sich aus und meinen,
daß nach Platon die Welt nicht deshalb geworden genannt wird, weil sie
einen Anfang des Werdens genommen hätte, sondern weil sie, wenn sie
entstünde, nicht anders als auf die besagte Weise zusammengesetzt wor-
den wäre, oder weil die Teile in Entstehung und Veränderung beobachtet
15 werden. | Besser aber und wahrer ist es, das erste zu vermuten, nicht
allein weil er durch die ganze Schrift hindurch jenen göttlichen Bildner
Vater und Schöpfer und Verfertiger nennt, diese Welt aber Werk und
Nachkomme, von einer Urform und einem verstandesmäßigen Muster
eine wahrnehmbare Nachahmung, die, allsoviel in jenem verstandes-
mäßige, in sich wahrnehmbare Dinge umfaßt, vom Vollkommensten
für den Verstand ein vollkommener Abdruck für die Wahrnehmung; |
16 sondern auch weil Aristoteles diese Dinge über Platon bezeugt, wobei er
wegen seiner Ehrfurcht vor der Philosophie nichts erlogen haben dürfte,
und weil zuverlässiger keiner ist, einem Lehrer ein Zeugnis abzulegen,
als ein Freund und vor allem ein derartiger, der nicht aus unbeständiger

Leichtfertigkeit Bildung als Nebensache ansetzte, sondern, indem er sich bemühte, die Funde der Alten zu übertreffen, einige der für jeden Bereich der Philosophie notwendigsten Dinge durch sein Trachten nach Neuem noch dazu ersann.

Für den Vater der platonischen Lehre halten aber manche den Dichter Hesiod, weil sie meinen, daß die Welt von jenem geworden und unvergänglich genannt wird; geworden, weil er sagt: 17

Wahrlich, zuallererst entstand Chaos, dann ferner
die breitbrüstige Erde, für alle ein fester Wohnsitz für immer; |

unvergänglich aber, weil er ihre Auflösung und ihr Vergehen nicht kundgetan hat. Vom Chaos aber meint Aristoteles, daß es ein Ort sei, weil das Empfangende notwendigerweise einem Körper voraus- und zugrunde liege, von den Stoikern aber einige, daß es das Wasser sei, weil sie meinen, daß nach dem Ausgießen (Chysis) der Name gemacht sei. Auf welche von beiden Arten es sich aber auch verhalten mag, daß die Welt geworden ist, ist bei Hesiod überdeutlich kundgetan. 18

Lange Zeiten vorher aber sagte schon der Gesetzgeber der Juden, Mose, in den heiligen Büchern, daß die Welt geworden und unvergänglich sei; es sind aber fünf, von denen er das erste mit „Entstehung" überschrieb, indem er auf folgende Weise beginnt: „Im Anfang machte Gott den Himmel und die Erde; die Erde aber war unsichtbar und unzugerichtet." (Gen 1,1-2). Nachdem er weiter fortgefahren ist, tut er im weiteren wiederum kund, daß Tage und Nächte und Stunden und Jahre, Mond und Sonne, welche die Natur der Zeitmessung anzeigten, weil sie mit dem ganzen Himmel ein unsterbliches Los gezogen haben, bis zum Ende unvergänglich bleiben (vgl. Gen 1,14; 8,22). 19

Es ist aber so zu verfahren, daß wir die „ungeworden und unvergänglich" zubereitenden Worte um der Ehrfurcht vor dem Sichtbaren willen als erste stellen, um so einen gebührenden Anfang zu machen. 20

Somn I 133-158

[II A] Das Vorspiel also der gottgesandten Schau verhält sich so, es ist aber nun Zeit, sich ihr zuzuwenden und von den hineingetragenen Dingen jedes einzelne genau zu schildern. „Er hatte einen Traum", heißt es, „und siehe da: eine Leiter, aufgestellt auf der Erde, deren Kopfende bis in den Himmel reichte, und die Engel Gottes stiegen auf und nieder auf ihr; der Herr aber stützte sich oben auf sie" (Gen 28,12-13). 133

[II B] Leiter wird nun gewiß in der Welt sinnbildlich die Luft genannt, deren Fußende die Erde ist, der Scheitel aber der Himmel; denn von der Mondkugel, welche zwar als letzte der Kreise am Himmel, als erste aber derjenigen zu uns hin die Erforscher der Himmelserscheinungen verzeichnen, bis zur äußersten Erde ist die Luft überall zuerst hingestreckt. | *[II Ca]* 134

135 Diese aber ist von unkörperlichen Seelen das Haus, weil es dem Schöpfer
schön zu sein schien, alle Teile der Welt mit Lebewesen zu erfüllen. Deshalb setzte er der Erde die Landlebewesen, den Meeren aber und Flüssen die Wasserlebewesen, dem Himmel aber die Sterne ein – und von jedem von diesen wird nämlich nicht nur gesagt, daß er ein Lebewesen, sondern auch, daß er ein ganzer, durch und durch allerreinster Verstand ist –, so daß auch im übrigen Ausschnitt des Ganzen, der Luft, Lebewesen entstanden sind. Wenn sie aber nicht über Wahrnehmung erfaßbar sind,
136 was heißt dies schon? Auch eine Seele ist nämlich unsichtbar. | *[II Cb]* Es
ist auch wahrscheinlich, daß Luft besser als Erde und Wasser Lebewesen ernährt, weil auch die Lebewesen in jenen diese beseelt hat; denn es hat sie gemacht der Handwerker zum Halt von unbeweglichen Körpern, zur Natur von ohne Anschauung bewegten, zur Seele aber von denen, die
137 bereits Antrieb und Anschauung benutzen können. | *[II Cc]* Ist es nun
nicht unangebracht, daß, wodurch die anderen Dinge beseelt worden sind, keinen Anteil an Seelen hat? Deshalb entferne niemand die beste Natur von Lebewesen dem Besten der (Dinge) um die Erde herum, der Luft! Denn diese ist nicht als einzige von allen verlassen, sondern wie eine Stadt ist sie wohlbevölkert mit unvergänglichen Bürgern und unsterblichen Seelen,
138 gleich an Zahl den Sternen. | *[II Da]* Von diesen Seelen steigen die einen
herunter, um mit sterblichen Körpern verbunden zu werden, insoweit sie sehr der Erde zuneigen und die Körper lieben, die andern steigen wieder hinauf, nachdem sie wiederum getrennt worden sind gemäß den
139 von Natur festgelegten Zahlen und Zeiten. | *[II Db]* Von diesen laufen
diejenigen, welche sich nach den vertrauten und gewohnten Dingen des sterblichen Lebens sehnen, sofort wieder zurück, diejenigen aber, welche sein vieles unnützes Zeug verachten, nennen den Körper ein Gefängnis und ein Grab, nachdem sie aber wie aus einem Verließ oder einem Grabmal geflohen sind und sich nach oben mit leichten Flügeln zum Äther erhoben haben, bewohnen sie den himmlischen Bereich in Ewigkeit. | *[II Dc]*
140 Andere aber sind die reinsten und besten, sind größerer und göttlicherer
Gedanken teilhaftig geworden, haben überhaupt keines der Dinge um die Erde herum jemals begehrt, sind aber Unterherrscher des Allführers, wie des Großkönigs Ohren und Augen sehen und hören sie alles. | *[II Ea]*
141 Diese pflegen die anderen Philosophen Dämonen zu nennen, die Heilige
Schrift aber Engel, indem sie einen geeigneteren Namen benutzt; *[II Eb]* sie vermitteln nämlich auch die Anweisungen des Vaters den Kindern und
142 die Bitten der Kinder dem Vater. | Deshalb hat er sie auch als Auf- und
Absteigende eingeführt, nicht weil Gott, der überall immer schon da ist, der Kundschafter bedarf, sondern weil es uns Vergänglichen nützt, als Mittler und Schiedsrichter Worte zu benutzen, wegen des Erstarrt- und Entsetztseins vor dem Allvorsteher und der übergroßen Macht seiner Herrschaft. |
143 *[II Ec]* Da wir davon eine Vorstellung gewonnen hatten, baten wir einst
einen der Mittler, indem wir sagten: „Sprich du zu uns, und nicht soll

zu uns Gott sprechen, damit wir nicht irgendwann sterben!“ (Ex 20,19). Nicht daß wir nämlich nur Strafen, sondern auch übersteigenden und ungetrübten Wohltätigkeiten nicht Raum zu geben vermögen, die er jeweils durch sich selbst gewährt, ohne sich anderer Sklaven zu bedienen. | *[II F]*
Ganz und gar schön aber stellt man sich die Luft im Sinnbild der Leiter 144
aufgestellt auf der Erde vor; denn es hat sich ereignet, daß die Dämpfe, die von der Erde heraufgegeben worden sind, indem sie sich verdünnten, sich in Luft verwandelt haben, so daß das Fußende und Wurzel der Luft
die Erde ist, das Kopfende aber der Himmel. | Man sagt jedenfalls, daß 145
der Mond keine unvermischte Verdichtung von Äther ist, wie jeder der anderen Sterne, sondern ein Gemisch aus ätherischem und luftigem Sein, und daß das in ihm sich zeigende Schwarze, das manche ein Gesicht nennen, nichts anderes ist als die dazugemischte Luft, die von Natur aus schwarz ist und sich bis zum Himmel erstreckt.

[I B] Die in der Welt sinnbildlich so genannte Leiter ist demnach so 146
beschaffen, wenn wir aber die in den Menschen ins Auge fassen, werden wir die Seele finden, deren Fußende das gleichsam Erdhafte ist, die Wahrnehmung, das Kopfende aber gleichsam das Himmlische, der reinste
Verstand. | *[I Da]* Auf und ab aber bewegen sich ohne Ausdehnung durch 147
sie ganz hindurch die Worte Gottes; sooft sie hinaufsteigen, ziehen sie sie mit hinauf und trennen sie vom Sterblichen und stellen den Anblick der Dinge vor, die allein anzusehen wert sind; sooft sie aber heruntersteigen, werfen sie sie nicht etwa herunter – denn weder Gott noch ein göttliches Wort ist Ursache von Schaden –, sondern steigen mit herunter aus Menschenliebe und Erbarmen mit unserem Geschlecht, um der Hilfe und Kampfgenossenschaft willen, damit sie auch die Seele, die noch wie in einem Fluß, dem Körper, fortgetragen wird, wiederbeleben, indem sie
Rettung hauchen. | *[I Dc]* In den Gedanken der zuhöchst Gereinigten 148
geht nunmehr ohne Lärmen als einziger unsichtbar der Führer des Alls umher – *[I Ec]* und es gibt nämlich eine göttliche Offenbarung, welche dem Weisen zuteil wurde, in der es heißt: „Ich werde umhergehen unter euch, und ich werde euer Gott sein“ (Lev 26,12) – *[I Eb]* in denen aber derjenigen, die sich noch abwaschen, aber das Leben, das durch schwere Körper beschmutzt und befleckt ist, noch nicht vollkommen von sich abgewaschen haben, Engel, göttliche Worte, die sie reinigen durch die
Lehren der Sittlichkeit. | Wie große Haufen von schlechten Bewohnern 149
aber vertrieben werden, damit einer, der Gute, einzieht, ist klar. *[IF]* Bemühe dich also, oh Seele, Gottes Haus zu werden, ein heiliger Tempel, ein überaus schöner Aufenthalt! Vielleicht nämlich, vielleicht wirst, den die ganze Welt, auch du als Hausherrn haben, der sich um sein eigenes Haus kümmert, damit es bestens umfriedet und ungefährdet für immer bewahrt wird.

Vielleicht aber stellt sich der Übende auch sein eigenes Leben ähnlich 150
einer Leiter vor; denn von Natur aus eine unebene Sache ist die Übung,

bald geht sie vorwärts in die Höhe, bald aber kehrt sie um ins Gegenteil,
und bald hat sie wie ein Schiff eine gute Fahrt des Lebens, bald aber
eine schlechte Fahrt. Einen Tag um den andern nämlich, wie einer gesagt
hat, verläuft das Leben der Übenden: bald lebend und aufgeweckt, bald
151 aber tot oder schlafend. | Und vielleicht sagt man nicht ohne Absicht
dies: den Weisen nämlich fiel es zu, den olympischen und himmlischen
Ort zu bewohnen, weil sie stets gelernt haben, oben zu verkehren, den
Schlechten aber die Schluchten im Hades, weil sie von Anfang bis Ende
zu sterben mit Fleiß betrieben haben und aus den Windeln bis ins hohe
152 Alter Vergänglichkeit gewohnt sind. | Die Übenden aber – Grenzgänger
nämlich zwischen den äußersten Enden sind sie – steigen vielfach auf und
ab wie auf einer Leiter, weil sie entweder vom größeren Los empor oder
vom geringen in die entgegengesetzte Richtung gezogen werden, bis der
Schiedsrichter dieses Wettstreites und hartnäckigen Kampfes, Gott, die
Kampfpreise der besseren Aufstellung verteilt, während er die gegnerische
zur Gänze zerstört.

153 Es zeigt sich aber auch noch ein derartiges Bild, das stillschweigend über-
gangen zu werden nicht recht ist. Die Angelegenheiten der Menschen
sind natürlicherweise mit einer Leiter verglichen worden wegen ihres
154 ungleichmäßigen Verlaufs. | Denn ein einziger Tag, wie einer gesagt hat,
nimmt den einen von oben herunter, hebt aber den anderen nach oben,
weil keiner von Natur aus im Gleichen bleibt von denen unter uns, son-
155 dern sie ändern sich auf mannigfache Weise. | Oder werden nicht stets
Herrscher aus Privatleuten, Privatleute aber aus Herrschern, Arme aus
Reichen und aus Armen Wohlhabende, und Berühmte aus Nichtbeachteten,
Hervorleuchtende aber aus Ruhmlosen, und Starke aus Schwachen, aus
Unvermögenden aber Vermögende, und Verständige aus Unvernünftigen,
156 äußerst Vernünftige aber aus solchen, welche von Sinnen sind? | Und
dies ist ein gewisser Weg auf und ab der menschlichen Angelegenheiten,
der unbeständige und rastlose Zufälle benutzt, deren Ungleiches die ganz
untrügliche Zeit nicht durch unklare, sondern durch deutliche Beweise
überführt.

157 Es tat aber der Traum kund aufgestellt auf der Leiter den Herrscher über
die Engel, den Herrn; oben nämlich wie ein Wagenlenker oder wie ein
Schiffssteuermann muß man vermuten, daß das Seiende steht, über Kör-
pern, über Seelen, über Sachen, über Worten, über Engeln, über der Erde,
über der Luft, über dem Himmel, über wahrnehmbaren Kräften, über
unsichtbaren Naturen, wie viele Dinge sichtbar und unsichtbar; indem er
nämlich die ganze Welt an sich gebunden und von sich abhängig gemacht
158 hat, lenkt er die so große Natur. | Keiner aber soll, wenn er hört, daß
er sich oben aufstützte, meinen, daß irgendetwas Gott mithilft zum fest
Stehen, sondern er soll jenes erwägen, daß das, was klar gemacht wird,
Folgendem gleich ist: Stütze und Halt und Festigkeit und Zuverlässigkeit
von allen Dingen ist Gott, der nicht wankt, indem er, welchen Dingen er

auch immer will, das Unerschütterliche einprägt. Weil er nämlich stützt und zusammenhält, bleiben die zusammengesetzten Dinge stark unverderblich.

Gig 6-18

[III A] „Als aber die Engel Gottes die Töchter der Menschen gesehen 6
hatten, daß sie schön sind, nahmen sie sich Frauen von allen, aus denen
sie für sich auswählten“ (Gen 6,2). *[III B]* Welche andere Philosophen
Dämonen, pflegt Mose Engel zu nennen; Seelen aber sind sie, welche in
der Luft fliegen. | *[III Ca]* Und es glaube keiner, daß das Gesagte ein 7
Mythos sei; denn es ist notwendig, daß die Welt durch und durch beseelt
ist, wobei von den ersten und elementaren Teilen jedes die eigentümlichen und zuträglichen Lebewesen umfaßt, die Erde die Landlebewesen,
das Meer aber und die Flüsse die Wasserlebewesen, das Feuer aber die
feuergeborenen Lebewesen – ein Wort aber sagt, daß diese in Makedonien
am meisten entstehen –, der Himmel aber die Sterne. | Auch diese sind 8
nämlich durch und durch unvermischte und göttliche Seelen, weswegen sie
sich auch im Kreis, der dem Verstand verwandtesten Bewegung, bewegen;
jeder von ihnen ist nämlich reinster Verstand. Es ist nun notwendig, daß
auch die Luft von Lebewesen erfüllt ist; diese sind uns aber unsichtbar,
weil auch sie selbst nicht sichtbar ist der Wahrnehmung. | Es sind aber 9
nicht deswegen, weil das Sehen nicht in der Lage ist, sich die Formen der
Seelen vorzustellen, in der Luft keine Seelen, sondern es ist notwendig, daß
sie vom Verstand erfaßt werden, damit von den ähnlichen Dingen her das
Ähnliche gesehen wird. *[III Cb]* Was sollen wir indes auch sagen? Alles,
was auf dem Land und im Wasser lebt, lebt es nicht von Luft und Atem?
Was aber? | Belieben nicht aus schlecht gemachter Luft die pestbringen- 10
den Leiden zu entstehen, wie wohl aus einer Ursache der Beseelung eines
jeden? Was aber? Jedesmal wenn sie günstig und unschädlich ist, wie sie
am meisten in den Nordwinden zu werden pflegt, bringt sie dann nicht
denjenigen, der von dem reineren Atem einzieht, zu größerer und kräftigerer Beständigkeit? | *[III Cc]* Ist es nun wahrscheinlich, daß, wodurch 11
die anderen, Wasser- und Landlebewesen, beseelt sind, verlassen ist und
keinen Anteil an Seelen hat? Im Gegenteil nun, wenn auch alle anderen
an Lebewesen unfruchtbar wären, wäre allein die Luft nützlich gewesen,
Leben zu gebären, weil sie die Samen der Seele gemäß der besonderen
Gnade von seiten des Verfertigers erhalten hatte. | *[III Da]* Von den Seelen 12
nun stiegen die einen zu Körpern herunter, die andern hielten es für recht,
mit keinem der Teile der Erde jemals zusammenzukommen. Dieser, die
geheiligt wurden und sich an die Verehrung des Vaters halten, pflegt sich
der Verfertiger als Knechte und Diener zu bedienen zur Vorsteherschaft
über die Sterblichen. | *[III Db]* Jene aber, die wie in einen Fluß in den 13

Körper herabgestiegen waren, wurden bald vom Sog eines sehr heftigen
Strudels ergriffen und ertränkt, bald aber konnten sie der Strömung
standhalten und tauchten zuerst wieder auf, dann flogen sie, woher sie
14 aufgebrochen waren, dorthin wieder hinauf. | *[III Dc]* Diese sind nun die
Seelen derer, die unverfälscht zu philosophieren beginnen, indem sie von
Anfang bis Ende dafür sorgen, daß das Leben mit Körpern stirbt, damit
sie am unkörperlichen und unvergänglichen Leben beim Ungewordenen
15 und Unvergänglichen Anteil bekommen; | die anderen aber, die ertränkt
wurden, sind die Seelen der anderen Menschen, soviel sie Weisheit verach-
teten, indem sie sich unsteten und zufälligen Angelegenheiten preisgaben,
von denen sich nichts auf das Stärkste von den Dingen in uns, Seele oder
Verstand, zurückführen läßt, alles aber auf unseren mit uns verwachsenen
Leichnam, den Körper, oder auf die noch unbeseelteren Dinge als dieser,
Ruhm, sage ich, und Besitztümer und Herrschaften und Ehren und wieviel
andere Dinge von denen, welche nicht die wahrhaft schönen betrachtet
haben, durch die Vortäuschung eines verlogenen Glanzes erdichtet und
16 gemalt werden. | *[III Ea]* Wenn du also durchdenkst, daß Seelen und
Dämonen und Engel zwar unterschiedliche Namen sind, eines aber und
dasselbe das Zugrundeliegende, so wirst du eine überschwere Last ablegen,
den Aberglauben. *[III Eb]* Wie nämlich die meisten die Dämonen gut
und schlecht nennen und die Seelen ähnlich, so wird auch derjenige nicht
fehlgehen, der die der Benennung würdigen Engel für eine Art Botschafter
von Menschen zu Gott und Gottes zu Menschen, für heilig und unver-
letzlich aufgrund dieses unschuldigen und ganz und gar schönen Dienstes,
die anderen aber wiederum für unheilig und unwürdig der Benennung
17 hält. | *[III Ec]* Es legt aber Zeugnis ab für mein Wort das beim Hymnen-
schreiber im folgenden Gesang Gesagte: „Er sandte aus über sie die Wut
seines Zornes, Zorn und Wut und Drangsal, gesandt durch böse Engel“
(Ps 77,49). Diese sind die Bösen, die sich den Namen von Engeln anma-
ßen, *[III F]* weil sie ja die Töchter der rechten Vernunft, Wissenschaften
und Tugenden, nicht kennen, aber den von den sterblichen Menschen
abstammenden sterblichen Lustbarkeiten nachjagen, welche keine echte
Schönheit, die mit Durchdenken allein geschaut wird, mit sich bringen,
sondern eine unechte Wohlgestalt, durch die die Wahrnehmung getäuscht
18 wird. | Sie nehmen aber nicht alle die Töchter insgesamt, sondern manche
einige solche, manche einige andere aus den Unzähligen, wie viele sie sich
ausgewählt haben, die einen die durch Schauen, andere aber die durch
Hören, die durch Gaumen und Magen aber wiederum andere, einige
aber die geschlechtlichen, viele aber ergriffen auch von den am weitesten
zerstreuten welche, indem sie die größten Begierden in sich ausspannten;
denn bunt sind notwendigerweise die Vorlieben für bunte Lustbarkeiten,
weil die einen sich diese, die andern jene zu eigen machen.

Plant 11-14

Auf diese Weise also faßte die fruchtbarste Pflanze Wurzeln und, verwur- 11
zelt, wurde sie kräftig; von den einzelnen und kleineren Pflanzen wurden
die einen anderswohin gehend beweglich, die anderen aber ohne Anders-
wohingang wie hingestellt an denselben Ort verfertigt. | Die nun, welche 12
sich anderswohin gehender Bewegung bedienen, von denen wir also sagen, daß sie Lebewesen sind, wurden den vollkommeneren Teilen des Ganzen zuteil, der Erde die Landlebewesen, die schwimmenden aber dem Wasser, die geflügelten aber der Luft und die Feuer erzeugenden dem Feuer, deren Entstehung, wie man sagt, offenbarer in Makedonien erscheint, und die Sterne dem Himmel – Lebewesen sind nämlich auch diese, durch und durch verstandesmäßige, sagen die Philosophierenden –, von denen die einen unherirrend aus sich selbst, die anderen nicht umherirrend, sondern weil sie von der Bewegung des Alls mitherumgeführt werden, Orte zu vertau-
schen scheinen. | Die aber von einer Natur ohne Anschauung Verwalteten, 13
die eigentümlich Pflanzen genannt werden, sind anderswohin gehender
Bewegung unteilhaftig. | Zweierlei Arten aber schuf der Schöpfer auf der 14
Erde und in der Luft. In der Luft die geflügelten und wahrnehmbaren und andere Kräfte, die durch keinerlei Wahrnehmung auf irgendeine Weise erfaßt werden, die Gesellschaft von unkörperlichen Seelen ist diese, die nicht in denselben Ordnungen durchgeordnet sind: Die einen nämlich, heißt es, führen sich in sterbliche Leiber ein und trennen sich nach gewissen festgelegten Umläufen wieder von ihnen, die aber, welche eine göttlichere Anlage erhalten haben, verachten das ganze Gebiet der Erde, ganz oben aber beim Äther sind die reinsten, welche die bei den Griechen Philosophierenden Heroen nennen, Mose aber, indem er einen treffenden Namen benutzt, als Engel anspricht, weil sie Gesandte sind und die Güter vom Führer den Untertanen mitteilen und dem König, wessen die Untertanen bedürftig sind; der Erde aber teilte er Landlebewesen und Pflanzen, zwei wieder, zu, weil er wollte, daß dieselbe Mutter und Amme sei.

Conf 168-182

Es lohnt sich, nicht nur beiläufig zu überlegen, welchen Sinn das aus dem 168
Antlitz Gottes Gesagte hat: „Auf, wenn wir hinuntergestiegen sind, wollen
wir dort ihre Sprache verwirren“ (Gen 11,7). Er scheint sich nämlich mit
welchen wie mit seinen Mitwirkenden zu unterhalten; dasselbe ist aber
vorher über die Bereitung des Menschen aufgeschrieben: | „Es sprach“, 169
heißt es nämlich, „der Herr Gott: Wir wollen einen Menschen machen nach unserem Bild und nach unserer Ähnlichkeit“ (Gen 1,26), wobei das „wir wollen machen“ Mehrzahl sichtbar macht; und wiederum: „Es sprach Gott: Siehe, es ist Adam geworden wie einer von uns, indem er

erkennt gut und böse“ (Gen 3,22); das „wie einer von uns“ bezieht sich
nämlich nicht auf einen, sondern auf mehrere.
170 Es muß nun jenes zuerst gesagt werden, daß nichts von den seienden
Dingen Gott gleichrangig dasteht, sondern es gibt *einen* Herrscher und
Führer und König, dem allein das Recht zusteht, allem vorzustehen und
es zu verwalten. Denn das

nicht gut ist Vielgebieterei, einer soll Gebieter sein, einer König

dürfte nicht über Städte und Menschen zu Recht mehr gesagt werden
als über Welt und Gott; zu einer gehört nämlich notwendigerweise ein
171 Schöpfer und Vater hinwieder und Herr. | Nachdem dies also vorher
zugestanden worden ist, dürfte es folgerichtig sein, die passenden Dinge
zusammenzuweben. Welche es nun sind, wollen wir sehen: Wenngleich
Gott einer ist, hat er doch unsäglich viele Kräfte um sich, helfende und ret-
tende für das Entstandene allesamt, denen auch die strafenden zugerechnet
werden; es ist aber auch die Bestrafung nicht schädlich, weil sie für Fehler
172 ein Hindernis und eine Wiederherstellung ist. | Durch diese Kräfte wurde
die unkörperliche und verstandesmäßige Welt zusammengefügt, von dieser
erscheinenden hier die Urform, aus unsichtbaren Ideen zusammengesetzt,
173 wie diese hier aus sichtbaren Körpern. | Da nun einige erschreckt wurden,
vergotteten sie die Natur jeder der beiden Welten nicht nur als Ganze,
sondern auch die schönsten der Teile in ihnen, Sonne und Mond und den
Himmel insgesamt, die sie, weil sie vor nichts zurückschreckten, Götter
nannten. Deren Wahnsinn erkennend, sagt Mose: „Herr, Herr, König der
Götter“ (Dtn 10,17) zur Anzeige des Unterschieds des Herrschers zu den
174 Untertanen. | Es ist aber auch in der Luft von unkörperlichen Seelen ein
allerheiligster Chor, ein Gefährte der Himmlischen: „Engel“ pflegt diese
Seelen die von Gott eingegebene Rede zu nennen; es trifft sich nun, daß
das ganze Heer, durchgeordnet nach den für die einzelnen passenden
Ordnungen, Diener und Verehrer des Führers ist, der durchgeordnet hat,
dem es als „Ordnungsherrscher“ nach Recht und Gesetz folgt; denn es ist
nicht schicklich, daß das göttliche Heer jemals beim Verlassen der Ord-
175 nung ertappt wird. | Einem König aber steht es gut an, daß er mit seinen
Kräften zusammen ist und sich ihrer bedient zu den Diensten in den so
gearteten Angelegenheiten, zu denen es paßt, daß sie nicht vom einzigen
Gott erledigt werden. Bedürftig nämlich zwar keines ist der Allvater, so
daß er die Hilfe von anderen bräuchte, wenn er verfertigen will, aber
weil er sieht, was ihm und den entstehenden Dingen angemessen ist, ist
den untergeordneten Kräften, was er zu gestalten überlassen hat, wobei
er diesen kein gänzlich selbstherrscherliches Wissen über das Fertigbrin-
gen gab, damit nicht etwas beleidigt werde von den in die Entstehung
kommenden Dingen.
176 Diese Dinge waren nun zwar nötig sich vorzustellen; weswegen aber, muß
noch gesagt werden: Die Natur der Lebewesen wurde zuerst in einen
unvernünftigen und einen vernünftigen Teil, gegensätzlich zueinander,

geschnitten, der vernünftige aber sogleich wieder in die vergängliche und
die unsterbliche Gattung, vergänglich die von Menschen, unsterblich aber
die von unkörperlichen Seelen, die in Luft und Himmel herumwandeln. |
An Schlechtigkeit aber unteilhaftig sind diese, weil sie einen unvermisch- 177
ten und glücklichen Losanteil von Anbeginn erlost haben und in den
Raum von unvollendbaren Vorteilen, den Leib, nicht verstrickt wurden;
unteilhaftig aber auch die von den Unvernünftigen, insofern sie keinen
Anteil am Durchdenken haben und nicht von den Vergehen, die sich aus
Vernunftüberlegung freiwillig ergeben, eingeholt werden. | Fast allein von 178
allen aber nimmt sich der Mensch, obwohl er Wissen von Gütern und
Übeln hat, oft die schlechtesten Dinge, flieht aber die des Eifers werten,
so daß er am meisten aufgrund der vorsätzlichen Fehler verurteilt wird. |
Auf gebührende Weise nun hat Gott die Bereitung von diesem auch seinen 179
Unterherrschern übertragen, indem er sagte: „Wir wollen einen Menschen
machen", damit das am Menschen Gelingende auf ihn allein zurückge-
führt werde, auf andere aber die Fehler. Gott, dem Allherrscher, schien
es nämlich nicht schicklich zu sein, den Weg zur Schlechtigkeit in einer
vernünftigen Seele durch sich selbst zu verfertigen, weswegen er denen
nach ihm die Bereitung dieses Teils zuwies. Es mußte nämlich auch der
Gegensatz zum Unfreiwilligen, das Freiwillige, zur Mitvollendung des Alls,
nachdem es bereitet war, aufgewiesen werden. | Dies soll also auf diese 180
Weise gesagt sein. Es gehört sich aber, daß auch jenes überlegt ist, daß
allein von Gütern Gott Ursache ist, von Schlechtem aber überhaupt von
keinem, weil er auch das älteste der Seienden und vollkommenste Gut war.
Es steht aber dem Besten am besten an, die seiner Natur eigenen Dinge am
besten zu verfertigen, daß die Bestrafungen von Schlechten dagegen durch
die unter ihm sichergestellt werden. | Es zeugt aber für mein Wort auch 181
das Folgende, das gesagt ist von dem, der vollendet wurde aus Übung:
„Gott ist mein Ernährer von Jugend auf, der Engel mein Retter aus allen
Übeln" (Gen 48,15-16); es stimmt nämlich auch dieser schon bei, daß die
echten der Güter, welche tugendliebende Seelen ernähren, auf Gott allein
als Ursache zurückgeführt werden, der Anteil an den Übeln aber Engel
zugewiesen ist hinwieder, wobei jene auch nicht die selbstherrscherliche
Vollmacht des Strafens haben, damit mit nichts von den zum Vergehen
strebenden Dingen seine rettende Natur anfange. | Deshalb sagt er: „Auf, 182
und wenn wir hinuntergestiegen sind, wollen wir verwirren". Die Frevler
nämlich sind es wert, daß sie ein solches Strafurteil trifft, daß seine gütigen
und wohltätigen und freigebigen Kräfte sich Strafen zu eigen machen.
Obwohl er freilich wußte, daß sie dem Menschengeschlecht nützlich sind,
hat er bestimmt, daß es sie durch andere geben soll. Man mußte nämlich
das eine einer Besserung würdigen, die Quellen seiner stets fließenden
Gnaden aber unvermischt mit Bösem, nicht nur dem seienden, sondern
auch dem gemeinten, bewahren.

Zu 3. Plutarch

Is 25-27

360d *25.* Besser nun die, welche dafür halten, daß die Dinge, die um Typhon und
Osiris und Isis erzählt werden, weder von Göttern Widerfahrnisse noch
von Menschen, sondern von großen Dämonen sind, von denen auch Platon
und Pythagoras und Xenokrates und Chrysippos, folgend den Theologen
von früher, sagen, daß sie stärker als Menschen sind und in ihrer Kraft
unsere Natur um vieles übertreffen, das Göttliche aber nicht unvermischt
e noch unvermengt haben, sondern etwas, das sowohl an der Seele Natur
als auch an des Körpers Wahrnehmung mit Anteil hat, Freude empfindet
und Schmerz und welche Affekte sonst noch, wenn sie durch diese Ver-
änderungen in ihm entstanden sind, die einen mehr, die anderen weniger
verwirren. Es gibt nämlich, wie unter Menschen, auch unter Dämonen
Unterschiede in Tugend und Laster. Denn die gigantischen und titanischen
Dinge, die bei Griechen besungen werden, und irgendwelche gesetzlose
Taten des Kronos und Widerstände des Python gegen Apollon, Fluchten
f des Dionysos und Irrfahrten der Demeter lassen nichts aus von dem, was
in Mythen über Osiris und Typhon und andere erzählt wird und was alle
ungehindert hören dürfen; so haben auch die Dinge, die in mystischen
Riten verhüllt und in Weihen verschwiegen und unsichtbar für die meisten
aufbewahrt werden, eine ähnliche Grundlage.

26. Wir hören aber auch Homer, wie er die Guten zwar verschieden „göt-
tergestaltig“ jedesmal nennt und „göttergleich“ und „von Göttern Klugheit
361a habend“, wie er aber von den Dämonen her | die Anrede gemeinsam für
Tüchtige und Schlechte gebraucht:

Dämonischer fast, komm! Warum schreckst du so die Argeier?

Und wieder:

Aber als er eben zum vierten Mal stürmte, einem Dämon gleich.

Und:

Dämonische, was nun tun dir Priamos und des Priamos Kinder
so viel Böses, daß du unablässig danach trachtest,
die wohlgebaute Stadt Ilion zu entvölkern?

Denn die Dämonen haben eine gemischte und ungleiche Natur und
Gesinnung. Deshalb weist Platon die rechten und hervorragenden Dinge
olympischen Göttern zu, die diesen entgegengesetzten aber Dämonen.
Xenokrates aber meint, daß von den Tagen die unheilvollen und von
den Festen diejenigen alle, die irgendwelche Schläge oder Wehklagen oder
b Fasten oder Schmähreden oder unflätige Reden haben, weder Ehrungen
von Göttern noch von tüchtigen Dämonen zukommen, sondern daß es in
der Atmosphäre große und starke Naturen gibt, schwer abzuwenden und
finster blickend, die sich über derartige Dinge freuen und, wenn sie sie

antreffen, sich nichts anderem Schlimmerem zuwenden. Die tüchtigen aber wiederum und guten nennt Hesiod „heilige Dämonen" und „Beschützer von Menschen",

Spender von Reichtum und dies als königliche Gabe habend.

Und Platon benennt die derartige Gattung dolmetschend und dienend in der Mitte zwischen Göttern und Menschen, weil sie Gebete und Bitten c
von Menschen dort hinaufschicken, von dort aber Orakel und Gaben von Gütern hierher bringen. Empedokles aber sagt, daß die Dämonen auch Strafen verbüßen für die Dinge, worin sie gefehlt und die sie vernachlässigt haben:

Ätherischer Eifer nämlich jagt sie ins Meer,
das Meer aber speit sie auf den Erdboden, die Erde aber in die Strahlen
der unermüdlichen Sonne, die sie aber in die Wirbel des Äthers hineinwirft;
der eine aber empfängt sie aus dem andern, es verabscheuen sie aber alle;

bis sie so bestraft und gereinigt wieder den Raum und die Stellung einnehmen, die ihrer Natur gemäß sind.

27. Mit diesen aber und derartigen verwandte Dinge werden, sagt man, d
über Typhon erzählt, wie er schreckliche Dinge aus Eifersucht und Übelwollen tat und, indem er alle Angelegenheiten durcheinander brachte, zugleich die ganze Erde und das Meer mit Übeln erfüllte, sodann Strafe verbüßte. Die rächende Schwester und Frau des Osiris aber, nachdem sie Typhons Raserei und Wut ausgelöscht und beendet hatte, übersah die Kämpfe und die Mühen, die sie ertragen hatte, und ihre Irrfahrten und vielen Werke der Weisheit einerseits, viele der Tapferkeit andererseits nicht in der Weise, daß sie Vergessen und Schweigen auf sich genommen hätte, sondern indem sie den heiligsten Weihen Bilder und Vorstellungen und e
Nachahmungen der damaligen Leiden untermischte, heiligte sie zugleich eine Lehre der Gottesfurcht und einen Zuspruch für Männer und Frauen, die sich unter ähnlichen Unzuträglichkeiten aufhalten. Sie selbst aber und Osiris haben, nachdem sie sich aus guten Dämonen ihrer Tugend wegen in Götter verwandelt haben, wie später Herakles und Dionysos, zugleich sowohl von Göttern als auch von Dämonen nicht unangemessen gemischte Ehren überall zwar, wobei sie aber in den Gegenden unmittelbar über der Erde und unter der Erde ein Größtes vermögen. Denn nichts anderes sei Sarapis als Pluton, sagen sie, und Isis als Persephone, wie der Euböer Archemachos gesagt hat und Herakleides von Pontos, der meinte, daß das f
Orakel in Kanobos eines des Pluton sei.

Is 45,269a1-46,269d8

369a *45.* Daher ist es nicht unangemessen zu sagen, daß für sich genommen
zwar nicht jeder recht, zusammen aber alle recht haben. Denn nicht Dür-
re, noch Wind, noch Meer, noch Finsternis, sondern alles, was die Natur
Schädliches und Zerstörerisches hat, ist als Teil des Typhon anzusetzen.
Denn weder in unbeseelte Körper sind die Ursprünge des Alls zu setzen,
wie Demokrit und Epikur dies taten, noch Verfertiger einer qualitätslo-
sen Materie eine Vernunft und eine Vorsehung, wie die Stoiker, die alles
übertrifft und beherrscht. Es ist nämlich unmöglich, daß irgendetwas Böses
entsteht, wo der Gott Ursache von allem ist, oder etwas Gutes, wo von
b nichts. „Elastisch" nämlich ist „die Harmonie der Welt, wie von einer Lyra
oder einem Bogen", nach Heraklit; und nach Euripides:

> Nicht dürfte wohl getrennt Gutes und Schlechtes entstehen,
> sondern es gibt eine gewisse Vermischung, so daß es sich schön verhält.

Deswegen kommt auch diese ganz alte Meinung von Theologen und Gesetz-
gebern auf Dichter und Philosophen – wobei sie den Ursprung anonym
hat, den Glauben aber stark und schwer zu tilgen, wobei sie nicht nur in
Erzählungen und in Gerüchten, sondern auch in Mysterienfeiern und in
Opfern und bei Barbaren und bei Griechen vielerorts umgeht –, daß weder
geistlos und vernunftlos und ungesteuert das All von sich aus schwebt, noch
c eine die Vernunft ist, die herrscht und lenkt wie mit Steuerrudern oder mit
irgendwelchen folgsamen Zügeln; sondern daß, weil viele und gemischte
Dinge aus bösen und guten Dingen, vielmehr aber nichts, um es einfach
zu sagen, Unvermischtes die Natur hierher bringt, nicht aus zwei Krügen
ein Verwalter, wie Flüssigkeiten die Sachen, indem er sie wie ein Barkeeper
verteilt, uns mischt; sondern daß aus zwei gegensätzlichen Ursprüngen und
zwei entgegengesetzten Kräften, – wobei die eine zu den rechten Dingen
und geradewegs vorgeht, die andere wiederum umdreht und ablenkt,
– sowohl das gemischte Leben als auch die Welt, wenn auch nicht ganz,
so doch diese um die Erde herum und bis zum Mond ungleichmäßig und
d bunt entstanden ist und alle Veränderungen aufnehmend. Wenn nämlich
nichts ohne Grund von Natur aus entsteht, Grund für ein Schlechtes aber
das Gute wohl nicht bietet, dann muß die Natur eigene Entstehung und
Ursprung wie von Gutem so auch von Bösem haben.

46. Und es scheint dies den meisten und Weisesten: Es glauben nämlich die einen, daß es zwei Götter gibt wie Gegenspieler, den einen: Verfertiger von guten Dingen, den anderen: von schlechten. Die anderen nennen den besseren Gott, den anderen aber Dämon, wie Zoroaster, der Magier, von dem man erzählt, daß er 5000 Jahre älter als der Trojanische Krieg sei.

Is 53-57

53. Isis ist nämlich das Weibliche der Natur und dasjenige, das alles Ent- 372e
stehen aufnimmt, weswegen sie Amme und Allesempfangende von Platon,
von den meisten aber die mit den tausend Namen genannt worden ist, weil
sie, von der Vernunft bewegt, alle Gestalten und Ideen aufnimmt. Sie hat
aber eine angeborene Liebe zum Ersten und Obersten von allem, welches
dasselbe wie das Gute ist, und jenes begehrt und verfolgt sie. Den Anteil
vom Bösen aber flieht sie und weist ihn ab, weil sie zwar beiden Raum f
und Materie ist, aber stets dem Besseren von sich aus zuneigt und sich
jenem darbietet, zu zeugen und in sie seine Ausflüsse und Ähnlichkeiten
zu säen, über die sie sich freut und froh ist, daß sie schwanger wird und
voll von Entstehungen. Denn ein Abbild des Seins ist die Entstehung in
der Materie und eine Nachahmung des Seienden das Werdende. /

54. Daher erzählen sie nicht unpassend im Mythos, daß die Seele des 373a
Osiris ewig sei und unvergänglich, seinen Leib aber Typhon viele Male
auseinanderreiße und verschwinden lasse, Isis aber umherirre und ihn
suche und wieder zusammenfüge. Denn das Seiende und Verstandesmä-
ßige und Gute ist stärker als Vergehen und Veränderung. Die Abbilder
von ihm aber, welche das Wahrnehmbare und Körperliche ausprägt und
als Verhältnisse und Formen und Ähnlichkeiten empfängt, verbleiben wie
Siegelabdrücke in Wachs nicht immerfort, sondern es erfaßt sie das Unge-
ordnete und Verworrene, das von dem oberen Raum hierher vertrieben
ist und gegen Horos kämpft, den Isis als Abbild des Verstandesmäßigen,
auf daß er eine wahrnehmbare Welt sei, gebiert. Deshalb heißt es, daß er
wegen unehelicher Geburt von Typhon vor Gericht gezogen werde, weil b
er nicht rein noch lauter sei wie sein Vater, die Vernunft an und für sich,
unvermischt und affektlos, sondern verfälscht durch die Materie aufgrund
des Körperlichen. Er ist aber überlegen und gewinnt, weil Hermes, das heißt
die Vernunft, bezeugt und nachweist, daß die Natur dadurch, daß sie sich
zum Verstandesmäßigen hin verwandelt, die Welt hervorbringt. Denn die
Geburt Apollons, von der erzählt wird, sie sei aus Isis und Osiris, [zu der
Zeit] als die Götter noch im Schoß der Rhea waren, spielt darauf an, daß,
bevor sichtbar diese Welt entstand und durch die Vernunft mitvollendet
wurde, die Materie, im Verlangen, etwas entstehen zu lassen, von sich aus c
unvollkommen die erste Entstehung hervorgebracht habe. Deshalb heißt es
auch, daß jener Gott verkrüppelt und bei Nacht geboren worden sei, und
man nennt ihn den älteren Horos. Er war nämlich keine Welt, sondern
ein Abbild und die Erscheinung einer künftigen Welt.

55. Dieser [andere] Horos selbst aber ist wohlbestimmt und vollkom-
men, nicht weil er Typhon ganz und gar vernichtet hätte, sondern weil
er ihm sein Wirksames und Mächtiges weggenommen hat. Daher sagen

sie, daß in Koptos das Standbild des Horos in der einen Hand Typhons Geschlechtsteile halte, und von Hermes erzählen sie, daß er, nachdem er Typhons Nerven herausgenommen habe, sie als Saiten verwendet habe, womit sie lehren, daß die Vernunft, indem sie das Ganze durchstimmte,
d es aus dissonanten Teilen harmonisch gemacht und die schädliche Kraft nicht vernichtet, sondern nur verstümmelt habe. Deshalb ist jene hier [in dieser Welt] schwach und unwirksam, mischt sich ein und hängt sich an die leidensfähigen und veränderlichen Teile und ist so von Beben in der Erde und Zittern, von Trockenheiten aber in der Luft und außergewöhnlichen Stürmen, wiederum aber von Blitzen und Donnerschlägen der Urheber. Sie vergiftet aber auch durch Seuchen Gewässer und Lüfte, und bis zum Mond läuft sie und wirft sich auf, indem sie sein Leuchtendes oft verwischt und
e verdunkelt, wie die Ägypter meinen und sagen, daß Typhon das Auge des Horos einmal verwundet, ein andermal herausgenommen und verschlungen, sodann der Sonne wieder zurückgegeben habe, indem sie mit dem Schlag auf die monatliche Abnahme des Mondes anspielen, mit der Verstümmelung aber auf die Finsternis, welche die Sonne heilt, sobald er den Schatten der Erde durchlaufen hat, indem sie ihn sofort anstrahlt.

56. Die stärkere und göttlichere Natur aber besteht aus drei Dingen, dem Verstandesmäßigen und der Materie und dem aus diesen, welches die Griechen Welt nennen. Platon nun pflegt das Verstandesmäßige auch Idee und Modell und Vater, die Materie aber auch Mutter und Amme, Sitz und Raum der Entstehung, das aus beiden aber Nachkomme und Entstehung
f zu nennen. Die Ägypter aber, so darf man wohl annehmen, vergleichen von den Dreiecken am ehesten mit demjenigen die Natur des Alls, das auch Platon in der „Politeia“ zu Hilfe genommen zu haben scheint, als er die hochzeitliche Figur zusammensetzte. Es hat aber jenes Dreieck drei als Vertikale und vier als Basis und fünf als Hypotenuse, so daß sie das gleiche
374a wie die Umgebenden [im Quadrat] beträgt. | Zu vergleichen ist nun die Vertikale dem Männlichen, die Basis aber der Weiblichen, die Hypotenuse aber dem Nachkommen beider, und Osiris als Ursprung, Isis aber als Empfängerin, Horos aber als Ergebnis [zu betrachten]. Denn die Drei ist die erste ungerade und vollkommene Zahl, die Vier das Quadrat von der geraden Seite der Zwei, die Fünf aber ist auf der einen Seite dem Vater, auf der anderen Seite der Mutter ähnlich, ist sie doch aus drei und zwei zusammengesetzt. Und das All [πάντα] ist von der Fünf [πέντε] abgeleitet, und das Zählen nennt man „an den fünf Fingern abzählen“ [πεμπάσασθαι]. Es macht aber im Quadrat die Fünf von sich so viel, wie bei den Ägyptern die Menge der Buchstaben ist und wie vieler Jahre Zeit Apis gelebt hat.
b Horos nun pflegen sie auch als Min anzureden, was soviel bedeutet wie „der gesehen wird“; denn wahrnehmbar und sichtbar ist die Welt. Isis aber ist es, wenn sowohl Muth als auch wiederum Athyr und Methyer angesprochen wird. Sie bezeichnen aber mit dem ersten der Namen die

Mutter, mit dem zweiten das weltliche Haus des Horos, wie auch Platon
Raum des Werdens und Empfangende, der dritte aber ist zusammengesetzt
aus dem Vollen und dem Geraden; voll nämlich ist die Materie der Welt
und wohnt dem Guten und Reinen und Geordneten bei.

57. Anscheinend nimmt aber wohl gleichermaßen auch Hesiod, wenn er
zu den ersten Dingen allen Chaos und Erde und Tartaros und Eros macht, c
keine anderen Ursprünge, sondern diese, zumindest wenn wir von den
Namen der Isis den der Erde, dem Osiris aber den des Eros, dem Typhon
aber den des Tartaros im Umtausch geben; denn das Chaos scheint er
als einen Raum und Ort für das All zugrunde zu legen. Es rufen aber die
Dinge irgendwie auch Platons Mythos auf, den Sokrates im „Symposion"
über die Geburt des Eros erzählte, indem er sagte, daß die Armut, weil sie
Kinder wollte, sich zum schlafenden Wohlstand gelegt habe und, von ihm
schwanger geworden, den Eros geboren habe, der von Natur aus gemischt
und mannigfach sei, sei er doch zwar aus einem guten und weisen und in
allem selbstgenügsamen Vater, aber aus einer mittellosen und armen und d
wegen ihrer Bedürftigkeit stets nach anderem trachtenden und um anderes
flehenden Mutter entstanden. Der Wohlstand ist nämlich kein anderer als
der zuerst Geliebte und Begehrte und Vollkommene und Selbstgenügsame,
Armut aber nannte er die Materie, weil sie für sich des Guten bedürftig
ist, aber von ihm angefüllt wird und sich stets nach ihm sehnt und Anteil
erhält. Die aus diesen entstehende Welt und Horos ist nicht ewig und nicht
affektlos und nicht unvergänglich, sondern da er stets im Werden ist, bemüht
er sich, durch die Wandlungen seiner Leidenschaften und die Umläufe stets
jung und ein solcher, der niemals vergehen wird, zu bleiben. e

Procr 5-10

5. Zunächst werde ich nun den Gedanken, den ich über diese Dinge habe, 1014a
auseinandersetzen, indem ich, soweit es möglich ist, durch die Wahrscheinlichkeit das Ungewöhnliche der Rede und Befremdliche glaubhaft mache
und davon überzeuge; sodann werde ich den Texten die Auslegung und
den Beweis beifügen, wobei ich sie zugleich in Verbindung miteinander
bringen werde. Denn so verhalten sich zumindest meiner Meinung nach
die Dinge. *[1.]* „Diese Welt", sagt Heraklit, „hat weder einer von den
Göttern noch von den Menschen gemacht", so als ob er fürchte, daß wir,
nachdem wir Gott aufgegeben hätten, annähmen, daß irgendein Mensch
der Welt Verfertiger sei. Besser ist es nun, Platon zu folgen und zu sagen,
daß die Welt durch Gott geworden ist, und zu singen: „Die eine ist nämlich die schönste der gewordenen Dinge, der andere der beste von den b
Ursachen", daß aber das Sein und die Materie, aus der sie geworden ist,
nicht geworden, sondern stets zugrundeliegend, sich dem Verfertiger zur

Einrichtung und Anordnung und, soweit es möglich war, Verähnlichung
auf ihn hin anbot. Denn nicht aus dem nicht Seienden ist die Entstehung,
sondern aus dem, was sich nicht schön noch hinreichend verhält, wie einem
Haus und einem Kleid und einem Standbild. Denn Unordnung waren die
Dinge vor der Entstehung der Welt, Unordnung aber nicht unkörperlich
noch unbewegt noch unbeseelt, sondern eine, die gestaltlos und ungeordnet
das Körperliche, wankelmütig aber und unvernünftig das Bewegliche hat;
dies aber war Unstimmigkeit einer Seele, die keine Vernunft hat. Der Gott
nämlich machte weder zu einem Körper das Unkörperliche noch zu einer
c Seele das Unbeseelte. Sondern wie wir urteilen, daß ein harmonischer und
rhythmischer Mann nicht Stimme macht noch Bewegung, sondern Stimme
melodisch und Bewegung gut rhythmisch, so machte der Gott weder das
Handgreifliche und Harte des Körpers noch das Vorstellungskräftige und
Bewegliche der Seele selbst, sondern nachdem er beide Prinzipien übernommen hatte, das eine dunkel und finster, das andere durcheinander und
unverständig, das Zukommende nicht erreichend und unbegrenzt aber
beide, ordnete und verteilte er es und fügte es harmonisch zusammen und
d stellte so das schönste und vollkommenste Lebewesen aus ihnen her. *[2.a]*
Das Sein des Körpers nun ist nichts anderes als die von ihm so genannte
alles empfangende Natur, Sitz und Amme der gewordenen Dinge.

6. Das Sein der Seele aber hat er im Philebos zwar Unendlichkeit genannt,
weil es Beraubung von Zahl und Vernunft ist und in sich keine Grenze und
kein Maß in Mangel und Übertreibung und Unterschied und Unähnlichkeit
hat. Daß aber im Timaios das Sein, das mit der unteilbaren Natur zusammengemischt wird und von dem gesagt wird, daß es im Bereich der Körper
teilbar wird, weder von einer Menge in Einheiten und Punkten noch von
Länge und Breite gesagt wird, muß man glauben, die Körpern zukommen
und Körpern mehr als der Seele eigen sind, sondern von jenem ungeordneten und unbegrenzten, selbstbewegten aber und bewegenden Prinzip,
e das er an vielen Stellen Notwendigkeit, in den Nomoi aber geradeheraus
ungeordnete und übeltätige Seele genannt hat; diese nämlich war Seele für
sich selbst, an Verstand aber und vernünftiger Überlegung und besonnener
Harmonie erhielt sie Anteil, um Weltseele zu werden. Denn auch jenes
alles Empfangende und Materielle besaß zwar Größe und Ausdehnung
und Raum, an Schönheit aber und Gestalt und Maß der Formen hatte es
Mangel; es wurde aber dieser teilhaftig, damit es von Erde und Meer und
Himmel und Sternen, Pflanzen und Tieren allerlei Körper und Organe
würde, nachdem es geordnet worden wäre. *[2.b]* Diejenigen aber, welche
die im Timaios so genannte Notwendigkeit, im Philebos aber Maßlosigkeit
und Unendlichkeit von mehr oder weniger Mangel und Übertreibung der
Materie zuschreiben, aber nicht der Seele, wohin werden sie das setzen,
f daß von ihm die Materie stets gestaltlos und formlos genannt wird und von
jedweder Beschaffenheit und eigenen Kraft verlassen, aber mit geruchlosen

Ölen verglichen wird, welche die Salbenhersteller für die Eintauchungen
nehmen? Denn es ist unmöglich, daß Platon das Qualitätslose und aus 1015a
sich heraus Untätige und Neigungslose als Ursache des Bösen und Prinzip
annimmt und es häßliche Unendlichkeit und übeltätige, wiederum aber
Notwendigkeit nennt, die viel vergeblich gegen Gott kämpft und sich gegen
ihn empört. Denn die den Himmel umwälzende, wie im Politikos gesagt
wird, und in die entgegengesetzte Richtung aufrollende Notwendigkeit und
„angeborene Begierde“ und „der Jugendgenosse der einstmaligen Natur,
der an viel Unordnung Anteil hatte, bevor er in die jetzige Welt kam“,
woher entstand es in den Dingen, wenn das Zugrundeliegende qualitätslose
Materie war und unteilhaftig jeglicher Ursache, der Verfertiger aber gut b
und einer, der alles sich selbst nach Möglichkeit ähnlich machen wollte, als
drittes aber außer diesen nichts? Denn die stoischen Ratlosigkeiten holen
uns ein, wenn wir das Böse aus dem nicht Seienden ohne Grund und ohne
Entstehung zusätzlich einführen, nachdem ja von den Seienden weder das
Gute noch das Qualitätslose wahrscheinlich ist, Sein von Bösem und seine
Entstehung veranlaßt zu haben. *[2.c]* Aber dasselbe passierte Platon nicht
wie den Späteren, und er übernahm nicht, indem er wie jene den dritten
Ursprung und die dritte Kraft zwischen der Materie und dem Gott über-
sehen hätte, von den Lehren die widersinnigste, die – ich weiß nicht wie
– noch dazugenommen die Natur der bösen Dinge von sich aus zufällig
macht. Epikur nämlich gestehen sie nicht einmal zu, daß das Atom das
Geringste irgendwohin neigt, als einem, der ohne Ursache eine Bewegung c
aus dem nicht Seienden zusätzlich einführt; sie selbst aber behaupten,
daß Laster und so großes Unglück und unzählige Widersinnigkeiten und
Widerlichkeiten am Körper, ohne daß sie eine Ursache in den Prinzipien
hätten, folgerichtig entstanden sind.

7. Platon aber nicht so, sondern indem er die Materie von jedwedem
Unterschied fernhält und von dem Gott die Ursache der bösen Dinge wei-
testmöglich absetzt, hat er diese Dinge über die Welt im Politikos geschrie-
ben: „Denn sie hat von dem, der sie zusammengesetzt hat, alle schönen
Dinge erhalten; von dem vorherigen Zustand aber, was immer Schlimmes
und Ungerechtes im Himmel entsteht, dies hat sie aus jenem heraus selber
und bringt es in den Lebewesen hervor.“ Und nachdem er noch ein wenig d
fortgefahren ist, sagt er: „Wenn aber die Zeit vergeht und Vergessen in ihr
einsetzt, herrscht mehr die Leidenschaft der alten Unstimmigkeit“, und sie
läuft Gefahr, „sich aufzulösen und wieder an den Ort der Unähnlichkeit,
der unendlich ist“, zu versinken. Unähnlichkeit aber ist nicht im Bereich
der Materie, weil diese qualitätslos und unterschiedslos ist. Aber mit vielen
anderen macht sich auch Eudemos aus Unwissenheit über Platon lustig, weil
er nicht richtig die von ihm oft als Mutter und Amme Angesprochene zu
Ursache und Ursprung von bösen Dingen erkläre. *[3.]* Platon nämlich nennt
Mutter und Amme die Materie, Ursache von Bösem aber die bewegende e

der Materie und im Bereich der Körper teilbar werdende ungeordnete und unvernünftige, nicht aber unbeseelte Bewegung, die er in den Nomoi, wie gesagt, als der wohltätigen entgegengesetzte und gegnerische Seele angesprochen hat. Seele ist nämlich Ursache und Prinzip von Bewegung, Verstand aber von Ordnung und Zusammenklang in Bewegung. Denn der Gott jagte nicht die ruhende Materie auf, sondern brachte die von der unverständigen Ursache aufgewühlte zum Stehen; und er bereitete der Natur nicht Prinzipien von Veränderung und Leidenschaften, sondern nahm, während sie in mannigfachen Leidenschaften und ungeordneten Veränderungen war, die weitgehende Grenzenlosigkeit und den weitgehenden Irrtum heraus, indem er sich der Übereinstimmung und des richtigen Verhältnisses und der Zahl als Werkzeuge bediente, deren Aufgabe es ist, nicht durch Veränderung und Bewegung der Andersheit Leidenschaften und Unterschiede den Dingen zu
f bereiten, sondern sie vielmehr unbeirrbar und stehend und den gleichmäßig auf dieselbe Art sich verhaltenden Dingen ähnlich zu machen. Diese Überlegung nun ist, zumindest meiner Meinung nach, diejenige Platons.

8. [1.] Der erste Beweis aber ist die Auflösung seiner angeblichen und
1016a scheinbaren Unstimmigkeit und des Widerstreits mit sich selbst. Denn nicht einmal einem betrunkenen Sophisten, woher dann erst recht Platon, würde irgend jemand eine derartige Verwirrung und Unebenheit zuschreiben im Bereich der Lehren, um die er sich am eifrigsten bemüht hat, daß er behaupte, dieselbe Natur sei zugleich sowohl ungeworden als auch geworden zu behaupten, ungeworden im Phaidros die Seele, im Timaios aber geworden. Das Gespräch im Phaidros nun führen beinahe alle im Mund, das ja ihr Unvergängliches durch das Ungewordene, ihr Ungewordenes aber durch das Selbstbewegte glaubhaft macht; im Timaios aber sagt er: „Die Seele aber hat der Gott nicht, wie wir es jetzt anpacken zu sagen, als spätere, so auch
b als jüngere verfertigt – er hätte nämlich nicht zugelassen, daß etwas Älteres von einem Jüngeren, nachdem er sie zusammengebunden hatte, beherrscht würde –, aber irgendwie sagen wir, weil wir viel Anteil haben am Ungefähr und Geratewohl, es auch irgendwie auf diese Weise, er aber hat die Seele sowohl in Entstehung als auch in Tugend als frühere und ältere gegenüber dem Körper als Herrscherin und Beherrschende eines Beherrschten zusammengestellt." Und wiederum, nachdem er gesagt hat, daß „sie, indem sie sich in sich selbst drehte, einen göttlichen Ursprung genommen hat von unendlichem und besonnenem Leben", sagt er: „Der Körper des Himmels wahrlich ist sichtbar geworden, während die Seele selbst aber, unsichtbar zwar, aber vernünftiger Überlegung teilhaftig und Harmonie die beste der Dinge geworden ist, die von dem Besten der verstandesmäßigen und stets seienden Dinge erzeugt wurden." Indem er hier nämlich den Gott den besten der immer seienden Dinge genannt hat, die Seele aber die beste der
c erzeugten, hat er durch diesen überdeutlichen Unterschied und Gegensatz das Ewige von ihr und das Ungewordene weggenommen.

9. [2.a] Was gibt es nun von diesen Lehren für eine andere Wiederherstellung als die er selbst denen gibt, die sie annehmen wollen? Für ungeworden nämlich erklärt er die Seele, die vor der Entstehung der Welt fehlerhaft alles und ungeordnet bewegt, entstanden aber und geworden wiederum die, welche der Gott, nachdem er sie aus dieser und jenem bleibenden und besten Sein besonnen und geordnet hergestellt und wie eine Form auch dem Wahrnehmbaren das Verstandesmäßige und dem Beweglichen das Geordnete von sich aus dargeboten hatte, als Anführerin über das Ganze d
eingesetzt hat. So erklärt er nämlich auch den Körper der Welt an der einen Stelle für ungeworden, an der anderen für geworden. Immer wenn er nämlich sagt, daß der Gott alles, wieviel sichtbar war und nicht zur Ruhe kam, sondern sich ungeordnet bewegte, nachdem er es übernommen hat, durchordne, und wiederum, daß die vier Gattungen, Feuer und Wasser und Erde und Luft, bevor das All, das aus ihnen durchgeordnet wurde, entstanden ist, eine Erschütterung in die Materie hineinbrächten und von ihr geschüttelt würden aufgrund der Unebenheit, macht er irgendwo seiend und zugrundeliegend die Körper vor der Entstehung der Welt. Immer wenn er aber wiederum sagt, daß jünger als die Seele der Körper entstanden sei und die Welt geworden sei, weil sie sichtbar und handgreiflich ist und e
einen Körper hat, die so beschaffenen Dinge sich aber als werdend und geworden gezeigt haben, ist jedem klar, daß er eine Entstehung der Natur des Körpers zuschreibt. *[2.b]* Aber weit gefehlt, daß er Gegensätzliches sage und so offensichtlich sich selbst widerstreite in den größten Dingen. Denn nicht auf dieselbe Weise und nicht vom selben Körper sagt er, daß er entstehe von Gott und sei vor dem Entstehen; dies ist nämlich geradezu Sache eines Geistesschwachen. Aber was man denken muß auch in bezug auf die Entstehung, lehrt er selbst. „Davor nämlich", sagt er, „verhielt sich dies alles unvernünftig und maßlos; als es aber angepackt wurde, daß das Ganze geordnet würde, Feuer zuerst und Wasser und Erde und Luft, die zwar irgendwelche Spuren von sich selbst hatten, die sich aber ganz und gar in einem Zustand befanden, wie es wahrscheinlich ist, daß sich alles verhält, immer wenn es von irgendeinem Gott entfernt ist, so f
eben damals von Natur aus diese, da bildete er sie zuerst durch mittels Formen und Zahlen." Noch früher aber, nachdem er gesagt hat, daß es nicht *einer* Übereinstimmung Werk, sondern zweier war, zusammenzubinden die Masse des Ganzen, weil sie hart ist und Tiefe hat, und nachdem er durchgegangen ist, daß der Gott, indem er in die Mitte zwischen Feuer und Erde Wasser und Luft setzte, den Himmel zusammengebunden und zusammengestellt hat, sagt er: „Aus eben diesen, die so beschaffen und der Zahl nach vier waren, wurde der Körper der Welt erzeugt, der durch 1017a
Proportion übereinstimmte, und hatte Freundschaft aus diesen, so daß er, weil er in das ihm selbst Selbige zusammengekommen war, unauflösbar durch die anderen außer durch den, der ihn zusammengebunden hatte, wurde", indem er ganz offenkundig lehrt, daß nicht von Körper schlecht-

hin noch von Masse und Materie, sondern von Ebenmaß im Bereich des
Körpers und von Schönheit und Ähnlichkeit der Gott Vater und Verfertiger war. Dies muß man dann auch über die Seele denken, daß, während
die eine weder von Gott geworden war noch Weltseele war, sondern von
vorstellendem und meinendem, unvernünftigem aber und ungeordnetem
b Betragen und Antrieb eine gewisse Kraft, selbstbewegt und stets bewegt,
die andere Gott selbst, indem er sie durchweg zusammenpaßte mittels der
zukommenden Zahlen und Berechnungen, als Anführerin der gewordenen
Welt eingesetzt hat, wobei sie selbst geworden war.

10. Daß er aber darüber dies dachte und nicht um der Theorie willen eine
Zusammenstellung und Entstehung der gewordenen Welt und der Seele
gleichermaßen unterstellte, dafür ist jenes ein großes Zeichen für viele, daß
die Seele zwar von ihm sowohl für ungeworden, wie gesagt, als auch für
geworden erklärt wird, die Welt aber stets für entstanden und geworden,
für ungeworden aber niemals noch für ewig. Was nun die Texte im Timaios
betrifft, was muß man sie vorbringen? Denn die ganze Schrift ist insgesamt
über die Entstehung der Welt, von Anfang bis Ende. Unter anderem nennt
c Timaios in der Atlantissage anbetend den früher im Werk Entstandenen, jetzt
aber im Wort, Gott; im Politikos aber sagt der parmenideische Fremde, daß
die von dem Gott zusammengesetzte Welt an vielen Gütern Anteil erhalten
habe, daß aber, wenn etwas schlecht oder schlimm sei, sie es aus dem früheren
unharmonischen und unvernünftigen Zustand zusammengemischt habe; in
der Politeia aber sagt Sokrates, als er über die Zahl zu reden beginnt, die
manche Hochzeitszahl nennen: „Es ist aber einem göttlichen Gewordenen
ein Umlauf zu eigen, den eine vollkommene Zahl umfaßt", wobei er nichts
anderes göttliches Gewordenes nennt als die Welt.

Quaest II

1000e *1.* Warum denn hat er den höchsten Gott als Vater aller Dinge und Schöpfer
angesprochen? *[1.]* Etwa, weil er der gezeugten Götter und der Menschen
f Vater ist, wie Homer ihn nennt, Schöpfer aber der unvernünftigen und
unbeseelten Dinge? Denn nicht einmal von der Haut, sagt Chrysippos,
werde Vater genannt derjenige, der den Samen bereitstellt, wenngleich sie
aus dem Samen entstanden ist. *[2.]* Oder hat er, indem er die Metapher
gebraucht, wie er es gewohnt ist, die Ursache der Welt Vater genannt? Wie
er im Symposion Phaidros als Vater der Reden über die Liebe ansprach,
1001a weil er ihr Einführer geworden war, in dem gleichnamigen Dialog aber als
mit schönen Kindern gesegnet; denn viele und schöne Reden seien in der
Philosophie entstanden, weil jener den Ursprung geboten hatte. *[3.]* Oder
unterscheidet sich ein Vater von einem Schöpfer und von einer Zeugung
eine Entstehung? Wie nämlich das Gezeugte auch entstanden ist, nicht

aber umgekehrt, so hat der Zeuger auch geschaffen; denn Entstehung von
Beseeltem ist die Zeugung. Und das Werk ist von seinem Schöpfer, wie
ein Baumeister oder Weber oder Verfertiger einer Lyra oder Statue, wenn
es entstanden ist, getrennt; der Ursprung und die Kraft vom Erzeuger her
aber ist dem Kind, das gezeugt wurde, hineingemischt und hält seine Natur
zusammen, die ein abgerissenes Stück und ein Teil dessen ist, der das Kind
gezeugt hat. *[1.]* Da also nicht geformten und nicht zusammengepaßten b
Werken die Welt gleicht, sondern in ihr ein großer Teil von Lebendigkeit
und Göttlichkeit ist, den der Gott von sich selbst her in die Materie hin-
eingesät und ihr untergemischt hat, wird er mit Recht zugleich Vater der
Welt, eines entstandenen Lebewesens, und Schöpfer genannt.

2. [2.] Da aber diese Worte am ehesten Platons Meinung erfassen, wisse,
daß auch jenes glaubwürdig gesagt werden wird: daß, da zwei sind, aus
denen die Welt besteht, Leib und Seele, das eine nicht Gott gezeugt hat,
sondern, nachdem sich die Materie dargeboten hatte, er sie gestaltete und
zusammenpaßte, indem er mit eigenen Grenzen und Formen das Unend-
liche verband und begrenzte; die Seele aber ist, da sie an Verstand und c
vernünftiger Überlegung und Harmonie Anteil erhalten hat, nicht nur ein
Werk des Gottes, sondern auch ein Teil und nicht nur durch ihn, sondern
auch von ihm her und aus ihm heraus entstanden.

Quaest IV

Warum denn sagt er, obwohl er die Seele stets für älter als den Leib und 1002e
für Ursache und Ursprung der Entstehung von jenem erklärt, hinwieder, f
daß eine Seele wohl nicht ohne Leib entstanden sei noch ein Geist ohne
Seele, sondern eine Seele in einem Leib, Verstand aber in der Seele? Es wird
nämlich der Leib sowohl zu sein als auch nicht zu sein scheinen, wenn er
zugleich mit der Seele existiert und von der Seele gezeugt wird. Oder ist
das wahr, was oft von uns gesagt wird? Denn die unverständige Seele und 1003a
der gestaltlose Leib existierten immer miteinander, und keines von beiden
hatte Entstehung noch Ursprung; als aber die Seele an Verstand und Har-
monie Anteil erhielt und, nachdem sie durch Zusammenklang besonnen
geworden war, der Materie eine Ursache für Veränderung geworden war
und, nachdem sie ihrer eigenen Bewegungen Herrin geworden war, zog sie
die von jener mit sich fort und kehrte sie um, so hatte der Leib der Welt
eine Entstehung von der Seele, indem er nach ihr gestaltet und ihr ähnlich
gemacht wurde. Denn nicht aus sich selbst verfertigte die Seele die Natur
des Leibes noch aus dem nicht Seienden, sondern aus einem ungeordneten
und gestaltlosen Leib stellte sie einen geordneten und gehorsamen Leib
her. Wie nun, wenn einer sagen sollte, daß immer die Kraft des Samens b
zusammen mit einem Leib sei, entstanden freilich der Leib der Feige oder

der Olive durch Samen sei, er nichts Falsches sagen wird – denn der Leib selbst, nachdem Bewegung und Veränderung in ihn durch den Samen hineingekommen war, wuchs derart und sproßte –, so erhielt die gestaltlose und grenzenlose Materie, als sie durch die Seele, die in ihr war, gestaltet worden war, eine solche Gestalt und einen solchen Zustand.

Delph 17-21

391e *17.* Ammonios aber, da er ja auch selbst nicht das Schlechteste der Philosophie in die Mathematik setzte, freute sich über das, was gesagt wurde, und sprach: „Es ist nicht wert, bezüglich dieser Dinge allzu genau den Jungen
f zu widersprechen, außer dem, daß von den Zahlen jede nicht wenige Dinge denen darbieten wird, die sie loben und besingen wollen. Und was muß man über die anderen sagen? Denn Apollons heilige Sieben wird den ganzen Tag verbrauchen, bevor in einer Rede ihre Kräfte alle aufgezählt sind. Sodann werden wir die weisen Männer gegen das herkömmliche Gesetz kämpfend nennen, zugleich auch die meiste Zeit, wenn sie, nachdem sie die Sieben vom Vorsitz fortgestoßen haben, dem Gott die Fünf heiligen
392a werden als ihm irgendwie mehr zukommend? Weder Zahl noch Ordnung noch Verbindung noch etwas anderes von den unvollkommenen Teilen, nichts davon meine ich also, daß der Buchstabe bedeutet; sondern er ist eine in sich vollkommene Anrede und Anrufung des Gottes, welche zugleich mit dem gesprochenen Wort den, der es ausspricht, in eine Vorstellung von der Kraft des Gottes versetzt. *[a]* Der Gott nämlich ruft jedem von uns, der hierher kommt, wie zum Gruß das ‚Erkenne dich selbst' zu, was freilich um nichts weniger ist als das ‚Grüß dich'; *[b]* wir aber wiederum antworten dem Gott und sagen: ‚Du bist', indem wir ihm so als wahre und untrügerische und einzige dem Einzigen zukommende die Anrede des Seins erwidern.

18. *[zu a]* Wir haben nämlich wirklich am Sein keinen Anteil, sondern
b die ganze sterbliche Natur befindet sich inmitten von Entstehen und Vergehen und bietet nur eine undeutliche und unbeständige Erscheinung und Vermutung von sich selbst. Wenn du aber das Denken weiter fragst, weil du es begreifen willst, dann ist es, wie das heftige Umspannen von Wasser durch Pressen und in dasselbe Zusammendrücken das Umfaßte verliert, indem es zwischendurch fließt, so gleitet auch die Vernunft, wenn sie die übergroße Anschaulichkeit eines jeden von Leidensfähigen und Veränderbaren verfolgt, ab, einerseits in sein Entstehendes, andererseits in sein Vergehendes, weil sie nichts Bleibendes noch wirklich Seiendes erfassen kann. ‚Man kann nämlich nicht zweimal in denselben Fluß steigen' nach Heraklit noch ein sterbliches Wesen zweimal berühren im Hinblick auf seinen Zustand; sondern aufgrund der Schnelligkeit und Geschwindigkeit

der Veränderung, ‚zerstiebt es und kommt wieder zusammen‘, vielmehr aber
weder wieder noch später, sondern zugleich setzt es sich zusammen und
hört auf und ‚kommt und geht‘. Daher reicht das, was aus ihm entsteht, c
auch nicht in das Sein hinein, aufgrund dessen, daß das Entstehen niemals
aufhört noch innehält, sondern aus Samen, sich stets verändernd, einen
Embryo macht, dann einen Säugling, dann ein Kind, einen Jugendlichen
zu gegebener Zeit, einen jungen Mann, dann einen Mann, einen älteren
Mann, einen Greis, indem es die früheren Entstehungen und Lebensalter
durch die darauffolgenden zerstört. Aber wir fürchten lächerlicherweise den
einen Tod, wo wir doch schon so viele gestorben sind und sterben. Denn
nicht nur ist, wie Heraklit sagte, ‚des Feuers Tod für die Luft Entstehung
und der Luft Tod für das Wasser Entstehung‘, sondern noch deutlicher
magst du es wohl an uns selbst sehen: Es vergeht der, welcher in der
Blüte seines Lebens steht, wenn ein alter Mann wird, es verging aber der
Jüngling in den, der in Blüte stand, und das Kind in den Jüngling, in das d
Kind aber das Kleinkind; der Gestrige ist in den Heutigen gestorben, der
Heutige aber stirbt in den Morgigen; es bleibt aber keiner, noch ist einer,
sondern wir werden viele, um eine gewisse eine Erscheinung und einen
gemeinsamen Abdruck einer umhergetriebenen und gleitenden Materie.
Sodann: Wie kommt es, daß wir, wenn wir die gleichen bleiben, uns jetzt
über diese Dinge freuen, früher über andere, die entgegengesetzten Dinge
lieben und verachten und bewundern und tadeln, uns aber anderer Worte
bedienen, andere Leidenschaften haben, wobei wir nicht dasselbe Ausse-
hen, nicht dieselbe Gestalt, nicht dasselbe Denken mehr haben? Weder ist
es nämlich wahrscheinlich, ohne Veränderung andere Dinge zu erleiden, e
noch ist einer, der sich verändert, derselbe. Wenn er aber nicht derselbe ist,
ist er auch nicht, sondern eben dies verändert er, wenn er einer aus einem
anderen wird. Es täuscht sich aber die Wahrnehmung aus Unwissenheit
um das Seiende, daß das Erscheinende sei.

19. Was nun ist wirklich seiend? Das Ewige und Ungewordene und
Unvergängliche, dem auch keine Zeit Veränderung bewirkt. Denn etwas
Bewegliches und zusammen mit der sich bewegenden Materie Erscheinendes
und stets Fließendes und nichts bei sich Behaltendes, wie ein Gefäß von
Vergehen und Entstehen, ist die Zeit, von der eben gerade das ‚Nachher‘
und das ‚Vorher‘ und das ‚es wird sein‘, wenn es ausgesprochen wird,
und das ‚es ist entstanden‘, von sich aus ein Eingeständnis ist des nicht
Seienden; denn von dem, was noch nicht ins Sein gekommen ist oder schon f
aufgehört hat mit dem Sein, zu sagen, daß es sei, ist einfältig und fehl am
Platz. Worauf aber am meisten die Vorstellung von der Zeit stützend wir
das ‚es ist gegenwärtig‘ und das ‚es ist anwesend‘ und das ‚Jetzt‘ äußern,
das verdirbt sofort wieder gänzlich die Vernunft, wenn sie darin eintaucht.
Es wird nämlich weggedrängt in das Zukünftige und das Vergangene wie
ein Blitz für solche, die es sehen wollen, weil es notwendigerweise ausein-

andersteht. Wenn aber dasselbe wie der Vermesser auch die vermessene
393a Natur erlitten hat, dann ist nichts an ihr bleibend noch seiend, sondern alles entstehend und vergehend gemäß der Zuteilung zur Zeit. Daher ist es weder fromm noch durch das Seiende begründet zu sagen, daß es war oder sein wird; dies sind nämlich irgendwelche Neigungen und Übergänge und Veränderungen dessen, das von Natur aus nicht im Sein bleibt.

20. [zu b] Aber es ist der Gott, wenn man es noch sagen muß, und er ist zu keiner Zeit, sondern in der unbeweglichen und zeitlosen und sich nicht neigenden Ewigkeit, im Vergleich zu der auch nichts früher ist noch später noch zukünftig noch vergangen noch älter noch jünger; sondern da er einer ist, hat er mit dem einen Jetzt das Immer erfüllt, und einzig und allein ist
b das gemäß diesem wirklich Seiende, weil es nicht entstanden ist noch sein wird noch begonnen hat noch enden wird. So müssen ihn nun seine Verehrer grüßen und ansprechen: ‚Du bist‘, und beim Zeus, wie manche von den Alten: ‚Du bist eines‘. Nicht vieles ist nämlich das Göttliche, wie jeder von uns, die wir aus unzähligen Veränderungen in Erfahrungen entstehen, eine mannigfache und bunt gemischte Versammlung; sondern eines muß das Seiende sein, wie seiend das Eine. Die Andersheit aber verändert sich aufgrund ihres Unterschieds zum Seienden hin zur Entstehung des nicht Seienden. Daher verhält sich auch gut zum Gott der erste seiner Namen und der zweite und der dritte. Apollon ist er nämlich, weil er gleichsam
c die vielen Dinge abschlägt und die Menge ablehnt, Ieios aber als Einer und Einziger; Phoibos aber nannten die Alten doch wohl alles Reine und Heilige, wie immer noch die Thessalier von den Priestern an den verbotenen Tagen, wenn sie sich für sich außerhalb aufhalten, wie ich meine, sagen, daß sie unter dem Gesetz des Phoibos stehen. Das Eine aber ist lauter und rein; denn durch die Beimischung von einem zu einem anderen entsteht die Befleckung, wie irgendwo auch Homer sagt, daß irgendwelches Elfenbein, das durch Eintauchen rot gefärbt wird, befleckt werde; und diejenigen von den Farben, die gemischt werden, nennen die Färber ‚verderben‘ und ‚Verderbnis‘ die Mischung. Also kommt es dem Unvergänglichen und Reinen stets zu, eines zu sein und unvermischt.

d *21.* Die aber Apollon und die Sonne für denselben halten, ist es recht hochzuschätzen und zu lieben wegen ihrer guten Anlage, nach der sie dahinein ihre Vorstellung vom Gott legen, was sie am meisten schätzen von den Dingen, die sie kennen und begehren. Wie solche, die im schönsten der Träume den Gott träumen, laßt sie uns jetzt aber aufwecken und ermutigen, höher hinaufzusteigen und das Wachbild von ihm und sein Wesen zu schauen, wertzuschätzen aber auch dieses Bild und zu verehren um es herum das Fruchtbare, soweit es möglich ist im Wahrnehmbaren vom Verstandesmäßigen und im Sichbewegenden vom Bleibenden, dieses Bild, das irgendwie gewisse Spiegelungen und Abbilder durchschimmern läßt von der Huld und Glückseligkeit um jenes herum. Seine [sc. des Apollon] Verzückungen aber und Veränderungen ziehen ihn selbst, wenn e er sich ins Feuer begibt zugleich mit allen Dingen, wie sie sagen, und wieder hierher herabdrängt und herunterstreckt auf Land und Meer und Winde und Lebewesen, und die furchtbaren Leiden sowohl der Tiere als auch der Pflanzen, und es ist nicht fromm, das anzuhören; oder er wird schlechter sein als das Dichterkind, indem er immerfort dasjenige Spiel mit den ganzen Dingen treibt, welches jenes auf irgendeinem Sandhaufen spielt, der von ihm selbst aufgehäuft und wieder zerstreut wird, und indem er die Welt, die nicht ist, bildet und dann die entstandene zerstört. Denn im Gegenteil, sofern er irgendwie in der Welt anwesend ist, so bindet er dadurch ihr Wesen zusammen und beherrscht die Schwäche um das Leibliche, die zum Vergehen drängt. Und mir scheint am meisten dieser Rede f entgegengesetzt und gegen sie zeugend die Anrede ‚du bist' zum Gott zu 394a sagen, weil niemals um ihn eine Verzückung und Veränderung stattfindet, sondern einem anderen Gott, vielmehr aber einem Dämon, der über die in Vergehen und Entstehen befindliche Natur gesetzt ist, dies zu tun und zu erleiden zukommt, wie sofort klar ist von den Namen her, die gleichsam entgegengesetzt sind und einander entsprechend. Man nennt nämlich den einen Apollon, den andern Pluton, und den einen Delios (klar), den andern Aidoneus (unsichtbar), und den einen Phoibos (hell), den andern Skotios (dunkel); und bei dem einen sind die Musen und die Mnemosyne (Erinnerung), bei dem andern die Lethe (Verborgenheit) und die Siope (Schweigen); und der eine ist Theorios (Beobachter) und Phanaios (Lichtbringer), der andere

> Herr von dunkler Nacht und müßigem Schlaf;

und der eine den

> Sterblichen von allen Göttern am feindseligsten,

über den andern hat Pindaros nicht unschön gesagt:

> Er wurde aber verurteilt, zu den Sterblichen der Freundlichste zu b
> sein.

Passend nun hat Euripides gesagt:

> Trankopfer für die Toten, die vergangen sind,
> und Lieder, die, obgleich golddurchflochten,
> Apollon nicht annimmt.

Und früher noch als dieser Stesichoros:

> Reigen und Spiel und Gesang liebt am meisten Apollon,
> Trauer und Seufzer aber sind des Hades Anteil.

Daß Sophokles aber auch von den Instrumenten jedem der beiden eines zuteilt, ist durch diese Worte klar:

> Nicht Harfe, nicht Lyra ist den Wehklagen lieb.

Und die Flöte wagte nämlich erst spät und kürzlich, einen Laut ‚über Liebliches' von sich zu geben; in der früheren Zeit aber wurde sie genommen c für die Klagen, und den Dienst um diese herum hatte sie inne, einen nicht sehr geschätzten noch fröhlichen, später wurde alles mit allem vermengt. Am meisten aber stürzten sich diejenigen, die die göttlichen Dinge zu den dämonischen zusammenschütteten, in Verwirrung. Aber dem ‚Du bist' scheint jedenfalls irgendwie das ‚Erkenne dich selbst' gegenüberzuliegen und in gewisser Weise wieder mit ihm zusammenzustimmen; das eine ist nämlich aus Verehrung und Bewunderung dem Gott als Seienden durch alles zugerufen, das andere ist dem Sterblichen eine Erinnerung an seine Natur und Schwachheit.

Def 10-15

414e *10.* Und Kleombrotos: „Richtig sprichst du; aber nachdem das Begreifen und
Abgrenzen, wie und bis zu welchen Grenzen die Vorsehung zu gebrauchen
f ist, schwierig ist, verfehlen die einen, indem sie den Gott von überhaupt
nichts, die anderen aber, indem sie ihn von allen Dingen gleichermaßen
zur Ursache machen, das Maß und das Schickliche. Gut sagen nun auch
diejenigen, die sagen, daß Platon, indem er das den erzeugten Eigenschaften
zugrunde liegende Element herausgefunden hat, das sie jetzt Materie und
Natur nennen, die Philosophen von vielen und großen Ausweglosigkeiten
415a befreit habe. *[a]* Mir aber scheinen mehr und größere Aporien diejenigen
aufzulösen, welche das Geschlecht der Dämonen in der Mitte zwischen
Göttern und Menschen, das auf gewisse Art und Weise unsere Gemeinschaft
in dasselbe zusammenführt und zusammenhält, herausgefunden haben, sei
es, daß von den Magiern um Zoroaster diese Lehre ist, sei es thrakisch
von Orpheus her, *[b]* sei es ägyptisch oder phrygisch, wie wir es vermuten,
wenn wir sehen, daß den Mysterienfeiern in beiden Ländern viele Sterbe-
und Klageriten von den Festen und heiligen Handlungen beigemischt sind.
[c] Von den Griechen aber scheint Homer noch beide Namen gemeinsam
b gebraucht zu haben und die Götter manchmal als Dämonen anzusprechen.
Hesiod aber setzte als Erster rein und abgegrenzt von den Vernünftigen vier
Geschlechter auseinander, Götter, dann Dämonen, dann Heroen, als das
auf alle Folgende aber Menschen, woraus er die Veränderung zu machen
scheint, indem sich das goldene Geschlecht in viele und gute Dämonen, die
Halbgötter aber in Heroen absondern. Andere aber schaffen Veränderung
den Leibern und den Seelen gleichermaßen; wie man sieht, daß aus Erde
Wasser, aus Wasser aber Luft, aus Luft aber Feuer erzeugt wird, wenn
das Wesen nach oben getragen wird, so nehmen die besseren Seelen die
Veränderung aus Menschen in Heroen, aus Heroen aber in Dämonen. Von
den Dämonen aber erhielten wenige noch lange Zeit später aufgrund ihrer
Tugend, nachdem sie ganz und gar gereinigt wurden, Anteil an Göttlichkeit;
c manchen aber kommt es zu, sich selbst nicht zu beherrschen, sondern, indem
sie heruntergesandt werden und wieder in sterbliche Leiber eintauchen, ein
unerleuchtetes und finsteres Leben wie ein Aufdampfen zu haben.

11. Hesiod aber meint, daß auch in bestimmten Abständen von Zeiten den Dämonen das Ende zuteil wird; er sagt nämlich in der Rolle der Najade und indem er auf die Zeit anspielt:

Neun Generationen lebt eine krächzende Krähe
von Männern im besten Alter; ein Hirsch aber hat vier Krähenalter;
drei Hirsche aber altert der Rabe; hinwieder der Phönix
neun Raben; zehn Phönixe aber wir
schöngelockten Nymphen, Töchter des ägishaltenden Zeus. d

Diese Zeit addieren diejenigen zu einer zahlenmäßig großen Menge, welche die Generation nicht richtig auffassen. Es ist nämlich ein Jahr, so daß man insgesamt auf 9720 Jahre des Lebens der Dämonen kommt, weniger zwar als was die meisten Mathematiker meinen, mehr aber als was Pindaros gesagt hat, als er sagte, daß die Nymphen leben,

wobei sie die Bestimmung eines baumgleichen Alters erlost haben,

weshalb sie sich auch Hamadryaden nennen." Noch aber redete er, als Demetrios ihm ins Wort fiel und sprach: „Wie kannst du sagen, Kleombrotos, daß Generation eines Mannes genannt sei das Jahr? Denn weder e
die ‚eines Mannes im besten Alter' noch die ‚eines Greisen', wie manche lesen, ist die Zeit des menschlichen Lebens ihrer Länge nach. Sondern die einen, die ‚eines Mannes im besten Alter' lesen, machen die Generation dreißig Jahre lang gemäß Heraklit, in welcher Zeit der Erzeuger den aus ihm Gezeugten selbst als Erzeuger darbietet. Die anderen, die wiederum ‚von Greisen' nicht ‚von Männern im besten Alter' schreiben, teilen 108 Jahre der Generation zu; denn die 54 Jahre seien die Grenze in der Mitte des menschlichen Lebens, zusammengesetzt aus dem Anfang und den ersten beiden einfach und den ersten beiden Quadraten und den ersten beiden Würfeln, welche Zahlen auch Platon in der Entstehung der Seele nahm. f
Und die ganze Rede scheint bei Hesiod anzuspielen auf den Weltenbrand, wenn zusammen mit den Wassern aller Wahrscheinlichkeit nach die Nymphen verschwinden,

die schöne Wälder bewohnen
und Quellen von Flüssen und grasige Auen."

12. Und Kleombrotos sprach: „Ich höre diese Dinge von vielen und sehe, wie der stoische Weltenbrand, wie er die Aussagen von Heraklit und Orpheus abfrißt, so auch die Hesiods und sie mitaufflammen läßt. Aber ich ertrage es auch nicht, wenn vom Vergehen der Welt gesprochen wird, 416a
und die unmöglichen Dinge und vor allem, was du von den Lebenszeiten bezüglich der Krähe und dem Hirsch erwähnt hast, ist es nötig, abzulegen gegen diejenigen, die übertreiben. Das Jahr nämlich ist, da es Anfang in sich und Ende zugleich von allem, was die Jahreszeiten bringen, die Erde aber wachsen läßt, umschließt, auch eine Generation von Menschen gegen die Gewohnheit genannt worden. Denn auch ihr gebt doch wohl zu, daß Hesiod

ein menschliches Leben die Generation nennt. Oder ist es nämlich nicht
so?“ Demetrios bejahte dies. „Aber gewiß ist auch dies klar“, sagte Kleom-
brotos, „daß oftmals das Messende und die Dinge, die gemessen werden,
mit denselben Namen angesprochen werden, Schälchen und Scheffelchen
b und Amphore und Scheffel. Auf dieselbe Art und Weise nun, wie wir von
der ganzen Zahl die Eins, weil sie ein Maß ist, die kleinste und erste Zahl
nennen, so hat er das Jahr, mit dem wir als erstem eines Menschen Leben
messen, mit demselben Namen wie das, was gemessen wird, Generation
benannt. Und die Zahlen nämlich, welche jene hervorbringen, haben nichts
von den zugeteilten hervorleuchtenden und glänzenden Eigenschaften, wie
in Zahlen sonst sind; die aber der 9720 hat ihre Entstehung von eins ab
der Reihe nach, wenn sie mal vier genommen werden, oder wenn zehn
mal vier genommen werden; denn beide Male ergibt sich vierzig. Dies aber,
fünfmal mal drei genommen, ergibt die vorliegende Zahl. Aber über diese
c Dinge müssen wir mit Demetrios nicht verschiedener Meinung sein. Und
nämlich, auch wenn länger die Zeit oder auch wenn kürzer, auch wenn
sie bestimmt, auch wenn sie unbestimmt sein sollte, in der die Seele eines
Dämons und eines Heroen ihr Leben verwandelt, so wird nichtsdestowe-
niger, worauf er hinauswill, gezeigt sein mit klaren und alten Zeugen, daß
sie gewisse Naturen sind, gleichsam auf der Grenze zwischen Göttern und
Menschen, die sterbliche Affekte und notwendige Veränderungen erfahren,
die es recht ist zu verehren, indem man sic für Dämonen hält nach einem
Gesetz der Väter und so benennt.

13. [zu a] Als Beispiel aber für die Rede stellte Xenokrates, der Freund
d des Platon, das der Dreiecke auf, indem er Göttlichem das gleichseitige
nachbildete, Sterblichem aber das ungleichseitige, das gleichschenklige aber
Dämonischem; das eine ist nämlich auf allen Seiten gleich, das andere auf
allen Seiten ungleich, das dritte aber auf der einen Seite gleich, auf der
anderen ungleich, wie die Natur von Dämonen, die sowohl Affekt eines
Sterblichen als auch eines Gottes Kraft hat. Die Natur hat aber wahr-
nehmbare Bilder und sichtbare Gleichnisse herausgestellt, von Göttern
Sonne und Sterne, von Sterblichen aber Lichtfunken und Kometen und
Sternschnuppen, wie Euripides den Vergleich zog in dem, was er sagte:

> Was aber eben noch strotzte dem Fleisch nach, vom Himmel gefallen, wie
> ein Stern erlosch es und entließ seinen Geist in den Äther.

e Als gemischten Körper aber und eine dämonische Nachahmung haben in
der Tat den Mond – aufgrund dessen, daß er mit der Umlaufbahn dieses
Geschlechts zusammenstimmt, indem er erscheinende Abnahmen erfährt
und Zunahmen und Veränderungen, weil sie dies sahen – die einen als
einen irdischen Stern, die anderen als eine olympische Erde, wieder andere
als Anteil der gleichermaßen irdischen und himmlischen Hekate angespro-
chen. Wie nun, wenn einer die Luft wegnehmen und die [sc. Luft], welche

zwischen Erde und Mond ist, unten wegziehen wollte, die Einheit zerstören wird und die Gemeinschaft des Alls, weil dann in der Mitte ein leerer und unverbundener Raum entstanden wäre, so machen diejenigen, welche das
Geschlecht der Dämonen nicht übriglassen, die Angelegenheiten der Götter f
und Menschen ohne jeden Umgang und Verkehr miteinander, indem sie die dolmetschende, wie Platon sagte, und dienende Natur wegnehmen; oder sie zwingen uns, alles zugleich durcheinanderzumengen und in Unordnung zu bringen, indem wir in die menschlichen Affekte und Angelegenheiten den Gott hineinbringen und, wie von den Thessalierinnen gesagt wird, den Mond auf die Bedürfnisse herunterziehen. Aber die Heimtücke von jenen
hatte unter Frauen Glauben, weil Aglaonike, die Tochter der Hegetor, wie 417a
man sagt, eine der Astronomie kundige Frau, in einer Mondfinsternis sich stets den Anschein gab, ihn zu bezaubern und herunterzuholen. *[zu c]* Wir aber wollen weder auf diejenigen hören, die sagen, daß manche Orakel nicht von der Gottheit eingegeben seien oder Mysterien und Feiern von Göttern nicht beachtet würden; noch auch wiederum meinen, daß der Gott in diesen verkehre und anwesend sei und sich mit beteilige; sondern wir wollen, indem wir diese Dinge den Dienern von Göttern zuschreiben, denen es recht ist, sie zuzuschreiben, wie Gehilfen und Sekretären, Dämonen für Aufseher von Heiligtümern von Göttern und für Ausrichter von Mysterien halten, von anderen aber glauben, daß sie als Rächer von
hochmütigen und großen Ungerechtigkeiten umherziehen. Wieder andere b
hat Hesiod in sehr würdiger Weise als ‚heilig' angesprochen,

> Spender von Reichtum und dies als königliche Gabe habend,

weil das Gutestun königlich ist. Es sind nämlich, wie unter Menschen, auch den Dämonen Unterschiede der Tugend eigen, und vom Affizierbaren und Unvernünftigen haben die einen einen schwachen und dunklen Rest wie einen Überschuß, die anderen viel und schwer zu unterdrückendes, von welchen Dingen Spuren und Zeichen an vielen Orten zerstreut Opfer und Mysterien und Mythologien aufbewahren und behüten.

14. [zu b] Über die Geheimlehren nun, in denen die größten Abspiegelungen c
und Durchspiegelungen zu fassen sind von der Wahrheit über Dämonen, ‚will ich tunlichst schweigen', nach Herodot; Feste und Opfer aber, wie unheilvolle und finstere Tage, an denen es Verzehrungen von rohem Fleisch und Zerreißungen, Fasten und Wehklagen, vielerorts aber wiederum unflätige Reden bei heiligen Handlungen,

> und Rasereien und Schreiereien von Erregten, die mit heftigen Bewegungen den Hals werfen,

gibt, werden, so möchte ich sagen, von Göttern zwar für keinen, aber um der Abwehr böser Dämonen willen gefeiert als Schmeichelungen und Überredungen. Und was die früher dargebrachten Menschenopfer anbelangt, so ist es weder glaubwürdig, daß Götter sie einfordern oder
annehmen, noch hätten es Könige und Heerführer ertragen, ihre Kinder d

für nichts hinzugeben und für das Opfer vorzubereiten und zu schlachten,
sondern um Zornesausbrüche und Schwermütigkeiten von schlimmen und
schwer zu wendenden Rachegeistern abzuwenden und zu befriedigen, von
einigen aber raserische und tyrannische Begehrlichkeiten, welche nicht
mit Leibern und durch Leiber verkehren konnten noch wollten. Aber wie
Herakles Oichalia belagerte wegen einer Jungfrau, so bringen starke und
gewalttätige Dämonen, weil sie eine menschliche Sele einfordern, die von
einem Leib umgeben wird, Seuchen und Mißernten über Städte und stif-
ten Kriege und Aufstände an, bis sie bekommen und erreichen, was sie
begehren. Einigen aber kommt das Gegenteil in den Sinn, wie ich, als ich
e mich lange Zeit auf Kreta aufhielt, von irgendeinem sonderbaren Fest,
das dort gefeiert wird, erfuhr, bei dem sie auch ein Bild von einem Mann
ohne Kopf zeigen und sagen, daß dieser Molos gewesen sei, der Vater des
Meriones, daß er aber, nachdem er eine junge Frau vergewaltigt hatte,
ohne Kopf gefunden worden sei.

15. Und wieviel man freilich in Mythen und Hymnen erzählt und besingt,
teils Entführungen, teils Irrfahrten von Göttern, Verstecken und Fluchten
und Knechtschaften, das sind nicht von Göttern, sondern von Dämonen
Erfahrungen und Schicksale, die in Erinnerung behalten werden wegen
ihrer Tugend und Kraft, und weder Aischylos sprach in angemessener
Weise:

und den heiligen Apollon, den vom Himmel flüchtigen Gott,

f noch der Admetos des Sophokles:

mein Hahn aber brachte ihn zu einer Mühle.

Am meisten aber an der Wahrheit vorbei gehen die Theologen von Delphi,
indem sie meinen, daß hier einmal gegen eine Schlange der Gott um das
Orakel einen Kampf geführt habe, und indem sie zulassen, daß diese Dinge
418a Dichter und Schriftsteller in Theatern, wenn sie im Wettbewerb stehen,
sagen, so daß sie geflissentlich gegen die Dinge Zeugnis ablegen, die sie in
den heiligsten Riten vollziehen." Als sich aber Philippus wunderte – der
Geschichtsschreiber war nämlich anwesend – und sich erkundigte, gegen
welche heiligen Riten er meine, daß die Wettbewerber Zeugnis ablegten,
antwortete er: „Gegen diese um das Orakel herum, in denen die Stadt alle
Griechen außerhalb der Thermopylen sogleich bei der Einweihung bis nach
Tempe gehen ließ. Denn das Hüttchen, das hier auf der Tenne aufgestellt
wird nach Ablauf von neun Jahren, ist nicht ein höhlenartiges Lager der
großen Schlange, sondern eine Nachahmung von einer Behausung eines
Tyrannen oder Königs. Und der Hinweg im Schweigen auf sie zu auf dem
b sogenannten Weg des Dolon, auf dem die Äoladen den Jungen, der noch
beide Eltern hat, mit brennenden Fackeln führen, und, nachdem sie das
Feuer an das Hüttchen gelegt und den Tisch umgestoßen haben, ohne
sich umzudrehen, durch die Türen des Heiligtums fliehen; und schließlich
die Irrfahrten und die Knechtschaft des Kindes und die Reinigungen, die

in Tempe stattfinden – all diese Dinge haben den Verdacht irgendeines großen schweren Verbrechens und Wagnisses. Denn es ist völlig lächerlich, mein Freund, daß Apollon, nachdem er ein wildes Tier getötet hat, an die Grenzen Griechenlands fliehen sollte, weil er der Reinigung bedürfte, sodann dort irgendwelche Trankopfer ausschütten und tun, was Menschen tun, wenn sie Zornesausbrüche von Dämonen beschwichtigen und besänftigen, die sie Rächer und Sühner nennen, wie solche, die gegen c
Erinnerungen an irgendwelche unvergessenen und alten Befleckungen ausrücken. Die Erzählung über diese Flucht und Verbannung aber, die ich schon gehört habe, ist reichlich sonderbar und widersinnig; sollte sie aber einen Funken Wahrheit enthalten, so wollen wir nicht glauben, daß das, was in jenen Zeiten um das Orakel herum getan wurde, gering oder gemein sei. Aber damit ich nicht nach dem Wort des Empedokles zu handeln scheine, nämlich,

indem ich die Anfänge der einen Mythen mit anderen verknüpfe,
keinen einzigen Pfad zu Ende zu gehen,

laßt mich den ersten Dingen das entsprechende Ende hinzufügen; wir sind nämlich schon zu ihm gelangt. Und es soll gewagt sein, daß nach vielen auch von uns gesagt wird, daß zusammen mit den für die Wahrsage- und Orakelstätten eingesetzten Daimonioi, wenn sie sie völlig verlassen, auch d
diese selbst nachlassen und, wenn sie fliehen oder anderswohin gehen, die Kraft verlieren, sodann, wenn sie nach langer Zeit wiederkehren, wie Instrumente tönen, weil diejenigen, welche sie benutzen, vorstehen und anwesend sind."

Socr 20-24

20. [Rahmen] Sie aber waren schon weit in einer nicht unbedeutenden 588b
Untersuchung fortgeschritten, mit der sich vielmehr wenig vorher die um Galaxidoros und Pheidolaos befaßt hatten, indem sie sich in Verlegenheit darüber zeigten, welchen Wesens und Vermögens wohl das sogenannte c
Daimonion des Sokrates sei. *[1.Se.]* Was nun Simmias der Rede des Galaxidoros entgegnete, haben wir zwar nicht gehört; er selbst habe aber, sagte er, als er einmal Sokrates nach diesen Dingen fragte, keine Antwort erhalten, weswegen der auch nicht wieder gefragt habe, oftmals aber sei er bei ihm gewesen, wenn er einerseits diejenigen, welche durch Sehen irgendeinem Göttlichen begegnet zu sein behaupteten, für Aufschneider hielt, andererseits denjenigen, die irgendeine Stimme gehört zu haben behaupteten, seine Aufmerksamkeit widmete und sie eifrig ausfragte. „Daher kam uns, als wir die Frage untereinander erwogen, die Vermutung in den Sinn, daß das Daimonion des Sokrates wohl kein Sehen, sondern irgendeiner Stimme d
Wahrnehmung oder eines Gedankens Denken sei, der auf irgendeine ungewöhnliche Weise zu ihm gelangt, wie es auch im Schlaf keine Stimme gibt,

man aber, wenn man Vorstellungen und Gedanken faßt, meint, irgendwelche
Worte verlauten zu hören. Aber den einen wird wirklich nur im Traum das
derartige Bewußtsein zuteil aufgrund der Ruhe und Stille des Leibes, immer
wenn sie schlafen, hören sie besser, im Wachen aber haben sie kaum hörend
die Seele die Höheren, und, erstickt durch den Lärm der Leidenschaften
und den Umtrieb der Bedürfnisse, vermögen sie nicht, hinzuhören und die
Aufmerksamkeit den Dingen zu widmen, die kundgetan werden. Da Sokrates
aber ein reiner und leidenschaftsloser Geist zu eigen war, der mit dem Leib
wenig und nur um der nötigen Dinge willen sich vermischt hatte, war er
e leicht empfänglich, sich unter dem, was ihm zufiel, schnell zu verändern; *[1.
Thema]* was ihm aber zufiel, darf man nicht für einen Laut, sondern nur für
ein Wort eines Dämons ohne Stimme halten, das nur mittels des Kundgetanen
selbst den Denkenden anrührt. *[1. Arg.]* Die Stimme gleicht nämlich einem
Schlag auf die Seele, die durch die Ohren gezwungenermaßen das Wort in
sich aufnimmt, wenn wir miteinander verkehren; der Geist des Höheren
aber leitet die gut veranlagte Seele, indem er sie durch das Gedachte anrührt,
weil sie gar keinen Schlag braucht, sie aber gibt sich in ihn hinein, der die
Triebe erschlaffen läßt und anspannt, die nicht gezwungen sind durch wider-
f strebende Leidenschaften, sondern gewandt und weich wie locker gelassene
Zügel. Man braucht sich aber nicht zu wundern, wenn man sieht: zum einen
dies: von kleinen Steuerrudern bewirkte Wendungen großer Lastschiffe, zum
andern dies: eine Umdrehung von Töpferscheiben, die aufgrund einer spitzen
Berührung der Hand gleichmäßig herumlaufen. Denn obzwar seelenlos,
sind sie gleichwohl ihren Bestimmungen nach laufend aufgrund ihrer Glätte
und geben sich, sobald ein Anstoß erfolgt, ins Bewegen hinein, die Seele
des Menschen aber, die von unzähligen Trieben wie mit Seilen gespannt ist,
ist bei weitem von allen Werkzeugen am wendigsten, wenn sie jemand in
der Vernunft berührt, sich, nachdem sie den Anstoß empfangen hat, sich
598a zum Gedachten hin zu bewegen. *[2. Arg.]* Hierhin nämlich, ins Denken,
spannen sich die Ursprünge der Leidenschaften und Triebe, wenn dieses
aber erschüttert wird, so werden sie gezogen und ziehen und spannen den
Menschen. Dadurch gibt das Gedachte auch am klarsten zu erkennen, eine
wie große Kraft es hat: Knochen sind nämlich unempfindlich und Nerven
und Fleisch von Feuchtigkeiten erfüllt, und schwer ruht die Masse, die aus
diesen besteht, und liegt da; sobald aber die Seele im Geist etwas bewegt
und das Streben darauf richtet, steht sie ganz auf und zieht sich in all ihren
Teilen zusammen und stürzt wie beflügelt zur Ausführung. Wenn aber auch
die Art und Weise der Bewegung und Spannung und Anordnung schwierig
b oder vollkommen unmöglich ist, genau gesehen zu werden, auf welche die
Seele, wenn sie einen Gedanken gefaßt hat, durch die Strebungen die Masse
nach sich zieht, so bewegt sie dennoch ein im Innern, freilich ohne Stimme,
gedachtes Wort mühelos; auf diese Weise dürften wir, wie ich meine, nicht
schwer zu überzeugen sein, daß von einem größeren Geist ein Geist und
eine Seele von einer göttlicheren Seele wohl geleitet wird, indem sie sie von

außen her anrührt, eine Berührung, welche natürlicherweise eine Vernunft mit einer Vernunft hat so wie Licht mit seinem Widerschein. *[3. Arg.]* Denn in der Tat erkennen wir die Gedanken voneinander nur so, als ob wir im Dunkeln mittels der Stimme tasteten; da diejenigen der Dämonen aber Licht haben, leuchten sie den Daimonia, wozu sie keiner Reden und keiner Begriffe bedürfen, durch deren gegenseitige Verwendung als Symbole die Menschen c
Umrisse der Gedanken und Bilder sehen, sie selbst aber nicht kennen, außer bei welchen noch ein gewisses eigentümliches und dämonisches, wie man sagt, Licht hinzukommt. *[2. Thema]* Gleichwohl gibt es das, was um die Stimme herum geschieht, mit der es die Ungläubigen überzeugt; *[1. Arg.]* denn die Luft bringt, wenn sie durch gegliederte Laute geprägt und durch und durch Wort und Stimme geworden ist, bis zur Seele des Hörers den Gedanken. Man braucht sich also nicht zu wundern, wenn auch gemäß dem Gedachten selbst von den Besseren die Luft gedreht wird aufgrund ihrer Empfänglichkeit und den göttlichen und hervorragenden Menschen das Wort des Denkenden einprägt. *[2. Arg.]* Wie nämlich die Schläge der Bergleute d
durch eherne Schilde eingefangen werden wegen des Widerhalls, wenn sie aus der Tiefe heraufsteigen und dagegen prallen, durch die anderen aber verborgen und unbemerkt hindurchlaufen, so laufen auch die Worte der Dämonen zwar durch alle hindurch, klingen aber nur in denen an, welche still den Charakter und ruhig die Seele haben und die wir deshalb auch heilige und dämonische Menschen nennen. Die meisten aber glauben, daß das Daimonion nur schlafenden Menschen göttliches Ansehen gebe, wenn sie aber Wachende und Aufrechte im Denken ähnlich bewegen, halten sie es für wunderbar und unglaublich; so als ob jemand meinte, der Musiker spiele auf der entspannten Lyra, immer wenn sie aber zusammentrete aufgrund der Spannungen oder gestimmt sei, berühre er sie nicht und gebrauche sie nicht. *[3. Arg.]* Die Ursache sehen sie nämlich nicht, die Unstimmigkeit und e
Zerrüttung in sich, von der unser Freund Sokrates frei war, wie das Orakel, das, als er noch ein Kind war, seinem Vater gegeben worden war, vorhergesagt hatte: Ihn nämlich tun zu lassen, befahl es, was immer ihm in den Sinn käme, und nicht zu etwas zu zwingen und nicht von etwas abzuhalten, sondern dem Trieb des Kindes freien Lauf zu lassen, wobei er nur für es zu Zeus Agoraios und den Musen beten solle, im übrigen aber nicht viel Aufhebens um Sokrates zu machen, weil er doch wahrlich einen stärkeren f
Führer zum Leben in sich habe als unzählige Lehrer und Erzieher.

21. [2. Se.] Uns wenigstens, oh Pheidolaos, kam in den Sinn, sowohl als Sokrates lebte als auch nachdem er gestorben war, so über das Daimonion zu denken, während wir diejenigen, die von Vorbedeutungen oder Niesen oder etwas Derartigem erzählen, verachteten; was wir aber Timarchos von Chaironeia darüber haben vortragen hören, weiß ich nicht, ob es nicht besser ist zu verschweigen, weil es Mythen und Dichtungen ähnlicher ist als vernünftigen Reden." „Keineswegs", entgegnete Theokritos, „sondern

geh es durch! Denn wenn auch nicht allzu genau, so gibt es doch etwas,
590a wodurch auch das Mythische an die Wahrheit rührt. *[3. Se.]* Zuvor aber
sag, wer dieser Timarchos war; ich kenne den Menschen nämlich nicht."
„Kein Wunder, Theokritos", antwortete Siminias. „Denn als er noch sehr
jung war, endigte er sein Leben und hatte Sokrates gebeten, neben Lam-
prokleas, dem Sohn des Sokrates, bestattet zu werden, der wenige Tage
vor ihm gestorben und sein Freund und Altersgenosse gewesen war. *[4.
Se.]* Dieser stieg nun, da er das Daimonion des Sokrates kennenzulernen
begehrte, welche Kraft es hätte, – hatte der nicht unedle junge Mann doch
gerade von Philosophie gekostet –, nachdem er mich und Kebes allein ein-
b geweiht und die vorgeschriebenen Dinge um das Orakel herum ausgeführt
hatte, in die Höhle des Trophonios hinab. Als er aber zwei Nächte und
einen Tag unten geblieben war, die meisten ihn schon aufgegeben hatten
und seine Verwandten trauerten, stieg er frühmorgens strahlend herauf.
Er warf sich aber vor dem Gott nieder und erzählte uns, sowie er erst
einmal der Menge entronnen war, ausführlich, daß er viele wunderbare
Dinge sowohl gesehen als auch gehört habe.

22. *[Mythos]* Er erzählte aber, daß er sich, nachdem er in das Orakel hin-
abgestiegen war, *[1. Sz., 1. Se.]* zunächst von tiefer Finsternis umgeben
fand, sodann, nachdem er gebetet hatte, lange Zeit dalag, ohne wirklich
leibhaftig zu merken, ob er wachte oder träumte, nur daß es ihm schien,
er habe, nachdem er unter Lärm einen Schlag auf den Kopf erhalten hatte
und die Nähte aufgesprungen waren, die Seele losgelassen. Als sie sich aber
entfernt und mit durchscheinender und reiner Luft freudig vermischt hat-
c te, da schien es ihm, sie habe zuerst lange Zeit hindurch aufgeatmet, indem
sie sich eine Zeitlang streckte, und sei größer geworden als vorher, wie ein
Segel, das sich ausbreitet, dann meinte er schwach ein Schwirren über
seinem Kopf herumziehen zu hören, das einen angenehmen Klang aussand-
te. *[2. Se.]* Aufblickend aber habe er die Erde nirgends gesehen, Inseln aber,
die in sanftem Licht geleuchtet hätten und untereinander jeweils eine ande-
re Farbe zu einer anderen Zeit getauscht hätten wie einen Anstrich, während
zugleich das Licht bunt geworden sei mit den Veränderungen. Sie seien ihm
aber der Menge nach unzählbar, der Größe nach aber übermäßig erschie-
nen, aber nicht alle gleich, sondern ähnlich rund. Er meinte aber, daß
dadurch, daß diese sich im Kreis bewegten, der Äther in hellen Tönen
d schwirrte. Es sei nämlich in Übereinstimmung mit der Glätte der Bewegung
die Sanftmut jenes Klanges, der aus allen zusammengestimmt sei. Durch
sie mitten hindurch sei aber ein Meer oder ein See daruntergegossen gewe-
sen, das in den Farben durchschimmerte, die durch die Bläue hindurch
hinzugemischt wurden. Und von den Inseln seien einige bei einer Furt
hinausgeschwommen und bis zur anderen Seite des Stromes hindurchge-
schritten, viele andere aber seien mitgerissen worden, wie auch das Meer
fast mitfortgetragen worden sei. Es sei aber gewesen: vom Meer an einigen

Stellen eine große Tiefe, vor allem im Süden, an anderen Stellen aber seich-
te und kleine Untiefen, an vielen Stellen aber sei es auch übergelaufen und
habe sich wieder zurückgezogen, wobei es keine großen Auswürfe nahm; e
und von der Farbe her die eine unvermischt und wie auf offener See, die
andere nicht rein, sondern zusammengegossen und sumpfartig. Wann immer
sich aber die Inseln über die Wellen erhoben, kehrten sie zurück; freilich
schickten sie sich nicht zum selben Ende wie am Anfang und beschrieben
keinen Kreis, sondern setzten gemächlich eine Schicht über die andere,
indem sie so eine einzige Spirale beschrieben im Sichherumdrehen. Von
diesen aber neigte sich das Meer meist der mittleren und größten der Atmo-
sphäre um ein bißchen weniger als ein Achtel zu, wie es ihm schien; es f
hatte aber zwei Mündungen, die entgegengesetzte Ströme von Feuer hin-
einwarfen und aufnahmen, so daß die zurückgedrängte Bläue über weite-
ste Strecken aufschäumte und sich in Weiß verwandelte. Diese Dinge also
habe er gesehen, wobei er sich über das Schauspiel freute; *[3. Se.]* blickte
er aber nach unten hin, so erschien ihm ein großer, runder Erdschlund, wie
wenn eine Kugel aufgeschnitten worden wäre, schrecklich furchtbar aber
und tief, von tiefer Finsternis voll, die nicht ruhte, sondern vielfach aufge-
rührt und aufgewühlt wurde; von dorther hörte er unzählige Heuler und
Seufzer von Lebewesen, von unzähligen kleinen Kindern aber Wehklagen
und vermischte Wehklagen von Männern und Frauen, allerlei Geräusche 591a
aber und Lärmereien, die aus der Tiefe von weither undeutlich heraufge-
sandt wurden, über die er nicht wenig erschrocken sei. *[2. Sz., 1. Se.]*
Nachdem aber einige Zeit vergangen gewesen sei, habe jemand, den er
nicht sah, zu ihm gesagt: ‚Timarchos, was begehrst du zu erfahren?‘ Geant-
wortet habe er aber: ‚Alles, denn was ist nicht wunderlich?‘ *[2. Se.]* Er habe
erwidert: ‚Aber wir haben mit denen da oben wenig gemeinsam; denn
anderer Götter sind jene Dinge; den Anteil der Persephone aber, den wir
durchschreiten, der von Vieren einer ist, wie die Styx ihn abgrenzt, kannst
du, wenn du willst, sehen.‘ Als er aber gefragt habe, wer die Styx sei, habe
er geantwortet: ‚Der Weg in den Hades, und er kommt vor aus verschie-
denen Richtungen, indem er am Kopfende das Licht trennt; indem er sich
aber, wie du siehst, von unten aus dem Hades emporstreckt und bis zu dem
Punkt herumläuft, an dem er das Licht berührt, grenzt er den äußersten b
Teil des Alls ab. Vier aber sind die Ursprünge von allen Dingen, des Lebens
der erste, der Bewegung aber der zweite, der Entstehung aber der dritte,
des Vergehens aber der letzte; es verbindet aber mit dem zweiten den ersten
die Monade im Unsichtbaren, den zweiten aber mit dem dritten der Nous
im Bereich der Sonne, den dritten aber mit dem vierten die Natur im Bereich
des Mondes. Bei den Verbindungen aber, bei jeder, sitzt eine schlüsseltra-
gende Moira, eine Tochter von Ananke, bei der ersten Atropos, bei der
zweiten aber Klotho, bei der zum Mond hin aber Lachesis, um die herum c
die Biegung des Entstehens ist. Denn die anderen Inseln haben zwar Götter;
der Mond aber, weil er irdischen Dämonen gehört, flieht die Styx, wobei

er wenig über ihr hinläuft, wird aber einmal in 177 zweiten Zeitmaßen
ergriffen. Und wenn die Styx sich naht, schreien die Seelen erschrocken;
denn viele raubt, wenn sie erst herumgeglitten sind, der Hades weg, ande-
re aber nimmt der Mond, nachdem sie auf ihn zugeschwommen sind, von
unten wieder bei sich auf, nämlich denen zur rechten Zeit das Ende des
Entstehens zufiel, außer wieviele befleckt und unrein sind; diese aber läßt
er sich nicht nähern, indem er Blitze schleudert und furchtbar brüllt, son-
dern ihr Geschick beklagend und herabfallend begeben sie sich wieder nach
d unten zu einem neuen Entstehen, wie du siehst.' *[3. Se., I]* ,Aber ich sehe
nichts', habe Timarchos entgegnet, ,als viele Sterne, die um den Abgrund
herumhüpfen, von denen aber einige in ihm versinken, andere aber sich
wieder von unten heraufschwingen.' *[II]* ,Die Dämonen selber also', habe
er erwidert, ,verkennst du, obwohl du sie siehst. *[III]* Es verhält sich näm-
lich so: Jede Seele erhielt Anteil am Geist, unvernünftig aber und geistlos
ist keine, aber wieviel von ihr Fleisch und Leidenschaften beigemischt wird,
verändert sich und wendet sich Freuden und Schmerzen entsprechend ins
Unvernünftige. *[IV]* Es vermischt sich aber nicht jede auf dieselbe Art und
Weise, sondern die einen versinken ganz in einen Leib und werden, durch
und durch zerrüttet, ganz und gar von Leidenschaften umhergetrieben das
e Leben lang, die anderen vermischen sich an einigen Stellen, an anderen
Stellen halten sie das Reinste heraus, so daß es nicht hineingezogen wird,
sondern gleichsam oben schwimmt und nur den Kopf des Menschen berührt
wie von etwas in Meerestiefe Versunkenem der Schwimmer, wobei die
Seele sich um es herum aufrichtet, indem es sie aufrecht hält, sofern sie
gehorcht und nicht von den Leidenschaften beherrscht wird. *[V]* Das in
den Leib Eingetauchte nun, das ihn bewegt, wird Seele genannt; was aber
vom Vergehen übriggelassen wird, nennen die meisten Geist und glauben,
daß es in ihnen sei, wie in den Spiegeln die Erscheinungen dem Widerschein
nach; die aber recht vermuten, sprechen sie als außerhalb befindliche
Dämonen an. *[VI]* In den Sternen nun, die zu erlöschen scheinen, oh
f Timarchos', sagte er, ,glaube, die ganzen Seelen zu erblicken, die in einen
Leib versinken, in denen aber, die gleichsam wieder aufleuchten und sich
von unten wieder zeigen, indem sie Dunkel und Finsternis wie Schmutz
von sich abschütteln, diejenigen, die aus den Leibern nach oben schwimmen
nach dem Tod; die aber nach oben durchlaufen, sind die Dämonen der
Menschen, von denen man sagt, daß sie einen Geist haben. Versuche aber
auch, genau zu sehen eines jeden Verbindung, wodurch er mit der Seele
verbunden ist!' *[4. Se., VII]* Als er dies gehört habe, habe er ganz genau
592a aufgepaßt und von den Sternen schaukeln sehen die einen weniger, die
anderen mehr, wie wir die Korken, welche die Netze im Meer anzeigen,
schwanken sehen; einige aber eine den Spindeln, die besponnen werden,
ähnliche verworrene und unebene Spiralbahn ziehen, weil sie die Bewegung
nicht in gerader Richtung zustande bringen konnten. *[VIII]* Die Stimme
habe aber gesagt, daß diejenigen, die eine gerade und geordnete Bewegung

hätten, sich solcher Seelen bedienten, die aufgrund ihrer städtischen Erziehung und Bildung gut lenkbar seien und die das Unvernünftige nicht allzu spröde und roh darböten; daß diejenigen aber, die sich vielfach nach oben und nach unten uneben und verworren wandten, als ob sie an einer Fessel b
zerrten, gegen das Joch von solchen Charakteren ankämpften, die aufgrund ihrer Unbildung unfolgsam und ungezogen seien, wobei sie ihrer bald Herr würden und sie auf den rechten Weg führten, bald aber auch von den Leidenschaften davon abgebracht und in die Verfehlungen mit hineingezogen würden, dann von neuem widerstrebten und sie bezwängen. Das Band bewirke nämlich wie ein Zaum, der dem Unvernünftigen der Seele angelegt ist, immer wenn er ihn zurückziehe, die sogenannte Reue über die Verfehlungen und die Scham über die Lustbarkeiten, sofern sie gesetzwidrig und unbeherrscht waren, sei sie doch ein Schmerz und ein Schlag von hier aus c
für die Seele, die vom Herrschenden und Machthabenden in Zaum gehalten werde, bis sie, so bestraft, den Zügeln gehorsam werde und zutraulich wie ein zahmes Haustier, so daß sie ohne Schlag und Schmerz unter Winken und Zeichen scharf etwas von dem Dämon wahrnehme. Diese nun werden erst spät einmal und langsam zur Pflicht geführt und gebracht. *[IX]* Von jenen aber, die von Ursprung und Entstehung an sofort leicht lenkbar und dem eigenen Dämon gehorsam sind, stammt auch das weissagende und die Götter anrufende Geschlecht; von diesen hast du sicherlich schon von der Seele des Hermotimos von Klazomenai gehört, wie sie, indem sie den Körper ganz und gar verließ, Tag und Nacht vielerorts umherschweif- d
te, dann, nachdem sie viele von den Dingen, die weit weg gesagt und getan wurden, angetroffen hatte und bei ihnen zugegen gewesen war, wieder zurückkehrte, bis zu dem Tag, an dem die Feinde den Leib, nachdem die Frau ihn verraten hatte, nahmen und ihn, der von der Seele verlassen war, zu Hause verbrannten. Dies ist nun freilich nicht wahr; die Seele verließ den Leib nämlich nicht, indem sie dem Dämon aber stets nachgab und das Band lockerte, erlaubte sie Umherlaufen und Umherwandern, so daß er viele Dinge von draußen sah und hörte und nach innen meldete. Die aber den Leib des Schlafenden vernichteten, verbüßen bis jetzt ihre Strafe im e
Tartaros. Dies aber‘, habe er gesagt, ‚wirst du noch genauer wissen, oh Jüngling, in drei Monaten; jetzt aber geh weg!‘ Nachdem aber die Stimme aufgehört hatte, sagte Timarchos, habe er, indem er sich umgedreht habe, sehen wollen, wer der Redende sei; da er aber wieder einen heftigen Schmerz am Kopf empfunden habe, so als ob er mit Gewalt zusammengedrückt werde, habe er nichts mehr erkannt noch wahrgenommen von den Dingen um ihn, habe sich dann aber wenig später, als er wieder zu sich gekommen war, in der Höhle des Trophonios beim Eingang liegen sehen, wo er sich anfangs niedergelegt hatte.

23. [Rahmen] Dies ist nun der Mythos des Timarchos. Nachdem er aber, als er nach Athen gekommen war, im dritten Monat der ergangenen Stimme

f gemäß gestorben war, wir aber alles Sokrates verwundert erzählten, da schalt uns Sokrates, weil wir es nicht, als Timarchos noch lebte, erzählt hatten; er hätte es nämlich gerne von jenem selbst erfahren und ihn noch genauer befragt. Da hast du, oh Theokritos, mit dem Logos auch den Mythos, aber sieh zu, ob wir nicht auch den Fremden zur Untersuchung hinzuziehen müssen; denn sie ist göttlichen Männern gänzlich eigen und angemessen." „Was aber?", sagte er. „Steuert Epameinondas keine Meinung bei, hebt er doch von denselben Dingen an wie wir?" Und mein Vater meinte lächelnd: „Derart, oh Fremder, ist der Charakter von diesem, schweigsam und mit den Worten behutsam, unersättlich aber im Lernen und Zuhören. Deshalb sagt auch Spintharos aus Tarent, der nicht wenig Zeit hier mit ihm verbracht
593a hat, doch wohl stets, daß er keinen irgendwo von den Menschen seiner Zeit getroffen habe, der mehr wußte und zugleich weniger verlauten ließ. Du also, was du selbst denkst, geh durch über das Gesagte!"

24. „Ich also", sagte er, „sage, daß die Rede des Timarchos als heilig und unantastbar dem Gott gewidmet sein soll. Ich frage mich aber, ob den Dingen, die von Simmias selbst gesagt werden, manche nur schwerlich glauben werden, indem sie nämlich Schwäne zwar heilig nennen und Schlangen und Hunde und Pferde, daß Menschen aber göttlich seien und gottgeliebt, nicht glauben, und das, obwohl sie den Gott nicht für einen Vogelfreund, sondern für einen Menschenfreund halten. *[Tier]* Wie nun
b ein Pferdeliebhaber sich nicht um alle von denen unter derselben Gattung in gleicher Weise bemüht, sondern stets irgendein bestes herausnimmt und absondert und für sich trainiert und pflegt und besonders liebt, so würdigen auch von uns die über uns die Besten, nachdem sie sie gleichsam aus der Herde gebrandmarkt haben, einer eigenen und herausgehobenen Erziehung, indem sie nicht mit Zügel noch Peitschenhieben, sondern in der Vernunft durch Zeichen lenken, zu denen sich die meisten und zur Herde Gehörigen ganz und gar unerfahren verhalten. Denn nicht einmal die meisten Hunde verstehen die zur Jagd gehörigen Zeichen noch auch die meisten Pferde die zum Reiten gehörigen, sondern nur die es gelernt haben, nehmen sofort beim erstbesten Pfeifen oder Schnalzen das Ange-
c ordnete wahr und schreiten leicht zum Nötigen. *[Mensch]* Es scheint aber auch Homer den Unterschied, den wir benennen, zu kennen; denn von den Wahrsagern nennt er einige Vogelschauer und Priester, von anderen aber glaubt er, daß sie die Zukunft voraussagen, weil sie, wenn die Götter selbst sich unterreden, es erfassen und verstehen; über sie sagt er:

> Helenos aber, geliebter Sohn des Priamos, vernahm im Gemüt
> den Plan, der den beiden beratenden Göttern gefiel.

Und:

> Also vernahm ich die Stimme der unsterblichen Götter.

Wie nämlich das Vorhaben der Könige und der Heerführer die Außenstehenden wahrnehmen und erkennen durch irgendwelche Feuerzeichen

und Botschaften und aufgrund des Schalls von Trompeten, den Getreuen
und Vertrauten sie es aber selber sagen, so begegnet das Göttliche weni-
gen durch sich selbst und nur selten, den meisten aber gibt es Zeichen, d
aus welchen die sogenannte Wahrsagerei besteht. Die Götter nun ordnen
nämlich nur weniger Menschen Leben, die sie zuhöchst glücklich und
wahrhaft göttlich machen wollen; die vom Entstehen erlösten und für-
derhin nicht mehr mit dem Körper beschäftigten Seelen aber, gleichsam
frei und ganz und gar losgelassen, sind nach Hesiod Dämonen, welche
sich um Menschen kümmern. *[Athlet]* Wie nämlich Athleten, welche das
Training aufgrund des Alters aufgegeben haben, das Ehrgeizige und Kör-
perliebende nicht völlig verläßt, sondern sie sich freuen, wenn sie andere
trainieren sehen, und sie ermutigen und nebenher mitlaufen, so mißachten e
auch diejenigen, welche die Kämpfe um das Leben hinter sich gebracht
haben und aufgrund der Tugend ihrer Seele Dämonen geworden sind, nicht
völlig die hiesigen Handlungen und Reden und Anstrengungen, sondern
weil sie denjenigen, die auf dasselbe Ziel hin trainieren, wohlgesonnen
sind und sie ehrgeizig mitunterstützen, feuern sie sie zur Bestleistung
an und treiben sie mit an, wenn sie sie schon nahe dem erhofften Ziel
kämpfen und es berühren sehen. Denn nicht den ersten besten hilft das
Daimonion, sondern so wie bei Schwimmenden im Meer diejenigen, die
an Land stehen, die einen, die sich noch auf offener See und weit vom f
Land entfernt bewegen, nur in Ruhe beobachten, die anderen aber, die
schon nahe sind, retten, indem sie zu ihnen hinlaufen und hineingehen
und zugleich sowohl mit der Hand als auch durch Zuruf helfen, so, meine
Freunde, ist auch die Art des Daimonions: Es läßt uns nämlich, solange
wir von den Geschäften untergetaucht werden und viele Leiber wie Wagen
wechseln, selbst kämpfen und beharrlich durch die eigene Tugend versu-
chen, uns zu retten und zum Hafen zu gelangen; welche Seele aber auch
immer schon durch unzählige Entstehungen hindurch große Kämpfe gut 594a
und mutig gekämpft hat und, wenn sie den Kreislauf gänzlich vollendet,
gefährdet und ehrgeizig um das Heraustreten bemüht unter viel Schweiß
zu denen nach oben zu läuft, dieser mißgönnt es der Gott nicht, daß ihr
eigener Dämon ihr zu Hilfe eilt, sondern er überläßt es dem, der sich
bemüht. Es bemüht sich aber der eine diese, der andere jene zu retten,
indem er sie anfeuert, sie aber hört ihn, weil sie näherkommt, und wird
gerettet, wenn sie aber nicht gehorcht, verläßt sie der Dämon, und sie
kommt nicht glücklich davon."

Fac 26-30

26. *[Exposition]* Als ich aber fast noch redete, unterbrach mich Sulla und 940f
sprach: „Halt ein, oh Lamprias, und verschließe die Pforte deiner Rede,
damit du nicht unter der Hand den Mythos gleichsam an Land stranden 941a

läßt und mein Drama, das eine andere Bühne und Anlage hat, durchein-
anderbringst. Nun bin ich nur ein Darsteller, zuerst aber will ich sagen,
daß uns sein Dichter, wenn nichts dagegen spricht, mit Homer beginnt:

Ogygia, irgendeine Insel, liegt weit draußen im Meer,

eine Fahrt von fünf Tagen von Britannien entfernt, wenn man nach Westen
segelt. Drei weitere aber liegen, gleich weit von jener und voneinander
entfernt, davor, am nächsten beim sommerlichen Untergang der Sonne,
von denen die Barbaren in einem Mythos erzählen, daß auf einer Kronos
von Zeus eingesperrt worden sei, der uralte Briareos aber, der Wache halte
über jene Inseln und das Meer, welches sie Kronosmeer nennen, bei ihm
b angesiedelt worden sei. Das große Festland aber, von dem das große Meer
rings umgeben ist, sei von den übrigen zwar weniger, von Ogygia aber um
die 5000 Stadien entfernt demjenigen, der mit Ruderbooten dahin gelangt;
langsam befahrbar nämlich und schlammig der Menge von Strömungen
wegen sei das Meer. Die Ströme aber entsende das große Land, und es
entstünden Anschwemmungen von ihnen, und schwer und erdig sei das
Meer, woher man auch die Meinung hat, es sei gefroren. Vom Festland
aber die Gegenden beim Meer bewohnten Griechen rings um einen Meer-
busen, nicht kleiner als der maiotische, dessen Mündung der Mündung
c des Kaspischen Meeres gerade gegenüber liege; jene nennten und hielten
sich selbst aber für Festlandbewohner, für Inselbewohner aber diejenigen,
welche dies Land hier bewohnen, weil es rings auch umflossen sei vom
Meer. Sie glaubten aber, daß dadurch, daß zu den Leuten des Kronos
sich später diejenigen vermischten, die mit Herakles hingekommen und
übriggeblieben waren, das Griechische, das dort schon ausgelöscht und
beherrscht wurde von der Sprache, den Gesetzen und den Gewohnheiten
der Barbaren, gleichsam wieder aufgelebt sei und wieder stark und zahl-
reich geworden sei. Daher habe die ersten Ehren Herakles, die zweiten
aber Kronos. Immer wenn nun der Stern des Kronos, den wir zwar Phai-
non nennen, jene aber, wie er sagte, Nyktouros, nach Ablauf von dreißig
Jahren in den Stier eintritt, schickten sie, nachdem sie mit viel Zeitauf-
wand die Dinge für das Opfer und die Ausfahrt vorbereitet hätten, eine
d hinreichende Zahl von Festgesandten, die sie per Los bestimmt haben, in
ebensovielen Schiffen aus, welche viel Ausrüstung und den notwendigen
Proviant einpackten für solche, die ein so großes Meer mit Ruderbooten
befahren und lange Zeit in der Fremde leben wollten. Wären sie nun
in See gestochen, so träfe erwartungsgemäß die einen dies, die anderen
jenes Geschick. Die sich aber aus dem Meer gerettet hätten, legten zuerst
auf den vorgelagerten und von Griechen bewohnten Inseln an und sähen
die Sonne für weniger als eine Stunde verschwinden über dreißig Tage
hinweg; und dies sei die Nacht, die nur eine leichte Finsternis habe und
eine von Sonnenuntergang her erleuchtete Dämmerung. Nachdem sie
dort aber neunzig Tage verbracht hätten, in denen sie mit Ehrerbietung
e und Freundlichkeit für heilig gehalten und angesprochen worden seien,

setzten sie bei günstigen Winden dorthin über, wohin sie sollten. Und keine anderen wohnten dort als sie selbst und die vor ihnen Abgesandten. Es sei nämlich erlaubt, daß diejenigen, die dem Gott dreißig Jahre mit gedient hätten, nach Hause absegelten, es wählten aber verständlicherweise die meisten, daselbst wohnen zu bleiben, die einen aus Gewohnheit, die anderen, weil ohne Mühe und Anstrengungen alles reichlich vorhanden ist für solche, die bei Opfern und Festen oder mit irgendwelchen Reden und Philosophie stets ihre Zeit verbringen. Wunderbar sei nämlich der Insel f
Natur und die Milde der umgebenden Luft. Einigen aber, die wegzufahren gedacht hätten, sei auch das Göttliche in den Weg getreten, wobei es sich wie Bekannten und Freunden gezeigt habe nicht nur im Traum und nicht durch Zeichen, sondern auch offenbar seien viele Erscheinungen und Stimmen von Dämonen begegnet. Kronos selbst sei nämlich in einer tiefen Höhle umgeben von goldglänzendem Fels und schlafe. Der Schlaf sei ihm nämlich von Zeus als Fessel zugedacht worden; Vögel aber, die beim Kopfende des Felsens hereinflögen, brächten ihm Ambrosia, und die Insel sei ganz von Wohlgeruch erfüllt, der wie aus einer Quelle aus dem Felsen verströme. Jene Dämonen aber umgäben und bedienten Kronos, da sie 942a
ihm Genossen geworden seien, als er über Götter und Menschen als König geherrscht hatte, und viele Dinge sagten sie zwar von sich aus voraus, seien sie doch Wahrsager, die größten aber und über die größten Dinge verkündeten sie, niedersteigend, als Träume des Kronos. Wieviel nämlich Zeus vorausplane, das träume Kronos, es seien aber ein Anspannen die titanischen Affekte und Bewegungen der Seele, bis der Schlaf ihm wieder Erholung bringt und das Königliche und Göttliche selbst ihm selbst gemäß rein und unvermischt wird. Dorthin also gelangt, hat der Fremde, wie er b
sagte, dem Gott gedient und auf dem Gebiet der Astronomie, soweit es einem, der Geometrie treibt, am weitesten voranzuschreiten möglich ist, Erfahrung gesammelt, auf dem Gebiet der übrigen Philosophie sich aber mit Physik beschäftigt. Da er aber eine gewisse Begierde und Sehnsucht hatte, die große Insel mit eigenen Augen zu sehen (so nämlich, wie es scheint, nennen sie die bewohnte Welt bei uns), legte er, nachdem er die dreißig Jahre durchlaufen, die Nachfolger von zu Hause angekommen waren und er die Freunde begrüßt hatte, ab, im übrigen leicht gerüstet, viel Reisemittel aber in Form von goldenen Trinkgefäßen mit sich nehmend. Was er nun mitmachte und bei wie vielen Menschen er vorbeikam, wobei er heilige Schriften kennenlernte und in alle Mysterien eingeweiht wurde, das alles durchzugehen, ist nicht nur eines Tages Werk, da jener uns sehr c
viel erzählte, wobei er sich auch im einzelnen erinnerte, was aber zu der hier anstehenden Unterhaltung gehört, das sollt ihr hören. Die meiste Zeit verbrachte er nämlich in Karthago, weil ja bei uns Kronos in hohen Ehren steht, und entdeckte gewisse heilige Schriften, die, als die frühere Stadt zerstört wurde, heimlich in Sicherheit gebracht worden waren und versteckt lange Zeit in der Erde gelegen hatten. Und von den erscheinen-

den Göttern, so sagte er und ermahnte mich, müsse man besonders den Mond verehren, weil er der höchste Herr über Leben und Tod sei und von den Auen des Hades sich fernhält.

d *27. [1. Thema]* Als ich darüber staunte und Genaueres zu hören erbat, sagte er: ‚Viel, oh Sulla, wird bei den Griechen über die Götter gesagt, nicht alles aber richtig. So glauben sie, obwohl sie genau richtig Demeter und Kore benennen, nicht genauso richtig, daß beide auch in derselben Gegend seien; die eine ist nämlich auf der Erde und Herrin der irdischen Dinge, die andere auf dem Mond und der Dinge um den Mond. Kore und Persephone ist sie einerseits benannt, weil sie Lichtbringerin ist, Kore andererseits, weil wir auch vom Auge den Teil, in dem das Abbild dessen, der hineinblickt, widerscheint, wie das Licht der Sonne im Mond gese-
e hen wird, Pupille nennen. Was sodann über ihr Irren und Suchen erzählt wird, enthält rätselhaft das Wahre; denn sie verlangen nacheinander, da sie getrennt sind, und umarmen sich oftmals im Schattenbereich. Wenn aber von Kore gesagt wird, daß sie sich bald in Himmel und Licht, bald in Finsternis und Nacht aufhält, so ist dies zwar nicht falsch, hat aber bei der Zählung der Zeit für Verwirrung gesorgt. Denn nicht sechs Monate lang, sondern nach Ablauf von sechs Monaten sehen wir sie von der Erde wie von ihrer Mutter in ihren Schatten genommen, manchmal aber dies
f nach fünf Monaten erfahren, weil es ja unmöglich ist, daß sie den Hades verläßt, ist sie doch die Grenze des Hades, wie dies auch Homer, wenn auch verhüllt, nicht schlecht ausgedrückt hat:

Aber ins elysische Feld und zu den Grenzen der Erde.

Wo nämlich der zugeteilte Schatten der Erde endet, dies setzte er als Ende und Grenze der Erde. Dorthin steigt kein Böser und kein Unreiner auf, die Tüchtigen aber gelangen nach dem Tod ebendort hin und harren, während sie so ein leichtes Leben, doch freilich kein glückseliges und kein göttliches haben, bis zum zweiten Tod aus.‘“

943a *28. [2. Thema]* „Was für einer ist dieser aber, oh Sulla?“ „Frag mich nicht über diese Dinge. Ich will sie nämlich selbst ausführen. Den Menschen halten die meisten zwar richtigerweise für zusammengesetzt, für zusammengesetzt aus nur zwei Teilen aber unrichtigerweise. Denn sie glauben, daß der Geist irgendwie ein Teil der Seele sei, worin sie nicht weniger fehlgehen als jene, denen die Seele ein Teil des Körpers zu sein scheint. Der Geist ist nämlich um so viel besser und göttlicher als die Seele, wie die Seele besser und göttlicher ist als der Leib. Es schafft aber die Vermischung von Seele und Leib das Unvernünftige und Affizierbare, das Zusammenkommen von Geist und Seele aber die Vernunft, von denen das eine Ursprung von Freude und Leid, das andere aber von Tugend und Laster ist. Als diese drei aber zusammengefügt wurden, lieferte den Leib die Erde, die Seele aber der Mond, den Geist aber die Sonne für die Entstehung dem Menschen wie

dem Mond selber das Licht. Was aber den Tod anbelangt, den wir sterben,
so macht der eine aus dreien zwei den Menschen, der andere eines aus
zweien, und der eine ist auf der Erde der Demeter, weshalb ‚sterben‘ ‚das b
Leben ihr übergeben‘ genannt wird und die Athener in alter Zeit die Toten
Demetrianer nannten, der andere ist auf dem Mond der Persephone, und
Hausgenosse der einen ist der irdische Hermes, der anderen der himmlische.
Es löst aber diese schnell und mit Gewalt die Seele vom Leib, Persephone
aber sanft und in viel Zeit den Geist von der Seele, und deswegen ist er
einziggeboren genannt worden; einzig nämlich wird geboren das Beste des c
Menschen, wenn es durch sie abgetrennt wird. *[I]* Es geschieht aber auf
diese Weise der Natur gemäß beides: Durch das Schicksal ist es bestimmt,
daß jede Seele, geistlos und mit Geist, wenn sie aus dem Körper heraus-
gefallen ist, in dem Raum zwischen Erde und Mond umherirrt, *[II]* nicht
die gleiche Zeit, sondern die ungerechten und zügellosen büßen für ihre
unrechten Taten, die Tüchtigen aber müssen sich für eine gewisse festge-
setzte Zeit, so lange, bis sie entsühnt und ausgehaucht haben die Flecken
vom Körper her wie von einem üblen Duft, im Mildesten der Luft, das
man die Auen des Hades nennt, aufhalten. *[III]* Dann, gleichsam aus der
Fremde der Verbannung in die Heimat zurückgekehrt, genießen sie eine
Freude, welcherart sie die, die in Mysterien eingeweiht werden, am ehesten,
mit Lärm und Schrecken vermischt, mit froher Hoffnung haben. *[IV]* Viele
nämlich drängt er zurück und reißt sie fort, obwohl sie schon am Mond d
kleben, einige aber von denen, die auch schon dort sind, sieht man nach
unten herumgetrieben werden, als ob sie wieder in die Tiefe hinabtauchen.
Die aber oben angelangt sind und sich fest niedergelassen haben, laufen
als erstes wie solche, die den Sieg davontragen, umher, nachdem ihnen
Kränze von Federn, genannt: von Standhaftigkeit, aufgesetzt worden sind,
weil sie sich das Unvernünftige und Leidenschaftliche der Seele angemessen
gefügig durch die Vernunft und geordnet im Leben gemacht haben. Als
zweites erhalten sie, die einem Strahl dem Aussehen nach gleichen, Feuer
aber der Natur nach, die dort gleichsam emporgerichtet wird durch den
Äther um den Mond, auch Spannung von ihm und Kraft wie die Dinge,
die gehärtet werden, die Stählung. Das noch Schwache nämlich und Zer- e
streute erstarkt und wird beständig und durchscheinend, so daß es von dem
Aufdampfen, das es trifft, genährt wird, und schön hat Heraklit gesagt:
‚Die Seelen duften im Hades.‘

29. [1. Thema] Sie überblicken aber zunächst die Größe des Mondes selbst und seine Schönheit und seine Natur, die nicht einfach und nicht unvermischt, sondern wie die Mischung eines Sternes und der Erde ist; wie nämlich die Erde, mit Luft und Feuchtigkeit gemischt, weich geworden ist und das Blut dem Fleisch die Wahrnehmung beschert, wenn es in es hineingemischt ist, so heißt es, daß auch der Mond, weil er mit dem Äther bis in die Tiefe vermischt ist, nicht nur beseelt sei und fruchtbar,

f sondern auch gleichgewichtig hat die Ausgeglichenheit der Leichtigkeit zum Schweren. Und auf diese Weise sei nämlich die Welt selbst, weil sie aus den nach oben und den nach unten von Natur aus sich Bewegenden harmonisch zusammengefügt sei, ganz und gar von der Bewegung bezüglich eines Ortes befreit worden. Diese Dinge scheint auch Xenokrates in einem gewissermaßen göttlichen Gedanken erwogen zu haben, als er den Anfang von Platon genommen hatte. Platon nämlich ist es, der auch ausgesprochen hat, daß von den Sternen jeder aus Erde und Feuer zusammengesetzt sei dadurch, daß die beiden dazwischen liegenden Naturen im richtigen Verhältnis verbunden seien; nichts gelange nämlich in die Wahrnehmung, dem nicht irgendetwas von Erde und Licht beigemischt sei.
944a Xenokrates aber sagt, daß die Sterne und die Sonne aus Feuer und dem ersten Dichten zusammengesetzt seien, der Mond aber aus dem zweiten Dichten und der eigenen Luft, die Erde aber aus Wasser und Luft und dem Dritten der dichten Dinge; gänzlich aber sei weder das Dichte selbst für sich noch das Dünne so beschaffen, daß es eine Seele aufnehmen könne. Und diese Dinge über das Wesen des Mondes. Seine Breite und Größe aber ist nicht so groß, wie die Geometer sagen, sondern viel größer. Er vermißt den Schatten der Erde nur selten mit seinen eigenen Größen, nicht aufgrund seiner Kleinheit, sondern hitziger drängt er die Bewegung, damit er schnell durch den finsteren Ort hindurchgehe und die Seelen der Guten heraustrage, die drängen und schreien; sie hören nämlich, wenn sie in den Schatten geraten sind, nicht mehr die Harmonie um den Himmel herum.
b Zugleich aber nähern sich auch von unten die Seelen derer, die bestraft werden, zu der Zeit durch den Schatten hindurch, wobei sie klagen und schreien. Deshalb pflegen auch die meisten in den Finsternissen eherne Becken zu schlagen und Lärm zu machen und Getöse gegen die Seelen, es erschreckt aber diese auch das sogenannte Gesicht, wenn sie nahe kommen, weil es irgendwie furchtbar und schauerlich anzuschauen ist. Es ist aber nicht so, sondern wie die Erde bei uns tiefe und große Buchten hat,
c eine, die hier durch die Säulen des Herakles sich herein zu uns erstreckt, draußen aber das Kaspische Meer und die Buchten um den Indischen Ozean herum, so sind diese Vertiefungen des Mondes und Höhlungen. Sie nennen aber von ihnen die größte Schlucht der Hekate, wo die Seelen auch Strafen verbüßen und empfangen dafür, was immer sie, nachdem sie schon Dämonen geworden sind, entweder erlitten oder getan haben, die beiden langen aber die Tore. Es setzen nämlich die Seelen durch sie über, bald auf die Seite des Mondes zum Himmel hin, bald hinwieder auf die Seite zur Erde hin. Es wird aber die Seite des Mondes zum Himmel hin Elysisches Feld genannt, die hierhin aber Haus der Persephone, der Gegenerde.

30. [2. Thema, V] Nicht immer halten sich aber die Dämonen auf ihm
d auf, *[VI]* sondern hierher steigen sie herab, um sich um die Orakel zu

kümmern, und sind bei den höchsten Mysterienfeiern mit dabei und feiern die Orgien mit; und sie werden Rächer und Wächter über unrechte Taten und leuchten als Retter in Kriegen und auf See auf. *[VII]* Was immer sie aber nicht gut im Hinblick auf diese Dinge tun, sondern aus Zorn oder auf einen ungerechten Gnadenerweis hin oder aus Neid, dafür verbüßen sie eine Strafe; hinabgestoßen werden sie nämlich wieder auf die Erde und eingesperrt in menschliche Körper. Von jenen besseren, sagten die, die um Kronos waren, seien auch sie selbst und seien früher in Kreta die e
Daktylen vom Ida und in Phrygien die Korybanten gekommen und um Böotien in Udora die Trophoniaden und unzählige andere an vielen Orten der bewohnten Welt, deren Heiligtümer, Ehren und Namen noch bestehen; ihre Kräfte aber haben sich zu einem anderen Ort gewendet, als sie der besten Verwandlung teilhaftig wurden. Es werden aber die einen früher, die anderen später ihrer teilhaftig, wann immer der Geist von der Seele geschieden wird. Er scheidet sich aber aus Verlangen nach dem Bild um die Sonne, durch welches das Ersehnte und Schöne und Göttliche und Glückselige aufscheint, nach dem sich jegliche Natur, jede aber je anders, ausstreckt. Und der Mond selbst muß nämlich aus Verlangen nach der Sonne um sie herumwandern und sich mit ihr vereinigen, weil er von ihr das Fruchtbarste zu erhalten begehrt. Es wird aber die Natur der Seele auf dem Mond zurückgelassen, wobei sie gleichsam gewisse Lebensspuren f
und Träume bewahrt, und über diese glaube richtig, daß gesagt ist das

> Aber die Seele entfliegt wie ein Traum und flattert umher.

Und nicht sofort und nicht, wenn sie sich vom Körper gelöst hat, erleidet sie dies nämlich, sondern später, wenn sie, vom Geist getrennt, einsam und allein wird. Und Homer scheint von allem, was er gesagt hat, wohl am meisten gottgemäß über die Dinge im Hades gesagt zu haben:

> Danach aber gewahrte ich die Kraft des Herakles, ein Bild; er selbst aber ist bei den unsterblichen Göttern.

Denn jeder einzelne von uns ist auch nicht Wille noch Furcht noch Begierde wie auch nicht Fleisch noch Feuchtigkeiten, sondern das, wodurch wir 945a
planen und denken, und die Seele, die vom Geist geprägt wird, den Körper aber prägt und umfaßt von allen Seiten, prägt sich das Bild ein, so daß sie, auch wenn sie lange Zeit von beiden getrennt ist, mit Recht Abbild genannt wird, weil sie die Ähnlichkeit und die Prägung bewahrt. *[VIII]* Von diesen aber ist, wie gesagt, der Mond das Element; sie lösen sich nämlich wieder auf in diesen wie in die Erde die Leiber der Verstorbenen, schnell die Klugen, die sich in Muße mit einem ungeschäftigen und philosophischen Leben begnügten; denn vom Geist losgelassen und weil sie zu nichts mehr von den Leidenschaften Gebrauch machen, schwinden sie hin. Von den Ehrgeizigen aber und Geschäftigen, und von den der Liebe um den b
Leib Ergebenen und Hitzigen irren die einen umher und lassen gleichsam in Schlaf und Träumen die Erinnerungen des Lebens aufsteigen, wie die Seele des Endymion. Wenn sie aber das Unstete und das Leidenschaftliche

aufwühlt und wegzieht vom Mond zu einer weiteren Geburt, läßt er sie nicht zur Erde hinabsinken, sondern ruft sie zurück und verzaubert sie. Denn es ist nichts Geringes, noch ein ruhiges oder gleichmäßiges Werk, wenn sie sich ohne Geist allein mit dem Leidenschaftlichen eines Körpers bemächtigen. Wesen wie Tityos aber und Typhon oder Python, der Delphi besetzte und das Orakel in Unordnung brachte aus Übermut und mit Gewalt, gehörten also zu jenen Seelen, die, von Vernunft verlassen und in ausschweifendem Dünkel, vom Leidenschaftlichen Gebrauch machten; *[IX]* zu einer bestimmten Zeit nahm aber auch jene der Mond in sich auf
c und brachte sie zur Ordnung. Dann, wenn die Sonne wieder den Geist darauf aussät, empfängt er ihn in seiner Lebenskraft und schafft neue Seelen, die Erde aber stellt als Drittes einen Leib bereit. Denn diese gibt nichts nach dem Tod, wenn sie so viel, wie sie zur Entstehung nimmt, zurückgibt; die Sonne aber nimmt zwar nichts, nimmt aber den Geist zurück, den sie gibt; der Mond aber nimmt sowohl, wie er auch gibt, und setzt zusammen und nimmt auseinander und nach einer je anderen Kraft, von denen Eileithyia, die zusammensetzt, Artemis aber, die auseinandernimmt, genannt wird. Und von den drei Moiren setzt Atropos, die um die Sonne herum angesiedelt ist, den Ursprung der Entstehung ein, Klotho aber, die um den Mond herumläuft, bindet zusammen und mischt, als letzte aber legt Lachesis um die Erde herum mit Hand an, die am meisten Anteil am Glück hat. Das Unbeseelte ist nämlich nicht Herr seiner selbst und leidensfähig von anderen her, der Geist aber ist leidenslos und selbstbeherrscht, ein Gemischtes aber und Mittleres ist die Seele, ebenso wie der Mond als
d ein von den Dingen oben und unten Zusammengemischtes und Vermengtes von dem Gott geworden ist, so daß er zur Sonne dasselbe Verhältnis hat, wie es die Erde zum Mond hat. Diese Dinge“, sagte Sulla, „hörte ich den Fremden ausführen, jenem aber haben es die Kämmerer und Diener des Kronos, wie er selbst sagte, erzählt. Euch aber, oh Lamprias, steht es frei, die Rede so zu gebrauchen, wie ihr wollt.“

Zu 4. Seneca

Ep 58,16-28

Nun kehre ich zu dem zurück, was ich dir versprochen habe, auf welche 16
Weise Platon, was immer ist, in sechs Arten einteilt. Jenes erste, was ist,
wird weder durch Sehen noch Berühren noch irgendeine Wahrnehmung
erfaßt; denkbar ist es. Was im allgemeinen ist, wie der Mensch im allge-
meinen, kommt nicht unter die Augen; aber ein Besonderer kommt, wie
Cicero und Cato. Das Tier sieht man nicht, es wird gedacht. Man sieht
aber eine Art von ihm, Pferd und Hund. | Zweitens setzt Platon aus den 17
Dingen, die sind, das, was hervorragt und alles übertrifft; dies, sagt er,
sei in herausragender Weise. „Dichter" wird gemeinhein gesagt, – alle
nämlich, die Verse machen, tragen diesen Namen, – aber schon bei den
Griechen ging er in die Bezeichnung eines einzigen über: „Homer" wirst
du verstehen, wenn du „Dichter" gehört hast. Was also ist dies? Gott
natürlich, größer und mächtiger als alle Dinge. | Die dritte Gattung ist 18
diejenige der Dinge, die eigentlich sind; unzählige sind diese, aber außer-
halb unseres Gesichtskreises gesetzt. Welche sind es, fragst du? Platons
eigentliche Ausstattung ist es; Ideen nennt er sie, aus denen alles, was wir
auch immer sehen, entsteht und auf die hin alles geformt wird. Diese sind
unsterblich, unveränderlich, unverletzlich. | Was eine Idee ist, das heißt: 19
was sie Platon zu sein scheint, höre: „Die Idee ist von den Dingen, die in
der Natur entstehen, das ewige Modell." Ich werde der Definition eine
Erläuterung hinzufügen, durch welche dir die Sache klarer werden soll.
Ich will ein Bild von dir machen. Als Modell für das Gemälde habe ich
dich, aus dem unser Verstand eine gewisse Gestalt entnimmt, die er in
sein Werk hineinlegt. So ist jenes Gesicht, das mich lehrt und anleitet,
von dem die Nachahmung erlangt wird, die Idee. Solche Modelle also hat
die Natur der Dinge unendlich viele, von Menschen, Fischen, Bäumen,
auf die hin, was immer von jener her gemacht werden soll, ausgeprägt
wird. | Den vierten Platz wird das Eidos einnehmen. Was dieses Eidos 20
sei, mußt du beachten und Platon, nicht mir, diese Schwierigkeit der
Dinge zuschreiben. Es gibt aber ohne Schwierigkeit keine Genauigkeit.
Wenig zuvor gebrauchte ich das Bild des Malers. Wenn jener Vergil in
Farben wiedergeben wollte, schaute er ihn selbst an. Die Idee war Vergils
Gesicht, des künftigen Werkes Modell. Was der Künstler aus dieser zieht
und in sein Werk hineinlegte, ist das Eidos. | Was den Unterschied macht, 21
fragst du? Das eine ist das Modell, das andere die Form, die vom Modell
genommen und in das Werk hineingelegt ist. Die eine [sc. Form] ahmt der
Künstler nach, die andere macht er. Die Statue hat ein bestimmtes Gesicht;
dieses ist das Eidos. Das Modell selbst hat ein bestimmtes Gesicht, das
betrachtend der Werkmeister die Statue gestaltet hat; dieses ist die Idee.
Wenn du jetzt noch eine andere Unterscheidung verlangst, das Eidos ist

im Werk, die Idee außerhalb des Werkes, und sie ist nicht nur außerhalb
22 des Werkes, sondern vor dem Werk. | Die fünfte Gattung ist die derje-
nigen Dinge, die gemeinhin sind. Diese beginnen, uns zu betreffen. Hier
ist alles: Menschen, Tiere, Sachen. Die sechste Gattung ist die derjenigen
Dinge, die gewissermaßen sind, wie das Leere, wie die Zeit. Was immer
wir sehen oder berühren, zählt Platon nicht zu jenen Dingen, von denen
er meint, daß sie eigentlich seien. Sie fließen nämlich und sind in ständiger
Verminderung und Hinzufügung. Niemand von uns ist derselbe im Alter,
der er als junger Mann war; niemand von uns ist derselbe am Morgen,
der er am Tag zuvor war. Unsere Körper werden fortgerissen nach Art
von Flüssen. Was immer du siehst, läuft mit der Zeit. Nichts von dem,
was wir sehen, bleibt. Ich selbst, während ich sage, daß diese Dinge sich
23 verändern, habe mich verändert. | Das ist es, was Heraklit sagt: „In den-
selben Fluß zweimal steigen wir und steigen wir nicht." Es bleibt nämlich
derselbe Name des Flusses; das Wasser ist vorübergeflossen. Das ist am
Strom offenkundiger als am Menschen. Aber auch uns führt ein nicht
minder schneller Lauf dahin, und deshalb wundere ich mich über unseren
Unverstand, daß wir so sehr die flüchtigste Sache lieben, den Körper, und
fürchten, einmal zu sterben, obwohl doch jeder Augenblick der Tod einer
früheren Gestalt ist. Mögest du nicht fürchten, daß einmal geschieht, was
24 tagtäglich geschieht! | Vom Menschen habe ich gesprochen, einer fließen-
den und hinfälligen und allen Ursachen ausgesetzten Materie. Auch die
Welt, eine ewige und unbesiegte Sache, verändert sich und bleibt nicht
dieselbe. Wenn sie nämlich auch alles in sich hat, was sie hatte, so hat
sie es anders, als sie es hatte: Die Ordnung ändert sie. „Was wird mir",
25 fragst du, „diese Genauigkeit nützen?" | Wenn du mich fragst, nichts. Aber
wie jener Ziseleur seine lange angespannten und ermüdeten Augen losläßt
und abberuft und, wie man zu sagen pflegt, weiden läßt, so müssen wir
den Geist bisweilen entspannen und sich in irgendwelchen Ablenkungen
erholen lassen. Aber diese Ablenkungen sollen selbst Werke sein. Auch
aus diesen, wenn du sie beobachtet hast, wirst du nehmen, was heilsam
26 werden kann. | Das, Lucilius, pflege ich zu tun: Aus jeder Kenntnis, auch
wenn sie von der Philosophie sehr weit entfernt ist, versuche ich, etwas
herauszuholen und nützlich zu machen. „Was ist von einer Verbesserung
des Charakters weiter entfernt als diese Dinge da, die wir gerade behandelt
haben? Wie können mich die platonischen Ideen besser machen? Was soll
ich aus diesen ziehen, das meine Begierden unterdrückt?" Besonders das
selbst, daß Platon verneint, daß alle diese Dinge, die den Sinnen dienen, die
an uns herantreten und uns erregen, von diesen sind, die wahrhaft sind. |
27 Also sind diese da eingebildet und tragen eine Zeitlang ein bestimmtes
Gesicht, nichts von diesen ist beständig noch fest; und wir begehren sie
trotzdem, so als ob sie stets sein würden und wir sie stets haben würden.
Haltlos und flüchtig stehen wir inmitten von nichtigen Dingen. Auf jene
wollen wir den Geist richten, die ewig sind. Bewundern wollen wir die

in der Höhe schwebenden Formen von allen Dingen und Gott, der unter
ihnen verkehrt und dafür sorgt, wie er, was er unsterblich nicht machen
konnte, weil die Materie es verhinderte, vor dem Tod verteidige und
durch Vernunft das Laster des Leibes besiege. | Es bleiben nämlich alle 28
Dinge, nicht weil sie ewig sind, sondern weil sie verteidigt werden durch
die Sorge des Lenkers; die unsterblichen hätten keinen Beschützer nötig.
Diese bewahrt der Schöpfer, indem er die Zerbrechlichkeit der Materie
durch seine Kraft besiegt. Verachten wollen wir alle Dinge, die so wertvoll
nicht sind, daß, ob sie überhaupt sind, zweifelhaft ist.

Ep 65,2-10

[...] Es sagen, wie du weißt, unsere Stoiker, daß es zwei Prinzipien gibt 2
in der Natur der Dinge, aus denen alles entsteht: Ursache und Materie.
Die Materie liegt untätig, eine Sache, die zu allem bereit ist und ruhen
wird, wenn sie niemand bewegen sollte. Die Ursache aber, das heißt die
Vernunft, formt die Materie und wendet sie, wohin sie immer will; aus
jener bringt sie verschiedene Werke hervor. Es muß also sein, woraus
etwas entsteht, sodann wodurch es entsteht; dieses ist die Ursache, jenes
die Materie. | Jede Kunst ist Nachahmung der Natur. Deshalb übertrage, 3
was ich über das All gesagt habe, auf die Dinge, die vom Menschen zu
machen sind. Eine Statue hatte sowohl Materie, die den Künstler gewähren
ließ, als auch einen Künstler, welcher der Materie ein Gesicht gab. Also
war bei der Statue Materie die Bronze, Ursache der Werkmeister. Dieselbe
Lage ist die aller Dinge: Aus dem bestehen sie, was gemacht wird, und
aus dem, was macht. | Die Stoiker sind der Meinung, daß es eine einzige 4
Ursache gibt: das, was macht. Aristoteles meint, Ursache werde auf drei
Weisen gesagt: „Die erste Ursache", sagt er, „ist die Materie selbst, ohne
die nichts hervorgebracht werden kann; die zweite der Werkmeister; die
dritte ist die Form, die in ein jedes Werk hineingelegt wird wie in eine
Statue." Denn diese nennt Aristoteles Eidos. „Eine vierte auch", sagt er,
„tritt zu diesen hinzu, der Zweck des ganzen Werkes." | Was das ist, will 5
ich darlegen. Bronze ist die erste Ursache einer Statue; niemals wäre sie
nämlich gemacht worden, wenn nicht das gewesen wäre, aus dem sie
gegossen und gezogen wurde. Die zweite Ursache ist der Künstler; jene
Bronze hätte nämlich nicht in die Gestalt einer Statue gebracht werden
können, wenn nicht erfahrene Hände hinzugekommen wären. Die dritte
Ursache ist die Form; diese Statue da würde nämlich nicht Doryphoros
(Speerträger) oder Diadumenos (sich Binden Umlegender) genannt, wenn
nicht diese Gestalt jener eingeprägt worden wäre. Die vierte Ursache ist
der Zweck des Machens; denn wenn dieser nicht gewesen wäre, wäre sie
nicht gemacht worden. | Was ist der Zweck? Was den Künstler veranlaßt 6
hat, demzufolge er gemacht hat. Geld ist das, wenn er, um zu verkaufen,

verfertigt hat, oder Ruhm, wenn er für einen Namen gearbeitet hat, oder Frömmigkeit, wenn er einem Tempel ein Geschenk dargebracht hat. Also ist auch das eine Ursache, weswegen etwas gemacht wird. Oder meinst du nicht, daß zu den Ursachen des gemachten Werkes gezählt werden
7 muß, ohne was es nicht gemacht worden wäre? | Diesen fügt Platon das Modell als fünfte hinzu, die er selbst Idee nennt. Dieses ist es nämlich, im Hinblick worauf der Künstler das, was er sich vorgenommen hatte, hervorgebracht hat. Es trägt aber nichts zur Sache bei, ob er außerhalb das Modell hat, auf das er seine Augen richtet, oder in sich, was er dort selbst erdacht und gesetzt hat. Diese Modelle aller Dinge hat Gott in sich, und die Zahlen von allem, was getan werden muß, und die Weisen hat er im Geiste erfaßt. Voll von diesen Gestalten ist er, die Platon Ideen nennt, unsterblich, unveränderlich, unermüdlich. Deshalb vergehen zwar die Menschen, die Menschheit selbst aber, nach welcher der Mensch gebildet wird, bleibt, und während die Menschen sich abmühen, zugrunde gehen,
8 erleidet jene nichts. | Fünf sind also die Ursachen, wie Platon sagt: das, woraus; das, wodurch; das, worin; das, wonach; das, weswegen; zuletzt das, was aus diesen ist. So ist bei einer Statue – weil wir über diese zu sprechen begonnen haben – das, woraus, die Bronze; das, wodurch, ist der Künstler; das, worin, ist die Form, die jener angepaßt wird; das, wonach, ist das Modell, das derjenige nachahmt, der macht; das, weswegen, ist der
9 Zweck des Machers; das, was aus diesen, ist die Statue selbst. | Diese alle hat auch die Welt, wie Platon sagt: einen Macher, der ist Gott; woraus sie entsteht, das ist die Materie; eine Form, das ist der Zustand und die Ordnung der Welt, die wir sehen; ein Modell, nämlich wonach Gott diese Größe des schönsten Werkes gemacht hat; einen Zweck, weswegen er
10 sie gemacht hat. | Du fragst, was der Zweck sei für Gott? Güte. So sagt Platon jedenfalls: „Welchen Grund hatte Gott, die Welt zu machen? Er ist gut. Der Gute hat keinen Neid auf irgendetwas Gutes. Gemacht hat er sie deshalb, so gut er konnte.“ Fälle also als Richter dein Urteil und verkünde, wer dir das Wahrscheinlichste zu sagen scheint, nicht wer das Wahrste sagt; das nämlich ist so hoch über uns wie die Wahrheit selbst.

Zu 5. Alkinoos

Didaskalikos 8-16

8. *[Grundlegung, a]* Nach diesen Dingen wollen wir nachfolgend über die 162
Prinzipien und die theologischen Lehrsätze sprechen, wobei wir von oben her von den ersten her beginnen und von ihnen hinuntersteigen und auf die Entstehung der Welt hinblicken, enden aber mit Entstehung und Natur der Menschen. Und als erstes wollen wir über die Materie sprechen. Diese also nennt er [sc. Platon] Abdruckmasse und Allesempfangendes und Amme und Mutter und Raum und Zugrundeliegendes, berührbar ohne Wahrnehmung und durch unechte Vernunftüberlegung erfaßbar; Eigenheit aber habe sie eine solche, daß sie jedwede Entstehung aufnehme, wobei sie den Platz einer Amme einnehme, indem sie sie trägt, und daß sie zwar alle Formen annehme, sie aber für sich genommen gestaltlos existiere und qualitätslos und formlos, während sie aber die Derartigen in sich nachbilde und auspräge wie einen Abdruck und von diesen geformt werde, während sie keine eigene Form noch Beschaffenheit habe. Nicht nämlich dürfte irgendetwas gut vorbereitet sein für vielfältige Ausprägungen und Gestalten, wenn es nicht selbst qualitätslos existiert und unteilhaftig jener Formen, die es selbst empfangen soll. Wir sehen aber, daß auch diejenigen, welche die wohlriechenden Salben aus Öl herstellen, | sich dieses am 163
wenigsten riechenden bedienen, und daß diejenigen, welche die Gestalten aus Wachs oder Ton verfertigen wollen, diese vorher glätten und, soweit es möglich ist, gestaltlos machen. Es kommt aber auch der alles empfangenden Materie zu, wenn sie allem gemäß die Formen empfangen soll, von ihnen keine Natur zu haben, sondern qualitätslos und formlos zur Aufnahme der Formen zu sein. Da sie aber so beschaffen ist, wird sie wohl weder Körper sein noch unkörperlich, der Möglichkeit nach aber Körper, wie wir auch vom Erz hören, daß es der Möglichkeit nach ein Standbild sei, weil es, sobald es die Form empfangen hat, ein Standbild sein wird.

9. *[b]* Während aber die Materie den Platz eines Prinzips einnimmt, übernimmt er [sc. Platon] auch noch andere Prinzipien, das modellhafte, das heißt das der Ideen, und das des Vaters und der Ursache von allem, Gottes. Es ist aber die Idee in bezug auf Gott sein Denken, in bezug auf uns aber das erste Verstandesmäßige, in bezug auf die Materie aber ein Maß, in bezug auf die wahrnehmbare Welt aber ein Modell, in bezug auf sich selbst aber, wenn sie überprüft wird, Sein. Im allgemeinen muß nämlich alles, was in Gedanken entsteht, in bezug auf irgendetwas entstehen, dessen Modell, wie wenn von etwas her etwas entsteht, wie von mir mein Bild, vorher zugrunde liegen muß. Wenn auch das Modell nicht außerhalb sein sollte, so umgibt doch jeder von den Künstlern, weil er in sich das

Modell hat, mit der Gestalt von diesem die Materie auf allen Seiten ganz. Man definiert aber die Idee als ewiges Modell der naturgemäßen Dinge. Denn den meisten derer, die von Platon her kommen, gefällt es weder, daß es von den hergestellten Dingen Ideen gebe, wie von Schild oder Lyra, noch von den naturwidrigen, wie von Fieber und Cholera, noch von den einzelnen, wie von Sokrates und Platon, aber auch nicht von irgendeinem der wertlosen, wie von Schmutz und Stroh, noch von denen in bezug auf etwas, wie von Größerem und Überragendem. Es seien nämlich die Ideen ewige und in sich vollkommene Gedanken Gottes. Daß aber die Ideen existieren, dafür reden sie auch wie folgt zu. Sei es nämlich, daß Verstand der Gott ist, sei es, etwas Verstandesmäßiges, hat er jedenfalls Gedanken, und diese ewig und unumkehrbar; wenn aber dies gilt, sind die Ideen. Und wenn nämlich die Materie maßlos ist nach ihrer eigenen Definition, muß sie von irgendeinem anderen, Größeren und Immateriellen die Maße erhalten. Die Prämisse aber gilt, also auch der Schluß; wenn aber dies, so sind die Ideen irgendwelche Maße, welche immateriell existieren. Ferner, wenn die Welt nicht von selbst so beschaffen ist, ist sie nicht nur aus irgendetwas entstanden, sondern auch durch etwas, und nicht nur dies, sondern auch in bezug auf etwas. Das aber, woraufhin sie entstanden ist, was sollte es anderes sein als eine Idee? Folglich werden die Ideen
164 wohl existieren. | Aber ferner auch, wenn Verstand sich unterscheidet von wahrer Meinung, ist auch das Verstandesmäßige vom Vermeinten verschieden; wenn aber dies, so sind verstandesmäßige Dinge andere als die vermeinten, so daß auch erste verstandesmäßige existieren werden, wie auch erste wahrnehmbare; wenn aber dies, so sind die Ideen. Aber wahrlich unterscheidet sich Verstand von wahrer Meinung, so daß die Ideen wohl existieren.

10. [c] Nachfolgend ist aber auch über das dritte Prinzip ein Wort zu sagen, das Platon beinahe auch für unaussprechlich hält. Wir dürften aber wohl zu ihm hingeführt werden auf diese Weise: Wenn es verstandesmäßige Dinge gibt, diese aber weder wahrnehmbar sind noch teilhaftig der wahrnehmbaren, sondern irgendwelcher erster verstandesmäßiger, dann gibt es erste, einfache verstandesmäßige, wie auch erste wahrnehmbare; die Prämisse aber gilt, also auch der Schluß. Die Menschen denken – weil sie eben mit der Empfindung der Wahrnehmung angefüllt sind, so daß sie, auch wenn sie sich das Verstandesmäßige zu denken vornehmen sollten, eingebildet das Wahrnehmbare haben, weil sie auch Größe und Gestalt und Farbe oft mit dazu denken – die verstandesmäßigen Dinge nicht rein, die Götter aber getrennt von den wahrnehmbaren Dingen rein und unvermischt. Da aber Verstand besser als Seele ist, als Verstand in Potenz aber derjenige, der in actu alles denkt, sowohl gleichzeitig als auch immer, schöner als dieser aber der Urheber von diesem und was auch immer noch höher als diese besteht, so wird dieser wohl der erste Gott sein, welcher

dem Verstand des Himmels insgesamt Ursache ist des immerwährenden Wirkens. Er wirkt aber, obwohl er selbst unbewegt ist, auf diesen ein, wie auch die Sonne auf das Sehen, wann immer es sie anblickt, und wie das Erstrebte das Streben bewegt, obwohl es unbewegt ist; genauso wird auch dieser Verstand den Verstand des Himmels insgesamt bewegen. Da aber der erste Verstand am schönsten ist, muß ihm auch ein schönstes Verstandesmäßiges zugrunde liegen, nichts Schöneres aber als er selbst. Sich selbst nun und seine Gedanken wird er wohl immerfort denken, und diese seine Wirksamkeit ist Idee. Und eben der erste Gott ist ewig, unaussprechlich, in sich vollkommen, das heißt sich selbst genügend, stets vollkommen, das heißt immerfort vollendet, in allem vollkommen, das heißt überall vollendet, Göttlichkeit, Seiendheit, Wahrheit, Ebenmaß, Gut. Ich meine das aber nicht so, als ob ich diese Dinge trennte, sondern so, daß bei allem eines gedacht wird. Und das Gute ist er, weil er allen nach Möglichkeit wohltut, weil er von jedem Gut Urheber ist; das Schöne aber, weil er selbst seiner eigenen Natur nach vollkommen ist und ebenmäßig; Wahrheit aber, weil er von jedweder Wahrheit Ursprung ist, wie die Sonne von jeglichem Licht. Vater aber ist er, weil er Urheber ist von allen Dingen und den himmlischen Verstand und die Seele der Welt auf sich hin und auf seine Gedanken hin ordnet. | Denn nach seinem eigenen Willen hat er 165
alles mit sich selbst erfüllt, indem er die Seele der Welt aufweckte und sich selbst zuwandte, weil er selbst Urheber ihres Verstandes ist. Dieser ordnet, nachdem er vom Vater geordnet worden ist, die Natur insgesamt in dieser Welt durch. Unaussprechlich aber ist er und mit Verstand allein erfaßbar, wie gesagt, weil er ja weder Gattung ist noch Art noch Unterschied, aber auch nichts ihm zukommt; weder Böses, es ist nämlich nicht schicklich, dies zu sagen; noch Gutes, denn gemäß einer Teilhabe an irgendetwas wird er so sein und am ehesten an Güte; noch etwas Unterschiedsloses, denn auch dies ist nicht der Vorstellung von ihm gemäß; weder etwas irgendwie Beschaffenes, denn nicht etwas von irgendeiner Beschaffenheit ist er und von einer Beschaffenheit als solches vollendet; noch etwas ohne Beschaffenheit, denn er ist keiner ihm zufallenden Beschaffenheit beraubt; weder Teil von etwas, noch wie ein Ganzes, das irgendwelche Teile hat, noch so, daß er dasselbe wie oder anders als irgendetwas wäre, denn nichts kommt ihm zu, dem gemäß er von den anderen Dingen getrennt werden könnte; weder bewegt er, noch wird er bewegt.

Es wird nunmehr die erste Weise, ihn zu denken, die gemäß einer Wegnahme dieser Dinge sein, wie wir auch einen Punkt gemäß einer Abstraktion vom Wahrnehmbaren gedacht haben, indem wir eine Fläche dachten, sodann eine Linie und als letztes den Punkt. Die zweite Art, ihn zu denken, ist aber die gemäß einer Analogie, irgendwie so: Welches Verhältnis nämlich die Sonne zum Sehen und den Dingen, die gesehen werden, hat, wobei sie nicht selber Sehkraft ist, aber dem einen das Sehen, den anderen das Gesehenwerden ermöglicht, dieses Verhältnis hat der erste Verstand

zum Denken in der Seele und den Dingen, die gedacht werden. Obwohl er nämlich nicht ist, was das Denken ist, ermöglicht er ihm doch das Denken und den gedachten Dingen das Gedachtwerden, indem er die Wahrheit um sie erhellt. Eine dritte Denkweise aber dürfte wohl so beschaffen sein: Jemand betrachtet nämlich das Schöne an den Körpern, danach geht er der Schönheit der Seele nach, dann derjenigen in Sitten und Gesetzen, dann dem großen Meer des Schönen, wonach er das Gute selbst denkt und das erste Liebenswerte und Begehrenswerte wie ein strahlendes und der so aufsteigenden Seele gleichsam leuchtendes Licht; mit diesem zusammen aber denkt er auch Gott wegen seiner Überlegenheit im Wertvollen.
Und zwar unteilbar, deswegen, weil nichts früher ist als er. Denn der Teil und das Woraus sind früher als dies, wovon er teil ist; und die Fläche ist nämlich vor dem Körper, und die Linie vor der Fläche. Da er nun wirklich keine Teile hat, wird er wohl unbeweglich sein nach Ort und Veränderung. Wenn er sich nämlich verändern wird, entweder von sich aus oder von einem anderen aus, wenn nun von einem anderen aus, wird jenes stärker sein als er, wenn aber von sich aus, wird er sich wohl entweder zum Schlechteren verändern oder zum Besseren. Beides aber ist fehl am Platze, aus welchen Dingen allen auch das aufscheint, daß er
166 unkörperlich ist. | Dies wird auch aus folgenden Dingen bewiesen werden: Wenn nämlich der Gott Körper ist, dann dürfte er wohl aus Materie und Form sein deswegen, weil jeder Körper eine Verbindung aus Materie und der Form mit ihr ist, die sich den Ideen angleicht und Anteil an ihnen hat, schwer zu sagen aber, auf welche Weise. Es ist aber fehl am Platze, daß der Gott aus Materie und Form ist; denn er wird dann nicht einfach noch ursprünglich sein. Folglich dürfte der Gott unkörperlich sein. Und von demselben her aber: Wenn er ein Körper ist, wird er wohl aus Materie sein. Entweder Feuer wird er dann wohl sein oder Wasser oder Erde oder Luft oder etwas aus diesen; aber jedes von diesen ist freilich nicht ursprünglich. Und anders aber wird er später als die Materie entstehen, wenn er aus der Materie sein sollte. Da diese Dinge fehl am Platze sind, muß er unkörperlich angenommen werden. Und nämlich, wenn er Körper ist, wird er auch vergänglich sein und entstanden und veränderlich. Jedes aber von diesen ist fehl am Platze bei ihm.

11. [Überleitung] Und vollends auch die Beschaffenheiten dürften sich auf diese Weise wohl unkörperlich zeigen. Jeder Körper ist ein Zugrundeliegendes, die Beschaffenheit aber kein Zugrundeliegendes, sondern ein Akzidens, also kein Körper die Beschaffenheit. Jede Beschaffenheit ist in einem Zugrundeliegenden, kein Körper aber ist in einem Zugrundeliegenden, also ist kein Körper die Beschaffenheit. Ferner ist eine Beschaffenheit einer anderen Beschaffenheit entgegengesetzt, nicht aber auch ein Körper einem anderen Körper, und ein Körper unterscheidet sich von einem anderen Körper als Körper in nichts, in der Beschaffenheit aber unterscheidet er sich und nicht – beim Zeus! – im Körper. Also sind keine Körper die Beschaffenheiten. Und es ist sehr plausibel, daß, wie die Materie ohne Beschaffenheit, die Beschaffenheit immateriell ist. Wenn aber die Beschaffenheit immateriell ist, wird wohl unkörperlich die Beschaffenheit sein. Wenn dagegen Körper auch die Beschaffenheiten sind, werden zwei und drei Körper an demselben Ort sein, während dies doch völlig fehl am Platze ist. Wenn aber die Beschaffenheiten unkörperlich sind, ist auch das, was diese verfertigt, unkörperlich. Ferner wird das Machende wohl nichts anderes sein als das Unkörperliche. Passiv nämlich sind die Körper und fließend und nicht immer gleichmäßig und auf dieselbe Weise sich verhaltend, auch nicht bleibend und fest, die auch in den Dingen, in denen sie etwas zu tun scheinen, viel eher als solche gefunden werden, die es erleiden. Wie es nun etwas rein Passives gibt, so ist es notwendig, daß es auch etwas untrüglich Aktives gibt; und nicht anders werden wir dies wohl finden als unkörperlich. Die Lehre von den Prinzipien wird wohl eben irgendeine solche sein, die theologisch genannt wird. Auf das Gebiet der sogenannten Physik aber muß nachfolgend übergegangen werden, indem wir von hier irgendwo anfangen.

12. [Durchführung, a] Da es nämlich von den der Natur nach und dem Teil nach wahrnehmbaren Dingen bestimmte Modelle geben muß, die Ideen, von denen auch die Wissenschaften und Definitionen entstehen
müssen – bei allen Men-|schen nämlich irgendein Mensch gedacht werden 167
muß und bei allen Pferden ein Pferd und überhaupt bei den Tieren ein ungewordenes und unvergängliches Tier, auf welche Weise von einem einzigen Siegel viele Abdrücke entstehen und von einem einzigen Menschen tausende und abertausende Abbilder, wobei die Idee Ursache und Prinzip dessen ist, daß jedes einzelne so ist, wie sie selbst ist –, ist es auch nötig, daß die schönste Einrichtung, die Welt, von dem Gott verfertigt ist, indem er auf irgendeine Idee von Welt hinblickte, die ein Modell war für diese Welt, die ja wohl von jener abgebildet ist, welcher sie von dem Verfertiger ähnlich gemacht wurde und so hergestellt ist nach einer überaus wunderbaren Vorsehung und Entscheidung, wobei er daran ging, die Welt zu verfertigen, weil er gut war. *[b]* Er verfertigte sie nun aus der gesamten Materie, die er, nachdem er sie als eine solche, die sich ungeordnet und falsch bewegte vor der Entstehung des Himmels, aus der Unordnung übernommen hatte, zur besten Ordnung führte, indem er durch geziemende Zahlen und Gestalten ihre Teile ordnete, so daß er unterschied, wie sich jetzt Feuer und Erde zu Luft und Wasser verhalten, die bis dahin zwar Spuren und das Empfängliche für die Möglichkeit der Elemente hatten, aber unvernünftig und maßlos die Materie schüttelten und von dieser geschüttelt wurden. Denn aus jedem einzelnen von den vier Elementen ganz zeugte er sie, aus dem ganzen Feuer und der ganzen Erde, dem ganzen Wasser und der ganzen Luft, indem er keinen Teil von irgendeinem übrig-

ließ und keine Möglichkeit, wobei er zuerst daran dachte, daß das, was entstand, körperlich sein müsse und gänzlich handgreiflich und sichtbar, es ohne Feuer und Erde aber nicht möglich sei, daß etwas sichtbar oder handgreiflich ist. Nach der wahrscheinlichen Überlegung also machte er sie aus Erde und Feuer. Da aber auch ein vermittelndes Band in der Mitte von beiden entstehen mußte, ein göttliches Band aber das der Analogie ist, das sich selbst und die Dinge, die verbunden werden, von Natur aus zu einem macht, und eine ebene Fläche die Welt nicht war – es würde ihr nämlich eine einzige Mitte genügen –, sondern eine kugelförmige, brauchte sie zwei Mitten zur harmonischen Verbindung. Deswegen wurden in die Mitte zwischen Feuer und Erde Luft und Wasser angeordnet nach Art der Analogie, so daß, wie sich Feuer zu Luft verhält, so sich Luft zu Wasser und dieses zu Erde verhält und umgekehrt. Dadurch aber, daß nichts außerhalb zurückblieb, hat er die Welt auch einzig gemacht und der Zahl nach der Idee nachgebildet, welche ja eine einzige ist, und dazuhin ohne Krankheit und nicht alternd, weil an sie ja nichts herankommt von dem, was von Natur aus schädigt, selbstgenügsam und keiner Sache außerhalb bedürftig. Er umgab sie aber mit einer kugelförmigen Gestalt,
168 der wohlgestaltetsten | und geräumigsten und am besten beweglichen der Gestalten. Und nachdem sie weder Gesichtssinn brauchte noch Gehör noch irgendetwas anderes so Beschaffenes, verlieh er ihr keine solchen Organe zum Dienst, hat ihr aber, nachdem er die übrigen Bewegungen weggenommen hatte, als einzige die sich im Kreis bewegende gegeben, weil sie Verstand und Denken verwandt ist.

13. [c] Da aber die Dinge, aus denen die Welt besteht, zwei sind, aus Leib und Seele, von denen der eine sichtbar und handgreiflich, die andere unsichtbar und unscheinbar ist, ist von jedem von beiden die Möglichkeit und Zusammensetzung eben verschieden. Ihr Leib ist nämlich aus Feuer und Erde, Wasser und Luft entstanden. Indem nämlich der Verfertiger der Welt diese vier zusammennahm, die – beim Zeus! – nicht eine Ordnung von Elementen einnahmen, gestaltete er sie durch mittels Pyramide und Würfel und Oktaeder und Ikosaeder und zu alledem Dodekaeder. Und in dem Maße, als die Materie die Gestalt einer Pyramide annahm, entstand Feuer, weil die Gestalt am schneidendsten und aus weniger Dreiecken ist, auf diese Weise aber auch am lockersten; in dem Maße aber, als die eines Oktaeders, nahm sie die Beschaffenheit von Luft auf; in dem Maße aber, als den Umriß eines Ikosaeders, erhielt sie die Beschaffenheit von Wasser. Die Gestalt des Würfels aber wies er der Erde zu, weil sie am härtesten und am festesten ist. Die Dodekaedergestalt aber verwandte er für das Ganze. Eine ursprünglichere Natur aber als all diese ist die der Flächen. Den harten Dingen gehen nämlich die Oberflächen voraus. Die Flächennatur aber hat gleichsam zwei Vorfahren, weil die schönsten Dreiecke rechtwinklig sind, das eine ungleichseitig, das andere gleichschenklig, wobei das ungleichseitige

einen rechten Winkel hat, einen aber von zwei Teilen, den verbleibenden aber von einem Drittel. Das erste nun, ich meine aber das ungleichseitige Dreieck, wird ein Element von Pyramide und Oktaeder und Ikosaeder, weil ja die Pyramide aus vier gleichseitigen Dreiecken zusammengesetzt ist, wobei jedes einzelne in die besagten sechs ungleichseitigen Dreiecke auseinandergenommen wird; das Oktaeder aber aus acht, wobei in gleicher Weise jedes einzelne in sechs ungleichseitige auseinandergenommen wird; das Ikosaeder aber aus zwanzig. Das andere aber, ich meine aber das gleichschenklige, wird geeignet für die Zusammensetzung des Würfels. Wenn nämlich vier gleichschenklige Dreiecke zusammenkommen, macht das ein Viereck, aus welcherart beschaffenen sechs Vierecken der Würfel zusammengesetzt wird. Das Dodekaeder aber verwandte der Gott für das Ganze, weil man zwölf Tierkreiszeichen im Tierkreis am Himmel beobachtet und jedes von ihnen sich in dreißig Teile aufteilt; desgleichen auch, weil das Dodekaeder
aus zwölf Fünfecken ist, welche in | fünf Dreiecke auseinandergenommen 169
werden, so daß jedes einzelne durch sechs Dreiecke ist, während sich im ganzen Dodekaeder dreihundertsechzig Dreiecke finden, gerade so viele, wie auch im Tierkreis Teile sind. Von diesen Spuren nun gezeichnet, bewegte sich die Materie zunächst ungeordnet, dann wurde sie von dem Gott zu einer Ordnung gebracht, indem alle Dinge durch Analogie aufeinander abgestimmt wurden. Es bleiben aber diese Dinge nicht getrennt dem Raum nach, sondern erfahren eine unaufhörliche Erschütterung und bereiten sie der Materie, weil sie, da sie durch den Umlauf der Welt zusammengezogen werden, zusammenstoßen und, indem sie zueinander zusammengedrängt werden, diejenigen, die aus dünnen Teilen bestehen, in die Räume derjenigen, die aus dicken Teilen bestehen, getragen werden. Deswegen aber bleibt nichts leer und von Körper verlassen, und da die Unebenheit aber bestehen bleibt, bereitet sie Erschütterung; denn von diesen wird die Materie geschüttelt und diese von jener.

14. [d] † Die Körper also in die in der Seele erscheinenden Möglichkeiten ... † die Lehre über sie hat er [sc. Platon] gemacht. Da wir nämlich jedes einzelne der Seienden in der Seele beurteilen, hat er die Prinzipien von allen Seienden mit Recht ihr eingeordnet, damit wir, wenn wir stets von den herunterfallenden Dingen jedes einzelne dem Verwandten und Ähnlichen gemäß betrachten, als übereinstimmend mit den Werken auch ihr Sein hinstellen. Wenn er nun sagte, daß es ein verstandesmäßiges unteilbares Sein und ein anderes im Bereich der Körper teilbares gibt, hat er aus diesen ein einziges Sein hingestellt, indem er gezeigt hat, daß es jede von den beiden Seinsweisen erfassen kann im Denken. Da er aber sowohl bei den verstandesmäßigen Dingen als auch bei den teilbaren Selbigkeit und Andersheit sah, hat er aus allen diesen die Seele zusammengebracht. Denn entweder wird durch das Ähnliche das Ähnliche erkannt, wie es den Pythagoreern beliebt, oder durch das Unähnliche das Unähnliche, wie dem Physiker Heraklit.

Wann immer er aber sagt, daß die Welt geworden sei, darf man ihn nicht so verstehen, als ob es einmal eine Zeit gegeben habe, in der es keine Welt gab, sondern daß sie stets im Werden ist und eine ursprünglichere Ursache ihres eigenen Bestehens zeigt. Und da die Seele der Welt aber immer schon ist, macht sie der Gott nicht, sondern ordnet sie, und auf diese Weise mag man auch von „machen“ reden, indem er sie aufweckt und sich ihren Verstand und sie selbst zuwendet wie aus einer tiefen Bewußtlosigkeit oder einem Schlaf, damit sie, indem sie auf seine verstandesmäßigen Dinge hinblickt, die Formen und die Gestalten empfängt, weil sie sich nach den Gedanken von jenem ausstreckt. Klar ist nun, daß die Welt wohl etwas Lebendiges und Verstandesmäßiges sein dürfte. Da sie nämlich der Gott am besten machen wollte, machte er sie folgerichtig
170 auch beseelt und verständig. Denn das Be-|seelte ist eine Vollendung des nicht Beseelten, als ganzes besser als das ganze, und das Verstandesmäßige des nicht Verstandesmäßigen, wenn auch Verstand vielleicht nicht in der Lage ist, ohne Seele zu bestehen. Da sich aber die Seele von der Mitte aus bis zu den Grenzen erstreckte, kam es, daß sie den Körper der Welt im Kreis durch das All hindurch umgab und umhüllte, so daß sie sich mit der ganzen Welt hinstreckte und sie auf diese Weise zusammenband und zusammenhielt, daß freilich ihre äußeren Dinge die inneren beherrschen. Denn die äußere [sc. Seele] blieb zwar ungespalten, die innere aber wurde in sieben Kreise zerschnitten, indem sie sechsfach zerteilt wurde doppelten und dreifachen Abständen gemäß. Es ist diejenige, die von der Sphäre, die ungespalten geblieben ist, umgeben wird, dem Selben ähnlich, die aber, die gespalten wurde, dem Anderen. Da nämlich die Bewegung des alles umgebenden Himmels nicht umherirrend ist, ist sie eine einzige und geordnete, die der inneren Dinge freilich vielfältig und in Aufgängen und Untergängen sich verändernd, weshalb sie auch umherirrend genannt wird. Es stürzt aber die äußere nach rechts, indem sie sich vom Aufgang zum Untergang bewegt, die innere aber umgekehrt nach links, indem sie vom Untergang zum Aufgang der Welt entgegengeht. *[e]* Der Gott verfertigte aber auch Sterne und Gestirne, und von diesen die einen fix, als Schmuck für Himmel und Nacht, welche ganz viele sind der Menge nach, die anderen, welche sieben sind, zur Entstehung von Zahl und Zeit und um die Seienden zum Vorschein zu bringen. Und die Zeit machte er nämlich als Intervall der Bewegung der Welt, gleichsam als Bild der Ewigkeit, welche ein Maß ist für das Bleiben der ewigen Welt. Die nicht fixen aber von den Sternen sind in ihrer Kraft einander nicht ähnlich. Die Sonne ist nämlich Anführerin von allen, indem sie sie insgesamt zum Vorschein und ans Licht bringt. Der Mond aber wird in der Ordnung als zweiter betrachtet um seiner Kraft willen, die anderen Planeten aber analog jeder nach seinem je eigenen Anteil. Und der Mond macht das Maß eines Monats, indem er in seinem Kreis herumläuft und die Sonne in so viel Zeit einholt, die Sonne aber eines Jahres; indem sie nämlich im

Tierkreis herumläuft, erfüllt sie die Jahreszeiten. Und die übrigen benutzen jeder einzeln für sich eigene Umlaufbahnen, welche zu beobachten sind nicht von den ersten Besten, sondern von den Gebildeten. Aus allen Umlaufbahnen aber wird die vollkommene Zahl und Zeit gemeinsam immer dann erreicht, wenn, nachdem zum selben Zeichen alle Planeten gekommen sind, sie so diese Ordnung annehmen, daß, wenn man sich eine Gerade denkt, die sich von der fixen Sphäre auf die Erde senkt entlang der Senkrechten, man ihre Zentren auf dieser beobachtet. Da also sieben Sphären in der umherirrenden Sphäre vorhanden waren, paßte | der Gott 171
sieben sichtbare Körper, die er aus meistenteils feurigem Sein verfertigt hatte, den vorhandenen Sphären aus dem Kreislauf des jeweils Anderen und Umherirrenden an. Den Mond nun setzte er in den ersten Kreislauf nach der Erde; die Sonne aber ordnete er in den zweiten ein, den lichtbringenden aber und den sogenannten heiligen Stern des Hermes in den Kreislauf, der gleich schnell wie die Sonne geht, von diesem aber entfernt ist; darüber aber die anderen in ihre je eigene Sphäre, den langsamsten von ihnen, der unterhalb der Sphäre der Fixsterne liegt und den manche Stern des Kronos nennen, den der Langsamkeit nach zweiten aber mit dem Beinamen des Zeus nach diesem, darunter den des Ares; als achte aber ist um alle die obere Kraft herumgelegt. Alle diese aber sind verständige Lebewesen und Götter und sphärisch in ihren Gestalten.

15. [f] Es gibt aber auch noch andere Dämonen, die man auch gewordene Götter nennen könnte, entsprechend jedem der Elemente, die einen sichtbar, die anderen unsichtbar, in Äther und Feuer, Luft und Wasser, so daß kein Teil der Welt einer Seele unteilhaftig ist noch ein höheres Lebewesen einer sterblichen Natur. Diesen sind aber alle Dinge bis unter den Mond und die auf der Erde untergeordnet. Der Gott ist nämlich selbst Schöpfer des Alls und der Götter und Dämonen, welches All ja keine Auflösung hat nach dem Willen von jenem. Die übrigen Dinge aber führen die Kinder von jenem, indem sie gemäß dem Befehl und der Nachahmung von jenem alles tun, was sie tun, von welchen her Vorbedeutungen und Gesichte und Träume und Orakel und alles im Bereich der Mantik von den Sterblichen erwirkt wird. *[g]* Es liegt aber die Erde in der Mitte des Alls, wobei sie um die Achse zusammengezogen wird, die durch das Ganze hin geordnet ist, Wächterin über Tag und Nacht, die älteste von den Göttern innerhalb des Himmels, freilich nach der Seele der Welt, wobei sie uns reichlich Nahrung bietet, um welche [sc. Erde] die Welt sich dreht, wobei sie auch selbst ein Stern ist, die aber bleibt aufgrund dessen, daß sie eine gleich schwere, in der Mitte liegende Sache ist, ähnlich den sie umgebenden. Der Äther aber ist ganz außen in die Sphäre der Fixsterne und in die der Planeten aufgeteilt, nach welchen sich die der Luft befindet und in der Mitte die Erde mit ihrem Feuchten.

16. *[h]* Nachdem aber das All von ihm durchgeordnet war, ließ er aber die drei übrigen Gattungen von Lebewesen noch übrig, welche sterblich sein sollten, die gefiederte und die im Wasser und die auf dem Land, und übertrug den von ihm abstammenden Göttern die Erschaffung von diesen, damit sie nicht, wenn sie von ihm gebildet worden wären, unsterblich würden. Diese nun verfertigten, nachdem sie sich von der ersten Materie |
172 irgendwelche Stücke auf begrenzte Zeiten geborgt hatten, wie solche, die ihr wieder zurückgegeben werden sollten, die sterblichen Lebewesen. Als aber der Vater des Alls und die von diesem abstammenden Götter über das menschliche Geschlecht als dem den Göttern am meisten verwandten wiederum nachdachten, sandte der Verfertiger des Alls die Seelen dieses Geschlechts auf die Erde herunter, gleich an Zahl den Sternen. Und nachdem er sie alle wie in einen Wagen in den ihnen verbundenen Stern hineingebracht hatte, teilte er ihnen die verhängten Gesetze mit nach Art eines Gesetzgebers, damit er selbst unschuldig sei daran, daß die sterblichen Leidenschaften vom Leib her ihnen zuwachsen, als erste Wahrnehmungen, dann aber Lust und Schmerz, Furcht und Wut. Die einen werden, nachdem sie dieser Herr geworden und keineswegs bezwungen worden wären, in Gerechtigkeit leben und zu dem ihnen verbundenen Stern gelangen, die anderen, nachdem sie von Ungerechtigkeit überwältigt worden sind, in der zweiten Entstehung in das Leben einer Frau kommen, wenn sie aber nicht aufhören, am Ende in die Natur von Tieren. Das Ziel ihrer Mühen wird ihnen aber das sein: die zugewachsenen [sc. Leidenschaften] zu besiegen, in den ihnen eigenen Zustand aber zu kommen.

Abkürzungen

Schriften Plutarchs

Def	De defectu oraculorum
Delph	De E apud Delphos
Fac	De facie in orbe lunae
Is	De Iside et Osiride
Procr	De animae procreatione in Timaeo
Pyth	De Pythiae oraculis
Quaest	Platonicae Quaestiones
Sera	De sera numinis vindicta
Socr	De genio Socratis

Schriften Philons

Aet	De aeternitate mundi
All	Legum Allegoriae
Cher	De Cherubim
Conf	De confusione linguarum
Contempl	De vita contemplativa
Decal	De Decalogo
Deus	Quod Deus sit immutabilis
Fug	De fuga et inventione
Gig	De gigantibus
Her	Quis rerum divinarum heres sit
Legat	Legatio ad Gaium
Mos	De vita Moysis
Mut	De mutatione nominum
Opif	De opificio mundi
Plant	De plantatione
Post	De posteritate Caini
Praem	De praemiis et poenis, de benedictionibus et exsecrationibus
Sacr	De sacrificiis Abelis et Caini
Somn	De somniis
Virt	De virtutibus

Literaturverzeichnis

Sämtliche Literaturangaben in dieser Arbeit beziehen sich auf die in der folgenden Bibliographie angeführten Titel. Die Literatur wird, sofern nicht mehrere Titel von demselben Autor stammen, ausschließlich unter dem Namen des betreffenden Autors zitiert. Hat derselbe Autor oder haben zwei verschiedene Autoren mit demselben Namen sowohl einen Kommentar zum Hebräerbrief als auch sonstige Literatur zum Thema verfaßt, so erscheint bei der Zitation der Kommentar nur unter dem Namen des Autors, weitere Titel dagegen unter Angabe von Autor und Kurztitel. Die Abkürzungen entsprechen dem Abkürzungsverzeichnis in: Müller, G. (Hrsg.), Theologische Realenzyklopädie. Abkürzungsverzeichnis, zusammengestellt von S. Schwertner, Berlin/New York ^{2}1994.

1. Quellentexte und Übersetzungen

Es sind nur diejenigen Titel aufgenommen, die im obigen Text verwendet werden. Um Übersetzungen und Kommentare leichter ihren Autoren zuordnen zu können, werden die Textausgaben unter ihren Herausgebern aufgeführt. Deutsche Zitate sind, soweit im Übersetzungsteil dieser Arbeit vorhanden, meine eigenen Übersetzungen. Die übrigen deutschen Zitationen folgen jeweils der hier angegebenen Ausgabe.

Aland, K. (Hrsg.), Synopsis Quattuor Evangeliorum. Locis parallelis evangeliorum apocryphorum et patrum adhibitis, Stuttgart ^{14}1995.

Arnaldez, R./Mondésert, C./Pouilloux, J., Les Œuvres des Philon d'Alexandrie, publiés sous le patronage de l'Université de Lyon avec le concours du Centre National de la Recherche Scientifique et de l'Association des Amis de l'Université de Lyon, Paris 1961ff. Daraus zitierte Übersetzungen bzw. Kommentare:
Arnaldez, R., 1. De opificio mundi, Paris 1961.
Beckaert, A., 27. De praemiis et poenis. De exsecrationibus, Paris 1961.
Savinel, P., 19. De Somniis I-II, Paris 1962.

Arnim, J. v., Stoicorum veterum fragmenta (Sammlung wissenschaftlicher Commentare), Bd 1-3, Stuttgart 1903-1905, Repr. 1978/79; mit Bd. 4: Indices, ed. M. Adler, 1925/1978 (abgekürzt als SVF).

Berger, K./Nord, C., Das Neue Testament und frühchristliche Schriften, Frankfurt am Main/ Leipzig 1999.

Bonitz, H./Seidl, H., Aristoteles. Metaphysik, Aristoteles. Philosophische Schriften 5, Hamburg 1995.

Cohn, L./Heinemann, I./Adler, M./Theiler, W., Philo von Alexandria. Die Werke in deutscher Übersetzung, Bd. 1-5: Breslau 1909-1929, Bd. 6: Berlin ^{2}1962, Bd. 7: Berlin 1964. Daraus zitierte Übersetzungen bzw. Kommentare:
Adler, M., Über die Träume, Bd. 6, Berlin ^{2}1962, 163-277.
Bormann, K., Über die Unvergänglichkeit der Welt, Bd. 7, Berlin 1964, 71-121.
Cohn, J., Ueber die Weltschöpfung, Bd. 1, Breslau 1909, 23-89.
Cohn, L., Ueber Belohnungen und Strafen, Bd. 2, Breslau 1910, 379-426.

Corlu, A., Plutarque. Le démon de Socrate, Texte et traduction avec une introduction et des notes, Études et commentaires 73, Paris 1970.

Diels, H./Kranz, W., Die Fragmente der Vorsokratiker, 3 Bde., Berlin [10]1961.

Dillon, J., Alcinous: A Handbook of Platonism, Clarendon Later Ancient Philosophers, Oxford 1993.

Edelstein, L./Kidd, I. G., Posidonius. I. The Fragments, Cambridge 1972.

Eigler, G., Platon. Werke in acht Bänden. Griechisch und Deutsch, Darmstadt [2]1990.

Elliger, K./Rudolph, W., Biblia Hebraica Stuttgartensia, Stuttgart [4]1990.

Goldschmidt, L., Der babylonische Talmud, Band 9, Berlin 1934.

Kidd, I. G., Posidonius. II. The Commentary. (i) Testimonia and Fragments 1-149 und (ii) Fragments 150-293, Cambridge 1988.

Lohse, E., Die Texte aus Qumran. Hebräisch und Deutsch, München [2]1971.

Maier, J./Schubert, K., Die Qumran-Essener. Texte der Schriftrollen und Lebensbild der Gemeinde, München [3]1992.

Mansfeld, J., Die Vorsokratiker, 2 Bde., Stuttgart 1983/1986.

Nestle, E./Aland, K., Novum Testamentum Graece, Stuttgart [26]1979.

Nickel, R., Xenophon. Kyrupädie – Die Erziehung des Kyros, Düsseldorf/Zürich 1992.

Plutarch's Moralia, The Loeb Classical Library, 15 Bände, London/Cambrindge (Massachusetts). Daraus zitierte Übersetzungen bzw. Kommentare:

Babbitt, F. C., Bd. V (351c-438e), 1936.

Cherniss, H., Bd. XIII/1 (999c-1032f), 1976.

Cherniss, H./Helmbold, W. C., Bd. XII (920a-999b), 1957.

De Lacy, P. H./Einarson, B., Bd. VII (523c-612b), 1959.

Plutarque, Œuvres morales, publiés sous le patronage de l'Association Guillaume Budé, Paris. Daraus zitierte Übersetzungen bzw. Kommentare:

Flacelière, R., Bd. VI: Dialogues pythiques, 1974.

Hani, J., Bd. VIII: Du destin – Le démon de Socrate – De l'exil – Consolation à sa femme, 1980.

Froidefond, C., Bd. V/2: Isis et Osiris, 1988.

Rahlfs, A., Septuaginta. Id est Vetus Testamentum graece iuxta LXX interpretes, Stuttgart 1939/1979.

Rolfes, E., Kategorien. Lehre vom Satz. Lehre vom Schluß oder Erste Analytik. Lehre vom Beweis oder Zweite Analytik, Aristoteles. Philosophische Schriften 1, Hamburg 1995.

Rosenbach, M., L. Annaeus Seneca: Philosophische Schriften, Bd. 1-5, Darmstadt 1980-1989.

Schneider, G., Clemens von Rom. Brief an die Korinther, Fontes Christiani 15, Freiburg/Basel/Wien 1994.

Theiler, W., Poseidonios. Die Fragmente, Texte und Kommentare. Eine altertumswissenschaftliche Reihe, 10/1: Texte, 10/2: Erläuterungen, Berlin/New York 1982.

Whittaker, J./Louis, P., Alcinoos: Enseignement des doctrines de Platon, Collection des Universités de France, Paris 1990.

Ziegler, K., Plutarch. Über Gott und Vorsehung, Dämonen und Weissagung. Religionsphilosophische Schriften, Bibliothek der Alten Welt. Griechische Reihe, Zürich/Stuttgart 1952.

2. Kommentare zum Hebräerbrief

Attridge, H. W., The Epistle to the Hebrews, Hermeneia. A Critical and Historical Commentary on the Bible, Philadelphia 1989.
Barclay, W., Der Brief an die Hebräer, Auslegung des Neuen Testaments, Wuppertal 1970.
Bénétreau, S., L'épître aux Hébreux, Commentaire évangélique de la Bible 10, tome I: Vaux-sur-Seine 1989, tome II: Vaux-sur-Seine 1990.
Billerbeck, P., Die Briefe des Neuen Testaments und die Offenbarung Johannis erläutert aus Talmud und Midrasch, in: H. L. Strack/P. Billerbeck, Kommentar zum Neuen Testament aus Talmud und Midrasch 3, München [5]1969.
Braun, H., An die Hebräer, Handbuch zum Neuen Testament 14, Tübingen 1984.
Bruce, F. F., The Epistle to the Hebrews, The New International Commentary on the New Testament, Grand Rapids 1990.
Buchanan, G. W., To the Hebrews, The Anchor Bible 36, Garden City/New York 1972.
Casey, J., Hebrews, New Testament Message 18, Wilmington (Delaware) 1980.
Davies, J. H., A Letter to Hebrews, The Cambridge Bible Commentary on the New English Bible, Cambridge 1967.
Ellingworth, P., The Epistle to the Hebrews. A Commentary on the Greek Text, The New International Greek Testament Commentary, Grand Rapids 1993.
Gräßer, E., An die Hebräer, EKK XVII, Zürich/Neukirchen-Vluyn: XVII/1, 1990; XVII/2, 1993; XVII/3, 1997.
Guthrie, D., The Letter to the Hebrews. An Introduction and Commentary, The Tyndale New Testament Commentaries, Leicester/Grand Rapids 1983.
Hagner, D. A., Hebrews, New International Biblical Commentary, Peabody 1983.
Hegermann, H., Der Brief an die Hebräer, Theologischer Handkommentar zum Neuen Testament XVI, Berlin 1988.
Héring, J., L'épître aux Hébreux, Commentaire du Nouveau Testament XII, Neuchâtel 1954.
Hewitt, T., The Epistle to the Hebrews. An Introduction and Commentary, The Tyndale New Testament Commentaries, London 1960.
Hughes, P. E., A Commentary on the Epistle to the Hebrews, Grand Rapids 1977.
Jewett, R., Letter to Pilgrims. A Commentary on the Epistle to the Hebrews, New York 1981.
Kistemaker, S. J., Exposition of the Epistle to the Hebrews, New Testament Commentary 14, Grand Rapids 1984.
Kuß, O., Der Brief an die Hebräer, in: Alfred Wikenhauser/Otto Kuß (Hrsg.), Das Neue Testament 8, Regensburg 1953, 11-127.
Lane, W. L., Hebrews 1-8.9-13, Word Biblical Commentary 47A.B, Dallas 1991.
Laub, F., Hebräerbrief, SKK.NT 14, Stuttgart 1988.
Laubach, F., Der Brief an die Hebräer, Wuppertaler Studienbibel 11, Wuppertal [2]1972.
Lightfoot, N. R., Jesus Christ Today. A Commentary on the Book of Hebrews, Grand Rapids 1976.
März, C.-P., Hebräerbrief, NEB.NT 16, Würzburg 1989.
Michel, O., Der Brief an die Hebräer, KEK 13, Göttingen [(13)7]1975.
Moffatt, J., A Critical and Exegetical Commentary on the Epistle to the Hebrews, The International Critical Commentary on the Holy Scriptures of the Old and New Testaments, Edinburgh 1924.
Montefiore, H., A Commentary on the Epistle to the Hebrews, Black's New Testament Commentaries 16, London 1964.

Reuss, J., Die Paulus-Briefe. Der Brief an die Hebräer, Echter-Bibel. Neues Testament 2, Würzburg ²1968.
Riggenbach, E., Der Brief an die Hebräer, Kommentar zum Neuen Testament XIV, Leipzig/Erlangen ²/³1922.
Schiwy, G., Weg ins Neue Testament. Kommentar und Material, 4. Band: Nachpaulinen. Register, Würzburg 1970.
Schlatter, A., Erläuterungen zum Neuen Testament. 3. Band: Die Briefe des Petrus, Judas, Jakobus, an die Hebräer. Die Briefe und die Offenbarung des Johannes, Stuttgart ⁴1928.
Spicq, C., L'épître aux Hébreux, Études bibliques, Paris: Vol I. Introduction, 1952; Vol. II. Commentaire, 1953.
– L'épître aux Hébreux, Sources bibliques, Paris 1977.
Strobel, A Der Brief an die Hebräer, NTD 9, Göttingen ⁽¹²⁾²1981.
Weiß, H.-F., Der Brief an die Hebräer, KEK 13, Göttingen ⁽¹⁵⁾¹1991.
Williamson, R., The Epistle to the Hebrews, Epworth Preacher's Commentaries, London 1964.
Wilson, R. McL., Hebrews, The New Century Bible Commentary, Grand Rapids/Basingstoke 1987.
Windisch, H., Der Hebräerbrief, Handbuch zum Neuen Testament 14, Tübingen ²1931.

3. Sonstige Literatur

Abel, K., Seneca. Leben und Leistung, ANRW II/32.2, 1985, 653-775.
Achtner, W./Kunz, S./Walter, T., Dimensionen der Zeit. Die Zeitstrukturen Gottes, der Welt und des Menschen, Darmstadt 1998.
Aland, K. (Hrsg.), Vollständige Konkordanz zum griechischen Neuen Testament, Berlin 1978.
Almquist, H., Plutarch und das Neue Testament, ASNU 15, Uppsala 1946.
Amandry, P., La mantique apollinienne à Delphes. Essai sur le fontionnement de l'oracle, BEFAR 170, Paris 1950.
Amir, Y., Die messianische Idee im hellenistischen Judentum, FrRu 25, 1973, 195-203.
André, J. M., Les écoles philosophiques aux deux premiers siècles de l'Empire, ANRW II/36.1, 1987, 5-77.
Andriessen, P. C. B., La teneur judéo-chrétienne de He I 6 et II 14b-III 2, NT 18, 1976, 293-313.
Anselm von Canterbury, Proslogion, Lateinisch-deutsche Ausgabe von F. S. Schmitt, Stuttgart-Bad Cannstatt ²1984.
Argyle, A. W., The Logos of Philo: Personal or Impersonal?, ExT 66, 1954/55, 13-14.
Arnim, H. v., Quellenstudien zu Philo von Alexandria, Berlin 1888.
– Plutarch über Dämonen und Mantik, Abh. Koninkl. Akad. van Wetenschapen Amsterdam, Afd. Letterkunde, N.R. 22, 1921.
Attridge, H. W., The Uses of Antithesis in Hebrews 8-10, Harvard Theological Review 79, 1986, 1-9.
Aune, D. E., Prophecy in Early Christianity and the Ancient Mediterranean World, Grand Rapids 1983, 23-79.

Babut, D., Plutarque et le stoïcisme, Publications de l'Université de Lyon, Paris 1969.

Backhaus, K., Per Christum in Deum. Zur theozentrischen Funktion der Christologie im Hebräerbrief, Festschrift für Wilhelm Thüsing zum 75. Geburtstag, NTA N.F. 31, Münster 1996, 258-284.

Baër, D., Incompréhensibilité de Dieu et théologie négative chez Philon d'Alexandrie (I), Présence orthodoxe 8, 1969, 38-46.

Baltes, M., Alkinoos (Ἀλκίνοος) [2], Der Neue Pauly I, Stuttgart/Weimar 1996, 506-507.

Baltzer, K., Deutero-Jesaja. Kommentar zum Alten Testament, KAT X/2, Gütersloh 1999.

Balz, H. R./Schneider, G. (Hrsg.), Exegetisches Wörterbuch zum Neuen Testament, Band I-III, Stuttgart/Berlin/Köln 1980 (abgekürzt EWNT).

Barbel, J., Christos Angelos. Die Anschauung von Christus als Bote und Engel in der gelehrten und volkstümlichen Literatur des christlichen Altertums. Zugleich ein Beitrag zur Geschichte des Ursprungs und der Fortdauer des Arianismus, Theophaneia 3, Bonn 1941.

Barrett, C. K., The Eschatology of the Epistle to the Hebrews, Festschrift für C. H. Dodd, Cambridge 1956, 363-393.

Barth, G., Pistis in hellenistischer Religiosität, ZNW 73, 1982, 110-126.

Bates, W. N., The E of the Temple at Delphi, AJA 29, 1925, 239-246.

Bauer, W., Griechisch-deutsches Wörterbuch zu den Schriften des Neuen Testaments und der übrigen urchristlichen Literatur, Berlin [5]1963.

Becker, J., Das Evangelium nach Johannes, ÖTK 4, Gütersloh/Würzburg [3]1991.

Berchman, R. M., From Philo to Origen: Middle Platonism in Transition, BJSt 69, Chico, Ca. 1984.

Berman, K./Losada, L. A., The Mysterious E at Delphi: A Solution, ZPE 17, 1975, 115-117.

Bernays, J., Über die Herstellung des Zusammenhanges in der unter Philon's Namen gehenden Schrift Περὶ ἀφθαρσίας κόσμου durch Blattversetzung, Monatsberichte der Berliner Akademie 1863 (15. Jan.), 34-40.

– Die unter Philon's Werken stehende Schrift Über die Unzerstörbarkeit des Weltalls nach ihrer ursprünglichen Anordnung wiederhergestellt und ins Deutsche übertragen, Abhandlungen der Berliner Akademie phil.-hist. Kl. 1876, 209-276.

– Über die unter Philon's Werken stehende Schrift Über die Unzerstörbarkeit des Weltalls, Abhandlungen der Berliner Akademie phil.-hist. Kl. 1882, 1-81.

Bertram, G., σαλεύω, σάλος, ThWNT VII 65-71.

Betz, H. D., Ein seltsames mysterientheologisches System bei Plutarch, in: Ex orbe religionum. Studia Geo Widengren oblata I, Leiden 1972, 347-354.

Ders. (Hrsg.), Plutarch's Theological Writings and Early Christian Literature, SCHNT 3, Leiden 1975.

Ders. (Hrsg.), Plutarch's Ethical Writings and Early Christian Literature, SCHNT 4, Leiden 1978.

– The Problem of the Apocalyptic Genre in Greek and Hellenistic Literature: The Case of the Oracle of Trophonius, in: Ders., Hellenismus und Urchristentum. Gesammelte Aufsätze I, Tübingen 1990, 184-208.

Betz, O., Firmness in Faith: Hebrews 11:1 and Jesaiah 28:16, Festschrift für A. T. Hanson, Hull 1987, 92-113.

Bianchi, U. (Hrsg.), La tradizione dell'enkrateia: motivazioni ontologiche e protologiche, Atti del Colloquio Internazionale, Milano, 20-23 aprile 1982, Rom 1985.

– Plutarch und der Dualismus, ANRW II/18.2, 1989, 250-265.

Bickel, E., Senecas Briefe 58 und 65. Das Antiochus-Posidonius-Problem, RhM 103, 1960, 1-20.

Bietenhard, H., Die himmlische Welt im Urchristentum und Spätjudentum, WUNT 2, Tübingen 1951.

Billings, T. H., The Platonism of Philo Judaeus, Chicago 1919, nachgedruckt New York 1979.

Black, D. A., The Problem of the Literary Structure of Hebrews: An Evaluation and a Proposal, Grace Theological Journal 7, 1986, 163-177.

Blaß, F./Debrunner, A./Rehkopf, F., Grammatik des neutestamentlichen Griechisch, Göttingen [17]1990.

Bligh, J., The Structure of Hebrews, The Heythrop Journal 5, 1964, 170-177.

Boccaccini, G., L'interpretazione de Gen 1,26 in Filone Alessandrino, QVM 31, 1982, 33-41.

Bock, F., Untersuchungen zu Plutarchs Schrift περὶ τοῦ Σωκράτους δαιμονίου, Diss. München 1910.

Bogaert, P.-M., Les trois rédactions conservées et la forme originale de l'envoi du cantique de Moïse (Dt 32,43), in: Lohfink, N., Das Deuteronomium. Entstehung, Gestalt und Botschaft, BEThL 68, Leuven 1985, 329-340.

Bonnechère, P. u. M., Trophonios à Lébadée. Histoire d'un oracle, EtCl 57, 1989, 289-302.

Bormann, K., Die Ideen- und Logoslehre Philons von Alexandrien. Eine Auseinandersetzung mit H. A. Wolfson, Diss. Köln 1955.

Bornkamm, G., σείω, σεισμός, ThWNT VII 195-199.

Bousquet, J., Observations sur l'„omphalos" archaïque de Delphes, BCH 75, 1951, 210-223.

Bousset, W., Jüdisch-christlicher Schulbetrieb in Alexandria und Rom. Literarische Untersuchungen zu Philo und Clemens von Alexandria, Justin und Irenäus, FRLANT 23, Göttingen 1915.

Boyancé, P., Études Philoniennes, REG 76, 1963, 64-110.

– Dieu cosmique et dualisme: les archontes et Platon, in: U. Bianchi (Hrsg.), Le origini dello Gnosticismo: colloquio di Messina 13-18 aprile 1966, Leiden 1967, 340-356.

– Le dieu très haut chez Philon, in: Mélanges d'histoire des religions offerts à Henri-Charles Puech, Paris 1974, 139-149.

Braun, H., Das himmlische Vaterland bei Philo und im Hebräerbrief, in: Böcher, O./Haacker, K. (Hrsg.), Verborum Veritas. Festschrift für Gustav Stählin zum 70. Geburtstag, Wuppertal 1970, 319-327.

– Wie man über Gott nicht denken soll. Dargelegt an Gedankengängen Philos von Alexandria, Tübingen 1971.

Brawley, R. L., Discoursive Structure and the Unseen in Hebrews 2:8 and 11:1: A Neglected Aspect of the Context, CBQ 55, 1993, 81-98.

Bréhier, E., Les idées philosophiques et religieuses de Philon d'Alexandrie, Études de philosophie médiévale VIII, Paris [3]1950.

Brenk, F. E., „A Most Strange Doctrine." *Daimon* in Plutarch, The Classical Journal 69, 1973, 1-11.

– In Mist Apparelled. Religious Themes in Plutarch's Moralia and Lives, Mn.S 48, Leiden 1977.

– In the Light of the Moon: Demonology in the Early Imperial Period, ANRW II/16.3, 1986, 2068-2145.

– An Imperial Heritage: The Religious Spirit of Plutarch of Chaironeia, ANRW II/36.1, 1987, 248-349.

Brisson, L., Le même et l'autre dans la structure ontologique du *Timée* de Platon. Un commentaire systématique du *Timée* de Platon, Paris 1974.

– Den Kosmos betrachten, um richtig zu leben: Timaios, in: Kobusch, T./Mojsisch, B. (Hrsg.), Platon. Seine Dialoge in der Sicht neuer Forschungen, Darmstadt 1996, 229-248.
– Einführung in die Philosophie des Mythos. Antike, Mittelalter und Renaissance, Darmstadt 1996.
Brox, N., Die Pastoralbriefe, RNT 7/2, Regensburg [4]1969.
Bruce, F. F., The Structure and Argument of Hebrews, Southwestern Journal of Theology 28, 1985, 6-12.
Buber, M., Zwei Glaubensweisen, Gerlingen [2]1994.
Büchsel, F., Hebräerbrief, Die Religion in Geschichte und Gegenwart 2, Tübingen [2]1928, 1669-1673.
Büchsel, F./Herntrich, V., κρίνω κτλ., ThWNT III 920-944.
Buffière, F., Les mythes d'Homère et la pensée grecque, Paris 1956.
Bultmann, R., εὐλαβής, εὐλαβεῖσθαι, εὐλάβεια, ThWNT II 749-751.
– Weissagung und Erfüllung, ZThK 47, 1950, 360-383.
Burch, V., The Epistle to the Hebrews: Its Sources and Message, London 1936.
Burkert, W., Antike Mysterien. Funktionen und Gehalt, München 1990.
Burtness, J. H., Plato, Philo and the Author of Hebrews, Lutheran Quarterly 10, 1958, 54-64.
Busch, P., Der mitleidende Hohepriester. Zur Rezeption der mittelplatonischen Dämonologie in Hebr 4,14f., in: Dobbeler, A./Erlemann, K./Heiligenthal, R. (Hrsg.), Religionsgeschichte des Neuen Testaments, Festschrift für Klaus Berger zum 60. Geburtstag, Tübingen/Basel 2000, 19-30.

Cambier, J., Eschatologie ou hellénisme dans l'Épître aux Hébreux. Une étude sur μένειν et l'exhortation finale de l'Épître, Salesianum 11, 1949, 62-96.
Cancik, H., Untersuchungen zu Senecas Epistulae morales, Spudasmata 18, Hildesheim 1967.
Carlston, C. E., Eschatology and Repentance in the Epistle to the Hebrews, JBL 78, 1959, 296-302.
Casey, J. M., Eschatology in Heb 12:14-29: An Exegetical Study, 2 Bde., Diss. Leuven 1976.
– Christian assembly in Hebrews: a fantasy island?, TD 30, 1982, 323-335.
Cazeaux, J., Système implicite dans l'exégèse de Philon: un exemple: le *De praemiis*, StPh 6, 1979/80, 3-36.
– La trame et la chaîne ou les Structures littéraires et l'Exégèse dans cinq des Traités de Philon d'Alexandrie, ALGHJ 15, Leiden 1983.
– La trame et la chaîne II. Le Cycle de Noé dans Philon d'Alexandrie, ALGHJ 20, Leiden/New York/København/Köln 1989.
Chaumartin, F.-R., Quarante ans de recherche sur les œuvres philosophiques de Sénèque (Bibliographie 1945-1985), ANRW II/36.3, 1989, 1545-1605.
Christ, W., Plutarchs Dialog vom Daimonion des Sokrates, Sitzungsberichte der philosoph.-philolog. und der histor. Classe der Akad. der Wissenschaften zu München 1901.
Christiansen, I., Die Technik der allegorischen Auslegungswissenschaft bei Philon von Alexandrien, Tübingen 1969.
Chroust, A. H., A Fragment of Aristotle's *On Philosophy* in Philo of Alexandria, *De opificio mundi* I,7, DT 77, 1974, 224-235.
– A Fragment of Aristotle's *On Philosophy*: Some Remarks About Philo of Alexandria, *De Aeternitate Mundi* 8,41, WS 87, 1974, 15-19.
– Some Remarks About Philo of Alexandria, *De aeternitate mundi* V.20-24: A Fragment of Aristotle's *On Philosophy*, ClF 28, 1974, 83-88.

– Some Comments on Philo of Alexandria, De aeternitate mundi, LThPh 31, 1975, 135-145.
Clark, R. J., Trophonios: The Manner of His Revelation, TPAPA 99, 1968, 63-75.
Cody, A., Heavenly Sanctuary and Liturgy in the Epistle to the Hebrews. The Achievement of Salvation on the Epistle's Perspectives, St. Meinrad 1960.
Cohn, L., Einteilung und Chronologie der Schriften Philos, Philologus Suppl. VII, 1899, 385-436.
Colpe, C., ὁ υἱὸς τοῦ ἀνθρώπου, ThWNT VIII 403-481.
Courby, M. F., La terrasse du temple, Fouilles de Delphes 2, 1927, 76-77.
Cumont, F., Die orientalischen Religionen im römischen Heidentum, Darmstadt [9]1989.
– Philonis De aeternitate mundi, Berlin 1891.

Dahl, N. A., A New and Living Way. The Approach to God According to Hebrews 10:19-25, Interpretation 5, 1951, 401-412.
Dautzenberg, G., Σωτηρία ψυχῶν (1 Petr 1,9), BZ N.F. 8, 1964, 262-276.
– Der Glaube im Hebräerbrief, BZ N.F. 17, 1973, 161-177.
Decharme, P., La critique des traditions religieuses chez les Grecs des origines au temps de Plutarque, Paris 1904.
Deitz, L., Bibliographie du platonisme impérial antérieur à Plotin: 1926-1986, ANRW II/36.1, 1987, 124-182.
Delcourt, M., L'oracle de Delphes, BH, Paris 1981.
Delling, G., παραλαμβάνω, ThWNT IV 11-15.
Demangel, R., Un incunable protodorique à Delphes, BCH 64-65, 1940-41, 151-162.
Descamps, A., La structure de l'épître aux Hébreux, RDT 9, 1954, 251-258.
Deuse, W., Untersuchungen zur mittelplatonischen und neuplatonischen Seelenlehre, Mainz 1983.
Dey, L. K. K., The Intermediary World and Patterns of Perfection in Philo and Hebrews, SBL Diss. ser. 25, Missoula 1975.
Dillon, J., The Transcendence of God in Philo: Some Possible Sources, in: Wilhelm Wuellner (Hrsg.), Center for Hermeneutical Studies in Hellenistic and Modern Culture. Protocol of the Sixteenth Colloquy: 20 April 1975, Protocol Series of the Colloquies of the CHSHMC 16, Berkeley 1975, 171-178.
– The Middle Platonists. A Study of Platonism 80 B.C. to A.D. 220, London 1977.
– Philo's Doctrine of Angels, in: Winston/Dillon 197-205.
Dörrie, H., Der nachklassische Pythagoreismus, PRE 47, Stuttgart 1963, 268-277.
– Platonica minora, Studia et Testimonia Antiqua VIII, München 1976.
– Gnostische Spuren bei Plutarch, in: Broek, R. van den/Vermaseren, M. J. (Hrsg.), Studies in Gnosticism and Hellenistic Religions, presented to Gilles Quispel on the Occasion of his 65th Birthday, Leiden 1981, 92-116.
– Der „Weise vom Roten Meer". Eine okkulte Offenbarung von Plutarch als Plagiat entlarvt, in: Händel, P./Meid, W. (Hrsg.), Festschrift für Robert Muth, IBKW 22, Innsbruck 1983, 95-110.
– Albinos, platonischer Philosoph des 2. Jhdts., PRE Suppl. 12, Stuttgart/Weimar 1995, 14-22.
Dörrie, H./Baltes, M., Der Platonismus in der Antike. Grundlagen – System – Entwicklung, Bd. 1-3, Stuttgart-Bad Cannstatt 1987-1993.
Dumbrell, W. J., The Spirits of Just Men Made Perfect, EvQ 48, 1976, 154-159.
Dunand, F., Le culte d'Isis dans le bassin oriental de la méditerranée, Bd. 1-3, EPRO 26, Leiden 1973.

Dussaut, L., Synopse structurelle de l'épître aux Hébreux. Approche d'analyse structurelle, Paris 1981.
– Histoire et structure de l'épître aux Hébreux, Lumière et Vie 43, 1994, 5-13.

Eccles, R. S., The Purpose of the Hellenistic Patterns in the Epistle to the Hebrews, in: Neusner, J. (Hrsg.), Religions in Antiquity. Essays in Memory of Erwin Ramsdell Goodenough, SHR 14, 1968, 207-226.
Effe, B., Der Herrschaftsanspruch des Wissenden: Politikos, in: Kobusch, T./Mojsisch, B. (Hrsg.), Platon, Seine Dialoge in der Sicht neuer Forschungen, Darmstadt 1996, 200-212.
Egger, W., Methodenlehre zum Neuen Testament. Einführung in linguistische und historisch-kritische Methoden, Freiburg ³1993.
Ego, B., Im Himmel wie auf Erden. Studien zum Verhältnis von himmlischer und irdischer Welt im rabbinischen Judentum, WUNT II/34, Tübingen 1989.
Ehrhardt, A., The Beginning. A Study in the Greek Philosophical Approach to the Concept of Creation from Anaximander to St. John, Manchester 1968.
Eisele, T., Zur Dämonologie Plutarchs von Chäronea, Archiv für Geschichte der Philosophie 17, 1904, 28-51.
Eliade, M., Das Heilige und das Profane. Vom Wesen des Religiösen, Frankfurt am Main/Leipzig 1998.
Erlemann, K., Naherwartung und Parusieverzögerung im Neuen Testament. Ein Beitrag zur Frage religiöser Zeiterfahrung, TANZ 17, Tübingen 1995.

Farandos, G. D., Kosmos und Logos nach Philon von Alexandria, Elementa 4, Amsterdam 1976.
Feld, H., Der Hebräerbrief, EdF 228, Darmstadt 1985.
– Der Hebräerbrief: Literarische Form, religionsgeschichtlicher Hintergrund, theologische Fragen, ANRW II/25.4, 3522-3601.
Feldmeier, R., Die Christen als Fremde. Die Metapher der Fremde in der antiken Welt, im Urchristentum und im 1. Petrusbrief, WUNT 64, Tübingen 1992.
Festugière, A.-J., Études de philosophie grecque, Paris 1971.
Festugière, A. M., ΥΠΟΜΟΝΗ dans la tradition grecque, Recherches de science religieuse, 1931, 477-486.
Feuillet, A., La citation d'Habacuc II.4 et les huit premiers chapitres de l'épître aux Romains, NTS 6, 1959/60, 52-80.
– L'attente de la parousie et du jugement dans l'épître aux Hébreux, Bible et vie chrétienne 42, 1961, 23-31.
– Les points de vue nouveaux dans l'éschatologie de l'épître aux Hébreux, StEv 2 (TU 87), Berlin 1964, 369-387.
Fischer, U., Eschatologie und Jenseitserwartung im hellenistischen Diasporajudentum, BZNW 44, Berlin 1978.
Fitzmyer, J. A., To Advance the Gospel. New Testament Studies, New York 1981.
Flacelière, R., Plutarque et la Pythie, REG 56, 1943, 72-111.
– Devins et oracles grecs, Paris 1961.
– La théologie selon Plutarque, in: J.-P. Boucher u.a. (Hrsg.), Mélanges de philosophie, de littérature et d'histoire ancienne offerts à Pierre Boyancé, Rom 1974, 273-280.
Flashar, H. (Hrsg.), Die Philosophie der Antike. Bd. 4: Die hellenistische Philosophie (Grundriß der Geschichte der Philosophie), Basel 1994.
Foerster, W./Fohrer, G., σῴζω κτλ., ThWNT VII 966-1004.

Fontenrose, J., The Delphic Oracle: Its Responses and Operations with a Catalogue of Responses, Berkeley 1978.
Forschner, M., Die stoische Ethik. Über den Zusammenhang von Natur-, Sprach- und Moralphilosophie im altstoischen System, Darmstadt ²1995.
Frankemölle, H., Der Brief des Jakobus. Kapitel 2-5, ÖTK 17/2, Gütersloh/Würzburg 1994.
Freudenthal, J., Der Platoniker Albinos und der falsche Alkinoos, Hellenistische Studien 3, Berlin 1879, 241-326.
Frey, J.-B., La signification du terme πρωτότοκος d'après une inscription juive, Biblica 11, 1930, 373-390.
Fries, C., De E apud Delphos, RhM 79, 1930, 343-344.
Frisch, F., De compositione libri Plutarchei qui inscribitur Περὶ Ἴσιδος καὶ Ὀσίριδος, Diss. Göttingen 1907.
Froidefond, C., Plutarque et le platonisme, ANRW II/36.1, 1987, 184-233.
Früchtel, U., Die kosmologischen Vorstellungen bei Philo von Alexandrien. Ein Beitrag zur Geschichte der Genesisexegese, ALGHJ 2, Leiden 1968.
Fuhrmann, F., Les images de Plutarque, Paris 1964.
Fuhrmann, M., Seneca und Kaiser Nero. Eine Biographie, Berlin 1997.

Geigenmüller, O., Plutarchs Stellung zu Religion und Philosophie seiner Zeit, Neue Jahrbücher 47, 1921, 251-270.
Geist, H., Menschensohn und Gemeinde, fzb 57, Würzburg 1986.
Giebel, M., Das Geheimnis der Mysterien. Antike Kulte in Griechenland, Rom und Ägypten, Zürich/München 1990.
Giusta, M., Ἀλβίνου ἐπιτομή ὁ Ἀλκινόου διδασκαλικός, Atti dell'Accademia delle Scienze di Torino. Classe di scienze morali, storiche e filologiche 95, 1960/61, 167-194.
Glasson, T. F., „Plurality of Divine Persons" and the Quotations in Hebrews I.6 ff., NTS 12, 1965, 270-272.
Glombitza, O., Erwägungen zum kunstvollen Ansatz der Paränese im Brief an die Hebräer-X 19-25, NT 9, 1967, 132-150.
Gnilka, J., Der Philipperbrief, HThK X, Freiburg/Basel/Wien ³1980.
– Das Matthäusevangelium. Zweiter Teil, HThK I/2, Freiburg/Basel/Wien 1988.
Godzich, W., De l'œil à l'oreille: les voies de l'allégorie de Philon d'Alexandrie, in: Brind'amour, L./Vance, E. (Hrsg.), Archéologie du Signe, Recueils d'Études Médiévales 3, Toronto 1983, 45-61.
Goethe, J. W. von, Faust. Eine Tragödie, in: Ders., Werke. Hamburger Ausgabe in 14 Bänden, Band 3: Dramatische Dichtungen I, München 1998.
Goguel, M., Les premiers temps de l'Église, Paris 1949.
– Jésus et les origines du Christianisme. La naissance du Christianisme, Paris 1959.
Goldschmidt, V., Les thèmes du „De defectu oraculorum" de Plutarque, REG 61, 1948, 298-302.
– Theologia, REG 63, 1950, 20-42.
Görgemanns, H., Untersuchungen zu Plutarchs Dialog De facie in orbe lunae, Heidelberg 1970.
Gourgues, M., Remarques sur la „structure centrale" de l'épître aux Hébreux, Revue biblique 84, 1977, 26-37.
Gräßer, E., Der Hebräerbrief 1938-1963, Theologische Rundschau N.F. 30, 1964, 138-236.

– Der Glaube im Hebräerbrief, Marburger Theologische Studien 2, Marburg 1965.
– Das wandernde Gottesvolk. Zum Basismotiv des Hebräerbriefes, ZNW 77, 1986, 160-179.
– Das Schriftargument in Hebr 10,37f, Festschrift für K. Kertelge, Freiburg 1996, 431-439.
Grégoire, F., Le Messie chez Philon d'Alexandrie, ETL 12, 1935, 28-50.
Greßmann, H., Tod und Auferstehung des Osiris nach Festbräuchen und Umzügen, AO 23.3, Leipzig 1923.
Griffin, M., Seneca. A Philosopher in Politics, Oxford 1967.
Griffiths, J. G., Plutarch's De Iside et Osiride, University of Wales 1970.
Grimal, P., Seneca. Macht und Ohnmacht des Geistes, Darmstadt 1978.
Grumach, E. I., Zur Quellenfrage von Philos *De Opificio Mundi* § 1-3, MGWJ 83, 1939, 126-131.
Grundmann, W., δέχομαι κτλ., ThWNT II 49-59.
Guthrie, G. H., The Structure of Hebrews. A Text-Linguistic Analysis, Supplements to Novum Testamentum 73, Leiden/New York/Köln 1994.
Gyllenberg, R., Die Komposition des Hebräerbriefs, Svensk Exegetisk Arsbok 22-23, 1957-1958, 137-147.

Haacker, K., Creatio ex auditu. Zum Verständnis von Hebr 11,3, ZNW 60, 1969, 279-281.
Haag, H., Biblisches Wörterbuch, Freiburg 1994.
Hachmann, E., Die Führung des Lesers in Senecas Epistulae morales, Orbis antiquus 34, Münster 1995.
Hadas, M., Plato in Hellenistic Fusion, Journal of the History of Ideas 19, 1958, 3-13.
Haering, T., Gedankengang und Grundgedanken des Hebräerbriefs, ZNW 18, 1917/18, 145-164.
Hager, F. P., Die Materie und das Böse im antiken Platonismus, MusHelv 19, 1962, 73-103.
Hahn, F., Christologische Hoheitstitel. Ihre Geschichte im frühen Christentum, FRLANT 83, Göttingen 1963.
– Frühjüdische und urchristliche Apokalyptik. Eine Einführung, BThSt 36, Neukirchen-Vluyn 1998.
Hamerton-Kelly, R. G., Sources and Traditions in Philo Judaeus. Prolegomena to an Analysis of his Writing, SP 1, 1972, 3-26.
Hamilton, W., The Myth in Plutarch's De facie (940F-945D), CQ 28, 1934, 24-30.
– The Myth in Plutarch's De genio (589F-592E), CQ 28, 1934, 175-182.
Hamm, D., Faith in the Epistle to the Hebrews: The Jesus Factor, Catholic Biblical Quarterly 52, 1990, 270-291.
Hani, J., La religion égyptienne dans la pensée de Plutarque, CEMy, Paris 1976.
Hanson, A. T., Jesus Christ in the Old Testament, London 1965.
Hardie, P. R., Plutarch and the Interpretation of Myth, ANRW II/33.6, 1992, 4743-4787.
Hare, D., The Son of Man Tradition, Minneapolis 1990.
Harl, M., Cosmologie grecque et représentations juives dans l'œuvre de Philon d'Alexandrie, PAL 189-205.
Hartmann, J. J., De Plutarcho scriptore et philosopho, Leiden 1916.
Hegermann, H., Die Vorstellung vom Schöpfungsmittler im hellenistischen Judentum und Urchristentum, TU 82, Berlin 1961.

Heidegger, M., Sein und Zeit, Tübingen [16]1986.
Heinze, R., Xenokrates. Eine Darstellung der Lehre und Sammlung der Fragmente, Leipzig 1892.
Helck, W., Osiris, PRE Suppl. 9, 1962, 469-513.
Held, K., Treffpunkt Platon. Philosophischer Reiseführer durch die Länder des Mittelmeers, Stuttgart [2]1990.
Helmer, J., Zu Plutarchs „De animae procreatione in Timaeo". Ein Beitrag zum Verständnis des Platon-Deuters Plutarch, Würzburg 1937.
Helyer, L. R., The *Prototokos* Title in Hebrews, SBT 6, 1976, 3-28.
Hengel, M., Zur Wirkungsgeschichte von Jes 53 in vorchristlicher Zeit, in: Janowski, B./Stuhlmacher, P., Der leidende Gottesknecht. Jesaja 53 und seine Wirkungsgeschichte, FAT 14, Tübingen 1996, 49-91.
Héring, J., Eschatologie biblique et idéalisme platonicien, Festschrift für C. H. Dodd, Cambridge 1956, 444-463.
Hermisson, H.-J., Das vierte Gottesknechtslied im deuterojesajanischen Kontext, in: Janowski, B./Stuhlmacher, P., Der leidende Gottesknecht. Jesaja 53 und seine Wirkungsgeschichte, FAT 14, Tübingen 1996, 1-25.
Hershbell, J. P., Plutarch's „De animae procreatione in Timaeo": An Analysis of Structure and Content, ANRW II/36.1, 1987, 234-247.
Hirzel, R., Der Dialog. Ein literarhistorischer Versuch, 2 Bde., Leipzig 1895.
Hockel, A., Christus der Erstgeborene. Zur Geschichte der Exegese von Kol 1,15, Düsseldorf 1965.
Hodge, A. T., The Mystery of Apollo's E at Delphi, AJA 85, 1981, 83-84.
Höffe, O., Aristoteles, München 1996.
Hoffmann, E. G./Siebenthal, H. v., Griechische Grammatik zum Neuen Testament, Riehen 1985.
Hofius, O., Katapausis. Die Vorstellung vom endzeitlichen Ruheort im Hebräerbrief, WUNT 11, Tübingen 1970.
– Der Vorhang vor dem Thron Gottes. Eine exegetisch-religionsgeschichtliche Untersuchung zu Hebräer 6,19 f. und 10,19 f., WUNT 14, Tübingen 1972.
– Der Christushymnus Philipper 2,6-11. Untersuchungen zu Gestalt und Aussage eines urchristlichen Psalms, WUNT 17, Tübingen [2]1991.
– Das vierte Gottesknechtslied in den Briefen des Neuen Testaments, in: Janowski, B./Stuhlmacher, P., Der leidende Gottesknecht. Jesaja 53 und seine Wirkungsgeschichte, FAT 14, Tübingen 1996, 107-127.
Holtorf, H., Plutarchi Chaeronensis studia in Platone explicando posita, Diss. Greifswald, Stralsund 1913.
Holtz, T., Der Erste Brief an die Thessalonicher, EKK XIII, Zürich/Neukirchen-Vluyn [2]1990.
Hossenfelder, M., Die Philosophie der Antike 3: Stoa, Epikureismus und Skepsis (Geschichte der Philosophie 3), München 1985.
Hossfeld, F.-L./Zenger, E., Die Psalmen I. Psalm 1-50, NEB 29, Würzburg 1993.
Howard, G., Hebrews and the Old Testament Quotations, NT 10, 1968, 208-216.
Hügli, A./Lübcke, P. (Hrsg.), Philosophielexikon. Personen und Begriffe der abendländischen Philosophie von der Antike bis zur Gegenwart, Reinbek bei Hamburg 1991.
Hurst, L. D., Eschatology and „Platonism" in the Epistle to the Hebrews, SBL Seminar Papers 23, Chico (California) 1984, 41-74.

Imhoof-Blumer, F./Gardner, P., A Numismatic Commentary on Pausanias, 1885-1887.

Janowski, B., Er trug unsere Sünden. Jes 53 und die Dramatik der Stellvertretung, in:

Ders./Stuhlmacher, P., Der leidende Gottesknecht. Jesaja 53 und seine Wirkungsgeschichte, FAT 14, Tübingen 1996, 27-48.
Jenni, E., אחר *'ḥr* danach, THAT I 110-118.
Jeremias, J., Zwischen Karfreitag und Ostern. Descensus und Ascensus in der Karfreitagstheologie des Neuen Testaments, ZNW 42, 1949, 194-201.
– Die Briefe an Timotheus und Titus, NTD 9, Göttingen [11]1975.
Johnsson, W. G., Apocalyptic or Philonic – the Religionsgeschichtliche Conundrum of Hebrews, in: Paul J. Achtemeier (Hrsg.), Society of Biblical Literature. One Hundred Fourteenth Annual Meeting. Abstracts, Missoula 1978.
Johnston, G., ΟΙΚΟΥΜΕΝΗ and ΚΟΣΜΟΣ in the New Testament, NTS 10, 1963/64, 352-360.
Jones, R. M., The Platonism of Plutarch, Chicago 1916.
– Die Ideen als Gedanken Gottes, in: Zintzen, C. (Hrsg.), Der Mittelplatonismus, WdF 70, Darmstadt 1981, 187-199.

Kant, I., Kritik der reinen Vernunft, hrsg. von Wilhelm Weischedel, Darmstadt 1983.
Käsemann, E., Das wandernde Gottesvolk. Eine Untersuchung zum Hebräerbrief, FRLANT 37, Göttingen 1938.
– Karfreitag. Hebr 9,24-28, Monatsschrift für Pastoraltheologie 38, 1948/49, 150-153.
Katz, P., Notes on the Septuagint, JThS 47, 1946, 31-33.
– Philo's Bible. The Aberrant Text of Bible Quotations in Some Philonic Writings and Its Place in the Textual History of the Greek Bible, Cambridge 1950.
– The Quotations from Deuteronomy in Hebrews, ZNW 49, 1958, 213-223.
Kaulbach, F., Einführung in die Metaphysik, Darmstadt [5]1991.
Kelber, W., Die Logoslehre. Von Heraklit bis Origenes, Stuttgart 1976, bes. 95-130.
Kern, O./Hopfner, T., Mysterien, PRE 16, 1935, 1209-1423.
Kittel, G./Friedrich, G. (Hrsg.), Theologisches Wörterbuch zum Neuen Testament, Band I-X, Stuttgart 1933-1979 (abgekürzt ThWNT).
Klappert, B., Die Eschatologie des Hebräerbriefs, Theologische Existenz heute 156, München 1969.
Klauck, H.-J., Der erste Johannesbrief, EKK XXIII/1, Zürich/Neukirchen-Vluyn 1991.
– Plutarch von Chaironeia über Aberglaube, Dämonenfurcht und göttliche Vergeltung, in: Ders., Alte Welt und neuer Glaube. Beiträge zur Religionsgeschichte, Forschungsgeschichte und Theologie des Neuen Testaments, NTOA 29, Freiburg (Schweiz)/Göttingen 1994, 59-81.
– Die religiöse Umwelt des Urchristentums:
I: Stadt- und Hausreligion, Mysterienkulte, Volksglaube, Stuttgart/Berlin/Köln 1995.
II: Herrscher- und Kaiserkult, Philosophie, Gnosis, Stuttgart/Berlin/Köln 1996.
Kleve, K., Albinus on God and the One, SO 47, 1972, 66-69.
Kobusch, T./Mojsisch, B. (Hrsg.), Platon. Seine Dialoge in der Sicht neuer Forschungen, Darmstadt 1996.
Koch, D.-A., Der Text von Hab 2_{4b} in der Septuaginta und im Neuen Testament, ZNW 76, 1985, 68-85.
Koch, K., Geschichte der ägyptischen Religion. Von den Pyramiden bis zu den Mysterien der Isis, Stuttgart 1993, 556-609.
– Monotheismus und Angelologie, in: Ders., Vor der Wende der Zeiten. Beiträge

zur apokalyptischen Literatur, Gesammelte Aufsätze 3, Neukirchen-Vluyn 1996, 219-233.
Koester, W., Platonische Ideenwelt und Gnosis im Hebräerbrief, Scholastik 4, 1956, 545-555.
Koops, R., Chains of Contrasts in Hebrews 1, The Bible Translator 3, 1983, 220-225.
Kraft, H., Der mittlere Platonismus und das Christentum, ThLZ, 83, 1958, 333-340.
Krämer, H.-J., Der Ursprung der Geistmetaphysik. Untersuchungen zur Geschichte des Platonismus zwischen Platon und Plotin, Amsterdam 1964.
Kraus, H.-J., Das Evangelium der unbekannten Propheten. Jesaja 40-66, Neukirchen-Vluyn 1990.
Kremer, J., Auferstehung der Toten in bibeltheologischer Sicht, in: Greshake, G./Kremer, J., Resurrectio mortuorum. Zum theologischen Verständnis der leiblichen Auferstehung, Darmstadt [2]1992.
– Der Erste Brief an die Korinther, RNT, Regensburg 1997.
Kümmel, W. G., Einleitung in das Neue Testament, Heidelberg [21]1983.

Lagercrantz, O., Das E zu Delphi, Hermes 36, 1901, 411-421.
Landmann, M., Ursprungsbild und Schöpfertat. Zum platonisch-biblischen Gespräch, München 1966.
Laub, F., Bekenntnis und Auslegung. Die paränetische Funktion der Christologie im Hebräerbrief, Biblische Untersuchungen 15, Regensburg 1980.
– „Ein für allemal hineingegangen in das Allerheiligste" (Hebr 9,12). Zum Verständnis des Kreuzestodes im Hebräerbrief, BZ N.F. 35, 1991, 65-85.
Lauer, S., Philo's Concept of Time, JJS 9, 1958, 39-46.
Le Corsu, F., Isis. Mythes et mystères, CEMy, Paris 1977.
Leggewie, O. (Hrsg.), Ars Graeca. Griechische Sprachlehre, Paderborn 1981.
Leisegang, H., Die Begriffe der Zeit und Ewigkeit im späteren Platonismus, Münster 1913.
– Philons Schrift über die Ewigkeit der Welt, Philologus N.F. 46 (92), 1937, 156-176.
– Philon (Alex.), PRE 39, München 1941, 1-50.
Levin, S., The Old Greek Oracles in Decline, ANRW II/18.2, 1989, 1599-1649.
Lewis, T. W., „... and if he shrinks back" (Heb. X.38b), NTS 22, 1976, 88-94.
Lindars, B., The Rhetorical Structure of Hebrews, NTS 35, 1989, 382-406.
Loader, W. R. G., Sohn und Hoherpriester. Eine traditionsgeschichtliche Untersuchung zur Christologie des Hebräerbriefes, WMANT 53, Neukirchen-Vluyn 1981.
Loenen, J. H., Die Metaphysik des Albinos: Versuch einer gerechten Würdigung, in: Zintzen, C. (Hrsg.), Der Mittelplatonismus, WdF 70, Darmstadt 1981, 98-149.
Löhr, H., „Umriß" und Schatten. Bemerkungen zur Zitierung von Ex 25,40 in Hebr 8, ZNW 84, 1993, 218-232.
– Umkehr und Sünde im Hebräerbrief, BZNW 73, Berlin/New York 1994.
Lohse, E., Umwelt des Neuen Testaments, NTD Ergänzungsreihe Bd. 1, Göttingen [8]1989.
Löning, K., Das Geschichtswerk des Lukas, Band I: Israels Hoffnung und Gottes Geheimnisse, Stuttgart/Berlin/Köln 1997.
Louis, P., Études sur les manuscrits d'Albinos, REG 55, 1942, 70-76.
Luck, G., Magie und andere Geheimlehren in der Antike, KTA 489, Stuttgart 1990.
Luz, U., Der alte und der neue Bund bei Paulus und im Hebräerbrief, EvTh 27, 1967, 318-336.

– Das Evangelium nach Matthäus, EKK I, Zürich/Neukirchen-Vluyn: I/2, ²1996; I/3, 1997.

Maar, O., Philo und der Hebräerbrief, Diss. Wien 1964.
Maas, W., Unveränderlichkeit Gottes. Zum Verständnis von griechisch-philosophischer und christlicher Gotteslehre, Paderborner Theologische Studien 1, München/Paderborn/Wien 1974.
Maaß, M., Das antike Delphi. Orakel, Schätze und Monumente, Darmstadt 1993.
Mack, B. L., Decoding the Scripture: Philo and the Rules of Rhetoric, in: Greenspahn, F. E./Hilgert, E./Mack, B. L. (Hrsg.), Nourished with Peace: Studies in Hellenistic Judaism in Memory of Samuel Sandmel, Scholars Press Homage Series 9, Chico (California) 1984, 81-115.
MacRae, G. W., „A Kingdom that cannot be Shaken“: The Heavenly Jerusalem in the Letter to the Hebrews, Tantur Yearbook 1979/80, 27-40.
– Heavenly Temple and Eschatology in the Letter to the Hebrews, Semeia 12, 1978, 179-199.
MacRay, J., Atonement and Apocalyptic in the Book of Hebrews, RQ 23, 1980, 1-9.
Malherbe, A. J., Hellenistic Moralists and the New Testament, ANRW II/26.1, 1992, 267-333.
Mansfeld, J., Three Notes on Albinus, Θ-Π (Thêta-Pi) 1, 1972, 61-80.
– Two Heraclitea in Philo Judaeus, in: L. Rossetti (Hrsg.), Atti del Symposium Heracliteum 1981, Rom 1983, 1.63-64.
Matera, F. J., Moral Exhortation: The Relation between Moral Exhortation and Doctrinal Exposition in the Letter to the Hebrews, Toronto Journal of Theology 10, 1994, 169-182.
Maurach, G., Der Bau von Senecas Epistulae morales, Heidelberg 1970.
Ders. (Hrsg.), Seneca als Philosoph, Wege der Forschung 414, Darmstadt 1975.
– Seneca. Leben und Werk, Darmstadt 1991.
Mayer, G., Index Philoneus, Berlin 1974.
Mazzoli, G., Le „Epistulae morales ad Lucilium“ di Seneca. Valore letterario e filosofico, ANRW II/36.3, 1823-1877.
McCullough, J. C., The Old Testament Quotations in Hebrews, NTS 26, 1980, 363-379.
McGaughey, D. H., The Hermeneutic Method of the Epistle to the Hebrews, Diss. Boston University 1963.
McKnight, S., The Warning Passages of Hebrews: A Formal Analysis and Theological Conclusions, Trinity Journal 13 NS, 1992, 21-59.
McLelland, J. C., God the Anonymous. A Study in Alexandrian Philosophical Theory, Patristic Monograph Series 4, Cambridge (Massachusetts) 1976.
McLeod, D. J., The Literary Structure of the Book of Hebrews, Bibliotheca Sacra 146, 1989, 185-197.
McNicol, A. J., The Relationship of the Image of the Highest Angel to the High Priest Concept in Hebrews, Diss. Vanderbilt University 1974.
Méasson, A., Du char ailé de Zeus à l'Arche d'Alliance. Images et mythes platoniciens chez Philon d'Alexandrie, Paris 1986.
Méautis, G., Le mythe de Timarque, REA 52, 1950, 201-211.
Meier, J. P., Structure and Theology in Heb 1,1-14, Biblica 66, 1985, 168-189.
Merkelbach, R., Isisfeste in griechisch-römischer Zeit, BKP 5, Meisenheim 1963.
Merlan, P., Monopsychism, Mysticism, Metaconsciousness, Arch. int. d'histoire des idées 2, The Hague ²1970.

– Kleine philosophische Schriften, hrsg. von F. Merlan, Collectanea 20, Hildesheim/New York 1976.
Michaelis, W., ὁράω κτλ., ThWNT V 315-368.
– πρωτότοκος, πρωτοτόκεια, ThWNT VI 872-882.
– Die biblische Vorstellung von Christus als dem Erstgeborenen, Zeitschrift für Systematische Theologie 23, 1954, 137-157.
– Der Beitrag der LXX zur Bedeutungsgeschichte von πρωτότοκος, Festschrift für A. Debrunner, Bern 1954, 313-320.
– Einleitung in das NT, Bern [4]1961.
Michel, O., ἡ οἰκουμένη, ThWNT V 159-161.
Minniti Colonna, M., Sul *De aeternitate mundi* di Filone Alessandrino, Nicolaus 7, 1979, 61-89.
Morgen, M., Christ est venu une fois pour toutes, Lumière et Vie 43, 1994, 33-45.
Motte, A. (Hrsg.), Oracles et mantique en Grèce ancienne, Kernos 3, 1990, 9-366.
Mugridge, A., Warnings in the Epistle to the Hebrews. An Exegetical and Theological Study, The Reformed Theological Review 46, 1987, 74-82.
Müller, M., Der Ausdruck „Menschensohn" in den Evangelien, AThD 17, Århus 1984.
Müller, P., „Verstehst du auch, was du liest?". Lesen und Verstehen im Neuen Testament, Darmstadt 1994.
Mußner, F., Der Galaterbrief, HThK IX, Freiburg/Basel/Wien [4]1981.
– Der Jakobusbrief, HThK XIII/1, Freiburg/Basel /Wien [4]1981.
Mutius, H. G. von, Die Trennung von Licht und Finsternis in Philo von Alexandriens *De opificio mundi*, BibNot 11, 1980, 32-34.

Nash, R. H., The Notion of Mediator in Alexandrian Judaism and the Epistle to the Hebrews, WThJ 40, 1977/78, 89-115.
Nauck, W., Zum Aufbau des Hebräerbriefes, BZNW 26, 1964, 199-206.
Neeley, L. L., A Discourse Analysis of Hebrews, Occasional Papers in Translation and Textlinguistics 1, 1987, 1-146.
Nikiprowetzky, V., Le commentaire de l'Écriture chez Philon d'Alexandrie, ALGHJ XI, Leiden 1977.
– Sur une lecture démonologique de Philon d'Alexandrie, *De Gigantibus*, 1-6, in: Gérard Nahon/Charles Touati (Hrsg.), Hommages à Georges Vajda. Études d'histoire et de pensée juives, Louvain 1980, 43-71.
– Philo's Bible in the *De Gigantibus* and the *Quod Deus sit Immutabilis*. 2. Philo's Citations of and allusions to the Bible in the *De Gigantibus* and *Quod Deus*, in: Winston/Dillon 91-118.
Nissilä, K., Das Hohepriestermotiv im Hebräerbrief. Eine exegetische Untersuchung, Schriften der Finnischen Exegetischen Gesellschaft 33, Helsinki 1979.
Nock, A. D., The Exegesis of Timaeus 28C, VC 16, 1962, 79-86.
Norden, E., Die Geburt des Kindes, Darmstadt 1969 (Neudruck der Ausgabe von 1924).

Oakesmith, G., The Religion of Plutarch, a Pagan Creed of Apostolic Times, London 1906.
Oberholtzer, T. K., The Eschatological Salvation of Hebrews 1:5-2:5, Bibliotheca Sacra 145, 1988, 83-97.
– The Failure to Heed his Speaking in Hebrews 12:25-29, Bibliotheca Sacra 146, 1989, 67-75.
Oberlinner, L., Die Pastoralbriefe, HThK XI/2, Freiburg/Basel/Wien:

XI/2.1: Erste Folge: Kommentar zum Ersten Timotheusbrief, 1994.
XI/2.2: Zweite Folge: Kommentar zum Zweiten Timotheusbrief, 1995.
XI/2.3: Dritte Folge: Kommentar zum Titusbrief, 1996.

Oepke, A., ἀπόλλυμι, ἀπώλεια, Ἀπολλύων, ThWNT I 393-396.

– παρουσία, ThWNT V 856-869.

– Das neue Gottesvolk in Schrifttum, Schauspiel, bildender Kunst und Weltgestaltung, Gütersloh 1950.

Parke, H. W., Greek Oracles, Classical History and Literature, London 1967.

Parke, H. W./Wormell, D. E. W., The Delphic Oracles, Bd. 1-2, Oxford 1956.

Paulsen, H., Der Zweite Petrusbrief und der Judasbrief, KEK XII/2, Göttingen 1992.

Pépin, J., Mythe et allégorie. Les origines grecques et les contestations judéo-chrétiennes, Paris 1958.

Petit, M., Les songes dans l'œuvre de Philon d'Alexandrie, in: Mélanges d'histoire des religions offerts à Henri-Charles Puech, Paris 1974, 151-159.

Plevnik, J., Paul and the Parousia. An Exegetical and Theological Investigation, Peabody (Massachusetts) 1997.

Rad, G. v./Delling, G., ἡμέρα, ThWNT II 945-956.

Radice, R., Ipotesi per una interpretazione della struttura della kosmopoiia nel De opificio mundi di Filone di Alessandria, in: Caquot, A./Hadas-Lebel, M./Riaud, J. (Hrsg.), Hellenica et Judaica: hommage à Valentin Nikiprowetzky lyz, Leuven/Paris 1986, 69-78.

Radice, R./Runia, D. T., Philo of Alexandria. An Annotated Bibliography 1937-1986, Supplements to VigChr 8, 1988.

Radl, W., Ankunft des Herrn. Zur Bedeutung und Funktion der Parusieaussagen bei Paulus, BET 15, Frankfurt am Main 1981.

– παρουσία, EWNT III 102-105.

Rahner, K., Grundkurs des Glaubens. Einführung in den Begriff des Christentums, Freiburg/Basel/Wien 1984.

Re, R. del, Il pensiero metafisico di Plutarco: Dio, natura, il male, SFIC 24, 1950, 33-64.

Reale, G., A History of Ancient Philosophy. IV. The Schools of the Imperial Age. Ed. and trans. J. R. Catan, New York 1990.

Reinhardt, K., Poseidonios, München 1921.

Rice, G. E., The Chiastic Structure of the Central Section of the Epistle to the Hebrews, Andrews University Seminary Studies 19, 1981, 243-246.

– Apostasy as Motif and its Effect on the Structure of Hebrews, Andrews University Seminary Studies 23, 1985, 29-35.

Rich, A. N. M., Die platonischen Ideen als die Gedanken Gottes, in: Zintzen, C. (Hrsg.), Der Mittelplatonismus, WdF 70, Darmstadt 1981, 200-211.

Richter, W., Kritisches und Exegetisches zu Senecas Prosaschriften, Hermes 84, 1956, 187ff.

Richter, W., Exegese als Literaturwissenschaft. Entwurf einer alttestamentlichen Literaturtheorie und Methodologie, Göttingen 1971.

Ricken, F., Philosophie der Antike, Grundkurs Philosophie 6, Stuttgart 1988.

Ricœur, P., Das Selbst als ein Anderer, München 1996.

Rissi, M., Die Theologie des Hebräerbriefs. Ihre Verankerung in der Situation des Verfassers und seiner Leser, WUNT 41, Tübingen 1987.

Rist, J. M., Mysticism and Transcendence in Later Platonism, Hermes 92, 1964, 213-225.

– Platonism and its Christian Heritage, London 1985.
Robinson, W., The Eschatology of the Epistle to the Hebrews, Encounter 22, 1961, 37-51.
Roloff, J., Der erste Brief an Timotheus, EKK XV, Zürich/Neukirchen-Vluyn 1988.
Roscher, W. H., Die Bedeutung des E zu Delphi und die übrigen γράμματα Δελφικά, Philologus 59, 1900, 21-41.
– Weiteres über die Bedeutung des E zu Delphi und die übrigen γράμματα Δελφικά, Philologus 60, 1901, 81-101.
– Neue Beiträge zur Deutung des delphischen E, Hermes 36, 1901, 470-489.
Rose, C., Verheißung und Erfüllung. Zum Verständnis von ἐπαγγελία im Hebräerbrief, BZ N.F. 33, 1989, 60-80. 178-191.
– Die Wolke der Zeugen. Eine exegetisch-traditionsgeschichtliche Untersuchung zu Hebräer 10,32-12,3, WUNT II/60, Tübingen 1994.
Roux, G., Delphes. Son oracle et ses dieux, Paris 1976.
Rozelaar, M., Seneca. Eine Gesamtdarstellung, Amsterdam 1976.
Runia, D. T., Philo's *De aeternitate mundi*: The Problem of its Interpretation, VigChr 35, 1981, 105-151.
– A Note on Albinus/Alcinous *Didaskalikos* XIV, Mnemosyne 39, 1986, 131-133.
– How to Read Philo, NTT 40, 1986, 185-198.
– Philo of Alexandria and the *Timaeus* of Plato, PhilAnt 44, Leiden 1986.
– Exegesis and Philosophy. Studies on Philo of Alexandria, Aldershot/Brookfield 1990.

Sandmel, S., Virtue and Reward in Philo, in: Crenshaw, J. L./Willis, J. T. (Hrsg.), Essays in Old Testament Ethics. In Memoriam J. Philip Hyatt, New York 1974, 215-223.
– Judaism and Christian Beginnings, New York 1978, bes. 279-301.
– Apocalypse and Philo, in: Katsh, A. I./Nemoy, L. (Hrsg.), Essays on the Occasion of the Seventieth Anniversary of the Dropsie University (1909-1979), Philadelphia 1979, 383-387.
– Palestinian and Hellenistic Judaism and Christianity: The Question of the Comfortable Theory, HUCA 50, 1979, 137-148.
– Philo Judaeus: An Introduction to the Man, his Writings, and his Significance, ANRW II 21.1, 1984, 3-46.
Savignac, J. de, Le messianisme de Philon le juif, NT 4, 1960, 385-386.
Scarpat, G., La lettera 65 di Seneca, Antichità Classica e Cristiana 1, Brescia 1965.
Schaeffler, R., Einführung in die Geschichtsphilosophie, Darmstadt [4]1991.
Schaerer, R., Sur l'origine de l'âme et le problème du mal dans le platonisme, RThPh N.S. 27, 1939, 62-72.
Schierse, F. J., Verheißung und Heilsvollendung. Zur theologischen Grundfrage des Hebräerbriefes, MThS.H 9, München 1955.
Schillebeeckx, E., Christus und die Christen. Die Geschichte einer neuen Lebenspraxis, Freiburg/Basel/Wien 1977.
Schlatter, A., Die Sprache und Heimat des vierten Evangelisten, Beiträge zur Förderung christlicher Theologie 6/4, Gütersloh 1902.
Schlier, H., παρρησία, παρρησιάζομαι, ThWNT V 869-884.
Schmidt, T. E., Moral Lethargy and the Epistle to the Hebrews, Westminster Theological Journal 54, 1992, 167-173.
Schmoller, A., Handkonkordanz zum griechischen Neuen Testament, Stuttgart [8]1989.

Schnackenburg, R., Das Johannesevangelium. II. Teil: Kommentar zu Kapitel 5-12, HThK IV/2, Freiburg 1971.
Schnelle, U., Einleitung in das Neue Testament, Göttingen ³1999.
Schoeps, H.-J., Religionsphänomenologische Untersuchungen zur Glaubensgestalt des Judentums, ZRGG 2, 1949/50, 293-310; nachgedruckt in: Ders., Studien zur unbekannten Religions- und Geistesgeschichte, Veröffentlichungen der Gesellschaft für Geistesgeschichte 3, Göttingen 1963, 123-139.
Schramm, T., ἔρχομαι, EWNT II 138-143.
– ἥκω, EWNT II 283-285.
Schröger, F., Der Gottesdienst der Hebräerbriefgemeinde, Münchener Theologische Zeitschrift 19, 1968, 161-181.
– Der Verfasser des Hebräerbriefes als Schriftausleger, Biblische Untersuchungen 4, Regensburg 1968.
Schulz, S., Die Mitte der Schrift. Der Frühkatholizismus im Neuen Testament als Herausforderung an den Protestantismus, Stuttgart/Berlin 1976.
Schweizer, E., Der Brief an die Kolosser, EKK XII, Zürich/Neukirchen-Vluyn ³1989.
Seebaß, H., אחרית, ThWAT I 224-228.
Sellin, G., Das „Geheimnis“ der Weisheit und das Rätsel der „Christuspartei“ (zu 1 Kor 1-4), ZNW 73, 1982, 69-96.
– Der Streit um die Auferstehung der Toten. Eine religionsgeschichtliche und exegetische Untersuchung von 1 Korinther 15, FRLANT 138, Göttingen 1986.
– Gotteserkenntnis und Gotteserfahrung bei Philo von Alexandrien, in: Klauck, H.-J. (Hrsg.), Monotheismus und Christologie. Zur Gottesfrage im hellenistischen Judentum und im Urchristentum, QD 138, Freiburg/Basel/Wien 1992, 17-40.
– Die religionsgeschichtlichen Hintergründe der paulinischen „Christusmystik“, ThQ 176, 1996, 7-27.
Sharp, R. J., Philonism and Eschatology in Hebrews. Another Book, EAJT 2, 1984, 289-298.
Siegert, F., Die Makrostruktur des Hebräerbriefes, Festschrift für L. Hartmann, Oslo 1985, 305-316.
Siegfried, C., Philo von Alexandria als Ausleger des Alten Testaments. An sich selbst und nach seinem geschichtlichen Einfluß betrachtet, Jena 1875.
Silva, M., Perfection and Eschatology in Hebrews, WThJ 39, 1976/77, 60-71.
Smith, J., A Priest for Ever. A Study of Typology and Eschatology in Hebrews, London/Sydney 1969.
Smith, M., Ο ΔΕ ΔΙΚΑΙΟΣ ΕΚ ΠΙΣΤΕΩΣ ΖΗΣΕΤΑΙ, Festschrift für K. W. Clark, Salt Lake City 1967, 13-25.
Smith, R. L., Micah – Malachi, Word Biblical Commentary 32, Waco (Texas) 1984.
Söding, T., Zuversicht und Geduld im Schauen auf Jesus. Zum Glaubensbegriff des Hebräerbriefes, ZNW 82, 1991, 214-241.
Sorabji, R., Time, Creation and the Continuum: Theories in Antiquity and the Early Middle Ages, London 1983.
Soury, G., La démonologie de Plutarque. Essai sur les idées religieuses et les mythes d'un platonicien éclectique, CEA, Paris 1942.
– Plutarque, prêtre de Delphes: l'inspiration prophétique, REG 55, 1942, 50-69.
Sowers, The Hermeneutics of Philo and the Hebrews, Zürich 1965.
Spanier, A., Der λόγος διδασκαλικός des Platonikers Albinus, Diss. Freiburg 1921.
Spicq, C., ΥΠΟΜΟΝΗ, PATIENTIA, Revue des sciences philosophique et théologique, 1930, 95-106.

– Le philonisme de l'épître aux Hébreux, RB 56, 1949, 542-572; 57, 1950, 212-242.
– Alexandrinismes dans l'épître aux Hébreux, RB 58, 1951, 481-502.
– La panégyrie de Hébr XII,22, StTh 6, 1952, 30-38.
Stählin, G., ἅπαξ, ἐφάπαξ, ThWNT I 380-383.
Staples, A., The Book of Hebrews in its Relationship to Philo Judaeus, Diss. Southern Baptist Theological Seminary 1951.
Steckerl, F., On the Problem: Artefact and Idea, CPh 37, 1942, 288-298.
Stemberger, G., Einleitung in Talmud und Midrasch, München [8]1992.
Stewart, R. A., Creation and Matter in the Epistle to the Hebrews, NTS 12, 1966, 284-293.
Strathmann, H., λατρεύω, λατρεία, ThWNT IV 58-66.
Strobel, A., Untersuchungen zum eschatologischen Verzögerungsproblem auf Grund der spätjüdisch-urchristlichen Geschichte von Habakuk 2,2 ff., Supplements to Novum Testamentum 2, Leiden/Köln 1961.
Swetnam, J., Form and Content in Hebrews 1-6, Biblica 53, 1972, 368-385.
– Form and Content in Hebrews 7-13, Biblica 55, 1974, 333-348.
– The Structure of Hebrews. A Fresh Look, Melita Theologica 41, 1990, 25-46.

Tarrant, H. A. S., Alcinous, Albinus, Nigrinus, Antichthon 19, 1985, 87-95.
Taylor, A. E., A Commentary on Plato' Timaeus, Oxford 1928.
Theiler, W., Die Vorbereitung des Neuplatonismus, Problemata. Forschungen zur klassischen Philologie 1, Berlin 1930.
– Gott und Seele im kaiserzeitlichen Denken, Entretiens sur l'antiquité classique III, Vandœuvre-Genève 1955, 63-90.
– Philo von Alexandria und der Beginn des kaiserzeitlichen Platonismus, in: Parusia. Festschrift für Johannes Hirschberger, Frankfurt am Main 1965, 199-218.
– Philo von Alexandria und der hellenisierte Timaeus, in: Zintzen, C. (Hrsg.), Der Mittelplatonismus, WdF 70, Darmstadt 1981, 52-63.
Theißen, G., Untersuchungen zum Hebräerbrief, StNT 2, Gütersloh 1969.
Theobald, M., Römerbrief, SKK.NT 6/1: Stuttgart 1992, 6/2: Stuttgart 1993.
– Zwei Bünde und ein Gottesvolk. Die Bundestheologie des Hebräerbriefs im Horizont des christlich-jüdischen Gesprächs, ThQ 176, 1996, 309-325.
– Vom Text zum „lebendigen Wort“ (Hebr 4,12). Beobachtungen zur Schrifthermeneutik des Hebräerbriefs, Festschrift für Otfried Hofius, Berlin/New York 1997, 751-790.
Thévenaz, P., L'âme du monde, le devenir et la matière chez Plutarque, Paris 1938.
– L'enchaînement des idées dans le „De animae procreatione“ de Plutarque, REG 52, 1939, 358-366.
Thien, F., Analyse de l'épître aux Hébreux, Revue biblique 11, 1902, 74-86.
Thomas, K. J., The Old Testament Citations in Hebrews, NTS 11, 1964/65, 303-325.
Thompson, J. W., „That Which Abides“: Some Metaphysical Assumptions in the Epistle to the Hebrews, Diss. Vanderbilt University 1974.
– „That Which Cannot Be Shaken“. Some Metaphysical Assumptions in Heb 12: 27, JBL 94, 1975, 580-587.
– The Beginnings of Christian Philosophy: The Epistle to the Hebrews, CBQ.S 13, Washington 1982.
Thurén, J., Das Lobopfer der Hebräer. Studien zum Aufbau und Anliegen von Hebräerbrief 13, Acta Academiae Aboensis 47, 1974.

Thyen, H., Der Stil der Jüdisch-Hellenistischen Homilie, FRLANT 65, Göttingen 1955.
Tigay, J. H., Deuteronomy, The JPS Torah Commentary, Philadelphia/Jerusalem 1996.
Tödt, H. E., Der Menschensohn in der synoptischen Überlieferung, Gütersloh 1959.
Toussaint, S. D., The Eschatology of the Warning Passages in the Book of Hebrews, Grace Theological Journal 3, 1982, 67-80.
Traub, H./Rad, G. v., οὐρανός κτλ., ThWNT V 496-542.
Trilling, W., Der zweite Brief an die Thessalonicher, EKK XIV, Zürich/Neukirchen-Vluyn 1980.
Turcan, R., Les cultes orientaux dans le monde romain, Histoire, Paris ²1992.

Vaganay, L., Le plan de l'épître aux Hébreux, Mémorial Lagrange, Festschrift für Marie-Joseph Lagrange, Paris 1940, 269-277.
Valgiglio, E., Divinità e religione in Plutarco, Genua 1988.
Vanhoye, A., La structure centrale de l'épître aux Hébreux (Heb. 8/1-9/28), Recherches de science religieuse 47, 1959, 44-60.
– Structure littéraire et thèmes théologiques de l'épître aux Hébreux, in: Studiorum Paulinorum congressus internationalis catholicus 1961, Analecta biblica. Investigationes scientificae in res biblicas 17-18, Vol. II, Rom 1963.
– L'οἰκουμένη dans l'épître aux Hébreux, Biblica 45, 1964, 248-253.
– La situation spirituelle des chrétiens (Hébr. 12,18-19.22-24a), ASeign 53, 1970, 72-78.
– Discussions sur la structure de l'Épître aux Hébreux, Biblica 55, 1974, 349-380.
– Literarische Struktur und theologische Botschaft des Hebräerbriefs (1. Teil), Studien zum Neuen Testament und seiner Umwelt 4, 1979, 119-147.
– Literarische Struktur und theologische Botschaft des Hebräerbriefs (2. Teil), Studien zum Neuen Testament und seiner Umwelt 5, 1980, 18-49.
– La structure littéraire de l'épître aux Hébreux, Paris ²1976.
– Homilie für haltbedürftige Christen. Struktur und Botschaft des Hebräerbriefes, Regensburg 1981.
Vernant, J. P. (Hrsg.), Divination et rationalité, Recherches anthropologiques, Paris 1974.
Vernière, Y., Symboles et mythes dans la pensée de Plutarque. Essai d'interpretation philosophique et religieuse des Moralia, CEMy, Paris 1977.
Veyne, P., Weisheit und Altruismus. Eine Einführung in die Philosophie Senecas, Frankfurt am Main 1993.
Vielhauer, P., Geschichte der urchristlichen Literatur, Berlin/New York 1975.
Vitti, A. M., „Et cum iterum introducit Primogenitum in orbem terrae" (Hebr 1,6), Verbum Domini 14, 1934, 306-312.
Vogel, C. J. de, Philosophia. Part I. Studies in Greek Philosophy, Assen 1970.
Vögtle, A., Das Neue Testament und die Zukunft des Kosmos. Hebr. 12,26f. und das Endschicksal des Kosmos, Bibel und Leben 10, 1969, 239-254.
– Das Neue Testament und die Zukunft des Kosmos, Düsseldorf 1970.
– Der Judasbrief. Der zweite Petrusbrief, EKK XXII, Solothurn und Düsseldorf/Neukirchen-Vluyn 1994.
Völker, W., Fortschritt und Vollendung bei Philo von Alexandrien. Eine Studie zur Geschichte der Frömmigkeit, TU 49.1, Berlin 1938.
Völkl, R., Christ und Welt nach dem NT, Würzburg 1961.

Vries, J. de, Grundbegriffe der Scholastik, Darmstadt ³1993.

Walter, N., „Hellenistische Eschatologie“ im Frühjudentum – ein Beitrag zur „Biblischen Theologie“, ThLZ 110, 1985, 331-348.
– „Hellenistische Eschatologie“ im Neuen Testament, Festschrift für Werner Georg Kümmel, Tübingen 1985, 335-356.
Walters (formerly Katz), P., The Text of the Septuagint. Its Corruptions and Their Emendation, Cambridge 1973.
Waszink, J. H., Opuscula selecta, Leiden 1979.
Watts, J. D. W., Isaiah 34-66, Word Biblical Commentary 25, Waco (Texas) 1987.
Weiß, H.-F., Untersuchungen zur Kosmologie des hellenistischen und palästinischen Judentums, TU 97, Berlin 1966.
Weiß, K., ἀναφέρω, ThWNT IX 62-63.
– προσφέρω, ThWNT IX 67-71.
Wendland, P., Philos Schrift über die Vorsehung, Berlin 1892.
Westermann, C., Das Buch Jesaja. Kapitel 40-66, ATD 19, Göttingen ³1976.
Whittaker, J., Ammonius on the Delphic E, CQ 19, 1969, 185-192.
– God and Time in Philo of Alexandria, in: Ders., God Time Being. Two Studies in the Transcendental Tradition in Greek Philosophy, SO fasc. supplet. 23, Oslo 1971, 33-57.
– Lost and Found: Some Manuscripts of the *Didaskalikos* of Alcinous (Albinus), SO 49, 1973, 127-139 (= Ders., Studies XIX).
– Parisinus graecus 1962 and the Writings of Albinus, Phoenix 28, 1974, 320-354.450-456 (= Ders., Studies XX.XXI).
– Seneca, Ep. 58.17, SO 50, 1975, 143-148 (= Ders., Studies IV).
– Parisinus graecus 1962 and Janus Lascaris, Phoenix 31, 1977, 239-244 (= Ders., Studies XXII).
– Studies in Platonism and Patristic Thought, London 1984.
– Platonic Philosophy in the Early Centuries of the Empire, ANRW II/36.1, 1987, 81-123.
Widdess, A. G., A Note on Hebrews XI.3, JThS 10, 1959, 327-329.
Wiersma, W., Der angebliche Streit des Zenon und Theophrast über die Ewigkeit der Welt, Mnemosyne III 8, 1940, 235-243.
Wikenhauser, A./Schmid, J., Einleitung in das Neue Testament, Freiburg/Basel/Wien ⁶1973.
Wilckens, U., Der Brief an die Römer, EKK VI/1: Zürich/Neukirchen-Vluyn 1978, VI/2: Zürich/Neukirchen-Vluyn ³1993, VI/3: Zürich/Neukirchen-Vluyn ²1989.
Wildberger, H., Jesaja. Jesaja 13-27, BKAT X/2, Neukirchen-Vluyn 1978.
Williams, M. A., The Immovable Race. A Gnostic Designation and the Theme of Stability in Late Antiquity, NHS 29, 1985.
Williamson, R., Philo and the Epistle to the Hebrews, ALGHJ 4, Leiden 1970.
– Platonism and Hebrews, SJTh 16, 1963, 415-424.
Winden, J. C. M. van, The World of Ideas in Philo of Alexandria: An Interpretation of De opificio mundi 24-25, VigChr 37, 1983, 209-217.
Winston, D. S., Philo's Theory of Cosmogony, in: Pearson, B. A. (Hrsg.), Religious Syncretism in Antiquity. Essays in Conversation with Geo Widengren, Series on Formative Contemporary Thinkers 1, Missoula 1975, 157-171.
– Theodicy and the Creation of Man in Philo of Alexandria, in: Caquot, A./Hadas-Lebel, M./Riaud, J. (Hrsg.), Hellenica et Judaica: hommage à Valentin Nikiprowetzky lyw, Leuven/Paris 1986, 105-111.

Winston, D./Dillon, J., Two Treatises of Philo of Alexandria: A Commentary on De Gigantibus and Quod Deus Sit Immutabilis, BJudSt 25, Chico (California) 1983.
Witt, R. E., Albinus and the History of Middle Platonism, Cambridge Classical Studies, Cambridge 1937, Repr. Amsterdam 1971.
– Isis in the Graeco-Roman World, Ithaca (N.Y.) 1971.
Wolff, H. W., Dodekapropheton 6. Haggai, BKAT XIV/6, Neukirchen-Vluyn 1986.
Wolfson, H. A., Albinos und Plotin über göttliche Attribute, in: Zintzen, C. (Hrsg.), Der Mittelplatonismus, WdF 70, Darmstadt 1981, 150-168.

Zañartu, S., El origen del universo y del hombre según Filón de Alejandría en su libro *De Opificio Mundi*, TyV 22, 1981, 31-50.
Zeilinger, F., Das himmlische Jerusalem. Untersuchungen zur Bildsprache der Johannesapokalypse und des Hebräerbriefs, in: Bauer, J. B./Marböck, J., Memoria Jerusalem, Freundesgabe F. Sauer zum 70. Geburtstag, Graz 1977, 143-165.
Zeller, D., Charis bei Philon und Paulus, SBS 142, Stuttgart 1990.
– Mysterien/Mysterienreligionen, TRE 23, 1994, 503-526.
Zeller, E., Der pseudophilonische Bericht über Theophrast, Hermes 15, 1880, 137-146.
Ziegler, K., Plutarchos, PRE 41, München 1951, 636-962.
Zintzen, C. (Hrsg.), Der Mittelplatonismus, WdF 70, Darmstadt 1981.
– Einleitung, in: Ders., Der Mittelplatonismus, WdF 70, Darmstadt 1981, IX-XXV.

Stellenregister

1. Altes Testament

2. Neues Testament

3. Platon

4. Philon

5. Plutarch

6. Seneca

7. Alkinoos

Index moderner Autoren